U0269673

吴刚 吴智深 著

工程结构新型高效加固技术

INNOVATIVE AND
EFFICIENT STRENGTHENING TECHNOLOGIES
FOR ENGINEERING STRUCTURES

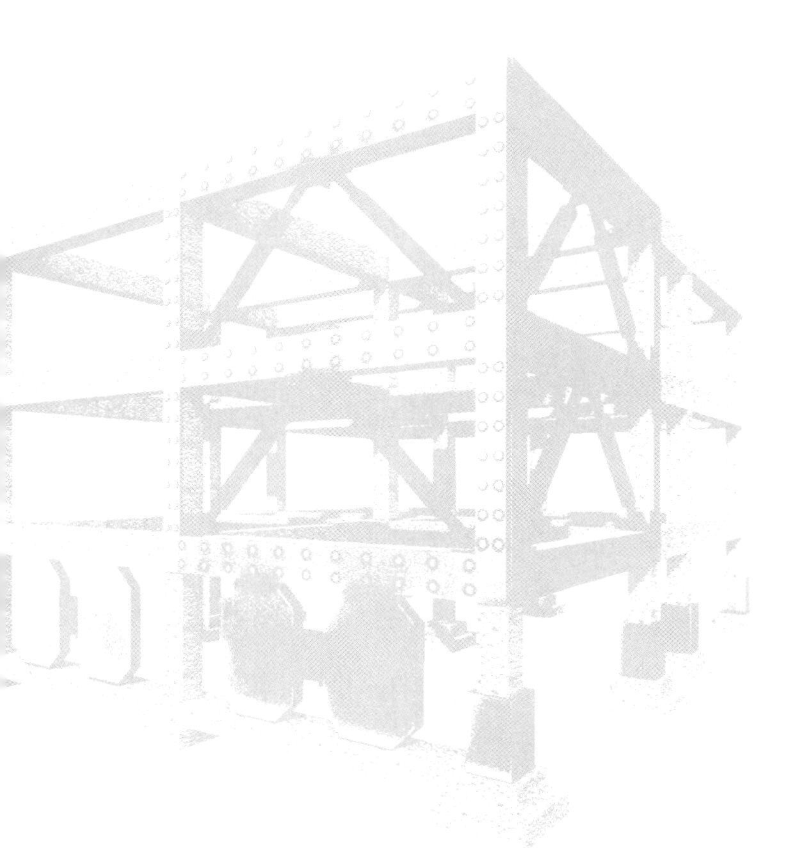

人民交通出版社股份有限公司
北京

内 容 提 要

本书涉及工程结构加固技术领域，共4篇，主要内容包括以新型FRP制品为代表的基于新材料的结构加固新技术，以预应力技术为统领的主动加固结构新技术，以提升结构抗震性能为目标的结构高效抗震加固新技术，以及若干面向特殊需求的结构高效加固新技术。这些新技术与既有结构加固技术一起构建了较为完善、系统的工程结构加固技术体系，从而能有效提升基础设施的服役性能，延长其服役寿命。通过阅读本书，读者可以了解结构加固领域的前沿技术手段和未来发展方向，为进一步开展该领域的相关研究工作打下基础。

本书可供土木工程专业的本科生、研究生、科研人员和工程技术人员参考。

图书在版编目(CIP)数据

工程结构新型高效加固技术 / 吴刚，吴智深著
. — 北京 : 人民交通出版社股份有限公司，2022.4
ISBN 978-7-114-17815-3

Ⅰ.①工… Ⅱ.①吴… ②吴… Ⅲ.①工程结构—加固 Ⅳ.①TU746.3

中国版本图书馆CIP数据核字(2022)第064285号

Gongcheng Jiegou Xinxing Gaoxiao Jiagu Jishu

书　　名：工程结构新型高效加固技术
著 作 者：吴　刚　吴智深
责任编辑：卢俊丽
责任校对：刘　芹
责任印制：刘高彤
出版发行：人民交通出版社股份有限公司
地　　址：(100011)北京市朝阳区安定门外外馆斜街3号
网　　址：http://www.ccpcl.com.cn
销售电话：(010)59757973
总 经 销：人民交通出版社股份有限公司发行部
经　　销：各地新华书店
印　　刷：北京印匠彩色印刷有限公司
开　　本：787×1092　1/16
印　　张：36.25
字　　数：860千
版　　次：2022年4月　第1版
印　　次：2022年4月　第1次印刷
书　　号：ISBN 978-7-114-17815-3
定　　价：180.00元
(有印刷、装订质量问题的图书由本公司负责调换)

前　　言

Foreword

改革开放40多年来,我国基础设施建设突飞猛进,取得了举世瞩目的伟大成就。然而,随着时间的推移,目前我国已经进入基础设施病害高发期,桥梁、隧道、地铁、地下管网、房屋等的事故层出不穷。工程结构病害产生的原因、形式多样,其对应的结构加固需求也多种多样。十余年来,在工程学、材料科学、计算机科学等多学科的交叉推动下,尽管工程结构加固技术已经取得了长足的发展,但是依然存在耐久性差、材料利用率低、抗震加固理念落后、特殊需求加固适用性差等瓶颈问题。因此,面对庞大的工程结构加固改造需求,我国急需发展新型高效结构加固技术,以满足国民经济的可持续发展。

本书是作者20余年来在结构加固领域研究和实践的总结凝练。全书围绕如何更高效地开展结构加固这一目标,共分为4篇20章内容。其中第1篇涉及以新型FRP制品为代表的基于新材料的结构加固新技术,第2篇涉及以预应力技术为统领的主动加固结构新技术,第3篇涉及以提升结构抗震性能为目标的结构高效抗震加固新技术,第4篇涉及若干面向特殊需求的结构高效加固新技术。全书所有篇章共同构成了工程结构新型高效加固技术体系,可为满足日益迫切的工程结构加固改造需求提供更多的技术支撑。

本书为工程结构加固技术方向的研究应用型著作。通过阅读本书,读者可以对结构加固领域的前沿技术手段和未来发展方向有更深入的了解,为进一步开展该领域相关的研究工作打下基础,进一步提升工程结构加固的效率。

本书的研究工作得到了国家杰出青年科学基金(项目编号:51525801)、国家自然科学基金青年科学基金项目及面上项目(项目编号:50608015、51078077、51178099、51108389、51778300)、国家重点基础研究发展计划(973计划)等的资助。

课题组老师魏洋、朱虹、汪昕、孙泽阳、王海涛、施嘉伟、唐永圣、史健喆、唐煜、徐积刚、张敏、姚刘镇、曾以华、赵杏、杨洋、董志强等为本书的研究工作和成稿提供了大力支持。课题组研究生李兴华、曹徐阳、王仕青、崔浩然、沈佳辉、李婷、贺卫东、刘长源、郝建兵、罗云标、谢琼、张立伟、王淑莹等均参与了本书的研究工作。研究生孙新茂、程琦等参与了本书的文字编辑工作。北京特希达科技有限公司及蒋剑彪董事长为本书相关研究提供了长期支持。没有他们的辛勤付出,本书不可能顺利成稿。在此,作者向为本书提供无私帮助的国家自然科学基金委员会、相关老师与研究生表示诚挚的感谢!

本书撰写时正值新冠肺炎疫情肆虐神州大地,撰写团队一致同意将书稿稿酬无偿捐赠给中国青少年发展基金会,用以帮扶因疫致困青少年学生,在此对撰写团队所有成员表示感谢。开展工程结构加固修复,构建安全、健康的基础设施网络,可为突发公共安全灾难时人员的救治、物质的运输提供坚实的保障,具有重要的社会意义。

工程结构加固技术领域的研究仍然是土木工程领域的研究热点之一,本书以学术研究为主,在工程应用方面尚显不足,部分技术细节仍有待在工程实践中完善,限于作者的经验和学术水平,书中难免有不足之处,欢迎读者批评指正!

著　者

2021 年 6 月

目　　录

Contents

第 2 篇 预应力主动加固结构新技术

第3篇　结构抗震加固新技术

第 4 篇　若干结构高效加固新技术

第1章 绪 论

1.1 概 述

工程结构因为建造阶段错误的设计、低劣的施工,使用阶段自然或人为灾害引起的材料性能劣化、结构使用要求变化等,常需要加固改造[1]。目前,国内外结构加固改造业的发展非常迅速,在国民经济中所占的比重也越来越大。发达国家的基础设施建设大都经历了三个阶段,即大规模建设阶段、新建与维修改造并重阶段以及目前以维修与现代化改造为主的第三阶段。据统计,欧美等发达国家目前用于建筑加固改造的投资已占国家建筑业总投资的1/2以上。我国也同样经历着这三个发展阶段,从住房和城乡建设部公布的资料可知,当前我国的建设正处于新建与维修改造并重的第二阶段,并逐步向以维修与现代化改造为主的第三阶段迈进。在这一过程中,结构加固的任务十分繁重。据有关部门统计,目前我国现存的各种建(构)筑物的总面积至少在100亿平方米以上,其中绝大多数是混凝土及砌体结构,中华人民共和国成立初期建造的大量工业与民用建筑,服役期大都超过了50年,存在各种安全隐患。另外,近年来随着交通运输量的增长、车辆载重能力的提高、桥梁服役时间的增加,很多桥梁出现了承载力不足,桥面老化、破损、裂缝等病害,已经有相当一部分桥梁满足不了现代交通的通行要求。对于出现的这些问题,结合我国当前国情与财力,开展针对既有工程结构的加固维修和性能提升的研究显得尤为重要和突出[2]。

1.2 现有加固技术发展现状

工程结构加固改造的程序包括结构检测、可靠性鉴定、加固方案设计、施工及验收等环节[3]。当既有工程结构经检测鉴定后被认为不能满足安全性、适用性、耐久性的某项或几项要求时,就应对其进行加固补强处理。引起结构功能退化的原因很多,归纳起来主要有以下几方面[4]:

①未严格控制施工质量,出现裂缝等损伤、缺陷;

②结构长期受环境作用,使用、维护不当,结构性能老化或出现损伤;

③结构变更使用性能,如加层、使用荷载发生改变等;

④结构遭受突发灾害,如火灾、风灾、震灾、爆炸等;

⑤结构设计有人为错误或材料选择不当，使得结构建成后，发现有不安全的因素。

当遇到上述情况后，结构的加固需求往往是综合性的，其可能是抗弯、抗剪、抗扭等承载力方面的补强需求，也可能是刚度、稳定性、耐久性等方面的提升需求，还可能是结构整体体系抗震性能方面的加固需求。因此，工程结构加固技术往往个性突出，种类繁多，按照结构加固的目标，可以将其大致分为非抗震需求下的结构基本加固技术和考虑地震影响的结构抗震加固技术两类。

1.2.1　结构基本加固技术

1）直接加固法

直接加固法是指对需要进行加固修复的构件开展接触式的加固，包括：增大截面加固法、置换混凝土加固法、外包钢加固法、粘贴钢板加固法、粘贴 FRP 片材加固法、嵌入式加固法等。每种加固方法都有其特点和适用范围，应根据具体条件加以选择。

（1）增大截面加固法[5-6]

增大截面加固法是目前最常用的传统加固方法之一，是指通过增加结构构件的截面面积以提高其强度、刚度和稳定性来满足构件正常使用要求的一种方法。增大截面加固法施工工艺简单，适应性强，成本较低，并具有成熟的设计和施工经验。但此方法增加了原结构的自重，且现场施工的湿作业工作量大，养护时间较长，对生产和生活有一定的影响，加固后构件的截面增大，对建筑物的净空和外观有不小影响。

（2）置换混凝土加固法[7-8]

置换混凝土加固法是剔除原构件低强度或有缺陷区段的混凝土到一定深度，重新浇筑同品种但强度等级较高的混凝土进行局部增强，以使原构件的承载力得以恢复的一种加固方法。该方法施工简便，一般情况下对周边影响小，直接加固费用不高。为保证置换效果，施工前多数情况下应对结构进行卸载，新旧混凝土接合面粘结必须可靠。但是，该方法同样存在大量的现场湿作业，施工周期长，并且仅仅置换混凝土往往只能达到修复的效果，难以实现显著的性能提升。

（3）外包钢加固法[9-10]

外包钢加固法是以横向缀板或套箍为连接件，将型钢或钢板包在原构件表面、四角或两侧，以减轻或取代原构件受力的一种加固法。根据接合面是否能够传递剪力，其可分为湿式与干式两种。湿式，即型钢与原构件之间用乳胶水泥或环氧树脂粘结，从而保证接合面的剪力传递；干式，即型钢与原构件间虽然有水泥，但不能确定接合面能否有效地传递剪力。外包钢加固法具有施工简便、现场工作量较小、施工速度较快、构件尺寸增加小、大幅度提高构件承载力、增加延性和刚度的优点，但其受使用环境限制，用钢量大，费用较高，有时需要特制的夹具，还需进行防腐处理，以提高耐久性。

（4）粘贴钢板加固法[11-12]

粘贴钢板加固法是在混凝土构件表面用特制的建筑结构胶粘贴钢板，以提高结构承载能力和刚度的一种方法。该方法的实质是体外配筋，提高原构件的配筋量，从而相应提高构件的刚度、抗拉、抗压、抗弯、抗剪等方面的性能。粘贴钢板加固法施工方便、快捷，现场无湿作业或仅有抹灰等少量湿作业，且加固后对原结构外观和净空无显著影响。但是，该法对结构胶的要求较高,即结构胶必须具有强度高、粘结力强、耐老化、弹性模量高、线膨胀系数小等特性,其加固效果在很大程度上取决于胶粘工艺与操作水平,加固后钢板表面应进行必要的防腐处理。

(5)粘贴 FRP 片材加固法[13]

粘贴 FRP 片材加固法是用特制胶结材料把 FRP 片材粘贴于结构或构件的相应区域,使其与被加固结构或构件共同工作,达到对结构或构件加固补强及改善受力性能的目的。目前用于加固的 FRP 片材主要有玻璃纤维片材、碳纤维片材、玄武岩纤维片材、芳纶纤维片材等。粘贴 FRP 片材加固法除了具有与粘贴钢板加固法相似的优点外,还具有耐腐蚀性和耐久性好、几乎不增加结构自重、维护费用较低等优点,但需要专门的防火处理。

(6)嵌入式加固法[14-15]

嵌入式加固法主要应用于钢筋混凝土结构中,也有部分应用于竹木结构。该技术是将增强材料嵌入结构表面预先开好的凹槽中,通过粘结材料使增强材料与原结构形成整体,以此来达到加固的目的。相比于外贴、外包等加固技术,嵌入式加固法由于加固材料内嵌在结构体内,其抗冲击性、耐久性、防火性能等得以提高。目前,嵌入式加固技术所采用的加固材料有钢筋、钢板条、FRP 材料等。其中钢筋、钢板条作为加固材料应用得较早,但钢材的易锈蚀性使得其表面仍旧需要较厚的保护层。而 FRP 材料因其轻质高强、耐腐蚀等诸多优点而被广泛应用于嵌入式加固技术中,且加固效果显著。

2)间接加固法

(1)体外预应力加固法[16-17]

体外预应力加固法是采用外加预应力钢拉杆或钢撑杆对结构或构件进行加固的方法。该方法是一种主动加固法,能降低被加固结构或构件的应力水平,不仅加固效果好,而且还能较大幅度地提高结构整体承载力,但加固后对原结构外观有一定影响;由于钢拉杆或钢撑杆布置在结构或构件外部,易受环境的影响,需要做可靠的防腐处理。体外预应力加固法设计构造的关键是拉杆或撑杆的锚固及与构件的连接,要求是锚固承载能力必须大于拉杆或撑杆本身的承载能力。体外预应力加固法适用于大跨度或重型结构的加固以及处于高应力、高应变状态下的混凝土构件的加固,但在无防护的情况下,不能用于温度在 60℃ 以上的环境中,也不宜用于混凝土收缩徐变大的结构。

(2)改变结构受力体系加固法[18]

改变结构受力体系加固法包括增加支承加固法和托换加固法。前者是通过增加支承构件来达到加固结构的效果,方法比较简单,而且效果可靠,但加固工作量较大,易损害建筑物的原貌和使用功能,通常还会减小建筑物的使用空间,适用于净空不受限制的大跨度结构的加固;后者是一种综合性加固技术,它是托梁(桁架)拆柱(墙)、托梁接柱、托梁换柱等技术的总称,由结构加固、上部结构顶升与复位以及废弃构件拆除等技术工艺组成,具有施工时间短、费用低、对生活和生产影响小等优点,适用于要增大结构使用空间的结构加固。对于桥梁结构体系方面,改变结构受力体系加固法主要采用简支梁变连续梁、简支梁下增设桥墩等方式,其施工周期较长,需要重型机械和封闭交通,费用较高,一般与其他加固方法结合使用。

1.2.2 结构抗震加固技术

地震是具有巨大破坏力的自然灾害,由于地震灾害的教训,近30年来,各国学者对结构抗震加固十分重视,并开展了广泛的研究。尽管前述的基本加固方法也适用于抗震加固,但是由于地震作用下结构每个质点都产生显著的水平加速度,并由此产生水平惯性力,结构承载矛盾由平时的竖向转为地震时的水平方向。因此,结构的抗震加固技术不同于前述的基本加固方法。目前混凝土结构的抗震加固技术主要可划分为以下几类[19-21]:

1)抗力加固技术

抗力加固技术通过加大构件截面尺寸、外包型钢、外包FRP约束等方法来提高构件的承载力,或通过增设钢支撑(X形、K形支撑)来提高楼层的屈服刚度,减小结构的层间变形。目前国内外混凝土结构抗震加固中该类型技术的应用最为广泛。

2)消能减震加固技术

消能减震加固技术是在结构中放置一定数量的消能设备,当结构遭遇设防烈度地震作用时,通过增加体系的阻尼系数以减小结构地震反应,当结构遭遇强震作用时,消能装置率先进入弹塑性状态耗散掉大量的地震能量,从而使主体结构免遭破坏。此法适用于墙体较少的中高层框架结构。

消能减震加固技术在我国首先被应用于结构的抗震加固上,如沈阳市政府大楼采用了摩擦阻尼器进行加固,黏滞阻尼器和消能支撑系统则已用在北京饭店、北京火车站、中国革命历史博物馆、北京展览馆等工程的抗震加固上。

3)隔震加固技术

通过抗震评估确认,将既有建筑物的特定层作为隔震层。隔震层通常放在基础上(基础隔震加固),但根据需要也可放在建筑的某一特定层。在该层上水平切断主要受力构件,增设使竖向刚度增大、水平侧向刚度减小的隔震装置。在地震作用下,通过隔震层的相对位移,达到大幅度降低原结构地震反应的目的。

1.3 现有加固技术面临的问题

如前文所述,工程结构病害产生的原因、形式多样,其对应的结构加固需求也是多种多样的。近十余年来,在工程学、材料科学、计算机科学等多学科的交叉推动下,尽管工程结构加固技术已经取得了长足的发展,但是依然存在以下几个方面的问题。

1.3.1 缺乏新型加固材料的支撑

传统结构加固技术采用的加固材料主要是钢材、混凝土等,而这些材料大多存在长期性能(耐久性、抗疲劳性能)不理想的问题。结构在服役过程中面临的各类恶劣环境(如冻融环境、疲劳荷载作用环境、强震作用环境、超载环境等)不因加固而改变,如果所用加固技术不能很好地应对这些恶劣环境,加固效果则经受不起时间的考验,结构甚至在不久之后即需要二次、三次加固,浪费资源的同时将造成极坏的社会影响。

纤维增强复合材料(FRP)在结构加固中的应用已经日益广泛,可以说FRP已然成为结构加固使用的一种常见材料。但是,目前FRP制品方面,产品形式还是以纯FRP材料为主,面临费用高、材料利用率低、抗火和抗界面剥离方面有待提升等难点问题。这些问题的解决有赖于新型加固材料的研发和针对性技术的开发。

1.3.2 缺乏预应力技术的高效应用

传统加固技术,如增大截面,粘贴钢板、FRP板材、FRP片材等加固技术,其补强材料只承担活载及后加恒载引起的内力。与被加固构件相比,其受力相对滞后,在极限状态时其应力往往是达不到强度设计值的,存在材料利用率低、不经济等问题。特别是采用外贴FRP片材抗弯加固时,FRP片材的高抗拉性能很难充分发挥作用。无预应力外贴FRP片材加固由于分阶段受力带来的应变(应力)滞后现象,使得极限状态下无法发挥加固材料的高抗拉性能,造成“大马拉小车”的现象。在倡导建设节约型社会的环境下,这种浪费是值得我们深思的。众所周知,预应力技术是提高材料利用效率的有效手段,在结构加固领域大力推广采用预应力技术,可以使加固材料的利用从“被动”转向“主动”,实现加固的高效性和经济性。因此,未来结构加固技术必然是朝着更充分、更有效地利用加固材料的预应力“主动加固”方向发展。

1.3.3 缺乏高效抗震加固理念和技术

抗震设防的最终目标是提高结构的整体抗震性能,其对于防止结构倒塌、减少人员伤亡和经济损失具有十分重要的意义。然而现阶段既有结构的加固方法仍然以控制结构震后抗倒塌性能为主要目标,在结构加固时仍然以传统的结构设计方法为主,在实际操作中主要通过提高构件的承载力来提高结构的抗震性能,从而缺乏一套整体加固的设计原则和方法,同时忽略了结构的震后可恢复性以及经济损失风险。随着可恢复性抗震研究的发展,急需研发新型抗震加固技术(如损伤可控、整体修复等),其不仅可以提升结构的抗倒塌性能,也能提升结构的震后可修复性,降低结构的震后损失。

1.3.4 缺乏兼顾特殊需求的针对性加固技术

不同类型工程结构面临的服役环境千差万别,有承受车辆反复荷载的桥梁结构、江河湖海中的水下结构、埋藏地下的涵洞结构、海洋环境下的海工结构等。目前面向普通服役环境类型下的一般性加固技术难以很好地适应各种复杂服役环境下的特殊加固需求,既有加固手段在特殊需求限制下往往表现出“水土不服”。因此,急需开展考虑服役环境特点的针对性加固技术的研发,实现复杂服役条件下结构的高效加固。

1.4 本书研究思路和内容

本书是课题组团队近二十年来在结构加固领域研究成果的梳理和汇总。全书框架脉络如图1-1所示,其中第1篇涉及以新型FRP制品为代表的基于新材料的结构加固新技术;第2篇涉及以预应力技术为统领的主动加固结构新技术,新材料为新型预应力加固技术提供产品支撑,新型预应力技术为新材料性能的高效利用提供技术保障,两者共同构成了“基于手段”的结构加固技术体系;第3篇涉及以提升结构抗震性能为目标的结构高效抗震加固新技术,从新理念、新材料、新体系等角度构成了“基于目标”的抗震加固新技术体系;第4篇涉及若干面向特殊需求的结构高效加固新技术,借鉴上述“基于手段”和“基于目标”的新型加固技术,兼顾服役环境和作业环境的特殊需求,建立了“面向环境”的高效加固技术体系。全书所有篇章共同构成了结构新型高效加固技术体系。下面对全书各章节内容进行纲领性的简介。

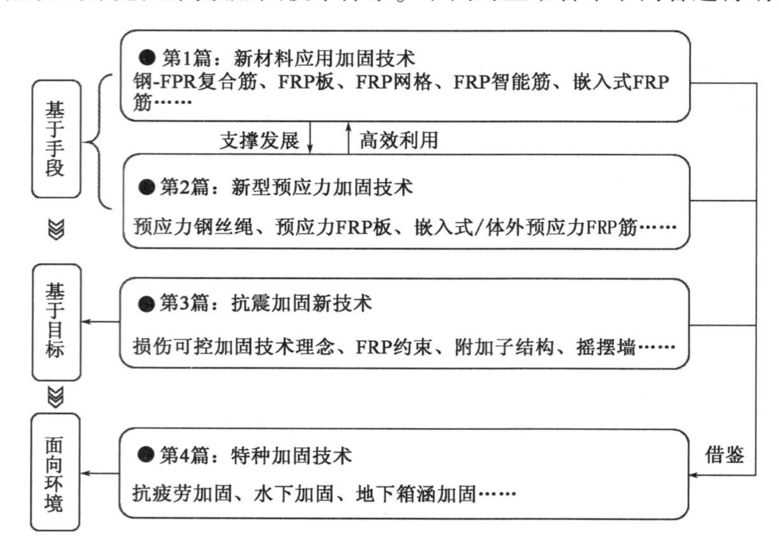

图1-1　工程结构新型高效加固技术框架

1.4.1　第1篇:新型FRP制品及结构加固新技术

1)钢-FRP复合筋及结构加固技术

如图1-2a)所示,在掌握FRP材料属性、制备工艺等基础上,结合材料复合优化理念,课题组创新研发了钢-FRP复合筋(steel FRP composite bar,SFCB),并对其力学性能、与混凝土粘结性能、耐腐蚀性能、绝缘性能等进行了全面、系统的研究测试。如图1-2b)所示,新型SFCB在嵌入式加固领域具有良好的应用前景,其用作嵌入式加固的增强筋时,可同时满足耐腐蚀、高延性和有效提升刚度的技术需求。本书第2章以SFCB嵌入式抗弯加固梁为例,对采用SFCB作为增强材料的加固效果进行了试验研究,并建立了相应的加固设计方法。

2)新型FRP板/网格及结构加固技术

如图1-3a)所示,基于钢丝与玄武岩纤维布层间混杂的新工艺,课题组创新研发了具有高延性和高性价比的新型钢丝-连续玄武岩纤维复合板。本书第3章介绍了新型钢丝-连续玄武岩纤维复合板的拉伸性能和本构模型,探讨了其抗弯加固效果及关键影响参数,并给出了抗弯加固设计建议。此外,如图1-3b)所示,课题组创新研发了可双向受力的新型FRP网格。本书第3章对新型FRP网格的基本组成、制备技术、基本力学性能和锚固构造措施进行了介绍,讨论了FRP网格在混凝土梁、空心板、隧道、水下墩柱等不同应用场景下的加固效果,并给出了面向工程应用的设计建议。

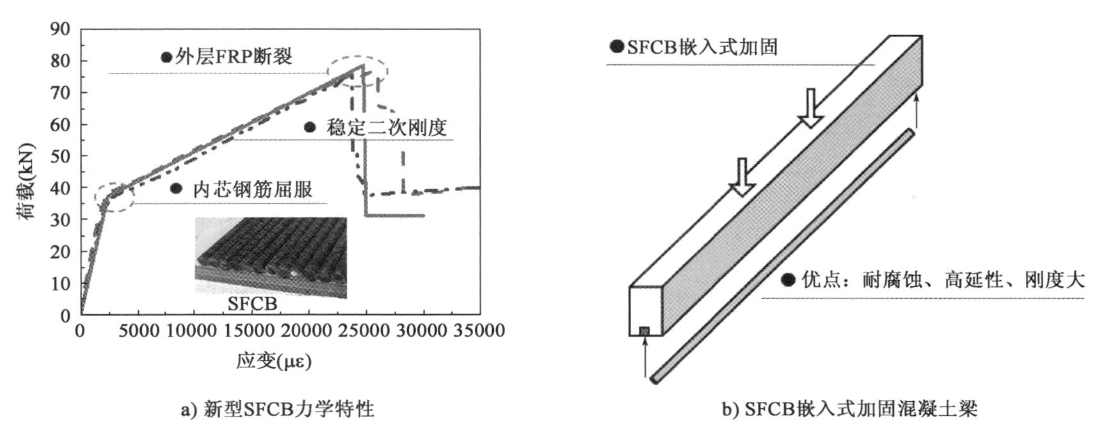

a) 新型SFCB力学特性　　b) SFCB嵌入式加固混凝土梁

图1-2　新型SFCB及结构加固技术

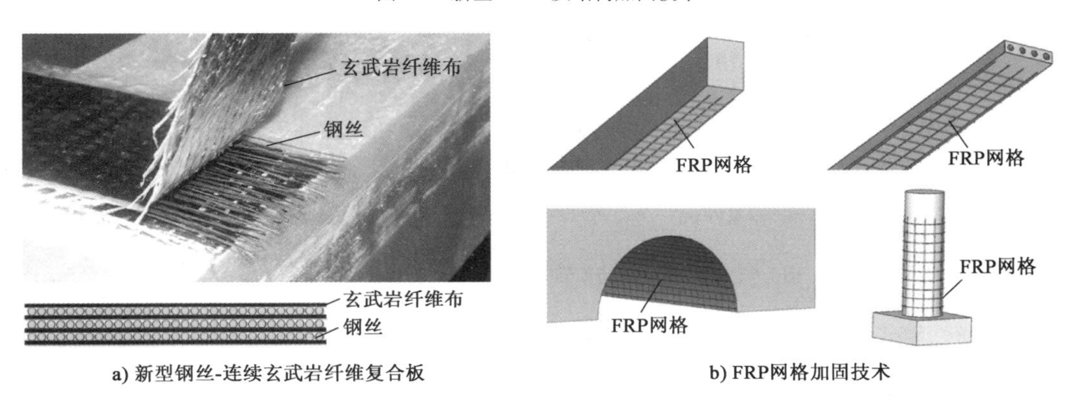

a) 新型钢丝-连续玄武岩纤维复合板　　b) FRP网格加固技术

图1-3　新型FRP板/网格及加固技术

3) FRP 智能筋及结构加固技术

如图1-4所示，在掌握FRP筋制备工艺特点和光纤传感技术特征的基础上，面向结构智能加固需求，课题组创新研发了新型FRP智能筋，通过对其传感性能和力学性能的测试，建立了基于分布式测量的结构性能评估体系。FRP智能筋在力学和传感两方面优势显著，保证了其在混凝土结构加固领域巨大的应用前景。本书第4章以FRP智能筋嵌入式抗弯加固混凝土梁和柱为例，结合混凝土桥梁加固工程案例，翔实地验证了其智能化加固效果，为进一步建立混凝土结构智能加固技术体系提供了坚实的基础。

4) 嵌入式FRP筋加固结构抗火性能提升技术

为了拓宽嵌入式FRP筋加固技术的适用范围，有必要提升嵌入式FRP筋加固结构的抗火性能。如图1-5所示，课题组创新研发了两类新型嵌入式FRP筋加固抗火性能提升技术：一类是研发新型酚醛树脂基耐高温FRP筋材，从材料层面实现抗火性能的根本提升；另一类是综合有机粘结材料粘结性能强、无机粘结材料热惰性好的特点，提出两种材料组合的新型嵌槽施工工艺，从物理层面提升嵌入式FRP筋加固结构的抗火性能。本书第5章以嵌入式FRP筋加固梁为例，通过火灾试验，验证了上述抗火性能提升技术的效果并给出了相应的设计方法。

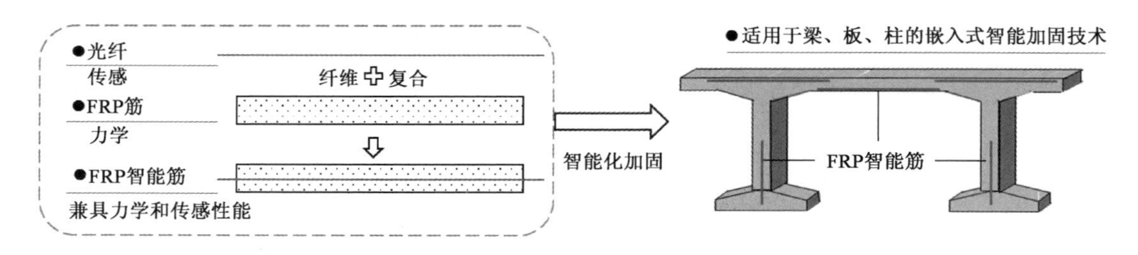

图 1-4　新型 FRP 智能筋及其加固混凝土构件

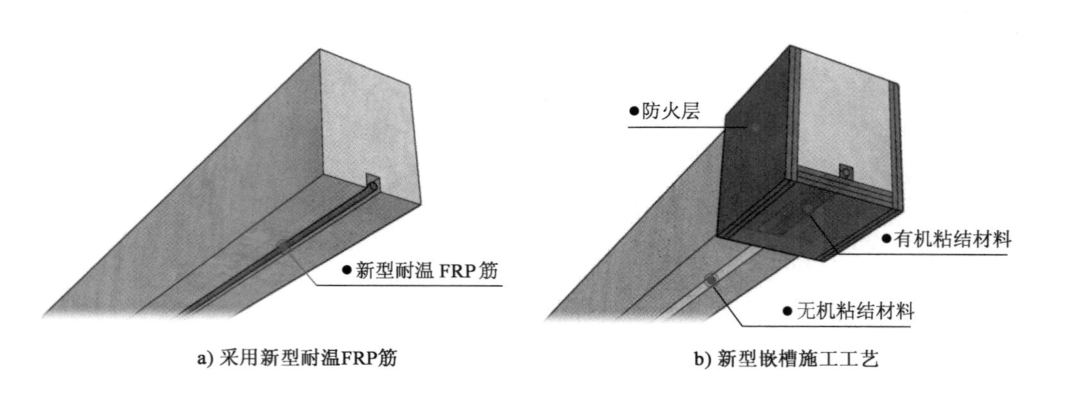

图 1-5　嵌入式 FRP 筋加固结构抗火性能提升技术示意图

5)纤维布外贴抗冻融结构加固技术

冻融循环作用是影响寒冷地区混凝土结构使用寿命的重要因素,纤维布外贴加固混凝土结构同样面临冻融耐久性问题。目前国内外主要的 FRP 设计规范仅在 FRP 材料设计强度指标上考虑了相应的环境折减系数,在恶劣环境对 FRP-混凝土界面粘结性能的影响方面尚未有明确的规定,也没有抗冻融方面的设计建议。如图 1-6 所示,本书第 6 章从 FRP 片材抗冻融性能、FRP 片材-混凝土界面冻融耐久性和 FRP 片材加固混凝土构件的抗冻融设计三个方面介绍了课题组的相关创新研究,对冻融环境下 FRP 外贴加固混凝土受弯构件的设计给出了建议。

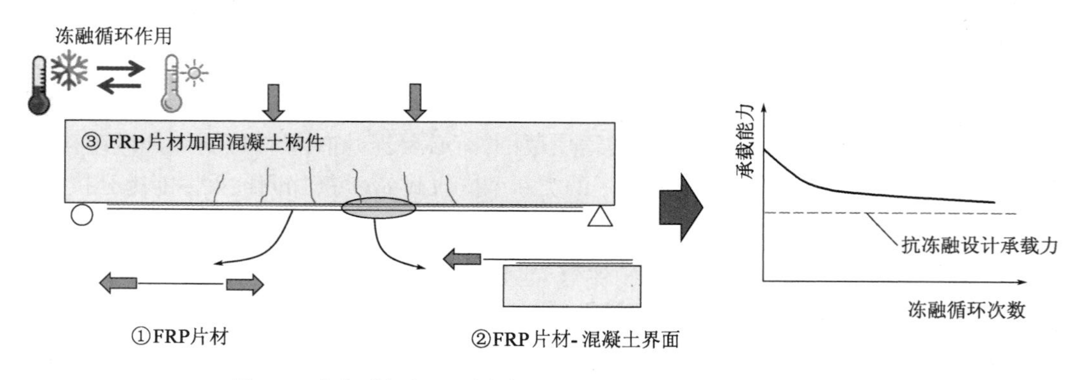

图 1-6　冻融环境下 FRP 片材加固混凝土构件的抗冻融设计示意图

1.4.2 第2篇:预应力主动加固结构新技术

1)预应力高强钢丝绳加固结构新技术

基于预应力分散、多级、分层锚固等创新理念,课题组研发了新型预应力高强钢丝绳加固结构新技术。如图1-7所示,结合课题组研发的专用张拉锚固技术,可以实现对混凝土结构抗弯、抗剪等性能的高效加固。而且,得益于钢丝绳分散锚固的技术优势,端部锚具承担的集中压力显著减轻,大大优化了锚固区的应力分布,具有很好的适用性和灵活性。本书第7章从施工工艺、设计方法及工程应用等方面对该新型加固技术进行了全面介绍。

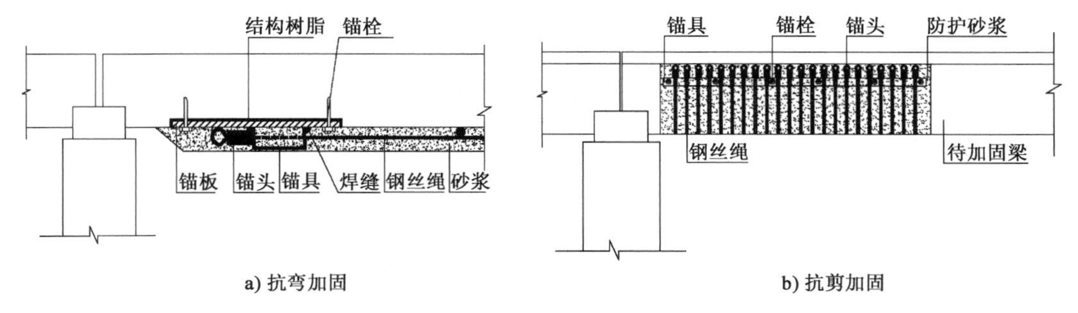

图1-7 预应力高强钢丝绳加固技术构造图

2)预应力FRP板加固结构新技术

如图1-8所示,课题组创新研发了基于新型夹片和新型原位张拉系统的预应力FRP板加固技术。本书第8章对应用于新型夹片的新型锚具的锚固性能和新型原位张拉系统的可靠性能进行了试验研究。结果表明,新型锚具锚固效率高、性能稳定,新型原位张拉系统传力简单、施工方便、经济性能好。在此基础上,将该新型体系应用于大比例尺T梁的加固,验证了该新型加固技术的可行性。最后,为指导该技术在实际工程中的应用,总结提出了预应力FRP板加固混凝土结构的设计方法。

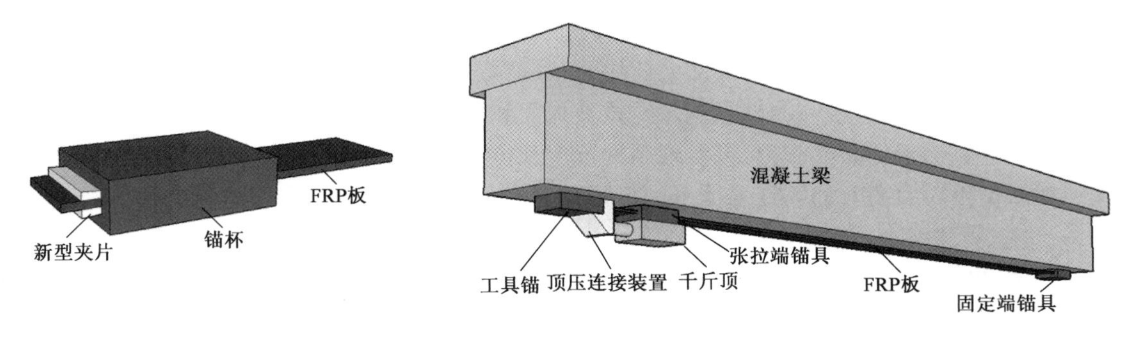

图1-8 新型预应力FRP板加固混凝土结构原理图

3)嵌入式预应力FRP筋加固结构新技术

如图1-9所示,通过对内嵌的FRP筋施加预应力,课题组创新提出了新型嵌入式预应力FRP筋加固技术。本书第9章对该新技术的关键工艺要点进行了介绍,基于试验和数值模拟分析比较了若干种针对嵌入式预应力FRP筋的端部抗剥离措施的效果。从工程实用角度出发,课题组开发了一套适用于现场操作的嵌入式预应力 FRP 筋转向张拉设备和工艺流程。

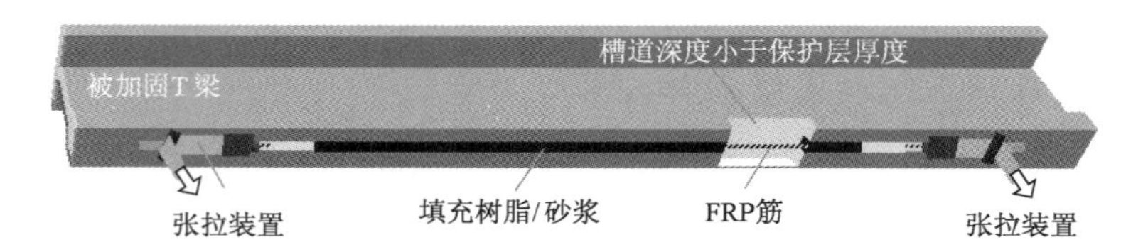

图 1-9　嵌入式预应力 FRP 筋加固混凝土结构新技术

4)体外预应力 FRP 筋加固结构新技术

如图 1-10 所示,围绕体外预应力 FRP 筋加固的核心技术难题,本书第 10 章对课题组在预应力 FRP 筋长期性能(蠕变松弛控制、疲劳应力限值等)、体外预应力 FRP 筋关键技术(提高锚固效率的工艺和限制转向区应力集中的参数等)以及体外预应力 FRP 筋加固构件设计方法等方面的研究成果进行了介绍,并通过既有文献中 42 根 FRP 筋体外预应力梁的试验结果对所提出的计算方法的精度进行了验证。

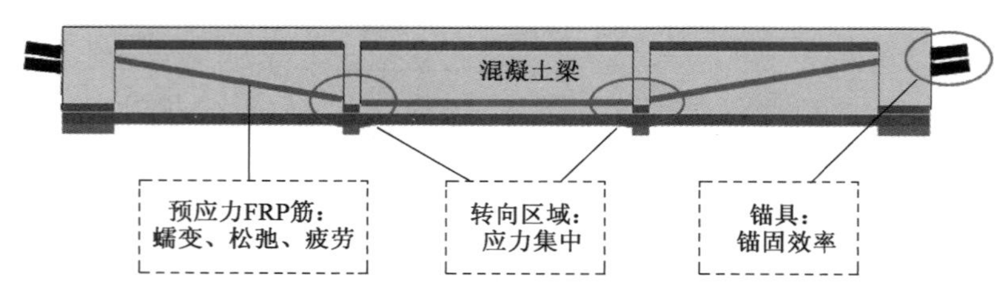

图 1-10　体外预应力 FRP 筋加固结构新技术

5)基于混杂和组合方法的预应力高效加固结构新技术

如图 1-11 所示,课题组创新提出了基于材料混杂、组合抗弯、弯剪组合的三类预应力高效加固结构新技术。通过将高强度碳纤维布与高延性玄武岩纤维布进行层间混杂,可有效提升纤维布的预应力张拉控制值,配合真空辅助成型快速固化工艺,有效提升预应力 FRP 筋加固混凝土受弯构件的加固效果;通过体内嵌入 + 体表粘贴 + 体外预应力等多种方法组合的方式,可在不明显增大结构截面的前提下,大幅提升结构抗弯承载能力,突破单一加固方法的增幅限制;通过预应力高强钢丝绳抗剪加固和粘贴钢板抗弯加固组合的方式,利用预应力钢丝绳对钢板的紧箍作用,可实现结构抗弯和抗剪性能的同步提升。本书第 11 章对上述三类新型预应力高效加固技术体系进行了系统介绍。

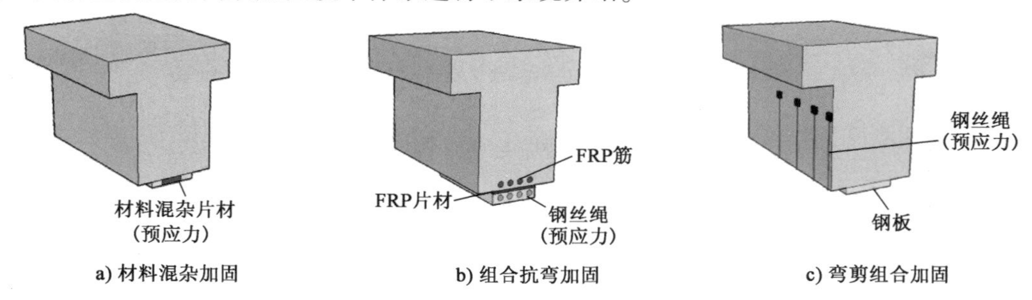

图 1-11　基于混杂和组合方法的预应力高效加固结构新技术

1.4.3 第3篇:结构抗震加固新技术

1)结构损伤可控设计及加固技术

损伤可控结构是指在地震作用下结构损伤不会过度发展,灾后在合理的技术条件和经济条件下经过修复即可较快恢复其预期功能的结构。本书第12章基于传统混凝土结构由于钢筋弹塑性特征而难以有效实现良好震后可恢复性的背景,提出了基于损伤可控原理的结构加固技术,使得传统结构由损伤离散性大向损伤可控转变。书中系统阐述了损伤可控结构的内涵与特征,给出了损伤可控结构的评价指标体系,并提出了若干基于损伤控制的结构加固设计方法。结构损伤可控加固设计理念如图1-12所示。

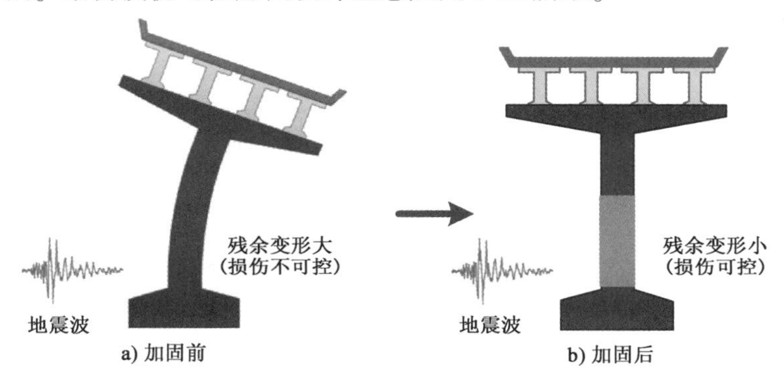

图1-12 结构损伤可控加固设计理念

2)FRP约束混凝土柱抗震加固技术及设计方法

如图1-13所示,采用FRP外包约束,可以显著提升混凝土柱的抗震性能。本书第13章介绍了FRP约束混凝土柱的受力特点、影响参数及轴压应力-应变关系,包括圆形和矩形两种截面形状以及强化型和软化型两种应力-应变关系曲线。基于试验结果、数值分析及理论推导,给出了FRP约束混凝土柱抗震加固设计计算方法,并辅以典型加固设计算例来说明具体计算过程。

图1-13 FRP约束加固钢筋混凝土柱方案示意图

3)考虑粘结滑移效应的 FRP 约束混凝土柱精细化分析

在结构抗震性能分析中是否精细化考虑筋材与混凝土的粘结滑移效应会对分析结果的准确性产生重要影响,分析 FRP 约束加固混凝土结构的抗震性能时同样需要考虑粘结滑移效应的影响。本书第 14 章对两类 FRP 约束混凝土柱的抗震性能精细化分析展开讨论:一类是 FRP 约束塑性铰区有搭接纵筋(或连续纵筋柱)的混凝土柱,另一类是 FRP 约束与内嵌组合加固的混凝土柱。如图 1-14 所示,为有效考虑筋材的粘结滑移效应,提出了一个同时考虑筋材弹性伸长和界面粘结滑移的加载端应力-滑移理论模型,并将其转变为“修正应力-应变关系”,以方便将其直接嵌入基于纤维模型的有限元软件中,简化了非线性迭代过程,实现了高精度模拟。

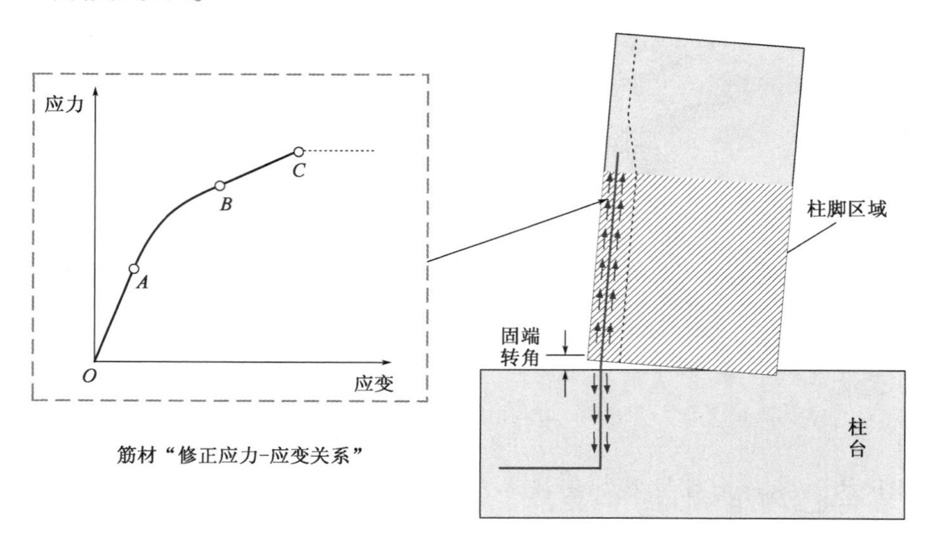

图 1-14　考虑粘结滑移效应的 FRP 约束混凝土柱非线性计算

4)附加子结构抗震加固新技术

如图 1-15 所示,课题组创新提出了附加子结构抗震加固新技术。附加子结构与既有结构连为一体,使两者在地震作用下共同工作,这是一种结构体系层面的加固方法。附加装配式子结构具有优良的整体加固效果,通过改善既有结构的受力体系和破坏形式,补强薄弱层,改善位移模式,增强了既有结构的整体性,使其结构刚度分布更加均匀。由于是外附子结构,施工时不影响结构的正常使用,可实现“不打扰加固”。另外,预制装配技术的应用,可实现高效率、高质量、绿色化、工厂化的生产和安装。本书第 15 章对该新型加固技术进行了详细介绍。

5)新型损伤可控摇摆墙及抗震加固技术

如图 1-16 所示,课题组创新提出了一种新型损伤可控摇摆墙抗震加固新技术。通过在摇摆墙的角部设置弹性材料,在中部设置可更换阻尼器,可实现震后损伤的精准定位和快速更换修复。另外,增设新型损伤可控摇摆墙,可减小结构在地震中的响应和地震后的残余位移,实现震后结构功能的快速恢复。本书第 16 章在阐明上述新型损伤可控摇摆墙工作原理的基础上,从滞回性能、残余位移等角度讨论了新型摇摆墙的抗震性能,论证了该新型摇摆墙在混凝土结构抗震修复加固中实现损伤可控的可行性，最后提出了相应的设计方法和加固案例以供工程应用参考。

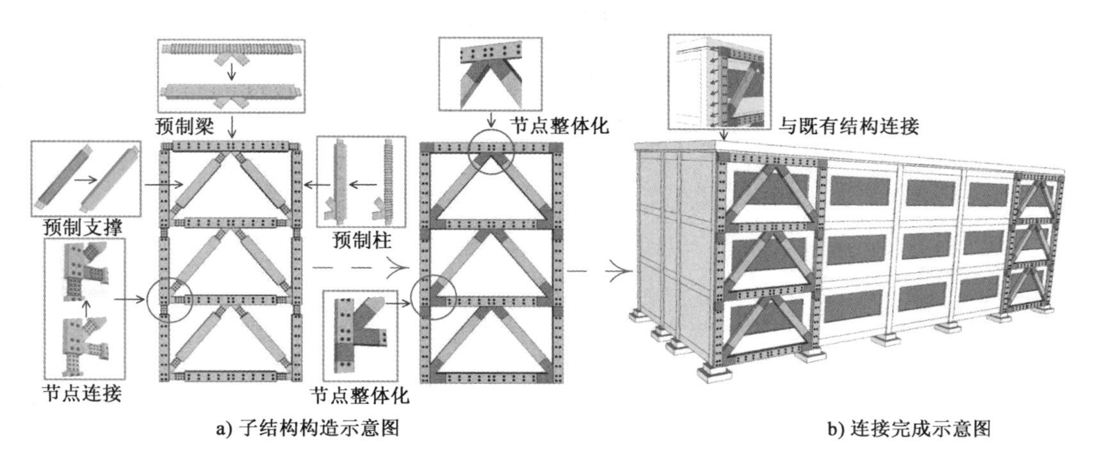

图1-15　附加子结构抗震加固新技术构造示意图

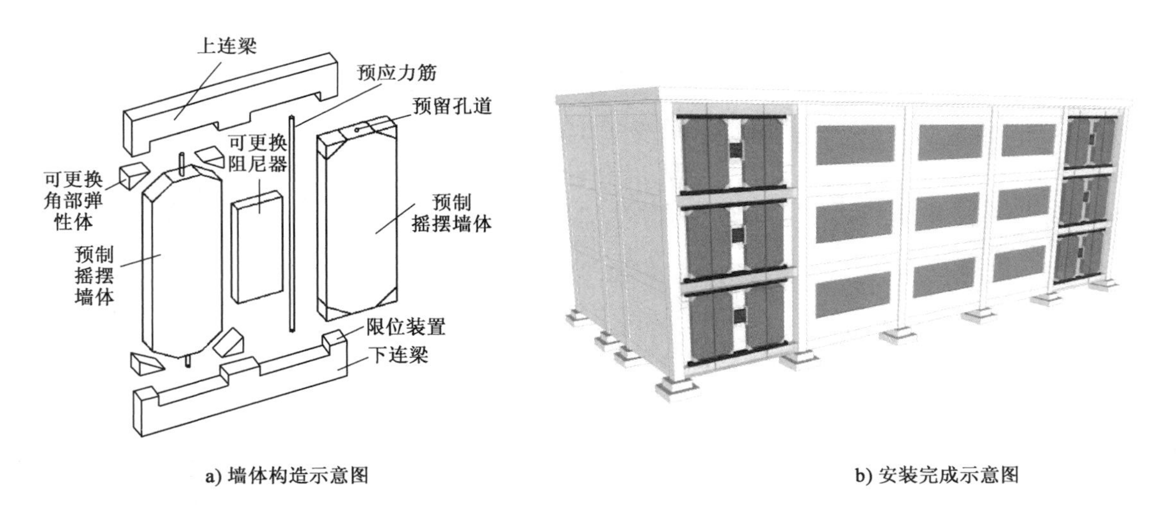

图1-16　新型损伤可控摇摆墙抗震加固新技术构造示意图

1.4.4　第4篇：若干结构高效加固新技术

1）外贴FRP抗疲劳加固钢结构技术

如图1-17所示，外贴FRP加固钢结构技术充分利用FRP材料耐久性和抗疲劳性好、可设计性强、施工便捷等优点，通过粘结剂将FRP粘贴在经过处理的钢构件表面，从而降低疲劳应力，延长损伤钢结构的疲劳寿命。本书第17章对外贴FRP抗疲劳加固钢结构技术的特点和加固机理进行了介绍，针对应用该技术涉及的关键问题，围绕粘结剂对CFRP-钢界面性能的影响、抗疲劳加固效果、抗疲劳设计方法等开展试验、理论和数值模拟研究，并提出相应的建议。

图 1-17　外贴 FRP 抗疲劳加固钢结构技术

2)混凝土空心板梁桥高效加固技术

预应力混凝土空心板梁桥以建筑高度小、外形简单、施工方便等优点在现代交通工程中有着较为广泛的应用,同时其在长期服役过程中也出现了大量的病害。本书第 18 章分析了混凝土空心板梁桥病害特征及其成因,指出混凝土空心板梁桥加固传统技术的缺陷,提出了若干新型技术,如图 1-18 所示。设计了不同参数的空心板梁试件,进行了纵向受弯加固试验,分析比较了钢筋加固、预应力钢丝绳加固、钢筋-预应力钢丝绳组合加固以及预应力钢丝绳内外加固的加固效果。同时,设计了 3 座缩尺混凝土空心板梁模型(横向 5 片空心板拼装),进行了空心板梁横向加固的效果测试,对比验证了混凝土空心板梁桥横向加固新型技术的实施效果。

图 1-18　混凝土空心板梁桥加固新技术

3)预制混凝土管片加固桥梁水下墩柱新技术

桥梁水下墩柱相对桥梁上部结构而言,因服役环境更为恶劣、多变,常出现冲刷侵蚀、混凝土破碎脱落、缩颈、露筋锈蚀等损伤,导致水下墩柱抗侧刚度、承载力、延性与耗能等抗震性能整体下降,严重危及整体结构安全。针对损伤水下墩柱结构,基于“免排水”加固理念,本书第19章创新性地提出了一种采用预制混凝土管片加固桥梁水下墩柱新技术(图1-19)。通过对采用此新技术加固的水下墩柱进行室内试验、理论分析与试点应用研究,揭示了加固墩柱的抗震性能变化,建立了简洁实用的加固设计方法,并完善了相关施工工艺,为实现针对既有损伤桥梁水下墩柱的快速、高效修复和加固提供了技术支撑。

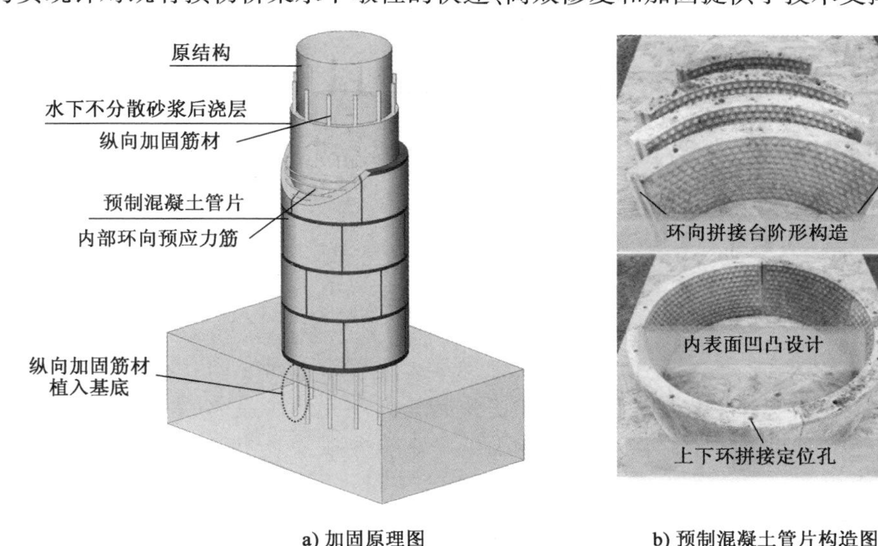

a) 加固原理图　　b) 预制混凝土管片构造图

图1-19 预制混凝土管片加固桥梁水下墩柱原理及构造图

4)预制管片内衬拼装快速加固地下箱涵新技术

地下箱涵结构由于长期服役于相对恶劣的环境下,加之设计标准普遍偏低,近年来,很多地下方形排水管网出现了严重的性能劣化。然而,目前尚缺乏一种快速、高效的非开挖加固技术对其进行整体加固修复。如图1-20所示,课题组创新提出了预制管片快速拼装内衬加固地下箱涵结构新技术,可解决传统加固方法对路面交通影响大、造价高、周期长、施工烦琐或加固效果难以保证等问题。本书第20章从施工工艺、关键技术研发、内力分析、试验室验证、现场实施与验证等方面,对该新技术的可行性进行了综合论证。

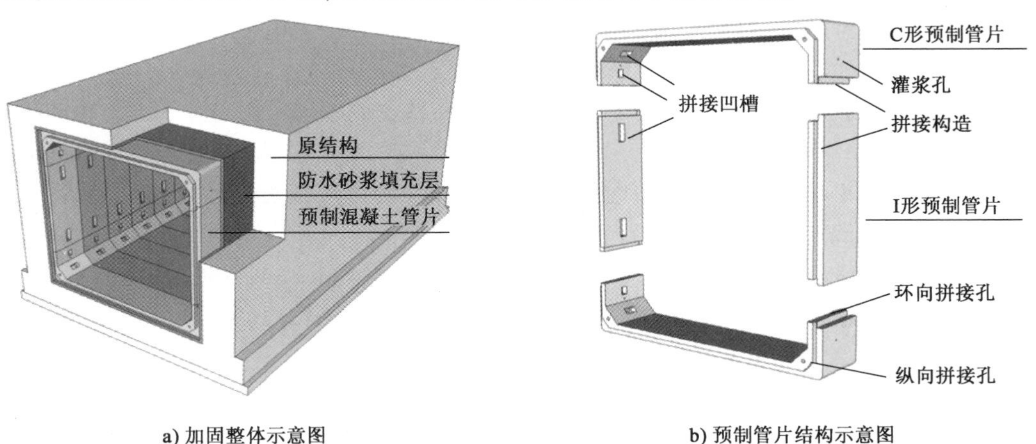

a) 加固整体示意图　　b) 预制管片结构示意图

图1-20 预制拼装内衬加固箱涵结构示意图

本章参考文献

[1] 陈宗平.建筑结构检测鉴定与加固[M].北京:中国电力出版社,2011.

[2] 范世平,孔广亚.建筑物加固改造技术的发展与应用[J].煤炭科学技术,2007,35(10):24-27.

[3] 雷宏刚,梁爽.土木工程结构检测鉴定与加固改造新进展[M].北京:中国建材工业出版社,2012.

[4] 敬登虎,曹双寅.工程结构鉴定与加固改造技术[M].南京:东南大学出版社,2015.

[5] 张淼,钱永久,张方,等.基于增大截面法的混凝土加固石拱桥空间受力性能试验分析[J].吉林大学学报(工学版),2020,50(1):210-215.

[6] 杨斌,安关峰,单成林.增大截面加固受弯构件的正截面承载力计算方法[J].公路交通科技,2015,32(6):81-88.

[7] 高琦.钢筋混凝土连续箱梁跨中段置换混凝土加固方法研究[J].公路,2016(10):93.

[8] 吴晓东.剪力墙结构中置换混凝土加固法新技术[J].施工技术,2013(S2):442-443.

[9] 周春利,周传兴,李小伟.外包钢板加固混凝土框架节点应用与抗震分析[J].自然灾害学报,2019,28(1):33-39.

[10] 朱翔,陆新征,杜永峰,等.外包钢管加固RC柱抗冲击试验研究[J].工程力学,2016(6):23-33.

[11] 夏凯,张万国.旧桥桥梁粘贴钢板加固技术的应用[J].公路交通科技(应用技术版),2019(6):66-68.

[12] 谢恩莅,周朝阳,樊文华.变厚板条粘贴加固梁界面应力分析[J].建筑结构学报,2018,39(S2):401-406.

[13] 陈绪军,李华锋,朱晓娥.FRP片材加固的钢筋混凝土梁短期刚度试验与理论研究[J].建筑结构学报,2018,39(1):146-152.

[14] 付丽.表面内嵌FRP筋加固混凝土T形梁受剪性能研究[D].沈阳:沈阳建筑大学,2018.

[15] 周正伟,陈冬剑,潘利群.嵌入式钢筋增强竹结构的工艺研究[J].中国高新技术企业,2011(16):27-29.

[16] 周鼎.某大桥体外预应力加固评估研究[J].公路交通科技(应用技术版),2019(9):155-158.

[17] 许鹏,黄木林,代攀,等.基于T梁实测预应力损失的体外预应力加固[J].公路交通科技(应用技术版),2018,14(10):265-267.

[18] 李欢.改变结构体系加固法在拱桥加固中的应用探究[J].四川水泥,2016(8):20.

[19] 韦承基,程绍革.抗震加固原理与方法[J].建筑科学,2001,17(3):1-3.

[20] 楼杨,潘金生.既有建筑结构隔震加固原理与应用现状.特种结构,2003,20(1):51-53.

[21] 李黎,李健,唐家祥.用隔震技术提高已有建筑的抗震能力[J].华中科技大学学报(城市科学版),2002,19(1):68-72.

第1篇

新型 FRP 制品及结构加固新技术

第2章

钢-FRP复合筋及结构加固新技术

2.1 概 述

纤维增强复合材料(fiber reinforced polymer,FRP)具有轻质高强、耐腐蚀、抗疲劳等一系列优良特性,被广泛应用于结构加固领域。但是,已有研究表明FRP为脆性材料,其应力-应变关系在断裂之前一直呈线性变化,没有明显的屈服特征,并且弹性模量通常小于钢材。采用FRP增强或加固的混凝土结构往往表现出刚度低、延性差等不足;而增加FRP用量,又会使得造价过高,经济效应低。传统钢材的弹性模量高、延性好,但是存在耐腐蚀性能不理想等缺点。

课题组研究发现,FRP筋的弹性模量较低、抗剪强度较低、容易发生脆性破坏,这些缺点可通过与钢材的复合得到一定程度的改善,钢材面临的锈蚀问题亦可以通过与FRP材料的复合来避免。如图2-1a)所示,本书作者团队率先研发并生产制作了以普通钢筋为内芯,外包纵向连续纤维的钢-FRP复合筋(SFCB)。如图2-1b)所示,在力学性能方面,由于外层线弹性材料FRP的存在,在内芯钢筋屈服后,SFCB仍然具备一定的拉伸刚度(称为"二次刚度"),并且由于内芯钢筋的存在,避免了脆性断裂的发生,保持了钢筋的高延性特点。另外,外包FRP层可以给内芯钢筋提供很好的保护,保持了FRP筋的耐腐蚀特点。

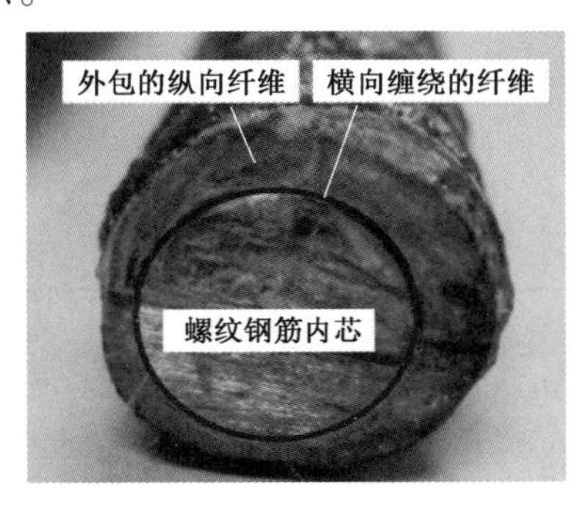

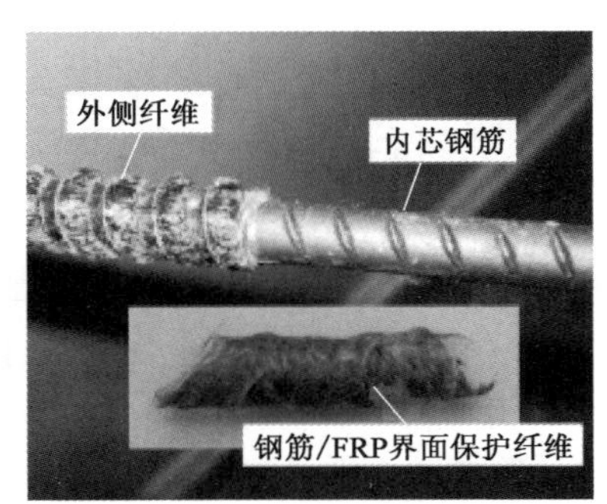

a) SFCB的组成

图 2-1

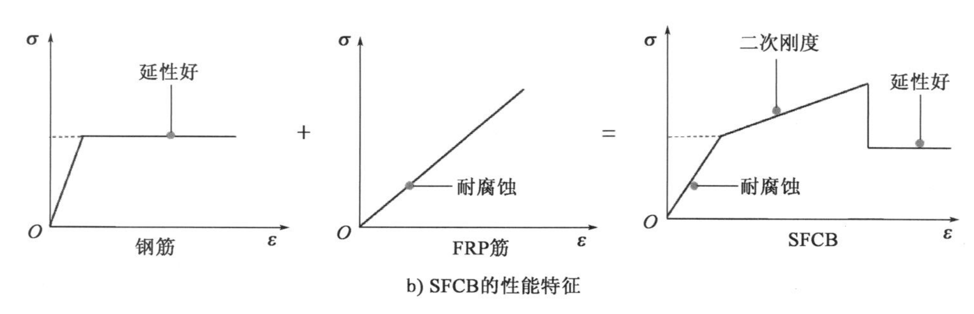

b) SFCB的性能特征

图 2-1 钢-FRP 复合筋(SFCB)

本章对东南大学绿材谷新材料科技有限公司生产的新型 SFCB 的力学性能、与混凝土粘结性能、耐腐蚀性能、绝缘性能等进行了全面、系统的研究测试,建立了可供设计参考的力学性能本构模型和粘结-滑移关系模型。基于所研发的 SFCB 的诸多优良特性(二次刚度、绝缘和耐腐蚀),简要介绍了其适用的工程领域。传统嵌入式加固技术通过在混凝土结构表面开槽,在槽道内嵌入钢筋或者 FRP 等增强材料,并以高性能树脂填充槽道的方式来对结构进行加固处理。近年来,该项技术得到了广泛的研究和应用。而作为一种新型高性能复合筋材,SFCB 在嵌入式加固领域具有良好的应用前景。SFCB 用作嵌入式加固的增强筋时,可同时满足耐腐蚀、高延性和有效提升刚度的技术需求。本章以嵌入式抗弯加固梁为例,对采用 SFCB 作为增强材料的加固效果进行了试验研究,并建立了相应的加固设计方法。

2.2 制 备 工 艺

基于多批次手工制备 SFCB 的摸索和技术积累发现,通过去除带肋钢筋纵肋并环向缠绕纤维的方式可以获得可靠的内芯钢筋/外包 FRP 界面。在此基础上,通过对现有 FRP 拉挤成型设备的技术改造,提出了图 2-2 所示的 SFCB 拉挤成型工艺流程,下面对该制备工艺的具体流程进行简要介绍。

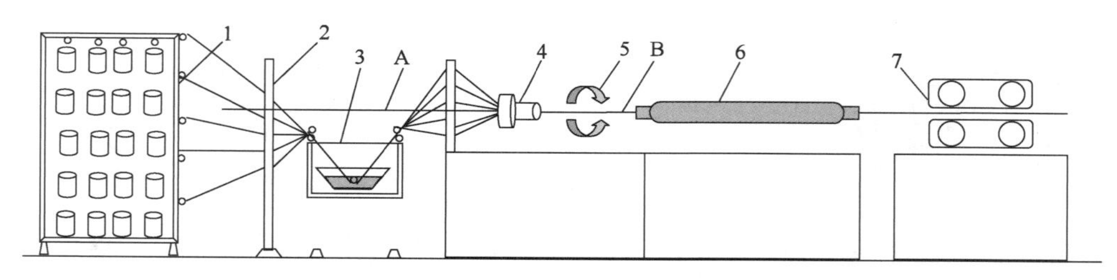

图 2-2 SFCB 拉挤成型工艺流程示意图

1-纱架;2-排纱器;3-胶槽;4-预成型模具;5-电动缠绕塑胶带;6-恒温固化炉;7-牵引装置;A-钢筋;B-SFCB

步骤一:选择原材料。

内芯钢筋可选用普通螺纹钢筋,外包纤维材料与普通 FRP 筋的所用材料相同,可选用碳纤维、玻璃纤维、玄武岩纤维等任意种类的纤维。树脂基体选用普通 FRP 筋的制备树脂。

步骤二：处理钢筋表面。

由于螺纹钢筋带有对称的通长纵肋，如不除去，在钢筋与纤维复合和拉挤成型过程中，将会影响复合截面的形状，形成椭圆形的截面。因此，需事先除去螺纹钢筋两侧的通长纵肋。

步骤三：缠绕环向纤维。

在除去钢筋表面纵肋后，采用无捻粗纱对其进行环向缠绕，以填补螺纹钢筋螺纹间的空隙，同时可以在钢筋与纤维复合并拉挤成复合筋时，增强钢筋与纵向纤维之间的粘结性能。该环向缠绕纤维在复合筋轴向受力时，基本不发挥作用，故可采用低成本的连续纤维，如玄武岩纤维、玻璃纤维等。

步骤四：排纱。

根据外包纤维的用量，确定纱锭数目。特别需要注意的是，为了避免在走纱过程中维丝由于摩阻力过大等遭到损坏，除了在布设纱锭时需注意避免丝束的张角过大以外，还应在纱架上的纱孔处采取利于平滑过渡的措施。

步骤五：浸渍树脂。

如图 2-3a）所示，浸渍装置主要由浸渍槽、导向辊、压辊、挤胶辊等组成。在浸渍槽的前后各设有梳理架，上设有窄缝和孔洞，用于梳理纤维毡及轴向纤维，纤维纱和纤维毡首先通过槽后梳理板，进入浸渍槽，浸渍树脂后通过梳理板，再进入预成型导槽。由于 SFCB 是由纤维与钢筋复合而成的，因此需要在浸渍槽前后梳理架的导纱板中心开出一圆孔，便于钢筋连续穿过。

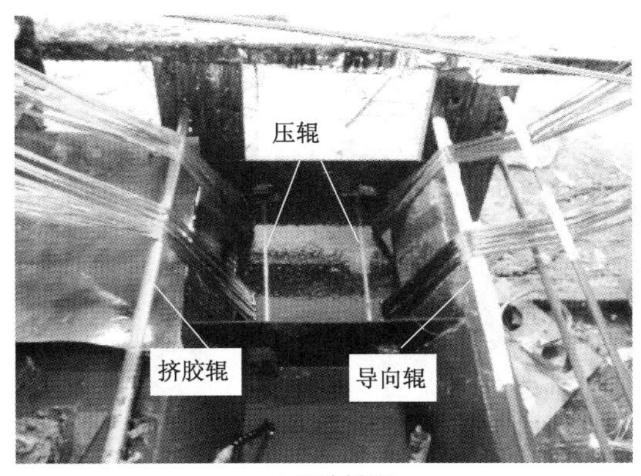

a) 浸渍树脂

b) 拉挤预成型

图 2-3　浸渍树脂和拉挤预成型

步骤六：拉挤预成型。

将浸渍过的各束连续纤维粗纱的一端穿过挤压预成型模具，并绑扎在一起，用钢绞线与前方的牵引机连接起来以便施加牵引拉力，开启牵引机便可张紧纤维粗纱并使之缓缓跟进。待浸渍过树脂的纤维纱束走过挤压模具后，便可递送钢筋。如图 2-3b）所示，钢筋和纤维在预成型模具中复合。复合过程中，浸渍过树脂的纵向纤维纱束中多余的树脂将浸入钢筋的环向纤维包裹层中。由于拉挤的作用，纤维纱束均匀地分布在钢筋周围，当 SFCB 从预成型模具中出来，紧接着利用电动缠绕机给 SFCB 环向缠绕塑胶带，以形成表面环向的肋痕，肋痕的间距和深浅可以通过调节电动机进行控制。经过环向缠绕塑胶带的处理后，预成型的SFCB便可进入固化模具，进入后续工序。

步骤七：固化成型。

SFCB从预成型模具出来并经过环向塑胶带缠绕之后，进入固化模具，在固化模具中固化成型后从模具中拉出。固化模具的长度取决于拉挤速度及树脂体系的化学反应特性等因素。一般将固化模具设计成三个不同的加热区，分别为加热区、凝胶区及固化区，三个区的温度应保证与其功能相协调。

如图2-4所示，SFCB固化时先后进入三个区段，在固化炉中的固化时间由牵引机的牵引速度控制。另外，为避免SFCB在固化过程中有挂胶现象，在进入固化炉前设置刮胶工序，以刮去SFCB表面多余的树脂。

图2-4 SFCB固化成型过程

步骤八：牵引及裁切成材。

SFCB在模具中固化后从牵引机出来，便可根据需要裁切成材。切割后还需将SFCB在室温中放置一段时间，树脂要完全固化后才能达到使用强度。

图2-5所示为采用上述工艺步骤生产出来的SFCB制品。

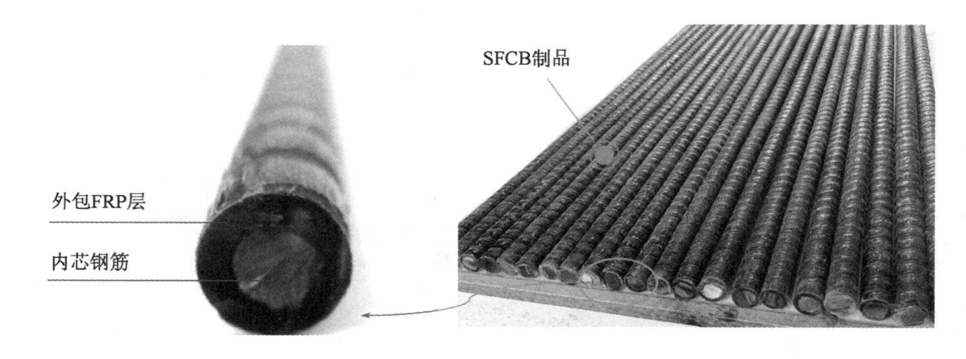

图2-5 制备的SFCB制品

2.3 SFCB的基本性能

本节对SFCB的综合性能进行了系统的测试分析，包括力学性能（抗拉和抗压）、与混凝土粘结性能、耐腐蚀性能、绝缘性能等。基于丰富的试验数据建立了相应的力学性能本构模型、粘结-滑移关系模型等，为后续基于新型SFCB的工程应用提供重要参考。

2.3.1 SFCB的力学性能

本节对SFCB进行了抗拉力学性能和抗压力学性能测试研究，分析了其受力过程和破坏特征,并且基于其应力-应变关系建立了相应的本构模型。

1)SFCB的单调拉伸性能

(1)试验研究

对制备的系列SFCB制品进行拉伸力学性能测试,试验中采用套筒粘结式锚具对SFCB进行锚固,保证试验时SFCB中钢筋和纤维的强度均能够得到充分发挥,并且考虑筋材轴线与仪器中心之间的偏心对试验结果会有较大的影响,特别设计了附加对中螺母。制作完成后的SFCB拉伸性能测试试件如图2-6所示。

试验中观察到,在加载初期,内芯钢筋和外包FRP共同承担荷载,SFCB应力和应变的增量相当。而当拉伸应变约为0.002时出现屈服现象,在继续加载过程中,相同应变增量下SFCB的应力增量较屈服前小,即SFCB表现出较高的屈服后刚度(二次刚度)。虽然此时内芯钢筋已经屈服,但增加的荷载可由纤维外包覆层承担;随着荷载继续增加,当试件中部的纤维外包覆层断裂失效时,SFCB到达其承载力峰值。此时,外荷载由屈服后的内芯钢筋承担,即钢筋强化阶段,而SFCB的承载力基本上不再增加。SFCB拉伸破坏形态如图2-7所示,首先是试件内芯的钢筋屈服,然后是屈服钢筋附近的纤维断裂,最后是纤维断裂破坏处附近区段内的钢筋被拉断。

图2-6　SFCB拉伸性能测试试件

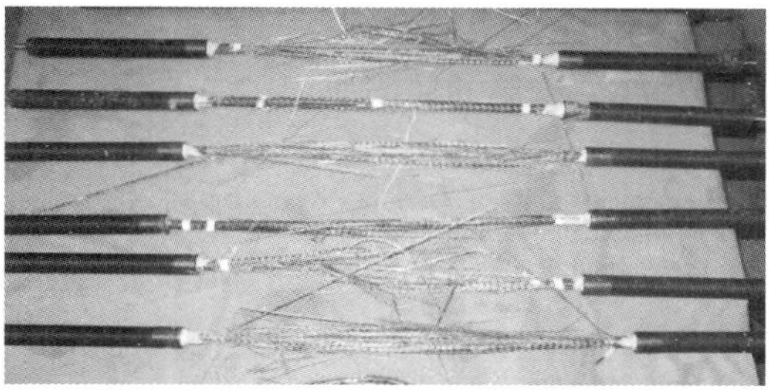

图2-7　SFCB拉伸破坏试件一览

(2)受拉应力-应变关系

根据材料复合法则,假设SFCB的纤维外包覆层与内芯钢筋之间的界面接合良好,在承受荷载作用的过程中,两者变形协调,即同一截面处应变相等,预测SFCB的应力-应变与其组成材料的应力-应变之间的关系如式(2-1)、式(2-2)所示:

$$\varepsilon_{sf} = \varepsilon_f = \varepsilon_s \tag{2-1}$$

$$\sigma_{sf} = (\sigma_s A_s + \sigma_f A_f)/(A_s + A_f) \tag{2-2}$$

式中:σ_{sf}、ε_{sf}——SFCB的应力和应变;

σ_s、ε_s、A_s——SFCB内芯钢筋的应力、应变和面积;

σ_f、ε_f、A_f——SFCB的FRP外包覆层的应力、应变和面积。

SFCB在单调拉伸过程中经历了三个阶段,即内芯钢筋屈服前(阶段Ⅰ)、内芯钢筋屈服到外包纤维断裂(阶段Ⅱ)、外包纤维断裂后(阶段Ⅲ)三个阶段。SFCB的复合机理及理想应力-应变关系曲线如图2-8所示,假设钢筋采用双线性理想弹塑性模型,FRP采用线弹性模型,则SFCB的三个阶段的应力-应变关系如下。

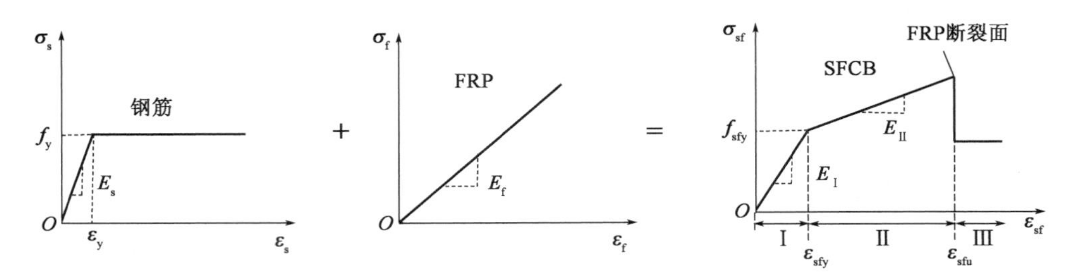

图 2-8　SFCB 的复合机理及应力-应变关系示意图

阶段Ⅰ:从应变为零到钢筋屈服。

$$\sigma_{\mathrm{I}} = \varepsilon(E_sA_s + E_fA_f)/A \quad (0 \leqslant \varepsilon \leqslant \varepsilon_y) \tag{2-3}$$

$$E_{\mathrm{I}} = (E_sA_s + E_fA_f)/A \quad (0 \leqslant \varepsilon \leqslant \varepsilon_y) \tag{2-4}$$

式中:E_s、A_s、ε_y——钢筋的弹性模量、横截面面积、屈服应变;

E_f、A_f——FRP 外包覆层的弹性模量、横截面面积;

A——SFCB 横截面总面积,$A = A_s + A_f$。

阶段Ⅱ:从钢筋屈服到 FRP 外包覆层断裂。

$$\sigma_{\mathrm{II}} = (f_yA_s + \varepsilon E_fA_f)/A \quad (\varepsilon_y < \varepsilon \leqslant \varepsilon_{fu}) \tag{2-5}$$

$$E_{\mathrm{II}} = E_fA_f/A \quad (\varepsilon_y < \varepsilon \leqslant \varepsilon_{fu}) \tag{2-6}$$

式中:f_y——钢筋的屈服应力;

ε_{fu}——FRP 外包覆层的断裂应变。

阶段Ⅲ:从 FRP 外包覆层断裂到钢筋断裂。虽然此时 FRP 外包覆层已断裂,但计算 SFCB应力时为了保持与前面一致,仍将其计入 SFCB 的面积中。

$$\sigma_{\mathrm{III}} = f_yA_s/A \quad (\varepsilon_{fu} \leqslant \varepsilon \leqslant \varepsilon_{s,max}) \tag{2-7}$$

$$E_{\mathrm{III}} = 0 \quad (\varepsilon_{fu} \leqslant \varepsilon \leqslant \varepsilon_{s,max}) \tag{2-8}$$

式中:$\varepsilon_{s,max}$——钢筋的断裂应变。

综上,SFCB 的整个应力-应变关系可以表示成式(2-9):

$$\sigma_{sf} = \begin{cases} E_{\mathrm{I}}\varepsilon_{sf} & (0 \leqslant \varepsilon_{sf} < \varepsilon_{sfy}) \\ f_{sfy} + E_{\mathrm{II}}(\varepsilon_{sf} - \varepsilon_{sfy}) & (\varepsilon_{sfy} \leqslant \varepsilon_{sf} \leqslant \varepsilon_{sfu}) \\ f_{sfr} & (\varepsilon_{sfu} < \varepsilon_{sf}) \end{cases} \tag{2-9}$$

式中:E_{I}——SFCB 屈服前的弹性模量;

E_{II}——SFCB 的二次刚度;

f_{sfy}、ε_{sfy}——SFCB 的屈服应力、屈服应变;

f_{sfr}——SFCB 的残余强度,可由式(2-7)求得。

基于上述模型计算的应力(荷载)-应变关系曲线与部分试验结果的对比如图 2-9 所示。可以发现,SFCB 在单调受拉过程中表现出了稳定的二次刚度,有着明显的屈服点、极限点,试验曲线与理论计算曲线吻合较好。此外,基本上所有 SFCB 试件的 FRP 外包覆层断裂后的残余承载力均比理论计算值大,其原因在于理论计算时没有考虑钢筋的强化作用。

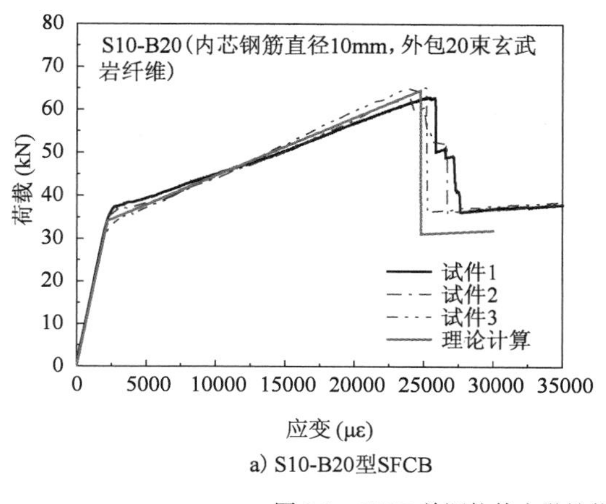

a) S10-B20型SFCB

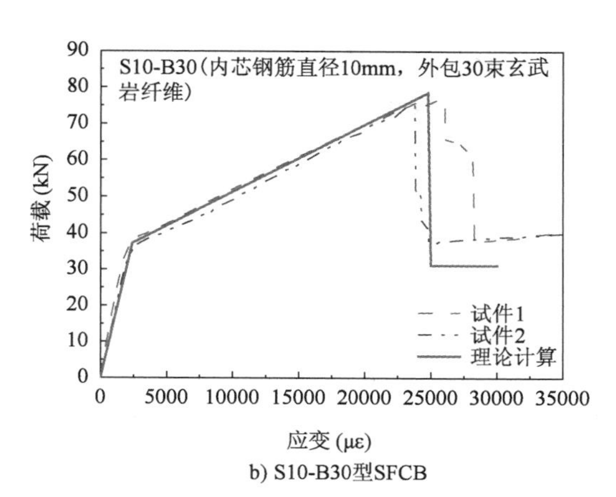

b) S10-B30型SFCB

图 2-9　SFCB 单调拉伸力学性能实测结果和理论计算结果的比较

2)SFCB 的反复拉伸性能

由单调荷载下的拉伸试验结果可知,SFCB 在内芯钢筋屈服后,仍然具有稳定的二次刚度。因此,SFCB 在结构抗震性能提升方面具有一定的应用前景。为此,本节也对 SFCB 在反复拉伸荷载下的力学性能进行了研究,并与普通钢筋进行了比较。

观察图 2-10 所示 SFCB 试件在反复拉伸荷载下的荷载-应变关系试验曲线,发现 SFCB 屈服后,在应变较小时,SFCB 的卸载曲线可以近似地看作一条直线,再加载曲线与卸载曲线基本上重合,再加载曲线能穿过前次的峰值点,反复加载对 SFCB 的抗拉承载能力没有明显削弱;随着塑性应变的发展,SFCB 的卸载曲线呈现出越来越明显的非线性特征,卸载的过程中,其卸载刚度逐渐减小,再加载曲线与卸载曲线也不再重合,但仍能穿过前次的峰值点,与卸载曲线形成一个闭合的滞回环。图 2-10中也给出 SFCB 单调加载下的理论骨架曲线,由图可见,反复拉伸试验获得的骨架曲线与单调加载的理论骨架曲线吻合得很好,试件没有因为反复加载而产生强度退化。

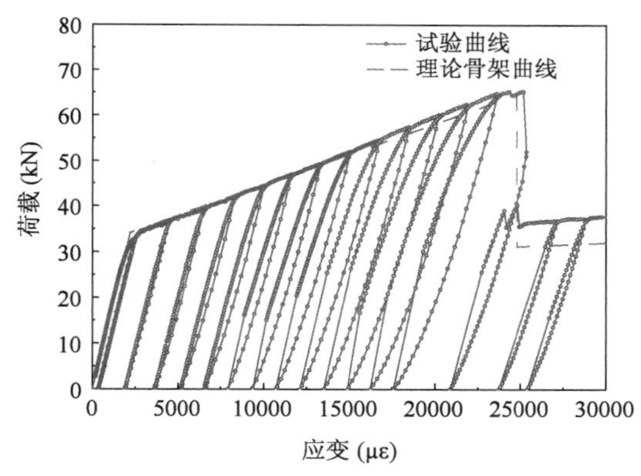

图 2-10　SFCB 典型反复拉伸试验结果

如图 2-11 所示,比较 SFCB 与普通钢筋在反复加载下的试验曲线可以发现,在屈服后达到同样的峰值应变后卸载,SFCB 的残余应变远小于普通钢筋,这表明 SFCB 屈服后的可恢复性能比钢筋优越,用其增强的混凝土结构也具有比普通钢筋混凝土结构更强的屈服后恢复能力。SFCB 屈服后可恢复性能好的特点是由其恢复力模型的特征(稳定的二次刚度和屈服后卸载刚度退化)决定的,其中二次刚度是根本原因,并且二次刚度水平越高,其可恢复性能越好。

观察 SFCB 试件反复加载试验的荷载-应变关系曲线发现,对于荷载超过屈服荷载前的滞回环,卸载刚度变化不大,与屈服前刚度 E_{I} 基本相同;在荷载超过屈服荷载后,随着塑性

应变 ε_p 的不断发展,试件的卸载刚度 E_u 逐渐降低。统计由试验测试获得的 SFCB 反复加载试验的各个循环的卸载刚度 E_u,发现其随塑性应变发展的变化情况如图 2-12 所示(其中横坐标为 $\varepsilon_p/\varepsilon_y$,纵坐标为 E_I/E_u)。

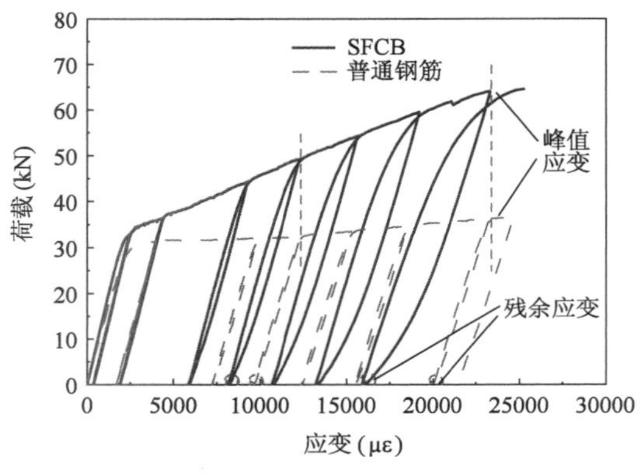

图 2-11 SFCB 与普通钢筋反复加载下的试验曲线对比

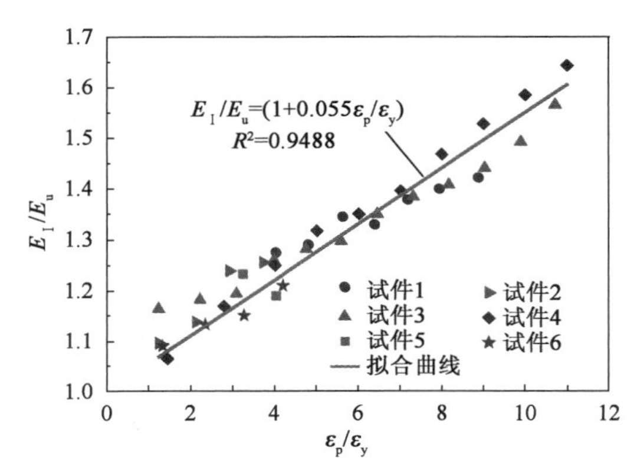

图 2-12 卸载刚度的退化规律

经回归分析,可以得到卸载刚度计算公式如下:

$$E_u = \frac{E_I}{1 + \gamma \frac{\varepsilon_p}{\varepsilon_y}} \tag{2-10}$$

式中:$\gamma(\gamma \geqslant 0)$——刚度退化系数,对于 SFCB 试件,$\gamma$ 可取 0.055;

ε_p——SFCB 屈服后的塑性应变;

ε_y——SFCB 的屈服应变。

式(2-10)主要考虑了 SFCB 屈服后的塑性发展对其卸载刚度的影响,同时构形上满足数学的完备性。

3)SFCB 的抗压性能

SFCB 作为一种新型结构增强材料,其抗压性能与传统钢筋和 FRP 筋都有明显不同,为此,本节通过试验的方式研究了其抗压性能。

(1)试验研究

由于 SFCB 特殊的复合结构决定了其在试验时不能像传统钢筋一样直接由试验机夹持,本节设计采用了图 2-13a)所示的试验装置,研究了 SFCB 在不同长径比下的单向压缩性能,部分典型受压试件的荷载-应变曲线如图 2-14 所示。

如图 2-14 所示,对于小长径比试件(如长径比等于 4),其压缩受力过程与拉伸受力过程基本对应,其受压屈服应力与受拉时基本相同。而由于外包纤维受内芯钢筋横向变形扰动的影响,可导致外包纤维提前断裂或劈裂[图 2-13b)],使得受压峰值荷载较受拉峰值荷载小,因此 SFCB 受压时,受压峰值应力与峰值应变需要考虑受压相对于受拉时的折减。

如图 2-14 所示,对于大长径比试件(如长径比等于 12),由于此处 SFCB 受压时无横向约束限制(可考虑为二力杆受压形态),在筋材横向变形导致的塑性屈曲破坏影响下,其压缩受力过程与长径比等于 4 的试件不同,大致可分为以下四个阶段:

①弹性受压阶段。筋材处于全截面受压状态,外包 FRP 与内芯钢筋均处于弹性阶段,荷载-应变曲线呈线性增长。

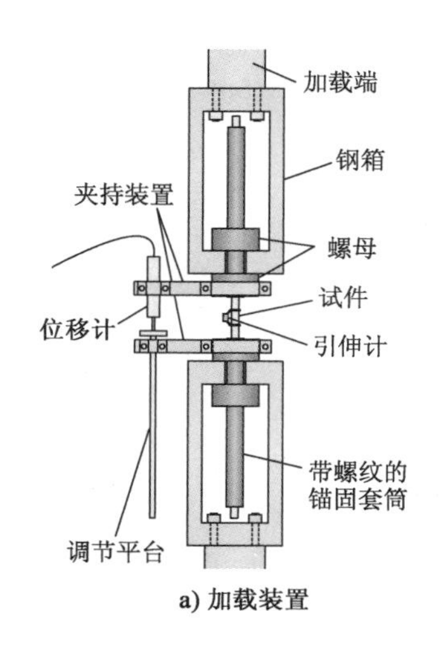

a) 加载装置

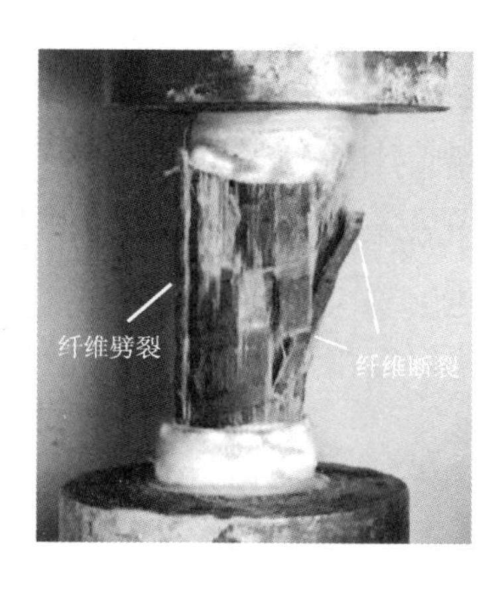

b) 长径比等于4的试件

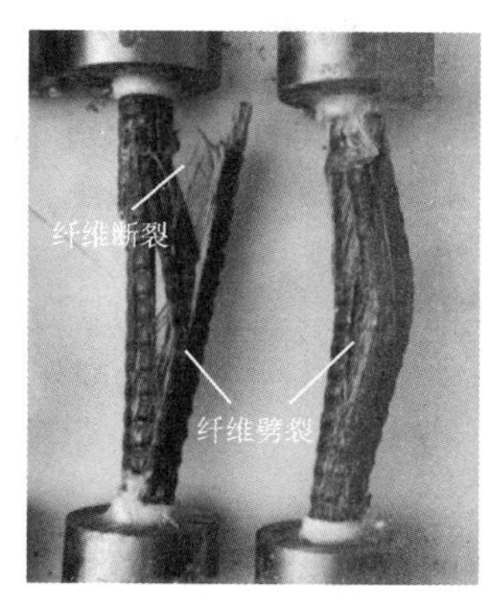

c) 长径比等于12的试件

图2-13　SFCB受压试验装置与典型破坏模式

②塑性软化阶段。随着荷载的增大,受初始缺陷的影响,筋材截面上一部分受压区域逐渐转变为受拉,受压刚度逐渐下降,荷载-应变曲线表现出软化的特征。

③二次刚度阶段。随着几何变形继续增大,内芯钢筋大部分截面区域均达到屈服状态,受压刚度多数由外包FRP提供,截面中性轴位置趋于稳定,受压刚度不再减小,表现出稳定的二次刚度特性。

④屈曲后阶段。随着筋材外侧FRP达到极限应变,外包FRP突然劈裂或折断[图2-13c)],试件发生塑性屈曲,荷载-应变曲线陡降,之后荷载主要由内芯钢筋提供,荷载-应变曲线与钢筋的基本重合。

如图2-14所示,当试件的长径比进一步增大到24后,由于外包FRP受内芯钢筋横向变形扰动的影响更大,其受压峰值应力与峰值应变将进一步减小,试件出现了类似"弹性屈曲"的受压特征。

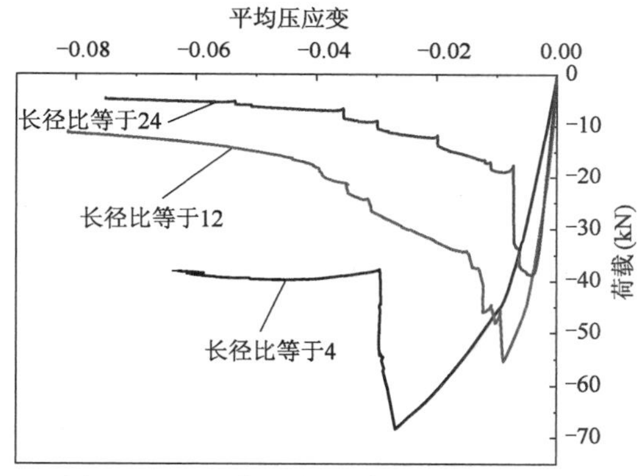

图2-14　SFCB典型受压试件荷载-应变曲线

(2)受压力学性能

①受压初始弹性模量。SFCB的受压初始弹性模量略小于受拉初始弹性模量,其原因可能是SFCB的初始偏心削减了核心受压截面的面积。但由于受拉、受压初始弹性模量之间相差较小(平均值相差5%以内),可认为SFCB受压初始阶段弹性模量与受拉时基本相同,这一点与钢筋受拉、受压初始阶段弹性模量规律一致。

②受压二次刚度比。SFCB的受拉二次刚度是材料本身属性,与试件长径比无关[1-2]。同样,不同长径比下SFCB的受压二次刚度与受压初始弹性模量的比值(受压二次刚度比)维持在较小的变化范围内,且与受拉二次刚度比基本相同。

③受压屈服强度与受压极限强度。SFCB受压屈服强度比较稳定,基本不随长径比的变化而变化(图2-15),且与SFCB受拉屈服强度基本一致。SFCB受压极限强度与长径比的

关系如图 2-15 所示,从图中可以发现,随着长径比增大,受压极限强度逐渐减小,两者基本呈线性关系,这一点与钢筋受压时,屈曲强度与长径比的关系基本相同[3],通过对试验结果进行拟合,可得 SFCB 受压极限强度计算公式如下所示。

$$\sigma_{\bar{sfu}}/\sigma_{\bar{sfy}} = -1.57 + 0.026\frac{L}{d_{eq}} \tag{2-11}$$

式中:$\sigma_{\bar{sfu}}$——SFCB 的受压极限强度;

$\sigma_{\bar{sfy}}$——SFCB 的受压屈服强度;

L/d_{eq}——长径比。

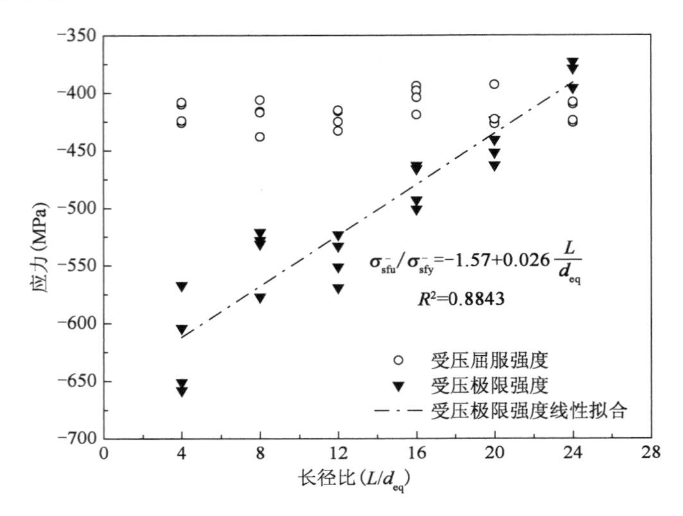

图 2-15 SFCB 受压屈服强度、受压极限强度与长径比的关系

2.3.2 SFCB 与混凝土粘结性能

本节以中心拉拔试验的方式,对单向拉伸荷载作用下 SFCB 与混凝土间的粘结性能进行测试,获得了 SFCB 与混凝土的典型粘结-滑移关系曲线,并对试件破坏形态、粘结-滑移曲线各个阶段的特点及其粘结-滑移本构模型等进行了介绍。

1)试验研究

试验所采用的中心拉拔试件的尺寸如图 2-16a)所示,为了防止发生劈裂破坏,对直径大于 25mm 的 SFCB,所采用的混凝土立方体的尺寸为 300mm × 300mm × 300mm,其余试件所采用的立方体的尺寸为 200mm × 200mm × 200mm,粘结段长度为 5 倍的筋材直径。采用图 2-16b)所示的加载装置,以 0.75mm/min 的速率进行加载,出现以下三种情况之一时停止加载:SFCB 拉断;试件混凝土劈裂;加载端位移大于 40mm。

2)破坏模式及典型粘结-滑移曲线

如图 2-17 所示,拉拔试件的破坏形态主要有两种,一种是 SFCB 拔出破坏,另一种是混凝土劈裂破坏。试验中绝大部分试件发生的是 SFCB 拔出破坏,表现为横肋部分磨损,并且部分肋间混凝土被剪碎带出。少部分保护层相对较小的试件发生的是混凝土劈裂破坏。

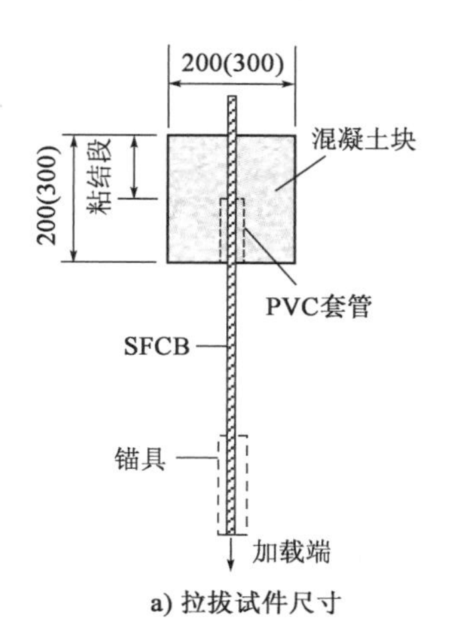

a) 拉拔试件尺寸

b) 拉拔试件加载装置

图 2-16　拉拔试件尺寸和拉拔试验加载装置(尺寸单位:mm)

a) SFCB拔出破坏

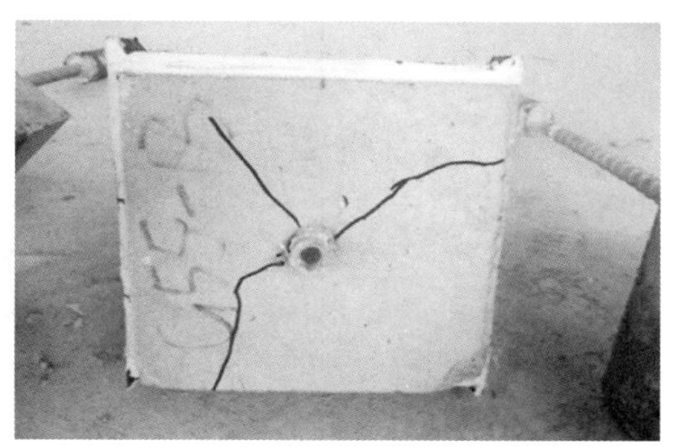

b) 混凝土劈裂破坏

图 2-17　试验观察到的典型破坏形态

图 2-18 所示为典型的 SFCB(型号为 S14-B121,代表内芯钢筋直径为 14mm,外包 121 束玄武岩纤维)粘结-滑移曲线,图中的 A、B、C 三点分别代表弹性滑移点、峰值滑移点和残余滑移点。分析曲线形式后,可以将其粘结-滑移曲线大致划分为微滑移段、滑移段、下降段和残余段四段,各阶段的受力过程如下:

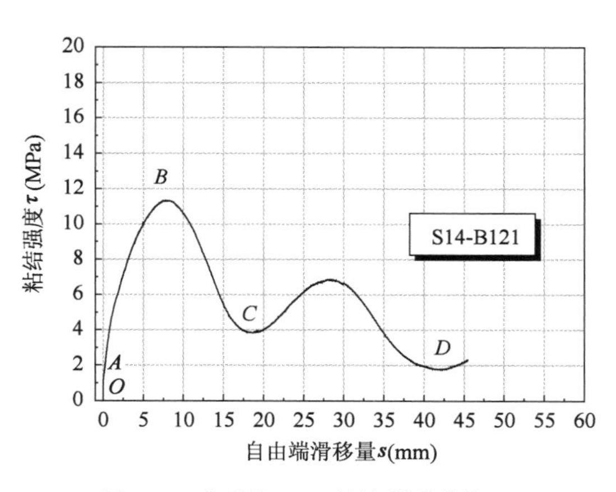

图 2-18　典型的 SFCB 粘结-滑移曲线

(1)微滑移段(OA 段)

加载初期,加载端无滑移或有微小滑移,自由端的滑移值为 0,粘结强度-自由端滑移量(τ-s)曲线基本处于竖直上升阶段。

(2)滑移段(AB 段)

随着荷载的增加,SFCB 与混凝土的相对滑移逐渐向自由端发展,自由端开始产生滑移,滑移量增长速度逐渐加快,τ-s 曲线进入非线性阶段。随着荷载的进一步增大,SFCB 与混凝土的粘结强度显著提高。此后,在粘结强度接近极限粘结强度的过程中,滑移量增长加快,τ-s 曲线趋于平缓。

(3)下降段(BC 段)

荷载达到峰值以后,τ-s 曲线进入下降段,此时加载端和自由端滑移量都急剧增大。SFCB 从混凝土中缓缓拔出。

(4)残余段(CD 段)

当荷载下降到某一程度时,τ-s 曲线进入残余段,此时粘结力不会就此消失,而是随着滑移量的增加出现循环衰减过程,最后衰减过程趋于平缓,直到筋材被完全拔出。

3)粘结-滑移本构关系模型

如图 2-19 所示,基于大量试验研究和理论分析,建立了能描述 SFCB 粘结-滑移全过程的本构关系模型。该模型微滑移段和下降段均呈线性,滑移段采用 BPE 模型曲线的上升段,残余段参考郝庆多等[4]提出的模型的残余段。

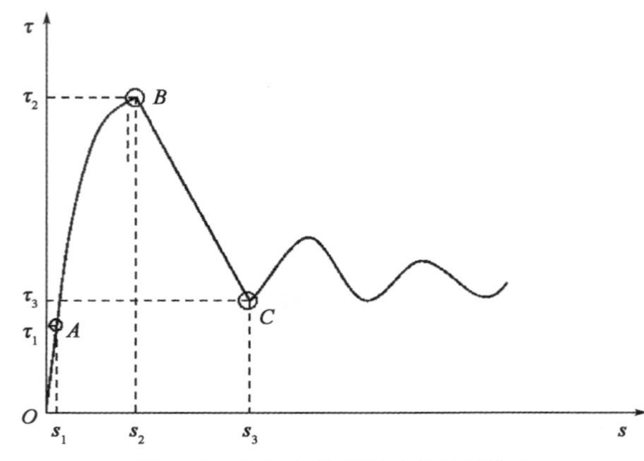

图 2-19 SFCB 粘结-滑移本构关系模型

SFCB 与混凝土的粘结-滑移本构关系模型表达式:

$$\begin{cases} \text{微滑移段}:\tau = \dfrac{\tau_1}{s_1}s \quad (s \leqslant s_1) \\ \text{滑移段}:\tau = \tau_1 + (\tau_2 - \tau_1)\left(\dfrac{s - s_1}{s_2 - s_1}\right)^{\alpha} \quad (s_1 < s \leqslant s_2) \\ \text{下降段}:\tau = \tau_2 + (\tau_3 - \tau_2)\left(\dfrac{s - s_2}{s_3 - s_2}\right) \quad (s_2 < s \leqslant s_3) \\ \text{残余段}:\tau = \tau_3 + \beta[\mathrm{e}^{-\xi\omega(s-s_3)} \cdot \cos\omega(s - s_3) - 1] + \\ \qquad\qquad \rho[\mathrm{e}^{-\xi\omega(s-s_3)} - 1] \quad (s > s_3) \end{cases} \tag{2-12}$$

式中:τ_1、τ_2、τ_3——图 2-19 中点 A、B、C 对应的粘结强度;

s_1、s_2、s_3——τ_1、τ_2、τ_3 对应的滑移值;

α、β、ρ、ξ、ω——由试验曲线拟合确定的参数。

图 2-20 所示为采用上述模型预测所得的粘结-滑移曲线与试验曲线的比较,从图中可以看出,本节提出的本构模型的拟合曲线与试验曲线吻合良好。

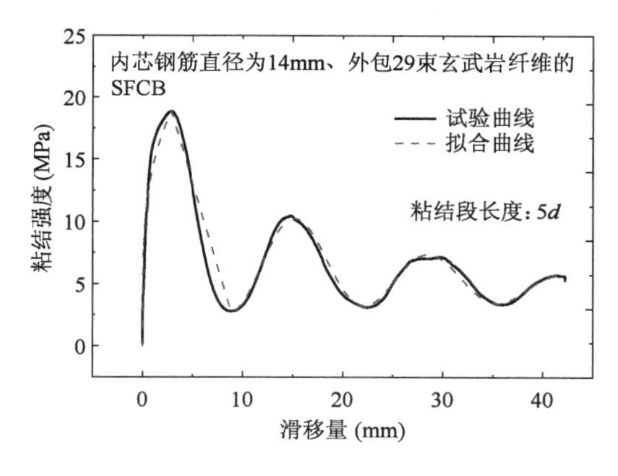

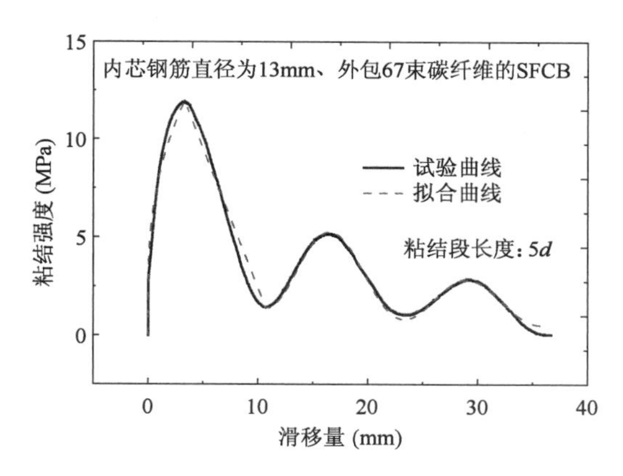

图2-20　试验曲线与粘结-滑移本构关系模型曲线的比较

（注：图中 d 表示筋材直径。）

2.3.3　SFCB的其他特性

1）耐腐蚀性能研究

SFCB是由内芯钢筋外包FRP层复合而成的，外包FRP层在提供强度的同时，也能有效隔绝外部腐蚀环境对内芯钢筋的侵蚀作用，整体上SFCB具有优秀的耐腐蚀性能。但是，外包FRP层并非对各类腐蚀环境都完全免疫。根据纤维、树脂基体种类的不同，以及环境因素的影响，FRP表现出不同的耐腐蚀性能。研究表明，聚乙烯基树脂（FRP的主要成分）的酯键易被溶液中的 OH^- 水解，会造成树脂基体与纤维的界面脱粘，甚至对纤维丝造成损伤，最终导致FRP力学性能降低。外包FRP层的性能退化也会削弱其与内芯钢筋的界面粘结性能，从而影响SFCB的宏观力学性能。因此，为了验证SFCB的耐腐蚀性能，对生产的SFCB进行了加速腐蚀称重试验，并与同条件下的钢筋进行了对比。

试验发现，经过96h的通电加速腐蚀后，钢筋试件的外表面已坑坑洼洼，截面明显变细，而SFCB试件除了表面胶层略微泛白外，无明显变化，代表性试验结果如图2-21所示。通过腐蚀前后试件的质量变化来衡量腐蚀的程度，发现钢筋试件腐蚀后质量明显减小（质量损失为10%～19%），而SFCB试件质量均无明显变化[图2-21b)]。加速腐蚀试验表明SFCB具有卓越的耐腐蚀性能，在耐腐蚀性能方面与传统FRP筋相当。

2）绝缘性能研究

在传统的高铁无砟轨道板中，钢筋网片形成的闭合回路与沿着铁轨传输的高频信号电流产生互感效应，会导致轨道信号传输长度缩短，严重影响行车安全。为避免这种情况的发生，目前采用的方法主要有两种：第一种为涂层法，即在钢筋网片上涂刷绝缘涂层以达到绝缘目的，但该方法在轨道板制作过程中容易使绝缘涂层破损，降低绝缘效果；第二种为热塑套管或塑料卡子法[图2-22a)]，该方法能起到一定的绝缘作用，但需要人工定位绑扎，施工麻烦，而且钢筋网片绝缘点较多，会使钢筋与混凝土粘结力降低。

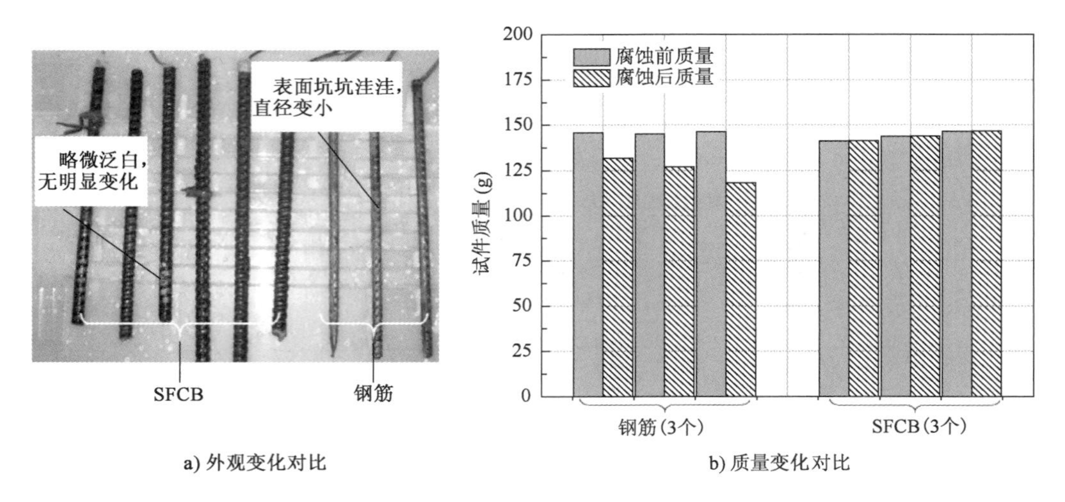

a) 外观变化对比　　b) 质量变化对比

图 2-21　SFCB 与钢筋加速腐蚀前后外观和质量变化对比

a) 钢筋带套管

b) SFCB不带套管

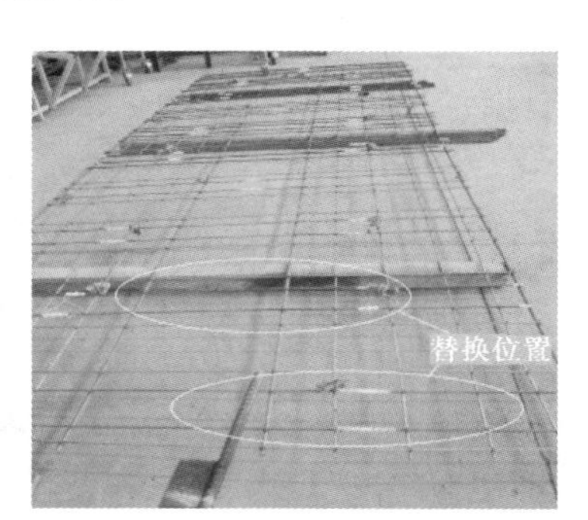

c) SFCB替换钢筋位置

图 2-22　筋材网片制作

采用 SFCB[图 2-22b)]来部分替代普通钢筋是解决上述问题的一种新方式。SFCB外层 FRP 具有良好的绝缘性能，采用 SFCB 部分替代钢筋，理论上可有效避免电流回路的形成。为了研究和测试其实际的绝缘效果，采用图 2-22c)所示的方式制备了单层网片作为测试对象。筋材网片的绝缘性能测试装置如图 2-23 所示，测试时，使用铁链连接所有纵向钢筋，保证铁链接触纵向钢筋，铁链不能接地。兆欧表一端固定连接在纵向钢筋 o 点，另一端分别连接在横向筋材测试点 a 到 l(图 2-23)，图中 I 表示电流，调整测试电压变化范围为 500 ~ 2500V。所测试的电阻值表示测试点横向筋材在网片中的电阻大小，将纵向钢筋当作导体。

实测各点位的电阻值如表 2-1 所示，电阻值越大代表绝缘性能越好。可以看出普通钢筋网片(套管绝缘处理)的电阻值随测量电压增加而减小，尤其对于测点 c 和测点 e，2500V 电压下电阻值不到 0.1MΩ，绝缘性能不理想；相比而言，SFCB 网片的电阻值几乎全部超过量程范围，只有在 2500V 电压下少数测点才出现了 538 ~ 1255MΩ 的电阻值，表现出很好的绝缘性能。通过上述测试可以看出，在对刚度和绝缘性能均有较高要求的工程中，SFCB 是一种理想的增强材料。

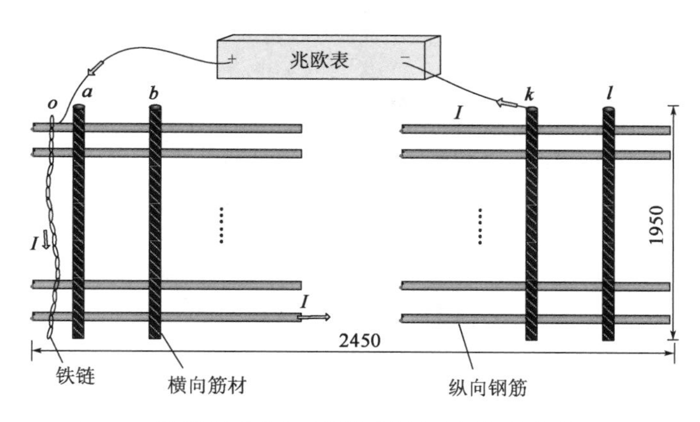

图 2-23　筋材网片的绝缘性能测试装置示意图(尺寸单位:mm)

筋材的绝缘性能测试结果　　表 2-1

筋材种类	测量电压(V)	不同位置筋材电阻值(MΩ)											
		a	*b*	*c*	*d*	*e*	*f*	*g*	*h*	*i*	*j*	*k*	*l*
钢筋(套管绝缘处理)	500	544	517	+∞	+∞	+∞	426	360	+∞	+∞	+∞	+∞	503
	1000	363	475	+∞	+∞	+∞	323	269	975	1586	+∞	+∞	314
	2000	264	379	0.07	774	667	225	169	397	725	1314	+∞	221
	2500	204	312	0.04	409	0.07	168	115	263	406	1598	1322	177
SFCB	500	+∞	+∞	+∞	+∞	+∞	+∞	+∞	+∞	+∞	+∞	+∞	+∞
	1000	+∞	+∞	+∞	+∞	+∞	+∞	+∞	+∞	+∞	+∞	+∞	+∞
	2000	+∞	+∞	+∞	+∞	+∞	+∞	+∞	+∞	+∞	+∞	+∞	+∞
	2500	+∞	+∞	1255	538	+∞	+∞	1207	594	+∞	+∞	982	562

注:+∞表示电阻值无穷大,超出量程范围(9000MΩ)。其中钢筋表示横向钢筋(含套管)。

2.4　SFCB 的适用领域

由上述针对 SFCB 的综合性能测试结果可以看出,生产制备的新型 SFCB 具有优良的力学性能、粘结性能、耐腐蚀性能和绝缘性能,适用于在地震高烈度区提升结构抗震性能、在复杂电磁环境下提升高铁无砟轨道板电绝缘性能以及在腐蚀性环境下的结构加固领域。

2.4.1　结构抗震性能提升领域

既有研究表明,结构残余位移比显著依赖于结构的二次刚度比(屈服后刚度和初始弹性刚度之比,图 2-24)[5-6],且对于多自由度(MDOF)系统,屈服后刚度系数大于 0.5 的强化型结构,层延性需求和累积滞回耗能的分布趋于均匀,可避免变形集中问题,从而使得结构地震响应的离散性显著减小。当将 SFCB 用作混凝土结构的增强纵筋时,用于混凝土简支梁可以提高承载力储备,用于混凝土柱可以实现可设计的屈服后二次刚度比,以控制结构的抗震响应。课题组曾对 5 个混凝土柱(4 个 SFCB 混凝土柱)的滞回曲线按屈服荷载、屈服位移无量纲化,骨架曲线如图 2-25 所示[7],从图中可以看出,各柱在屈服位移以前的荷载-

位移曲线基本重合。SFCB 增强混凝土柱由于 FRP 高强度特征,表现出稳定的二次刚度,在相同卸载点卸载时,SFCB 柱残余位移比较小。进一步地,结合预应力等自复位措施,降低卸载刚度可以进一步减小残余位移。

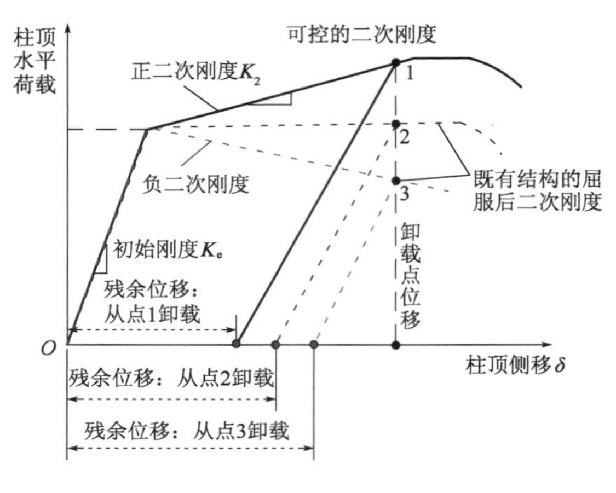

图 2-24 不同二次刚度混凝土结构残余位移示意

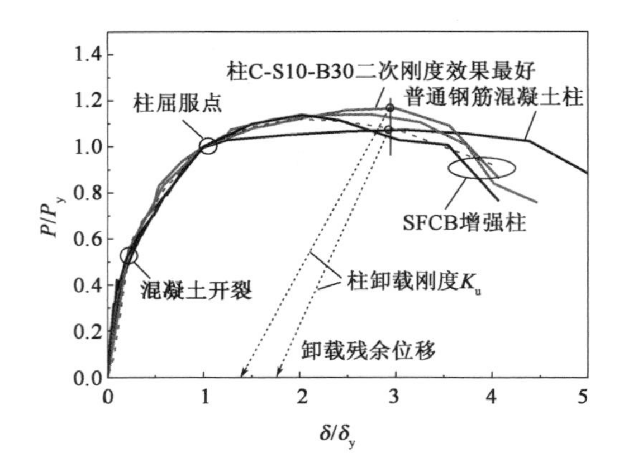

图 2-25 无量纲化试验柱骨架曲线

具体而言,SFCB 增强混凝土柱的特点包括:①在正常使用荷载或中小地震作用下,具有与普通钢筋混凝土结构相同的强度抵抗能力,可以充分发挥 SFCB 内芯钢筋带来的高弹性模量作用。②利用外包线弹性的 FRP 使 SFCB 增强的结构具有截面层次上稳定的二次刚度,即 SFCB 的内芯钢筋屈服后外侧 FRP 的高强度使混凝土柱的承载力可以继续提高而具有的二次刚度。这一特征可以预防塑性铰在柱脚小范围内集中转动形成过大的塑性变形,实现更长区域内曲率的更均匀分布,减小截面的需求曲率,因而相应减小了 SFCB 中内芯钢筋的塑性应变。③用 SFCB 代替普通钢筋,还具有高耐久性特征,在高腐蚀等恶劣环境下比普通 RC 结构更具有显著优势。另外,SFCB 与混凝土的粘结强弱是可以控制的[8],且工艺简单,可用于提高结构的抗震性能[9]。

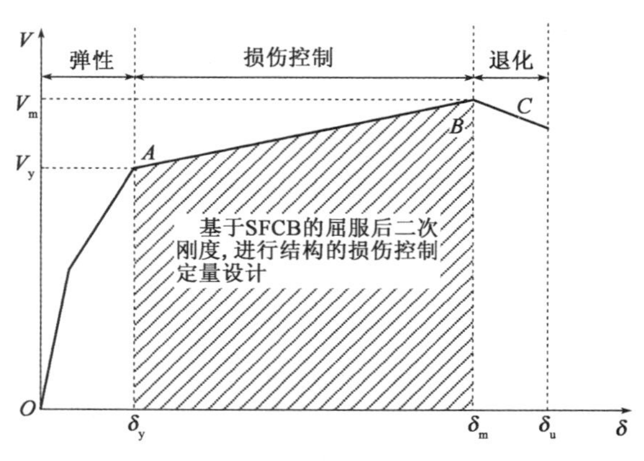

图 2-26 SFCB 增强混凝土结构损伤控制示意图

损伤破坏可控型 SFCB 增强混凝土结构如果进一步集成目前国际上使结构具有二次刚度的一些措施,以及利用控制粘结性能来提高抗震性能的一些最新思路,有利于把目前规范对“中震可修”由构造措施的定性保证发展为定量计算的保证(图 2-26),进而把我国目前的“三水准设防、两阶段设计”发展成更加合理的“三水准设防、三阶段设计”。

2.4.2 高铁无砟轨道板领域

高速铁路已在越来越多的国家和地区得到推广应用,社会效益和经济效益显著增加,国家重大政策“西部大开发”和“一带一路”也进一步推动了高铁向我国西部和其他国家发展。

为了解决无砟轨道板与轨道电路系统存在的不兼容问题，可以将SFCB用于两种类型的无砟轨道板：第一类是SFCB增强CRTSⅢ型板式无砟轨道板，如图2-27所示，其内部纵横向筋材网片不能形成闭合回路，故无须在钢筋间添加热塑套管和绝缘卡子等，此外，还可以提高无砟轨道板的极限承载力和耗能储备。第二类是SFCB桁架增强双块式无砟轨道板，如图2-28所示，通过节点采用缠绕工艺，可解决钢筋桁架闭合回路问题；由于其非金属属性，桁架耐久性更强；此外，在受力性能方面，也可充分发挥SFCB的抗拉强度。

a) SFCB网片

b) 成型轨道板

图2-27　CRTSⅢ型板式无砟轨道板

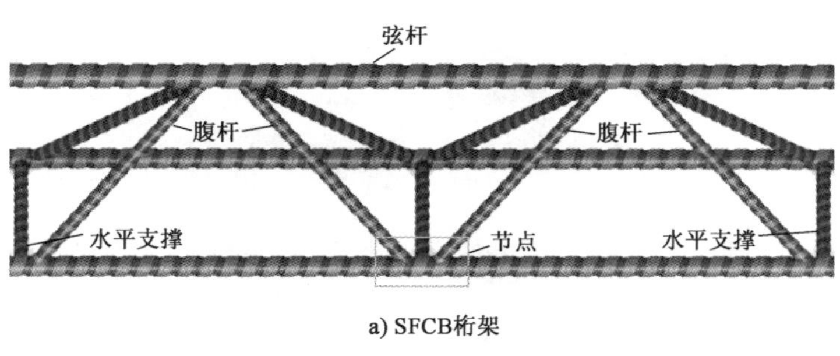

a) SFCB桁架

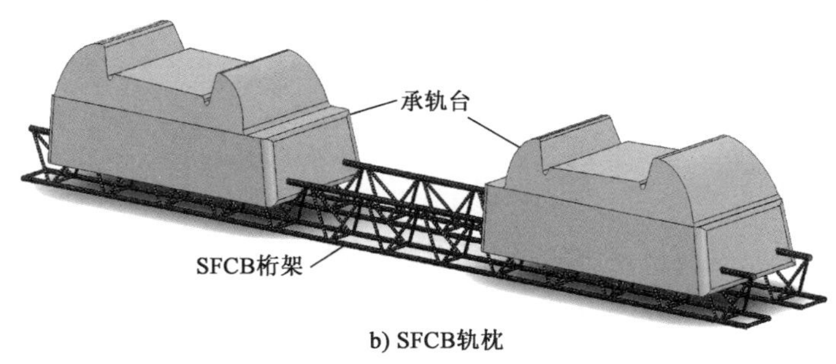

b) SFCB轨枕

图2-28　SFCB桁架增强双块式无砟轨道板

2.4.3　结构加固领域

SFCB具有耐腐蚀性好、弹性模量高、延性好、成本低廉以及稳定二次刚度的优点，集成了FRP材料耐腐蚀与钢材高模量、高延性、低成本的优势，可以作为一种替代普通钢筋和纯

FRP筋的结构加固材料。其具有的稳定二次刚度的力学特性,可以减小被加固结构震后的残余位移,其具有的较大初始刚度特性可以弥补纯FRP筋加固时刚度提升小的缺陷。SFCB可以作为增大截面加固时的内部增强材料,可以在植筋加固时使用,也可以作为嵌入式加固时的增强筋材使用。可以说,新型SFCB材料在结构加固领域具有广阔的应用潜力。

2.5 嵌入式SFCB抗弯加固混凝土梁试验

本节以嵌入式SFCB抗弯加固混凝土梁为典型案例,对应用SFCB进行嵌入式加固的相关工艺、技术、效果、计算方法等进行系统介绍,可为将来新型SFCB在结构加固方面的实际应用提供参考。

2.5.1 嵌入式加固工艺

嵌入式加固是将加固材料放入结构表面预先开好的槽中,并向槽中注入粘结材料使之形成整体,以此来改善结构性能的方法。其具有粘结性能好、耐久性好等优点。如图2-29所示,嵌入式加固技术主要包含开槽和灌胶两个工艺要点,其具体实施方式如下:①在混凝土梁的底面按照设计要求尺寸开槽,仔细清除槽中残渣和浮尘;②向槽中注入1/2槽深的粘结材料;③把嵌入筋放入槽中并轻轻按压;④往槽中继续注入粘结材料至满槽;⑤待粘结材料固化后做表面处理。

图2-29　嵌入式加固工艺要点

2.5.2 试验研究

采用上述嵌入式加固工艺,对普通钢筋混凝土梁采用新型SFCB并进行嵌入式加固处理。以未加固对比梁,S10-B20、S10-B30两种型号的SFCB嵌入式加固梁的试验结果为例,对加固效果进行对比。其中,S10-B20代表内芯钢筋直径为10mm、外包20束玄武岩纤维的SFCB,S10-B30代表内芯钢筋直径为10mm、外包30束玄武岩纤维的SFCB。试验梁的几何尺寸、配筋、加固详情及抗弯加载测试装置布置等如图2-30所示。

2.5.3 结果与分析

试验梁加固前后的破坏模式如图2-31所示。其中未加固对比梁和嵌入S10-B20型号的 SFCB 加固梁发生的都是受压区混凝土压溃破坏，而嵌入 S10-B30 型号的 SFCB 加固梁发生的是混凝土保护层剥离破坏。

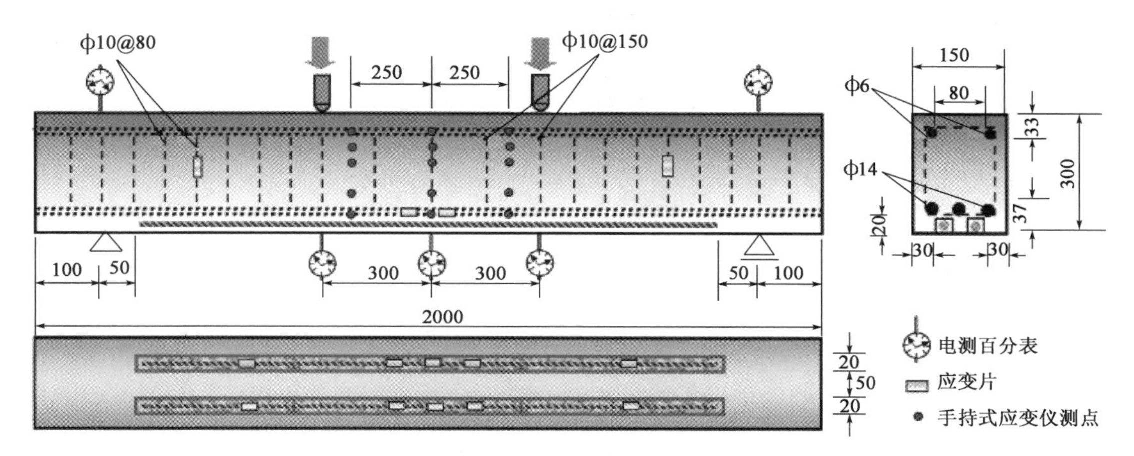

图 2-30　试验梁嵌入式加固详情和抗弯加载测试装置布置图(尺寸单位:mm)

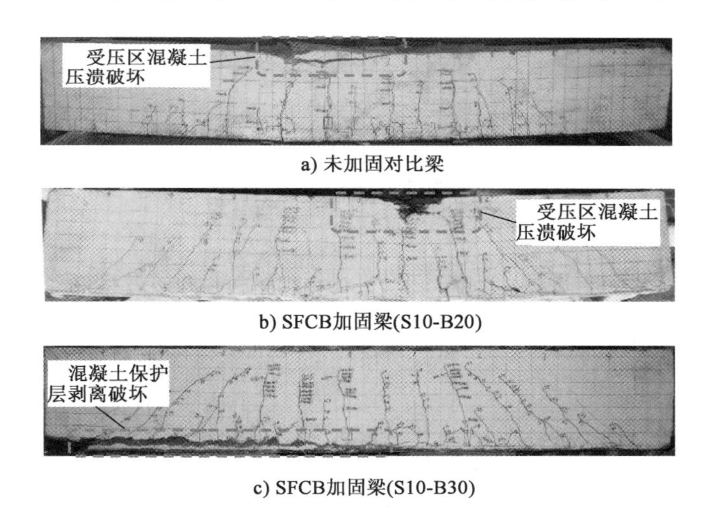

a) 未加固对比梁

b) SFCB加固梁(S10-B20)

c) SFCB加固梁(S10-B30)

图 2-31　试验梁加固前后的破坏模式对比

各试验梁的荷载-跨中挠度曲线如图 2-32 所示。未加固对比梁的开裂荷载为 40kN，而嵌入 SFCB 后，试件的开裂荷载提高至 70 ~ 80kN，提升幅度十分明显。加固后试验梁的屈服荷载相比于未加固对比梁提高了约 65%。对于嵌入 S10-B20 型号的 SFCB 加固梁，由于截面中 FRP 的总体含量较小，因此加固后梁的二次刚度不是太明显。但比较最大承载力与 SFCB“外层 FRP 拉断”后的残余承载力可以发现，SFCB 的外层 FRP 对构件承载力的提高还是有着比较明显的贡献的。对于嵌入 S10-B30 型号的 SFCB 加固梁，从荷载-跨中挠度曲线上看，在试验梁屈服后，试验梁具有一定程度上的二次刚度，表现为荷载继续提升。但由于试验梁最终发生了保护层的剥离破坏，嵌入式 SFCB 的强度未能得到最大限度发挥。因此，当采用嵌入式 SFCB 加固时，对于加固量和二次刚度比的选择十分重要，同时也宜采取一定的抗剥离措施。

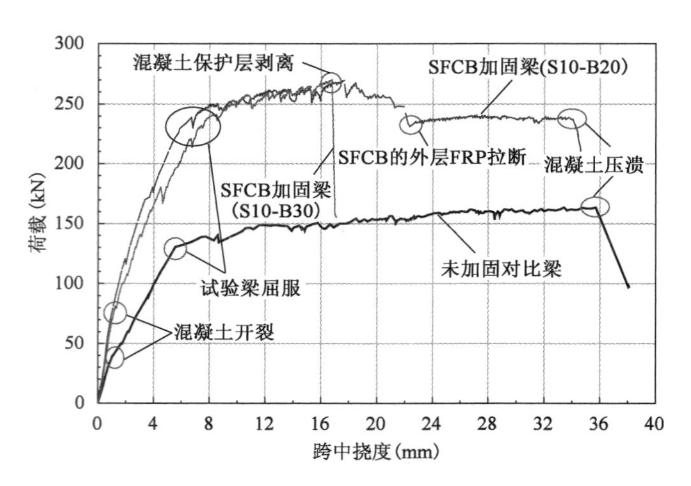

图 2-32　各试验梁的荷载-跨中挠度曲线对比

图 2-33 所示为加固前后纯弯段钢筋位置处的裂缝宽度与荷载关系曲线。从图中可以看出，嵌入 SFCB 加固方式对试验梁裂缝的发展有明显的抑制作用。

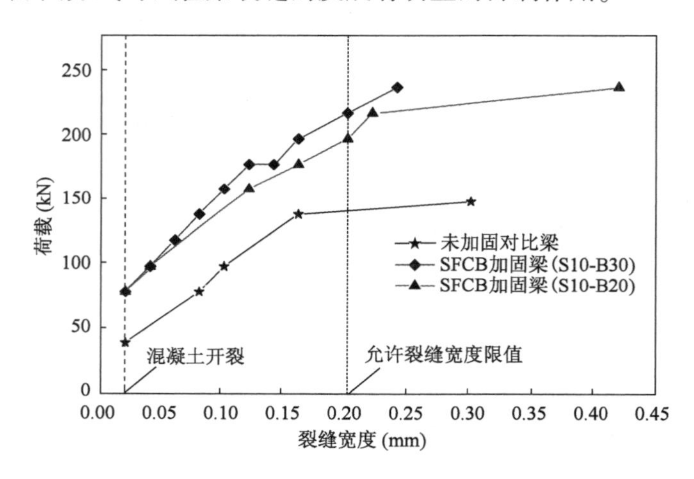

图 2-33　加固前后纯弯段钢筋位置处的裂缝宽度与荷载关系曲线

综上，嵌入式 SFCB 抗弯加固钢筋混凝土梁的试验研究表明，采用嵌入式 SFCB 加固能显著提高受弯构件正常使用阶段的刚度和极限阶段的承载力，同时对裂缝的发展具有显著的抑制作用。SFCB 在具有传统 FRP 筋材理想耐腐蚀性能的同时，成本却远低于 FRP 筋，是一种高性能、低成本的理想加固材料。

2.6　嵌入式 SFCB 抗弯加固混凝土梁承载力分析

基于上述试验研究可以看出，采用嵌入式 SFCB 加固可能出现两种类型的破坏模式：一种是非粘结破坏模式，表现为受压区混凝土压溃破坏；另一种是粘结剥离破坏模式，表现为混凝土保护层的剥离破坏。这里针对这两种情况下的承载力计算进行了分析，并给出了相应的破坏模式判定与承载力计算的方法，具体、完整的分析过程亦可查阅相关文献[10]。

2.6.1　非粘结破坏的承载力分析

1）材料本构关系

为了准确地模拟嵌入式 SFCB 抗弯加固混凝土梁的实际性能，混凝土、钢筋、SFCB 等材料在分析中采用了非线性的本构关系模型，其中混凝土采用应用广泛的 Hognested 模型[11]，极限压应变取为 0.0035。钢筋采用理想弹塑性模型，由于嵌入式加固中 SFCB 的极限应变有限，破坏前其加固梁钢筋的应变也不可能太高，因此这里只考虑钢筋的弹塑性阶段，不考虑其强化阶段和下降段。SFCB 的应力-应变关系简化为屈服前和屈服后（二次刚度）两部分（图 2-34），其应力-应变关系如下：

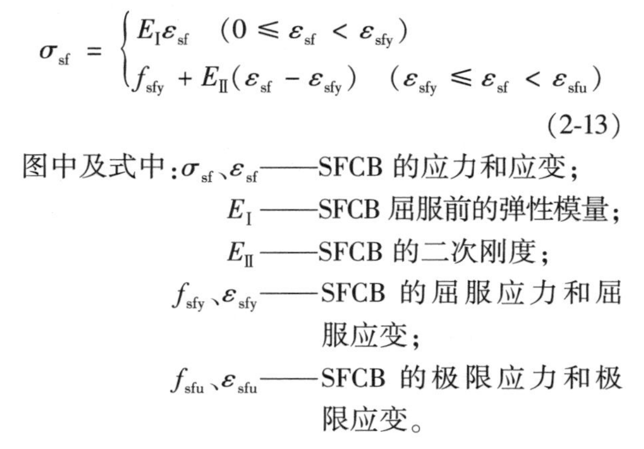

$$\sigma_{sf} = \begin{cases} E_{\mathrm{I}}\varepsilon_{sf} & (0 \leqslant \varepsilon_{sf} < \varepsilon_{sfy}) \\ f_{sfy} + E_{\mathrm{II}}(\varepsilon_{sf} - \varepsilon_{sfy}) & (\varepsilon_{sfy} \leqslant \varepsilon_{sf} < \varepsilon_{sfu}) \end{cases} \tag{2-13}$$

图中及式中：σ_{sf}、ε_{sf}——SFCB 的应力和应变；

E_{I}——SFCB 屈服前的弹性模量；

E_{II}——SFCB 的二次刚度；

f_{sfy}、ε_{sfy}——SFCB 的屈服应力和屈服应变；

f_{sfu}、ε_{sfu}——SFCB 的极限应力和极限应变。

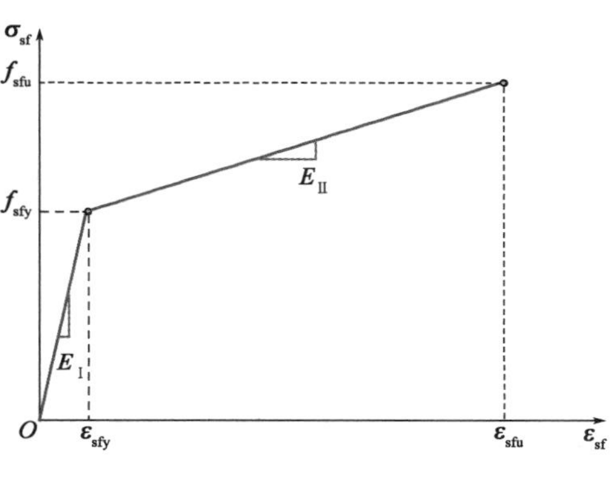

图 2-34　SFCB 的应力-应变关系

2）基本假定

①平截面假定，即沿截面高度各处应变呈线性分布（图 2-35）。

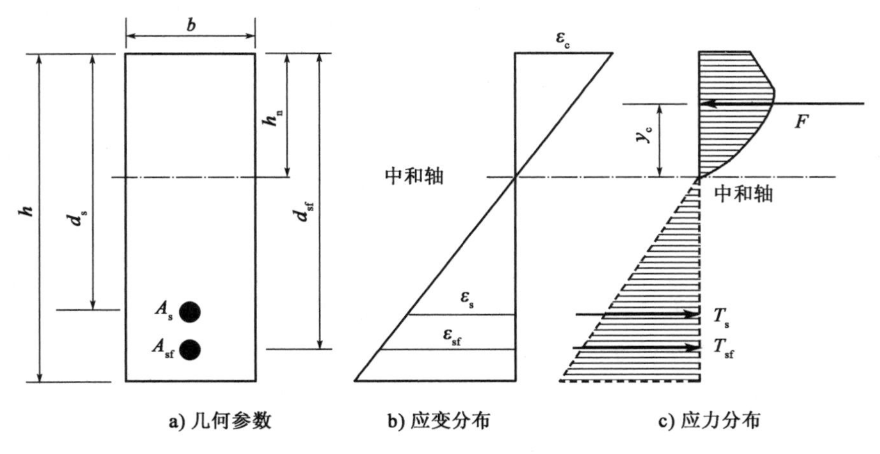

图 2-35　平截面假定模型

②完全粘结，即纵向钢筋与周围混凝土之间无滑移，嵌入的 SFCB 与周围粘结材料之间无滑移，粘结材料与混凝土之间完全粘结。

③不考虑粘结材料与混凝土之间的差异，由于截面上粘结材料的面积占截面总面积的比例非常小，所以忽略其影响。

3）正截面受弯承载力计算公式

根据截面各组成材料应力-应变关系的特点，按梁截面边缘混凝土最大压应变 ε_c 是否大于混凝土的极限压应变 ε_0、原受拉钢筋是否屈服、嵌入筋是否屈服，可把截面上的应变关系分成8种工况。详细判定方法见本书第9章。

例如，当梁截面边缘混凝土最大压应变 ε_c 大于混凝土的极限压应变 ε_0 时，根据平截面假定（图2-35）和截面的力平衡原则，可以推导出关于中和轴高度 h_n 的求解方程：

$$Ah_n^2 + Bh_n + C = 0 \tag{2-14}$$

当受拉钢筋和SFCB均已屈服时，有：

$$A = f'_c b\varepsilon_0 + 1.5kf'_c b\varepsilon_0^2 + 3(1 + k\varepsilon_0)f'_c b\varepsilon_{sf} + 1.5(kf'_c b + \psi E_c b)\varepsilon_{sf}^2 \tag{2-15}$$

$$B = -\left\{bf'_c\varepsilon_0 d_{sf}(2 + 3k\varepsilon_0) + 3A_{sf}\varepsilon_{sf}\left[f_{sfy} + \left(\varepsilon_{sf} - \frac{f_{sfy}}{E_{sf}}\right)E_{\text{II}}\right] + 3f_y A_s\varepsilon_{sf} + 3bd_{sf}f'_c(1 + k\varepsilon_0)\varepsilon_{sf} + 3\psi E_c bd_{sf}\varepsilon_{sf}^2\right\} \tag{2-16}$$

$$C = f'_c b\varepsilon_0 d_{sf}^2(1 + 1.5k\varepsilon_0) + 3f_y A_s d_{sf}\varepsilon_{sf} + 3\varepsilon_{sf}\left[f_{sfy} + \left(\varepsilon_{sf} - \frac{f_{sfy}}{E_{\text{I}}}\right)E_{\text{II}}\right]\cdot A_{sf}d_{sf} + 1.5\psi E_c bd_{sf}^2\varepsilon_{sf}^2 \tag{2-17}$$

式中，如图2-35a）所示，b、h 分别为试件的截面宽度和高度；h_n 为中和轴高度；d_s 为原有主筋形心至混凝土受压区边缘的距离；d_{sf} 为嵌入的SFCB形心至混凝土受压区边缘的距离；A_s 为原主筋的总面积；A_{sf} 为嵌入的SFCB的总面积。如图2-35b）所示，ε_c、ε_s、ε_{sf} 分别为受压区边缘混凝土压应变、原主筋的拉应变和所嵌入SFCB的拉应变；f'_c 为混凝土抗压强度标准值；ε_0 为混凝土峰值应变；E_c 为混凝土弹性模量；k 为Hognested混凝土应力-应变关系模型中的参数，$k = 0.15/(0.0038 - \varepsilon_0)$；$\psi$ 为考虑混凝土是否已开裂的控制因子，开裂前，$\psi = 1$，开裂后，$\psi = 0$。

给定SFCB的拉应变 ε_{sf}，便可由式（2-14）、式（2-15）求得中和轴高度 h_n。

对受压区压力以中和轴为轴取矩，则有：

$$M_{comp} = f'_c b\left\{\frac{5\varepsilon_0^2}{12}\cdot\frac{(d_{sf} - h_n)^2}{\varepsilon_{sf}^2} + \frac{1}{2}(1 + k\varepsilon_0)\cdot\left[\left(\frac{h_n\varepsilon_{sf}}{d_{sf} - h_n}\right)^2 - \varepsilon_0^2\right] - \frac{k}{3}\left[\left(\frac{h_n\varepsilon_{sf}}{d_{sf} - h_n}\right)^3 - \varepsilon_0^3\right]\right\} \tag{2-18}$$

类似地，根据其他不同的工况条件，可以根据平截面假定和力平衡关系，求出中和轴高度，进而求出受压区混凝土应力对中和轴的等效弯矩。

由于截面上的力平衡，截面压力等于各拉力之和，于是有：

$$F = f_{sf}A_{sf} + f_s A_s + \frac{\psi E_c b(d_{sf} - h_n)\varepsilon_{sf}}{2} \tag{2-19}$$

混凝土压应力的合力的作用点到中和轴的距离为

$$y_c = \frac{M_{comp}}{F} \tag{2-20}$$

于是，关于中和轴高度 h_n 的截面平衡方程为

$$M(h_n) = f_{sf}A_{sf}(d_{sf} - h_n + y_c) + f_sA_s(d_s - h_n + y_c) + \psi E_c b \cdot (d_{sf} - h_n)\left[y_c + \frac{2(d_{sf} - h_n)}{3}\right]\frac{\varepsilon_{sf}}{2} \tag{2-21}$$

根据上述推导的方程，当已知内嵌 SFCB 的应力或者应变时，可以很方便地求出对应截面的中和轴高度以及截面弯矩。同时根据应变关系，可得到不同的截面弯矩下的截面曲率、钢筋应变、混凝土应变等。通过定义嵌入筋及混凝土的极限应变，便可以得到截面的极限弯矩以及破坏模式（根据嵌入筋或者混凝土是否达到其极限应变来判断）。

根据上述推导的公式编制相应的计算程序，可求得各种参数下嵌入式 SFCB 抗弯加固钢筋混凝土梁的截面弯矩，曲率，受压区高度，混凝土、原有钢筋、SFCB 的应变等。

其中，承载力计算的关键是确定极限状态下 SFCB 的应变值。Parretti 和 Nanni 等[12]对大量的 FRP 筋嵌入式加固混凝土梁的试验数据进行统计后发现，嵌入 FRP 筋的应变折减系数为 0.60～0.84，美国混凝土规范 ACI 440（2002）[13]采纳 0.7 作为嵌入式加固混凝土抗弯构件中嵌入筋的应变折减系数。因此，本章在大量试验测试分析基础上，建议极限状态下 SFCB 的应变值取其单向拉伸理论极限应变的 75%。而在实际结构的设计计算中，可根据结构的重要性等级和可靠度要求，相应地调低折减系数，以确定 SFCB 的极限应变值。

2.6.2　粘结剥离破坏的承载力分析

1）粘结剥离破坏机理分析

嵌入式 SFCB 抗弯加固混凝土梁可能发生粘结剥离破坏，为了研究其破坏机理，利用前述嵌入式 SFCB 抗弯加固钢筋混凝土梁截面计算程序，可以计算出不同荷载作用下，嵌入筋沿试件梁长方向各个截面的应力分布情况。图 2-36 所示为计算所得不同荷载下某嵌入式 SFCB 的拉应力分布图。从图中可以看出，在达到梁的屈服荷载后，由于 SFCB 有二次刚度，屈服后其应力仍能随应变持续增长，因此在弯矩最大的纯弯区的边缘（加载点所在截面），与两边非纯弯区的 SFCB 截面存在着较大的拉应力梯度，从而产生了较大的剪应力，这应是导致加载点附近混凝土保护层剥离的主要原因。

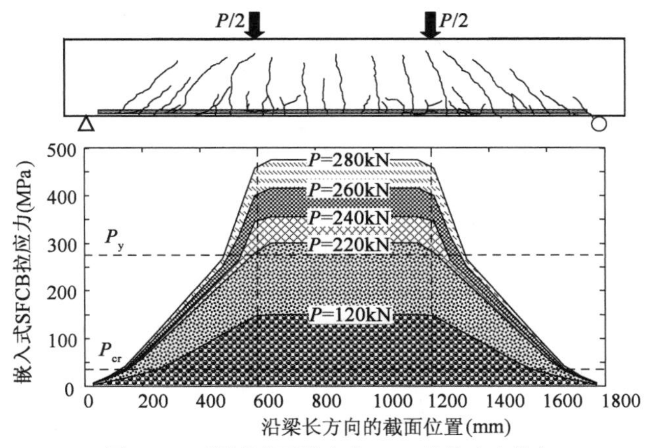

图 2-36　不同荷载下嵌入式 SFCB 的拉应力分布

图 2-37 为从开始加载直至破坏的全过程中某嵌入式 SFCB 的应力分布的变化情况，图中 x 轴为沿梁长方向的截面位置，y 轴为荷载 P，z 轴则对应嵌入式 SFCB 的应力。可以看

出,在试件屈服以前,嵌入式 SFCB 沿梁跨的应力分布比较平缓,应力突变的位置远离加载点(图中 x 轴坐标 0.6m、1.2m 处为加载点所在截面)且应力梯度很小;在试件屈服以后,加载点附近截面上产生了应力突变,且应力梯度(图中 Δf)不断增大。如果在试件达到弯曲破坏极限承载力以前,加载点附近的应力梯度足够大,以至于将该处混凝土保护层拉开,那么试件将发生粘结剥离破坏。

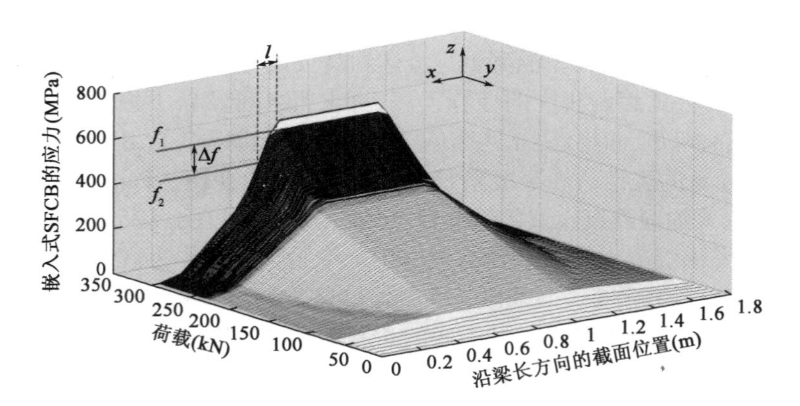

图 2-37 试件中嵌入式 SFCB 应力分布随荷载变化图

图 2-38 所示为嵌入式 SFCB 加固时底部裂缝两侧嵌入筋的应力分布微观示意图,其中,B 截面为加载点下弯曲裂缝所在截面,l 为受拉主筋最小裂缝间距,A 截面为距加载点 l 处的截面,A、B 截面两条裂缝之间的混凝土"齿"在梁底水平荷载作用下,类似于一个悬臂构件。若 B 截面处嵌入筋的拉应力为 f_1,A 截面处嵌入筋的拉应力为 f_2,由于在加载过程中 A、B 截面的截面弯矩之间的关系为 $M_A = \alpha M_B(0 < \alpha < 1)$,所以 $f_1 > f_2$,因此两裂缝之间混凝土块两侧的嵌入筋始终存在应力差 $f_1 - f_2$,而且随着荷载的增加,应力差 $f_1 - f_2$ 逐渐增大。

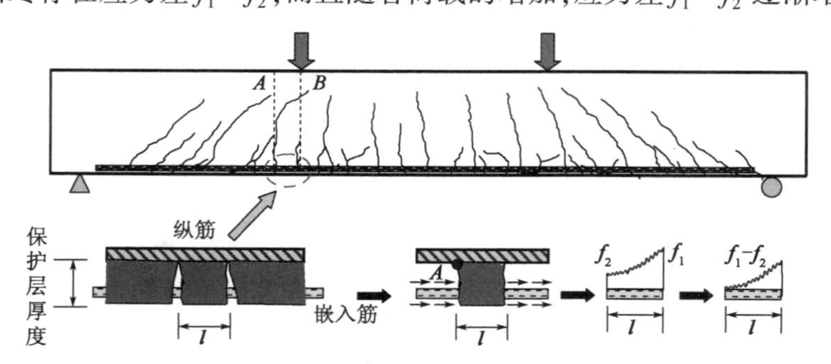

图 2-38 嵌入式 SFCB 加固时底部裂缝两侧嵌入筋应力分布

以某嵌入式 SFCB 抗弯加固混凝土梁为例,假设最小裂缝间距 $l = 80$mm,由前述的嵌入式加固截面计算程序可得到嵌入筋 A、B 截面处拉应力的应力差随荷载的变化如图 2-39 所示。可以看出,在混凝土梁试件开裂以前,A、B 截面的嵌入筋应力差很小,接近零。开裂后,应力差均逐渐增大。当加固试件屈服后,由于嵌入筋还能持续发挥作用,其在两裂缝所在截面的应力差急剧增大。当荷载为 250kN 时,SFCB 嵌入筋在裂缝所在截面两侧的应力差达到 120.7MPa。当应力差达到一定程度时,会将两裂缝间的混凝土保护层拉下,进而导致嵌入式加固混凝土抗弯试件的混凝土保护层剥离破坏。

2)基于混凝土"齿"状概念的剥离强度模型

在过去的几年中,已有大量有关外贴FRP片材或钢板剥离破坏性能的研究成果,Rizkalla和Hassa[14]对这些剥离强度模型进行了总结和分析,并将其归为三大类:基于抗剪承载力的模型、混凝土齿状模型和界面应力模型。相比之下,目前关于嵌入式加固的粘结失效强度模型的研究还较少,所提出的模型一般都是在原有外贴片材模型上的改进,如Lorenzis和Nanni的模型[15]是对Raoof和Hassanen[16]的外贴片材模型所进行的改进,使其适用于嵌入法加固;Rizkalla和Hassan[14]提出的嵌入式FRP板条端部引起的粘结破坏模型,是以Lorenzis和Nanni[15]等外贴FRP片材模型为基础,属于界面应力模型。

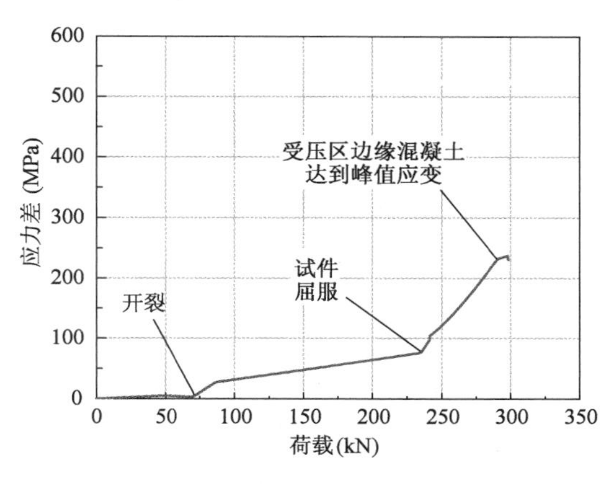

图2-39　嵌入式SFCB应力差-荷载关系曲线

根据由加载点附近中部弯曲裂缝引起的剥离破坏机理的解析可知,混凝土"齿"状模型是比较合适的。

混凝土"齿"状模型采用了混凝土"齿"的概念,即两条相邻裂缝之间的混凝土"齿"在梁底水平作用力作用下,类似于一个悬臂构件(图2-40)。当剪应力引起的"齿"根的拉应力达到混凝土抗拉强度时,便认为发生剥离破坏。一般的做法是,通过定义一个最小裂缝间距,假定该范围内嵌入筋材的剪应力均匀分布,由此确定剥离时嵌入筋材上的应力。最早提出混凝土"齿"状模型的是Zhang和Raoof[17]。

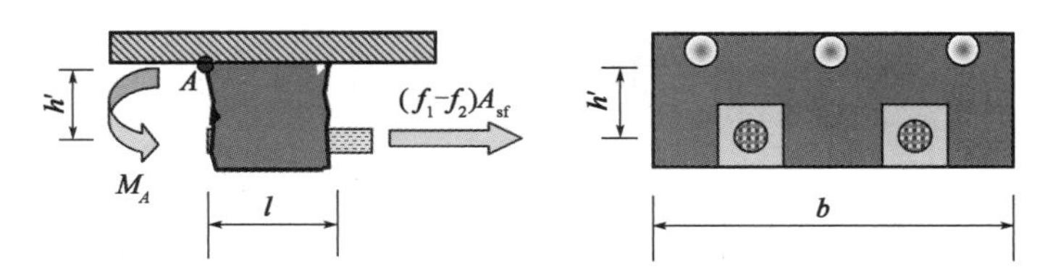

图2-40　混凝土"齿"状模型

Zhang等人(1995)[17]首次提出了混凝土"齿"的概念。基于这个概念,Zhang等(1995)、Raoof和Zhang(1997)[18]提出了粘钢加固梁的混凝土保护层剥离破坏的强度模型。通过确定最小裂缝间距l,就可以求出相应的剥离强度。最小裂缝间距l由式(2-22)确定:

$$l = \frac{A_e f_{ct}}{u_s \sum O_{bars} + u_{NSM} \sum O_{NSM}} \tag{2-22}$$

式中:A_e——混凝土受拉区面积;

f_{ct}——混凝土的抗拉强度;

u_s——钢筋与混凝土间的平均粘结强度;

u_{NSM}——嵌入筋与粘结材料间的平均粘结强度;

$\sum O_{bars}$——受拉纵筋截面的总周长;

$\sum O_{NSM}$——嵌入筋截面的总周长。

假定 $u_s=0.28\sqrt{f_{cu}}$(MPa)，$f_{ct}=0.36\sqrt{f_{cu}}$(MPa)，其中 f_{cu} 为混凝土的立方体抗压强度。

对于仅配置单层钢筋的混凝土梁，A_e 为钢筋中心到梁底距离的 2 倍乘梁的宽度。

忽略相邻“齿”间的相互作用并假定材料为线弹性，认为当图 2-40 中 A 点的应力达到混凝土的抗拉强度时发生破坏。A 点的拉应力 σ_A 可由式(2-23)计算：

$$\sigma_A = \frac{M_A}{I_A}\cdot\frac{l}{2} \tag{2-23}$$

$$M_A = n(f_1 - f_2)A_{sf}h', I_A = bl^3/12$$

式中：n——嵌入筋的根数；

l——最小裂缝间距；

h'——纵筋下表面到嵌入筋中心的高度；

f_1、f_2——混凝土“齿”两边裂缝截面处的嵌入筋的拉应力；

I_A——混凝土“齿”的惯性矩；

M_A——“齿”根承受的弯矩。

将 M_A 和 I_A 代入式(2-23)，当剥离发生时 $\sigma_A=f_{ct}$，则使最小稳定裂缝间距的“齿”破坏的单根嵌入筋在“齿”两边的轴拉力差 F_A 可由式(2-24)确定：

$$F_A = 0.06\frac{bl^2\sqrt{f_{cu}}}{nh'} \tag{2-24}$$

2.6.3 破坏模式判定与承载力计算的方法

基于前述嵌入式加固钢筋混凝土梁的非粘结破坏的计算方法和粘结破坏的验算及计算方法，现给出统一的嵌入式加固混凝土梁承载能力的分析和计算方法。

①通过已有的计算方法或粘结试验研究获得 u_{NSM}。

②利用公式(2-22)计算最小裂缝间距 l。根据公式(2-24)计算发生粘结破坏时，单根嵌入筋在混凝土“齿”两侧的轴拉力差 F_A。

③利用嵌入式 SFCB 抗弯加固混凝土梁截面弯矩-曲率关系计算程序，计算发生非粘结破坏时的极限荷载 P_{max} 和对应的弯矩最大截面处(加载点所在截面)嵌入筋应力值 f_1。

④同步骤③，利用程序计算在极限荷载 P_{max} 作用下，距加载点 l 处的非纯弯区截面处嵌入筋的应力值 f_2，计算裂缝间距内嵌入筋的轴向拉力差 $T_A=(f_1-f_2)A_{sf}$，若 $T_A<F_A$，则认为试件不会发生粘结剥离破坏，加固试件的极限承载力为 P_{max}，即 $P_u=P_{max}$；否则，进入步骤⑤。

⑤计算当荷载 P 从 0 逐步增加到 P_{max} 时，加载点所在截面与距加载点 l 截面处的嵌入筋的拉力差 T_A，求得使 T_A 最逼近 F_A 时所对应的荷载，即试件的粘结剥离破坏的承载力 P_{deb}，也是试件的极限承载力，即 $P_u=P_{deb}$。

2.7 本 章 小 结

本章围绕新型 SFCB 的研发制备、综合性能测试，嵌入式 SFCB 抗弯加固混凝土梁试验和承载力分析，SFCB 的适用领域探索等方面展开，内容涵盖工艺研发、性能测试、计算分析和应用展望等，具体总结如下：

①基于现有 FRP 拉挤工艺生产线，研发了可生产制备 SFCB 的成套制备工艺体系，生产了性能稳定、可靠的新型 SFCB 制品。

②所研发的 SFCB 具有稳定的屈服后刚度（二次刚度），其与混凝土的界面粘结性能良好，且具有优秀的耐腐蚀性能和极好的绝缘性能。

③新型 SFCB 可用于在地震高烈度区提升结构抗震性能、在复杂电磁环境下提升高铁无砟轨道板电绝缘性能等领域。

④采用 SFCB 作为嵌入式增强筋材，可以同时显著提高受弯构件正常使用阶段的刚度和极限阶段的承载力。嵌入式 SFCB 加固技术，在具有 FRP 筋材理想耐腐蚀性能的同时，成本却远低于目前所用的 FRP 筋，是一种高性能、低成本的高效加固方式。

⑤针对嵌入式 SFCB 加固的两种破坏模式，本章给出了相应的承载力分析方法，可供设计人员参考。

本章参考文献

[1] Wu G, Wu Z S, Luo Y B, et al. Mechanical properties of steel-FRP composite bar under uniaxial and cyclic tensile loads[J]. Journal of Materials in Civil Engineering, 2010, 22(10): 1056-1066.

[2] Ibrahim A I, Wu G, Sun Z Y. Experimental study of cyclic behavior of concrete bridge columns reinforced by steel basalt-fiber composite bars and hybrid stirrups[J]. Journal of Composites for Construction, 2016, 21(2): 04016091.

[3] Dhakal R P, Maekawa K. Modeling for postyield buckling of reinforcement[J]. Journal of Structural Engineering, 2002, 128(9): 1139-1147.

[4] 郝庆多. GFRP/钢绞线复合筋混凝土梁力学性能及设计方法[D]. 哈尔滨：哈尔滨工业大学，2009.

[5] 叶列平，陆新征，马千里，等. 屈服后刚度对建筑结构地震响应影响的研究[J]. 建筑结构学报，2009，30(2)：17-29.

[6] Ye L P, Lu X Z, Ma Q L, et al. Study on the influence of post-yielding stiffness to the seismic response of building structures[C]. Proceedings of the 14th World Conference on Earthquake Engineering (14WCEE). Beijing, 2008.

[7] 孙泽阳，吴刚，吴智深，等. 钢-连续纤维复合筋增强混凝土柱抗震性能试验研究[J]. 土木工程学报，2011，44(11)：24-33.

[8] 徐文锋，孙泽阳，吴刚，等. 表面喷砂 FRP 筋与混凝土粘结性能试验研究[J]. 工业建筑增刊(第六届全国 FRP 学术交流会论文集)，2009，39(10)：118-121.

[9] Pandey G R, Mutsuyoshi H, Maki T. Seismic performance of bond controlled RC columns[J]. Engineering Structures, 2008, 30(9): 2538-2547.

[10] 罗云标. 钢-连续纤维复合筋及其增强混凝土结构性能研究[D]. 南京：东南大学，2008.

[11] Hognestad E, Hanson N W, McHenry D. Concrete stress distribution in ultimate strength

design[J]. ACI Journal Proceedings,1955,52(12):455-480.

[12] Parretti R,Nanni A. Strengthening of RC members using near-surface mounted FRP composites:Design overview[J]. Advances in Structural Engineering,2004,7(6):469-483.

[13] Guide for the design and construction of externally bonded FRP systems for strengthening concrete structures[S]. American Concrete Institute,2002.

[14] Rizkalla S,Hassa T. Effectiveness of FRP for strengthening concrete bridges[J]. Structural Engineering International,2002,12(2):89-95.

[15] De Lorenzis L,Nanni A,La Tegola A. Strengthening of reinforced concrete structures with near surface mounted FRP rods[C]. International meeting on composite materials,PLAST. 2000:9-11.

[16] Raoof M, Hassanen M A H. Peeling failure of reinforced concrete beams with fiber-reinforced plastic or steel plates glued to their soffits[J]. ICE Proceedings:Structures and Buildings,2000,140(3):291-305.

[17] Zhang S,Raoof M,Wood L A. Prediction of peeling failure of reinforced concrete beams with externally bonded steel plates[J]. ICE Proceedings:Structures and Buildings,1995, 110(3):257-268.

[18] Raoof M,Zhang S. An insight into the structural behaviour of reinforced concrete beams with externally bonded plates[J]. ICE Proceedings: Structures and Buildings, 1997, 122(4):477-492.

第3章

新型 FRP 板/网格及结构加固技术

3.1 概　　述

FRP 片材(纤维布、FRP 板等)是 FRP 材料在混凝土结构加固修复中应用最广泛的材料。纤维布由连续纤维编织而成,FRP 板由连续纤维经过层铺、浸润树脂、固化成型而制成。在结构加固修复中,FRP 片材主要通过树脂粘贴于结构受拉侧外表面或浅表面,以发挥材料的纤维向拉伸性能从而实现加固。国内外学者针对 FRP 片材加固混凝土结构方面的大量研究,为它们在加固修复方面提供了充足的理论基础及应用案例,美国、日本、中国等都编制了相关规范或指南[1-2]。然而,FRP 片材用于结构加固仍存在一些挑战[3-5]:

①高性能 FRP 片材(如 CFRP 片材)相对昂贵的价格限制了其大量使用,而经济性较优的 FRP 片材(如 BFRP 片材)较低的拉伸刚度导致其在结构加固修复中的刚度提升效果有限。

②以发挥纤维向拉伸性能的外贴式 FRP 片材较难满足双向受力结构的加固需求,且外贴用树脂的不耐高温及液态工作特性等限制了其在特殊环境下的应用,如高湿环境(隧道等)、水下环境(桥墩基础等)等。

为兼顾 FRP 片材在结构加固修复过程中的刚度特性与经济性,本书作者团队以低成本、高弹性模量钢丝和低成本、高强度玄武岩纤维布为原材料,研发了新型钢丝-玄武岩纤维复合板,提出了新型钢丝-玄武岩纤维复合板加固技术,如图 3-1a)所示;为改善 FRP 片材在双向受力结构、高湿或水下环境中的适用性,本书作者团队结合 FRP 网格和聚合物砂浆(或环氧树脂),通过栓钉设置及涂抹或喷射砂浆封闭保护的方式,实现了高湿及水下环境的混凝土结构加固,即 FRP 网格加固技术,如图 3-1b)所示。

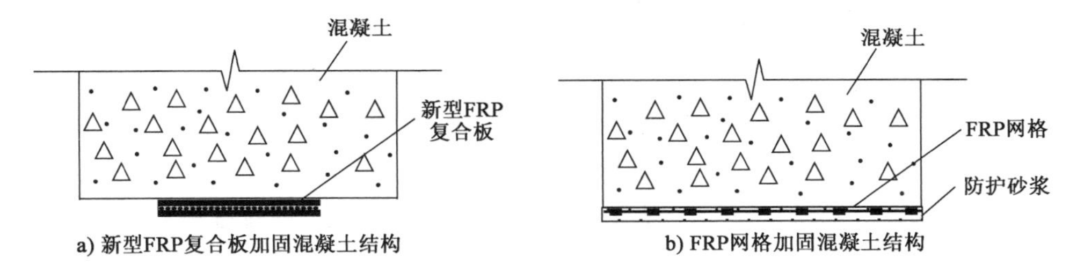

图 3-1　新型 FRP 板/网格加固技术

本章针对新型FRP板/网格加固混凝土结构，从基本概念与特点、制备技术、基本力学性能、构造/锚固措施、施工工艺、加固效果及设计建议等几个方面，介绍新型FRP板/网格及结构加固技术。

3.2 新型FRP板及结构加固技术

3.2.1 钢丝-玄武岩纤维复合板及其制备技术

1)基本概念与特点

一般而言，钢丝具有弹性模量高、延性好、耐久性差等特点，而FRP具有强度高、弹性模量低、延性差、耐久性好等特点，两者互补性极强，复合后可以扬长避短，借鉴本书第2章所述的钢筋-连续纤维复合筋思路，组合两者可形成钢丝-连续纤维复合板。钢丝-连续纤维复合板的主要组分材料为纤维布、钢丝、树脂等，根据纤维种类的不同可以分为钢丝-碳纤维复合板、钢丝-玻璃纤维复合板、钢丝-玄武岩纤维复合板、钢丝-混杂纤维复合板等。考虑玄武岩纤维价格便宜、经济性突出，且延性及耐腐蚀性等较好，本章主要介绍钢丝-玄武岩纤维复合板[6-7]。

钢丝-玄武岩纤维复合板由钢丝、玄武岩纤维布、树脂等组成。根据复合工艺不同，可以有各种不同的产品形式，如层铺夹心混杂复合板和层铺层间混杂复合板等，如图3-2所示。

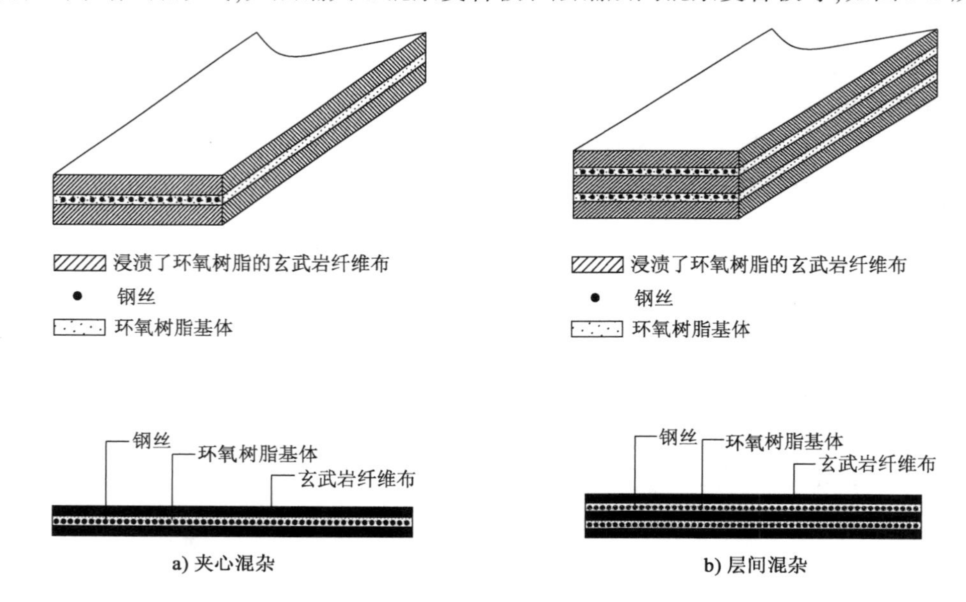

图3-2 常见的钢丝-玄武岩纤维复合板混杂形式

与玄武岩纤维片材相比，钢丝-玄武岩纤维复合板的主要特点如下：

①钢丝-玄武岩纤维复合板弹性模量高，拉伸刚度得到改善，且通过钢丝的延性提供屈服段，改善了脆性特征。

②钢丝-玄武岩纤维复合板具有稳定的屈服后刚度，理论上能使被加固构件有较高耗能

能力的同时，具有残余变形小的特点。

③钢丝-玄武岩纤维复合板抗侧压性能良好，有利于发展机械锚固措施。

2）制备技术

钢丝-玄武岩纤维复合板的生产工艺可以参考常规FRP的生产工艺流程，主要包括手工制备工艺、真空树脂导入工艺、拉挤成型工艺等。

针对钢丝-玄武岩纤维复合板的制备，手工制备工艺具有成本低、工艺简单、可自由改变形状等特点，但存在初始缺陷多、组分不均、性能不稳定、效率低等缺点；真空树脂导入工艺具有组分均匀、性能稳定、效率较高等优点，但其工艺复杂、成本较高、板材长度受限，且在生产钢丝-玄武岩纤维复合板过程中可能导致钢丝弯折。因此，针对少量的钢丝-玄武岩纤维复合板需求，这两种工艺均可采用，其原理大致相同，即铺设相应的钢丝层和玄武岩纤维布，并均匀涂刷树脂，铺设脱模剂或脱模纸后通过重物或真空工艺挤压复合板固化成型。而钢丝-玄武岩纤维复合板的需求较大时，可参考常规生产FRP的工业化拉挤成型工艺，其工艺流程示意如图3-3所示。

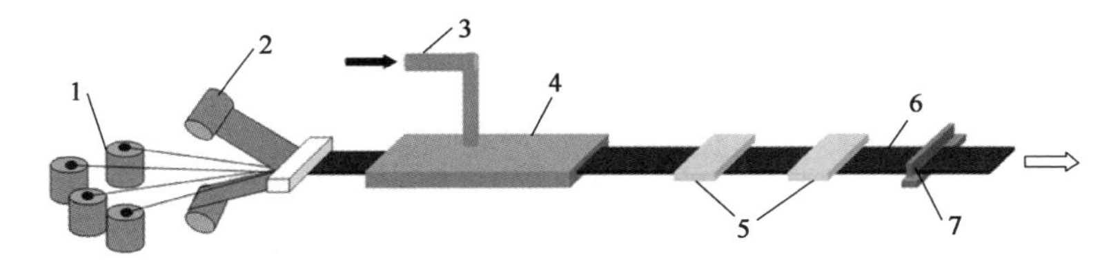

图3-3　钢丝-玄武岩纤维复合板拉挤成型生产工艺

1-纤维无捻粗纱和钢丝；2-纤维连续毡；3-浸渍胶注射孔；4-模具及加温设备；5-张拉装置；6-钢丝-玄武岩纤维复合板；7-切割器

3.2.2　钢丝-玄武岩纤维复合板的基本力学性能

钢丝-玄武岩纤维复合板在应用过程中，钢丝和玄武岩纤维共同承受荷载。因此，可以认为钢丝-玄武岩纤维复合板的基本力学性能介于钢丝与玄武岩纤维的力学性能之间。以含高强度钢丝的复合板为例，钢丝可偏安全地采用理想弹塑性模型，玄武岩纤维采用线弹性模型，则复合板的应力应变关系呈双线性特征，如图3-4所示。

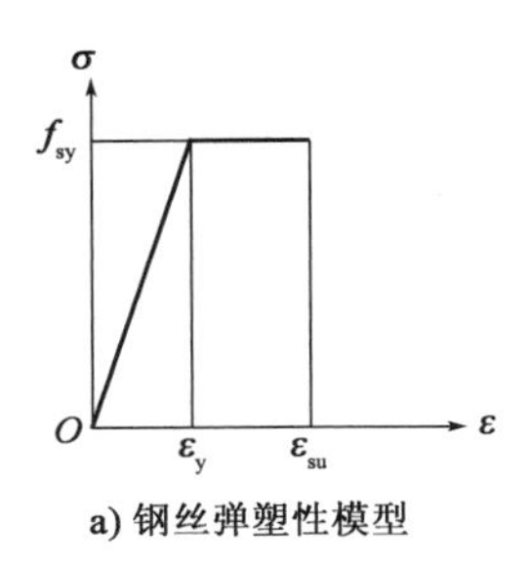

a) 钢丝弹塑性模型

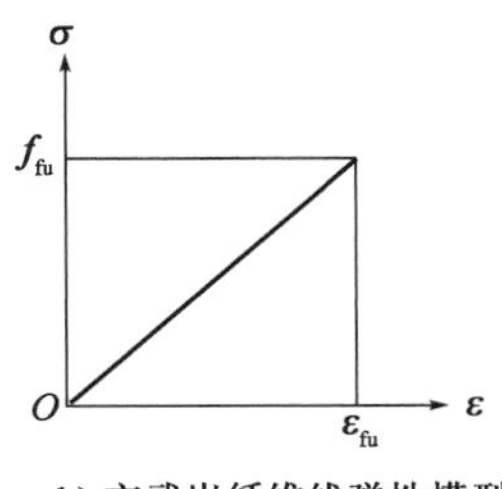

b) 玄武岩纤维线弹性模型

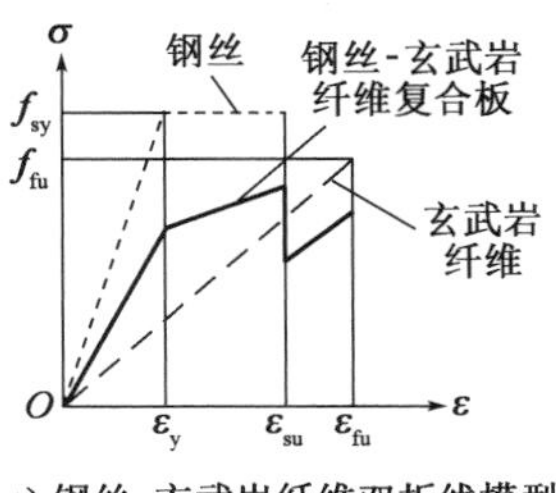

c) 钢丝-玄武岩纤维双折线模型

图3-4　钢丝-玄武岩纤维复合板应力-应变关系示意图

假设纤维和钢丝均匀分布，所有增强材料同时开始受力且材料之间理想地协同工作，断裂前截面上应变均布，各截面应变相等。从偏安全角度考虑，可以认为，当截面应变达到钢丝断裂应变时，所有钢丝同时断裂；类似地，当截面应变达到玄武岩纤维断裂应变时，所有玄武岩纤维同时断裂。此外，为设计简便，当某种增强材料达到其断裂应变时，可认为复合板失效。复合板的全应力应变曲线分为三段：①钢丝屈服前；②从钢丝屈服到第一种材料断裂；③从第一种材料断裂到第二种材料断裂。设 ε_y 为钢丝屈服应变，复合板的极限应变 ε_u 可取为钢丝极限应变 ε_{su} 与玄武岩纤维极限应变 ε_{fu} 中的较小值，则复合板的本构模型可表示为

$$\sigma_{sf}=\begin{cases}\dfrac{\varepsilon}{\varepsilon_y}\cdot f_{sfy} & (0\leqslant\varepsilon<\varepsilon_y)\\ f_{sfy}+\dfrac{\varepsilon-\varepsilon_y}{\varepsilon_u-\varepsilon_y}\cdot(f_{sfu}-f_{sfy}) & (\varepsilon_y\leqslant\varepsilon<\min\{\varepsilon_{su},\varepsilon_{fu}\})\end{cases}\tag{3-1}$$

式中：f_{sfy}——钢丝-玄武岩纤维复合板的屈服强度设计值；

f_{sfu}——极限强度设计值。

图 3-5 显示了典型钢丝-玄武岩纤维复合板单向拉伸试验结果与理论值的比较，两者的吻合程度较好，表明前述简化理论模型是合适的。

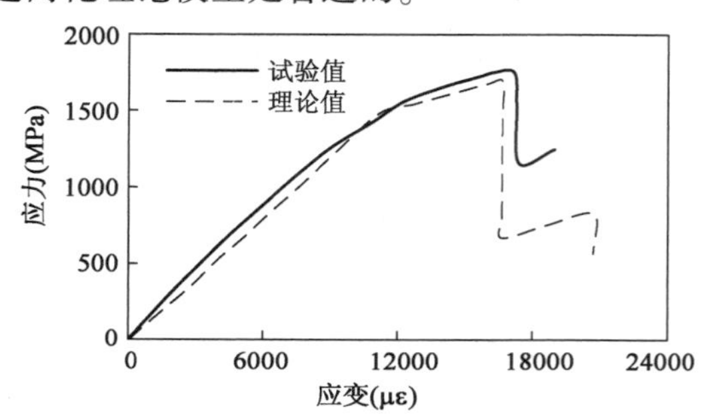

图 3-5　典型钢丝-玄武岩纤维复合板单向拉伸试验结果与理论值的比较

3.2.3　锚固措施与加固工艺流程

1）锚固措施

钢丝-玄武岩纤维复合板的锚固措施类似于常规 FRP 板，其锚固要点是避免复合板在加固过程中可能出现的剥离破坏。与普通 BFRP 板不同的是，钢丝-玄武岩纤维复合板弹性模量比 BFRP 板有所提升，因此机械锚固对复合板的挤压损伤将小于其对 BFRP 板的挤压损伤，即机械锚固对钢丝-玄武岩纤维复合板的锚固效果更为优异。因此，除采用树脂粘贴、U 形 FRP 条带等常规锚固措施外，还可以对钢丝-玄武岩纤维复合板施加钢板压紧的机械锚固措施。研究表明，在钢丝-玄武岩纤维复合板的加固过程中，避免剥离破坏的有效锚固方式是树脂粘贴、U 形 FRP 条带及机械压紧的复合锚固方式。

2）加固工艺流程

钢丝-玄武岩纤维复合板的加固工艺流程类似于 FRP 片材，其主要步骤如下：

①混凝土结构及复合板表面处理：为增加复合板与混凝土界面间的粘结性能，需对复合板及混凝土表面进行粗糙度处理。当选用机械锚固时，还需进行锚固孔预留及植筋施工。

②加固区标识及树脂涂刷：待混凝土结构表面清理干净后，在粘贴表面标示复合板的粘

结位置,涂刷配制好的粘结树脂。

③复合板粘贴:将涂抹好结构胶的复合板粘贴在预定的位置上,通过挤压复合板使树脂从板的两侧挤出,保证复合板与混凝土结构表面紧密粘结。

④初期养护:在复合板表面铺设养护膜,室温下养护 24h。

⑤复合板端部锚固:为了避免或延缓复合板端部剥离破坏,可对复合板两端设置 U 形锚固措施,如 FRP 条带、钢板压紧机械锚固等。

3.2.4　钢丝-玄武岩纤维复合板抗弯加固混凝土梁

1)加固方案与主要参数

为了验证钢丝-玄武岩纤维复合板加固混凝土结构的性能,本节介绍钢丝-玄武岩纤维复合板对普通钢筋混凝土梁的抗弯加固效果。被加固基准梁尺寸为 150mm × 300mm × 2000mm,梁下部和上部分别配置 2 根直径为 14mm 和 6mm 的钢筋,其中所用受拉钢筋、受压钢筋及箍筋的屈服强度分别为 340MPa、240MPa 和 275MPa,混凝土抗压强度为 41.2MPa。选用三种钢丝-玄武岩纤维复合板进行加固,三种复合板的差异主要表现在钢丝含量上,复合板 A、复合板 B 和复合板 C 的钢丝体积分数分别为 13.5%、19.9% 和 21.6%。被加固混凝土梁示意图如图 3-6所示,主要考虑不同钢丝含量的复合板及不同锚固措施对加固效果的影响,如表 3-1 所示。

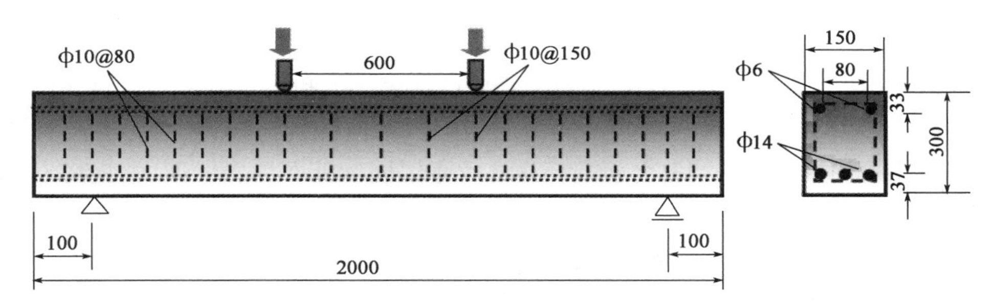

图 3-6　钢丝-玄武岩纤维复合板加固混凝土梁示意图(尺寸单位:mm)

钢丝-玄武岩纤维复合板加固混凝土梁　　表 3-1

梁编号	锚固措施	破坏模式	开裂荷载 P_{cr}(kN)	屈服荷载 P_y(kN)	极限荷载 P_{max}(kN)	延性系数
对比梁	—	钢筋屈服后,混凝土压溃	32.5	146.2	179.6	5.02
加固梁 1(复合板 A:13.5% 钢丝)	FRP 条带 + 机械锚固	钢筋屈服后,复合板断裂	48.3	170.8	248.5	3.02
加固梁 2(复合板 B:19.9% 钢丝)	FRP 条带锚固	钢筋屈服后,复合板剥离	49.8	180	241.3	2.23
加固梁 3(复合板 C:21.6% 钢丝)	FRP 条带 + 机械锚固	钢筋屈服后,复合板断裂	43.2	185.5	311.4	3.40

2)破坏模式与加固效果讨论

图 3-7 显示了典型钢丝-玄武岩纤维复合板加固梁的破坏模式及荷载-位移曲线,表 3-1

给出了相应各阶段表征荷载和延性系数，从中可以发现，钢丝-玄武岩纤维复合板加固梁的破坏模式和加固效果与复合板的基本力学性能和锚固措施有关。

a) 加固梁3（复合板C）的破坏模式

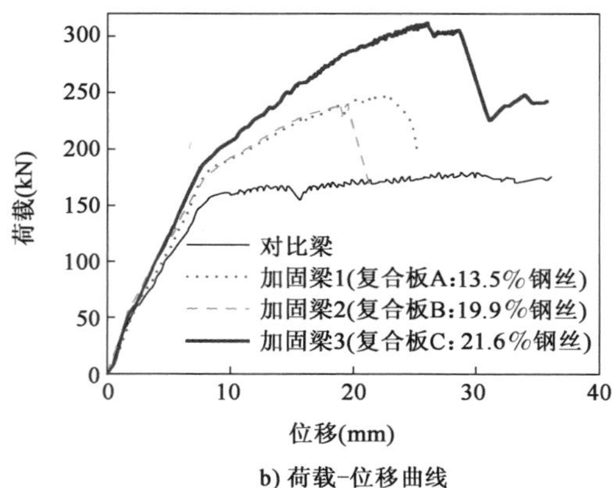

b) 荷载-位移曲线

图 3-7　典型钢丝-玄武岩纤维复合板加固梁的破坏模式及荷载-位移曲线

在破坏模式方面，如表 3-1 所示，根据端部锚固措施的不同，在被加固梁钢筋屈服后，钢丝-玄武岩纤维复合板加固梁的破坏类型主要有三种：粘结剥离破坏、复合板劈裂（断裂）破坏以及混凝土压溃破坏。当锚固措施不足时，如仅使用 FRP 条带锚固的加固梁 2，发生复合板剥离破坏，此时复合板还处于低应力状态，易造成材料浪费。同时，因为此类破坏是突然的、脆性的，危害比较大，在实际工程中应采取有效的锚固措施避免其发生。当锚固措施较好时，如选用 FRP 条带和机械压紧复合锚固措施的加固梁 1 和加固梁 3，较为理想的是复合板劈裂（断裂）破坏发生，这种破坏模式下复合板材料性能得到比较充分的发挥，且被加固梁能获得较为理想的延性。当复合板端部具有可靠锚固措施而加固梁偏大时，将发生受压区混凝土压溃破坏。

在加固效果方面，如表 3-1 所示，钢丝-玄武岩纤维复合板加固钢筋混凝土梁的开裂荷载、屈服荷载、极限荷载等承载力均有明显提高。如前文所述，钢丝的复合可以使得复合板具有比 BFRP 板更好的弹性刚度和屈服后刚度，并随着钢丝含量的增加而增大，从而提高被加固梁的承载能力并延缓其挠度的发展。在锚固措施可靠的情况下，对比加固梁 1 和加固梁 3 可以看出，钢丝含量的增加带来被加固梁钢筋屈服前后的刚度增大，如图 3-7b）所示。由于加固梁 2 的锚固措施不足，相比于加固梁 1，其刚度的增大效果不明显。

3.2.5　钢丝-玄武岩纤维复合板抗弯加固设计建议

我国《纤维增强复合材料工程应用技术标准》（GB 50608—2020）[8] 中对外贴 FRP 片材的抗弯加固混凝土设计作了详细规定。钢丝-玄武岩纤维复合板抗弯加固混凝土结构设计方法类似于其他外贴 FRP 片材抗弯加固混凝土设计，仅需将规范中 FRP 片材的极限应力和应变改为由式（3-1）计算。针对钢丝-玄武岩纤维复合板抗弯加固矩形混凝土梁正截面受弯承载力设计，根据正截面力平衡和力矩平衡，当混凝土受压区高度小于 $0.8\xi_b h_0$ 时，需满足：

$$M \leqslant \omega f_c bx\left(h_0 - \frac{x}{2}\right) + f'_y A'_s(h_0 - a') + \sigma_{fmd} A_f(h_{fe} - h_0) \tag{3-2}$$

$$\omega f_c bx = f_y A_s - f'_y A'_s + \sigma_{fmd} A_f \tag{3-3}$$

式中：M——包含初始弯矩的总弯矩设计值；

b——矩形截面宽度；

h_0——截面的有效高度，即受拉钢筋面积重心至受压边缘的距离；

h_{fe}——受拉复合板的面积形心至受压边缘的有效高度，当在受拉面外贴复合板时可取截面高度 h；

x——混凝土受压区等效矩形应力图高度；

a'——受压钢筋截面重心至混凝土受压边缘的距离；

A_s、A'_s——受拉钢筋、受压钢筋截面面积；

A_f——受拉复合板的有效截面面积；

f_c——混凝土轴心抗压强度设计值；

f_y、$f_y{}'$——受拉钢筋和受压钢筋的抗拉、抗压强度设计值；

σ_{fmd}——达到受弯承载力极限状态时，受拉复合板的拉应力设计值。

σ_{fmd}按下式计算：

$$\sigma_{fmd} = \min\{f_{fd}, E_f\varepsilon_{fe,m1}, E_f\varepsilon_{fe,m2}\} \tag{3-4}$$

式中：f_{fd}——复合板的抗拉强度设计值，根据3.2.2节复合板的本构模型并通过试验确定；

$\varepsilon_{fe,m1}$——受压边缘混凝土达到极限压应变时复合板的有效拉应变；

$\varepsilon_{fe,m2}$——复合板与混凝土界面产生剥离破坏时复合板的有效拉应变，且不宜小于$0.5\varepsilon_{fe,m1}$；

E_f——FRP 片材的弹性模量。

受压边缘混凝土达到极限压应变时复合板的有效拉应变 $\varepsilon_{fe,m1}$应按下列公式联立求解计算：

$$f_c bx = f_y A_s - f'_y A'_s + E_f \varepsilon_{fe,m1} A_f \tag{3-5}$$

式中，$x = 0.8\varepsilon_{cu}h/(\varepsilon_{cu} + \varepsilon_{fe,m1})$；$\varepsilon_{cu}$为混凝土极限压应变，按《混凝土结构设计规范(2015年版)》(GB 50010—2010)的规定，混凝土等级不大于C50时，取0.0033。

采用复合板粘贴进行抗弯加固受弯剥离时的有效拉应变 $\varepsilon_{fe,m2}$应按下列公式计算，且不宜小于受压边缘混凝土达到极限压应变时 FRP 片材的有效拉应变的1/2：

$$\varepsilon_{fe,m2} = (1.1/\sqrt{E_f t_f} - 0.2/L_d)\beta_w f_t \tag{3-6}$$

$$\beta_w = \sqrt{(2.25 - b_f/b_c)/(1.25 + b_f/b_c)} \tag{3-7}$$

式中：t_f——复合板的总有效厚度，mm；

L_d——复合板从其充分利用截面到截断位置的延伸长度，mm；

β_w——复合板宽度影响系数；

b_f——复合板的宽度；

b_c——混凝土梁底宽度；

f_t——混凝土抗拉强度设计值，MPa。

受压区混凝土等效应力图形的折减系数 ω 应按下式计算：

$$\omega = \begin{cases} 0.5 + 0.5\dfrac{\varepsilon_{fe,m2}}{\varepsilon_{fe,m1}} & (\varepsilon_{fe,m1} > \varepsilon_{fe,m2}) \\ 0.5 + 0.5\dfrac{f_{fd}/E_f}{\varepsilon_{fe,m1}} & (E_f\varepsilon_{fe,m1} > f_{fd}) \end{cases} \tag{3-8}$$

3.3 FRP网格及结构加固技术

3.3.1 FRP网格及其制备技术

1)基本概念与特点

FRP网格是将碳纤维、玻璃纤维或玄武岩纤维等连续纤维浸渍于耐腐蚀性良好的树脂中,形成整体的网格状材料,如图3-8所示。FRP网格的纤维呈双向连续分布,是一种线弹性材料,表3-2显示了目前我国常用的部分FRP网格型号和性能。FRP网格材料的主要特点如下[9-12]:

①轻而薄。FRP网格材料轻,易于搬运,受施工现场限制少,同时网格交叉部位在同一平面,因此同一截面面积下其断面比钢筋或FRP筋断面薄。

②粘结性能优异。相较于FRP片材,FRP网格的二维纵横向构造使其具有较好的锚固性能。网格采用粘结剂与混凝土表面黏合起来,不仅起到粘结和保护层的作用,每一格内填满的粘结剂作为剪力键也为整个构件提供了机械锚固力,而且双向连续的纤维分布带来了较好的抗滑移性能,有助于网格材料高强特性的发挥。

③应用范围广泛。将FRP网格与环氧结构胶或聚合物水泥砂浆共同使用,可充分发挥FRP网格双向受力的优点,并具有良好的抗腐蚀能力,因此利用FRP网格对双向结构构件(如板等)、潮湿或水下结构进行加固修复具有良好的应用前景。

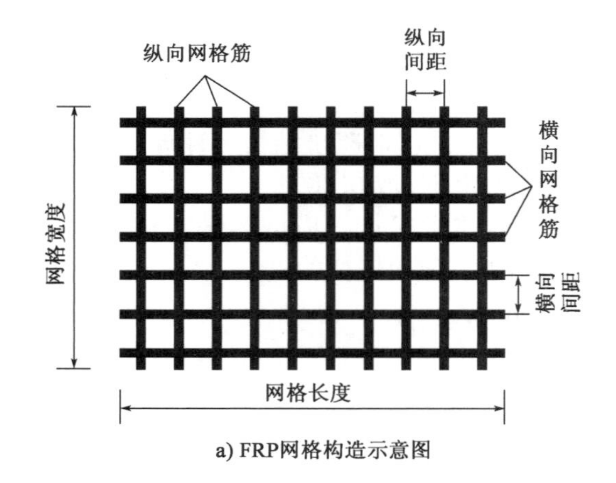

a) FRP网格构造示意图

b) FRP网格实物图

图3-8 典型FRP网格

我国部分FRP网格的型号和性能 表3-2

网格种类与等级代号		拉伸强度(MPa)	拉伸弹性模量(GPa)	断裂伸长率(%)
CFRP网格	CFG2500	≥2500	≥210	≥1.2
	CFG3000	≥3000	≥210	≥1.4
	CFG3500	≥3500	≥230	≥1.5
BFRP网格	BFG2000	≥2000	≥85	≥2.3
	BFG2400	≥2400	≥90	≥2.6

续上表

网格种类与等级代号		拉伸强度(MPa)	拉伸弹性模量(GPa)	断裂伸长率(%)
GFRP网格	GFG1500	≥1500	≥75	≥2.0
	GFG2500	≥2500	≥80	≥3.0

2)制备技术

传统复合材料的制作工艺为手糊接触成型,即将加有固化剂的树脂混合料和纤维制品手工逐层铺放在涂有脱模剂的模具上,浸胶并排除气泡,然后固化成型。对于FRP网格材料,手糊工艺难以保证其密实性,且难以控制界面的树脂含量,产品质量很不稳定。目前生产FRP网格常用的生产工艺包括真空导入成型工艺和模压成型工艺。

真空导入成型工艺(图3-9)是在模具上铺设未浸润树脂的纤维材料,然后铺设真空袋,抽出其中的空气,使得真空袋内外形成压力差,从而把树脂通过预铺的管路压入纤维层中,让树脂充分浸润增强材料并充满整个模具,制品固化后,揭去真空袋并得到所需的制品。真空导入成型制备法的主要优点是具有灵活性,能制作不同面积、不同间距的网格,能基本抽除空气,孔隙率较小,树脂浪费少,纤维含量高,产品受操作人员影响小,对生产环境的污染较小等。但纤维纱束难以绷直,很大程度上影响了网格成品的强度,且网格形状和尺寸不易控制,容易产生应力集中等。

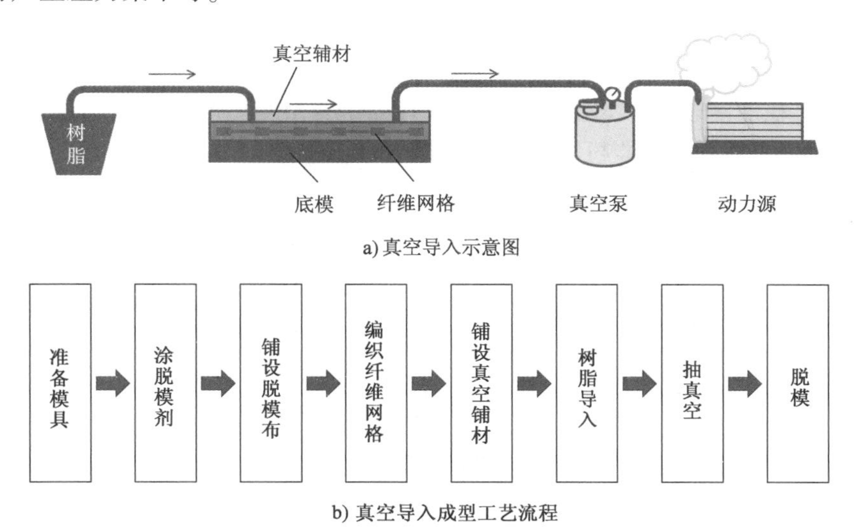

a)真空导入示意图

b)真空导入成型工艺流程

图3-9　FRP网格真空导入及成型工艺流程

模压成型工艺(图3-10)是将一定量的模压料加入预热的模具内,施加较高的压力使模压料填充模腔,在一定的压力和温度下使模压料逐渐固化,然后将制品从模具内取出,再进行必要的辅助加工得到产品。该工艺具有机械化、自动化程度高,产品质量稳定等特点,对于结构复杂的复合材料一般可一次成型,无须二次机加工。此外,制品外观及尺寸重复性好,环境污染小。但是模具设计与制造复杂,压机和模具投资高,一次性投资较大,且规格受到设备的限制,适用于材料的批量生产。模压成型工艺要求树脂在常温、常压下处于固态或半固态,在压制条件下具有良好的流动性,同时要具有适宜的固化速度。

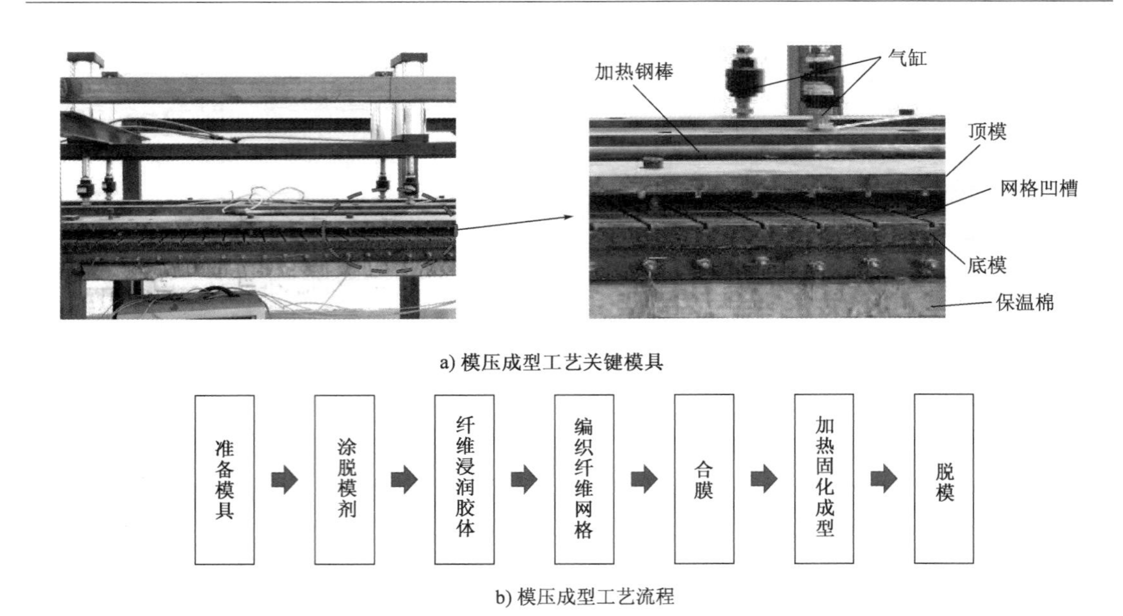

图 3-10 FRP 网格模压成型关键模具及工艺流程

3.3.2 FRP 网格的基本力学性能

FRP 网格是双向弹性材料,其力学性能一般与网格的原材料、单筋截面面积和网格规格有关。实际上,在加固过程中 FRP 网格的力学性能主要由受力侧的单向纤维性能决定。因此,FRP 网格的基本力学性能可参照美国规范 *Standard Test Method for Tensile Properties of Thin Plastic Sheeting*(ASTM D882-12)[13],通过试验获得。表 3-3 显示了常见规格尺寸 FRP 网格的基本力学性能。

常见规格尺寸 FRP 网格的基本力学性能 表 3-3

FRP 网格种类	单筋截面(mm)	网格规格(mm)	弹性模量(GPa)	极限应力(MPa)	极限应变(%)
BFRP 网格	2×2	50×50	76	2099	2.77
BFRP 网格	3×4	50×50	81	1865	2.29
BFRP 网格	4×5	50×50	79	1590	2.09
GFRP 网格	3×4	50×50	68	1553	2.29
高弹性模量 CFRP 网格	2×3	30×30	341	4366	1.70
高强度 CFRP 网格	2×3	30×30	257	3581	1.40

3.3.3 粘结构造措施及加固工艺流程

不像其他 FRP 片材制品那样适用场景有限,FRP 网格适用于潮湿、水下等特殊加固环境。如在隧道中,由于隧道壁天然的弧度且网格本身具有一定的刚度,所以网格和隧道内壁贴合时无法达到预期的效果,当隧道环向受压时,加固材料容易在拱顶处与混凝土表面剥离脱开,从而大大降低加固效果,因此需要设置适当的构造措施(如锚栓等)以减少此类破坏。

1）粘结构造措施

表3-4显示了通过双剪试验测得的不同界面构造形式下FRP网格的粘结性能。分析结果发现，在仅选用丙乳聚合物砂浆的情况下，易发生粘结滑移破坏，粘结强度较低。为改善FRP网格的粘结强度，可以选用环氧树脂、设置界面剂或在网格内设置锚栓。设置锚栓的情况下，尽管粘结破坏的情况仍然存在，但粘结应力得到大幅提高，从侧面说明锚栓对粘结效果有益。因此，当FRP网格应用于实际加固过程时，可根据需要选择合适的粘结构造方式进行施工。

不同界面构造形式下FRP网格的粘结性能　　表3-4

网格类型	单筋截面（mm）	网格规格（mm）	粘结构造措施	平均粘结强度（MPa）	破坏模式	变异系数（%）
BFRP网格	3×4	50×50	丙乳聚合物砂浆	3.1	粘结破坏	27.40
BFRP网格	3×4	50×50	丙乳聚合物砂浆+界面剂	7.4	网格拉断	2.60
GFRP网格	3×4	50×50	丙乳聚合物砂浆+界面剂	7.2	网格拉断	4.70
CFRP网格	2×3	50×50	环氧树脂	9.5	网格拉断	8.20
CFRP网格	2×3	50×50	丙乳聚合物砂浆+锚栓	7.2	粘结破坏	10.40

2）加固工艺流程

选用聚合物砂浆或环氧树脂锚固的FRP网格，其工艺流程与常规FRP材料外贴加固类似；选用开槽或锚栓措施的，FRP网格加固工艺流程如下：

①表面处理及植筋准备。将被加固结构混凝土表面打磨干净，清除混凝土表面杂物、尘土等。根据锚固需要，在锚栓设计点位打孔，完成植筋。

②加固区域标记及界面剂涂设。根据所选锚固防护聚合物砂浆或环氧树脂，在混凝土表面涂上一层界面剂，注意要满足界面剂的涂刷及防护要求。

③网格铺设及固定。将网格平整铺设在被加固结构混凝土表面，做好网格的初步固定。对于较长结构或曲面结构（如隧道）等不易一次铺设完成的情况，可将网格裁剪为等长部分，通过搭接形式进行分段铺设，搭接长度需根据试验确定。此外，为使网格尽量靠近混凝土表面，应在所植筋上安装垫片及螺母，通过垫片压紧网格。

④防护材料涂设及养护。固定好网格后，参考防护材料（聚合物砂浆或环氧树脂）的涂抹或喷射工艺要求，进行聚合物砂浆或环氧树脂的防护，并完成养护。

3.3.4　FRP网格加固混凝土结构

如3.3.1节所述，FRP网格在混凝土结构的加固修复中应用范围广泛，不仅适用于普通混凝土结构的加固，针对高湿、水下等恶劣环境下的加固需求，也具有一定优势。本节针对普通混凝土梁、空心板、水下结构、隧道结构等，简要介绍FRP网格的加固效果。需要说明的是，在FRP网格加固混凝土结构的实际工程应用中，考虑网格外侧聚合物砂浆或环氧树脂的保护作用，应选择符合加固需求和环境特点的FRP网格材料。此外，FRP网格的双向受力特征更适用于双向受力结构的加固应用，考虑普通混凝土梁、板等单向受力结构受力机理明确，能较好地验证FRP网格的性能，本节介绍从混凝土梁、板结构出发，进而过渡到双向受力的应用场景。

1)FRP 网格加固混凝土梁

选用 BFRP 网格、聚合物砂浆为加固和防护锚固材料,对普通钢筋混凝土梁进行四弯点抗弯加固研究。混凝土梁长 2m,截面尺寸为 150mm×300mm,混凝土强度等级为 C40,梁受压顶部配筋 2 φ 6,受拉底部配筋 2 φ 13,箍筋直径为 10mm,间距为 100mm。参照 FRP 网格的加固工艺流程,完成 FRP 网格的加固。研究中主要分析聚合物砂浆对加固效果的影响,主要参数及加固后承载力结果如表 3-5 所示。

BFRP 网格抗弯加固混凝土梁试验情况 表 3-5

梁 编 号	P_{cr}(kN)	P_y(kN)	P_{max}(kN)	延性系数
对比梁	32.12	120.3	139.6	5.19
加固梁 1(较薄砂浆)	34.37	131.1	155.8	2.06
加固梁 2(中厚砂浆)	40.22	147.0	193.5	4.93
加固梁 3(较厚砂浆)	45.72	160.2	228.4	4.17

典型 BFRP 网格加固混凝土梁的破坏模式及荷载-位移曲线如图 3-11 所示。未加固梁(对比梁)表现出典型的钢筋屈服后混凝土受压破坏。加固梁均出现剥离破坏,该剥离破坏起始于跨中混凝土弯曲裂缝,随后向外贴加固层两端发展,最终剥离破坏导致加固层失去作用。所有加固梁的荷载-位移曲线都有三个主要阶段:一是开裂前阶段,即初始加载到产生第一道裂纹,此阶段试验梁表现出线弹性特征;二是开裂后至钢筋屈服阶段,此阶段加固梁的抗弯刚度比控制梁更高;三是钢筋屈服至破坏阶段,与控制梁相比,加固梁由于 BFRP 网格的存在表现出明显的刚度硬化行为。

a) 破坏模式

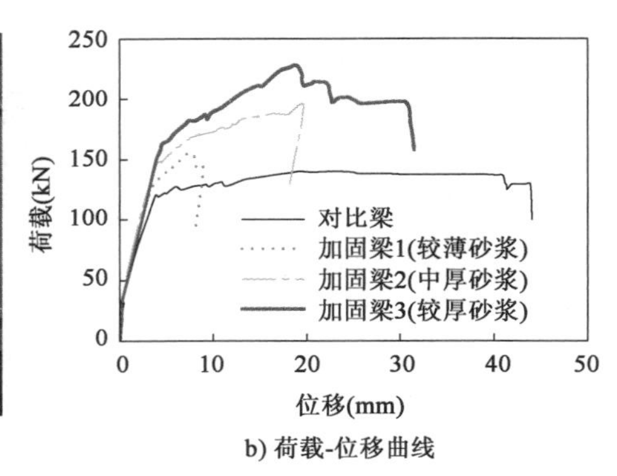

b) 荷载-位移曲线

图 3-11 典型 FRP 网格加固混凝土梁的破坏模式及荷载-位移曲线

加固梁 1~3 的聚合物砂浆厚度分别为 5mm、10mm 和 15mm,对应极限荷载分别为 155.8kN、193.5kN 和 228.4kN。由于加固梁 1 聚合物砂浆厚度较薄,无法传递梁与 BFRP 网格之间的应力,该梁过早出现剥离破坏。随着聚合物砂浆厚度增加,加固梁的极限荷载增大,表明聚合物砂浆作为粘结材料对加固梁的抗弯承载力有贡献,在进行加固梁承载力分析时应适当予以考虑。类似的结论适用于开裂荷载和屈服荷载。

2)预应力 FRP 网格加固混凝土空心板

针对在楼板结构中大量使用的空心板等结构,普通 FRP 网格因存在二次受力问题,无法改善现有使用阶段的性能(如封闭裂缝、降低挠度等),也不能有效发挥FRP网格的高强性能,极大地制约了FRP网格在加固混凝土结构中的应用。为此,参考前期预应力技术及其在FRP板材和片材领域的探索和应用,可将预应力技术运用到FRP网格加固技术中,改善被加固结构使用阶段的性能,提升FRP网格的加固效率。

在对FRP网格施加预应力时,除了使用聚合物砂浆等进行锚固保护外,还需增设额外的预应力张拉锚固措施。针对FRP网格,可将FRP单筋放入波形锚具,通过螺栓将FRP网格与锚具固定,并制作张拉连接装置,完成FRP网格的张拉,如图3-12所示。

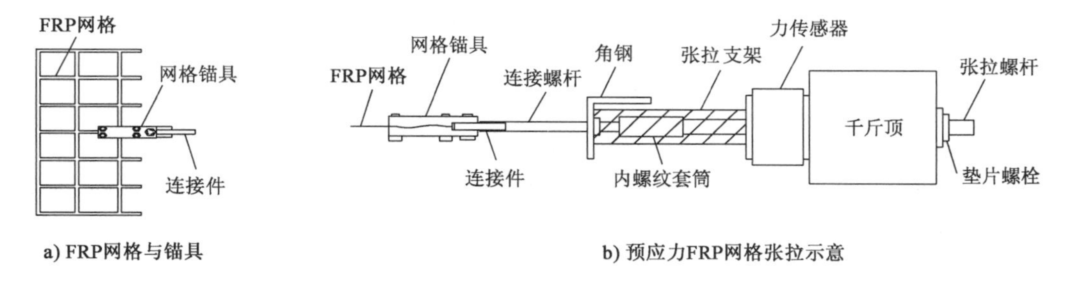

图3-12 预应力FRP网格锚固张拉示意图

以标准工厂预制空心板为加固对象探讨预应力FRP网格的加固效果。所选用混凝土空心板的尺寸为3960mm×450mm×120mm,其实测混凝土强度为20.4MPa。考虑经济性要求,加固选用BFRP网格,网格的单筋截面尺寸为2mm×3mm,网格规格为50mm×50mm,其网格单筋抗拉强度、弹性模量及极限应变分别为523MPa、28.5GPa和1.97%。研究中主要以预应力度为设计参数,各空心板的加固参数及加固后承载力如表3-6所示。

预应力FRP网格加固空心板试验情况 表3-6

空心板编号	破坏模式	P_{cr}(kN)	P_y(kN)	P_{max}(kN)	延性系数
对比板	延性破坏	4.15	7.63	8.45	1.71
加固板1(非预应力网格)	剥离破坏	4.62	9.8	14.51	3.03
加固板2(预应力网格:预应力度25%)	网格断裂	6.07	11.98	13.72	1.81
加固板3(预应力网格:预应力度50%)	网格断裂	7.31	13.84	14.97	1.28

图3-13为各空心板的荷载-位移曲线。结合表3-6及图3-13可以看出,BFRP网格可以有效提升空心板的承载力水平,但普通网格加固情况下,网格剥离破坏较难避免。用预应力FRP网格加固混凝土空心板后,较未加固板(对比板)的承载力有明显提高,加固后板的刚度也有一定程度的提高,尤其在预应力水平较高的情况下提升更加明显。采用预应力水平较低的FRP网格加固混凝土空心板后,板的承载力、整体刚度有所提高,延性也有明显的提高。与传统的非预应力网格加固相比,预应力FRP网格加固技术更有效地提高了构件的承载力,同时可以有效地抑制裂缝的开展,提高使用阶段的性能;还避免了非预应力网格加固技术剥离破坏的通病,充分利用了FRP材料的强度,大幅提高了加固材料与原有结构共同工作的性能。需要说明的是,预应力施加过程中FRP网格的初始应变并未在试验中记录,初始应变的存在,导致所测的极限位移比无预应力情况下小,具体表现为所测延性系数随着预应力度的增大而变小,如表3-6所示。

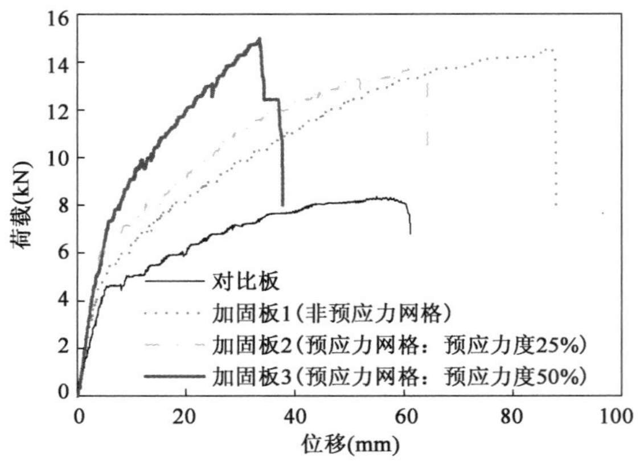

图 3-13　典型预应力 FRP 网格加固空心板荷载-位移曲线

3) FRP 网格加固混凝土水下墩柱

桥梁水下墩柱构件常因设计不合理、服役环境恶劣、自然灾害等因素而受损，在桥梁长期服役过程中，水下环境导致材料性能加速退化，面临力学性能快速下降、耐久性能不足等多重问题。常规 FRP 片材适用于水上墩柱的加固，但对水下墩柱的加固较为困难。通过聚合物砂浆或水下不分散砂浆的配合使用，FRP 网格可以实现对水下墩柱的有效加固。

为研究 FRP 网格水下加固混凝土墩柱的受压性能，课题组开展了缩尺试验研究，FRP 网格加固混凝土墩柱示意图如图 3-14 所示。制作了 3 层纤维网格加固混凝土圆柱的试件，混凝土强度等级为 C30，加固前试件高度和底面直径分别为 300mm 和 150mm。考虑经济性，纤维网格采用单筋截面尺寸为 2mm × 3mm 和网格规格尺寸为 20mm × 20mm 的 BFRP 网格，并考虑灌压材料的不同分为 3 组试件，如表 3-7 所示。结合 3.3.3 节所述 FRP 网格的加固施工工艺，将墩柱结构进行表面处理及柱脚清淤，完成纤维网格的安装与初始固定。为模拟水下环境，在 FRP 网格外侧安装钢套管，并通过高压灌浆机将预先配好的水下不分散砂浆或者水下固化环氧树脂灌入钢套管内，待试件在水中养护达到 28d 龄期后，拆除钢套管，完成 FRP 网格对墩柱的加固。参照标准轴压性能试验进行加载，以 50kN/min 的加载速度轴向加载，直到墩柱破坏。

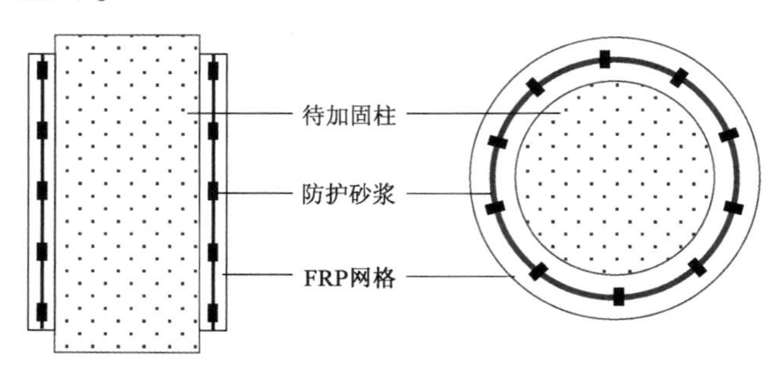

图 3-14　FRP 网格加固混凝土墩柱示意图

典型 BFRP 网格水下加固墩柱设计参数及承载力结果　　表 3-7

墩 柱 情 况	峰值荷载(kN)	峰值位移(mm)	荷载提升(%)	位移提升(%)
未加固墩柱	645.08	1.18	—	—
水下不分散砂浆加固墩柱	980.61	2.04	52	73
水下固化环氧树脂加固墩柱	1035.03	2.15	60	82

各墩柱的破坏情况如图 3-15 所示。未加固墩柱裂缝出现较快，且产生的纵向裂纹较大，试件沿着纵向裂缝被分割成几部分，破坏时混凝土块较大。水下不分散砂浆加固墩柱周围砂浆被压碎后，出现纵向裂痕；随着荷载不断加大，裂痕越来越多，且出现斜裂痕，新的裂

痕也不断出现和发展，随后荷载开始下降，墩柱最后因纤维网格被撕裂而破坏。水下固化环氧树脂加固墩柱随着荷载的不断增加，裂缝逐渐增多；当试件中的纤维网格被撕裂时，荷载下降，墩柱纵向裂痕较大，出现底部周围纤维网格被撕裂、水下固化环氧树脂剥落现象，破坏程度较水下不分散砂浆加固墩柱更为明显。

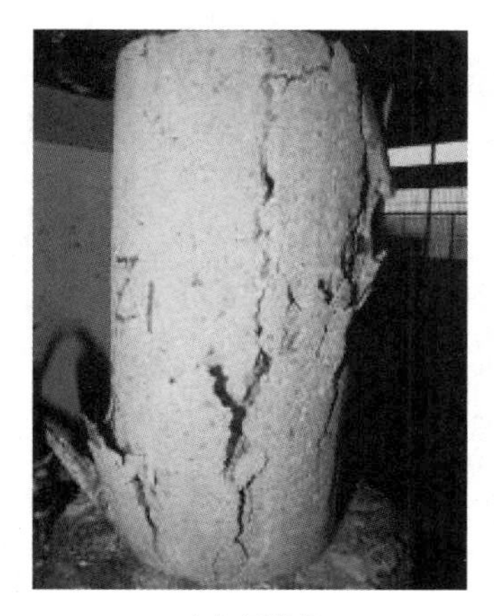

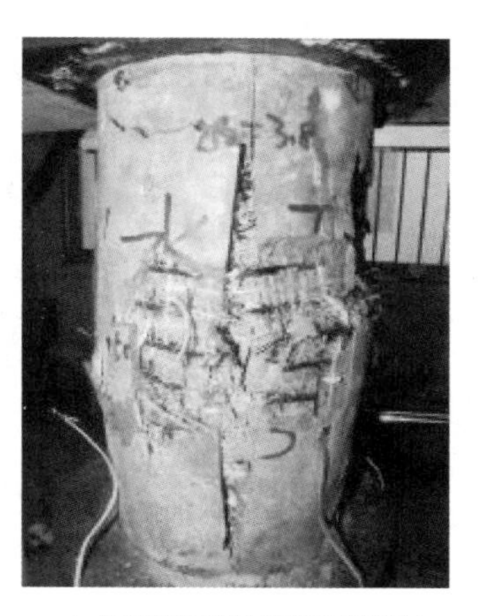

a) 未加固墩柱　　b) 水下不分散砂浆加固墩柱　　c) 水下固化环氧树脂加固墩柱

图 3-15　典型 FRP 网格加固水下墩柱结构破坏模式

典型 BFRP 网格加固水下墩柱的荷载-位移曲线如图 3-16 所示。从图中可以发现，BFRP 网格对提高混凝土墩柱的承载力和延性的效果都是非常显著的。未加固混凝土墩柱在荷载未达到峰值前，属于弹性阶段，荷载达到峰值后，曲线下降较快，反映其延性较差。和未加固墩柱相比，加固墩柱的极限承载力提高超过 50%，水下不分散砂浆加固墩柱的极限位移提高了 73%，水下固化环氧树脂加固墩柱的极限位移提高了 82%，表明 BFRP 网格使墩柱延性得到极大提升。

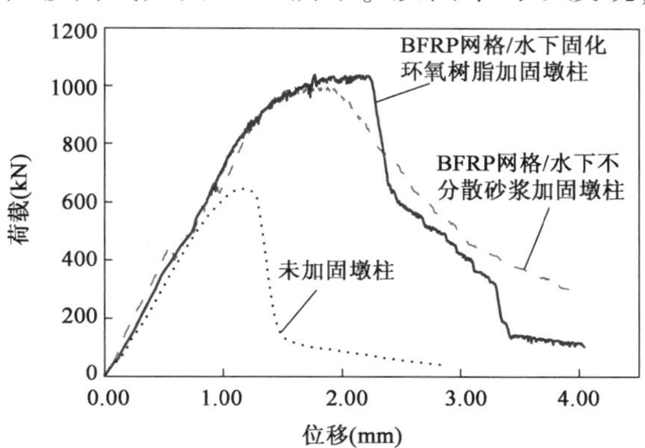

图 3-16　典型 BFRP 网格加固水下墩柱荷载-位移曲线

4）FRP 网格加固混凝土隧道结构

为研究 FRP 网格针对高湿环境结构（如隧道）的加固效果，以北京地铁四号线、五号线盾构区间管片环以及南京地铁南北线一期工程 TA15 标段玄武门—许府巷区间盾构隧道区间管片环为原型，运用相似性理论，制作了缩尺模型衬砌。模型材料与原型材料一致，模型混凝土等级为 C50，按比例缩尺后的模型，外径为 776mm，内径为 688mm，幅宽为 160mm，环向配筋 5 ϕ 3，采用螺旋肋钢丝模拟实际螺纹钢筋，纵向钢筋为 7 ϕ 3，混凝土保护层厚度为 5mm。模型隧道每环由 5 个标准分块和 1 个封顶分块通过 10 个接头组成，共由纵向 16 环拼装而成，置于土体中模拟隧道周围岩体情况，模型隧道的加固情况如图 3-17 所示。由于隧道环境复杂，选用 CFRP 网格对模型衬砌进行加固，其单筋截面尺寸为 3mm × 2mm，网格规格为 50mm × 50mm，粘结材料选用环氧树脂。模型衬砌采用电液伺服加载系统进行，并在加固前对未加固隧道进行预加载，产生局部损伤，加载模式采用中间 6 环范围内均布加载，以模拟隧道局部沉降。

a) 网格铺设完成

b) 环氧树脂铺设

图 3-17　CFRP 网格加固模型隧道实例

被加固模型隧道的加载情况及局部破坏形式如图 3-18 所示。以模型隧道的跨中上下位移计之差（扣除土体压缩位移影响）为基准，未加固和加固后的模型隧道荷载-位移曲线如图 3-19 所示。试验未加固的模型时，管片表面纵向与环向裂缝达到混凝土结构裂缝限值时停止加载，停止时跨中上下位移计之差为 6.89mm，施加荷载为 165.68kN。从图 3-19a）中可以看到，试验曲线分为三个阶段：0 ~ 2.5mm 为阶段一；2.5 ~ 7.0mm 为阶段二，以未加固试验的终止为界；7.0 ~ 51mm 的平缓段为阶段三。从图 3-19b）中可以看出，阶段一加固模型的刚度与未加固模型很接近，但还是略小一些，这是因为试验模型是一个破坏后的结构，刚度略低于新结构。加固后模型，刚度基本达到未破坏模型的刚度，减少了原先破坏的损伤。阶段二前半部分曲线显示 FRP 网格加固的效果显著，刚度得到提高，为加固前的 148%，后半部分刚度的提升有所降低，整个阶段二平均刚度提高约 70%，表明 FRP 网格对隧道加固的效果优异。

a) 隧道加载图

b) 加载终止时管片开裂情况

图 3-18　模型隧道加载图及局部破坏情况

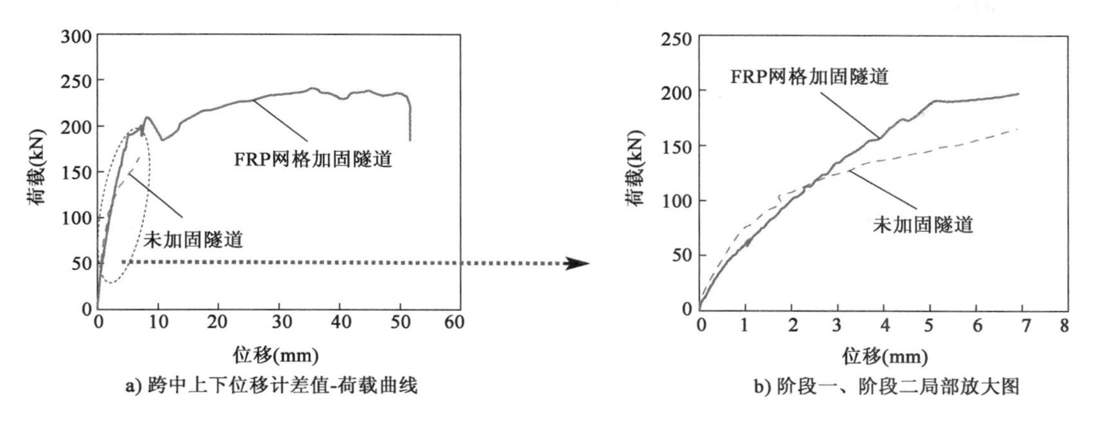

a) 跨中上下位移计差值-荷载曲线　　b) 阶段一、阶段二局部放大图

图 3-19　未加固和加固后的模型隧道荷载-位移曲线

3.3.5　FRP 网格加固混凝土结构设计方法建议

从加固原理上看，由于 FRP 网格展现出常规 FRP 材料的线弹性特征，上述各类 FRP 网格加固技术属于 FRP 片材加固混凝土结构的范畴。因此，在使用 FRP 网格加固混凝土结构的设计过程中，可参照其他 FRP 片材的加固设计方法，如参考 ACI 440(2002)和《纤维增强复合材料工程应用技术标准》(GB 50608—2020)等。但需要注意以下几点：

①FRP 网格材料特性与其他常规 FRP 片材类似，但相关的设计系数需要根据所用 FRP 网格的具体试验数据确定。

②采用 FRP 网格修复加固结构特别是双向结构(如墙、板、隧道等)时，需要设计有效的构造锚固措施以保证 FRP 网格与被加固结构的有效粘结，针对非预应力 FRP 网格，可选用锚栓构造措施；对预应力 FRP 网格，除锚栓外，还需选用合适的端部锚固措施。

③FRP 网格的应用场景广泛，在选用具体 FRP 网格时，应综合考虑加固需求和环境因素对耐久性等的影响，如针对干燥环境下量大面广的混凝土梁、空心板等的加固，可优先采用经济性较好的网格材料(如 BFRP 网格)，而针对特殊环境(如高湿、水下环境等)下的结构加固，可优先采用性能优异的网格材料(如 CFRP 网格)。

3.4　本 章 小 结

本章从普通 FRP 片材加固混凝土结构存在的问题出发，指出了开发新型 FRP 板/网格的必要性及理念，介绍了新型 FRP 板/网格的基本概念、基本力学性能、构造锚固措施和施工工艺等，研究了新型 FRP 板/网格对几类混凝土结构的加固效果，针对新型 FRP 板/网格加固混凝土结构的设计提出了建议。本章的主要结论如下：

①新型 FRP 板/网格性能优异，能较好地弥补传统 FRP 片材制品在混凝土结构加固修复方面的局限性，拓宽 FRP 材料的应用场景。

②新型钢丝-玄武岩纤维复合板具有传统 BFRP 片材制品不具备的屈服后刚度，在抗弯加固混凝土结构中能有效改善结构的屈服后性能，相较于性能优异的诸如碳纤维材料，钢丝-玄武岩纤维复合板加固混凝土结构，能在实现结构承载能力提升的同时获得较为理想的

变形能力,具有突出的经济优势。

③新型 FRP 网格应用范围广泛,能有效加固诸如普通混凝土梁、量大面广的空心板、高湿环境下的隧道结构及水下墩柱结构等。通过设置锚栓等措施,FRP 网格加固过程中呈现双向受力特征,能有效提升被加固结构的承载力,减小结构的变形。

本章参考文献

[1] 叶列平,冯鹏. FRP 在工程结构中的应用与发展[J]. 土木工程学报,2006,39(3):24-36.

[2] 冯鹏,陆新征,叶列平. 纤维增强复合材料建设工程应用技术[M]. 北京:中国建筑工业出版社,2011.

[3] 冯武强,吴刚,吴智深,等. 钢丝-连续玄武岩纤维复合板加固混凝土梁研究[J]. 高科技纤维与应用,2009,34(6):35-38.

[4] 吴刚,吴智深,蒋剑彪,等. 网格状 FRP 加固混凝土结构新技术及应用[J]. 施工技术,2007,36(12):98-99,102.

[5] 岳清瑞,曾锐,陈小兵,等. 纤维网格在建筑物结构加固改造中的应用[C]//岳清瑞. 第二届全国土木工程用纤维增强复合材料(FRP)应用技术学术交流会论文集. 北京:清华大学出版社,2002:355-361.

[6] Wu G,Zeng Y H,Wu Z S,et al. Experimental study on the flexural behavior of RC beams strengthened with steel-wire continuous basalt fiber composite plates[J]. Journal of Composites for Construction,2013,17(2): 208-216.

[7] Wu G,Zhao X,Zhou J,et al. Experimental study of RC beams strengthened with prestressed steel-wire BFRP composite plate using a hybrid anchorage system[J]. Journal of Composites for Construction,2015,19(2): 04014039.

[8] 中华人民共和国住房和城乡建设部,国家市场监督管理总局. 纤维增强复合材料工程应用技术标准:GB 50608—2020[S]. 北京: 中国计划出版社,2020.

[9] Monier A,zhe X U,Huang H,et al. External flexural strengthening of RC beams using BFRP grids and PCM[J]. Journal of Japan Society of Civil Engineers,2017,73(2): 417-427.

[10] 王升. 预应力 FRP 网格抗弯加固混凝土结构的性能研究[D]. 南京:东南大学,2017.

[11] 唐煜. 桥梁水下结构检测及 BFRP 网格加固技术研究[D]. 南京:东南大学,2012.

[12] 王淑莹. FRP 网格加固隧道结构性能研究[D]. 南京:东南大学,2014.

[13] ASTM International. Standard Test Method for Tensile Properties of Thin Plastic Sheeting ASTM D882-12[S]. ASTM International,2012.

第4章 FRP智能筋及结构加固技术

4.1 概 述

工程结构加固是基础设施维护管理、延长服役寿命和适应社会发展新需求的重要手段,但是较之于新建结构,加固结构存在一些新的不确定性,如结构既有性能状态评估的不确定性[1]、加固材料与被加固结构的长期连接性能的不确定性[2]等,这些不确定性将影响加固效果,严重时甚至会导致结构失效。因此,对结构加固后的性能状况实施长期监测、评估,是保证结构长期安全、可靠的重要措施之一。

目前,对工程结构进行监测的方法很多[3],如应变计测量应变、光学测距仪测量位移、加速度计测量振动频率等,主要应用方法是将这些传感装置安装在结构表面或内部。但既有研究和实践表明,这些"外加"传感装置的长期性能不能满足工程长期监测的要求(常用传感器的寿命一般为5年左右),同时,监测的数据往往无法准确反映结构关键部位的信息。对于既有结构,传感装置一般只能安装于结构表面,其长期监测数据的可靠性有待验证,因此,加固结构的长期监测技术是结构加固领域的重要技术发展方向之一。

智能结构材料具有传感和受力双重功能,结构加固时无须额外安装传感器,对加固材料和结构可实施同寿命监测,监测数据直接反映结构加固材料状态,这些特点使得智能材料在结构加固应用中的优势尤为突出。材料获得智能传感特性的途径,一种是直接利用自身的传感特征(如碳纤维),另一种是在增强材料内安装或复合传感材料(如光纤)。对于工程结构的长期监测来说,测量的精度和稳定性也是必须首先考虑的,因此,在实际制备智能材料的过程中,第二种途径是主要途径。在增强材料内埋入传感材料,既要保证不影响增强材料的力学性能,还要保证传感材料在加工工艺中其传感性能不会降低。

分布式光纤传感技术的提出和发展,为实现工程结构长期有效监测带来了新的思路。应用分布式光纤传感技术,可获得工程结构的沿线应变和温度分布,进而对结构进行局部损伤和整体性能的评估。同时,相较于电磁传感,光纤传感具有信号长期稳定性好、信号传输与传感一体化强、系统集成性好等优点,用于工程结构长期监测更具优势。分布式光纤传感技术在航空领域获得了较早的关注和应用,除了因其优良的传感性能外,还因其物理尺寸小,与航空常用纤维复合材料(FRP)具有天然的兼容性。FRP材料因其强度高、耐腐蚀性好、可设计性强等优势,是目前实现工程结构高性能化和高耐久性的重要手段,尤其在提升既有工程结构性能方面优势更为显著。因此,将分布式传感器与纤维材料复合,形成具有传感功能的 FRP 智能材料,应用于工程结构加固,将使结构获得受力和传感两方面的效果。

本章围绕 FRP 智能筋及结构加固技术,介绍智能材料的技术选型、制备、性能及应用于结构加固的理论方法和效果。

4.2 智能材料与结构

4.2.1 智能材料与结构的内涵

智能材料(intelligent material 或 smart material)的构思源于仿生学,目标是获得各种“类人”功能的“活”材料,主要方法是将传感、信息科学与控制理念融入材料的物理性能与功能[4-5]之中。目前,关于智能材料的定义还不统一,一般是指以最佳条件响应外界环境的变化,并针对这种变化做出瞬时的主动响应,具有自诊断、自适应、自修复或寿命预报等功能,以及靠自身驱动完成特定功能的材料。智能材料和结构密切相关,互为一体,因此确切的说法应为智能材料与结构(可简称“智能材料”)。

尽管概念不统一,但智能材料与结构通常具有以下特点[6]:具有感知功能,能检测并识别周围环境的变化;具有驱动特性及响应环境变化的功能;能以设定的方式选择和控制响应;反应灵敏、恰当;在刺激消除后能迅速恢复到原始状态。为此,智能材料与结构一般由传感、控制和执行三个基本要素构成。

通常单一材料很难具有多种功能,需要两种或多种材料构成复合智能材料体系。一般情况下,智能材料体系由基体材料、传感材料、驱动材料和信息处理器四部分构成。

①基体材料,担负着承载的作用,一般宜选用轻质高强材料,如纤维增强复合材料(FRP)、铝合金等。

②传感材料,担负着传感的任务,其主要作用是感知环境变化(如压力、应力、温度、电磁场、pH 值等)。常用的传感材料有形状记忆合金材料、压电材料、光纤材料等。

③驱动材料,担负着响应和控制的任务,要求其提供足够的驱动力或能变形。常用的驱动材料有形状记忆合金材料、压电材料、电流变体和磁致伸缩材料等。

④信息处理器,在传感材料和驱动材料间传递信息,是传感材料和驱动材料二者联系的桥梁。

在实际应用中,根据智能特征的不同,智能材料与结构主要分为自传感结构、自适应结构和机敏结构。

①自传感结构:在原结构材料中集成传感元件后,使结构能感受自身状态或特性,从而构成自传感结构,这是智能材料与结构的初级形态。

②自适应结构:在结构材料中集成致动元件,使之能改变自身的状态或特性,便构成了致动,以适应外界环境的变化,这是智能材料与结构的较高级形态。

③机敏结构:将致动与传感材料同时集成在原结构中,通过反馈控制结构形状或动态特性,构成主动结构,这是智能材料与结构的更高级形态。

4.2.2　土木工程智能材料与结构的特点

相较于机械、航空等其他结构，土木工程结构主要有以下显著特点：①体量大，结构形式复杂，高层建筑可超过500m（如上海中心大厦，632m），大跨桥梁可达到1000m（如苏通大桥，主跨1088m）；②服役环境复杂、恶劣，荷载随机性强，如地震、台风等自然灾害；③材料不均匀性强，混凝土是基础设施结构的主要组成材料，而混凝土是一种典型的非均匀性材料；④使用年限长，一般的建筑设计寿命为50年，重要桥梁的设计寿命为100年，根据国内外的经验，这些设施实际使用寿命很可能会大于设计寿命。

针对上述特点，应用于土木工程中的智能材料需要同时具备以下特征：①传感覆盖领域广，一般需要覆盖结构的大部分关键区域，同时具有较高的传感灵敏度，能准确识别结构分散的损伤；②环境适用性强，一方面在温度、湿度、盐碱等腐蚀环境下应保证良好、稳定的传感性能，另一方面应具有足够的力学性能，以适应土木工程结构粗放式及复杂荷载下服役等特征；③与工程结构材料应具有较好的匹配性，智能材料的加入不应该降低结构的强度、耐久性等性能；④智能材料至少需要和所监测结构具有相同的寿命；⑤智能材料需要提供非常大的驱动力，以达到控制结构形态的目标。

由于智能材料与结构的概念最先由航空研究领域的专家提出，其概念的内涵在航空结构上相对更容易实现。对于土木工程结构，完全达到上述特征的工程智能材料很少，因为一般具有传感特性的智能材料（如碳纤维）只能提供被动力，而提供主动力的一些智能材料［如形状记忆合金（shape memory alloy，SMA）］很难实现驱动一座大跨桥梁或一座摩天大楼。因此，将传感材料与结构受力材料复合制备成具有传感功能的新型智能材料，以实现结构的自监测、自诊断功能，更具有现实工程意义，因此，目前的工程智能结构属于初级形态（即自传感结构）。相应地，适合土木工程的智能材料应具备上述特征中的前四点。

4.2.3　土木工程常用传感材料的分类与比较

1）土木工程常用传感材料

（1）电阻应变丝

金属丝的电阻值与其长度、横截面面积有关，当金属丝受力变形时，长度和横截面面积一起变化，导致电阻值发生变化，由此可建立应变与电阻之间的关系。目前常用的电阻应变丝为康铜丝或镍铬丝。

（2）形状记忆合金

形状记忆合金（SMA）是一种具有感知和驱动功能的智能材料。SMA的形状改变后，一旦加热到一定的跃变温度，就可以恢复到变形前的形状，其基本原理是热弹性马氏体相变，即冷却时母相（奥氏体）转变为马氏体，加热时马氏体又转变为母相。当SMA作为驱动材料而发生变形时，其电阻变化可用来进行传感。目前已发现的SMA有上百种，应用最广泛的是NiTi基合金。

（3）碳纤维

碳纤维是含碳量高于90%的无机高分子纤维，是在一定条件下燃烧聚合纤维得到的具有接近完整分子结构的碳长链结构。其具有显著的压阻效应，即电阻随着应力的增加而增加，可用于传感。

(4)光纤

光纤是一种利用光在玻璃或塑料制成的纤维中的全反射原理而制成的光传导材料(图4-1)。光波在光纤中传播时,外界环境(如应变、温度等)将改变光的特性,从而实现光纤传感。依据光纤解调原理不同,光纤传感技术种类较多,大致可分为以下几种:①点式传感技术,测量值仅表征某点的信息,典型技术为Fabry-Perot干涉传感技术;②积分式传感技术,测量值表征某段距离的信息,典型技术为Michelson干涉传感技术和Mach-Zehnder干涉传感技术;③准分布式传感技术,可一条线路同时测量多点的信息,典型技术为布拉格光纤光栅传感技术(FBG);④分布式传感技术,可在光纤长度上对沿光纤路径空间分布的信息进行连续测量,典型技术为布里渊散射传感技术(BOTDR或BOTDA)。对比这几类光纤传感技术可发现,准分布式传感技术具有最好的动、静态测试性能以及一定空间分布性,分布式传感技术具有最好的大范围分布性和传感器高性价比,这两类传感技术比较适合在土木工程结构中大规模应用。

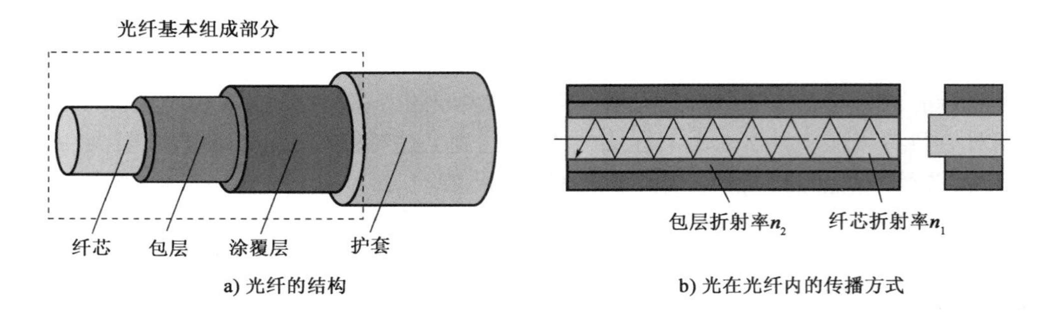

图4-1　光纤的结构及光在光纤内的传播方式

2)土木工程常用传感材料的性能比较

比较前文中的几类传感材料的主要传感性能(表4-1)可以发现,光纤的综合性能明显优于其他三种材料,尤其在传感精度、传感稳定性、测量范围等方面。因此,从工程结构监测角度考虑,将光纤作为传感材料,与合适的基体材料复合,制备适合工程结构的智能材料更具优势。

土木工程常用传感材料主要性能比较　　表4-1

材料	电阻应变丝	形状记忆合金	碳纤维	光纤
传感灵敏度	优	中等	差	优
传感精度	优	中等	差	优
传感线性度	优	良	中等	优
传感稳定性	良	中等	中等	优
监测参数	少	少	少	多
测量范围	大	大	中	大
响应频率带宽	窄	窄	宽	宽
系统集成性	差	差	差	优

续上表

材料	电阻应变丝	形状记忆合金	碳纤维	光纤
耐环境腐蚀性	中等	中等	优	优
成本	低	高	低	中等
解调系统	简单	简单	简单	复杂

注:光纤性能采用准分布式和分布式传感的性能综合比较,这两类统称为分布式传感。

4.2.4　智能FRP材料与结构

1)智能FRP材料

从4.2.3节的介绍可知,光纤具有显著的传感优势,适合制备工程智能材料,因此,本小节的介绍基于光纤传感材料展开。

纤维增强复合材料(FRP)力学性能优良、耐久性好、密度小,是制备高性能工程构件和提升既有结构服役寿命的关键材料。本小节从作为制备工程智能材料的基体材料的角度出发,介绍FRP的优缺点。

与其他材料(如金属材料)相比,FRP具有如下显著特点:

①可加工性好。外形上,有筋、板、管、型材等;尺寸上,长度从几十厘米到几百米不等。

②线弹性好。变形卸载后,材料本身没有残余塑性变形,可大幅提升传感的可重复性。

③与光纤兼容好。光纤也是一种纤维,与FRP天然相容,传感界面性能好,能保证传感精度和效率。

因此,以FRP作为基体材料、光纤作为传感材料,是常见的一类工程智能材料。按照外形,智能FRP材料主要有以下几类[7-9]:

①FRP智能筋[图4-2a)]。生产工艺简单、成熟,制备效率高;单根智能筋绕盘长度可达500m,适合长距离运输和大规模应用;应用范围广,可用作新建或加固混凝土结构的增强筋、大跨桥梁的体外预应力筋、斜拉索、吊杆等。

②FRP智能板[图4-2b)]。生产工艺较复杂,成本较高;可成卷运输;应用范围较小,主要用于外贴加固混凝土或钢结构,且对连接界面要求高,处理方式复杂。

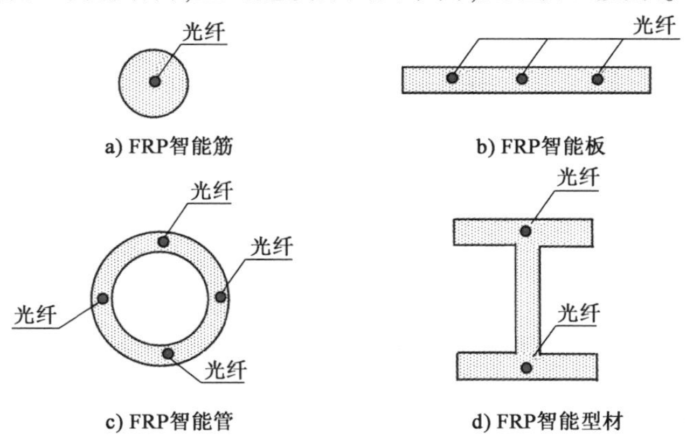

图4-2　常用智能FRP材料的形式

③FRP 智能管[图 4-2c)]。生产工艺复杂,成本高,运输长度有限制(整根长度一般在 30m 以内);应用范围较小,主要用于水下桩/柱结构。

④FRP 智能型材[图 4-2d)]。生产工艺复杂,成本高,运输长度有限制(整根长度一般在 30m 以内);应用范围较小,主要用于制造新型组合梁。

考虑 FRP 智能筋应用广泛、具有代表性,本章节将以 FRP 智能筋为例,具体介绍智能 FRP 材料及其用于工程结构加固的相关技术。

2)智能结构体系

如图 4-3 所示,以 FRP 智能筋为例,其加固混凝土结构的智能结构体系主要包括:

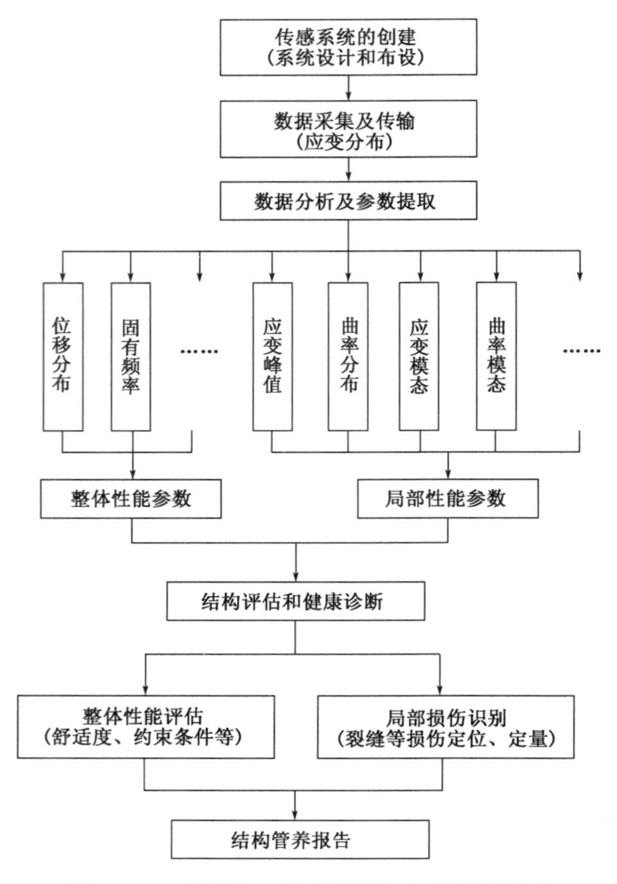

图 4-3 FRP 智能筋加固混凝土结构的智能结构体系

①传感系统的创建。包括 FRP 智能筋的布设位置、系统连接、监测方案等系统设计,以及传感系统的现场安装和调试。FRP 智能筋可主要分布在结构受拉侧(受压侧依据需求也可以布设),其内部传感应覆盖加固区内结构受拉的关键区(图 4-4)。

②数据采集及传输。直接获取的是应变分布,可以利用局域网和无线传输方式将数据传至监测中心。

③数据分析及参数提取。对应变数据进行滤噪等预处理,然后分别提取结构整体和局部性能参数,其中整体性能参数主要有位移、固有频率等,而局部性能参数主要有应变峰值、

曲率、应变模态、曲率模态等。

④结构评估和健康诊断。利用提取的结构参数并结合一些损伤识别方法及规范规定的阈值,识别局部损伤和评估结构的整体性能,同时基于模型修正等技术建立准确的结构模型,预测结构的寿命。

⑤结构管养报告。结合设计规范、基础设施管理条例等,对结构提出加固维修的技术方案,并适当提供经济评估指标。

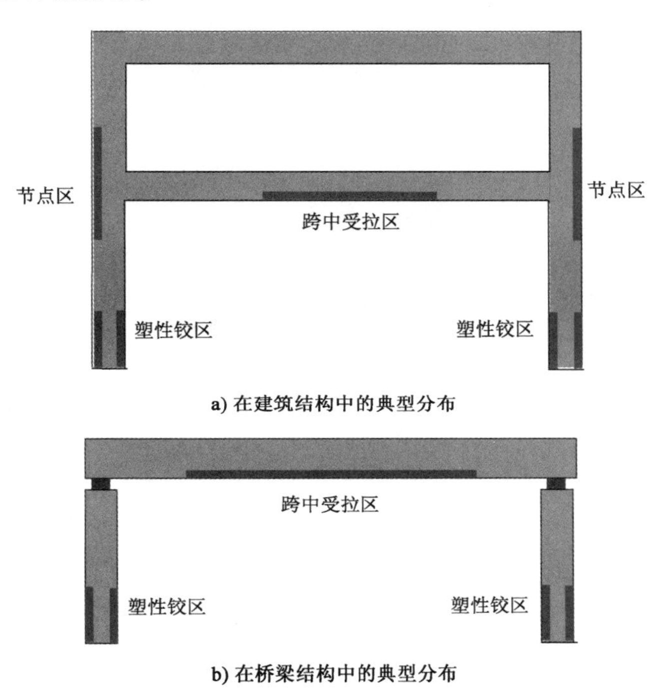

图4-4　FRP智能筋加固混凝土结构的典型分布

4.3　FRP智能筋

4.3.1　FRP智能筋的传感技术

目前,分布式光纤传感技术主要包括基于布里渊散射机理和布拉格光纤光栅机理的两大类技术,因其有不同的传感特点,故具有不同的应用效果。

1)基于布里渊散射机理的分布式光纤传感技术

光纤材料分子的布朗运动产生声学噪声,其在光纤中传播时会引起光纤折射率变化,从而对入射光产生自发散射作用,这种散射称为自发布里渊散射[10-11]。目前基于自发布里渊散射的测量系统是BOTDR(Brillouin optical time domain reflectometer)测试系统。但是,由于技术限制,BOTDR系统的测量精度不高(大约30$\mu\varepsilon$)、空间分辨率差(最优为1m)。为此,又发展了受激布里渊散射,即在光纤中注入大功率泵浦光,使其与光纤中的斯托克斯光产生干涉,从而激发更多布里渊散射光。目前,基于受激布里渊散射的测量系统是 BOTDA (Brillouin Optical Time Domain Analysis)测试系统[12],其传感原理如图 4-5 所示,采用 BOTDA 系统后,传感性能得到了大幅提升,具体参数见表 4-2。

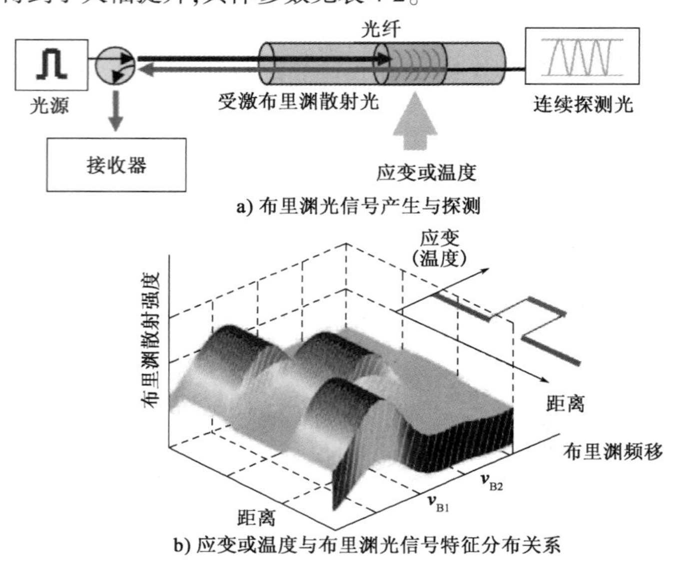

图 4-5 BOTDA 技术的传感原理

布里渊分布式光纤解调系统比较 表 4-2

指　标	ANDO(AQ8603)	OZ(Foresight)	Smartec(DiTeSt)	Neubrex(NBX-6056)
传感机理	BOTDR	BOTDA	BOTDA	BOTDA
传感距离(km)	80	100	50	20
空间分辨率(m)	1	0.1	0.5	0.1
温度精度(℃)	1	0.1	1	0.3
应变精度(με)	30	2	20	7

2)基于布拉格光纤光栅机理的分布式光纤传感技术

布拉格光纤光栅(Fibre Bragg Grating, FBG)的结构如图 4-6a)所示,其传感原理如图 4-6b)所示,通过改变栅区纤芯的折射率,使其产生小的周期性扰动,这种周期性的折射率扰动仅会对很窄的一小段光谱产生影响。当宽带入射光在光栅中传输时,入射光将在相应的波长(频率)上被反射回来,其余的透射光谱则不受影响,因此,光栅起到了光波选择反射镜的作用[13,14]。

在 FBG 中,反射光的中心波长由式(4-1)的布拉格条件来确定:

$$\lambda_B = 2n_{eff}\Lambda \tag{4-1}$$

式中:λ_B——反射光的中心波长;

n_{eff}——栅区纤芯的有效折射率;

Λ——光栅栅距。

由耦合理论可知,只有满足布拉格条件的光才能被光栅反射。

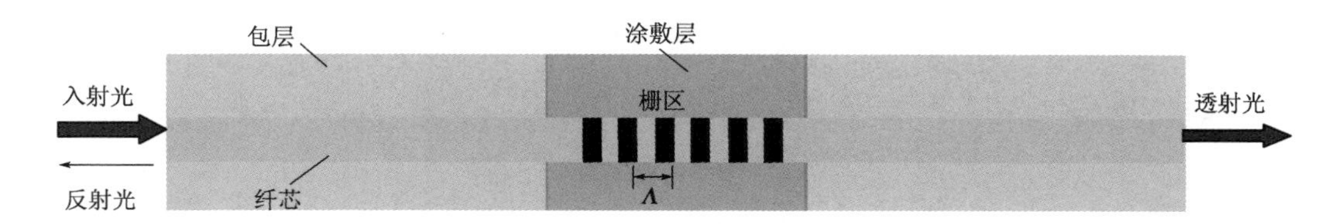

a) FBG结构示意图

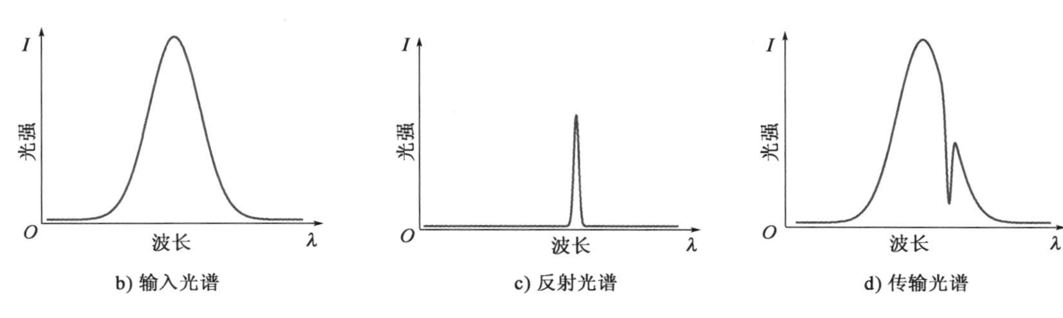

b) 输入光谱　　c) 反射光谱　　d) 传输光谱

图 4-6　FBG 结构示意图及其传感原理

对式(4-1)两边微分,有

$$\Delta\lambda_{\mathrm{B}} = 2\Delta n_{\mathrm{eff}} \cdot \Lambda + 2n_{\mathrm{eff}} \cdot \Delta\Lambda \tag{4-2}$$

由式(4-2)可知,当折射率 n_{eff}或光栅栅距 Λ 改变时,反射光的中心波长会相应发生变化。而温度和光纤应变的变化会引起折射率 n_{eff}或光栅栅距 Λ 的变化,因此,通过测量布拉格光栅的反射光的中心波长的变化,就可以实现对温度或光纤应变的测量。

目前,基于 FBG 传感原理的解调系统产品较多,主要性能指标如下:①应变测量精度,最好的可达到 0.1με,一般达到 1με;②采样频率,单通道可高达 10kHz,一般达到 200Hz;③带宽,单通道最大可达 90nm,一般不低于 30nm(注:带宽越大,串联 FBG 数量越多);④通道数,最多可达 32 个。

4.3.2　FRP 智能筋的分类和制备工艺

1)FRP 智能筋的分类

针对不同应用需求,FRP 智能筋主要有三种类型。

①全分布型,如图 4-7a)所示,光纤外直接编织玄武岩纤维,应用时传感区内的光纤与外部结构是全面粘贴的;对局部变形变化进行传感,可用于裂缝产生位置的识别等。其应变传感精度不高,一般在 30με 左右。

②长标距型,如图 4-7b)所示,光纤首先穿过隔胶管,再在外围编织纤维管,应用时光纤通过两个锚固区传递应变,而标距内的光纤不与结构粘贴,处于均匀受力状态;对复杂变形测量精度高,如裂缝、接缝区域。

③长标距 FBG 型,如图 4-7c)所示,裸光栅 FBG 的栅区处于隔胶管的中部,外部纤维浸胶固化时只有锚固区的光纤与外部粘贴,并传递外部变形;动、静态应变测量精度高,但传感材料成本高、测试范围有限。

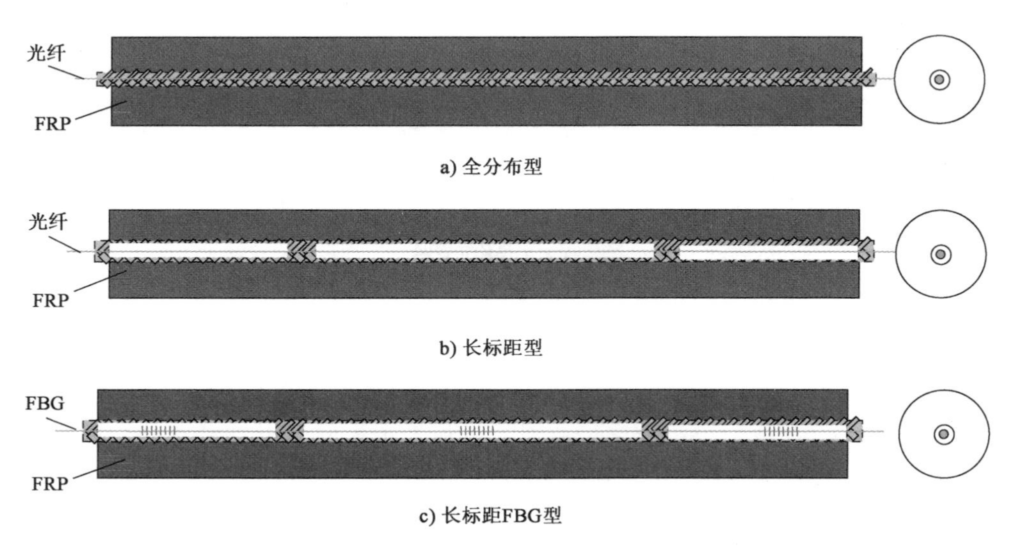

图 4-7　FRP 智能筋的类型

2) FRP 智能筋的制备工艺

制备 FRP 智能筋,应首先制备内部传感芯核,其主要工序包括:①对纤维丝加捻,减少编织时的倒毛现象;②安装耐高温的套管(仅长标距型和长标距 FBG 型智能筋需要);③在光纤外围编织纤维套管[图 4-8a)];④施加预张拉应变;⑤浸渍树脂、固化成型[图 4-8b)]。将制备好的传感芯核导入 FRP 筋生产工艺,进一步制备得到 FRP 智能筋[图 4-8c)]。

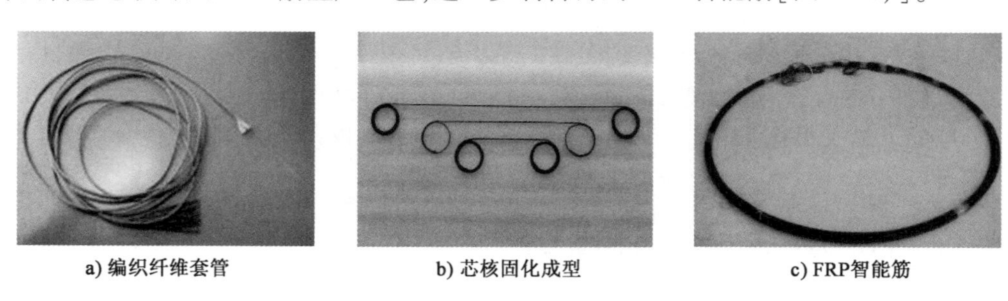

图 4-8　FRP 智能筋的制备

4.3.3　FRP 智能筋的基本性能

1) 应变传感性能

上述三种类型 FRP 智能筋(工厂按要求加工)的应变传感性能测试结果如图 4-9 ~ 图 4-11所示。这三种类型 FRP 智能筋传感线性度好、可重复性高、测试精度高,且与 FRP 复合后,光纤的应变传感系数没有明显改变。在三类智能筋中,长标距 FBG 型智能筋在小应变下传感性能最好,尤其适合小应变测量,但其量程一般为 4000 ~ 7000με,小于其他两类智能筋(可超过 20000με);长标距型智能筋在复杂应变情况下的传感性能优于全分布型智能筋;大应变阶段三种智能筋的传感性能均优良。

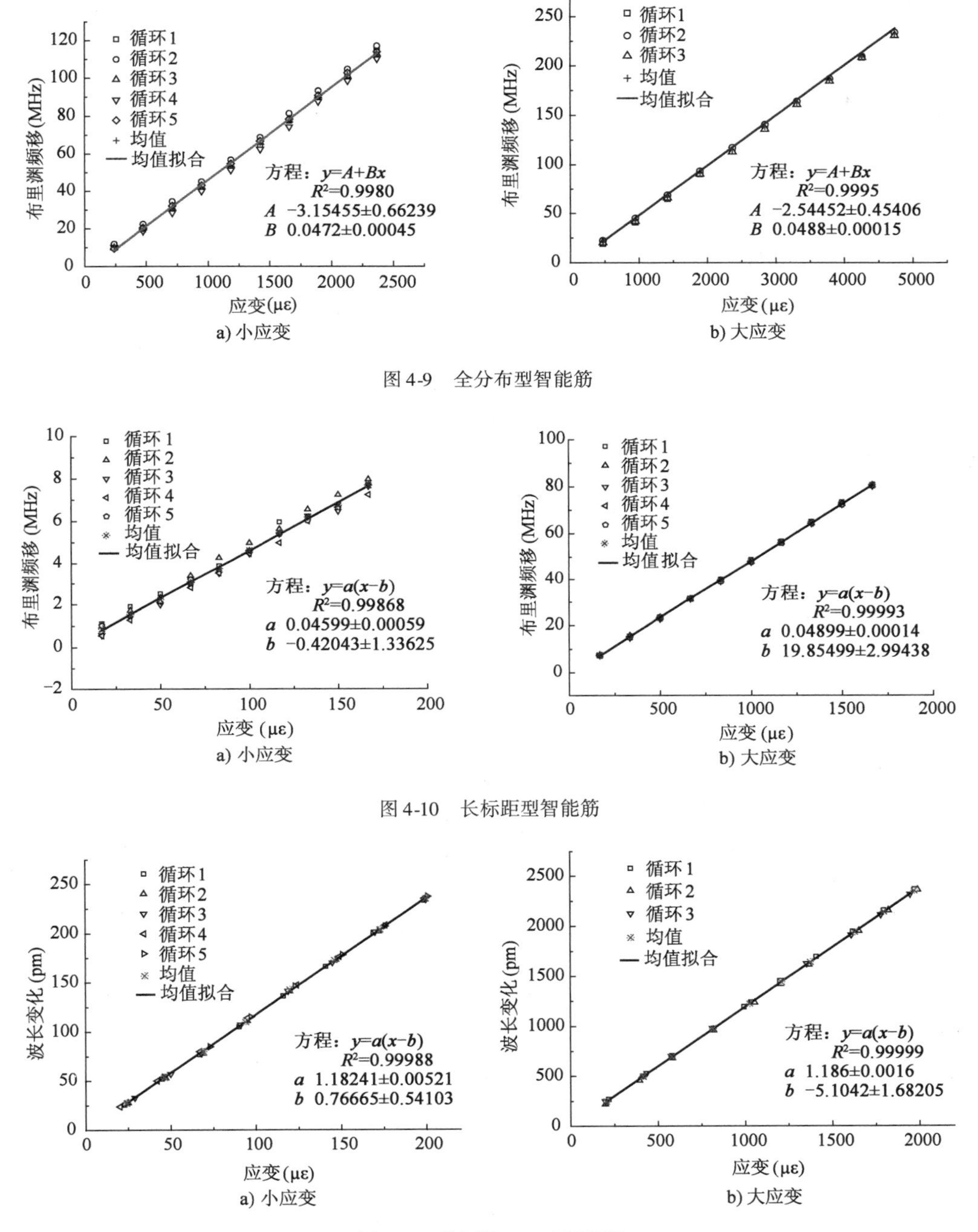

图 4-9　全分布型智能筋

图 4-10　长标距型智能筋

图 4-11　长标距 FBG 型智能筋

2) 基本力学性能

本章中所有 FRP 智能筋均采用玄武岩纤维(basalt fiber)制备，即 BFRP 智能筋。BFRP 智能筋是典型的线弹性材料，弹性模量约为 45GPa，极限强度可超过 1000MPa。BFRP 智能筋的应力-应变关系如图 4-12 所示。

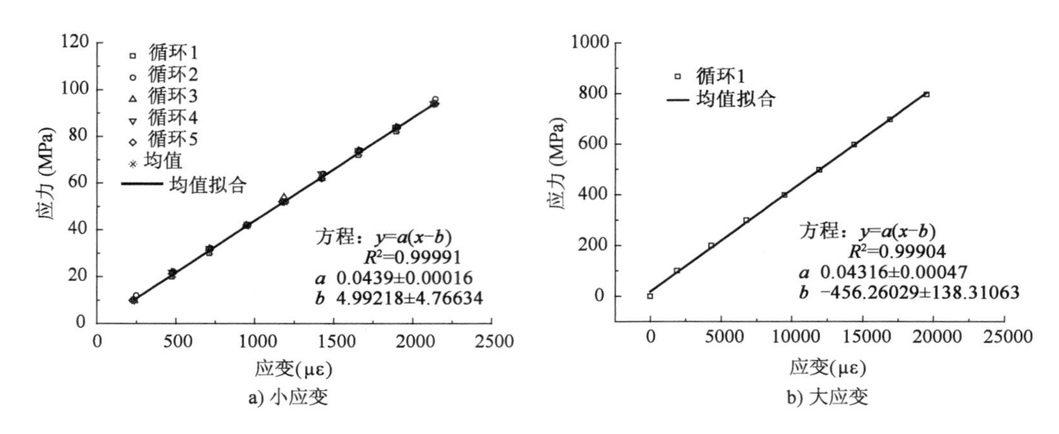

图 4-12　BFRP 智能筋的应力-应变关系

4.4　FRP 智能筋加固结构的理论与方法

4.4.1　结构评估的基本思想

利用 FRP 智能筋开展结构评估的技术框架如图 4-13 所示，FRP 智能筋直接测量的数据是应变，因此，FRP 智能筋加固混凝土结构的结构评估是基于应变输入的。应变是一种局部参量，一般情况下，需要将其输入单元（或截面）计算相应的结构参数；然后依据结构力学和有限元的知识，由单元的信息计算杆件的结构信息；将一些关键杆件的重要参数输入结构模型中，对建立的模型进行修正，再利用修正后的模型计算详细的结构参数。应变也可以直接解析出一些结构的全局参数，如结构固有频率、阻尼等。

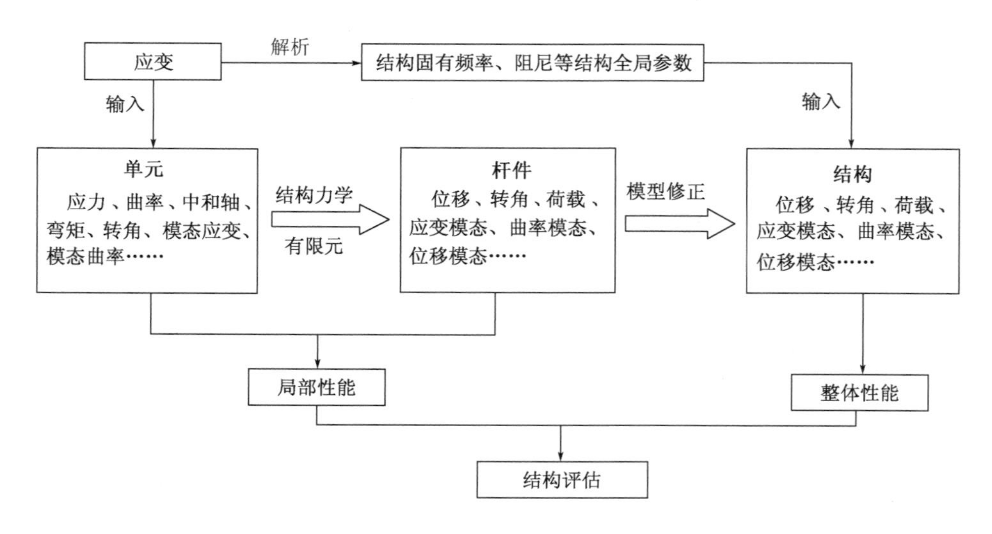

图 4-13　利用 FRP 智能筋开展结构评估的技术框架

4.4.2　结构评估的理论与方法

1)静态理论与方法

将纤维模型(条带法)用于受弯构件分析,其基本原理是将结构的截面划分成若干纤维层,如图4-14a)所示,在已知结构材料特性和几何形状的情况下,假定某纤维条带的应变,再根据平截面假定,可计算各纤维条带的应变及其应力[图4-14b)、c)],而弯曲断面内应满足所有作用力合力为零的静力平衡条件,即$\sum N=0$。也就是说,知道某纤维单元的应变,就可以计算出整个截面的受力特性。因此,通过各单元的实测应变,就可以根据纤维模型演算各断面的弯矩、曲率、转角及结构位移、荷载等参数。

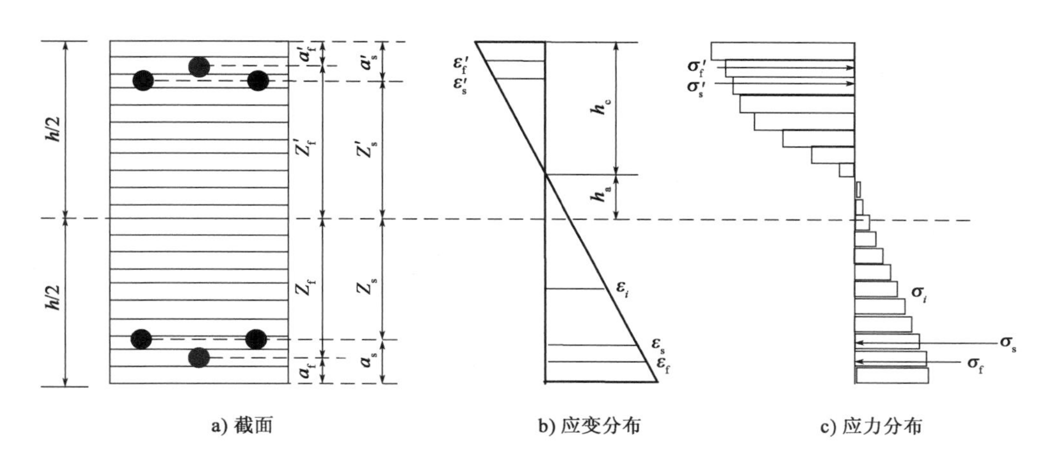

图4-14　截面的纤维模型

在图4-14中,各参数的意义如下:h为梁截面高度;a_f和a_s分别为混凝土受拉边缘到受拉侧FRP智能筋形心和钢筋形心的距离;a_f'和a_s'分别为混凝土受压边缘到受压侧FRP智能筋形心和钢筋形心的距离;Z_f和Z_s分别为受拉侧FRP智能筋的形心和钢筋的形心到截面中心的距离;Z_f'和Z_s'分别为受压侧FRP智能筋的形心和钢筋的形心到截面中心的距离;h_c为混凝土受压边缘到中和轴的距离;h_a为中和轴到截面中心的距离;ε_f'和ε_s'分别为受压侧FRP智能筋形心处和钢筋形心处的应变;ε_f和ε_s分别为受拉侧FRP智能筋形心处和钢筋形心处的应变;σ_f'和σ_s'分别为受压侧FRP智能筋形心处和钢筋形心处的应力;σ_f和σ_s分别为受拉侧FRP智能筋形心处和钢筋形心处的应力;ε_i和σ_i分别为计算位置处的应变和应力。

在基于纤维模型反演参数的流程(图4-15)中,假定某初始中和轴高度为h_0,结合平截面假定和已测量的某纤维层的应变计算截面的应变分布,根据材料特性计算截面的应力分布,计算截面的合力$\sum N$。判断$\sum N$是否为0,如果$\sum N=0$,则表示中和轴为真实中和轴;如果$\sum N\neq 0$,则需要重新假定中和轴高度。重复上述计算过程,直到满足$\sum N=0$。利用中和轴和截面应变计算截面曲率和转角等,利用应力分布计算截面弯矩等,利用曲率分布计算结构的位移。

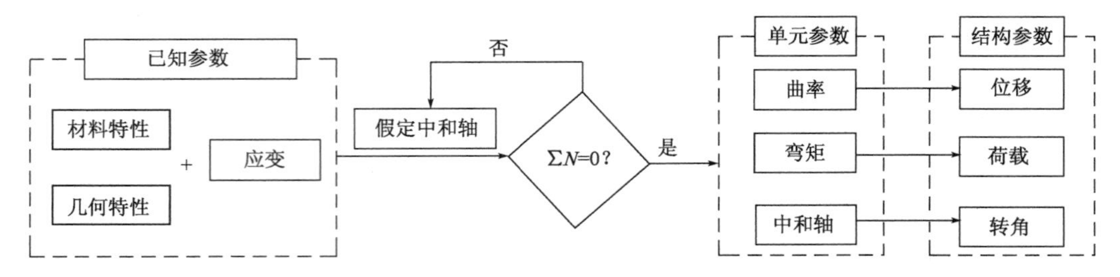

图 4-15 基于纤维模型反演参数的流程

通过将 FRP 智能筋监测的应变输入纤维模型中，可获取的结构参数具体如下：

(1)弯矩

以图 4-14 为例，可依次计算各纤维断面压缩方向轴力和张拉方向轴力，然后根据静力平衡条件调整中和轴位置直至达到平衡，计算出该截面形心对应的弯矩，如下：

$$\sum M = \sum_{i=1}^{n}\sigma_i A_i Z_i + \sigma'_s A'_s\left(\frac{h}{2} - a'_s\right) + \sigma_s A_s\left(\frac{h}{2} - a_s\right) + \sigma'_f A'_f\left(\frac{h}{2} - a'_f\right) + \sigma_f A_f\left(\frac{h}{2} - a_f\right) \tag{4-3}$$

式中：A'_s、A_s——受压和受拉钢筋的面积；

A'_f、A_f——受压和受拉 FRP 智能筋的面积。

(2)荷载

在已知荷载模式的前提下，可建立荷载 F 与弯矩 M 之间的关系，一般可表示成与单元位置 x_i 有关的函数：

$$F_i = f(M_i, x_i) \tag{4-4}$$

对于集中荷载作用，梁的剪应力峰值或突变值的位置就是荷载作用位置，即判断弯矩沿梁方向的斜率 k 变化和集中荷载的数目，然后根据弯矩求解荷载。

$$k(x) = \frac{\mathrm{d}M}{\mathrm{d}x} \tag{4-5}$$

在实际中，一般采用多单元同时监测，故进一步采用均值统计的方法，提高荷载计算精度：

$$F = \frac{\sum_{i=1}^{n} F_i}{n} \tag{4-6}$$

式中：n——监测单元的数量。

(3)曲率

根据弯矩解析过程中计算出的截面中和轴位置，结合自监测的应变，可计算出各单元对应曲率 ϕ_i，从而得到结构的曲率分布，其中第 i 单元的曲率为

$$\phi_i = \frac{\varepsilon_f^i}{Z_f^i + h_a^i} \tag{4-7}$$

式中：ε_f^i、Z_f^i——FRP 智能筋形心处的应变及其到梁截面中心的距离；

h_a^i——中和轴到梁截面中心的距离。

(4)转角

一般受弯结构的转角可以直接由曲率计算，首先计算每个单元的相对转角 θ_i，再根据计算位置和结构特征，将相对转角累加，计算某位置的绝对转角 θ，如：

$$\theta = \sum_{i=1}^{n}\theta_i = \sum_{i=1}^{n}\phi_i L_i \tag{4-8}$$

式中：L_i——第 i 单元的长度。

对于柱式结构，在水平荷载作用下，除了弯曲作用产生的转角外，柱角与底座之间的裂缝会导致柱身刚体转动，产生另一部分转角 θ'，如图4-16所示。

$$\theta' = \frac{\Delta_c}{B} \tag{4-9}$$

式中：Δ_c——柱角裂缝宽度，$\Delta_c = \varepsilon_c l_c$，$\varepsilon_c$ 和 l_c 分别为柱角传感器的应变和标距；

B——变形方向柱边长。

因此，柱的转角应为弯曲转角 θ 和刚体转角 θ' 之和。

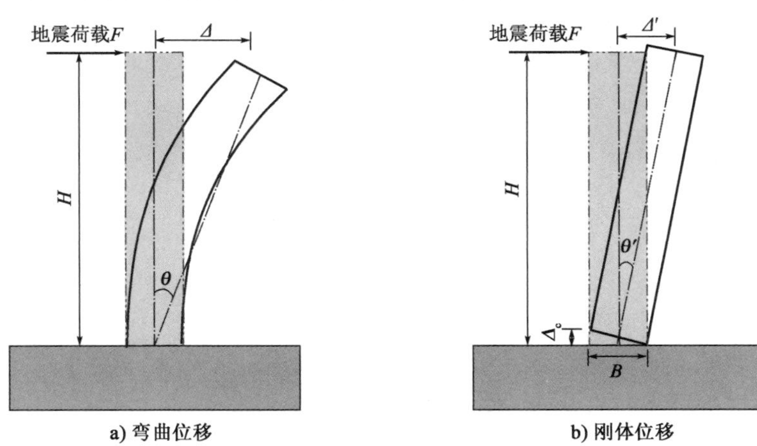

图4-16　水平地震荷载下柱的转角

(5)位移

弯曲变形量与各单元的曲率呈比例关系，因此可根据自监测的应变计算出的曲率分布，进一步计算位移。常用的方法是曲率积分法，如式(4-10)所示，将曲率 $\phi(x)$ 沿梁跨度方向进行两次积分可得到位移 δ_b 分布。

$$\delta_b = \iint_L \phi(x)\,\mathrm{d}x\mathrm{d}x \tag{4-10}$$

式中：L——梁的长度。

另一种计算位移的方法是共轭梁法，只需求解共轭梁的弯矩分布就可得到原梁的位移分布。例如，简支梁的典型位移表达式为

$$\begin{aligned} D_i &= \left[\sum_{j=1}^{n} q_j l(n-j+0.5)l\right]\frac{1}{nl}il - \sum_{j=0}^{i} q_j l(i-j+0.5)l \\ &= \sum_{j=1}^{n}\frac{\bar{\varepsilon}_j(n-j+0.5)l^2 i}{y_j n} - \sum_{j=0}^{i}(\bar{\varepsilon}_j/y_j)(i-j+0.5)l^2 \end{aligned} \tag{4-11}$$

式中：D_i——计算位置的位移；

n——梁划分的单元数量；

l——单元的长度；

q_j——共轭梁上单元的均布荷载；

$\bar{\varepsilon}_j$——单元的平均应变；

y_j——传感器布设位置到中和轴的距离。

与转角计算相似，柱顶位移也由弯曲位移和刚体位移两部分组成（图4-16），弯曲位移 Δ 由式（4-10）或按照共轭梁方法计算，刚体位移 Δ' 为

$$\Delta' = \frac{\Delta_c}{B}H \tag{4-12}$$

式中：H——柱身底部到柱顶的距离。

（6）中和轴

纤维模型的迭代计算过程中，当截面轴力平衡时可直接提取各单元的中和轴。

（7）抗弯刚度

根据计算出的弯矩 M 和曲率 ϕ，可计算抗弯刚度 EI，如下：

$$EI = \frac{M}{\phi} \tag{4-13}$$

2）动态理论与方法

（1）固有频率

结构的应变响应可表示成不同频率的简谐振动之和，即

$$\varepsilon(t) = \sum_{i=1}^{n} t_i \varepsilon(\omega_i) \tag{4-14}$$

式中：$\varepsilon(t)$——时域下的应变时程；

$\varepsilon(\omega_i)$——频域下的应变模态；

t_i——模态因子；

n——模态的阶数；

ω_i——结构的固有频率，其只与结构的特性相关，可表征结构的损伤状况。

通过傅立叶变换，实测应变响应的频谱图中峰值对应的频率就是结构的固有频率，即

$$\varepsilon(\omega_i) = \int_{-\infty}^{+\infty} \varepsilon_i \mathrm{e}^{-\mathrm{i}\omega_i t} \mathrm{d}t \tag{4-15}$$

（2）应变模态

结构参数一定时，在某固有频率下结构振动时各单元的应变比值为常数，称为应变模态。结构参数变化后，模态发生变化。使用时，一般选取某参考单元 r，归一化应变模态，表达式如下：

$$\varepsilon_{jr}(\omega_i) = \frac{\varepsilon_j(\omega_i)}{\varepsilon_r(\omega_i)} \tag{4-16}$$

（3）曲率模态

类似应变模态，某固有频率下曲率也存在某特定比例关系，表达式如下：

$$\phi_{jr}(\omega_i) = \frac{\phi_j(\omega_i)}{\phi_r(\omega_i)} \tag{4-17}$$

式中：$\phi(\omega_i)$——ω_i 频率下的曲率模态。

（4）中和轴

在结构1阶竖向弯曲模态中，截面的平截面假定仍然符合，可利用模态应变解析结构的中和轴高度 h_y。

$$h_y = \frac{\psi}{\psi + 1}h \quad 或 \quad h_y = \frac{\psi}{\psi - 1}h \tag{4-18}$$

式中：ψ——中和轴系数，$\psi = \varepsilon(\omega_i)/\varepsilon'(\omega_i)$，$\varepsilon(\omega_i)$和$\varepsilon'(\omega_i)$分别为梁同一截面上不同高度的应变模态；

h——梁截面高度。

(5)抗弯刚度

利用应变模态和中和轴(或曲率模态)可解析各单元的相对抗弯刚度。

$$\varphi = \frac{1+\beta}{1+\alpha} - 1 \tag{4-19}$$

式中：α——$\alpha = \dfrac{\bar{\varepsilon}_{irD}(\omega)}{\varepsilon_{ir0}(\omega)} - 1$，是应变模态的相对变化，$\bar{\varepsilon}_{ir0}(\omega)$和$\bar{\varepsilon}_{irD}(\omega)$分别为目标单元损伤前后的归一化应变模态；

β——$\beta = \dfrac{y_{iD}}{y_{i0}} - 1$，是中和轴的相对变化，$y_{i0}$和$y_{iD}$分别为目标单元损伤前后截面中和轴的高度；

φ——$\varphi = \dfrac{(EI)_{iD}}{(EI)_{i0}} - 1$，是抗弯刚度的相对变化，$(EI)_{i0}$和$(EI)_{iD}$分别为目标单元损伤前后的抗弯刚度。

4.5　FRP 智能筋加固混凝土构件的性能验证

4.5.1　FRP 智能筋加固混凝土梁的性能

1)传感性能

(1)试验参数

混凝土强度等级为 C30，受力钢筋采用 HRB335；如图 4-17 所示，BFRP 智能筋直径为 10mm，标准拉伸试验的平均强度是 1214MPa，弹性模量为 44GPa，内部光纤传感器的标距是 30cm，传感器覆盖了支座中间 9 个单元。

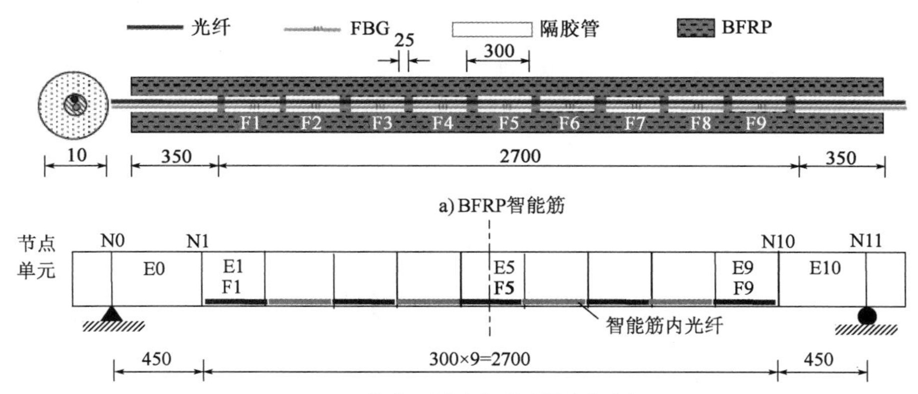

图 4-17　BFRP 智能筋及其传感器在加固混凝土梁中的分布(尺寸单位：mm)

如图 4-18 所示，为了考查传感性能，设计了静载和动载试验：静载采用三分点加载，使结构出现损伤；动载采用锤击方式，激励点为梁的九分点，以产生动态响应。动态试验中，除了在固定点锤击一下外，还在一段时间内多次锤击以期产生随机荷载的效果。静载工况的设计按照损伤发展程度划分，依次是工况Ⅰ，第一裂缝出现；工况Ⅱ，跨中区域均出现裂缝；工况Ⅲ，裂缝最大高度达到1/2梁高；工况Ⅳ，梁破坏。动载工况与静载工况交替，其中，工况Ⅰ表示未加载前的结构完整状态。

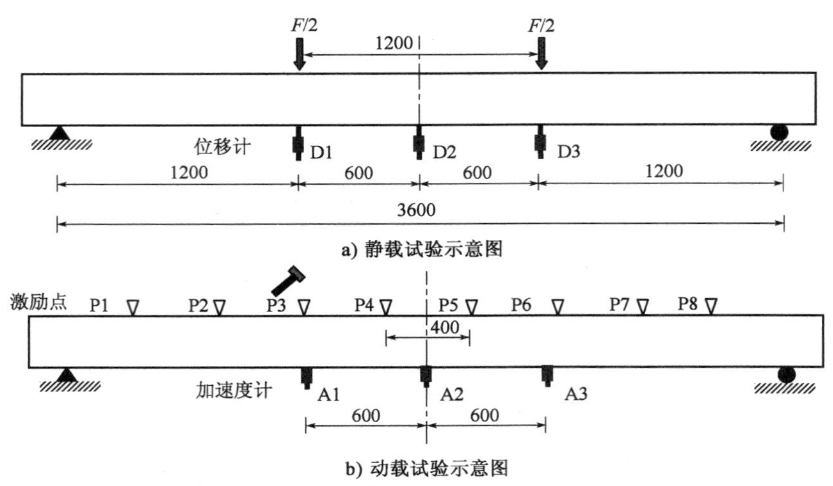

图4-18　静载和动载试验示意图(尺寸单位:mm)

(2)静态传感性能

①应变。四种工况下的试验结果如图4-19和图4-20所示。

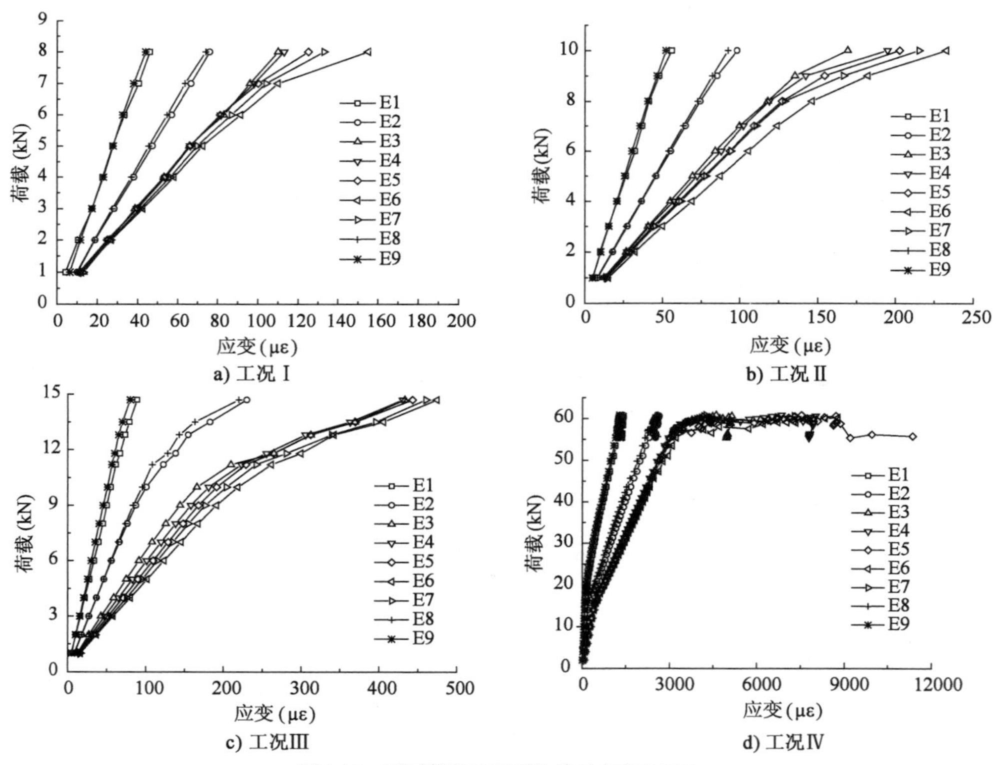

图4-19　不同荷载工况下的单元应变(FBG)

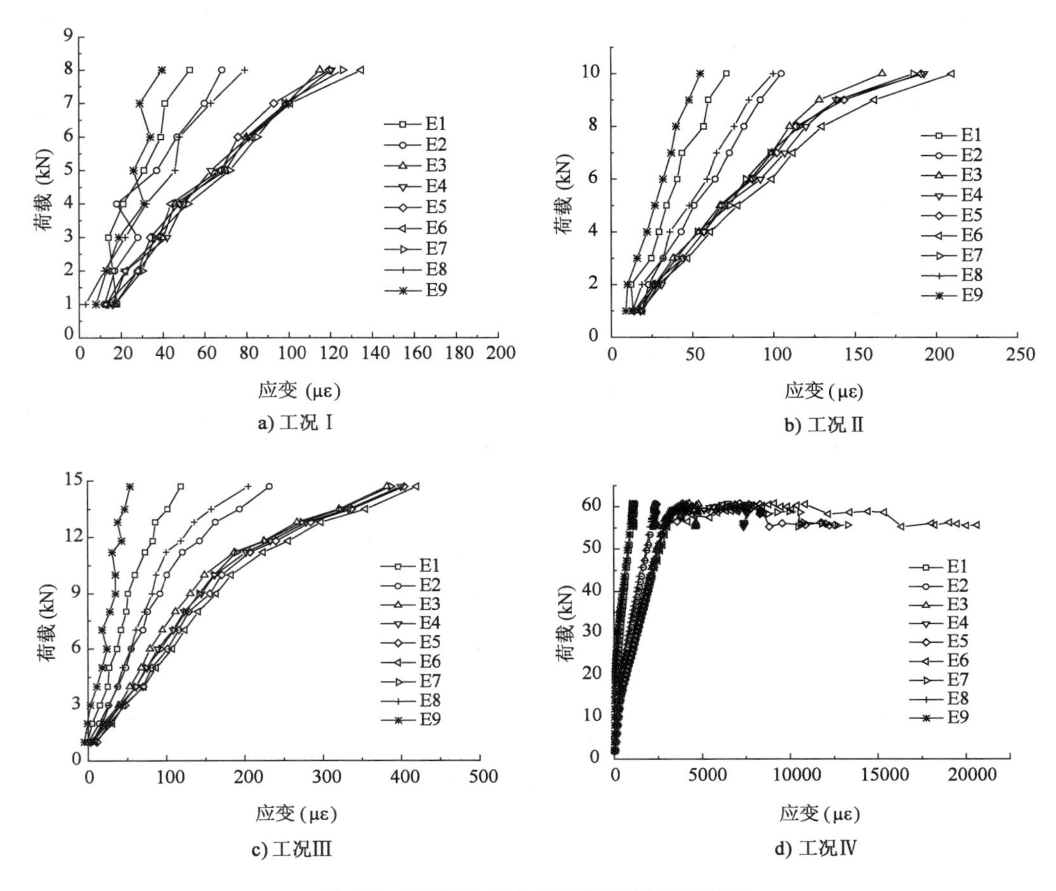

图 4-20　不同荷载工况下的单元应变(BOTDA)

应变测量精度:各种工况下的应变分布与理论分布接近,其中 FBG 的测量精度要高于 BOTDA(尤其在小应变阶段,如工况Ⅰ和Ⅱ)。

应变测量范围:FRP 智能筋可以测量到钢筋屈服后,尤其是 BOTDA 技术可以测到 20000με 以上,而 FBG 最大测量应变约为 12000με(之后传感器失效)。

结构状态识别情况:在监测单元内,裂缝发生、发展,钢筋屈服情况出现后,测量单元的应变增量与其他单元的比例发生显著变化。例如,在工况Ⅰ中,当荷载达到 7kN 以后,跨中单元 E4 ~ E7 的荷载-应变曲线斜率下降,其中单元 E6 的降幅最大,在实际观测中发现荷载为 8kN 时在单元 E6 内出现 1 条裂缝,其他单元的混凝土受拉边缘应该也进入塑性阶段;再如,在工况Ⅳ中,跨中单元 E3 ~ E7 的应变急剧增加,表明钢筋已经屈服。

②中和轴高度。不同荷载工况下的单元中和轴高度如图 4-21 所示。计算的中和轴位置与实际试验观察一致:在混凝土开裂初期,由于受拉混凝土退出工作,中和轴高度变化显著;钢筋屈服后,结构进入塑性发展阶段,中和轴高度出现突然的大幅变化。

③曲率。在纤维模型中输入应变可计算单元曲率,计算结果如图 4-22 所示,可以看出,与混凝土开裂、钢筋屈服等关键信息一致。

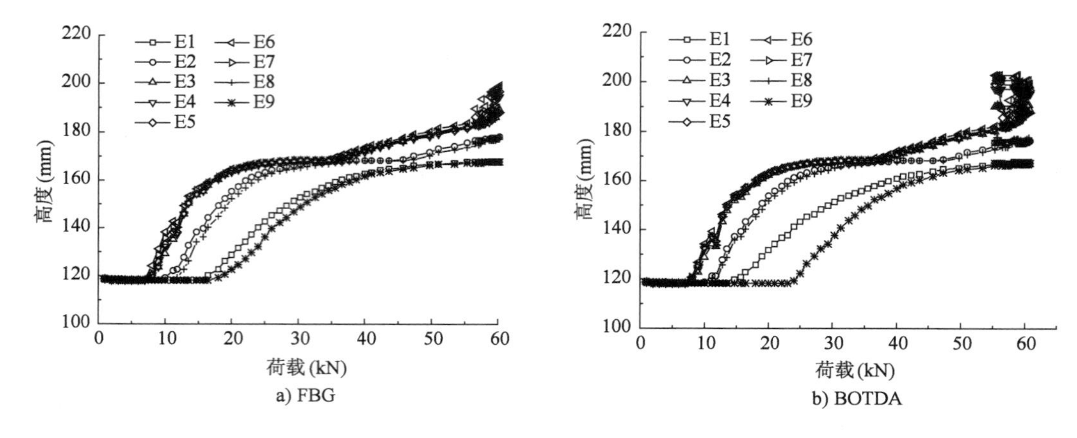

图 4-21 不同荷载工况下的单元中和轴高度(以加载骨架线为基准)

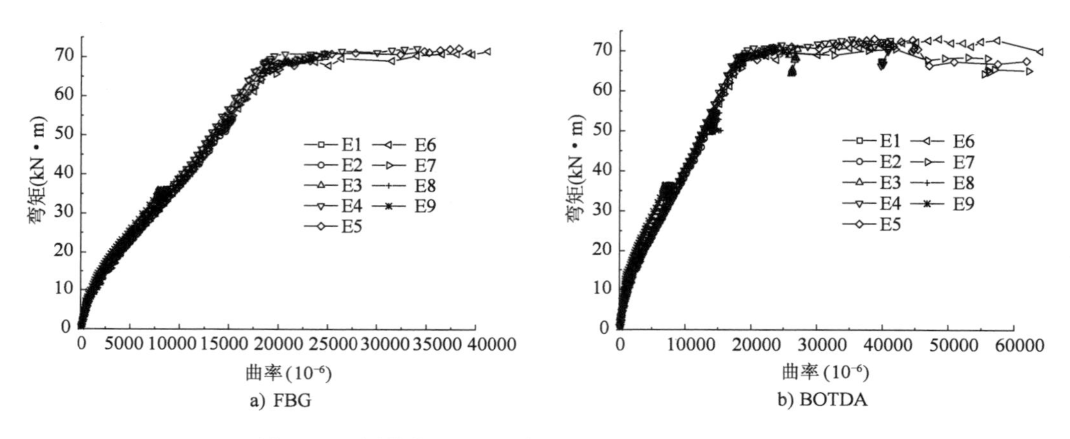

图 4-22 不同荷载工况下的单元曲率(以加载骨架线为基准)

④挠度。如图 4-23 所示,位移计、FBG 和 BOTDA 三种测量方式获得的跨中挠度数值接近,尤其在混凝土开裂前和裂缝开展前期,差异小,但是在加载后期尤其是钢筋屈服后,三种测量结果间的差异逐渐增大,主要原因是 FBG 和 BOTDA 都是通过测量的应变分布计算梁的挠度,其基本理论是基于平截面假定的梁弯曲理论,但是在钢筋屈服后截面塑性明显,应变分布不再完全符合平截面假定,模型与实际结构间的差异增大,而位移计是直接测量挠度(可代表真实挠度),故 FBG 和 BOTDA 测量的挠度在钢筋屈服后与位移计测量的挠度差异逐渐增大。

⑤荷载。如图 4-24 所示,在 70% 的极限荷载之前,荷载计算结果与理论值吻合,精度高;在加载后期,由于塑性损伤的大量发展,计算精度大幅下降,其中,FBG 测量的荷载计算误差在 10% 左右,而基于 BOTDA 测量的荷载计算误差较大,约为 17% 。

(3)动态传感性能

①固有频率。如表 4-3 所示,应变时程经过傅立叶变换获得频谱信息,提取 1 阶频率。两种传感方式识别的结构频率接近,误差在 1% 左右,表明 FRP 智能筋(C 类智能筋)可以有效识别结构的频率。

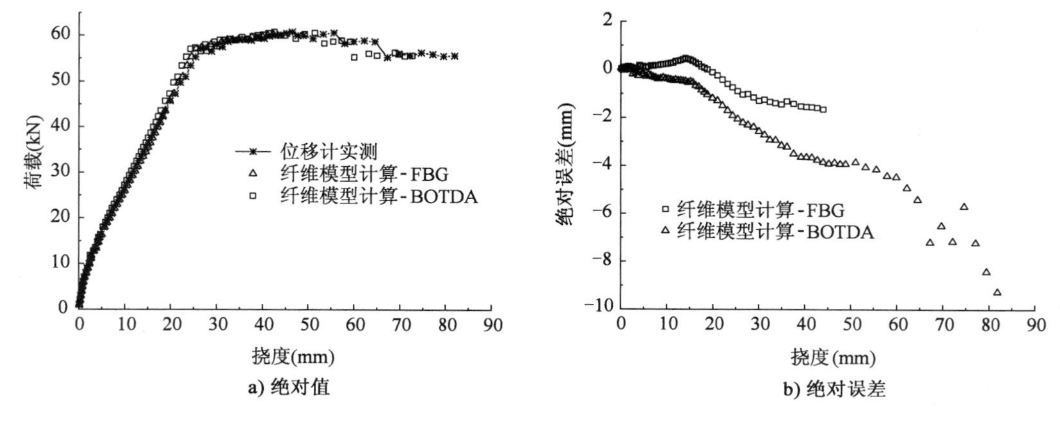

图 4-23　不同荷载工况下的跨中挠度(以加载骨架线为基准)

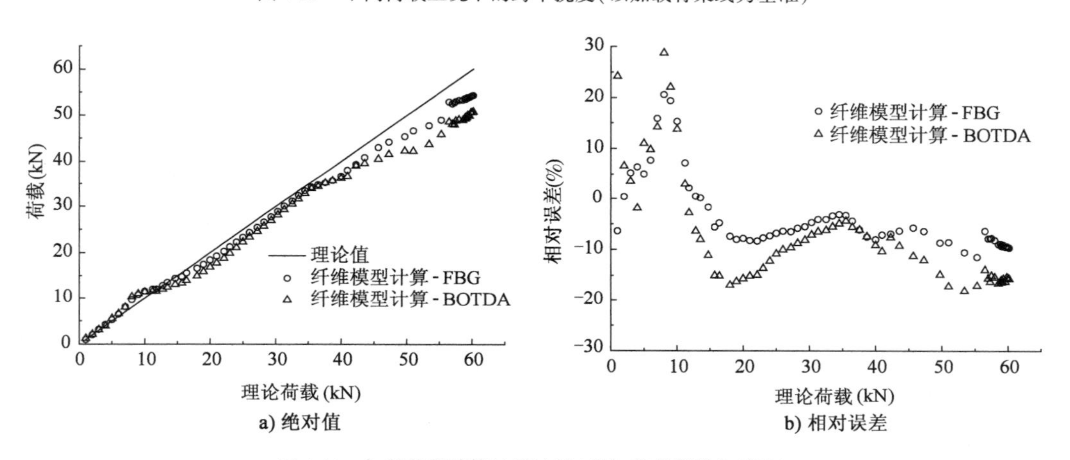

图 4-24　加载荷载计算结果比较(以加载骨架线为基准)

1 阶弯曲模态的频率　　表 4-3

工况	Ⅰ	Ⅱ	Ⅲ	Ⅳ
加速度计(Hz)	34.02	31.46	31.42	30.21
FRP 智能筋(Hz)	33.61	31.83	31.44	29.83
误差(%)	-1.2	1.2	0.1	-1.3

②应变模态。不同工况下的单元应变模态如图 4-25 所示。理论的简支梁 1 阶弯曲应变模态是正弦曲线分布,试验模态以单元 E9 作为参考单元,完好状态下其归一化分布与理论分布一致。混凝土裂缝刚出现时,模态指标就发生显著变化,单元 E6 的模态变化了19.4%,混凝土受损但没有出现裂缝(见前文的静态应变分析),指标也能反映其变化;同时,即使在结构损伤严重工况下(钢筋屈服前后),应变模态指标仍可以准确识别损伤并定位。

2)力学性能

BFRP 智能筋和混凝土梁的参数见 4.5.1 节描述,其他加固参数见表 4-4,主要比较加固量(BFRP 智能筋数量)和预应力度两个参数,加载方式采用四点静载加载。

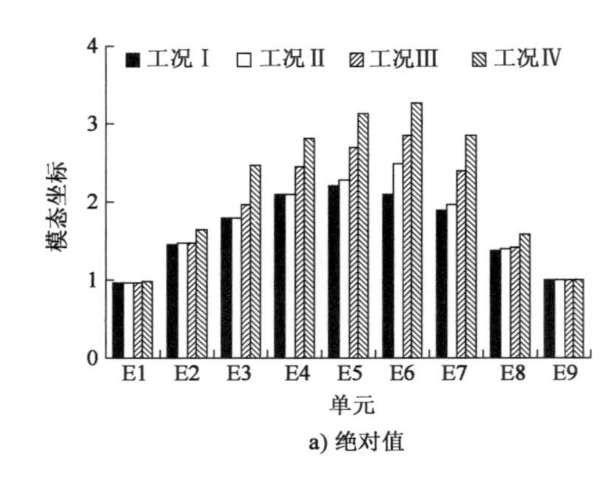

a) 绝对值

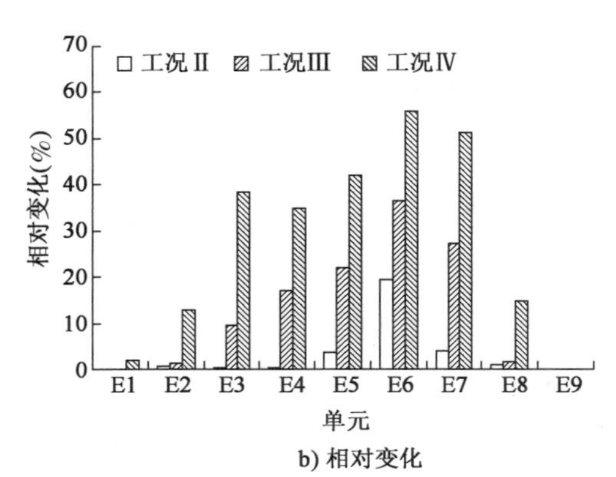

b) 相对变化

图 4-25 不同工况下的单元应变模态

FRP 智能筋加固混凝土梁的参数表 表 4-4

编号	L1	L2	L3	L4	L5	L6
BFRP 智能筋数量(根)	0	1	2	1	1	1
预应力度(%)	0	0	0	20	40	60

从荷载-位移曲线结果中发现,破坏模式均为:首先跨中区域的梁底受拉钢筋屈服,然后发展为塑性铰,最后受压区混凝土崩溃。BFRP 智能筋均没有发生断裂,从而避免了因 BFRP 智能筋断裂导致承载能力突然下降而形成的脆性破坏。

BFRP 智能筋数量和预应力度对加固结构的各阶段特征荷载影响显著(图 4-26 和图 4-27),其中,预应力度的变化对加固效果的影响更加明显。例如,2 根 BFRP 智能筋将对比梁的开裂荷载提高了 33%;而预应力对开裂荷载的影响更显著,其中,1 根 BFRP 智能筋施加 20% 的预应力时,开裂荷载提高了 91.7%,而预应力达到 60% 时,开裂荷载提高了 250%。屈服荷载和极限荷载的数值比较接近,随着加固量的增加呈现增加的趋势,而预应力的影响也更为显著。分析其原因,主要是在不同加固工况中,BFRP 智能筋没有发生断裂,BFRP 智能筋的应用效率(强度与材料极限强度的比值)越高,结构加固效果越显著。预应力度的增加,可显著提高 BFRP 智能筋的应用效率。

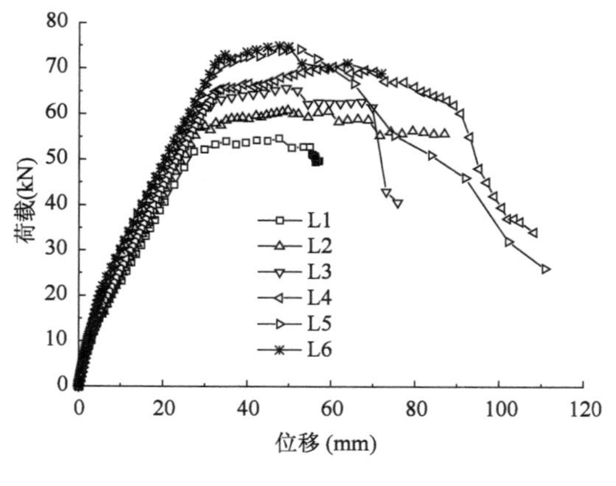

图 4-26 荷载-跨中位移

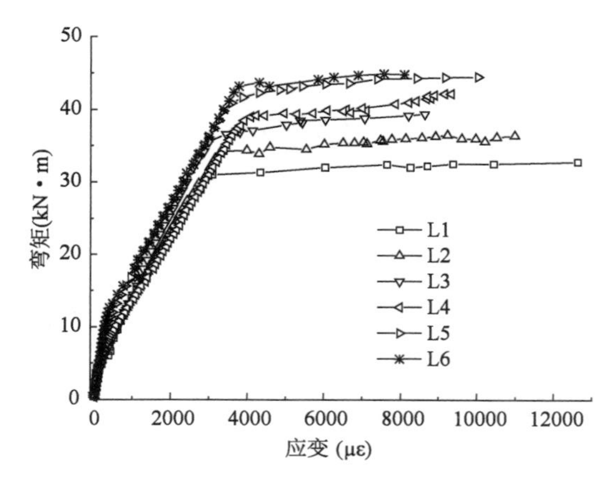

图 4-27 弯矩-跨中单元应变

BFRP智能筋加固量的变化对加固梁的刚度影响较小，例如，钢筋屈服后，抗弯刚度增幅为6.1%～13.4%，主要原因是BFRP智能筋本身的弹性模量低，对结构抗弯刚度的贡献小。

4.5.2　FRP智能筋加固混凝土柱的性能

1）FRP智能筋加固混凝土柱的传感性能

（1）试验参数

如图4-28所示，RC柱的钢筋采用HRB335，混凝土强度等级为C30，采用BFRP智能筋嵌入式加固和玄武岩纤维布包裹柱的组合加固方法。BFRP智能筋在柱身的埋设长度为0.8m，底座埋设长度为0.3m，智能筋有5个长标距FBG，从下向上依次编号为F0～F4，标距大小均为0.14m，其中，最下面的传感器F0完全在底座内，用来监测锚固区的滑移，而传感器F1横跨底座和柱身交界线，监测柱脚的结构状态变化。

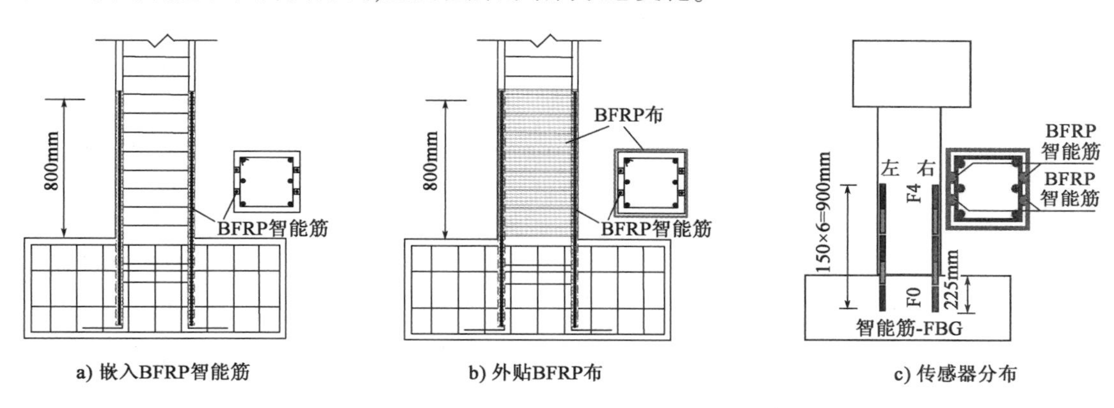

图4-28　FRP智能筋嵌入式加固混凝土柱

为了考查传感性能，采用低周反复静载试验和动载试验相结合的方式，其中，静载试验通过柱顶的作动器施加静力荷载，动载试验以在柱顶锤击的方式获取动态激励。静载试验以左、右侧出现第一条裂缝（工况SC1、SC2）、裂缝开展（工况SC3、SC4）作为荷载工况控制指标；动载（在柱顶锤击，荷载大小随机）试验与静载试验交替实施，其工况从DC1到DC5，其中DC1为未加载时的初始工况。

（2）静态传感性能

①应变。如图4-29所示，静态传感性能分析中均采取了加载的骨架数据。各单元的应变测量结果与理论分布一致，同时，应变分布规律的变化能够反映出监测单元内结构损伤（混凝土裂缝、钢筋屈服）的变化。底座内传感器的应变变化，反映出FRP智能筋与混凝土之间出现粘结滑移。

②曲率。如图4-30所示，单侧应变输入纤维模型可以计算曲率（计算值），同时两侧应变可以直接计算曲率（实测值）。在试验结果中，计算值与实测值相吻合，其中，正曲率的计算相对误差为0～4%，而负曲率的计算误差为－8%～0。

③转角。如图4-31所示，转角为弯矩作用下的弯曲转角和柱脚裂缝引起的刚体转角之和，从试验中可看出，弯曲转角在综合转角（柱顶截面转角）中所占比例大，纤维模型方法计算出的转角与实测值接近。

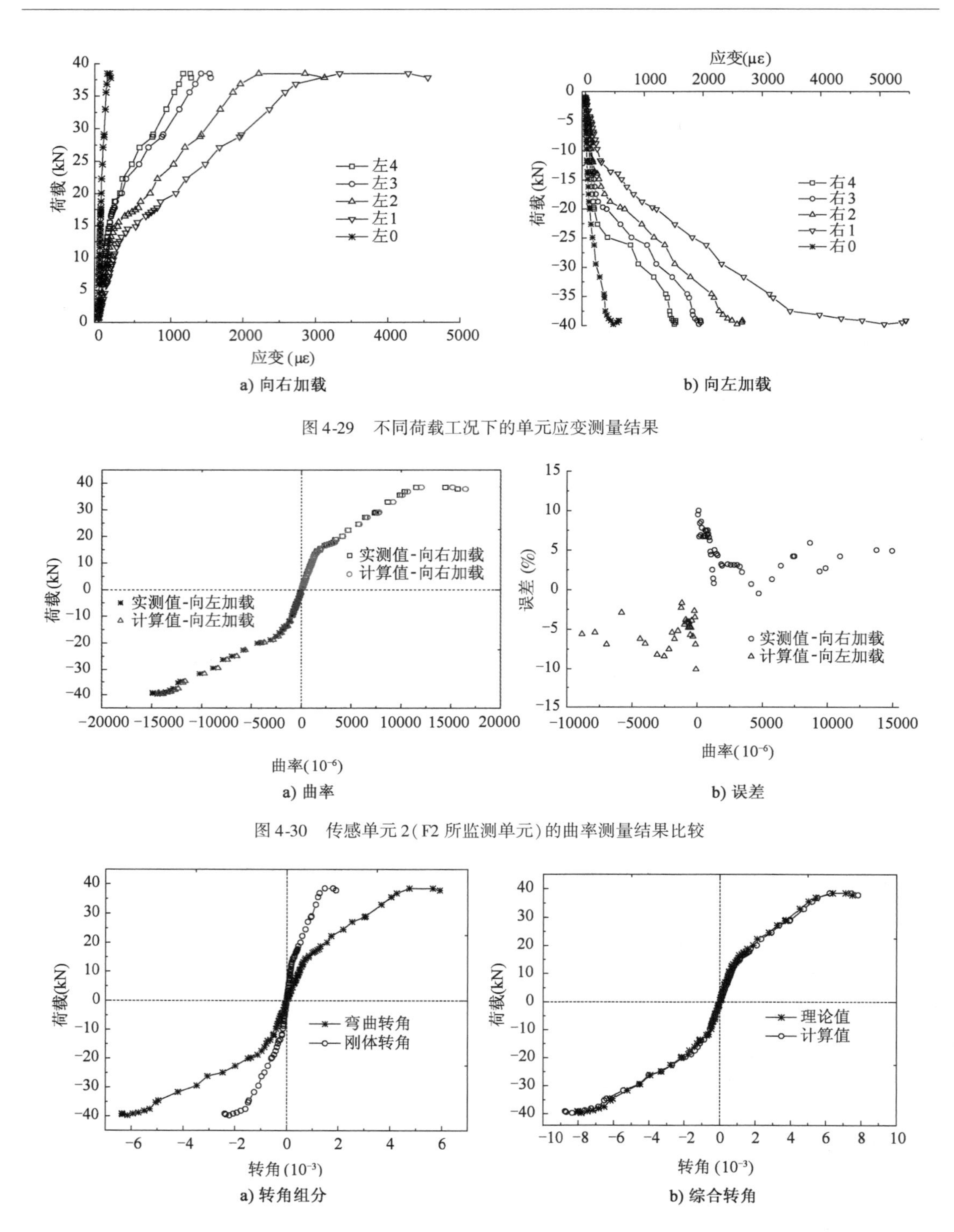

图 4-29 不同荷载工况下的单元应变测量结果

图 4-30 传感单元 2(F2 所监测单元)的曲率测量结果比较

图 4-31 柱顶截面转角测量结果比较

④位移。如图 4-32 所示,在柱顶水平荷载下,柱顶位移由两部分组成,即弯矩作用下的弯曲位移和柱脚裂缝引起的柱身刚体位移。试验结果表明:不考虑柱脚裂缝产生的刚体位

移,位移计算值与实测值之间的差异显著,大部分误差分布在 -35% ~ -10%;考虑刚体位移之后,计算精度明显提高,大部分误差分布在 -10% ~10%。因此,柱脚裂缝的监测对柱顶位移评估精度有影响,尤其在结构损伤严重时。

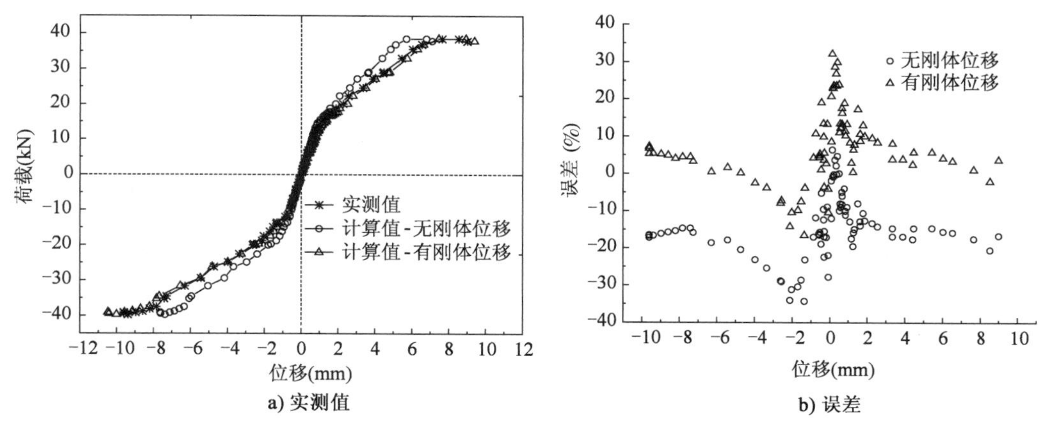

a) 实测值　　b) 误差

图 4-32　柱顶水平位移测量结果比较

⑤荷载。如图 4-33 所示,柱顶水平荷载是根据弯矩和荷载的关系计算的,在计算过程中,选取了多单元的平均值。试验结果表明,在弹性阶段和裂缝开展初期,柱顶水平荷载计算值和理论值吻合度高,误差在 4% 左右;而在损伤发展后期,尤其在钢筋屈服阶段,两者的差异显著增加,误差甚至达到 20% ~24%,说明此阶段计算模型与实际结构模型存在差异。

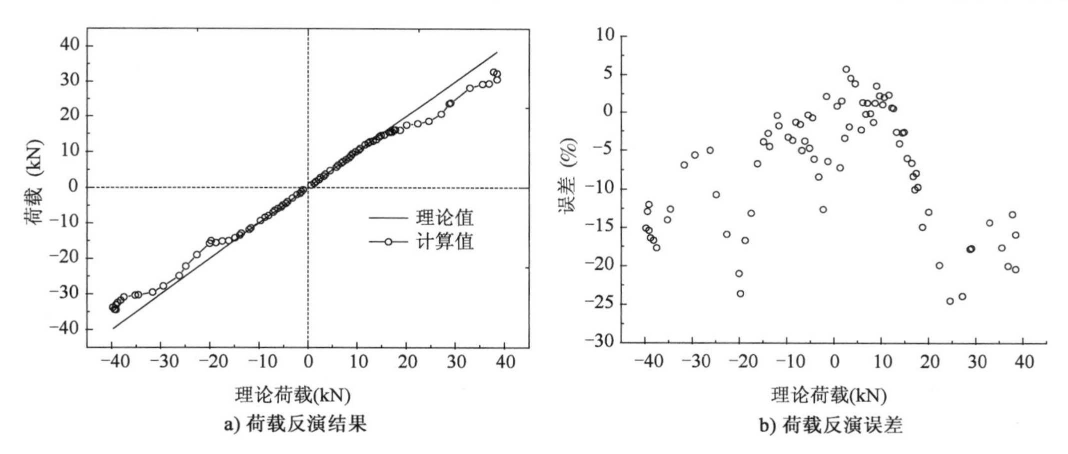

a) 荷载反演结果　　b) 荷载反演误差

图 4-33　柱顶水平荷载反演结果比较

(3) 动态传感性能

①固有频率。在不同结构损伤工况下,FRP 智能筋测量的 1 阶固有频率和加速度计的测量值接近(表 4-5),误差小于 2%,精度高。

结构 1 阶固有频率　　表 4-5

工况	DC1	DC2	DC3	DC4	DC5
加速度计测量值(Hz)	47.446	44.194	44.044	43.693	41.000
FBG 测量值(Hz)	47.612	44.111	44.128	43.641	40.977
误差(%)	1.4	-1.8	1.9	-1.2	-0.6

②应变模态。单元应变模态比较结果如图4-34所示。应变模态的准确性:单元E4作为参考单元计算归一化的应变模态,分布与悬臂梁接近。

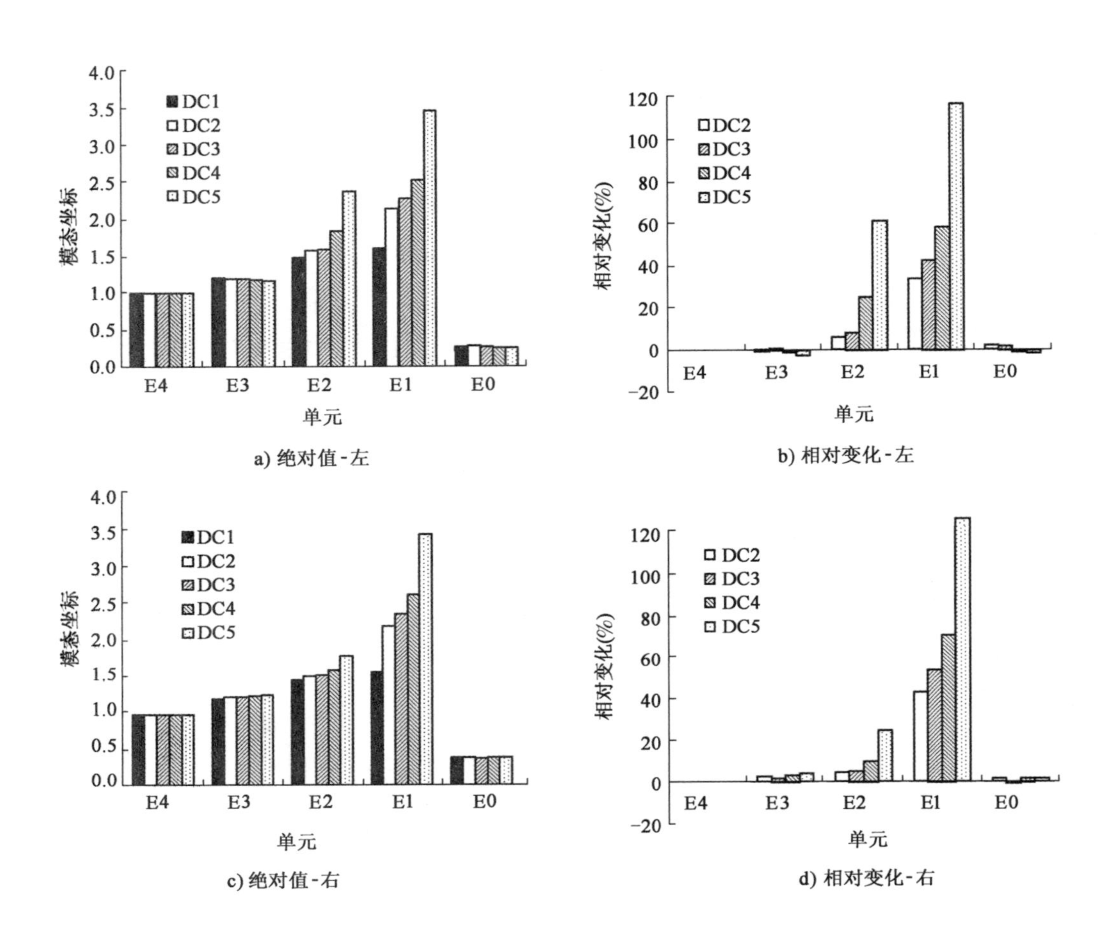

图4-34 单元应变模态结果比较

随着结构损伤发展(从工况DC1到工况DC4),单元E1和单元E2的应变模态绝对值发生了明显变化,表明这两个单元出现了显著的损伤,与静载试验中观察的结果一致。例如,在工况DC2中,左、右侧单元E1的应变模态变化分别是33.4%和41.9%,在工况DC4中,左、右侧单元E2的模态变化分别是24.8%和9.6%。

③曲率模态。单元曲率模态测量结果比较如图4-35所示。与应变模态类似,曲率模态对监测单元内出现的裂缝损伤比较敏感,同时,其灵敏度介于两侧应变模态的变化之间,以工况DC2为例,单元E1的曲率模态变化为37.4%,其值大于左侧应变模态的变化(33.4%),而小于右侧应变模态的变化(41.9%)。

④刚度。利用模态结果计算监测单元的相对抗弯刚度,完整状态数值为1。单元刚度的发展与结构损伤一致,如在混凝土开裂后,单元E1(柱脚单元)的刚度不断下降,其中刚开裂后(工况DC2)下降了27.2%,而在后期(工况DC5)降幅超过40%(表4-6)。

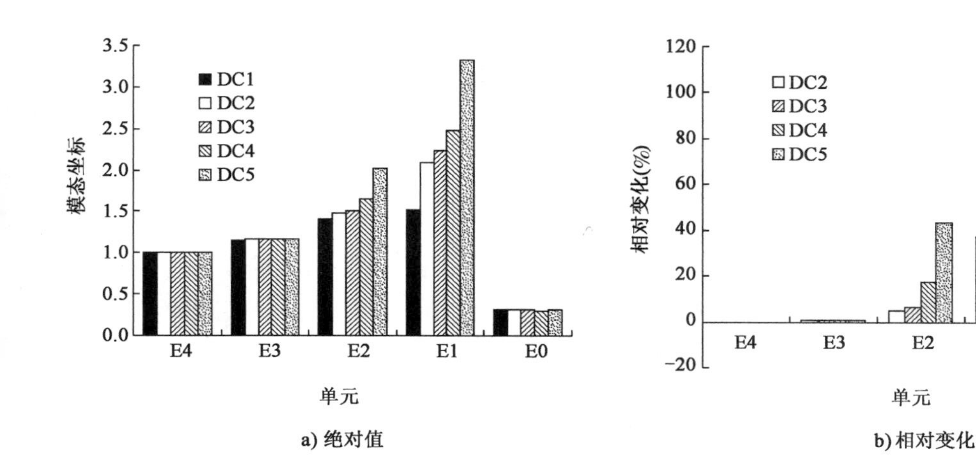

a) 绝对值　　b) 相对变化

图 4-35　单元曲率模态测量结果比较

单元相对抗弯刚度　　表 4-6

工况	DC1	DC2	DC3	DC4	DC5
单元 E4	1.000	1.000	1.000	1.000	1.000
单元 E3	1.000	0.994	0.992	0.993	0.990
单元 E2	1.000	0.941	0.939	0.841	0.697
单元 E1	1.000	0.728	0.680	0.612	0.448

2)智能筋加固混凝土柱的力学性能

用于力学性能比较的试件参数如表 4-7 所示,其他参数见前文(4.5.2 节),试验采用低周反复试验。

结构试件参数　　表 4-7

试件编号	C1	C2	C3	C4
BFRP 智能筋直径(mm)	0	6	8	10
外包 BFRP 层数(层)	3	3	3	3

BFRP 智能筋加固量的变化对结构力学性能存在显著影响(图 4-36)。随着 BFRP 智能筋加固量的增加,加固混凝土柱的破坏模式没有发生显著变化,均为钢筋屈服、BFRP 智能筋断裂、外包 BFRP 撕裂;屈服荷载和极限荷载逐渐增大,其中屈服荷载的增幅依次为 10%、17% 和 22%,极限荷载的增幅依次为 15%、21% 和 37%;BFRP 智能筋加固量与极限位移之间没有出现同步增加,增幅依次为 0.8%、39% 和 36%;试件屈服后刚度增加明显,从 -0.2kN/mm依次提高到 -0.11kN/mm、0.03kN/mm、0.39kN/mm,对屈服后结构残余位移有显著限制作用。

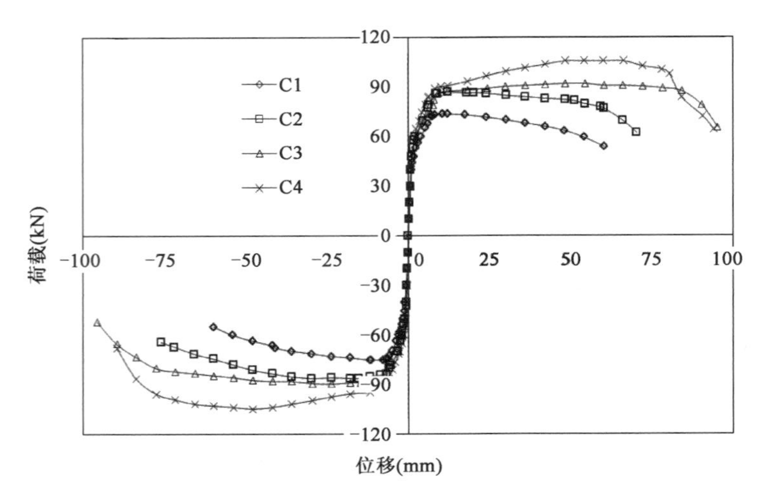

图 4-36　柱顶荷载-位移滞回曲线的骨架曲线

4.6　FRP 智能筋加固混凝土结构的工程案例

4.6.1　FRP 智能筋加固混凝土桥梁的传感性能

1)试验参数

如图 4-37 所示,试验桥梁——墩北河大桥位于 204 国道,是典型的简支板梁桥,是我国高速公路上的主要桥梁形式。本桥平面位于 $R=6000\text{m}$ 的右偏圆曲线上,斜交角度为右斜 24°,墩台按径向再旋转 24°布置,弯桥直做。上部结构采用 6×20m 先张法简支预应力混凝土空心板,桥面连续;下部结构采用三柱式墩台。

a) 侧面

b) 底面

图 4-37　试验桥梁——墩北河大桥

试验中,选择重车道下面的一片梁作为加固试验梁,采用 BFRP 智能筋嵌入式加固,直径为 10mm,内置 8 个标距 1m 的 FBG 传感器。相应地,将梁划分为 20 个监测单元,每单元长 1m,BFRP 智能筋覆盖中间的 16 个单元,共使用 2 根 BFRP 智能筋。传感器的布置位置和加固后的效果如图 4-38 所示。

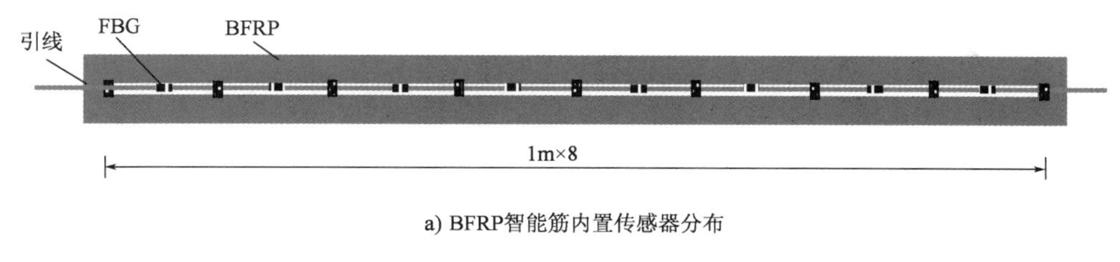

a) BFRP智能筋内置传感器分布

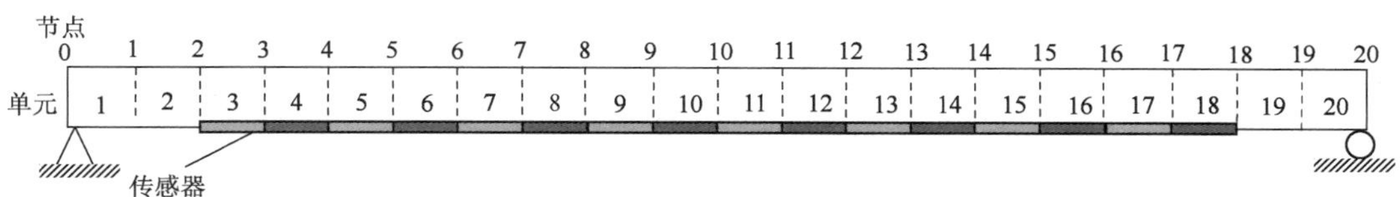

b) 传感器在梁上的分布

c) BFRP智能筋制品

d) 加固后效果

图4-38　BFRP智能筋嵌入式加固桥梁

试验中采用三种加载方式:车辆静载、车辆匀速动载和随机车辆动载。在静载和匀速动载中,均采用负重试验车辆;随机车辆就采用正常路面行驶的交通车辆。静载试验中,以轮轴的中心作为控制点,依次将车辆停在桥跨的3/4、1/2和1/4处,分别设定为工况1、工况2和工况3;匀速动载试验中,试验车辆依次以30km/h和60km/h的速度通过桥面。

2)传感性能

(1)应变

不同加载方式下的应变测试结果如图4-39～图4-41所示。应变测量精度:在静载工况下,应变分布形态与理论形状接近;取跨中单元(单元10和单元11)的平均值,与应变片的值比较,误差在2με左右。

动态应变测量性能:FRP智能筋测量的应变可以准确反映车速变化引起的动态应变变化,且应变测量无滞后。

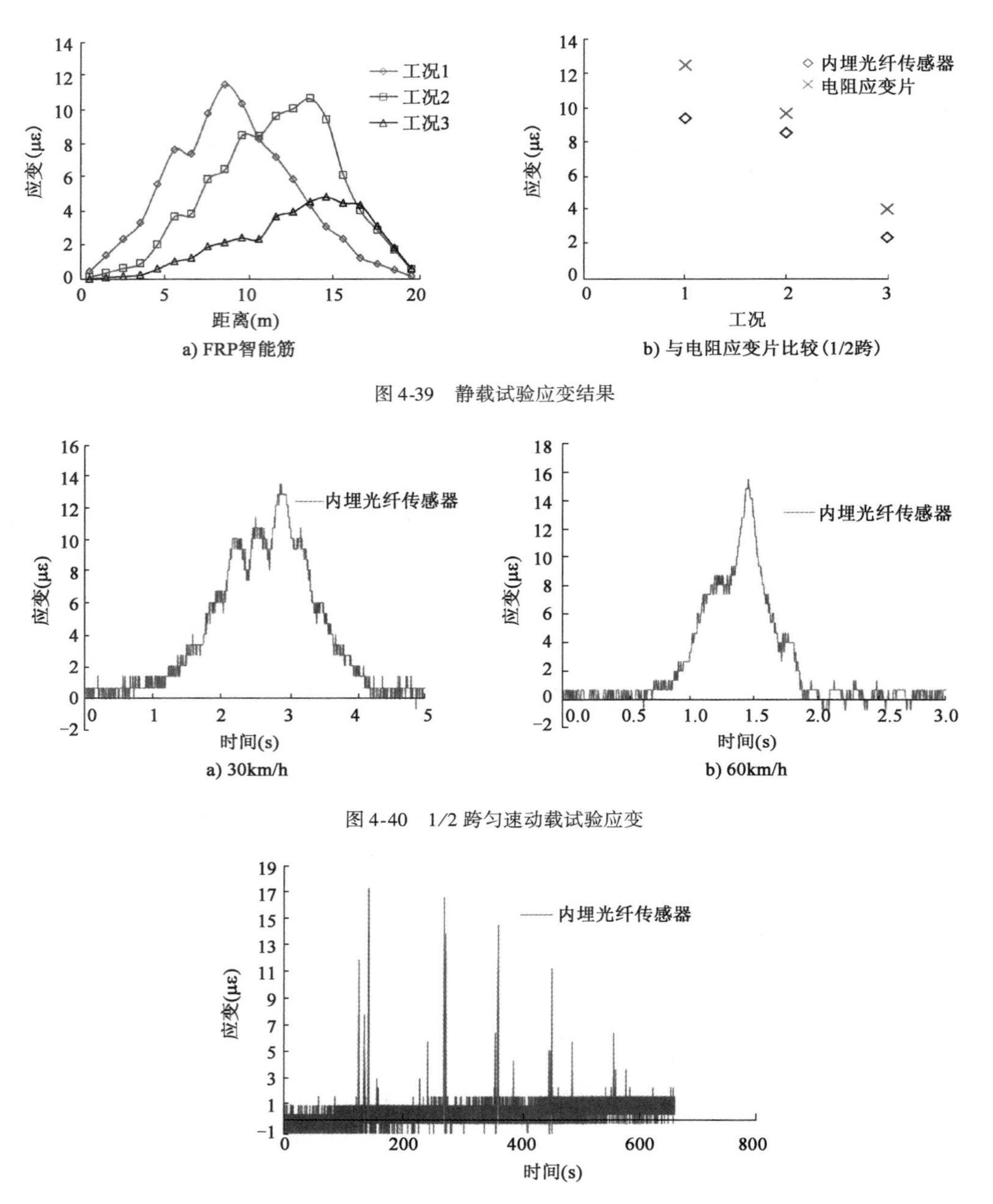

图 4-39　静载试验应变结果

图 4-40　1/2 跨匀速动载试验应变

图 4-41　1/2 跨随机车辆动载试验应变

（2）挠度

利用测量的应变分布，计算梁的挠度。不同工况下挠度的计算结果与位移计的测试结果的比较如图 4-42 ~ 图 4-44 所示。梁的 20 个单元，传感器只覆盖了其中的 16 个，1、2 单元和 19、20 单元没有布设传感器，其应变通过附近的传感器监测的应变值进行插值算得。在静载工况下，智能筋测量的挠度分布与理论形状相符，跨中挠度与位移计测量值差异小，误差小于 0.1mm。在匀速动载工况下，智能筋测量的跨中挠度和位移计测量数值接近，误差在 0.1mm 左右,其精度与车辆行驶速度没有明显关系。在随机车辆动载工况下,智能筋测量的跨中挠度和位移计测量值接近,其间监测到的最大挠度接近 2mm(重载货车作用下),而智能筋测量的误差在 0.14mm 左右。因此,交通荷载工况的变化,没有显著改变 FRP 智能筋测量挠度的误差,大约稳定在 0.1mm。

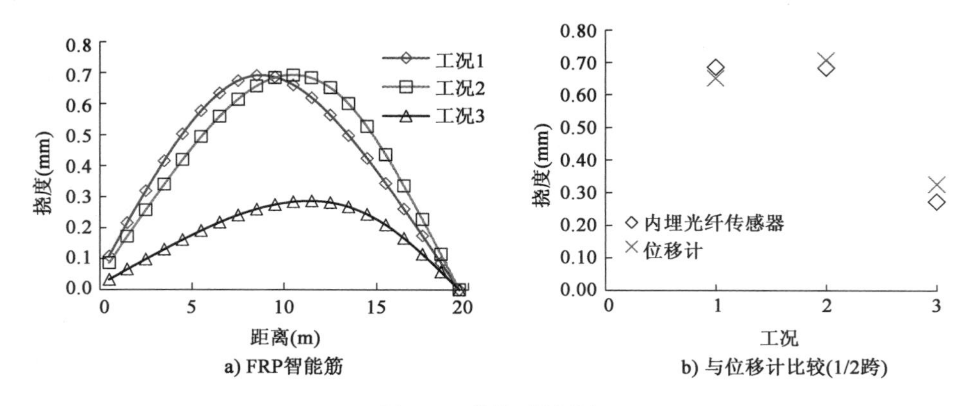

a) FRP智能筋　　b) 与位移计比较(1/2跨)

图 4-42　静载下的桥梁

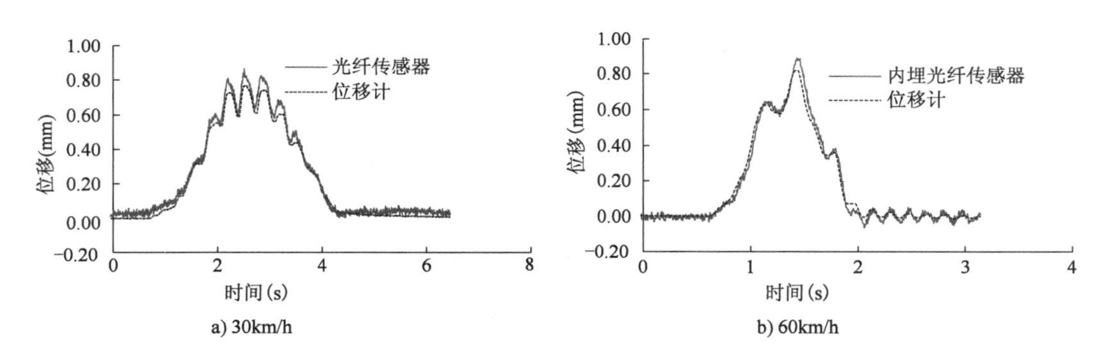

a) 30km/h　　b) 60km/h

图 4-43　匀速动载下的桥梁 1/2 跨挠度

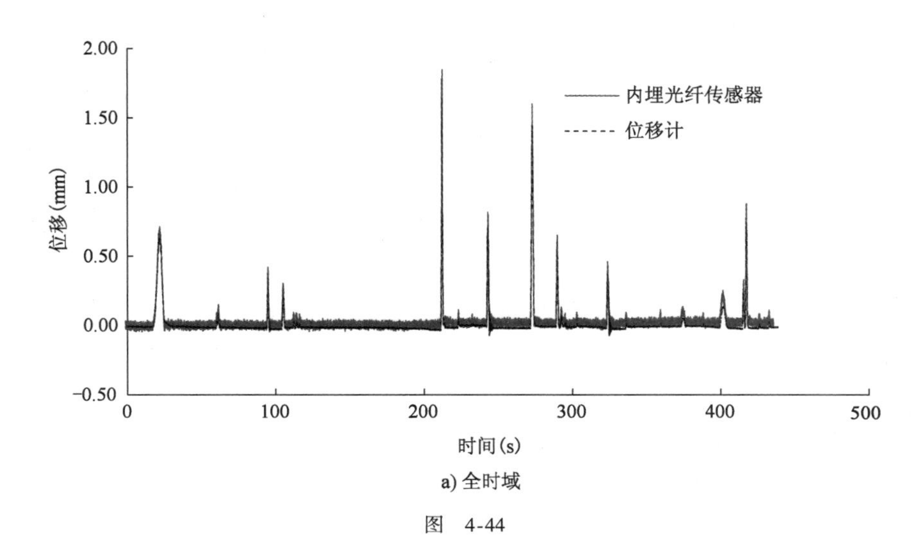

a) 全时域

图　4-44

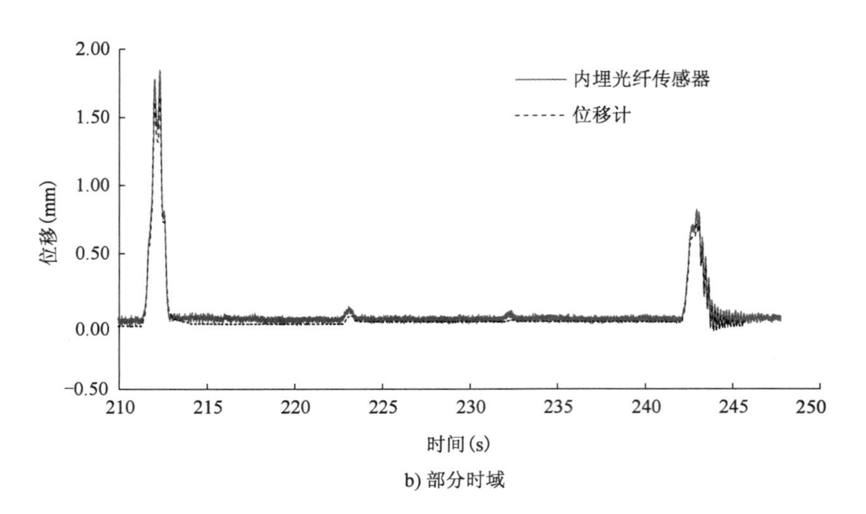

b)部分时域

图4-44　随机车辆动载下的桥梁1/2跨挠度

4.6.2　FRP智能筋加固混凝土桥梁的力学性能

FRP智能筋嵌入式加固混凝土桥板的受力性能主要影响因素包括FRP筋的加固量(FRP筋的面积)和FRP筋的预应力度。以某工程项目的桥梁参数为基准(混凝土强度等级为C50,钢筋为HRB335),分别设置两组对比数值模拟:比较组一,以桥板受拉钢筋的面积为基数,采用FRP智能筋面积与对比梁受拉钢筋面积比值分别为5%、10%、20%、30%、40%和50%的FRP智能筋加固;比较组二,以FRP筋配筋面积为受拉钢筋面积20%为基准,分别采用0、10%、20%、30%、40%、50%、60%和70%的预应力度。FRP智能筋的弹性模量为45GPa,极限应变为2.5%。

模拟计算结果如图4-45和图4-46所示,结合表4-8和表4-9可以发现其受力性能有以下特点:

①破坏模式:FRP智能筋的加固量变化没有极限破坏状态,即受拉和受压钢筋屈服、受压混凝土压溃,而FRP智能筋均没有达到极限状态;FRP智能筋的预应力度变化可以改变极限破坏状态,当预应力度较小(不大于40%)时,破坏模式与没有施加预应力一致,当预应力度较大(达到50%)时,破坏时FRP智能筋达到极限状态,受拉和受压钢筋屈服,而受压混凝土没有达到极限状态。

②特征荷载:FRP智能筋的加固量变化对开裂荷载和屈服荷载影响较小,但是预应力度的增加显著提高了开裂荷载和屈服荷载;FRP智能筋的加固量增加,可以明显提高极限荷载,而预应力度在一定范围(40%左右)也可显著提高极限荷载,但超过一定范围(50%)后,对极限荷载的提高效率较低,甚至出现较大预应力度下极限荷载的提高较小的情况,主要原因是极限破坏模式发生了改变。

③刚度:FRP智能筋的加固量和预应力度的变化对钢筋屈服前的刚度影响较小(最大在10%左右),对钢筋屈服后刚度影响显著,其中加固量的增加可以大幅提升钢筋屈服后刚度,而预应力度的增加对钢筋屈服后刚度提升幅值较小。

④变形：随着 FRP 智能筋加固量的增加，跨中挠度最大值（极限荷载对应挠度）先增加后减小，但不小于对比梁（未加固），随着 FRP 智能筋预应力度的增加，跨中挠度最大值总体上呈现减小的趋势；随着 FRP 智能筋的加固量和预应力度的增加，截面极限曲率是逐渐减小的，FRP 智能筋的加固会削弱钢筋混凝土梁的截面弯曲变形能力。

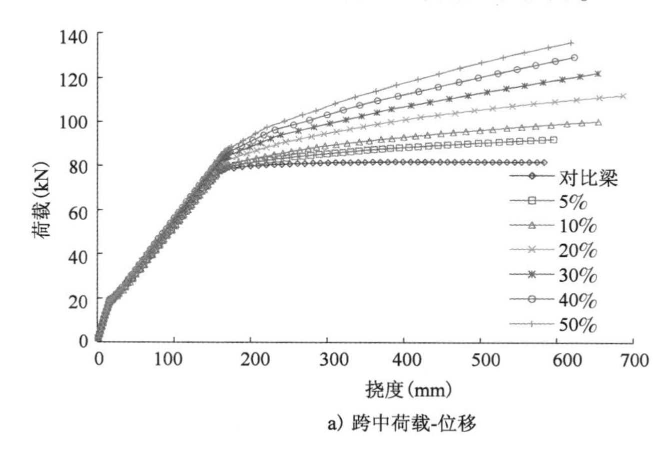

a) 跨中荷载-位移

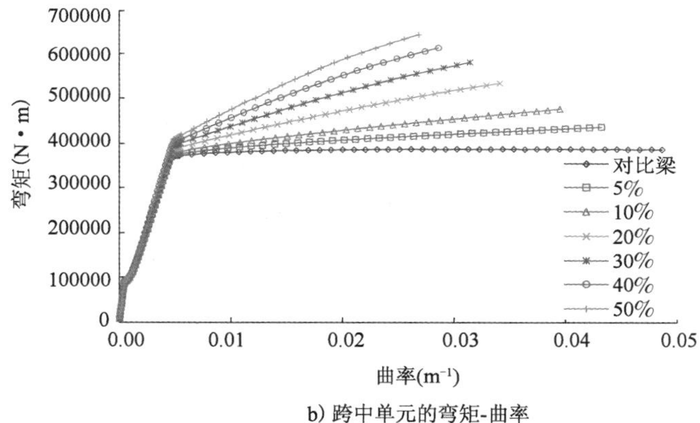

b) 跨中单元的弯矩-曲率

图 4-45　不同 FRP 智能筋加固量比较结果

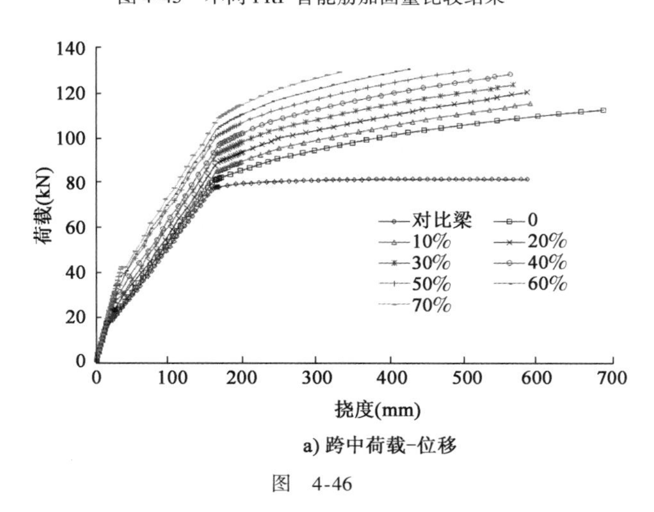

a) 跨中荷载-位移

图　4-46

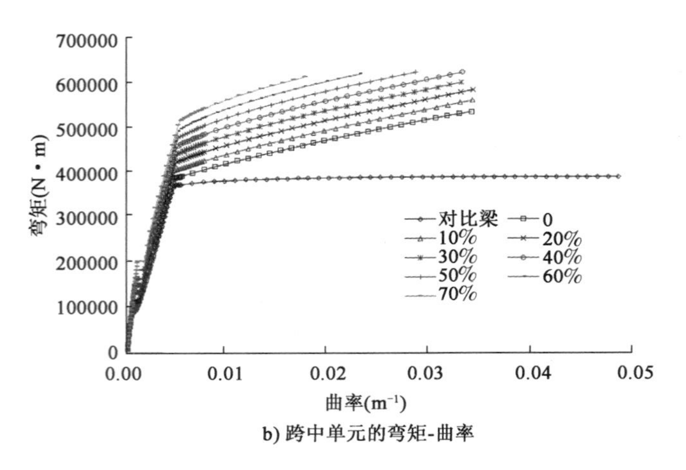

b)跨中单元的弯矩-曲率

图4-46 FRP智能筋不同预应力度比较结果

不同**FRP**智能筋加固量下的特征荷载比较　　　表4-8

试　件	对　比　梁	加固梁(FRP智能筋面积与对比梁受拉钢筋面积的比值)					
		5%	10%	20%	30%	40%	50%
开裂荷载(kN)	18.6	18.6	18.8	19.0	19.1	19.2	19.3
屈服荷载(kN)	78.0	78.8	79.7	81.4	83.1	84.6	86.3
极限荷载(kN)	81.8	92.3	100.4	112.4	122.4	129.5	136.1

不同预应力度下的特征荷载比较　　　表4-9

试　件	对比梁	加固梁(FRP智能筋的预应力度)							
		0	10%	20%	30%	40%	50%	60%	70%
开裂荷载(kN)	18.6	19.0	20.2	23.9	27.9	31.4	34.8	38.6	42.6
屈服荷载(kN)	78.0	81.4	85.1	89.3	93.0	96.8	100.5	103.6	108.6
极限荷载(kN)	81.8	112.4	115.1	120.1	123.3	128.0	129.8	130.1	128.8

4.7 本章小结

本章介绍了FRP智能筋及利用FRP智能筋加固混凝土梁的方法,并通过模型验证和工程案例介绍了相关性能。基于本章内容,可以得到以下结论:

①分布式光纤和FRP复合形成FRP智能筋,其传感性能优异,适合用于混凝土结构的加固。

②通过表面嵌入FRP智能筋的工艺,可以建立有效的FRP智能筋加固混凝土结构的工艺体系。

③利用FRP智能筋的传感特征,可以准确监测结构的应变分布,从而进一步解析结构的关键静态参数,如中和轴、曲率、挠度、弯矩、荷载等,还可以获得结构的关键动态参数,如固有频率、应变模态、曲率模态、中和轴、刚度等,实现加固结构的性能评估和损伤诊断。

④利用FRP智能筋加固混凝土结构,不仅可以实现力学增强,还可以建立智能监测、评估、诊断的智能体系。

本章参考文献

[1] 李全旺,王草,张龙.考虑结构劣化和荷载历史的既有桥梁承载力更新[J].清华大学学报(自然科学版),2015,55(1):8-13.

[2] 岳清瑞,杨勇新.纤维增强复合材料加固结构耐久性研究综述[J].建筑结构学报,2009,30(6):8-15.

[3] 欧进萍.重大工程结构智能传感网络与健康监测系统的研究与应用[J].中国科学基金,2005(1):10-14.

[4] 张光磊,杜彦良.智能材料与结构系统[M].北京:北京大学出版社,2010.

[5] Karami K,Akbarabadi S. Developing a smart structure using integrated subspace-based damage detection and semi-active control[J]. Computer Aided Civil & Infrastructure Engineering, 2016,31(11):887-903.

[6] Vittal R,Sridhar S. Overview of control design methods for smart structural system[C]. Proceedings of SPIE,2001.

[7] Tang Y S,Wu Z S,et al. A new type of smart BFRP bars as both reinforcements and sensors for civil engineering application [J]. Smart Materials and Structures,2010,19(11):1-14.

[8] 耿湘宜.基于光纤光栅传感器的智能复合材料构建与状态监测技术研究[D].济南:山东大学,2018.

[9] 高琳琳,王庆林,王晓霞,等.纤维复合材料层合板内埋光纤光栅传感器的保护技术[J].复合材料学报,2016,33(11):2485-2491.

[10] Yu Z,Zhang M,Dai H,et al. Distributed optical fiber sensing with Brillouin Optical Time Domain Reflectometry based on differential pulse pair [J]. Optics & Laser Technology, 2018,105:89-93.

[11] 孟洲,陈默,陈伟,等.光纤传感中的受激布里渊散射效应[J].应用科学学报,2018,36(1):20-40.

[12] Lopez-Gil A, Angulo-Vinuesa X, Dominguez-Lopez A, et al. Exploiting nonreciprocity in BOTDA systems[J]. Optics Letters,2015,40(10):2193-2196.

[13] Sun A, Wu Z. Multimode interference in single mode—multimode FBG for simultaneous measurement of strain and bending[J]. IEEE Sensors Journal,2015,15(6):3390-3394.

[14] 裴丽,吴良英,王建帅,等.啁啾相移光纤光栅分布式应变与应变点精确定位传感研究[J].物理学报,2018,66(7):1-10.

第 5 章

嵌入式 FRP 筋加固结构抗火性能提升技术

5.1 概 述

传统的 FRP 加固技术基本为外贴式加固，主要有外贴纤维布加固[1-2]、外贴 FRP 板材加固[3]等。FRP 外贴式加固工艺主要是将 FRP 片材（或板材）通过有机粘结胶直接粘贴在混凝土表面[图 5-1a)]，待粘结剂固化后可实现加固材料和原结构共同受力。然而，外贴式加固结构难以在极端环境下服役。例如在火灾情况下，当 FRP 材料外贴于混凝土结构表面时，FRP 材料和有机粘结胶直接承受明火及高温，整个加固系统极易剥落失效。嵌入式加固（near surface mounted，NSM）技术是 FRP 材料加固混凝土结构领域一种新的加固技术[4-6]。该技术利用具有高粘结强度的环氧树脂或者砂浆将拉挤成型的 FRP 圆形筋或板条（矩形截面，亦称筋条）植入混凝土构件表面[图 5-1b)]。其主要施工工艺为在结构需加固部位的表层，沿受拉方向开出浅槽，在槽内注入粘结材料，将 FRP 筋放入槽中并轻压，使 FRP 筋被粘结材料充分包裹，再在槽内注满粘结材料并将其表面修复平整[6]。这种方法简单有效，已在一些工程实例[7-8]中成功应用（图 5-2）。更重要的是，混凝土保护层的存在使得 FRP 材料受到很好的保护，从而极大地减少了环境作用对其产生的不利影响，提高了 FRP 材料的耐久性。尤其是在火灾环境下，FRP 筋处于混凝土保护层内部，埋于槽道粘结剂中，未直接暴露在火灾环境中，因此，嵌入式加固混凝土结构的抗火性能优于外贴式加固结构。

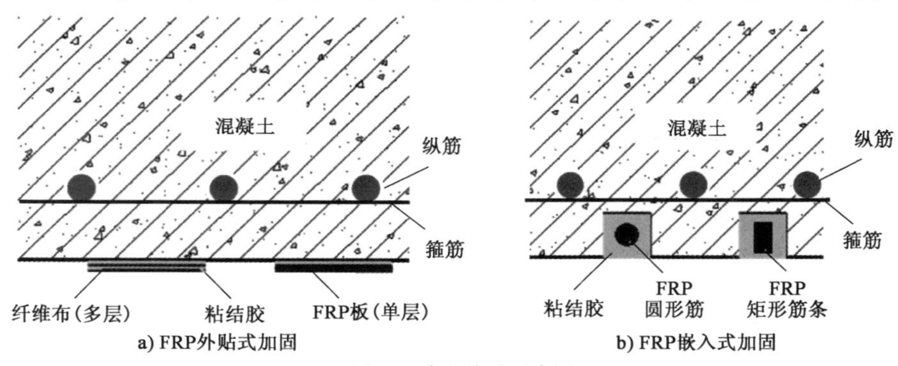

图 5-1 加固方式示意图

a) 钢筋混凝土筒仓加固[7]

b) 钢筋混凝土桥面板加固[8]

图5-2　FRP筋嵌入式加固技术的工程应用

针对FRP筋嵌入式加固技术，除常温下与外贴式加固相似的各类研究之外，有不少研究涉及火灾下加固构件的响应，包括FRP高温力学性能[9-10]、FRP嵌入式加固界面粘结滑移关系[11-12]、FRP嵌入式加固混凝土构件抗火性能[13-16]等。综合以往研究发现，虽然嵌入式加固结构的抗火性能优于外贴式加固结构，但是，由于嵌入位置距离构件表面不远，且槽道粘结剂仍有一面与外部环境接触，因此，FRP筋嵌入式加固构件的抗火性能仍未能达到设计需求，导致FRP筋嵌入式加固混凝土构件抗火性能不足的关键因素在于FRP筋和槽道粘结剂的耐高温性能差。目前土木工程常用的FRP筋材产品未进行耐高温设计，并不具备耐高温能力。树脂基体对纤维丝的共同工作有着最为直接的影响，但大部分FRP筋材中树脂基体的玻璃化转变温度T_g较低（<80℃）。树脂基体在经历高于T_g的温度后不久便开始软化并逐步分解，使纤维与树脂基体的粘结性能变差，最终将导致在高温或火灾下FRP筋力学性能的快速退化。再者，嵌入式加固中所采用的嵌槽粘结材料多为有机粘结剂，玻璃化转变温度T_g普遍较低（一般为60～80℃），对高温环境更加敏感，在高温环境中容易失效[17-18]。

为了增强FRP筋嵌入式加固技术的适用性，有必要解决FRP筋嵌入式加固技术抗火性能不足的短板问题。本章从材料、工艺、构造等角度提出系统解决方案，并分别开展试验予以验证和优化，进而提出嵌入式FRP筋加固抗火提升技术。最后，本章给出相应的设计方法和建议，为工程应用提供借鉴。

5.2　嵌入式FRP筋加固结构抗火性能提升技术方案

影响FRP筋嵌入式加固结构抗火性能的因素较多，且在提升抗火性能的同时必须以不削弱常温下力学性能为前提，同时兼顾经济性和施工便捷性，需要区分抗火性能的关键影响因素和一般影响因素，建立系统的解决方案。因此，本章提出了图5-3所示的提升技术方案。

提升嵌入式FRP筋加固结构抗火性能有两类技术方案，一类是受火面通长布置防火层的传统被动抗火技术，包括在梁外表面喷涂防火涂料或固定一定厚度的防火板；另一类是主动抗火技术，具体如下：

(1)控制温度传递与分布

对于 FRP 嵌入式加固体系来讲,一方面,在锚固区选用粘结性能较好的植筋胶并布置合适的防火层[19-20],以增强锚固区的抗高温滑移性能,从而充分发挥嵌入式加固技术的优势;另一方面,在非锚固区选用合适的无机粘结材料,以减小温度从构件表面向槽内 FRP 筋的传递速度。

(2)提升 FRP 筋耐温性能

树脂基体的 T_g 越高,FRP 筋高温中残余力学性能越高。因此,从材料层次进行本质改进,使用具有尽可能高 T_g 的树脂基体对于 FRP 材料本身乃至整个加固体系的抗火性能来说是非常重要的。

(3)控制应力与裂缝分布

预应力技术可以有效地控制裂缝,这对于高温中 FRP 筋嵌入式加固技术同样适用。已有研究表明[21],裂缝宽度对火灾或者高温环境中构件内部的温度场能产生不同程度的影响,若能采用预应力技术将裂缝宽度控制在一定范围内,则非常有利于提升抗火性能。

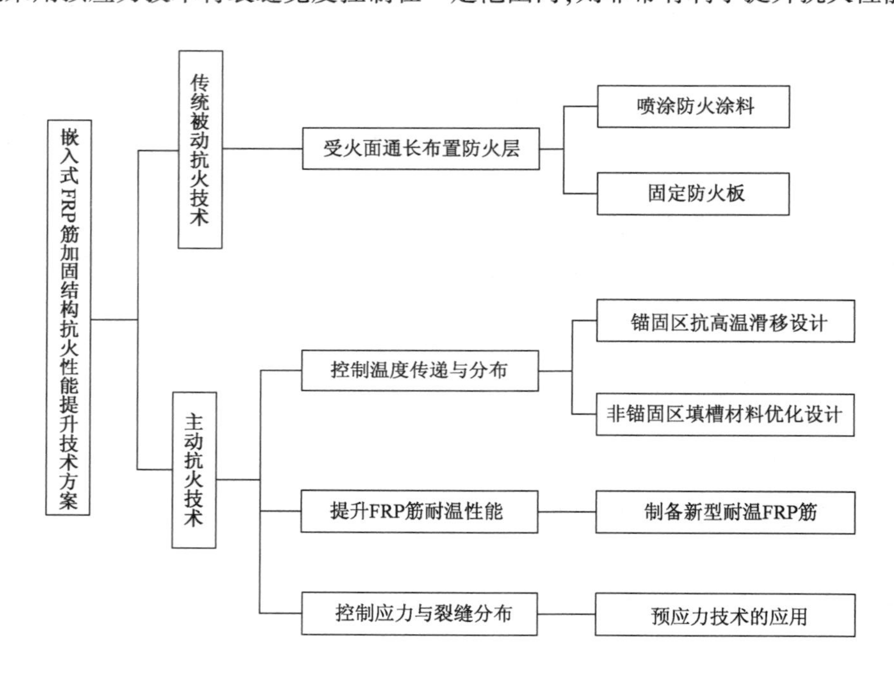

图 5-3　嵌入式 FRP 筋加固结构抗火性能提升技术方案

5.2.1　传统被动抗火技术

为降低火灾产生的高温对 FRP 嵌入式加固梁的影响,国内外许多学者参考外贴式 FRP 加固梁抗火设计方法,采用在梁受火面设置合理的通长防火保护层这一被动抗火措施。

早在 2010 年前后,Palmieri[22]就针对 FRP 嵌入式加固梁中防火层的材料、厚度及布置方式进行了初步试验探究,试验采用了玻璃纤维水泥砂浆层、硅酸盐防火板以及组合防火层(轻质水泥石膏 + 硬化的绝热面)三种防火材料,结果表明,所有试验梁都可达到两小时的耐火极限。U形防火保护(图5-4)在保护FRP加固梁抗火性能方面比单面防火保护(梁底保护)具有更好的效果。

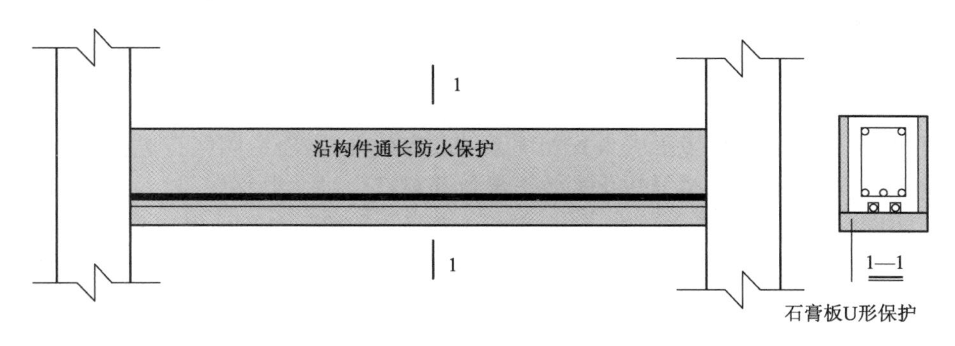

图5-4　通长U形防火保护层布置

2013年,同济大学结构工程与防灾研究所[4]通过试验研究了两种防火材料(超薄膨胀型防火涂料、厚型防火涂料)以及防火材料布置位置(槽口保护、梁底单面保护、三面U形保护)对FRP嵌入式加固梁的耐火性能的影响,结果表明,防火层的布置可有效抑制受火梁温度的上升,但超薄膨胀型防火涂料不稳定,在火灾中易脱落导致保护失效。同时,相比仅槽口保护和梁底单面保护,三面U形保护(图5-4)是最优的防火层布置方式。

此外,Firmo等[15]和Yu等[16]通过试验研究表明,采用25mm厚的石膏板和硅酸钙板对FRP嵌入式加固梁进行U形防火保护可以大幅改善加固梁的耐火性能,这是因为防火层的布置有效地将FRP表面温度和受拉钢筋表面温度分别控制在400℃和200℃以下,火灾试验过程中FRP和钢筋的力学性能并未大幅度下降。

综上,传统被动抗火技术可归纳为图5-4所示的沿梁纵向通长设置U形防火保护层。该技术可有效地改善FRP嵌入式加固梁的耐火性能,但需选择合适的防火层材料和施工方式以保证火灾中防火层不脱落,同时还需确定合理的防火层厚度以保证防火层具有足够的隔热性能。但是,传统被动抗火技术可能会造成防火材料浪费、通长布置施工烦琐等一系列问题,因此应探索其他更优的抗火提升技术。

5.2.2　主动抗火技术——控制温度传递与分布

1)锚固区抗高温滑移设计

在嵌入式FRP加固混凝土梁承载时,FRP与混凝土之间的粘结力由梁跨中向两端的发展呈先增大后减小的趋势,因此靠近端部的FRP与混凝土之间的粘结力需求最大,这一区域至端部称为锚固区,除此之外的粘结区域称为非锚固区。Firmo等[15]的研究表明,火灾环境下,若锚固区FRP材料发生粘结滑移失效,则整个加固构件将迅速发生破坏。因此,锚固区FRP与混凝土之间的粘结性能关系整个加固系统的有效性。

槽内部填充粘结剂是FRP嵌入式加固的关键环节。目前的嵌入式加固技术中,粘结材料主要有两大类,即有机粘结剂(如环氧树脂)和无机粘结剂(如砂浆)。有机粘结材料能在常温环境下发挥较好的粘结性能,提供较高的锚固力,因而能提高纤维增强复合材料嵌入式加固RC构件的极限承载力[22-23];但当其直接暴露于高温环境中时,粘结性能的退化十分迅速[17-18]，最终将导致嵌入式加固结构在短时间内抗火失效。无机粘结剂耐高温性较好，并且具有工艺简单、价格低廉的优势。Palmieri 等[17]、Burke 等[18]以及 Raoof 等[24]学者均通过试验证明，无机粘结材料在高温或火灾环境中能保持强度的有效性。然而，无机粘结剂在常温条件下渗透性能普遍较差，与纤维增强复合材料的粘结强度偏低，变形能力也远不及有机粘结剂。因此，对于具有较大粘结力需求的锚固区而言，有机粘结剂显然比无机粘结剂更为有效。但是，为保证火灾环境下嵌入式加固系统的有效性，需将锚固区有机粘结剂的温度限制在一定范围内，避免因粘结剂软化失效而导致筋材产生过大滑移。

针对锚固区的抗高温滑移需求，结合实际工程施工条件，本章提出三种方法。方法一：FRP 筋通长嵌进梁两端的柱中 200mm（300mm 更优）以上，这部分 FRP 筋在火灾发生时不会受到高温的影响，作为锚固区可以完美发挥有机粘结剂优异的粘结性能，如图 5-5a）所示。方法二：当实际情况无法实现将筋嵌入柱中，只能在梁范围内进行嵌入加固操作时，必须在两端锚固区设置尺寸合理、性能可靠的防火保护层，以保证有机粘结剂的温度始终不超过危险温度，如图 5-5b）所示。若采用上述两种方法后仍未能阻止火灾中 FRP 筋发生滑移破坏，则可能是由于 FRP 筋的锚固区过短导致自身的锚固效率不足。为增强 FRP 筋与填槽材料中界面的机械咬合作用，本章提出的方法三是将若干个铝合金管套在 FRP 筋端部锚固区，沿 FRP 筋等间距布置，通过外力挤压使铝合金管截面压缩，产生塑性变形，锚固在 FRP 筋上，作为 FRP 筋的附加肋，再在锚固区外设置合适的防火保护层，通过附加肋与防火层联合锚固来提高 FRP 筋的锚固效率，如图 5-5c）所示。

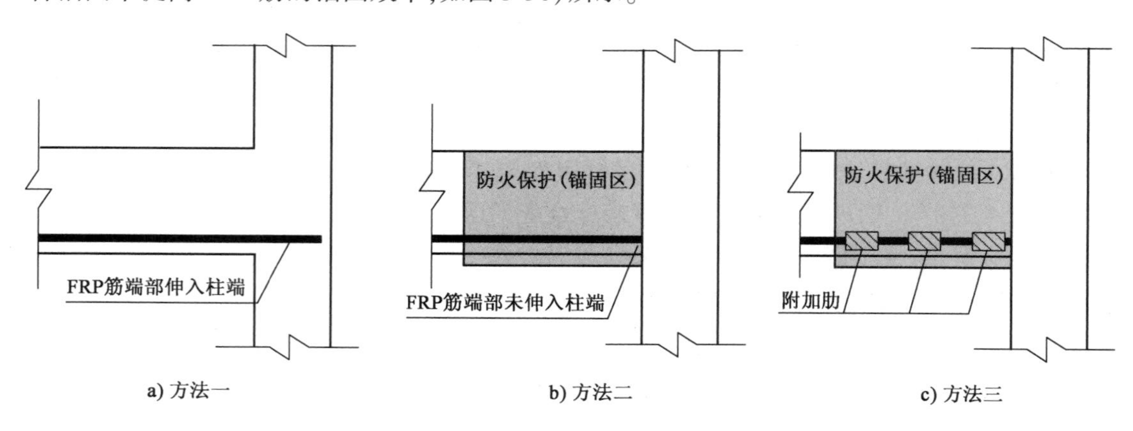

图 5-5　锚固区抗高温滑移设计示意图

2）非锚固区填槽材料优化设计

相比锚固区而言，非锚固区内 FRP 与混凝土之间的粘结性能要求可有所降低，甚至可按无粘结受力设计计算。因此，在构件的非锚固区，采用热惰性的无机粘结材料作为粘结剂进行嵌槽，是抗火性能整体提升方案中的一项重要内容。水泥基材料是一种常用的无机材料，具有一定的粘结能力，在高温下无烟无毒，且热传导系数低，用作嵌槽材料可以减缓温度从构件表面向槽内 FRP 筋的传递速度，且材料越厚，传热速度越慢。对比研究发现，相同热传导参数的无机材料，抗裂性能不同，对 FRP 筋的保护作用差异很大，因为无机材料可为 FRP 筋提供隔氧层，若高温中无机材料开裂或爆裂，则 FRP 筋会氧化甚至燃烧，加快其力学性能的退化。因此,对于非锚固区的设计,一方面要改变填槽材料的厚度,另一方面要寻找高温中抗裂性好的材料。

为选择合适的无机粘结材料作为非锚固区的填槽材料,综合考虑施工便捷性、经济性等因素,本小节选用普通水泥砂浆(pure cement mortar,PCM)、纤维聚合物砂浆(fiber polymer mortar,FPM)以及带钢丝网纤维聚合物砂浆(fiber polymer mortar with steel wire mesh,FPM-SWM)三种无机粘结材料展开研究。将带有上述三类砂浆包覆层的FRP筋试件(图5-6)置于400℃高温下分别恒温1h和2h后测试其残余力学性能。

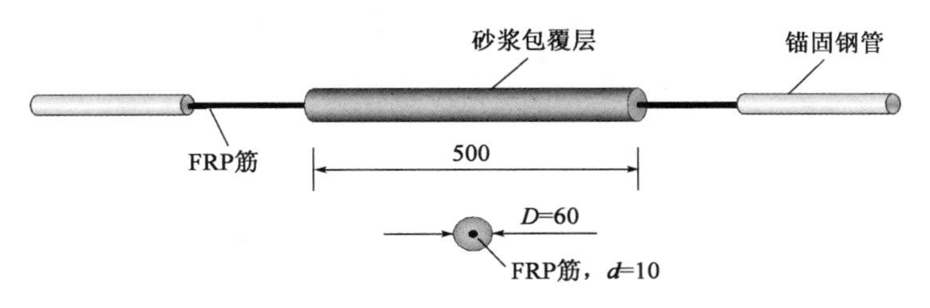

图5-6　FRP筋试件详情(尺寸单位:mm)

将各试件内部FRP筋高温后的残余强度与常温下的极限强度相比得到筋材的残余强度比,如图5-7所示。由图5-7可知,带砂浆包覆层FRP筋在内部筋材表面温度达到400℃高温持时1h后,其残余强度比在0.490~0.571之间。然而在Yu[11]的试验中,无包覆层的FRP筋在筋材表面温度达到400℃高温继续持时仅20min后其残余强度为484MPa,残余强度百分比仅为30.7%,比本节有砂浆包覆层且高温400℃持时1h的FRP筋降低了接近一半,这在一定程度上说明砂浆包覆层在高温中可以为FRP筋提供一个隔氧的环境,有效地保护了FRP筋,使得高温过后筋材仍具有可观的残余强度。

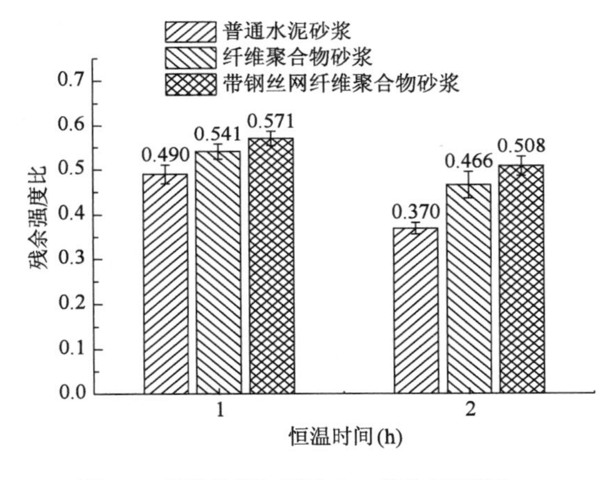

图5-7　高温后带包覆层FRP筋残余强度比

此外,图5-7表示在升温过程及恒温时间相同的条件下,纤维聚合物砂浆包覆层试件中的FRP筋的残余强度明显高于普通水泥砂浆包覆层试件中的FRP筋,表明纤维聚合物砂浆的保护作用更优。虽然图5-7的结果表明带钢丝网纤维聚合物砂浆包覆层试件中的FRP筋的残余强度高于纤维聚合物砂浆包覆层试件中的FRP筋,但由于前者加热时间较短,因此,若升温过程相同,则两者在高温后的残余力学性能应较为接近。

另外,通过比较图5-7的试验结果发现,与高温持时1h的试验结果相比,高温持时2h时FRP筋的残余强度降低幅度不大,表明FRP筋具有较稳定的高温残余强度。这是由于高温中带包覆层试件内部树脂挥发较慢,而挥发的树脂会不断填充包覆层内的孔隙,从而减缓后期的树脂挥发。

作为对比,图5-8为带树脂包覆层内部FRP筋经高温处理前后的表面形态。该试件升温半小时后树脂逐渐发生软化和分解,包覆层表面发黑并产生膨胀、开裂现象,且在升温过程中亦伴随刺激性气体产生。这表明在高温环境下,树脂等有机物作为 FRP 包覆层材料具有诸多弊端,其耐高温性能较差,且对环境造成了污染。而无机砂浆具有热惰性,能对包覆层内部 FRP 筋形成较为持久的保护。

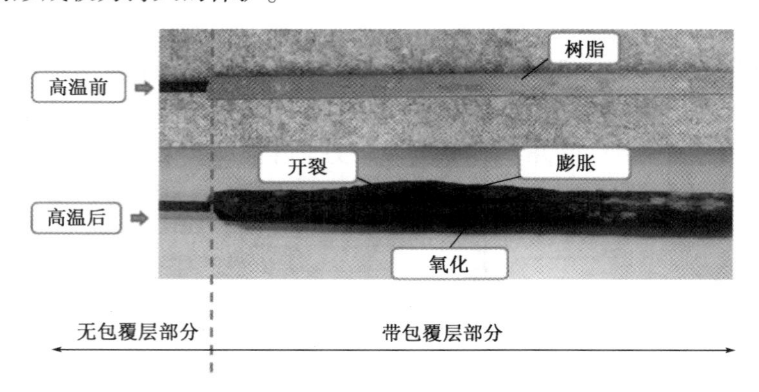

图 5-8　高温前后带树脂包覆层内部 FRP 筋材表面形态

由以上分析可知,对于掺有纤维的砂浆包覆层(FPM 和 FPM-SWM),高温中纤维丝的融化使得砂浆内部形成诸多小孔,增强隔热性,且高温过后并未发现此类砂浆包覆层有开裂现象。无机砂浆包覆层能为试件内部 FRP 筋提供一个相对隔氧的环境,从而减少纤维丝的氧化和筋材树脂基体的挥发,使得筋材在高温后仍能保持良好的力学性能,并能减少对环境的污染,其性能优于有机材料包覆层。因此,从现象来看,无机砂浆更加适合用作 FRP 筋的包覆层材料,可考虑将嵌入式加固构件中的部分有机粘结剂采用无机砂浆来代替,后续的梁试验将验证此思路的可行性。

5.2.3　主动抗火技术——提升 FRP 筋耐温性能

FRP 筋是由纤维和树脂基体经一定的固化程序复合而成的,因此其耐高温性能与两种基本材料的高温稳定性密不可分。

近年来,玄武岩纤维以其强度高、天然无污染、性能稳定、高温性能优异、成本低廉等特点而逐渐受到人们的关注。尤其在耐高温性能方面,玄武岩纤维具有较低的热传导系数、较高的抗氧化性、较高的热解温度,这些特性使得玄武岩纤维极有可能作为一种高温抗火材料应用到实际结构中[25]。玄武岩纤维的使用温度范围是 -270 ~ 900℃,而玻璃纤维的使用温度范围仅为 -60 ~ 450℃[26];在材料成本上,玄武岩纤维的价格远低于碳纤维,成本优势非常突出[26]。因此,相较于其他纤维而言,玄武岩纤维在开发耐高温 FRP 筋方面具有非常大的应用价值。

对于 FRP 材料所采用的树脂基体,目前土木工程中应用较多的是环氧树脂和乙烯树脂。其中,环氧树脂基体综合性能优异,工艺性好,价格较低,目前仍是应用最普遍的树脂基体。此类常用树脂基体的玻璃化转变温度一般为 65 ~ 120℃[27],其中环氧树脂偏低,而乙烯树脂相对高一些,但这个范围的树脂玻璃化转变温度仍比较低。由于树脂基体的性能直接影响 FRP 筋中纤维丝的共同工作,因此当树脂基体的 T_g 值较低时,FRP 筋经历高温后不久便开始软化并逐步分解,FRP 筋内部粘结性能变差,最终将导致其在高温或火灾下的力学性能快速退化。类似的现象也在 Kumahara 等[28]的研究中出现,该研究指出所用纤维和树脂的类型是决定纤维复合材料高温性能的关键因素,特别是使用 T_g 值尽可能高的树脂基体是非常重要的。

为此,课题组首先对普通乙烯树脂进行耐高温改性,尝试开发新型耐温 FRP 筋。经改性后的乙烯树脂的 T_g 值提高至 175℃,进而制备出耐温乙烯 BFRP 筋[29-30]。试验研究发现[29-30],经历过 350℃高温作用后,耐高温乙烯 BFRP 筋的拉伸强度保留率高达 70%,普通乙烯 BFRP 筋则仅保留 40%,表明提升树脂基体的 T_g 值确实能显著改善 FRP 筋的耐高温性能。然而该树脂在经历高温过程中将产生大量有刺激性气味的气体,对环境产生污染,不宜在加固结构中推广。

经调研[31]发现,在各类适合制备土木工程材料的基体树脂中,酚醛树脂具有低烟低毒、耐高温等优异特性,其玻璃化转变温度 T_g 在 260℃左右,用于研发新型耐高温 FRP 筋具有更大的潜力。为此,确定了采用酚醛树脂研发新型耐高温 BFRP 筋的技术路线,围绕高温固化核心工艺进行反复试制,即根据酚醛树脂本身的热性能来制定包含“固化段数量、固化温度及固化时间”的一整套固化程序。通过此固化程序研发的新型耐温 FRP 筋的高温力学性能将在后续小节详细介绍。

5.2.4　主动抗火技术——控制应力与裂缝分布

非预应力混凝土梁正常使用状态下均为带裂缝工作。火灾发生时,裂缝的存在会加速高温从构件表面向内部传递,嵌于构件保护层的 FRP 以及内部的钢筋也会因此升温过快,导致 FRP 与钢筋的刚度快速下降,使构件无法继续承载。

为研究裂缝对温度传递的影响,在 5.2.2 节对包覆层 FRP 筋的研究基础上,本小节制作了五种带预制裂缝的水泥砂浆构件,如图 5-9 所示,裂缝宽度分别为 0.3mm、0.5mm、1.0mm、1.5mm 及 2.0mm。试件养护完成后放置于高温炉中升温至 400℃并恒温持续 1h。试验主要观测在升温及恒温阶段开裂处和未开裂处 FRP 筋表面温度的差异。

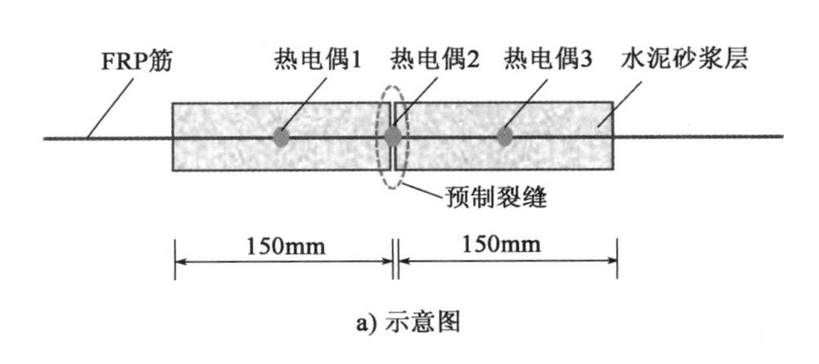

a) 示意图

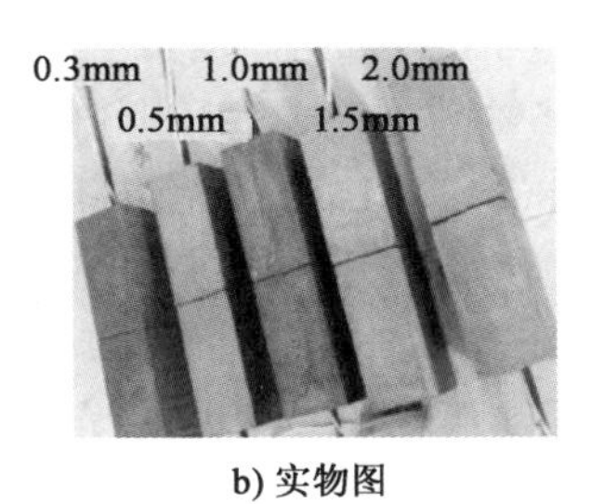

b) 实物图

图 5-9　带预制裂缝水泥砂浆构件图

图 5-10 分别为裂缝宽度为 0.3mm 和 2mm 的试件升温全过程中内部测点和裂缝处测点的温度场,其他试件的内部升温曲线与裂缝宽度为 2mm 试件类似。由图 5-10 可知,裂缝宽度为 0.3mm 的试件在升温初期裂缝测点温度相比内部测点较低,当测点温度达到 200℃左右时,裂缝测点温度增幅开始加大,在试验结束时裂缝测点温度比内部测点高 7℃。裂缝宽度为 0.5 ~ 2mm 的试件在升温阶段初期,内部测点温度和裂缝测点温度吻合较好,在温度曲线出现拐点后,裂缝测点温度增幅开始增大,在试验结束时,裂缝宽度为 0.5mm、1.0mm、

1.5mm及2.0mm的试件中两测点温差分别为10℃、13℃、20℃和22℃，呈递增趋势。

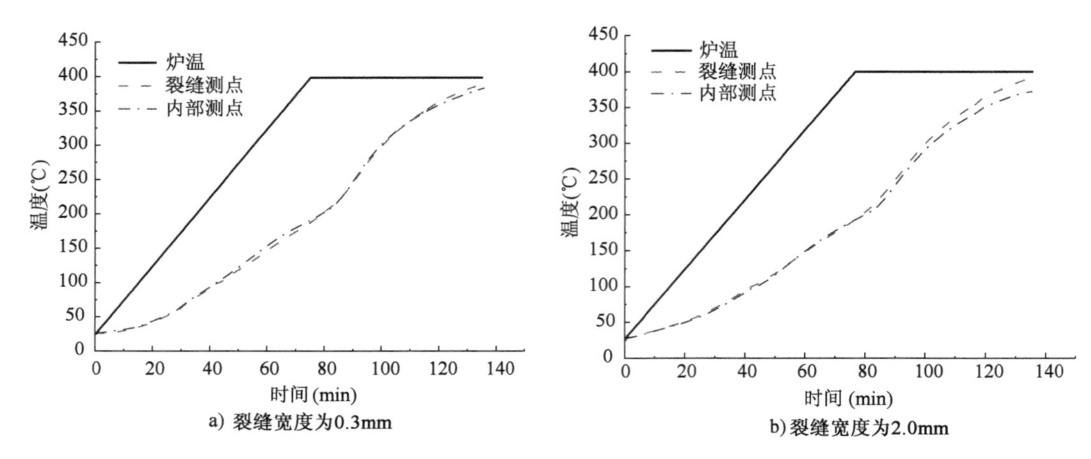

图5-10　试件裂缝测点及内部测点温度场

上述现象表明，在升温初期裂缝的存在并未影响外界热量向试件裂缝处的传递，一方面，这是因为在升温初期，高温炉处于加热阶段，炉内空气呈流动状态，而裂缝内的空气由于边界层效应的影响相对处于静止状态，空气导热系数较低致使对流效应近似可忽略。另一方面，由于裂缝处的相对两面十分接近且平行，其中一个面的热辐射热量几乎被另一面吸收，因此也无法与外界进行热辐射传递。在升温阶段后期，由于炉温处于恒温状态，炉内空气流动性降低，裂缝内的空气与周围高温空气发生热传导，裂缝宽度越大，相互传递的热量越多，裂缝与内部温差越大。因此可以预测，在真实火灾环境中，由于裂缝的影响，裂缝测点和内部测点的温度差会随着环境温度的升高而不断增大，且裂缝越大，两者的温度差也越大。

根据上述分析可知，若采用一些有效措施，则可保证梁底仅产生细而密的裂纹，FRP虽然与高温温度场直接接触，但其受高温场的影响较小。控制梁底裂缝发展的方式之一是应用预应力技术。为验证预应力技术对混凝土构件裂缝发展有减缓作用，图5-11将非预应力和预应力FRP筋增强混凝土梁的裂缝发展情况作对比，其中，L1是无预应力梁，L2是预应力度15%的预应力FRP筋梁，L3是预应力度为30%的预应力FRP筋梁。由图5-11可以发现，几根梁的初始开裂荷载有明显的差别，L2和L3的开裂荷载相对较大，相同荷载下L2和L3的裂缝宽度比L1的小，说明施加预应力对FRP筋增强混凝土梁裂缝的出现和发展有一定约束和限制作用。因此，施加预应力可以提高梁的开裂荷载和延缓裂缝的发展，并且在一定范围内随着预应力度的提高，FRP筋增强混凝土梁的开裂荷载增大且裂缝发展减慢。

为研究预应力对火灾中梁耐火极限的影响，本小节也对比了L1、L2和L3的内部温度场及其抗火性能。图5-12为三根梁底部纵筋跨中的温度场，在40min前三根梁内的温度场几乎一致，但40min后，无预应力梁内温度场远远高于有预应力梁，尽管预应力梁受火时间更长，但梁底跨中钢筋最终温度分别为665.7℃和664.1℃，远小于无预应力梁的839℃。无预应力梁L1的耐火极限为118min，而预应力度为15%和30%的预应力FRP梁[12-13]的耐火极限分别为158min和164min，如图5-13所示，这说明预应力有效地减缓了梁底裂缝的发展，进而减缓了梁内温度的传递，间接地提高了梁的耐火极限。

因此，在嵌入式加固技术应用过程中，当条件允许时，应采用预应力技术，一方面可提高混凝土梁的抗弯承载力,有利于其抗弯加固,另一方面也可提高混凝土梁的开裂荷载,有利于控制梁裂缝的开展,防止梁内升温过快,进而可间接提高加固梁在火灾中的耐火极限。

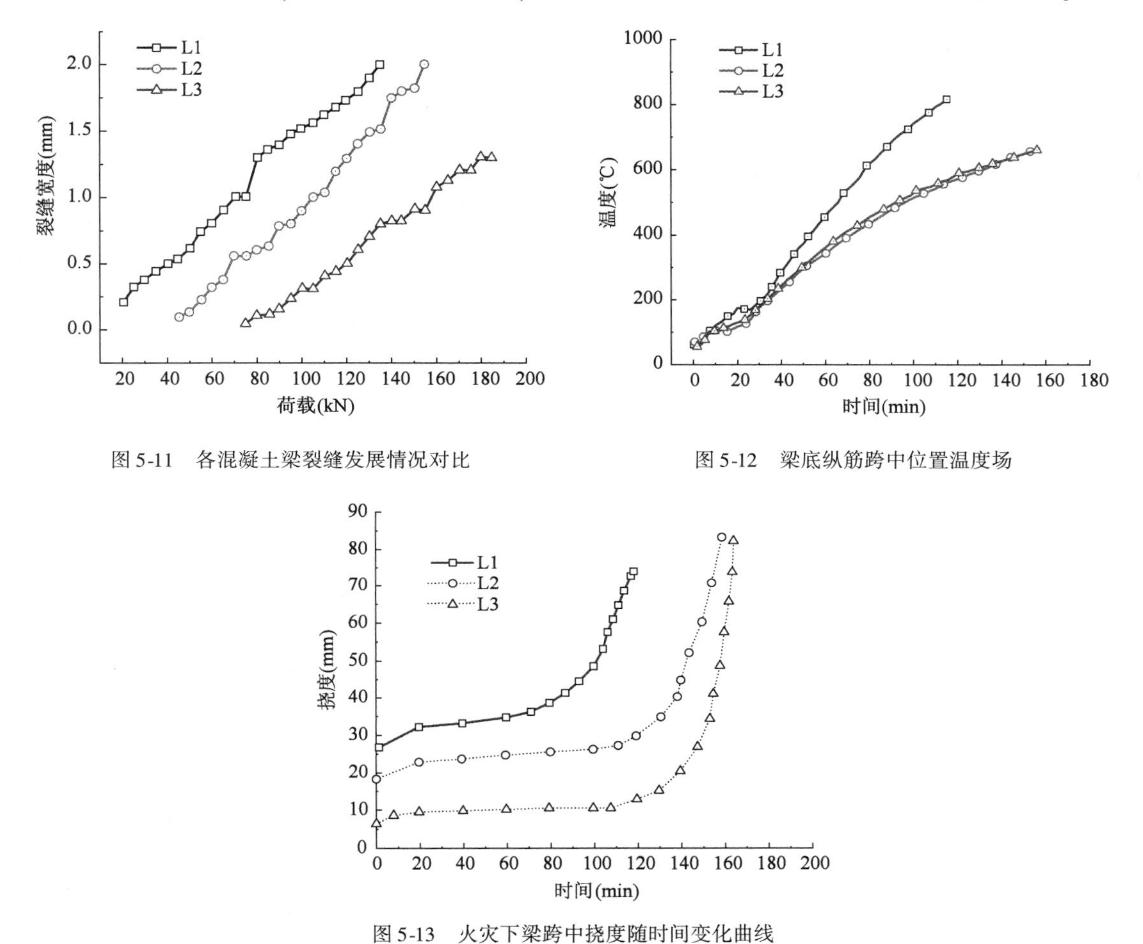

图5-11　各混凝土梁裂缝发展情况对比

图5-12　梁底纵筋跨中位置温度场

图5-13　火灾下梁跨中挠度随时间变化曲线

然而关于预应力对高温能产生的效果的定量设计是比较复杂的问题,本章后续内容仍偏于安全地针对非预应力构件展开研究,探索非预应力FRP嵌入式加固构件抗火的基本规律及基本设计方法。

5.3　嵌入式FRP筋加固法抗火性能提升技术试验验证

本节通过试验确定传统被动抗火技术中防火层的合理材料及厚度,然后针对锚固区和非锚固区的设计进行优化,最后通过试验对新型耐温FRP筋的耐温性能进行验证并建立其高温本构退化规律。综合上述所有研究成果系统提出嵌入式FRP筋加固结构抗火设计方法。

5.3.1　传统被动抗火技术抗火效果验证

本节共对6根4m长的足尺梁进行了试验,其中有4根梁进行火灾试验,所有梁的填槽材料均为有机植筋胶，具体试验方案如表 5-1 所示[32]。火灾试验采用恒载升温的加载方式，即在一定的恒载作用下，按照 ISO 834 标准升温曲线对试件进行升温，试验结束后按照规范对试件进行耐火性能评价。对于采用 BFRP 筋加固之后的钢筋混凝土梁，其施加的恒载取加固后极限承载力的 3/5。试验中防火层的布置方案均为图 5-4 所示的沿梁长通长 U 形包裹，为方便施工，本试验中的防火层为硅酸钙防火板。

试验方案　　表 5-1

试件编号	加固方案	试验环境	常温下极限荷载/火灾中持荷(kN)	耐火极限(min)
B1	未加固	常温	312/—	—
B2	FRP 筋加固	常温	364/—	—
B3	未加固	火灾	—/156(=0.5×312)	62
B4	FRP 筋加固，未加防火层	火灾	—/182(=0.5×364)	92
B5	FRP 筋加固，25mm 厚防火层	火灾	—/182(=0.5×364)	128
B6	FRP 筋加固，40mm 厚防火层	火灾	—/182(=0.5×364)	147

试验结束后梁均为弯曲破坏，端部 FRP 筋未出现明显滑移，FRP 筋呈现碳化现象，其承载力基本丧失。带防火层梁的破坏形态如图 5-14 所示，硅酸钙防火板多处开裂，尤其是梁的跨中部位，防火板已经基本失去强度，部分防火板发生脱落，说明在试验过程中硅酸钙防火板已经起到了隔热防火的作用，但是在试验后期，由于跨中变形较大，防火板破坏较为严重。同时布置防火层的梁的受弯区裂缝开展比未设置防火层的梁更加严重，混凝土受压区也被压碎，这主要是因为梁加设防火层后耐火极限得到了较大的提高，但是试验后期，由于梁构件跨中变形较大，防火板产生了裂缝并且局部脱落，温度直接传入梁底，对 FRP 筋和钢筋产生较大影响。

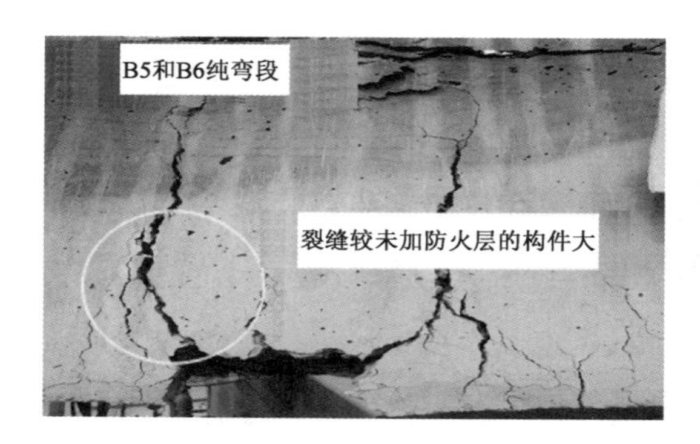

图 5-14　带防火层梁火灾后典型破坏形态

火灾试验中，构件的底面和侧面三面受火，图 5-15 为各梁跨中钢筋温度场变化曲线。相比无防火层梁，B4，B5 和 B6 在防火层的保护作用下初期升温缓慢，但后期温度增长也较快，说明防火板后期出现许多裂缝，逐渐失去作用。整体来看，在 2h 内带防火层的梁钢筋温度均能保持在 400℃以下，而无防火层梁在 40min 左右时钢筋温度就已超过 400℃。

试验试件的实测跨中挠度-时间曲线如图 5-16 所示，总体来看，试验前期随着温度的不断升高，挠度缓慢增加，变形相对较小，试验快结束阶段，钢筋温度较高，屈服强度明显下降，变形增长剧烈,尤其在最后破坏的几分钟,变形超过了初期整个阶段内的变形。通过对比发现,80min 之前带防火层的两根梁(B5、B6)跨中挠度发展平缓,而无防火层保护梁跨中挠度发展较为迅速,充分说明防火板的前期效果优异,且耐火极限随着防火层厚度的增加而增加。从图 5-16 中 B5 和 B6 曲线来看,80min 之前两根梁的挠度曲线较为一致,80min 之后 B5 的挠度加速增加,是因为 B5 的 BFRP 筋处的温度较 B6 升高更快,力学性能退化更快,充分说明防火层对 BFRP 筋的保护作用,可以大大提高 BFRP 筋的强度利用率,并且提高混凝土梁的耐火极限。试验结束后,B5 和 B6 的耐火极限均超过了 2h。

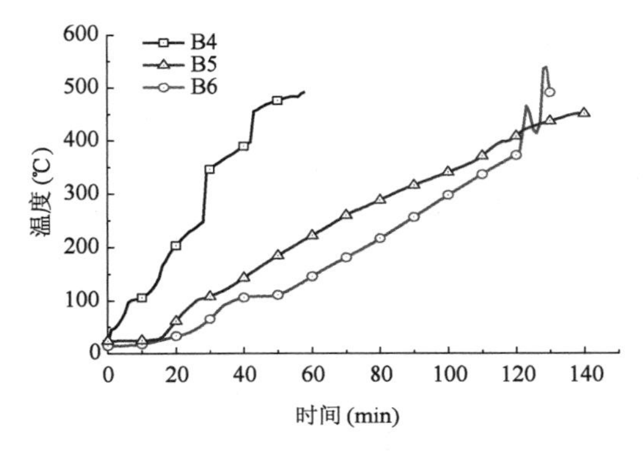

图 5-15　梁跨中钢筋温度场变化曲线

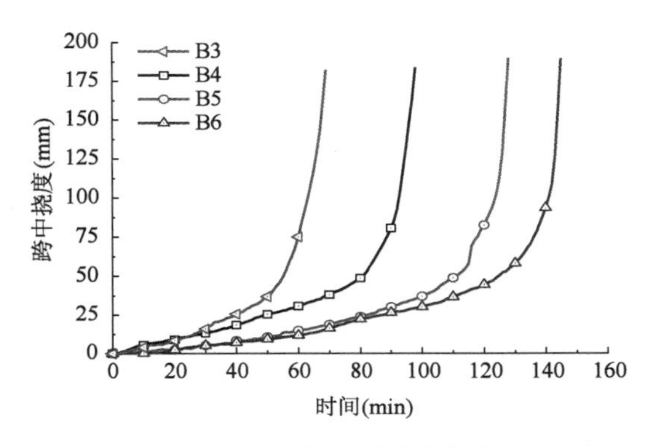

图 5-16　梁跨中挠度变化曲线

综上,采用 25mm 厚的通长 U 形防火保护层即可满足规范中一级耐火等级所要求的 2h 耐火极限。通长布置防火保护层可明显提升 FRP 加固梁的耐火极限,但该技术会造成防火材料浪费、通长布置施工烦琐等一系列问题,因此应探索其他更优的抗火提升技术。

5.3.2　锚固区及非锚固区构造抗火效果验证

1)锚固区抗高温滑移设计效果验证

5.3.1 节中所有梁构件均是以图 5-5a)方案来设计的,为验证图 5-5b)方案的可行性及优势,本节在表 5-1 的基础上增加试件 B7 进行对比,试验的详细参数见表 5-2[32],其他试验条件同 5.3.1 节。

试 验 参 数　　　　表 5-2

试件编号	加 固 方 案	试验环境	常温下极限荷载/火灾中持荷(kN)	耐火极限(min)
B1	未加固	常温	312/—	—
B2	FRP 筋加固	常温	364/—	—
B3	未加固	火灾	—/156(=0.5 ×312)	62
B4	FRP 筋两端伸入支座加固,未加防火层	火灾	—/182(=0.5 ×364)	92
B7	FRP 筋两端不伸入支座,端部加设防火层	火灾	—/182(=0.5 ×364)	95

试验结束后梁破坏形态如图 5-17 所示,梁 B4 采用 FRP 筋两端伸入支座加固,未设置防火层的方案,其底面部分混凝土脱落,但植筋胶处的形态基本保持不变,FRP 筋依然在槽内,然而经过高温灼烧后,FRP 筋已经完全碳化,力学性能基本丧失。梁 B7 两端尝试采用

具有实际应用意义的端部锚固措施,FRP 筋未伸入梁两端支座内,但两端采用了 300mm 厚的硅酸钙防火板进行防火保护。试验后梁 B7 跨中破坏形态与梁 B4 跨中破坏形态类似,梁 B7 两端的硅酸钙防火板表层多处开裂,拆除防火层,发现防火层保护下的树脂胶粘剂发生龟裂,但依然保持较高的强度,凿开胶层发现 FRP 筋未发生肉眼可见的滑移。

图 5-17　火灾后梁破坏形态

试验梁挠度变化曲线如图 5-18 所示,30min 内,各梁的挠度曲线非常接近,说明当 BFRP 筋两端有锚固时,即使非锚固区内筋材表面温度达到树脂基体的 T_g,BFRP 筋依然能在短时间内较好地保持其力学性能。40min 之后,梁 B4 和 B7 的跨中挠度的增长开始加速。这是由于 BFRP 筋暴露在火灾环境中,树脂基体的温度迅速达到其热分解温度,筋材力学性能大大降低直至断裂失效,混凝土梁承受着较大的荷载,挠度增长加快。总体来看,采用 FRP 筋伸入支座模拟锚固的梁 B4 和采用 FRP 筋两端锚固区设置防火层的梁 B7 的挠度曲线整体几乎一致。梁 B4 和 B7 的耐火极限分别提高到了 92min 和 95min。这说明采用图 5-5a) 和 b) 防火设计方案效果类似,足以防止锚固区发生 FRP 筋滑移破坏,但图 5-5b) 的方法更符合工程实际,更具有应用前景。

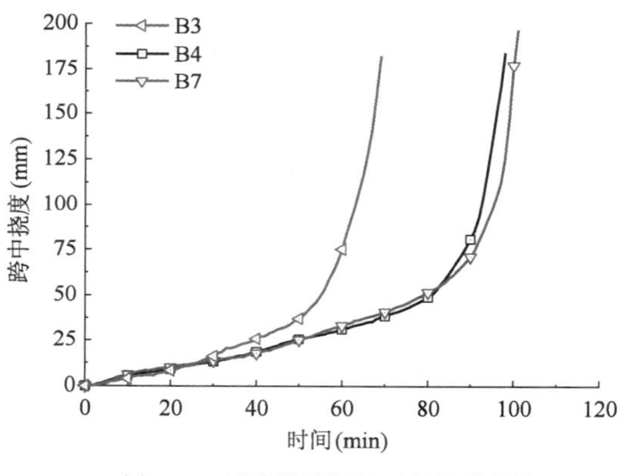

图 5-18　试验梁的挠度-时间关系曲线

2) 非锚固区填槽材料优化设计抗火效果验证

由 5.2.2 节的优化设计可知,三类包覆层材料中,带钢丝网纤维聚合物砂浆和纤维聚合物砂浆均能对高温环境中的 FRP 筋形成有效的保护,且两者保护性能相当,但由于带钢丝网的纤维聚合物砂浆包覆层在施工中的应用尚不成熟,还有一些方面需要改进。因此,在本节 FRP 嵌入式加固混凝土梁耐火性能的试验中选择纤维聚合物砂浆作为重点考察的无机粘结剂。此外,改性丙乳砂浆作为另一种聚合物砂浆也应用到本试验中,其与纤维聚合物砂浆的主要不同之处是该砂浆不含纤维。

在以上研究成果的基础上,本节继续试验制作 5 根混凝土梁[33],FRP 筋未伸入支座内模拟锚固,而是在 FRP 筋两端锚固区设置合理有效的防火层进行保护,3 根火灾试验梁的荷载比均为 0.5,具体试件参数设计和填槽设计示意图分别见表 5-3 和图 5-19。为增加 FRP

筋的保护层厚度,在非锚固区实际填槽时做了凸出处理,即根据5.2.2节研究确定非锚固区的填槽材料高出梁构件底面10mm。

试件参数及耐火极限　　表5-3

试件编号	加固技术	非锚固区填槽材料	常温下极限荷载/火灾中持荷(kN)	试验环境	耐火极限(min)
L1	—	—	240.0/—	常温	—
L2	NSM	纤维聚合物砂浆	370.0/—	常温	—
L3	—	—	—/120(=0.5×240)	火灾	96
L4	NSM	纤维聚合物砂浆	—/185(=0.5×370)	火灾	126
L5	NSM	改性丙乳砂浆	—/185(=0.5×370)	火灾	101

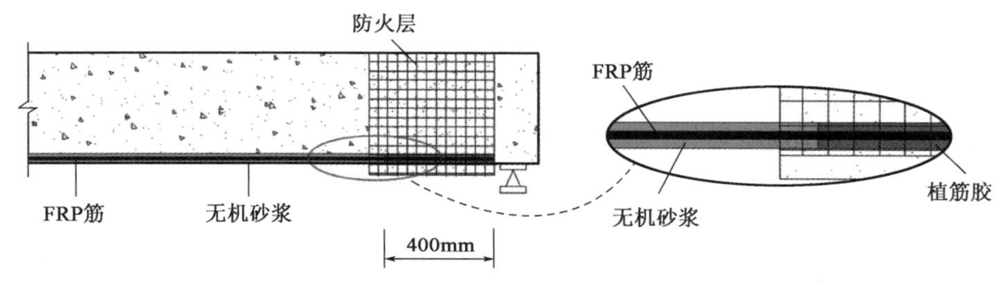

图5-19　填槽设计示意图

图5-20为火灾试验后采用纤维聚合物砂浆填槽的梁L4与采用改性丙乳砂浆填槽的梁L5底部的裂缝形态。对于梁L4,槽内纤维聚合物砂浆在火灾中产生的裂缝多于梁底混凝土,裂缝呈现细而密的特征。砂浆在120min高温冷却后无明显剥落现象,且仍有较大硬度。纤维聚合物砂浆在常温下的强度较高,在高温下却没有发生爆裂,这可能是由于纤维聚合物砂浆内部的纤维在高温下熔解,进而能够有效抵消由于砂浆内外温差较大而产生的内部应力。而采用改性丙乳砂浆作为粘结材料的梁L5底部槽道内砂浆剥落严重,左侧端部约有40cm筋材裸露段,右侧弯剪段位置约有20cm的筋材裸露段,裸露段中FRP筋材碳化严重,树脂基本挥发。另一个槽道内左侧端部砂浆已膨胀鼓起,空隙较大,已基本丧失隔热保护效果。与纤维聚合物砂浆相比,改性丙乳砂浆在高温下剥落情况更为严重,质地疏松,加固性能较差,分析其原因主要有三方面:其一,改性丙乳砂浆相比纤维聚合物砂浆稠度较大,在填槽过程中槽内不易密实,局部有气泡;其二,改性丙乳砂浆在较高温差下,砂浆内部应力无法释放,易产生爆裂;其三,改性丙乳砂浆在高温情况下易疏松,从而发生局部脱落。

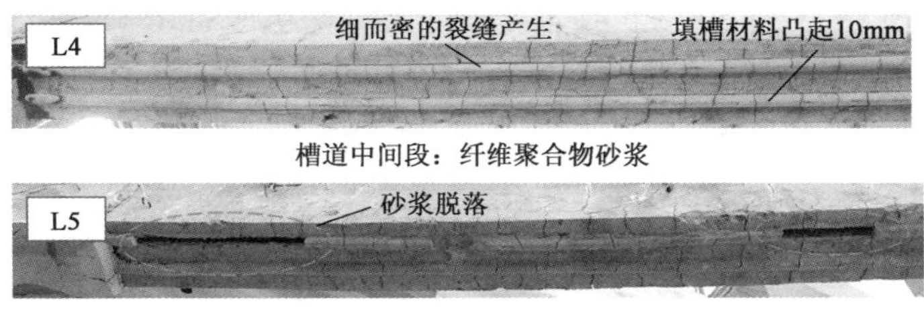

图5-20　加固梁的破坏形态

因各梁的升温曲线均类似，所以选梁 L4 的温度场作为代表分析，如图 5-21 所示。其中图 5-21b）中的 13 是指防火层内植筋胶表面的温度变化曲线。从图 5-21 中可以看出，20min 内各测点温度变化与受火试件呈线性关系，到升温后期，各测点温度增幅减小，温度增长相对平缓。由图 5-21a）中测点 1 和 2 可知，在火灾试验进行至 100min 时，梁底 FRP 筋材已达 600℃；由图 5-21a）中测点 3 和 4 可知，120min 时梁底表面温度高达 800℃。由图 5-21b）中测点可知，在端部防火层内植筋胶表面的温度始终保持在 400℃以下。凿开梁槽口砂浆露出内部 FRP 筋，通过观察发现靠近梁底的 FRP 筋材表面发生轻微碳化，碳纤维丝呈现松散状，但内部 FRP 筋与砂浆仍紧紧咬合，筋材内部较为密实。这是因为槽内部 FRP 筋受梁底混凝土三面保护，在高温下砂浆未剥落，从而能使 FRP 筋处于相对隔氧的环境下，其表面温度虽达到树脂基体玻璃化转变温度，但树脂基体并未较多地挥发至外界空气中，从而在梁冷却过程中，树脂基体重新在筋材表面凝结。

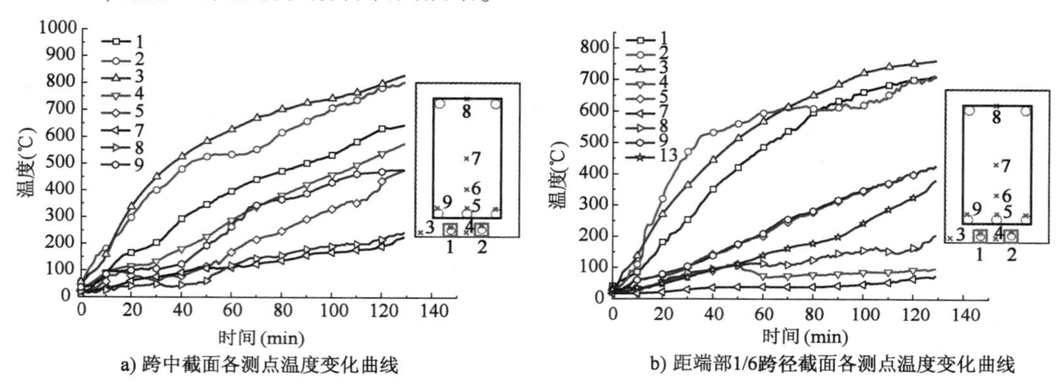

图 5-21　梁 L4 截面测点温度变化

通过拉伸式位移计测得火灾过程中梁 L3 ~ L5 跨中挠度随时间的变化曲线，如图 5-22 所示。受火约 90min 时，梁 L3 由于底部受拉钢筋已达屈服，其力学性能急剧下降，梁 L3 的跨中挠度增长速率迅速增大，而梁 L4 的跨中挠度在同样时刻仍能保持较长水平段，说明梁 L4 与 L3相比在钢筋屈服后有较高的控制变形能力。相比于纤维聚合物砂浆，改性丙乳砂浆的加固效果并不理想。梁 L5 在火灾试验进行至 30min 后，跨中挠度迅速增加，且梁 L5 的刚度先于梁 L3 和 L4 退化，这是因为改性丙乳砂浆在高温下更容易发生酥松和剥离现象，使得梁底槽内 FRP 筋材直接接触明火，从而令筋材强度和梁刚度下降较快。此外，采用纤维聚合物砂浆填槽加固梁 L4 的耐火极限最长，超过 120min，说明若采用合适的无机材料进行嵌入式加固并保证 FRP 筋有足够的保护层厚度（此处填槽时填槽材料做了凸出处理，凸出厚度为 10mm），则不需要对梁全长进行防火隔热保护也可满足 2h 的耐火极限。这一成果为今后工程少用或用不同防火板和防火涂料提供了数据支撑。

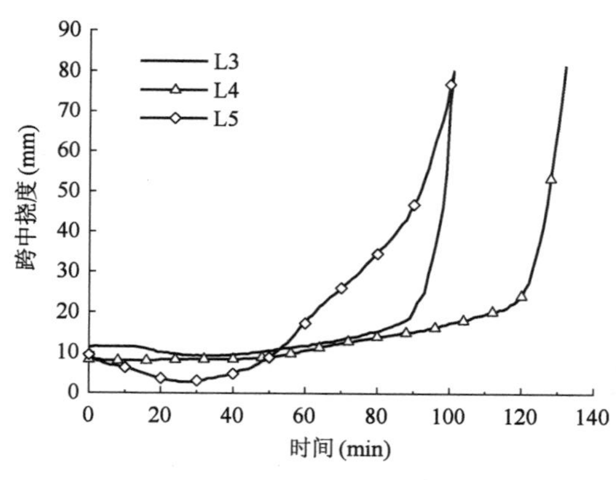

图 5-22　梁 L3 ~ L5 的挠度-时间关系曲线

根据前期研究可知具有砂浆保护的 FRP

筋材相比裸筋高温后残余性能较高。再结合以上试验现象可以推断:在保证非锚固区槽内无机聚合物砂浆起到包覆层作用时,火灾试验中无机聚合物砂浆能对 FRP 筋材提供相对的隔氧环境,使得高温下 FRP 筋材仍有良好的力学性能,从而有助于提高试件在火灾中的刚度。

综上,梁端部采用有机植筋胶、中间选用纤维聚合物砂浆的粘结剂布置方案较为合理,其结合了有机粘结剂和无机粘结剂各自的优点,有助于提高整个梁构件的耐火极限,并具有一定的经济性。此外,端部的钢丝网砂浆层能为有机植筋胶提供一个相对隔氧、隔热的环境,减少有害气体的产生,并使其粘结锚固性能得到充分发挥。

5.3.3　新型耐温 FRP 筋耐温性能验证

为验证酚醛树脂 BFRP 筋的耐温性能,本节将对比酚醛(T_g 为 260℃左右)、普通乙烯(T_g 为 120℃左右)和普通环氧(T_g 为 80℃左右)三种树脂为基体的 BFRP 螺纹筋分别在常温、100℃、200℃、300℃和 400℃温度场环境中的抗拉强度和弹性模量。依据 ACI 440. 3R-04[34] 标准进行试验的制备,采用灌胶式套筒锚具。筋材直径统一为 10mm。

目前国内外已有许多学者针对 FRP 在高温中的残余强度进行研究,但大多数学者未能采取有效措施得出其在高温中的本构关系,即使有少数学者测得 FRP 在高温中的应变情况,但由于采用的是接触式方法,测试的准确度和精度难以保证。为解决高温过程中难以测量筋材的应变这一困难,本节试验中采用了具有全场化、非接触、自动化等优点的数字图像相关技术(digital image correlation,DIC),该技术的基本原理是将双目立体视觉原理与数字图像相关匹配技术相结合,还原被测物表面各点变形前后的三维空间坐标,进而得到物体表面形貌及三维变形信息。试验示意图如图 5-23 所示,高温炉外两个相机会通过高温炉上 10cm × 10cm 玻璃窗实时采集试件变形过程中的散斑图像,随后通过配套软件可对拍摄的照片进行分析,得到 BFRP 筋在高温中拉伸全过程的应变。

本试验分为升温过程与拉伸试验过程,试验先通过高温炉对 BFRP 筋进行升温,待筋材表面温度达到目标温度后持时 30min,升温曲线如图 5-24 所示。升温结束后开始对筋材进行加载,试验加载采用力控制,加载速度为 2400N/min。试验中,乙烯 BFRP 筋和环氧树脂 BFRP 筋在 500℃下开始产生浓烟,酚醛树脂 BFRP 筋在 500℃下虽无浓烟产生,但有少量树脂挥发后在玻璃窗表面凝固。因此,500℃下浓烟和凝结树脂的遮挡导致数字图像相关技术无法继续采集筋材应变。

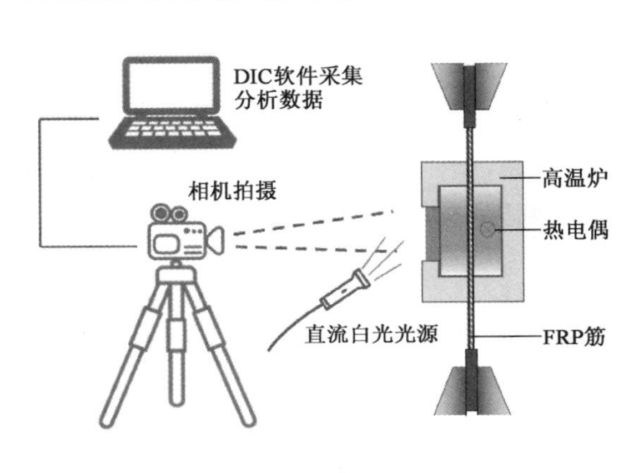

图 5-23　BFRP 筋在高温中力学性能测试示意图

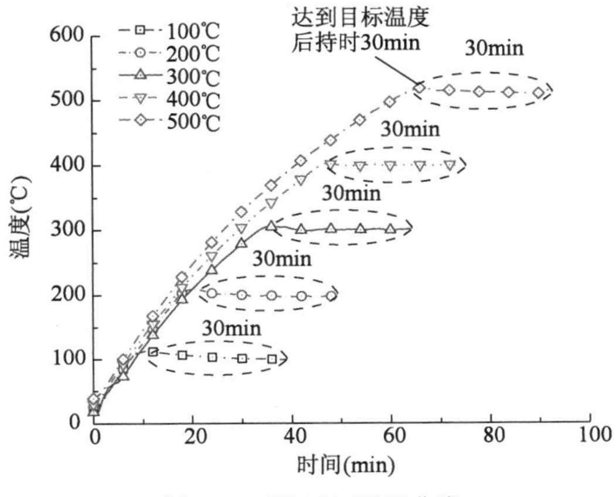

图 5-24　筋材表面升温曲线

根据 ACI 440.3R-04 规范[34]要求，有效试验结果判定标准：在引伸计标定的范围内筋材拉断为有效破坏，筋材锚固端发生滑移或筋材断裂破坏发生在锚固端均为无效试验。试验结束后，所有有效试件的抗拉强度、弹性模量及破坏形态如表 5-4 所示。

试验拉伸结果与破坏形态 表 5-4

类型	温度（℃）	强度（MPa）	弹性模量（GPa）	破坏形态	
酚醛树脂 BFRP 筋（PF）	20	1135	52.67	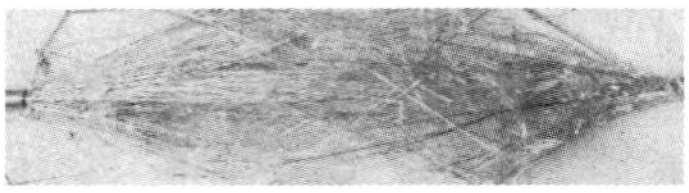	BFRP 炸裂，纤维散开，空气中有细微纤维漂浮
	100	1190	51.64		BFRP 炸裂，纤维散开，空气中有细微纤维漂浮
	200	1133	49.87		BFRP 炸裂，纤维散开，空气中有细微纤维漂浮
	300	1161	49.05		BFRP 炸裂，纤维散开
	400	764	47.41		树脂软化，纤维中间断裂
	500	284	—		部分树脂分解，纤维中间断裂
乙烯树脂 BFRP 筋（V）	20	1193	51.02	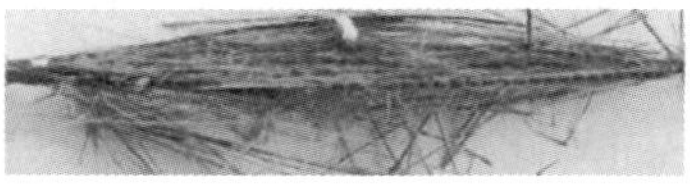	BFRP 炸裂，纤维散开，空气中有细微纤维漂浮
	100	1137	50.09		BFRP 炸裂，纤维散开，空气中有细微纤维漂浮
	200	685	47.63		BFRP 炸裂，纤维散开，空气中有细微纤维漂浮
	300	533	46.76		树脂软化，纤维松散
	400	470	45.57		树脂分解，纤维蓬松散开
	500	87	—		大量树脂分解，中部纤维断裂

续上表

类型	温度（℃）	强度（MPa）	弹性模量（GPa）	破坏形态	
环氧树脂BFRP筋（E）	20	1484	52.04		BFRP 炸裂，纤维散开，空气中有细微纤维漂浮
	100	1300	49.37		BFRP 炸裂，纤维散开，空气中有细微纤维漂浮
	200	1094	48.62		BFRP 炸裂，纤维散开，空气中有细微纤维漂浮
	300	920	49.29		树脂软化，纤维松散
	400	757	45.20		树脂分解，纤维蓬松散开

注：由于试样数量较多，此处未将数据全部列出，本表仅为不同温度中测试结果的平均值。

由表5-4可知，常温下酚醛树脂 BFRP 筋和乙烯树脂 BFRP 筋的抗拉强度接近，在 1100MPa 至 1200MPa 之间，环氧树脂 BFRP 筋的抗拉强度超过 1400MPa，但是三种筋材的弹性模量均在 50GPa 左右。随着温度的升高，几种树脂基 BFRP 筋的抗拉强度都呈现下降的趋势，但各有不同。在所有高温环境中，酚醛树脂 BFRP 筋的残余强度比总是最大的。温度超过 300℃时酚醛树脂 BFRP 筋的拉伸强度才开始出现明显下降，温度达到 500℃时，酚醛树脂 BFRP 筋仍有 25% 的残余强度，而普通乙烯 BFRP 筋仅剩 7% 的残余强度。从弹性模量的退化规律来看，所有树脂基的 BFRP 筋在 400℃高温内均保留了 90% 以上的弹性模量。三种树脂的玻璃化转变温度（T_g）在 100 ~ 260℃范围内，其中酚醛树脂的玻璃化转变温度 T_g 是最高的，由此可见，尽管温度超过或达到了树脂的 T_g，筋材仍有一定的残余力学性能，且 T_g 越高，高温中筋材的力学性能提升越大。

为了定性观察高温对 BFRP 筋的损伤，将 BFRP 筋放置于不同高温工况下进行高温处理，待其冷却至室温后再观察其表面特征。由于乙烯树脂 BFRP 筋和环氧树脂 BFRP 筋的破坏相似，因此仅选择乙烯树脂 BFRP 筋和酚醛树脂 BFRP 筋高温后的表面特征进行对比。如图 5-25 所示，经 100 ~ 400℃高温处理后，酚醛树脂筋材表面颜色逐渐加深，但酚醛树脂基体几乎没有挥发。500℃试样表面出现了肉眼可见的树脂基体缺失，说明在 400 ~ 500℃温度范围内，酚醛树脂继续分解，这与酚醛树脂分解温度为 450℃的测试结果一致，随着温度的继续升高，600℃高温后筋材表面树脂缺失已比较明显，但筋材整体较完整。乙烯树脂 BFRP 筋经 100 ~ 400℃高温处理后表面仍保持较好的完整性，但从图 5-26 可观察到，经 500℃高温处理后乙烯树脂全部挥发，纤维无树脂约束而呈现散开状，难以测得筋材拉伸时的应变情况，而 500℃高温后酚醛树脂 BFRP 筋仅有部分树脂基体分解，且其高温后筋材表面仍保持很好的完整性。

图 5-25　酚醛树脂 BFRP 筋高温后表面特征

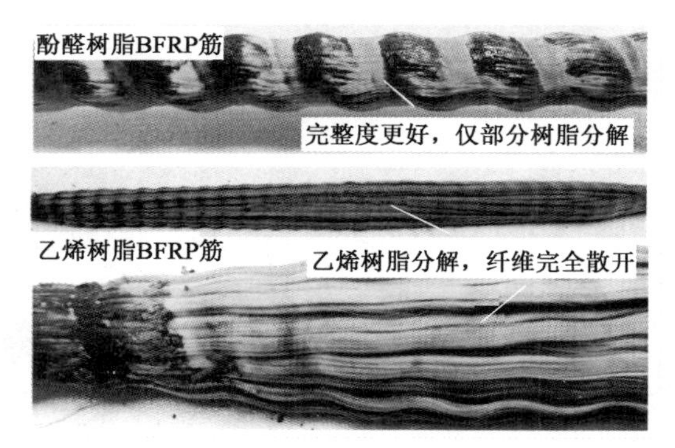

图 5-26　500℃高温后酚醛树脂 BFRP 筋和乙烯树脂 BFRP 筋表面特征

FRP 筋的力学性能在高温中的退化规律反映了其在高温中的应力应变变化关系,对今后用于嵌入式加固构件抗火设计至关重要,因此有必要得出各 FRP 筋在高温下的力学性能退化规律。

Gibson 等[35]采用双曲正切函数并考虑了温度对 FRP 损伤的程度,提出了以下公式:

$$f(T)=R^{n}\left\{\frac{1+P_{\mathrm{R}}/P_{\mathrm{U}}}{2}-\frac{1-P_{\mathrm{R}}/P_{\mathrm{U}}}{2}\tanh\left[k_{\mathrm{m}}\left(T-T_{\mathrm{g,mech}}\right)\right]\right\} \tag{5-1}$$

式中:$f(T)$——温度为 T 时 FRP 的力学性能与常温下 FRP 的力学性能的比值;

P_{U}——一般取常温下 FRP 的力学性能;

P_{R}——一般取树脂玻璃化转变发生后、树脂分解前 FRP 的力学性能;

k_{m}——拟合系数;

$T_{\mathrm{g,mech}}$——残余力学性能为常温下力学性能的 50% 所对应的温度;

R——树脂残余含量百分比;

n——调整系数,若 FRP 中树脂完全分解,n 取 0,否则取 1。

由图 5-27 可知,酚醛树脂 BFRP 筋、环氧树脂 BFRP 筋和乙烯树脂 BFRP 筋抗拉强度残余率为 50% 时所对应的温度分别约为 440℃、410℃和 254℃;乙烯树脂 BFRP 筋和环氧树脂 BFRP 筋均在 500℃左右时树脂大量挥发,500℃时两种筋材的抗拉强度残余率均为 7%,即此时 $P_{\mathrm{R}}/P_{\mathrm{U}}$ 可取 7%。而酚醛树脂 BFRP 筋经 600℃高温处理后仅表面树脂大量挥发,筋材整体仍保持较好的完整性,可推测其内部树脂仍未挥发。经 600℃高温处理后酚醛树脂 BFRP 筋的强度残余率为 11%,因高温炉温控上限为 600℃,无法考虑更高的高温工况,所以对于酚醛树脂 BFRP 筋 $P_{\mathrm{R}}/P_{\mathrm{U}}$ 可取 11%。式(5-1)中 k_{m} 是唯一一个待拟合的系数。基于试验结果与式(5-1)可拟合得到如下三种筋材高温下抗拉强度残余率的计算公式:

$$f(T)=0.555-0.445\tanh[0.01166(T-440)] \quad \text{(酚醛树脂 BFRP 筋)} \tag{5-2}$$

$$f(T)=0.535-0.465\tanh[0.00447(T-254)] \quad \text{(乙烯树脂 BFRP 筋)} \tag{5-3}$$

$$f(T)=0.535-0.465\tanh[0.00266(T-410)] \quad \text{(环氧树脂 BFRP 筋)} \tag{5-4}$$

由于高温中筋材弹性模量的测试最高温度仅为 400℃,400℃时三种筋材的弹性模量残余率均在 90% 左右,因此无法确定三种筋材弹性模量残余率为 50% 时所对应的温度,且也无法测得树脂全部分解时所对应的弹性模量残余率,因此,高温中筋材残余弹性模量与温度的关系难以用式(5-1)进行拟合。Bisby[36]基于大量试验结果进行拟合提出了如下公式：

$$f(T) = \left(\frac{1-a}{2}\right)\tanh[-b(T-c)] + \frac{1+a}{2} \tag{5-5}$$

式(5-5)比式(5-1)更简单,因此对于高温中三种筋材弹性模量残余率与温度的关系可基于式(5-5)进行拟合,其中 a 取0.05,b 和 c 为待拟合系数,最终拟合结果如下：

$$E(T) = 0.525 + 0.475\tanh[-0.00238(T-843.5)] \quad (\text{酚醛树脂 BFRP 筋}) \tag{5-6}$$

$$E(T) = 0.525 + 0.475\tanh[-0.00228(T-836.4)] \quad (\text{乙烯树脂 BFRP 筋}) \tag{5-7}$$

$$E(T) = 0.525 + 0.475\tanh[-0.00210(T-887.4)] \quad (\text{环氧树脂 BFRP 筋}) \tag{5-8}$$

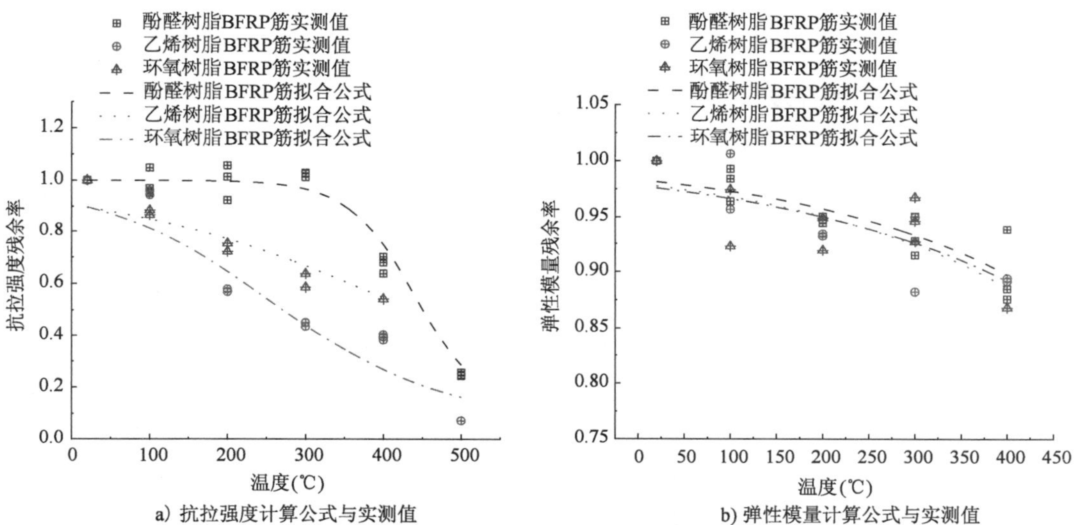

a) 抗拉强度计算公式与实测值　　b) 弹性模量计算公式与实测值

图5-27　高温中BFRP筋力学性能退化规律拟合

综上,从高温力学性能退化情况以及高温处理后表面特征等方面来看,酚醛树脂BFRP筋均表现出了良好的耐高温性能,是一种较理想的耐高温新型BFRP筋。5.3.2节中锚固区高温抗滑移构造措施与非锚固区填充材料优化构造措施组合后,FRP筋嵌入式加固梁的耐火极限可达2h以上。若将新型耐温FRP筋也结合其中,则可预测其抗火性能会得到进一步的提升。

5.4　FRP筋嵌入式加固混凝土构件抗火设计方法

基于FRP筋嵌入式加固混凝土梁抗火性能试验研究结果,本节将提出一些具有实际意义的构造措施建议及抗火设计理论,以便于应用到今后土木工程的抗火设计中。

5.4.1　锚固区和非锚固区构造措施建议

对锚固区而言,最重要的是采取合适措施保证FRP筋与混凝土之间有足够的粘结性能,防止火灾试验中FRP筋发生滑移破坏。5.3节试验中梁B7锚固区的防火保护为

450mm 宽的 U 形防火层,底面防火层为 3 层硅酸钙防火板,侧面防火层为 2 层硅酸钙防火板,每层厚 8mm。采用 3 层共 24mm 厚的防火板可将锚固区的温度控制在 400℃以下,虽然实测的 400℃超过了植筋胶的玻璃化转变温度,但试验结束后未发现 FRP 筋滑移破坏。

因此在今后嵌入式加固梁抗火设计中对锚固区的构造建议:锚固区的长度可设为 400mm,采用粘结强度更高的植筋胶填槽,锚固区防火层的宽度要超过锚固区的长度,防火层可采用硅酸钙防火板,但为了便于实际施工,锚固区防火层优先推荐钢丝网砂浆层。三面 U 形包裹是防火层最高效的布置方式,其中底面和两侧防火层的厚度至少分别为 25mm 和 15mm。

相比于锚固区,非锚固区内 FRP 与混凝土之间的粘结性能需求较低,但有必要减缓非锚固区内 FRP 和钢筋温度场的发展,降低高温对 FRP 和钢筋力学性能的不利影响。

因此基于上节试验结果对非锚固区的构造建议:非锚固区部分可采用无机粘结材料来替代植筋胶填槽,填槽时槽内所填充无机材料要稍高出构件底平面(10 ~ 20mm),无机材料填充后还应做好平整处理。

5.4.2 FRP 筋的残余强度取值建议

有学者研究表明,相比于混凝土截面,FRP 和钢筋的截面面积较小,不会明显影响混凝土内部温度场的分布[37]。因此本小节可参考《建筑混凝土结构耐火设计技术规程》(DBJ/T 15-81—2011)[38]中给出的标准升温曲线下三面受火梁构件的截面温度场。当构件的截面尺寸、受火时间、受火条件等都符合规范所列条件时,可直接查取截面温度场。若不完全相符,规范中建议参考相近条件的温度曲线并进行插值计算。前面试验中所有构件截面尺寸均为 200mm × 450mm,为偏于安全设计,图 5-28 给出了截面尺寸为 200mm × 500mm 的三面受火梁构件在四个不同设计耐火极限时的截面温度场。由于截面和边界条件的对称性,对于三面受火的情况,规范中只给出了左半截面的温度曲线,曲线的坐标原点在截面的左下角点。

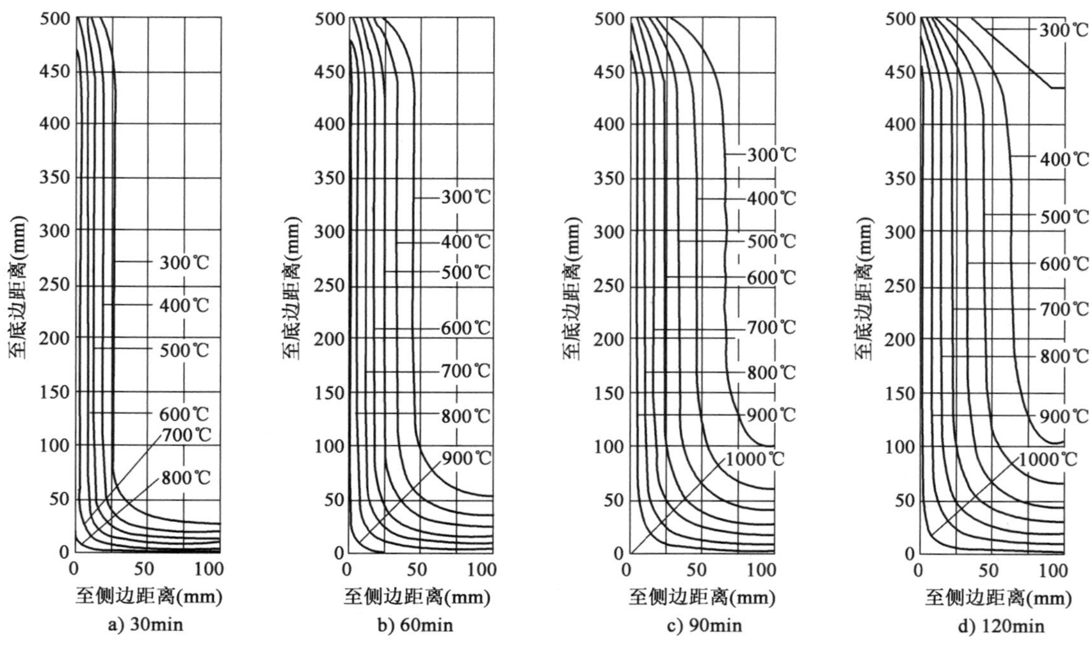

图 5-28 三面受火情况下梁的截面温度场(截面尺寸:200mm × 500mm)[38]

上一小节中试验梁均为两根 FRP 筋加固，考虑填槽时嵌槽材料做凸出处理（填槽材料高出构件底面 10～20mm），则任一 FRP 筋中心距离梁底 20～30mm，距离梁侧为 60mm。当填槽材料高出构件底面 10mm 时，由图 5-28 可知，30min 时，跨中 FRP 筋温度约为 300℃，参考表 5-4 筋材高温中力学性能退化规律，此时新型酚醛树脂 BFRP 筋的强度基本不变，乙烯树脂 BFRP 筋的残余强度比为 0.45。60min 时，跨中 FRP 筋温度约为 465℃，此时新型酚醛树脂 BFRP 筋和乙烯树脂 BFRP 筋的残余强度比分别为 0.42 和 0.20。90min 时，跨中 FRP 筋温度约为 600℃，虽然由 5.3.3 节可知筋材高温中力学性能仅做到了 500℃，但酚醛树脂 BFRP 筋和乙烯树脂 BFRP 筋在 600℃高温后的残余强度比分别为 0.11 和 0，因为 600℃高温会使 FRP 筋的力学性能发生不可逆的损伤，所以筋材在 600℃高温中的残余力学性能可参考其在 600℃高温后的残余力学性能，因此 90min 时，酚醛树脂 BFRP 筋和乙烯树脂 BFRP 筋的残余强度比分别为 0.11 与 0。120min 时，跨中 FRP 筋温度约为 700℃，此时无论哪种筋材，其树脂基本全部挥发，力学性能全部降为 0，残余强度比取 0。同理可得出当填槽材料与构件底面齐平或高出构件底面 20mm 时不同设计耐火极限下各 BFRP 筋残余强度比推荐值。

综上，不同 BFRP 筋的残余强度比推荐取值如表 5-5 所示。环氧树脂 BFRP 筋在高温中力学性能各方面与乙烯树脂 BFRP 筋类似，因此可参考乙烯树脂 BFRP 筋的残余强度比进行取值。

不同设计耐火极限下各种 BFRP 筋残余强度比推荐值　　表 5-5

筋材种类	凸起厚度（mm）	设计耐火极限			
		30min	60min	90min	120min
酚醛树脂 BFRP 筋	0	0.46	0.11	0	0
	10	1.00	0.42	0.11	0.00
	20	1.00	0.67	0.25	0.11
乙烯树脂 BFRP 筋	0	0.23	0	0	0
	10	0.45	0.20	0	0
	20	0.57	0.39	0.07	0

注：凸起厚度表示填槽施工时填槽材料高出构件底面的厚度。

5.4.3　标准升温曲线下梁截面温度场计算

根据防火设计的不同，对火灾中混凝土梁构件温度场的计算可分为两类：第一类是本章重点研究的锚固区和非锚固区综合设计的新型防火技术；第二类是布置通长 U 形防火层的传统被动抗火技术。

采用新型防火技术的加固梁非锚固区填槽材料为无机粘结材料，热传导性能与周边混凝土的接近，且 FRP 筋截面较小，对梁内温度场的分布影响不大，因此可将该类加固梁等效为一根普通混凝土梁来计算其内部温度场。美国密歇根州立大学的 Kodur 教授课题组[39]通过试验与大量有限元模拟对 Wickstrom[37] 提出的混凝土板温度场计算公式进行了优化，提出了如下适用性更广的混凝土板温度场计算公式：

$$T_c(z,t)=c_1\cdot\eta_z(z,t)\cdot(at^n)\tag{5-9}$$

式中：$T_c(z,t)$——板内某一时刻某一位置的温度，℃；

$\eta_z(z,t)$——热传递系数，$\eta_z(z,t)=0.155\ln\frac{t}{z^{1.5}}-0.348\sqrt{z}-0.371$；

a、t——火灾升温曲线修正系数，ISO 834 标准升温曲线中分别取 935 和 0.168；

c_1——混凝土类型修正系数，普通硅酸盐混凝土取 1.12。

进一步可推广到火灾中双向热传递的混凝土梁或柱温度场计算公式：

$$T_c(y,z,t)=c_1\cdot[-1.481\cdot\eta_z\cdot\eta_y+0.986\cdot(\eta_z+\eta_y)+0.017]\cdot(at^n)\tag{5-10}$$

式中：$T_c(y,z,t)$——梁或柱内某一时刻某一位置的温度，℃；

η_y、η_z——两个方向的热传递系数，计算公式与(5-9)中一样。

因防火层的种类和材料千变万化，采用传统被动抗火技术的加固梁温度场计算更为复杂。为简化计算，可参考 Kodur 教授等[39]提出的根据热力学相关公式将防火层等效为具有同样隔热效果的混凝土保护层这一简化思路，如图 5-29 所示。

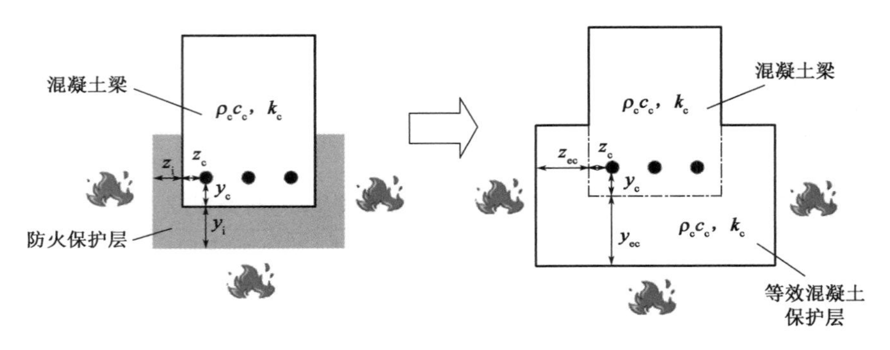

图 5-29 传统被动抗火技术加固梁温度场简化计算示意图[40]

参照图 5-29，根据热量传递的基本原理，带有防火层的梁与等效混凝土保护层的梁各自热量传递公式如下：

$$\frac{k_i}{(\rho c)_i}\nabla^2T_i=\frac{\partial T_i}{\partial t}-\frac{Q}{(\rho c)_i}\tag{5-11}$$

$$\frac{k_c}{(\rho c)_c}\nabla^2T_{ec}=\frac{\partial T_{ec}}{\partial t}-\frac{Q}{(\rho c)_c}\tag{5-12}$$

等效前后，混凝土梁表面的温度是一致的，因此综合式(5-11)和式(5-12)可得：

$$\frac{k_c}{(\rho c)_c}\frac{\partial^2T_{ec}}{\partial z^2}\bigg|_{z=z_{ec}}\approx\frac{k_i}{(\rho c)_i}\frac{\partial^2T_i}{\partial z^2}\bigg|_{z=z_i}\tag{5-13}$$

进一步简化可得：

$$\frac{z_{ec}}{z_i}=\sqrt[\eta]{\frac{0.155}{a_1}\frac{k_c}{(\rho c)_c}\frac{(\rho c)_i}{k_i}}\approx\lambda\sqrt[\eta]{\frac{k_c}{(\rho c)_c}\frac{(\rho c)_i}{k_i}}\tag{5-14}$$

考虑时间的影响，可将式(5-14)进一步优化。优化后带等效混凝土保护层的梁内任意位置至受火面的距离为

$$z_c'=z_c+z_{ec}=z_c+z_i\sqrt[\alpha]{t}\sqrt[\beta]{\frac{k_c}{(\rho c)_c}\frac{(\rho c)_i}{k_i}}\tag{5-15}$$

$$y_c' = y_c + y_{ec} = y_c + y_i \sqrt[\alpha]{t}\sqrt[\beta]{\frac{k_c}{(\rho c)_c}\frac{(\rho c)_i}{k_i}} \tag{5-16}$$

式中：　Q——热源能量；

k_i、k_c——防火层和混凝土的热传导系数，W/(m·℃)；

$(\rho c)_i$、$(\rho c)_c$——防火层和混凝土的热容，J/(kg·℃)；

T_i——防火层的温度分布，按 $T_i = \left(a_1 \ln \frac{t}{z^{1.5}} - a_2\right) \cdot (at^n)$ 计算；

T_{ec}——等效混凝土的温度分布，按式(5-9)计算，℃；

z——至受火面的距离，mm；

z_i、z_{ec}——z 方向防火层的厚度和等效混凝土层的厚度，mm；

y_i、y_{ec}——y 方向防火层的厚度和等效混凝土层的厚度，mm；

z_c'、y_c'——等效后混凝土内一点 z 和 y 方向至受火面的距离，mm；

λ、η——待定系数，后由 α 和 β 表示；

α、β——待定系数，经拟合建议分别取 4.5 和 1.75。

5.4.4 火灾中加固构件残余承载力计算

常温环境下，FRP 筋嵌入式加固混凝土梁设计适筋破坏形态：受拉区钢筋屈服后，受压区边缘混凝土达到其极限压应变被压碎，而 FRP 筋未达到其允许极限拉伸应变。火灾环境下，FRP 筋、钢筋、混凝土的力学性能以及 FRP 筋与混凝土之间的粘结性能均会随着温度的升高而不断退化。因此，FRP 筋嵌入式加固混凝土梁构件在火灾中一般有三种破坏模式：

①火灾中受压区混凝土的力学性能会退化，尤其是靠近梁侧面的部分，这可能会导致受压区面积减小，进一步导致其最终破坏形式与常温下 BFRP 筋加固梁的破坏形式类似，即钢筋屈服后受压区混凝土压溃。

②受拉钢筋表面温度过高，钢筋屈服强度大幅下降从而提前屈服，随后 FRP 筋抗拉强度也难以继续承受不断增大的拉应力而破坏。

③锚固区 FRP 筋与混凝土之间的粘结性能下降过快会造成受拉钢筋未屈服而 FRP 筋发生滑移破坏，加固体系失效，进而导致钢筋快速屈服，梁跨中挠度急剧变化。

由 5.3 节试验可知，对锚固区采用合理的构造措施可保证 FRP 不发生滑移破坏，即破坏模式③不会发生。试验过程中上部混凝土受压区的最高温度仅为 200℃左右，由欧洲规范 EC3 可知 300℃及以下的高温中，混凝土的抗压强度基本保持不变；200℃高温下，混凝土的弹性模量下降幅度也在 20% 以内。因此，本小节基于 5.3 节试验结果与文献[40]，首先提出如下五点假设：

①FRP 嵌入式加固混凝土梁的破坏模式为弯曲破坏。

②梁受弯过程中其平截面假定仍成立。

③忽略受拉区混凝土的抗拉强度。

④在加固梁中 FRP 两端具有足够的锚固力，不会发生滑移破坏。

⑤火灾下受压区混凝土的力学性能与常温下的一致。

基于以上假设，火灾下 FRP 筋嵌入式加固梁的破坏形态主要为受拉钢筋屈服后 FRP 筋断裂失效，根据这一破坏特征，加固梁的耐火极限可按图5-30来计算。由该图可知，火灾下FRP筋和钢筋的温度场分布可由5.4.3节中的公式计算得出；进而根据表5-5和相关规范可得到任意时刻构件内FRP筋与钢筋的残余力学性能；进一步按常温梁承载力进行计算可得到FRP筋嵌入式加固梁任意t时刻的残余承载力；再将t时刻的残余承载力与外部荷载产生的跨中弯矩相比，即可判断t时刻是否已超过该梁的耐火极限。

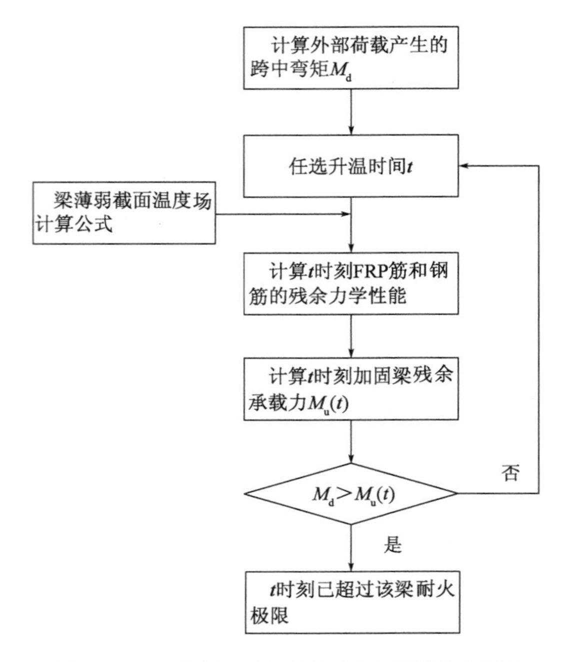

图5-30 FRP筋嵌入式加固梁耐火极限计算流程图

对t时刻加固梁的承载力计算，可参考《混凝土结构设计规范（2015年版）》（GB 50010—2010）[41]和《纤维增强复合材料工程应用技术标准》（GB 50608—2020）[42]。

若加固梁破坏模式是顶部混凝土压溃，则认为顶部混凝土达到其极限压应变（$\varepsilon_c = \varepsilon_{cu} = 0.0033$），根据平截面假定可算得受拉钢筋和BFRP筋的应变：

$$\frac{\varepsilon_{cu}}{a} = \frac{\varepsilon_s}{h_0 - a} \tag{5-17}$$

$$\frac{\varepsilon_{cu}}{a} = \frac{\varepsilon_f}{h_1 - a} \tag{5-18}$$

设计时一般忽略钢筋的强化阶段，即认为钢筋应变ε_s达到屈服应变时钢筋应力取其屈服强度。BFRP筋上的应力为

$$f_f(t) = E_f(t) \cdot \varepsilon_f \tag{5-19}$$

由水平方向受力平衡可得：

$$\alpha_1 f_c bx = A_s f_y(t) + A_f f_f(t) - A'_s f'_y(t) \tag{5-20}$$

联立式（5-17）~式（5-20）即可求得ε_f和a。

进一步计算，t时刻加固梁跨中极限弯矩可表示为

$$M_u(t) = A_s f_y(t)(h_0 - 0.5a) + A_f f_f(t)(h_1 - 0.5a) + A'_s f'_y(t)(0.5a - a'_s) \tag{5-21}$$

若加固梁的破坏形式为钢筋屈服后 FRP 筋失效,但混凝土并未压溃,则认为 BFRP 筋达到其极限应变,由水平方向受力平衡可得:

$$\alpha_1 f_c bx = A_s f_y(t) + A_f f_{f,fracture}(t) - A'_s f'_y(t) \tag{5-22}$$

求解公式(5-22)即可得到受压区高度:

$$x = \frac{A_s f_y(t) + A_f f_{f,fracture}(t) - A'_s f'_y(t)}{\alpha_1 f_c b} \tag{5-23}$$

进一步,t 时刻加固梁跨中极限弯矩可表示为

$$M_u(t) = A_s f_y(t)(h_0 - 0.5a) + A_f f_{f,fracture}(t)(h_1 - 0.5a) + A'_s f'_y(t)(0.5a - a'_s) \tag{5-24}$$

式中: a——中和轴距梁顶表面的距离,mm;

x——受压区高度,mm;

α_1——系数,强度等级为 C50 以下的混凝土可取 1.0;

b——截面宽度,mm;

h_0——截面有效高度,mm;

h_1——BFRP 筋中心至梁顶表面的距离,mm;

$E_f(t)$——t 时刻 BFRP 筋弹性模量,N/mm^2;

ε_c、ε_{cu}——混凝土压应变、混凝土极限压应变;

ε_s、ε_f——钢筋应变、BFRP 筋应变;

$f_y(t)$、$f'_y(t)$——t 时刻受拉区、受压区钢筋屈服强度,MPa;

$f_f(t)$——t 时刻 BFRP 筋的应力,MPa;

$f_{f,fracture}(t)$——t 时刻 BFRP 筋的抗拉强度,MPa;

f_c——常温下混凝土的抗压强度,MPa;

A_s、A'_s——受拉区、受压区钢筋截面面积,mm^2;

A_f——BFRP 筋截面面积,mm^2。

5.5　本章小结

本章总结了火灾环境下 FRP 筋嵌入式加固混凝土结构抗火性能的提升技术,提出了两大类抗火提升方案,一类是设置通长防火层的传统被动抗火技术,另一类是新型主动抗火技术,包括控制温度传递与分布、提升 FRP 筋耐温性能及控制应力与裂缝分布。为验证这两类技术方案对 FRP 筋加固梁的抗火提升效果,本章基于试验分析了嵌入式加固梁构件的耐火极限并结合试验结果提出了 FRP 筋嵌入式加固构件的抗火设计方法。具体如下:

①设置通长防火层的这一传统被动抗火技术可有效隔绝高温对混凝土构件的不利影响,进而有效提升 FRP 筋加固梁的耐火极限,但这一技术过分依赖防火层,若在实际应用中对混凝土构件通长布置防火层,则不利于控制工程造价,此外,若实际火灾中防火层脱落,则 FRP 筋加固梁的承载力仍会迅速下降。

②新的槽道粘结剂布置方案充分结合了无机粘结剂和有机粘结剂的优点,锚固区采用有机粘结剂可防止 FRP 筋发生滑移破坏,非锚固区采用无机粘结材料可减缓梁内温度的传

递，简单、有效且具有一定的经济性，即使采用局部防火保护措施，也能使加固梁的耐火极限不低于甚至高于普通钢筋混凝土梁的耐火极限。

③锚固区的合理构造措施可防止梁底 FRP 筋发生滑移破坏，有效地提高加固梁的耐火性能。为了将锚固区的温度控制在 400℃以内，建议构件受火面要包裹 25mm 以上厚度的防火层，且采用 U 形布置方式。

④新型耐温 BFRP 筋在 300℃及以下的高温中残余强度基本不退化，在 400℃及以下的高温中残余弹性模量能保持在常温下的 90% 以上。相比乙烯树脂 BFRP 筋和环氧树脂 BFRP 筋，酚醛树脂 BFRP 筋高温中残余力学性能最好，因此预测新型耐温 BFRP 筋可进一步提升加固梁的耐火极限。

⑤本章所提出的不同 FRP 筋嵌入式加固构件抗火设计方法，包括 FRP 筋残余强度取值建议、标准升温曲线下梁截面温度场计算以及梁构件残余承载力计算，对今后实际工程设计具有一定指导意义。

本章参考文献

[1] 杨勇新，岳清瑞，叶列平. 碳纤维布加固钢筋混凝土梁受弯剥离承载力计算[J]. 土木工程学报，2004，37(2):23-27，32.

[2] Xiao Y, Wu H, Martin G R. Prefabricated composite jacketing of RC columns for enhanced shear strength[J]. Journal of Structural Engineering, 1999, 125(3):255-264.

[3] Firmo J P, Correia J R, Fran A P. Fire behaviour of reinforced concrete beams strengthened with CFRP laminates: protection systems with insulation of the anchorage zones[J]. Composites Part B Engineering, 2012, 43(3):1545-1556.

[4] 刘媛. CFRP 嵌入法加固混凝土受弯构件的抗火性能研究[D]. 上海：同济大学，2013.

[5] 岳清瑞，李庆伟，杨勇新. 纤维增强复合材料嵌入式加固技术[J]. 工业建筑，2004，34(4):1-4.

[6] 李荣，滕锦光，岳清瑞. FRP 材料加固混凝土结构应用新领域——内嵌(NSM)加固法[J]. 工业建筑，2004，34(4):5-10.

[7] Wu G, Dong Z Q, Wu Z S, et al. Performance and parametric analysis of flexural strengthening for RC beams with NSM-CFRP bars[J]. Journal of Composites for Construction, 2014, 18(4):04013051.

[8] Nanni A. Carbon fibers in civil structures: rehabilitation and new construction[C]. The Global Outlook for Carbon Fiber 2000, Intertech, San Antonio, Texas, 2000:6.

[9] Alkhrdaji T, Nanni A, Chen G, et al. Upgrading the transportation infrastructure: solid RC decks strengthened with FRP[J]. Concrete International: Design and Construction, 1999, 21(10):37-41.

[10] Cao S, Zhis W U, Wang X. Tensile properties of CFRP and hybrid FRP composites at elevated temperatures[J]. Journal of Composite Materials, 2009, 43(4):315-330.

[11] Yu B, Kodur V. Effect of temperature on strength and stiffness properties of near-surface mounted FRP reinforcement[J]. Composites Part B Engineering, 2014, 58(3):510-517.

[12] Yu B ,Kodur V K R . Effect of high temperature on bond strength of near-surface mounted FRP reinforcement[J]. Composite Structures,2014,110:88-97.

[13] Firmo J P ,Correia J R ,Pitta D ,et al. Bond behavior between near-surface-mounted CFRP strips and concrete at high temperatures[J]. Journal of Composites for Construction,2015,19(4):04014071. 1-04014071. 11.

[14] Zhu H ,Li T ,Zhu G ,et al. Fire resistance of strengthened RC members using NSM CFRP bars with a cladding layer [J]. Journal of Composites for Construction, 2019, 23(1):04018066.

[15] Firmo J P ,Correia J R . Fire behaviour of thermally insulated RC beams strengthened with NSM-CFRP strips: experimental study [J]. Composites Part B Engineering, 2015, 76: 112-121.

[16] Yu B ,Kodur V K R . Fire behavior of concrete T-beams strengthened with near-surface mounted FRP reinforcement[J]. Engineering Structures,2014,80:350-361.

[17] Palmieri A ,Matthys S ,Taerwe L . Experimental investigation on fire endurance of insulated concrete beams strengthened with near surface mounted FRP bar reinforcement[J]. Composites Part B (Engineering),2012,43(3):885-895.

[18] Burke P J ,Bisby L A ,Green M F . Effects of elevated temperature on near surface mounted and externally bonded FRP strengthening systems for concrete[J]. Cement & Concrete Composites,2013,35(1):190-199.

[19] Firmo J P ,Correia J R ,Bisby L A . Fire behaviour of FRP-strengthened reinforced concrete structural elements:a state-of-the-art review[J]. Composites,2015,80B:198-216.

[20] Dai J G, Munir S, Ding Z. Comparative study of different cement-based inorganic pastes towards the development of FRIP strengthening technology[J]. Journal of Composites for Constraction,2014,18(3):A4013011.

[21] 叶列平,庄江波,曾攀,等. 预应力碳纤维布加固钢筋混凝土T形梁的试验研究[J]. 工业建筑,2005,35(8):7-12.

[22] Palmieri A, Matthys S, Taerwe L. Fire endurance and residual strength of insulated concrete beams strengthened with near-surface mounted reinforcement[J]. Journal of Composites Construction,2013,17(4):454-462.

[23] 高晓楠. 玄武岩纤维布加固混凝土柱的高温性能研究[D]. 广州:华南理工大学,2012.

[24] Raoof S M, Bournas D A. Bond between TRM versus FRP composites and concrete at high temperatures[J]. Composites Part B Engineering,2017,127B:150-165.

[25] 陆中宇. 玄武岩纤维增强树脂基复合材料的高温性能研究[D]. 南京:东南大学,2016.

[26] Morozov N, Bakunov V, Morozov E, et al. Materials based on basalts from the European North of Russia[J]. Glass and Ceramics,2001,58 (3-4):100-104.

[27] ACI 440. 1R-04. Guide for the design and construction of concrete reinforced with FRP bars[S]. Farmington Hills, MI:American Concrete Institute,2004.

[28] Kumahara S, Masuda Y, Tanano H, et al. Tensile strength of continuous fibre bar under high

temperature [A]. In: Nanni A, Dolan C W. Fibre-reinforced-plastic reinforcement for concrete structures: an international symposium. American Concrete Institute, Detroit, Michigan,1993:731-742.
[29] Zhu H ,Wu G ,Zhang L ,et al. Experimental study on the fire resistance of RC beams strengthened with near-surface-mounted high-T_g BFRP bars [J]. Composites, 2014, 60b(apr.):680-687.
[30] 胡抗. 玄武岩纤维筋混凝土梁耐火性能试验研究[D]. 南京:东南大学,2013.
[31] Mouritz A P . Post-fire flexural properties of fibre-reinforced polyester,epoxy and phenolic composites[J]. Journal of Materials science,2002,37(7):1377-1386.
[32] 张磊. 耐高温树脂基 BFRP 抗弯加固钢筋混凝土梁耐火性能研究[D]. 南京:东南大学,2012.
[33] 朱冠霖. FRP 筋嵌入式加固混凝土受弯构件耐火性能研究[D]. 南京:东南大学,2015.
[34] ACI Committee 440. Guide test methods for fiber-reinforced polymers (FRPs) for reinforcing or strengthening concrete structures[S]. American concrete institute,2004.
[35] Gibson A G,Wu Y S,Evans J T,et al. Laminate theory analysis of composites under load in fire[J]. Journal of Composite Materials,2006,40(7):639-658.
[36] Bisby L A. Fire behavior of fiber-reinforced polymer (FRP) reinforced or confined concrete [D]. Kingston:Queen's University,2003.
[37] Wickstrom U. A very simple method for estimating temperatures: fire exposed concrete structures[M]. London:Elsevier Applied Science,1986.
[38] 广东省住房和城乡建设厅. 建筑混凝土结构耐火设计技术规程:DBJ/T 15-81—2011[S]. 北京:中国建筑工业出版社,2011.
[39] Yu B L. Fire response of reinforced concrete beams strengthened with near-surface mounted FRP reinforcement[D]. East Lansing:Michigan State University,2013.
[40] Yu J ,Liu K ,Li L Z ,et al. A simplified method to predict the fire resistance of RC beams strengthened with near-surface mounted CFRP[J]. Composite Structures,2018,193:1-7.
[41] 中华人民共和国住房和城乡建设部,中华人民共和国国家质量监督检验检疫总局. 混凝土结构设计规范(2015 年版):GB 50010—2010[S]. 北京:中国建筑工业出版社,2016.
[42] 中华人民共和国住房和城乡建设部,国家市场监督管理总局. 纤维增强复合材料工程应用技术标准:GB 50608—2020[S]. 北京:中国计划出版社,2020.

第6章

纤维布外贴抗冻融结构加固技术

6.1 概　　述

冻融循环作用是影响寒冷地区混凝土结构使用寿命的一个重要因素，长期的冻融循环作用会导致混凝土结构表层剥落以及钢筋严重锈蚀，我国北方大部分地区及青藏高寒地区均受到冻融循环作用的严重影响[1]。为了提高寒冷地区混凝土结构的抗冻融性能，通常在建设时使用高强度混凝土、纤维混凝土或引气混凝土等高耐久性抗冻融材料。混凝土结构在遭受冻融破坏后需及时进行修补，通常将已遭受冻融破坏的混凝土表面全部凿除，回填具有高抗冻性能的优质修补材料，包括高抗冻性混凝土、聚合物水泥砂浆、预缩水泥砂浆等。

FRP 片材外贴加固混凝土结构技术近年来被广泛应用于各类土木基础设施的加固与维护，用于外贴的 FRP 片材包括现场浸渍环氧树脂的纤维布以及预浸渍成型的 FRP 板。采用纤维布现场浸渍粘贴的加固方法，具有结构表面适应性强、易于缠绕包裹、施工便捷等一系列优点，在各类混凝土结构的加固修复中被广泛应用。相关研究表明，在冻融循环等恶劣环境下采用纤维布外贴加固混凝土结构，除了能够有效提升混凝土结构的承载能力外，表面包覆的纤维布在浸渍固化后还能够延缓和阻止环境中的水汽进入混凝土结构内部，从而有效提升冻融环境下混凝土结构的耐久性能[2]，起到抗冻融加固的效果。然而，随着时间的推移，暴露于冻融环境中的 FRP 片材及其与混凝土的粘结界面将不可避免地因冻融作用受到侵蚀而发生性能劣化（图 6-1），从而影响加固效果。此外，在结构服役周期内，FRP 片材及其与混凝土的粘结界面实际上是在外界环境与服役荷载的共同作用下工作的，服役荷载的存在有可能扩大材料中微裂纹的萌生与扩展速率，加速水汽等腐蚀介质对材料和界面的侵蚀作用，从而进一步劣化材料及界面的受力性能[3]。

为了实现 FRP 外贴加固技术在冻融环境下具有良好的加固效果及长期受力性能，在结构加固设计时必须考虑冻融循环对材料及界面粘结的不利影响。目前国内外主要的 FRP 设计规范仅在 FRP 材料设计强度指标上考虑了相应的环境折减系数，对在恶劣环境下 FRP-混凝土界面粘结性能的影响尚未有明确的规定，也没有抗冻融方面的具体设计建议。本章将从 FRP 材料抗冻融性能、FRP-混凝土界面粘结的冻融耐久性以及 FRP 加固混凝土构件的抗冻融设计三个层面介绍 FRP 抗冻融加固新技术，对冻融环境下 FRP 外贴加固混凝土构件的设计给出建议方法。

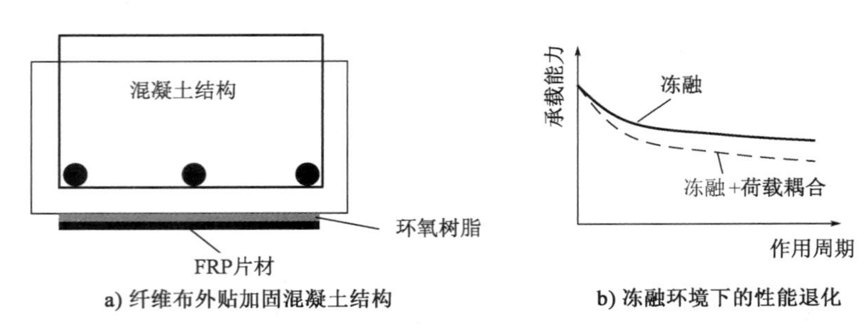

图 6-1　冻融环境下纤维布外贴加固混凝土结构及其性能退化示意图

6.2　FRP 材料的冻融耐久性

FRP 材料用于寒冷地区混凝土结构的加固或增强时面临长期耐久性的挑战:其一,组成 FRP 的纤维和环氧树脂材料温度膨胀系数差异较大,在冻融循环的作用下可能造成树脂与纤维的剥离;其二,树脂吸取环境中的水汽,水在冻融循环过程中的胀缩作用将降低树脂及纤维-树脂界面的性能;其三,结构服役荷载的存在将加速冻融环境对 FRP 材料的劣化。既有研究表明,低温及冻融循环作用会使树脂材料变脆,弹性模量变大,极限延伸率变小,从而对 FRP 的力学性能产生不利影响[4-5]。本节基于室内加速试验,介绍冻融循环作用下各类 FRP 及树脂基体的耐久性能,为了模拟真实的加固材料受力状态,在考虑环境作用的同时还考虑了持续荷载的耦合作用。

6.2.1　FRP 材料及树脂基体的冻融耐久性

本节依据相关试验标准对 CFRP、GFRP、BFRP 材料及相应的环氧树脂基体进行了冻融耐久性试验。为了考虑荷载耦合作用对 FRP 冻融性能的影响,采用图 6-2 所示的弹簧-反力架装置实现冻融过程中持续荷载的施加和保持。为了模拟环境作用下 FRP 性能退化的最不利情况,对 CFRP 施加其 40% 的极限荷载,而 BFRP 和 GFRP 则均施加其 30% 的极限荷载。依据《普通混凝土长期性能和耐久性能试验方法标准》(GB/T 50082—2009)[6],冻融循环试验采用快冻法,试验过程中温度控制在 −17 ~ 8℃。

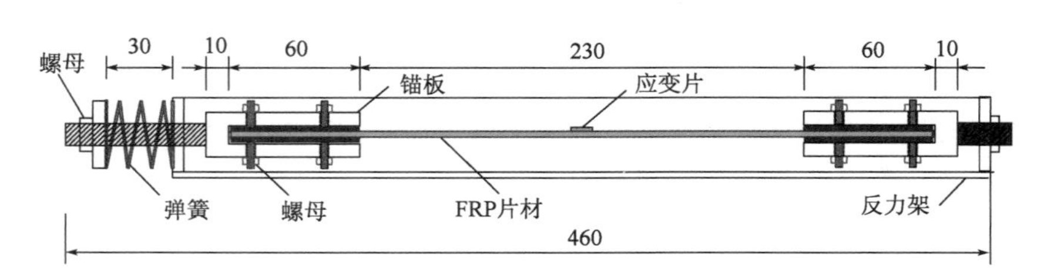

图 6-2　FRP 材料的持载装置(尺寸单位:mm)

为了方便比较不同材料的性能退化,下文中的数据均以相对值进行表达,即环境作用后的材料性能与常温下对比试件相应结果的比值。

1)FRP材料抗冻融性能

图6-3给出了冻融循环与荷载耦合作用下FRP的拉伸性能随冻融循环次数的变化情况,相应仅受冻融作用的试件同样列于图中作为对比。由图可知,三种FRP的拉伸强度随着冻融循环次数的增大均呈现逐步降低的趋势,荷载耦合试件的退化速率要高于仅受冻融作用的试件,表明荷载的存在加剧了冻融循环对FRP的劣化;在三种FRP中,BFRP拥有最好的抗冻融性能,对于300次冻融循环后的荷载耦合试件,其拉伸强度仅有3.5%左右的退化;GFRP的拉伸强度退化最多,300次冻融循环及荷载耦合作用后退化率接近20%;CFRP在考虑荷载耦合作用时,300次冻融循环后拉伸性能的退化率为9%左右;FRP的弹性模量受冻融循环与荷载耦合作用的影响不大,极限延伸率与拉伸强度的退化规律类似。

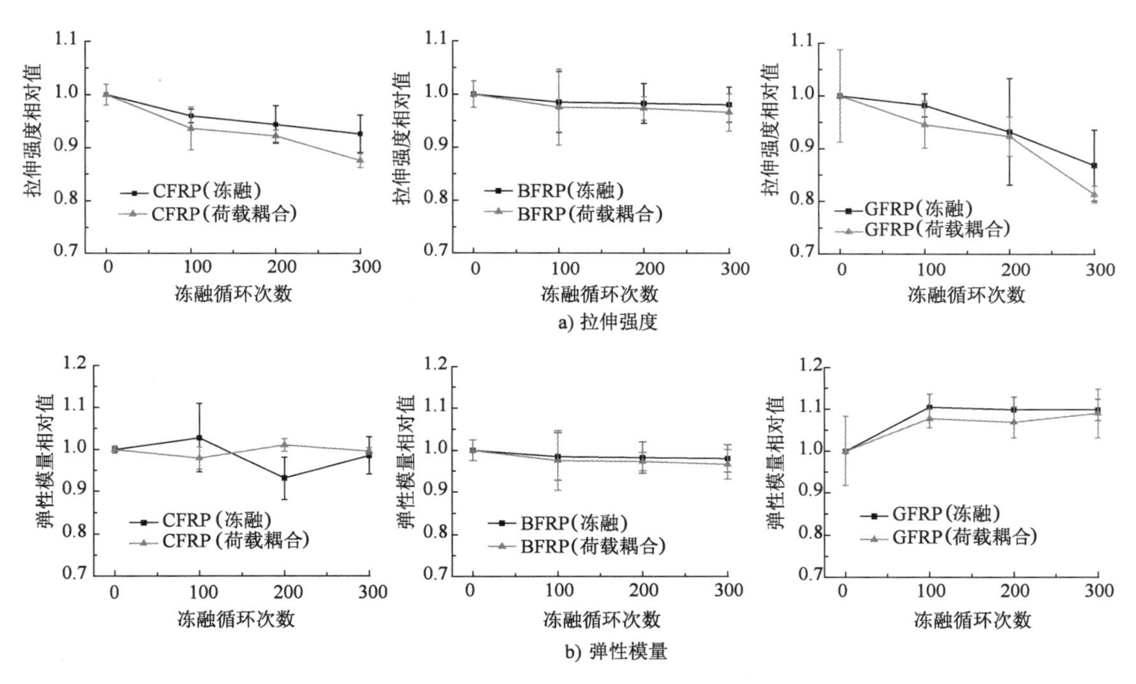

图6-3　冻融循环与荷载耦合作用下FRP拉伸性能的变化

2)环氧树脂抗冻融性能

图6-4给出了环氧树脂拉伸性能随冻融循环次数增大的变化情况。由图可知,环氧树脂的拉伸强度和极限延伸率随着冻融循环次数的增大均呈现降低的趋势,二者变化规律基本相同;在250次冻融循环后,环氧树脂拉伸强度和极限延伸率分别降低了28%和30%,树脂基体拉伸性能的降低应该是FRP性能退化的一个原因,此外,它还将影响纤维与树脂基体的界面性能,降低树脂对纤维材料的保护作用;冻融循环作用后,环氧树脂的弹性模量基本未降低,在200次循环之前还呈现略微增大的趋势,表明冻融循环作用会导致树脂基体的脆化,对纤维和树脂之间的传力性能将造成一定的影响;此外,随冻融循环次数的增大,环氧树脂的拉伸强度和极限延伸率试验结果的离散程度呈增大的趋势,而弹性模量则变化不大。

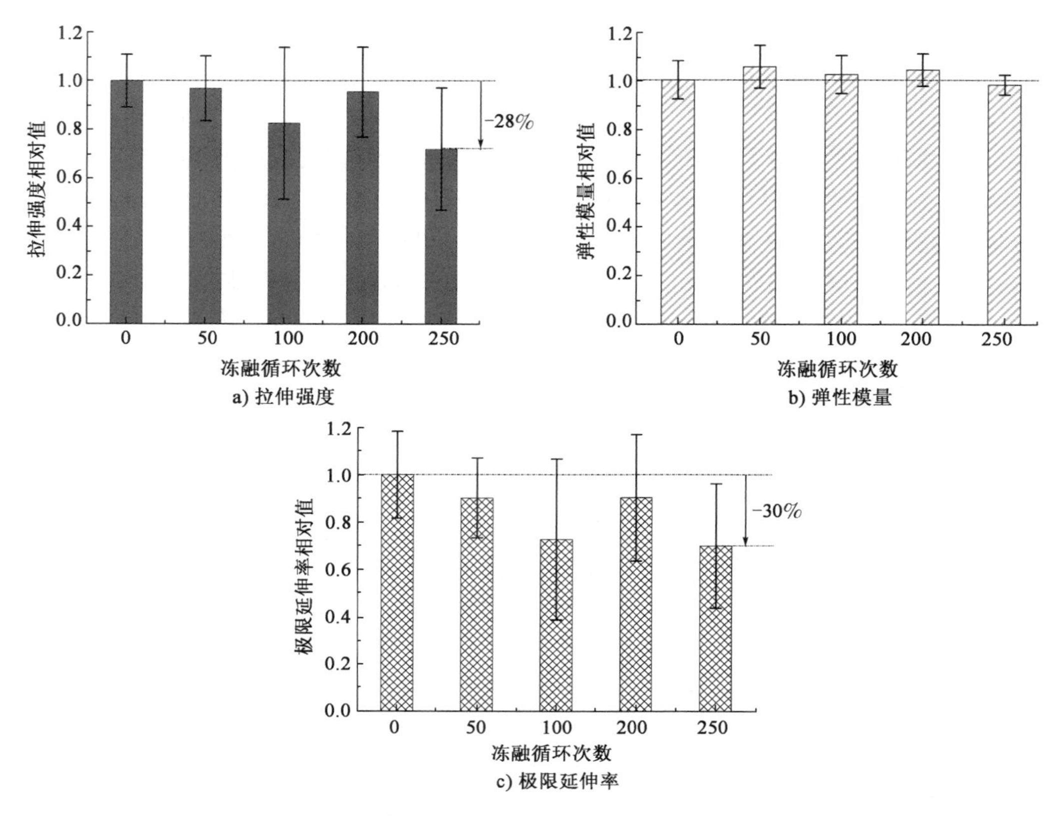

图 6-4　冻融循环作用下环氧树脂拉伸性能的变化

图 6-5 给出了环氧树脂的拉伸剪切性能随冻融循环次数的变化情况。由图 6-5a）可知，随着冻融循环次数的增加，钢-钢剪切试件的破坏模式逐渐由胶层碎裂和剥离逐渐转向胶层与钢板完全脱开，说明冻融循环作用降低了环氧树脂与钢板之间的粘结性能，与此类似，树脂与纤维或混凝土的粘结性能在冻融循环的作用下也将受到影响。由图 6-5b）可知，随着冻融循环次数的增加，环氧树脂的拉伸剪切性能呈现逐渐降低的趋势，250 次冻融循环之后，拉伸剪切强度降低了 59%，100 次冻融循环前拉伸剪切性能的退化速率与拉伸强度［图 6-4a）］类似，100 次冻融循环后，其退化速率则明显高于拉伸强度，这主要是由于前述拉伸剪切试件破坏模式改变了，表明树脂粘结性能的退化对不同材料之间的荷载传递性能影响极大。

3）微观形貌分析

本节采用扫描电子显微镜（SEM）对冻融循环作用后的 FRP 拉伸断口及纤维布表面的微观形貌进行观测分析，图 6-6 给出了 FRP 的拉伸断口的微观形貌。300 次冻融循环作用后，从 CFRP 的断口部位可观测到较为明显的纤维从树脂中抽出破坏的痕迹，纤维周围的树脂较为完整，纤维表面比较光滑，如图 6-6a）所示。在 BFRP 的断口上基本未看到纤维抽出破坏的痕迹，纤维周围的树脂呈现碎裂状，纤维表面有较多的树脂颗粒，如图 6-6b）所示。在 GFRP 的断口处也可观测到纤维抽出破坏的痕迹，但没有 CFRP 那么明显，纤维表面也比较光滑，如图 6-6c）所示。此外，三种 FRP 材料冻融循环作用后，纤维表面均没有出现明显的坑洞和腐蚀。

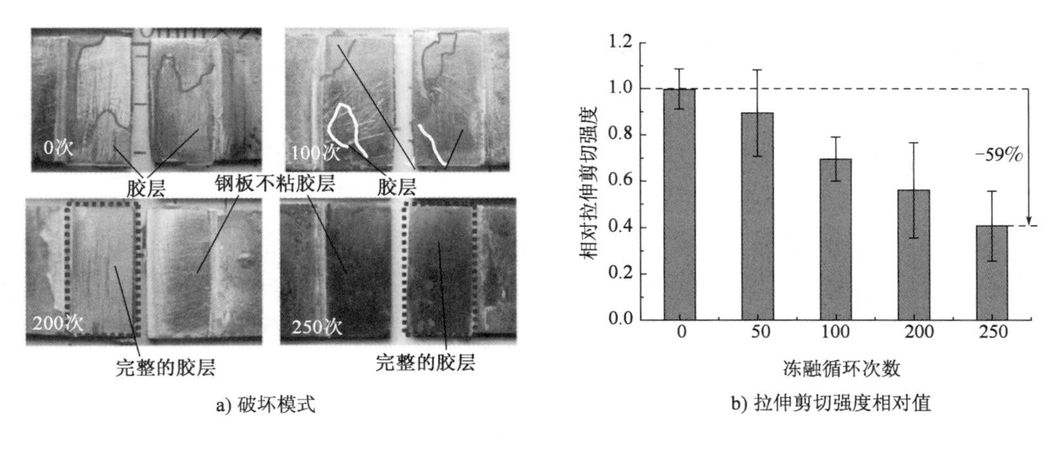

a) 破坏模式　　b) 拉伸剪切强度相对值

图 6-5　冻融循环作用下环氧树脂拉伸剪切性能的变化

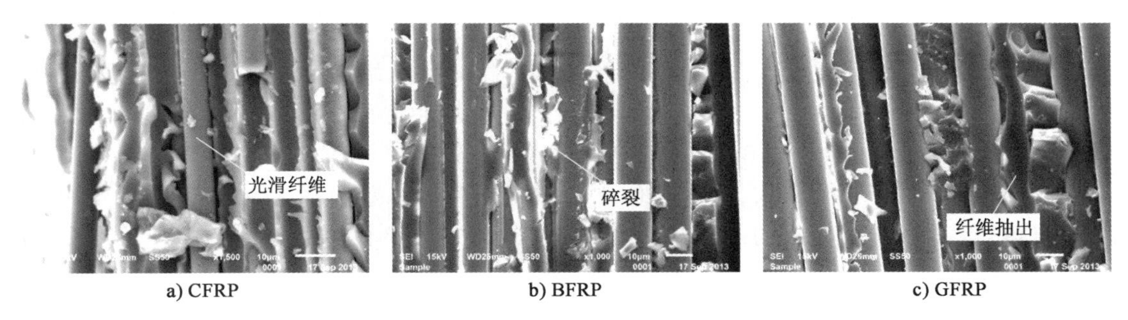

a) CFRP　　b) BFRP　　c) GFRP

图 6-6　300 次冻融循环作用后 FRP 拉伸断口的微观形貌

以上分析表明,冻融循环作用后 FRP 中纤维-树脂界面性能的劣化是导致 FRP 拉伸性能降低的重要原因。

6.2.2　FRP 冻融耐久性退化机理

冻融循环作用下 FRP 材料的拉伸性能退化主要源于以下几个方面:首先,由于纤维与树脂基体的温度膨胀系数差异较大(表 6-1),在冻融循环作用下纤维与树脂基体的界面上将产生温度应力,对界面粘结性能造成损伤,当荷载达到一定程度,纤维发生局部断裂后,削弱的界面性能将导致树脂与纤维间不能很好地传递应力,易造成纤维应力集中,FRP 将迅速发生破坏;其次,冻融循环过程中的水对树脂、纤维及二者的界面性能均有不利影响,FRP 材料长期处于潮湿环境中,其性能会发生退化;最后,由于树脂基体易吸水,在冻融循环作用下水的胀缩作用将在材料及界面上产生内部应力形成微裂纹,这一方面降低 FRP 的力学性能,另一方面将加速水分在基体内的传播速率,加剧水对界面的劣化作用。

不同材料的温度膨胀系数　　表 6-1

材 料 类 别	温度膨胀系数(10^{-6}/℃)[7-8]
环氧树脂	45 ~ 65
碳纤维(纤维方向)	−0.6 ~ −0.2

续上表

材料类别	温度膨胀系数(10^{-6}/℃)[7-8]
玄武岩纤维(纤维方向)	6.5~8
玻璃纤维(纤维方向)	5~6
混凝土	10~12

下面对 CFRP、BFRP 和 GFRP 三种 FRP 材料从机理上进行分析和讨论。与碳纤维相比,玄武岩纤维、玻璃纤维与环氧树脂的温度膨胀系数更为接近,冻融循环作用下纤维-树脂界面受到的影响相对较小;而碳纤维的温度膨胀系数为负值,在冻融循环作用下纤维-树脂界面上产生的温度应力相对较大,容易对界面性能造成损伤。文献[5]对 FRP 进行了没有水参与的干冻融试验,发现冻融后 CFRP 的拉伸性能退化了 10% 左右,而 GFRP 和 BFRP 的拉伸性能则几乎没有降低,证实了温度应力对界面性能的不利影响。另外,值得注意的是,不同纤维与树脂的粘结性能有着较大的差别,根据既有的研究[9],碳纤维和玄武岩纤维与环氧树脂的粘结强度均明显高于同等条件下的玻璃纤维,而玄武岩纤维与环氧树脂的粘结强度与碳纤维相当甚至更高。综上,虽然碳纤维本身的冻融耐久性好于玄武岩纤维,但在 FRP 层面上,由于相对较差的温度协调性,CFRP 的界面性能削弱程度较大,故其冻融性能要低于 BFRP。相比 CFRP 和 BFRP,GFRP 的抗冻融性较差,一方面是由于玻璃纤维本身在潮湿冻融条件下性能退化较大,另一方面,虽然其温度膨胀系数与玄武岩纤维接近,但由于其与树脂的粘结性能相对较弱,使其易于发生纤维与树脂基体的脱粘破坏,导致其在冻融作用后拉伸性能的损失较大。

此外,冻融循环作用时结构服役荷载的存在将加剧 FRP 材料的退化速率。一方面,荷载的作用将加速 FRP 材料内部微裂纹的扩展;另一方面,荷载的存在会增加环氧树脂及 FRP 的吸水率。相关试验[10-11]表明在持载和潮湿环境的共同作用下,CFRP 和 GFRP 的拉伸性能退化率要高于单一潮湿环境作用下的情况,表明更多的水汽侵入 FRP 材料内部,加大水的胀缩作用,从而加剧了冻融循环对 FRP 材料的劣化作用。本节的试验结果证实了考虑荷载耦合作用对冻融循环作用下的 FRP 性能有不利影响。

6.2.3 加速冻融试验与自然冻融循环间的关系

现有文献中的冻融循环试验方法各不相同,包括干冻法(仅在一定湿度的空气中进行温度正负循环作用)、湿冻法(浸泡在水中进行)以及降温过程为干冻、升温过程为湿冻的方法,并且在试验中循环的正负温度限值也不尽相同,因此,很难对文献中的冻融循环试验结果进行定量的比较和分析。目前可行的方法是将这些室内加速的冻融试验结果与室外的暴露试验结果进行比较,得到室内外试验的损伤效应比例关系,将这些室内加速试验下的性能退化程度换算为室外自然暴露条件下的实际退化程度。然而大部分文献中并没有提供该方面的信息。此外,水或湿气是影响冻融循环作用下胶层和混凝土材料性能的重要因素,因此,不同冻融循环试验方法中水汽含量对确定室内外试验的损伤效应比例关系具有重要的影响。

本节所采用的室内加速冻融试验方法是将整个试件浸泡在清水中进行的,属于湿冻法。

根据中国水利水电科学研究院关于在北京十三陵抽水蓄能电站的混凝土结构现场暴露试验研究[13]，对于抗冻融性能相对较好的引气混凝土，采用湿冻法进行的室内加速冻融试验与自然环境下冻融循环作用对材料的损伤效应比例在 1∶15～1∶10 之间，总的平均值约为 1∶12。考虑本节冻融试验方法与其一致，可采用室内外冻融循环比例 1∶12 来进行耐久性预测。表 6-2 为我国在 2000 年对“三北”（华北、东北、西北）地区近 50 年气温的统计结果[12]，按照我国最恶劣的冻融循环条件即 120 次/年来计算，本节所进行的最大 300 次冻融循环试验相当于自然条件下 30 年冻融循环作用。值得指出的是，1∶12 这个室内外冻融效应比例系数是在水库周边这种环境湿度极大的条件下得出的，而大部分土建交通基础设施所处环境的水汽含量往往没有这么高，因此上述结果是偏于保守和安全的。

我国“三北”地区近 50 年气温统计结果[12]　　表 6-2

地　　区	极端低温（℃）	平均年温差（℃）	年平均冻融循环次数
北京（华北）	－27.4	53.2	84
长春（东北）	－36.5	66.5	120
西宁（西北）	－26.6	52.1	118

6.3　FRP-混凝土界面粘结的抗冻融性能

FRP 加固混凝土结构中，混凝土材料、FRP 及 FRP-混凝土界面的性能均可能受到冻融循环作用的影响。由 6.2 节可知，300 次冻融循环作用后，FRP 的拉伸性能退化程度在 10%以内，弹性模量甚至还有增大的趋势，而环氧树脂的拉伸性能退化达到 30%左右。由于界面剥离时 FRP 的剥离应变通常只有其断裂应变的一半左右，且 FRP-混凝土界面性能受 FRP 弹性模量的影响较大，因此，在冻融循环作用下，FRP 材料的性能退化对界面性能的影响不大，而粘结树脂性能的退化将可能显著影响 FRP-混凝土界面的粘结性能。此外，FRP 材料与混凝土基底之间的温度变形不协调，易在温度变化过程中产生一定的温度应力，给界面带来损伤，造成粘结性能退化。本节基于室内加速冻融试验，介绍冻融循环作用下 FRP-混凝土界面的耐久性能，在冻融作用下还考虑了持续荷载的耦合作用。

6.3.1　FRP-混凝土界面冻融耐久性试验

本节结合冻融循环试验设备及实现荷载耦合条件的要求，设计制作了图 6-7a）所示的双剪试件。混凝土试块浇注成型后 3 周左右，对试件表面进行打磨以清除其表面浮浆，并采用酒精进行清理，之后在混凝土表面涂刷底涂胶并粘贴一层玄武岩纤维布。在进行破坏试验时，双剪试件锚固段布置钢板机械锚固，可有效保证剥离破坏发生在试验段。双剪试件中的混凝土材料采用引气混凝土，实测混凝土立方体抗压强度 $f_{cu}=44.6\text{MPa}$。此外，在试验中还采用了环氧树脂增韧剂对浸渍胶的性能进行改性，以提升其冻融耐久性能，添加量为环氧树脂主剂质量的 10%。

为了在冻融循环作用的同时对双剪试件预加荷载，设计了图 6-7b）所示的弹簧-反力架加载系统。根据现有研究，持续荷载在 50%极限荷载以下时一般不会发生蠕变剥离破坏，为了考虑实际结构中较为不利的荷载条件，本节选择 35%极限荷载作为预加荷载。冻融试验方法同6.2.1节所述。经冻融循环作用并卸掉预加荷载后，将双剪试件布置在量程为100kN的万能试验机上进行拉伸试验。

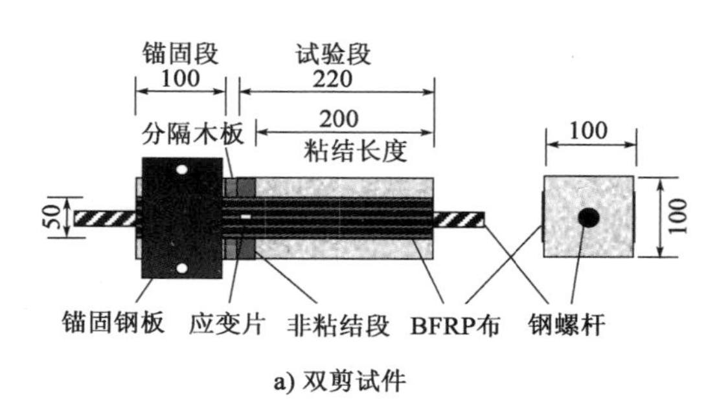

a) 双剪试件

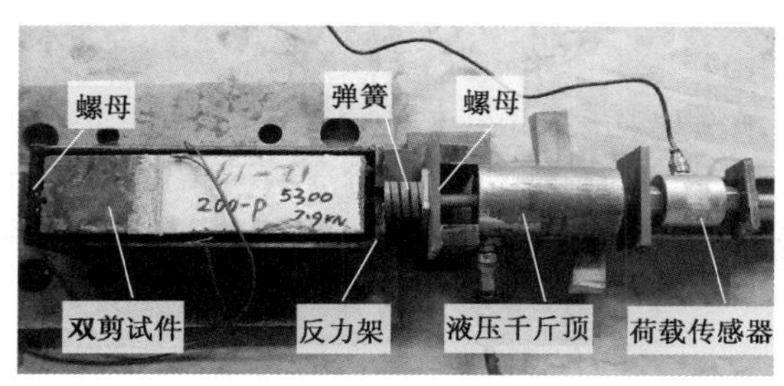

b) 荷载耦合装置

图6-7 FRP-混凝土双剪试件及荷载耦合装置

试验参数包括冻融循环次数(0次、100次、200次、300次)、是否预加荷载(下文P表示预加荷载)及浸渍胶的种类(普通浸渍胶S和增韧浸渍胶SQ)。S-R和SQ-R(R表示常温放置的对比试件，未受冻融也没有浸水作用)试件是为了确定预加荷载大小而进行基准对比的试件。考虑冻融循环试验在水中进行，为了避免试件混凝土受水浸泡后性能变化对界面性能产生影响，除S-R及SQ-R试件外，所有试件均与最大300次冻融循环试件在水中浸泡相同的时间。在200次冻融循环次数上，设置了增韧树脂试件，以考查树脂的耐久性改性提升对界面性能的影响。

6.3.2 FRP-混凝土界面冻融耐久性分析

1)冻融循环作用后试件外观变化及材料性能的退化

冻融循环作用后，在双剪试件的混凝土表面发现表面砂浆脱落的现象：100次冻融循环作用后表现比较轻微，仅在局部发现表面浮浆层的脱落，如图6-8a)所示；200次和300次冻融循环作用后，在整个混凝土表面都可观察到表面砂浆层脱落的现象，并且混凝土骨料清晰可见，如图6-8b)和c)所示；此外，在部分试件上还发现了靠近加载端处的FRP与混凝土的剥离现象，如图6-8d)所示，剥离长度L_d随冻融循环次数的增大而增加，且考虑荷载耦合作用的试件的剥离长度较仅考虑冻融循环作用的试件要长，各试件的剥离长度在10～80mm之间，这与冻融循环及荷载耦合作用下界面性能的劣化有关。此外，试验中还发现，涂刷了环氧树脂的混凝土表面具有较好的抗冻融性能，未见混凝土表层脱落的现象。

对冻融循环作用后双剪试件相关材料的残余性能进行了测试，试验结果如图6-9、图6-10所示。100次和200次冻融循环作用后混凝土的抗压强度降至未冻融前的80%左右，而300次冻融循环作用后混凝土的抗压强度则快速下降，仅为未冻融前的50%左右，如图6-9所示。对于普通环氧浸渍胶，冻融循环作用后拉伸强度和极限延伸率均有显著的下降(降低30%左右)，而弹性模量没有降低，如图6-10a)所示；对于增韧环氧浸渍胶，300次冻融循环作用后树脂的拉伸性能均没有下降，并且冻融循环作用后拉伸性能的离散性较普通环氧树脂大幅降低，如图6-10b)所示，表明对树脂进行增韧改性可有效提升浸渍胶的冻融耐久性能，对于改善冻融循环作用下FRP-混凝土界面的耐久性能具有积极的作用。

a) 100次冻融循环作用后混凝土表面

b) 200次冻融循环作用后混凝土表面

c) 300次冻融循环作用后混凝土表面

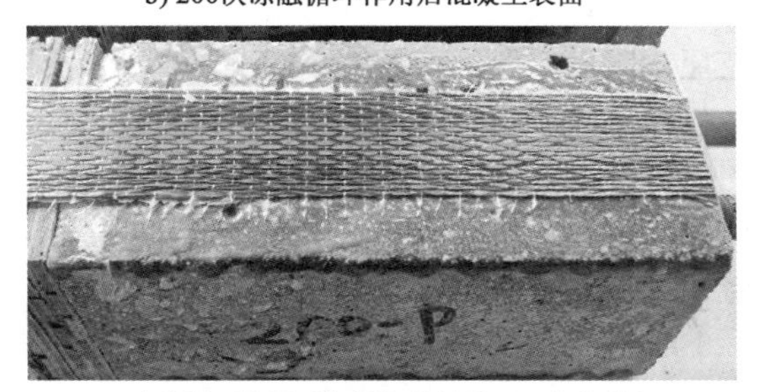

d) 冻融循环作用后靠近加载端处FRP发生剥离

图 6-8　冻融循环及荷载耦合作用后双剪试件的外观变化

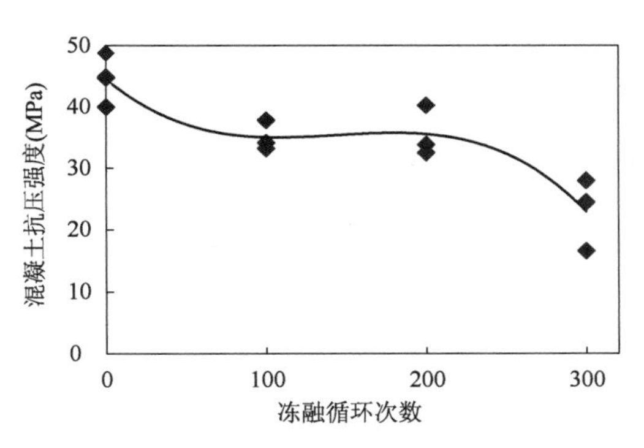

图 6-9　混凝土抗压强度随冻融循环次数的变化

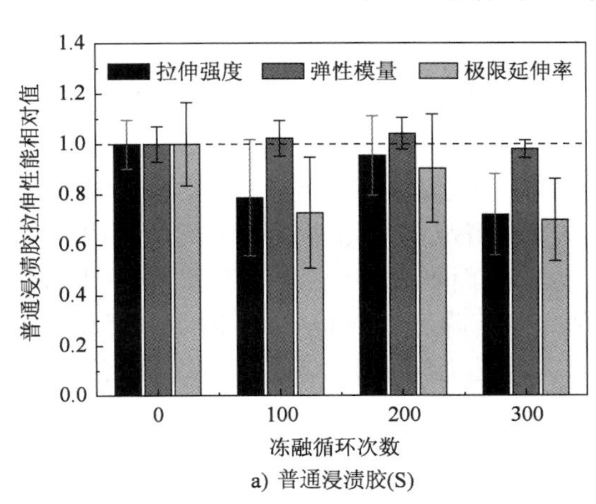

a) 普通浸渍胶(S)

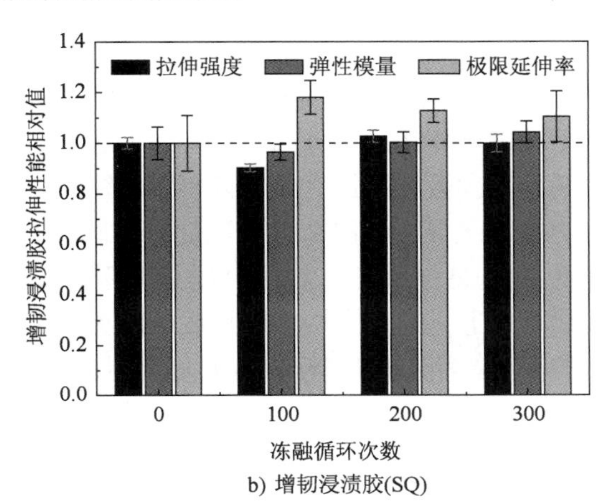

b) 增韧浸渍胶(SQ)

图 6-10　环氧浸渍胶拉伸性能随冻融循环次数的变化

2)破坏模式

对于未浸水的对比试件,剥离破坏发生于 FRP 层下的薄层混凝土内,并且在加载端部伴随着混凝土三角块剪切破坏,如图 6-11a)所示;对于在清水中浸泡过的试件,界面剥离破坏逐渐转移至树脂或树脂-混凝土界面层,剥离下的 FRP 局部仍粘有部分混凝土,同时,端部仍然发生混凝土剪切破坏,如图 6-11b)所示。在冻融循环作用后,界面剥离后的 FRP 上几乎不粘混凝土,剥离破坏完全发生于树脂层或树脂-混凝土界面层,且几乎不发生端部混凝土剪切破坏,如图 6-11c)所示,表明冻融循环作用后胶层是 FRP-混凝土界面的薄弱环节,其性能退化直接导致界面性能降低。当考虑荷载耦合作用后,界面的破坏模式主要为混合破坏,部分试件还有混凝土端部剪切破坏发生,表明荷载耦合作用加剧了界面混凝土性能的劣化;部分荷载耦合试件的破坏模式为 FRP 剥离扩展过程中 FRP 发生断裂破坏,如图 6-11d)所示;另有两个荷载耦合试件在冻融试验结束后即发现锚固段混凝土发生劈裂破坏,如图 6-11e)所示,这主要是冻融循环及荷载耦合作用下混凝土性能下降较多所致。此外,对于采用增韧浸渍胶的双剪试件,200 次冻融循环作用后的界面剥离仍然发生在部分混凝土层,表明对树脂进行增韧改性可在一定程度上阻止界面破坏模式向胶层转变,从而有助于冻融循环作用后界面性能的提升。

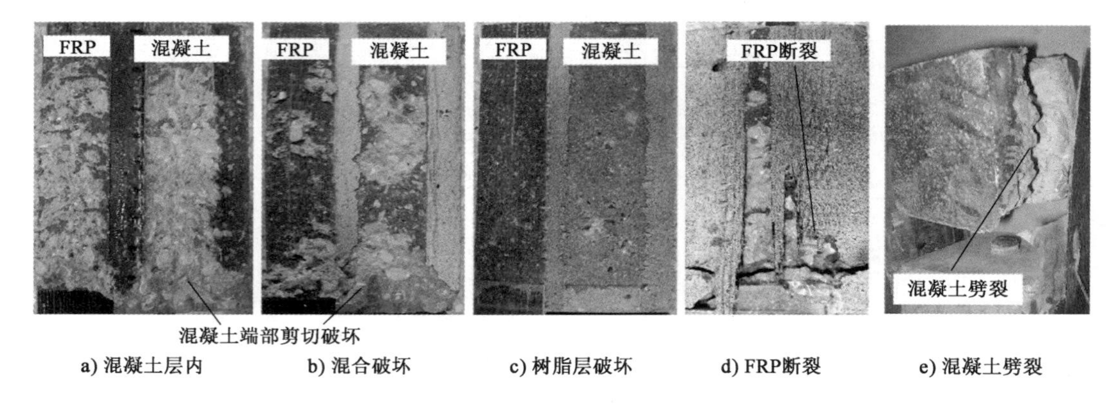

a) 混凝土层内　b) 混合破坏　c) 树脂层破坏　d) FRP断裂　e) 混凝土劈裂

图 6-11　双剪试件的破坏模式

3)荷载-加载端滑移关系及极限荷载

冻融循环作用后,FRP-混凝土界面的极限荷载、极限滑移及界面上升段曲线刚度均随冻融循环次数的增加而显著降低,如图 6-12a)所示。当考虑冻融循环与荷载耦合作用后,FRP-混凝土界面极限荷载与仅受冻融循环作用的试件相差不大,但剥离前曲线的刚度明显降低,这与冻融循环与荷载耦合作用后加载端附近的界面剥离有关,剥离长度越长,上升段曲线刚度退化越显著,此外,加载端的极限滑移值也略有降低,如图 6-12b)所示。图 6-12c)比较了 200 次冻融循环作用后采用增韧浸渍胶与普通浸渍胶试件的荷载-加载端滑移关系,采用增韧树脂的试件不管是否考虑荷载耦合作用,在极限荷载与加载端极限滑移方面均高于未增韧试件,表明对浸渍胶采用增韧改性的方法可有效提升 FRP-混凝土界面的抗冻融性能。

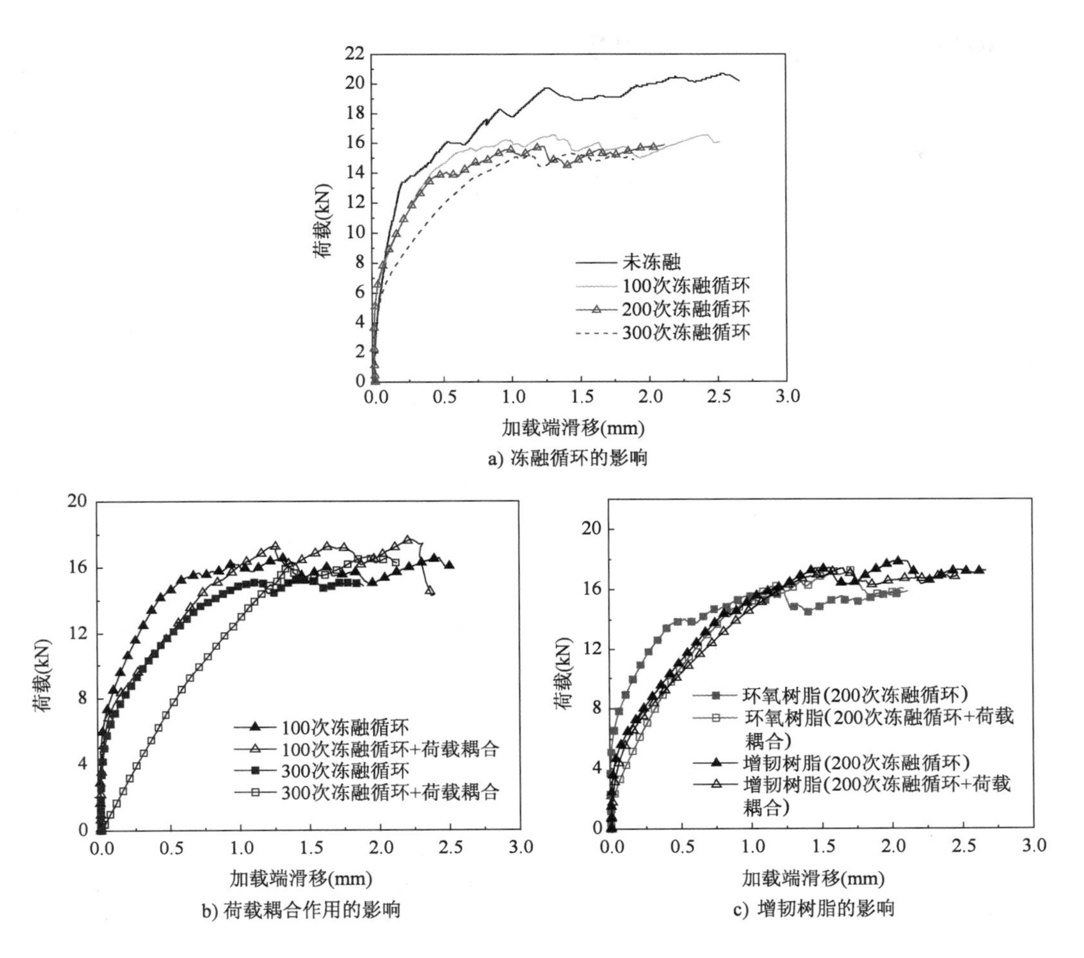

图6-12　荷载-加载端滑移曲线

图6-13给出了试件极限荷载随冻融循环次数的变化趋势。随冻融循环次数的增加,试件的极限荷载呈线性降低的趋势,考虑荷载耦合作用后界面的极限荷载没有进一步降低,S-0(冻融循环)与S-P(冻融循环+荷载耦合)试件极限荷载的拟合线几乎是重合的,如图6-13a)所示。图6-13b)比较了增韧前后界面极限荷载的平均值:相对未浸水的对比试件,浸水后的双剪试件极限荷载均降低,且破坏模式为A&C(混合破坏),表明界面及胶层的性能受水的影响较大;200次冻融循环作用后,相比未冻融的对比试件(浸水和未浸水),极限荷载有明显降低,与树脂拉伸性能结果类似,采用增韧树脂试件(SQ)的极限荷载平均值均高于普通浸渍胶(S),具有更好的冻融耐久性能。

4)FRP应变分布

图6-14对不同冻融循环次数后双剪试件的FRP应变分布进行了比较,在界面发生初始剥离前及剥离扩展阶段,FRP的最大应变随着冻融循环次数的增大而显著降低,界面应力传递段应变曲线的斜率也出现明显的降低,同时浸水作用对FRP的最大应变有较大的影响,劣化了FRP-混凝土界面传递应力的能力,FRP在较小的应变下即发生剥离破坏。在考虑荷

载耦合作用后,FRP 的最大应变进一步降低,但应力传递段的曲线斜率基本保持不变,如图 6-15 所示。图 6-16 考查了树脂增韧改性对 FRP 应变分布的影响,200 次冻融循环作用后,采用增韧树脂的双剪试件的 FRP 最大应变比未增韧的试件有了明显的提高,幅度在 10% 以上,应力传递段 FRP 应变曲线的斜率也有明显的提高,考虑荷载耦合作用的试件情况也类似,表明对树脂进行增韧改性可有效降低冻融循环对 FRP 最大应变的削弱作用。

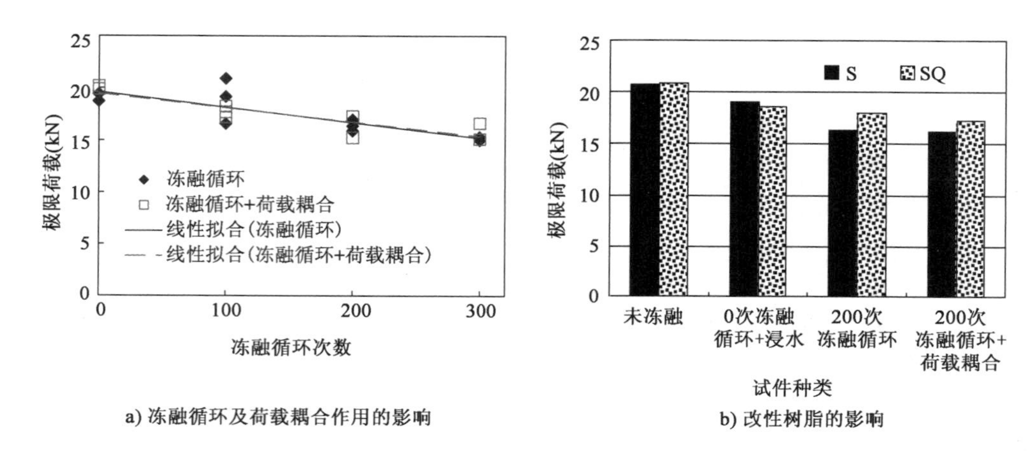

a) 冻融循环及荷载耦合作用的影响　　b) 改性树脂的影响

图 6-13　双剪试件的极限荷载随冻融循环次数的变化

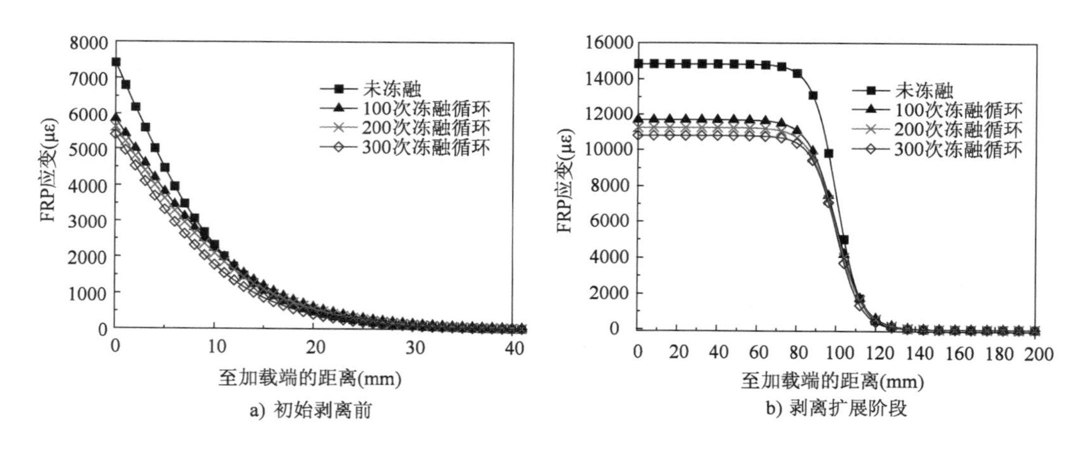

a) 初始剥离前　　b) 剥离扩展阶段

图 6-14　冻融循环作用对 FRP 应变分布的影响

5) 粘结滑移关系

图 6-17 对冻融循环及荷载耦合作用下双剪试件的粘结滑移关系进行了比较:随冻融循环次数的增加,界面粘结滑移曲线呈现明显的退化趋势,界面剪应力峰值(τ_0)及界面断裂能(G_f,即粘结滑移曲线包含的面积)随冻融循环次数的增加快速降低,剪应力峰值对应的滑移值(s_0)也有少许的降低,此外,考虑荷载耦合作用后,τ_0基本未降低,而 G_f则出现了进一步的退化,如图 6-17b)所示。

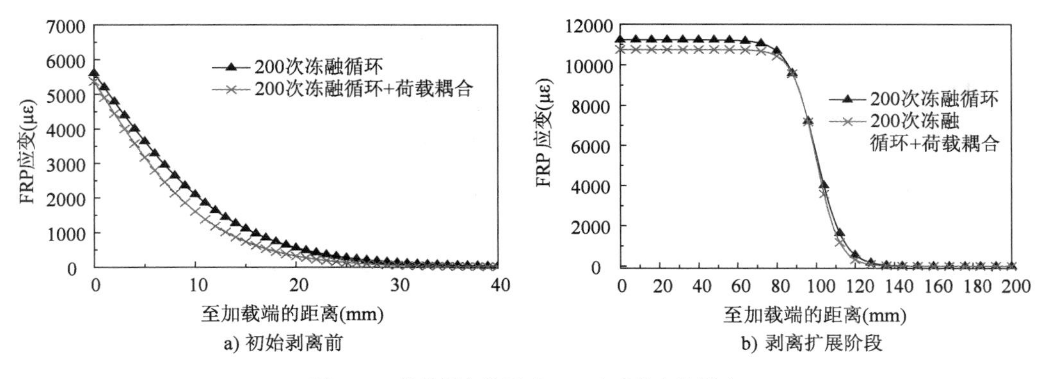

图6-15　荷载耦合作用对FRP应变分布的影响

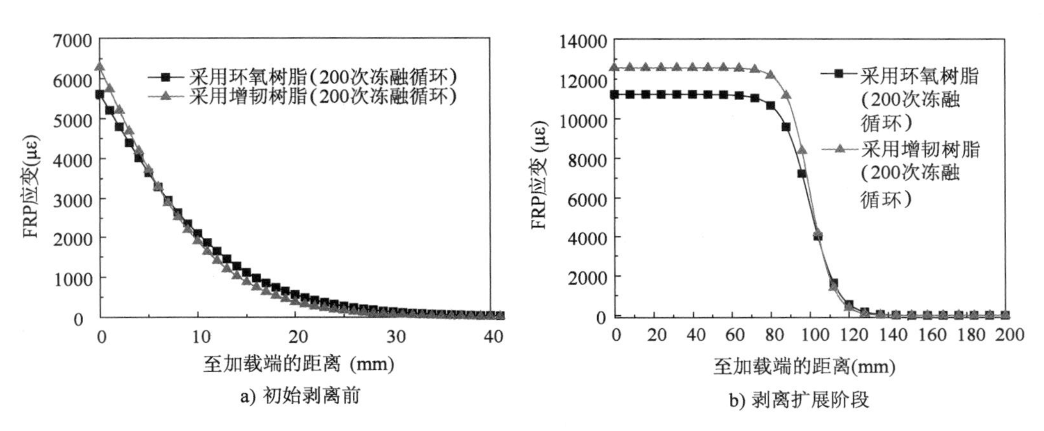

图6-16　增韧浸渍胶对FRP应变分布的影响

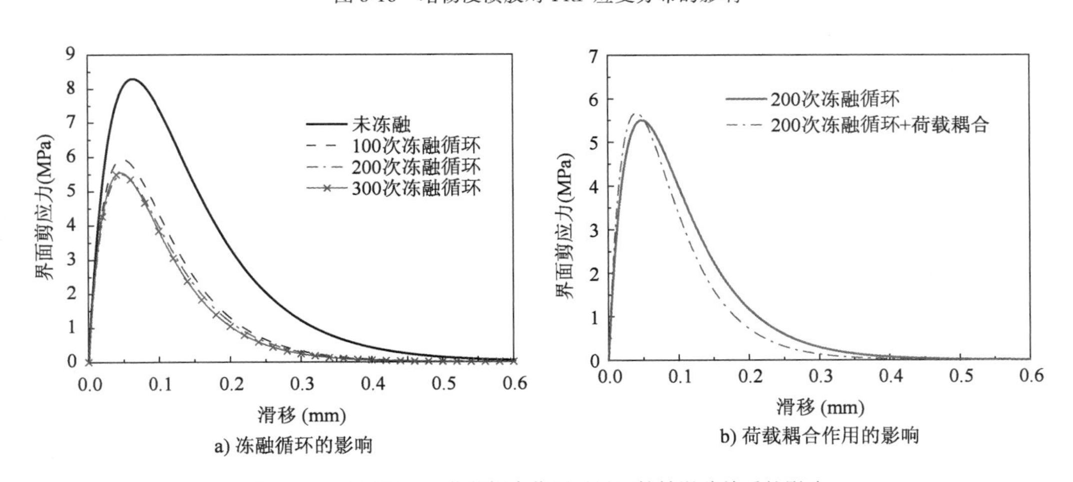

图6-17　冻融循环及荷载耦合作用对界面粘结滑移关系的影响

图6-18对得到的界面粘结滑移关键参数及FRP有效粘结长度进行了详细的分析,对各关键参数随冻融循环次数的变化做了线性拟合分析。τ_0、G_f及s_0均随着冻融循环次数的增加呈现降低的趋势,对于考虑荷载耦合作用的试件,G_f和s_0两个参数值均出现了进一步的降低退化,如图6-18b)和c)所示,而τ_0相比未考虑荷载耦合的情况在总体上有微弱的增大,如

图 6-18a)所示,表明荷载耦合作用增强了界面粘结滑移关系的脆性。FRP 的有效粘结长度(L_e)随着冻融循环次数的增加呈现线性增大的趋势,如图 6-18d)所示。根据现有的界面性能研究,L_e与混凝土的强度成反比,与 FRP 的弹性模量成正比,冻融循环作用后混凝土强度性能呈现降低趋势,而 FRP 的弹性模量呈现略微增大的趋势,因此,L_e随冻融循环次数的增大而增加是合理的。当考虑荷载耦合作用后,L_e基本不随冻融循环次数的增加而变化,这与荷载耦合作用后界面粘结滑移关系的脆性增强有关。

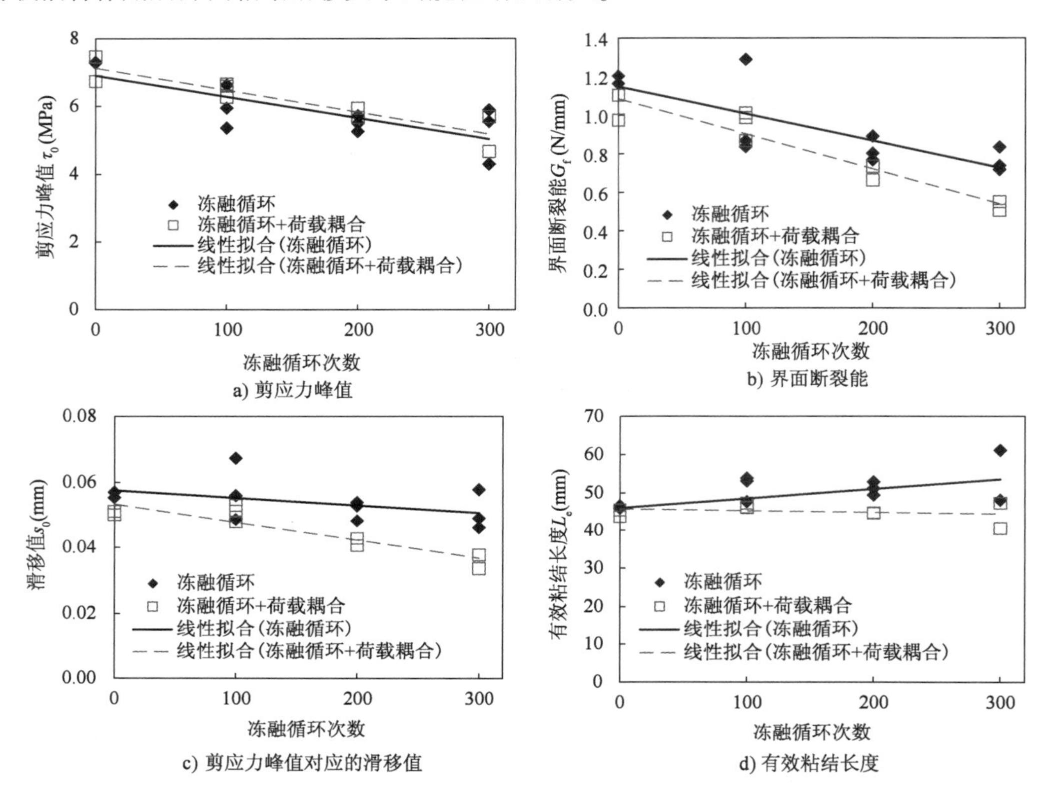

图 6-18 界面粘结滑移关键参数随冻融循环次数的变化

图 6-19 给出了增韧改性树脂对冻融循环作用后界面粘结滑移关系的影响:200 次冻融循环作用后,增韧试件的界面剪应力峰值及粘结滑移曲线包含的面积明显大于未增韧试件,对于考虑荷载耦合作用的试件情况也类似,如图 6-19a)所示;采用增韧树脂的双剪试件,在未受冻融及浸水作用的条件下,粘结滑移参数与未增韧试件相差不大,在浸水及 200 次冻融循环作用后,相比未增韧试件,τ_0和 G_f均有显著的增加,如图 6-19b)和 c)所示,表明对树脂进行增韧改性处理可有效降低 FRP-混凝土界面在冻融循环及荷载耦合作用下粘结滑移关系的退化,有助于界面性能的提升。

6.3.3 FRP-混凝土界面冻融耐久性劣化机理

1)界面冻融耐久性退化及改性提升机理

前述试验结果表明,冻融循环作用下环氧树脂的拉伸性能有较大退化,FRP-混凝土界面的破坏模式也逐渐转变为胶层或胶-混凝土界面层的剥离破坏，胶层的性能退化是FRP-混凝土界面的薄弱环节。对此，本节"对症下药"，对浸渍树脂进行增韧改性，发现可有效阻止冻融循环作用后环氧树脂拉伸性能的退化，并且剥离破坏的发生位置又部分重新返回到混凝土层，如图6-20a)所示，界面性能也得到有效提升。环氧树脂经过增韧改性在冻融循环作用下性能得到提升的机理：在环氧树脂基体中掺入一定量的增韧剂，在树脂基体中形成均匀分布的弹性橡胶颗粒，和树脂分子链产生强大的交联作用，除了可以起到提高材料韧性的作用外，还可以延缓和阻止树脂微裂纹的形成和发展，降低水分在树脂基体中的含量和扩散速率，延缓和阻隔外界腐蚀介质的侵入，从而有效提升树脂的长期耐久性能，如图6-20b)所示。

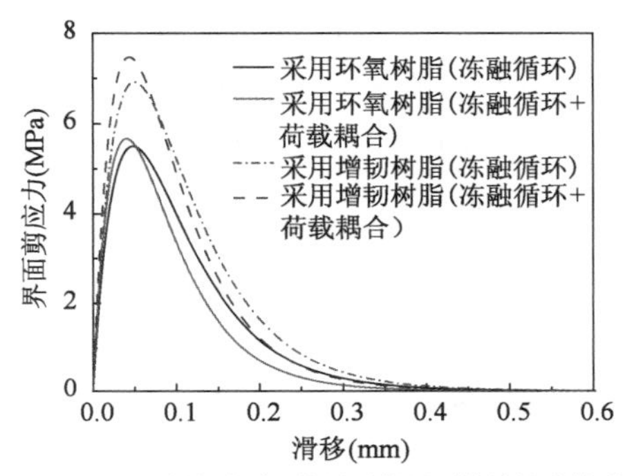

a) 200次冻融循环作用后的界面粘结滑移关系

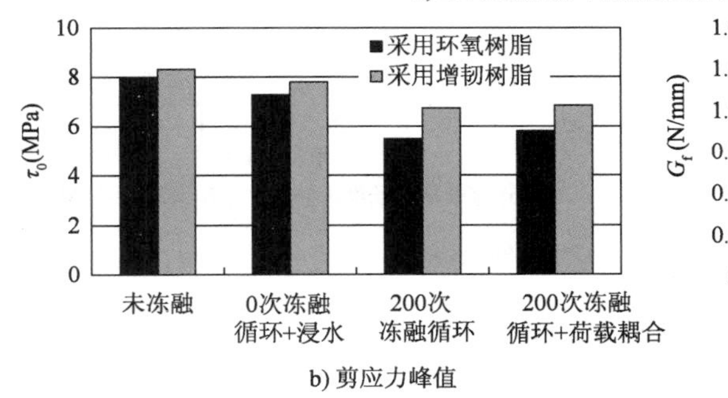

b) 剪应力峰值

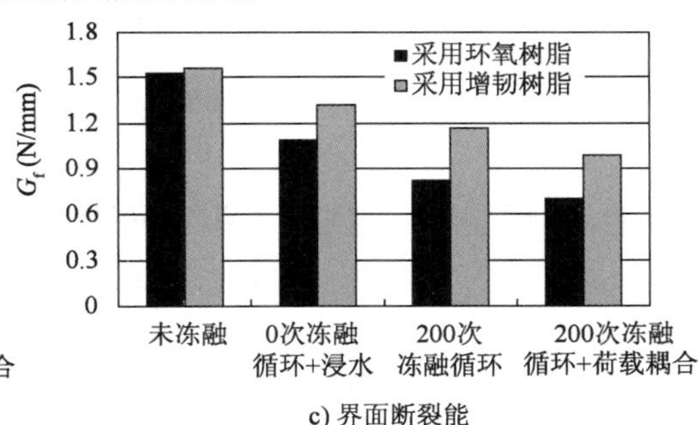

c) 界面断裂能

图6-19　增韧改性树脂对界面粘结滑移关系的影响

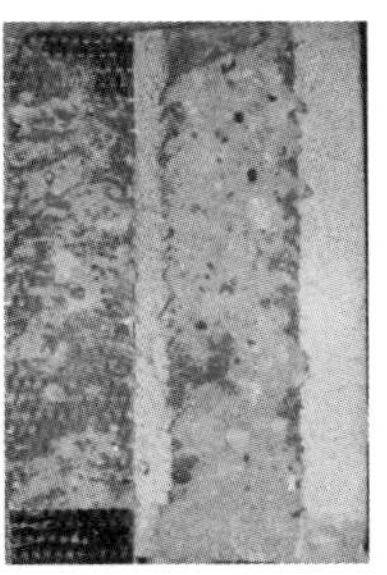

未增韧(S试件)　增韧(SQ试件)

a) 200次冻融循环后的界面破坏模式

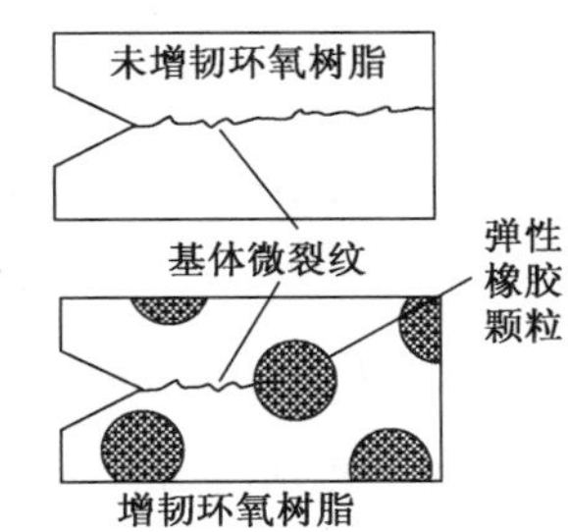

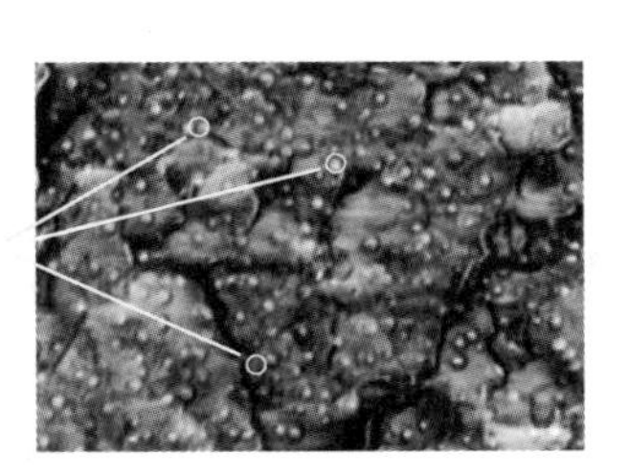

b) 增韧改性机理

图6-20　环氧树脂冻融耐久性提升机理

2)荷载的耦合效应

由上述试验结果可知,冻融循环作用下荷载耦合作用对界面的极限荷载几乎没有影响,但加载端极限滑移及界面粘结滑移性能在考虑荷载耦合作用后进一步劣化。在冻融循环作用下,胶层及胶-混凝土共同作用区域将产生损伤,在持载作用下,胶层及胶-混凝土共同作用区域将产生一系列的微裂纹,给界面造成附加损伤,但持载作用仅作用在有效粘结长度L_e范围内,如图6-21a)所示。在L_e以外的区域,FRP-混凝土界面仅受冻融循环作用的影响,所测得的界面粘结滑移曲线与L_e以内的区域有明显的不同,剪应力峰值有所降低,而界面断裂能则有所增大,如图6-21b)所示。由于界面极限荷载是由整个界面区域所传递的最大荷载决定的,因此,当FRP的粘贴长度$L_f \geq 2L_e$时,如本章双剪试件的情况,荷载耦合作用基本不会降低界面的极限承载力,但L_e以内界面的粘结滑移关系会产生进一步的退化,使加载端发生局部剥离的可能性大幅增加,如前述试验现象中发现的冻融循环与荷载耦合作用后靠近加载端界面的FRP剥离;而当FRP的粘贴长度$L_f < 2L_e$时,界面的粘结滑移关系和极限承载力都将受到荷载耦合效应的影响。

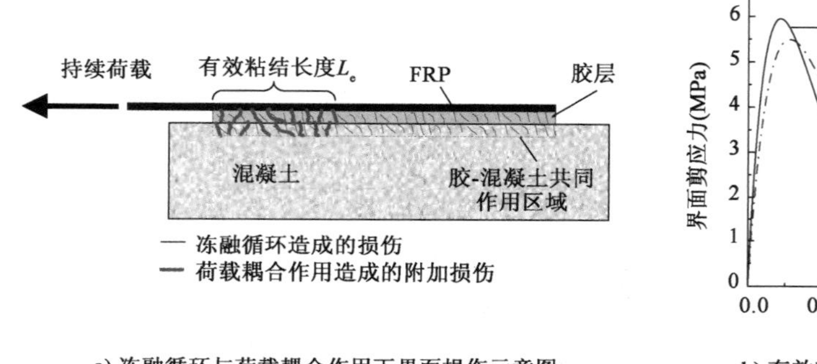

a)冻融循环与荷载耦合作用下界面损伤示意图

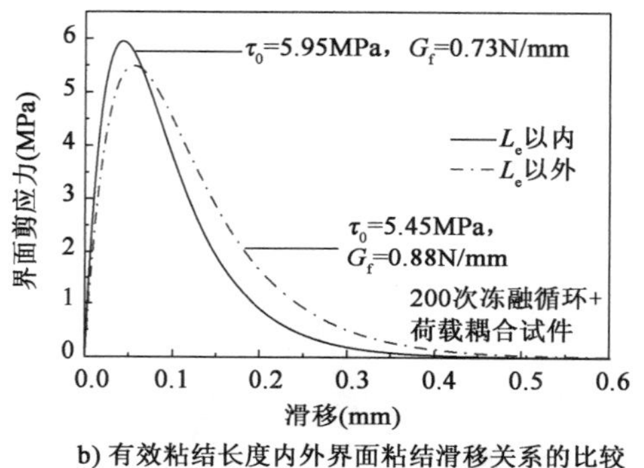

b)有效粘结长度内外界面粘结滑移关系的比较

图6-21 荷载耦合作用对界面造成的附加损伤

6.3.4 FRP-混凝土界面粘结滑移关系退化模型

为了描述和预测冻融循环与荷载耦合作用后FRP-混凝土界面的粘结性能,本小节基于耐久性试验粘结滑移参数的退化规律,建立了冻融循环与荷载耦合作用下FRP-混凝土界面粘结滑移关系的退化模型,并对界面性能指标进行了进一步的分析。

1)界面粘结滑移关系的冻融退化模型

引入冻融损伤因子$D(n)$来描述粘结滑移参数随冻融循环次数的退化程度,粘结滑移参数损伤值的大小可通过下式确定:

$$D(n) = 1 - \frac{X(n)}{X_0} \tag{6-1}$$

式中:$X(n)$——n次冻融循环作用后的粘结滑移参数;

X_0——未经冻融循环作用的粘结滑移参数值。

图6-22给出了界面粘结滑移参数损伤试验值随冻融循环次数的演化情况:对于G_f和τ_0这两个参数,在冻融作用初期即出现较大的损伤,100次冻融循环后损伤的发展则相对缓

慢;而 s_0 的损伤发展则显示出随冻融循环次数线性增大的趋势。根据上述特点,采用以下两式分别来描述 G_f、τ_0 和 s_0 的损伤演化过程:

$$D(n) = a\ln(1+n)e^{b\cdot p} \tag{6-2}$$

$$D(n) = ane^{b\cdot p} \tag{6-3}$$

式中:n——冻融循环次数;

a——冻融循环影响因子;

b——荷载耦合影响因子;

p——预应力水平,无荷载耦合试件对应 $p=0$,而荷载耦合试件对应 $p=0.35$。

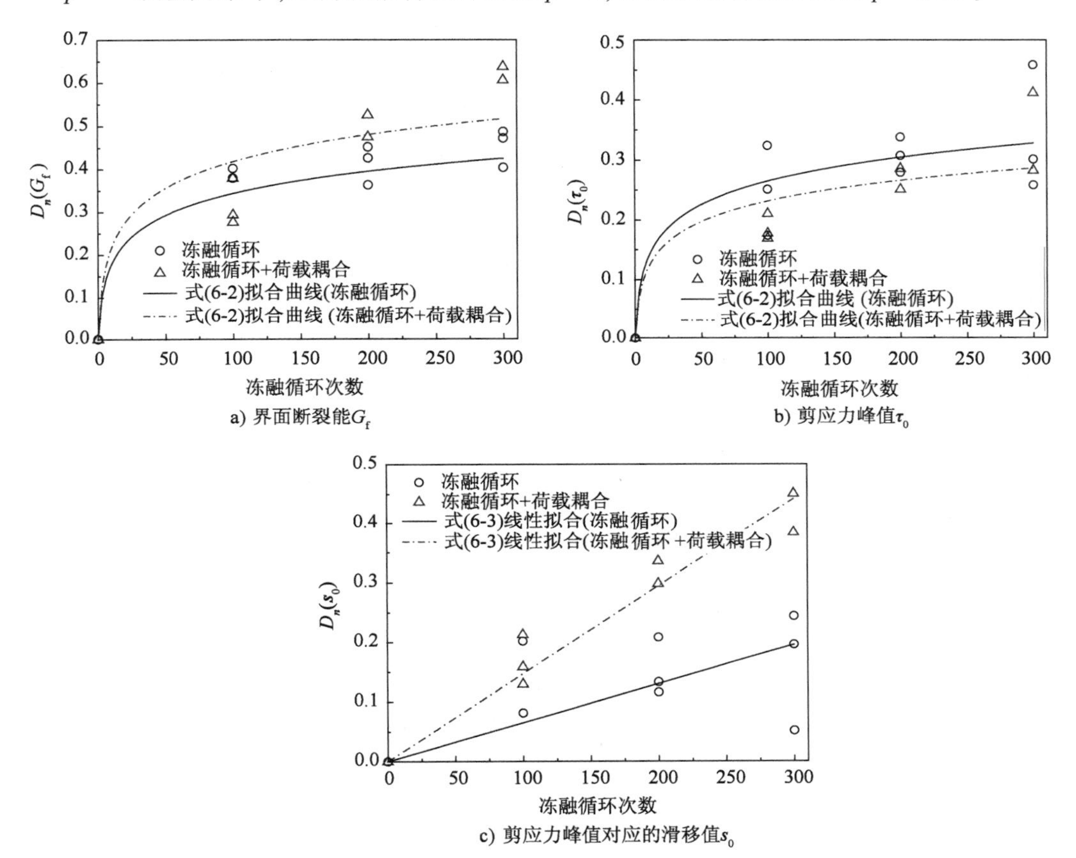

a) 界面断裂能G_f

b) 剪应力峰值τ_0

c) 剪应力峰值对应的滑移值s_0

图 6-22　界面粘结滑移参数的损伤演化

由图6-22可知,根据式(6-2)和式(6-3)拟合得到的曲线与粘结滑移参数的损伤试验值吻合较好,反映了冻融损伤的演化发展趋势。对于 G_f 和 s_0,考虑荷载耦合试件的界面粘结滑移参数的损伤大于仅考虑冻融循环的试件,而对于 τ_0 则相反,与前述试验结果一致,拟合得到的关键参数见表6-3。将式(6-2)和式(6-3)代入式(6-1),即可得到界面粘结滑移参数冻融退化模型的表达式:

$$X(n) = X_0[1-D(n)] = \begin{cases} X_0[1-a\ln(1+n)e^{b\cdot p}] & (X=G_f,\tau_0) \\ X_0(1-ane^{b\cdot p}) & (X=s_0) \end{cases} \tag{6-4}$$

将表6-3中的系数取值代入式(6-4),即可得到粘结滑移参数随冻融循环次数的退化状况。如图6-23所示,式(6-4)的预测值较好地反映了界面粘结滑移参数随冻融循环次数的变化趋势,荷载耦合作用对粘结滑移参数退化的影响与试验结果一致;对于 G_f 和 τ_0,在冻融循环作用初期退化幅度较大,100次冻融循环后的退化则相对缓慢,而 s_0 则随冻融循环次数线性降低。

界面粘结滑移参数损伤演化模型系数取值　　表6-3

粘结滑移参数	损伤演化模型 $D(n)$	a	b	p
G_f	式(6-2)	0.074	0.559	0/0.35
τ_0	式(6-2)	0.057	-0.385	
s_0	式(6-3)	0.00065	2.33	

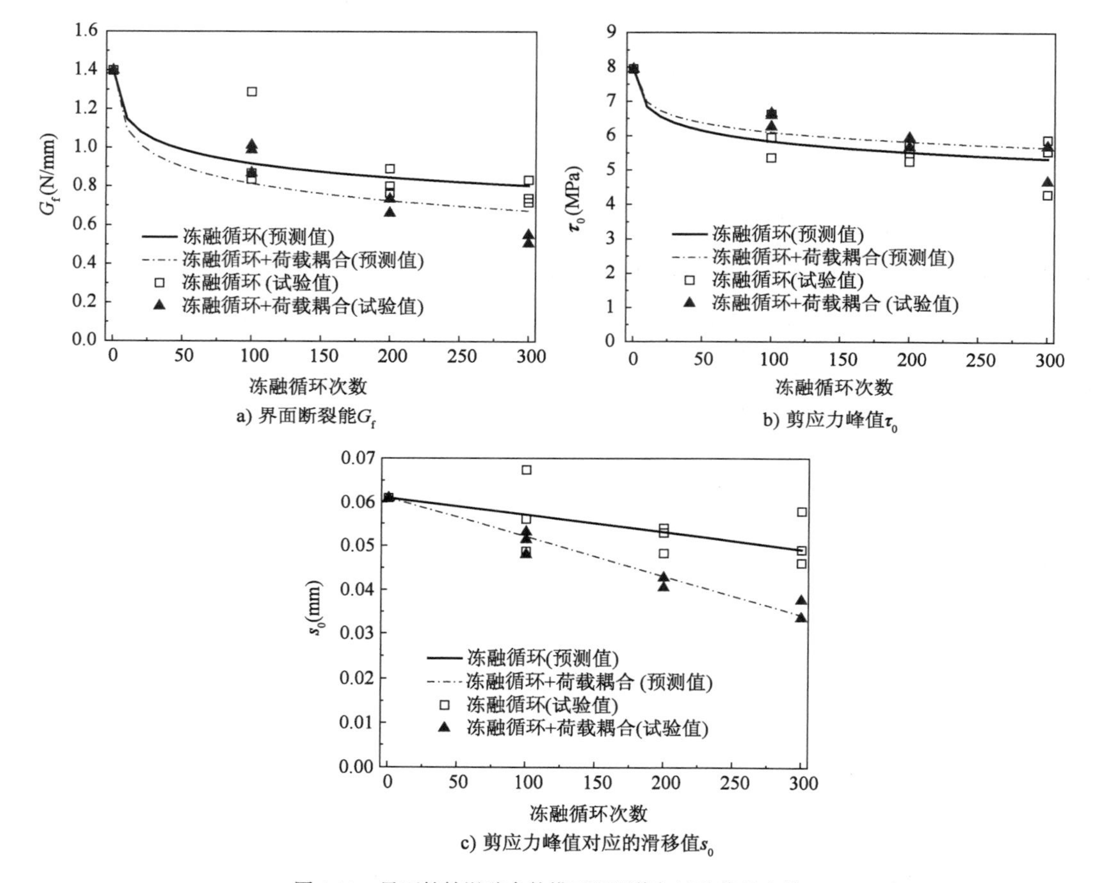

图6-23　界面粘结滑移参数模型预测值与试验值的比较

冻融循环与荷载耦合作用后,FRP-混凝土界面粘结滑移参数均显著降低,基于前述冻融循环试验结果,冻融循环作用前后界面粘结滑移关系的退化模型如图6-24a)所示,界面粘结滑移关系的表达式:

$$\tau = \begin{cases} \dfrac{\tau_0}{s_0}s & (s \leq s_0) \\ \tau_0 e^{-\beta(s-s_0)} & (s > s_0) \end{cases} \tag{6-5}$$

界面断裂能 G_f 为粘结滑移曲线所包含的面积，包括曲线的上升段 G_{fa} 和下降段 G_{fb} 两部分，$G_f = G_{fa} + G_{fd}$，具体表示如下：

$$G_{fa} = \frac{1}{2}\tau_0 s_0, G_{fd} = \int_{s_0}^{\infty} \tau_0 e^{-\beta(s-s_0)} ds = \tau_0/\beta \tag{6-6}$$

粘结滑移曲线下降段中的参数 β 可表示为粘结滑移参数的表达式：

$$\beta = \frac{\tau_0}{G_f - \frac{1}{2}\tau_0 s_0} \tag{6-7}$$

冻融循环及其与荷载耦合作用后界面粘结滑移关系的典型退化状况如图6-24b)、c)所示，与试验所得界面粘结滑移曲线及前述粘结滑移参数的退化规律一致。

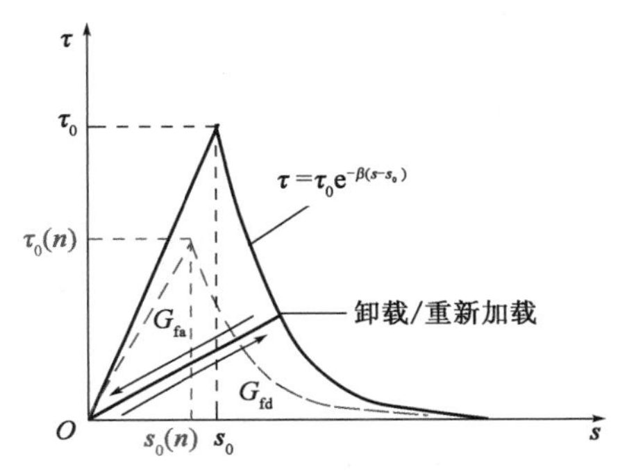

a) 界面粘结滑移关系的退化模型示意图

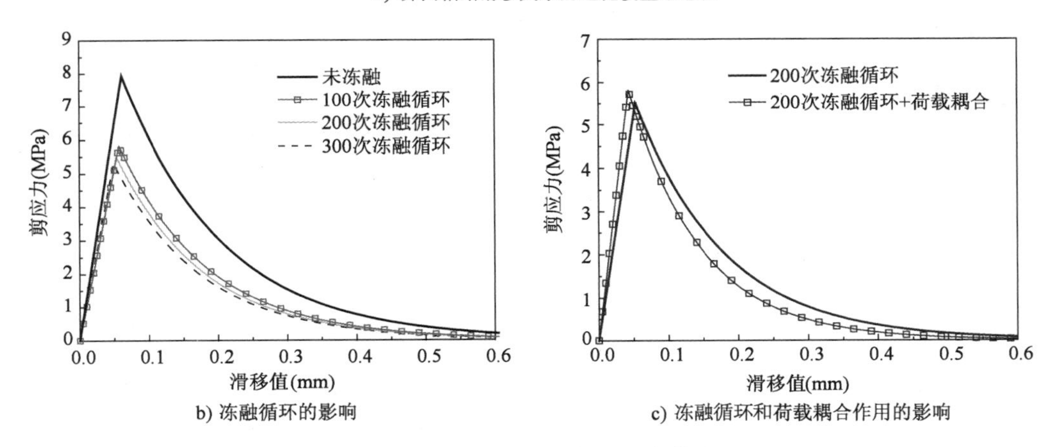

b) 冻融循环的影响　　c) 冻融循环和荷载耦合作用的影响

图6-24　界面粘结滑移关系的退化模型

2)与试验结果的比较及参数分析

为了验证界面粘结滑移关系退化模型的正确性及进一步分析界面性能参数，将上述界面粘结滑移关系的退化模型代入有限元模型进行分析、计算，得到冻融循环及其与荷载耦合作用后的界面粘结性能的模型预测值。有限元分析通过ANSYS程序实现，为简化计算分析，取用半结构进行分析，边界条件按对称模型取值，如图6-25所示。为了考虑冻融循环作用后加载端界面出现的界面初始剥离脱粘现象，在有限元分析时根据试验测得的脱粘长度设置一定的非粘结段 L_d，即在此段长度内FRP与混凝土不采用弹簧单元进行连接。对于冻融循环与荷载耦合作用的双剪试件,在有效粘结长度 L_e 范围内采用冻融循环与荷载耦合作用下的界面粘结滑移关系退化模型,而 L_e 范围以外则采用仅考虑冻融循环作用下的粘结滑移关系退化模型。

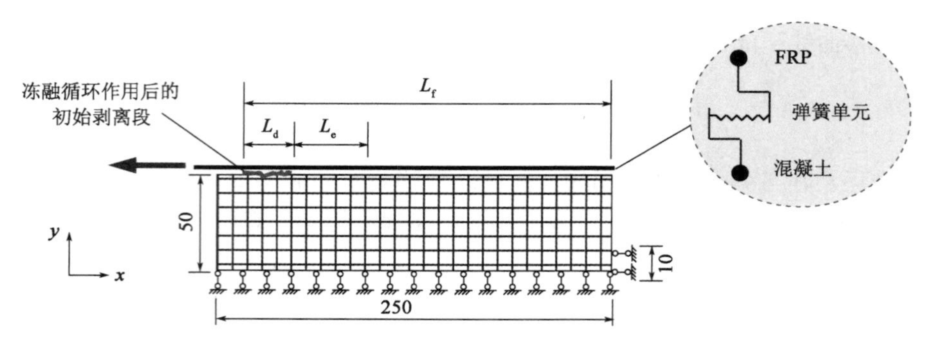

图 6-25　FRP-混凝土双剪试件的有限元半结构模型示意图(尺寸单位:mm)

图 6-26a)对冻融作用前后荷载-滑移曲线的模型预测值与实测值进行了比较,由图可知,预测曲线反映了试验曲线的变化发展趋势,极限荷载预测值略小于试验所测最大值,但去除了界面性能不均匀引起的荷载波动,极限滑移预测值与实测值较为接近。图 6-26b)给出了冻融循环作用前后荷载-滑移曲线的变化,在较大的冻融循环作用后,曲线上升段刚度下降明显,主要是加载端界面脱粘所致,变化趋势与前述试验结果一致,随着冻融循环次数的增加,极限荷载显著降低,加载端极限滑移也有一定程度降低。对于冻融循环与荷载耦合作用后的界面粘结性能,由前述讨论可知,荷载耦合作用仅在有效粘结长度 L_e 范围内起作用,图 6-27a)讨论了荷载耦合作用对荷载-滑移曲线的影响。在 L_e 范围内采用考虑荷载耦合作用粘结滑移模型的情况下,界面发生剥离后荷载仍能继续提高,最终的极限荷载与未考虑荷载耦合作用的情况一致,而界面剥离发生前的曲线与整个界面均考虑荷载耦合的情况一致。在考虑了加载端的 FRP 初始脱粘后,曲线上升段刚度显著降低,模型预测曲线与实测值吻合较好,如图 6-27b)所示。

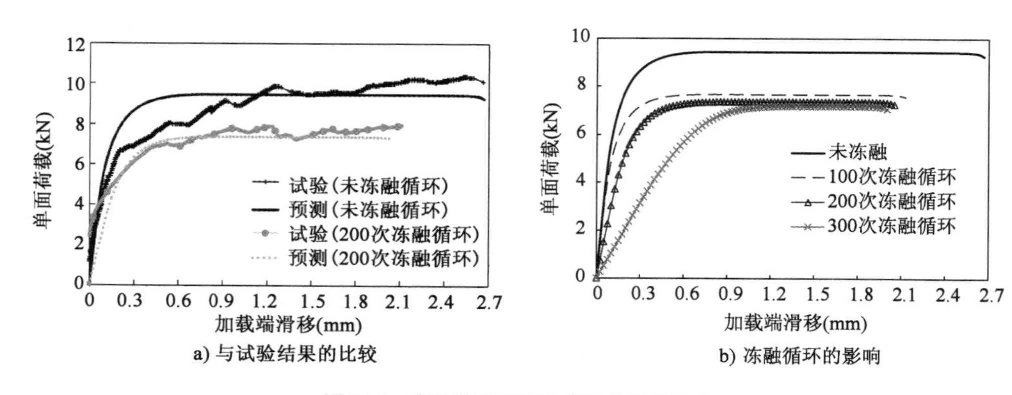

图 6-26　冻融循环对荷载-滑移关系的影响

图 6-28 讨论了 FRP 的粘结长度 L_f 对冻融循环与荷载耦合作用后 FRP-混凝土界面荷载-滑移曲线的影响。当 FRP 粘结长度较小($L_f < 2L_e$)时,考虑荷载耦合作用后的界面极限

荷载明显低于未考虑荷载耦合作用的情况，加载端界面极限滑移值也略微降低，如图 6-28a) 和b) 所示。当 FRP 粘结长度较大（$L_f \geqslant 2L_e$）时，荷载耦合作用对极限荷载和极限滑移几乎没有影响，仅在界面刚发生剥离时对荷载-滑移曲线产生影响，如图 6-28c) 所示。以上分析表明，较长的 FRP 粘结长度可有效降低荷载耦合作用对界面极限承载性能的影响，但荷载耦合作用将影响界面的剥离荷载，并加大冻融环境下 FRP-混凝土界面发生剥离破坏的可能性。

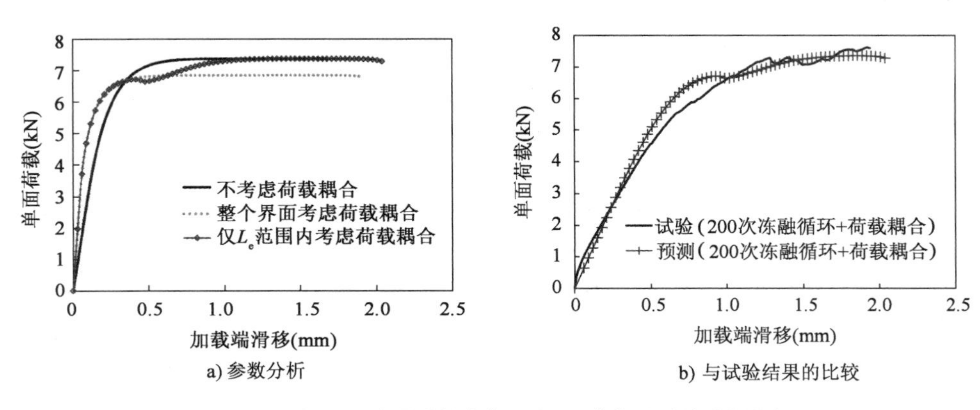

a) 参数分析　　b) 与试验结果的比较

图 6-27　冻融循环与荷载耦合作用对界面荷载-滑移关系的影响

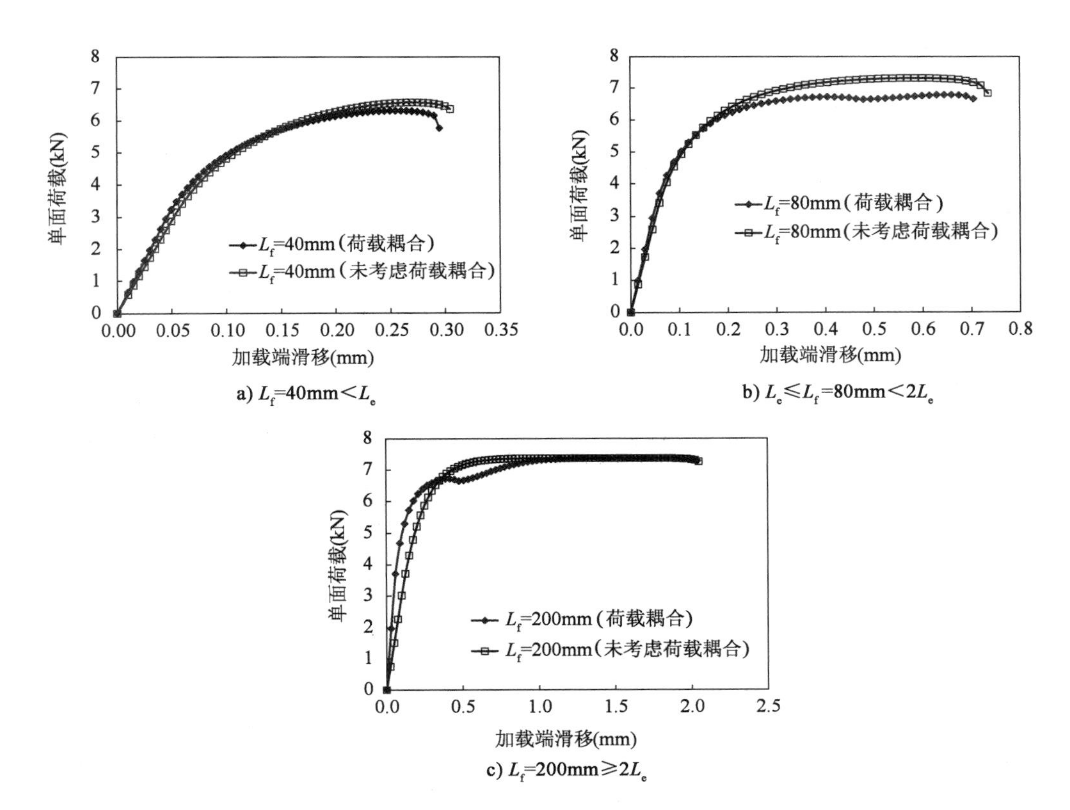

a) L_f=40mm<L_e　　b) $L_e \leqslant L_f$=80mm<$2L_e$

c) L_f=200mm$\geqslant 2L_e$

图 6-28　200 次冻融循环作用后 FRP 粘结长度对冻融循环后荷载-滑移关系的影响

6.4 FRP外贴加固混凝土受弯构件的抗冻融设计

6.4.1 常规环境下FRP外贴加固混凝土构件的极限承载力

纤维布外贴加固混凝土受弯构件极限承载力的计算方法参见《纤维增强复合材料工程应用技术标准》(GB 50608—2020)[14]，其截面分析采用基于平截面假定的变形协调条件，计算混凝土、钢筋以及FRP的应力和应变。该假定要求在发生FRP剥离破坏之前界面不发生滑移，在FRP剥离发生前该假定是精确符合的，但当FRP-混凝土界面在跨中部位发生初始剥离之后，界面将发生滑移现象，而该阶段构件受弯承载力增长的比例不大，因此，仍可采用平截面假定计算构件的极限剥离承载力。其中关于发生剥离破坏时的FRP应变，不同的规范有不同的计算方法，目前国内外相关的计算模型和设计建议比较多，以下列举两种较常见的FRP剥离应变预测方法。

(1)美国混凝土规范[ACI 440.2R(2008)]的建议方法[15]

该规范采取限制FRP极限应变的方法来防止剥离破坏的发生，建议的FRP剥离应变(ε_{fd})设计表达式如下：

$$\varepsilon_{fd} = 0.41\sqrt{f'_c/(E_f t_f)} \leqslant 0.9\varepsilon_{fu} \tag{6-8}$$

式中：f'_c——混凝土圆柱体抗压强度；

E_f、t_f——FRP的弹性模量和计算厚度；

ε_{fu}——FRP的断裂应变。

(2)我国规范[《纤维增强复合材料工程应用技术标准》(GB 50608—2020)]的建议方法[14]

该规范关于FRP剥离应变的设计表达式如下：

$$\varepsilon_{fd} = (1.1/\sqrt{E_f t_f} - 0.2/l_f)\beta_w f_t \tag{6-9}$$

式中：l_f——FRP的端部至最近的弯矩最大截面的距离；

β_w——FRP与混凝土的宽度比系数。

β_w的表达式如下：

$$\beta_w = \sqrt{(2.25 - b_f/b)/(1.25 + b_f/b)} \tag{6-10}$$

式中：b_f、b——FRP和混凝土构件的宽度。

式(6-9)中，f_t为混凝土的拉伸强度，在没有直接的试验数据时，可依据ACI 318M-11规范[16]推荐的方法，通过混凝土压缩强度进行估算：

$$f_t = 0.53\sqrt{f'_c} \tag{6-11}$$

6.4.2 冻融环境下FRP外贴加固混凝土构件的承载力

为了探讨冻融环境下FRP加固混凝土构件的剥离承载性能，本小节基于6.3.4节建立的冻融环境下FRP-混凝土界面粘结滑移关系的退化模型，结合常规环境下跨中剥离承载力计算模型，讨论分析冻融环境下FRP外贴加固混凝土构件跨中剥离承载力的变化。

FRP-混凝土界面的粘结滑移参数随冻融循环次数的增加呈现显著退化的趋势，其中界

面断裂能 G_f 是最重要的参数,它决定了界面的极限承载力 P_{max},二者之间具有如下关系：

$$P_{max} = b_f\sqrt{2G_fE_ft_f} \tag{6-12}$$

进一步,可得到剥离时刻 FRP 最大应变(ε_{max})的表达式：

$$\varepsilon_{max} = \frac{P_{max}}{b_ft_fE_f} = \sqrt{2G_f/(E_ft_f)} \tag{6-13}$$

既有研究表明,受混凝土分布裂缝及弯矩作用的影响,FRP 外贴加固混凝土受弯构件的剥离应变往往要高于根据面内剪切模型得到的 FRP 剥离应变,但二者存在着一定的比例关系。式(6-13)反映的是通过面内剪切模型得到的 FRP 剥离应变,其数值应该低于相应的剥离应变。本小节关注的是冻融循环作用后 FRP 剥离应变的退化率,根据 FRP 剥离应变与面内剪切模型 FRP 剥离应变之间的比例关系,可将由面内剪切模型得到的冻融循环作用后 FRP 剥离应变的退化率近似作为 FRP 外贴加固混凝土构件 FRP 剥离应变的退化率。由此,可定义 FRP 剥离应变冻融退化系数：

$$\lambda = \varepsilon_{fd}(n)/\varepsilon_{fd}(0) \approx \varepsilon_{max}(n)/\varepsilon_{max}(0) = \sqrt{G_f(n)/G_f(0)} = \sqrt{1 - D(n)} \tag{6-14}$$

$D(n)$ 为根据 6.3.4 节得到的随冻融循环次数 n 变化的冻融损伤值 G_f,表达式如下：

$$D(n) = 0.074\ln(1 + n) \cdot e^{0.559p} \tag{6-15}$$

考虑 FRP 外贴加固 RC 梁中的 FRP 粘结长度一般较大($L_f > 2L_e$),根据 6.3 节的分析,在冻融循环与荷载耦合作用下 FRP 与混凝土界面的极限剥离荷载由粘结长度内界面的最大承载力决定,即在 FRP 粘结长度较长的情况下,发生 FRP 剥离时的极限荷载与仅考虑冻融循环单一作用时是相同的,因此,在用式(6-15)计算冻融损伤时可不考虑荷载耦合作用。

图 6-29 给出了 FRP 剥离应变冻融退化系数 λ 随冻融循环次数的变化情况,由图可知,λ 的均值(λ_m)随冻融循环次数的增加呈现逐渐降低的趋势,在前 100 次冻融循环作用后下降较快,而 100 次以后下降速度逐渐放缓;100 次冻融循环作用后,λ 的变异系数 λ_{COV} 达到 12% 以上,这主要是由于此时处于界面破坏模式的转换期,所得试验结果存在一定的离散性,而 200 次和 300 次冻融循环作用后界面的破坏模式均为胶层剥离,λ 的变异系数稳定在 4% 左右。

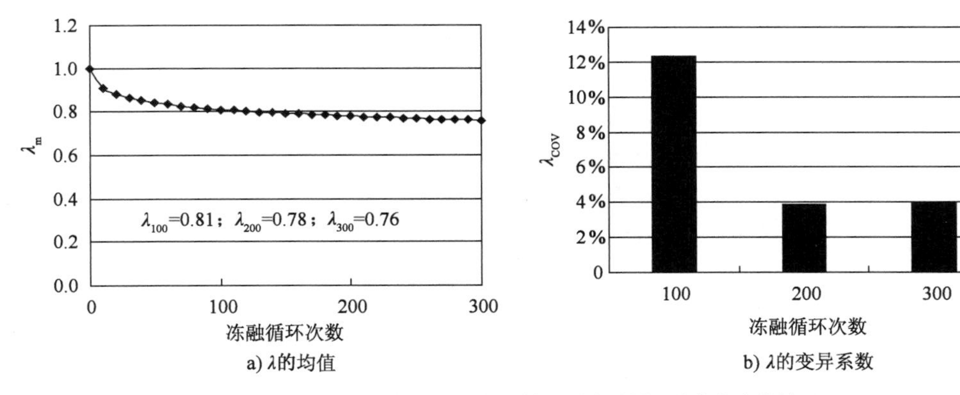

图 6-29　FRP 剥离应变冻融退化系数 λ 随冻融循环次数的变化情况

考虑目前尚缺乏冻融环境下相关的 FRP 外贴加固梁的试验和统计资料,为了计算冻融循环作用后 FRP 外贴加固混凝土构件的剥离承载力,在常规环境下 FRP 剥离应变取值的基础上,通过冻融退化系数 λ 考虑冻融环境的附加影响。对截面进行计算,图 6-30 给出了依据各模型计算得到的 FRP 剥离极限弯矩随冻融循环次数的变化关系，计算时各参数取用的是设计值。与冻融退化系数 λ 的变化规律类似，随着冻融循环次数的增加，FRP 外贴加固混凝土构件发生 FRP 剥离破坏时的极限弯矩呈现出逐渐退化的趋势，且前 100 次冻融循环的退化速率最大，之后则逐渐减缓；各预测模型的计算结果存在一定差异，但随冻融循环次数增加的退化趋势相同，相对退化率也基本接近。

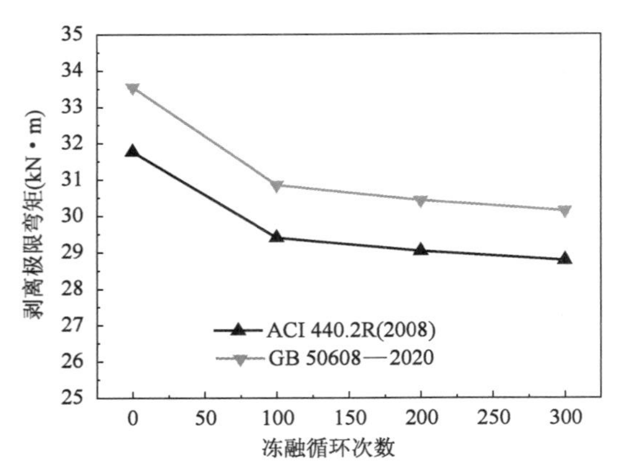

图 6-30　根据不同模型计算得到的 FRP 剥离极限弯矩随冻融循环次数的变化关系

6.4.3　冻融环境下跨中剥离破坏的可靠性分析与 FRP 剥离应变折减系数

图 6-31 以 ACI 440.2R(2008) 规范 FRP 剥离模型为例，对 λ 及其离散性对结构可靠指标的影响进行了参数分析，讨论了 λ 的均值(λ_m)及变异系数(λ_{COV})对平均可靠指标的影响，可靠指标计算方法及可靠性分析过程可参见文献[17]。由图 6-31 可知，随着 λ_m 的降低，加固构件的平均可靠指标明显降低；对于相同的 λ_m 值，平均可靠指标随着 λ_{COV} 的增大而逐渐降低，且 λ_m 越高，平均可靠指标受离散性的影响越大。以上分析表明，在恶劣条件作用下，即使结构性能的平均值未降低，明显增大的离散性仍能够显著降低结构的可靠性。

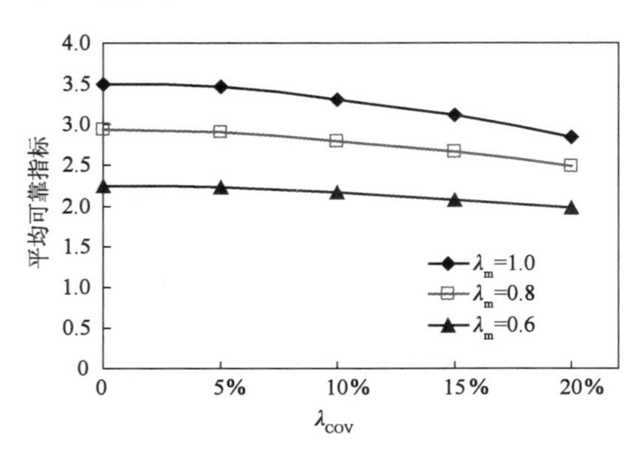

图 6-31　λ 的均值及变异系数对结构平均可靠指标的影响

本小节在确定冻融环境下 FRP 剥离模型的折减系数时，采用 300 次冻融循环作用后的 FRP 剥离应变冻融退化系数作为冻融环境下的附加考虑因素，即 $\lambda_m = 0.76$，$\lambda_{COV} = 4\%$，按正态分布考虑其概率分布。图 6-32 给出了 300 次冻融循环作用后通过 Monte-Carlo 方法计算得到的 FRP 剥离抗力的分布情况，同时分别采用正态、对数正态以及 Weibull 分布的概率密度函数对其进行拟合分析。由图可知，ACI 440.2R(2008)模型的抗力 Monte-Carlo 模拟数值与正态分布和对数正态分布的拟合曲线基本符合，而 GB 50608—2020 模型的抗力计算数值与 Weibull 模型的拟合结果吻合相对较好。进一步，对上述 Monte-Carlo 方法得到的抗力数据进行显著性水平 $\alpha=0.05$ 的 K-S 假设检验，可知 GB 50608—2020 模型预测得到的抗力数据服从 Weibull 分布，而 ACI 440.2R(2008)模型服从正态分布。

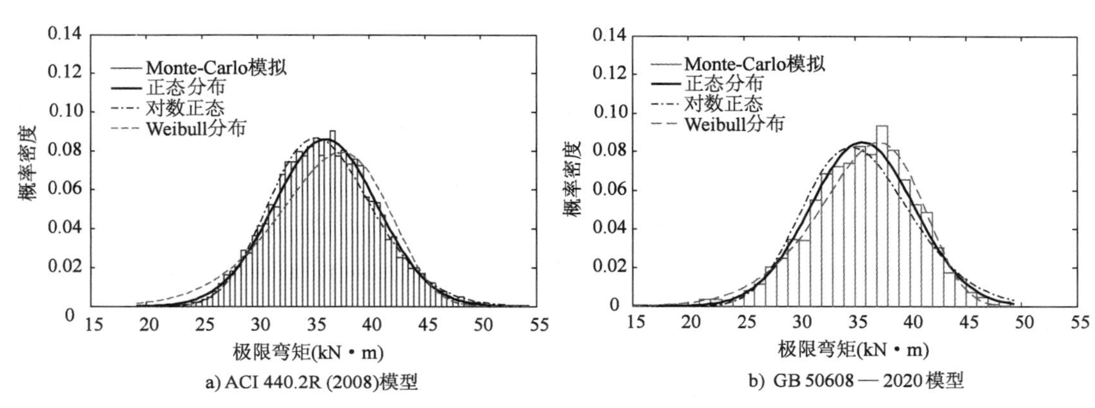

图 6-32　300 次冻融循环作用后各预测模型 FRP 剥离抗力的概率密度

考虑 300 次加速冻融循环作用相当于实际结构构件在自然环境中暴露数十年时间，可对结构的安全等级进行适当降低，按照二级来考虑，即目标可靠指标取 $\beta_T=3.7$。根据文献[17]所述可靠性计算方法，冻融环境下各 FRP 剥离模型计算所得的可靠度综合指标(H_φ)随折减系数 φ 的变化情况如图 6-33 所示。由图可知，H_φ 随 φ 的降低呈现先减小再增大的变化，曲线最低点处对应的 φ 即为相应模型的设计折减系数，ACI 440.2R(2008)和 GB 50608—2020 模型的冻融折减系数分别为 0.6 和 0.5。

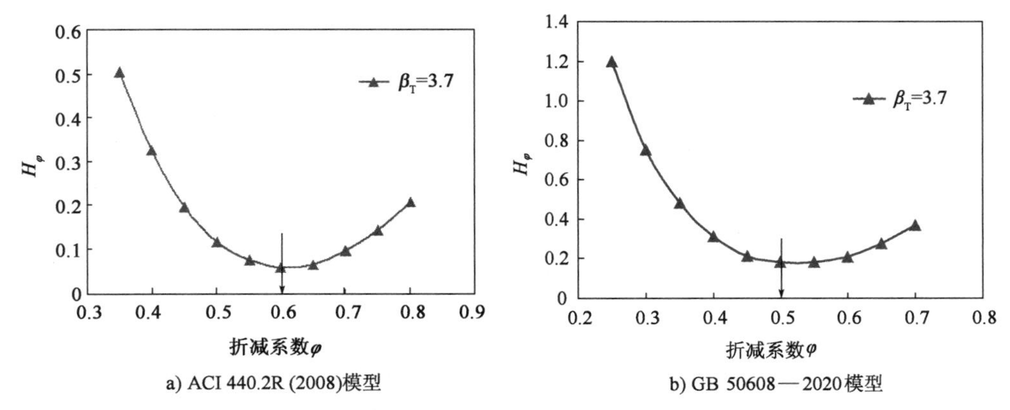

图 6-33　确定冻融环境下 FRP 剥离模型的折减系数

6.4.4　冻融环境下 FRP 外贴加固混凝土构件计算实例

本小节采用前文建立的冻融环境下 FRP 加固混凝土构件的承载力计算方法，对矩形截面钢筋混凝土简支梁进行加固计算分析，讨论考虑冻融折减系数前后加固设计的异同。

矩形截面钢筋混凝土简支梁,跨度 $L = 2.5\text{m}$,截面及材料具体参数选取如下:梁宽 $b = 150\text{mm}$,梁高 $h = 200\text{mm}$,截面有效高度 $h_0 = 180\text{mm}$,下部纵筋面积 $A_s = 402\text{mm}^2$,上部纵筋面积 $A'_s = 266\text{mm}^2$,钢筋弹性模量 $E_s = 210\text{GPa}$,钢筋屈服强度 $f_y = 300\text{MPa}$,混凝土强度 $f'_c = 25\text{MPa}$,FRP 的宽度为固定值,即 $b_f = 120\text{mm}$,FRP 的弹性模量 $E_f = 230\text{GPa}$,FRP 拉伸强度 $f_{fu} = 3500\text{MPa}$。

先按照粘贴 1 层 CFRP 进行计算,根据美国 ACI 440.2R(2008)规范和中国 GB 50608—2020 规范计算所得的 FRP 加固混凝土梁的极限承载力分别为 63.9kN 和 62.8kN,考虑冻融循环作用后的设计折减系数(见 6.4.3 节),按上述规范计算得到的极限承载力分别为 58.6kN 和57.9kN,如图 6-34 所示。由图可知,不同规范的承载力预测值略有差异,考虑了冻融设计折减系数后构件的极限承载能力均出现显著降低。为了达到与常规环境下相同的极限承载能力,在冻融环境下的加固构件设计中需要的 FRP 材料用量更多。根据 ACI 440.2R(2008)和 GB 50608—2020 规范并考虑冻融设计折减系数计算,可知分别需要 2.25 层和 2.35 层的碳纤维布才能够达到与常规环境下(粘贴 1 层碳纤维布)相同的受弯构件极限承载力。

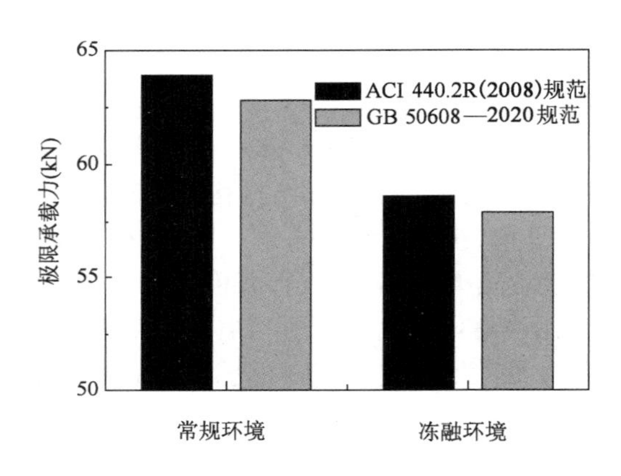

图 6-34　考虑冻融设计折减系数前后 FRP 加固混凝土梁极限承载力的比较

6.5 本章小结

本章从 FRP 抗冻融性能、FRP-混凝土界面粘结的冻融耐久性以及 FRP 加固混凝土构件的抗冻融设计三个层面介绍 FRP 抗冻融加固新技术,得到以下主要结论:

①不同种类的 FRP 在冻融循环作用下均有一定的性能退化,BFRP 退化程度最低,GFRP 次之,CFRP 退化幅度相对最大。冻融循环作用时考虑荷载耦合作用,将在一定程度上加速 FRP 材料的性能退化速率。总体来讲,FRP 具有相对较好的耐冻融性能,室内加速冻融循环作用 300 次之后,各类 FRP 的退化均在 10% 以内。

②FRP-混凝土界面性能受冻融循环的影响较大,随冻融循环次数的增加,破坏形态由混凝土层逐渐转变为树脂层,粘结树脂性能的退化是造成 FRP-混凝土界面性能劣化的主要原因。对粘结树脂进行增韧改性,可有效提升 FRP-混凝土界面的耐冻融性能。在此基础上,建立了冻融环境下 FRP-混凝土界面粘结滑移关系的退化模型,可较好地预测冻融环境

下FRP-混凝土界面的长期受力性能。

③基于上述界面退化模型,在FRP加固混凝土受弯构件极限承载力计算方法中引入冻融折减系数,结合可靠度分析,提出了冻融环境下FRP抗弯加固混凝土受弯构件的设计方法,并进行了加固实例计算和分析。

本章参考文献

[1] 孙伟.现代结构混凝土耐久性评价与寿命预测[M].北京:中国建筑工业出版社,2015.

[2] Karbhari V M. Durability of composites for civil structural applications [M]. Cambridge: Woodhead Publishing in materials and CRC Press,2007.

[3] Shi J W,Zhu H,Wu Z S,et al. Bond behavior between basalt fiber-reinforced polymer sheet and concrete substrate under the coupled effects of freeze-thaw cycling and sustained load [J]. Journal of composites for construction,2013,17(4):530-542.

[4] Shi J W,Zhu H,Wu G,et al. Tensile behavior of FRP and hybrid FRP sheets in freeze-thaw cycling environments [J]. Composites part b:engineering,2014,60:239-247.

[5] Li H,Xian G J,Zhang H. Freeze-thaw resistance of unidirectional fiber reinforced epoxy composites [J]. Journal of applied polymer science,2012,123:3781-3788.

[6] 中国建筑科学研究院.普通混凝土长期性能和耐久性能试验方法标准:GB/T 50082—2009[S].北京:中国建筑工业出版社,2009.

[7] Green M F. FRP repair of concrete structures:performance in cold regions [J]. International journal of materials and product technology,2007,28(1/2):160-177.

[8] 王岚,陈阳,李振伟.连续玄武岩纤维及其复合材料的研究[J].玻璃钢/复合材料,2000,6:22-24.

[9] Wang M C,Zhang Z G,Li Y B,et al. Chemical durability and mechanical properties of alkali-proof basalt fiber and its reinforced epoxy composites [J]. Journal of reinforced plastics and composites,2008,27(4):393-407.

[10] Meyer L J,Henshaw J M,Houston D Q. The effects of stressed environmental exposure on the durability of automotive composite materials [J]. Polymers and polymer composites,1999,7(4):269-281.

[11] Neumann S,Marom G. Prediction of moisture diffusion parameters in composite materials under stress [J]. Journal of composite materials,1987,21:68-80.

[12] 唐光普.混凝土结构冻融耐久性评估研究[D].北京:清华大学,2006.

[13] 李金玉,邓玉刚,曹建国,等.混凝土抗冻性的定量化设计[A]// 王媛俐,姚燕.重点工程混凝土耐久性的研究与工程应用[C].北京:中国建材工业出版社,2001:265-272.

[14] 中华人民共和国住房和城乡建设部,国家市场监督管理总局.纤维增强复合材料工程应用技术标准:GB 50608—2020[S].北京:中国计划出版社,2020.

[15] ACI 440.2R. Guide for the design and construction of externally FRP systems for strengthening concrete structures [S]. ACI Committee 440,Farmington Hills,MI,USA,2008.

[16] ACI 318M-11. Building code requirements for structural concrete [S]. ACI Committee 318,

Farmington Hills, MI, 2011.

[17] Shi J W, Wu Z S, Wang X, et al. Reliability analysis of intermediate crack-induced debonding failure in FRP strengthened concrete members [J]. Structure and Infrastructure Engineering, 2015, 11(12): 1651-1671.

第 2 篇

预应力主动加固结构新技术

第7章 预应力高强钢丝绳加固结构新技术

7.1 概　　述

混凝土结构加固方法的选择应根据结构检测结果，结合结构布置特点、主体结构传力特征、功能要求、周围环境等因素，从安全、适用角度出发，同时考虑经济性指标后综合确定。现有传统加固方法各有其优缺点和适用范围。例如，增大截面加固技术，能显著提高结构刚度和承载力，但加固周期长且增加结构自重；粘钢加固[1]对结构刚度提高明显，但抗腐蚀能力、防火性能差，后期维护费用高；粘贴碳纤维加固[2-3]技术，由于碳纤维材料轻质高强，粘贴碳纤维对结构自重增加小，加固后抗腐蚀能力强，但防火性能相对较差；体外预应力加固[4]技术对结构刚度、承载力提高明显，但施工烦琐，锚固端安全性能低，施工成本高；传统外贴钢丝网加固[5]技术对承载力提高明显，防火、耐久性能好，但对刚度提高不明显，容易发生粘结破坏。

基于对既有加固技术优缺点的分析，本章提出了新型预应力钢丝绳加固技术，其能在不显著增加结构自重、不明显减少建筑物空间的前提下，提高结构的刚度和承载能力。预应力技术的采用可使加固材料充分发挥其性能，且加固后的构件仍然具有很好的延性。采用该技术对混凝土梁进行抗弯加固的原理如图7-1所示。在原结构待加固区两端设置锚固系统，锚固系统由锚板和锚具组成，通过锚栓将锚板锚固于混凝土结构上，再在钢丝绳两端增设锚头或锚固螺杆制成钢丝绳索，然后对钢丝绳索施加预应力后锚固于锚具，最后在钢丝绳外部涂抹一定厚度的防护砂浆，使增设的加固构件和原结构成为整体，实现对结构的加固补强。

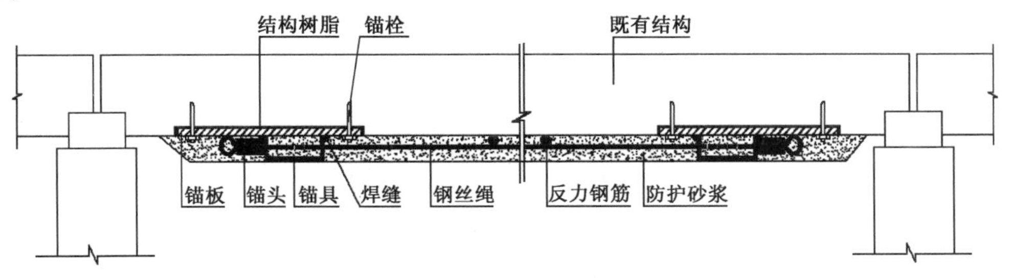

图7-1　钢丝绳抗弯加固混凝土梁原理示意图

钢丝绳不仅适用于混凝土梁的抗弯加固,对混凝土梁的抗剪加固以及柱的约束、抗震加固同样有很好的效果。钢丝绳抗剪加固混凝土梁,是在混凝土梁受剪区的侧面和底面三面缠绕钢丝绳,通过施加预应力,将钢丝绳端部锚固在锚具中,然后在钢丝绳表面涂抹一层防护砂浆,从而在梁体形成一种类似箍筋的加固件,增强了梁体的抗剪能力,加固原理如图 7-2 所示。缠绕钢丝绳加固混凝土柱,是利用钢丝绳缠绕工艺,在柱子周围密布或间隔缠绕一层钢丝绳,然后在钢丝绳表面涂抹一定厚度的粘结材料,使柱子外围形成一个连续壳体,从而增强柱子的约束、抗震性能,其加固原理如图 7-3 所示。

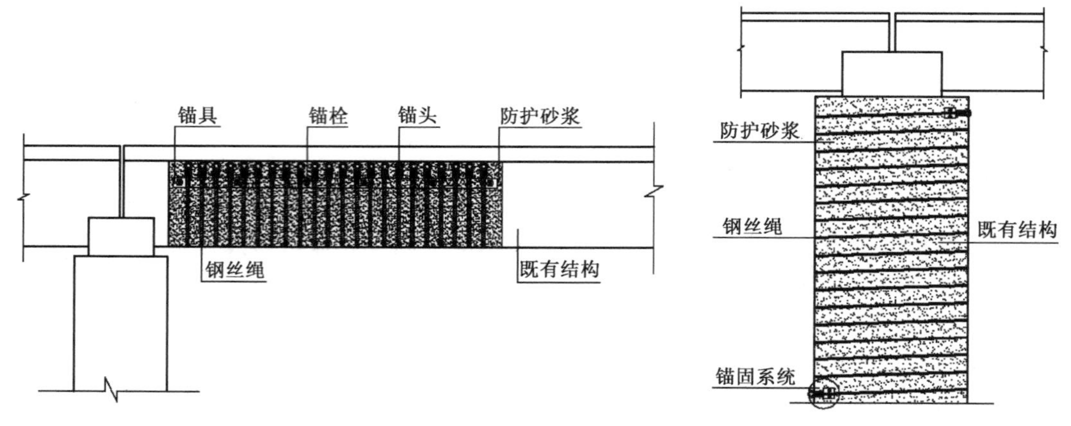

图 7-2　钢丝绳抗剪加固混凝土梁原理示意图

图 7-3　钢丝绳约束加固混凝土柱原理示意图

在江苏省自然科学基金项目资助下,课题组团队于 2005 年启动针对预应力钢丝绳加固混凝土结构技术的研究工作,次年申请国家发明专利《预应力钢丝绳抗弯加固混凝土结构及其加固方法》,并于 2009 年获得授权。2008 年申请编写了住房和城乡建设部行业标准《预应力高强钢丝绳加固混凝土结构技术规程》(JGJ/T 325—2014),经过十多年的不断研究和优化,形成了一套完整的切实可行的加固技术体系。

7.2　关键材料及工艺

7.2.1　钢丝绳

钢丝绳是一种将力学性能和几何尺寸符合要求的钢丝按照一定的规则捻制在一起的螺旋状钢丝束,它由钢丝、绳芯及润滑脂组成。由于钢丝绳强度高、有柔性,在冶金、矿山、石油天然气钻采、机械、化工、航空航天等领域得到广泛使用,因此针对其质量和使用养护等制定了很多规范和细则。

钢丝绳使用广泛,为满足不同领域需要,截面结构形式多样,《钢丝绳通用技术条件》(GB/T 20118—2017)对钢丝绳的直径、强度、截面形式等作了详细规定。规范中规定钢丝绳直径范围从 0.6mm 到 60mm 不等,强度等级划分为六级,分别为 1570MPa、1670MPa、1770MPa、1870MPa、1970MPa、2160MPa。钢丝绳按照材质分为不锈钢钢丝绳、碳素钢钢丝绳,为满足环境使用要求,碳素钢钢丝绳表层进行了处理,形成了镀锌、磷化涂层及涂塑碳素钢钢丝绳,在土木工程结构加固领域,镀锌和不锈钢钢丝绳应用居多。

考虑钢丝绳张拉和锚固的便捷性,结构加固中建议选用直径不大于7mm的细直径钢丝绳。预应力高强钢丝绳加固结构新技术选用了直径为3mm、5mm、7mm的镀锌钢丝绳,结构形式为单股1×19,如图7-4所示,经测试,该形式钢丝绳具有高强、低松弛、高延性的特性。钢丝绳的抗拉强度标准值、弹性模量、伸长率等力学性能指标见表7-1,典型的应力-应变曲线如图7-5所示。

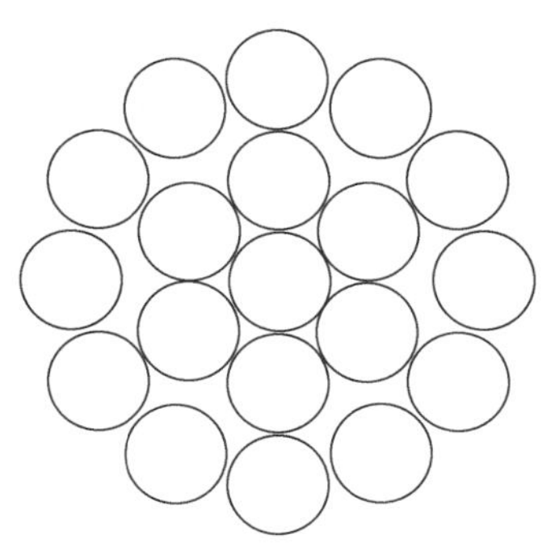

图7-4　钢丝绳结构图(单股1×19)

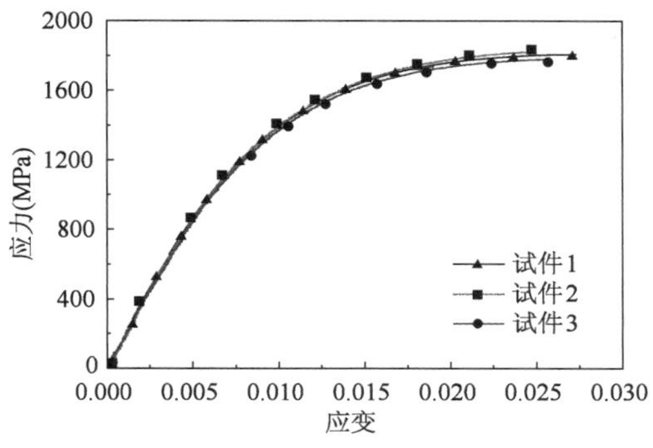

图7-5　钢丝绳应力-应变曲线

钢丝绳力学性能指标值　表7-1

结构形式	符号	公称直径(mm)	材质	抗拉强度标准值f_{rk}(MPa)	弹性模量E_r(MPa)	材料分项系数	伸长率(%)
1×19	ϕ^S	3.0~7.0	不锈钢钢丝绳	1650	1.10×10^5	1.47	1.6
			镀锌钢丝绳	1560	1.40×10^5	1.47	2.1

钢丝绳的松弛性能对预应力的有效建立有较大的影响,应力松弛与时间、初始应力等很多因素有关。松弛试验测试过程中,考虑钢材张拉后前24h松弛可占总松弛的50%以上,设计了两组试件,一组测试24h,一组测试192h。试件长3.15m,初始应力分别为1098.7MPa和806.3MPa,经过设定时间的松弛后测得应力分别为1080.1MPa和797.4MPa,松弛率分别为1.7%和1.1%。可见,此种结构钢丝绳的松弛率较小。实际工程中预应力钢丝绳加固后一般应在其外侧涂抹砂浆进行锚固、防护,可进一步减少松弛的发生。综上,钢丝绳松弛小,完全能满足工程需要。

7.2.2　锚固系统

预应力钢丝绳锚固系统是该技术高效实施的关键因素,锚固系统的安全可靠保证了钢丝绳强度的有效利用,保证了整个体系的主动加固效果,同时也直接影响了施工的便利程度以及费用。锚固系统由锚头、锚具、锚板、锚栓组成。组成部件与结构的连接方式不同,可形成两种锚固系统,一种是锚板粘结锚固系统,另一种是纵筋焊接锚固系统。锚板粘结锚固系统是锚板通过锚栓和粘结树脂共同作用与混凝土结构连接成整体;纵筋焊接系统省略了锚板,直接将锚具焊接在混凝土构件的纵筋上,从而实现整体连接。两种锚固系统如图7-6所示。

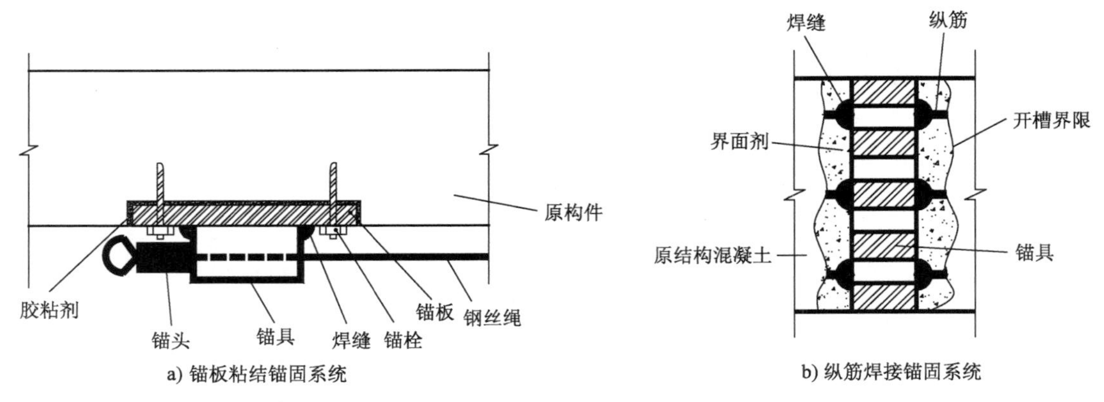

a) 锚板粘结锚固系统

b) 纵筋焊接锚固系统

图 7-6　两种锚固系统

1)钢丝绳锚头

钢丝绳要实现张拉固定在锚具上,需要在两端分别制作挤压锚头,如图 7-7d)所示。根据钢丝绳直径选用配套的铝合金套管,套管内有两个槽孔,钢丝绳穿入套管,端部形成一个环。将套管连同两股钢丝绳一起放入挤压模具挤压成锚头,挤压过程和挤压装置如图 7-7b)、c)所示。

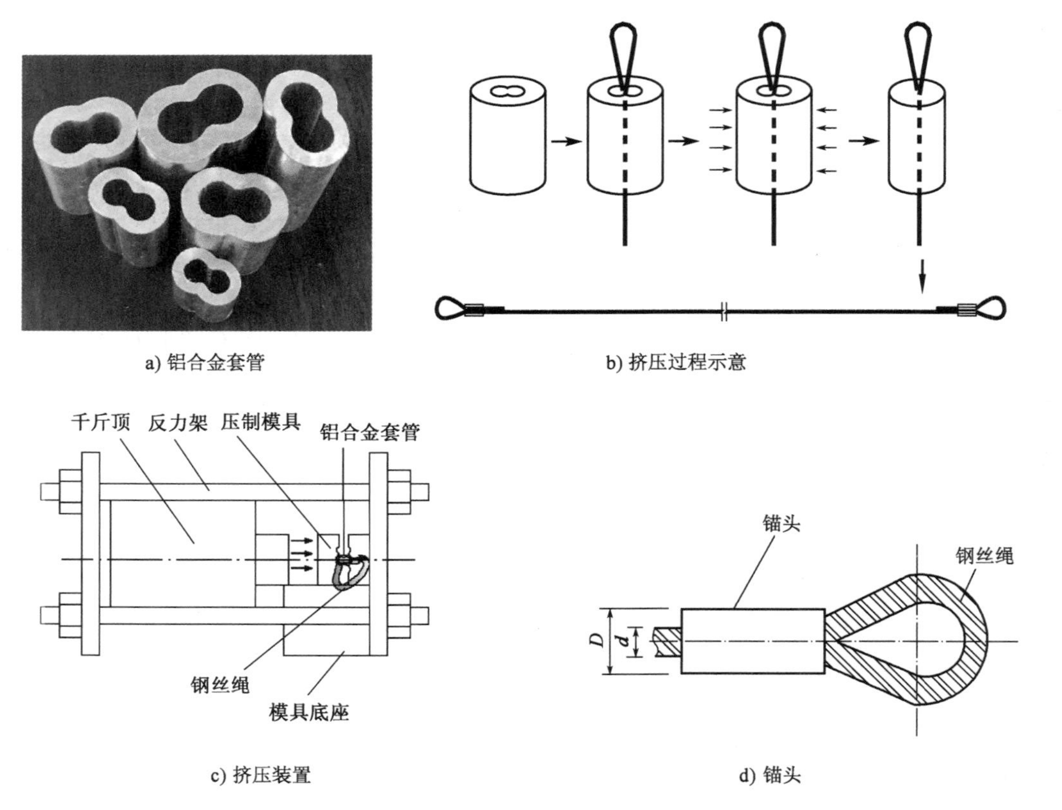

a) 铝合金套管

b) 挤压过程示意

c) 挤压装置

d) 锚头

图 7-7　锚头制作示意图

2)锚具

如图7-8所示,锚具有两种形式,一种是开槽锚具,另一种是开孔锚具。两种锚具各有优劣,根据具体情况选用,一般大直径钢丝绳选用开孔锚具较多。对于开槽锚具,锚具高度应大于锚头直径(D),开槽深度略大于钢丝绳直径2~3mm,槽与槽中心之间的距离应大于锚头直径(D)。对于开孔锚具,锚具高度应大于螺母直径,开孔直径大于螺杆直径1~2mm为宜,孔与孔之间的距离应大于螺母直径2~3mm,以便有空间拧动螺母。两种锚具的长度根据加固构件的宽度确定,一般等于构件宽度,钢丝绳均匀分布在锚具宽度范围内。锚具宽度应根据焊缝承载力设计,一般为30~40mm。锚具材质宜选用可焊性较好的Q235材料,满足设计强度要求。

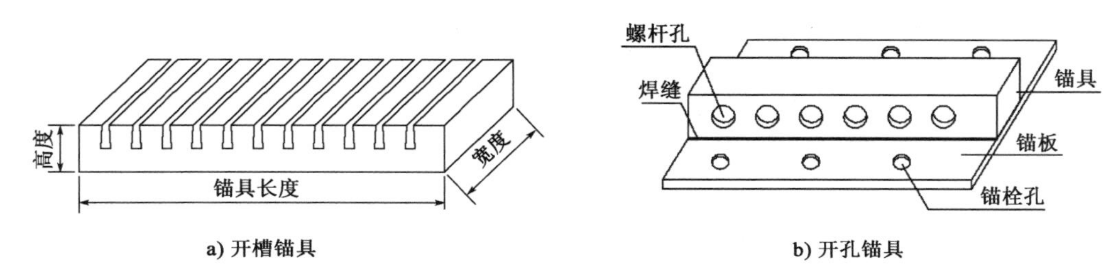

图7-8　锚具示意图

3)锚板

锚板是连接锚具与混凝土结构件的中间部件,起到传递应力的作用。锚具焊接在锚板上,锚板与混凝土通过锚栓和粘结树脂共同锚固。锚板长度同锚具长度,宽度通过锚板承载力验算确定,厚度一般不应小于10mm。锚板应具有较好的可焊性,满足强度设计要求。锚具与锚板连接形式如图7-9所示。

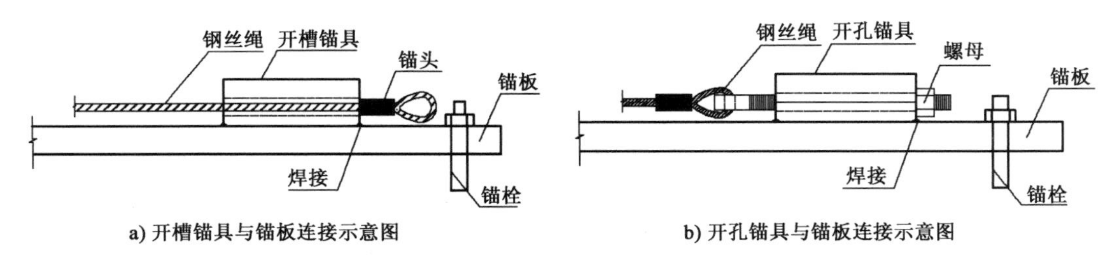

图7-9　锚具与锚板连接示意图

7.2.3　张拉系统

钢丝绳在实施张拉时,根据其应力控制方式不同,开发了三种张拉系统。

1)应力、伸长量双重控制张拉系统

应力、伸长量双重控制张拉系统包括钢丝绳索、牵拉索、转向装置、测力传感器、张拉器具。此种方法适用于开槽锚具,在工程中大量使用。此种方法的优点是在钢丝绳张拉过程中,由于裂缝闭合及测量误差等导致张拉伸长量和计算伸长值有偏差,钢丝绳伸长量已达计算伸长量,而应力未达到控制应力时,可通过继续张拉、在钢丝绳锚头和锚具之间加塞钢垫片微调,直至达到控制应力。

(1)钢丝绳索制备

钢丝绳索的制备如图7-10所示,包括长度的确定和两端锚头的制作。确定钢丝绳下料长度前,应通过试验实测张拉控制应力下拉应变ε,实际测量锚具外缘尺寸L_i(mm),钢丝绳的下料长度L_0(mm)按式(7-1)计算。

$$L_0 = L_i/(1+\varepsilon) + 4L_e \tag{7-1}$$

式中:L_e——钢丝绳插入套管后在端部形成的张拉环的长度,根据实际情况测量取值,mm。

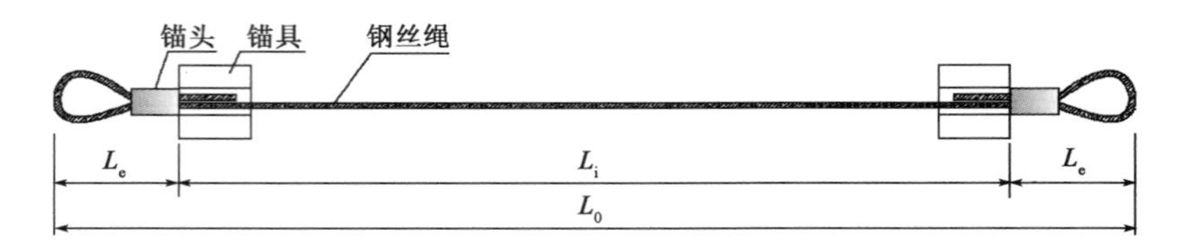

图7-10 钢丝绳索制备示意图

(2)张拉系统实施

如图7-11所示,将钢丝绳张拉系统各部件依次组装,启动张拉器具实现张拉。

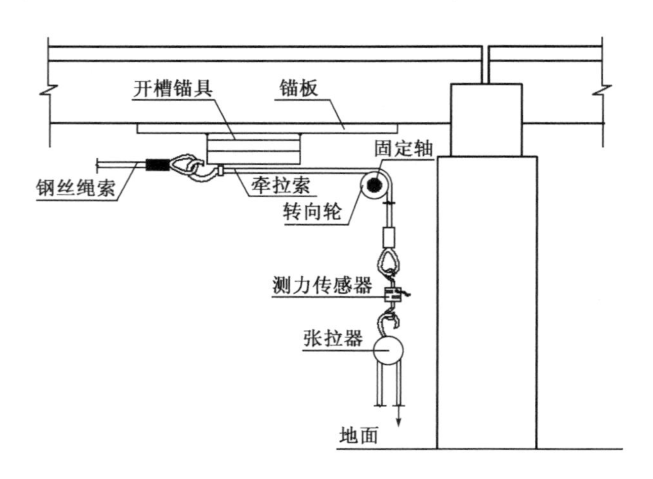

图7-11 张拉系统示意图(适用于开槽锚具)

具体实施:先将钢丝绳索锚固端锚头卡入锚具槽中固定,再把钢丝绳索张拉端拉环与牵引索连接。实际工程中,锚具与桥墩台之间的空间往往较小,通过牵引软索、转向轮,可灵活改变方向。测力传感器一端连接牵拉索一端连接张拉器,在张拉过程中监测张拉力。当应力值达到张拉控制应力时,观察锚头与锚具外侧边缘的位置关系,若锚头刚好到锚具外侧边缘,则不需要微调,直接将钢丝绳嵌入锚具槽,锚头卡住锚具。若锚头超过锚具外边缘则需要用钢垫板微调,即锚具和锚头之间嵌塞钢垫板。若锚头未到达锚具外边缘,说明钢丝绳下料短了,则需要继续超张拉钢丝绳才能到达锚具外边缘;如果锚头和锚具外边缘之间相差较大,则应考虑重新下料制作钢丝绳索。超张及张拉应力不够的允许应力偏差可取 ±100 N。

2) 应力控制张拉系统

应力控制张拉系统包括钢丝绳索、连接套筒、牵拉索、转向装置、测力传感器、张拉器具。该系统是在应力、伸长量双重控制系统的基础上,在锚具和张拉端进行了调整。钢丝绳索的两端增加了带孔螺杆,张拉时增加了连接套筒。

(1) 钢丝绳索制备

如图 7-12 所示,钢丝绳索的制备包括钢丝绳下料以及钢丝绳两端螺杆连接两部分。先制作锚固端螺杆连接,钢丝绳一端穿入金属套管,再穿过螺杆孔,然后按照制作锚头的方法,弯折钢丝绳穿入铝合金套管,挤压完成锚固端螺杆连接。张拉端螺杆不宜太长,建议 10 ~ 15cm 为宜,锚固端螺杆长度 L_1 (mm) 可根据现场情况任意设定,端部张拉环长度 L_e (mm) 及锚具内边缘长度可通过量测获得,张拉端螺杆长度可预设 L_1 或其他长度值。通过试验测定钢丝绳张拉控制应力下的应变值 ε,计算钢丝绳下料长度 L_i (mm),可按式(7-1)计算。

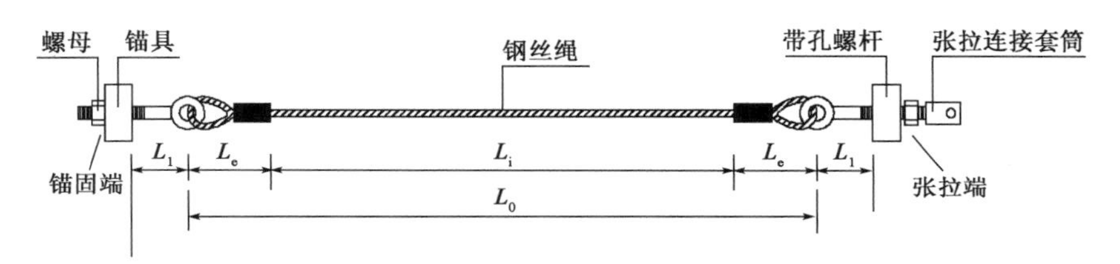

图 7-12　带螺杆钢丝绳索示意图(适用于开孔锚具)

(2) 张拉系统实施

张拉端螺杆与套筒连接,牵引索一端连接套筒,一端连接测力传感器,依次再连接张拉器,连接完成实施张拉,达到设计控制应力时拧紧张拉端螺母,锁定螺杆,完成张拉。

3) 其他张拉系统

(1) 顶推式张拉系统

预应力钢丝绳抗剪加固混凝土梁时,由于梁顶板至钢丝绳锚具的操作空间较小,无法用上述张拉系统实现。结合实际情况,开发了一套顶推系统,可以实现钢丝绳的张拉,如图 7-13 所示。该系统在梁体设置支撑平台,张拉工艺中设计了钢卡套,钢卡套一面开槽,槽深及宽度以能穿过钢丝绳为宜。具体操作方法:钢丝绳在梁体两侧面及底面三面呈 U 形布置,梁高合适范围植筋搭设反力平台,支撑千斤顶。依次安装千斤顶、压力传感器、钢垫板、钢卡套,钢丝绳穿过钢卡套槽道,把锚头推向卡槽上端顶,然后启动千斤顶,张拉钢丝绳,当钢丝绳锚头张拉到锚具位置,轻推锚头至锚具卡槽。

(2) 扭矩扳手张拉系统

扭矩扳手张拉系统比较简单,适用于开孔锚具张拉,张拉控制应力不宜太大的情况。该张拉系统包括带螺杆钢丝绳索、开孔锚具、扭矩扳手。张拉实施方法:先锚固钢丝绳索一端,再环向缠绕钢丝绳至设计高度,缠绕过程中,钢丝绳为张紧状态。待缠绕至张拉端锚具,螺杆穿进锚具,拧动螺母。用扭矩扳手旋转螺母,每旋转一周对应一定数值的螺杆拉应力,从而达到钢丝绳张拉控制应力。图 7-14 为钢丝绳缠绕加固柱时,钢丝绳始末端的张拉锚固示意图。

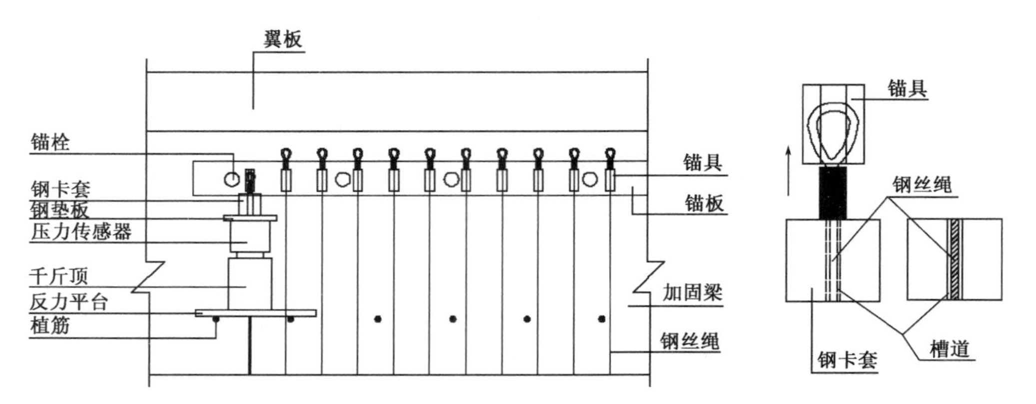

图7-13　顶推式张拉系统示意图(抗剪加固)

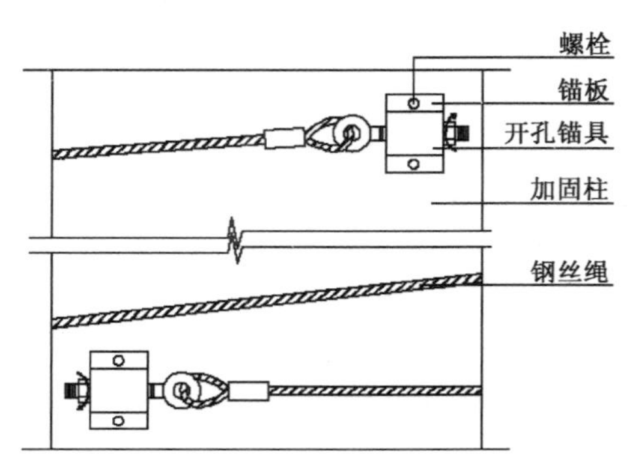

图7-14　扭矩扳手张拉系统示意图(约束混凝土柱加固)

7.2.4　防护系统

为使钢丝绳与原结构更好地整体受力以及提高耐环境侵蚀能力,在钢丝绳外侧涂抹一层砂浆,建议厚度为25mm。钢丝绳张拉端与锚固端涂抹Ⅰ级砂浆,抗弯加固的反力支撑范围也建议选用Ⅰ级砂浆锚固,其余范围可选用Ⅱ级砂浆,砂浆性能指标满足表7-2要求。

砂浆性能指标　　表7-2

砂浆等级	劈裂抗拉强度(MPa)	正拉粘结强度(MPa)	抗折强度(MPa)	抗压强度(MPa)	钢套筒粘结抗剪强度标准值(MPa)
Ⅰ	≥7.0	≥2.5,且为混凝土内聚破坏	≥12.0	≥50.0	≥12.0
Ⅱ	≥5.5		≥10.0	≥40.0	≥9.0

7.2.5　施工工艺

施工工艺质量的保证,是加固效果得以实现的关键。预应力高强钢丝绳加固新技术工艺流程包括:表面处理→安装锚固系统→钢丝绳下料及绳索制备→钢丝绳张拉→涂抹防护砂浆及表层涂装。

1)表面处理

施工前,应清除被加固构件表面的剥落、疏松、蜂窝、腐蚀等劣化混凝土,并应凿毛处理至露出新鲜混凝土。对有棱角构件,应对棱角处进行倒角处理。混凝土构件经凿毛、倒角处理后,去除浮浆、浮尘等杂质,并在加固范围内涂刷界面剂。

2)安装锚固系统

(1)纵筋焊接锚固系统安装

放线定出锚具安装位置,按照锚具尺寸凿除混凝土,露出纵筋,并对纵筋表面进行除锈处理。焊接锚具于构件纵筋上,焊接完成后将锚具周围的槽孔用前文所述的Ⅰ级砂浆涂抹平整,养护至一定强度后进行下一道工序。

(2)锚板粘结锚固系统安装

首先放线定出锚板位置,锚板范围内凿除混凝土,深度应不小于锚板厚度。再在锚板范围内钻锚栓孔,并做好孔内浮灰清理。然后在锚板背面涂抹粘结树脂,粘结树脂应均匀、饱满地布满锚板粘贴面。粘结树脂的涂抹厚度应不小于2mm,最后安装锚板和锚栓,拧紧锚栓螺母。锚板周围不平整处,用Ⅰ级砂浆填涂平整,养护至一定强度,进行下一道工序。

3)钢丝绳下料及绳索制备

①对于开槽锚具,钢丝绳端部采用挤压锚头。钢丝绳下料长度参照式(7-1)计算,钢丝绳索制备参照图7-10。图7-15为制作完成的开槽锚具式钢丝绳索。

②对于开孔锚具,钢丝绳端部连接带螺纹螺杆制成绳索,钢丝绳下料长度及绳索的制备参照7.2.3节带螺纹螺杆钢丝绳索的制备。图7-16为制作完成的开孔锚具式钢丝绳索。

图7-15　开槽锚具式钢丝绳索

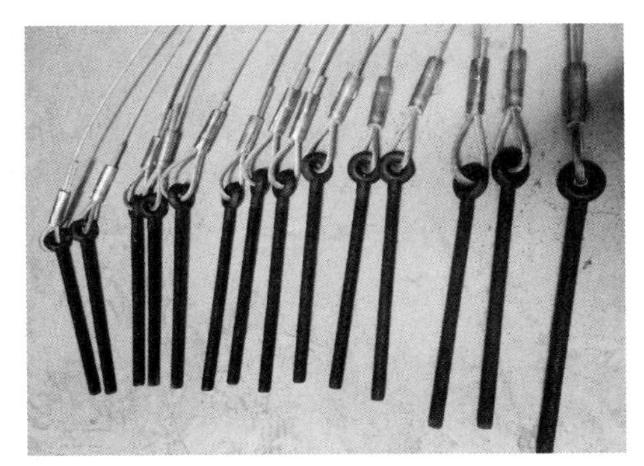

图7-16　开孔锚具式钢丝绳索

4)钢丝绳张拉

待前述工序完成,砂浆、锚栓安装达到强度后,开始进行钢丝绳张拉工序。首先将钢丝绳索一端锚固在锚具上,另一端张拉。可根据钢丝绳索形式以及施工操作的便利性,对应选择各张拉系统。根据各张拉系统要求,依次连接各部件,完成张拉。为保证钢丝绳张拉后与混凝土梁完全紧密接触，同时在加固梁受力过程中钢丝绳能产生与实际弯曲方向相反的力，可在钢丝绳的内侧安置直径为6～12mm的反力钢筋。钢丝绳张拉应对称进行，避免因张拉应力引起构件的整体受力不均匀，发生扭转应力，造成构件二次损伤。图7-17为开孔锚具式钢丝绳索张拉完成图片，图7-18为顶推式钢丝绳张拉完成图片。

图7-17　开孔锚具式钢丝绳索张拉完成图片

图7-18　顶推式钢丝绳张拉完成图片

5）涂抹防护砂浆及表层涂装

①钢丝绳外表面涂抹25mm厚防护砂浆层，可分层涂抹，每层的压抹厚度可根据现场温度、湿度确定，待一层初凝后涂抹第二层。

②砂浆层涂抹厚度，可采用埋设混凝土预制块的方法进行控制，达到设计厚度要求时，做好压抹收光。

③砂浆压抹收光后须及时养护，避免因养护不当造成微裂缝，影响结构耐久性。

④砂浆层干燥后进行表面涂装，增强结构耐久性的同时与原结构颜色相协调。

7.3　加固设计方法

本节通过对钢丝绳加固混凝土梁、柱的试验研究及理论分析，结合《混凝土结构设计规范（2015年版）》（GB 50010—2010）[6]，提出钢丝绳加固技术的设计方法。

7.3.1　抗弯加固设计方法

根据钢丝绳试验研究的理论分析[7]，结合《混凝土结构设计规范（2015年版）》（GB 50010—2010），参照《预应力高强钢丝绳加固混凝土结构技术规程》（JGJ/T 325—2014），本节给出钢丝绳加固矩形截面混凝土梁的计算方法。

1）承载能力极限状态设计

矩形截面梁正截面抗弯承载力计算图如图7-19所示。

正截面承载力应按下列公式确定：

$$\alpha_1 f_c bx = f_y A_s + f_r A_r \tag{7-2}$$

$$M \leq f_y A_s \left(h_0 - \frac{x}{2}\right) + f_r A_r \left(h - \frac{x}{2}\right) \tag{7-3}$$

式中：α_1——与混凝土强度有关的系数，按照《混凝土结构设计规范（2015 年版）》（GB 50010—2010）的规定取值；

f_c——混凝土轴心抗压强度设计值，N/mm²；

b——截面宽度，mm；

x——混凝土受压区高度，mm；

f_y——非预应力钢筋抗拉强度设计值，N/mm²；

A_s——非预应力钢筋截面面积，mm²；

f_r——钢丝绳抗拉强度设计值，N/mm²，由其标准强度除以材料分项系数 γ_r 算得，材料分项系数取 1.47；

h_0——截面有效高度，即纵向受拉钢筋合力作用点至截面受压边缘的距离，mm；

h——截面高度，mm；

A_r——预应力钢丝绳截面面积，mm²。

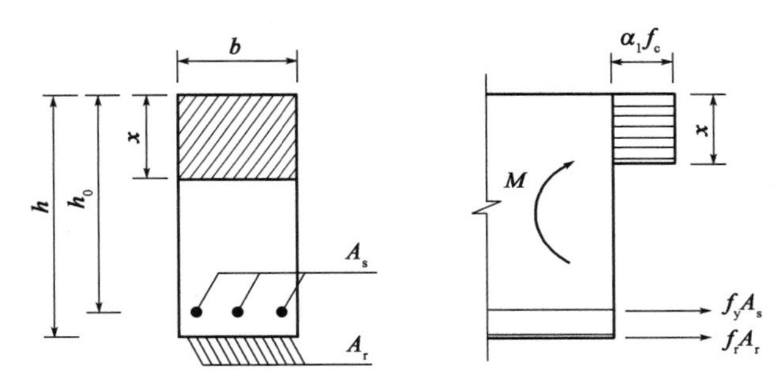

图 7-19　矩形截面梁正截面抗弯承载力计算图

为保证加固后梁的延性，加固后混凝土受压区高度尚应符合下列条件：

$$x \leqslant \xi_{br} h_0 \tag{7-4}$$

由于加固后的梁有预应力钢丝绳和非预应力普通钢筋两种钢筋，故其相对界限受压区高度应分别按式（7-5）、式（7-6）计算，并取两者较小值。

$$\xi_b = \frac{\beta_1}{1 + \dfrac{f_y}{E_s \varepsilon_{cu}}} \tag{7-5}$$

$$\xi_{br} = \frac{\beta_1}{1 + \dfrac{0.002}{\varepsilon_{cu}} + \dfrac{f_r - \sigma_{p0}}{E_r \varepsilon_{cu}}} \tag{7-6}$$

式中：ξ_b、ξ_{br}——根据普通钢筋和预应力钢丝绳确定的相对界限受压区高度；

β_1——与混凝土强度有关的系数；

E_s、E_r——普通钢筋和预应力钢丝绳的弹性模量，N/mm²；

ε_{cu}——混凝土极限压应变；

σ_{p0}——预应力钢丝绳有效预拉应力，N/mm²。

2）正常使用极限状态下裂缝控制验算

最大裂缝宽度应按荷载标准组合并考虑长期作用影响进行验算，《混凝土结构设计规范(2015 年版)》(GB 50010—2010)给出了计算公式[式(7-7)],对于预应力钢丝绳加固后的混凝土梁,课题组认为仍然可以用式(7-7)计算。根据预应力钢丝绳加固混凝土梁的特点,应该考虑预应力钢丝绳与混凝土粘结性能对裂缝宽度的影响,即引入一个粘结性能调整系数 k_r,对规范给出的公式予以适当的修正。

$$w_{max} = \alpha_{cr}\psi \frac{\sigma_{sk}}{E_s}\left(1.9c + 0.08\frac{d_{eq}}{\rho_{te}}\right) \tag{7-7}$$

$$\rho_{te} = \frac{A_s + k_r A_r}{A_{te}} \tag{7-8}$$

$$\sigma_{sk} = \frac{M_k - N_{p0}(z - e_p)}{(k_r A_r + A_s)z} \tag{7-9}$$

式中:α_{cr}——构件受力特征系数;

k_r——粘结性能调整系数,若钢丝绳与混凝土无粘结,k_r 取 0.5,若钢丝绳与混凝土完全良好粘结,k_r 取 1.0,其他情况视粘结强弱在 0.5 和 1.0 之间取值;

ψ——裂缝间纵向受拉钢筋应变不均匀系数;

σ_{sk}——按标准组合计算的受弯构件纵向受拉钢筋等效应力,N/mm^2;

E_s——钢筋弹性模量,N/mm^2;

c——最外层纵向受拉钢筋外边缘至受拉区底边的距离,mm;

A_{te}——有效受拉混凝土截面面积,mm^2;

N_{p0}——计算截面上混凝土法向预应力等于零时预应力筋的预加力和普通钢筋的合力,N;

z——钢丝绳以及原有预应力筋的预加力和普通钢筋合力作用点至截面受压区合力点的距离,mm;

e_p——$\overline{N}_{p0}$ 作用点至普通钢筋、预应力筋及钢丝绳的合力作用点的距离,mm;

M_k——按荷载标准组合计算的弯矩值,kN · m;

d_{eq}——受拉区纵向钢筋的等效直径,mm;

ρ_{te}——按有效受拉混凝土截面面积计算的纵向受拉钢筋配筋率,其他符号名称及取值同前,由此修正方法计算的最大裂缝宽度与试验值符合良好,误差在 10% 以内[7]。

3)正常使用极限状态下挠度验算

根据试验研究结果分析,预应力钢丝绳加固后混凝土梁的截面短期刚度计算公式中应考虑三个要素:①预应力对刚度的贡献;②所有纵向受拉钢筋对刚度的贡献;③钢丝绳与混凝土粘结性能对刚度的影响。所以,本节建议钢丝绳加固混凝土梁的截面短期刚度(B_s)的计算应考虑以上因素,并对规范给出的计算公式适当修正使用。具体为:①通过 k_{cr} 来考虑施加预应力对刚度的贡献,公式 $k_{cr} = M_{cr}/M_k$,M_{cr} 按照式(7-10)计算;M_k 为按荷载标准组合计算的弯矩,取计算区段内的最大弯矩值。②通过总配筋率 ρ 来考虑纵向受拉钢筋对刚度的贡献。③对于钢丝绳与原有混凝土粘结性能对刚度的影响,用粘结性能调整系数 k_r 修正。

$$M_{cr} = (\sigma_{pc} + \gamma f_{tk})W_0 \tag{7-10}$$

$$\sigma_{pc} = \frac{N_p}{A} + \frac{N_p e}{I_0}y \tag{7-11}$$

式中：γ——混凝土构件截面抵抗矩塑性影响系数；

f_{tk}——混凝土抗拉强度标准值，N/mm^2；

W_0——换算截面下边缘弹性抵抗矩，mm^3；

σ_{pc}——混凝土产生的预压应力，N/mm^2；

N_p——预应力钢丝绳预加合力，N；

e——预应力合力的偏心距，mm；

y——截面形心至下边缘的距离，mm；

I_0——换算截面惯性矩，mm^4。

短期截面刚度按照式（7-12）计算。

$$B_s = \frac{0.85E_cI_0}{k_{cr} + (1 - k_{cr})w} \tag{7-12}$$

式中：E_c——混凝土弹性模量，N/mm^2；

k_{cr}——开裂弯矩 M_{cr} 与荷载效应标准组合下弯矩 M_k 的比值，当 $k_{cr} > 1.0$ 时，取为 1.0；

w——反映构件配筋及截面特征的综合指标，按式（7-13）计算。

$$w = \left(1.0 + \frac{0.21}{\alpha_E\rho_e}\right)(1 + 0.45\gamma_f) - 0.7 \tag{7-13}$$

式中：γ_f——受拉翼缘截面面积与腹板有效截面面积的比值；

α_E——钢材弹性模量（E_s）和混凝土弹性模量（E_c）的比值，钢材弹性模量取非预应力钢筋弹性模量（E_s）和钢丝绳弹性模量（E_r）的平均值，则 $\alpha_E = (E_s + E_r)/(2E_c)$；

ρ_e——由公式（7-14）计算。

$$\rho_e = \frac{A_s + k_rA_r}{bh_0} \tag{7-14}$$

式中：k_r——粘结性能调整系数，取值同前。

计算得到钢丝绳加固混凝土梁的短期刚度以后，根据规范建议方法确定混凝土梁的长期刚度，进而可以得到挠度值，根据此方法求出的挠度值和试验值符合良好，误差在 10% 以内。

4）预应力损失的计算方法

钢丝绳预应力损失计算应考虑锚具变形损失值 $\sigma_{l2,r}$（N/mm^2）、分批张拉损失值 $\sigma_{l4,r}$（N/mm^2）、预应力钢丝绳松弛损失值 $\sigma_{l5,r}$（N/mm^2），各项预应力损失值宜根据试验确定，可按下列公式估算。

①预应力高强钢丝绳由于锚具变形引起的预应力损失值 $\sigma_{l2,r}$：

$$\sigma_{l2,r} = E_r\frac{a}{l} \tag{7-15}$$

式中：a——张拉端锚具变形，取 1mm，同时考虑在调整预应力度时在钢丝绳锚头与锚具之间嵌入垫片，垫片缝隙取 1mm；

l——张拉端至锚固端距离，mm。

②分批张拉引起的构件混凝土弹性压缩预应力损失值 $\sigma_{l4,r}$：

$$\sigma_{l4,r} = \frac{m - 1}{2}\alpha_{Er}\Delta\sigma_{pc} \tag{7-16}$$

$$\Delta\sigma_{pc} = \frac{N_{p0,r}}{m}\left(\frac{1}{A_0} \pm \frac{e_{p0,r}}{I_0}y_i\right) \tag{7-17}$$

式中：α_{Er}——预应力高强钢丝绳弹性模量与混凝土弹性模量的比值；

$\Delta\sigma_{pc}$——在计算截面先张拉的预应力高强钢丝绳中心处，由后张拉每一批高强钢丝绳产生的混凝土法向应力，N/mm^2；

m——预应力高强钢丝绳分批张拉的次数；

$e_{p0,r}$——原构件换算截面重心至预应力高强钢丝绳合力点的距离，mm；

y_i——先批张拉预应力高强钢丝绳重心（即假定的全部预应力高强钢丝绳重心）至换算截面重心之间的距离，mm；

$N_{p0,r}$——预应力高强钢丝绳的预加力，N；

A_0——原构件换算截面面积，mm^2；

I_0——原构件换算截面惯性矩，mm^4。

③松弛引起的预应力损失值 $\sigma_{l5,r}$：

$$\sigma_{l5,r} = 0.125\left(\frac{\sigma_{con,r}}{f_{rk}} - 0.5\right)\sigma_{con,r} \tag{7-18}$$

式中：$\sigma_{con,r}$——预应力钢丝绳的张拉控制应力，N/mm^2；

f_{rk}——高强钢丝绳抗拉强度标准值，N/mm^2。

④预应力钢丝绳的应力损失值 $\sigma_{l,r}$按下式计算，当计算值小于 80MPa 时，应取 80MPa。

$$\sigma_{l,r} = \sigma_{l2,r} + \sigma_{l4,r} + \sigma_{l5,r} \tag{7-19}$$

⑤预应力钢丝绳的张拉控制应力 $\sigma_{cor,r}$：

$$\sigma_{cor,r} = \sigma_{pe,r} + \sigma_{l,r} \tag{7-20}$$

式中：$\sigma_{pe,r}$——预应力高强钢丝绳的有效预应力，N/mm^2。

7.3.2 抗剪加固设计方法

本节研究的钢丝绳抗剪加固混凝土梁，其钢丝绳加固的作用机理与箍筋相似，参照箍筋的抗剪公式和有关文献[8-9]，考虑钢丝绳的抗剪能力，将斜截面上钢丝绳承担的剪力用 V_{br}表示，修正受剪承载力计算公式。因为本章钢丝绳主要用于二次受力结构的加固，钢丝绳在结构上的布置方式有几种，钢丝绳强度的利用效率有不同程度的折减，用 ψ_{v1} 表示。同时考虑钢丝绳与锚具、砂浆等协同工作的影响，建议在取钢丝绳的设计强度时引入折减系数 ψ_{v2}，故受剪承载力应按下列公式确定：

$$V \leqslant V_{b0} + V_{br} \tag{7-21}$$

$$V_{br} \leqslant \psi_{v1}\psi_{v2} f_r A_r \frac{h_r}{s_r} \tag{7-22}$$

式中：V_{b0}——未加固构件的斜截面受剪承载力，按《混凝土结构设计规范（2015 年版）》（GB 50010—2010）的规定计算，kN；

V_{br}——钢丝绳受剪加固对斜截面受剪承载力的提高值，kN；

ψ_{v1}——受剪加固钢丝绳布置方式影响系数，按表 7-3 取值；

ψ_{v2}——受剪加固钢丝绳强度折减系数，对于普通构件，$\psi_{v2} = 0.4$，对于框架或悬挑构件，$\psi_{v2}=0.25$；

A_r——钢丝绳的计算截面面积，mm^2；

h_r——钢丝绳的有效高度，取梁底至锚具顶面竖向投影长度，mm；

s_r——钢丝绳间距，mm。

高强钢丝绳布置方式影响系数 ψ_{v1}　　表 7-3

钢丝绳箍筋的构造		封　闭　形	其 他 形 式
受力条件	均布荷载或剪跨比 $\lambda \geqslant 3$	0.95	0.80
	剪跨比 $\lambda \leqslant 1.5$	0.60	0.50

注：1. 当 $1.5<\lambda<3$ 时，按线性内插法确定 ψ_{v1} 值。

2. 其他形式是指 U 形、L 形、I 形箍。

7.3.3　约束柱设计方法

缠绕钢丝绳加固混凝土柱的机理与箍筋约束混凝土相似，通过缠绕钢丝绳对核心混凝土施加侧向约束，使得核心混凝土处于三向受压状态，其承载力和延性都得到有效提高，并且随着钢丝绳间距的减小，提高效果更加明显。

1）轴心抗压强度设计

在试验与理论分析的基础上，参照国内外研究者提出的承载力计算公式[10-11]，本章提出缠绕钢丝绳提供的约束力按下式计算[12]：

$$f_l=\frac{2f_rA_r}{Ds} \tag{7-23}$$

结合我国《混凝土结构加固设计规范》[9]（GB 50367—2013），钢丝绳加固混凝土柱的轴心抗压强度设计值可按下列公式计算：

$$f_{cc}=f_{c0}+4.0k_sk_rf_l \tag{7-24}$$

式中：f_l——核心混凝土侧向约束力，N/mm^2；

s——钢丝绳的缠绕间距，mm；

D——加固混凝土柱的直径或矩形截面等效圆截面直径，mm；

f_{cc}——高强钢丝绳加固后，柱的轴心抗压强度设计值，N/mm^2；

f_{c0}——原构件混凝土轴心抗压强度值，N/mm^2；

k_s——截面形状系数，圆形截面 $k_s=1$，矩形截面 $k_s=0.5$；

k_r——矩形截面长宽比影响系数，取$\left(\frac{b}{h}\right)^{1.4}$，$b$ 为短边尺寸，h 为长边尺寸，圆形柱取 1。

2）抗震设计

钢丝绳抗震加固混凝土柱时，根据混凝土结构技术规范，结合试验结果分析，柱端加密区的总折算体积配箍率，可按下列公式计算：

$$\rho_v \geqslant \lambda_v\frac{f_{c0}}{f_{yv,0}} \tag{7-25}$$

$$\rho_v=\rho_{v,sv}+\rho_{v,r} \tag{7-26}$$

$$\rho_{v,r} = k_s k_r \frac{A_r u_r}{s_r A} \cdot \frac{\psi_e f_r}{f_{yv,0}} \tag{7-27}$$

式中：ρ_v——柱端加密区的总折算体积配箍率；

$\rho_{v,sv}$——被加固柱原有的体积配箍率，按原有箍筋范围以内的核心面积计算；

λ_v——最小配箍特征值，按现行《混凝土结构设计规范（2015 年版）》（GB 50010—2010）取值；

$f_{yv,0}$——原箍筋抗拉强度设计值，N/mm^2；

$\rho_{v,r}$——由钢丝绳构成的环向围束作为附加箍筋计算得到的箍筋体积配箍率的增量；

ψ_e——高强钢丝绳抗震加固强度折减系数，取 $\psi_e = 0.4$；

u_r——柱截面周长，mm；

s_r——高强钢丝绳间距，mm；

其他符号意义同前。

7.4 试验验证

钢丝绳加固混凝土结构的优势分析及施工工艺在前文已经论述，本节主要对其加固效果进行验证。

7.4.1 钢丝绳抗弯加固试验验证

本节开展了 9 根梁的试验研究[13]，主要从梁体有无损伤、钢丝绳层数、钢丝绳与混凝土有无粘结、有无端部锚固等方面改变参数进行研究；并与粘贴 CFRP 布加固和钢板加固混凝土梁的受力性能进行了对比，系统分析了不同加固方式对开裂荷载、截面刚度、屈服荷载、最大承载力等的影响。

1）试件设计

本试验设计梁长度为 2000mm，截面尺寸 150mm × 300mm，混凝土强度等级 C40；主筋 3 ϕ 14，屈服强度 382.4MPa，箍筋ϕ 8@ 80，混凝土立方体强度 43.5MPa。试验用钢丝绳结构形式选用 1 × 19，公称直径 3mm，公称面积 5.37mm^2；碳纤维布（CFRP）厚度 0.111mm；粘贴钢板选用 6mm 的普通 Q235 钢。

9 根试件如下：L1 为对比试件，L2 用 3 层 CFRP 布加固，L3 各参数同 L2，先破坏再加固；L4 ~ L7 均用一层钢丝绳加固，L4 钢丝绳施加预应力 761MPa，加固完成后表面未涂抹砂浆；L5 钢丝绳施加预应力 741MPa，加固完成后表面用 15mm 厚的砂浆防护；L6 用一层钢丝绳加固，钢丝绳施加预应力 566MPa，表面用 15mm 厚的砂浆防护和锚固，待砂浆达到强度后，在靠近锚具处剪断钢丝绳；L7 先加载到主筋屈服后用 1 层钢丝绳及砂浆进行加固，施加应力为 717MPa，其他参数同 L5；L8 用钢板加固，粘贴过程中用膨胀螺栓和粘结树脂共同锚固，待粘贴树脂达到强度后，剪断膨胀螺栓；L9 用两层钢丝绳加固，第 1 层和第 2 层钢丝绳对应应力分别为 665MPa 和 592MPa，后用砂浆进行锚固和防护。各梁加固方式及各阶段荷载比较见表 7-4,钢丝绳布置示意图如 7-20 所示。

各梁加固方式及各阶段荷载比较　　表 7-4

梁编号	加 固 方 式	P_{cr}(kN)	α_{cr}	P_y(kN)	α_y	P_{max}(kN)	α_{max}
L1	未加固梁	45	1.00	124.7	1.00	159.4	1.00
L2	3 层 CFRP 布	45	1.00	152.5	1.22	230.2	1.44
L3	先破坏,后用 3 层 CFRP 加固	—	—	165.4	1.33	238.8	1.50
L4	1 层 12 根钢丝绳,无砂浆	95	2.11	190	1.52	244.1	1.53
L5	1 层 12 根钢丝绳 + 砂浆加固	90	2.0	186.3	1.49	243.8	1.53
L6	1 层钢丝绳并在锚具处剪断,仅用砂浆锚固	85	1.89	159.8	1.28	178.9	1.12
L7	先损伤,后用 1 层 12 根钢丝绳 + 砂浆加固	—	—	190	1.52	248.7	1.56
L8	6mm 钢板加固,无膨胀螺栓锚固	75	1.67	—	—	165	1.04
L9	2 层 23 根钢丝绳 + 砂浆加固	125	2.78	275.2	2.21	328	2.06

注:P_{cr} 为混凝土梁开裂荷载;P_y 为混凝土梁纵筋开始屈服时的荷载值;P_{max} 表示最大承载力值;α_{cr}、α_y、α_{max} 分别表示加固后各梁的开裂荷载、屈服荷载、最大承载力与未加固梁 L1 对应值的比值。

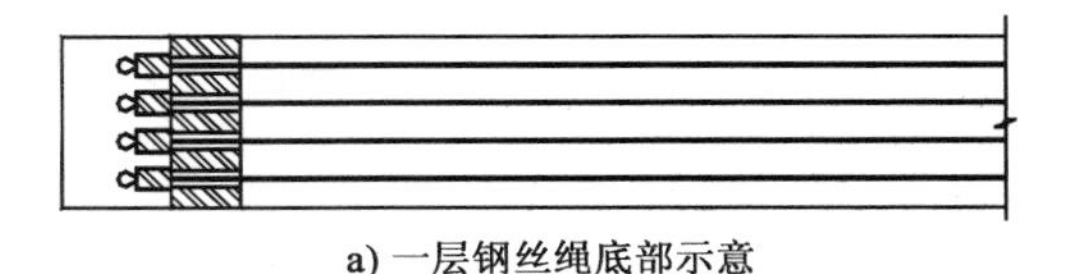

a) 一层钢丝绳底部示意

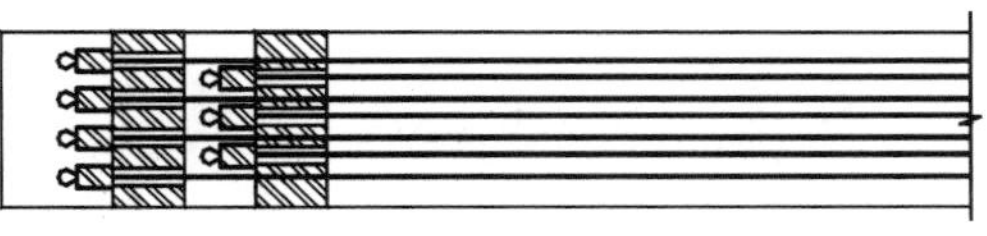

b) 两层钢丝绳底部示意

图 7-20　钢丝绳布置示意图

2) 加载方式

本试验采用三分点加载,如图 7-21 所示。加载过程分两种方式:方式一,逐级加载,直至构件破坏,如试件 L1、L2、L4、L5、L6、L8、L9;方式二,先加载至梁主筋屈服,如试件 L3、L7,此时梁跨中挠度约为跨度的 1/360,最大裂缝宽度约为 0.2mm,卸载后对梁进行加固,重新试验直至构件破坏。

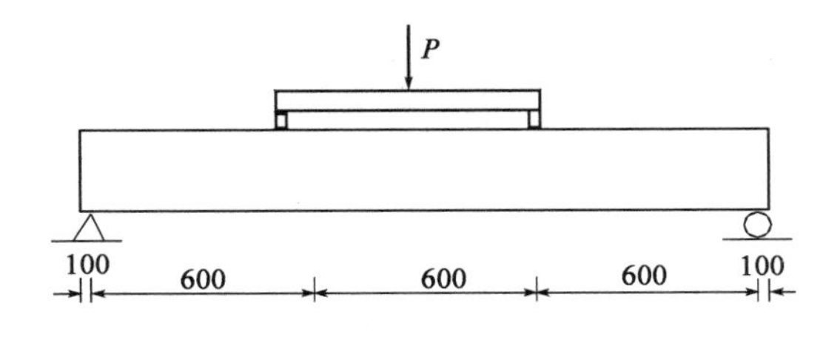

图 7-21　构件加载示意图(尺寸单位:mm)

3) 试验结果分析

从构件的破坏模式、开裂荷载、结构延性及承载力提高幅度几个方面,对各加固梁进行对比分析,结果如图 7-22 所示。

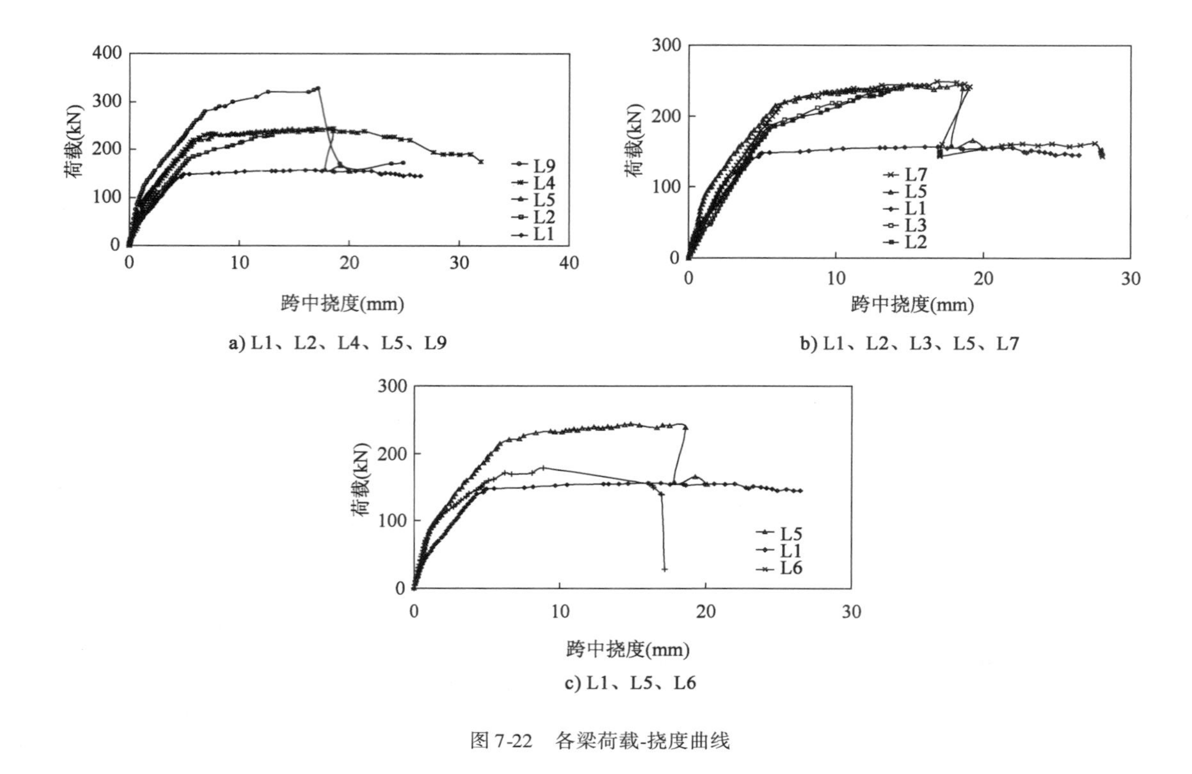

a) L1、L2、L4、L5、L9

b) L1、L2、L3、L5、L7

c) L1、L5、L6

图 7-22 各梁荷载-挠度曲线

未加固梁 L1 的开裂荷载为 45kN,钢筋屈服时的荷载为 124.7kN,最大承载力为 159.4kN,混凝土受压区压坏,是典型的适筋破坏。未加固梁因为配筋较低,有较好的延性,延性系数为 7.2。

L2、L3 为 3 层 CFRP 加固梁,L2 开裂荷载为 45kN,没有提高,这已在很多试验研究中得到验证,即 CFRP 加固对开裂荷载几乎没有影响[3]。L2、L3 的屈服荷载分别为 152.5kN 和 165.4kN,比未加固梁提高 22% ~33%;最大承载力分别为 230.2kN 和 238.8kN,提高 44% ~50%,发生粘结破坏。L2、L3 的延性系数分别为 2.95 和 3.02,而且发生的是脆性破坏;试件破坏时,应变片测得的最大应变是 7485με,与其极限应变 16100με 相比要小得多,只占极限应变的 46.5% 左右,可见,CFRP 远没有全部发挥作用。

L4、L5 均为一层钢丝绳加固梁,其开裂荷载分别为 95kN、90kN,与未加固梁相比分别提高了 111%、100%;屈服荷载分别为 190kN 和 186.3kN,提高了 49% ~52%;最大承载力分别是 244.1kN 和 243.8kN,比未加固梁 L1 提高 53%。极限阶段,钢丝绳和钢筋上的应变片基本上都超过量程而损坏,材料强度充分发挥,破坏形态为钢筋屈服、钢丝绳拉断、受压区混凝土破坏。L4 和 L5 的延性系数分别为 5.36 和 3.93。可得到结论:①虽然梁 L4 和 L5 的最大承载力与 3 层 CFRP 加固梁 L2 和 L3 接近,但是,它们的延性系数比梁 L2 和 L3 要大得多,而且,最后发生的是延性破坏。②L4、L5 有同样的加固量,梁 L4 外侧没有砂浆,受载过程中钢丝绳应变均匀,并有较好的变形协调能力;而梁 L5 外侧有砂浆,变形集中,钢丝绳在跨中裂缝处应变集中,并在裂缝处更加容易发生断裂。可见,外侧有无砂浆,对最大承载力影响不大,但对延性影响较大。

梁 L6 为加固后锚固砂浆达到强度后,将钢丝绳在锚具处剪断,即钢丝绳紧靠砂浆锚固,其开裂荷载为 85kN,提高了 89%;屈服荷载仅提高 28%,低于梁 L5,说明钢筋屈服后钢丝绳已经不能完全很好地被砂浆锚固,与原结构发生了剥离破坏;最大荷载时,钢丝绳对应的应力为 875MPa,只占钢丝绳极限强度的 70%,故钢丝绳没有充分发挥作用。

梁 L7 为先加载至钢筋屈服,然后用钢丝绳加固梁,屈服荷载为 190kN,比未加固梁提高了 52%,最大荷载为 248.7kN,提高了 56%。

梁 L8 为钢板加固梁,开裂荷载为 75kN,比未加固梁提高了 67%,极限承载力提高了 4%,发生粘结破坏。

梁 L9 为两层钢丝绳加固,开裂荷载达到了 125kN,比未加固梁提高了 178%,屈服荷载与梁 L1 比提高了 121%,最大承载力达到 328kN,比未加固梁提高了 106%,比一层钢丝绳加固梁 L5 提高了 34.5%。在适筋范围内进一步增加钢丝绳数量,仍能继续提高梁的最大承载力,这是粘贴 CFRP、钢板以及高强不锈钢绞线网-渗透性聚合砂浆加固方法所无法达到的,因为这三者加固时加固量稍大就会发生粘结破坏[4,5,10]。

综上,通过对预应力钢丝绳抗弯加固梁与粘贴 CFRP 和钢板加固梁的试验结果分析可知,由于预应力钢丝绳加固技术施加了预应力且有可靠的锚固,对梁的刚度提高明显,对裂缝产生和发展约束作用显著。用 1 层和 2 层钢丝绳加固后,梁的开裂荷载分别提高 111%、178%,屈服承载力分别提高 49%、121%,最大承载力分别提高 53%、106%,均比粘贴 CFRP 和钢板加固明显,特别是预应力钢丝绳加固后的梁发生的受压区混凝土压坏、钢筋屈服和钢丝绳断裂的延性破坏,不仅可以使加固材料强度得到充分发挥,承载力提高幅度大,而且延性也好。

7.4.2　钢丝绳抗剪加固试验验证

钢筋混凝土构件的斜截面抗剪研究,由于其影响因素较多,受力机理复杂,虽然至今已累计进行了几千个各类构件的抗剪承载力试验,发表的论文已有数百篇,但至今未能提出一个被普遍认可、能适用于各种情况的计算理论和破坏模式。就目前国内的技术现状,抗剪加固与抗弯加固相比方法较少。为验证钢丝绳加固的有效性及定量分析抗剪承载力的提高幅度,本节设计两批构件,分别是钢丝绳抗剪加固混凝土梁与钢丝网片、碳纤维布、钢板抗剪加固混凝土梁,通过变换加固量、加固方式、是否涂抹砂浆等,研究其对承载力及破坏模式的影响以及钢丝绳抗剪加固的施工工艺的差异。

1)构件设计

第一批设计了 13 根长 2m 的小梁试件[14],截面尺寸 150mm × 300mm。采用公称直径 1.2mm,抗拉强度 1567.8MPa,弹性模量 120.1GPa,结构形式为 6 × 7W + 1WS 的镀锌钢丝绳。钢丝绳以 U 形方式缠绕在梁体受剪区的侧面和底面。第一批设计了 9 个试件,编号为 JL21 ~ JL29。第二批设计了 4 个同样尺寸的试件,分别为 JL31 基准梁、JL32 一层碳纤维布条加固试件、JL33 钢丝网加固试件、JL34 加预应力钢丝绳加固试件。各梁加固方案及试验结果见表 7-5。混凝土梁抗剪加固构件示意图见图 7-23。

各梁加固方案及试验结果　表 7-5

	序号	梁编号	加固方式
第一批试件	1	JL21	基准梁
	2	JL22	CFRP 布抗剪加固(20 系列,600mm×750mm×2 片,三层)
	3	JL23	钢丝网抗剪加固(间距 1×1.5cm)
	4	JL24	U 形钢板抗剪加固
	5	JL25	不加预应力钢丝绳抗剪加固(钢丝绳数量 6×30×2)
	6	JL26	加预应力钢丝绳抗剪加固(钢丝绳数量 6×30×2)
	7	JL27	斜向预应力钢丝绳加固,不抹砂浆(钢丝绳数量 6×30×2)
	8	JL28	不加预应力钢丝绳(数量减半)加固(钢丝绳数量 3×30×2)
	9	JL29	加预应力钢丝绳(数量减半)加固(钢丝绳数量 3×30×2)
第二批试件	10	JL31	基准梁
	11	JL32	一层碳纤维布条加固(C20 系列,50mm×700mm×8 条,一层)
	12	JL33	钢丝网加固(钢丝网间距 3cm×8cm)
	13	JL 34	加预应力钢丝绳加固(钢丝绳数量 30×2×2)

	序号	梁编号	开裂荷载 P'_{cr}(kN)	极限荷载 P_{max}(kN)	极限荷载提高值(%)	破坏特征
第一批试件	1	JL21	160	343.8	—	剪切裂缝贯通,箍筋屈服
	2	JL22	220	457.8	33.2	钢筋屈服,受压区混凝土压坏
	3	JL23	220	429.4	24.9	钢筋屈服,受压区混凝土压坏
	4	JL24	220	443.0	28.8	钢筋屈服,受压区混凝土压坏
	5	JL25	300	464.3	35.0	钢筋屈服,受压区混凝土压坏
	6	JL26	300	468.8	36.3	钢筋屈服,受压区混凝土压坏
	7	JL27	140	362.8	5.5	剪切缝贯通,箍筋屈服
	8	JL28	300	462.5	34.5	钢筋屈服,受压区混凝土压坏
	9	JL29	300	466.5	35.6	钢筋屈服,受压区混凝土压坏
第二批试件	10	JL31	140	250.9	—	剪切裂缝贯通,箍筋屈服
	11	JL32	160	314.1	25.2	纤维剥离,箍筋屈服,剪切破坏
	12	JL33	180	388.5	54.8	箍筋屈服,剪切破坏
	13	JL34	260	405.6	61.7	钢筋屈服,受压区混凝土压坏

注:1. 本次试验做了两批试验梁,第一批因为加固量偏大,构件均是弯曲破坏,对比加固效果不理想,因此重新做了第二批试件。

2. JL34 为加预应力钢丝绳加固,与 JL32 一层碳纤维布条加固等强度设计。钢丝绳数量为 JL25、JL26、JL27 的 37%,JL28、JL29 的 73%。

3. P'_{cr}指出现剪切裂缝时的荷载,提高值是相对同一批基准梁而言的。

2)加载与测试

采用静力三分点加载,如图 7-24 所示。分级加载,混凝土受拉区开裂前,每级荷载 10kN,之后每级 20kN,每级持荷 5min。过程中测试了跨中及支座位置的位移,箍筋和受拉纵筋的应变，加固材料CFRP、钢板、钢丝绳的应变，并观察裂缝的开展情况。

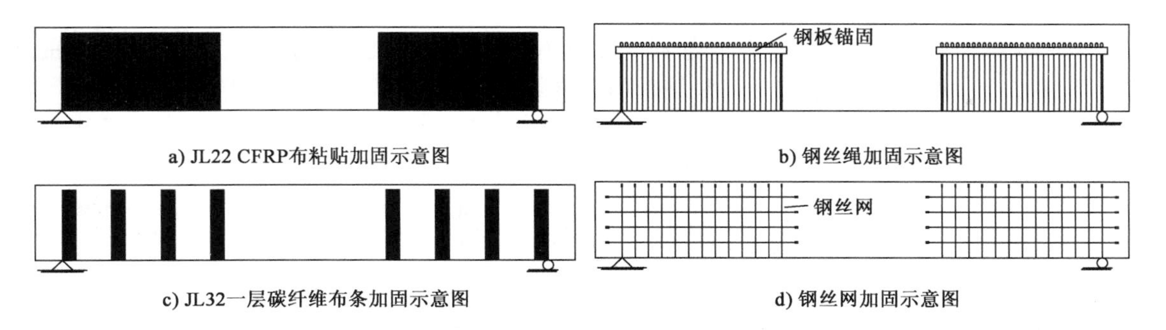

图7-23　混凝土梁抗剪加固构件示意图

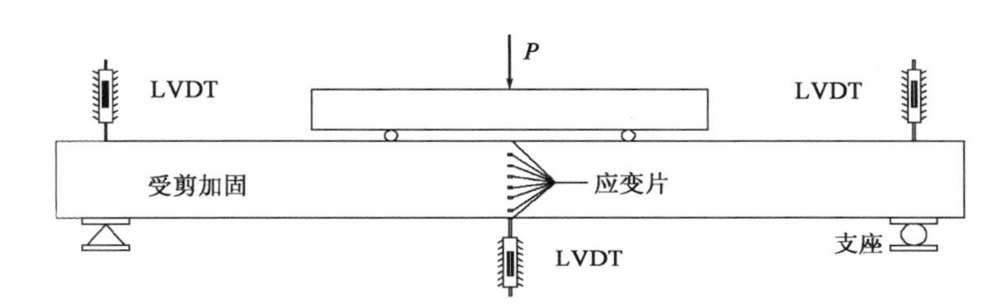

图7-24　试验梁加载示意图

3)试验结果分析

部分构件荷载-跨中挠度曲线如图7-25所示。

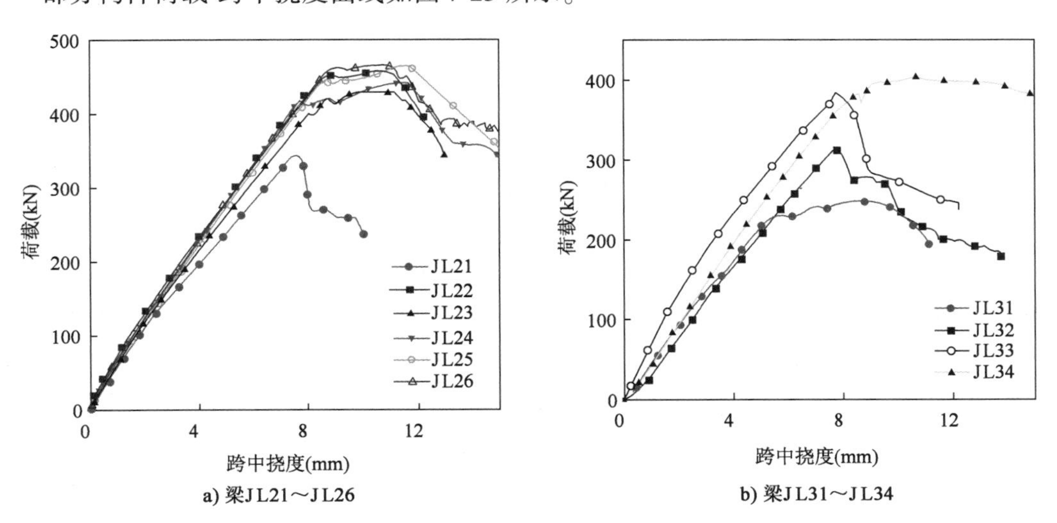

图7-25　部分构件荷载-跨中挠度曲线

(1)第一批试件

基准梁JL21在加载至160kN时出现剪裂缝，加载到343kN时剪切裂缝贯通，从支座一直到受压区加载点，箍筋屈服应变最大1652με，是典型的剪切破坏。

试件 JL22 为三层 CFRP 布抗剪加固,加载至 220kN 时出现剪裂缝,加载至 457kN 时发生纵筋屈服,与梁 JL21 相比承载力提高 33%,受压区混凝土压坏,为弯曲破坏。

试件 JL23 为钢丝网抗剪加固,加载至 220kN 时出现剪裂缝,加载至 429kN 时纵筋屈服,与 JL21 相比承载力提高 25%,最终受压区混凝土压坏,为弯曲破坏。

试件 JL24 为钢板抗剪加固,加载至 220kN 时出现剪裂缝,加载至 443kN 时发生纵筋屈服,受压区混凝土压坏,为弯曲破坏,与 JL21 相比承载力提高 29%。

试件 JL25 为不加预应力钢丝绳抗剪加固,加载至 300kN 时出现剪裂缝,加载至 464kN 时,发生纵筋屈服,受压区混凝土压坏,为弯曲破坏,承载力提高 35%;试件 JL26 为加预应力钢丝绳抗剪加固,在加载 300kN 时出现剪裂缝,468kN 时纵筋屈服,受压区混凝土压坏,为弯曲破坏,与梁 JL21 相比承载力提高 36%。

试件 JL27 为斜向预应力钢丝绳加固,表面没有涂抹砂浆,加载到 362kN 时,钢丝绳松弛,箍筋屈服,应变最大 1833με,剪切裂缝贯通,与 JL21 相比承载力提高 5.5%,构件剪压破坏。

试件 JL28 和 JL29 均为钢丝绳加固,前者未施加预应力,后者施加了预应力,钢丝绳外侧均涂刷了 1.5cm 厚聚合物砂浆。JL28 在荷载 462kN 时出现纵筋屈服,受压区混凝土压坏。JL29 在加载至 466kN 时纵筋屈服,受压区混凝土压坏。

(2)第二批试件

试件 JL31 为基准梁,加载至 140kN 时出现剪裂缝,加载至 250.9kN 时,剪切裂缝贯通,从支座一直到受压区加载点。箍筋屈服,应变最大 2187με,纵筋最大应变 1361με,是典型的剪切破坏。

试件 JL32 为一层碳纤维布条加固,加载至 160kN 时出现剪裂缝,加载至 314.1kN 时箍筋屈服,最大应变 1664με,发生纤维剥离,CFRP 布最大应变为 8178με(破坏点是 CFRP 布端部),剪切破坏,与梁 JL31 相比承载力提高 25.2%。

试件 JL33 为钢丝网加固,加载至 180kN 时出现剪裂缝,加载至 250.6kN 时箍筋屈服,应变 1660με,加载至 388.5kN 时发生剪切压坏,与梁 JL31 相比承载力提高了 54.8%。

试件 JL34 为加预应力钢丝绳加固,加载至 260kN 时出现剪切裂缝,加载至 405.6kN 时发生纵筋屈服,最大应变为 4804με,加固材料钢丝绳最大应变为 4033με(其他不到 3000με),与梁 JL31 相比承载力提高 61.7%。

综上,通过两批试件对比试验,验证了钢丝绳抗剪加固能明显提高混凝土梁的刚度和变形能力,减小构件挠度,增加结构延性。第一批试验梁因加固量过多,除了对比梁 JL21 发生剪切破坏、JL27 发生剪压破坏,其余均发生混凝土压坏的弯曲破坏,未能体现各加固方法对梁的破坏模式的影响,但对试验梁承载力提高、开裂荷载提升有明显的优势。CFRP 加固梁 JL32、钢丝网加固梁 JL33 为脆性剪切破坏,钢丝绳加固梁 JL34 为钢筋屈服的弯曲破坏,有更好的延性,说明钢丝绳加固混凝土结构比 CFRP、钢丝绳网更有优势。在相同荷载作用下,各钢丝绳的应变值各不相等,相差较大,表现出应力的不均匀性,这需要在计算受剪承载力时考虑对钢丝绳的抗拉强度进行折减。

7.4.3 钢丝绳约束柱抗压、抗震加固试验验证

混凝土柱的常用加固方法包括增大截面加固法、外包钢加固法、粘贴纤维加固法[15-16]、

绕丝加固法[9,17]等,本章借鉴绕丝加固法,将钢丝绳缠绕于混凝土柱,并用防护粘结材料锚固,形成一个封闭的连续壳体,实现对混凝土的约束,验证钢丝绳缠绕柱在约束及抗震方面的加固效果。

1)试件设计

(1)约束抗压试件

课题组制作了 15 个混凝土小柱的轴压试验试件[12],柱身直径 150mm,柱高 300mm,其中 3 个对比试件,12 个钢丝绳缠绕加固试件,同一批次浇筑,混凝土强度等级为 C30。选用公称直径 3mm、结构形式 1×19 的镀锌钢丝绳,弹性模量 151.4GPa,极限强度 1807.8MPa,极限应变 2.58%。

钢丝绳约束加固混凝土柱工艺如图 7-26 所示。钢丝绳间距有 10mm、20mm、30mm、40mm 四种,每种间距的试件 3 个,缠绕完成后钢丝绳外围涂抹一层结构树脂,涂抹厚度 4mm。研究钢丝绳间距对柱子荷载峰值及峰值应变的影响。

a) 钢丝绳端部锚固

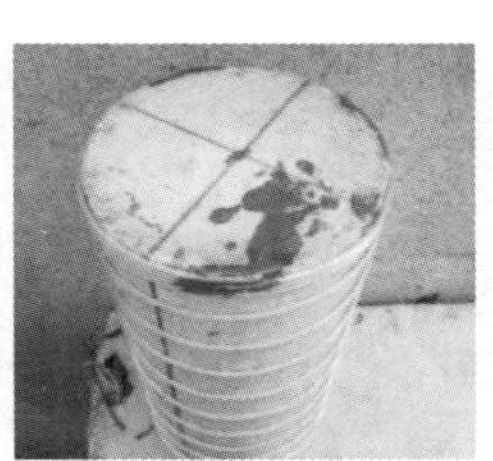
b) 缠绕钢丝绳

c) 钢丝绳另一端固定

d) 涂抹粘结材料

图 7-26　钢丝绳约束加固混凝土柱工艺

(2)抗震加固试件

试验设计了 2 个方柱,分别为标准柱、钢丝绳缠绕加固柱[18]。试验柱:边长为 360mm 的方形截面,总高度为 1600mm,整个试件呈工字形,底部柱子起固定作用,柱区段长度为 600mm。加固用钢丝绳为公称直径 1.2mm、结构形式 6×7W+1WS 的镀锌钢丝绳,抗拉强度 1567.8MPa,弹性模量 120.1GPa,钢丝绳之间螺旋式紧密布置,不留间隙,整个柱身缠绕两层,外面涂抹一层结构树脂。钢丝绳缠绕加固柱如图 7-27 所示。

a) 构件加固

b) 钢丝绳缠绕

c) 钢丝绳密布图

图 7-27　钢丝绳缠绕加固柱图片

2)试验加载及测试

(1)抗压约束加载试验

试验在300t高刚度伺服控制试验机上进行,加载初期为力控制加载,接近峰值荷载时为位移控制加载。在每个试件中截面分别粘贴纵向及环向电阻应变片。同时在试件的纵向沿试件全高设置电测位移计以测定试件的纵向总变形。试验时,测量试件纵向轴压位移及纵、横向应变,并观察记录破坏过程与破坏形态。试验装置如图7-28所示。

(2)抗震加载试验

本试验为拟静力试验,在预定轴力下进行横向低周循环反复加载。预定轴力经穿过柱身中心的钢绞线施加,钢绞线端部锚固于柱子底座。试验时,柱顶竖向千斤顶加载至预定值,并保持恒定,然后施加水平低周反复荷载。水平加载程序采用荷载-变形双控法,测定数据包括纵筋、箍筋、钢丝绳的应变及水平荷载-位移滞回曲线,并观测柱子上裂缝发展情况。抗震试验加载装置如图7-29所示。

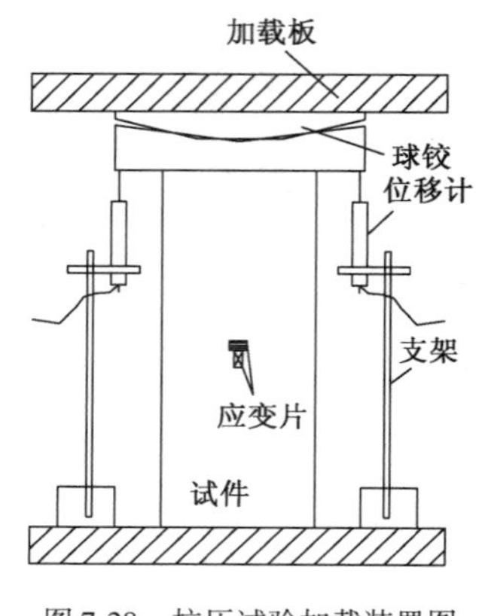

图7-28　抗压试验加载装置图

图7-29　抗震试验加载装置图

3)试验结果及分析

(1)抗压约束试验

对比试件编号C-0-1,极限抗压强度f_{c0}取三个试件的平均值,即36.4MPa,绕丝加固后的混凝土极限强度为f_{cc},加固柱绕丝间距为10cm、20cm、30cm、40cm,对应的试件编号分别为C-1-1、C-2-1、C-3-1、C-4-1,每组有三个试件,每组中选择极限承载力提高程度最小的试件与对比试件进行极限抗压强度的比较,其比值f_{cc}/f_{c0}分别为2.76、1.96、1.58、1.48,可见加固柱极限荷载随着绕丝间距的减小而增大,且表现出较好的延性。绕丝加固试件的荷载-位移曲线如图7-30所示。同时,绕丝间距越小,环向钢丝绳应变值越大,在达到峰值荷载之后,钢丝绳较大的应变能力能够得到充分发挥,钢丝绳的变形过程为其约束混凝土提供了较大的轴向变形能力。试件荷载-钢丝绳应变曲线如图7-31所示。

综上,缠绕钢丝绳加固混凝土柱可显著提高混凝土柱的峰值应力及其对应的峰值应变,随着钢丝绳布置间距的减小,峰值应力及峰值应变逐渐增大。基于以上研究,本章提出了前文所述的钢丝绳加固混凝土柱的承载力计算设计方法,经过对比,该计算方法与试验结果总体吻合较好,钢丝绳加固有很强的约束作用,不逊于螺旋箍筋。

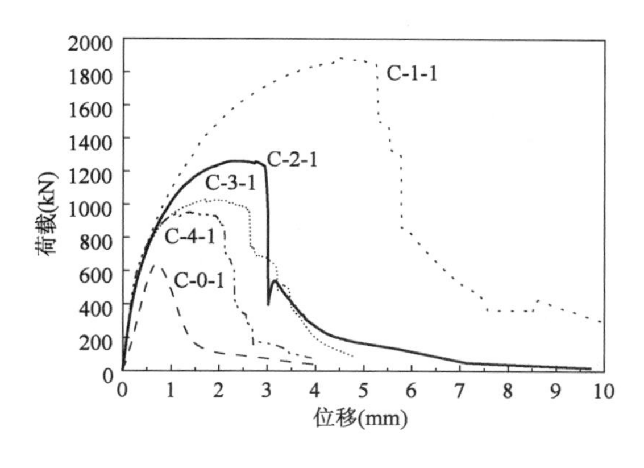

图 7-30　绕丝加固试件的荷载-位移曲线

注:C-0-1 为对比柱;C-1-1 为 10cm 间距缠绕柱第 1 个试件;C-2-1 为 20cm 间距缠绕柱第 1 个试件;C-3-1 为 30cm 间距缠绕柱;C-4-1 为 40cm 间距缠绕柱第 1 个试件。

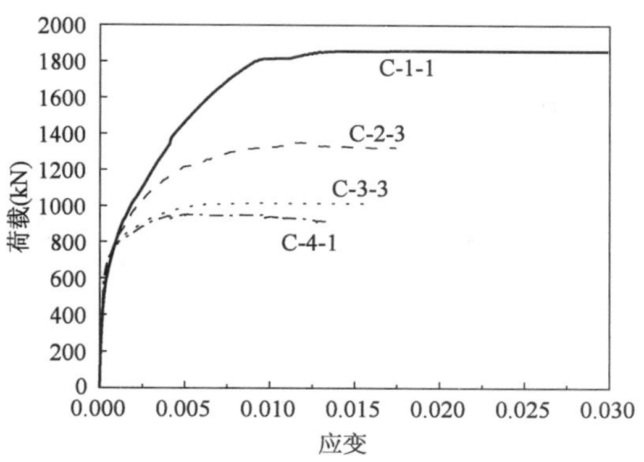

图 7-31　试件荷载-钢丝绳应变曲线

注:C-1-1 为 10cm 间距缠绕柱第 1 个试件;C-2-3 为 20cm 间距缠绕柱第 3 个试件;C-3-3 为 30cm 间距缠绕柱第 3 个试件;C-4-1 为 40cm 间距缠绕柱第 1 个试件。

(2)抗震加固试验

标准柱为典型的脆性剪切粘结破坏,荷载峰值为 621kN,位移延性系数为 1.67。钢丝绳加固柱荷载峰值为 792kN,较标准柱提高了 27.5%,位移延性系数为 4.55,较标准柱提高了 172%,实现了延性的弯曲破坏。P-Δ 滞回曲线对比情况如图 7-32 所示,标准柱在到达抗弯承载力以前,过早发生剪切粘结破坏,极限位移小,延性差,滞回环小,耗能能力极低。钢丝绳加固柱破坏模式从剪切粘结破坏转变为弯曲破坏,极限位移大,滞回环饱满,耗能能力强。因此,钢丝绳缠绕加固柱对抗震性能的改善是显著的。

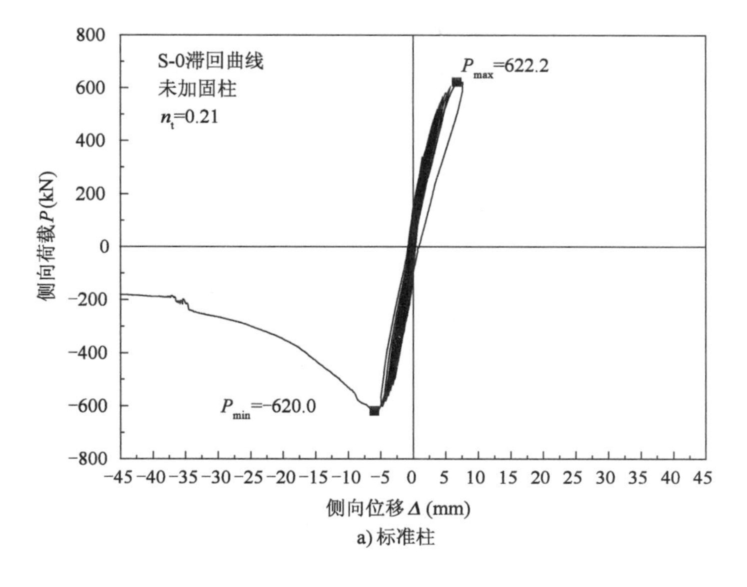

a) 标准柱

图　7-32

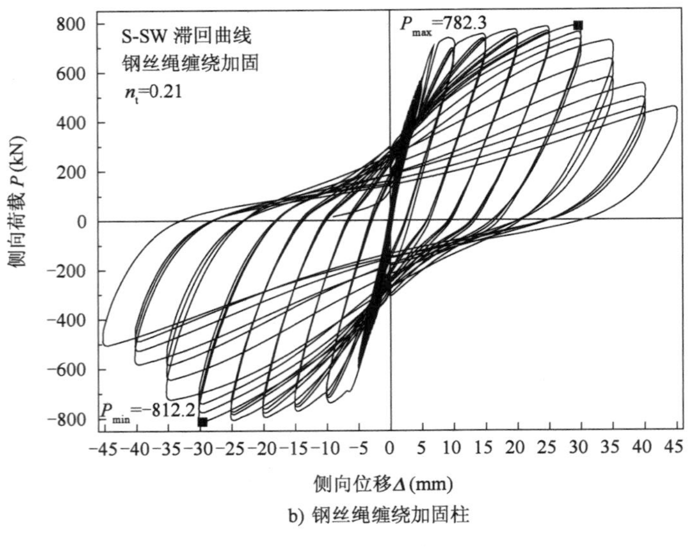

b) 钢丝绳缠绕加固柱

图 7-32　柱滞回曲线图

7.5　一般规定及布置形式

钢丝绳具有一定的柔性,在结构上可灵活布置。本章根据研究过程中的经验总结及加固效果分析,给出一些布置形式,读者可根据实际工程状况、结构特点、钢丝绳受力特性等选择使用。

①适用于待加固构件的混凝土强度等级不低于 C15,尤其对已有损伤无法卸载的结构加固,比现有的加固技术方法更有优势。

②对于混凝土梁的加固,适用于中小跨径梁体,如小箱梁、宽幅 T 梁、板梁等。

③对于加固量较大、梁板底面积不够的情况,可布置双层钢丝绳,两层钢丝绳锚具错开布置,错开距离以能满足内层钢丝绳端部锚固长度为宜,如图 7-33 所示。两个锚具在高度上设计一定差值,内层锚具(锚具 2)一般宜比外层锚具(锚具 1)低 10mm 左右。

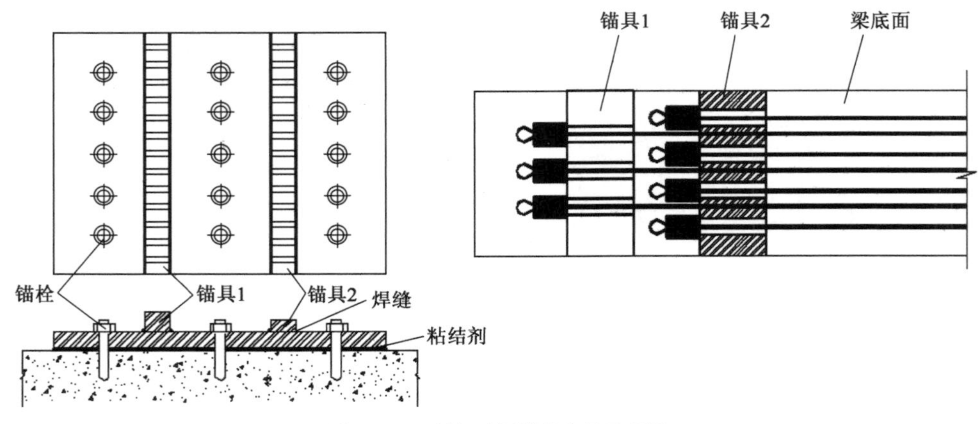

图 7-33　双层钢丝绳锚具布置示意图

④抗剪加固混凝土结构梁时,可采用封闭式缠绕和U形、L形、I形,以满足设计要求、方便施工为原则。优先选用封闭箍形式,当采用封闭式困难时可选用U形、L形或I形,如图7-34所示,保证钢丝绳的布置高度h_r不小于梁高的3/4,其张拉方向应与构件纵轴垂直。

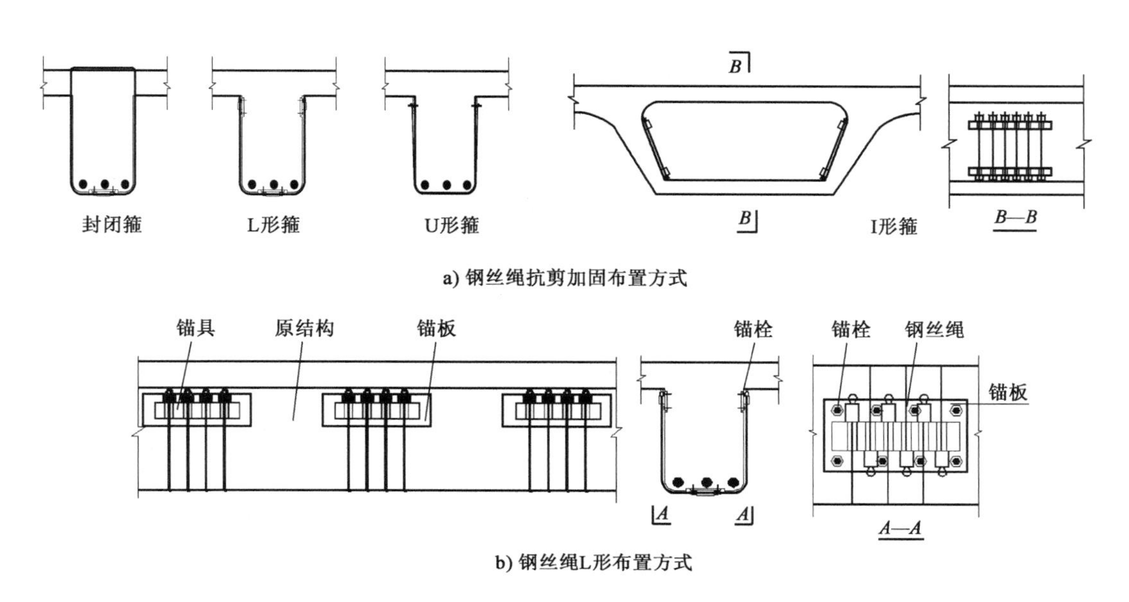

图7-34　钢丝绳布置方式

⑤钢丝绳约束混凝土柱抗震、抗压加固时,钢丝绳应环向连续缠绕,柱高范围内可连续密布,也可以设置一定间隔,缠绕方向可单向也可双向,如图7-35所示。对于抗震加固,如果施工现场条件允许,钢丝绳应贯通节点核心区。

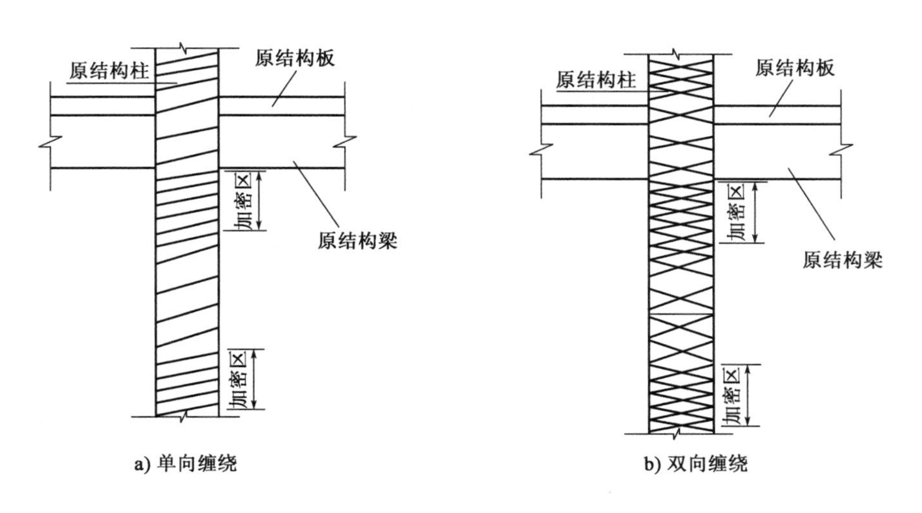

图7-35　钢丝绳缠绕方向示意图

⑥钢丝绳因其较好的柔韧性以及可靠的机械锚固方法，布置灵活，对结构局部、整体加固均适用。图 7-36 是近年来开发的专利技术——预应力钢丝绳综合加固梁板柱的系统[19]示意图，图 7-37 为该系统的节点示意图。其作用机理类似箍筋，可参照我国现行规范合理设计钢丝绳用量，并根据本章介绍的布置方式进行混凝土结构加固设计。

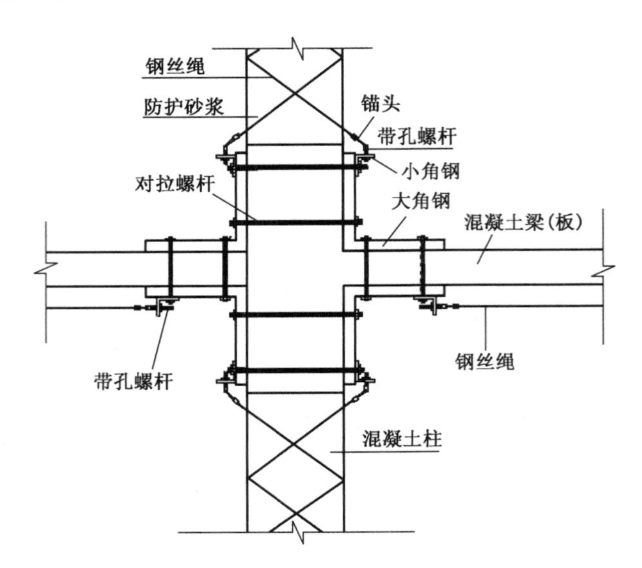

图 7-36　钢丝绳整体加固梁板柱示意图

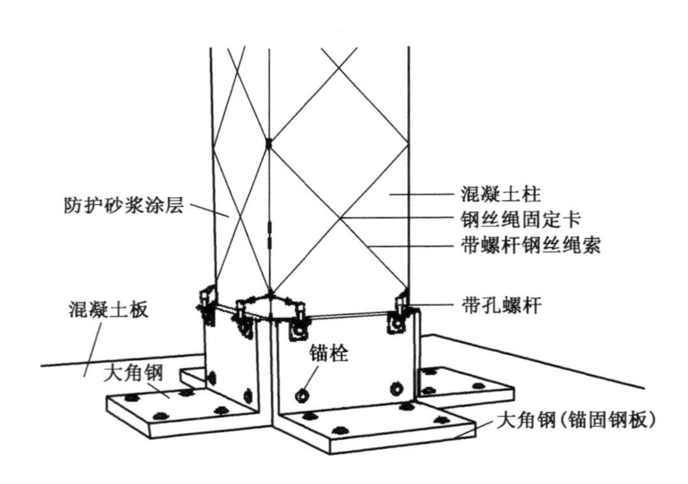

图 7-37　钢丝绳加固梁板柱节点示意图

7.6　构 造 措 施

为保证钢丝绳加固混凝土结构的效果，以及施工过程中操作的便利性，现给出一些构造建议[20]：

①钢丝绳抗弯加固混凝土梁，为保证钢丝绳张拉后与混凝土梁完全紧密接触，在梁受力过程中钢丝绳能产生指向构件方向的反力，在跨中区域安置直径为 6 ~ 12mm 的钢筋作为反力点，如图 7-38a）所示。

②为了增加原结构混凝土与新增砂浆层之间的粘结力，在原结构上应增设剪力键，如图 7-38b）所示，植筋钢筋直径不大于 8mm。打孔时应借助钢筋探测仪避开结构钢筋，植筋深度 20 ~ 30mm，间距不宜过大，端部外露部分可设置成 90°弯头。

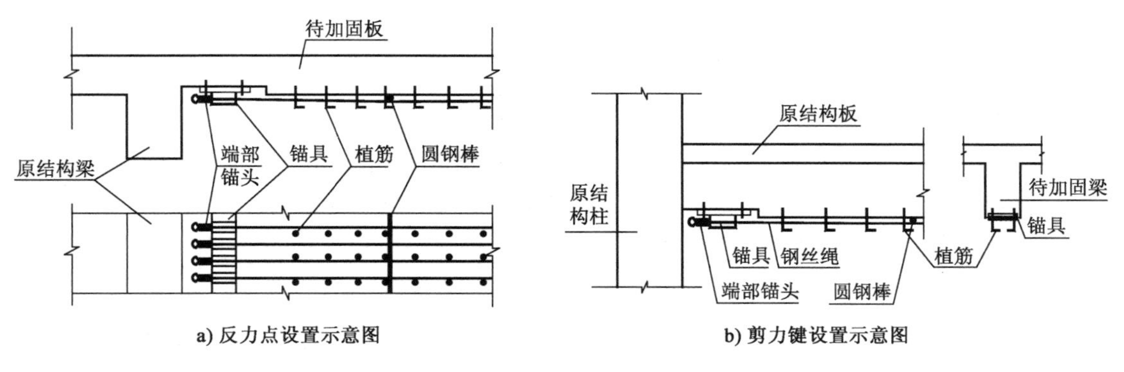

a）反力点设置示意图　　b）剪力键设置示意图

图 7-38　反力点和剪力键设置示意图

③钢丝绳抗剪加固混凝土梁，钢丝绳呈 U 形、L 形布置，绕过梁底边棱角时，棱角处应倒角处理，且倒角半径不应小于 25mm；钢丝绳布置间距不宜过大，建议不超过 200mm。

④钢丝绳缠绕抗震加固混凝土柱，适用于圆形和方形柱，对于方形柱，其柱角应做倒角处理，倒角半径不宜过小，建议不小于 30mm。当钢丝绳局部松弛时，在钢丝绳和加固柱之间加钢棒或钢片绷紧。

⑤钢丝绳缠绕布置时可以满布、双层或等间距均匀布置，对于重要构件，间距不宜大于 15mm，对于一般构件，间距不宜大于 30mm。

7.7　工 程 应 用

钢丝绳系列加固技术作为一项新型高效的加固技术，采用传统钢丝绳材料，通过巧妙的工艺实现锚固张拉，具有施工操作空间小、直径选择灵活、成本低、加固效率高等优势，领先于传统的加固技术。近年来钢丝绳系列加固技术在数百项工程中得以应用，加固效果突出，得到设计单位及业主的高度认可。

7.7.1　南通某大桥加固

1）工程概况

南通某大桥建于 1992 年，为钢筋混凝土单悬臂梁加挂梁结构。主桥共三跨，边跨采用钢筋混凝土单悬臂梁，中跨采用预应力混凝土挂梁，跨度为 29.96m，桥面宽度为 2 ×9（净宽）+1.0 中央（分隔带）+2 ×1.5（人行道）（m），双向四车道。设计荷载为汽-20、挂-100，桥下净空高度为最高通航水位以上 7m，悬臂梁混凝土强度等级为 C30，挂梁混凝土强度等级为 C40。

2）病害状况

该桥梁挂孔于 2007 年 6 月遭受过一次船只撞击，1 号挂梁损伤严重，受撞位置 5m 左右范围梁体混凝土破碎，预应力丢失严重。采用体外预应力进行加固处理，在加固施工过程中，桥梁挂孔又一次遭受船只撞击。第二次撞击后，挂孔 1 ~ 14 号挂梁均受到了不同程度的损伤，其中 4 号、8 号梁损伤最为严重，4 号梁一波纹管内有 6 根钢丝断裂，8 号梁一波纹管内钢丝全部断裂，对桥梁承载能力影响较大。

3）加固设计方案

（1）设计原则

4 号、8 号梁均有钢丝断裂，均需要补强。加固补强以损伤较为严重的 8 号梁计算，8 号波纹管内 24 ϕ 5 碳素钢丝全部断裂，按照加固前后等强和预应力相等原则进行加固计算。加固钢丝绳选用公称直径 3mm、截面面积 5.37mm^2、抗拉强度设计值 1640MPa、结构形式为 1 × 19 的镀锌钢丝绳。控制应力取 0.75f_{pk}，即 1230MPa，按加固前后等强计算，需要体外布置 83.9 根高强钢丝绳。按预应力相等计算，需要体外布置 85.6 根高强钢丝绳，最终确定布置 86 根高强钢丝绳。

（2）钢丝绳布置

考虑钢丝绳布置及分散锚固的需要，86 根高强钢丝绳分两层布置，梁底、梁侧面三面 U 形分布，每层布置 43 根，梁底 23 根，梁体每侧 10 根，第一层布置于跨中 2014cm 范围，第二层布置于跨中 2200cm 范围，锚固采用锚板粘结锚固系统。钢丝绳布置示意图如图 7-39 所示。

4）施工过程

施工准备就绪后，先进行测量放样，定出锚固系统安装位置。底面及两侧均布设两层钢丝绳，一层、二层锚具位置应按照设计要求错开一定距离，然后开锚栓孔并清理基面至露出新鲜混凝土。锚板粘贴面均匀涂抹一层粘结树脂，通过螺栓和粘结树脂与混凝土结构锚固成整体。钢丝绳下料，确定下料长度之前，先测试张拉控制应力 0.75f_{pk}对应的钢丝绳应变，计算出伸长量，根据 7.2.3 节所述计算出下料长度，然后挤压制备钢丝绳索。之后，组装钢丝绳张拉系统，安装方法参见 7.2.3 节。本项目张拉工具采用手动葫芦，张拉系统安装完成后，开始张拉钢丝绳，张拉顺序为先底部再侧面，每个面上钢丝绳均采用由中间向两侧对称张拉。张拉完成后钢丝绳跨中安装反力装置，反力装置由钢板焊接，U 形反力装置用锚栓固定于梁体。钢丝绳张拉完成后，在钢丝绳表面涂抹一层 2.5cm 厚的锚固砂浆，最后涂刷混凝土表面涂装，施工结束。现场施工照片如图 7-40 所示。

5）加固效果评定

该工程加固施工于 2007 年 9 月顺利完成。实践表明，该技术对预应力混凝土结构加固效果明显，施工工艺简单，质量可靠，整个施工过程没有影响桥面交通，对桥下航道通行影响也不大。项目完成后，管理处组织专家进行验收，加固质量得到与会专家的一致肯定和高度评价，认为加固后的 4 号梁和 8 号梁均满足了规范中对梁各项性能指标的要求。

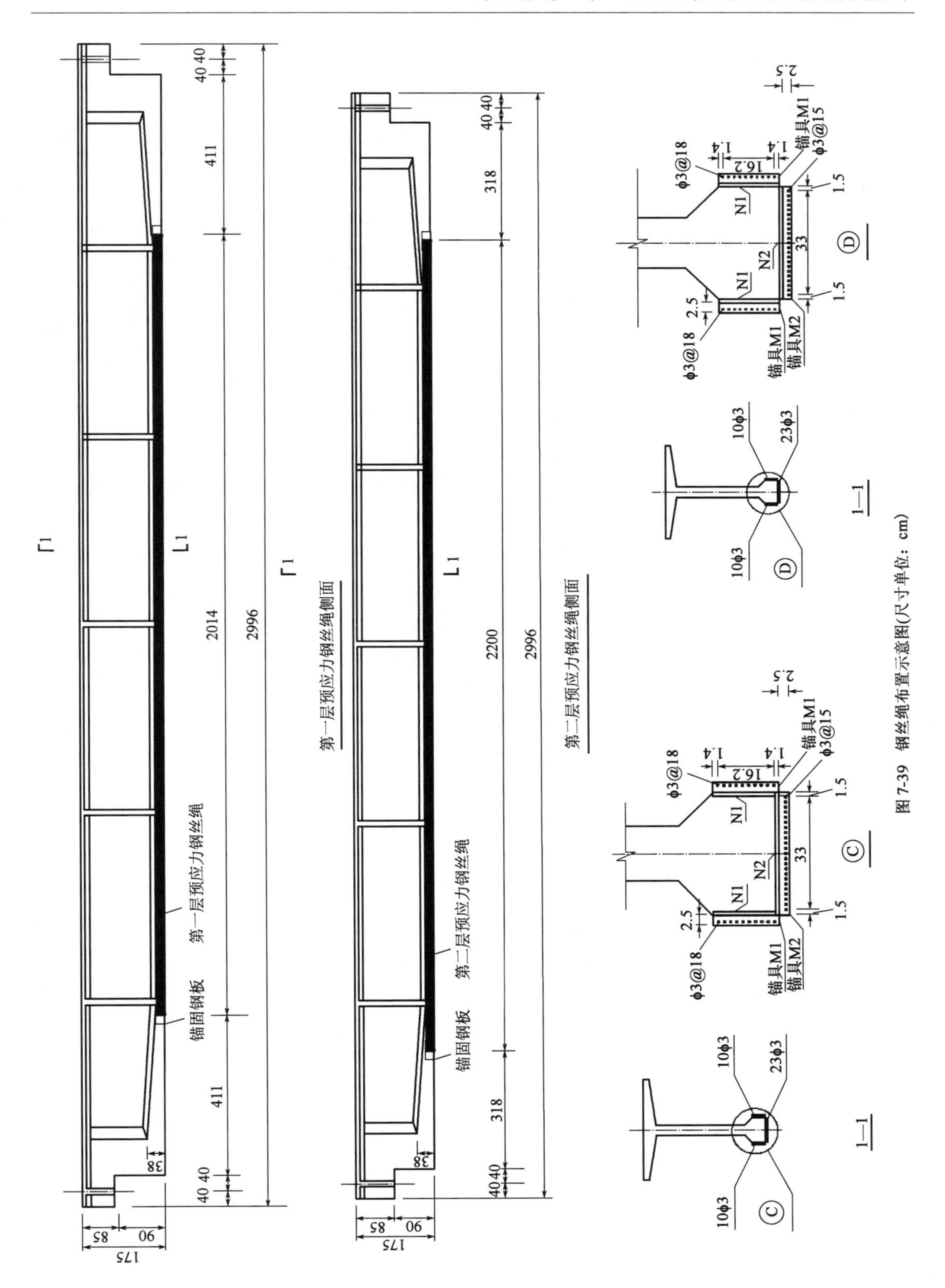

图 7-39　钢丝绳布置示意图(尺寸单位：cm)

a) 钢丝绳张拉

b) 钢丝绳双层布置

c) 反力装置

d) 砂浆涂抹

图 7-40　大桥现场施工照片

7.7.2　某大楼加固

1) 工程概况

该工程为某市一邮电大楼 12、13 层设备增重加固项目。工程建于 1999 年,为筏板基础,框架剪力墙结构。地下 1 层,地上 28 层,室外地面至檐口总高度 115.15m,由主楼与裙楼构成,中间未设缝。结构安全等级一级,抗震设防烈度 7 度,框架抗震等级一级,剪力墙抗震等级一级,场地类别Ⅲ,地震基本加速度值 0.1g,设计地震分组第二组。原结构 12 层、13 层活荷载标准值见表 7-6。

12 层、13 层活荷载标准值(单位:kN/m^2)　　表 7-6

12 层电池区、钢瓶间			12 层其他区域	13 层④～⑧轴区域			13 层其他区域	消防疏散楼梯
主梁	次梁	楼板	3	主梁	次梁	楼板	4.5	3.5
12	13	16		7	8	10		

2) 楼层荷载增加状况

该建筑主楼 12 层电池区、钢瓶间楼面荷载由 4.5kN/m^{2}增至 16kN/m^2。13 层④～⑧轴区域楼面荷载由 4.5kN/m^{2}增至 10kN/m^2。采用中国建筑科学研究院研发的 PKPM 结构软件(V3.1.6 版)进行混凝土结构整体分析计算及单构件加固计算。

3)加固设计方案

经计算分析,确定对预应力框架梁采用预应力钢丝绳加固,框架梁采用增大截面加固,次梁采用预应力钢丝绳增大截面、粘贴钢板加固,楼板采用粘贴钢板加固。此处仅介绍预应力钢丝绳加固部分的内容。选用公称直径 6mm、抗拉强度标准值 1560MPa、弹性模量 140GPa,结构形式为 1×19 的镀锌钢丝绳。选用开槽锚具及锚板粘结锚固系统,锚板与混凝土的锚固用粘结树脂和锚栓共同连接。根据《混凝土结构设计规范(2015 年版)》(GB 50010—2010),经计算复核,12 层需要加固梁数量及位置如图 7-41a)所示,钢丝绳布置数量如下:KJL5 截面尺寸 600mm×800mm,跨度 16.4m,布设 53 根钢丝绳,上下两排布置;KJL6 截面尺寸 700mm×800mm,跨度 16.4m,布置 61 根钢丝绳。13 层加固设计平面图如图 7-41b)所示,其中 KJL5 布置 61 根钢丝绳,KJL6 布置 69 根钢丝绳,均为双排布置;JL4 截面尺寸 400mm×600mm,有 4 跨,跨度 8.2m,其中两跨分别布置 20 根钢丝绳,另外两跨分别布置 11 根钢丝绳,均为单排布置;JL3 截面尺寸 400mm×600mm,跨度 8.2m,一共两跨,每跨布置 11 根钢丝绳,张拉控制应力约为 60% 标准强度。钢丝绳张拉完成后,表面涂抹 25mm 厚聚合物砂浆。

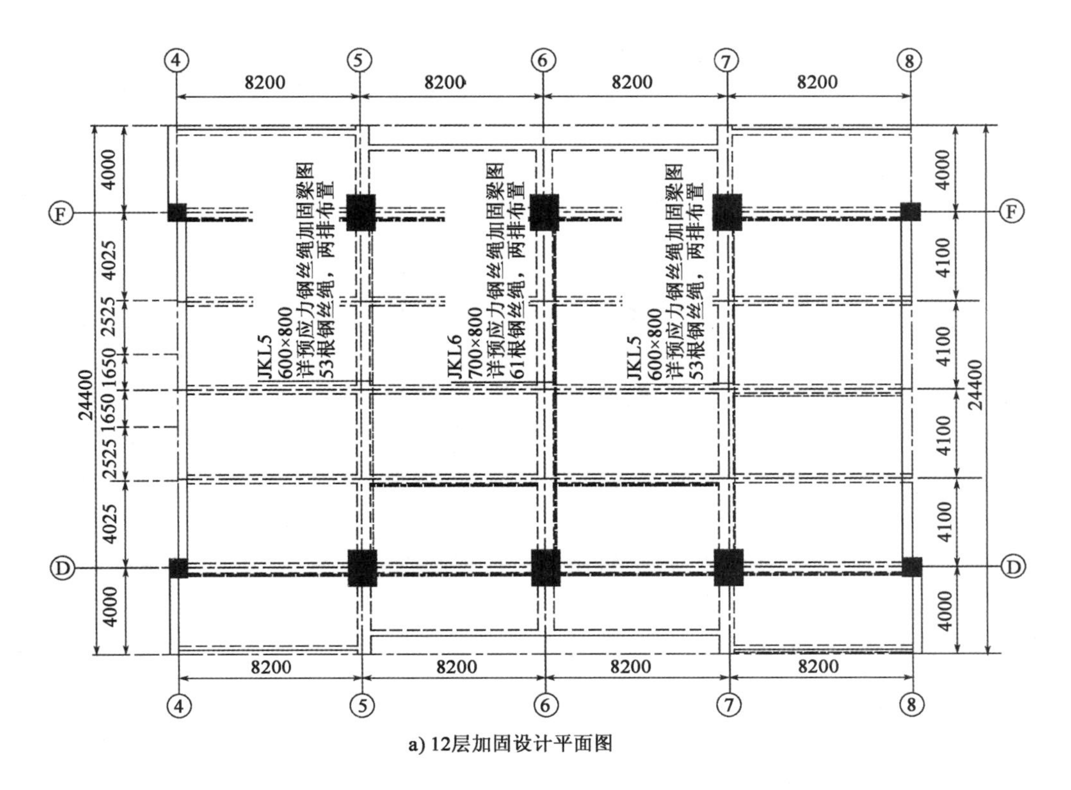

a) 12层加固设计平面图

图 7-41

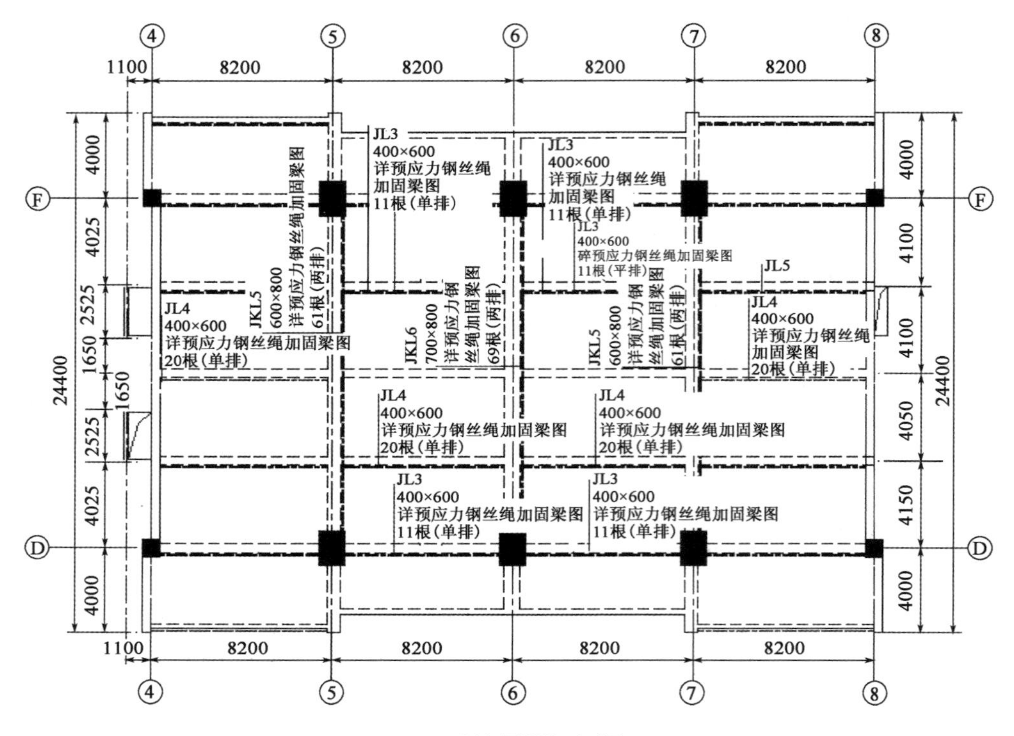

b) 13层加固设计平面图

图 7-41　12～13 层加固设计平面图(尺寸单位:mm)

4)施工过程

该项目施工过程关键工艺如下:表面清理→锚固端开槽→安装锚固系统→钢丝绳下料及制索→设置剪力键→涂刷界面剂→张拉钢丝绳→涂抹防护砂浆→养护。本项目采用锚板粘结锚固系统,开槽锚具,张拉系统采用应力及伸长量双重控制系统。端部混凝土开槽深度15mm,锚板厚度10mm,锚板锚固后周围用环氧粘结材料填涂平整。钢丝绳下料前,先测定$0.6f_{pk}$应力对应的应变,再分别计算对应应力下第一、二层钢丝绳伸长量。计算出钢丝绳下料长度后,裁截钢丝绳,再挤压锚头,制成钢丝绳绳索。对于布置两层钢丝绳的混凝土梁,在梁跨度三分点处设置一排剪力键,剪力键植筋选用深度20mm、直径10mm的螺纹钢筋。搭设张拉架,安装张拉系统,待锚固系统达到强度后,分层对称张拉钢丝绳。张拉结束后在钢丝绳外围涂抹一层25mm厚防护砂浆并及时做好洒水养护。现场施工照片如图7-42所示。

a) 钢丝绳一层布置

b) 钢丝绳双层布置

c) 剪力键设置

d) 邮电大楼

图 7-42　邮电大楼现场施工照片

7.8　本 章 小 结

本章提出了钢丝绳加固混凝土结构新技术，针对钢丝绳抗弯、抗剪加固混凝土梁，以及抗压、抗震加固混凝土柱，从试验研究、计算理论、设计方法、施工工艺及工程应用等方面进行了综合论述。

①与传统加固方法进行比较分析，提出了钢丝绳加固混凝土结构新技术，详细研究了关键施工工艺、锚固系统与加固材料等。

②总结了近年来钢丝绳抗弯加固混凝土梁试验研究成果，提出了钢丝绳抗弯加固混凝土梁的设计方法与构造措施，开发了施工工艺。

③论述了钢丝绳抗剪加固钢筋混凝土梁的试验研究成果，对比分析了粘贴纤维加固和粘贴钢板加固技术的优缺点，证实了钢丝绳抗剪加固的有效性，提出了偏于安全的抗剪加固设计方法与构造措施，开发了简便、易操作的小空间预应力施工方法。

④介绍了钢丝绳缠绕约束混凝土柱的抗压、抗震加固试验研究，对比分析了钢丝绳约束加固的有效性，并提出了设计计算方法和施工工艺。

⑤介绍了2个典型的钢丝绳加固混凝土结构的工程实例,包括工程概况、加固设计方案、施工过程等,充分说明了钢丝绳加固混凝土结构的高效性。

本章参考文献

[1] Jones R, Swamy R N, Charif A. Plate separation and anchorage of reinforced concrete beams strengthened by epoxy-bonded steel plates[J]. Structural Engineer, 1988, 66(5): 85-94.

[2] 吴刚,安琳,吕志涛. 碳纤维布用于钢筋混凝土梁抗弯加固的试验研究[J]. 建筑结构, 2000, 30(7): 3-6.

[3] 吴刚. FRP加固钢筋混凝土结构的试验研究与理论分析[D]. 南京:东南大学, 2002.

[4] 张继文,吕志涛. 预应力加固钢筋混凝土简支梁的受力性能与分析计算[J]. 建筑结构, 1995, 9: 18-30.

[5] 聂建国,王寒冰,张天申,等. 高强不锈钢绞线网-渗透性聚合砂浆抗弯加固的试验研究[J]. 建筑结构学报, 2005, 26(2): 1-9.

[6] 中华人民共和国住房和城乡建设部,中华人民共和国国家质量监督检验检疫总局. 混凝土结构设计规范(2015年版): GB 50010—2010[S]. 北京:中国建筑工业出版社, 2016.

[7] 吴刚,吴智深,魏洋,等. 预应力高强钢丝绳抗弯加固钢筋混凝土梁的理论分析[J]. 土木工程学报, 2007, 40(12): 17-27.

[8] 冯雪松,陈忠范. 外包碳纤维布加固梁抗剪性能的试验研究[J]. 工业建筑, 2004, 34(Z1): 89-93.

[9] 中华人民共和国住房和城乡建设部,中华人民共和国国家质量监督检验检疫总局. 混凝土结构加固设计规范: GB 50367—2013[S]. 北京:中国建筑工业出版社, 2014.

[10] Richart F E, Brandtzaeg A, Brown R L. Failure of plain and spirally reinforced concrete in compression [J]. University of Illinois at Urbana-Champaign, College of Engineering. Engineering Experiment Station, 1929.

[11] Mander J B, Priestley M J N, Park R. Theoretical stress-strain model for confined concrete[J]. Journal of Structural Engineering, 1988, 114(8): 1804-1826.

[12] 魏洋,吴刚,张敏. 绕丝加固混凝土柱轴压承载力计算[J]. 建筑结构, 2014, 44(11): 20-24.

[13] 吴刚,蒋剑彪,吴智深,等. 预应力高强钢丝绳抗弯加固钢筋混凝土梁的试验研究[J]. 土木工程学报, 2007, 40(12): 17-27.

[14] 广超付. 预应力高强钢丝绳加固混凝土结构试验研究[D]. 南京:东南大学, 2008.

[15] 吴刚,姚刘镇,杨慎银,等. 嵌入式BFRP筋与外包BFRP布组合加固钢筋混凝土方柱性能研究[J]. 建筑结构, 2013, 43(19): 10-14.

[16] 魏洋,吴刚,吴智深,等. FRP强约束混凝土矩形柱应力-应变关系研究[J]. 建筑结构, 2007, 37(12): 75-78.

[17] 王用锁,潘景龙. 体外绕丝约束混凝土轴压特性的试验研究[J]. 工业建筑, 2007, 37(1): 104-106.

[18] 吴刚,魏洋,蒋剑彪,等. 钢丝绳缠绕抗震加固大截面尺寸混凝土矩形柱的试验研究[J]. 建筑结构,37(S1):315-317.
[19] 李兴华,吴刚. 预应力钢丝绳综合加固梁板柱的系统:CN201620915357.7[P]. 2016-08-22.
[20] 中华人民共和国住房和城乡建设部. 预应力高强钢丝绳加固混凝土结构技术规程:JGJ/T 325—2014[S]. 北京:中国建筑工业出版社,2014.

第 8 章

预应力 FRP 板加固结构新技术

8.1 概　　述

用于结构加固补强和修复的 FRP 制品有多种形式。由于运输方便、自重小、施工方便等优点,FRP 片材加固结构应用更为广泛。目前在我国,FRP 材料加固混凝土结构技术最常见的是外贴 FRP 片材加固,但是从研究成果看,FRP 片材粘贴层数由于受到剥离破坏的限制而不宜过多,且对结构正常使用阶段性能提高不明显,材料的利用效率低。

作为 FRP 片材的后续产品,FRP 板是预拉成型的片材,较 FRP 片材具有更多的优点:①FRP板力学性能的离散性较 FRP 片材小,力学性能稳定;②FRP 板不需要像 FRP 片材那样在现场浸润树脂,施工较简便;③FRP 板是将片材纤维浸渍树脂后在模具内固化并连续拉挤成型,1 层板状材料相当于 6 ~ 8 层布状材料,在现场施工中无须多层粘贴,施工更为便捷,且能避免层间剥离破坏的发生;④FRP 板更适用于采用预应力加固方式,能更充分发挥 FRP 纤维高强度作用。FRP 板的众多优点使得各国学者陆续开展了对 FRP 板加固结构的试验研究。

现有研究表明,单纯外贴 FRP 板无法改善结构使用阶段的性能,如降低现有挠度或封闭裂缝等;且外贴加固极易发生 FRP 材料的剥离破坏,极大地制约了外贴加固后结构的承载能力,难以发挥加固材料的高强性能。

采用预应力 FRP 板加固技术是解决上述工程问题的有效方法。预应力 FRP 板加固技术通过对 FRP 板施加预应力,并用专用的锚具锚固在混凝土构件两端,能够保证 FRP 与混凝土整体共同工作,不存在二次受力问题,且能较好地改善使用阶段的性能,有效控制裂缝的发展,减小结构的挠度。端部锚具防止了 FRP 板的剥离破坏,极大地提高了被加固结构的承载能力和 FRP 板的强度利用率。因此,预应力 FRP 板加固技术具有广阔的应用前景。

然而既有预应力 FRP 板加固技术仍然存在如下问题:①锚具锚固性能不稳定。由于 FRP 板是一种各向异性的加固材料,锚具锚固时由于泊松效应导致的横向应力不均匀现象明显,极大地制约了锚固效率的提高。②张拉体系笨重,所占空间大。张拉锚具过程中,通常使用导向螺杆与反力架体系及千斤顶连接,结构十分烦琐,张拉完成后仍滞留在结构上,不仅需要更多的操作空间,而且梁面开槽的面积随之增大。③经济适用性较差。国内外已在工程应用的预应力 FRP 锚固张拉系统,由于操作烦琐,组合件多,导致整体经济适用性较差。而桥梁结构往往长度和加固量都较大,如何对张拉系统进行反复利用,也是未来亟须攻破的技术难点。

本章针对既有预应力 FRP 板加固技术的缺点,开发了新型预应力 CFRP 板加固技术,包括新型夹片及新型原位张拉系统,并通过张拉力学性能试验验证了锚具的锚固性能和张拉系统的可靠性。随后将该新型体系应用于大比例尺 T 梁的加固试验研究,论证了该新型加固技术的可行性。为了指导该技术在实际工程中的应用,总结提出了预应力 FRP 板加固混凝土结构的设计方法,并与试验值进行了对比以验证设计方法的正确性。最后,本章介绍了相关的预应力 FRP 板加固技术在实际工程中的应用案例。该技术适用于房屋建筑、中小跨径桥梁和一般构筑物的加固,因设计失误、施工质量或材料质量不符合要求、使用功能改变、荷载增加或自然灾害等遭到损坏的构件,均可采用此方法进行加固处理。

8.2　新型锚具及张拉系统设计

8.2.1　既有锚固和张拉体系介绍

1)既有 FRP 板锚固技术

对 FRP 板施加预应力,最为关键的部分便是可靠且简便的锚夹具。国内外对于锚夹具的研究十分丰富,现将其汇总,见表 8-1。[1]

国内外研发的锚固和张拉体系　　表 8-1

序号	公司/研究机构	产品名称	锚具类型	张拉控制应力	锚具效率系数	锚具特点
1	东南大学	预应力钢丝纤维复合板锚固体系	平板式锚具	40% ~60% σ_b	—	以胶体粘结为主
2	柳州欧维姆机械股份有限公司、东南大学	OVM 预应力 CFRP 板锚固体系	夹片式锚具	40% ~65% σ_b	≥0.95	需开设凹槽
3	北京中交铁建科技发展有限公司	CFPA 锚具体系	夹片式锚具	≤67% σ_b	≥0.95	需开设凹槽
4	卡本复合材料(天津)有限公司	卡本预应力碳板加固系统	夹片式锚具	—	≥0.95	需开设凹槽
5	上海悍马建筑科技有限公司	悍马预应力 CFRP 板加固系统	夹片式锚具	—	—	夹具为单向齿纹设计,锚固长度短
6	上海怡昌碳纤维材料有限公司	同固预应力 CFRP 板锚固系统	夹片式锚具	—	≥0.95	需开设凹槽

续上表

序号	公司/研究机构	产品名称	锚具类型	张拉控制应力	锚具效率系数	锚具特点
7	南京海拓复合材料有限责任公司	力卡预应力 CFRP 板加固系统	夹片式锚具	—	>0.95	需开设凹槽
8	南京曼卡特科技有限公司	曼卡特预应力 CFRP 板锚具系统	挤压胶粘型锚具	—	—	独特的安装孔设计，便于锚具横向和纵向调节，保证锚栓均衡受剪，混凝土无须开槽，施工方便
9	深圳市威士邦建筑新材料科技有限公司	威士邦 WSB-MJ 预应力 CFRP 板张拉锚具系统	挤压胶粘型锚具	≥$0.42\sigma_b$	—	两点一线及三维自助中心调节专利技术，支架嵌入式浅埋安装
10	湖南磐固土木技术发展有限公司	PG-TB 预应力 CFRP 板锚固系统	挤压摩擦型锚具	$0.50\sigma_b$	≥0.95	独立的张拉系统横断面转向设计，解决了锚板安装偏位造成的张拉应力集中问题，提高了安装成功率和质量稳定性
11	重庆大学	波形齿夹具锚	挤压型锚具	$0.50\sigma_b$	≥0.95	铰式锚头可使锚头受力时自动调节并对中，克服安装造成的偏心误差
12	Sika	Sika LEOBA Ⅱ	挤压摩擦型锚具	$51.13\%\sigma_b$	0.935	需开设凹槽，CFRP 板可现场裁剪
13	S&P Clever Reinforcement Company	S&P C-PUR system	挤压摩擦型锚具	—	—	不需开设凹槽

注：σ_b 为 FRP 板标准强度。

按照锚固应力传递方式，预应力 FRP 板锚具可以分为平板式锚具、夹片式锚具以及挤压型锚具。

(1)平板式锚具

平板式锚具是直接采用锚固平钢板对 FRP 板进行夹持锚固，FRP 板与钢板之间涂有胶体，作为应力传递介质。FRP 板伸入锚具的入口处易发生应力集中，为防止该区段过早发生失效破坏，将该区段的钢板沿厚度方向打磨成“斜坡”形式，使该区段的刚度渐变。这样可以减小甚至避免应力集中现象。图 8-1 为东南大学开发的平板式锚具[2]。锚固试验结果表明该锚固系统无法实现对 FRP 板的有效锚固，发生了 FRP 板的滑移失效。

(2)夹片式锚具

夹片式锚具借鉴了预应力钢丝绳夹片锚的相关技术，由锚杯、夹片组成，通过自锚夹持 FRP 板。夹片式锚具最为关键的是 FRP 板与夹片以及夹片与锚杯之间的接触面。其中，FRP 板与夹片之间的接触面宜粗糙，以有效夹持 FRP 板；而夹片与锚杯之间的接触面宜光滑，以保证夹片能随着 FRP 板的张拉，在锚杯中相对滑移，从而夹紧夹片。该类型锚具避免了湿作业，构造相对简单，组装方便，可重复利用，组装完成后即可使用，特别适合后张法施工和体外预应力情形；但是易产生应力集中，滑移量较大，从而导致预应力损失较大。图 8-2 为OVM 预应力 FRP 板夹片式锚具。[3]锚固试验结果表明该锚固系统能较好地实现对 FRP 板的有效锚固，未发生 FRP 板的滑移失效，破坏模式为 FRP 板拉断。但是由于泊松效应，FRP 板的张拉应力在横向并不均匀，降低了 FRP 板的利用效率。

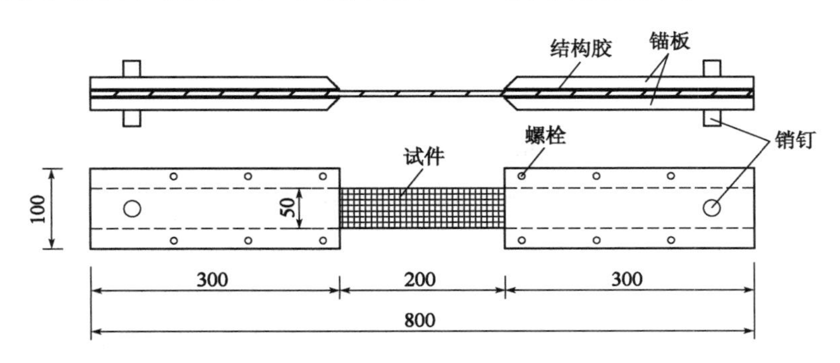

图 8-1　东南大学开发的平板式锚具(尺寸单位：mm)

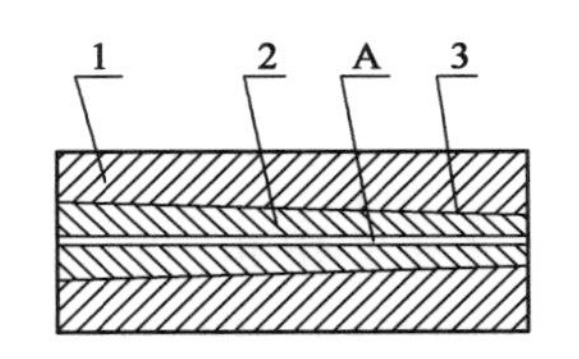

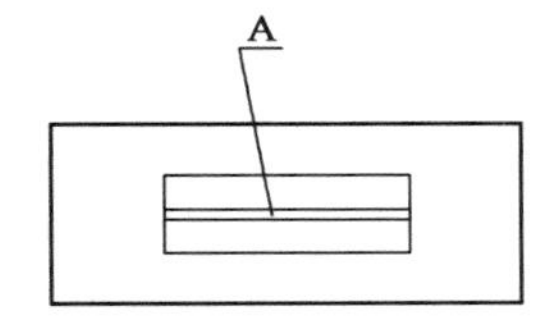

图 8-2　OVM 预应力 FRP 板夹片式锚具

1-锚杯；2-夹片；3-润滑油；A-FRP 板

(3)挤压型锚具

该类型锚具类似于平板式锚具，但其对夹持的锚板施加了预紧力以增大对 FRP 板的锚固效率。为了增加锚具与 CFRP 板之间的摩擦力，将锚板截面改装成波齿形状，增加截面的有效摩擦面积。图 8-3 为重庆大学开发的挤压型锚具。[4-5]在原有锚具的基础上，为了解决张拉过程中产生的偏心问题，提出了一种改进的铰式锚。CFRP 板受力时，由于两端可以转动的铰点存在，CFRP 板自发保持对中，解决了 CFRP 工程施工中频繁出现的对中问题。随着研究的深入，该锚具多次成功地运用在桥梁的加固中。但是该锚具由于需要对 FRP 板锚具施加预紧力，施工较为烦琐，且波形锚具加工复杂，造价较高。

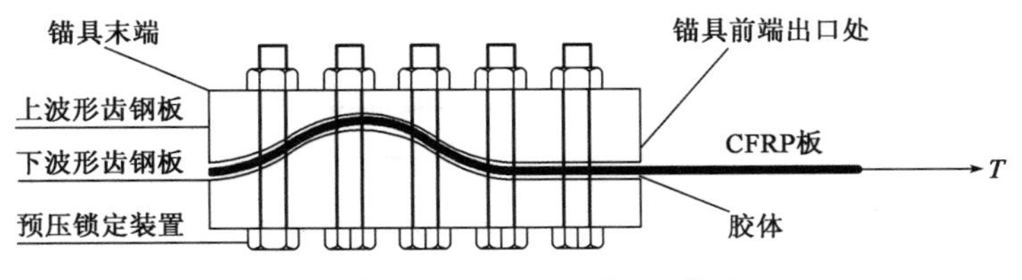

图 8-3　重庆大学开发的挤压型锚具

2)既有 FRP 板张拉技术

对 FRP 板施加预应力确实能从根本上改善其加固性能，但仅仅有优良的锚固系统还不足以完成整个加固过程，还需要配备施工简单、对结构损伤较小的张拉系统。现有的张拉设备可以根据其给 FRP 板施加预应力的方式进行如下分类：

(1)起拱法

通过将结构本身的变形转化为加固材料的变形，从而转化为预应力施加在 CFRP 板上。起拱法最早由 Saadatmanesh 等[6]提出(图 8-4)，而曾宪桃等[7]也曾使用起拱法对钢筋混凝土弯梁进行加固并分析其抗弯性能。该加固技术在工程中较难实施，尤其是对较大跨度的桥梁结构。

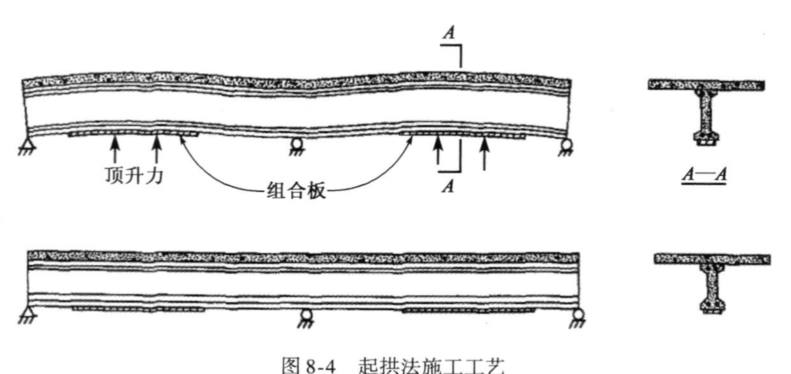

图 8-4　起拱法施工工艺

(2)外部反力架张拉法[8]

外部反力架张拉法是用自行开发的张拉器具张拉 FRP 板，将张拉状态下的 FRP 板锚固在加固构件的受拉面，张拉器具并未与结构连接(图 8-5)。但使用外部反力架法进行张拉时，必须要有供外部反力架施工的空间，这对于一些工作面比较狭小的工作现场来说实用性不高，现场可操作性不强。

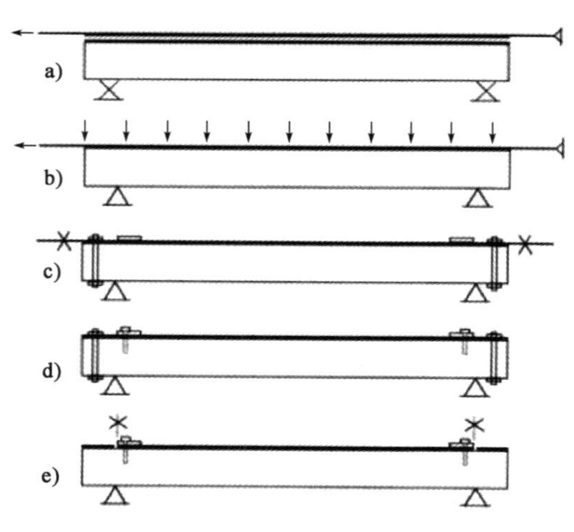

图 8-5　外部反力架张拉法施工工艺

(3)基于构件自锚张拉法

基于构件自锚张拉法是国内外学者目前使用比较多的一种施加预应力的方法。该方法不需要外部反力架体系，只需在 CFRP 板两端设置锚头，利用结构对锚头进行张拉。相较于外部反力架张拉法,基于构件自锚张拉法优点很明显——施工简便,张拉设备少,可操作性强,因而是实际工程中预应力FRP板加固技术的首选方法。图8-6为OVM张拉系统[3],由锚具、固定装置、压紧条、碳纤维板、专用环氧胶、张拉装置及张拉设备组成。通过液压千斤顶对CFRP板施加张拉力,并利用锁紧螺母的锁定降低对千斤顶行程的要求,通用性和适应性较强。该套体系具有施工操作简便的特点。但是该体系也具有CFRP板与混凝土面在端部空隙较大导致用胶量过大、张拉占用空间较大、张拉体系复杂等问题,有待进一步研究和改进。

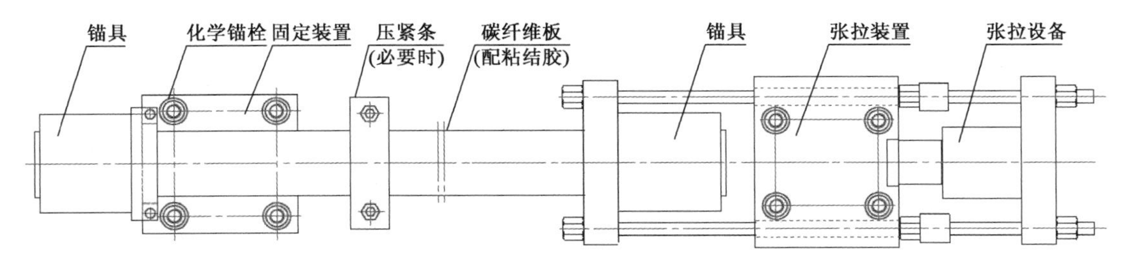

图8-6　OVM张拉系统

8.2.2　新型锚具设计

为了解决上述FRP板锚具锚固性能不稳定、横向应力不均匀的难题,本节基于理论分析,设计了横向变摩擦的新型FRP板锚具,并对其进行了有限元分析。

1)理论分析

FRP板的夹片式锚具施工需要对夹片施加预紧力,避免因瞬时的应力陡增致使夹片来不及楔紧而FRP板被抽出。分析可知,FRP板夹片式锚具的施工分为三个流程:在夹片安装好后,使用顶压装置进行预紧;待达到设计预紧力后卸载;最后对锚具进行顶升。对张拉时锚杯和夹片的受力情况进行分析[9-10],如图8-7所示。

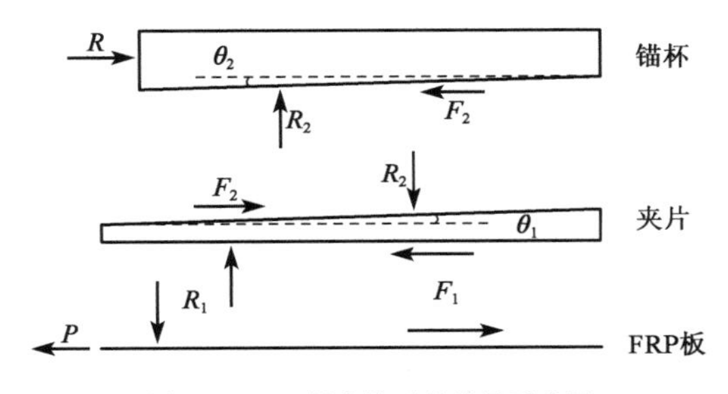

图8-7　FRP板张拉时的锚具受力图

图8-7中,P为FRP板承受的荷载;θ_1为夹片设计倾角;θ_2为锚杯设计倾角;F_1,F_2为接触面摩擦力;R,R_1,R_2为接触面法向压力。应用平衡条件得:

$$P = 2F_1 \tag{8-1}$$

$$F_1 = \mu_1 R_1 = R_2\sin\theta_1 + F_2\cos\theta_1 \tag{8-2}$$

$$F_2 = \mu_2 R_2 \tag{8-3}$$

$$R_2 = \frac{P/2}{\mu_2\cos\theta_2 + \sin\theta_2} \tag{8-4}$$

式中：μ_1、μ_2——夹片与 FRP 板、夹片与锚杯的接触面摩擦系数；

θ_1、θ_2——夹片和锚杯倾角。

计算时假定如下：①锚板与夹片之间的正应力沿锚板长度方向线性分布，在夹片小厚度位置为零，在大厚度位置为最大值；②假设锚板和夹片沿长度方向厚度不变。则夹片施加给锚板的径向正应力 $\sigma_2(x)$ 和剪应力$\tau_2(x)$：

$$\sigma_2(x) = \frac{(l_B - x)R_2}{bl_B^2} \qquad (0 \leqslant x \leqslant l_B) \tag{8-5}$$

$$\tau_2(x) = \frac{(l_B - x)\mu_2 R_2}{bl_B^2} \qquad (0 \leqslant x \leqslant l_B) \tag{8-6}$$

式中：b——锚杯口宽度，本章中默认与 FRP 板等宽；

l_B——锚板的长度。

锚板与夹片之间的摩擦力使得锚板横截面产生轴向正应力 $\sigma'(x)$，由平衡方程得：

$$\int_0^x b\tau_2(x)\,\mathrm{d}x = \sigma'(x)bt \tag{8-7}$$

将式(8-6)代入式(8-7)，整理得：

$$\sigma'(x) = \frac{\mu_2 R_2}{bt} \cdot \frac{2l_B - x^2}{l_B^2} \tag{8-8}$$

式中：t——锚板最厚处的厚度。

以上两个应力可以近似地认为是锚板的第一、第三主应力，根据材料力学第三强度理论，锚板满足的强度要求为

$$\sigma'(x) - \sigma_2(x) \leqslant [\sigma] \tag{8-9}$$

式中：$[\sigma]$——FRP 板抗拉强度。

2)有限元模拟

本研究在 ANSYS 软件里进行了预应力碳纤维板锚具的精细化有限元建模，如图 8-8 所示。其中，通过设置界面单元，精确地考虑了碳纤维板和夹片以及夹片与锚杯之间的滑移。在 FRP 板端部施加横向均匀的约束力时，由于泊松效应的存在，使得 FRP 板两侧边纤维受力明显高于平均应力。那么，如果放松 FRP 板两侧的约束，就有可能达到 FRP 板均匀受拉的效果。

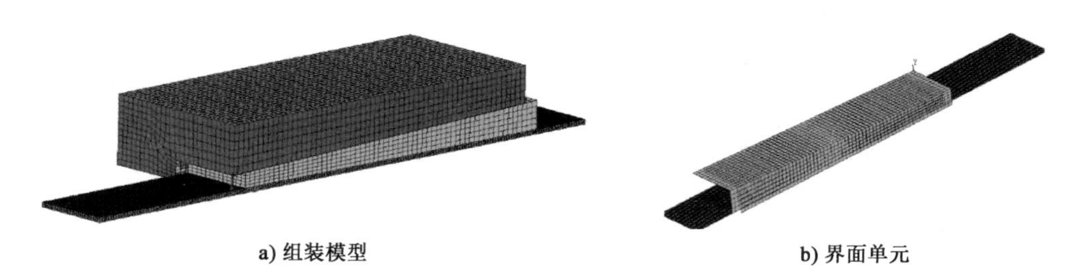

a) 组装模型　　b) 界面单元

图 8-8　预应力碳纤维板锚具有限元模型

为此，本节提出了一种横向变摩擦纤维板夹片，如图 8-9 所示。每一块楔形板的下表面经过机械开槽刻痕，从两端向中间，刻痕的纵向密度由小变大。如将夹片下表面分为六个

区,以中面为对称面,则要求刻痕密度 C > B > A,刻痕密度越大,摩擦系数越大,从而实现摩擦系数从两端向中间由小变大。通过改变刻痕密度,实现夹片的摩擦系数沿板两端向中间由小变大,从而使得夹片对纤维板的约束力沿板两端向中间由小变大,能够解决由于板宽和泊松效应导致的纤维板两端应力大大高于板中间应力的问题,有效防止由于板两端纤维破坏导致板强度未完全发挥而提前破断。

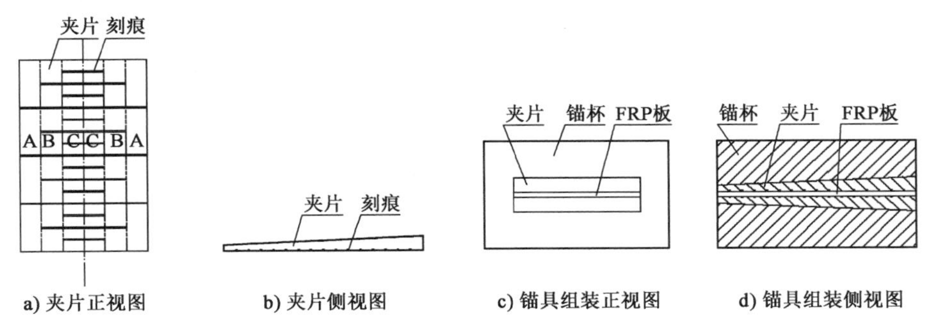

图 8-9　横向变摩擦锚具构造图

将横向变摩擦纤维板夹片锚具与现有横向相同摩擦纤维板夹片锚具分别夹持 100mm 宽碳纤维板进行有限元计算模拟,其结果如表 8-2 所示,对比数据清楚表明:与现有横向相同摩擦纤维板夹片锚具相比,横向变摩擦纤维板夹片锚固承载力有大幅度的提高,能有效防止由于板两端纤维破坏导致板强度未完全发挥而提前破断,大大提高整个纤维板的承载力,提高幅度平均在 10% 以上。由于横向变摩擦纤维板夹片能够大幅度提高纤维板的承载力,因而在实际工程应用中当提高相同的承载力时,可以大幅度降低纤维板的使用量,从而节约成本。该横向变摩擦纤维板夹片具有易于加工,能够保证对较大宽度的纤维板的均匀夹持的优点。

横向变摩擦锚具锚固效率计算结果　　表 8-2

测 试 项 目	未优化	变摩擦 1	变摩擦 2
最大张拉力(kN)	397.7	444.0	466.7
碳纤维板应力值(MPa)	1988.4	2220.2	2333.5
碳纤维板应力值/碳纤维板应力极限值	82.9%	92.5%	97.2%
破坏形式	碳纤维板拉断	碳纤维板拉断	碳纤维板拉断

注:变摩擦 1 和变摩擦 2 分别为更改不同摩擦变化梯度的计算工况。

8.2.3　新型原位张拉系统设计

既有预应力纤维板张拉系统由于锚具与固定装置分离,导致张拉系统过于笨重且传力不直接,施工不方便,浪费材料;另外,现有装置对于梁开槽面积过大,对梁造成的损伤严重。针对现有预应力纤维板张拉系统的缺点,本节开发了一种锚具与固定装置一体化、传力直接,且不用在梁上大面积开槽的经济且高效的新型预应力纤维板原位张拉系统。

新型原位张拉系统构造图见图 8-10,实物图见图 8-11。该新型张拉系统由固定端锚具、张拉端锚具、工具锚、顶压连接装置等组成。固定端锚具上备有六个连接孔,其中四个为直径 17.5mm 的通孔,留于梁植筋使用,中间两个孔为 M16 的螺孔,方便与固定装置连接;而张拉端锚具上端表面的螺孔不同于固定端锚具，上半部分做成了沉孔，方便在张拉端锚具上安装千斤顶，同时在锚具侧面各有三个螺孔，可以与上方的定制千斤顶连接。工具锚有两种制式，一种是整体式，锚杯只有供夹片通过的切口，主要在千斤顶行程足够、不需要二次顶升的情况下使用；另一种则在普通工具锚的基础上一分为二，上下部分由八个螺孔连接，这样的设计使这套原位张拉系统能够用在大跨度桥梁的加固中，当面临千斤顶的行程不够的情况时，可以拆下工具锚进行二次顶升。该系统所使用的千斤顶为特别定制，吨位为30t，行程为100mm，工作压力为63MPa。千斤顶油缸侧面各有六个螺孔，与下端的张拉端锚具使用钢板连接，而千斤顶的顶头设计为一个梯形，下开一个和工具锚匹配的切口，可以直接对工具锚进行顶升，防止张拉过程中CFRP板出现偏移。当顶升到预设计的力后，使用张拉端锚具的夹片固定FRP片材，而后就可以拆除千斤顶和工具锚。

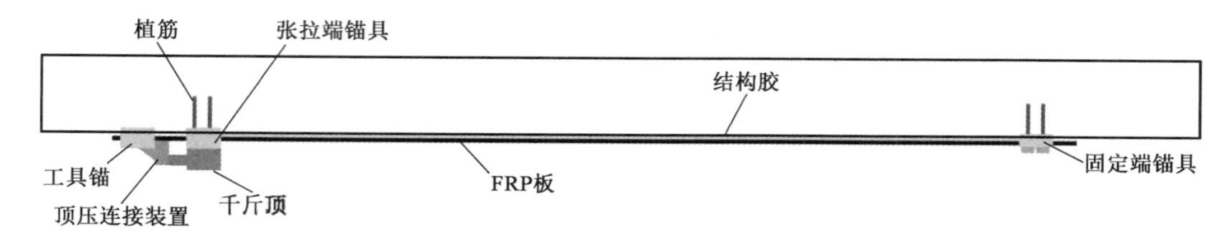

图8-10　新型原位张拉系统构造图

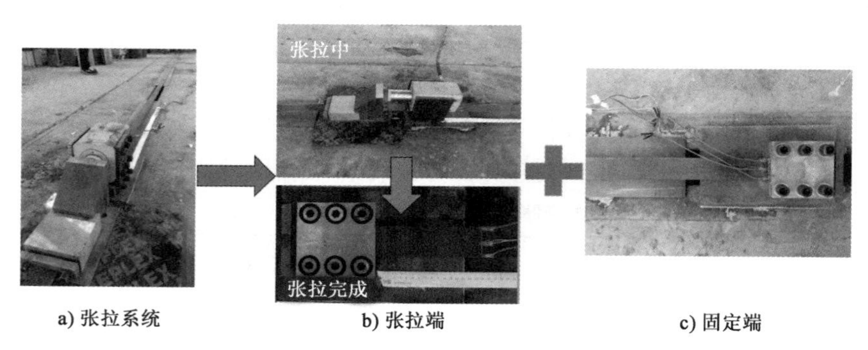

图8-11　新型原位张拉系统实物图

该新型原位张拉系统在基于构件的自锚张拉法基础上，舍弃了以往复杂的反力架体系，固定端锚具与张拉端锚具都与加固结构固定，作为反力体系，将千斤顶直接与张拉端锚具连接起来，既减小了顶升所需的空间，更能在有空间限制的条件下使用，如短梁或者梁抗剪加固等。同时，工具锚可反复使用，克服了以往张拉体系中顶升张拉端锚具而无法拆除反力体系的缺陷。在放张后，使用张拉端锚具锚固FRP片材，而后就可以拆除千斤顶。这与以往国内FRP板锚具研究中“先锚后张”的施工方式不同，改用“先张后锚”的施工工艺，使多次张拉成为可能。该新型原位张拉系统由于除了两端锚具以外，其他构件均可重复使用，减少了钢材和盖板用量，可节约加固成本；梁上开槽面积减小，从而减小了对原梁的损伤，且降低了加固工作量，传力直接，抗震和抗疲劳性能好。

8.2.4　锚具及张拉系统静载试验研究

为了验证上述新型预应力FRP板锚具和张拉系统的有效性，对上述锚具和张拉体系进行张拉力学性能试验。该试验一共测试了五种形状的七组夹片(图 8-12),试验参数和试验结果如表 8-3 所示。试验所用锚具设计材料为 45 钢,锚板采用 Q345 钢,螺栓采用 12.9 级高强度螺栓,夹片采用 40Cr 材料,CFRP 板宽度 50mm,厚度 1.40mm,强度标准值为 2400MPa,弹性模量 176GPa。为了让锚具具有足够的安全储备,所采用钢材与螺栓均按《钢结构设计标准》(GB 50017—2017)设计值选用。

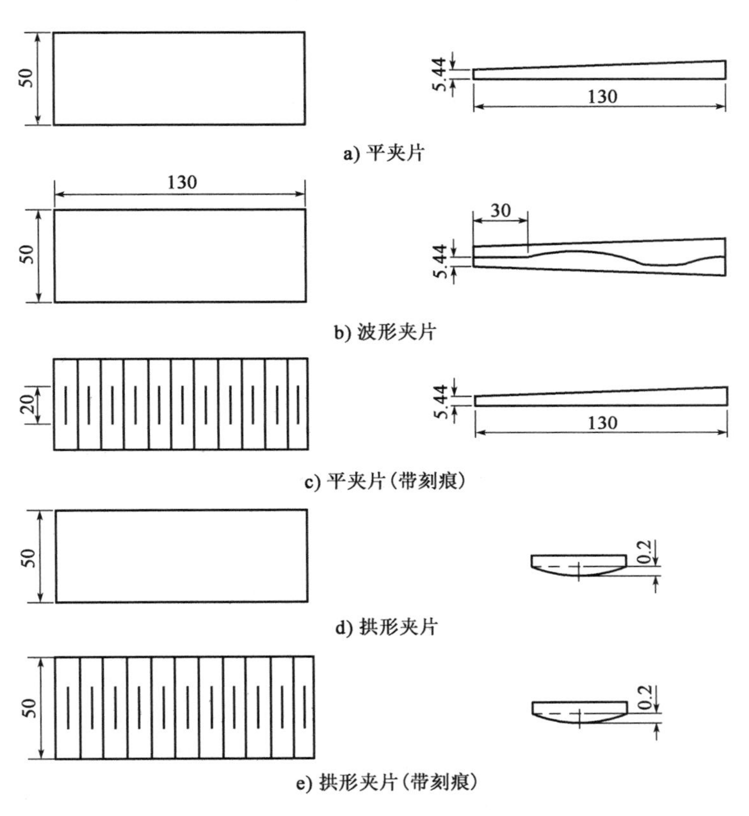

图 8-12　新型夹片形状(尺寸单位:mm)

夹片试验参数和试验结果　　表 8-3

试件编号	夹持长度(m)	夹片形状	加工工艺	破坏模式	实测极限应力/名义极限强度
5m-f	5	平夹片	线切割	CFRP 板被拉断	0.78
5m-fs	5	平夹片	电火花	CFRP 板被拉断	1.02
5m-c	5	波形夹片	线切割	CFRP 板被拉断	0.85
5m-cs	5	波形夹片	电火花	CFRP 板被拉断	0.97
5m-fn	5	平夹片(带刻痕)	线切割	CFRP 板劈裂破坏	0.94
5m-a	5	拱形夹片	线切割	CFRP 板滑移	不超过 0.22
5m-an	5	拱形夹片(带刻痕)	线切割	CFRP 板滑移	不超过 0.22

如表8-3所示,在试验中:①采用线切割工艺的平夹片夹持的CFRP板两端的纤维丝首先断裂,并逐渐向中间扩展。由于CFRP板在受压时中间一定宽度的应变滞后于两端应变,CFRP板劈裂。但观察两侧锚具前CFRP板上的标记,并无滑动的痕迹。②采用电火花工艺处理的平夹片夹持的CFRP板的破坏沿宽度方向逐渐断裂并向中间扩展,最终破坏时纤维丝较为均匀,几乎没有劈裂现象,夹片与CFRP板接触内侧也无滑移痕迹。③采用线切割工艺的波形夹片夹持的CFRP板的纤维丝同样从跨中两侧开始断裂,并逐渐向中间扩展延伸,最终破坏时纤维丝较为均匀,几乎没有劈裂现象,夹片与CFRP板接触内侧也无滑移痕迹。④采用电火花工艺处理的波形夹片夹持的CFRP板的纤维丝破坏是从一侧开始,向另一侧延伸,最终破坏时纤维丝有一定劈裂现象,断口接近锚具,夹片与CFRP板接触内侧无滑移痕迹。⑤采用带有刻痕的线切割处理的平夹片夹持的CFRP板试验时,试验结果不稳定,在拆开锚具后发现,夹片外侧的润滑油会沿着夹片侧面刻痕的孔道进入粗糙面,从而影响试验结果,产生夹片滑移的现象。如不使用润滑油,CFRP板破坏的试验现象与只采用线切割工艺的平夹片试验现象类似。⑥采用拱形截面的两种夹片夹持的CFRP板试验时,试验现象类似,均在初期出现滑移现象,CFRP板抽出破坏。

各夹片夹持CFRP板的极限承载力从大到小排列顺序:电火花平夹片、线切割波形夹片、电火花波形夹片、线切割平夹片、带刻痕平夹片、拱形夹片。最后两种夹片发生了锚固失效破坏。由试验结果可以看出,对于相同尺寸的平夹片来说,增加夹片与CFRP板之间的摩擦系数,可以有效增加锚固系统的夹持力;对于具有相同摩擦系数的线切割平夹片和线切割波形夹片来说,提高摩擦段的长度同样能够提高锚固系统的夹持力。这里需要注意的是,我们在试验中发现,电火花制作的波形夹片由于表面颗粒粗糙,在夹片内侧的波峰和波谷会对CFRP板产生不同程度的破坏,从而降低其承载能力;而对于带有刻痕的线切割平夹片,虽然制作工艺提高了其表面摩擦系数,但由于刻痕的存在减小了有效锚固长度,同时夹片刻痕侧面产生的小孔会使润滑剂渗入CFRP板表面,降低摩擦力,从而无法达到理想的试验结果。对于拱形夹片,虽然在课题组前期的有限元模拟中有良好的锚固效果,但研究发现,最佳拱形高度为0.02mm,这是目前的制作工艺没有办法达到的加工精度,故使用现有工艺能达到的最高精度制作的拱形夹片,在夹持时明显减小了有效接触面积,试验失败。

预应力水平对于提升结构性能至关重要,由于放张及FRP材料的蠕变等造成的预应力损失对加固效果有不利影响。在预应力损失中,短期损失(主要由于放张后的夹片回缩导致)在预应力损失中占大部分。对锚固试验中表现稳定的三种夹片分别进行预应力短期损失的试验,试验结果如表8-4所示。

各夹片短期预应力损失 表8-4

夹片种类	张拉应变(με)	预应力损失(MPa)	瞬时损失率(%)
线切割平夹片	8240	85.3	5.9
线切割波形夹片	8088	284.8	20.0
电火花平夹片	8249	63.4	4.4

利用新型锚具及张拉系统的静载试验,对整套锚固张拉技术进行了验证。通过比较分析可以得出:

①新型锚具锚固性能稳定。既有预应力 FRP 板加固技术由于锚具技术不成熟,碳板锚固效率系数较低,甚至多有发生锚固失效(FRP 板从锚具中脱出)的非理想破坏模式。本节开发的新型锚具在多种夹片试验分析的基础上,选择了锚固性能最优的夹片方案,锚固效率大幅提升。

②张拉体系传力简单,施工方便。既有预应力 FRP 板加固技术通常使用导向螺杆与反力架体系及千斤顶连接,结构十分烦琐,张拉完成后仍留在结构上,不仅需要更多的操作空间,而且梁面开槽的面积随之提高。本节开发的新型加固技术采用了原位张拉体系,摒弃了既有张拉技术中复杂的传力装置,张拉过程中反力直接作用于固定端锚具,张拉完成后所有的张拉体系均可拆除,施工简单方便。

③经济性能好。既有预应力 FRP 板加固技术由于操作烦琐、组合件多,故整体经济适用性较差。本节开发的新型 FRP 板加固技术在张拉 FRP 板后,无传力装置滞留于梁体,所有张拉设备均可重复使用,加固施工成本大幅降低。

8.3　新型预应力 FRP 板加固混凝土结构试验研究

为了进一步验证该新型预应力 FRP 板加固技术的有效性,本节将新型预应力 CFRP 板锚固张拉体系应用于 6m 长钢筋混凝土 T 形截面梁的加固中,研究锚固张拉体系用于结构加固的施工工艺和加固效果。其中,夹片选用在上节试验中锚固性能最优的电火花平夹片。本节重点介绍了加固试验方案、施工工艺流程和加固效果分析。

8.3.1　加固试验方案

试验研究共包括六根梁:一根不加固作为对比试件,一根采用非预应力无锚具加固,一根采用非预应力有锚具加固,一根采用非预应力有锚具无粘结加固,其余两根为预应力加固试件。主要参数的变化有预应力加固时张拉控制应力的大小、CFRP 板有无粘结以及有无锚具。详细情况见表 8-5,加载装置和端部锚固情况见图 8-13。

试件编号与加固情况　　表 8-5

试件编号	有无粘结	有无锚具	σ_{con} (MPa)	加固材料面积 (mm^2)	备注
WL-0	—	—	—	—	基准梁
WL-1	有	无	0	70	非预应力
WL-2	无	有	0	70	非预应力
YWL-0	有	有	0	70	非预应力
YWL-1	有	有	960	70	$\sigma_{con}=0.4f_u$
YWL-2	有	有	1440	70	$\sigma_{con}=0.6f_u$

注:σ_{con}表示 FRP 板张拉控制应力;f_u表示 FRP 板抗拉强度。

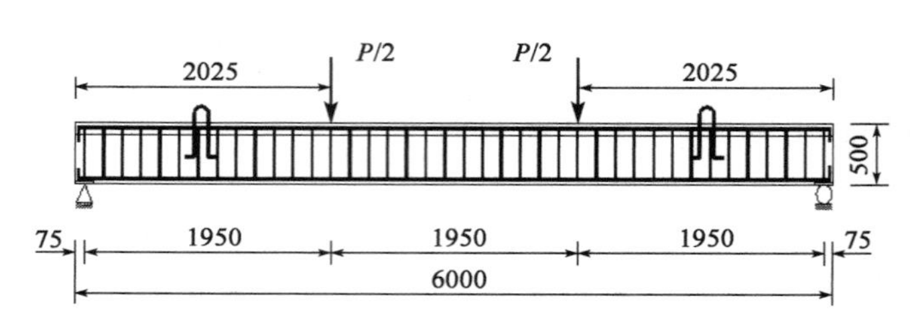

图 8-13　加载布置及端部锚固情况(尺寸单位:mm)

8.3.2　施工工艺流程

本节设计研发的预应力 CFRP 板原位张拉系统采用“先张后锚”的施工工艺,张拉装置施工便捷,能够对 CFRP 板进行多次张拉操作,且能适应多种工程的加固需要。基于原位张拉系统的预应力 CFRP 板加固钢筋混凝土梁施工工艺流程如图 8-14 所示。该加固技术的主要工艺介绍如下:

1)方案设计,锚具制作

根据需要加固的结构实际情况制订加固方案,收集结构施工图纸及资料,为加固施工做准备。根据结构混凝土及钢筋体量计算所需 CFRP 板厚度、长度及预应力度。根据加固方案定做锚板、锚杯、夹片及千斤顶。

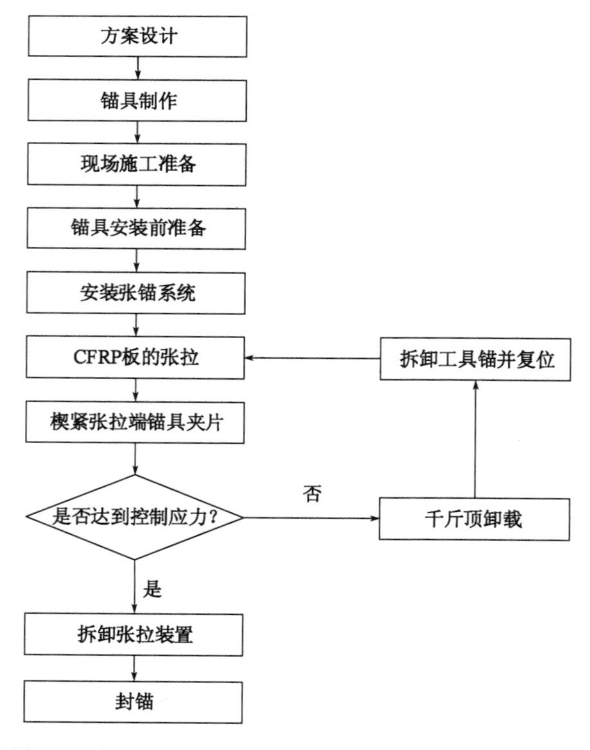

图 8-14　新型预应力 CFRP 板加固钢筋混凝土梁施工工艺流程

2)现场施工准备

准备施工所需材料及工具,包括化学锚栓、药剂、CFRP板胶、焊条、打磨机、切割机、钻孔机、水平仪等。对结构表面进行初步处理,包括找平、打磨及裂缝修补(化学锚栓在非开裂混凝土中表现更为优异)。

3)锚具安装前准备

(1)千斤顶的标定

在千斤顶顶升前,需对千斤顶读数进行标定,标定需在力学试验机上进行:将千斤顶垂直放置于地面,待与装置接触完成后,顶升千斤顶,分别对仪器数值和千斤顶数值进行对照记录。需要注意的是,顶升时需防止偏心的出现。

(2)梁面开槽

在结构上初步定位锚固区位置,本次结构试验采用剥离钢筋表面保护层的方式确定锚板位置,在工程中,可以利用钢筋探测仪来确定钢筋或波纹管的实际位置。按照设计方案,在已找平的结构表面利用钢尺、卷尺、水平仪等进行定位放样,根据锚具及锚板大小定位开凿位置,先用切割机按照画线位置确定边界,再细致地进行混凝土的凿除工作,工作时要避免切割到原有钢筋和波纹管。

(3)纵筋表面打磨

在本次试验中,由于混凝土保护层比较薄,考虑将锚板焊接在结构纵筋上。将锚板架于结构纵筋表面,将万象水平仪置于锚板上,根据气泡方向打磨纵筋表面,并使用钢尺确定锚板表面至结构表面距离,确保固定端锚具与张拉端锚具保持水平。值得注意的是,若两侧钢筋高差较大,建议采用一侧垫高一侧打磨的方法找平,避免对纵筋产生较大伤害。

4)安装固定端及张拉端锚固体系

(1)锚板安装

本次试验中,待化学锚栓完全固化之后,将锚板固定在化学锚栓上,采用四面围焊的方式将锚板与结构固定。在实际工程中,由于混凝土保护层厚度足够,只需将固定端与张拉端锚板与梁面贴合的一面及梁面本身同时涂抹结构胶,将预留孔洞位置对齐化学锚栓后安装压实即可。需要注意的是,为了避免结构胶堵塞中间两个螺栓孔,需用涂抹了黄油的匹配螺栓先将其预扭到一定深度。

(2)锚杯位置调整

待结构胶冷却固化后,将固定端及张拉端锚具按开孔位置安装在锚板上,用手上下拨动CFRP板,观察是否与锚具有挤压摩擦现象,由于锚具孔与化学锚栓间预留细小空隙,用小锤轻击锚具,同时观察CFRP板情况,待其可自由活动后,将锚具用螺栓固定。由于张拉端锚具上要架立千斤顶,需将化学锚栓超高的部分打磨平整。

(3)支模灌浆

本次试验中,由于开凿时必须使纵筋暴露出来,在锚具安装完成之后,必须对暴露的纵筋进行封堵。在结构两侧用薄木板支模,在锚板下方灌注砂浆或结构胶,封堵开槽位置。值得注意的是,灌注时应从一侧注入,并观察另一侧,当另一侧发生冒出现象时,则表示内部灌满。待砂浆或结构胶固化后,即可进行张拉工作。

5)CFRP板的张拉

(1)CFRP板的预处理

由于CFRP板在制造时浸渍了胶层,为了保证张拉时CFRP板与夹片之间的摩擦力,必须在接触面用砂纸打磨CFRP,去除胶层。在使用砂纸打磨时,需垂直于CFRP板长度方向,以保证其摩擦力。打磨完成后,用酒精涂抹并擦拭CFRP板,晾干备用。

(2)涂抹CFRP板胶

梁表面需根据锚杯孔位置弹线确定CFRP板胶涂抹位置,张拉端预留约10cm的空白位置,避免张拉时将CFRP板胶带入锚具内。预先计算好CFRP板胶各组分所需质量,充分混合后准备涂抹。首先在CFRP板和梁表面用油灰刀刮实薄薄一层CFRP板胶,再厚涂一层,注意胶层应中间厚、两边薄。

(3)安装CFRP板

先安装固定端夹片,夹片外侧涂抹二硫化硅做润滑剂,后侧使用顶压板施加预紧力。注意,二硫化硅润滑剂只涂抹在夹片中间三分之一处,并用刮刀向两侧拨匀,不可过量。安装张拉端夹片及顶压板,先保持松弛状态。在张拉端锚具上安装千斤顶,并在顶头位置紧密安装工具锚,将夹片顶入工具锚内,使用顶压板施加预紧力。

(4)张拉CFRP板

千斤顶加压时注意保持匀速、缓慢,待张拉到控制应力后持载一段时间。通过张拉端锚具后端的螺母给顶压板加压,将夹片顶进锚杯内,注意使用扭力扳手控制预紧力。千斤顶缓慢卸载,待卸到零后,拆除千斤顶,并截去多余CFRP板和工具锚。

6)封锚

在两端锚固区放置一层钢筋网格,再用聚合物砂浆刷涂封锚或支模进行浇筑封锚。考虑到本次试验在试验室进行,且需要观察锚固端现象,不需要进行保护,故并不封锚。

7)在千斤顶行程外的多次张拉施工工艺

当CFRP板首次张拉到千斤顶的行程后持载一定时间,待千斤顶读数稳定后,将张拉端锚具后的螺母拧紧,使用顶压板将夹片顶进锚杯内。后缓慢卸载千斤顶,待顶头退回到初始位置后,拆下二分式工具锚的连接螺栓,取出夹片。将工具锚重新退回到紧贴千斤顶顶头位置,重新安装工具锚。安装完成后,使用顶压板将夹片二次顶进工具锚内部。注意夹片取出后,需用酒精重新擦拭后涂抹二硫化硅润滑剂,再放入锚杯内。放松张拉端锚具后螺母,重新顶升千斤顶。待CFRP板张拉到预计预应力水平后,再将夹片顶入张拉端锚具。取下千斤顶,截断多余CFRP板,拆下工具锚,完成二次张拉。

8.3.3 加固效果分析

1)破坏模式

各试验梁主要试验结果见表8-6。基准梁WL-0发生钢筋屈服后,发生混凝土压碎破坏。WL-1梁由于无端部锚具,最终发生了剥离破坏。WL-2梁的破坏模式为CFRP板拉断,说明在碳板与梁之间无胶层存在的情况下,端部锚具为CFRP板提供了良好的锚固。YWL-0、YWL-1和YWL-2梁的破坏模式均为CFRP板拉断,没有发生端部剥离现象。

各试验梁试验结果　表 8-6

试件编号	加固类别	P_{cr} (kN)	P_y (kN)	P_{max} (kN)	Δy (mm)	Δu (mm)	延性系数	破坏模式
WL-0	基准梁	32.5	129	137	25.3	92.4	3.65	钢筋屈服
WL-1	有粘结无锚具加固 非预应力加固	36.3	164.5	177.8	25.5	39.2	1.54	CFRP 板剥离、 钢筋屈服后胶层剥离
WL-2	无粘结有锚具 非预应力加固	30	147.5	255.6	24.3	153	6.3	CFRP 板断裂瞬间混凝土压溃
YWL-0	有粘结有锚具 非预应力加固	29.1	158.2	234.9	23.12	122.6	5.3	钢筋屈服后胶层剥离、 CFRP 板断裂
YWL-1	有粘结有锚具 有预应力(40%)加固	62	176.9	226.5	25.2	119.2	4.73	钢筋屈服后胶层剥离、 CFRP 板断裂
YWL-2	有粘结有锚具 有预应力(60%)加固	76.2	185.9	207.5	24.5	80.1	3.27	钢筋屈服后胶层剥离、 CFRP 板断裂

注:P_{cr} 为开裂荷载;P_y 为屈服荷载;P_{max} 为极限荷载;Δy 为屈服位移;Δu 为极限位移。

2)承载力

各试验梁的荷载-位移曲线如图 8-15 所示。开裂荷载、屈服荷载和极限荷载以及屈服位移和极限位移见表 8-6。非预应力的加固方式对于开裂荷载影响不大,与未加固梁开裂荷载基本相同。对于使用有粘结有锚具的预应力加固梁 YWL-1、YWL-2,可以发现在使用课题组设计的锚具对 CFRP 板施加预应力加固后,普通混凝土梁的开裂荷载有比较明显的提高。

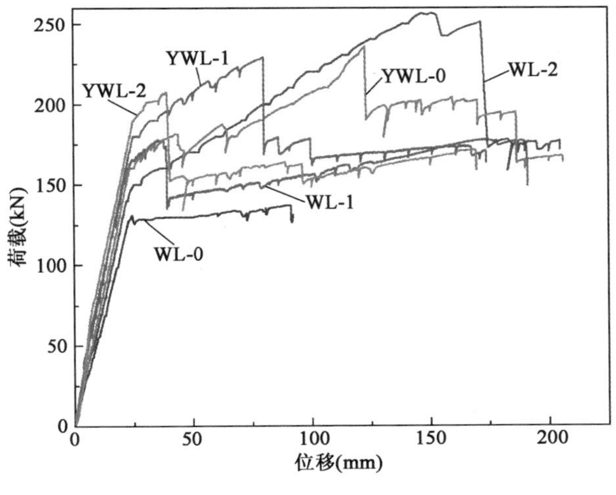

图 8-15　各试验梁荷载-位移曲线

不论是加固构件还是未加固构件,均在同一位移附近屈服,说明不论有无锚具、有无预应力、有无粘结,都对构件主筋屈服时的跨中挠度没有影响。不论有无锚具、有无预应力、有无粘结,CFRP 板加固构件的屈服荷载均有不同程度的提高,非预应力的加固方式对屈服荷载影响不大。使用 CFRP 板胶对提高屈服荷载有一定作用,对比预应力加固梁 YWL-1、YWL-2 与未加固梁的试验结果,说明采用预应力 CFRP 加固梁可以显著提高构件的屈服荷载。

不论有无锚具、有无预应力、有无粘结，CFRP板加固构件的极限承载力均有不同程度的提高。采用设计的锚具进行有粘结非预应力加固，比无锚具的梁极限承载力提高了32%，这是由于无锚具非预应力加载时，CFRP板的极限承载力仅发挥到35%左右，胶层即完全剥离，而有锚具的梁的CFRP板则能继续受荷。试验还发现有粘结非预应力加固相比无粘结非预应力加固，极限承载力降低了9%，这是由于在CFRP板破坏时，梁WL-0的CFRP板极限应变在名义应变的95%以上，而梁YWL-0由于施工工艺中胶层的存在，使CFRP板无法保持完全绷紧，在胶层剥离时CFRP板一瞬间松弛产生的力对其本身有所损伤，同时在非预应力情况下也无法均匀受荷，故极限应变仅为名义应变的85%即开始破坏，使承载力有一定损失。

3）截面刚度

由图8-15可知，与未加固梁WL-0相比，开裂前各加固钢筋混凝土梁的刚度相差不多，开裂后各加固钢筋混凝土梁刚度都有不同程度的提高，说明使用可靠的锚具对结构进行CFRP板加固确实能提高结构的刚度。对比无粘结有锚具的加固梁WL-2，有粘结有锚具的梁YWL-0的刚度有所提高，说明将CFRP板与梁底进行粘结可以改善梁的刚度，这是因为CFRP板与梁有了更好的协调性，应变不会滞后。再分析预应力对加固梁的刚度影响。梁YWL-1和YWL-2的刚度相比，未加固梁WL-0明显提高，这说明采用预应力加固构件能够显著提高构件的刚度。但是从图8-15荷载-位移曲线上看，采用有粘结预应力CFRP板加固的构件开裂后的曲线斜率是相近的，说明预应力对构件的刚度影响不大，但是相比无粘结构件及未加固梁，构件刚度都有不同程度的提高。

4）延性

由表8-6可知，未加固梁WL-0由于配筋率不高，有较好的延性。而有粘结无锚具梁WL-1由于破坏时起决定作用的是胶层剪切强度，CFRP板强度并未完全发挥即发生剥离，延性最差；与之相比，施加60%预应力度的加固梁YWL-2由于CFRP板强度储备较低，与胶层破坏极为接近，故与梁WL-1的延性相近。有锚具非预应力加固梁WL-2及YWL-0由于破坏时CFRP板强度完全发挥，两者延性相近。另外，预应力CFRP板加固梁YWL-1发生的是粘结破坏后CFRP板被拉断。由此可以得出以下结论：由于锚具的存在，采用锚具加固的非预应力梁YWL-0相比WL-0，CFRP板不会在胶层剥离时就破坏，CFRP板能够充分发挥其强度，延性有显著提高；在梁的破坏由CFRP板破坏来控制的时候，并不是预应力水平越高越好，对比梁YWL-0、YWL-1及YWL-2后发现，在低预应力水平下梁的强度储备更高，不仅提高了梁的极限承载力，也会提高梁的延性。

8.4 设计方法

本节总结了预应力FRP板加固混凝土结构的设计方法，以期为工程应用提供指导。设计方法主要包括基本假定、正常使用阶段分析、屈服和极限承载力计算等。

为了更加准确地模拟使用预应力FRP板加固混凝土梁的实际工作性能，对有粘结预应力FRP加固钢筋混凝土梁的截面做如下几个基本假定：

①外贴预应力 FRP 加固后的混凝土梁在工作时截面上混凝土、钢筋及 FRP 的应变满足平截面假定。

②完全粘结。即 FRP 与混凝土以及钢筋与混凝土之间粘结良好,无相对滑移。

③混凝土开裂后受拉区混凝土的作用忽略不计。

8.4.1　正常使用阶段分析

1)开裂弯矩的计算

参照《混凝土结构设计规范(2015 年版)》(GB 50010—2010)中普通预应力混凝土构件的相关公式,构件的开裂弯矩可按下式计算[与《混凝土结构设计规范(2015 年版)》(GB 50010—2010)相同的参数含义请见规范,下同]:

$$M_{cr} = (\sigma_{pc} + \gamma f_{tk}) W_0 \tag{8-10}$$

式中:γ——混凝土构件的截面抵抗矩塑性影响系数,按式(8-11)取值;

f_{tk}——混凝土抗拉强度设计值;

σ_{pc}——扣除全部预应力损失后,由预应力在抗裂验算边缘产生的混凝土预压应力,按式(8-12)取值。

$$\gamma = \left(0.7 + \frac{120}{h}\right)\gamma_m \tag{8-11}$$

式中:h——截面高度,当 $h < 400\text{mm}$ 时,取 $h = 400\text{mm}$;当 $h > 1600\text{mm}$ 时,取 $h = 1600\text{mm}$;对圆形、环形截面,取 $h = 2r$,此处,r 为圆形截面半径或环形截面的外环半径;

γ_m——混凝土构件的截面抵抗矩塑性影响系数基本值,对于矩形截面取 1.55,对于 T 形截面取 1.50。

$$\sigma_{pc} = \frac{N_{p0}}{A_0} + \frac{N_{p0} e_{p0}}{W_0} \tag{8-12}$$

式中:N_{p0}——预应力 FRP 板合力。

2)最大裂缝宽度的计算

基于《混凝土结构设计规范(2015 年版)》(GB 50010—2010)中最大裂缝宽度的计算方法,本节在考虑了 FRP 板加固作用的基础上,对复合板进行如下转化:

$$A_{s2} = \frac{A_{cp} E_{cp}}{E_s} \tag{8-13}$$

$$d_2 = \sqrt{\frac{4A_{s2}}{\pi}} \tag{8-14}$$

$$A_{s0} = A_s + A_{s2} \tag{8-15}$$

式中:A_s——钢筋面积;

A_{s2}——FRP 板等代的钢筋面积;

A_{s0}——等代后钢筋总面积;

d_2——FRP 板等效钢筋的直径;

E_s——受拉钢筋的弹性模量;

E_{cp}——FRP 板的弹性模量；

A_{cp}——FRP 板横截面面积。

对于梁表面纵向受拉钢筋水平位置处的裂缝，规范给出短期最大裂缝宽度的计算公式如下：

$$w_{max,s} = \tau_s \alpha_c \psi \frac{\sigma_{sk}}{E_s}\left(1.9c + 0.08\frac{d_{eq}}{\rho_{te}}\right) \tag{8-16}$$

$$\psi = 1.1 - 0.65\frac{f_{tk}}{\rho_{te}\sigma_{sk}} \tag{8-17}$$

$$\rho_{te} = \frac{A_s + A_{s2}}{A_{te}} \tag{8-18}$$

$$d_{eq} = \frac{\sum n_i d_i^2}{\sum n_i \nu_i d_i} \tag{8-19}$$

$$\nu_2 = 0.4\frac{b_{cp}}{\pi d_2} \tag{8-20}$$

式中：τ_s——短期裂缝宽度扩大系数，对受弯构件取 1.66；

α_c——裂缝间混凝土应变对裂缝宽度的影响系数，取 0.85；

ψ——裂缝间纵向受拉钢筋应变不均匀系数，当 $\psi < 0.2$ 时取 $\psi = 0.2$，当 $\psi > 1$ 时取 $\psi = 1$，直接承受重复荷载的构件，取 $\psi = 1$；

c——最外层纵向受拉钢筋外边缘至受拉区底边的距离，当 $c < 20$mm 时取 $c = 20$mm，当 $c > 65$mm 时取 $c = 65$mm；

d_{eq}——受拉区纵向钢筋的等效直径；

ρ_{te}——按有效受拉混凝土截面面积计算的纵向受拉钢筋配筋率，当 $\rho_{te} < 0.01$ 时取 $\rho_{te} = 0.01$；

A_{te}——有效受拉混凝土截面面积，对受弯、压弯构件取 $A_{te} = 0.5bh + (b_f - b)h_f$，此处，$b_f$、$h_f$分别为受拉翼缘的宽度、高度；

d_i——受拉区第 i 种纵向钢筋的公称直径；

n_i——受拉区第 i 种纵向钢筋的根数；

ν_i——受拉区第 i 种纵向钢筋的相对粘结特性系数，对于 FRP 板，ν_i 取 0.7；

b_{cp}——FRP 板的宽度；

σ_{sk}——受拉区纵向钢筋的等效应力。

σ_{sk}按下式计算：

$$\sigma_{sk} = \frac{M_k - N_{p0}(z - e_p)}{(A_{s2} + A_s)z} \tag{8-21}$$

$$z = \left[0.87 - 0.12(1 - \gamma_f')\left(\frac{h_0}{e}\right)^2\right]h_0 \tag{8-22}$$

$$e = e_p + \frac{M_k}{N_{p0}} \tag{8-23}$$

$$\gamma_f' = \frac{(b_f' - b)h_f'}{bh_0} \tag{8-24}$$

式中：z——受拉区纵向非预应力钢筋和预应力钢筋合力点至截面受压区合力点的距离；

e_p——混凝土法向预应力等于 0 时全部纵向预应力和非预应力钢筋合力 N_{p0} 的作用点至受拉区纵向预应力和非预应力钢筋合力点的距离；

γ_f'——受压翼缘截面面积与腹板有效截面面积的比值。

8.4.2　破坏阶段分析

1）屈服承载力

由力的平衡方程可知：

$$F_c + F_s' = F_s + F_{cp} \tag{8-25}$$

式中：F_c——受压混凝土合力；

F_s'——受压区钢筋合力；

F_s——受拉区钢筋合力；

F_{cp}——FRP 受拉合力。

进一步可得：

$$F_c + \varepsilon_s' E_s' A_s' = \sigma_y A_s + (\varepsilon_{cp0} + \varepsilon_{ce} + \varepsilon_{cp}) E_{cp} A_{cp} \tag{8-26}$$

式中：ε_s'、ε_{cp0}、ε_{ce}、ε_{cp}——受压区钢筋应变、FRP 板放张后的应变、消压应变和屈服时的应变增量；

E_s'、E_{cp}——受压区钢筋和 FRP 板弹性模量；

A_s'、A_s、A_{cp}——受压区钢筋、受拉区钢筋和 FRP 板横截面面积；

σ_y——受拉钢筋屈服应力。

根据式(8-26)求得混凝土受压区高度 x_c，$x_c = \dfrac{F_c}{f_c}$，其中，f_c 为混凝土抗压强度。任意一边对中性轴取矩后代入下式即得构件屈服弯矩：

$$M_y = (\varepsilon_{cp0} + \varepsilon_{ce} + \varepsilon_{cp}) E_{cp} A_{cp} \left(h - \frac{x_c}{2}\right) + \sigma_y A_s \left(h_0 - \frac{x_c}{2}\right) \tag{8-27}$$

2）极限承载力

极限承载力的计算，此处只考虑设计合理的破坏模式，即梁发生适筋破坏，钢筋屈服后 FRP 达到极限拉应变被拉断，而此时受压区混凝土尚未压坏。

根据 FRP 板的本构关系，由内力平衡可得：

$$F_c + \varepsilon_s' E_s' A_s' = \sigma_y A_s + \sigma_{cpu} A_{cp} \tag{8-28}$$

式中：σ_{cpu}——FRP 板抗拉强度。

可求得混凝土受压区高度 x_c，将其代入应变公式，查看假设是否正确，如果正确，即代入下式求解极限弯矩：

$$M_u = \sigma_{cpu} A_{cp} (h - x_c) + \sigma_y A_s (h_0 - x_c) \tag{8-29}$$

8.4.3　设计方法验证

为了验证本节设计方法的适用性，将试验梁的开裂荷载、裂缝宽度、屈服荷载和极限荷载的理论分析值与试验值进行对比，见表8-7，从表中可以看出梁的开裂荷载、裂缝宽度、屈服荷载和极限荷载的试验值与理论值相差在20%以内，结果吻合较好，可以满足工程实际应用需要。

试件主要结果的理论值与试验值比较 表8-7

试件编号	开裂荷载			裂缝宽度			屈服荷载			极限荷载		
	试验值（kN）	理论值（kN）	比值	试验值（mm）	理论值（mm）	比值	试验值（kN）	理论值（kN）	比值	试验值（kN）	理论值（kN）	比值
YWL-0	29.1	30.32	0.960	0.11	0.129	0.853	158.2	138.1	1.146	234.9	213.1	1.102
YWL-1	62	55.08	1.126	0.14	0.148	0.946	176.9	156.4	1.131	226.5	210	1.079
YWL-2	76.2	67.46	1.127	0.1	0.108	0.926	185.9	166.9	1.114	207.5	205.8	1.008

8.5 工程案例

8.5.1 胶州湾高速公路洋河桥加固

1）工程概况

洋河桥（图8-16）位于胶州湾高速公路K51+278处，跨越洋河，1992年1月20日开工建设，1994年10月20日竣工，1995年12月通车。桥梁全长456.91m。上部结构为18×25m预应力混凝土简支T梁，下部结构为双柱式桥墩、轻型桥台；沥青混凝土桥面铺装，毛勒伸缩缝，板式橡胶支座。

图8-16 洋河桥

2）桥梁病害

经过16年的运营，洋河桥已出现不同程度的病害。在2011年9月的定期检查和特殊检查中，发现T梁马蹄缘开裂、下挠变形、横隔板混凝土破损、局部钢筋锈胀以及铺装层开裂和车辙等病害。2012年7月，检测单位又对该桥进行了专项检查。检查结果表明，部分病害发展迅速，结构力学性能进一步恶化，严重影响了桥梁结构的运行安全。洋河桥左、右幅综合技术状况评定等级均为四类，桥梁存在较大安全隐患。

3）加固方案

为确保桥梁的安全运营，采用了柳州欧维姆机械股份有限公司开发的预应力CFRP板锚固体系对该桥梁进行加固（图8-17）。

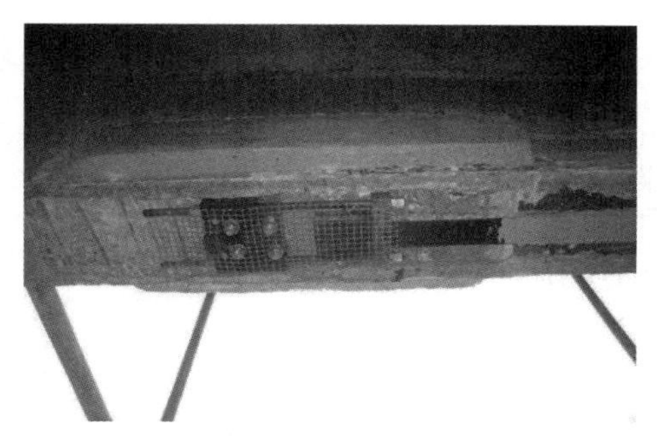

图8-17　洋河桥采用预应力CFRP板端部锚具及加固完成效果

预应力CFRP板锚固体系有效地提高了梁体使用阶段的承载能力，改善了梁体变形，使原有裂缝闭合。该加固工艺施工便捷可控，机械投入小，工期短，对桥面交通影响小，基本不需要中断交通管制。预应力CFRP板抗腐蚀性好，后期基本不需要维护，尤其适合沿海海工环境或盐害较严重的旧桥加固。针对三、四类标准跨径梁体的加固，预应力CFRP板加固维修费用低，不失为优先考虑的加固方法。

8.5.2　赣州大桥加固

1）工程概况

赣州大桥位于赣州中心城区北部，连接水东和水西两个城市片区。赣州大桥桥长1073m，主桥跨度408m，由东西岸引桥和主桥组成，其中主桥为双塔重力式锚碇悬索桥，主梁采用全封闭钢箱梁，桥梁全宽32.4m，主梁高3m。东、西两岸河堤处各设一座重力式锚碇基础。

2）桥梁病害

桥检发现了第三片盖梁下方沿近30°～45°向实体墩端部延伸的裂缝（图8-18），裂缝宽度0.1～0.25mm。该裂缝产生的原因是盖梁悬臂预应力锚固较为集中，锚后局部应力较大；预应力张拉时可能存在混凝土龄期不足问题。

图8-18　赣州大桥病害

3）加固方案

墩盖梁在锚碇后端，盖梁悬臂下方悬空，没有锚碇结构，采用张拉预应力碳纤维板施加预应力封闭裂缝（图8-19）。

a) 安装锚具

b) CFRP板张拉

c) 封锚

图 8-19 赣州大桥采用预应力 CFRP 板端部锚具及加固完成效果

8.5.3 连霍高速公路加固

1) 工程概况

连霍高速公路(国家高速公路编号 G30,见图 8-20)是中国建设的最长的横向快速陆上交通通道,是中国高速公路网的横向骨干。它东起江苏连云港,西至新疆霍尔果斯,途经江苏、安徽、河南、陕西、甘肃、新疆 6 个省(自治区),全长 4395km,经过连云港、徐州、商丘、开封、郑州、洛阳、三门峡、西安、宝鸡、天水、兰州、乌鲁木齐等主要城市。其中,洛阳至三门峡段高速公路是连霍高速公路主干线的重要组成部分,是河南省实施公路改建(四车道改八车道)的重要路段。该段高速公路于 2001 年建成通车,已运营多年,经检测发现原有桥涵结构存在一定的病害,需要维修加固。

2) 加固方案

采用 246 条 100mm × 1.4mm 的碳纤维板(6527m)对既有结构进行加固(图 8-21),恢复了桥梁原有的设计承载力。由于该工程中碳纤维复材板中张拉力较大,因此采用新型弧面夹片式锚具。该夹片式锚具在一定程度上解决了夹片沿板宽方向压紧力不均匀的问题。通过开展深入的理论分析,重点解决了张拉过程中可能发生的端部应力集中、泊松效应引起的纤维剪断和板横向受力欠均匀问题。

图8-20　连霍高速公路

柳州欧维姆机械股份有限公司在东南大学团队理论和技术的支持下，采用变截面和变摩擦优化，成功完成了连霍高速公路预应力碳纤维复材板加固工程。本项目目前已施工完成，施工工期短且效率高，得到了业主的好评。

图8-21　连霍高速公路预应力CFRP板加固完成效果

8.5.4　经济性分析

本章开发的新型锚具和原位张拉体系较既有的锚固和张拉技术，在锚固效率、材料成本和施工周期方面具有较大优势（图8-22）。本节对新型锚具和原位张拉体系在工程中的应用前景进行了分析，得出如下结论：

①锚固效率提升。既有预应力FRP板加固技术由于锚具技术不成熟，碳板锚固效率系数较低，甚至多有发生锚固失效（FRP板从锚具中脱出）的非理想破坏模式。本章开发的新型锚具在多种夹片试验分析的基础上，选择了锚固性能最优的夹片方案，锚固效率大幅提升。以OVM锚具为例，如在工程中采用本章开发的新型锚具，锚固效率提升了7.4%，进一步提高了加固后结构的承载能力。

②材料成本降低。新型原位张拉体系摒除了既有张拉技术中复杂的传力装置，所有张

拉设备均可重复使用,可大幅降低材料成本。以 OVM 锚具为例,如在工程中采用本章开发的新型张拉体系,材料成本降低 33.3%,可大幅降低结构的加固修复成本。

③施工周期缩短。既有预应力 FRP 板加固技术由于操作烦琐、组合件多、工序较复杂,容易影响施工进度。而新型锚固和原位张拉体系,张拉过程中反力直接作用于固定端锚具,张拉完成后所有的张拉体系均可拆除,施工简单。以 OVM 锚具为例,如在工程中采用本章开发的新型锚固和张拉体系,施工周期可缩短 10%,提高施工效率。

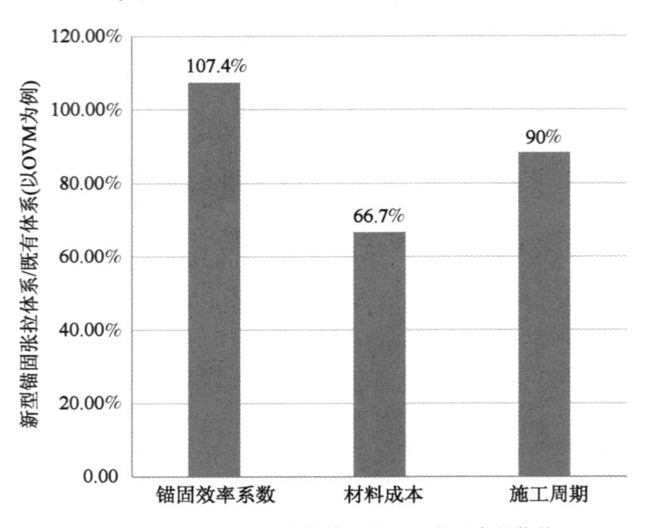

图 8-22　新型锚具和张拉体系在工程应用中的优势

8.6 本 章 小 结

本章针对既有预应力 FRP 板加固技术的缺点,开发了新型预应力 CFRP 板加固技术,包括新型夹片及新型原位张拉系统,并通过张拉力学性能试验验证了锚具的锚固性能和张拉系统的可靠性。随后将该新型体系应用于大比例尺 T 梁的加固试验研究,论证了该新型加固技术的可行性。为了指导该技术在实际工程中的应用,总结提出了预应力 FRP 板加固混凝土结构的设计方法,并将理论值与试验值进行了对比,以验证设计方法的正确性。最后,本章介绍了相关的预应力 FRP 板加固技术在实际工程中的应用案例。可以得出以下结论:

①新型锚具锚固性能稳定。本章开发的新型锚具在多种夹片试验分析的基础上,选择了锚固性能最优的夹片方案,锚固效率大幅提升。

②新型原位张拉体系传力简单,施工方便。本章开发的新型加固技术采用了原位张拉体系,摒弃了既有张拉技术中复杂的传力装置,张拉过程中反力直接作用于固定端锚具,张拉完成后所有的张拉体系均可拆除。

③新型预应力 FRP 板加固技术经济性能好。既有预应力 FRP 板加固技术由于操作烦琐、组合件多,故整体经济适用性较差。本章开发的新型 FRP 板加固技术在张拉 FRP 板后,无传力装置滞留于梁体,所有张拉设备均可重复使用,加固施工成本大幅降低。

④通过大比例尺 T 梁的加固试验论证了该新型加固技术的有效性。所有采用新型预应力 CFRP 板加固的梁均未发生锚固失效,加固对试验梁的正常使用阶段性能和承载能力提升效果显著。

⑤提出了预应力 FRP 板加固混凝土结构的设计方法,包括正常使用阶段分析、屈服和极限承载力计算等。并通过与试验结果的对比验证了设计方法的正确性,可以为工程应用提供指导。

⑥介绍了 3 个典型的预应力 FRP 板加固混凝土结构的工程实例,充分说明了预应力 FRP 板加固混凝土结构的高效性。并通过经济性分析,说明了新型锚具和张拉体系的优势。

本章参考文献

[1] 刘长源.预应力 BFRP 板外贴加固 RC 梁抗弯性能研究[D].南京:东南大学,2019.

[2] 周健.预应力钢丝-玄武岩纤维复合板抗弯加固混凝土梁试验研究[D].南京:东南大学,2010.

[3] 庞忠华,陆绍辉.OVM 预应力碳纤维板锚具及其静载试验研究[J].预应力技术,2015(4):31-32,38.

[4] 卓静,杨宏.双层预应力碳纤维板加固大比例 T 型梁试验研究[J].重庆交通大学学报(自然科学版),2013,32(Z1):799-802,878.

[5] 卓静,李唐宁,邢世建,等.一种锚固 FRP 片材的体外预应力新方法[J].土木工程学报,2007,40(1):15-19,41.

[6] Saadatmanesh H, Ehsani M R. RC beams strengthened with GFRP plates[J]. Journal of Structural Engineering,1991,117:3417-3455.

[7] 曾宪桃,王兴国,丁亚红.粘贴预应力 FRP 板加固砼梁预应力方法的研究[J].焦作工学院学报(自然科学版),2002,21(3):222-225.

[8] 尚守平,彭晖,童桦,等.预应力碳纤维布材加固混凝土受弯构件的抗弯性能研究[J].建筑结构学报,2003,24(5):24-30.

[9] 余晨曦.预应力 FRP 板加固混凝土结构试验研究[D].南京:东南大学,2019.

[10] 邓朗妮,杨帆,康侃,等.夹片式碳纤维板锚具的有限元分析及设计[J].桂林理工大学学报,2012,32(1):72-76.

第9章 嵌入式预应力 FRP 筋加固结构新技术

9.1 概　　述

近年来,在被加固混凝土结构的表面开槽(保护层内),将 FRP 筋或 FRP 板条嵌入其中的嵌入式(near surface mounted,NSM)FRP 加固技术得到了广泛关注和研究。传统嵌入式加固的原理如图 9-1 所示[1]。与 FRP 外贴法的研究与应用相比,现阶段关于 NSM-FRP 加固技术的研究主要集中在界面粘结性能和嵌入法加固混凝土构件的抗弯、抗剪试验上。例如,Hassan 和 Rizkalla[2] 对 FRP 板条嵌入法加固混凝土梁进行了研究,结果表明,加固梁的极限承载力随着嵌入的 FRP 板条长度的增加而提高,相应的破坏模式由 FRP 剥离变为拉断破坏。Hassan 和 Rizkalla[3-4] 还对实际桥板的负弯矩区进行了加固试验,采用了 FRP 板条嵌入法与 FRP 布和板外贴法加固进行比较,结果表明,在加固量等参数相同的情况下,嵌入法对 FRP 的利用率要高于外贴法,剥离破坏不容易发生。

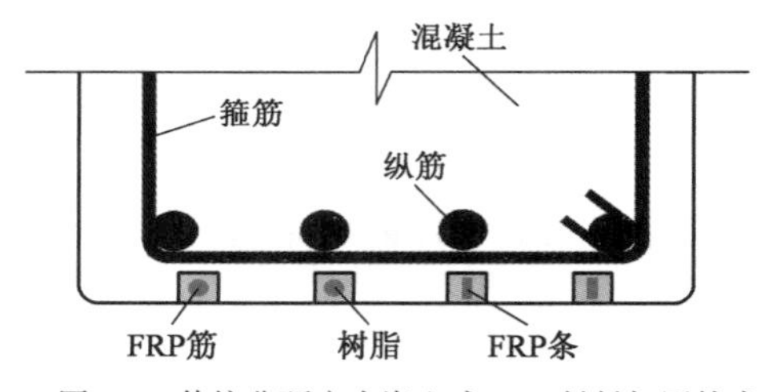

图 9-1　传统非预应力嵌入式 FRP 材料加固技术

随着对 NSM-FRP 加固技术的研究和应用越来越多,人们发现,当采用无预应力的 FRP 材料进行嵌入式加固后,虽然可以显著提高加固构件的极限承载力,但对加固构件早期裂缝的出现及限制作用不大,而且在破坏阶段,嵌入式 FRP 的材料利用率也不高。类似结论在本书第 2 章的嵌入式 SFCB 抗弯加固混凝土梁承载力分析中也有得出。

如图 9-2 所示,本章在既有非预应力 FRP 筋嵌入式加固技术的基础之上,通过对内嵌的 FRP 筋施加预应力,提出了新型嵌入式预应力 FRP 筋加固技术。同时,对该新技术的关键工艺技术进行了介绍,基于试验和数值模拟分析比较了若干种嵌入式预应力 FRP 筋端部抗剥离措施的效果。并且从工程实用角度出发,开发了一套适用于现场操作的嵌入式预应力 FRP 筋转向张拉设备和工艺流程。最后,通过理论分析,给出了适用于嵌入式预应力 FRP 筋抗弯加固的有效设计方法。本章内容可为该技术的实际推广应用提供有效的理论和技术指导。

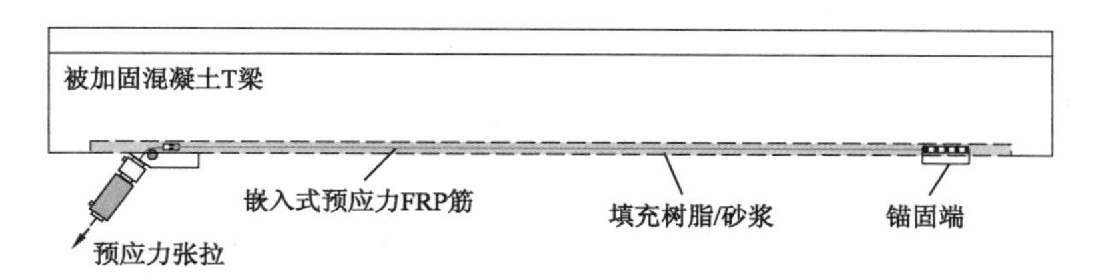

图9-2 嵌入式预应力FRP筋加固混凝土结构新技术示意图

9.2 嵌入式预应力FRP筋加固关键技术

9.2.1 槽道填充材料和外覆层材料

FRP筋与被加固结构的粘结性能是决定嵌入式预应力FRP筋加固结构力学性能的关键因素。槽道内填充材料的类型对粘结性能有重要的影响。此外,为了进一步保护嵌入式筋,实际工程中一般会在槽道外再覆一层保护层,外覆层的材料类型对粘结性能也会有一定的影响。为此本书作者团队开展了绞线状FRP筋的双剪拉拔试验(图9-3),对比了填充材料和外覆层材料种类对嵌入式FRP筋-混凝土粘结性能的影响,为嵌入式FRP筋填充材料和外覆层材料的选择提供了有力依据[5]。试验中选取的填充材料包括环氧腻子、高流动性环氧树脂、聚合物水泥等,选取的外覆层材料包括环氧腻子和聚合物水泥。

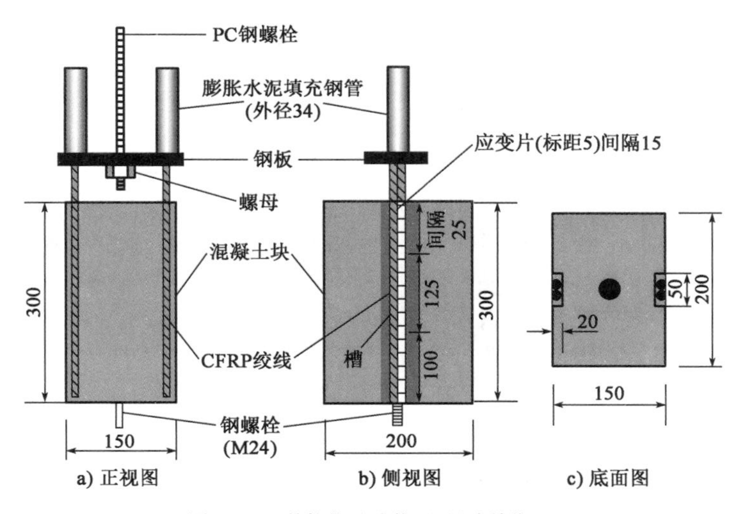

图9-3 双剪拉拔试验装置(尺寸单位:mm)

1)槽道填充材料对比

槽道填充材料的拉拔试验表明,填充聚合物水泥的FRP筋最终破坏模式为绞线从水泥中拔出[图9-4a)],虽然初期粘结刚度较大,但其最大粘结强度比采用其他两种填充材料时的相应值低20%。采用环氧腻子和高流动性环氧树脂作为填充材料时,FRP筋与混凝土的粘结性能基本一致[图9-5a)],但破坏模式不同,填充环氧腻子时,破坏面可能发生在填充材料和混凝土之间,也可能发生在混凝土表层[图 9-4b)];填充高流动性环氧树脂时,破坏面仅发生在混凝土表层[图 9-4c)]。进一步评价不同填充材料对应的界面剥离破坏断裂能可以发现,采用环氧系填充材料的界面断裂能明显高于采用聚合物水泥。因此,建议嵌入式 FRP 筋的填充材料采用环氧系填充材料。

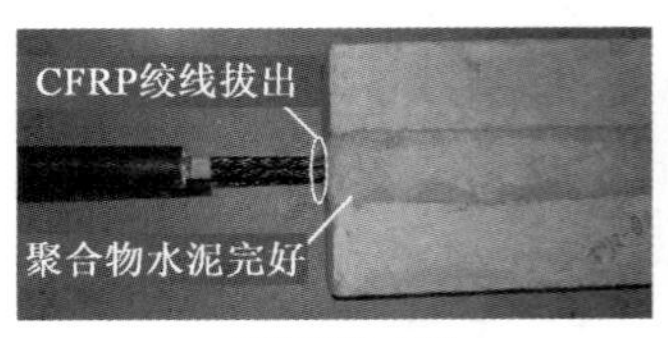

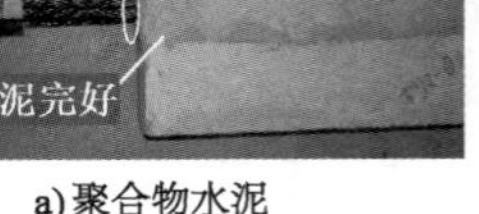

a)聚合物水泥

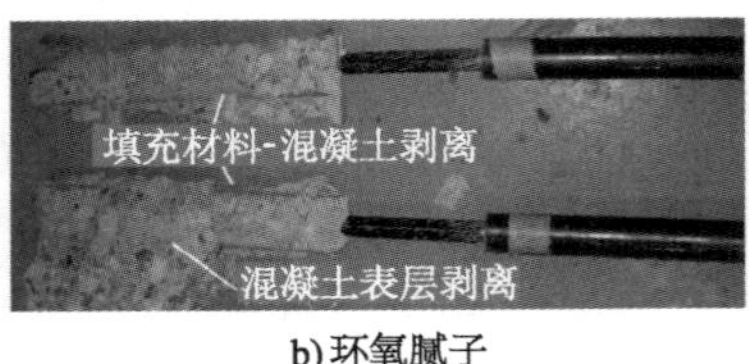

b)环氧腻子

c)高流动性环氧树脂

图 9-4　嵌入式 FRP 筋-混凝土粘结破坏模式

2)外覆层材料对比

图 9-5b)为采用不同外覆材料时嵌入式 FRP 筋-混凝土界面荷载-位移关系,从图中可以看出,当外覆和内填充材料均为环氧腻子时,相比无外覆层的情况,粘结强度提高了 10%。因此,外覆层可以提高嵌入式 FRP 筋与混凝土的粘结性能。然而,外覆环氧腻子时,外覆层和混凝土之间发生了早期剥离现象,可知对粘结强度的提高程度有限。当外覆层采用聚合物水泥时,初期的粘结刚度进一步提升,且粘结强度和变形能比无外覆层情况下的相应值高 30%。因此,外覆聚合物水泥能够显著提升嵌入式 FRP 筋与混凝土的粘结性能,建议嵌入式 FRP 筋的外覆层材料采用聚合物水泥。

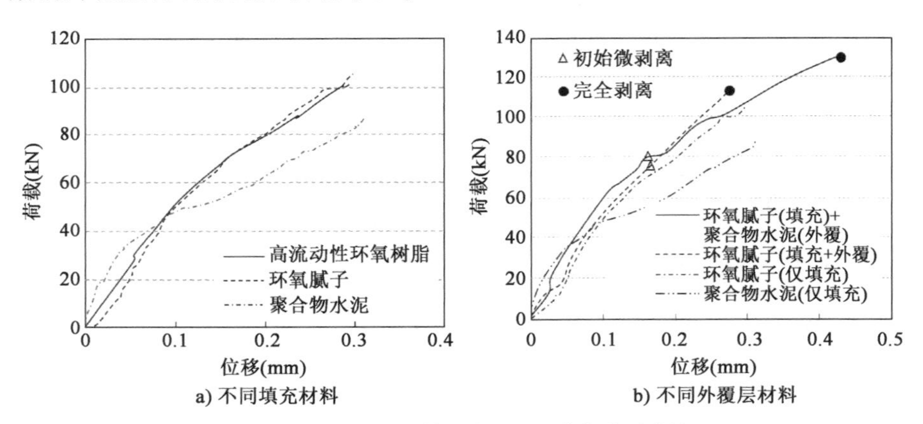

图 9-5　嵌入式 FRP 筋-混凝土界面荷载-位移曲线

9.2.2　端部锚固区处理

如图 9-6a)所示,当采用嵌入式预应力 FRP 筋加固混凝土结构,在预应力 FRP 筋放张后,容易在端部 FRP 筋与槽道树脂间出现界面剪应力集中现象,导致被加固构件在端部区域发生过早的剥离破坏。考虑端部 FRP 筋上高应力的存在是其应力集中现象产生的根本原因,而这部分应力对混凝土梁的加固效果并没有什么作用,所以,如图 9-6b)所示,可以采用一定的端部锚固区域优化措施,降低或者避免端部过大集中剪应力的出现,具体可以采取的方案如下:

①端部扩大。如图9-7a)所示,可以通过加大端部槽道的尺寸(宽度和深度),增大槽道内的树脂胶对端部FRP筋的握裹力。可采用矩形、锥形等形式的端部槽道形式,产生类似于锥形锚的锚固效果。

②机械锚固。如图9-7b)所示,参照传统FRP片材端部抗剥离措施中常用的U形FRP箍的方式,可在端部采用U形箍的方式对嵌入式预应力FRP筋进行机械锚固。

③分段注胶。在数值模拟分析等研究中发现,降低端部槽道内树脂基体的刚度,可以对界面剪应力起到一定的缓解作用,其原理是以更长的传递长度为代价,降低端部NSM-FRP筋与树脂间过大的界面剪应力。实际操作时,可以在中部使用刚度大的树脂,在端部使用刚度小的树脂,或者可以通过缩短端部槽道内树脂的养护龄期,在其尚未完全固化(此时刚度小)的时候释放张拉预应力。

模拟计算和分析认为,上述端部优化处理措施可以很好地改进嵌入式预应力FRP筋的端部剪应力集中现象,避免端部剥离破坏的发生。

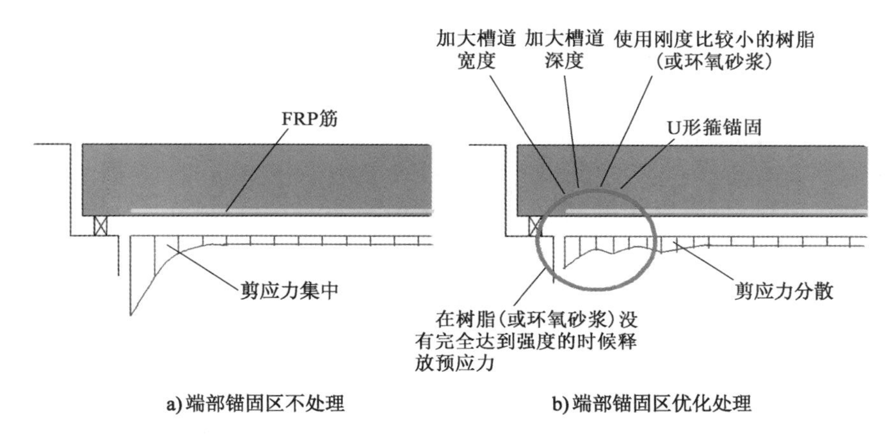

图9-6　端部锚固区处理对剪应力分布的影响

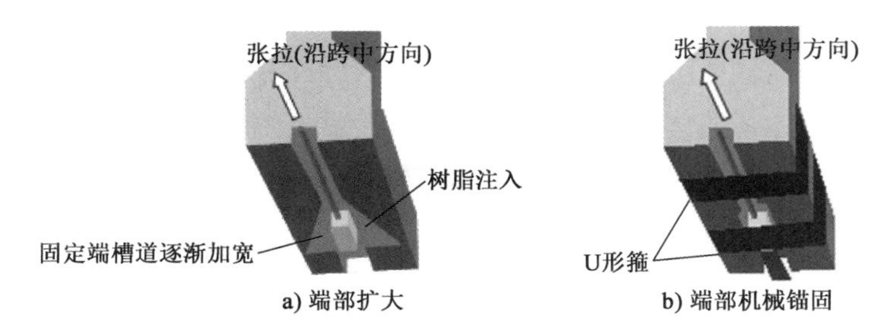

图9-7　嵌入式预应力端FRP筋典型端部优化处理方式示意图

9.2.3　关键工艺流程

新型嵌入式预应力FRP筋加固混凝土结构的关键工艺流程如图9-8所示。

步骤一:在混凝土构件表面按预定位置开出槽道,用打磨机将槽道附近混凝土表面的浮浆打磨掉,然后用清水将槽道清洗干净,并晾干。

步骤二:对FRP筋的两端用内灌粘结胶的螺纹套管锚固,用酒精将FRP筋材的表面擦拭干净后,将 FRP 筋放入槽道,对 FRP 筋施加指定水平的预应力。

步骤三:FRP 筋张拉完成后,在槽道外表面紧密粘贴一层薄膜塑料,在槽道内采用压力注胶,注胶完毕后两端用玻璃胶封闭。

步骤四:待槽道内的胶到达规定强度后,揭去薄膜塑料,在槽道外表面涂抹一定厚度的聚合物砂浆保护层,并将端部锚固装置覆盖;用聚合物砂浆将端部张拉时对混凝土保护层的剔除部分修补平整。

步骤五:待树脂和环氧砂浆保护层达到规定强度后,放张 FRP 筋的预应力,完成加固。

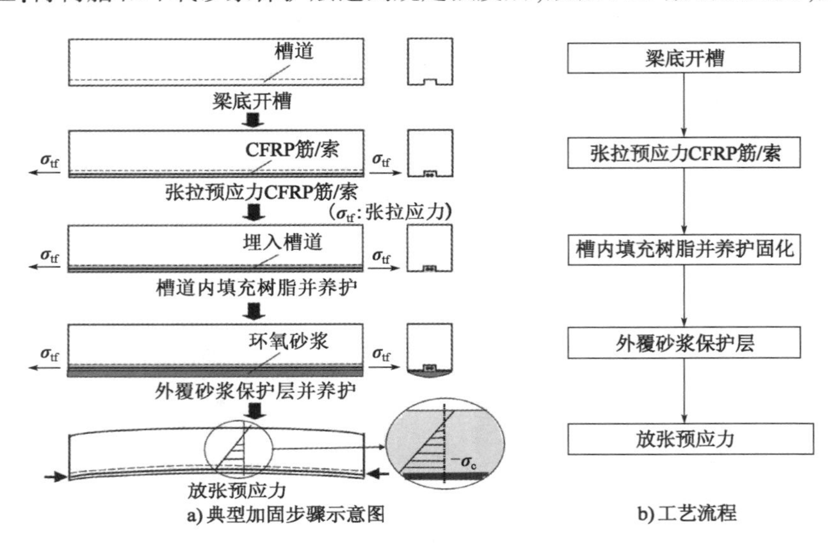

图 9-8 嵌入式预应力 FRP 筋加固混凝土结构的关键工艺流程

9.2.4 现场转向张拉技术

在实际工程现场,上述工艺步骤二中的预应力张拉是技术难点。这是由于在实际工程中,构件端部的操作空间有限,千斤顶一般难以在混凝土底面直接进行水平张拉作业。为满足实际工程狭窄作业面下预应力 FRP 筋的实际张拉需求,研发设计了图 9-9 所示的转向张拉装置。该张拉装置包括四部分:①张拉装置在混凝土上的锚固装置;②实现转向张拉的反力撑脚装置;③FRP 筋与柔性高强钢丝绳的连接装置;④对 FRP 筋施加预应力的张拉系统。各部分形式如下:

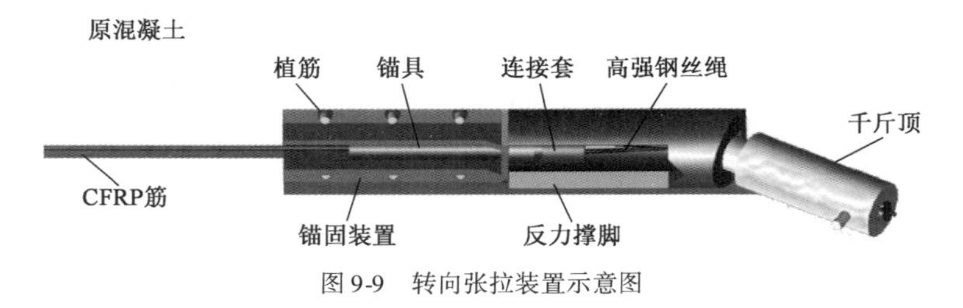

图 9-9 转向张拉装置示意图

1)张拉装置在混凝土上的锚固装置

锚固装置如图 9-10 所示,施工时首先在混凝土结构底部开槽。在张拉端,将锚固装置与反力撑脚位置处的保护层混凝土凿除,深度同槽道深度;在锚固端,仅将锚固装置位置处的保护层混凝土凿除,深度同槽道。通过植筋将锚固装置固定于混凝土底面,如图9-11所示。

图9-10　锚固装置

图9-11　植筋固定锚固装置

2)实现转向张拉的反力撑脚装置

反力撑脚由一节圆棒切割而成,如图9-12所示。反力撑脚一端为垂直面与锚固装置相靠,另一端为一个与垂直面成30°的斜平面,斜平面与千斤顶相靠。另外,在反力撑脚中靠近斜平面处有一根轴承,用于实现高强钢丝绳的转向张拉。反力撑脚与混凝土接触的面切割成平面。

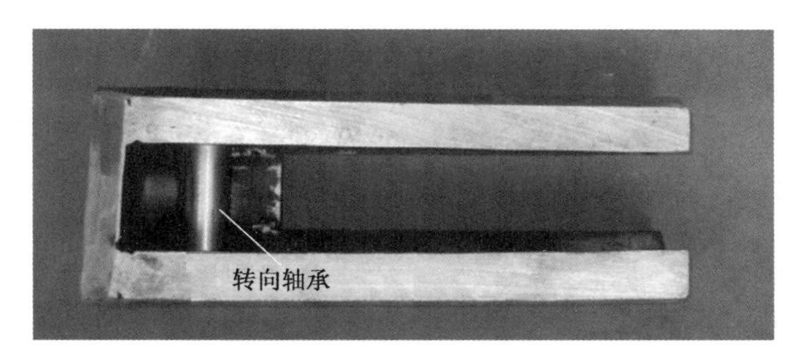

图9-12　反力撑脚装置

3)FRP筋与柔性高强钢丝绳的连接装置

如图9-13所示,在锚具内灌入环氧树脂与FRP筋相连,锚具有外螺纹。图9-14所示为连接套,其一端有内螺纹,可以与锚具相连;另一端嵌入了一根钢棒,用一根高强钢丝绳在钢棒上来回缠绕几次,将钢丝绳的接头用两个铝套管相互挤压在一起。由于钢丝绳有良好的柔性,张拉时可以穿过反力撑脚的转向轴承,实现转向张拉。

4)对FRP筋施加预应力的张拉系统

采用图9-15所示的穿心式千斤顶和穿心式荷载传感器组成对FRP筋施加预应力的张拉系统。组装完成后的张拉系统如图9-16所示,包括荷载传感器、千斤顶、反力撑脚和螺纹锚具。实际转向张拉过程如图9-17所示。

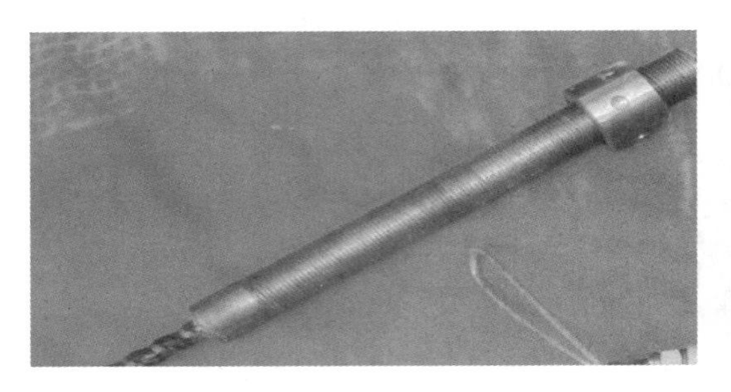

图 9-13　螺纹锚具

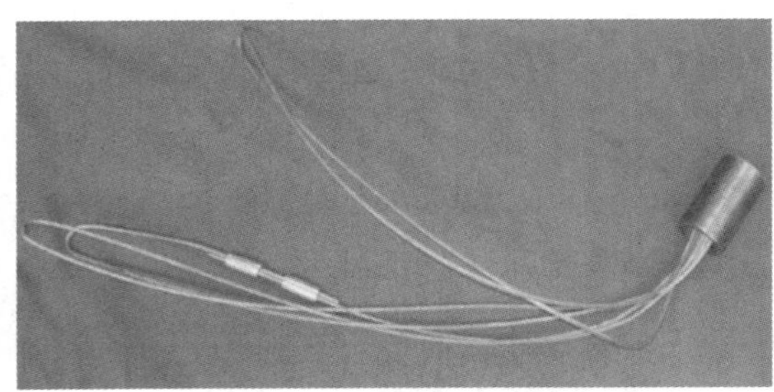

图 9-14　连接套

图 9-15　千斤顶与荷载传感器

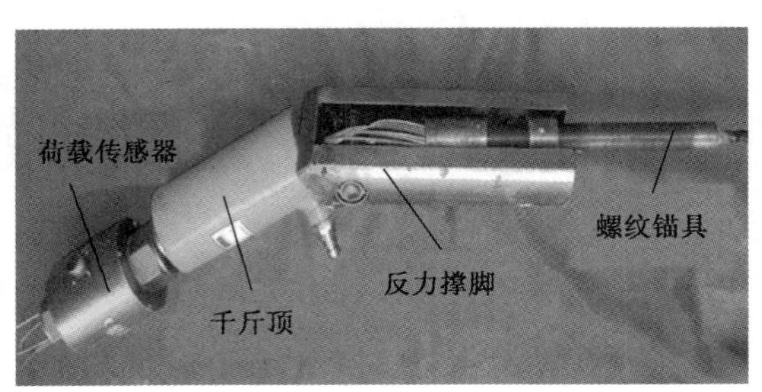

图 9-16　张拉系统图

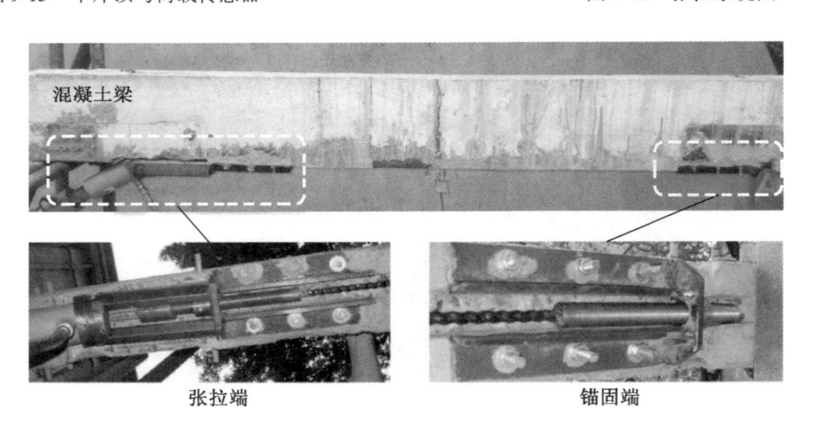

图 9-17　实际工程现场的转向张拉技术体系

9.3　嵌入式预应力 FRP 筋抗弯加固 RC 梁力学性能

基于上述背景和技术探索，本章以梁式构件为例，对采用嵌入式预应力 FRP 筋加固构件的效果进行了试验研究；并且针对预应力放张后端部 NSM-FRP 筋与树脂间剪应力较大，端部易剥离破坏的难题，设计了包括扩大端部槽道尺寸、分段注胶以及 U 形机械钢板箍等基于不同理论的端部处理措施。下面对试验情况进行介绍。

9.3.1　试验研究

设计制作了六根梁，梁长 2000mm，横截面尺寸为 150mm × 300mm，混凝土标准圆柱体抗压强度为 34.4MPa。受拉纵筋为 3 ϕ 14,屈服强度为 340MPa;顶部架立钢筋为 2 ϕ 6,屈服强度为 240MPa;箍筋直径 10mm,屈服强度为 275MPa,在纯弯段间距为 150mm,剪切段为 80mm。混凝土保护层厚度为 30mm。所有六根梁中,一根梁作为对比梁,不进行加固处理,一根梁采用传统非预应力 NSM-FRP 筋进行加固,其余四根梁采用新型预应力 NSM-FRP 筋进行加固,FRP 筋采用的是 CFRP 筋,数量为 1 根,所采用的预应力水平为其极限抗拉强度的 40% 。如图 9-18 所示,基于上述针对端部锚固区的优化处理理论,设计了四类端部处理方式,分别为端部不处理、U 形钢板箍锚固、分段注胶、端部扩大等。梁底槽道的横截面尺寸为 20mm × 20mm。

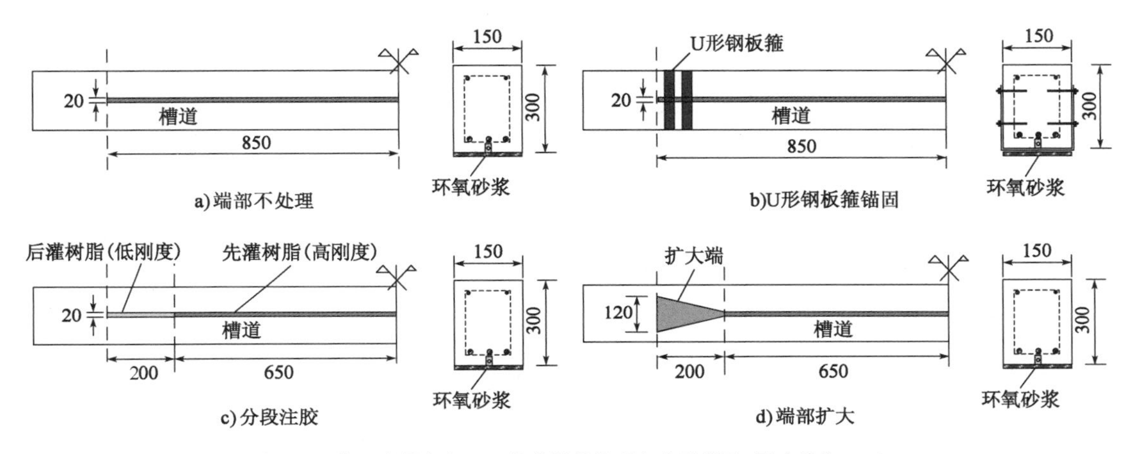

图 9-18　嵌入式预应力 FRP 筋的端部处理方式示意图(尺寸单位:mm)

对于采用 U 形钢板箍进行端部锚固处理的试件,在对 FRP 筋进行张拉预应力前,需要先在其表面指定位置制作刚性锚固节点。具体工艺步骤如图 9-19 所示,首先,使用液压千斤顶在 FRP 筋的两端分别压挤上两个铝套管[图 9-19a)];然后,在铝套管外套上方形钢套筒[图 9-19b)]。在完成预应力张拉后,采用图 9-19c)所示的方式,用 U 形钢板箍卡住 FRP 筋。然后,采用植筋的方式固定 U 形钢板箍[图 9-19d)]。最后,在槽道内灌注环氧树脂,待树脂达到规定强度后,放张预应力 FRP 筋,并在梁底面涂抹 12mm 厚的环氧砂浆。其他类型加固梁的工艺与 9.2.3 节中类似,此处不再赘述。

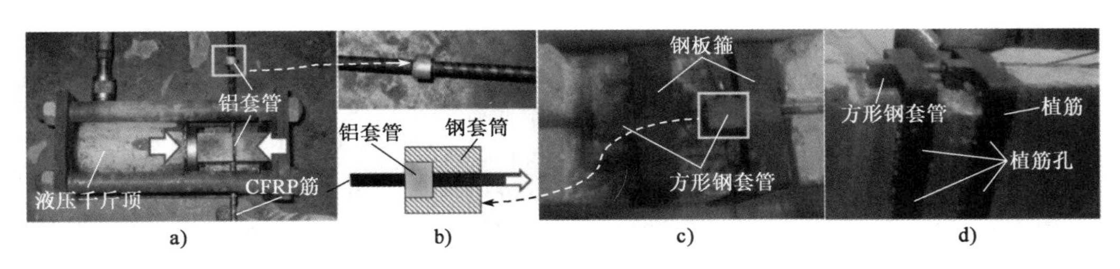

图 9-19　U 形钢板箍机械锚固的方法

完成加固处理后,采用图 9-20 所示的方式对试验梁进行四点弯曲加载试验,试验梁的净跨度为 1.8m,剪跨为 0.6m。比较分析各试验梁的破坏模式、荷载-挠度曲线,并重点对不同端部处理方式的效果进行对比,为实际工程提供参考和借鉴。

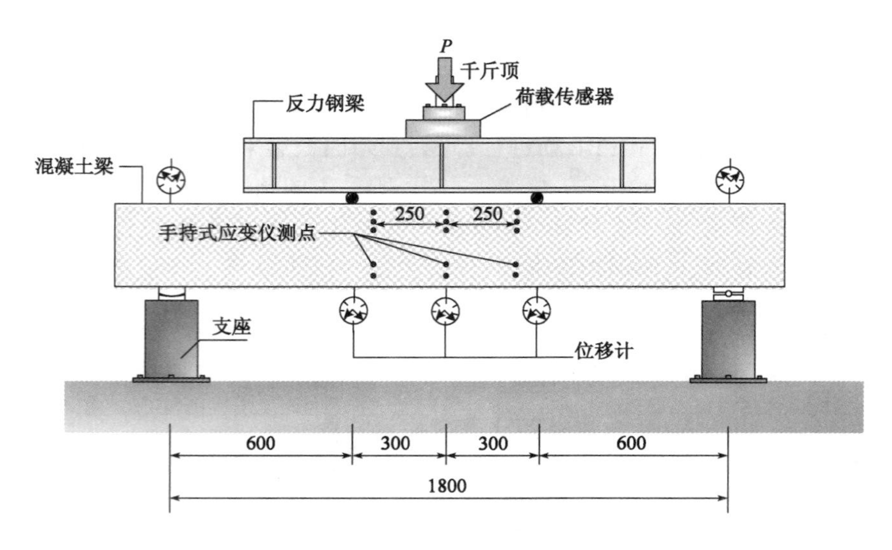

图 9-20　试验梁配筋及加载测试示意图(尺寸单位:mm)

9.3.2　试验结果

1)嵌入式 FRP 筋的应力传递长度和界面剪应力

试验通过粘贴应变片的方式对预应力释放后 FRP 筋的应变沿全长的变化进行了测试。实测预应力放张后 FRP 筋的应变值与其到跨中截面距离的关系如图 9-21 所示。结果表明,端部不处理梁和分段注胶梁的传递长度约为 200mm,而端部扩大梁的传递长度约为 120mm,比前两者的都要短,分析认为这是由于端部锥形槽道混凝土侧壁的压力作用,使得端部粘结胶对 FRP 筋的握裹力增强。FRP 筋与槽道树脂间界面剪应力分布如图 9-22 所示,预应力放张后,由于较短的传递长度,端部扩大梁的剪应力分布较集中,且峰值剪应力最大;分段注胶梁的端部界面剪应力分布比端部不处理梁的平缓,峰值剪应力最小;采用 U 形钢板箍锚固的梁在钢板锚固区以外的界面剪应力接近 0。

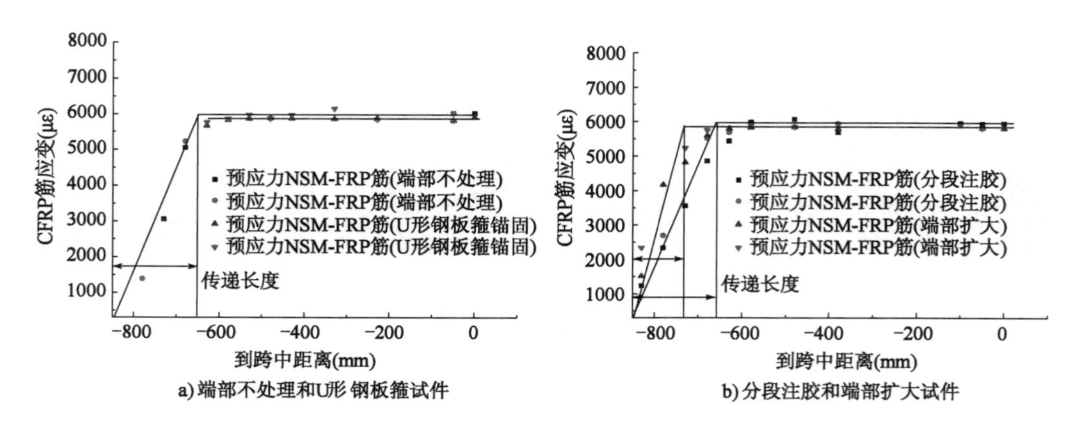

图 9-21　预应力 FRP 筋的应力传递长度

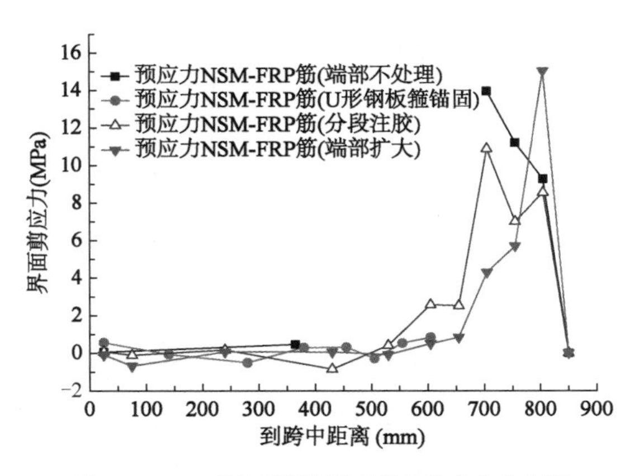

图9-22　FRP筋与槽道树脂间界面剪应力分布图

2)破坏模式和荷载-跨中挠度曲线

各试验梁的荷载-跨中挠度曲线如图9-23所示。各试验梁的特征荷载和破坏模式见表9-1,其中,P_{cr}为混凝土梁开裂荷载,P_y为混凝土梁纵筋开始屈服时的荷载值,P_{max}表示最大承载力值。试验中测试的NSM-FRP筋的跨中最大应变值表明,预应力NSM-FRP筋(端部不处理)加固的梁中FRP筋强度利用率高达82.1%,远高于非预应力NSM-FRP筋加固梁的相应值(60.6%)。因此,在施加预应力和有效的端部处理方式下,嵌入式FRP筋的强度利用率得到了很大的提升。

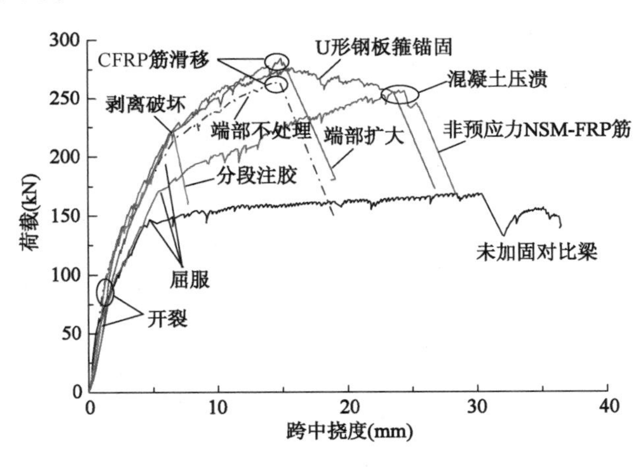

图9-23　试验梁的荷载-跨中挠度曲线

试验梁的特征荷载和破坏模式　　表9-1

试验梁类别	P_{cr} (kN)	P_y (kN)	P_{max} (kN)	延性系数 Δ_u/Δ_y	破坏模式
未加固对比梁	60	140.6	168.7	6.71	钢筋屈服,混凝土压溃
非预应力NSM-FRP筋	50	170.8	256.7	4.76	钢筋屈服,混凝土压溃
预应力NSM-FRP筋(端部不处理)	90	190.8	265.1	2.79	FRP筋滑移破坏
预应力NSM-FRP筋(U形钢板箍锚固)	70	190	276.5	4.63	混凝土压溃破坏

续上表

试验梁类别	P_{cr} (kN)	P_y (kN)	P_{max} (kN)	延性系数 Δ_u/Δ_y	破坏模式
预应力 NSM-FRP 筋(分段注胶)	80	189.4	225.4	1.28	梁底端部混凝土剥离破坏
预应力 NSM-FRP 筋(端部扩大)	80	190.5	284.2	3.11	FRP 筋滑移破坏

(1)有无预应力的影响

由上述试验结果可以看出,相对于非预应力 NSM-FRP 筋加固梁,预应力 NSM-FRP 筋加固梁的开裂荷载和抗弯刚度得到显著提高,但是屈服荷载和极限荷载的提高程度有限。同时也可以看出,对 NSM-FRP 筋施加预应力后,被加固梁的延性会降低。施加预应力能够显著提高 FRP 筋在破坏时的最大应变,提升 FRP 筋的利用效率。另外,试验中也发现,采用了预应力 NSM-FRP 筋加固的梁在各级荷载下的裂缝宽度都要明显小于非预应力 NSM-FRP 筋加固的梁。

(2)端部处理方式的影响

本节研究中针对预应力 NSM-FRP 筋采取了四种不同的端部锚固处理方式,以应对预应力放张后 FRP 筋与槽道树脂在端部区域界面剪应力集中的难题。采用四种处理措施后的试验梁的荷载-跨中挠度曲线如图 9-23 所示,其特征荷载、破坏模式、延性等定量指标见表 9-1。通过数据比较发现,不同端部处理方式对预应力 NSM-FRP 筋加固梁的截面刚度影响不大,但是对加固梁的延性影响较大。由表 9-1 可知,采用 U 形钢板箍锚固的梁的延性系数为 4.63,采用端部扩大的梁的延性系数为 3.11,采用分段注胶的梁由于过早发生端部混凝土剥离破坏,延性系数为 1.28。综合四根试验梁的破坏模式和荷载-位移曲线来看,本章提出的 U 形钢板箍的锚固方式能显著提高加固梁的延性,效果良好。相比而言,端部扩大槽道尺寸的处理方式能略微提高加固梁的极限荷载,效果一般。然而,采用分段注胶处理方式的梁未能达到预期的效果,在更多研究开展前不建议采用。

9.4 嵌入式预应力 FRP 筋抗弯加固 RC 梁的数值模拟

本节在上文试验研究的基础上,结合有限元模拟手段,开展了嵌入式预应力 FRP 筋抗弯加固混凝土梁的数值模拟研究。基于建立的非线性二维有限元模型进行了更多参数下的数值试验。

9.4.1 模型建立及验证

1)有限元模型的建立

本节采用通用有限元程序 MSC. Marc 建立二维有限元模型,基于梁跨中对称性,只建立了一半模型,典型的网格划分如图 9-24 所示,其中混凝土采用四节点平面应力单元模拟,钢筋和嵌入式 FRP 筋采用两节点梁单元模拟,受压纵筋各节点与混凝土单元节点耦合,受拉纵筋与周围混凝土的粘结滑移以及嵌入式 FRP 筋与保护层混凝土的粘结滑移采用 MSC. Marc 提供的 cohesive 界面单元来模拟,通过子程序二次开发编程输入粘结滑移关系。

此外,在 RC 梁的加载点和支座处将引入钢垫板以减少混凝土单元中的应力集中现象,钢板同样采用四节点平面应力单元模拟。所有的单元为全高斯积分单元。基于收敛性分析,混凝土单元的基本尺寸采用 10mm。采用位移控制加载,有限元模型细节如图 9-25 所示。

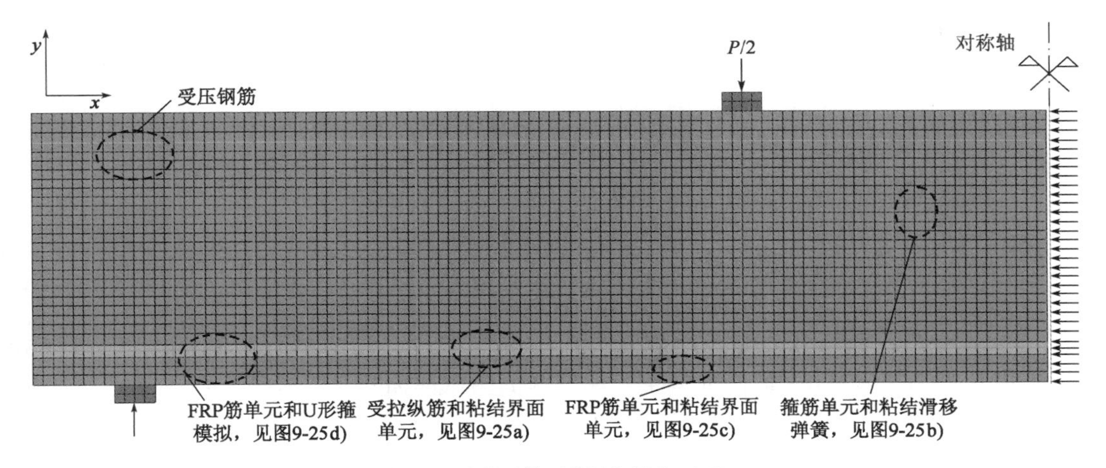

图 9-24　有限元模型的网格划分(半跨)

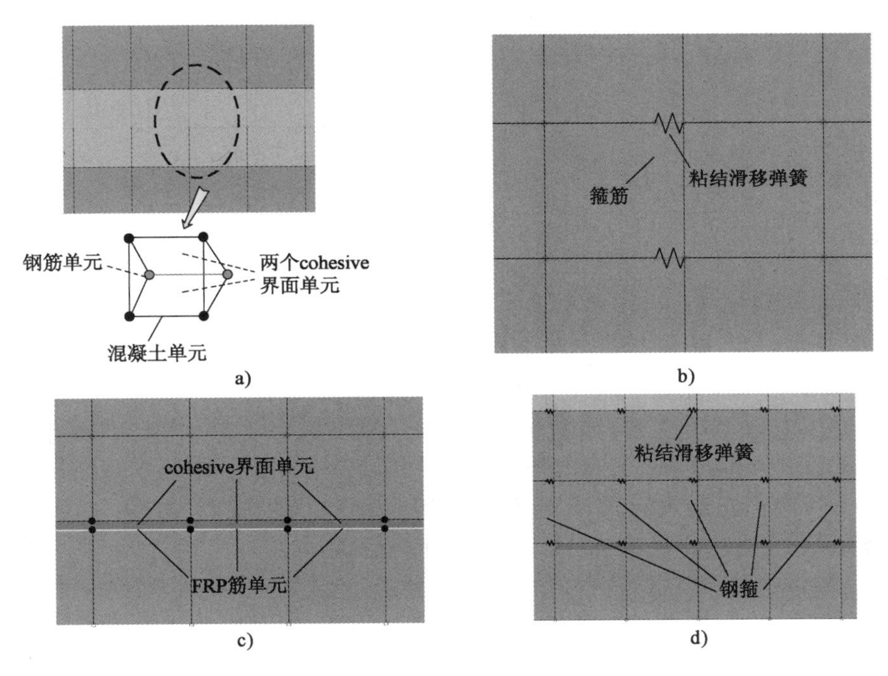

图 9-25　有限元模型的网格划分细节放大图

(1)粘结滑移关系模型

在本节提出的模型中,钢筋与混凝土、嵌入式 FRP 筋与混凝土的粘结滑移现象采用 MSC. Marc 中的 cohesive 界面单元来模拟。其中,受拉纵筋与周围混凝土的界面单元采用 CEB-FIP 规范[6]中建议的粘结滑移关系[图 9-26a)];嵌入式筋与混凝土的界面粘结滑移关系参考 Zhang 等[7]提出的粘结滑移模型[图 9-26b)]。

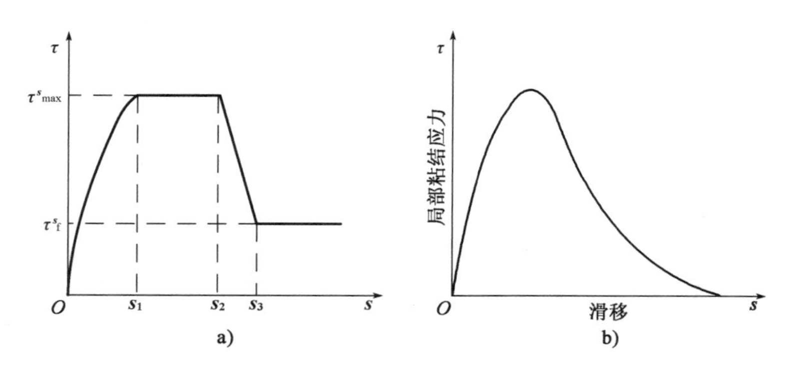

图 9-26 粘结滑移关系

对于嵌入式 FRP 筋端部的 U 形箍锚固装置,采用图 9-25d)所示的方法来模拟。每根 U 形箍采用 5 根钢筋来模拟,其总面积等于 U 形箍的横截面面积。U 形箍与混凝土节点间采用相对较大刚度(k = 10000N/mm)的弹簧单元连接,而 U 形箍靠近梁底部的端点通过 MSC. Marc 软件中提供的 links 与 FRP 端部的节点进行所有自由度的耦合连接。采用降温法对 FRP 筋施加预应力以简化前处理和后处理。

(2)混凝土本构关系模型

①开裂模型:对于混凝土的开裂性能,本节采用 MSC. Marc 中提供的正交固定弥散裂缝模型来模拟,假定混凝土的开裂弥散于整个混凝土单元中。对于本节中采用的二维混凝土单元,允许在单元中产生两条正交裂缝。

②受拉软化曲线:混凝土受拉出现软化现象,是混凝土的固有特性之一。大量的研究表明,经典的弥散裂缝模型具有依赖于网格划分的尺寸效应。为了减小这种尺寸效应,Zdenek 等[8]发展了裂缝带模型,此模型将一系列平行的裂缝连续地弥散于开裂区的有限单元中。如图 9-27 所示,本节提出的有限元模型采用裂缝带模型,将混凝土单元尺寸与受拉软化曲线联系起来,并在 MSC. Marc 提供的子程序中编程输入,其中,$\omega(\omega_0)$为裂缝开裂宽度,G_{ft}为受拉断裂能,f_t 为混凝土受拉强度,σ_t 为混凝土拉应力。

③单轴受压应力-应变关系:如图 9-28 所示,混凝土的受压应力-应变曲线采用 Hognestad 模型[9]。其中,f_c和 ε_0分别表示峰值应力和峰值应变,取值分别为混凝土圆柱体抗压强度和 0.002;σ_u 和 ε_u 分别表示混凝土极限抗压强度和极限应变,取值分别为 0.85f_c 和 0.0038,当混凝土应变达到 0.0038 时认为混凝土压碎破坏。

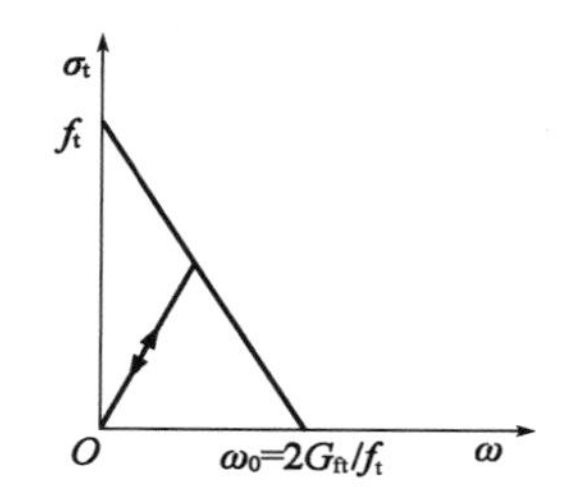

图 9-27 混凝土线性受拉软化模型

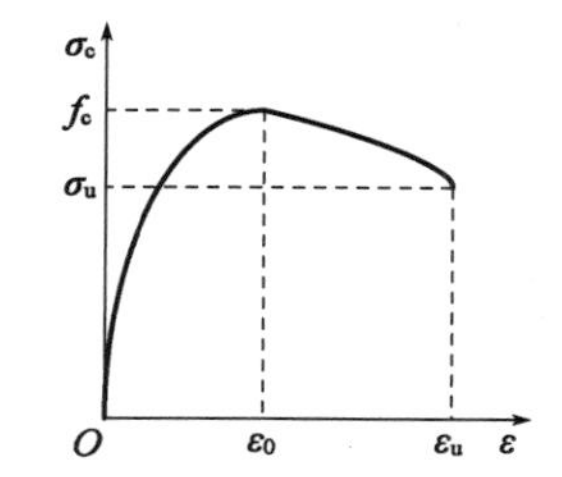

图 9-28 混凝土受压应力-应变关系

④剪力传递系数:混凝土开裂后和开裂前割线剪切模量的比值,它反映了混凝土开裂后的剪应力-滑移关系,从而显著影响混凝土开裂后的性能。研究发现 Okamoto 和 Maekawa[10] 提出的模型效果最好,本节采用此模型,其割线剪切模量 G_{cr} 表示为

$$G_{cr} = \frac{b_{cr}^2 \varepsilon_{nt}^{cr}}{w^2 + \Delta^2} 3.8 f_c^{1/3} \tag{9-1}$$

式中:b_{cr}——裂缝带宽度;

ε_{nt}^{cr}——裂缝的剪切应变;

w、Δ——裂缝宽度和裂缝滑移值。

混凝土开裂后的剪力传递系数 β_s 可以用 G_{cr} 表示[11]:

$$\beta_s = \frac{G_{cr}}{G_0 + G_{cr}} \tag{9-2}$$

式中:G_0——混凝土开裂前的剪切模量。

此剪力传递系数模型也通过 MSC. Marc 提供的子程序编程输入。

(3)钢筋和 FRP 筋本构关系模型

钢筋采用理想弹塑性材料,受拉和受压性能相同,如图 9-29a)所示。钢筋屈服采用 Mises屈服准则。FRP 筋采用线弹性脆性材料,如图 9-29b)所示。此外,U 形箍、加载点的钢垫板采用线弹性材料模拟,弹性模量和泊松比分别取 210GPa 和 0.3。

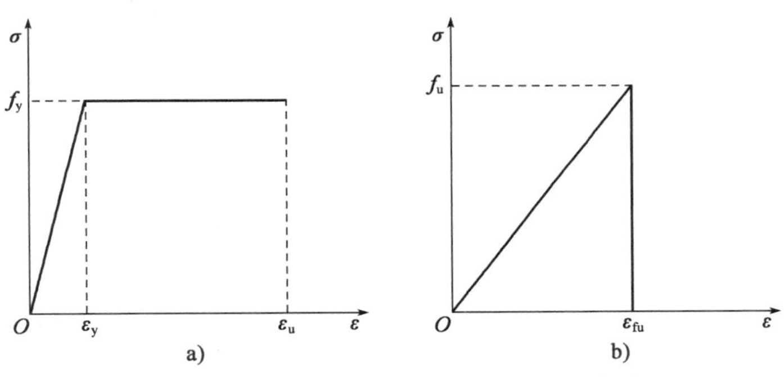

图 9-29　钢筋和 FRP 筋本构关系模型应力-应变关系

(4)非线性求解和收敛准则

本节提出的有限元模型的求解过程通过施加位移来加载。采用全 Newton-Raphson 法进行非线性方程求解,能量收敛准则判断收敛。采用位移加载的优点是收敛性好,且较容易得到荷载-位移曲线的下降段。为了逐步施加荷载和控制收敛性,嵌入式预应力 FRP 筋加固 RC 梁分为两个步骤来加载:①从无荷载状态进行热应力分析以施加预应力;②采用位移加载到极限破坏阶段。初始时 RC 梁模型由于材料、几何非线性以及较大的变形而很难收敛,在多次尝试后将力收敛容差提高到 0.1 后计算收敛。

2)试验和计算结果的比较

(1)荷载-位移曲线的比较

图 9-30 为上文中 4 根 RC 梁的荷载-位移曲线的数值计算结果与试验结果的对比图。其中,B-C 梁为未加固对比梁,B-NP 梁为采用非预应力 NSM-FRP 筋加固梁,B-P 梁为采用预

应力 NSM-FRP 筋加固梁(端部不处理),B-P-U 梁为采用预应力 NSM-FRP 筋加固梁(端部采用 U 形钢板箍锚固)。数值计算在混凝土达到压溃应变时停止,试验结果和模拟计算结果的对比如表 9-2 所示。总体上看,试验值与数值计算结果的误差控制在 10% 以下,考虑收敛容差取 0.1,结果还是比较理想的。

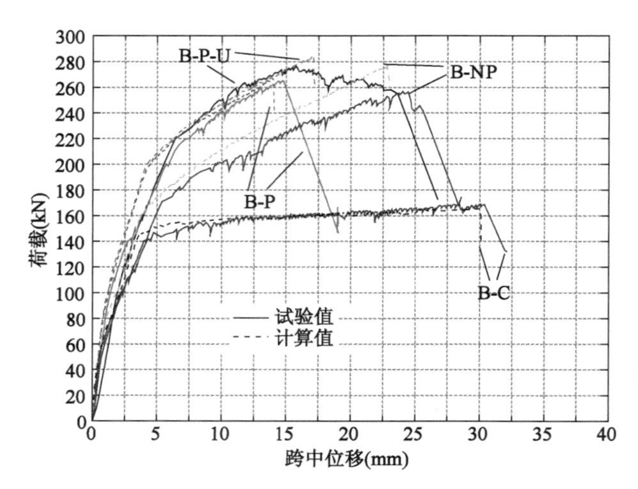

图 9-30 荷载-位移曲线的数值计算结果与试验结果对比

试验梁试验结果与计算结果的对比 表 9-2

试验梁类别	结果	P_{cr}(kN)	P_y(kN)	Δ_y(mm)	P_u(kN)	Δ_u(mm)	μ	破坏模式
未加固对比梁 编号:B-C	模拟	55	145	4.52	165	30.1	6.66	CC
	试验	60	140.6	3.9	168.7	30.35	7.78	CC
	误差(%)	-8.3	3.1	15.9	-2.2	-0.8	-14.4	
非预应力 NSM-FRP 筋加固梁 编号:B-NP	模拟	45	165	4.5	272	23.1	5.13	CC
	试验	50	170.8	5.38	256.7	25.63	4.76	CC
	误差(%)	-10.0	-3.4	-16.4	6.0	-9.9	7.8	
预应力 NSM-FRP 筋加固梁 (端部不处理) 编号:B-P	模拟	85	200	4.9	268.2	14.05	2.87	CC
	试验	90	190.8	5.28	265.1	14.71	2.79	CC + BS
	误差(%)	-5.6	4.8	-7.2	1.2	-4.5	2.9	
预应力 NSM-FRP 筋加固梁 (U 形钢板箍锚固) 编号:B-P-U	模拟	65	200	4.5	284.3	17.1	3.80	CC
	试验	70	190	5.1	276.5	15.73	3.08	CC
	误差(%)	-7.1	5.3	-11.8	2.8	8.7	23.2	

注:P_{cr}为开裂荷载;P_y和Δ_y分别为屈服点荷载和位移;P_u和Δ_u分别为极限点荷载和位移;$\mu=\Delta_u/\Delta_y$,为延性系数。CC 表示钢筋屈服后混凝土压碎;BS 表示 FRP 筋端部滑移。

(2)嵌入式 FRP 筋轴向应变分布

图 9-31 为部分嵌入式 FRP 筋的轴向应变片的测量结果和数值分析结果的对比图。由于应变片测量的结果沿 FRP 筋纵向只有部分离散的点,而且在试验过程中应变片由于贴在 FRP 圆筋的外表面极易受到损伤而破坏,因此应变片的数据以离散点形式在图中给出。而数值计算的结果以跨中为对称轴在图中以连续线画出。从图中可见,FRP 筋的轴向应变值

在RC梁纯弯段几乎保持不变,而在弯剪段保持近似直线下降的规律,这与RC梁的弯矩图分布规律是吻合的。加固梁B-P-U由于施加了预应力且有端部锚固装置,其极限状态下纯弯段FRP筋应变发展得较高,应变利用率高。总体上,数值模拟的计算应变值与试验测量的部分离散应变值吻合较好。

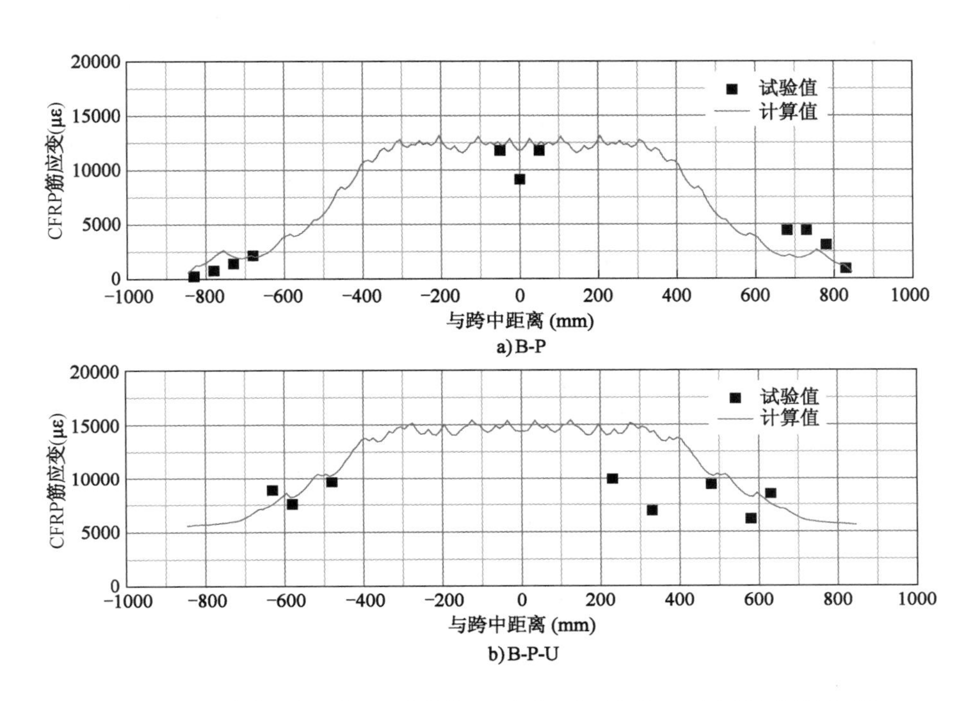

图9-31　极限荷载下嵌入式FRP筋的轴向应变分布数值计算结果与试验测试值的对比

(3)裂缝开展形态

图9-32为各RC梁极限状态时裂缝形态的试验观测和数值模拟对比图。从图中可以看出,梁纯弯段和弯剪段的裂缝分布与试验观测裂缝吻合得很好,实际上数值模拟结果能更好地展现裂缝的发展过程。与试验中观察到的现象类似,在RC梁纯弯段首先出现弯曲裂缝,随着荷载逐渐增大,裂缝逐渐开展,同时向支座、弯剪区域发展。最终当加载到极限荷载时,裂缝完全分布于整根梁。值得注意的是,对于三根加固梁,在距离跨中400mm左右的位置都出现了开展宽度较大的弯-剪关键斜裂缝(CDC),这与裂缝的试验观测结果基本一致。因此,在此位置FRP筋出现了最大局部剪应力,这与上一节的描述是一致的。

9.4.2　基于有限元模型的数值试验

在完成模型建立并进行验证后,采用上述二维模型对影响嵌入式FRP筋加固梁性能的关键参数进行了数值试验研究。所采用的参数包括嵌入式FRP筋材尺寸、钢筋配筋率、嵌入FRP筋预应力水平和端部有无U形钢箍。对前三个参数,每个参数分析四个算例,其中有一个算例相同(即算例3、算例7和算例11具有相同参数)。所有分析算例详细参数见表9-3。各参数下的模拟计算结果如图9-33所示。各参数的影响分析如下:

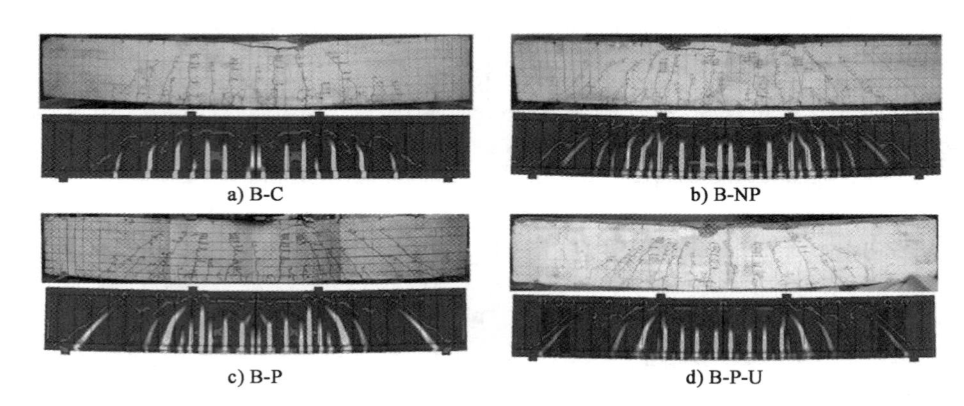

a) B-C　b) B-NP　c) B-P　d) B-P-U

图 9-32　裂缝开展形态的数值预测与试验观测对比

参数分析算例　表 9-3

算例编号	参　　数	试 件 编 号	钢筋	嵌入筋材尺寸(mm)	预应力水平
1	嵌入式 FRP 筋材尺寸	B-P-U-1.4×10	3 ϕ 14	1.4×10	40%
2		B-P-U-6		6	
3		B-P-U-8		8	
4		B-P-U-10		10	
5	钢筋配筋率	B-P-U-3 ϕ 10	3 ϕ 10	8	40%
6		B-P-U-3 ϕ 12	3 ϕ 12		
7		B-P-U-3 ϕ 14	3 ϕ 14		
8		B-P-U-3 ϕ 16	3 ϕ 16		
9	嵌入式 FRP 筋预应力水平	B-P-U-20%	3 ϕ 14	8	20%
10		B-P-U-30%			30%
11		B-P-U-40%			40%
12		B-P-U-60%			60%
13	端部有无 U 形钢箍	B-P-10-40%	3 ϕ 10	10	40%
14		B-P-U-10-40%			40%

1)嵌入式 FRP 筋材尺寸的影响

共对四根加固梁进行了分析,其中三根梁为 B-P-U-10、B-P-U-8 和 B-P-U-6,每根梁分别采用一根 10mm、8mm 和 6mm 的 FRP 筋进行嵌入式加固,其他参数与梁 B-P-U 相同。另外一根梁 B-P-U-1.4×10 采用一根截面尺寸为 1.4mm×10mm 的 FRP 板条进行加固。四个算例分别对应 FRP 筋配筋率[$\rho_f = A_f/(b \cdot d)$,其中 A_f为 FRP 筋截面面积,b 和 d 分别为梁截面宽度和有效高度]为 0.035%、0.070%、0.124% 和 0.194%。各梁计算荷载-跨中位移曲线如图 9-33a)所示,图中包括梁 B-P-U 的试验曲线以供对比。从图中可以看出,随着 FRP 筋直径的增加,荷载-位移曲线在屈服点后变得更陡峭,极限承载力也随之提高。因此,可以认为增大 FRP 筋的直径可以提高嵌入式 FRP 筋加固的效率,这与 ACI 440.2R(2008)规范建议的设计公式是一致的。

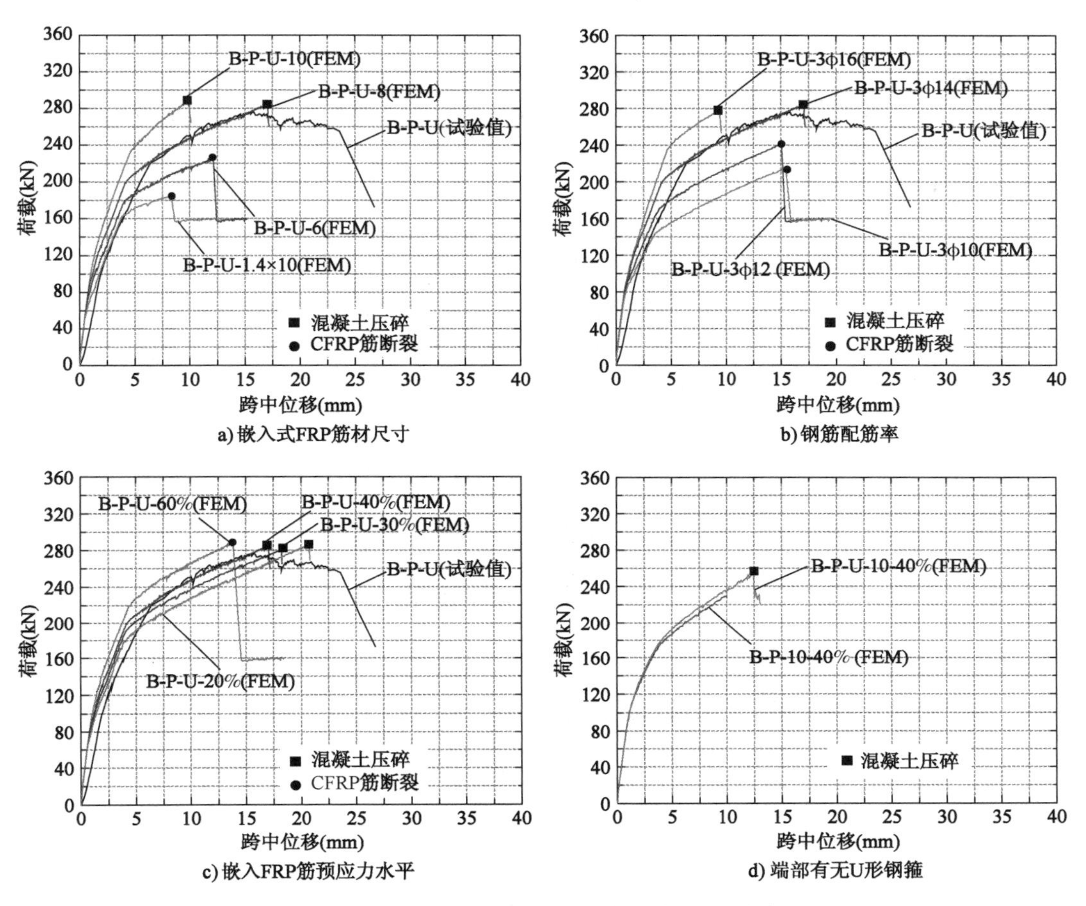

a) 嵌入式FRP筋材尺寸　b) 钢筋配筋率

c) 嵌入FRP筋预应力水平　d) 端部有无U形钢箍

图 9-33　不同参数下数值计算的荷载-跨中位移曲线

2) 钢筋配筋率的影响

如表 9-3 所示,算例 5 至算例 8 分别对应钢筋配筋率[$\rho_s = A_s/(b \cdot d)$,其中 A_s为受拉钢筋的截面面积]为 0.58%、0.84%、1.14% 和 1.49%。各梁计算荷载-位移曲线如图 9-33b)所示,从图中可以看出,随着钢筋配筋率的提高,荷载-位移曲线的变化趋势与嵌入式 FRP 筋尺寸的影响基本一致。除了在屈服点后,荷载-位移曲线的二次刚度相同。因此,嵌入式 FRP 筋加固技术对于较低配筋率的梁加固效率更高。

3) 嵌入式 FRP 筋预应力水平的影响

共对四根加固梁 B-P-U-60%、B-P-U-40%、B-P-U-30% 和 B-P-U-20% 进行了分析,每根梁采用一根 8mmFRP 筋嵌入式加固,施加的预应力水平分别为 60%、40%、30% 和 20%。其他各方面参数与加固梁 B-P-U 相同。各加固梁的计算荷载-位移曲线如图 9-33c) 所示。从图中可以发现,随着 FRP 筋预应力水平的提高,加固梁的屈服点荷载也提高;而在屈服点后,各加固梁的荷载-位移曲线与梁 B-P-U 的试验曲线几乎平行上升,即各加固梁屈服后的刚度基本保持一致。然而,从图中还可以看出,嵌入式 FRP 筋预应力水平的提高降低了加固梁的延性。此外,对于实际应用和设计来说,嵌入式 FRP 筋许可施加的最大预应力水平应该限制在FRP材料的徐变断裂极限应力以下。

4)端部有无U形钢箍的影响

为了研究U形钢箍对嵌入FRP筋的锚固效应,选择了一根建成于20世纪60—80年代的RC梁(配筋率较低,为0.58%)作为加固和研究的对象。对此梁采用10mm直径的FRP圆筋进行嵌入加固,施加预应力水平为40%。梁B-P-10-40%无端部锚固,梁B-P-U-10-40%有端部锚固,两者的计算荷载-位移曲线如图9-33d)所示。从图中可以看出,梁B-P-U-10-40%相比梁B-P-10-40%在屈服点后有较大的二次刚度,且极限荷载也较大。这主要是由于梁B-P-10-40%端部没有U形钢箍锚固以及显著的预应力损失。事实上,梁B-P-10-40%模型由于端部FRP筋的显著滑移引起过早的数值发散而停止了计算。因此,端部U形钢箍可以保持FRP筋的预应力水平,从而保证其更高的利用率。

9.5 嵌入式预应力FRP筋抗弯加固RC梁设计方法

本节依据我国相关设计规范,以矩形截面形式梁为例,给出了采用嵌入式预应力FRP筋进行加固时的设计方法和流程,供设计人员参考。具体过程,读者可以查阅参考文献[12]。

9.5.1 消压弯矩的计算

对嵌入式FRP筋施加张拉力N,放张FRP筋后,FRP筋的总拉力可以表示为

$$N_1 = E_f A_f \varepsilon_{f1} \tag{9-3}$$

式中:N_1——放张后FRP筋的总拉力;

ε_{f1}——放张后FRP筋的应变。

根据平截面假定,钢筋和FRP筋的应变与其周围的混凝土的应变相同,将钢筋与FRP筋的截面换算成混凝土的截面,可以得到加固梁截面的换算截面惯性矩,据此可以得到梁上、下边缘混凝土的应力:

$$\sigma_{c1} = \frac{N_1 e y_0}{I_0} + \frac{N_1}{A_0} \tag{9-4}$$

$$\sigma_{c2} = \frac{N_1 e(h - y_0)}{I_0} - \frac{N_1}{A_0} \tag{9-5}$$

式中:σ_{c2}、σ_{c1}——FRP筋放张后梁上、下边缘混凝土的应力;

y_0——换算截面形心轴与梁下边缘的垂直距离;

A_0——梁的换算截面面积;

I_0——梁换算截面惯性矩;

e——FRP筋中心到梁换算截面形心轴之间的距离。

若$\sigma_{c2} > f_t$(混凝土抗拉强度),则梁上边缘混凝土开裂。当加固梁在外荷载作用下,使其下边缘的混凝土预压应力σ_{c1}等于外荷载使其产生的拉应力时,即为消压状态,此时的消压弯矩为

$$M_0 = \frac{\sigma_{c1} I_0}{y_0} \tag{9-6}$$

消压状态时,FRP 筋的应力为

$$\sigma_{f0} = \frac{N_1}{A_f} + \frac{M_0 e}{I_0} \tag{9-7}$$

则根据材料的本构关系可以得到消压状态时 FRP 筋的应变 ε_{f0}。

9.5.2　界限破坏时预应力 FRP 筋面积的计算

定义嵌入式预应力 FRP 筋加固梁的界限破坏为 FRP 筋达到极限强度时正好受压区混凝土被压溃,其应力、应变如图 9-34 所示。

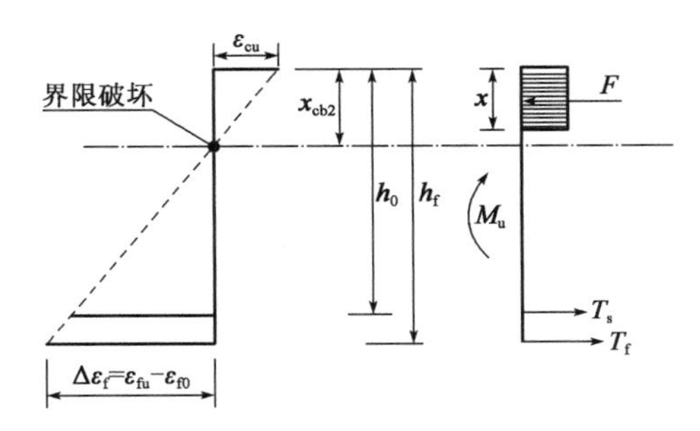

图 9-34　嵌入式预应力 FRP 筋加固梁界限破坏时的应变、应力

由此可得:

$$x_{cb2} = \frac{\varepsilon_{cu}}{\varepsilon_{cu} + \varepsilon_{fu}} h_f \tag{9-8}$$

$$x = \beta_l x_{cb2} \tag{9-9}$$

式中:β_l——受压区混凝土换算受压区高度与实际受压区高度的比值。

混凝土合力:

$$F = f_{cm} bx \tag{9-10}$$

主筋及 FRP 筋合力:

$$T = T_s + T_f = f_y A_s + f_{fu} A_\zeta \tag{9-11}$$

由 $F = T$ 可求得界限破坏时 FRP 筋的面积:

$$A_\zeta = \frac{f_{cm} bx - f_y A_s}{f_{fu}} \tag{9-12}$$

所需预应力 FRP 筋的面积 A_f 比 A_ζ 要小;取 A_f 使 $A_f < A_\zeta$,确定预应力 FRP 筋的张拉控制力,按式(9-7)和式(9-9) ~ 式(9-11)计算出 F 和 T;如果 $F > T$,则减小 A_f,如果 $F < T$,则增大 A_f,重新计算;直到满足 $F = T$,所得的 A_f 即为嵌入式预应力 FRP 筋加固梁界限破坏时的 FRP 筋面积。

9.5.3　预应力 FRP 筋断裂时承载力的计算

预应力 FRP 筋断裂破坏时,根据受压区最外侧混凝土应变值的不同可分为两种情况:破坏类型 1(图 9-35),此时受压区最外侧混凝土压应变还未达到峰值应变,即 $\varepsilon_c < \varepsilon_0$;破坏类型 2(图 9-36),此时受压区最外侧混凝土压应变已大于峰值应变但小于极限应变,即 $\varepsilon_0 \leq \varepsilon_c < \varepsilon_{cu}$。

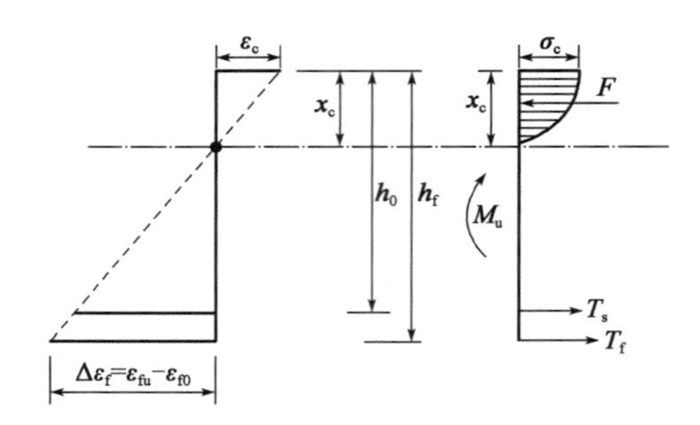

图 9-35　破坏类型 1 的应变、应力

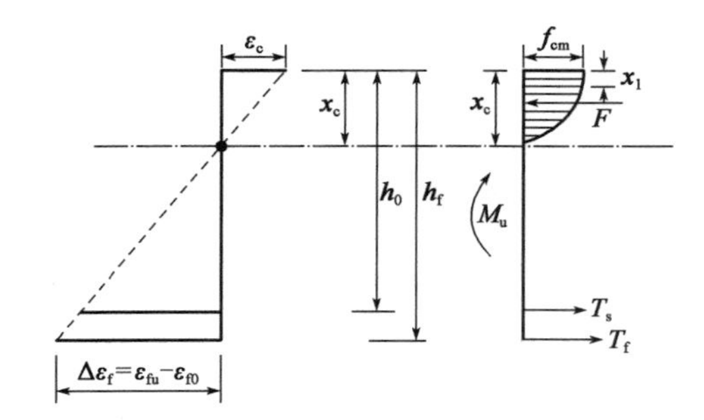

图 9-36　破坏类型 2 的应变、应力

破坏类型 1：$\varepsilon_f=\varepsilon_{fu}$，$\varepsilon_c<\varepsilon_0$，$\varepsilon_s\geqslant\varepsilon_y$。

由应变关系可得：

$$\varepsilon_c=\frac{\Delta\varepsilon_f x_c}{h_f-x_c} \tag{9-13}$$

受压区混凝土合力：

$$F=\frac{2}{3}\sigma_c b x_c=\frac{2}{3}f_c\left[1-\left(1-\frac{\varepsilon_c}{\varepsilon_0}\right)^2\right]b x_c \tag{9-14}$$

钢筋和预应力 FRP 筋合力：

$$T=f_y A_s+f_{fu}A_f \tag{9-15}$$

式中：A_f——预应力 FRP 筋的面积。

根据 $F=T$ 可得：

$$a_1 x_c^3+a_2 x_c^2+T=0 \tag{9-16}$$

式中，$a_1=\frac{4}{3}\varepsilon_0\Delta\varepsilon_f f_c b+\frac{2}{3}\Delta\varepsilon_f^2 f_c b$；$a_2=-\frac{4}{3}\varepsilon_0\Delta\varepsilon_f f_c h_f$。

可以通过迭代方法求得 x_c。

求得 x_c 后，可得极限承载力：

$$M_u=f_y A_s\left(h_0-\frac{x_c}{3}\right)+f_{fu}A_f\left(h_f-\frac{x_c}{3}\right) \tag{9-17}$$

这种破坏类型，受压区混凝土应变还未达到峰值应变，即 $\varepsilon_c<\varepsilon_0$，此破坏只会在加固梁的配筋率很小且加固用的预应力 FRP 筋量较少时发生。根据式(9-13)～式(9-17)可以得到其极限承载力，但考虑计算需求解三次方程且该种破坏脆性特别大，建议增加加固用的预应力 FRP 筋用量。

破坏类型 2：$\varepsilon_f=\varepsilon_{fu}$，$\varepsilon_0\leqslant\varepsilon_c<\varepsilon_{cu}$，$\varepsilon_s\geqslant\varepsilon_y$。

由应变关系可得：

$$\varepsilon_c=\frac{\Delta\varepsilon_f x_c}{h_f-x_c}$$

$$x_1=x_c-\frac{\varepsilon_0(h_f-x_c)}{\Delta\varepsilon_f} \tag{9-18}$$

受压区混凝土合力：

$$F = \frac{1}{3} f_{cm} b (x_1 + 2x_c) \tag{9-19}$$

钢筋和预应力 FRP 筋合力：

$$T = f_y A_s + f_{fu} A_f$$

由 $F = T$ 可得：

$$x_c = \frac{3\Delta\varepsilon_f T + f_{cm}\varepsilon_0 b h_f}{(3\Delta\varepsilon_f + \varepsilon_0) f_{cm} b} \tag{9-20}$$

$$x = \frac{4x_c^2 + 4x_c x_1 + x_1^2}{12x_c + 6x_1} \tag{9-21}$$

则可得极限承载力：

$$M_u = f_y A_s (h_0 - x) + f_{fu} A_f (h_f - x) \tag{9-22}$$

式中：x_c——混凝土受压区高度；

x_1——应力值大于峰值应力的混凝土高度；

x——混凝土受压区合力作用点至截面顶部的距离；

f_{cm}——弯曲抗压强度。

9.5.4　受压区混凝土压溃时承载力的计算

加固后梁发生受压区混凝土压溃破坏时也有两种情况：破坏类型 3，此时主筋已屈服，即 $\varepsilon_s \geqslant \varepsilon_y$，破坏时的应变、应力见图 9-37；破坏类型 4，此时主筋未屈服。

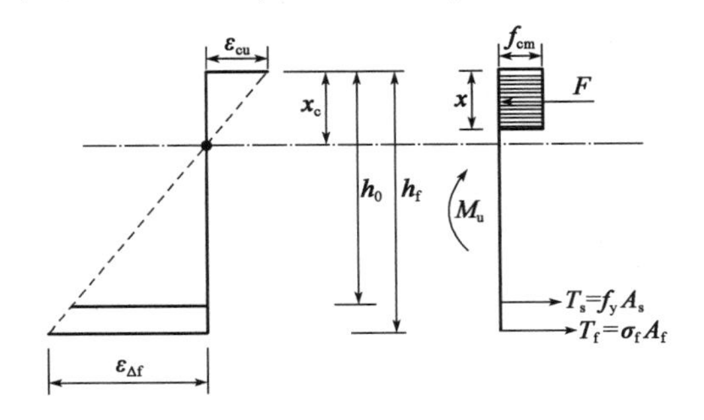

图 9-37　破坏类型 3 的应变、应力

破坏类型 3：$\varepsilon_f < \varepsilon_{fu}$，$\varepsilon_c = \varepsilon_{cu}$，$\varepsilon_s \geqslant \varepsilon_y$。

由应变关系可得：

$$\varepsilon_f = \varepsilon_{\Delta f} + \varepsilon_{f0} = \frac{\varepsilon_{cu}(h_f - x_c)}{x_c} + \varepsilon_{f0} \tag{9-23}$$

根据规范可得：

$$x = \beta_1 x_c \tag{9-24}$$

混凝土合力：

$$C = f_{cm} b x \tag{9-25}$$

钢筋和 FRP 的合力：

$$T = f_y A_s + \sigma_f A_f \tag{9-26}$$

由 $C = T$ 可得：

$$a_3 x_c^2 + a_4 x_c + a_5 = 0 \tag{9-27}$$

式中，$a_3 = \beta_1 f_{cm} b$；$a_4 = E_f(\varepsilon_{cu} - \varepsilon_{f0})A_f - f_y A_s$；$a_5 = -\varepsilon_{cu} E_f A_f h$。

由式(9-27)可求得 x_c，代入式(9-23)可求得 ε_f。

则极限承载力：

$$M_u = f_y A_s\left(h_0 - \frac{x_c}{2}\right) + E_f \varepsilon_f A_f\left(h_0 - \frac{x_c}{2}\right) \tag{9-28}$$

破坏类型 4：$\varepsilon_f < \varepsilon_{fu}$，$\varepsilon_c = \varepsilon_{cu}$，$\varepsilon_s < \varepsilon_y$。

此时，求得的 x 大于 x_{cb3}，钢筋不能屈服，证明没有必要加固或预应力 FRP 筋用量太大，需进行调整。

9.5.5 设计流程

第一步，根据式(9-8)~式(9-12)计算出界限破坏时所需的预应力 FRP 筋面积 A_ζ，根据工程实际情况及现有的 FRP 筋材料，选择合适的 A_f。

第二步，把 A_f 与 A_ζ 进行比较，若 $A_f \leqslant A_\zeta$，转入第Ⅰ步，若 $A_f > A_\zeta$，则进行第Ⅱ步。

Ⅰ：a. 假设破坏类型为 2，即破坏时 $\varepsilon_f = \varepsilon_{fu}$，$\varepsilon_0 \leqslant \varepsilon_c < \varepsilon_{cu}$，$\varepsilon_s \geqslant \varepsilon_y$，根据式(9-13)及式(9-18)~式(9-20)可求得 x_c。

b. 将求出的 x_c 与 x_{cb1}、x_{cb2} 进行比较，若 $x_{cb1} \leqslant x_c \leqslant x_{cb2}$，则假设成立，代入式(9-21)、式(9-22)计算 M_u；若 $x_c < x_{cb1}$，则属于破坏类型 1，代入(9-13)~式(9-17)计算 M_u，或增大加固用预应力 FRP 筋的 A_f，重新计算。

Ⅱ：a. 假设破坏类型为 3，即破坏时 $\varepsilon_f < \varepsilon_{fu}$，$\varepsilon_c = \varepsilon_{cu}$，$\varepsilon_s \geqslant \varepsilon_y$，根据式(9-23)~式(9-27)求出 x_c。

b. 将求出的 x_c 与 x_{cb3} 进行比较，若 $x_c \leqslant x_{cb3}$，则假设成立，代入式(9-28)可计算承载力；若 $x_c > x_{cb3}$，则属于破坏类型 4，钢筋未屈服，应重新分析设计。

9.6 本 章 小 结

本章在传统非预应力 NSM-FRP 筋抗弯加固混凝土构件的基础上，通过对内嵌的 FRP 筋施加预应力，提出了预应力 NSM-FRP 筋加固混凝土结构新技术。对该新技术的关键加固技术工艺、加固效果、影响参数、设计方法等进行了系统阐述，基于试验和数值模拟比较了几种针对端部锚固区域过大集中剪应力的处理方式。主要有以下几点结论：

①传统非预应力 NSM-FRP 筋加固技术可以显著提升被加固构件的承载力，但是对于裂缝限制和刚度提升的效果不佳，并且加固后构件的延性稍有下降。

②相比非预应力 NSM-FRP 筋加固技术，预应力 NSM-FRP 筋加固技术可以进一步有效提升被加固构件的刚度，对裂缝开展也有很好的限制作用，并且可以提升 FRP 筋的利用效率。但是，施加预应力后加固梁的延性有进一步降低的趋势。

③在提出的几类针对嵌入式预应力FRP筋的端部锚固处理方式中,U形钢箍机械锚固的处理方式能够明显改善加固构件的延性,提升加固构件的耗能能力,值得在实际工程中推广采用。

④本章中提出的现场转向预应力张拉装备具有很好的实用性和可操作性,可供施工人员借鉴参考。另外,设计人员可以参考本章提出的设计流程进行嵌入式预应力FRP筋加固混凝土构件的设计计算。

本章参考文献

[1] Al-Saadi N T K,Mohammed A,Al-Mahaidi R,et al. Performance of NSM FRP embedded in concrete under monotonic and fatigue loads:state-of-the-art review[J]. Australian Journal of Structural Engineering,2019,20(2):89-114.

[2] Hassan T,Rizkalla S,Asce F. Investigation of bond in concrete structures strengthened with near surface mounted carbon fiber reinforced polymer strips[J]. Journal of Composites for Construction,2003,3(7):248-57.

[3] Hassan T,Rizkalla S. Flexural strengthening of prestressed bridge slabs with FRP systems[J]. PCI Journal,2002,47(1):76-93.

[4] Hassan T,Rizkalla S. Effectiveness of FRP for strengthening concrete bridges[J]. Journal of Structural Engineering International,2002,12(2):89-95.

[5] Wu Z S, Iwashita K, Sun X. Structural performance of RC beams strengthened with prestressed near surface mounted CFRP tendons[J]. ACI Special Publication on "Case Histories and Use of FRP for Prestressing Applications",2007,SP-245-10.

[6] Beton E I D. CEB-FIP Model Code 1990[S]. Bulletin Dinformation,1991.

[7] Zhang S S,Teng J G,Yu T,et al. Bond-slip model for CFRP strips near-surface mounted to concrete[J]. Engineering Structures,2013(56):945-953.

[8] Zdenek P Bazant,Byung Hwan Oh. Crack band theory for fracture of concrete[J]. Materials and Structures,1983,16(3):155-177.

[9] Hognestad E,Hanson N W,McHenry D. Concrete stress distribution in ultimate strength design[C]. Journal Proceedings,1955,52(12):455-480.

[10] Okamoto H,Maekawa K. Nonlinear analysis and constitutive models of reinforced concrete [M]. Tokyo:Gihodo Shuppan Company,1991.

[11] Rots J G. Computational Modelling of Concrete Fracture[D]. Delft:Delft University of Technology,1988.

[12] 张立伟. 嵌入式预应力CFRP筋抗弯加固混凝土梁试验研究[D]. 南京:东南大学,2009.

第 10 章

体外预应力 FRP 筋加固结构新技术

10.1 概 述

体外预应力加固是将预应力筋布置在被加固结构之外并进行张拉,利用预应力筋的回缩对结构产生预加力,抵消外荷载产生的内力,从而达到限制裂缝发展、提高承载力和刚度的加固目的(图 10-1),其适用于中小跨径桥梁加固和建筑结构加固。相比体内预应力结构而言,体外预应力结构的主要特点如下:①避免了体内预应力的孔道布置、灌浆等工序,且方便维护管理人员对预应力筋进行质量检查,一旦发现问题(如预应力筋受到腐蚀、火灾等外部因素的影响),可及时采取措施[1]。②除了锚固端外,预应力筋仅在转向块处与结构体接触,可以减小孔道摩擦造成的预应力损失,但由于体外预应力筋和主体结构不能协同变形,因此设计方法与体内有粘结混凝土结构存在明显区别。

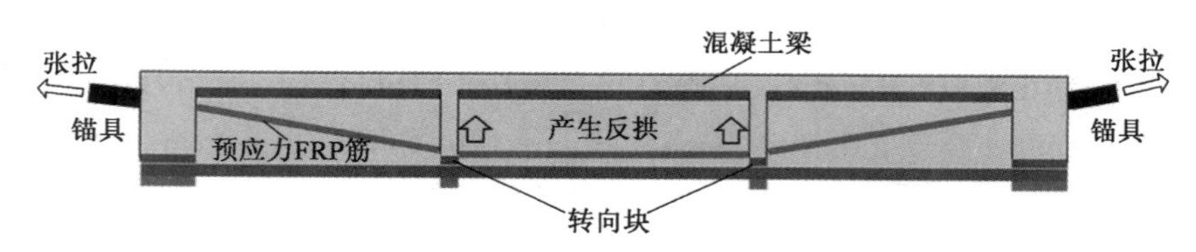

图 10-1 体外预应力筋加固示意图

预应力筋是体外预应力结构中的关键部件,由于布置在结构体外,预应力筋更容易遭受外界环境的影响(如腐蚀等),传统的体外预应力筋一般采用防腐处理的高强钢筋或钢绞线(图 10-2)。另外,耐腐蚀的纤维增强复合材料(FRP)是工程界公认的在严酷环境下替代传统钢筋提升结构耐久性的理想材料,从 20 世纪 80 年代起,FRP 筋体外预应力技术已在美国、日本和欧洲发达国家等得到应用(图 10-3)。

在工程结构常用的四种 FRP 筋中,CFRP 筋在体外预应力加固中的应用最多,它显著提升了结构的承载力、刚度和抗裂能力。关于预应力 BFRP 筋的研发较晚,目前尚未在体外预应力实际工程中得到应用,但其优越的力学性能和高性价比在预应力工程中具有显著优势[4],本书作者团队从 2010 年起开展体外预应力 BFRP 筋加固结构的相关研究并取得成果[5]。AFRP 筋价格昂贵,且在预应力工程中使用时需考虑其松弛率大(约 10%)的问题[6]。此外,GFRP 筋由于蠕变断裂应力低($0.3f_u$,f_u是材料拉伸强度),不建议用作预应力材料。

图 10-2　日本某体外预应力钢绞线加固桥[2]

图 10-3　美国某体外预应力 CFRP 筋加固桥[3]

然而,由于 FRP 筋的材料性能与传统预应力钢筋、钢绞线区别较大,FRP 筋体外预应力加固技术的应用存在如下问题:

①FRP 筋长期力学性能(蠕变、松弛和疲劳)不明确。FRP 中的树脂具有粘弹性,高应力状态下的蠕变松弛是 FRP 不可回避的问题(图 10-4)。在实际服役中,必须在保证 FRP 的强度得到合理利用的情况下限制 FRP 的应力,避免发生蠕变断裂,同时要限制蠕变变形以防止预应力损失过大。另外,当体外预应力 FRP 筋用于桥梁加固时还存在疲劳问题(图 10-5),需综合考虑疲劳破坏机理、试验结果和可靠度分析确定疲劳应力限值。

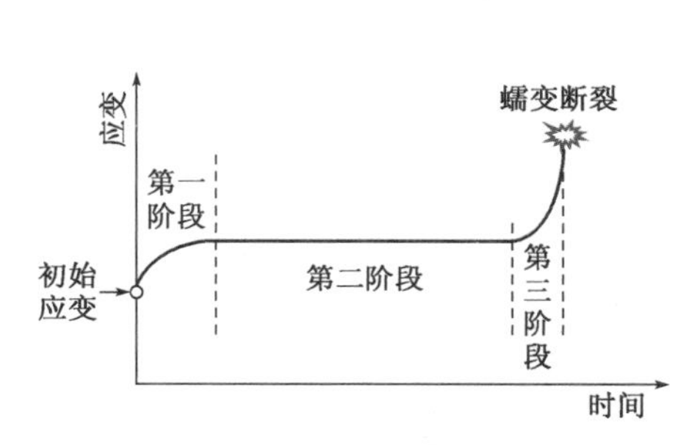

图 10-4　FRP 筋蠕变应变发展图

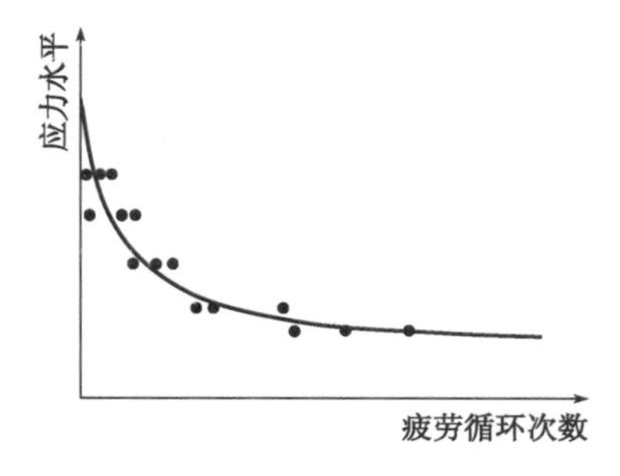

图 10-5　FRP 筋疲劳 *S-N* 曲线图

②锚固工艺复杂。体外预应力筋与混凝土之间没有任何粘结作用,锚具的性能对体外预应力筋混凝土结构受力性能有较大影响。钢材是各向同性材料,因此预应力钢筋、钢绞线通常采用夹片锚等机械式锚具进行锚固,但 FRP 材料的横向强度远低于纵向强度,在锚固区的复杂受力情况下,切口效应(图 10-6)导致 FRP 筋在达到极限拉伸强度之前就发生锚固区破坏,因此 FRP 筋不能像钢筋一样单纯地利用横向挤压的方法进行锚固。

③转向区性能降低明显。为了减小二次效应,体外预应力结构一般需设置转向块,转向区的 FRP 筋受力状态复杂(图 10-7)。虽然 FRP 筋在沿纤维方向具有高强度,但垂直纤维方向的抗压强度和抗剪强度较低,这使得 FRP 筋在转向块处更容易产生应力集中而破坏,且动荷载下筋-转向块摩擦也可能导致 FRP 筋损伤。因此需要对 FRP 筋的转向参数进行严格限制。

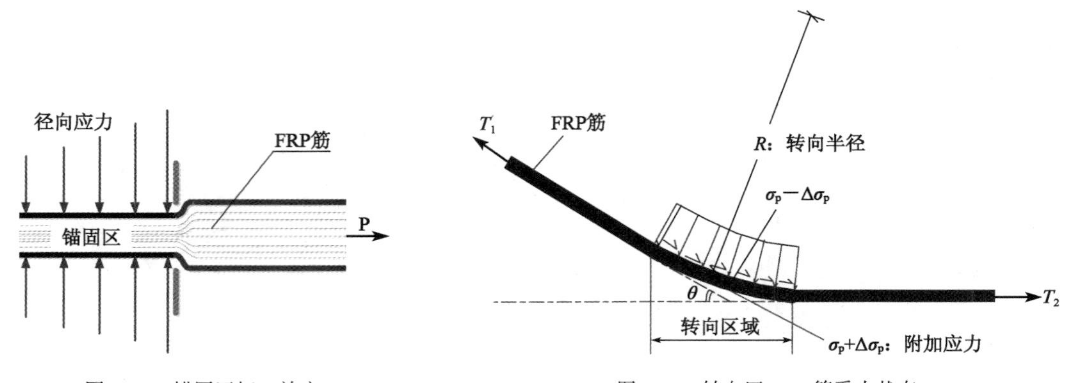

图 10-6　锚固区切口效应

图 10-7　转向区 FRP 筋受力状态

针对上述问题,本章将基于试验结果介绍面向设计的 FRP 筋应力限值和松弛预测方法,提出 FRP 筋体外预应力新型锚固工艺和 FRP 筋优化转向参数。结合《纤维增强复合材料工程应用技术标准》(GB 50608—2020),系统介绍体外预应力 FRP 筋加固结构的设计方法,并通过既有文献中 42 根 FRP 筋体外预应力梁的试验结果对计算方法的精度进行验证。

10.2　预应力 FRP 筋长期力学性能

FRP 筋长期力学性能是体外预应力 FRP 筋加固结构设计的关键控制因素。本节介绍了作者团队在 FRP 筋蠕变、松弛和疲劳性能方面的试验结果,给出了面向设计的 FRP 筋蠕变断裂应力建议值、松弛预测方法以及疲劳最大应力和应力幅限值。

10.2.1　蠕变性能

蠕变是材料在恒定应力下应变随时间的推移而增加的现象,FRP 材料的蠕变由树脂的粘弹性变形引起。虽然 FRP 筋的蠕变断裂应力较高(GFRP 除外),但其相对较大的蠕变率会造成使用期间过大的预应力损失。FRP 筋较大的蠕变率主要由生产过程中局部弯曲的纤维造成,纤维本身不发生蠕变(芳纶纤维除外)[7],而树脂会产生较大的蠕变变形,由此推断,如果 FRP 内的纤维呈理想的直线状态,FRP 材料的蠕变变形将非常小。但是,由于生产工艺限制,纤维粗纱的不均匀(例如局部弯曲和歪斜等)无法消除,这是造成 FRP 材料蠕变第一阶段应变大幅增加的原因。在预张拉力的作用下,FRP 材料中的树脂会发生持续的蠕变变形,伴随着树脂的变形,先天弯曲的纤维被调直,从而实现纤维的共同受力,控制 FRP 的蠕变变形,如图 10-8a)所示。图 10-8b)的 SEM 图片进一步从微观角度展现了纤维束在预张拉前后的变化。

经过一系列蠕变试验(FRP 蠕变试验装置见图 10-9)[8],得到 BFRP 筋的最佳预张拉应力值为 $0.6f_u$,最佳预张拉时间为 3h,预张拉处理后的 BFRP 筋蠕变率降低 50% ~70%(图 10-10);根据应力水平-蠕变断裂时间关系(图 10-11)拟合,并考虑 95% 可靠度,可得预张拉处理后的蠕变断裂应力为 $0.54f_u$。

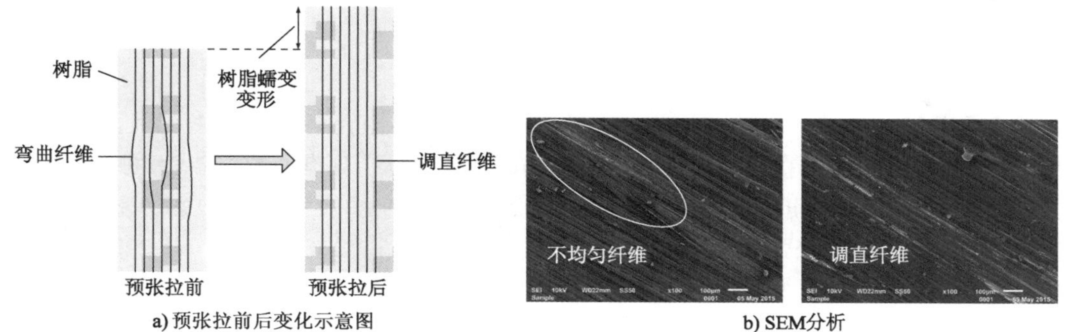

a) 预张拉前后变化示意图　　b) SEM分析

图 10-8　FRP 材料蠕变性能提升机理

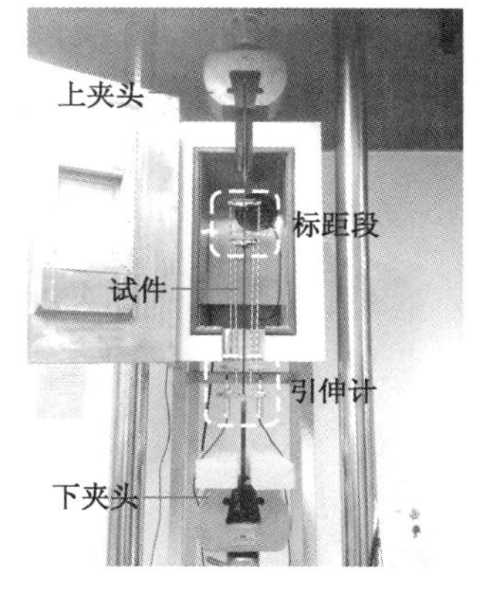

图 10-9　FRP 蠕变试验装置

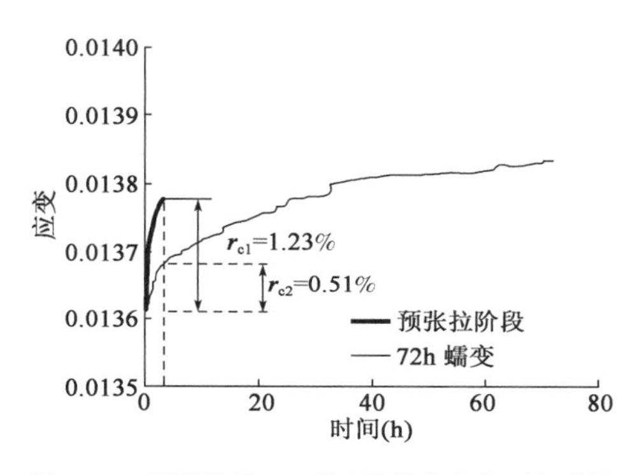

图 10-10　预张拉及 72h 蠕变阶段的应变-时间曲线

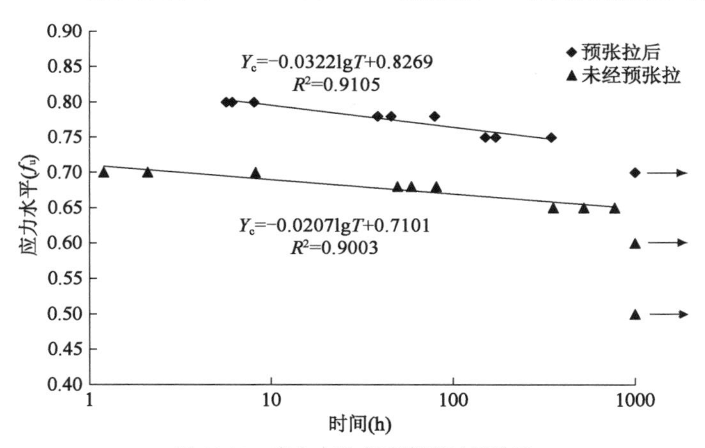

图 10-11　应力水平-蠕变断裂时间关系

（注：图中箭头表示该数据点的试件在 1000h 时未发生破坏。其他数据点的试件均发生破坏。）

蠕变断裂应力是决定预应力 FRP 筋的设计应力取值的关键因素，结合相关研究，各类 FRP 筋的蠕变断裂应力建议值如表 10-1 所示。

FRP 筋蠕变断裂应力[4]　　表 10-1

FRP 筋种类	CFRP	AFRP	BFRP
蠕变断裂应力	$0.70f_u$	$0.55f_u$	$0.54f_u$

10.2.2 松弛性能

1)松弛试验装置及测试结果

FRP的松弛性能是直接反映其预应力损失的重要指标。现有研究主要针对适用于预应力的CFRP筋和AFRP筋,其中CFRP筋的松弛率非常小,百万小时的松弛率基本控制在3%以内[9]。AFRP的松弛率较高,在10%以上[10]。

松弛试验对应变变化有严格的要求(一般不超过25$\mu\varepsilon$),然而试验过程中锚固端的滑移不可避免,端部滑移会造成除松弛以外的应力损失,导致测试结果与实际松弛数据之间产生偏差。为此作者团队提出一种能够有效排除锚固端滑移对FRP筋长期应力影响的松弛装置[4](图10-12),对试验中由荷载传感器直接测得的荷载进行修正(图10-13),如式(10-1)。

$$F = F_0 + E_p A(d_1 + d_2)/l_0 \tag{10-1}$$

式中:F——修正荷载;

F_0——由荷载传感器直接测得的荷载;

E_p——FRP筋弹性模量;

A——FRP筋截面面积;

d_1、d_2——LVDT测得的滑移量;

l_0——两测点的初始距离。

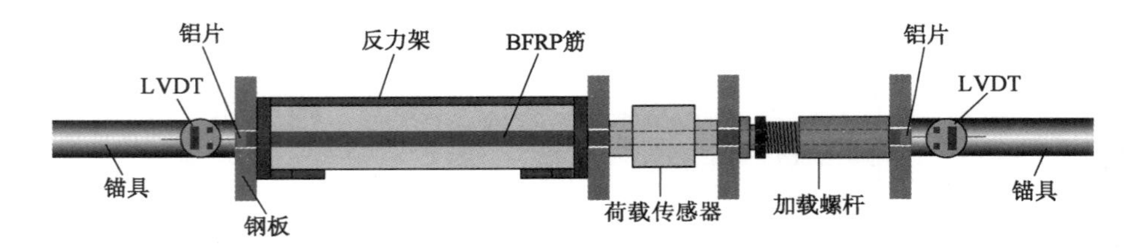

图10-12 松弛试验装置示意图

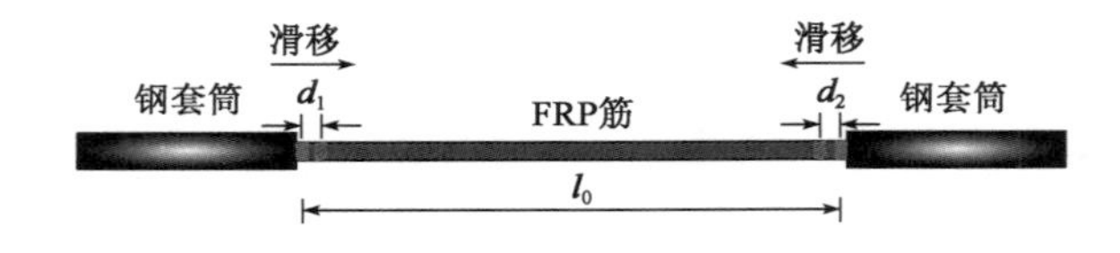

图10-13 FRP筋锚固端滑移示意图

BFRP筋在$0.4f_u$、$0.5f_u$和$0.6f_u$初始应力下1000h松弛率分别为4.2%、5.3%和6.4%,预张拉处理后在$0.5f_u$初始应力下1000h松弛率仅为2.6%,接近预应力钢绞线在$0.7f_u$初始应力下1000h松弛率(2.5%)。由图10-14可知,可以用对数曲线拟合松弛率,即$r_r = a + b\lg T$(其中T是时间),对不同种类的FRP筋,a和b的值可通过试验获得,利用该公式计算出FRP筋长期松弛率预测值,见表10-2[11]。

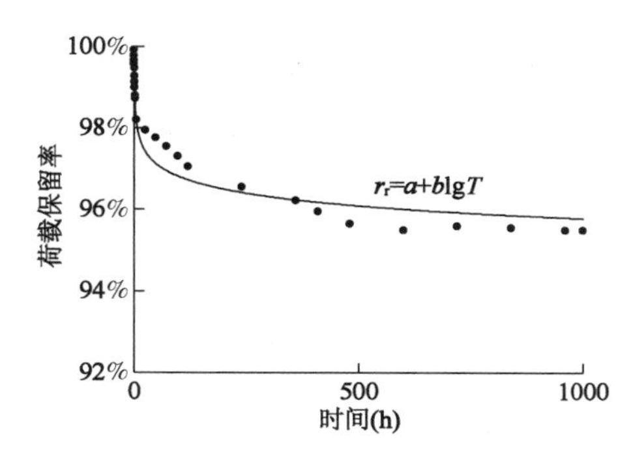

图 10-14　$0.5f_u$ 初始应力下 FRP 筋松弛曲线

$0.5f_u$ 初始应力下 FRP 筋长期松弛率预测值[4]　　表 10-2

FRP 筋种类	CFRP	AFRP	BFRP
松弛率预测值	3.0%	10% ~13%	6.7%

2)基于蠕变-松弛相关性的松弛率预测

蠕变试验中对恒定荷载的要求很容易实现,而由于恒定应变很难保证,松弛试验的操作比蠕变试验更加复杂。FRP 的蠕变和松弛都是由材料的粘弹性变形引起,二者具有相关性。因此,本节提出了一种利用蠕变试验数据预测松弛率的方法,考虑应力变化对粘弹性应变的影响,松弛期间的应力可通过迭代公式(10-2)计算。

$$\sigma_n = \sigma_{n-1} - E_p \cdot \Delta\varepsilon_{vn}(\sigma_{n-1}, t_n) \tag{10-2}$$

式中:σ_n、σ_{n-1}——第 n 个和第 $n-1$ 个迭代步的应力;

$\Delta\varepsilon_{vn}$——第 $n-1$ 个迭代步到第 n 个迭代步的粘弹性应变变化量,假设该值与 σ_{n-1} 和第 n 个迭代步的时间 t_n 有关;

其余符号意义同前。

恒定荷载下粘弹性应变和时间的关系由蠕变试验得到。在每个迭代步内,假定 $\Delta\varepsilon_{vn}$ 与 σ_{n-1}^2 成正比。因此,基于蠕变试验中得到的粘弹性应变 $\Delta\varepsilon'_{vn}$(蠕变应变)并考虑应力变化的影响,可由式(10-3)计算出每个迭代步的粘弹性应变变化,其中 σ_{creep} 是蠕变试验中的恒定应力。

$$\Delta\varepsilon_{vn} = \Delta\varepsilon'_{vn} \times (\sigma_{n-1}/\sigma_{creep})^2 \tag{10-3}$$

基于蠕变试验结果,对 750MPa($0.5f_u$)和 900MPa($0.6f_u$)初始应力下的松弛率进行预测,最终的预测值分别为 5.0% 和 6.0%,与试验值的相对误差分别为 5.7% 和 6.7%,具有较高的精度。该预测方法的好处是可以避免复杂的松弛试验过程,通过操作简单的蠕变试验结果对材料松弛率进行预测,从而评价松弛性能。

10.2.3　疲劳性能

疲劳是材料在交变荷载作用下某些部位产生局部的不可恢复的损伤,进而扩展为宏观裂纹并进一步导致材料破断的现象。材料在远低于其极限荷载水平的交变荷载作用下,随着内部的初始缺陷或损伤的扩展所发生的破坏称为疲劳破坏。不同纤维 FRP 的疲劳损伤和破坏机理不尽相同,因此疲劳性能也有所差异,如 CFRP 筋在 $0.9f_u$ 的最大疲劳应力以及

0.05f_u的应力幅下能够保持200万次疲劳循环后不发生破坏,而AFRP筋相应的最大疲劳应力及应力幅的限值则较低,分别为0.5f_u和0.025f_u[9-10]。

疲劳试验的锚固方式的可靠性是FRP筋疲劳试验结果有效性的重要保证,锚固区的提前破坏使得FRP筋真实的疲劳性能无法通过试验直接获得。为此作者团队[4]提出了一种通过在FRP筋锚固区缠绕双向纤维布(200g/m^2)作为可靠锚固方式测试FRP筋疲劳性能的方法。如图10-15所示,将双向纤维布裁剪成直角梯形状并缠绕在锚固端FRP筋表面,最终成型的锚固端能够形成一个圆锥形倒角,从而避免锚固区张拉端的应力集中,这一点在大直径FRP拉索的锚固中已经得到了充分证明。在此基础上,针对BFRP筋的疲劳性能展开研究。

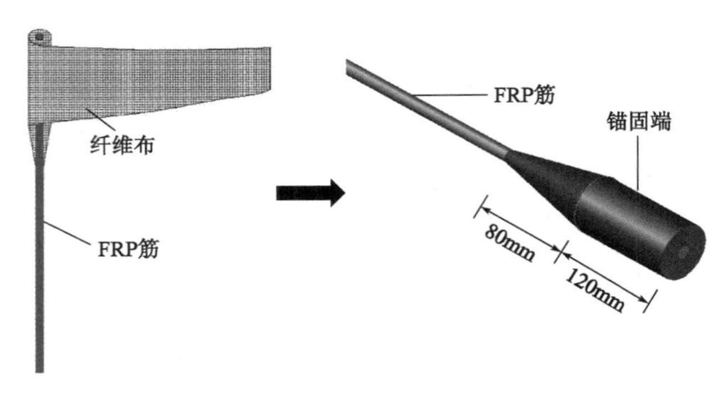

图10-15 FRP筋疲劳性能测试锚固方法

BFRP筋疲劳破坏机理如图10-16所示。由于纤维的弹性模量较低,因此随着疲劳荷载循环次数的增加,树脂中会产生一定数量的微裂纹,这些微裂纹会不断扩展至纤维-树脂界面,随着微裂纹数量的增加,界面的粘结性能被削弱。由于剪力滞后效应,FRP筋表面的拉应力总是大于内部的拉应力,因此FRP筋表面的疲劳损伤更加明显,随着疲劳循环次数的增加,FRP筋表面出现初始的界面剥离,破坏了剥离发生部位附近的纤维和树脂共同工作性能,使得该区域承受的应力明显增加,从而导致FRP筋的表面发生初始的局部断裂破坏。

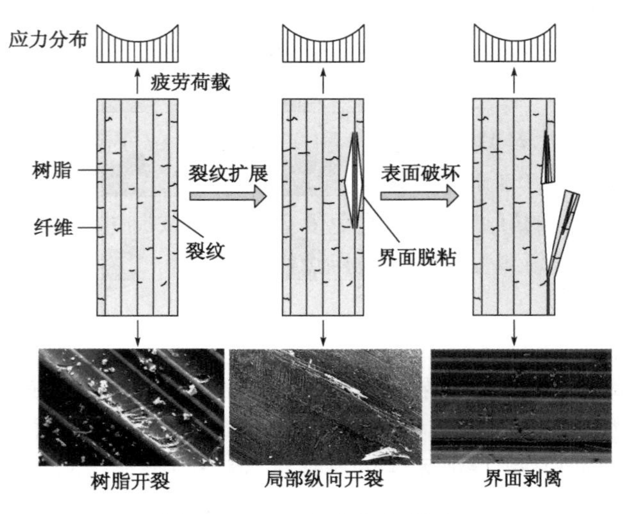

图10-16 BFRP筋疲劳破坏机理

随着疲劳次数的增加,该初始破坏沿着发生剥离的界面不断扩展,并伴随其他类似破坏的接连发生,最终导致 FRP 筋发生完全断裂破坏。虽然裂纹随循环次数扩展,但在宏观疲劳破坏发生前,FRP 筋的弹性模量不会随着疲劳循环次数的增加而发生变化。

试验结果(图 10-17)的数据分析表明,BFRP 筋在 $0.05f_u$ 的疲劳应力幅和 $0.6f_u$ 的最大疲劳应力下能够在 200 万次疲劳循环后不发生破坏。此外,采用 Whitney 模型进行可靠度分析,结果表明 BFRP 筋的疲劳应力幅限值和最大疲劳应力限值分别为 $0.04f_u$ 和 $0.53f_u$ [12]。CFRP、AFRP 和 BFRP 筋的疲劳应力限值见表 10-3。

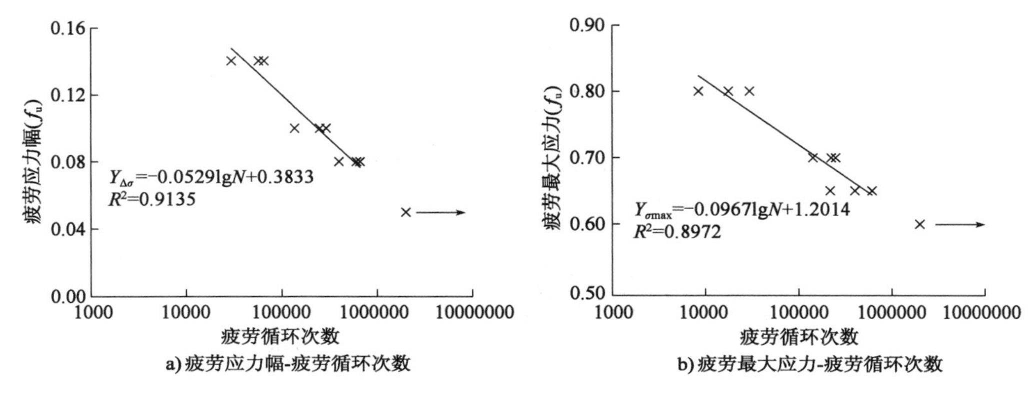

图 10-17　BFRP 筋 S-N 曲线

FRP 筋疲劳应力限值[4]　　表 10-3

FRP 筋种类	CFRP	AFRP	BFRP
最大应力限值	$0.9f_u$	$0.5f_u$	$0.53f_u$
应力幅限值	$0.05f_u$	$0.025f_u$	$0.04f_u$

综上所述,CFRP 筋的力学性能和耐久性最好,但其价格较高且延伸率小;AFRP 筋虽然短期力学性能好,但长期松弛率较大;GFRP 筋在美国 ACI 440.4R 规范中不建议作为预应力材料使用;BFRP 筋的弹性模量较低,由混凝土收缩徐变产生的预应力损失值明显小于 CFRP 筋的相应值,且蠕变断裂强度为 $0.54f_u$,1000h 松弛率仅为 2.6%,疲劳应力幅限值和最大疲劳应力限值分别为 $0.04f_u$ 和 $0.53f_u$,因此 BFRP 筋满足预应力材料对应力水平和松弛率的要求。

10.3　FRP 筋体外预应力加固关键技术

本节针对传统锚固工艺的不足,详细介绍了显著提升预应力 FRP 筋锚固效率系数同源材料分段夹片锚固工艺,为 FRP 筋体外预应力技术提供了有效锚固方式;同时,基于转向处 FRP 筋静力性能研究,提出了体外预应力 FRP 筋转向半径和转向角度限值。

10.3.1　预应力 FRP 筋锚固工艺

目前的预应力 FRP 筋锚具主要分为粘结型锚具、摩擦型锚具和夹片式锚具(图 10-18),其中,粘结型锚具是利用锚固端粘结材料(树脂、水泥等)与 FRP 筋之间产生的化学粘结力进行锚固。摩擦型锚具通过膨胀水泥等材料固化后体积膨胀产生正压力，在套管和FRP筋之间形成摩擦力实现锚固。夹片式锚具中的夹片数量一般有2、3、4三种，夹片材料可采用金属或超高强混凝土，为减小金属夹片对FRP筋的直接作用，可在FRP筋外套软质金属套筒，夹片通过软质金属套筒间接作用在FRP筋上，夹片、软质金属套筒和FRP筋组装后在有内锥孔锚杯的楔形作用力下实现挤压锚固。三类锚固工艺的优缺点见表10-4。

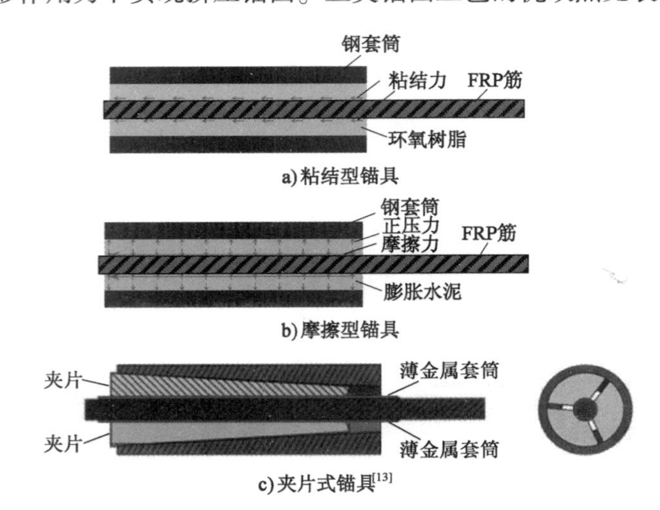

图10-18 FRP筋主要锚具

FRP筋锚固工艺的优缺点 表10-4

锚固形式	优点	缺点
粘结型	不会对筋材造成挤压，因此不会引起筋材强度降低	现场灌胶，施工便利性差；长期蠕变变形会使FRP筋发生较大的预应力损失，并且粘结材料在长期荷载下会发生蠕变和疲劳破坏
摩擦型	产生一定的径向应力，长期受力性能优于粘结型锚固	现场灌浆，施工便利性差
夹片式	组装方便	对FRP筋的切口效应明显

从表10-4可以看出，粘结型和摩擦型锚具难以提供预应力FRP筋长期服役过程中的有效锚固力。金属夹片锚具组装方便，但对FRP筋的切口效应明显。为此作者团队[14]开发了分段式同源材料夹片，有限元分析表明，分段式同源材料夹片相比等刚度夹片，能够更有效地减缓应力集中(图10-19)。通过对BFRP筋同源材料夹片式锚具的锚固长度、锚具内锥角、荷载传递介质变刚度比等进行全面的有限元模拟优化分析，得到了各参数对BFRP筋锚固系统的影响规律，确定锚固系统的优化设计强度控制值。最终确定锚具夹片长度为150mm，夹片加载端半径为5mm，夹片倾角为5°，荷载传递介质刚度分布沿加载端至自由端弹性模量依次为4GPa、10GPa、20GPa，刚度分布长度比例为2∶3∶5。

分段式同源材料夹片采用模压工艺生产，原材料包括短切纤维、树脂、石英砂等。同源材料夹片锚具的组装主要分为两步(图10-20)，首先将主体部分，即三片同源材料夹片和钢锚杯进行安装；再将一组钢夹片锚具安装在同源材料夹片锚具的自由端，钢夹片锚具的套筒紧贴同源材料夹片，钢夹片锚具的作用是提供一定预紧力，保证同源材料夹片的同步跟进。采用分段式同源材料夹片锚分别对 BFRP 筋进行静力、疲劳和蠕变试验。结果表明，分段式同源材料夹片锚固-BFRP 筋系统的锚固效率达到 90%。在疲劳应力下限为 $0.45f_u$ 的情况下，分段式同源材料夹片锚固-BFRP 筋系统 200 万次疲劳循环的疲劳应力幅限值为 $0.04f_u$，BFRP 筋-锚具体系的疲劳、蠕变试验所得到的疲劳应力幅限值、蠕变率等参数与筋本身的试验结果一致。该锚固形式与传统锚固工艺的 BFRP 筋性能对比如表 10-5 所示，可以看出，同源材料夹片锚具虽然锚固效率系数略低于粘结型和摩擦型锚具，但在长期性能方面拥有显著优势。此外，6mm 直径 FRP 筋的同源材料夹片锚具的锚固长度为 150mm，远低于相应的粘结型锚具长度（250 ~ 300mm）。

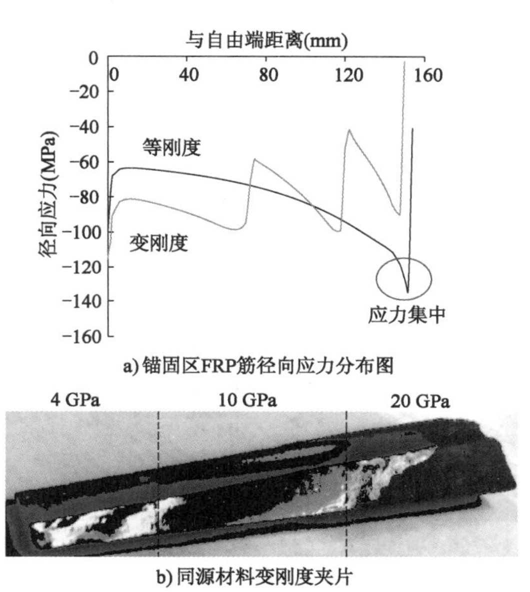

a) 锚固区FRP筋径向应力分布图

b) 同源材料变刚度夹片

图 10-19　分段式同源材料夹片锚具有限元模拟结果及夹片图

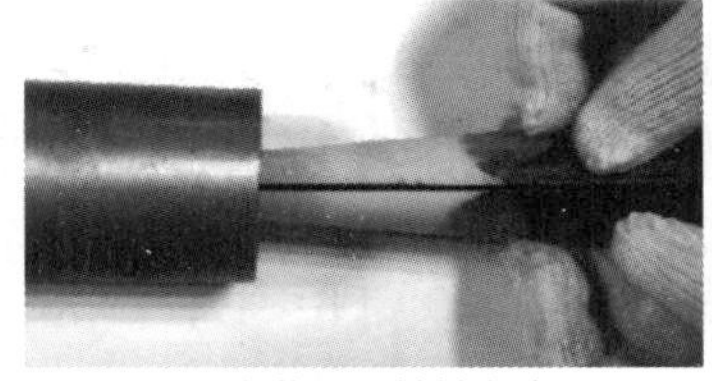

a) 安装同源材料夹片

b) 安装钢夹片锚具

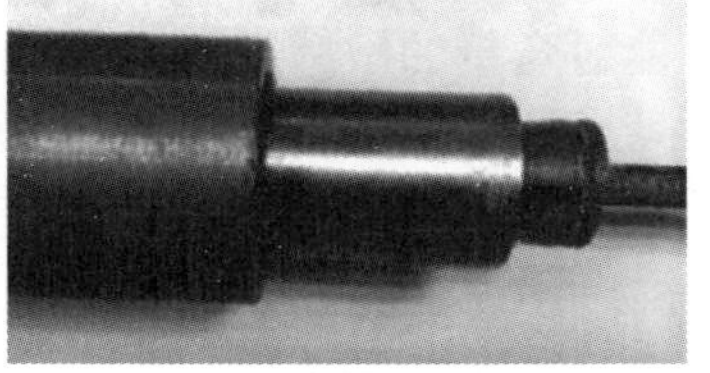

c) 安装完成

图 10-20　同源材料夹片锚具组装图

采用不同锚具的 BFRP 筋性能对比　　表 10-5

锚具类型	粘结型	摩擦型	钢夹片	同源材料夹片
锚固效率系数	100%	95%	80%	90%
疲劳荷载（$\sigma_{max}=0.55f_u$，$\Delta\sigma=0.05f_u$）下的表现	0.7 万次荷载循环后，锚固端失效	1 万次荷载循环后，锚固端失效	12 万次荷载循环后，锚固端失效	200 万次荷载循环后，不破坏

10.3.2 FRP 筋转向半径及角度的合理优化

关于体外预应力结构转向区域的研究，目前多集中在对转向装置受力的分析及钢筋混凝土转向装置处钢筋配置的研究，关于预应力 FRP 筋本身在转向处受力情况的研究较少。本书作者团队进行了转向块处 FRP 筋静力性能研究[15]，如图 10-21 所示，FRP 筋转向力学性能试验中，随着主动端荷载的施加，FRP 筋各部位应力持续增长，其中，由于弯折对筋材造成一定程度的附加应力，转向部分外侧成为整个筋材中应力最大部分，在纤维极限应力确定的情况下，转向部分外侧纤维首先达到极限应力并发生断裂，随后筋材弯折段剩余部分无法继续承担荷载，也相继发生破坏，最终导致整个筋材的断裂。FRP 筋达到极限荷载发生破坏时，弯折段外侧最大应变与 FRP 筋极限拉应变基本一致，误差在 8% 以内。由于弯折作用，FRP 筋极限荷载相比单向拉伸试验中 FRP 筋的极限荷载有不同程度的下降，下降率与转向半径和转角有关。

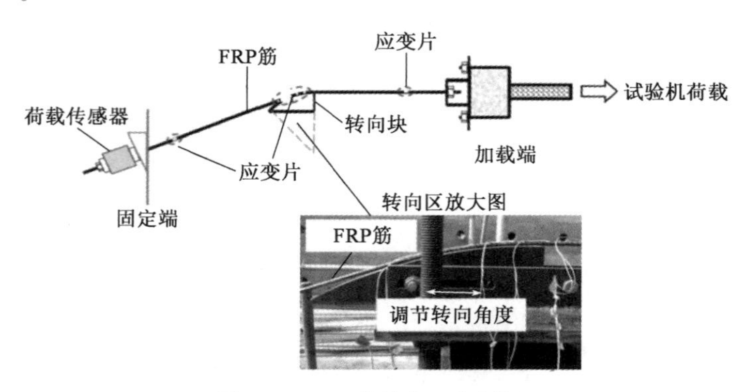

图 10-21　FRP 筋转向区试验装置

1）转向半径的优化

图 10-22a）为不同转向半径下的转向段 FRP 筋承载力保留率，通过对比可以发现，转向半径对 FRP 筋承载力保留率的影响比转向角度的影响更显著。不同直径 FRP 筋的力学性能对弯折的敏感度不同，对于直径 8mm 的 BFRP 筋，当转向半径与 FRP 筋半径的比值（R/r）从 400 变为 200 时，BFRP 筋的承载力仅有 5% ~8% 的降低，当 R/r 从 200 变为 100 时，BFRP 筋的承载力大幅下降；对于直径 16mm 的 BFRP 筋，当 R/r 从 200 变为 100 时，承载力降低不到 5%，当 R/r 从 100 变为 50 时，承载力大幅下降。此外，对于弹性模量较高的 CFRP 筋，R/r 对转向处强度下降的影响更大，尤其是当 R/r 从 200 变为 100 时，承载力仅约为初始值的一半。

根据优化试验的结果，建议设计中考虑转向半径和 FRP 筋半径的比值 R/r 不宜小于 200。

2）转向角度的优化

图 10-22b）对比了不同转向角度下的转向段 FRP 筋承载力保留率，从图中可以看出，当 FRP 筋转向角度从 0°（直线状态）变为 14°后，承载力下降率超过 10%，其中直径为 8mm 的 BFRP 筋和 CFRP 筋的承载力下降率分别为 11% 和 13%。但当转向角度从 14°变化到 27°时，FRP 筋的承载力下降率不超过 5%。因此本书作者团队的研究表明，为了严格限制 FRP 筋承载力降低，转向角度不得超过 15°。对于弹性模量更大的 CFRP 筋，转向角度限制更加

严格,例如Santoh等[16]通过试验探讨了CFCC(一种CFRP筋)的拉伸强度与转向角度的关系,当转向角度介于5°~25°时,拉伸强度的降低比较明显;当转向角度大于25°时,拉伸强度降低趋势明显减缓,建议FRP筋的转向角度不超过5°。另外,从10.4.2节可知,转向角度越大,由摩擦造成的FRP筋预应力损失也越大,因此FRP筋转向角度不宜过大。

为了转向角度限值规定的一致性,根据上述试验结论,建议FRP筋的转向角度不宜超过5°,但可根据FRP筋的种类适当放宽。

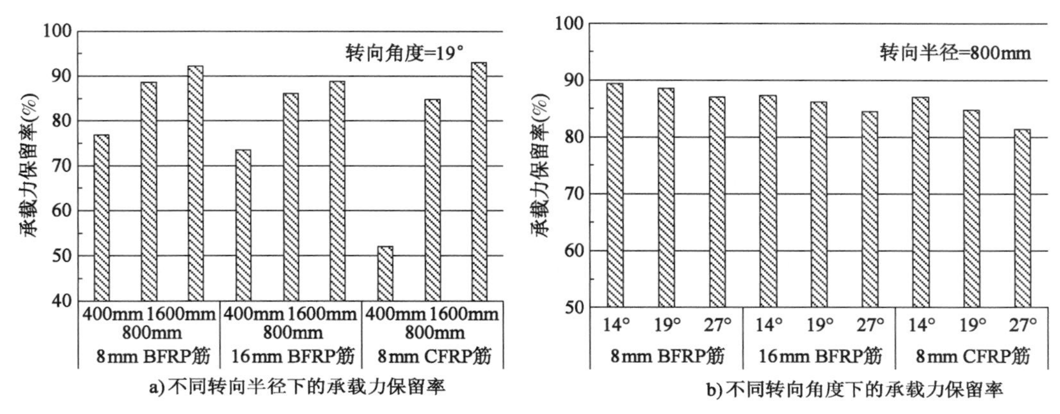

图10-22　不同转向半径和转向角度下对弯折FRP筋承载力保留率的影响

10.4　体外预应力FRP筋加固结构设计方法

由于体外预应力筋和主体结构不能协同变形,因此体外预应力结构设计方法与体内有粘结混凝土结构存在明显区别。我国《纤维增强复合材料工程应用技术标准》(GB 50608—2020)对预应力FRP筋混凝土设计做了详细规定,并专门针对体外预应力FRP筋混凝土结构提出了FRP筋应力增量、抗弯承载力等关键参数的计算方法。本节主要介绍《纤维增强复合材料工程应用技术标准》(GB 50608—2020)中涉及体外预应力FRP筋结构的设计方法,以及基于龄期调整有效模量法[17]的结构时随变形和预应力损失预测。

10.4.1　预应力FRP筋张拉控制应力

根据10.2.1节中的结果,预应力FRP筋使用期间的应力不得超过其蠕变断裂应力。考虑预应力FRP筋使用期间的应力略高于其张拉控制应力,因此张拉控制应力限值应适当低于蠕变断裂应力。同时,过低的张拉控制应力会造成FRP筋的强度无法充分发挥。《纤维增强复合材料工程应用技术标准》(GB 50608—2020)中给出的FRP筋张拉控制应力σ_{con}上、下限值见表10-6。

FRP筋张拉控制应力σ_{con}上、下限值　　表10-6

FRP筋类型	CFRP	AFRP	BFRP
σ_{con}上限值	$0.65f_{pk}$	$0.55f_{pk}$	$0.50f_{pk}$
σ_{con}下限值	$0.50f_{pk}$	$0.35f_{pk}$	$0.35f_{pk}$

注:f_{pk}为FRP筋的抗拉强度标准值。

10.4.2 预应力损失计算

1)张拉过程中的预应力损失

张拉过程中的预应力损失包括锚具变形和预应力筋内缩值 a 引起的预应力损失值 σ_{l1} 以及预应力筋与转向块摩擦引起的预应力损失值 σ_{l2},分别按式(10-4)和式(10-5)计算。

$$\sigma_{l1} = \frac{a}{l}E_{\mathrm{p}} \tag{10-4}$$

式中:l——张拉端至锚固端的距离,mm;

a——对于粘结型锚具和夹片式锚具,a 分别取 1 ~ 2mm 和 8mm。

$$\sigma_{l2} = \sigma_{\mathrm{con}}(1 - \mathrm{e}^{-\mu\theta}) \tag{10-5}$$

式中:σ_{con}——预应力 FRP 筋张拉控制应力值。

当 $\mu\theta$ 不大于 0.2 时,σ_{l2} 可按 $\sigma_{l2} = \mu\theta\sigma_{\mathrm{con}}$ 计算,对于 CFRP、AFRP 和 BFRP,μ 分别取 0.30、0.25 和 0.30。

2)结构服役期间的预应力损失

结构服役期间的预应力损失,可按 $\sigma_{l4} + \sigma_{l5}$ 粗略估算。如需进行较为精确的预测,可参照 10.4.7 节中的方法进行计算。

①预应力 FRP 筋的松弛损失 σ_{l4} 按下式计算:

$$\sigma_{l4} = r_{\mathrm{r}}\sigma_{\mathrm{con}} \tag{10-6}$$

式中:r_{r}——松弛损失率,根据 10.2 节的内容,可用对数曲线拟合松弛率,即 $r_{\mathrm{r}} = a + b\lg T$,当无实测数据确定系数 a 和 b 时,对于设计基准期为 50 年的预应力 FRP 筋受弯构件,r_{r} 也可近似按表 10-7 的数值取用;

其余符号意义同前。

松弛损失率取值 表 10-7

FRP 筋 类 型	松弛损失率 r_{r}(%)
CFRP	2.2
AFRP	16.0
BFRP	2.6

②对于后张法预应力 FRP 筋混凝土受弯构件,在预应力作用下混凝土收缩和徐变引起的预应力损失按下式计算。但如果需要针对特定服役龄期进行较为精确的预测,则可按 10.4.7 节的方法计算。

$$\sigma_{l5} = \frac{35 + 280\sigma_{\mathrm{pc}}/f'_{\mathrm{cu}}}{1 + 15\rho_{\mathrm{e}}} \cdot \frac{E_{\mathrm{p}}}{E_{\mathrm{s}}} \tag{10-7}$$

式中:σ_{pc}——预应力 FRP 筋合力点处的混凝土法向压应力;

ρ_{e}——预应力 FRP 筋和非预应力钢筋的等效配筋率;

f'_{cu}——施加预应力时的混凝土立方体抗压强度;

E_{p}——FRP 筋弹性模量;

E_{s}——普通钢筋弹性模量。

预应力 FRP 筋合力点处混凝土法向应力等于零时,预应力 FRP 筋的应力 σ_{p0} 按下式计算:

$$\sigma_{p0} = \sigma_{con} - \sigma_l + (E_p/E_c)\sigma_{pc} \tag{10-8}$$

式中:σ_l——上述预应力损失(σ_{l1}、σ_{l2}、σ_{l4}、σ_{l5})之和;

E_c——混凝土弹性模量;

其余符号意义同前。

10.4.3 极限荷载下 FRP 筋应力增量计算

极限荷载下 FRP 筋应力增量($\Delta\sigma_p$)是计算体外预应力 FRP 筋加固混凝土梁极限荷载的重要参数,美国、日本及欧洲等国家和地区的规范在计算体外预应力筋应力增量时,均采用对体内无粘结预应力筋应力增量进行修正的方法,因此存在一定的局限性。《纤维增强复合材料工程应用技术标准》(GB 50608—2020)专门针对体外预应力 FRP 筋给出了应力增量计算方法,具体如下:

$$\Delta\sigma_{pu} = \frac{E_p}{L_{fp}}\left(X_1 + Y_1\frac{\varepsilon_{cu}}{x_0}\right)\frac{\varepsilon_{cu}}{x_0} \tag{10-9}$$

式中:X_1、Y_1——常数,按规范计算,具体步骤见表 10-8;

L_{fp}——锚固端之间的体外预应力 FRP 筋总长度;

ε_{cu}——混凝土极限压应变;

x_0——混凝土梁的中和轴高度,计算方法见表 10-9;

其余符号意义同前。

常数 X_1、Y_1 计算方法 表 10-8

体外预应力筋线型	X_1(mm²)	Y_1(mm²)
直线	$\frac{3}{2}L_p e_0\cos\alpha$	0
单折线	$\frac{3}{2}L_p e_0\cos\alpha + \frac{1}{2}L_p L\sin\alpha$	$\frac{L_p^2 L^2\cos^2\alpha}{16L_1}$
双折线	$\frac{3}{2}L_p e_0\cos\alpha + \left(\frac{3}{2} - \frac{\Delta_1}{L}\right)L_p\Delta_1\sin\alpha$	$\frac{\Delta_1^2 L_p^2\cos^2\alpha}{4L_1}\left(\frac{3}{2} - \frac{\Delta_1}{L}\right)^2$

注:e_0 为锚固端至梁中线的距离,mm,向下为正;L_1 为锚固端到靠近转向块之间的距离,mm;L 为支座间的水平距离,mm;Δ_1 为转向块至支座的水平距离,mm;L_p 为等效塑性铰区长度,mm。

10.4.4 承载能力极限状态计算

1)正截面承载力

根据《纤维增强复合材料工程应用技术标准》(GB 50608—2020),体外预应力 FRP 筋混凝土梁的正截面受弯承载力按下式计算:

$$M \leqslant f'_y A'_s\left(\frac{x}{2} - a'_s\right) + f_y A_s\left(h_{0s} - \frac{x}{2}\right) + \sigma_{pu}A_p\left(h_{0p} - \frac{x}{2} - \delta_e\right)\cos\alpha + \alpha_1 f_c(b'_f - b)h'_f\left(\frac{x}{2} - \frac{h'_f}{2}\right) \tag{10-10}$$

式中:f_y、f'_y——钢筋抗拉、抗压强度设计值;

A_s、A'_s——受拉、受压钢筋截面面积；

x——混凝土受压区等效矩形应力图高度；

a'_s——受压钢筋截面重心至混凝土受压区边缘的距离；

h_{0s}——受拉区普通钢筋合力点至构件顶面的距离；

σ_{pu}——体外预应力 FRP 筋的极限应力，按 $\sigma_{pu}=\sigma_{p0}+\Delta\sigma_{pu}\leqslant f_{pd}$ 计算；

A_p——体外预应力 FRP 筋的截面面积；

h_{0p}——体外预应力 FRP 筋合力点至构件顶面的距离；

δ_e——体外预应力 FRP 筋偏心距损失；

α——临界截面处体外预应力 FRP 筋与构件水平方向间的夹角；

α_1——混凝土翼板受压区等效矩形应力系数；

f_c——混凝土轴心抗压强度设计值；

b'_f——T 形、I 形截面受压区的腹板计算宽度(mm)，对于矩形截面，取 $b'_f=b$；

b——矩形截面的宽度或 T 形、I 形截面的翼缘宽度；

h'_f——T 形、I 形截面受压区的翼缘高度。

体外预应力 FRP 筋的偏心距损失 δ_e、等效塑性铰区长度 L_p 和体外预应力 FRP 筋混凝土梁的中和轴高度 x_0 分别按表 10-9 中的公式计算。

抗弯承载力公式参数计算 表 10-9

参数计算方法	符号说明
跨中无转向块：$\delta_e=\dfrac{\varepsilon_{cu}L_pL}{4x_0}$ 跨中设置一个转向块：$\delta_e=0$ 跨中对称设置两个转向块：$\delta_e=\dfrac{\varepsilon_{cu}L_pL}{4x_0}\left(1-\dfrac{3\Delta_1^2}{L}+\dfrac{2\Delta_1^2}{L^2}\right)$	各符号意义同前
均布荷载下：$L_p=\dfrac{L}{3}+h_0$ 跨中单个集中荷载下：$L_p=\dfrac{L}{10}+h_0$ 跨中两个对称集中荷载下：$L_p=L-2a+h_{0s}$	h_0 为截面的有效高度，mm；其余符号意义同前
$A_1x_0^3+B_1x_0^2+C_1x_0+D_1=0$ $A_1=\alpha_1\beta_1f_cb$ $B_1=(f'_yA'_s-f_yA_s-\sigma_{p0}A_p\cos\alpha)+\alpha_1f_c(b'_f-b)h'_f$ $C_1=-\dfrac{E_p}{L_p}X_1A_p\varepsilon_{cu}\cos\alpha$ $D_1=-\dfrac{E_p}{L_p}Y_1A_p\varepsilon_{cu}^2\cos\alpha$	β_1 为等效应力图形系数；其余符号意义同前

2）斜截面承载力

体外预应力 FRP 筋混凝土受弯构件斜截面受剪承载力按下式计算。

采用普通钢筋做箍筋的构件：

$$V\leqslant V_{cs}+V_p \tag{10-11}$$

$$V_p=0.05N_{p0} \tag{10-12}$$

采用FRP筋做箍筋的构件：

$$V \leqslant V_{cf} + V_p \tag{10-13}$$

式中：V_{cs}——构件斜截面上混凝土和箍筋的受剪承载力设计值，按《混凝土结构设计规范(2015年版)》(GB 50010—2010)的有关规定计算；

V_p——由预加力所提高的构件受剪承载力设计值；

N_{p0}——计算截面上混凝土法向预应力等于零时的纵向预应力筋及非预应力筋的合力，按《混凝土结构设计规范(2015年版)》(GB 50010—2010)的有关规定计算；

V_{cf}——构件斜截面上混凝土和FRP箍筋的受剪承载力设计值。

10.4.5　转向区FRP筋应力计算

转向区FRP筋应力计算可采用Dolan公式[18]，表达式如下：

$$\sigma_{dev} = P/A_p + E_p R/r \tag{10-14}$$

式中：P——预应力张拉荷载；

r——预应力筋半径；

R——转向半径；

其余符号意义同前。

基于Dolan公式，分别对CFRP筋和BFRP筋提出不同转向半径下的强度折减系数(弯折后的断裂应力与初始强度的比值)，见表10-10，其中CFRP筋的力学性能参照《纤维增强复合材料工程应用技术标准》(GB 50608—2020)取初始强度$f_{pu,CFRP}=1800\text{MPa}$，弹性模量$E_{p,CFRP}=140\text{GPa}$，BFRP筋的力学性能参照实测结果$f_{pu,BFRP}=1300\text{MPa}$，$E_{p,BFRP}=55\text{GPa}$。需要说明的是，随着初始强度的提高和弹性模量的增加，折减系数将分别增大和减小，设计人员应根据实际的FRP筋力学性能适当选取折减系数。

不同R/r下的强度折减系数　　表10-10

R/r	CFRP　筋	BFRP　筋
200	0.61	0.79
300	0.74	0.86
400	0.81	0.89

10.4.6　正常使用极限状态计算

1)裂缝宽度

在荷载标准组合或准永久组合下，对于要求不出现裂缝的预应力FRP筋混凝土受弯构件(非预应力筋采用普通钢筋时)，抗裂验算可按《混凝土结构设计规范(2015年版)》(GB 50010—2010)方法进行；允许出现裂缝的预应力FRP筋混凝土受弯构件，根据《纤维增强复合材料工程应用技术标准》(GB 50608—2020)，按荷载标准组合并考虑长期作用影响的最大裂缝宽度可按下式计算：

$$w_{max} = 1.9\psi \frac{\sigma_{sk}}{E_s}\left(1.9c_s + 0.08\frac{d_{eq}}{\rho_{te}}\right) \tag{10-15}$$

式中：ψ——裂缝间纵向受拉钢筋应变不均匀系数；

σ_{sk}——按荷载标准组合计算的预应力 FRP 筋混凝土受弯构件纵向受拉筋等效拉应力；

c_s——最外层纵向受拉钢筋外边缘至受拉区底边的距离；

d_{eq}——受拉区纵向钢筋等效直径；

ρ_{te}——按有效受拉混凝土截面面积计算的纵向受拉筋的等效配筋率；

其余符号意义同前。

关键参数的计算方法见表 10-11。

最大裂缝宽度公式参数计算方法 表 10-11

关键参数的计算方法	符号说明
$\rho_{te}=\dfrac{A_s+A_pE_p/E_s}{A_{te}}$ $\sigma_{sk}=\dfrac{M_k\pm M_2-N_{p0}(z-e_p)}{(A_s+A_pE_p/E_s)z}$ $z=\left[0.87-0.12(1-\gamma'_f)\left(\dfrac{h_0}{e}\right)^2\right]h_0$ $e=e_p+\dfrac{M_k\pm M_2}{N_{p0}}$	A_{te}为有效受拉混凝土截面面积，对受弯构件，取 $0.5bh+(b_f-b)h_f$，其中，b_f、h_f分别为受拉翼缘的宽度、高度； M_k为按荷载标准组合计算的弯矩值； M_2为后张法预应力混凝土超静定结构构件中的次弯矩； z为受拉区纵向非预应力钢筋和预应力 FRP 筋合力点至截面受压区合力点的距离； e_p为混凝土法向预应力等于 0 时全部纵向非预应力钢筋和预应力 FRP 筋的合力 N_{p0}的作用点至受拉区纵向非预应力钢筋和预应力 FRP 筋的合力点的距离； γ'_f为受压翼缘加强系数； 其余符号意义同前

注：表中裂缝宽度公式只适合于非预应力筋为普通钢筋的情况。

2）刚度

预应力 FRP 筋混凝土受弯构件的挠度可按《混凝土结构设计规范（2015 年版）》（GB 50010—2010）的有关规定计算。对于矩形、T 形、倒 T 形和 I 形截面预应力 FRP 筋混凝土受弯构件，按荷载标准组合并考虑长期作用影响的截面抗弯刚度 B 可按下列公式计算：

$$B=\frac{M_k}{M_q(\theta-1)+M_k}B_s \tag{10-16}$$

式中：M_q——按荷载准永久组合计算的弯矩值；

θ——考虑荷载长期作用对挠度增大的影响系数，可取 2；对于翼缘位于受拉区的倒 T 形截面，应增加 20%；当有可靠工程经验或测试数据时，可按实际情况取值；

B_s——按荷载标准组合计算的受弯构件的短期抗弯刚度；

其余符号意义同前。

B_s按下列规定计算：

不出现裂缝的受弯构件：

$$B_s=0.85E_cI_0 \tag{10-17}$$

式中：I_0——换算截面惯性矩，mm^4；

其余符号意义同前。

允许出现裂缝的受弯构件：

$$B_s=\frac{0.85E_cI_0}{k_{cr}+(1-k_{cr})\omega} \tag{10-18}$$

式中：k_{cr}——预应力混凝土受弯构件正截面的开裂弯矩 M_{cr} 与弯矩 M_k 的比值，当 $k_{cr}>1.0$ 时，取 1.0；

ω——系数；

其余符号意义同前。

关键参数的计算方法见表 10-12。

允许出现裂缝的受弯构件刚度公式参数计算方法　　表 10-12

关键参数的计算方法	符号说明
$k_{cr}=\dfrac{M_{cr}}{M_k}$ $M_{cr}=(\sigma_{pc}+\gamma f_{tk})W_0$ $\omega=\left(1.0+\dfrac{0.21}{\alpha_E\bar{\rho}}\right)(1+0.45\gamma_f)-0.7$ $\bar{\rho}=(E_pA_p/E_s+A_s)/(bh_0)$	f_{tk} 为混凝土抗拉强度标准值； W_0 为构件换算截面受拉边缘的弹性抵抗矩； γ 为混凝土构件的截面抵抗矩塑性影响系数； γ_f 为受拉翼缘截面面积与腹板有效截面面积的比值； $\bar{\rho}$ 为纵向受拉筋的等效配筋率； α_E 为内部钢筋弹性模量和混凝土弹性模量的比值； 其余符号意义同前

10.4.7　体外预应力 FRP 筋加固结构长期性能预测方法

本节围绕体外预应力 FRP 筋加固混凝土梁的长期性能中的梁体变形和预应力值两个重要参数提出设计计算方法。首先对几种经典的混凝土徐变、收缩模型进行了对比分析，并基于按龄期调整有效模量法（AEMM），采用合适的徐变、收缩模型，结合 FRP 筋的松弛性能预测模型，提出了长期性能设计计算方法，并与试验值进行对比。

1）混凝土徐变、收缩计算模型

混凝土梁的变形与混凝土徐变、收缩有关，因此调查研究了几种混凝土徐变和收缩计算模型，并对其精度进行了对比分析。目前国际上已建立了几种较为准确的混凝土徐变和收缩预测模型，包括 ACI 209R-92 模型[19]、CEB MC90-99 模型[20]、Bažant 和 Baweja 提出的 B-3 模型[21]、Gardner 和 Lockman 提出的 GL2000 模型[22]和 JSCE 模型[23]。美国 ACI 209.2R-08 规范[24]将目前的几种模型（除 JSCE 模型）的计算值和 RILEM 数据库中的试验值进行了对比，结果表明 B-3 模型和 GL2000 模型对混凝土徐变和收缩的预测较为准确；CEB MC90-99 模型一般会低估混凝土的收缩应变；而 ACI 209R-92 模型往往低估混凝土的徐变应变。为了确定设计计算方法中所采用的徐变收缩模型，采用 Bažant 和 Li[25]创建的混凝土徐变收缩数据库，对 B-3 模型、GL 2000 模型和 JSCE 模型预测结果的精度进行对比（图 10-23、图 10-24）。各个模型理论值与试验值的变异系数（CoV）的对比结果表明，B-3 收缩和徐变模型的精度最高，因此建议将其用于混凝土梁的长期性能设计计算方法中。B-3 模型收缩和徐变计算公式如下：

$$\varepsilon_{sh}(t,t_C)=-\varepsilon_{sh\infty}k_hS(t-t_C) \tag{10-19}$$

式中：$\varepsilon_{sh}(t,t_C)$——从养护结束时刻 t_C 到计算时刻 t 的收缩应变；

$\varepsilon_{sh\infty}$——极限收缩应变；

k_h——湿度相关系数；

$S(t-t_C)$——时间曲线；

$t-t_C$——从养护结束时刻 t_C 到计算时刻 t 的时间。

$$J(t,t_0) = q_1 + C_0(t,t_0) + C_d(t,t_0,t_C) \tag{10-20}$$

式中：$J(t,t_0)$——t 时刻的徐变柔量，t_0 为加载时刻；

q_1——混凝土单位应力下的瞬时应变；

$C_0(t,t_0)$——由混凝土基本徐变决定的柔量函数；

$C_d(t,t_0,t_C)$——由混凝土干燥徐变决定的附加柔量函数，t_C 为养护结束时刻。

得到徐变柔量后，徐变系数按下式计算：

$$\varphi = J(t,t_0)E_c(t_0) - 1 \tag{10-21}$$

式中：$E_c(t_0)$——混凝土初始弹性模量。

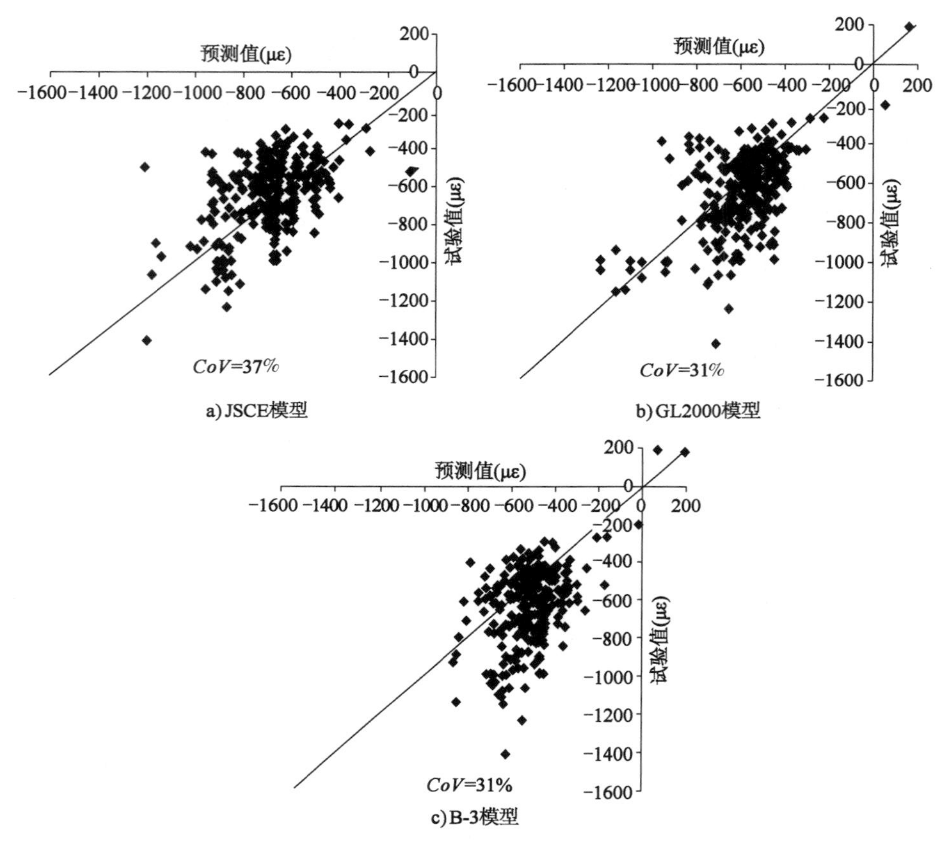

图 10-23　混凝土收缩试验值和理论值

2）梁体变形及预应力值变化

Youakim 和 Karbhari[17] 基于龄期调整有效模量法，提出了预应力 FRP 筋混凝土结构长期变形和应力计算方法。该方法大致分为四个步骤，如图 10-25 所示：第一步，计算恒定荷载施加时产生的瞬时应变与曲率；第二步，计算混凝土本身的自由蠕变应变 ε_{cr}、收缩应变 ε_{sh} 以及蠕变产生的曲率变化 $\Delta\phi_{free}$；第三步，对混凝土施加人为约束，使得第二步的应变和曲率变化完全恢复，计算相应的约束力 ΔN 和力矩 ΔM；第四步，释放人为约束，将 ΔN 和 ΔM

反向作用于考虑钢筋后的换算截面,求解换算截面的应变和曲率。根据该模型,截面曲率变化和体外预应力 FRP 筋应力变化的计算方法分别见式(10-22)和式(10-23),公式中参数的计算方法见表 10-13。

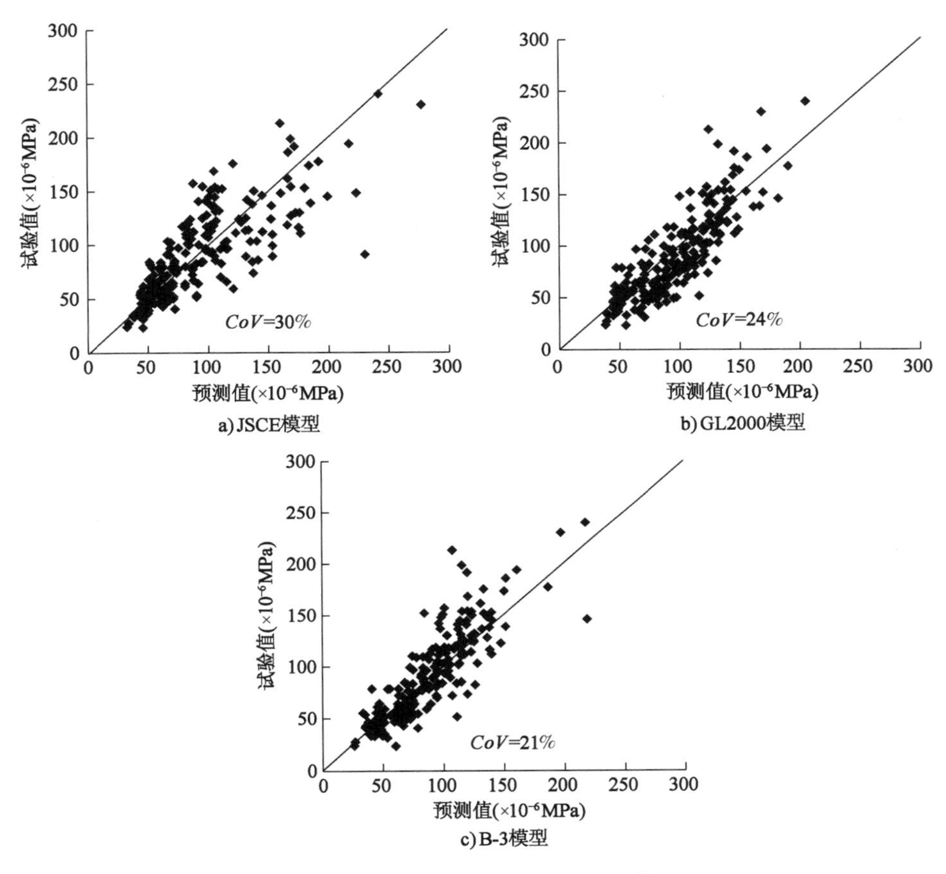

图 10-24　混凝土徐变试验值和理论值

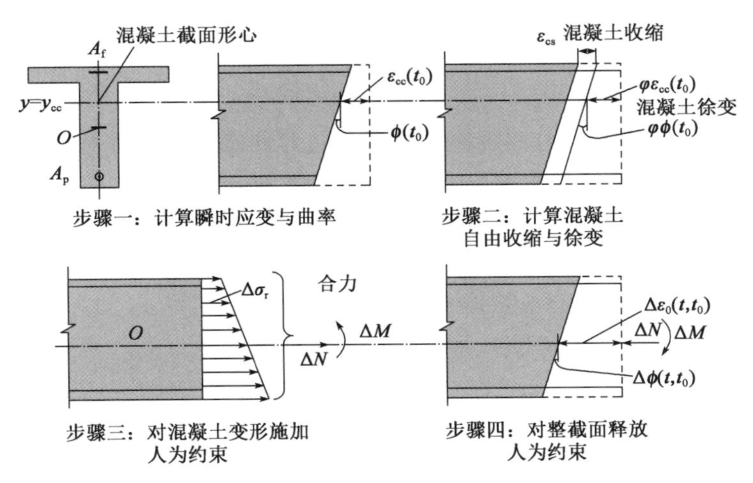

图 10-25　按龄期调整有效模量法计算简图[17]

$$\Delta\phi = k_1\Delta\phi_{free} + \frac{k_{cc}}{h}(\Delta\varepsilon_{cc})_{free} - \frac{A_p y_p}{\bar{I}} \cdot \frac{\Delta\sigma_p}{\bar{E}_c} \tag{10-22}$$

$$\Delta\sigma_p = E_p \frac{\Delta L_{fp}}{L_{fp}} + \Delta\sigma_{pr} \tag{10-23}$$

式中：$\Delta\phi_{free}$——混凝土自由曲率变化值；

$(\Delta\varepsilon_{cc})_{free}$——混凝土因徐变产生的自由轴向变形；

h——截面高度；

y_p——预应力筋截面形心到全截面中性轴的垂直距离；

$\Delta\sigma_p$——预应力筋应力变化量；

$\bar{I}$——全截面惯性矩；

$\bar{E}_c$——按龄期调整的有效模量；

ΔL_{fp}——梁体变形造成的体外预应力筋的长度变化，该值与梁体本身的弯曲变形和体外预应力筋的线型有关；

$\Delta\sigma_{pr}$——由松弛引起的应力下降，按10.4.2节内容计算；

其余符号意义同前。

按龄期调整有效模量法公式参数计算方法 表10-13

参数计算方法	符号说明
$\Delta\phi_{free} = \varphi\phi(t_0)$ $(\Delta\varepsilon_{cc})_{free} = \varphi\varepsilon_{cc}(t_0) + \varepsilon_{cs}$ $k_1 = \frac{I_c}{\bar{I}}$ $k_{cc} = \frac{A_c y_{cc} h}{\bar{I}}$ $\bar{E}_c = \frac{E_c(t_0)}{1+\chi\varphi}$	φ为徐变系数，即徐变应变与初始应变比值； ε_{cc}为混凝土净截面形心处的初始应变； ε_{cs}为混凝土收缩应变； I_c为混凝土净截面惯性矩； A_c为混凝土截面面积； y_{cc}为截面混凝土部分形心到全截面中性轴的垂直距离； χ为老化系数，可按文献[26]计算； 其余符号意义同前

10.5 体外预应力FRP筋加固混凝土梁力学性能试验

本节简要介绍了体外预应力FRP筋加固梁的抗弯性能和长期持荷性能的试验结果，并利用既有文献中42根梁的试验数据和10.4节中提供的设计计算方法理论值进行对比，验证了设计计算方法的合理性。

10.5.1 试验概况

1）抗弯性能试验

体外预应力FRP筋加固梁的抗弯试验研究较多，以本书作者团队的研究[4]为例，根据10.3节的优化结果，转向半径和转向角度分别为1000mm（BFRP筋半径的200倍）和5°，体外预应力BFRP筋采用10.3节介绍的同源材料夹片锚固。试验装置如图10-26所示。

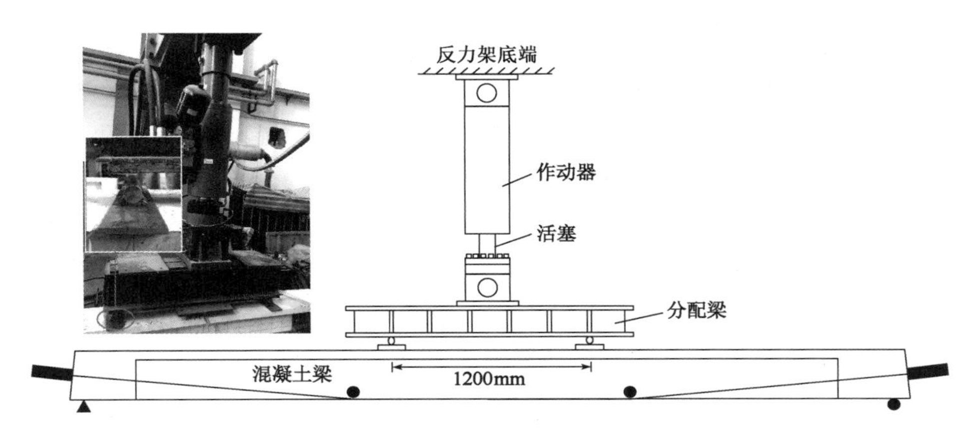

图 10-26　抗弯试验装置

体外预应力 FRP 筋加固梁的破坏模式为混凝土受压区边缘压溃。相比普通 RC 对照梁,体外预应力梁的开裂荷载提高了近 5 倍,屈服荷载和极限荷载各提高了 1.2 倍左右(图 10-27)。如图 10-28 所示,相比普通 RC 梁,预应力梁的裂缝宽度和间距明显减小,刚度显著提升。由于梁体内配置了普通钢筋,体外预应力 FRP 筋加固梁的延性系数接近普通 RC 梁,且 BFRP 筋加固梁的延性与钢绞线加固梁的延性基本相同,延性系数随着预应力张拉控制荷载的增加或混凝土强度等级的增大而降低。锚固端与 BFRP 筋在整个加载过程中无明显滑动,锚固端在梁发生破坏时依然保持完好,因此,在结构的承载力极限状态下,本章提出的同源夹片锚具能够有效地提供锚固力。转向块处有较为明显的应力集中(图 10-29),当荷载小于屈服荷载时,预应力 FRP 筋的应力增长并不明显;在屈服荷载到极限荷载之间,预应力 FRP 筋的应力显著增长。

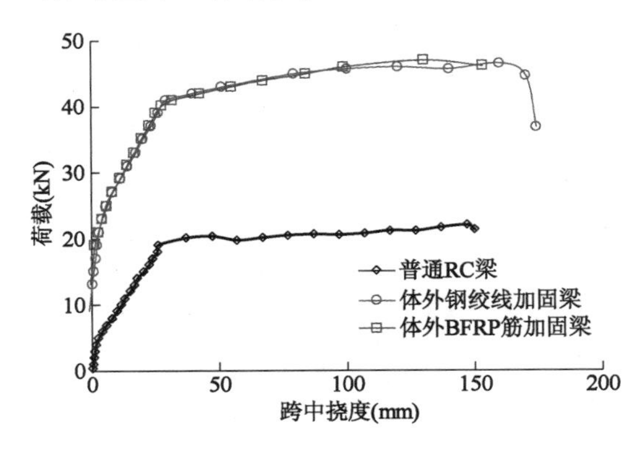

图 10-27　荷载-挠度曲线

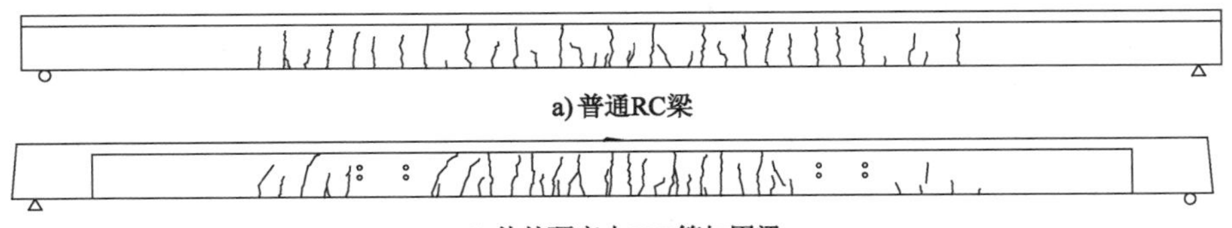

图 10-28　裂缝分布

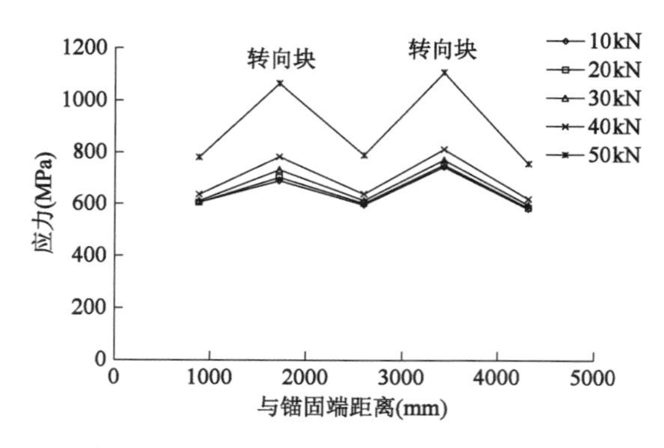

图 10-29　预应力 FRP 筋轴向不同位置处的应力

2）长期持荷性能试验

关于体外预应力 FRP 筋加固梁的长期性能的试验研究很少，以本书作者团队的研究为例，试验采用杠杆法进行加载，试验装置如图 10-30 所示，试件为全预应力混凝土梁。

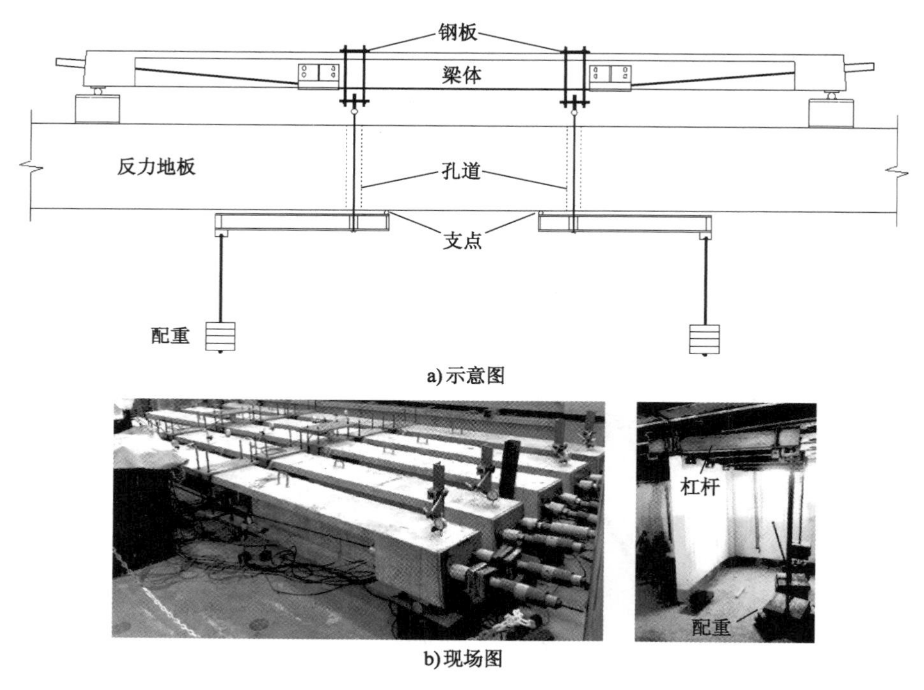

图 10-30　杠杆法加载试验装置

在长期受力的过程中，预压区混凝土始终处于压应力状态，混凝土本身的徐变会使结构反拱值逐渐增大。从图 10-31 可以看出，预应力越大，长期反拱值增量也越大，张拉控制荷载为 50kN 的梁反拱值增长率比张拉控制荷载为 40kN 的梁反拱值增长率高 2 倍；在初始预应力水平相同的情况下，由于钢绞线弹性模量较高，普通松弛钢绞线在加固结构中的长期预应力损失率比体外预应力 BFRP 筋高 15%。BFRP 筋体外预应力结构的反拱值增量大于钢绞线体外预应力结构，这是因为 BFRP 筋体外预应力结构在长期受力过程中的有效预应力值较大(预应力损失较少),相应的混凝土徐变所造成的反拱也较大;而钢绞线在体外预应力结构中的预应力损失较大,一方面造成混凝土的徐变较小,另一方面还会令反拱值显著减小。混凝土强度等级为 C60 的梁长期反拱值增长率比混凝土强度等级为 C40 的梁反拱值增长率低 33%,这是因为高强度混凝土的长期徐变比普通混凝土小。

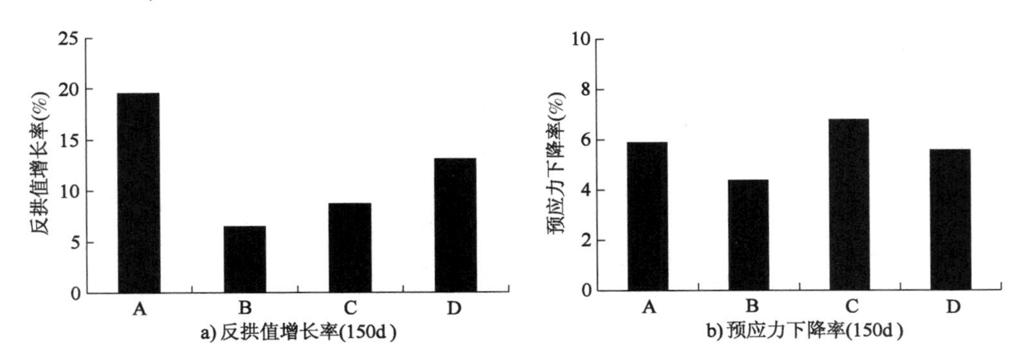

图 10-31　体外预应力筋混凝土梁长期变形与预应力损失

A-BFRP 筋、C40 混凝土、预应力为 $0.5f_u$;B-BFRP 筋、C40 混凝土、预应力为 $0.4f_u$;C-钢绞线、C40 混凝土、预应力为 $0.5f_u$;D-BFRP 筋、C60 混凝土、预应力为 $0.5f_u$

10.5.2　梁构件力学性能理论值与试验值对比

为了验证本章方法的合理性,从国内外收集了 42 根体外预应力 FRP 筋混凝土梁的试验数据,表 10-14、表 10-15 列出了数据库的若干个关键参数。除 10.4 节的计算方法之外,还对比了美国规范 ACI 440.4R-04、英国混凝土规范 BS 8110 和欧洲混凝土规范《fib 混凝土结构模型规范 2010》计算方法的精度。计算过程中材料力学性能取实测值。

体外预应力 FRP 筋混凝土梁抗弯性能数据库　　表 10-14

参考文献	试件数量	预应力筋类型
文献[4]	3	BFRP
文献[27]	12	AFRP
文献[28]	4	CFRP
文献[29]	3	CFRP
文献[30]	3	BFRP
文献[31]	6	CFRP
文献[32]	2	CFRP
文献[33]	3	AFRP
文献[34]	2	CFRP

体外预应力 FRP 筋混凝土梁长期性能数据库　　表 10-15

参考文献	试件数量	预应力筋类型
文献[4]	3	BFRP
文献[35]	1	CFRP

1)张拉过程中转向块摩擦导致的预应力损失

试验中,张拉完毕后张拉端和锚固端的 FRP 筋轴力差值反映的是转向块摩擦造成的预应力损失 σ_{l2},且各国规范计算 σ_{l2} 的方法相同,试验值与规范公式计算理论值的比值的平均值为 1.01,方差为 0.05。因此,规范中计算公式具有足够的精确度,可直接用于摩擦损失计算。

2)体外预应力 FRP 筋极限状态应力增量

表 10-16 列出了体外预应力 FRP 筋极限状态应力增量的理论值精度,其中 GB 50608—2020 规范专门针对体外预应力 FRP 筋提出了应力增量计算方法,因此 GB 50608—2020 最准确,但计算步骤较多。ACI 440.4R-04 方法步骤简单,但精度不高。

体外预应力 FRP 筋极限状态应力增量 $\Delta\sigma_{pu}$ 的试验值/理论值的平均值和方差 表 10-16

计算方法	ACI 440.4R-04	BS 8110	fib	GB 50608—2020
平均值	1.39	2.14	1.58	1.01
方差	0.58	0.89	0.45	0.20

3)极限抗弯承载力

表 10-17 中的数据表明,对于体外预应力 FRP 筋加固结构的极限抗弯承载力,GB 50608—2020 规范中公式的计算精度最高。为了计算简便选择 ACI 440.4R-04 时,计算精度可以接受。

体外预应力 FRP 筋混凝土梁极限抗弯承载力的试验值/理论值的平均值和方差 表 10-17

计算方法	ACI 440.4R-04	BS 8110	fib	GB 50608—2020
平均值	1.09	1.47	1.10	1.05
方差	0.15	0.22	0.13	0.07

4)转向区 FRP 筋应力

用数据库中试验梁极限承载力下 FRP 筋应力的试验数据和 Dolan 公式计算得到的理论数据进行对比,得到试验值与理论值比值的平均值为 1.02,方差为 0.04,表明 Dolan 公式对转向区 FRP 筋应力的预测结果与试验值的误差在 3% 以内,因此 Dolan 公式可以准确预测转向区 FRP 筋应力,设计时可直接采用。

5)正常使用荷载下的裂缝宽度

表 10-18 是不同规范中裂缝宽度计算方法精度对比。其中,ACI 440.4R-04、fib 和 GB 50608—2020 规范计算的裂缝宽度均为极限荷载下钢筋重心水平处构件侧表面的裂缝宽度的 70%,而 BS 8110 规范中的裂缝宽度为混凝土受拉区底面裂缝宽度,与其他规范不同,故表中不包括 BS 8110 的计算结果。需要注意的是,规范中给出的裂缝宽度计算公式考虑了长期混凝土收缩徐变作用的增大系数,而试验数据为短期裂缝宽度值,因此在计算过程中需要将公式计算的理论值除以相应的增大系数后再和试验值对比。通过理论值与试验值对比可以看出,中国规范 GB 50608—2020 计算的裂缝宽度精确度与美国和欧洲规范接近,实际设计时可直接采用 GB 50608—2020 规范。

体外预应力 FRP 筋混凝土梁裂缝宽度的试验值/理论值　表 10-18

计算方法	ACI 440.4R-04	fib	GB 50608—2020
平均值	0.94	1.03	0.92
方差	0.53	0.59	0.65

6) 正常使用荷载下的短期挠度

将 ACI 440.4R-04、BS 8110、fib 和 GB 50608—2020 规范计算的 70% 极限荷载下的挠度理论值和试验值进行对比(表 10-19)可知,与裂缝宽度计算类似,GB 50608—2020 规范在计算预应力 FRP 筋混凝土梁正常使用极限状态短期挠度时的精度与 ACI 440.4R-04 和 fib 接近,设计时可采用 GB 50608—2020 规范。

体外预应力 FRP 筋混凝土梁挠度的试验值/理论值的平均值和方差　表 10-19

计算方法	ACI 440.4R-04	BS 8110	fib	GB 50608—2020
平均值	0.94	0.86	0.95	0.92
方差	0.34	0.22	0.38	0.25

7) 长期挠度(反拱)及预应力损失预测

表 10-20 和表 10-21 是结构长期挠度(反拱)及预应力损失的理论值精度对比。文献[35]中未测量预应力损失,且仅包含一个试件,因此文献[35]的长期挠度结果中无方差数据。对比结果表明,基于 AEMM 的长期性能预测方法由于考虑了混凝土徐变和 FRP 筋松弛造成的预应力损失之间的相互影响,计算结果准确。对于结构长期服役期间的变形和预应力损失计算,建议结构长期挠度(反拱)和预应力损失可采用 AEMM,或根据 GB 50608—2020 中的建议,采用美国 ACI 318 规范或欧洲 fib 规范中建议的混凝土结构长期性能预测方法。

结构长期挠度(反拱)试验值与 AEMM 计算的理论值比值的平均值和方差　表 10-20

服役时间(d)	50	100	150	300	500	1000
文献[4]平均值	0.92	1.04	1.12	—	—	—
文献[4]方差	0.33	0.24	0.46	—	—	—
文献[35]	1.08	1.12	0.95	0.94	1.15	1.13

结构长期预应力损失试验值与 AEMM 计算的理论值比值的平均值和方差　表 10-21

服役时间(d)	50	100	150
文献[4]平均值	1.05	0.94	1.08
文献[4]方差	0.23	0.41	0.33

10.6 本章小结

本章围绕体外预应力 FRP 筋加固技术,从预应力 FRP 筋、关键技术、加固结构等多个层次展开介绍。在预应力 FRP 筋层次,重点阐述了 FRP 筋的长期性能(疲劳、蠕变和松弛),

提出了面向设计的 FRP 筋应力限值和松弛预测方法。在关键技术层次,综述了几种常见锚具形式,并重点介绍了本书作者团队研发的同源材料夹片锚具,同时结合试验结果分析了转向区 FRP 筋性能影响因素,提出了 FRP 筋优化转向参数。在结构层次,基于 GB 50608—2020 规范,系统介绍了体外预应力 FRP 筋加固结构的设计方法,并通过既有文献中共 42 根 FRP 筋体外预应力梁的试验结果对计算方法的精度进行了验证。主要结论如下:

①在土木工程常用的几种 FRP 材料中,CFRP 的力学性能和耐久性最好,但其价格较高且延伸率小。BFRP 的弹性模量较低,由混凝土收缩徐变产生的预应力损失值明显小于 CFRP 的相应值。BFRP 的蠕变断裂强度为 $0.54f_u$,1000h 松弛损失率仅为 2.6%,疲劳应力幅限值和最大应力限值分别为 $0.04f_u$ 和 $0.53f_u$,可以满足预应力材料对应力水平和松弛损失率的要求。

②预应力 FRP 筋锚固和转向是体外预应力加固中的关键技术。预应力 FRP 筋锚具主要分为粘结型锚具、摩擦型锚具和夹片式锚具。粘结型锚具不会对筋材造成挤压,但长期力学性能不足;摩擦型锚具长期受力性能较好,但不利于施工;夹片式锚具组装方便,但对 FRP 筋的切口效应明显。本书作者团队开发的同源材料夹片锚具能够显著降低 FRP 筋端部应力集中,有效提供锚固力,锚固效率系数高于 90%。转向造成的 FRP 筋的强度下降率随转向角度的增加而增大,随转向半径的增加而减小,转向半径对弯折 FRP 筋的影响比较明显,建议转向半径和 FRP 筋半径的比值(R/r)不得低于 200,转向角度不宜大于 5°,但可根据 FRP 筋的种类适当放宽。

③我国《纤维增强复合材料工程应用技术标准》(GB 50608—2020)对体外预应力 FRP 筋混凝土结构承载能力极限状态的设计计算方法的准确性得到 42 根 FRP 筋体外预应力梁的试验结果的验证;对于正常使用荷载下的长期变形和预应力损失预测,建议采用按龄期调整有效模量法(AEMM),或采用美国 ACI 318 规范或欧洲 fib 规范中建议的混凝土结构长期性能预测方法。

本章参考文献

[1] 孙宝俊,周国华. 体外预应力结构技术及应用综述[J]. 东南大学学报(自然科学版),2001,31(1):109-113.

[2] 外ケーブル方式による橋梁補強工法 外ケーブルF-TS 型、高疲労強度 外ケーブルF-PH型 http://se-kyoryokozo.jp/prod06-1.html

[3] Grace N F, Navarre F C, Nacey R B, et al. Design-construction of bridge street bridge-frist CFRP bridge in the United States[J]. PCI Journal, 2002, 47(5):20-35.

[4] 史健喆. 海洋环境下 BFRP 筋体外预应力加固钢筋混凝土梁长期性能研究[D]. 南京:东南大学,2019.

[5] Wang X, Shi J, Wu G, et al. Effectiveness of basalt FRP tendons for strengthening of RC beams through the external prestressing technique[J]. Engineering Structures, 2015, 101:34-44.

[6] Zou P X W. Long-term properties and transfer length of fiber-reinforced polymers[J]. Journal of Composites for Construction, 2003, 7(1):10-19.

[7] Ascione L, Berardi V P, Anna D'Aponte. Creep phenomena in FRP materials[J]. Mechanics Research Communications, 2012, 43: 15-21.

[8] Shi J, Wang X, Wu Z, et al. Creep behavior enhancement of a basalt fiber-reinforced polymer tendon[J]. Construction and Building Materials, 2015, 94: 750-757.

[9] Saadatmanesh H, Tannous F E. Relaxation, creep, and fatigue behavior of carbon fiber reinforced plastic tendons[J]. ACI Materials Journal, 1999, 96(2): 143-153.

[10] Saadatmanesh H, Tannous F E. Long-term behavior of aramid fiber reinforced plastic (AFRP) tendons[J]. ACI Materials Journal, 1999, 96(3): 297-305.

[11] Shi J, Wang X, Huang H, et al. Relaxation behavior of prestressing basalt fiber-reinforced polymer tendons considering anchorage slippage[J]. Journal of Composite Materials, 2016, 51(9): 1275-1284.

[12] Wang X, Shi J, Wu Z, et al. Fatigue behavior of basalt fiber-reinforced polymer tendons for prestressing applications[J]. Journal of Composites for Construction, 2016, 20(3): 04015079.

[13] Schmidt J W, Bennitz A, TäLjsten B, et al. Mechanical anchorage of FRP tendons—A literature review[J]. Construction & Building Materials, 2012, 32: 110-121.

[14] 张磊. 基于同源材料的 FRP 筋夹片式锚具优化设计及性能研究[D]. 南京: 东南大学, 2019.

[15] Zhu H, Dong Z Q, Wu G, et al. Experimental evaluation of bent FRP tendons for strengthening by external prestressing[J]. Journal of Composites for Construction, 2017, 21(5): 04017032.

[16] Santoh N. CFCC(carbon fiber composite cable)[M]. Fiber-Reinforced-Plastic(FRP) Reinforcement for Concrete Structures, 1993: 223-247.

[17] Youakim S A, Karbhari V M. An approach to determine long-term behavior of concrete members prestressed with FRP tendons[J]. Construction and Building Materials, 2007, 21(5): 1052-1060.

[18] Dolan C W. Design recommendations for concrete structures prestressed with FRP tendons: FHWA contract; final report August 1, 2001[M]. Federal Highway Administration, 2001.

[19] ACI 209R-92 Prediction of Creep, Shrinkage, and Temperature Effects in Concrete Structures [S]. ACI Committee 209, American Concrete Institute, Farmington Hills, MI, USA, 1992.

[20] CEB-FIP Model Code 1990[S]. CEB Bulletin d'Information No. 213/214, Comité Euro-International du Béton, Lausanne, Switzerland, 1993.

[21] Bažant Z P, Baweja S. Creep and shrinkage prediction model for analysis and design of concrete structures—Model B3[J]. Materials and Structures, 1995, 28: 357-365.

[22] Gardner N J, Lockman M J. Design provisions for drying shrinkage and creep of normal-strength concrete[J]. ACI Materials Journal, 2001, 98(2): 159-167.

[23] Standard Specifications for Concrete Structures—2007 [S]. Japan Society of Civil Engineers, Yotsuya 1-chome, Shinjuku-ku, Tokyo, Japan, 2010.

[24] ACI 209. 2R-08 Guide for Modeling and Calculating Shrinkage and Creep in Hardened

Concrete[S]. ACI Committee 209, American Concrete Institute, Farmington Hills, MI, USA,2008.

[25] Bažant Z P, Li G H. NU database of laboratory creep and shrinkage data[J]. www.civil.northwestern.edu/people/bazant.html or http://iti.northwestern.edu, Evanston, IL.

[26] 王勋文,潘家英.按龄期调整有效模量法中老化系数χ的取值问题[J].中国铁道科学,1996,17(3):12-23.

[27] Ghallab A, Beeby A W. Factors affecting the external prestressing stress in externally strengthened prestressed concrete beams[J]. Cement & Concrete Composites, 2005, 27(9):945-957.

[28] Du J S, Yang D, Ng P L, et al. Response of concrete beams partially prestressed with external unbonded carbon fiber-reinforced polymer tendons[J]. Advanced Materials Research, 2010, 150-151:344-349.

[29] El-Refai A, West J, Soudki K. Strengthening of RC beams with external post-tensioned CFRP tendons[C]. Case Histories and Use of FRP for Prestressing Applications, Special Publication 245, American Concrete Institute. Farmington Hills, MI, 2007:123-142.

[30] Wang X, Shi J, Wu G, et al. Effectiveness of basalt FRP tendons for strengthening of RC beams through the external prestressing technique[J]. Engineering Structures, 2015, 101(15):34-44.

[31] Bennitz A, Schmidt J W, Nilimaa J, et al. Reinforced concrete T-beams externally prestressed with unbonded carbon fiber-reinforced polymer tendons[J]. ACI Structural Journal, 2012, 109(4):521-530.

[32] Jung W T, Park J S, Park Y H, et al. An experimental study on the flexural behavior of post-tensioned concrete beams with CFRP tendons[J]. Applied Mechanics and Materials, 2013, 351-352:717-721.

[33] Au F T, Su R K, Tso K, et al. Behaviour of partially prestressed beams with external tendons[J]. Magazine of Concrete Research, 2008, 60(6):455-467.

[34] Tan K, Farooq M, Ng C, et al. Behavior of simple-span reinforced concrete beams locally strengthened with external tendons[J]. ACI Structural Journal, 2001, 98(2):174-183.

[35] 曹国辉,方志.体外CFRP筋预应力混凝土箱梁长期受力性能试验研究[J].土木工程学报,2007,40(2):18-24.

第11章 基于混杂和组合方法的预应力高效加固结构新技术

11.1 概　　述

外贴 FRP 片材能够有效提升混凝土梁的极限承载性能,但在正常使用阶段,FRP 的强度利用率普遍较低。为解决上述问题,借鉴传统的预应力结构方法,先张拉 FRP 片材,然后将其粘贴于结构物表面并养护,最后在张拉端释放张拉力。这样初始预应力可用来平衡结构的自重和部分荷载,从而能够充分发挥 FRP 的加固效果,包括大大减缓裂缝发展速度、减小裂缝宽度、有效增强结构刚度、降低钢筋应变、提高钢筋屈服荷载以及结构极限承载力。然而,预应力 FRP 片材加固的研究与工程应用大多是对树脂浸渍固化后的 FRP 板施加预应力,一方面,其预应力张拉工艺较为复杂,另一方面,将浸渍固化后的 FRP 片材粘贴在存在一定凹凸的实际结构的混凝土表面上时,很难得到理想的粘结性能。因而如何从材料角度入手提高预应力 FRP 片材加固的适用性,成为亟待解决的问题。

在对建筑结构进行加固处理时,应充分考虑所需加固结构的特点,加固设计时要做到技术安全可靠、施工快捷方便、满足使用要求。现阶段,纤维复合材料广泛应用于结构加固中[1-13],本书提出的预应力钢丝绳加固技术近年也逐步得到推广应用。但是,总结这些加固技术(外贴纤维布、内嵌纤维筋以及预应力钢丝绳)可以发现:①若对混凝土梁外贴纤维布进行加固,当一层纤维布不能满足加固要求时,可以增加铺设纤维布的层数,而若层数过多则容易发生剥离现象。所以,能铺设的层数有限。②若对混凝土梁进行内嵌纤维筋的加固,要先在梁的表面开一定数量的槽,以放置筋材。由于梁表面尺寸的限制,可开的槽数有限。所以,内嵌纤维筋的数量有限。③若对混凝土梁以预应力钢丝绳加固,首先需要有相应的锚具。而由于混凝土梁表面可放置的锚具数量有限,所以能使用的钢丝绳数量有限。因此,使用上述单一抗弯加固方法,由于剥离破坏及外观尺寸的限制,加固材料难以充分发挥作用,结构的抗弯承载能力提高幅度有限。

而国内外桥梁结构的现场巡检表明,部分既有桥梁由于设计或施工缺陷、腐蚀破坏、负荷超限等多方面原因,结构承载性能逐渐退化,梁体出现结构性裂缝。常见的结构性裂缝,除梁体跨中附近的弯曲裂缝外,还有梁端附近的剪切斜裂缝。这些剪切斜裂缝可能在外荷载和恶劣环境等多重不利因素的作用下迅速扩展，增加梁体出现剪切破坏的风险。与延性的弯曲破坏不同，剪切破坏往往属于脆性破坏，一般无明显预兆，这也意味着此类破坏一旦发生，将具有更大的突然性和危险性，桥梁梁体抗剪承载力不足将对桥梁安全运营构成重大隐患，因此确保在役桥梁结构具有足够的抗剪承载力与抗弯承载力同样重要。极端重载环境对桥梁结构的承载力提出了更高的要求。如单纯进行结构抗弯加固，结构可能转而由梁体剪切破坏模式控制，发生脆性破坏；如单纯进行结构抗剪加固，则结构的承载力同样无法超越原结构的抗弯承载力极限。可见单一的抗弯或抗剪加固方法对结构承载性能提升的幅度有限。

本章提出了基于材料混杂、多种方法组合抗弯和弯剪组合的预应力高效加固技术，充分利用多种加固材料，在不明显增大结构截面、不减少建筑物空间的前提下，显著提高结构的刚度和最大承载力。本章介绍了基于混杂和组合方法的预应力高效加固技术基本原理，开发了材料混杂、组合抗弯和弯剪组合加固技术的施工工艺，并通过试验验证了其加固效果。最后，本章介绍了相关技术在江西九景高速公路龙尾港大桥火灾后维修加固项目中的成功应用。

11.2 基于材料混杂的预应力高效加固技术

11.2.1 基本原理

采用先对无含浸树脂的干纤维布张拉，再对其进行浸渍并粘贴于混凝土结构表面的加固方法可有效解决前述预应力 FRP 板加固的弊端。然而，无含浸树脂的纤维布存在张拉控制应力低的问题，相关研究发现，2m 长的干碳纤维布在张拉到相应 FRP 片材 10% 的极限强度时便开始出现纤维的局部断裂，达到 30% ~40% 极限荷载时即完全断裂，并且随着试件长度的增加其承载力进一步降低，此外纤维布的张拉强度还随着尺寸的增加呈现显著降低的趋势，存在明显的尺寸效应。为了解决预应力 FRP 加固技术中无含浸纤维布张拉控制应力低的问题，本节采用不同种类纤维布进行层间混杂的方法以改善碳纤维布的张拉性能[图 11-1a)]。将碳纤维布(用 C 表示)与高延性玄武岩纤维布(用 B 表示)层间混杂，利用玄武岩纤维布断裂应变较大的特点，在碳纤维布出现断裂时高延性玄武岩纤维布仍处于比较低的应力状态，此时高延性玄武岩纤维布仍有足够的张拉余量以吸收和承担碳纤维布出现部分断裂时所转移的载荷和产生的冲击能量，从而显著提升无含浸干纤维布的张拉性能[图 11-1b)]，有效提升预应力 FRP 加固混凝土构件的加固效果。此外，相比碳纤维布，高延性玄武岩纤维布具有突出的性价比优势，采用碳-玄武岩混杂纤维布作为加固材料可有效控制加固成本。下文将重点介绍碳-玄武岩混杂纤维布的制作工艺、张拉性能以及预应力碳-玄武岩混杂纤维布的抗弯加固效果。

11.2.2 试验论证

1)无含浸纤维布的张拉性能

本节从层间混杂材料的角度出发，研究通过高延性玄武岩纤维布与高强度碳纤维布的层间混杂及间隔浸渍树脂的方法实现干纤维布张拉控制应力的提高,并考虑纤维布纤维混杂方式、长度尺寸几个参数,进行了相关力学性能测试,并对其张拉性能进行了评价。

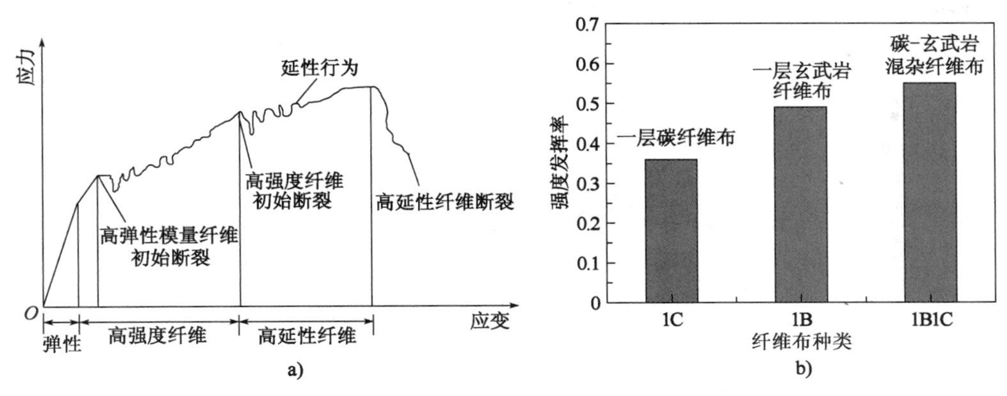

图 11-1 基于材料混杂的预应力高效加固技术基本原理

(1)层间铺层混杂布的成型条件和层间结构

层间混杂布的部分含浸的成型过程如下:①将放置在易剥离的塑料薄膜上的连续纤维布在设定的含浸位置以每层 0.5g/m^2 的环氧树脂用量标准进行双面含浸;②在按上述方法含浸的同时,将高强度纤维布和高延性纤维布按顺序进行层间混杂铺层;③在上面覆盖一层易剥离的塑料薄膜,并从上面开始在均匀施加压力的同时用脱泡滚筒除去含浸处的气泡。此时,在操作过程中要注意不要让树脂流到没有含浸的部分。在上述工序完成之后,用橡胶加热毯在 60℃的温度下进行大约 3h 的加热养护,加热温度应控制在 70℃以下,超过了这个温度,不仅硬化不完全,而且容易使试件出现一定的折皱现象;等加热 3h 半硬化后,再在 80℃的温度下加热养护一定的时间(3h 左右)使其完全硬化。最后,将试件冷却至室温,在试件的端部用树脂粘贴上钢板并用螺栓固定后在 80℃的温度下加热养护 3h,等树脂充分硬化后进行拉伸试验。

(2)张拉试验

图 11-2 给出了两种长度纤维布试件的张拉装置示意图,每隔 400mm 进行长度为 50mm 的间隔浸渍。其中,10m 长试件及纤维布间隔浸渍区域如图 11-3 所示。[14]

本小节进行了 3 组共 17 个纤维布试件的张拉试验,纤维布试件的宽度为 165mm。为了探讨纤维布张拉性能的尺寸效应,设置了 2m、5m 和 10m 三种长度的纤维布试件,每种长度的试件中分别设置了 1B、1C、1B1C 和 2B1C 的纤维布种类,以研究纤维混杂对纤维布拉伸性能的影响,其中 B 代表玄武岩纤维布,C 代表碳纤维布,字母前的数字代表纤维布的层数,2B1C 表示一层碳纤维布夹层混杂在两层玄武岩纤维布之间。此外,在 2m 和 5m 长的试件中还比较了间隔浸渍树脂对于纤维布张拉性能的影响,10m 长的试件均进行了间隔浸渍处理,主要探讨尺寸效应的影响。下文中各试件编号的 D 代表无含浸树脂的干纤维布,P 代表间隔浸渍树脂的纤维布,02、05 和 10 则分别代表纤维布试件的长度为 2m、5m 和 10m。

混杂 FRP 材料的断裂由延性较低的材料控制,由于 CFRP 的断裂应变 ε_c 小于 BFRP 的断裂应变 ε_b,故 CFRP 先发生断裂,在断裂瞬间混杂 FRP 所承担的载荷即为其所能承担的最大载荷 P_{max},其理论值可由下式计算得到:

$$P_{\max}=\varepsilon_{c}(E_{c}A_{c}+E_{b}A_{b})\tag{11-1}$$

式中：E_c、E_b——CFRP 和 BFRP 的弹性模量；

A_c、A_b——CFRP 和 BFRP 的截面面积。

下文分析中以 $P_{\max}$ 作为含浸混杂 FRP 片材极限荷载值，将无含浸纤维布试件通过张拉试验所得的极限荷载 P 与相应的 $P_{\max}$ 的比值定义为拉伸强度发挥率。

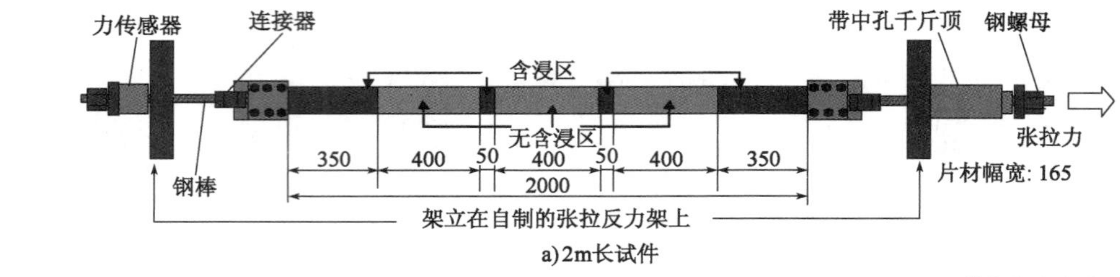

a）2m长试件

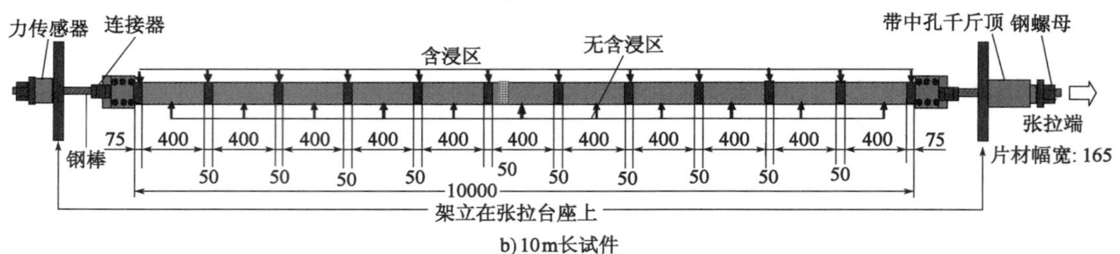

b）10m长试件

图 11-2 纤维布试件张拉装置示意图（尺寸单位：mm）

a）10m长试件　　b）纤维布间隔浸渍区域

图 11-3 10m 长纤维布试件张拉试验现场照片

（3）混杂纤维布的张拉性能

图 11-4a）给出了 2m 长试件的强度发挥率：无含浸碳纤维布 1C-D02 试件在张拉至 0.175$P_{\max}$时发生纤维的局部断裂，加载至 0.424$P_{\max}$时在无含浸区域发生完全断裂；而间隔浸渍树脂的 1C-P02 试件同样在荷载较小时就发生局部断裂，其极限荷载为 0.431$P_{\max}$，相比 1C-D02 试件仅提高约 1.7%；对于无含浸混杂纤维布 2B1C-D02 试件，其强度发挥率为 0.451，相比 1C-D02 试件极限承载力提高约 6.4%；对混杂纤维进行间隔浸渍处理的

1B1C-P02试件,在加载后期达到约 0.473P_{max}荷载时才出现纤维的局部断裂,其强度发挥率达到0.535,较 1C-D02 试件提升了 26.2%,实测断裂应变也有显著的提高;进行间隔浸渍的混杂试件 2B1C-P02,其强度发挥率也达到了 0.525,极限承载性能较 1C-D02 试件提升了 23.8%。随着试件长度的增加,纤维混杂和间隔浸渍处理对无含浸纤维布极限承载性能提升的效果更加显著:5m 长间隔浸渍混杂纤维试件 1B1C-P05 和 2B1C-P05 的强度发挥率相较无含浸碳纤维1C-D05试件,提升幅度分别为 57.8% 和 48.7%,如图 11-4b)所示;而 10m 长试件 1B1C-P10 和 2B1C-P10 的强度发挥率相较间隔浸渍碳纤维布 1C-P10,提升幅度也分别达到 54.5% 和40.5%,如图 11-4c)所示。以上分析表明,间隔浸渍及混杂纤维的单独作用对于无含浸纤维布的极限承载性能提升不明显,而对混杂后的纤维布进行间隔浸渍处理则能够有效提升无含浸碳纤维布的拉伸性能。

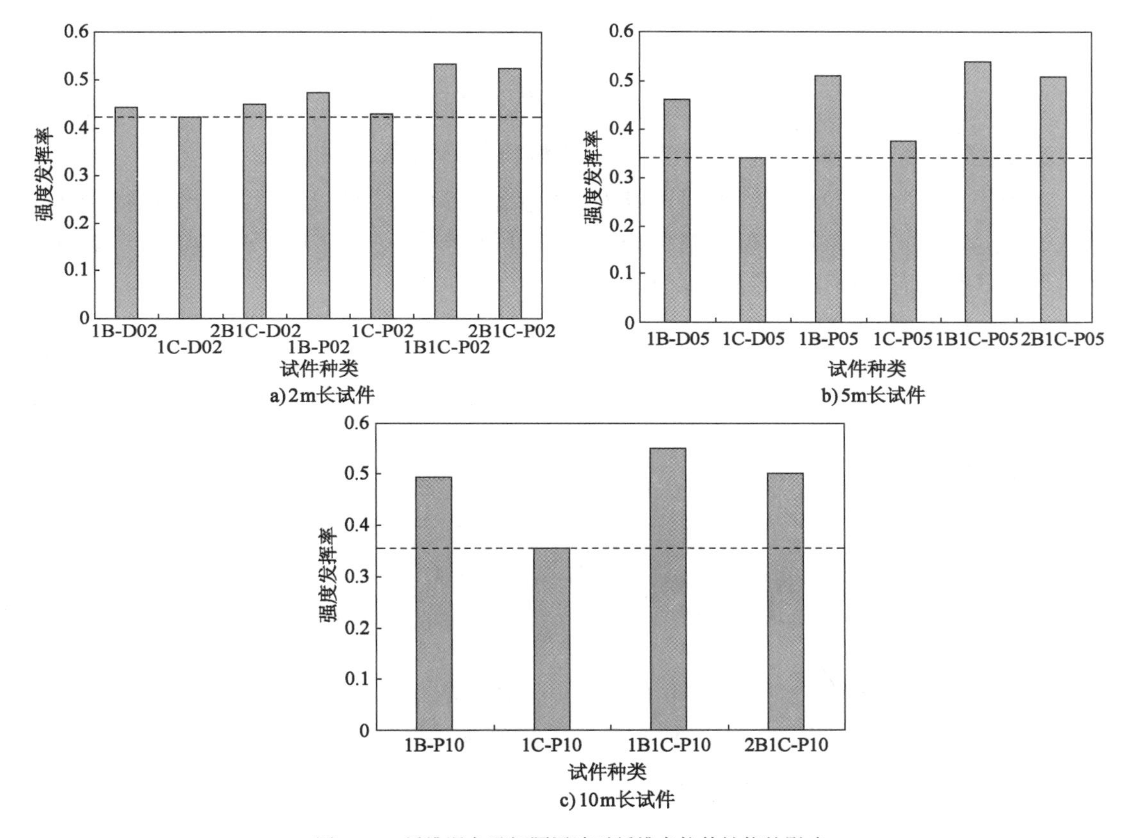

图 11-4　纤维混杂及间隔浸渍对纤维布拉伸性能的影响

图 11-5 给出了试件长度对纤维布极限拉伸性能的影响。无含浸及间隔浸渍的碳纤维布存在较为明显的尺寸效应,无含浸碳纤维布试件 1C-D 长度由 2m 增至 5m,极限承载力降低了 19%,而间隔浸渍树脂的碳纤维布试件 1C-P 长度由 2m 增至 5m 和 10m,极限承载力分别降低了 12.8% 和 17.4%;随试件长度的增加,无含浸及间隔浸渍的玄武岩纤维布试件 1B-D和 1B-P 的极限承载性能均未出现明显降低;对于间隔浸渍的混杂纤维布试件,试件长度由 2m 增至 5m 和 10m,1B1C-P 试件的极限承载力未出现降低,而 2B1C-P 试件的极限承

载力降低幅度在5%以内。以上分析表明,间隔浸渍和纤维混杂的共同作用能够有效降低无含浸碳纤维布的尺寸效应。

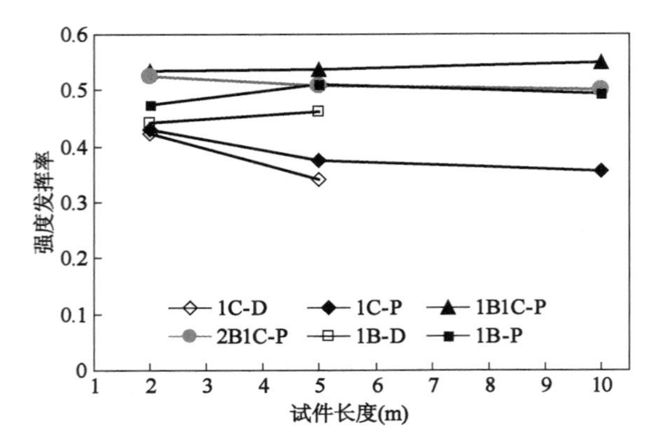

图11-5　试件长度对纤维布极限拉伸性能的影响

2)真空辅助成型快速固化工艺对FRP加固梁的效果提升

由于梁表面凹凸不平,很难得到理想的粘结性能。为了保证FRP片材与结构物表面完全粘结,尤其针对不平整或拱形的结构表面,可采用真空泵装置使FRP片材与结构物表面之间形成真空状态从而保证界面的良好粘结。

(1)VARTM简介

真空辅助树脂传递模塑(VARTM)工艺是近几年发展起来的一种新型大型复合材料制件的低成本液体模塑成型技术。其原理是在单面刚性模具上以柔性真空膜包覆和密封纤维增强材料,在真空负压作用下排除模腔中的气体,利用树脂的渗透和流动实现对纤维及其织物的浸渍,并在室温或加热条件下固化成型,形成具有一定形状尺寸和纤维体积分数的工艺方法。VARTM用于FRP外贴加固混凝土结构时,混凝土表面可视为传统VARTM工艺的刚性单面模具,代替传统手糊法加固,可以节省操作时间,VARTM工艺较手工工艺制作的FRP纤维含量更高,并保证纤维与混凝土的粘结质量,特别是在纤维布层数较多时其优势更加显著。

(2)工艺流程

图11-6为采用VARTM工艺制作FRP外贴加固混凝土梁的示意图,具体的工艺流程如图11-7所示。在纤维布表面布置脱模布是为了将纤维与导流介质隔离,便于固化后脱模,同时,脱模布具有良好的渗透性,以便树脂良好浸润纤维。导流网与螺旋管的作用是促进树脂在模腔内的快速分布和气体的排出。

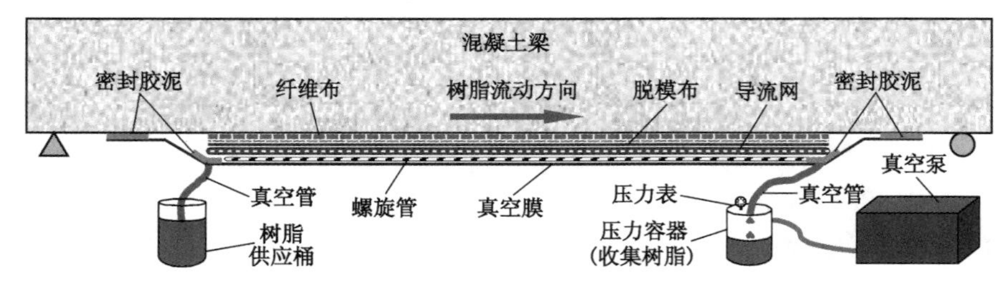

图11-6　采用VARTM工艺的FRP外贴加固RC梁示意图

(3)效果的验证

为了考察 VARTM 工艺对 FRP 外贴加固混凝土梁效果的影响,本节设计制作了 3 根 2m 长的小尺寸 RC 简支梁进行试验比较,分别为未加固的基准梁 SWL-0、用手糊法制作的加固梁 SWL-1 以及采用 VARTM 工艺制作的加固梁 SWL-2。试验梁的几何尺寸及钢筋配置情况详见图 11-8,粘贴于梁底的纤维片材由两层玄武岩纤维布和一层碳纤维布层间混杂得到(用 2PWL-1C 表示),混杂纤维片材与梁同宽,长度为 1.8m,在靠近两端支座处采用钢板机械锚固,防止发生 FRP 端部剥离破坏。实测混凝土立方体抗压强度为 36.7MPa。

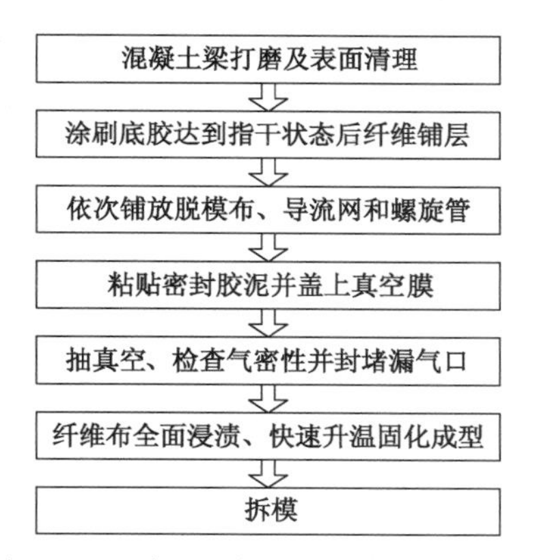

图 11-7　FRP 加固混凝土梁的 VARTM 工艺流程

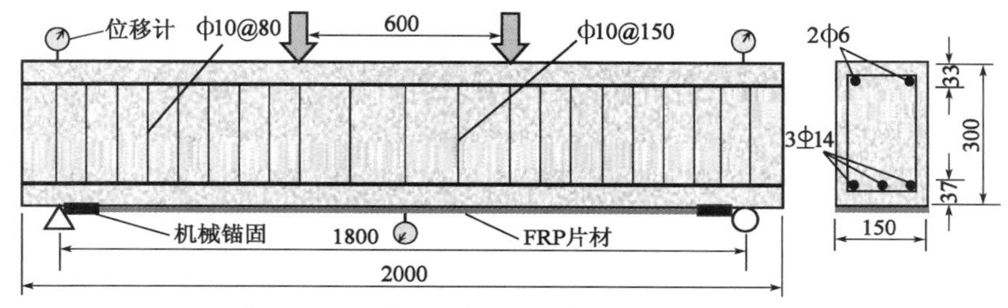

图 11-8　FRP 加固混凝土梁示意图(尺寸单位:mm)

未加固梁 SWL-0 的破坏模式为受压区混凝土压溃破坏;手糊法加固梁 SWL-1 的破坏模式为 FRP 跨中剥离后被迅速拉断,同时伴随大块混凝土剥落;采用 VARTM 工艺制作的加固梁 SWL-2 在钢筋屈服后出现了跨中局部 FRP 剥离现象,但之后仍能继续承载,最终的破坏模式为 FRP 断裂的同时受压区混凝土压溃。图 11-9 为各梁的荷载-跨中挠度曲线, SWL-2 梁的开裂荷载、屈服荷载以及极限荷载相比 SWL-1 梁均有一定提高;在钢筋屈服前 SWL-1 和 SWL-2 的刚度较为接近,而钢筋屈服后 SWL-2 梁刚度则明显高于 SWL-1 梁;两加固梁在发生剥离时跨中挠度相近,但 SWL-2 梁的剥离荷载比 SWL-1 梁提高约 12kN。由以上分析可知,相比传统的手糊法,采用 VARTM 工艺能够有效提升 FRP 的粘贴质量,获得更好的加固效果。

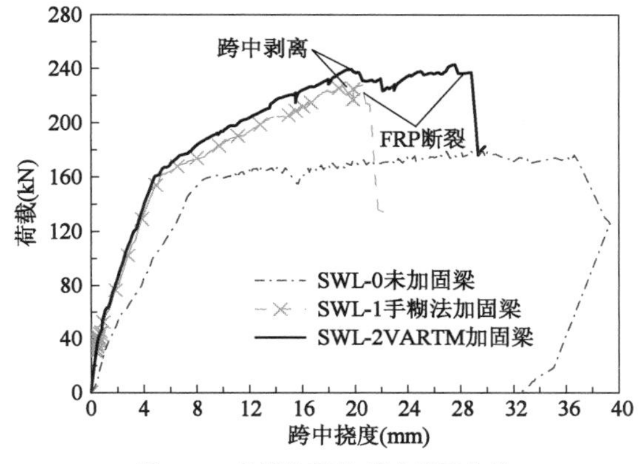

图 11-9　各梁的荷载-跨中挠度曲线

3)预应力混杂纤维布抗弯加固混凝土梁的力学性能

(1)试验概况

本节设计制作了 4 根大尺寸 RC 梁和 3 根大尺寸 PC 梁进行试验验证。为了提升纤维布的浸渍与粘贴质量,本节将 VARTM 工艺应用于纤维布的粘贴过程,并与传统纤维外贴加固技术进行了比较。试验 RC 梁和后张无粘结 PC 梁均为 T 形截面简支梁,梁长 6m,截面尺寸及钢筋和钢绞线配置情况如图 11-10a)所示。PC 梁选用 2 根直径为 15.2mm 的钢绞线,并张拉至极限强度的 65%。采用 C30 强度等级混凝土,实测 RC 梁和 PC 梁的立方体抗压强度分别为 40.5MPa 和 36.7MPa。各加固梁均采用 2B1C 碳-玄武岩混杂纤维布在梁底进行外贴加固,纤维布宽 170mm、长 5m,在预应力张拉试验之前对混杂纤维布进行间隔浸渍树脂,如图 11-10b)所示。

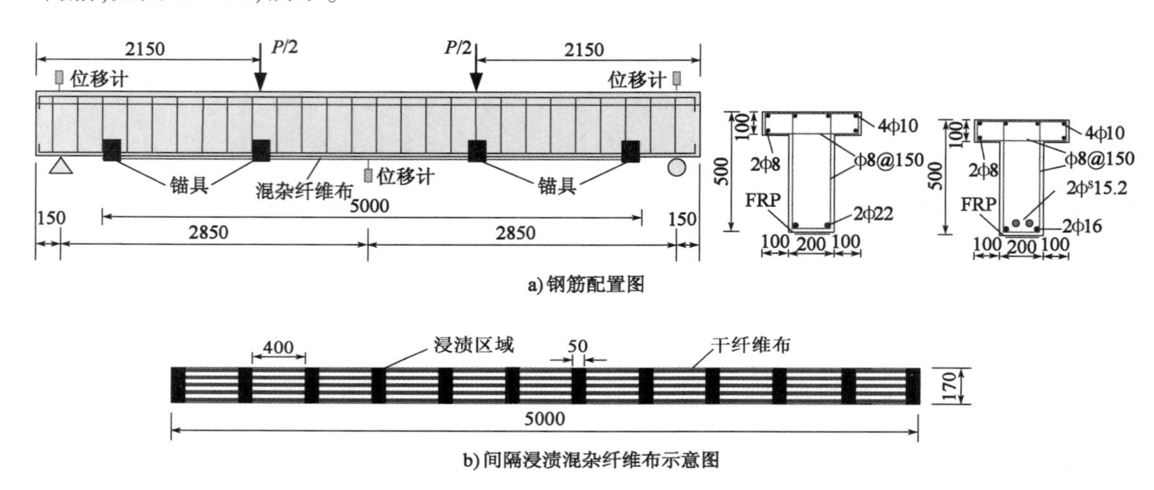

图 11-10　预应力混杂纤维布加固 RC 梁和 PC 梁示意图(尺寸单位:mm)

(2)荷载-挠度关系及破坏模式

如图 11-11a)所示,未加固 RC 梁 B-0 在钢筋屈服后随跨中挠度的增大荷载基本维持不变。相比预应力加固梁 B-2 和 B-3,非预应力加固梁 B-1 在钢筋屈服前相对未加固梁 B-0 的性能提高有限,而采用 VARTM 工艺制作的梁 B-2 在屈服前刚度、极限荷载和延性等方面均优于手糊法制作的梁 B-3,这表明预应力纤维布加固技术能够有效提高混凝土梁的剥离承载力。如图 11-11b)所示,预应力纤维布加固 PC 梁的性能提升幅度要小于同等条件下的 RC 梁,与 RC 梁类似,预应力加固梁 PB-1 的极限挠度要小于非预应力加固梁 PB-2。在外贴混杂纤维布加固中对混杂纤维布施加预应力能够有效降低加固梁在循环荷载作用下的残余变形,而采用 VARTM 工艺制作的梁 B-2 较手糊法制作的梁 B-3 在相同荷载下具有更小的跨中残余挠度,如图 11-11c)所示。PC 梁在预应力钢绞线的作用下,跨中残余挠度在钢筋屈服前基本为零,钢筋屈服后未加固梁 PB-0 的跨中残余挠度迅速增大,而采用预应力混杂纤维布加固的 PB-1 梁则增长相对缓慢。

VARTM 工艺制作的非预应力加固梁 B-1 和预应力加固梁 B-2 的破坏均起始于 FRP 与混凝土层之间的局部剥离,之后由于锚具的作用,FRP 仍能继续承载,最终的破坏模式表现为跨中附近 FRP 的断裂,如图 11-12a) 和 b) 所示。采用手糊法制作的预应力加固梁 B-3 的破坏模式为纯弯段混凝土保护层剥离,最后在靠近跨中锚具处发生 FRP 断裂,如图 11-12c) 所示。未加固 PC 梁 PB-0 的破坏为 T 梁翼缘区的混凝土压溃,如图 11-12d) 所示。预应力加固梁 PB-1 与非预应力加固梁 PB-2 的破坏模式与梁 B-1 和梁 B-2 类似,均为 FRP 局部剥离后在跨中附近发生断裂,其中梁 PB-2 还出现了加载点附近的混凝土压溃,如图 11-12e) 和 f) 所示。由以上破坏模式可知,预应力纤维布加固中采用 VARTM 工艺,能够有效改善纤维布的粘贴效果,提高界面粘结性能,配合可靠的锚固措施,能够得到较为理想的破坏模式。

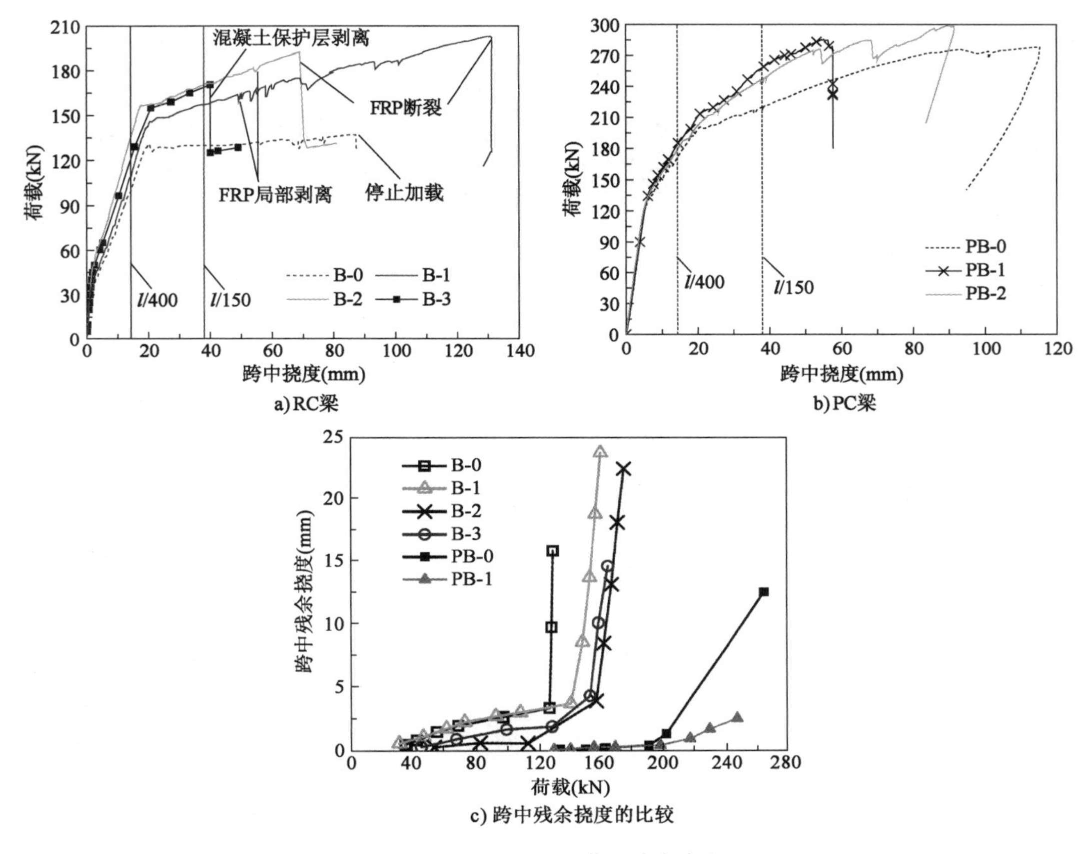

图 11-11　混凝土梁的荷载-挠度关系

(3) 开裂、屈服和极限荷载

由图 11-11 可知,与未加固 RC 梁 B-0 相比,采用 VARTM 工艺制作的非预应力加固梁 B-1 和预应力加固梁 B-2 的开裂荷载分别提高了 8% 和 64%,而采用手糊法制作的预应力加固梁 B-3 的开裂荷载提高幅度为 39%,明显低于梁 B-2;与开裂荷载的规律类似,梁 B-1、B-2 和 B-3 的屈服荷载相比梁 B-0,提高幅度分别为 15%、21% 和 20%;各加固梁的极限荷载相比梁B-0都得到了显著的提升,梁 B-2 和 B-1 的极限荷载相差不大,较梁 B-0 分别提升了 40% 和 48%,梁 B-3 由于发生了混凝土保护层剥离破坏,导致其极限荷载相对较低,提升幅度仅为 24%。相比未加固的 PC 梁 PB-0,预应力加固梁 PB-1 的开裂荷载提升了约 7%,而非预应力加固梁 PB-2 的开裂荷载则几乎没有提升;梁 PB-1 和 PB-2 的屈服荷载相比梁

PB-0,提升幅度分别为7%和2%;梁PB-1和PB-2的极限荷载较梁PB-0的提升幅度相对较低,分别仅提升了3%和7%,这主要是因为FRP的加固量相对PC梁的截面配筋来讲相对较小,加固梁RC的外贴纤维量相当于截面受拉钢筋的34.8%,而加固PC梁的外贴纤维量仅为10.9%的等效钢筋用量。

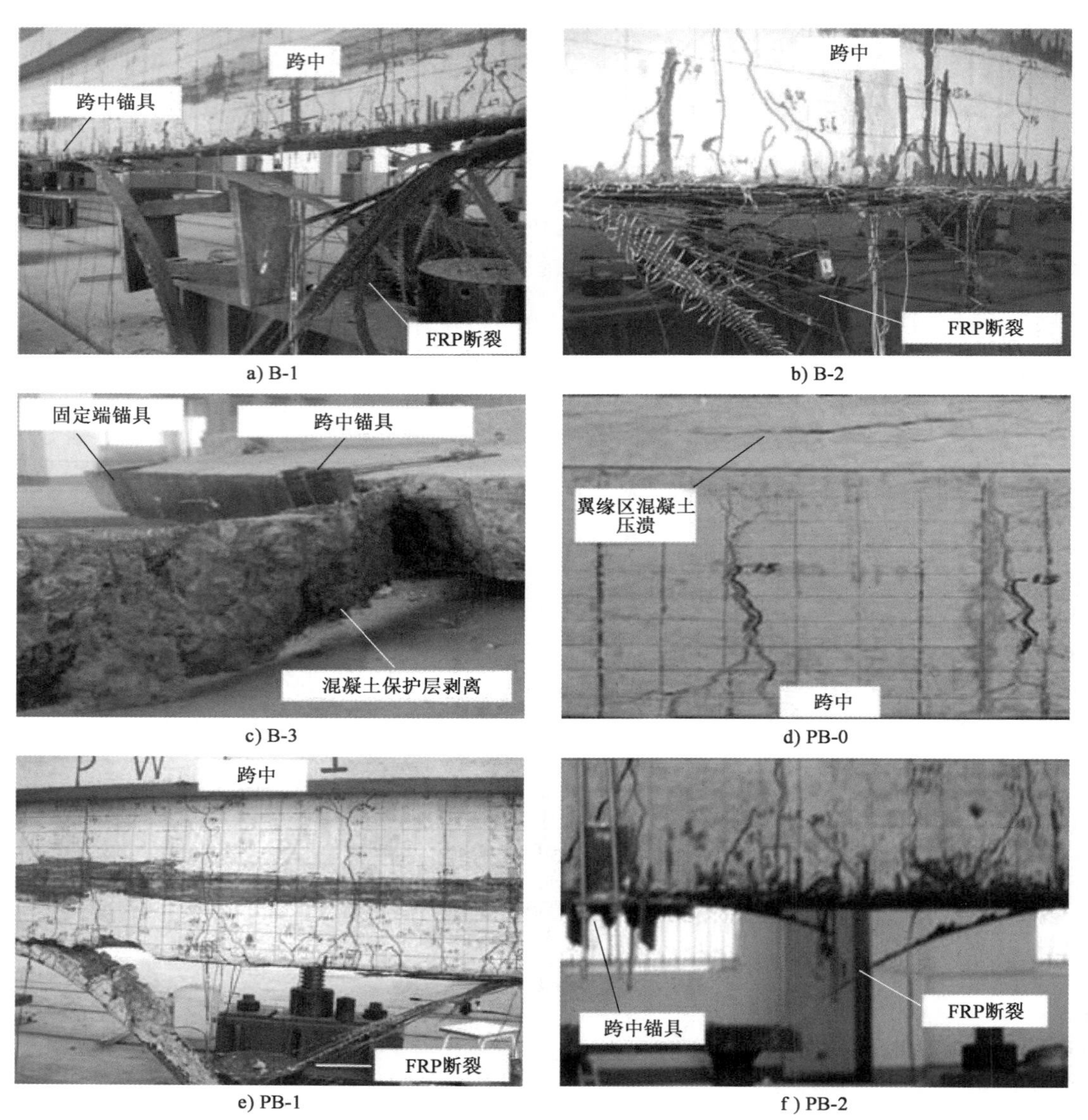

图11-12　加固梁的破坏模式

11.2.3　设计方法

1)弯曲破坏的破坏形式

为判断梁的破坏类型以选择相应的计算方法,先确定三个特征破坏的受压区高度,这三个特征破坏如下:

①破坏时混杂纤维布拉断,受压区最外侧混凝土压应变正好达到其峰值应变,即 $\varepsilon_f = \varepsilon_{fu}$,$\varepsilon_c = \varepsilon_0$。

②破坏时混杂纤维布拉断,受压区混凝土被压坏,即界限破坏,$\varepsilon_f = \varepsilon_{fu}$,$\varepsilon_c = \varepsilon_{cu}$。

③破坏时受压区混凝土压坏,主筋正好屈服,即 $\varepsilon_c = \varepsilon_{cu}$,$\varepsilon_s = \varepsilon_y$。

2)纤维断裂破坏时 M_u 的计算

预应力混杂纤维布断裂破坏时,根据受压区最外侧混凝土应变值的不同可分为两种情况:

破坏类型Ⅰ——此时受压区最外侧混凝土压应变还未达到峰值应变,即 $\varepsilon_c < \varepsilon_0$;

破坏类型Ⅱ——此时受压区最外侧混凝土压应变已大于或等于峰值应变但小于极限应变,即 $\varepsilon_0 \leqslant \varepsilon_c < \varepsilon_{cu}$。

①破坏类型Ⅰ:$\varepsilon_f = \varepsilon_{fu}$,$\varepsilon_c < \varepsilon_0$,$\varepsilon_s \geqslant \varepsilon_y$。

极限承载力:

$$M_u = f_y A_s\left(h_0 - \frac{x_c}{3}\right) + f_{fu} A_f\left(h_f - \frac{x_c}{3}\right) \tag{11-2}$$

②破坏类型Ⅱ:$\varepsilon_f = \varepsilon_{fu}$,$\varepsilon_0 \leqslant \varepsilon_c < \varepsilon_{cu}$,$\varepsilon_s \geqslant \varepsilon_y$。

极限承载力:

$$M_u = f_y A_s(h_0 - x) + f_{fu} A_f(h_f - x) \tag{11-3}$$

式中:x_c——混凝土受压区高度;

x——混凝土受压区合力作用点至截面顶部的距离;

其余符号意义同前。

当上式不满足时,即混凝土受压区高度超出翼缘部分,可参考预应力混凝土T形梁正截面承载力计算方法进行计算,此处不再赘述。

3)受压区混凝土压坏时承载力的计算

加固后梁发生受压区混凝土压溃破坏时也有两种情况:

①破坏类型Ⅲ:$\varepsilon_f < \varepsilon_{fu}$,$\varepsilon_c = \varepsilon_{cu}$,$\varepsilon_s \geqslant \varepsilon_y$。

极限承载力:

$$M_u = f_y A_s\left(h_0 - \frac{x_c}{2}\right) + E_f \varepsilon_f A_f\left(h_f - \frac{x_c}{2}\right) \tag{11-4}$$

②破坏类型Ⅳ:$\varepsilon_f < \varepsilon_{fu}$,$\varepsilon_c = \varepsilon_{cu}$,$\varepsilon_s < \varepsilon_y$。

此时,钢筋不能屈服,证明加固没有必要或混杂纤维布用量太大,需调整。

11.3 基于多种方法组合的预应力抗弯加固技术

11.3.1 基本原理

单一加固方法由于受到自身的限制,在极端重载环境下难以满足承载能力大幅度提升的需求。基于以下考虑,本节提出了基于多种方法组合的预应力抗弯加固技术:

①能够针对极端重载环境下的桥梁结构,大幅度提高其承载能力,同时避免由于加固材料的大量使用而降低材料强度利用率。

②加固要在外观尺寸、附加重量等方面对原有结构影响尽可能小,即不明显增大结构的

横截面尺寸。

③单一加固方法均有限制,需要能对每种加固方法扬长避短,组合运用不同的加固技术,综合发挥每种方法的优势,从而达到最优的加固效果。

④有推广价值的加固技术还应具有施工简单、受现场环境影响小、耐火、耐老化、成本低等优点。

预应力组合抗弯加固技术的原理,根据不同技术的组合方式,共分为以下四种情况:

①内嵌 FRP 筋加体表贴 FRP 布的组合。该组合方式为无预应力的组合,全部使用了 FRP 材料,耐腐蚀性能好。

②体表贴 FRP 布加体外预应力钢丝绳的组合。该组合方式对原结构基本无损伤,且为预应力主动加固技术。

③内嵌 FRP 筋加体外预应力钢丝绳的组合。该组合方式同样为主动加固技术。

④内嵌 FRP 筋加体表贴 FRP 布加体外预应力钢丝绳的组合(图 11-13)。该组合方式为超强组合加固技术,同时采用三种加固技术,实现了对原结构的超筋加固。

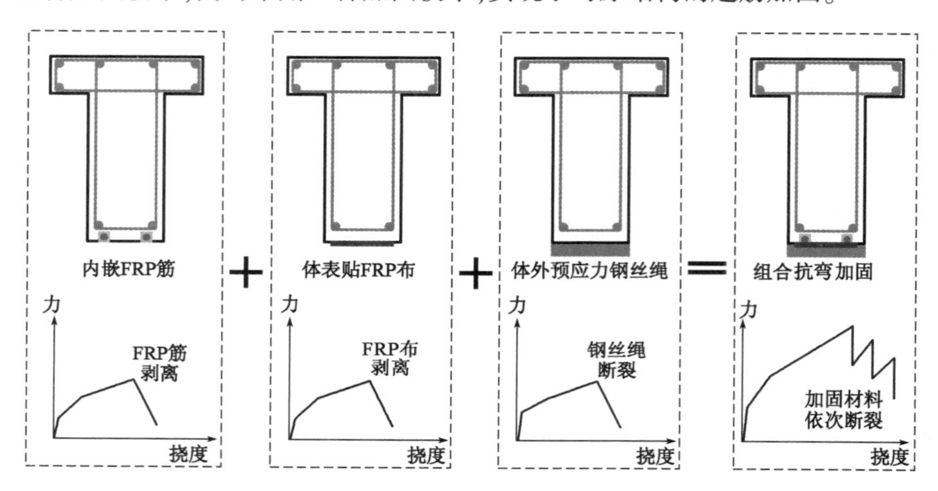

图 11-13　预应力组合抗弯加固技术的原理

将 FRP 材料与钢丝绳同时运用于混凝土构件中,以期待充分发挥各种材料的优势,扬长避短,从而形成"体、表、外"的组合加固体系,突破了单一加固方法的承载力上限,且能有效抑制 FRP 剥离,大幅提高了加固材料的强度利用率。本节先进行了外贴布和内嵌筋、外贴布和预应力钢丝绳以及内嵌筋和预应力钢丝绳的组合加固,并与按等强度设计的预应力钢绞线梁的抗弯性能进行对比;之后进行了外贴布、内嵌筋和预应力钢丝绳组合的超强加固。通过对不同组合加固试验梁的承载能力、刚度、延性和破坏模式的对比,研究了不同组合加固下材料的协同性能,探索了最优的加固方法。

11.3.2　试验论证

1)加固情况概述

为了探索预应力组合抗弯加固技术的施工工艺,并验证其对混凝土梁的抗弯加固效果,设计了包含 6 个 T 形梁的试验方案(表 11-1 和图 11-14):PWL-0 为预留孔道中有两根预应力钢绞线的梁，作为对照；PWL-1～PWL-5为在孔道中没有预应力钢绞线的试验梁，以模拟钢绞线在服役过程中失效后采用加固方法进行加固。其中PWL-1、PWL-2、PWL-3分别为内嵌CFRP筋、外贴CFRP布和预应力高强钢丝绳两两组合加固梁，两种加固材料的断裂拉力近似等于两根钢绞线的断裂力；PWL-4和PWL-5为同时采用三种加固方法加固的试验梁。钢绞线和钢丝绳的预应力水平通过梁的上翼缘不开裂进行控制。

试件编号与各梁加固情况　　表11-1

试件编号	预应力钢丝绳用量	CFRP布用量	CFRP筋用量	备　注
PWL-0	—	—	—	基准梁，有两根预应力钢绞线
PWL-1	—	3层，幅宽160mm	2ф8	布+筋组合
PWL-2	1层7根钢丝绳	3层，幅宽160mm	—	钢丝绳+布组合
PWL-3	1层7根钢丝绳	—	2ф8	钢丝绳+筋组合
PWL-4	1层10根钢丝绳	2层，幅宽200mm	2ф8	钢丝绳+布+筋组合
PWL-5	1层7根钢丝绳	3层，幅宽160mm	2ф8	钢丝绳+布+筋组合

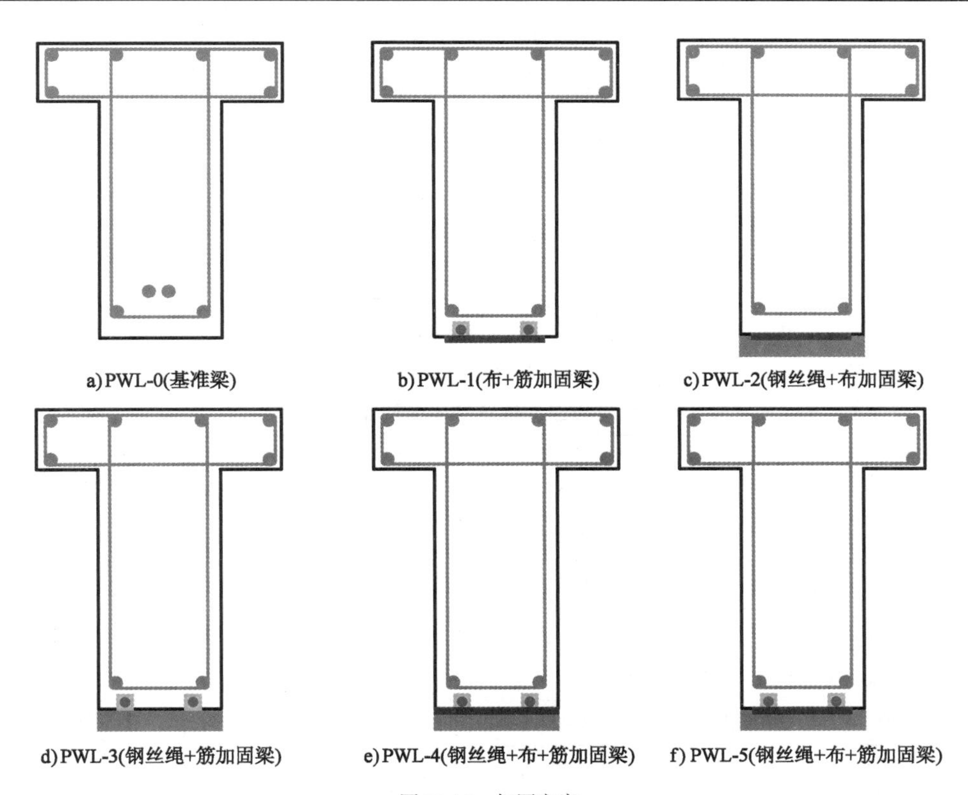

图11-14　加固方案

2)加固工艺流程

同时采用三种加固方法的工艺流程如下：①在梁底开两个20mm×20mm的槽，两个槽的净间距为100mm。放置CFRP筋后涂抹结构胶。②待结构胶硬化后再对梁底进行打磨，粘贴CFRP布。③在梁两端相应位置打孔，安装植筋。之后安装锚板，通过植筋固定于梁上。④将钢丝绳绕过螺纹套筒的开孔,并用挤压锚头锚固。⑤将螺纹杆穿过锚板的开孔后,旋进螺纹套筒的内螺纹中,螺纹杆的另一端用锚固螺母固定。⑥将张拉支架抵在锚板的两侧,另一根螺纹杆穿过张拉支架的开孔后通过连接套筒与前面的螺纹杆相连,分别将钢套管、钢垫板、力传感器和张拉螺母依次安装在螺纹杆上。用工具拧紧张拉螺母,对钢丝绳施加预应力,直至力传感器的读数达到设计张拉力。拧紧锚固螺母,完成对该根钢丝绳的张拉。重复上述过程,直至所有钢丝绳张拉完毕后,拆除张拉装置。⑦架设模板,浇筑聚合物砂浆,砂浆厚度为5cm,同时覆盖锚具和钢丝绳。

3)加固效果讨论

本节从破坏模式、承载力、刚度和延性几个方面,详细讨论了采用预应力组合抗弯加固的梁的加固效果。跨中的荷载-位移曲线如图11-15所示,主要试验结果见表11-2。

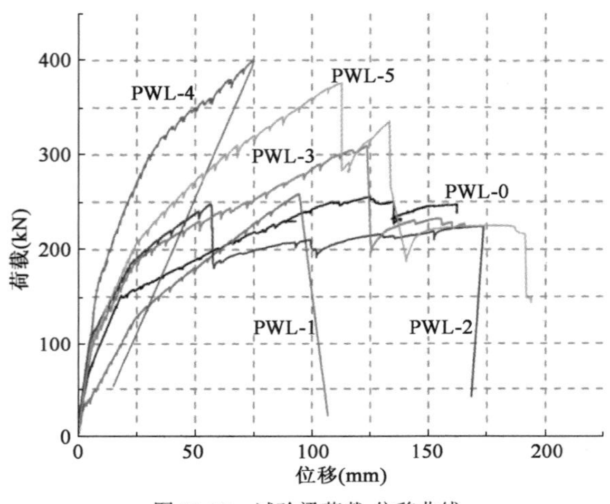

图11-15 试验梁荷载-位移曲线

预应力组合抗弯加固试验结果 表11-2

试件编号	类别	P_{cr} (kN)	P_y (kN)	P_{max} (kN)	Δ_y (mm)	Δ_u (mm)	延性系数	破坏模式
PWL-0	基准梁	78	151.7	250.6	21.12	135.08	6.4	钢绞线断裂
PWL-1	外贴布、内嵌筋等强加固	28.4	130.2	258.7	25.38	94.46	3.72	CFRP布剥离
PWL-2	外贴布、钢丝绳等强加固	108.2	189.7	247.8	24.37	56.23	2.31	CFRP布剥离、钢丝绳断裂
PWL-3	内嵌筋、钢丝绳等强加固	100.5	190.5	309.4	26.47	123.44	4.66	CFRP筋滑移
PWL-4	多种方法组合超强加固	169.1	294.3	399.7	29.44	74.58	2.53	螺杆断裂
PWL-5	多种方法组合超强加固	110.9	210	375.9	26.42	112.77	4.27	CFRP布、CFRP筋断裂

注:P_{cr}为开裂荷载;P_y为屈服荷载;P_{max}为极限荷载;Δ_y为屈服位移;Δ_u为极限位移。

(1)破坏模式和承载力

①破坏模式。破坏模式主要依据试验中的破坏过程、试验结束后的观察以及应变片的数据得出(表11-2)。从这6根梁的破坏模式可以看出,无论是CFRP筋与CFRP布的组合,还是它们与钢丝绳的两两组合,均发生了CFRP筋滑移或CFRP布剥离的破坏,材料的利用

率低。而三者组合的超强加固,依次发生了 CFRP 布和 CFRP 筋的断裂破坏,没有发生剥离或滑移,大大提高了材料的使用效率。

②开裂荷载。由于对梁 PWL-1(布 + 筋)没有施加预应力,因而梁 PWL-1(布 + 筋)的开裂荷载大大低于基准梁 PWL-0。除此之外,其余 4 根试验梁的开裂荷载都远远高于基准梁 PWL-0,最大提升幅度为 117%。这是由于对钢丝绳施加了预应力,该力臂显著大于 PWL-0 梁钢绞线的力臂,且在梁底浇筑了 5cm 厚砂浆,显著增大了截面面积,因而开裂荷载显著高于 PWL-0 梁。同时对比发现,梁 PWL-2(钢丝绳 + 布)、PWL-3(钢丝绳 + 筋)和 PWL-5(钢丝绳 + 布 + 筋)的开裂荷载基本相同,均低于梁 PWL-4(钢丝绳 + 布 + 筋),因而可以判断开裂荷载基本由钢丝绳提供的预应力决定,与其他加固材料无关。

③屈服荷载。梁 PWL-1(布 + 筋)的屈服荷载仍然低于基准梁 PWL-0,说明 CFRP 筋与 CFRP 布的组合加固对承载力的提高仍然具有滞后性。而梁 PWL-2(钢丝绳 + 布)和 PWL-3(钢丝绳 + 筋)的屈服荷载基本相同,均高于基准梁 PWL-0 25% 以上,说明内嵌 CFRP 筋和外贴 CFRP 布分别与钢丝绳组合加固能同等地提高梁的屈服荷载。而三种方法组合加固的梁 PWL-5(钢丝绳 + 布 + 筋)的屈服荷载相较于基准梁 PWL-0 提高幅度达到 38%,且高于梁 PWL-2(钢丝绳 + 布)和 PWL-3(钢丝绳 + 筋)。

④极限荷载。虽然梁 PWL-1(布 + 筋)的 CFRP 筋和 CFRP 布未拉断,材料利用率低,但由于弯曲力臂大于 PWL-0 的钢绞线,因此其极限荷载与基准梁 PWL-0 基本相等。梁 PWL-2(钢丝绳 + 布)由于过早发生 CFRP 布剥离,导致极限荷载略低于基准梁 PWL-0。梁 PWL-3(钢丝绳 + 筋)的 CFRP 筋与梁混凝土的粘结性能优于 CFRP 布,因而剥离的发生迟于梁 PWL-2(钢丝绳 + 布),极限荷载显著高于基准梁 PWL-0,提高幅度达到 23%。梁 PWL-5(钢丝绳 + 布 + 筋)的极限荷载较基准梁 PWL-0 提高了 50%,高于梁 PWL-1(布 + 筋)、PWL-2(钢丝绳 + 布)和 PWL-3(钢丝绳 + 筋),且提高幅度是两两组合梁最大提高幅度的两倍。这说明三种加固方法的组合使用,避免了 CFRP 布和 CFRP 筋过早发生剥离破坏,三种材料共同工作,大大提高了材料的使用效率,加固的效果优于两两组合加固。

(2)刚度和延性

从表 11-2 和图 11-15 中可以看出,除了 PWL-1 梁(布 + 筋)外,其他加固梁的截面刚度均高于基准梁 PWL-0。具体来说,在两两组合加固中,梁 PWL-1(布 + 筋)由于未施加预应力,存在明显的应力滞后效应,截面刚度显著低于基准梁 PWL-0。梁 PWL-2(钢丝绳 + 布)的截面刚度高于梁 PWL-3(钢丝绳 + 筋),这是由于 CFRP 布的截面模量高于 CFRP 筋且 CFRP 布的弯曲力臂比 CFRP 筋更大。梁 PWL-4(钢丝绳 + 布 + 筋)由于钢丝绳施加的预应力更大且材料用量更多,截面刚度最大。梁 PWL-5(钢丝绳 + 布 + 筋)在屈服之前的截面刚度与梁 PWL-2(钢丝绳 + 布)差别不大,只有在梁屈服以后才高于梁 PWL-2(钢丝绳 + 布)。同时可以发现,所有加固梁的延性均有不同程度的下降,而梁 PWL-5(钢丝绳 + 布 + 筋)作为三种方法组合加固梁,能够同时获得较高的承载力和较好的延性。

11.3.3　设计方法

1)加固材料断裂时抗弯承载力的计算

多种方法组合加固混凝土梁后,当加固材料断裂时有两种破坏形态,其中第一种破坏形态发生时钢筋主筋已经屈服,而第二种破坏形态发生时钢筋主筋仍未屈服。

①第一种破坏形态:

$$M_u = f_y A_s\left(h_0 - \frac{x_c}{3}\right) + f_{fu3}A_{f3}\left(h_{f3} - \frac{x_c}{3}\right) + E_{f1}\varepsilon_{f1}A_{f1}\left(h_{f1} - \frac{x_c}{3}\right) + E_{f2}\varepsilon_{f2}A_{f2}\left(h_{f2} - \frac{x_c}{3}\right) \quad (11\text{-}5)$$

②第二种破坏形态:

$$M_u = f_y A_s(h_0 - x) + f_{fu3}A_{f3}(h_{f3} - x) + E_{f1}\varepsilon_{f1}A_{f1}(h_{f1} - x) + E_{f2}\varepsilon_{f2}A_{f2}(h_{f2} - x) \quad (11\text{-}6)$$

式中: f_y、f_{fu3}——钢筋屈服强度和钢丝绳抗拉强度;

h_0、h_{f1}、h_{f2}、h_{f3}——钢筋、CFRP 筋、CFRP 布和预应力钢丝绳中心与梁顶的距离;

A_s、A_{f1}、A_{f2}、A_{f3}——钢筋、CFRP 筋、CFRP 布和预应力钢丝绳的截面面积;

ε_{f1}、ε_{f2}——CFRP 筋、CFRP 布应变;

x_c——混凝土受压区高度;

其余符号意义同前。

2)受压区混凝土压坏时抗弯承载力的计算

多种方法组合加固混凝土梁后,当混凝土压坏时也有两种情况,即第三种与第四种破坏形态。其中,第三种破坏形态发生时钢筋主筋已经屈服,而第四种破坏形态发生时钢筋主筋仍未屈服。由于第四种破坏形态的发生,意味着加固本身没有必要或者加固料过小,故不讨论第四种破坏形态,重点讨论第三种破坏形态的受弯承载力计算。

根据力平衡求得受压区高度,根据平截面假定求得三种加固材料的应变值,则抗弯承载力可由以下公式计算:

$$M_u = f_y A_s\left(h_0 - \frac{x_c}{2}\right) + E_{f1}\varepsilon_{f1}A_{f1}\left(h_{f1} - \frac{x_c}{2}\right) + E_{f2}\varepsilon_{f2}A_{f2}\left(h_{f2} - \frac{x_c}{2}\right) + E_{f3}\varepsilon_{f3}A_{f3}\left(h_{f3} - \frac{x_c}{2}\right) \quad (11\text{-}7)$$

式中,各符号意义同前。

11.4 预应力弯剪组合加固技术

11.4.1 基本原理

针对结构弯剪同时存在的加固需求,课题组研究开发了高强钢丝绳预应力主动加固结合内嵌高强螺杆进行梁体抗剪加固的新方法,并创新采用钢丝绳-钢板等弯剪组合加固方法解决结构多方面承载不足问题。通过改进施工工艺,确保良好的抗剪加固体系的锚固效果,同时利用预应力钢丝绳对梁体的紧箍作用,实现了抗剪加固与抗弯加固体系的协同工作,有效增强了抗弯钢板端部的锚固效应,形成高效的弯剪组合加固体系(图 11-16)。该体系不仅具有优良施工性,还可在不明显增大构件截面尺寸的情况下,显著提升构件的综合承载性能。

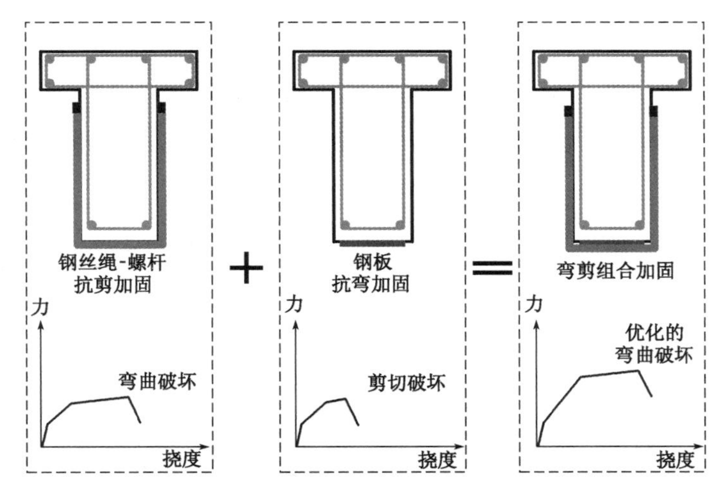

图 11-16　预应力弯剪组合加固原理

11.4.2　试验论证

1) 加固情况概述

弯剪组合加固技术的基本思想是将抗弯加固与高效的抗剪加固技术进行有机结合,使之协同作用,以有效提升结构的综合承载性能。为此,尝试将多种新型抗剪加固法与粘贴钢板抗弯加固法联合应用,并通过改进加固锚固体系及施工工艺进一步提高锚固体系有效性和加固体系整体性,以实现高效的弯剪组合加固效果。本节提出的新型抗剪加固方法包括高强预应力钢丝绳抗剪加固法、内嵌高强螺杆抗剪加固法,以及将二者结合的组合抗剪加固法。

为验证所提新型加固方法的加固效果,并尽可能接近工程实际应用,选用 7 根大尺寸 T 形梁开展模型试验研究[15]。试件全长 6000mm,跨度 5800mm,采用四点加载模式,加载点间距 1933mm,弯剪区长度为 1933mm,试件对应剪跨比为 4.3。7 根试件中包括 1 根未加固基准梁(JL-0)、3 根抗剪加固梁(JL-1、JL-2、JL-3),以及 3 根弯剪组合加固梁(WJL-1、WJL-2、WJL-3),各试件加固方案详见表 11-3 和图 11-17。为检验所提抗剪加固方法的效果,基准梁 JL-0 被设计为易发生剪切破坏的试验梁,箍筋按构造要求进行配置,相应配箍率为 0.14%。JL-1、JL-2 和 JL-3 分别为预应力高强钢丝绳抗剪加固梁、内嵌高强螺杆抗剪加固梁,以及高强预应力钢丝绳与内嵌高强螺杆组合抗剪加固梁;WJL-1、WJL-2、WJL-3 为弯剪组合加固梁,其构造形式为在以上抗剪加固梁设计方案的基础上在梁底增设抗弯钢板,分别为预应力高强钢丝绳与钢板弯剪组合加固梁,内嵌高强螺杆与钢板弯剪组合加固梁,以及预应力高强钢丝绳、内嵌高强螺杆与钢板弯剪组合加固梁。所有试件抗剪加固的材料用量以等强加固为原则进行设计。

试件编号与加固方案　　表 11-3

试件编号	钢丝绳间距(mm)	内嵌螺杆间距(mm)	抗弯钢板[厚度(mm)×宽度(mm)]	备　注
JL-0	—	—	—	RC 基准梁
JL-1	85	—	—	预应力高强钢丝绳抗剪加固

续上表

试件编号	钢丝绳间距(mm)	内嵌螺杆间距(mm)	抗弯钢板[厚度(mm)×宽度(mm)]	备　注
JL-2	—	235	—	内嵌螺杆抗剪加固
JL-3	200	400	—	钢丝绳与螺杆组合抗剪加固
WJL-1	85	—	8×170	钢丝绳与钢板弯剪加固
WJL-2	—	235	8×170	螺杆与钢板弯剪加固
WJL-3	200	400	8×170	钢丝绳、螺杆、钢板弯剪加固

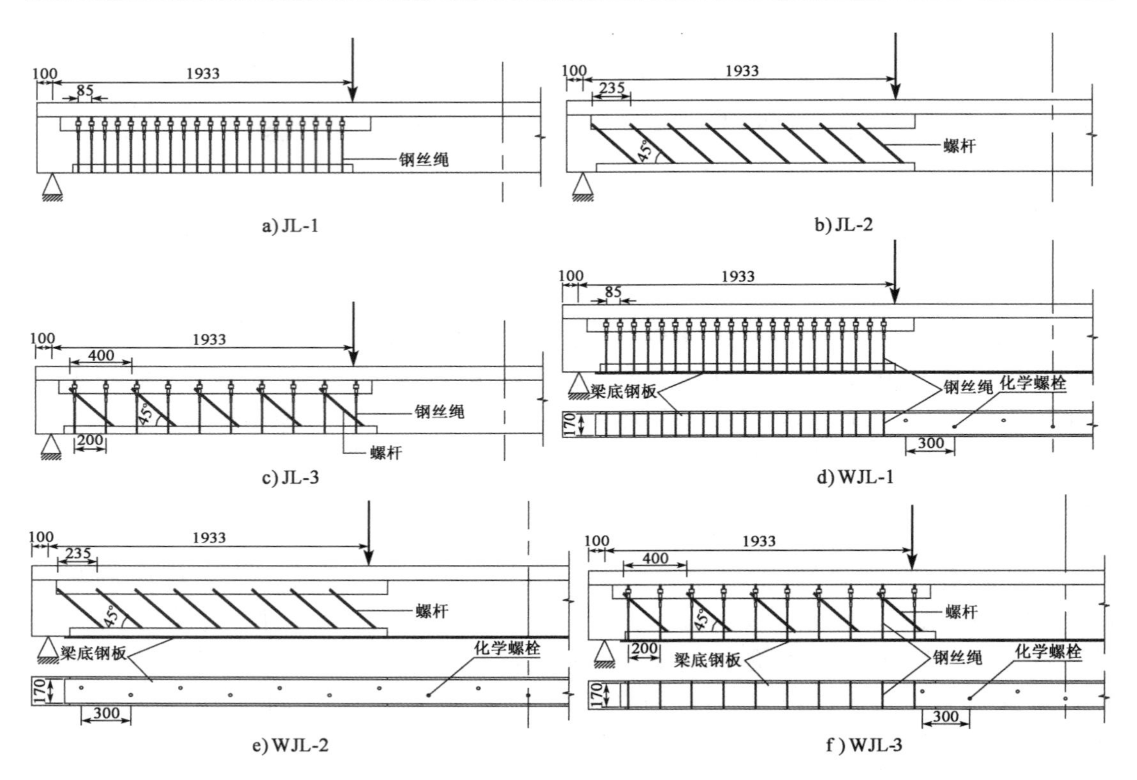

图 11-17　试验梁弯剪组合加固方案（尺寸单位:mm）

2)加固工艺流程

下面以组合最为复杂的预应力高强钢丝绳、内嵌高强螺杆与钢板弯剪组合加固梁为例,具体介绍施工工艺流程:①在混凝土待加固梁弯剪段靠近腹板顶部的位置左右开两排水平方向槽口用于固定锚板。在需要嵌入高强螺杆的位置开槽,开槽深度与螺杆直径一致。将梁底处的梁角打磨出倒角,倒角半径与角铁倒角半径一致。打毛梁底混凝土表面,为粘贴钢板加固做准备。②在混凝土梁和锚板的相应位置打孔,固定锚板。③将高强螺杆一端与角铁焊接,另一端与锚板焊接,并用粘钢胶填满螺杆对应斜槽。④将穿接了连接件的钢丝绳穿入特制铝合金锚头,形成拉环形状,然后使用专用的挤压设备进行锚固。张拉钢丝绳至设计拉力。⑤在梁体外侧先后涂抹界面剂和聚合物砂浆。

3) 加固效果讨论

本节从破坏模式、承载力、刚度、延性和加固材料应变角度，详细讨论了采用预应力弯剪组合加固的梁的加固效果。

(1) 破坏模式和承载力

各试验梁的荷载位移曲线参见图 11-18，各试验梁具体破坏模式见表 11-4。3 根抗剪加固梁（JL-1、JL-2、JL-3）的荷载位移曲线非常接近，呈典型的适筋梁破坏形式。各梁的抗剪加固材料应变记录表明采用的抗剪加固材料在试验加载过程中均未屈服。最后这 3 根梁均因梁体纯弯段受压区混凝土压溃而破坏，破坏模式为受弯破坏。3 根弯剪组合加固梁（WJL-1、WJL-2、WJL-3）的荷载位移响应也非常接近。3 根弯剪组合加固梁的抗弯钢板所测应变此后都基本维持稳定，不再有大幅增长，且均未达到屈服应变，表明钢板和梁体间粘结作用部分遭到了破坏。此后当荷载继续增加至 521 ~ 538kN 时，纵筋屈服。各梁的抗剪加固材料应变记录也表明采用的抗剪加固材料在试验加载过程中均未屈服。最后这 3 根梁均因梁体纯弯段受压区混凝土压溃而破坏，破坏模式为受弯破坏。由此可见，除基准梁的破坏模式为剪切破坏外，其余各加固梁均表现为弯曲破坏模式。

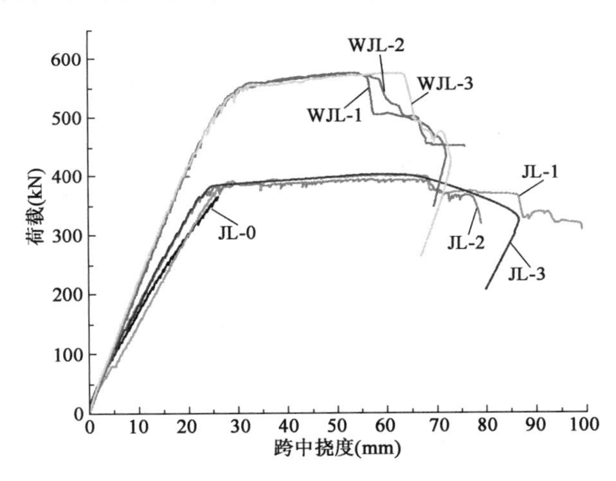

图 11-18　各试验梁的荷载-跨中挠度曲线

预应力弯剪组合加固试验结果　　表 11-4

试件编号	类　　别	P_{cr} (kN)	P_y (kN)	P_{max} (kN)	Δ_y (mm)	Δ_u (mm)	延性系数	破坏模式
JL-0	RC 基准梁	90	305.2	370.2	20.38	26.56	1	受剪
JL-1	预应力钢丝绳抗剪加固	160	380.6	401.7	26.38	58.13	2.20	受弯
JL-2	内嵌螺杆抗剪加固	100	369.2	394.8	23.08	55.66	2.41	受弯
JL-3	钢丝绳与螺杆组合抗剪加固	120	385.3	403.9	25.24	58.3	2.31	受弯
WJL-1	钢丝绳与钢板弯剪加固	220	538	576.4	29.2	53.55	1.83	受弯
WJL-2	螺杆与钢板弯剪加固	85	521	572.2	26.79	49.96	1.86	受弯
WJL-3	钢丝绳、螺杆、钢板弯剪加固	220	521	575.7	27.05	60.75	2.25	受弯

注：P_{cr} 为开裂荷载；P_y 为屈服荷载；P_{max} 为极限荷载；Δ_y 为屈服位移；Δ_u 为极限位移。

各个试验梁的开裂荷载、屈服荷载和极限荷载见表11-4。对于抗剪加固梁，相比基准梁JL-0的开裂荷载(90kN)，在抗剪加固体系中应用了预应力高强钢丝绳的加固梁，梁体的开裂荷载得到了显著提升(JL-1和JL-3相比JL-0分别提升了78%和33%)；使用高强螺杆的加固梁(JL-2)，开裂荷载也有提升但提升幅度相对较小(仅较JL-0提升了11%)。对于弯剪加固梁，应用了预应力高强钢丝绳进行抗剪加固的梁WJL-1和梁WJL-3的开裂荷载均达到了220kN，较基准梁JL-0提升144%；而采用高强螺杆作为抗剪加固材料的梁WJL-2的开裂荷载甚至低于基准梁JL-0。这也证明了应用主动式预应力高强钢丝绳进行抗剪加固，利用钢丝绳的紧箍力使梁体处于双向受压状态，对于提高加固梁的开裂荷载十分有效。屈服荷载和极限荷载方面，与基准梁相比，抗剪加固组各试件与弯剪组合加固组各试件的相应值均显著提升，同时构件屈服模式均由箍筋屈服转为纵筋屈服。对比基准梁，抗剪加固组试件的屈服荷载最高提升了26%，弯剪组合加固组试件相应值则最高提升了76%；抗剪加固组试件的极限荷载最高提升了9%，弯剪组合加固组试件则最高提升了56%。相同加固组内，各试件的屈服荷载和极限荷载未见显著差异。以上结果表明，所采用的抗剪加固方法均有效改善了结构的抗剪性能，所采用的弯剪组合加固方法均显著提高了梁的整体承载力。

(2)刚度和延性

从表11-4和图11-18中可以看出，所有加固梁的截面刚度均高于基准梁，而弯剪组合加固梁的刚度又显著高于单纯抗剪加固梁。构件延性方面，抗剪加固梁的延性系数分别提升至2.20、2.41和2.31；弯剪组合加固梁的延性系数较抗剪加固梁略低，但较基准梁相比提升显著，分别达到了1.83、1.86和2.25。这表明弯剪组合加固虽然可有效提升结构承载力，但较抗剪加固梁延性有所降低。

11.5 试点工程应用

11.5.1 龙尾港大桥及加固概况

九景高速公路起点九江，终点景德镇，于1999年2月建成通车，全长约134km。在其标段内共有桥梁104座，其结构形式主要为预应力混凝土简支空心板梁。经调研发现存在损伤的桥梁共有15座，其余桥梁状况良好或者已被加固过，采用的加固方法均为沿纵向粘贴碳纤维布。其中损伤最严重的桥梁为龙尾港大桥，大桥中心桩号为K406+490，曾采用碳纤维布粘贴加固，后于2014年在靠近九江方向桥台下发生火灾，使得碳纤维布剥落，梁体受损严重，如图11-19所示。

由于此桥梁受拉侧混凝土保护层较薄，不适合采用嵌入筋的方法加固。为了修复此桥梁火灾造成的损伤，并较大幅度提高桥梁的承载能力，对此桥梁左幅受损跨采用了外贴布和张拉预应力钢丝绳组合抗弯加固。考虑成本问题，外贴布采用玄武岩纤维布。经过优化设计方案，最后采用了外贴2层玄武岩纤维布和张拉30根预应力高强钢丝绳的加固方案，如图11-20所示。经计算，加固后的抗弯承载力较未加固时提高了约32%。

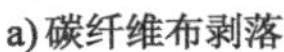
a) 碳纤维布剥落

b) 保护层混凝土剥落

图 11-19　龙尾港大桥病害

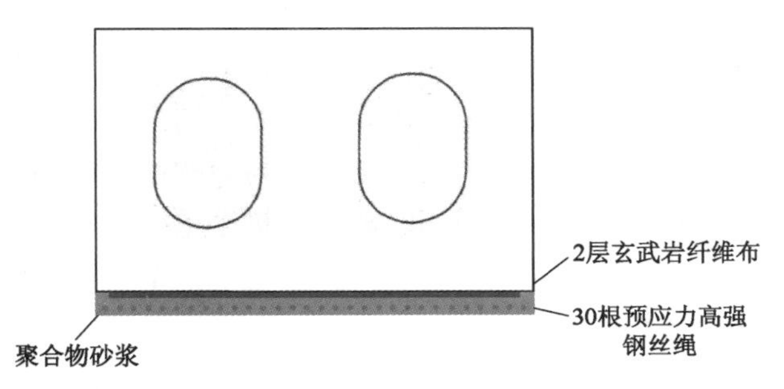

图 11-20　龙尾港大桥加固方案

11.5.2　加固技术要点

该桥梁的加固技术要点介绍如下(图 11-21):

①混凝土基底处理:清除混凝土基面的劣化层,若有裂缝,应先对裂缝进行修补。清理掉打磨后基面上的粉尘、松散浮渣,并且吹净,确保粘贴基面干净、无油污并干燥充分。

a) 粘贴玄武岩纤维布

b) 张拉钢丝绳

c) 覆盖砂浆

图 11-21　龙尾港大桥加固工艺

②粘贴玄武岩纤维布:粘贴立面玄武岩纤维布时应按照由上到下的顺序进行。用胶辊在玄武岩纤维布上沿纤维方向施加压力并反复碾压,使树脂胶液充分浸渍玄武岩纤维布,除去气泡和多余树脂,使玄武岩纤维布和底层充分粘结。

③预应力钢丝绳端部锚具安装:根据设计确定锚具位置,沿宽度方向凿出槽口,通过植入螺栓固定锚具。

④钢丝绳下料与挤压锚头制作:由于采用的锚具为镦头锚具,故对钢丝绳下料长度要求严格。下料后用专门设计的挤压锚具挤压铝合金套筒使其与钢丝绳成为一体。

⑤钢丝绳张拉与锚固:在一侧钢丝绳的一端穿入锚具,另一端由专门的张拉器进行张拉,张拉至设计应力时进行锚固。

⑥聚合物砂浆防护:采用涂刷砂浆等方法进行防护,同时,该砂浆也能共同参与锚固钢丝绳受力,减轻锚具压力,避免预应力筋的松弛等。

11.5.3 加固效果监测

为了定量分析现场加固效果,本次试点工程利用课题组开发的长标距光纤光栅传感器对龙尾港大桥进行长期施工监测。桥梁结构主要的外荷载为上部的车辆荷载。在车辆作用下,结构的应变急剧增长,远大于环境噪声的影响,而且车辆作用下的极限响应是可以反映出结构自身刚度状况的。同时由于车辆车重分布在一段时间内可以视为呈固定统计规律,故此处通过统计加固过程前后车辆作用下桥梁的极限应变响应来对桥梁加固前后的状态进行分析检验。

图 11-22 为传感器在加固前、FRP 布粘贴后(即钢丝绳张拉前)和加固完成三个阶段结构应变的频率分布直方图。

由图 11-22 可以看出,结构的跨中应变响应呈双峰分布特点,为了便于比较三种状态下应变分布的不同,将三个阶段的频率分布直方图重叠绘制在同一张图上,如图 11-23 所示。

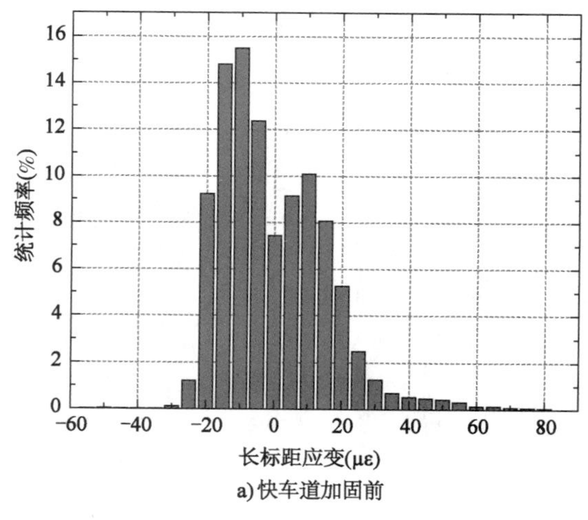

a)快车道加固前

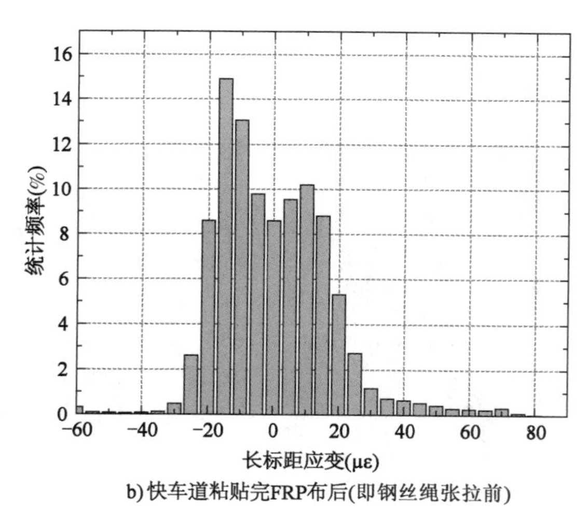

b)快车道粘贴完FRP布后(即钢丝绳张拉前)

图 11-22

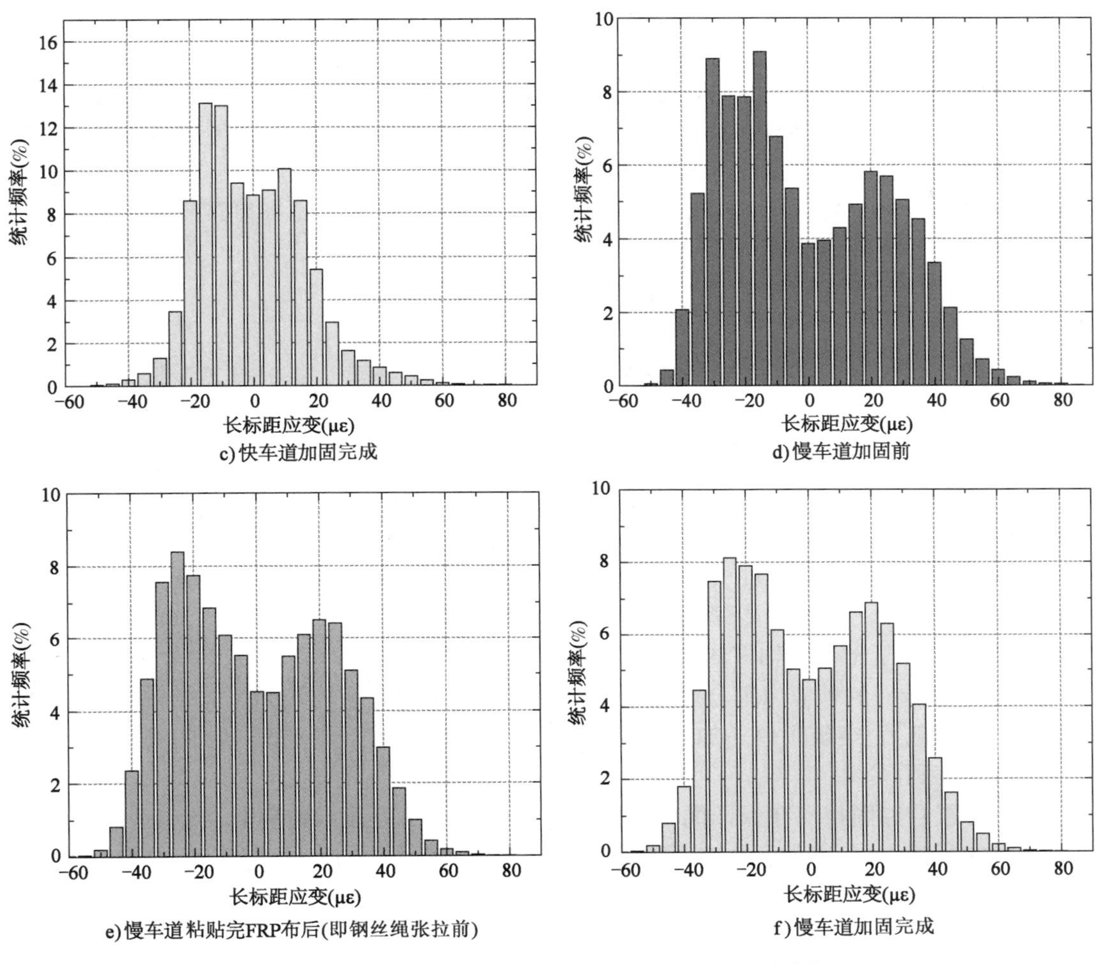

图 11-22　各个跨中传感器在不同加固状态下应变统计分布

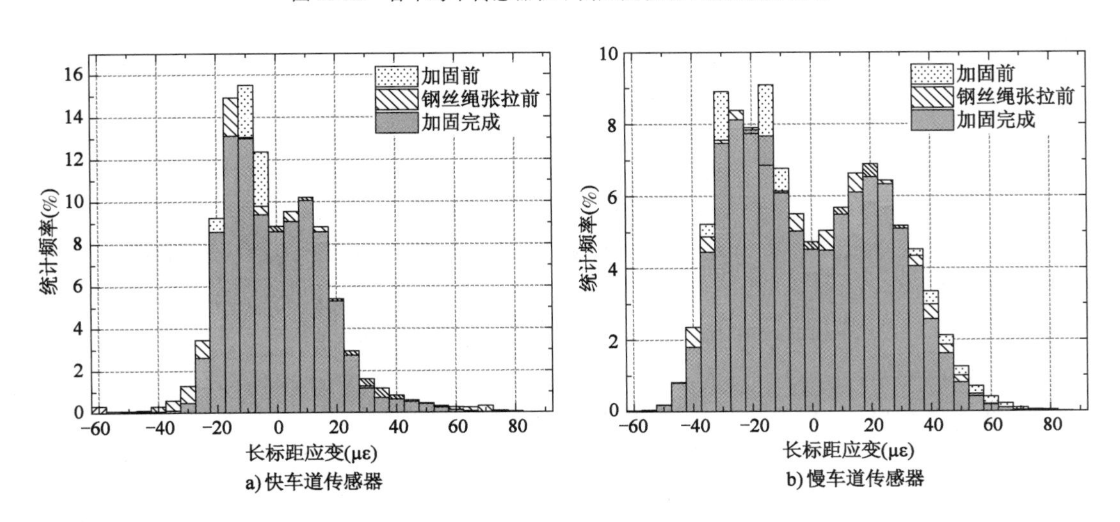

图 11-23　各个跨中传感器在加固前后应变统计分布对比

平均来看,整个加固过程降低了20%左右的结构应变响应,因为在车辆作用下结构一直处于弹性状态,所以应变的降低也表明结构的刚度在加固后上升了20%。同时可以发现压应变峰值略有上升,经分析判断,该现象主要是由钢丝绳预应力所产生的反拱现象导致的,反拱使得结构的拉应变在向压应变转移。总的来看,长标距光纤光栅传感器监测结果证明了此次加固的效果和可靠性,同时用现场实际工程验证加固方法的效果,比试验室试验更具有说服性。这种分析方法不用专门进行荷载试验,不影响交通,具有很好的便利性。

11.6 本章小结

针对单一材料、单一加固方法存在的材料利用率偏低、承载力提升幅度受限的难题,本章提出了基于材料混杂、多种方法组合抗弯和弯剪组合的预应力高效加固技术。探索了材料混杂,内嵌筋、体表贴布、体外张拉钢丝绳的组合抗弯,以及螺杆-钢丝绳、钢板弯剪组合加固的工艺流程,并通过试验验证了其加固效果。在研究的基础上,进一步介绍了预应力组合抗弯技术在龙尾港大桥加固中的应用。可以得出以下结论:

①通过将碳纤维与高延性玄武岩纤维布进行层间混杂并配合间隔浸渍树脂的手段,可有效提升干纤维布的拉伸性能,配合真空辅助树脂传递模塑(VARTM)工艺,可有效提升预应力FRP加固混凝土受弯构件的加固效果。

②"体、表、外"的预应力组合抗弯加固技术在不明显增大结构截面尺寸的前提下,大幅提升了结构承载力,突破了单一加固方法的承载力上限。通过限制布(筋)的剥离破坏,提高了材料强度利用率。

③弯剪组合加固技术在保证优良的抗剪加固体系的锚固效果的同时,利用预应力钢丝绳对梁体的紧箍作用,实现了预应力抗剪加固与抗弯加固体系的协同工作,增强了抗弯钢板端部的锚固效应,从而大幅提高了抗弯钢板材料强度利用率,保证了良好的结构延性。

④在研究工作的基础上,将预应力组合抗弯加固技术成功应用于龙尾港大桥试点工程,并通过长标距光纤光栅传感器进行施工监测。监测结果证明,组合抗弯加固技术大幅提升了桥梁的抗弯性能,可以在今后的加固工程中推广应用。

本章参考文献

[1] 吴智深,岩下健太郎,林啓司. ドライ炭素繊維シートの引張性能向上に関する検討[J]. 日本複合材料学会誌,2005,31(5):230-237.

[2] 吴智深,岩下健太郎,岳清瑞,等. 一种提高碳纤维布张拉性能的方法:200610087492[P]. 2010-06-12.

[3] Campbell F C. Manufacturing processes for advanced composites[M]. Amsterdam: Elsevier,2003.

[4] Uddin N,Shohel M,Vaidya U K,et al. Bond strength of carbon fiber sheet on concrete substrate processed by vacuum assisted resin transfer molding[J]. Advanced Composite Materials,2008,17:277-299.

[5] 曹双寅,邱洪兴. 结构可靠性鉴定与加固技术[M]. 北京:中国水利水电出版社,2001.

[6] 吕西林. 建筑结构加固设计[M]. 北京:科学出版社,2001.
[7] 卓尚木,季直仓,卓昌志. 钢筋混凝土结构事故分析与加固[M]. 北京:中国建筑工业出版社,1997.
[8] 万墨林,韩继云. 混凝土结构加固技术[M]. 北京:中国建筑工业出版社,1995.
[9] 赵彤,谢剑. 碳纤维布补强加固混凝土结构新技术[M]. 天津:天津大学出版社,2001.
[10] 卫龙武,吕志涛,郭彤. 建筑物评估、加固与改造[M]. 2 版. 南京:江苏科学技术出版社,2006.
[11] 高作平,陈明祥. 混凝土结构粘结加固技术新进展[M]. 北京:中国水利水电出版社,1999.
[12] 卓尚木,季直仓,卓昌志. 钢筋混凝土结构事故分析与加固[M]. 北京:中国建筑工业出版社,1997.
[13] 岳清瑞. 纤维增强塑料(FRP)在土木工程结构中应用技术的进展[C]//岳清瑞. 第二届全国土木工程用纤维增强复合材料(FRP)应用技术学术交流会论文集. 北京:清华大学出版社,2002:18-22.
[14] Wu G, Shi J W, Jing W J, et al. Flexural behavior of concrete beams strengthened with new prestressed carbon-basalt hybrid fiber sheets[J]. Journal of Composites for Construction, 2014, 18(4):04013053.
[15] 许心怡. 预应力高强钢丝绳抗剪加固混凝土梁试验研究[D]. 南京:东南大学,2017.

第3篇

结构抗震加固新技术

第12章 结构损伤可控设计及加固技术

12.1 概　　述

地震是重大自然灾害之一,强烈地震不仅会造成结构严重破坏,还可能会引发火灾、海啸等次生灾害,从而造成严重的经济损失。表12-1统计了一些大地震造成的人员伤亡和经济损失[1]。从数据可以看出,强烈地震造成了巨大的经济损失和十分严重的社会影响。强烈地震造成的结构局部破坏或整体倒塌一直被认为是造成人员伤亡和经济损失的重要原因。在此背景下,很长一段时间内,人们都在寻求避免结构震后倒塌的方法。结构抗震设计的不断发展有效地提升了结构的抗倒塌水平。然而,近期地震震害发现,即使结构震后未倒塌,也可能因损伤严重而难以修复,从而引起较大的经济损失和社会影响。仅仅考虑结构倒塌或者不倒塌已经越来越不能满足人们期望将地震影响降到最低的要求,人类仍然面临着城市震后重建时间长和社会代价巨大的问题。因此,增强混凝土结构的震后损伤控制能力,提升结构的震后可修复性从而使结构能够快速恢复使用具有十分重要的意义。

部分地震人员伤亡与损失统计[1]　　表12-1

时　间	地　点	震级	人员伤亡	经济损失
1989年10月17日	美国洛马-普雷塔	7.1	约63人死亡,3757人受伤	110多亿美元
1994年1月17日	美国北岭	6.7	约57人死亡,8700人受伤	300多亿美元
1995年1月17日	日本阪神	7.3	约6500人死亡,43000人受伤	2000多亿美元
1999年9月21日	中国台湾集集	7.6	2000多人死亡,约11000人受伤	100多亿美元
2008年5月12日	中国汶川	8.0	69000多人死亡,约370000人受伤	8000多亿人民币
2010年2月27日	智利康塞普西翁	8.8	300多人死亡,数千人失踪	约300亿美元
2011年3月11日	日本东北近海	9.0	约15854人死亡,约3155人失踪	约2000亿美元
2013年4月20日	中国四川芦山	7.0	约196人死亡,约11470人受伤	约500亿人民币

在此背景下,震时损伤可控、震后可快速恢复的损伤可控结构逐渐受到学者们的重视。国内外地震学界也将更多的研究目光聚焦于损伤可控的混凝土结构体系、评价方法和设计

方法等。本章将提出基于损伤可控理念的混凝土结构加固技术。首先总结既有混凝土结构抗震表现的不足,探讨传统抗震设计的缺陷,进而提出损伤可控混凝土结构概念以及具体评价方法,在此基础上提出基于损伤可控理念的结构加固技术,最后介绍若干损伤可控加固技术的实现方法,以及目前国内外关于损伤可控结构加固技术的前沿研究进展。

12.2 损伤可控混凝土结构

12.2.1 传统混凝土结构性能的不足

在1906年的旧金山地震之后,人们逐渐开始了结构抗震方面的研究。在过去的一个多世纪的时间里,结构抗震研究得到了长足的发展。从最初的静力法理论研究,到后来的反应谱法研究,人们都是以避免结构倒塌和人员伤亡为主要目标。这一阶段以控制结构震后瞬时性能为主要目标,即通常的"大震不倒"性能要求,通过严格的抗震设计保证结构震后不倒塌,从而减少人员伤亡与经济损失。

现今我国采用的抗震设计方法仍是以保证生命安全为主要设防目标,并主要通过增加结构延性来实现,使得结构在地震作用下"摇而不倒""裂而不倒"。因此传统的钢筋混凝土设计非常注重考虑结构延性,这种延性设计思想允许结构构件出现塑性变形,但是据此方法设计的 RC 结构在地震作用下,结构屈服后损伤发展过快且难以控制,很容易发生较大的不可恢复的残余变形。如图12-1所示,结构由于震后残余变形过大,影响其正常使用功能,部分建筑甚至需要拆除重建,这无疑增大了结构的震后经济损失。

a)混凝土柱残余位移过大

b)结构薄弱层变形过大

图12-1 结构震后残余位移过大无法修复

通过震后的灾害调查发现,近几次大地震震害呈现新的特点——严格的抗震设计使得结构倒塌造成的损失较小,但结构因维修或重建导致的经济损失仍然巨大。在1985年墨西哥城地震之后,相当多的钢筋混凝土结构因为残余位移过大而不得不拆除[2]。在日本阪神地震后的重建工作中,不仅是损坏严重的桥墩,就连有很大的残余位移的桥墩也要重新建造。地震后的详细调查结果表明,在591个受到损伤的桥墩当中,有129个必须重建,因为它们的残余位移超过了15cm。资料显示,2010年智利 Maule 大地震中仅4座严格抗震设计的房屋倒塌,然而经济损失仍然超过 300 亿美元[3];2011 年日本的 Tohoku 地震造成的经济损失超过 2000 亿美元[3];2011 年新西兰基督城地震中,70% 的商业中心建筑虽然未倒塌,但因破坏较大,功能损失严重而需要重建,经济损失超过 150 亿美元。

我国 660 多个城市中,位于地震设防区的约占 74.5%。城市中有电力、通信、供水、供气系统等生命线工程,有超高层建筑、大跨空间建筑等重大工程,以及易燃、易爆、有毒设施等重要工程。对于这些工程,不仅要求地震发生时是安全的,而且要求震后有一定的继续使用功能,并且能够尽快修复。特别是,现在经济发展越来越依赖连接城市的公路、铁路、桥梁和城市内的立交桥等交通枢纽,地震作用下交通枢纽的破坏或者震后重建工作的耽误,不仅会使城市遭受严重的破坏并造成重大的直接经济损失,而且将使城市群产业链中断甚至瘫痪,造成巨大的间接经济损失。

12.2.2　结构抗震理念的新发展

近些年的地震灾害表明,虽然建筑倒塌和人员死亡的数量可以得到较好的控制,但是地震所造成的经济损失和社会影响仍然是巨大的。一个重要原因就是建筑结构震后恢复较慢或缺乏可恢复性。基于此,学者们越来越关注结构的震后可恢复性,抗震设计理念也从单纯的抗倒塌设计慢慢向可恢复性设计转变,发展可恢复性的结构或者城市正逐渐成为地震学界研究的热点。

国际地震学界逐渐开始重视震后可恢复性研究。例如在 2009 年的 NEES/E-Defense 美、日地震工程会议上,“可恢复功能城市(resilient city)”被作为合作方向[4]。而 2015 年在澳大利亚悉尼召开的第十届太平洋地震工程会议则以“建设地震可恢复性的太平洋地区”作为会议的主题[5]。在 2016 年的美国太平洋地震工程研究中心年会上,“可恢复性”被认为是下一代基于性能的地震工程的研究核心[6]。2017 年的第 16 届世界地震工程大会也以“可恢复性”作为大会主题[7-8]。与此同时,包括美国国家自然科学基金在内的多个官方机构为可恢复性结研究提供资金支持[9],我国也在抓紧编制可恢复功能结构的相关设计规范[8]。由此可见,可恢复性结构的研究已成为国际地震学界研究的热点。

12.2.3　损伤可控结构的理念与特征

发展可恢复性地震工程以结构为主要载体。而由前述可以总结如下:现有的抗震设计通过增加结构抗力和延性来提升抗震能力,但是增加结构延性不能很好地解决结构可修复性问题,增加结构强度来实现结构可修复性则又会带来成本的剧增。因此应积极采用新材料或设计新的结构体系来实现结构可修复性。在这种情况下,本章提出损伤可控结构理念。损伤可控结构是指在地震灾害作用下结构损伤不会过度发展,灾后在合理的技术条件和经济条件下经过修复即可恢复其预期功能的结构。

图 12-2 为损伤可控混凝土结构与传统 RC 结构的荷载-位移关系比较。由图 12-2 可见,损伤可控混凝土结构与传统 RC 结构的荷载-位移曲线主要在屈服后差别显著。传统 RC 结构在达到屈服点后刚度下降明显,承载能力无法持续增大,较低的屈服后刚度容易导致较大的非弹性变形和残余变形,损伤不可控。而损伤可控混凝土结构则呈现多屈服段的特点,结构整体损伤有序。在达到第一屈服点后,结构整体还具有显著的二次刚度,承载能

力还可以继续增大,结构整体损伤可控。一般可以通过附加额外耗能构件或者采用新型结构体系、材料等来实现这种特殊响应机制。

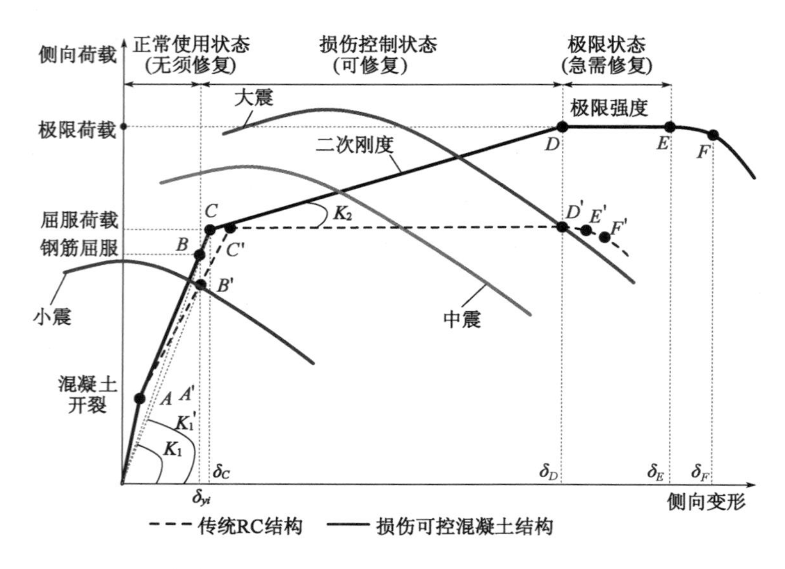

图 12-2 损伤可控混凝土结构与传统 RC 结构的荷载-位移关系比较

1)损伤可控结构的构造与力学特征

损伤可控结构的目的是保证主体结构在地震作用下不发生损伤,或允许出现轻微损伤,但在震后可快速修复。主体结构的损伤控制一般可通过如下几种方式实现:附加额外的可更换的耗能器件,附加耗能支撑或者采用新的结构体系及一些新材料等。其目的是使地震作用下损伤都集中于主体结构之外,而可更换的构件承担主要的能量耗散作用。因此,在地震下保护主体结构的损伤构件常常先发生屈服并进而耗散能量,而主体结构则后进入屈服,或者保持弹性状态。因此,整个结构体系呈现较为显著的双线性特征,与传统的 RC 结构弹塑性特征有着明显的区别。

图 12-3 所示为 Ke 等[10]提出的附加损伤耗能跨的结构体系。体系基本构造如图 12-3a)所示,在主体框架两侧附加具有更低屈服强度和屈服位移的耗能跨,因此地震下损伤均集中在设想的附加耗能跨上。整体结构体系的荷载-位移曲线如图 12-3b)所示,地震作用下耗能跨先进入屈服,主体结构后进入屈服,因而整个结构体系的荷载-位移曲线呈现双线性特征。

屈曲约束支撑(buckling-restrained brace,BRB)是较为常见的耗能构件。图 12-4 显示了当屈曲约束支撑和传统 RC 框架组合使用时的基本构造和力学特征。事实上,当 BRB 添加进结构体系时,将对原结构产生附加的强度和刚度从而形成双重抗侧力体系(总结构体系),BRB 体系在地震下一般先屈服并耗能,而 RC 框架体系后屈服。因此 BRB 体系起到了保护主体 RC 框架的作用,通过合理的设计,RC 框架在地震下就可以实现损伤可控。整个体系理想的荷载-位移曲线如图 12-4b)所示,可以看到,体系的荷载-位移曲线呈现出典型的双线性特征。

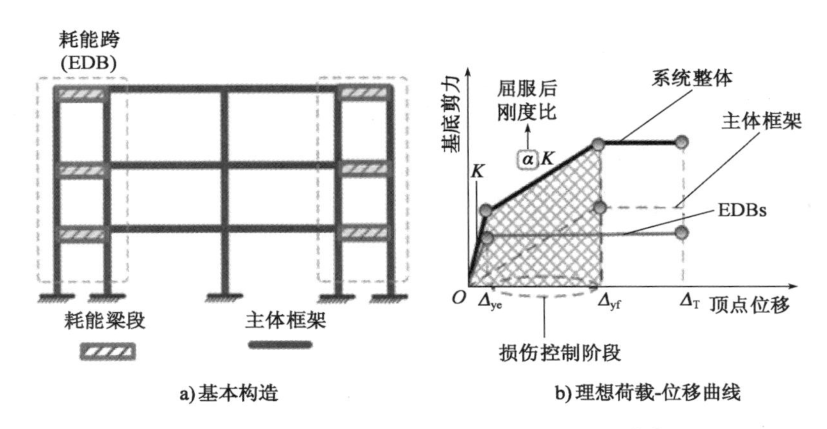

a) 基本构造　　b) 理想荷载-位移曲线

图12-3　附加耗能跨的框架体系与力学响应特性[10]

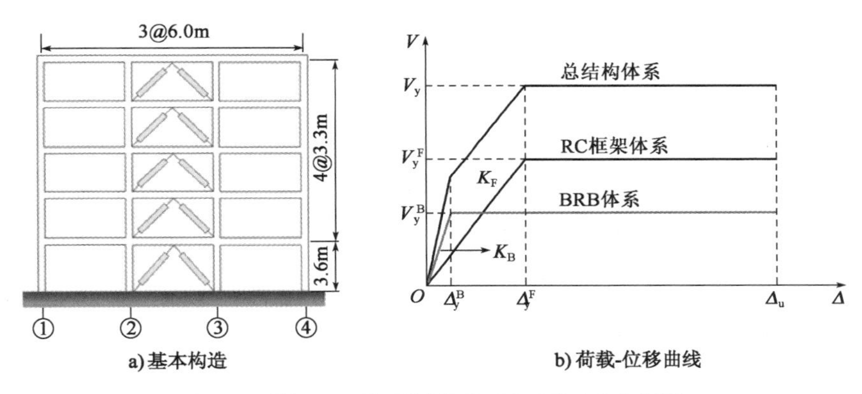

a) 基本构造　　b) 荷载-位移曲线

图12-4　附加BRB体系的框架体系与力学响应特性[11]

还有一种较为典型的损伤可控结构——预应力混凝土结构。通过施加预应力，使得结构构件在震后能恢复至原来的位置，从而使整个结构的震后残余变形较小，震后可修复。而地震作用下能量的耗散则通过施加额外的耗能元件实现。图12-5显示了一典型的预应力混凝土结构的构造和力学响应特性[12]。可见，由于预应力筋的存在，结构也呈现出双线性特征，不同的是，在卸载时由于自复位特性，结构整体残余变形较小，呈现出旗帜形的特点。结构的耗能能力由旗帜形区域的面积来体现，通过改变耗能元件设计或布置，可以实现不同耗能需求。

随着一些新型高性能材料的发展和应用，借助新型材料也可以实现混凝土结构的损伤可控。目前在土木工程领域研究和应用得比较多的材料包括形状记忆合金(SMA)和纤维增强复合材料(FRP)。SMA具有优良的形状记忆效应和超弹性特性，用其制作的金属丝或者金属棒等器件具有良好的自复位特性[13](图12-6)，当用在结构中时可减小震后残余变形[14-15]。FRP则是一种线弹性材料。FRP和钢筋两者具有极强的互补性，两者组合后，FRP可以在钢筋屈服后继续提供承载力和刚度，使得结构可以呈现明显的屈服后刚度特征。本书作者课题组较早地进行了利用FRP实现混凝土结构的损伤可控研究，提出了具有优异二次刚度的钢-连续纤维复合筋(SFCB)及其增强混凝土结构[16-17]，同时提出了利用FRP实现稳定二次刚度的复合加固技术等[18-19]，具体将在后文详细介绍。

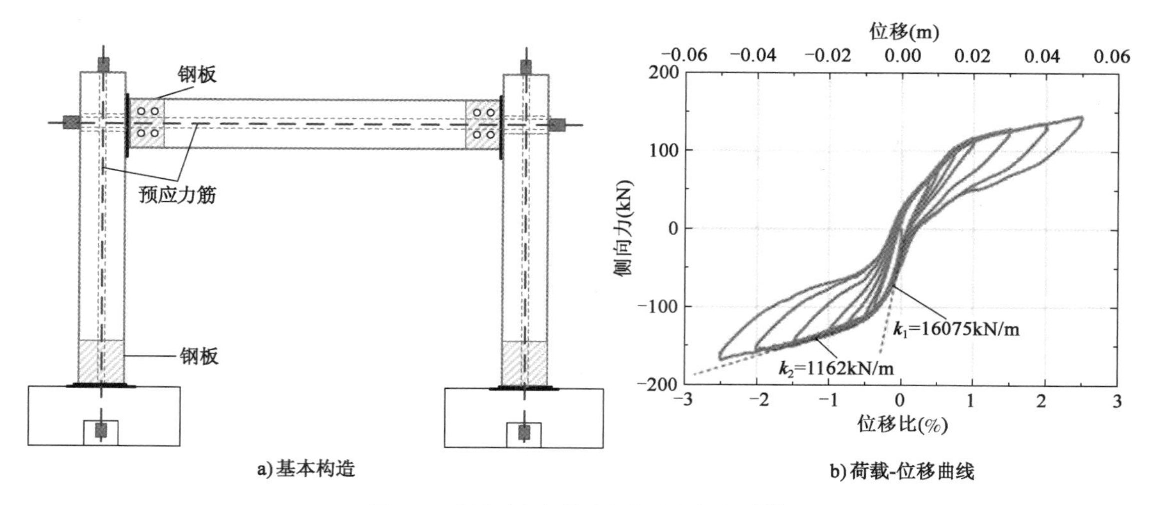

图 12-5 预应力框架体系与力学响应特性[12]

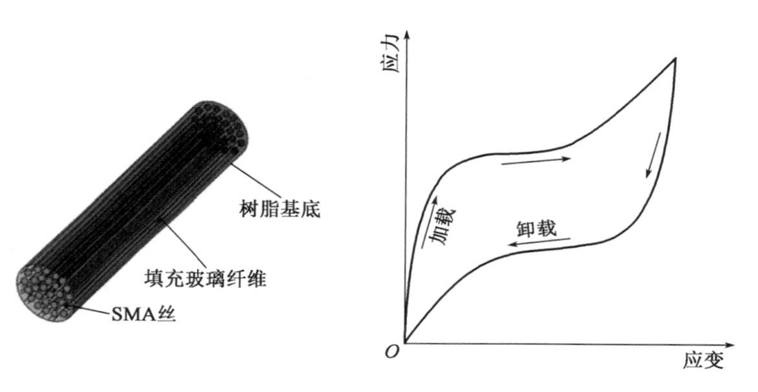

图 12-6 SMA 纤维增强材料及其滞回特性[13]

2)损伤可控结构的地震响应特征

图 12-2 显示了传统 RC 结构与新型损伤可控混凝土结构在地震作用下的结构响应表现差异。由图 12-2 可见,小震时,传统 RC 结构与新型损伤可控结构均处于弹性范围内,或者可允许混凝土出现轻微裂缝。而在中震作用时,传统 RC 结构很快进入屈服,从而承载力无法增大,虽然结构可以通过塑性变形来耗能,但由于结构屈服后刚度较小,震后出现较大的残余位移,可修复性较差;而新型损伤可控结构则具有显著的二次刚度段,承载力还可以继续增大,结构此时仍具有较好的耗能能力,并且由于屈服后刚度较大,卸载时结构残余位移较小,具有较好的可修复性。而在特大地震时,新型损伤可控结构可能会进入极限状态,这一阶段的结构应能够避免倒塌,当荷载下降至极限荷载的 20% 时,定义为极限阶段,并能够保持结构不倒,这和传统 RC 结构的定义相同。

3)损伤可控结构的震后恢复特征

除了地震作用下结构的响应具有较大差别外,损伤可控结构与传统 RC 结构在震后可恢复性上也有较大差别。图 12-7 为典型的损伤可控结构与传统 RC 结构的震后恢复过程比较。图中，t_{0E}为地震发生的时间；T_{RE}为地震发生后结构功能恢复至人们所期望的水平所需要的时间；$Q(t)$为结构功能函数，反映了结构功能随时间的变化。从图 12-7 中可以看到，从震后恢复性的角度来看，损伤可控结构与传统 RC 结构在如下几个方面具有差别：首先，损伤可控结构具有更好的震后瞬时残余功能 $Q(t_{0E})$，这是因为损伤可控结构能较好地控制地震时结构本身的损伤程度，因此能更好地保持结构震后本身使用功能；传统 RC 结构在震后损伤较大，残余功能较小，甚至由于结构倒塌而完全丧失残余功能。其次，损伤可控结构具有更短的震后恢复时间 T_{RE}，同样地，由于损伤可控结构震时损伤程度更小，因此，在震后可以较快地恢复至人们期望的使用功能水平；而传统 RC 结构在震后损伤较大，结构震后恢复时间较长。

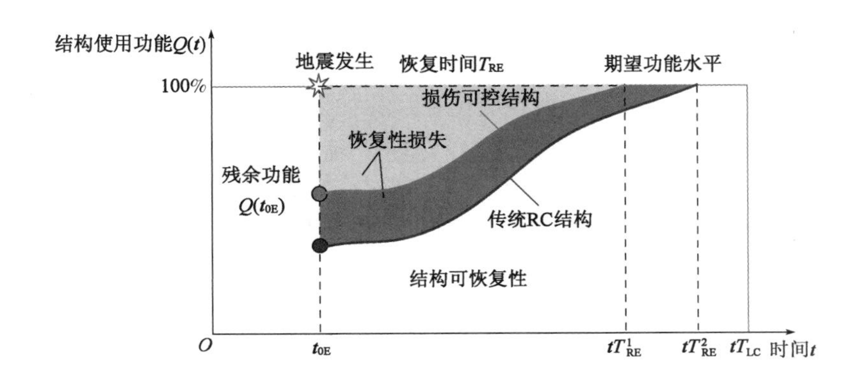

图 12-7　损伤可控结构与传统 RC 结构震后恢复过程比较示意图

12.3　损伤可控结构评价方法

12.3.1　总体评价框架

损伤可控结构评价主要是对其可修复性能的评价，也就是结构最大位移、残余位移以及经济效益的控制，三者的关系如图 12-8 所示[20]。其中，残余位移和最大位移属于技术性指标，直接反映了结构的抗震能力，而经济效益指标则综合体现了震前结构建设投入与震后经济损失。

1）技术层面评估

损伤可控结构技术层面的定义分别对结构在地震发生时和地震结束后结构的性能提出要求，因此其技术评价指标也应该从这两个方面考虑。

结构在地震发生时损伤不过度发展可以通过损伤指标来表示。现有的关于材料、构件和结构损伤模型的研究，基本都采用损伤指数（damage index，DI）来表示[20]，其一般性质的表达式可以写为

$$\mathrm{DI}=f(\delta_1,\delta_2,\cdots,\delta_n) \tag{12-1}$$

式中：$\delta_1,\delta_2,\cdots,\delta_n$——损伤参数，反映了材料、构件、结构力学性能的变化。

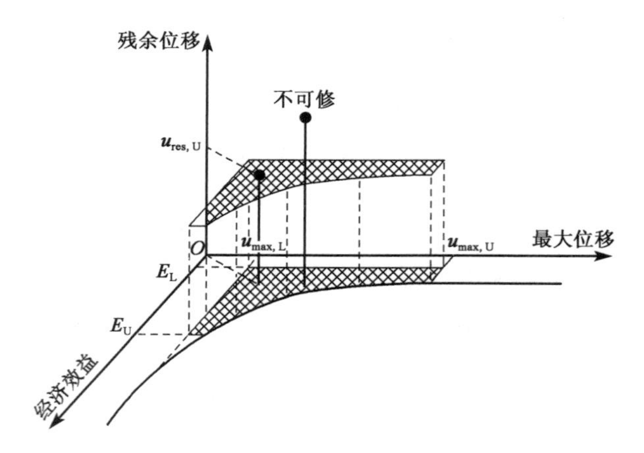

图 12-8　损伤可控结构评价体系

可以认为结构性能和损伤具有对应的关系，如图 12-9 所示，当地震作用较小时，结构损伤很小，低于 DI_L，此时结构落入无损性能区域，即结构状态完好，在地震之后不需要修复就可以继续使用；随着地震作用的增大，结构损伤超过一定的限值（即 DI_L）之后，结构落入损伤可控性能区域，此时结构的使用功能受到影响，在地震之后需要进行修复才能够继续使用；如果遭受的地震作用过大，结构损伤超过一定的限值（即 DI_U），此时认为结构损伤失控，因破坏过大而不可修复。

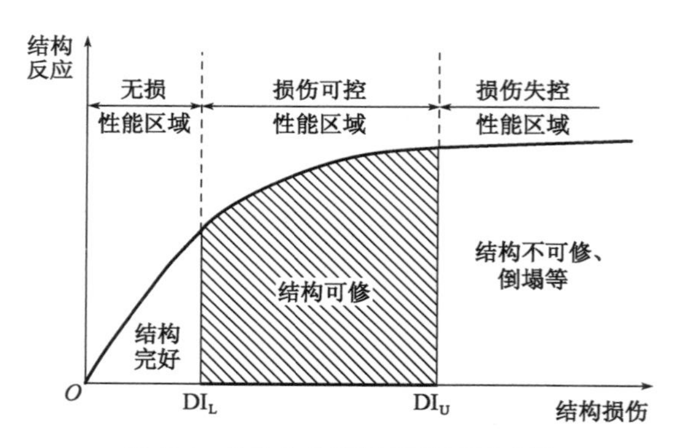

图 12-9　结构在地震作用下性能示意图

因此，根据结构在地震作用下的损伤程度，结构可修复性分为无须修复、可以修复和不可修复三个阶段，当采用损伤指数定义损伤可控结构在地震作用下的可修复性技术指标时，可以表示为

$$DI_L \leqslant DI \leqslant DI_U \tag{12-2}$$

公式（12-2）代表了结构在地震作用下损伤 DI 的限值，分别为上限值 DI_U 和下限值 DI_L。

损伤指标 DI 可以根据具体的研究目的进行选择，当采用最大位移作为损伤指标时，公式（12-2）转化为

$$u_{max,L} < u_{max} < u_{max,U} \tag{12-3}$$

式中：　u_{max}——结构最大位移；

$u_{max,U}$、$u_{max,L}$——结构可修复时最大弹塑性位移的上限值和下限值。

结构在地震作用下的可修复性,一方面与结构在地震作用发生时的最大损伤有关,损伤越大,修复越难;另一方面与地震作用后结构的形态有关,即需要采用地震作用发生后结构的损伤指标如残余位移等来评价结构的可修复性能。残余位移和最大位移同样重要,两者可以共同对结构的可修复性能进行技术评价,因此损伤可控结构的技术评价模型为

$$\begin{cases} u_{\max,\mathrm{L}} < u_{\max} < u_{\max,\mathrm{U}} \\ u_{\mathrm{res,L}} < u_{\mathrm{res}} < u_{\mathrm{res,U}} \end{cases} \tag{12-4}$$

式中：　u_{res}——结构震后残余位移;

$u_{\mathrm{res,L}}$、$u_{\mathrm{res,U}}$——残余位移的下限值和上限值,分别表征结构震后是否需要修复以及技术上是否可修复。

2)经济效益评估

经济评价从结构遭受地震前[21]和地震后两个方面考虑。在遭受地震前,结构可修复性需要考虑初期投资 E_{input} 与预期损失 E_{loss} 的关系。一般而言,结构的初期投资越高,则结构强度、刚度越高,预期损失越低;相反,初期投资越低,预期损失越高。理想的经济模型应该是投资与损失趋于最小,如公式(12-5)所示:

$$E_{\mathrm{input}} + E_{\mathrm{loss}} \Rightarrow \min \tag{12-5}$$

值得注意的是,这里的初期投入仅考虑结构投入,不考虑非结构投入,而预期损失需要考虑结构损失和非结构损失,并且一般还需要考虑结构破坏所带来的间接损失。

结构遭受地震作用后,假设结构技术层面可修复,即满足公式(12-4)的要求,那么仍然面临修复、拆除不重建和拆除重建的决策问题,其中拆除不重建的情况不涉及后续费用,不予考虑,仅考虑修复和拆除重建之间的决策,也就是说假定结构在受到地震损坏之后,当被认为不可修复时,就需要拆除重建。

结构震后修复和拆除重建之间的决策可以通过修复和重建费用之间的关系决定,假设修复结构需要的费用为 E_{repair},拆除重建的费用为 E_{recon},那么单纯从经济效益的角度考虑,当修复费用小于拆除重建费用时,则选择对结构进行修复,但是实际情况下,当修复费用达到拆除重建费用的一定比例 ξ 时,人们就会选择拆除重建而不是修复。因此,结构修复和拆除重建决策的经济模型如公式(12-6)所示:

$$E_{\mathrm{repair}} < \xi E_{\mathrm{recon}} \tag{12-6}$$

大部分情况下,参数 ξ 小于 1,但是对于一些特殊建筑,例如具有重要意义的古建筑、文物等,参数 ξ 可能大于 1,对于这些建筑,应该考虑其社会价值。

显然,经济指标和技术指标之间不是完全孤立的,而是相互控制的,例如较大的初期投入会影响结构最大位移和残余位移,而最大位移和残余位移也会影响修复和重建的费用。因此,综合式(12-4)、式(12-5)和式(12-6)及三者的关系得出损伤可控评价模型为

$$\begin{cases} u_{\max,\mathrm{L}} \leqslant u_{\max} \leqslant u_{\max,\mathrm{U}} \\ u_{\mathrm{res,L}} \leqslant u_{\mathrm{res}} \leqslant u_{\mathrm{res,U}} \\ E_{\mathrm{input}}(u_{\max}, u_{\mathrm{res}}) + E_{\mathrm{loss}}(u_{\max}, u_{\mathrm{res}}) \Rightarrow \min \\ E_{\mathrm{repair}}(u_{\max}, u_{\mathrm{res}}) < \xi E_{\mathrm{recon}} \end{cases} \tag{12-7}$$

12.3.2 可修复技术指标

1)残余位移下限 $u_{res,L}$

残余位移限值应当从建筑功能、修复的难易程度以及建筑安全性等多方面确定。首先，从人类心理学角度，试验表明当人长期处于倾斜的平面时会出现头晕、头痛、恶心等症状，而人类可感知的最小平面倾斜角度约为0.0052rad[22]。震害调查也同样表明：住户可以感知到的建筑倾斜最小角度为0.005~0.006rad，当建筑倾角大于0.008rad时，住户可以较明显感知到建筑倾斜，并且发现有头晕等症状，建筑出现裂缝，有物体滚动等现象；当倾角大于0.01rad时，感觉明显，严重影响日常生活。因此当结构震后倾斜角度大于0.005rad时，结构需要修复。其次，研究表明，当建筑在地震后残余位移大于0.005rad时，建筑非结构构件破坏严重，结构门窗受损严重，可能无法正常开启，导致疏散受阻，因此残余位移应当小于0.005rad[23-24]。最后，从经济效益出发，日本阪神地震后对12栋钢框架的研究表明当残余位移大于0.005rad时，建筑修复由于费用原因变得不合理[25]。综上，结构震后修复下限值$u_{res,L}$取0.005rad比较合适，超过该值后，会对人的居住感受、地震下逃生产生影响。

2)残余位移上限 $u_{res,U}$

震后修复残余位移上限值$u_{res,U}$的确定需要明确是否考虑经济效益，在部分情况下，技术层面可修的建筑可能由于修复费用太高而拆除，当然，除经济效益外，还需要考虑建筑的重要性，例如一些具有重要文化意义的古建筑，震后修复工作的重要性与普通建筑是大不相同的。本小节中，参数$u_{res,U}$只作为技术指标，并不考虑经济、文化对它的影响，因此参数$u_{res,U}$的意义是当结构残余位移超过该值之后，震后修复已经在技术层面不可能实现。

对于桥梁结构，桥墩在震后通常会产生残余变形，施工经验认为当桥墩的残余位移角超过$H/60$(H是桥墩高度)，或残余位移超过15cm时，就难以将上部结构恢复到原始位置，此时，桥墩不可修[26]。日本《桥梁抗震设计规范》规定桥墩震后允许残余位移为$H/100$，规范设计较施工修复水平要求更加严格。因此可以参考将桥梁结构的残余位移上限值定为$u_{res,U}=H/100$。

对于框架结构，一般以最大层间位移角来评估结构的可修复性。Ramirez和Miranda[2]认为，鉴于残余位移有十分显著的离散性，其对结构是否可修复的影响也是不确定的，他们建议，基于残余位移，采用累积对数分布来考虑是否可修，其中残余层间位移的中值取1.5%；Erochko等[27]通过对钢框架残余位移的研究认为，当残余层间位移超过0.5%时，修复结构将变得不经济，此时建议拆除结构。

3)残余位移计算方法

基于前文论述可知，结构的震后可修复性主要由最大位移和残余位移控制和评定。虽然结构最大位移具有较为成熟的估计理论，但残余位移的计算方法还有待完善。

作者课题组对残余位移的计算做过较为深入的研究[20,28]。他们系统分析了结构强度折减系数、结构屈服后刚度、场地条件等对结构残余位移的影响，结果表明，结构强度折减系数对残余位移的影响不大，而场地条件、结构屈服后刚度对结构的残余位移的影响显著。通过大量的时程分析，提出了单自由度体系残余位移的简化估算公式[20]：

$$\theta_{rd} = \frac{a_{max}}{0.1}\theta_{r0}e^{-\alpha/c} \tag{12-8}$$

式中：a_{max}——地震动峰值加速度；

α——结构的屈服后刚度比，取值范围为 $0 \leqslant \alpha \leqslant 1$（0 对应理想弹塑性结构，1 对应完全弹性结构）；

c——拟合参数，反映了场地条件和结构强度的影响，其取值如表 12-2 所示；

θ_{r0}——二次刚度 $\alpha = 0$ 时的残余位移。

θ_{r0} 按式(12-9)计算：

$$\theta_{r0}(‰) = \begin{cases} 6.23T & (0 \leqslant T \leqslant 1.3s) \\ 8.10 + \beta(T - 1.3) & (1.3s < T \leqslant 6s) \end{cases} \tag{12-9}$$

式中：T——结构周期；

β——回归系数，其取值如表 12-3 所示。

参数 c 随场地类别的取值　　表 12-2

参　数	Ⅰ类场地	Ⅱ类场地	Ⅲ类场地	Ⅳ类场地
$R=2$（拟合标准差）	0.14(0.010)	0.14(0.008)	0.12(0.007)	0.12(0.008)
$R=3$（拟合标准差）	0.12(0.010)	0.12(0.010)	0.10(0.007)	0.10(0.008)
$R=4$（拟合标准差）	0.11(0.009)	0.11(0.010)	0.10(0.007)	0.08(0.006)
$R=5$（拟合标准差）	0.09(0.008)	0.09(0.011)	0.09(0.007)	0.07(0.005)

参数 β 随场地类别的取值　　表 12-3

参　数	Ⅰ类场地	Ⅱ类场地	Ⅲ类场地	Ⅳ类场地
β（拟合标准差）	0.46(0.018)	1.21(0.037)	1.7(0.053)	3.1(0.028)

多自由度体系的地震响应受高阶频率影响较大。通过对不同高度的多自由度体系残余位移进行分析后，提出了适用于多自由度体系的残余位移计算方法[20]：

$$\theta_{rd,m} = \frac{a_{max}}{0.1}\theta_{r0,m}e^{-\alpha/c_m} \tag{12-10}$$

式中，$\theta_{rd,m}$ 为多自由度体系震后最大残余位移；通过分析，参数 c_m 拟合值可取常数，$c_m = 0.082$；$\theta_{r0,m}$ 的变化规律与 θ_{r0} 类似，都经过了短期上升然后逐渐稳定的阶段，通过分段拟合，$\theta_{r0,m}$ 的计算公式如下[20]：

$$\theta_{r0,m} = \begin{cases} \gamma T^2 & (0 \leqslant T \leqslant 0.8s) \\ \theta_{r0,c} & (0.8s < T \leqslant 1.3s) \end{cases} \tag{12-11}$$

式中，参数 γ 和 $\theta_{r0,c}$ 的拟合值与标准差如表 12-4 所示。

参数拟合值与标准差　　表 12-4

参　数	Ⅰ类场地	Ⅱ类场地	Ⅲ类场地	Ⅳ类场地
γ （拟合标准差）	0.0227 (0.0005)	0.0189 (0.0014)	0.0298 (0.0012)	0.0342 (0.0020)
$\theta_{r0,c}$ （拟合标准差）	0.0160 (0.0008)	0.0134 (0.0007)	0.0211 (0.0005)	0.0242 (0.0004)

12.3.3 经济损失指标

在太平洋地震工程研究中心(Pacific Earthquake Engineering Research Center,PEER)提出的新一代基于性能的地震工程中,结构经济损失成为结构性能评估的重要内容[29](图12-10)。PEER提出的结构性能评估框架主要包含四个步骤:地震危险性分析、结构响应分析、结构损伤分析和损失分析。该分析框架基于较为完备的概率学基础,考虑了多种不确定的影响,经济损失分析结果更具可靠性,成为后续损失评估研究的重要参考。本节提出的损伤可控结构评价体系当中,经济效益也是重要组成部分。一般地,前期投资可以较好地估算,而震后经济损失估算则较为困难。

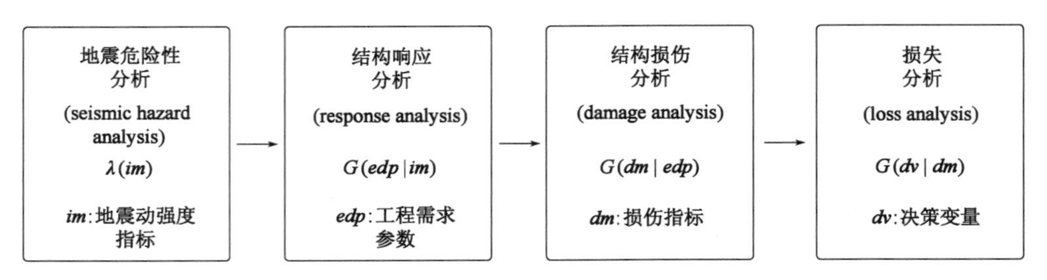

图12-10 PEER中损失估算流程[29]

1)两类损失估算方法

目前,框架结构的震后经济损失估计方法可以分为两类:基于构件的损失计算方法和基于结构整体的损失计算方法。基于构件的损失计算方法以FEMA P-58[30]为代表。基于构件的损失计算方法概念比较简单,即计算结构中每个构件的震后损失,包括结构构件和非结构构件,最后将结构中所有的构件损失相加可得到结构整体总损失。该方法比较精细化,因而也比较精确。但显然,判断构件的震后损失需要知道每个构件的震后损伤状态,而这需要清楚地知道每个构件的能力函数[31]。因此,基于构件的损失计算方法只适用于每个构件的易损性函数已知的结构,对于一些新结构形式,如支撑框架或者自复位框架等[31],或者其他新型损伤可控结构体系,当其构件易损性函数未知时,该方法显然难以应用。同时基于构件的损失计算方法也相对复杂,制约了其在大规模损失分析中的应用。

基于结构整体的损失计算方法以HAZUS[32]为代表。其计算方法比较简单,即通过结构整体的响应来判断不同类型构件的损伤状态,并将该类型构件损失统一计算,不再区分具体构件的损伤状态和损失情况。该方法较为笼统地考虑结构中不同类型构件的损失,计算精度可能比基于构件的损失计算方法要差。但该方法由于基于结构整体响应,因而可适合于新建结构以及大规模建筑群体的震后损失分析。由于其简便性,许多学者采用该方法进行结构震后损失分析,然而遗憾的是,该方法尚不能考虑残余位移的影响[33]。

2)考虑残余位移影响的简化估算模型

鉴于基于构件的损失计算方法的缺陷,本书作者课题组提出了新的损失估算模型——基于HAZUS整体损失计算方法,合理地考虑了残余位移的影响,既简便又相对精确,可应用于新的损伤可控结构体系的震后残余位移估算。

基于 HAZUS 损失计算模型[32]，结构震后总损失为结构震后处于某损伤状态的概率与相应损伤状态下结构损失的总和：

$$L_{T|\mathrm{IM}} = \sum_{i}^{m} \sum_{j}^{n} \eta_{ij|\mathrm{IM}} P_{ij|\mathrm{IM}} \tag{12-12}$$

式中：$L_{T|\mathrm{IM}}$——结构震后总损失比(损失花费与结构整体重建花费之比)；

m——考虑的损失类型，如结构构件损失、非结构构件损失等；

n——可能的损伤状态；

$P_{ij|\mathrm{IM}}$——结构处于某损伤状态的概率，可由易损性曲线计算得到；

$\eta_{ij|\mathrm{IM}}$——某损伤状态下结构的损失比。

如图 12-11 所示，本章中，$j=4$ 表示倒塌损伤状态，而依据原 HAZUS 损失计算模型，$j=1,2,3$ 表示结构未倒塌而可以修复的损伤状态。因此，原 HAZUS 损失计算模型中，结构的总损失 $L_{T|\mathrm{IM}}$ 又可以分为两部分损失——倒塌损失 $L_{C|\mathrm{IM}}$ 和修复损失 $L_{R|\mathrm{IM}}$，见下列公式：

$$L_{T|\mathrm{IM}} = L_{C|\mathrm{IM}} + L_{R|\mathrm{IM}} \tag{12-13}$$

$$L_{C|\mathrm{IM}} = \sum_{i}^{m} \eta_{i,j=4|\mathrm{IM}} P_{i,j=4|\mathrm{IM}} \tag{12-14}$$

$$L_{R|\mathrm{IM}} = \sum_{i}^{m} \sum_{j}^{3} \eta_{ij|\mathrm{IM}} P_{ij|\mathrm{IM}} \tag{12-15}$$

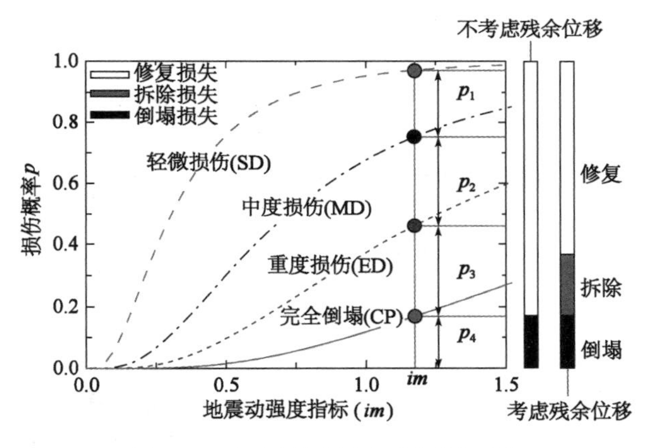

图 12-11　结构损伤概率和损失分解示意

上述 HAZUS 基于结构整体的损失计算模型概念清晰，计算简便，因而诸多学者应用过。然而，上述模型忽略了残余位移过大时结构不可修复的影响。当残余位移过大时，结构虽然未倒塌，但由于经济和技术上的困难，结构可能难以修复，因而必须拆除[2]。此时结构的经济损失应当和倒塌状态类似。

考虑残余位移的影响，原 HAZUS 损失计算模型可改写为

$$L_{T|\mathrm{IM}} = L_{C|\mathrm{IM}} + L_{D|\mathrm{IM}} + L_{Re|\mathrm{IM}} \tag{12-16}$$

式中：$L_{Re|\mathrm{IM}}$——结构"真实"修复损失，即结构未倒塌且残余位移较小，结构可以修复时的修复损失；

$L_{D|\mathrm{IM}}$——结构的拆除损失，即结构虽然未倒塌，但因残余位移过大，结构必须拆除而造成的经济损失。

上述损失可计算如下：

$$L_{Re|\mathrm{IM}} = P_{Re|\mathrm{IM}} \cdot \sum_{i}^{m}\sum_{j}^{3}\eta_{ij|\mathrm{IM}}P_{ij|\mathrm{IM}} \tag{12-17}$$

$$L_{D|\mathrm{IM}} = P_{D|\mathrm{IM}} \cdot \sum_{i}^{m}\sum_{j}^{3}\eta_{i,j=D|\mathrm{IM}}P_{ij|\mathrm{IM}} \tag{12-18}$$

式中：$P_{Re|\mathrm{IM}}$——结构未倒塌而且可以修复的概率；

$P_{D|\mathrm{IM}}$——结构未倒塌但因残余位移过大而必须拆除的概率；

$\eta_{i,j=D|\mathrm{IM}}$——拆除损伤状态的结构的损失比，取与倒塌状态时损失比一致。

$$\eta_D = \eta_C = \eta_{j=4} \tag{12-19}$$

结构拆除概率 $P_{D|\mathrm{IM}}$ 和修复概率 $P_{Re|\mathrm{IM}}$ 计算如下：

$$P_{D|\mathrm{IM}} = P_{D|\mathrm{IM},D}(1 - P_{C|\mathrm{IM}}) \tag{12-20}$$

$$P_{Re|\mathrm{IM}} = 1 - P_{D|\mathrm{IM}} \tag{12-21}$$

式中：$P_{D|\mathrm{IM},D}$——仅考虑残余值时结构的不可修复概率，可通过基于残余位移的易损性分析得到；

$P_{C|\mathrm{IM}}$——倒塌概率。

图 12-12 显示了某算例框架的震后经济损失分析结果[33]。从图 12-12 中可以看到，HAZUS 方法由于没有考虑残余位移对结构拆除损失的影响，在一定程度上低估了结构震后损失，而新方法由于考虑了拆除损失的影响，因而计算出的损失结果要高于 HAZUS 方法的分析结果。

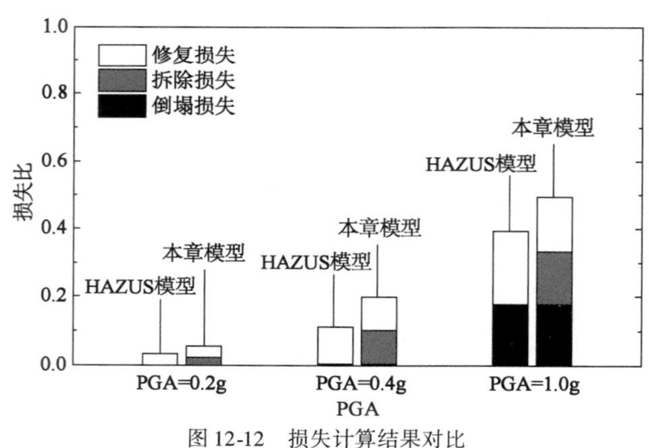

图 12-12 损失计算结果对比

12.4 结构损伤可控加固设计方法

12.4.1 技术思路

既有混凝土结构（如混凝土框架、桥梁）中有相当一部分是没有按照严格抗震设计的低延性结构，这种结构往往抗震性能较差，在地震中很容易发生严重破坏甚至整体倒塌。提升这种既有建筑的抗震性能对于避免结构倒塌、降低人员伤亡和经济损失具有十分重要的意义。既有结构抗震性能的提升是一个非常重要的研究主题，受到国内外学者的广泛关注。经过几十年的研究，各种不同的加固方法被提出。

然而既有结构加固仍然以控制结构震后抗倒塌性能为主要目标。因此,在结构加固时仍然以传统的结构设计方法为主,主要关注结构的抗倒塌性能,忽略了结构的震后可恢复性以及经济损失风险。在加固效果的评价方面也以抗倒塌能力为主要评价指标。一般直接比较加固前后结构能力曲线或者在地震下的非线性响应,或者对比分析加固前后的结构地震易损性。

因此,这种传统的加固方法只局限于结构本身抗震能力变化。正如前面所述,结构本身的抗震性能分析并不能充分地反映地震的影响,加固后的结构震后损失风险、震后可恢复性是否在可接受范围之内仍然存在疑问。

随着抗震恢复性研究的发展,震后可恢复性的抗震结构已经越来越受到人们重视。因此,本章基于前面的损伤可控抗震结构理念,提出基于损伤可控的加固方法。其目标是,在结构加固过程中采用损伤可控的设计理念,将原本抗震性能不足的 RC 结构,通过合适的加固设计,变为震后可修复的损伤可控结构。新方法保持原有加固方法的减少结构倒塌的目标,同时进一步考虑结构震后可修复性,从而降低结构震后经济损失,缩短结构震后恢复时间,具有十分重要的理论意义与实际工程意义。

图 12-13 为传统加固方法与本章提出的损伤可控加固方法的对比。从图中可以看到,传统加固方法与损伤可控加固方法在如下几个方面存在区别:首先,在加固设计方法上,传统的加固方法仍然遵循传统的抗震设计方法,即仍然以保证结构震后抗倒塌性能为最主要目标,通过一定的加固措施降低结构的震后倒塌概率;而损伤可控加固方法采用的是损伤可控设计方法,不仅关注损失结构的抗倒塌性能,还注重结构的震后可修复性,在通过一定的加固措施降低结构的倒塌概率的同时,还能提升结构的震后可修复性,缩短结构震后恢复时间。其次,在抗倒塌性能和震后损失上,传统加固方法能有效降低结构地震后倒塌概率,但是由于无法保证结构地震后可修复性,因此震后经济损失不可控,震后仍然可能出现结构未倒塌但不可修复的情况,经济损失可能较大;而损伤可控加固方法能有效降低结构的震后倒塌概率,同时由于结构震中损伤有限,因而震后结构的可修复性较好,震后的经济损失能保持在可控的范围内。

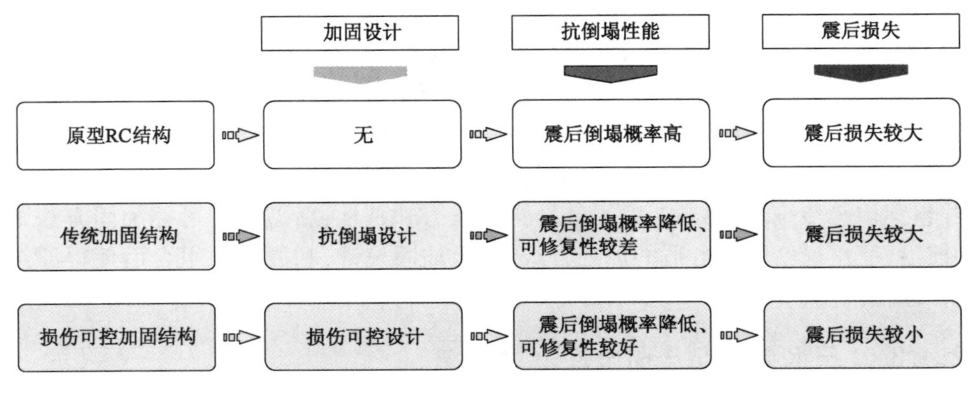

图 12-13　传统加固方法与损伤可控加固方法的对比

12.4.2　整体设计流程

本章提出的基于损伤可控理念的结构加固方法流程示意图如图 12-14 所示,主要包含以下几个步骤：首先，确定结构基本信息。这一步主要确定结构的基本信息，如结构所在的场地条件、结构材料强度以及服役多年后可能的退化等，同时分析结构的使用空间，从而便于下一步确定合适的加固方案。其次，进行结构性能目标的确定，如中震条件下结构的残余位移限值、大震条件下残余位移限值、震后经济损失限值等，结合业主需求进行界定。在确定结构的性能目标之后，选择合适的加固方式，如可采用耗能支撑等、外附耗能子结构或者采用 FRP 加固等，结合每种方式可能的造价、加固工期以及业主要求进行确定。最后，验算加固结构的性能指标，以判断加固方式是否合理，主要包括最大位移是否满足要求，以确定结构的倒塌概率能否在可接受的范围之内，残余位移是否满足结构震后可修复性的技术要求和经济要求，结构震后经济损失是否超出预期等。

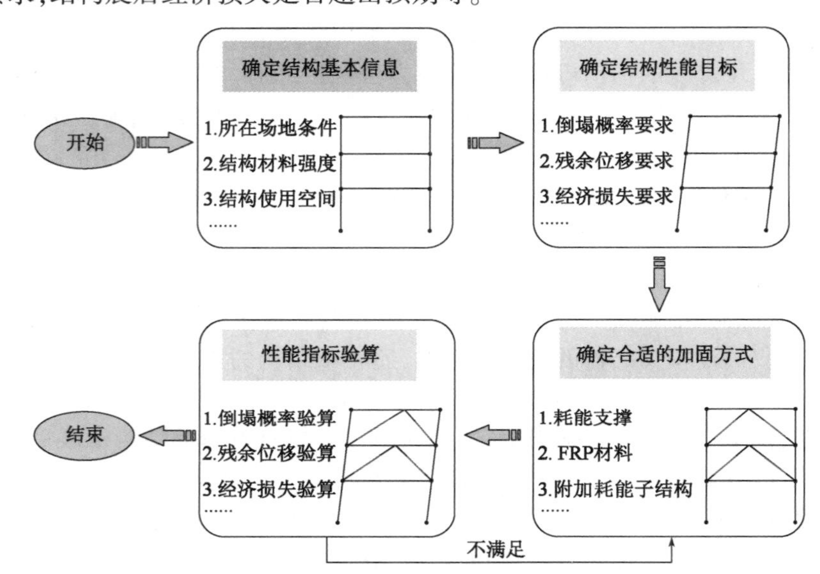

图 12-14　基于损伤可控理念的结构加固方法流程示意图

总结传统加固方法与新型损伤可控加固方法可以看到，两者在如下方面存在区别：首先，在确定性能目标时，传统加固方法以结构抗倒塌性能为主要目标，因此主要以确定最大弹塑性位移来控制结构性能；而新型损伤可控加固方法除了确定最大弹塑性位移外，还要考虑残余位移的计算，从而保证结构震后可修，同时还要验算经济损失指标，以确保结构初期投入与震后经济损失在合理的、可接受的范围之内。其次，传统加固设计方法主要采用增大截面、外包钢板等传统加固方式，以提升结构承载力和延性；新型损伤可控加固方法则更加灵活和前沿，注重最新的且合适的加固方式，通过加固设计，和原结构组合后使得原结构具有损伤可控特性。

12.4.3　“三水准设防、三阶段设计”新方法

我国现行《建筑抗震设计规范(2016 年版)》(GB 50011—2010)采用“三水准设防、两阶段设计”方法。该方法在保证结构“大震不倒”方面是科学合理和高效的。如果单纯以最大位移作为设计指标，则按照规范设计的大部分结构是可以满足“小震不坏、中震可修、大震不倒”的设防目标的，只有结构受到多个抗震不利条件的共同作用时才可能需要专门进行

中震设计。然而,从本章前面的论述可以看出,最大位移指标不能完全合理评价结构震后可修复性,即结构可能满足“大震不倒”,但难以满足“中震可修”的性能要求。因此,还需要考虑结构残余变形指标,以便更好地实现“中震可修”。

为实现中震可修的定量设计,本书作者课题组自2006年便开始相关设计方法的研究[34],引入了残余位移作为中震可修的量化指标,同时针对现有规范的不足,提出了“三水准设防、三阶段设计”方法和思想。2011年完整提出了更加合理的考虑结构震后可修复性的“三水准设防、三阶段设计”方法[35]。方法设计流程图如图12-15所示。其中,第二阶段设计主要通过变形验算来实现,包含了中震下的最大变形验算和残余变形验算两部分。对于不满足中震下最大变形要求的结构,可以对结构或重要构件进行中震不屈服或中震弹性设计;对于不满足中震残余变形要求的结构,则需要通过损伤可控结构实现方法,采用预应力、新材料或新结构形式来控制残余变形。

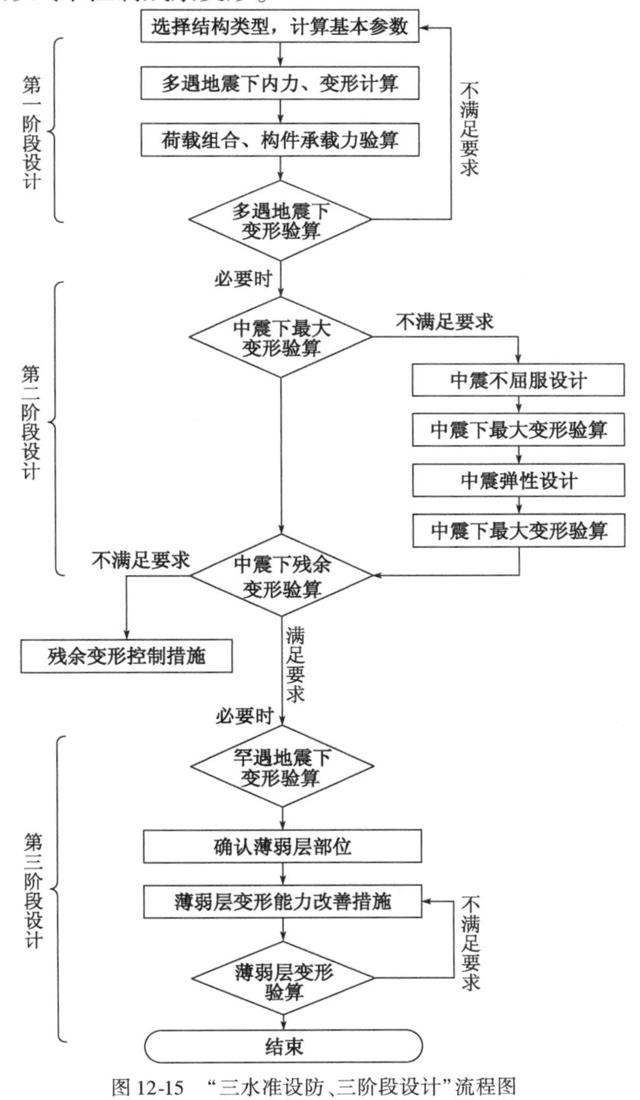

图12-15　“三水准设防、三阶段设计”流程图

现行规范中的“三水准设防、两阶段设计”方法与本章提出的“三水准设防、三阶段设计”方法的差异表现在：“三水准设防、三阶段设计”方法提出了结构中震下的设计，而“三水准设防、两阶段设计”方法仅考虑了小震设计及大震设计；“三水准设防、三阶段设计”方法针对“中震可修”的研究是通过残余位移限值量化了结构的性能水平，并将其作为性能指标对设计结果进行验算。鉴于残余位移对震后可修复性的显著意义，本章通过残余位移值来定义“中震可修”，从而给出“中震可修”的具体量化标准。通过增设中震下残余位移验算，可以帮助实现“中震可修”的结构抗震设计。从中可以看到，结构震后的残余位移计算方法成为实现“三水准设防、三阶段设计”的重要核心之一，如何给出较为精确和稳定的结构震后残余位移估算将直接影响新设计方法的可行性。而本章在前文已经给出了残余位移的具体定量计算方法，为中震下残余位移的验算奠定理论基础，并使得“中震可修”设计具备可行性。

12.4.4 设计算例

下面将以一个单层单跨框架为例说明“三水准设防、三阶段设计”方法，简单阐述如何从技术上实现中震可修[20]。框架模型如图 12-16 所示。假设屋盖平面内刚度无限大，集中于屋盖处的重力荷载代表值 $G=1200\text{kN}$，框架柱线刚度 $i_c=\dfrac{EI_c}{h}=3.0\times10^4\text{kN}\cdot\text{m}$，屈服承载力 $F_y=250\text{kN}$，框架高度 $h=5\text{m}$，跨度 $l=9\text{m}$。假定抗震设防烈度为 8 度，设计地震分组为第二组，Ⅱ类场地，结构阻尼比为 0.05。由于屋盖刚度假定为无限大，因此该框架可以简化为单自由度体系。经计算，结构自振周期 $T=0.409\text{s}$。

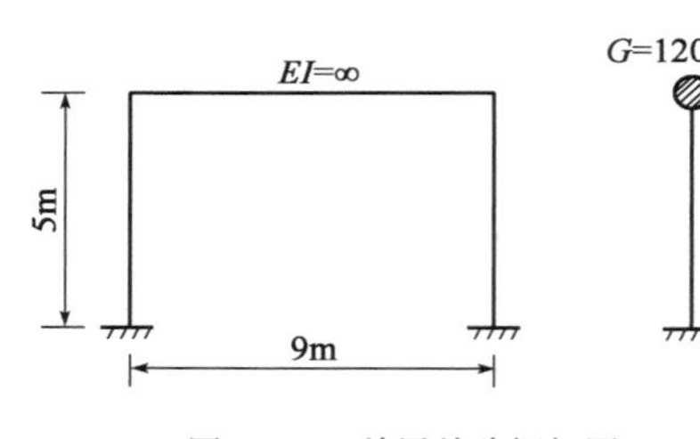

图 12-16　单层单跨框架图

经验算，该结构满足多遇地震下的位移要求，下面直接进行设防地震下结构的性能验算。

1）最大变形验算

设防地震作用下大部分结构进入弹塑性变形阶段，其最大位移估算可以采用弹塑性位移谱进行，本章利用文献[36]给出的既定屈服强度水平下的延性需求拟合函数表达式进行计算，如公式(12-22)所示：

$$\mu(\xi_y,T)=\frac{\xi_y^{-c}-1}{c}+1 \tag{12-22}$$

式中，$\mu=\dfrac{\Delta_{max}}{\Delta_y}$，$\Delta_{max}$ 为结构在地震作用下的最大弹塑性位移；$\Delta_y=\dfrac{F_y}{K}$，为给定屈服强度系数下的屈服位移，K 为结构抗侧刚度；$\xi_y=\dfrac{F_y}{F_e}$，F_y 为结构屈服承载力，F_e 为地震作用下弹性结构的最大内力；$c=\dfrac{T^a}{T^a+1}+\dfrac{b}{T}$，$a$、$b$ 为回归系数。

针对该算例，在设防地震作用下 $a=0.2997$，$b=0.2505$，$F_e=F_2=529.2\text{kN}$，因此：

$$\xi_y = \frac{F_y}{F_e} = 0.4724$$

$$c = \frac{T^a}{T^a + 1} + \frac{b}{T} = 1.0459$$

代入公式(12-22),得$\mu = \dfrac{\xi_y^{-c} - 1}{c} + 1 = 2.1387$。

另外,$\Delta_y = \dfrac{F_y}{K} = 8.68\text{mm}$,因此

$$\Delta_{max} = \mu \cdot \Delta_y = 18.56\text{mm}$$

$$\theta_e = \frac{\Delta_{max}}{h} = \frac{1}{269}$$

此时,$\theta_e < [\theta_e] = \dfrac{1}{150}$,表明结构满足设防地震作用下最大位移验算要求。

2)残余变形验算

前文已经给出单自由度体系残余位移计算公式(12-8)。本算例中设防地震的峰值地面加速度为0.2g。因此,$a_{max} = 0.2$。同时经计算可得:$\theta_{r0}(‰) = 2.548$。对于该结构,假定$\alpha = 0$。因此,结构震后残余位移为

$$\theta_{rd} = \frac{a_{max}}{0.1}\theta_{r0}e^{-\alpha/c} = \frac{1}{196.2}$$

由于$\theta_{rd} > [\theta_{rd}] = \dfrac{1}{200}$,表明结构不满足设防地震作用下残余位移要求。可见,传统设计方法虽然可以保证结构在设防地震下不倒,但难以满足结构震后可修复要求。对于算例结构,若提高结构二次刚度比,如将α提升至0.15,此时残余位移为1/572.9,即可满足中震可修的残余位移限值要求。

12.5 损伤可控加固技术的实现

如前所述,损伤可控结构在震后具有很大的性能优势。当基于损伤可控概念进行结构加固时,加固后结构也将具有良好的损伤控制特性。本节将介绍基于损伤可控理念进行结构加固的一些可行方式,阐述国内外相关研究进展以及笔者的一些研究成果。

12.5.1 预应力加固技术

自20世纪90年代以来,国际上就开始在混凝土结构内布置无粘结预应力筋以便使其具有更好的抗震能力。国内外学者逐渐开始采用无粘结预应力技术来减少结构在地震作用下的损伤和减小震后残余变形,并且开始将预应力技术应用于混凝土框架结构。

1993年,Priestley和Tao[37]在混凝土框架内布置预应力筋,并通过试验对比分析了预应力框架与普通框架的抗震性能,结果发现预应力框架能明显减小震后残余变形,具有较好的震后可修复性能。其他学者也相继研究了自复位混凝土框架的抗震性能,结果表明预应力

的存在可有效减小结构的残余变形，实现良好的震后可修复性。而通过附加其他额外的耗能器件，结构的耗能能力也可以得到提升。

典型的无粘结预应力混凝土框架结构如图 12-17 所示，混凝土框架梁和柱通过无粘结预应力组装在一起。梁和柱之间不再通过传统的现浇混凝土连接。地震作用下混凝土梁和柱之间允许发生相对转动，结构的塑性变形主要集中在梁柱连接的局限区域。由于预应力的存在，框架在地震后具有很好的复位能力，残余变形很小。而为了提升结构的耗能能力，可以在梁柱连接区域附加一定的耗能元件。由于梁、柱的相对转动，耗能元件也会发生一定的变形，从而耗散地震能量。图 12-18 为本书作者课题组提出的一种新型的损伤可控梁柱节点形式。耗能元件可以深入柱的内部，从而在地震作用下满足更大的变形需求，进而能更好地发挥其耗能能力。

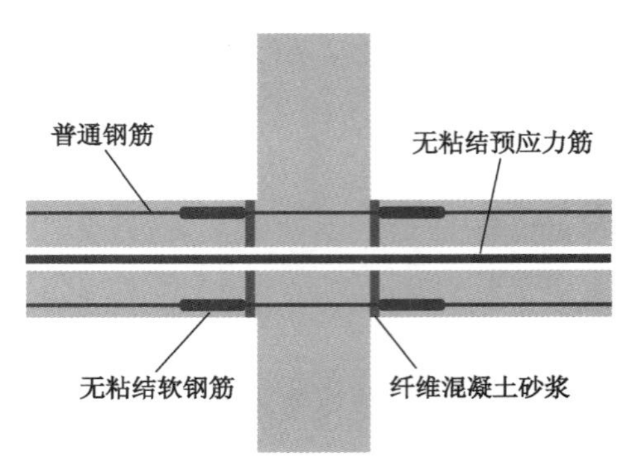

图 12-17　无粘结预应力混凝土梁柱节点构造[37]

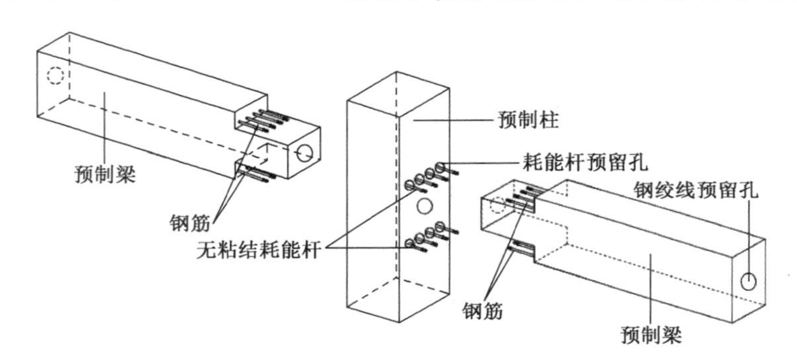

图 12-18　新型带耗能元件的预应力梁柱节点

预应力是实现结构损伤可控的一个重要途径。其虽然在新建结构中研究和应用较多，但也为结构加固指明了重要的发展方向。因为待加固的结构基本已经是建造完成的结构，所以预应力主要通过附加结构来实现，即对原有结构附加具有预应力的结构或构件来实现结构的加固。

本节将介绍运用预应力结构实现既有结构加固的示例。该示例为著名的日本“KTB 加固法”[38]。图 12-19 显示了 KTB 加固法所采用的预应力混凝土框架的构造。由图 12-19 可见，框架的梁和柱通过预应力拼装在一起，因此该框架具有良好的自复位特性。在实际加固时，该加固框架附加在原框架的外侧，原框架与自复位框架之间可通过浇筑混凝土连接在一起，或者通过其他机械方式锚固在一起[39]。由于采用了预制拼装的施工方法，因此在施工时现场作业较少，工期也大为缩短。

从抗震性能的角度来看，附加的预应力框架具有良好的自复位能力。Kurosawa 等[40]通过试验研究了外部预应力框架的抗震性能，结果表明外部自复位混凝土框架的滞回曲线呈现出较为明显的旗帜形，残余变形较小，而这有助于提升结构的耗能能力和震后可恢复性。

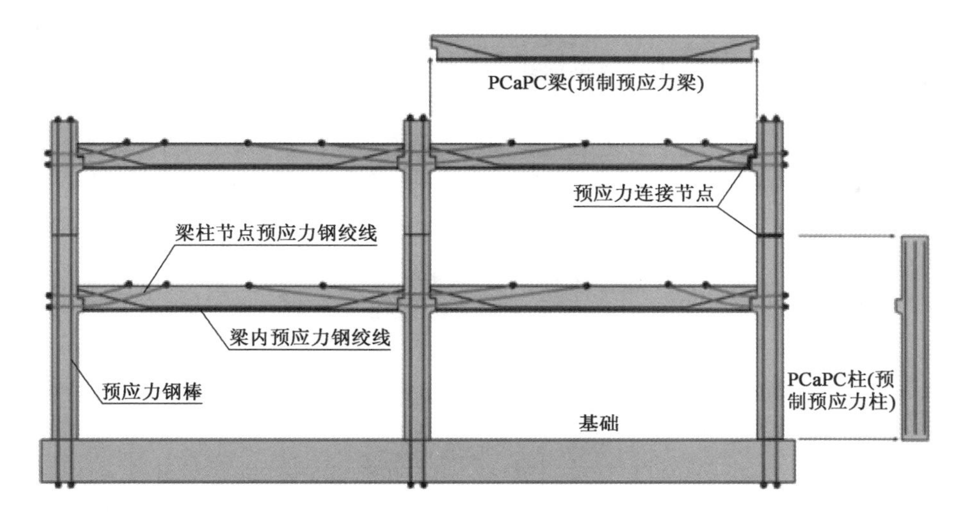

图 12-19　KTB 加固法的预应力混凝土框架构造[38]

目前,KTB 加固法已在日本得到较多运用,如用于住宅、医院或办公大楼等混凝土建筑的抗震加固。图 12-20 是横滨市一采用 KTB 加固法加固后的多层混凝土集合住宅。

图 12-20　KTB 加固法加固的某日本住宅[38]

12.5.2　外附子结构加固技术

目前,传统的抗震加固方法主要是对柱、梁或墙体等构件进行加固,整体性欠佳,可能会导致局部强度或刚度薄弱。而且,这些加固方法大都要在建筑物内部进行施工作业,施工期间建筑物内部无法使用,如学校必须停课,需要寻找其他替代空间,间接增加了抗震加固的工程费用。

外附子结构抗震加固法是在建筑物外部附加一个或多个子结构(如斜撑、框架、斜拉悬索等),子结构与既有结构可靠连接,共同承担地震水平作用(图 12-21)。一般情况下,由于附加的子结构具有较高的抗侧强度和刚度,可分担大部分的地震作用,因此能对主体结构起到很好的保护作用。首先,外附子结构抗震加固法在不影响建筑物正常使用的情况下进行加固施工,加固作业不在建筑物内部进行,而是在建筑物外部进行,可实现“不打扰加固”;其次,外附子结构加固法是以建筑物整体作为加固对象,可改善其整体受力体系,使其各层的强度、刚度均得到不同程度的提高,实现更加合理的破坏机制。日本开发了多种外附子结构抗震加固工法,并成功应用于大量的抗震加固工程中,这些加固后的建筑物经历了多次地震考验,其地震安全性能得到了充分的实践证明[41]。外附子结构抗震加固法特别适合加固工期短、加固工程量大的工程。

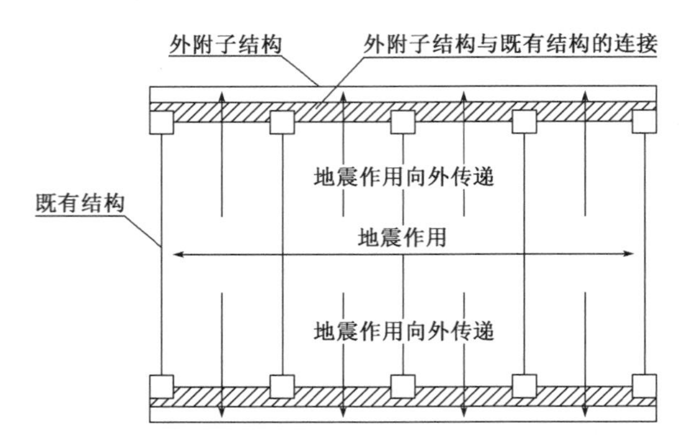

图 12-21　外附子结构抗震加固示意图

目前,常见的外附子结构加固方法包括外附钢板混凝土框架、外附钢框架/支撑钢框架、外附防屈曲支撑-混凝土框架以及外附预应力混凝土框架和其他加固方法等。外附钢板混凝土框架的加固方法一般用内置钢板的混凝土梁、柱、斜撑作为加固构件,通过螺栓将其与既有混凝土结构连成整体,为完全在建筑外部施工的外设工法[42]。外附钢框架/支撑钢框架加固方法[43](图 12-22)则将外附整体钢框架或钢支撑通过锚固螺栓与既有结构连为一体,通常沿结构全高布置。由于钢板轻质高强,加工安装方便,因此该工法方便快捷,对原有结构的质量影响较小。但钢结构容易锈蚀、屈曲,不耐高温,需要进行额外的保养和维护。

a) 钢框架子结构

b) 支撑钢框架子结构

图 12-22　外附钢框架/支撑钢框架加固方法[44]

外附子结构加固法具有多种多样的形式。除以上介绍的几种典型结构外,还有外附平行斜拉钢棒加固法[38](图 12-23),该方法是在既有混凝土结构的外侧设置基础梁、预制柱以及平行布置的斜向张紧的PC钢棒为一体的加固构造。与钢支撑相比,采用更细的PC钢棒可达到不影响视觉效果,保证室内通风、采光等要求。

图12-23　外附平行斜拉钢棒加固法工程实例[38]

12.5.3　屈曲约束支撑加固技术

屈曲约束支撑是一种利用金属屈服滞回耗能的装置,其由于性能稳定、制作方便、成本低廉等,在美国、日本以及我国台湾地区已有较多研究和应用。1971年,日本学者Yoshino等[45]在钢骨混凝土剪力墙的基础上第一次提出了屈曲约束支撑概念。他们提出了内藏X形钢板外包钢筋混凝土墙板的构件,由于钢板与混凝土板没有粘结,可相对自由变形,因此钢板承担轴力并通过屈服耗能,外围的混凝土墙板抑制钢板的受压屈曲。试验表明,该构造具有优异的耗能能力。之后,Kimura等[46]将类似理念应用到普通支撑上,提出将钢支撑放置于内填砂浆的钢管内部并使得支撑在受拉和受压时都具有良好的耗能能力。在此基础上,其他学者对类似约束支撑不断改进,并最终形成了目前在工程上广泛应用的屈曲约束支撑。

屈曲约束支撑具有十分优异的耗能能力,因而用在既有耗能能力较差的结构上可显著改善结构的耗能能力,提升结构的抗震性能。同时,通过合适设计,可将地震能量集中于约束支撑上以耗散,因此可大幅降低主体结构受损程度,实现主体结构的震后损伤可控。

图12-24为一典型的屈曲约束支撑(BRB)的构造和力学性能曲线图。该支撑主要由一字形核心板、约束板、填充板条和无粘结材料组成。约束板和填充板条通过高强螺栓形成约束整体,来约束核心板的平面内和平面外低阶屈曲。核心板两端焊接加劲肋,以保证非屈服过渡段不会发生局部屈曲失效。在核心板的表面粘贴了无粘结材料,以进一步减小核心板与约束板之间的摩擦,同时也可以防止核心板锈蚀。此种构造的BRB全部由钢板及螺栓组合而成,构造相对简单。图12-24b)显示了该BRB的应力-应变曲线[47],可见滞回曲线均十分饱满,具有稳定的耗能能力。

由于屈曲约束支撑优异的耗能能力,其在既有结构的抗震加固中得到较多应用。图12-25显示了利用屈曲约束支撑加固某工程的实例[48]。原型建筑为位于洛杉矶的南加利福尼亚大学的学生宿舍楼,是一栋14层的混凝土框架结构。通过附加屈曲约束支撑加固,不仅提升了结构整体的抗震性能,而且不会影响建筑本身的采光性能,还更加美观[48]。

本书作者课题组提出新型的耗能支撑以及带有该支撑的预制框架结构[44],如图12-26

所示。该预制支撑两端预留钢板螺栓连接段,与预制柱进行螺栓锚固,然后对连接节点后浇混凝土或者灌浆料密封。预制支撑上无须开孔与既有结构连接,其内力通过预制梁柱传递至既有结构。梁、柱、支撑间采用螺栓连接,与焊接相比更加方便、快捷,且对设备的要求较低。基于外附子结构的结构损伤可控加固方法将在第 15 章详细介绍。

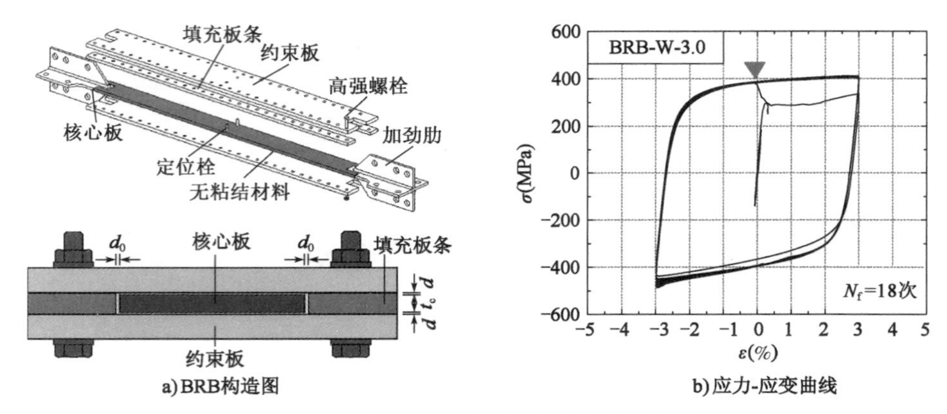

图 12-24　典型 BRB 的构造和力学性能曲线[47]

图 12-25　外附防屈曲支撑-混凝土框架加固实例[48]

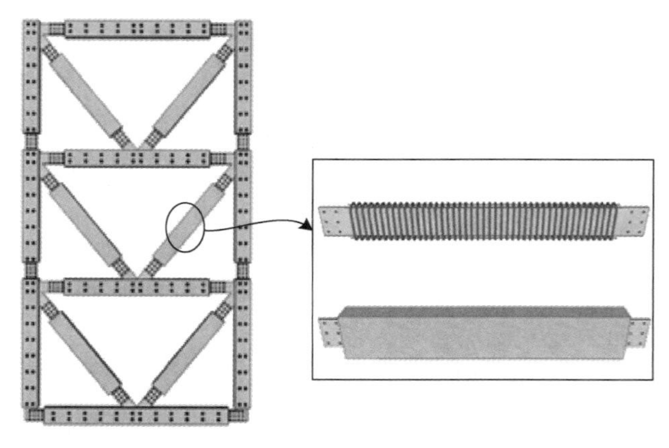

图 12-26　新型预制耗能支撑及框架构造

12.5.4 新型摇摆墙加固技术

1960年5月智利地震之后,人们开始加深对摇摆结构的认识。在该次地震中,一些原本人们认为不稳定的结构震害较轻,而原本稳定的结构却震害严重。经研究发现,这些不稳定的结构具有底部可摆动的特点[49]。从此,人们开始研究摇摆结构的受力特性和抗震性能。Housner[50]首次提出了摇摆结构的简化分析模型,而Rutenberg等[51]则基于动力模型的分析证明了构件部分抬起及非线性土-结构相互作用对提高结构抗震性能的贡献。他们的研究为后来摇摆结构的设计和分析奠定了重要基础,自此人们开始设计不同类型的摇摆结构体系或构件,并开始研究摇摆结构的抗震性能。

摇摆墙属于竖向摇摆构件,是一种新型的抗震结构体系。摇摆墙通过放松墙体与基础或构件接触面的约束,让接触面在地震作用下发生摇摆,减小墙体自身变形。通过施加重力或附加预应力减小残余变形和实现自复位。通过在产生相对运动的位置安装耗能阻尼器以增强结构的耗能能力。近些年来,不同学者针对摇摆墙不断进行深入的研究,提出了多种不同形式的摇摆墙体构造。图12-27显示了学者们提出的典型摇摆墙构造。从图12-27中可以看出,这些摇摆墙体的底部与基础并不完全连接,通过施加预应力来实现结构的摇摆和自复位,通过增添耗能元件来提升墙体的耗能能力。

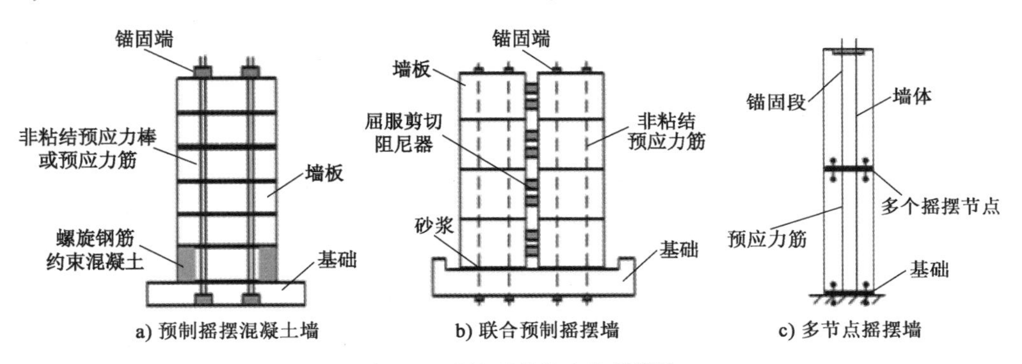

图12-27 摇摆墙体构造形式[52-54]

鉴于摇摆墙本身的自复位特性以及耗能特性,与框架组合后可以改变框架整体的受力特征和变形模式。因此,采用摇摆墙进行结构加固是一种非常有效且具有前景的加固技术。目前国内外已有较多学者进行了基于摇摆墙的实际工程加固。

Qu等[55]、曲哲等[56]采用摇摆墙结构对东京工业大学G3教学楼进行了结构加固改造。原型结构为建于1979年的一座39.7m高的11层综合教学楼。加固时巧妙地利用了原有结构中既有的6个凹槽,在凹槽内布置摇摆墙体。他们基于弹塑性时程分析的加固前后结构抗震性能分析表明,摇摆墙的存在改变了原有的薄弱层变形机制,使框架变形更为均匀。

吴守君等[57]采用摇摆墙对山东省某医院进行了抗震加固改造。摇摆墙通过墙底连接件与底部钢梁相连,采用楼层抗剪连接件与各楼层框架梁连接,墙体与两侧的框架柱金属阻尼器连接。基于时程分析的结果表明,该加固方案可以有效控制结构变形,塑性铰分布更为均匀,同时震后残余变形更小,主体结构损伤得以有效控制。

笔者对摇摆墙结构也进行了相关研究,并提出了一种新的摇摆墙体——新型损伤可控摇摆墙[58]。笔者对其抗震性能进行了实验研究,结果表明,该墙体具有优异的自复位能力,卸载后残余变形很小,同时该结构还具有较好的耗能能力,可用于既有结构的抗震加固。该新型损伤可控摇摆墙的抗震性能以及基于该墙体的结构加固将在第 16 章详细介绍。

12.5.5 FRP 材料加固技术

纤维增强复合材料(FRP)的出现为开发具有稳定二次刚度的混凝土结构提供了可能[20],FRP 和钢材具有极强的互补性,进行复合,可以做到扬长避短。本书作者课题组较早提出了从材料到结构的基于 FRP 的混凝土结构损伤可控设计和加固理论[20]。当 FRP 用于既有结构的加固时,可利用 FRP 的线弹性特征实现加固后结构的明显二次刚度,从而实现损伤可控设计。

由前面的研究可以看到,提升结构的屈服后刚度对于降低结构震后残余位移、提升结构损伤控制水平具有重要意义。基于此,本书作者课题组提出了利用 FRP 材料,基于损伤可控理念的混凝土柱加固新方法。为提高既有结构,特别是桥墩的震后可修复性,笔者提出了 FRP 筋/布复合加固技术[18-19]。如图 12-28a)所示,该新型加固技术通过在柱脚塑性铰区植入 FRP 筋,同时外包 FRP 布材,弥补了传统 FRP 布或 FRP 筋单一加固时无法同时满足桥墩承载力、延性以及耐久性要求的缺陷。FRP 筋/布复合加固技术实现结构可修复性原理如图 12-28b)所示。传统 RC 结构屈服后刚度为 0 或负值(P-Δ 效应),采用复合加固技术,植入 FRP 筋,可提高混凝土柱的承载力,并且有稳定的屈服后刚度;由于柱脚外包 FRP,推迟了塑性铰区混凝土的压碎,延缓了筋材的屈曲,提高了柱的延性。此外,在 FRP 筋和布的共同作用下,加固后混凝土柱的卸载刚度也较小,因而卸载后残余位移也将显著减小。同时,与前述无粘结(预应力)技术相比,复合加固柱的耗能能力并没有降低。

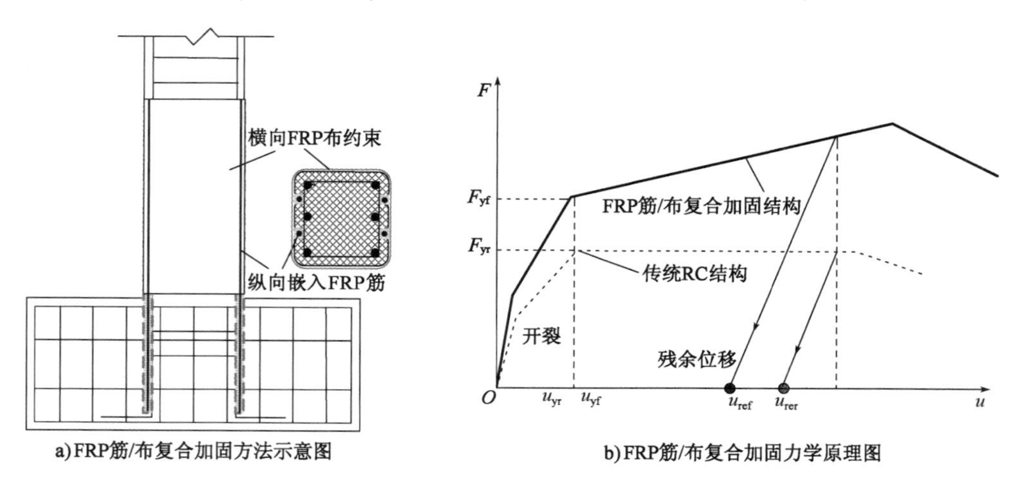

图 12-28 FRP 复合加固钢筋混凝土柱的构造及力学原理

为了验证方法的有效性,进行了复合约束加固柱和原型柱抗震性能的对比试验[19]。分别对一根抗震设计不足的混凝土柱和一根抗震设计不足但采用了 FRP 加固的混凝土柱试件进行了加载试验。原型柱的纵筋采用 6 根直径为 13mm 的钢筋;箍筋直径约 6mm,箍筋间距 100mm。加固时采用 BFRP 布和 BFRP 筋复合加固。柱的详细设计信息可参见文献[19]。

图 12-29 显示了两根混凝土柱在水平力作用下的滞回曲线，从图中可以看到，与原型未约束加固柱相比，FRP 加固混凝土柱的强度和延性显著提升。同时加固后的混凝土柱残余位移较小。这表明提出的加固方法在提升混凝土柱强度和延性的同时，还可以有效降低震后残余位移，提升混凝土柱的损伤控制能力，可有效应用于混凝土柱的抗震加固。基于 FRP 的结构加固方法将在第 13 章详细介绍。

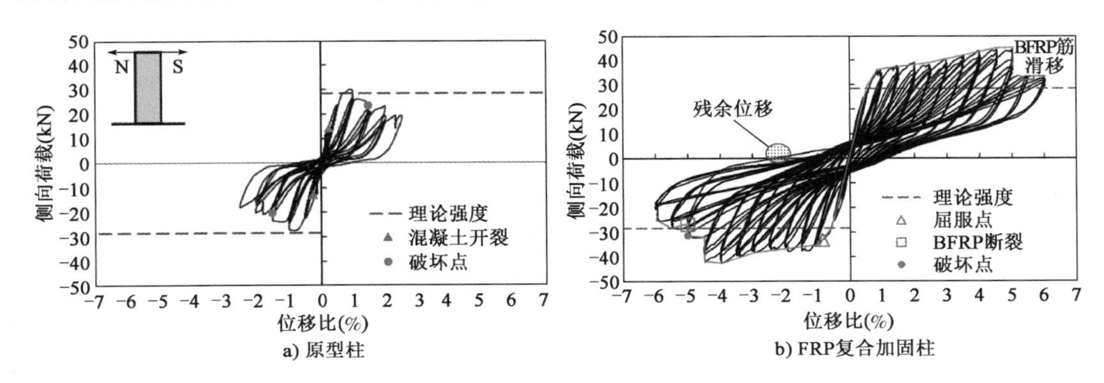

图 12-29　混凝土柱的荷载-位移曲线比较

12.6　本章小结

本章基于传统 RC 结构无法合理实现结构震后可修复性的背景，提出了新型损伤可控结构以及基于损伤可控的结构加固技术，系统阐述了损伤可控结构的理念与特征，提出了损伤可控结构抗震性能评价方法，在此基础上提出了新的基于损伤可控理念的既有结构加固方法。全章主要结论如下：

①传统 RC 结构难以实现震后定量可修复性，在此背景下提出损伤可控混凝土结构，即在地震灾害作用下结构损伤不会过度发展，灾后在合理的技术条件和经济条件下经过快速修复即可恢复其预期功能的结构。

②提出了损伤可控结构的性能评价框架。该框架包含了技术指标和经济指标。其中，技术指标包括最大非弹性位移以及残余位移，从技术上对结构可修复性进行评估；经济指标包含结构震后损失及初期投入，经济指标规定了修复和拆除重建的决策关系。分别提出了新的残余位移计算方法和新的基于结构整体的震后损失计算方法，可帮助进行损伤可控性能评价。

③提出了基于损伤可控理念的既有结构抗震加固方法，与传统抗震加固方法相比，损伤可控加固方法不仅关注结构震后抗倒塌性能，还关注结构震后可修复性和经济损失。提出了中震可修的"三水准设防、三阶段设计"方法，可用于结构的可修复性设计。本章最后简要介绍了目前可行的损伤可控加固的实现方法，阐述了国内外学者以及本书作者课题组的前沿研究成果。

本章参考文献

[1] 梁仁杰.结构抗震能力评估和地震损失分析的简化方法研究[D].南京:东南大学,2013.

[2] Ramirez C M, Miranda E. Significance of residual drifts in building earthquake loss estimation[J]. Earthquake Engineering & Structural Dynamics,2012,41(11):1477-1493.

[3] Zeng X, Lu X, Yang T Y, et al. Application of the FEMA-P58 methodology for regional earthquake loss prediction[J]. Natural Hazards,2016,83(1):177-192.

[4] Pacific Earthquake Engineering Research Center (PEER). Report of the Seventh Joint Planning Meeting of NEES/E: Defense Collaborative Research on Earthquake Engineering [R]. Berkeley,CA:University of California at Berkeley,2010.

[5] Australian Earthquake Engineering Society. Tenth Pacific Conference on Earthquake Engineering: Building an Earthquake-Resilient Pacific [EB/OL]. [2015-11-06]. http://aees. org. au//10pcee.

[6] Pacific Earthquake Engineering Research Center(PEER). 2016 PEER annual meeting[EB/OL]. [2016-01-28-2016-01-29]. https://peer. berkeley. edu/2016-peer-annual-meeting-presentations-website.

[7] 吕西林,全柳萌,蒋欢军.从16届世界地震工程大会看可恢复功能抗震结构研究趋势[J].地震工程与工程振动,2017,37(3):1-9.

[8] 周颖,吴浩,顾安琪.地震工程:从抗震、减隔震到可恢复性[J].工程力学,2019,36(6):1-12.

[9] Cimellaro G P, Dueñas-Osorio L, Reinhorn A M. Special issue on resilience-based analysis and design of structures and infrastructure systems[J]. Journal of Structural Engineering, 2016,142(8):C2016001.

[10] Ke K, Yam M C. A performance-based damage-control design procedure of hybrid steel MRFs with EDBs[J]. Journal of Constructional Steel Research,2018,143:46-61.

[11] 白久林.钢筋混凝土框架结构地震主要失效模式分析与优化[D].哈尔滨:哈尔滨工业大学,2015.

[12] Eatherton M R, Ma X, Krawinkler H, et al. Quasi-static cyclic behavior of controlled rocking steel frames[J]. Journal of Structural Engineering,2014,140(11):04014083.

[13] Zafar A, Andrawes B. Seismic behavior of SMA-FRP reinforced concrete frames under sequential seismic hazard[J]. Engineering Structures,2015,98:163-173.

[14] Qiu C X, Zhu S. Performance-based seismic design of self-centering steel frames with SMA-based braces[J]. Engineering Structures,2017,130:67-82.

[15] Navarro-Gómez A, Bonet J L. Improving the seismic behaviour of reinforced concrete moment resisting frames by means of SMA bars and ultra-high performance concrete[J]. Engineering Structures,2019,197:109409.

[16] Sun Z Y, Wu G, Wu Z S, et al. Seismic behavior of concrete columns reinforced by Steel-

FRP composite bars[J]. Journal of Composites for Construction,2011,15(5):696-706.

[17] Sun Z Y, Wu G, Wu Z S, et al. Nonlinear behavior and simulation of concrete columns reinforced by Steel-FRP composite bars[J]. Journal of Bridge Engineering,2014,19(2):220-234.

[18] 吴刚,姚刘镇,杨慎银,等. 嵌入式 BFRP 筋与外包 BFRP 布组合加固钢筋混凝土方柱性能研究[J]. 建筑结构,2013,43(19):10-14.

[19] Fahmy M F M, Wu Z. Exploratory study of seismic response of deficient lap-splice columns retrofitted with near surface-mounted basalt FRP bars [J]. Journal of Structural Engineering,2016,142(6):04016020.

[20] 郝建兵. 损伤可控结构的地震反应分析及设计方法研究[D]. 南京:东南大学,2015.

[21] 马宏旺,吕西林,陈晓宝. 建筑结构"中震可修"性能指标的确定方法[J]. 工程抗震与加固改造,2005,27(5):26-32.

[22] Mccormick J, Aburano H, Ikenaga M, et al. Permissible residual deformation levels for building structures considering both safety and human elements[C]. Proceedings of the 14th World Conference on Earthquake Engineering,2008:12-17.

[23] Lee T H, Kato M, Matsumiya T, et al. Seismic performance evaluation of non-structural components: drywall partitions[J]. Earthquake Engineering & Structural Dynamics,2007,36(3):367-382.

[24] Mccormick J, Matsuoka Y, Pan P, et al. Evaluation of non-structural partition walls and suspended ceiling systems through a shake table study[C]// ASCE. Structures Congress 2008: Crossing Borders,2008:1-10.

[25] Iwata Y, Sugimoto H, Kuwamura H. Reparability limit of steel structural buildings: study on performance-based design of steel structural buildings　Part 2[J]. Journal of Structural Corstruction Engineering,2005,70(588):165-172.

[26] Zatar W A, Mutsuyoshi H. Residual displacements of concrete bridge piers subjected to near field earthquakes[J]. Structural Journal,2002,99(6):740-749.

[27] Erochko J, Christopoulos C, Tremblay R, et al. Residual drift response of SMRFs and BRB frames in steel buildings designed according to ASCE 7-05 [J]. Journal of Structural Engineering,2011,137(5):589-599.

[28] 郝建兵,吴刚,吴智深. 单自由度体系等强度残余位移谱研究[J]. 土木工程学报,2013,46(10):82-88.

[29] Porter K A. An overview of PEER's performance-based earthquake engineering methodology [C]. Proceedings of Ninth International Conference on Applications of Statistics and Probability in Civil Engineering,2003.

[30] FEMA. Seismic performance assessment of buildings volume 1—methodology, Technical report FEMA P-58[R]. Washington, DC: FEMA,2012.

[31] Huang Q, Dyanati M, Roke D A, et al. Economic feasibility study of self-centering concentrically braced frame systems [J]. Journal of Structural Engineering, 2018,

144(8):04018101.

[32] HAZUS. Multi-hazard loss estimation methodology, earthquake model[S]. Washington, DC. 2003.

[33] Xu J G, Wu G, Feng D C. Near fault ground motion effects on seismic resilience of frame structures damaged in Wenchuan earthquake[J]. Structure and Infrastructure Engineering, 2020, 16(10):1347-1363.

[34] 吴刚. 具有稳定二次刚度的钢-连续纤维复合筋增强混凝土抗震结构及其设计理论研究:50608015[P]. 2006.

[35] 吴刚. 损伤可控地震反应分析及"三水准设防，三阶段设计"方法研究:51178099[P]. 2011.

[36] 吕西林，周定松. 考虑场地类别与设计分组的延性需求谱和弹塑性位移反应谱[J]. 地震工程与工程振动，2004，24(1):39-48.

[37] Priestley M N, Tao J R. Seismic response of precast prestressed concrete frames with partially debonded tendons[J]. PCI Journal, 1993, 38(1):58-69.

[38] 曲哲，张令心. 日本钢筋混凝土结构抗震加固技术现状与发展趋势[J]. 地震工程与工程振动，2013，33(4):61-74.

[39] Kurosawa R, Sakata H, Qu Z, et al. Cyclic loading tests on RC moment frames retrofitted by PC frames with mild press joints through RC slabs for connection[J]. Engineering Structures, 2019, 197:109440.

[40] Kurosawa R, Sakata H, Qu Z, et al. Precast prestressed concrete frames for seismically retrofitting existing RC frames[J]. Engineering Structures, 2019, 184:345-354.

[41] 周福霖，崔鸿超，安部重孝，等. 东日本大地震灾害考察报告[J]. 建筑结构，2012，42(4):1-20.

[42] 日本抗震加固研究会. 图解钢筋混凝土结构抗震加固技术[M]. 北京：中国建筑工业出版社，2010.

[43] 曲哲，叶列平. 附加子结构抗震加固方法及其在日本的应用[J]. 建筑结构，2010，40(5):55-58.

[44] 组相杰. 外附预制梁柱提升既有混凝土结构抗震性能研究[D]. 南京：东南大学，2016.

[45] Yoshino T, Karino Y. Experimental study on shear wall with braces: Part 2[C]. Summaries of Technical Papers of Annual Meeting, 1971:403-404.

[46] Kimura K, Yoshioka K, Takeda T, et al. Tests on braces encased by mortar in-filled steel tubes[C]. Summaries of technical papers of annual meeting, Architectural Institute of Japan, 1976:1-42.

[47] 陈泉. 屈曲约束支撑滞回性能及框架抗震能力研究[D]. 南京：东南大学，2016.

[48] 吴徽，张国伟，赵健，等. 防屈曲支撑加固既有RC框架结构抗震性能研究[J]. 土木工程学报，2013，46(7):10.

[49] 吴守君. 摇摆填充墙-框架结构抗震性能研究[D]. 北京：清华大学，2017.

[50] Housner G W. The behavior of inverted pendulum structures during earthquakes[J].

Bulletin of the Seismological Society of America,1963,53(2):403-417.

[51] Rutenberg A,Jennings P C,Housner G W. The response of veterans hospital building 41 in the San Fernando earthquake[J]. Earthquake Engineering & Structural Dynamics,1982,10(3):359-379.

[52] Kurama Y,Sause R,Pessiki S,et al. Lateral load behavior and seismic design of unbonded post-tensioned precast concrete walls[J]. Structural Journal,1999,96(4):622-632.

[53] Eatherton M R,Hajjar J F. Hybrid simulation testing of a self-centering rocking steel braced frame system [J]. Earthquake Engineering & Structural Dynamics, 2014, 43 (11): 1725-1742.

[54] Wiebe L,Christopoulos C. Mitigation of higher mode effects in base-rocking systems by using multiple rocking sections[J]. Journal of Earthquake Engineering,2009,13(S1): 83-108.

[55] Qu Z,Wada A,Motoyui S,et al. Pin-supported walls for enhancing the seismic performance of building structures[J]. Earthquake Engineering & Structural Dynamics,2012,41(14): 2075-2091.

[56] 曲哲,和田章,叶列平. 摇摆墙在框架结构抗震加固中的应用[J]. 建筑结构学报,2011,32(9):11-19.

[57] 吴守君,潘鹏,张鑫. 框架-摇摆墙结构受力特点分析及其在抗震加固中的应用[J]. 工程力学,2016,33(6):54-60.

[58] Cui H,Wu G,Zhang J,et al. Experimental study on damage-controllable rocking walls with resilient corners[J]. Magazine of Concrete Research,2019,71(21):1113-1129.

第13章 FRP约束混凝土柱抗震加固技术及设计方法

13.1 概　　述

我国是一个地震多发的国家，地震造成的巨大灾害主要体现于结构物的破坏。钢筋混凝土柱是结构中重要的受力构件，其破坏将直接导致结构物的倒塌，在我国的已建结构物中，存在大量的钢筋混凝土柱未考虑抗震延性要求以及因设防烈度提高而使原有按较低烈度设防的如今不能满足相应抗震要求，常见的有构造细节不合理、抗剪不足、箍筋约束不足及构件延性不足等缺陷，使得钢筋混凝土柱在地震中发生脆性剪切破坏或缺乏延性的弯曲破坏[1-2]。因此，如何提高缺陷柱的抗剪能力、加强其侧向约束、改善其抗震性能成为钢筋混凝土柱加固中亟待解决的问题。

目前，钢筋混凝土柱的传统加固方法主要有增大截面法、外包钢法、置换混凝土法等，如图13-1所示。

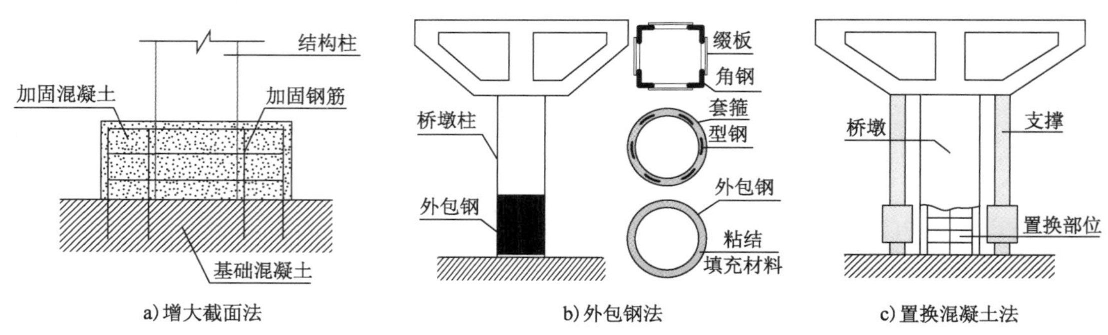

图13-1　传统的钢筋混凝土柱抗震加固方法

1)增大截面法

增大截面法是在钢筋混凝土柱的柱脚外围浇筑钢筋混凝土以增大截面、提高桥墩承载力和刚度的一种直接加固方法。该方法经济可靠，桥墩承载力、刚度提高幅度较大；但时效性差，湿作业下往往需要交通管制，加固后易引起加固桥墩构件在桥梁结构中地震分配力的增加和薄弱部分的转移，且构件尺寸的增大占用空间，影响使用功能，不美观。

2)外包钢法

外包钢法是采用粘结材料将钢套管或钢缀板等包围在钢筋混凝土柱的外围、四角或两侧,以提高桥墩的抗震受力性能。该方法时效性好,外包钢套管可显著提高桥墩承载力,且三向约束混凝土能够增加桥墩延性,加固后对原有空间无显著影响。外包钢法的缺点是受使用环境的限制,抗腐蚀能力差,钢材需要防腐蚀处理,维护费用高。

3)置换混凝土法

置换混凝土法是剔除钢筋混凝土柱低强度或有缺陷区段的混凝土至一定深度,重新浇筑强度等级较高的混凝土(如纤维混凝土、环氧砂浆等)进行局部增强代替,以使柱的承载力得到恢复。该方法的优点与增大截面法相近,经济可靠,且加固后不占用空间,但同样存在湿作业施工时间长的问题,多数情况下要对构件进行卸载后才能加固,同时新旧混凝土结合面粘结要求严格,施工难度大。

综上,以上各种钢筋混凝土柱的抗震加固技术,既有其独特优点,也存在自身无法弥补的缺陷。FRP约束抗震加固混凝土柱技术与外包钢法原理相同,都是通过侧向约束来提高混凝土的轴压强度和极限应变,当混凝土侧向膨胀变形增大到一定程度,外包的FRP就对核心混凝土产生明显的约束作用。核心混凝土在三向受压工作状态下,裂缝发展缓慢,抗压强度以及变形能力均得以提高[3]。在钢筋混凝土柱的抗震加固中用FRP缠绕包裹,可有效增大塑性变形的滞回环面积,增强柱吸收地震能量的能力,提高柱的延性,是一种非常理想的结构加固方法。

FRP约束抗震加固混凝土柱技术具有多种具体应用形式,根据环向FRP设置的施工方法不同,可分为纤维片材缠绕、纤维丝束人工缠绕、纤维条带缠绕、纤维丝束自动缠绕、预制复合壳材粘贴、纤维套管注入树脂等(图13-2)。纤维片材因其生产、运输及施工便利而得到了最广泛的应用,在片材缠绕搭接时,需满足最小的搭接长度;预制复合壳材可被连续地制作成一个多层卷筒,或被切割成单个的单层筒形薄壳,与纤维片材缠绕相似,预制复合壳材粘贴需要一定的搭接长度,一定程度上会造成材料的浪费,但施工方便,施工技术要求不高,因此在工程实践中也得到了较多的应用;纤维丝束人工缠绕对工人的要求较高,必须保证缠绕的均匀性;纤维丝束自动缠绕需要特定的缠绕机械,克服了人工缠绕的弊端,缠绕间距和厚度可以随意调节,缠绕质量高,在国外得到了一定的应用。

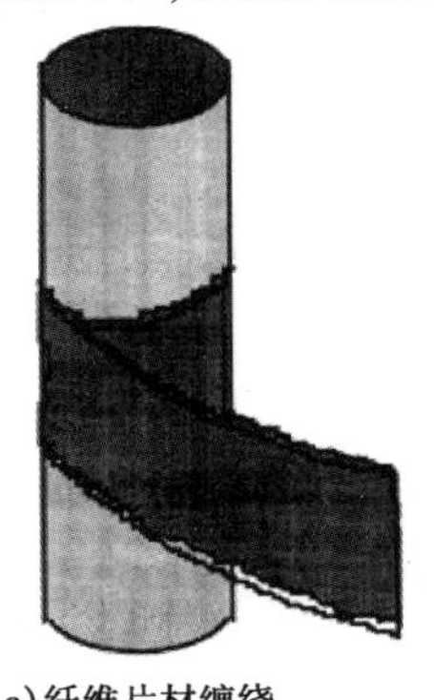
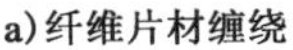
a)纤维片材缠绕

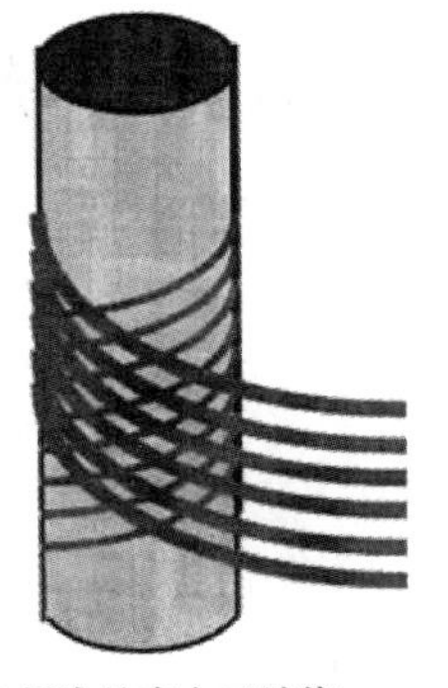
b)纤维丝束人工缠绕

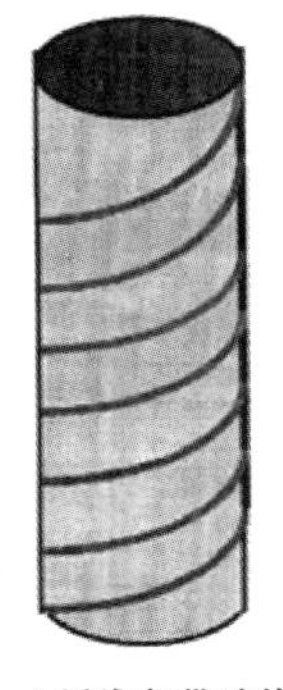
c)纤维条带缠绕

图　13-2

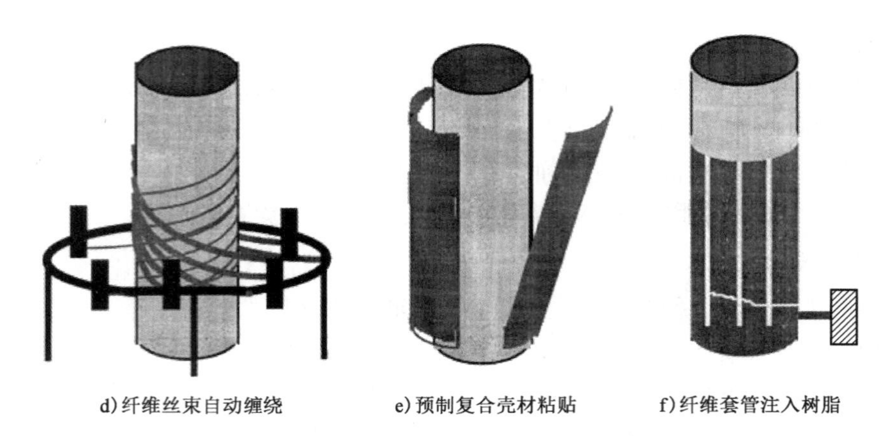

图 13-2　FRP 约束抗震加固混凝土柱技术的施工方法

在实际工程中,纤维片材缠绕的应用最为成熟,本章所指 FRP 约束抗震加固混凝土柱技术一般是指纤维片材缠绕。

13.2　FRP 约束混凝土的受力特点

在约束混凝土的研究与应用领域,从最早利用液体主动约束到箍筋被动约束,从箍筋约束到钢管约束,再到 FRP 约束,无论使用何种约束材料,其对核心混凝土都起到约束作用,抑制混凝土的横向膨胀,减缓混凝土泊松比的增大过程(图 13-3),核心混凝土在三向应力的作用下,裂缝发展的速度减慢,强度和变形能力提高;另外,约束作用的施加也是防止高强混凝土应力-应变关系曲线下降段陡然下降的有效措施,能有效改善高强混凝土极限应力后的脆性。

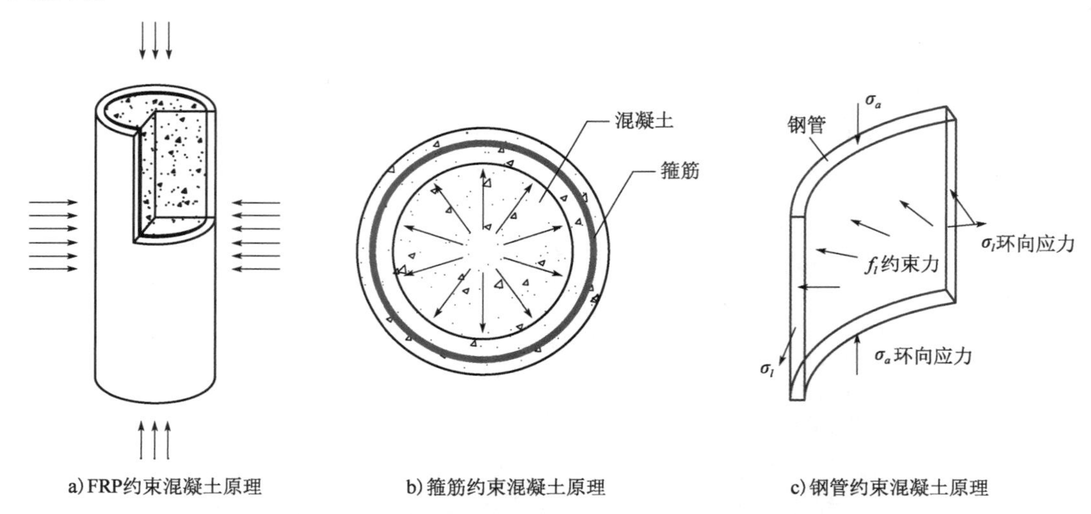

图 13-3　FRP 约束混凝土与箍筋约束和钢管约束混凝土原理图

各种材料约束混凝土的异同见表 13-1,其中箍筋约束混凝土、钢管约束混凝土的应力-应变关系曲线对比如图 13-4 所示。在箍筋约束混凝土、钢管约束混凝土、FRP 约束混凝土三种不同的约束混凝土中,钢管约束混凝土在为钢管提供横向约束力的同时,也承担了部分轴向荷载,轴向荷载将降低钢管在横向的约束作用,其实钢管的作用很大程度上是参与纵向的受力作用,环向约束效果差,钢管在钢材屈服后,其约束力基本不再增加。箍筋约束混凝土以横向设置箍筋来达到对核心混凝土约束的目的,横向箍筋在屈服后为核心混凝土提供了恒定持久的约束力,箍筋约束是目前钢筋混凝土结构最常用的加固方法,同样,由于钢材的屈服效应,箍筋在屈服后横向约束力保持不变。由于钢材的延性好,钢管约束混凝土、箍筋约束混凝土的变形能力强、延性好。对于FRP约束混凝土,FRP在纵向的刚度小,可以忽略FRP在纵向参与承载的作用,认为FRP仅提供横向约束力,且由于FRP的线弹性特点,在混凝土侧向膨胀作用下,FRP提供的侧向约束力能够持续增长,其应力-应变曲线呈现双线形的特征,根据FRP的约束量,表现为峰值后上升的强化型或峰值后下降的软化型应力-应变曲线;另外,由于FRP无屈服过程,断裂应变小,FRP约束混凝土在破坏阶段一般表现出较为强烈的能力释放,破坏过程较为剧烈,常常伴随着FRP的突然断裂与混凝土碎块的剥落。

FRP约束混凝土与钢管、箍筋约束混凝土的异同　　表13-1

约束混凝土类型	箍筋约束混凝土	钢管约束混凝土	FRP约束混凝土
是否提供横向约束作用	是	是	是
是否承担轴向荷载作用	否	是	是
环向约束力	屈服后恒定	屈服后恒定	持续增加
破坏模式	缓和	缓和	剧烈

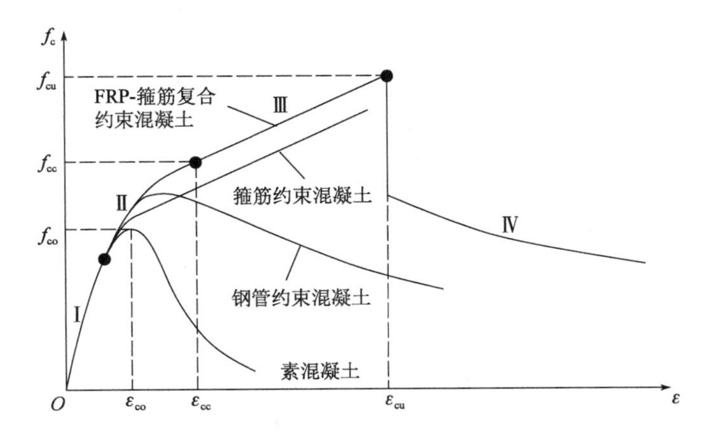

图13-4　各种材料约束混凝土应力-应变关系曲线对比

除了以上单一材料约束混凝土形式外,近年来深化研究了FRP和钢材同时约束混凝土的力学性能[4](图13-5)。FRP-箍筋复合约束钢筋混凝土结构分别由外层FRP、传统箍筋共同约束混凝土。该复合约束结合了外层纤维增强材料轻质、高强、高弹性模量、耐腐蚀的特点以及箍筋约束混凝土结构承载力高、抗震性能卓越的优点,相较于单一材料约束混凝土,该复合结构具有更高极限承载力和更大变形能力(图13-4),因此具备良好的承载力和耐久性。

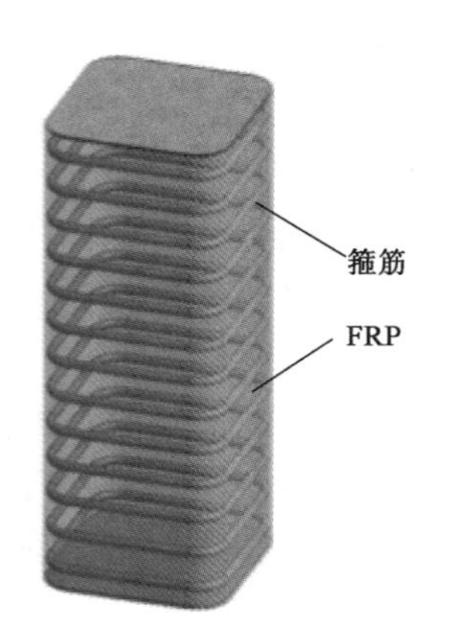

a)FRP-箍筋复合约束混凝土概念图

b)FRP-箍筋复合约束混凝土轴压试验

图 13-5　FRP-箍筋复合约束混凝土

13.3　FRP 约束混凝土影响参数分析

FRP 约束混凝土的受力性能受到诸多因素的影响,譬如侧向约束强度、侧向约束刚度、截面形状、FRP 种类、体积配纤率、混凝土强度、长径比等。本节将以不同的因素对 FRP 约束混凝土具体的影响及影响程度为侧重点分别简要阐述。

13.3.1　侧向约束强度

侧向约束强度f_l,即外包的 FRP 材料对混凝土柱所能提供的侧向约束力。在已有的 FRP 约束混凝土柱本构关系模型的研究中,大多数模型沿用了 Richart 等[5]提出的静水压力约束作用下的混凝土抗压强度及应变的表达式,其中一个重要的参数就是侧向约束强度f_l。

$$f_l = \frac{2f_f t}{D} \tag{13-1}$$

式中:f_f——FRP 拉伸强度;

t——FRP 厚度;

D——圆形截面的直径。

当包裹的 FRP 是以一定间距的 FRP 条带形式约束混凝土圆柱时,上式可写成:

$$f_l = \frac{2f_f b_f t_f}{D(b_f + s_f)} \tag{13-2}$$

式中:b_f——FRP 条带宽度;

s_f——各相邻 FRP 条带之间的净间距。

值得注意的是,在目前的计算模型中多以侧向约束强度f_l和混凝土强度f_{co}的比值即约束强度比f_l/f_{co}表示。大量的研究结果表明,约束强度比f_l/f_{co}与约束混凝土柱试件的轴向抗压强度和轴向极限应变具有显著的联系,随着侧向约束强度比的增大,约束混凝土柱的极限强度和应变都持续增大。不仅在圆柱中,在方柱和矩形柱中也得出了相同的结论。

以玄武岩纤维增强复合材料(BFRP)约束混凝土柱为例,分析侧向约束强度比对极限应力和应变的影响。图 13-6 分别列出了 BFRP 约束 C30 和 C50 混凝土柱轴压试件的应力-应变曲线,其中侧向约束强度比的增加直接反映为 BFRP 包裹层数的增多。从图 13-6 中可以看出,随着 FRP 层数的增加,转折点和极限点的应力和应变值均有不同程度的增加,峰值后斜率(二次刚度)也不断增大。这反映了随着侧向约束强度比的增加,约束混凝土柱的轴向抗压强度和轴向抗压极限应变都相应增加。约束强度比f_l/f_{co}可以直接影响 BFRP 约束混凝土的抗压强度和轴向延性性能。

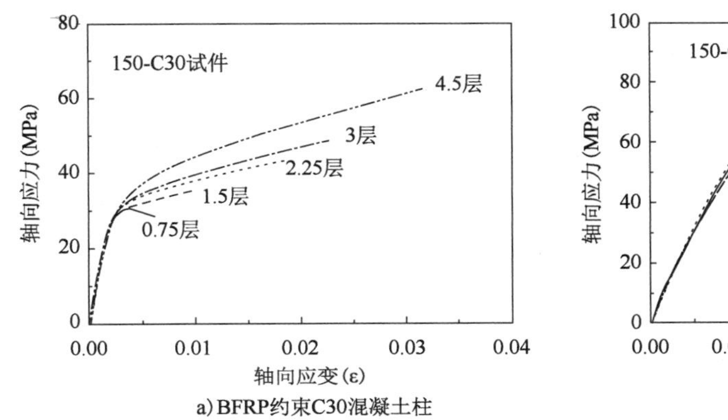

a) BFRP约束C30混凝土柱

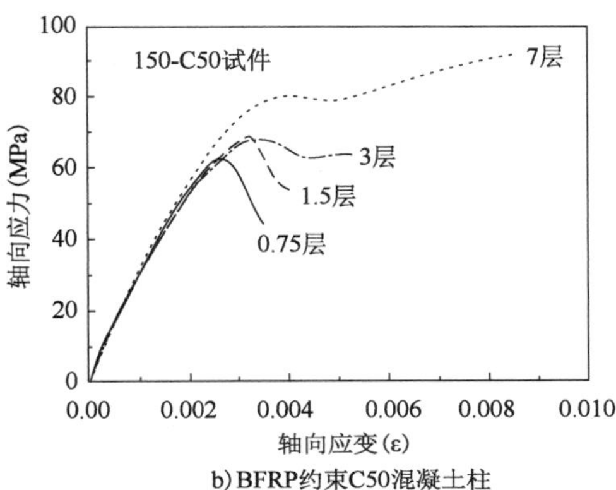

b) BFRP约束C50混凝土柱

图 13-6　侧向约束强度比对约束混凝土柱应力-应变关系曲线的影响(玄武岩纤维增强复合材料约束圆柱)

13.3.2　侧向约束刚度

从广义上来讲,侧向约束刚度 E_l定义为侧向约束应力增量和侧向应变增量之比,以 FRP 全包裹约束圆形截面的混凝土柱为例,侧向约束刚度的计算公式为

$$E_l = \frac{2E_f t}{D} \tag{13-3}$$

式中:E_f——FRP 拉伸强度;

t——FRP 厚度;

D——圆形截面的直径。

当包裹的 FRP 是以一定间距的 FRP 条带形式约束混凝土圆柱时,上式可写成:

$$E_l = \frac{2E_f b_f t_f}{D(b_f + s_f)} \tag{13-4}$$

式中:b_f——FRP 条带宽度;

s_f——各相邻 FRP 条带之间的净间距。

从侧向约束刚度的定义公式可以看出,影响 E_l的基本因素有 FRP 厚度、截面尺寸,以及 FRP 材料本身的弹性模量 E_f。这些因素对侧向约束刚度 E_l 的影响程度与对侧向约束强度f_l的相同。

FRP 必须具有足够的侧向约束刚度才能在较低轴力水平时发挥 FRP 的约束效果,当轴向压力较低时,混凝土横向膨胀较小,侧向约束刚度 E_l较高的 FRP 约束混凝土柱的反应更为敏锐,能较早地发挥对混凝土的侧向约束作用。因此,侧向约束刚度的强弱决定了 FRP 限制内部混凝土膨胀能力的大小,从而影响约束混凝土柱的轴压性能。根据分析发现,对于 FRP 约束混凝土柱,无论曲线有软化段时的峰值点还是无软化段时的转折点,其峰值应力、峰值应变均主要与侧向约束刚度有关。以试验的 FRP 约束 150mm 直径的混凝土圆柱为例,侧向约束刚度 E_l对 C30 和 C50 混凝土柱轴压下峰值点应力 f_{ct}和应变 ε_{ct}的影响分别如图 13-7a)、b)所示。从图中可以发现,当 $E_l < 400$MPa 时,对 C30 和 C50 混凝土强度试件的 f_{ct}和 ε_{ct}的影响均较小;当 $E_l > 400$MPa 时,对 f_{ct}和 ε_{ct}的增大作用变得明显,其中 C30 试件在 ε_{ct}上增大更多,而 f_{ct}受影响程度则较小。

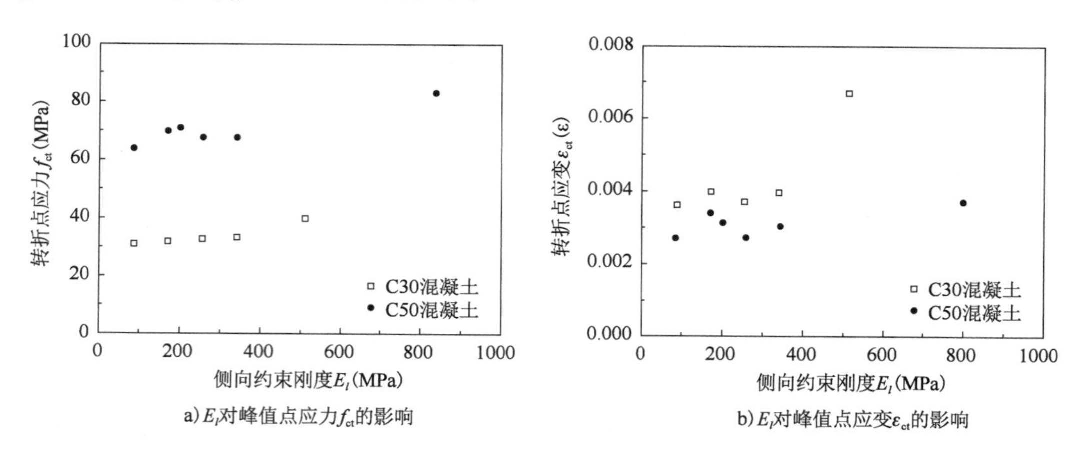

a) E_l对峰值点应力f_{ct}的影响　　b) E_l对峰值点应变ε_{ct}的影响

图 13-7　侧向约束刚度对约束混凝土柱峰值点应力和应变的影响

另外,一些学者通过研究发现:在曲线无软化段的情况下,峰值点之后直线段的斜率(二次刚度)主要与侧向约束刚度有关[6],侧向约束刚度越大,斜率越大。对于矩形截面,侧向约束刚度尚与截面的约束效率相关。

13.3.3　截面形状

FRP 约束混凝土截面可以有多种形状,如圆形、矩形、椭圆形、倒角矩形等。不同的截面形状,FRP 具有不同的约束机理,进而引起约束加固柱力学性能的不同。由于圆形截面光滑、无棱角,FRP 能够在整个截面上提供均匀的环向约束力,它被公认为约束效果最好的截面形状。而非圆形截面中角部或长短轴的存在会不同程度地降低 FRP 的约束作用[7-8]。当截面为矩形时,约束截面将被分为有效约束区和未有效约束区(图 13-8)。由约束混凝土核心的定义可知,矩形截面柱沿着截面的边有一个拱形区域得不到有效约束,在混凝土柱截面中存在一个有效约束区域,基于 FRP 约束矩形截面的有效约束区和未有效约束区的划分,许多学者定义了一个形状系数 k_s:

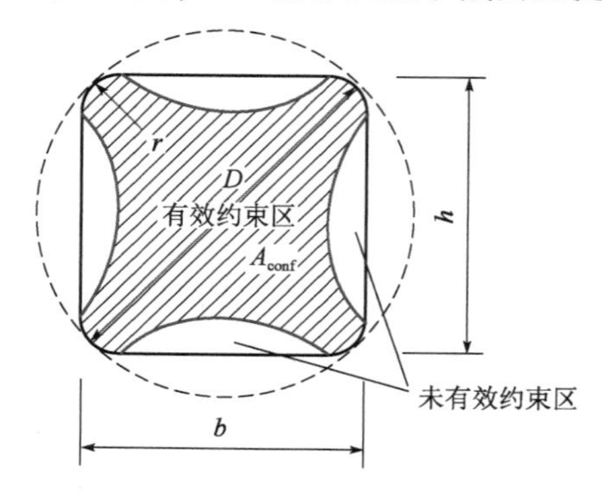

图 13-8　FRP 约束矩形截面有效约束区域示意图

$$k_s = \frac{A_{conf}}{A_g} \tag{13-5}$$

式中：A_{conf}——截面有效约束面积；

A_g——柱截面总面积。

也可采用简化的形状系数k_s来考虑截面形状及倒角半径r对平均约束效果的影响：

$$k_s = \frac{r(b+h)}{bh} \tag{13-6}$$

式中：b、h、r——矩形截面的截面宽度、截面高度及倒角半径。

对于FRP约束矩形截面，约束强度仍可以采用类似圆形截面的公式计算：

$$f_l = k_s \frac{2f_f t}{D} \tag{13-7}$$

式中：f_f——FRP拉伸强度；

t——FRP片材厚度；

D——矩形截面的等效直径，当$b=h=D$时，即应用于圆形截面。

13.3.4　FRP种类

目前常见的FRP有CFRP、GFRP、AFRP、BFRP、PBO FRP（聚对亚苯基苯并双噁唑纤维）、Dyneema FRP（聚乙烯纤维）等等。图13-9列出了常见FRP和普通钢筋在轴向拉伸下的应力-应变曲线。由图13-9可见，FRP拉伸曲线均呈现线弹性特征，并没有普通钢筋和预应力筋体现出的弹塑性材料所具有的屈服平台。不同的FRP其弹性模量不同，极限拉伸强度不同，极限拉应变也不相同，因而对混凝土的约束效果也不相同。

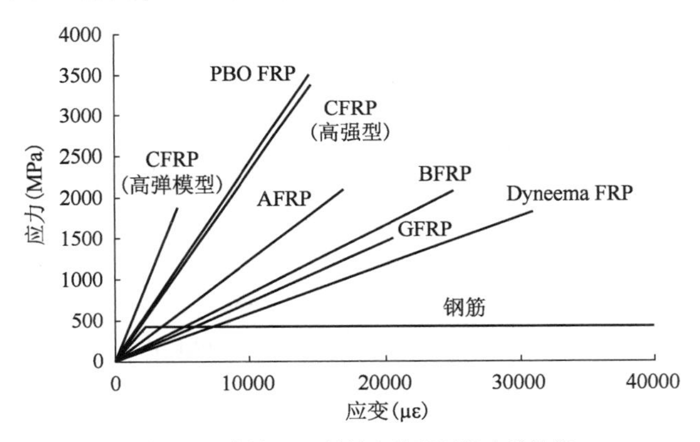

图13-9　常见FRP材料和普通钢筋力学性能

不同的FRP由于极限拉伸强度不同，弹性模量不同，使得其对约束强度比和约束刚度有着不同的影响。总结相关研究成果可以发现（图13-10），FRP种类对约束混凝土极限应变提高比的影响较大，对约束混凝土极限强度提高比的影响较小[9-10]。在固定约束强度比下，FRP约束混凝土柱的极限强度略微受到FRP种类的影响，高强度、高弹模CFRP要略高于普通CFRP，普通CFRP要略高于AFRP，并略高于GFRP；峰值应变受FRP种类的影响较为显著，FRP约束混凝土柱的峰值应变随着FRP材料极限应变的增大而增大，AFRP约束混凝土能够获得的极限应变提高效果最好，高强度CFRP约束混凝土的极限应变提高效果最差。如图13-10所示，可以明显地发现应变提高比对FRP种类比较敏感，而强度提高比则不如应变那样对FRP种类敏感。

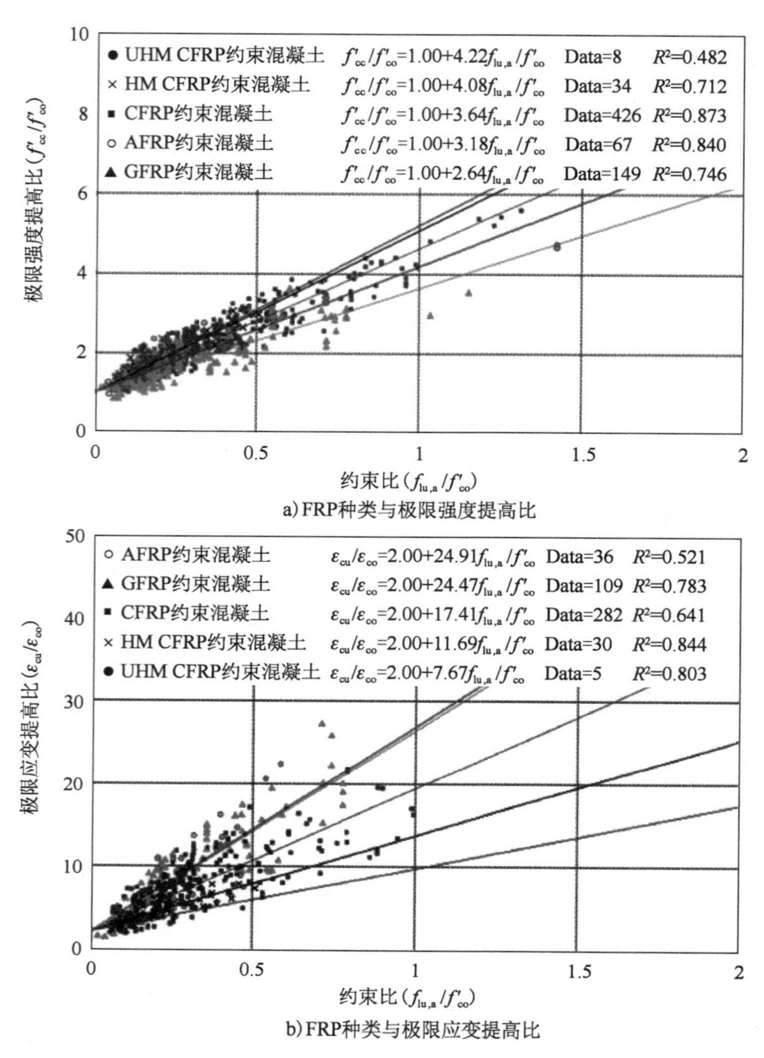

图 13-10 FRP 种类对约束混凝土极限强度提高比和极限应变提高比的影响

13.3.5 体积配纤率

体积配纤率 ρ_f 为 FRP 与约束混凝土的体积比，其表达了 FRP 缠绕量、截面尺寸对核心约束混凝土强度的影响，其影响与侧向约束强度是相同的，对于圆形截面，ρ_f 可按下式计算：

$$\rho_f = \frac{4nt_f}{D} \tag{13-8}$$

式中：n——侧向包裹 FRP 层数；

t_f——FRP 单层厚度；

D——圆柱直径。

当外侧的 FRP 是以一定间距的条带形式约束圆柱时，上式可写成：

$$\rho_f = \frac{4nt_f b_f}{D(b_f + s_f)} \tag{13-9}$$

式中：b_f——FRP 条带宽度；

s_f——各相邻 FRP 条带之间的净间距。

13.3.6　混凝土强度

混凝土强度直接影响 FRP 约束混凝土柱的力学性能，并且作为重要的参数受到了许多研究者的重视进而开展了广泛、深入的研究。混凝土强度对约束加固柱的性能影响主要体现在以下几个方面。

首先，混凝土的强度等级影响 FRP 约束混凝土柱的破坏模式。在混凝土抗压强度不是很高的情况下，约束混凝土的破坏始于骨料截面结合面上随机出现的裂缝，然后混凝土开始膨胀，受到侧向有效约束后裂缝发展得到一定的缓冲甚至稳定，当超过约束混凝土抗压强度后，混凝土压碎程度严重，内聚力几乎丧失；而对于抗压强度很高的混凝土，约束混凝土破坏时的裂缝基本呈竖向分布，把整个混凝土柱沿纵向分成多个小混凝土柱，外包 FRP 约束起到紧束小柱、推迟其发生屈曲破坏的作用。

其次，混凝土的强度等级影响 FRP 约束混凝土柱的应力-应变关系曲线形状[11]。不同强度等级的 FRP 约束加固柱应力-应变关系曲线形状虽然相似，但也存在实质性的差别。对比 FRP 约束不同强度混凝土圆柱的试验结果，试件直径为 190mm，都采用 1 层 BFRP 约束，C30 混凝土柱和 C50 混凝土柱的应力-应变关系如图 13-11 所示。可见，随着混凝土强度的提高，应力-应变关系曲线的上升段和峰值应变的变化并不显著，然而下降段的形状却有着较大的差异。混凝土强度越高，应力-应变关系曲线下降段的坡度越陡，即下降段在相同幅度时变形越小，延性越差。

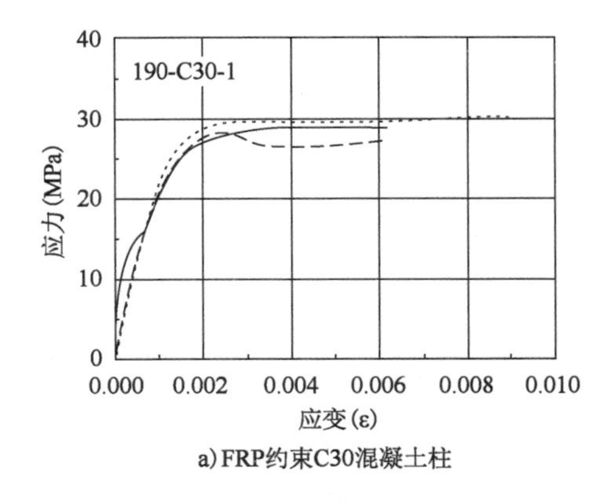

a) FRP约束C30混凝土柱

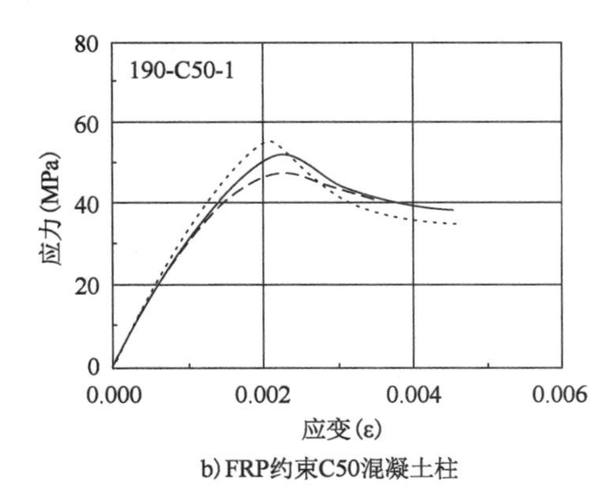

b) FRP约束C50混凝土柱

图 13-11　不同强度等级约束混凝土柱应力-应变曲线比较

作为一种被动约束，FRP 约束混凝土柱只有在轴心受压后，达到未约束混凝土轴心抗压强度范围某个值后才能有效“激活”FRP 对混凝土的有效约束。可以说 FRP 约束混凝土柱的受压过程基本可以分为两种不同的受力状态，即没有“激活”约束前的近似单轴受压和“激活”约束后的常规三轴受压。这也充分说明未约束混凝土峰值点过后的延性对 FRP 的约束效应发挥程度有着较大影响。未约束混凝土强度越低，其延性越大，变形能力越好，可以充分发挥FRP约束效应。反之，混凝土的强度越高，混凝土自身的变形能力就越差，激活FRP约束效应的能力则越低。因此在相同约束条件下，低强度混凝土的性能提升幅度相对更大。对比BFRP约束不同强度等级（C30、C50）混凝土圆柱试验结果，不同侧向约束比下混凝土强度提高幅度和极限应变提高幅度如图13-12所示，可见低强度混凝土试件随侧向约束强度比的增加，其极限应力和应变提高的幅度要大于高强度混凝土试件，并且这种幅度的差异在极限应变上体现得更加明显。

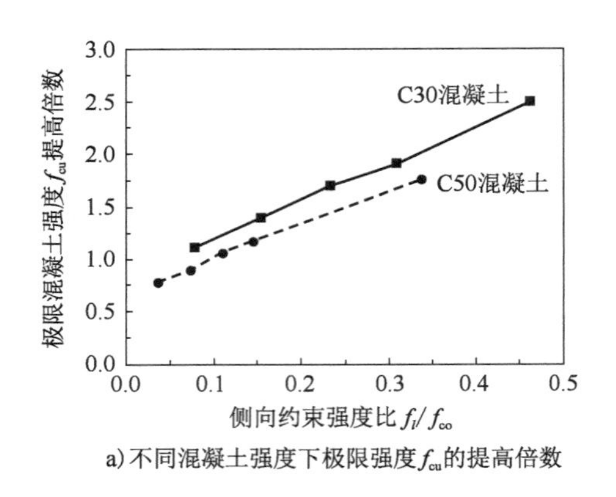

a）不同混凝土强度下极限强度f_{cu}的提高倍数

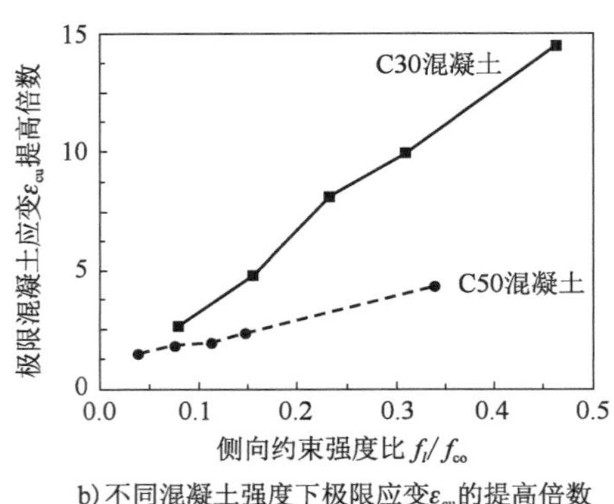

b）不同混凝土强度下极限应变ε_{cu}的提高倍数

图13-12　混凝土强度对提高应力和应变的影响

13.3.7　长径比

FRP约束加固柱的长径比是指试件长度与试件直径之比（H/D），它是体现试件几何特征的重要因素。试验研究表明，长径比是影响FRP约束加固柱力学性能的重要因素。Mirmiran等[12]进行了4种长径比的GFRP约束混凝土圆柱的试验研究，结果表明，随着长径比的增大，试件的极限承载能力有下降的趋势，其原因是随着长径比的增大，初始缺陷造成的试件质心和截面中心位置的偏差的影响更为显著。试验结果显示，当$H/D=5$时，试件的极限承载能力相较于$H/D=2$时下降了大约18%。

Vincent和Ozbakkaloglu[13]进行了较为系统的FRP约束加固柱长径比影响试验，研究发现当长径比为1.0时FRP的约束效应对强度提高作用最为明显，当长径比为2～5时，强度提高幅度略有下降但变化并不显著。与强度不同的是，长径比对FRP约束加固柱的轴向极限应变的影响要显著得多。图13-13a）显示了不同长径比下极限应变提高系数的变化情况，其中字母N和H分别代表FRP约束普通混凝土和高强混凝土，后面的数字代表FRP名义厚度，T代表FRP管。由图13-13a）可见，随着长径比的增大，FRP对约束加固柱的极限应变提高幅度随之下降。与轴向极限应变类似，长径比对FRP环向断裂应变也有一定的影响。图13-13b）显示了FRP约束普通强度混凝土（NSC）和高强混凝土（HSC）的FRP环向断裂应变随长径比的变化情况，可见随着长径比的增大，FRP的最大环向断裂应变有减小的趋势。其原因可能是，长径比更大的试件更容易发生局部破坏，长径比较小的试件利用FRP更充分。

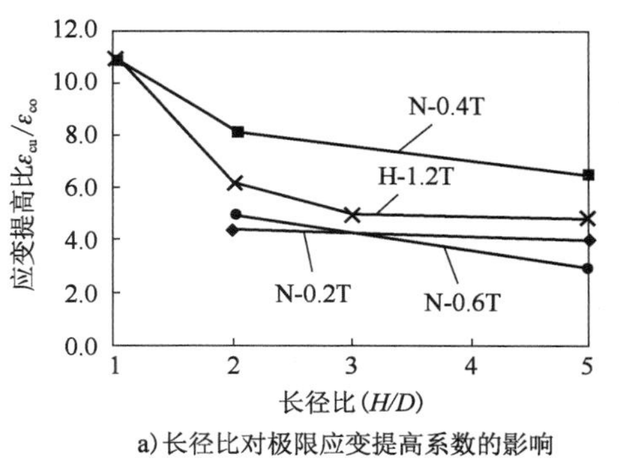

a)长径比对极限应变提高系数的影响

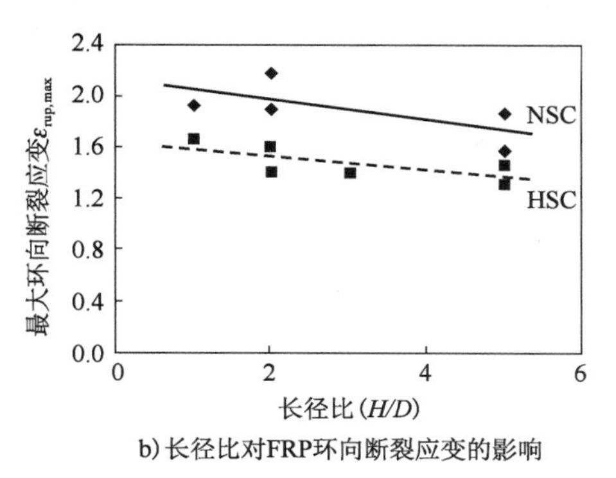

b)长径比对FRP环向断裂应变的影响

图 13-13　长径比对 FRP 约束加固柱极限应变提高系数和 FRP 环向断裂应变的影响

13.4　FRP 约束混凝土的轴压应力-应变关系计算

13.4.1　强弱约束的判断

根据 FRP 约束量等参数的不同，FRP 约束混凝土的轴压应力-应变曲线会呈现 FRP 强约束和 FRP 弱约束的差异(图 13-14)。FRP 约束混凝土柱应力-应变关系曲线无软化段时，极限应力主要与侧向约束强度有关；有软化段时，峰值应力主要与侧向约束刚度有关，而极限应力主要与侧向约束强度有关。因此，从理论上讲，确定 FRP 约束混凝土柱应力-应变关系曲线有无软化段的界限值可以依据侧向约束刚度，也可以从侧向约束强度来分析[14-15]。

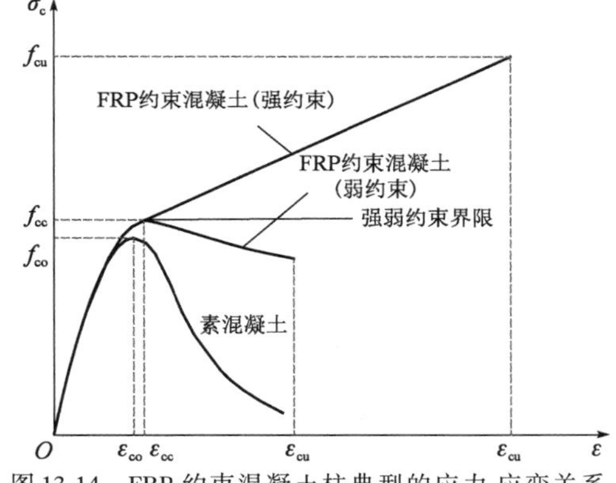

图 13-14　FRP 约束混凝土柱典型的应力-应变关系曲线及强弱约束界限

对于 FRP 约束圆形混凝土柱，根据大量试验结果分析，可用侧向约束强度比 f_l/f_{co} 的数值进行判断，界限值 λ 为

$$\lambda=\frac{f_l}{f_{co}}=0.13 \tag{13-10}$$

侧向约束强度比 f_l/f_{co} 大于界限值 λ，则其应力-应变关系曲线无软化段，否则，其应力-应变关系曲线有软化段。

对于 FRP 约束矩形混凝土柱，极限应力是否小于峰值应力，除了受侧向约束强度的影响，还受截面形状与角部特性的影响，可分别通过 FRP 体积用量 ρ_f、FRP 抗拉强度 f_f 和截面形状系数 k_s 来反映，根据大量试验结果分析，界限值 m 为

$$m=k_s\rho_f\left(\frac{f_f}{f_{co}}\right)=0.20 \tag{13-11}$$

当 $m<0.20$ 时，为弱约束，应力-应变关系曲线出现软化段；当 $m>0.20$ 时，为强约束，应力-应变关系曲线不出现软化段。其中，FRP 体积用量 ρ_f 按照下式计算：

$$\rho_{\mathrm{f}}=\frac{2t_{\mathrm{f}}(b+h)}{bh} \tag{13-12}$$

式中：t_{f}——FRP 厚度；

b、h——矩形截面的宽度、高度。

13.4.2 圆形截面计算

1）极限强度计算

对现有的试验数据分析表明：①FRP 约束后极限强度主要与 FRP 侧向约束强度和未约束混凝土强度的比值 f_l/f_{co} 有关；②FRP 约束混凝土柱，随着 FRP 层数的增加，强度提高系数略有降低，用多项式回归比线性公式回归能更好地反映该特点。但为了便于工程应用，本书给出了圆形截面强化段和软化段两种情况下 FRP 约束加固柱极限强度简化的计算公式。

FRP 约束混凝土圆柱的极限强度可根据公式（13-13）或公式（13-14）计算。

强化型极限强度计算公式：

$$\frac{f_{\mathrm{cu}}}{f_{\mathrm{co}}}=1+2.0\frac{f_l}{f_{\mathrm{co}}} \tag{13-13}$$

软化型极限强度计算公式：

$$\frac{f_{\mathrm{cu}}}{f_{\mathrm{co}}}=0.75+2.5\frac{f_l}{f_{\mathrm{co}}} \tag{13-14}$$

式中：f_{co}——未约束混凝土强度。

2）极限应变计算

作者研究发现，FRP 约束混凝土圆柱的极限阶段泊松比趋向稳定，其值主要与 FRP 的侧向约束强度等有关。根据应变相容，即 FRP 约束混凝土圆柱的横向应变与 FRP 极限应变相等，可得到 FRP 约束混凝土圆柱后的轴向极限应变 $\varepsilon_{\mathrm{cu}}$。

强化型极限应变计算公式：

$$\varepsilon_{\mathrm{cu}}=\frac{\varepsilon_{\mathrm{fu}}}{0.56\left(\dfrac{f_l}{f_{\mathrm{co}}}\right)^{-0.66}} \tag{13-15}$$

软化型极限应变计算公式：

$$\varepsilon_{\mathrm{cu}}=\varepsilon_{\mathrm{fu}}\left(1.3+6.3\frac{f_l}{f_{\mathrm{co}}}\right) \tag{13-16}$$

式中：$\varepsilon_{\mathrm{fu}}$——FRP 拉伸极限应变。

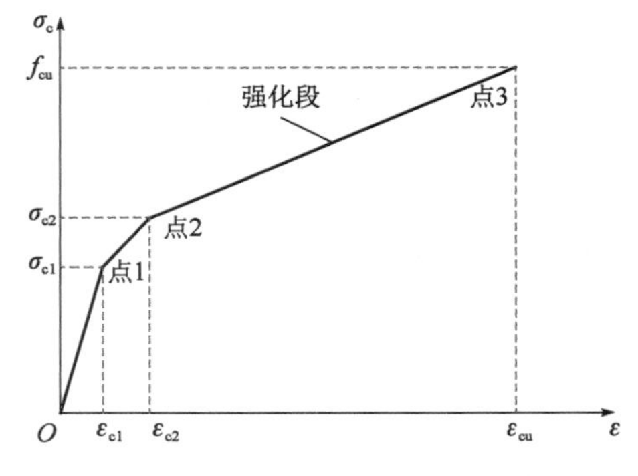

图 13-15　强化型 FRP 约束混凝土圆柱应力-应变关系三折线模型

3）应力-应变全曲线

（1）强化型

试验研究表明，FRP 约束混凝土圆柱后无软化段时的应力-应变关系曲线一般可分为 3 个阶段（图 13-15）：阶段 1 类似于无约束混凝土初始阶段应力-应变关系曲线；阶段 2 为在无约束混凝土强度附近的软化和过渡区域；阶段 3 为 FRP 充分发挥作用阶段，其应力-应变关系曲线近似于直线。阶段 1 和阶段 3 均具有较明显的线性；当 FRP 约束混凝土圆柱应力-应变关系曲线无软化段时，约束后极限应变大，所以，阶段 1 和阶段 2 对其应力-应变关系的精确描述影响很小。

图13-15中,点1对应混凝土开裂点,由于该阶段FRP发挥的作用还很小,可近似根据无约束混凝土开裂点的应力、应变来确定;点2近似对应未约束混凝土强度点,此阶段FRP已发挥了一定的作用,故该点的应力和应变比无约束混凝土强度和峰值应变有所提高,提高系数主要与侧向约束刚度有关,基于已有试验数据的分析,本章提出了点2的应变和应力相应的计算公式;点3为极限点,对应FRP断裂。各关键点的应变和应力具体计算公式如下。

点1(ε_{c1},σ_{c1}):

$$\sigma_{c1}=0.7f_{co} \tag{13-17}$$

$$\varepsilon_{c1}=\frac{\sigma_{c1}}{E_c} \tag{13-18}$$

点2(ε_{c2},σ_{c2}):

$$\sigma_{c2}=1+0.0002E_l f_{co} \tag{13-19}$$

$$\varepsilon_{c2}=1+0.0004E_l\varepsilon_{co} \tag{13-20}$$

式中:E_l——FRP侧向约束刚度。

点3(ε_{cu},f_{cu}):为极限点,极限强度、极限应变分别根据前文相关公式计算。

(2)软化型

软化型FRP约束混凝土圆柱应力-应变关系模型如图13-16所示,对其简化如下:峰值点(图13-16中点A)以前部分为抛物线,峰值点以后部分为直线,该模型可按公式(13-21)确定。

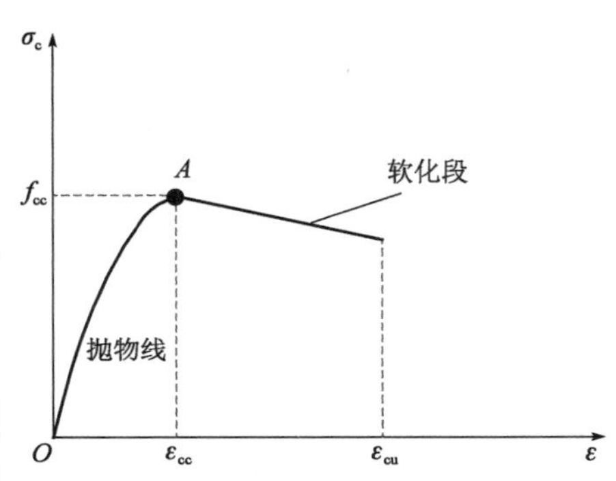

图13-16　软化型FRP约束混凝土圆柱应力-应变关系模型

$$\begin{cases}\sigma_c=f_{cc}\left[2\left(\dfrac{\varepsilon_c}{\varepsilon_{cc}}\right)-\left(\dfrac{\varepsilon_c}{\varepsilon_{cc}}\right)^2\right] & (\varepsilon_c\leqslant\varepsilon_{cc})\\ \sigma_c=f_{cc}+\dfrac{(f_{cu}-f_{cc})(\varepsilon_c-\varepsilon_{cc})}{\varepsilon_{cu}-\varepsilon_{cc}} & (\varepsilon_{cc}<\varepsilon_c\leqslant\varepsilon_{cu})\end{cases} \tag{13-21}$$

其中,峰值应力f_{cc}和峰值应变ε_{cc}的计算公式如下:

$$f_{cc}=f_{co}\left(1+0.002\cdot\frac{30}{f_{co}}\cdot\frac{\rho_f E_f}{\sqrt{f_{co}}}\right) \tag{13-22}$$

$$\frac{\varepsilon_{cc}}{\varepsilon_{co}}=1+0.007\cdot\frac{30}{f_{co}}\cdot\frac{\rho_f E_f}{\sqrt{f_{co}}} \tag{13-23}$$

式中:ρ_f——体积配纤率;

E_f——FRP的抗拉弹性模量;

其余符号意义同前。

13.4.3　矩形截面计算

为了简便起见,将FRP约束混凝土矩形柱的强、弱约束统一处理。假定FRP约束混凝土矩形柱的应力-应变关系曲线在转折点以前为抛物线,在转折点以后为直线,模型(图13-17)可按以下方法确定。

第一步,计算 FRP 约束后的峰值点应力 f_{cc}、峰值点应变 ε_{cc}、极限应力 f_{cu} 和极限应变 ε_{cu}。

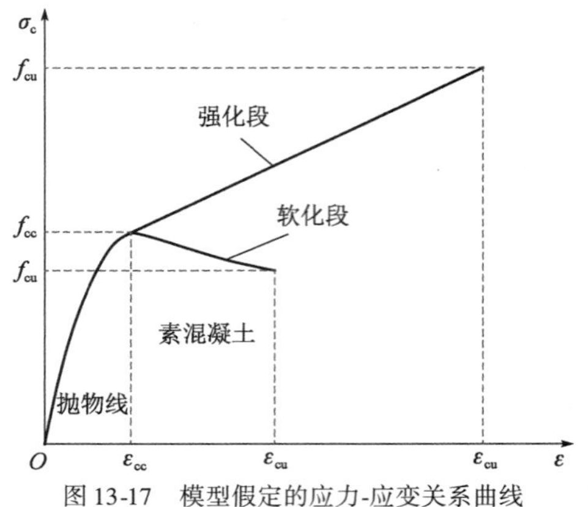

图 13-17 模型假定的应力-应变关系曲线

第二步,根据下式确定曲线(抛物线):

$$\sigma_c = f_{cc}\left[2\left(\frac{\varepsilon_c}{\varepsilon_{cc}}\right) - \left(\frac{\varepsilon_c}{\varepsilon_{cc}}\right)^2\right]$$

第三步,根据下式确定直线:

$$\sigma_c = f_{cc} + \frac{(f_{cu} - f_{cc})(\varepsilon_c - \varepsilon_{cc})}{\varepsilon_{cu} - \varepsilon_{cc}}$$

1)峰值应力和峰值应变的计算

对已有试验数据进行分析和回归后,建议峰值应力、峰值应变根据以下公式计算。

$$\frac{f_{cc}}{f_{co}} = 1 + 0.0008 \cdot \frac{30}{f_{co}} \cdot \frac{\rho_f E_f}{\sqrt{f_{co}}} \tag{13-24}$$

$$\frac{\varepsilon_{cc}}{\varepsilon_{co}} = 1 + 0.0034 \cdot \frac{30}{f_{co}} \cdot \frac{\rho_f E_f}{\sqrt{f_{co}}} \tag{13-25}$$

2)极限应力和极限应变的计算

引入等价圆柱的概念,定义以矩形截面较长边为直径的圆柱为等价圆柱(图 13-18)。由于 FRP 约束矩形柱的效率比约束圆柱低,FRP 约束混凝土矩形柱的极限应力可以在等价 FRP(相同类型、厚度及间距的 FRP)约束等价圆柱极限强度基础上乘折减系数 k_{u1} 得到,k_{u1} 与倒角半径和宽度之比 r/h 及混凝土强度等有关,即

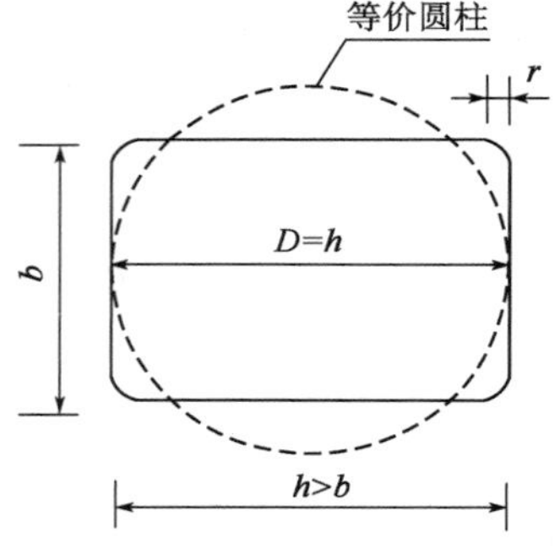

图 13-18 等价圆柱

$$f_{cu} = k_{u1} f_{cu,c} \tag{13-26}$$

式中:f_{cu}——FRP 约束混凝土矩形柱的极限应力;

$f_{cu,c}$——等价 FRP 约束等价圆柱的极限强度,可根据 FRP 约束圆柱的计算方法得到;

k_{u1}——折减系数,可根据公式(13-27)计算。

$$k_{u1} = \sqrt{\frac{30}{f_{co}}}\left(1.2\frac{r}{h} + 0.4\right) \tag{13-27}$$

FRP 约束混凝土矩形柱后的极限应变可在等价圆柱极限应变基础上乘折减系数 k_{u2} 得到,k_{u2} 可根据公式(13-29)计算。

$$\varepsilon_{cu} = k_{u2}\varepsilon_{cu,c} \quad 且 \quad \varepsilon_{cu} \geqslant 0.0038 \tag{13-28}$$

$$k_{u2} = \sqrt{\frac{30}{f_{co}}}\left(0.4\frac{r}{h} + 0.8\right) \tag{13-29}$$

式中:ε_{cu}——FRP 约束混凝土矩形柱的极限应变;

$\varepsilon_{cu,c}$——等价 FRP 约束等价圆柱的极限应变,可根据 FRP 约束圆柱的计算方法得到。

13.5　FRP 约束混凝土柱抗震加固设计理论

FRP 约束抗震加固混凝土柱能够有效转变柱的破坏形态,随着 FRP 约束加固量的增加,柱的破坏形态从延性极差的剪切破坏变为具有一定延性的剪切破坏(弯剪破坏),最后变成延性好的弯曲破坏,抗震能力得到明显的提高[16-17]。如果同时需要提高抗弯承载力,可在 FRP 约束抗震加固技术的基础上,增加纵向嵌入 FRP 筋材等技术手段[18],在设计时需要从混凝土柱的抗剪承载力、抗弯承载力、破坏模式判别、变形能力计算等多个方面考虑。

13.5.1　FRP 约束加固柱抗剪承载力

FRP 约束钢筋混凝土柱抗剪承载力 V 的计算公式一般采用简单叠加形式,即在未约束钢筋混凝土柱抗剪承载力 V_{RC} 的基础上,叠加 FRP 对未约束加固柱抗剪承载力的贡献 V_f,见公式(13-30),其中,未约束抗剪承载力 V_{RC} 可参考我国混凝土规范计算公式。

$$V_n = V_{RC} + V_f \tag{13-30}$$

对于 FRP 约束加固钢筋混凝土柱受剪承载力的计算,本章认为 FRP 对未约束加固柱抗剪承载力的贡献 V_f 与箍筋抗剪承载力贡献相似,将相应箍筋强度替换为 FRP 有效强度,根据不同的箍筋抗剪承载力公式,对于柱身全包 FRP 加固时,得出 V_f 相应的计算公式如下:

$$V_f = \frac{\pi}{2} n t_f (D - x) E_f \varepsilon_{fe} \operatorname{arccot}\theta \quad \text{(圆形截面)} \tag{13-31}$$

$$V_f = 2 n t_f E_f \varepsilon_{fe} (h - x) \operatorname{arccot}\theta \quad \text{(矩形截面)} \tag{13-32}$$

式中:n——FRP 层数;

t_f——单层 CFRP 厚度;

D——圆柱直径;

x——截面受压区高度;

E_f——FRP 弹性模量;

θ——预期剪切斜裂缝与柱轴线间的夹角,可取为 30°;

ε_{fe}——FRP 抗剪可以利用的有效应变,其是计算 V_f 的关键,Seible 等[19]认为为了控制柱在剪力方向的膨胀以保证骨料之间的咬合力,混凝土的膨胀应变不应大于 0.4%,因此,建议 ε_{fe} 取 0.004。

13.5.2　FRP 约束加固柱抗弯承载力

1)圆形截面

目前对于 FRP 约束加固钢筋混凝土圆柱正截面受弯承载力的计算缺乏简便的方法。运用非线性分析程序计算的截面受弯承载力和试验值可以较好吻合,但是过程过于烦琐。到目前为止还没有一个合适的计算模型能对 FRP 约束加固钢筋混凝土圆柱在低周反复荷载下的截面受弯承载力进行有效计算。FRP 约束加固钢筋混凝土圆柱正截面受弯承载力计算见图 13-19,当截面的受压区高度确定后,对受压区混凝土的形心取矩就可以计算截面的受弯承载力。

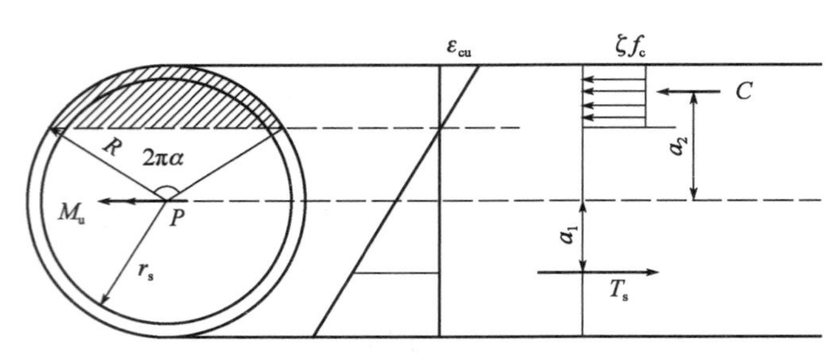

图 13-19 FRP 约束加固钢筋混凝土圆柱正截面受弯承载力计算

根据试验结果,FRP 约束加固对于截面的屈服弯矩影响很小,但计算截面受弯承载力最大值时要考虑 FRP 约束的影响。根据试验结果分析,此时所有受拉纵筋全部屈服,且纵筋的强度需在屈服强度基础上提高 15% 以考虑钢筋强化的影响。受拉纵筋在半径为 r_s 的圆弧上均匀分布,根据圆弧的形心计算方法,纵筋的形心至圆心的距离 $a_1 = r_s\sin(\pi-\alpha\pi)/(\pi-\alpha\pi)$,见图 13-19;受压区混凝土为弓形,其形心至圆心的距离 $a_2 = 4R\sin^3(\alpha\pi)/[6\alpha\pi-3\sin(2\alpha\pi)]$。忽略受压钢筋和受拉混凝土对截面受弯承载力的贡献,将轴压力和受拉纵筋对受压区混凝土的形心取矩就可以得到截面的受弯承载力,其中纵筋的力臂长度为 (a_1+a_2),轴压力力臂为 a_2。设纵筋拉力产生的弯矩为 M_s,轴压力引起的弯矩为 M_n,则纵筋拉力产生的弯矩:

$$M_s = (1-\alpha)f_yA_s\left\{\left[r_s\frac{\sin(\pi-\alpha\pi)}{\pi-\alpha\pi}\right]+4R\frac{\sin^3(\alpha\pi)}{6\alpha\pi-3\sin(2\alpha\pi)}\right\} \tag{13-33}$$

轴压力引起的弯矩:

$$M_n = f_c\pi R^2\left[n\cdot 4R\frac{\sin^3(\alpha\pi)}{6\alpha\pi-3\sin(2\alpha\pi)}\right] \tag{13-34}$$

由 $M_u = M_s + M_n$,并代入纵筋配筋特征值 λ_l 以简化表达,可得 FRP 约束加固钢筋混凝土圆柱受弯承载力 M_u:

$$M_u = f_c\pi R^2\left\{\lambda_l(1-\alpha)\left[r_s\frac{\sin(\pi-\alpha\pi)}{\pi-\alpha\pi}+4R\frac{\sin^3(\alpha\pi)}{6\alpha\pi-3\sin(2\alpha\pi)}\right]+n\cdot 4R\frac{\sin^3(\alpha\pi)}{6\alpha\pi-3\sin(2\alpha\pi)}\right\} \tag{13-35}$$

式中:n——截面的轴压比,$n = N/(A_g f_c)$,其中 A_g 为圆柱毛截面面积;

λ_l——纵筋配筋特征值,$\lambda_l = \rho_s f_y/f_c$;

f_c——混凝土轴心抗压强度;

f_y——纵筋的屈服强度。

从公式(13-35)可以看出,FRP 约束加固钢筋混凝土圆柱受弯承载力 M_u 是 α 的函数,α 可以由式(13-36)计算得到,所以公式(13-36)对 FRP 约束加固圆形截面柱受弯承载力的计算很方便,便于手算。

$$\alpha = \frac{n+\lambda_l+0.46\phi+0.35}{2\lambda_l+2.2\phi+1.68} \tag{13-36}$$

FRP 约束强度比 ϕ 按下式计算:

$$\phi = \frac{2t_f f_f}{Df_c} \tag{13-37}$$

式中：t_f——FRP 的厚度；

f_f——FRP 的单向拉伸强度；

D——圆柱体直径。

2）矩形截面

对称配筋条件下，FRP 约束加固钢筋混凝土矩形柱正截面受弯承载力计算图式如图 13-20所示。

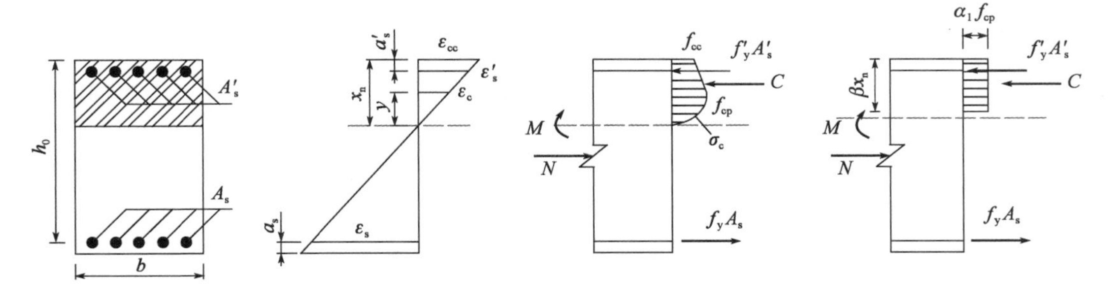

a）FRP约束加固钢筋混凝土矩形柱正截面应变、应力分布及承载力计算

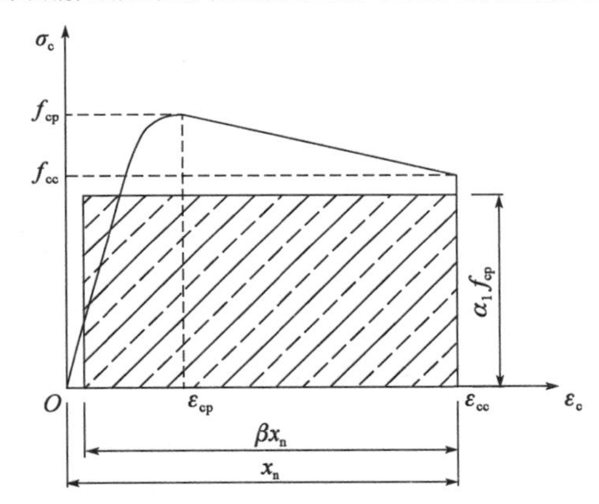

b）FRP约束加固钢筋混凝土矩形柱正截面应力矩形等效过程

图 13-20　FRP 约束加固钢筋混凝土矩形柱正截面受弯承载力计算图式

FRP 约束加固矩形混凝土柱的应力-应变关系曲线可以根据 FRP 约束的强弱分为无下降段和有下降段两种情况，但对于实际工程中的 FRP 约束加固混凝土柱，一般都可归为有下降段情况，FRP 弱约束矩形混凝土柱的应力-应变关系曲线可参考魏洋等[14]的模型，其弱约束应力-应变关系模型可以简化为由上升二次抛物线和下降直线组成。

FRP 约束加固矩形混凝土柱与普通混凝土结构面临同样的问题，理想化的应力-应变关系的计算非常复杂，为了简化计算，对实际的应力采用矩形应力图进行等效，等效过程遵循：①合力大小不变；②合力作用点不变。即前后应力图形的面积相同、形心一致，等效应力图可由两个系数 α_1 和 β 来确定，α_1 为矩形应力图的压应力值与等效前峰值应力 f_{cp} 的比值，β 为矩形应力图的高度 x 与中和轴高度 x_n 的比值（$\beta = x/x_n$）。经推导及规律分析，在常用 FRP

的约束量下：

$$\beta = 1.02 - 0.10\frac{f_{cc}}{f_{cp}} \tag{13-38}$$

$$\alpha_1 = 0.48 + 0.51\frac{f_{cc}}{f_{cp}} \tag{13-39}$$

式中，常用 FRP 的约束量下，f_{cc}/f_{cp}在 0.4 ~ 1.0 之间变化，β 的变化幅度很小，可偏于安全地取 0.90。FRP 约束加固钢筋混凝土矩形柱受弯承载力 M_u 计算分析如下，约束加固柱对称配筋，$f_y A_s = f'_y A'_s$。

$$\alpha_1 f_{cp} bx + f'_y A'_s - f_y A_s - N = 0 \tag{13-40}$$

解得受压区高度 x：

$$x = \frac{N}{\alpha_1 f_{cp} b} \tag{13-41}$$

$$M_u = \alpha_1 f_{cp} bx\left(h_0 - \frac{x}{2}\right) + f'_y A'_s(h_0 - a'_s) - N\left(\frac{h}{2} - a_s\right) \tag{13-42}$$

式中：α_1——等效矩形应力图系数；

b、h——截面宽度、高度；

x——受压区高度；

N——柱的轴向压力；

h_0——截面有效高度；

f_{cp}——FRP 约束加固混凝土柱峰值应力，可参考魏洋等[14]的模型相关公式计算；

f_y、f'_y——受拉、受压钢筋屈服强度；

A_s、A'_s——受拉、受压钢筋面积；

a_s、a'_s——受拉、受压钢筋合力点至受拉或受压边缘混凝土的距离。

13.5.3 FRP 约束加固柱破坏模式判别

对于 FRP 约束加固钢筋混凝土柱破坏模式的判断可以参考普通钢筋混凝土柱的方法，关键是确定约束加固柱最终的受剪承载力。由钢筋混凝土部分最终的受剪贡献加上 FRP 受剪贡献就是约束加固柱最终的受剪承载力。普通混凝土柱在 FRP 加固以后，虽然试件原始的破坏形态能够得到有效转变，但加固试件的破坏模式同样分为脆性的剪切破坏、延性的剪切破坏和弯曲破坏；同时，FRP 对柱的侧向约束并不改变试件的原始刚度，对试件的屈服荷载、抗弯承载力也没有显著的改变，FRP 约束加固柱的抗弯承载力骨架曲线与未约束加固柱基本相同[20-21]，在达到试件预期抗弯承载力后，同样表现为近似的水平直线或略有上升强化；另外，试验表明，FRP 约束加固柱的混凝土抗剪承载力分项在随荷载循环次数及位移延性系数增加的过程中，同样表现出严重的退化现象，FRP 的约束对混凝土的退化时间及速度有着一定的延缓作用，但差别并不十分显著，因此，FRP 约束加固柱的混凝土抗剪承载力退化规律暂时可认为与普通混凝土柱相同。应该注意的是，FRP 约束加固柱抗弯承载力骨架曲线的水平直线段并不是无限延伸，其达到 FRP 约束混凝土的极限状态时抗弯能力即会下降。

在普通混凝土柱抗剪承载力骨架曲线上叠加 FRP 的抗剪承载力贡献 V_f，即得到随着位移延性系数变化的 FRP 约束加固柱抗剪承载力骨架曲线，通过加固后抗剪承载力骨架曲线与抗弯承载力骨架曲线的相交情况，即可方便地预测出 FRP 约束加固柱相应的破坏模式。图 13-21显示了脆性剪切破坏柱在 FRP 加固后实现破坏模式的有效转变过程，图 13-21a)、b)分别表示 FRP 约束加固柱的延性剪切破坏情况和弯曲破坏情况，图中细实线表示混凝土柱的抗弯承载力骨架曲线，加固前后相同；粗虚线表示加固前混凝土柱原始抗剪承载力骨架曲线，其在退化前部分与抗弯承载力骨架曲线相交，意味着 FRP 加固前，试件发生脆性剪切破坏。FRP 加固后，试件抗剪承载力骨架曲线得到提升，提升高度即为 FRP 抗剪承载力分项，根据提升高度的不同，抗弯承载力骨架曲线与加固后抗剪承载力骨架曲线有可能相交于退化过程中[图 13-21a)]，此时说明抗弯承载力对应的抗剪承载力需求值位于约束加固柱抗剪承载力初始值与残余值之间，试件将发生延性剪切破坏；也有可能不再相交[图 13-21b)]，意味着约束加固柱退化后残余的抗剪承载力大于抗弯承载力的相应需求值，试件将发生延性的弯曲破坏。

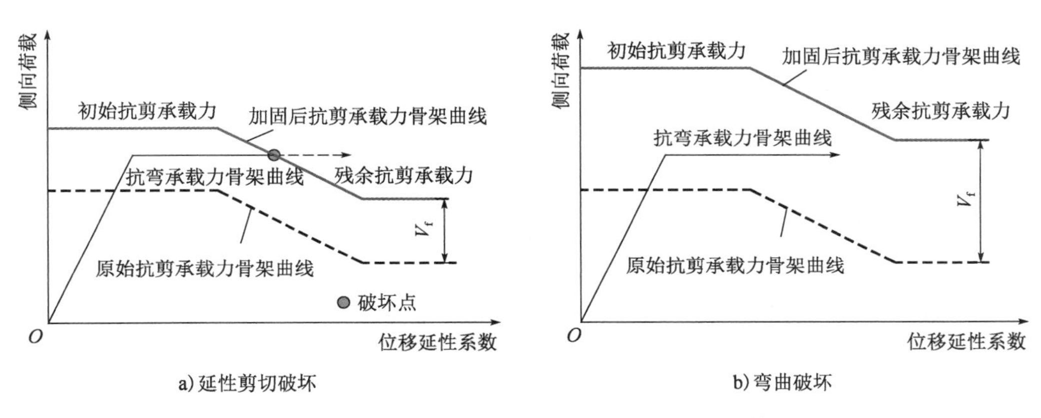

图 13-21　FRP 约束加固钢筋混凝土柱实现不同的破坏模式

总之，FRP 对混凝土柱的抗剪加固是在抗弯承载力骨架曲线基本不变的条件下，通过 FRP 抗剪承载力的贡献提升抗剪承载力骨架曲线的位置，改变两曲线的相交状况，从而达到转变试件破坏模式的目的。同样，图 13-21a) 中两曲线的交点理论上是加固试件的破坏点，但并不能借此准确判断发生延性剪切破坏试件的侧向位移。

13.5.4　FRP 约束加固柱变形能力计算

目前，对极限状态时 FRP 约束加固钢筋混凝土柱的位移直接进行计算比较困难，常常采用等效塑性铰理论间接计算混凝土柱的侧向位移；同时，不同研究者及规范将箍筋用量与变形能力相联系，但采用的变形参数很多，有曲率延性、位移延性、位移角等，等效塑性铰理论为我们提供了联系各参数的桥梁[22]。等效塑性铰理论对悬臂构件屈服后的曲率分布及变形组成作图 13-22 所示的理想化假定，认为悬臂构件屈服后的顶端极限位移 Δ_u 由两部分组成，见式(13-43)，第一部分为屈服位移 Δ_y，第二部分为塑性变形 Δ_p，其中塑性变形 Δ_p 是由端部塑性铰塑性转动引起柱整体的刚体转动产生的，塑性铰区非线性的曲率分布等效为常数 ϕ_p，通过假定塑性铰长度 L_p 来综合考虑纵筋的粘结滑移和剪切变形的影响。

$$\Delta_u = \Delta_y + \Delta_p \tag{13-43}$$

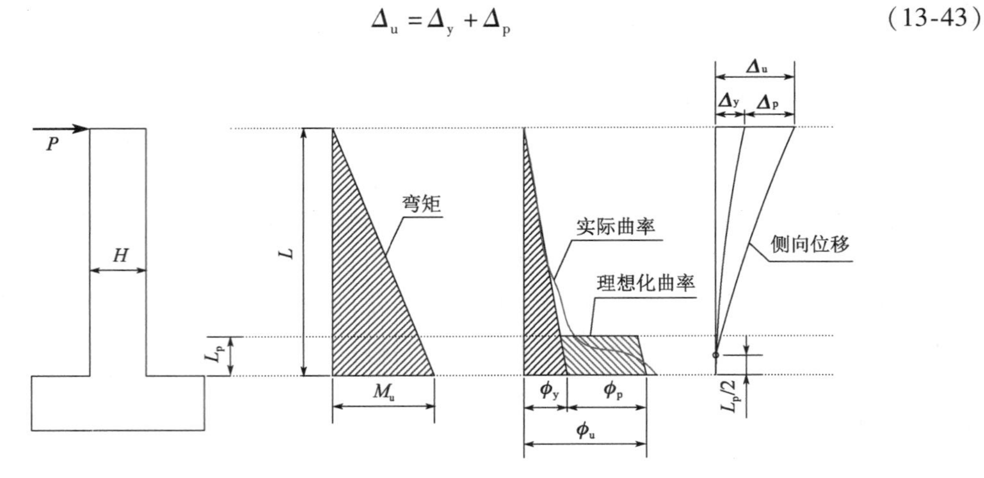

图 13-22　FRP 约束加固钢筋混凝土柱变形能力分析的塑性铰理论

对 FRP 约束加固混凝土柱塑性铰长度 L_p，目前还没有系统的研究，Priestley 等[23-24]建议按下式计算：

$$L_p = 0.044 f_y d_b \tag{13-44}$$

式中：f_y——纵筋屈服强度，MPa；

d_b——纵筋直径，mm。

1）圆形截面

对于 FRP 约束加固钢筋混凝土圆柱，根据试验研究的结果和对现有文献的分析，本章提出 FRP 约束加固混凝土圆柱抗震性能的提高主要受约束强度比的影响。对于不同种类的 FRP，当约束强度比相同时，约束加固柱抗震变形基本相同，当然在约束强度比相同的情况下，FRP 极限应变较大也会使约束加固柱获得更好的变形能力。

参考箍筋约束圆形截面侧向位移角推导方法，可以得出 FRP 约束加固混凝土圆柱侧向位移角的计算方法。在简化设定常用纵筋配筋特征值、考虑约束强度比对约束混凝土极限应变 ε_{cu} 的影响下，FRP 约束加固混凝土圆柱变形能力计算公式如下：

$$\theta = \frac{2.45\varepsilon_y L}{3D} + \frac{0.22\phi + 0.016}{n + 0.3} \cdot \frac{L_p(L - L_p/2)}{DL} \tag{13-45}$$

式中：L——最大弯矩截面到反弯点的距离；

L_p——塑性铰长度；

ε_y——纵筋屈服应变；

D——钢筋混凝土圆柱截面直径；

ϕ——FRP 约束强度比；

n——截面的轴压比，$n = N/(A_g f_c)$。

根据试验数据的统计结果，侧向位移角计算公式的第一项弹性位移对应的位移角占整个位移角的 6% 左右，可以忽略。根据规范的要求，在计算 FRP 抗拉强度时分项系数取1.4，与混凝土材料的分项系数相同，所以对于约束强度比，试验值和设计值相同，对于轴压比，要把设计值除以 1.68 转换成试验轴压比。把这些系数代入公式（13-45），可以得到面向工程设计的侧向位移角计算公式：

$$\theta = \frac{0.4\phi + 0.03}{n + 0.5} \cdot \frac{L_p(L - L_p/2)}{DL} \tag{13-46}$$

式中：n——轴压比设计值。

2）矩形截面

对于 FRP 约束加固钢筋混凝土矩形柱，由于约束效果受到截面的倒角半径、截面长宽比等截面形状特性影响，FRP 的极限强度利用率低，本章提出 FRP 约束加固混凝土矩形柱变形能力主要受约束刚度的影响。考虑工程中常用混凝土柱的纵筋特性及柱尺寸，在塑性铰理论、FRP 约束矩形柱应力-应变关系模型及数值分析的基础上，本章建立了极限位移角 θ_u 和 FRP 侧向约束刚度特征值 λ_E、轴压比的关系表达式：

$$\theta_u = \frac{0.88\varepsilon_y L}{h} + \left[\frac{0.011(1.3 - 0.006f_c)(1 + k_s)(0.37 + 0.016\lambda_E)}{n} - 2.14\varepsilon_y\right]\frac{L_p(L - L_p/2)}{Lh} \tag{13-47}$$

式中：h——截面高度；

f_c——混凝土轴心抗压强度；

k_s——截面形状系数；

λ_E——FRP 侧向约束刚度特征值；

n——轴压比，当 $n < 0.15$ 时，取 0.15；

其他符号意义同前。

考虑工程中常用的混凝土强度，一般 $f_c = 30 \sim 60\text{MPa}$，偏于安全地取 $f_c = 60\text{MPa}$；考虑工程中常用的截面尺寸及倒角半径，一般 $k_s = 0.05 \sim 0.20$，偏于安全地取 $k_s = 0.05$；纵筋屈服应变 ε_y 应根据实际材料性能试验的结果取值。将 $f_c = 60\text{MPa}$，$k_s = 0.05$ 代入公式(13-47)，得到进一步的简化公式：

$$\theta_u = \frac{0.0018L}{h} + \frac{0.0043(1 - n) + 0.00018\lambda_E}{n} \cdot \frac{L_p(L - L_p/2)}{Lh} \quad (n \geq 0.15) \tag{13-48}$$

上式可根据混凝土柱的轴力、FRP 侧向约束刚度特征值计算混凝土柱变形能力，以及根据混凝土柱的轴力、变形能力计算 FRP 侧向约束刚度特征值，这能够为 FRP 约束加固混凝土柱变形能力的评估及基于柱变形能力的 FRP 约束抗震加固设计提供方便。

13.5.5　FRP 约束混凝土柱抗震加固设计流程

采用 FRP 对混凝土柱进行抗震加固时，FRP 约束抗剪加固钢筋混凝土柱方案示意图如图 13-23 所示。对于单向弯曲柱，主要在弯矩最大的下部端部区域进行加固即可；对于双向弯曲柱，需要在弯矩最大的两端的端部区域进行加固。主要设计流程建议如下：

①以承担剪力荷载为需求目标，计算加固混凝土柱的抗剪承载力，计算抗剪需要的抗剪 FRP 加固量。

②根据抗震设防需要的塑性铰区变形能力需求，计算塑性铰区的环向约束 FRP 加固量。

③以环向约束 FRP 加固量,计算 FRP 约束加固混凝土柱的抗弯承载力,如不满足,则增加环向约束 FRP 加固量或布置嵌入 FRP 筋。

④判断 FRP 加固混凝土柱的破坏模式是不是弯曲破坏。若不是,则增加抗剪 FRP 加固量,直到实现 FRP 加固混凝土柱为弯曲破坏模式。

⑤统一考虑塑性铰区的环向约束 FRP 加固量和抗剪需要的抗剪 FRP 加固量及加固区域长度,在柱塑性铰区按照约束要求布置环向约束 FRP,在非塑性铰区之外,抗剪能力不足区域布置抗剪 FRP 加固量。建议塑性铰加固区设置高度不小于计算值,且不小于截面尺寸;抗剪加固区设置高度不小于塑性铰加固区设置高度的 1/2。

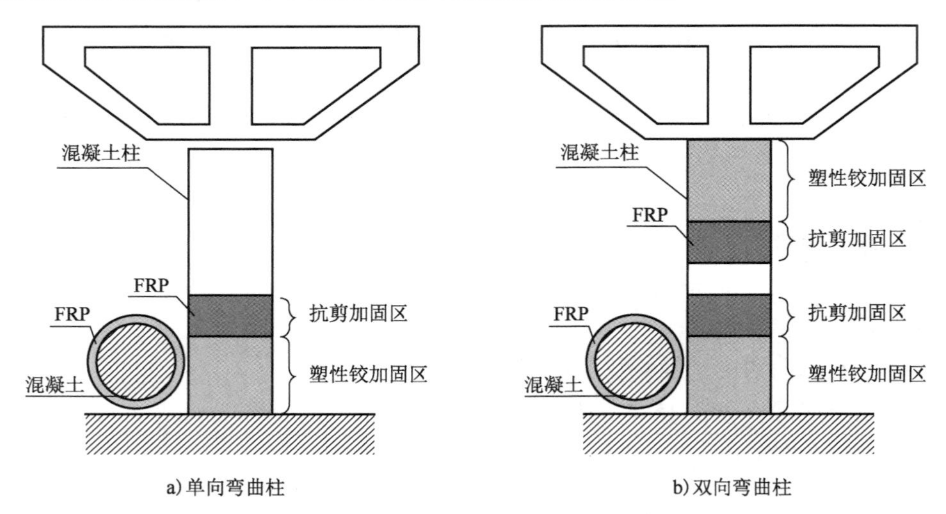

图 13-23　FRP 约束抗剪加固钢筋混凝土柱方案示意图

13.6　FRP 约束混凝土柱抗震加固设计示例

13.6.1　FRP 约束混凝土柱轴心抗压加固示例

某桥墩为圆形截面,直径为 1.2m,混凝土实测强度 23.5MPa,由于上部恒载变化导致下部结构承载力不足,设计混凝土目标强度需要提高至 30MPa。需进行 FRP 约束混凝土柱轴心抗压加固设计。

拟采用 CFRP 材料进行环向约束加固,名义厚度为 0.167mm,极限抗拉强度为 3400MPa,弹性模量为 250GPa。设计步骤如下:

第一步:根据计算要求,计算 FRP 加固目标要求的侧向约束强度。

由于无法确定侧向约束强度,因此无法判定强弱约束,这里 FRP 约束后的混凝土圆柱的设计强度可根据下列公式计算。

强化型极限应力计算公式:　$\frac{f_{cu}}{f_{co}}=1+2.0\frac{f_l}{f_{co}}$

软化型极限应力计算公式:　$\frac{f_{cu}}{f_{co}}=0.75+2.5\frac{f_l}{f_{co}}$

其中，$f_l = 2f_f t/D$；f_{cu}为混凝土设计强度，即30MPa；f_{co}为混凝土实测强度，即23.5MPa。代入公式，得到强化型和软化型的侧向约束强度分别为3.25MPa和4.95MPa。

第二步：在已知侧向约束强度的条件下，验证FRP约束混凝土柱的强弱约束类型。

根据强弱约束的判断方法，即侧向约束强度比f_l/f_{co}大于界限值λ(0.13)，则其应力-应变关系曲线无软化段；否则，其应力-应变关系曲线有软化段。

对于强化型侧向约束强度的验证：

$$\frac{f_l}{f_{co}} = \frac{3.25}{23.5} = 0.14 > \lambda = 0.13$$（无软化段，符合强化型极限应力的计算公式假设）

对于软化型侧向约束强度的验证：

$$\frac{f_l}{f_{co}} = \frac{4.95}{23.5} = 0.21 > \lambda = 0.13$$（无软化段，不符合软化型极限应力的计算公式假设）

因此，本案例中从混凝土强度为23.5MPa的待约束加固柱增强到混凝土强度为30MPa的应力-应变曲线属于强化型应力-应变曲线，相应地，侧向约束强度为3.25MPa。

第三步：确定FRP纤维布的加固层数。

根据公式$f_l = 2f_f t/D$计算t的大小，已知侧向约束强度f_l为3.25MPa，极限抗拉强度f_f为3400MPa，D为1.2m，代入公式得$t = 0.573$mm。

所需加固层数为$0.573 \div 0.167 = 3.43$层，实际取4层。

因此，建议本案例中待加固墩柱粘贴4层碳纤维即可。

13.6.2　FRP约束混凝土柱抗震加固示例

某桥墩为圆形截面，直径为1.5m，混凝土实测强度40MPa，柱身高度9m，单向弯曲；纵筋14Φ25，屈服强度335MPa；箍筋为Φ6@300，屈服强度235MPa；保护层厚度为30mm。承受轴力为14130kN，剪力为5000kN，弯矩为45000 kN·m，轴压比0.2，假设目标侧向位移角为0.02，需进行FRP约束混凝土柱抗震加固设计。

拟采用CFRP材料进行环向约束加固，名义厚度为0.167mm，极限抗拉强度为3400MPa，弹性模量为250GPa。设计步骤如下：

第一步：根据抗震设防需要的塑性铰区变形能力需求，计算塑性铰区的环向约束FRP加固量。

采用以下公式计算设计的目标侧向位移角：

$$\theta = \frac{0.4\phi + 0.03}{n + 0.5} \cdot \frac{L_p(L - L_p/2)}{DL}$$

其中

$$L_p = 0.044 f_y d_b$$

$$\phi = \frac{2t_f f_f}{Df_c}$$

该桥墩为底部固定，因此L取柱身高度，即9m，t_f为未知量，方程中的其余参数均已知，即f_y为335MPa，d_b为25mm，f_f为3400MPa，D为1.5m，f_c为40MPa，n为0.2。

计算结果得出：只有当$t_f \geqslant 0.668$时，侧向位移角才能达到0.02以上，因此塑性铰区的环向约束 FRP 加固量为 4 层碳纤维布。需要注意的是，塑性铰加固区计算高度为 368.5mm，远小于截面直径，因此建议取截面尺寸高度，即 1.5m。

第二步：以环向约束 FRP 加固量，计算 FRP 约束加固混凝土柱的抗弯承载力，如不满足抗弯承载力，则增加环向约束 FRP 加固量或布置嵌入 FRP 筋。

FRP 加固钢筋混凝土圆柱受弯承载力 M_u 可通过下式计算：

$$M_u = f_c \pi R^2 \left\{ \lambda_l (1-\alpha) \left[r_s \frac{\sin(\pi - \alpha\pi)}{\pi - \alpha\pi} + 4R \frac{\sin^3(\alpha\pi)}{6\alpha\pi - 3\sin(2\alpha\pi)} \right] + n \cdot 4R \frac{\sin^3(\alpha\pi)}{6\alpha\pi - 3\sin(2\alpha\pi)} \right\}$$

式中，除了纵筋配筋特征值 λ_l 和 α 需要继续进行计算得出外，其余参数均已知。而且 $\lambda_l = \rho_s f_y / f_c$，$f_c$ 为混凝土轴心抗压强度，ρ_s 为纵向钢筋配筋率，f_y 为纵向钢筋屈服强度，α 可以由下式计算得到：

$$\alpha = \frac{n + \lambda_l + 0.46\phi + 0.35}{2\lambda_l + 2.2\phi + 1.68}$$

$$\lambda_l = \frac{\rho_s f_y}{f_c} = \frac{\frac{A_s}{A_g} f_y}{f_c} = \frac{0.0039 \times 335}{40} = 0.033$$

$$\phi = \frac{2 t_f f_f}{D f_c} = \frac{2 \times 4 \times 0.167 \times 3400}{1500 \times 40} = 0.076$$

综上得到：

$$\alpha = \frac{n + \lambda_l + 0.46\phi + 0.35}{2\lambda_l + 2.2\phi + 1.68} = \frac{0.2 + 0.033 + 0.46 \times 0.076 + 0.35}{2 \times 0.033 + 2.2 \times 0.076 + 1.68} = 0.32$$

又有 $R = D/2 = 750\text{mm}$，$r_s = R - 30 - 8/2 = 716\text{mm}$，将以上参数代入 M_u 的计算公式中得到 $M_u = 46320\text{kN} \cdot \text{m} > 45000\text{kN} \cdot \text{m}$。

因此，不需要额外增加环向约束 FRP 加固量或布置嵌入 FRP 筋。

第三步：计算加固后抗剪承载力。如无法满足要求，则增加抗剪 FRP 加固量。

FRP 约束钢筋混凝土柱抗剪承载力 V 按下式计算。

$$V_n = V_{RC} + V_f$$

未加固钢筋混凝土柱抗剪承载力 V_{RC} 的计算方法参照混凝土设计规范：

$$V_{RC} = V_{CS} + V_N = \frac{1.05}{\lambda + 1} f_t b h_0 + f_{yv} \frac{A_{sv}}{s} h_0 + 0.056N$$

式中，剪跨比 $\lambda = M/(V h_0) = 45000 \div (5000 \times 0.75) = 12$，$f_t = 0.395 (f_{cu})^{0.55} = 3\text{MPa}$，$b = 0.88D = 1320\text{mm}$，$h_0 = 0.8d = 1200\text{mm}$，$f_{yv} = 235\text{MPa}$，$s = 300\text{mm}$，$A_{sv} = 27017\text{mm}^2$，$N$ 为设计轴力 14130kN。代入公式得 $V_{RC} = 26571\text{kN}$。

钢筋混凝土柱抗剪承载力已经大于设计剪力值，理论上无须额外采用 FRP 进行抗剪加固。由于侧向变形需求，塑性铰区的环向约束 FRP 加固量为 4 层碳纤维布，其 FRP 对未约束加固柱抗剪承载力的贡献 V_f 按照以下公式计算：

$$V_f = \frac{\pi}{2} n t_f (D - x) E_f \varepsilon_{fe} \text{arccot}\theta \quad （圆形截面）$$

代入以上参数得到 $V_f = 2084\text{kN}$。

因此,得到加固后总的抗剪承载力 $V_n = V_{RC} + V_f = 26571 + 2084 = 28655(\text{kN}) \gg 5000\text{kN}$。

故总的抗剪承载力满足要求。考虑未约束加固柱本身的抗剪承载力远大于目标剪力,按照塑性铰加固区域的 FRP 加固量,一般建议包裹2层CFRP片材,且抗剪区加固高度为塑性铰加固区域的一半,即0.75m。

第四步:统一考虑塑性铰区的环向约束FRP加固量和抗剪需要的抗剪FRP加固量及加固区域长度。根据前三步计算结果,具体加固方案:在塑性铰加固区域1.5m的高度范围内包裹4层碳纤维片材,在抗剪加固区域0.75m的高度范围内包裹2层碳纤维片材。加固方案示意图如图13-24所示。

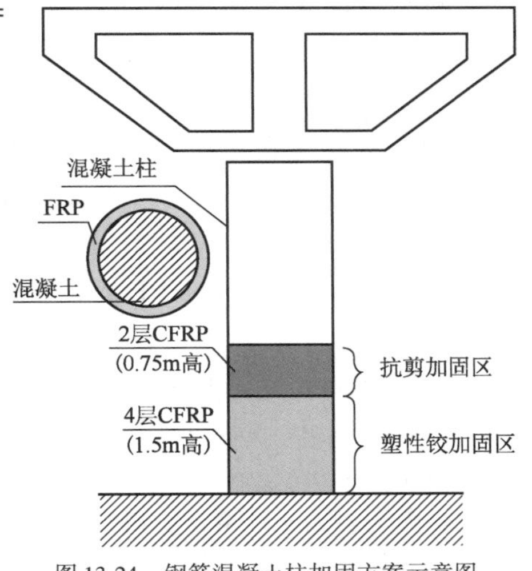

图13-24　钢筋混凝土柱加固方案示意图

13.7　本 章 小 结

本章针对FRP约束混凝土柱抗震加固技术及设计方法的相关内容,介绍了FRP约束混凝土的受力特点、影响参数分析及轴压应力-应变关系,包括圆形和矩形两种截面形状以及强化型以及软化型两种应力-应变关系曲线;基于试验结果、数值分析及理论推导,给出了FRP约束混凝土柱抗震加固设计计算方法,并辅以典型加固设计算例来说明具体计算过程。本章主要结论如下:

①FRP约束混凝土的受力性能受诸多因素的影响,包括侧向约束强度、侧向约束刚度、截面形状、FRP种类、混凝土强度、长径比等,并给出了FRP约束混凝土强弱约束的判断方法。

②在判断FRP约束混凝土强弱约束的基础上,给出了圆形截面和矩形截面两种不同截面形状下的FRP约束混凝土的轴压应力-应变关系的计算方法。

③为了预测FRP约束混凝土柱抗震加固的抗剪承载力、抗弯承载力、破坏模式及变形能力,本章给出了建议的设计计算方法。

④结合工程实例,给出了典型的FRP约束混凝土柱抗震加固的设计算例。

本章参考文献

[1] Abbasi M, Moustafa M A. Probabilistic seismic assessment of as-built and retrofitted old and newly designed skewed multi-frame bridges [J]. Soil Dynamics and Earthquake Engineering, 2019, 119:170-186.

[2] Baradaran Shoraka M. Collapse assessment of concrete buildings: an application to non-ductile reinforced concrete moment frames [D]. Vancouver: The University of British Columbia, 2013.

[3] Moran D A, Pantelides C P, Reaveley L D. Mohr-coulomb model for rectangular and square FRP-confined concrete[J]. Composite Structures, 2019, 209: 889-904.

[4] 徐扬,魏洋,程勋煜,等.碳纤维-箍筋约束倒角矩形混凝土柱的轴压性能[J].玻璃钢/复合材料,2019,6:5-11.

[5] Richart F E, Brandtzaeg A, Brown R L. A study of the failure of concrete under combined compressive stresses[R]. Illinois: University of Illinois, Urbana, 1928.

[6] Liu J P, Xu T X, Wang Y H, et al. Axial behaviour of circular steel tubed concrete stub columns confined by CFRP materials[J]. Construction & Building Materials, 2018, 168: 221-231.

[7] Wei Y, Zhang Y R, Chai J L, et al. Experimental investigation of rectangular concrete-filled fiber reinforced polymer (FRP)-steel composite tube columns for various corner radii[J]. Composite Structures, 2020, 244: 112311.

[8] Cao Y G, Jiang C, Wu Y F. Cross-sectional unification on the stress-strain model of concrete subjected to high passive confinement by fiber-reinforced polymer[J]. Polymers, 2016, 8(5): 186.

[9] Ozbakkaloglu T, Lim J C. Axial compressive behavior of FRP-confined concrete: experimental test database and a new design-oriented model[J]. Composites Part B: Engineering, 2013, 55(12): 607-634.

[10] Wei Y, Zhang X, Wu G, et al. Behaviour of concrete confined by both steel spirals and fiber-reinforced polymer under axial load[J]. Composite Structures, 2018, 192: 577-591.

[11] Vincent T, Ozbakkaloglu T. Influence of concrete strength and confinement method on axial compressive behavior of FRP confined high- and ultra high-strength concrete [J]. Composites Part B: Engineering, 2013, 50(7): 413-428.

[12] Mirmiran A, Shahawy M, Samaan M, et al. Effect of column parameters on FRP-confined concrete[J]. Journal of Composites for Construction, 1998, 2(4): 178-185.

[13] Vincent T, Ozbakkaloglu T. Influence of slenderness on stress-strain behavior of concrete-filled FRP tubes: experimental study [J]. Journal of Composites for Construction, 2015, 19(1): 04014029.

[14] 魏洋,吴刚,吴智深,等.FRP约束混凝土矩形柱有软化段时的应力-应变关系研究[J].土木工程学报,2008,41(3):21-28.

[15] Li P, Wu Y F, Gravina R. Cyclic response of FRP-confined concrete with post-peak strain softening behavior[J]. Construction and Building Materials, 2016, 123: 814-828.

[16] Wang Y, Cai G, Li Y, et al. Behavior of circular fiber-reinforced polymer-steel-confined concrete columns subjected to reversed cyclic loads: experimental studies and finite-element analysis[J]. Journal of Structural Engineering, 2019, 145(9): 04019085.

[17] Cai Z, Wang D, Smith S T, et al. Experimental investigation on the seismic performance of GFRP-wrapped thin-walled steel tube confined RC columns[J]. Engineering Structures, 2016, 110(3): 269-280.

[18] Garcia R, Guadagnini M, Pilakoutas K, et al. Fibre-reinforced polymer strengthening of substandard lap-spliced reinforced concrete members: a comprehensive survey [J]. Advances in Structural Engineering & Technology,2017,20(6):976-1001.

[19] Seible F, Priestley M J N, Hegemier G A, et al. Seismic retrofit of RC columns with continuous carbon fiber jackets[J]. Journal of Composites for Construction, 1997, 1(2): 52-62.

[20] Perrone M, Barros J A O, Aprile A. CFRP-based strengthening technique to increase the flexural and energy dissipation capacities of RC columns[J]. Journal of Composites for Construction,2009,13(5):372-383.

[21] Cai Z K, Wang Z, Yang T Y. Cyclic load tests on precast segmental bridge columns with both steel and basalt FRP reinforcement[J]. Journal of Composites for Construction,2019, 23(3):04019014.

[22] Jiang C, Wu Y F, Wu G. Plastic hinge length of FRP-confined square RC columns[J]. Journal of Composites for Construction,2014,18(4):04014003.

[23] Priestley M J N, Seible F, Calvi M. Seismic design and retrofit of bridges[M]. New York: John Wiley & Sons Inc. ,1996.

[24] Priestley M J N, Seible F. Design of seismic retrofit measures for concrete and masonry structures[J]. Construction and Building Materials,1995,9(6):365-377.

第 14 章

考虑粘结滑移效应的 FRP 约束混凝土柱精细化分析

14.1 概　　述

无论是新建结构还是加固既有结构，钢筋或 FRP 筋的粘结性能在混凝土结构性能中占据重要地位。钢筋粘结滑移机理如图 14-1 所示。已有 RC 结构试验表明，钢筋的粘结滑移现象不能忽略[1-2]，其影响构件整体性能，导致构件刚度和耗能能力降低。钢筋的粘结滑移效应在梁柱节点区，以及柱脚塑性铰区变得尤其明显，一些学者在结构性能分析中提出了很多方法以考虑这种粘结滑移效应的影响[3-6]。

在静力分析、抗震性能分析中考虑粘结滑移与不考虑粘结滑移，将产生较大差异。在有些情形下，如果忽略粘结滑移效应将导致分析误差增大甚至结果完全失真。图 14-2 所示为光圆钢筋配筋梁柱节点的模拟结果，如果不考虑光圆钢筋与混凝土较弱的粘结滑移性能，数值分析结果将严重高估节点的实际强度、刚度和耗能能力。

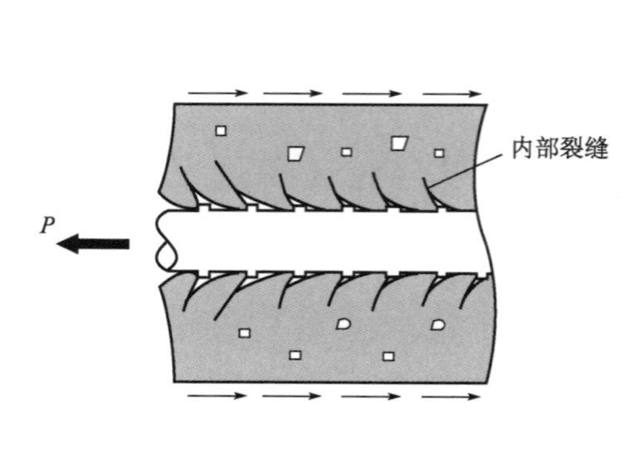

图 14-1　钢筋粘结滑移机理

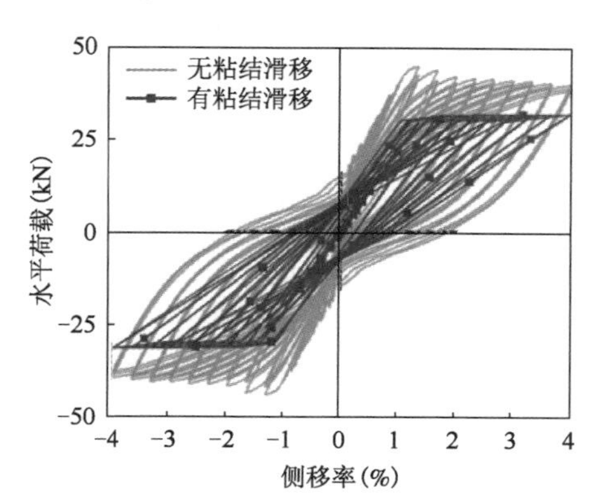

图 14-2　光圆钢筋配筋梁柱节点模拟结果

对于 FRP 约束加固后的混凝土柱，其塑性铰区的筋材与保护层混凝土的粘结性能受到 FRP 约束的影响。图 14-3 给出了典型的 FRP 约束矩形柱截面，一方面，混凝土柱在未约束加固前，其塑性铰区混凝土保护层与筋材在地震反复荷载作用下易产生劈裂裂缝，筋材在加载后期易屈曲;另一方面,混凝土柱截面受到FRP约束后,其塑性铰区域的混凝土保护层与钢筋的粘结性能会显著提高,从而使得加固后构件的整体抗震性能提高。

针对FRP约束混凝土柱中存在的钢筋或FRP筋的粘结滑移问题,本章采用理论和数值模拟相结合的手段,揭示粘结滑移效应在FRP约束混凝土柱精细化分析中的重要作用。

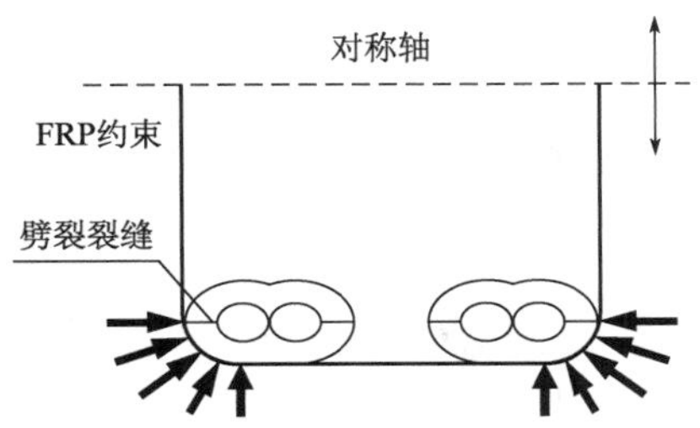

图14-3　FRP约束矩形柱截面

本章主要对两类FRP约束混凝土柱展开讨论:一是FRP约束塑性铰区有搭接纵筋(或连续纵筋)柱,二是FRP约束与内嵌组合加固柱。局部粘结滑移曲线和参数是在混凝土柱非线性分析中考虑粘结滑移效应的关键因素,需要谨慎评估、合理选择。本章的结构安排如下:首先回顾本章所采用的试验数据,接着介绍非线性纤维模型和原理,然后重点介绍如何选择合适的粘结滑移模型和参数,最后与试验数据对比并验证计算方法。

14.2　试验数据

本章所采用的试验数据来源于文献和本书作者课题组。FRP约束塑性铰区有搭接纵筋(或连续纵筋)柱的试验数据来自文献[7]和[8],而FRP约束与内嵌组合加固柱的试验数据为本书作者课题组试验数据[9]。

14.2.1　FRP约束塑性铰区有搭接纵筋(或连续纵筋)柱

文献[7]中试件为方形截面柱,柱高1.60m,截面尺寸为250mm × 250mm,柱底钢筋搭接长度为20倍和40倍纵筋直径d_b,采用施加轴力和水平往复荷载进行试验。文献[8]中的三组试件如图14-4所示,三组试件(C14组、C16组和C20组)截面尺寸都为200mm × 400mm,但配筋不同,纵筋直径分别为14mm、16mm和20mm,纵筋搭接长度为30倍纵筋直径d_b。以上四组试件参数汇总于表14-1,以C14组试件为例解释试件代号含义:C14为未约束加固柱,C14FP1为一层FRP加固柱,C14FP2为两层FRP加固柱,C14E为塑性铰区连续纵筋柱。

试件参数　　表14-1

文献来源	试件代号	b (mm)	h (mm)	c (mm)	H (m)	n_d_b (mm)	L_s/d_b	FRP或TRM种类	$(n\times t)_j$ (mm)	L_j (mm)	$P/(f'_cA_g)$
Bournas和Triantafillou (2011)	L 0_C	250	250	18	1.60	4_14	0	—	—	—	0.275
	L 0_R2	250	250	18	1.60	4_14	0	CFRP	2×0.17	430	0.275
	L 0_M4	250	250	18	1.60	4_14	0	TRM (Carbon)	4×0.095	430	0.275
	L 20d_C	250	250	18	1.60	4_14	20	—	—	—	0.275
	L 20d_R2	250	250	18	1.60	4_14	20	CFRP	2×0.17	430	0.275
	L 20d_M4	250	250	18	1.60	4_14	20	TRM (Carbon)	4×0.095	430	0.275

续上表

文献来源	试件代号	b (mm)	h (mm)	c (mm)	H (m)	n_d_b (mm)	L_s/d_b	FRP 或 TRM 种类	$(n\times t)_j$ (mm)	L_j (mm)	$P/(f'_cA_g)$
Bournas 和 Triantafillou (2011)	L 40d_C	250	250	18	1.60	4_14	40	—	—	—	0.275
	L 40d_R2	250	250	18	1.60	4_14	40	CFRP	2 ×0.17	600	0.275
	L 40d_M4	250	250	18	1.60	4_14	40	TRM (Carbon)	4 ×0.095	600	0.275
Harajli 和 Dagher (2008)	C14	200	400	19	1.40	8_14	—	—	—	—	0.00
	C14FP1	200	400	19	1.40	8_14	30	CFRP	1 ×0.13	600	0.00
	C14FP2	200	400	19	1.40	8_14	30	CFRP	2 ×0.13	600	0.00
	C14E	200	400	19	1.40	8_14	—	—	—	—	0.00
	C16	200	400	34	1.40	8_16	—	—	—	—	0.00
	C16FP1	200	400	34	1.40	8_16	30	CFRP	1 ×0.13	600	0.00
	C16FP2	200	400	34	1.40	8_16	30	CFRP	2 ×0.13	600	0.00
	C16E	200	400	34	1.40	8_16	—	—	—	—	0.00
	C20	200	400	20	1.40	6_20	—	—	—	—	0.00
	C20FP1	200	400	20	1.40	6_20	30	CFRP	1 ×0.13	600	0.00
	C20FP2	200	400	20	1.40	6_20	30	CFRP	2 ×0.13	600	0.00
	C20E	200	400	20	1.40	6_20	—	—	—	—	0.00

注：A_g为混凝土截面面积；b 为方形柱截面尺寸（或矩形截面短边长度）；c 为混凝土保护层厚度；f'_c为混凝土抗压强度；h 为矩形截面长边高度；H 为柱高；L_s为纵筋搭接长度；L_j为外包 FRP 高度；n_d_b为纵筋的配筋数量_直径；$(n\times t)_j$为外包 FRP 或 TRM 的（层数 × 每层厚度）；P 为试验施加轴力；TRM 为织物增强砂浆。

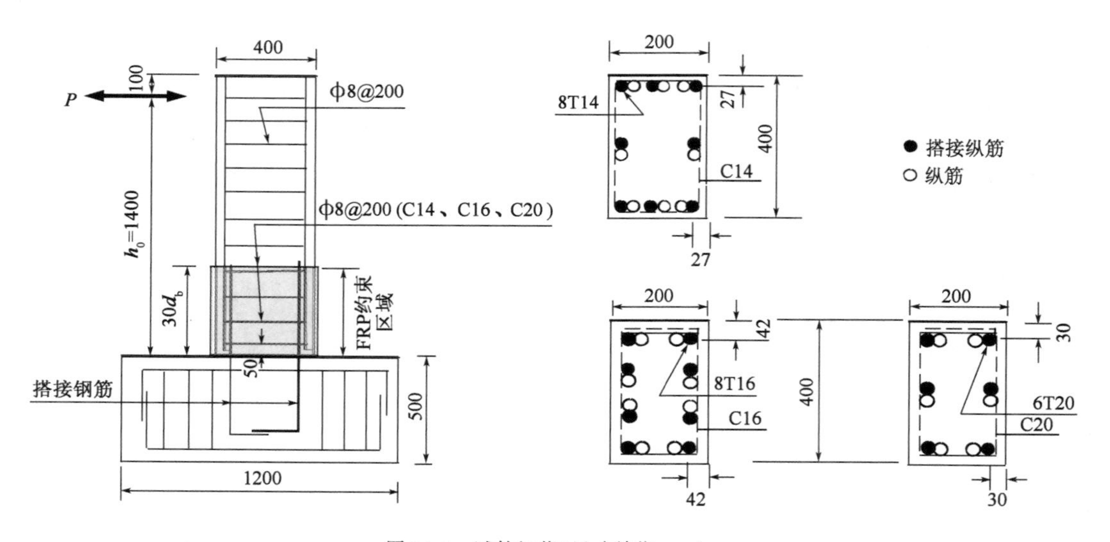

图 14-4 试件细节（尺寸单位：mm）

14.2.2 FRP 约束与内嵌组合加固柱

根据第 13 章的分析及相关试验研究，外包 FRP 可以有效提高混凝土柱的抗剪承载力和变形能力，但在提高混凝土柱抗弯承载力方面效果不明显。另外，嵌入式 FRP 加固方法是在混凝土表面开槽并利用合适的胶结材料将 FRP 筋材或板材粘结到凹槽中的加固技术，具有承载力提高明显等优点；然而嵌入式加固使用的筋材或板材易发生剥离破坏，往往导致嵌入的加固材料不能得到充分利用。针对单一外包 FRP 加固技术和嵌入式 FRP 加固技术的不足，作者团队提出了新型 FRP 筋/布组合加固混凝土柱技术[9]，即采用嵌入 FRP 筋与外包 FRP 组合对钢筋混凝土柱进行加固，如图 14-5 所示。

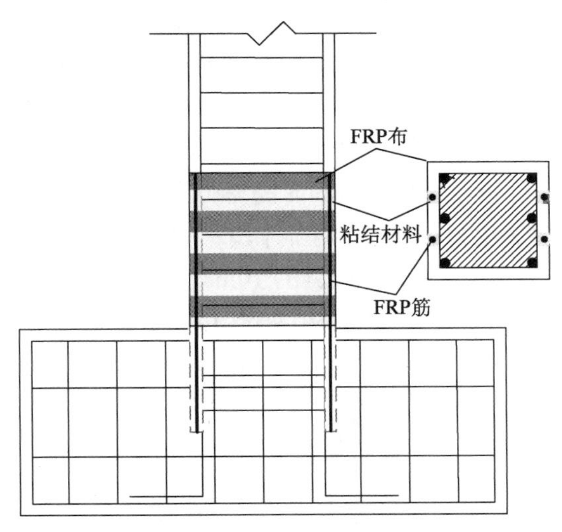

图 14-5　FRP 约束与内嵌组合加固混凝土柱示意图

试验共设计制作了 6 个钢筋混凝土桥墩缩尺试件模型，研究 FRP 约束与内嵌组合加固效果及 FRP 筋加固量对承载力的影响，在研究 FRP 约束与内嵌组合加固混凝土柱的同时，对比了嵌入 FRP 筋加固、外贴 FRP 加固及 FRP 筋/布组合加固 3 种不同加固方式。试件呈“工”字形，底部柱台起固定作用，柱身截面为边长 270mm 的方形截面，柱身区段高 1075mm，各试件轴压比都为 0.1。FRP 约束与内嵌组合加固混凝土柱基本参数及加固方法如表 14-2 所示。

FRP 约束与内嵌组合加固混凝土柱基本参数及加固方法　　表 14-2

试件编号	纵向钢筋	BFRP 筋		箍筋	BFRP 布		备　注
	配筋率（%）	直径（mm）	等效配筋率（%）	配箍特征值	层数	配纤特征值	
C1-0-0	0.93	—	0	0.206	—	0	未加固
C2-0-3	0.93	—	0	0.206	3	0.304	BFRP 约束加固
C6-10-0	0.93	10	1.18	0.206	—	0	BFRP 筋嵌入加固
C7-10-3	0.93	10	1.18	0.206	3	0.304	组合加固
C5-8-3	0.93	8	0.76	0.206	3	0.304	组合加固
C3-6-3	0.93	6	0.43	0.206	3	0.304	组合加固

注：以 C7-10-3 为例说明组合加固试件编号，“C7”表示 7 号柱，“10”表示嵌入直径为 10mm 的 BFRP 筋，“3”表示外包 3 层 BFRP 布。

试验采用低周反复荷载加载方式，首先在柱顶施加轴压比为0.1的竖向轴力，然后采用荷载-位移混合控制方式施加往复水平荷载，即试件屈服前采用荷载控制，加载等级为10kN，每级荷载下循环1次，屈服后则改用屈服时位移的整倍数（即位移延性系数μ）控制，每级位移下循环3次，直至试件承载力下降到峰值荷载的85%时停止加载。测试内容主要包括试件的荷载-位移滞回曲线等。试验加载装置及加载制度具体可参考第13章，此处不再赘述。

各试件的破坏模式和试验现象总结（图14-6）：对比柱C1-0-0的破坏模式为钢筋屈曲、混凝土压溃的塑性铰破坏，如图14-6a）所示；仅外包BFRP约束加固柱C2-0-3的破坏模式为钢筋低周疲劳断裂（破坏时的水平位移为11δ，其中δ为屈服位移，6mm）和BFRP外鼓断裂，如图14-6b）所示；仅嵌入BFRP筋加固柱C6-10-0，柱表面凹槽尺寸为15mm×15mm，破坏模式为BFRP筋的剥离和反复拉压荷载作用下的屈曲破坏[图14-6c）]；组合约束加固柱C3-6-3和C5-8-3破坏模式相同，6mm和8mm筋材分别在水平位移为9δ和13δ时拉断[图14-6e）]，而筋材自由端树脂完好，表明其端部未滑移[图14-6d）]；组合约束加固柱C7-10-3破坏模式为，在水平位移为14δ时，试件推侧的10mm筋材拉断[图14-6g）]，而试件拉侧的筋材上部自由端发生了约15mm的整体滑移，如图14-6f）所示。

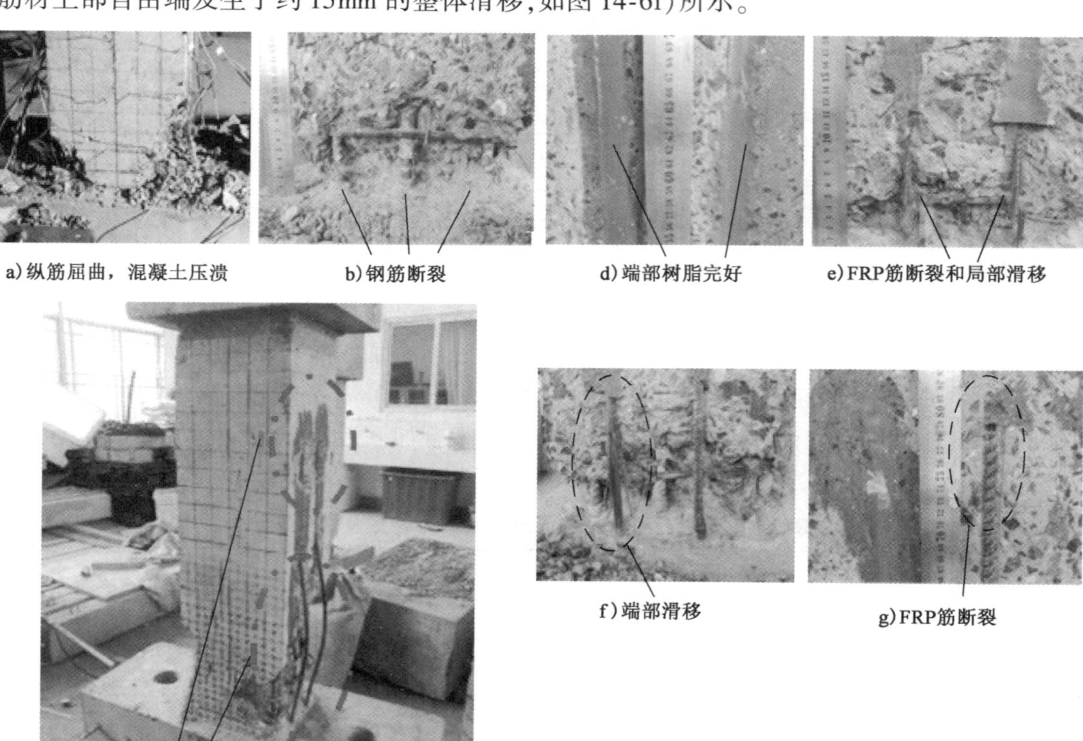
a）纵筋屈曲，混凝土压溃　b）钢筋断裂　c）BFRP筋剥离和屈曲　d）端部树脂完好　e）FRP筋断裂和局部滑移　f）端部滑移　g）FRP筋断裂

图14-6　各柱破坏模式和试验现象

从上述试验现象可发现，嵌入FRP筋在未约束的条件下倾向于发生剥离和屈曲，而有效约束后，其倾向于在混凝土保护层中发生粘结-滑移现象，而这种现象恰恰使组合加固试件的承载力和延性同时得到了提高。

14.3　非线性纤维计算模型和原理

本节系统介绍两类FRP约束混凝土柱采用的非线性纤维模型和计算框架。

14.3.1　纤维有限元模型建立

在OpenSees软件中建立两种纤维有限元模型,如图14-7a)和c)所示,提出的分布塑性单元模型1由一个非线性梁柱单元(nonlinear beam column element)以及柱脚一个零长度(zero-length section element)的非线性转角弹簧构成,梁柱单元设5个积分点。为了考虑柱脚FRP筋和钢筋的粘结滑移效应,本章提出了一种理论计算方法,以得出柱脚"弯矩-粘结滑移转角"关系,并将其赋予模型中的非线性弹簧单元,详细过程将在下文阐述。

非线性梁柱单元的截面纤维划分如图14-7b)所示,各纤维赋予其相应的材料应力-应变关系,纤维伸长或缩短时符合平截面假定。如图14-7c)所示,提出的集中塑性单元模型2由一个带塑性铰单元(beam with hinges element)组成,该单元需要定义塑性铰长度。与图14-7a)模型不同的是,下文给出的考虑FRP筋粘结滑移效应的等效应力-应变关系曲线可以直接赋给图14-7c)的纤维截面进行计算。

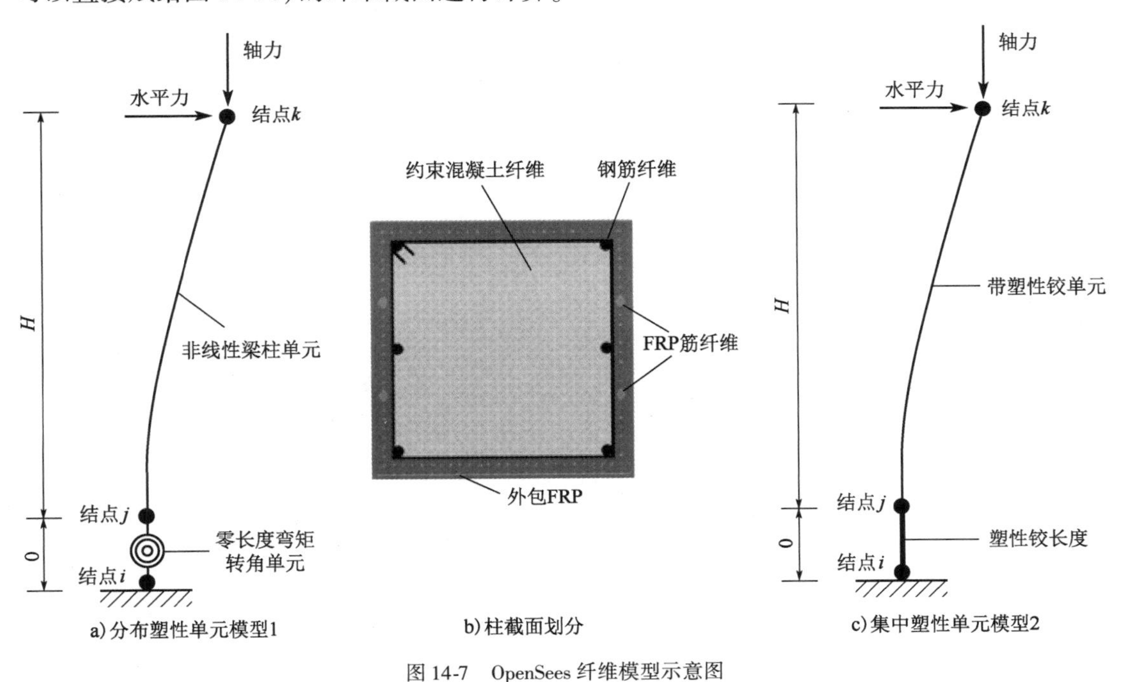

图14-7　OpenSees纤维模型示意图

14.3.2　计算流程和要点

对于FRP约束塑性铰区有搭接纵筋(或连续纵筋)柱的非线性计算,如图14-8a)所示,给出了数值计算方法流程图,步骤如下:

①确定钢筋在有约束(箍筋或FRP)下的粘结滑移参数,选择合适的局部粘结滑移曲线。

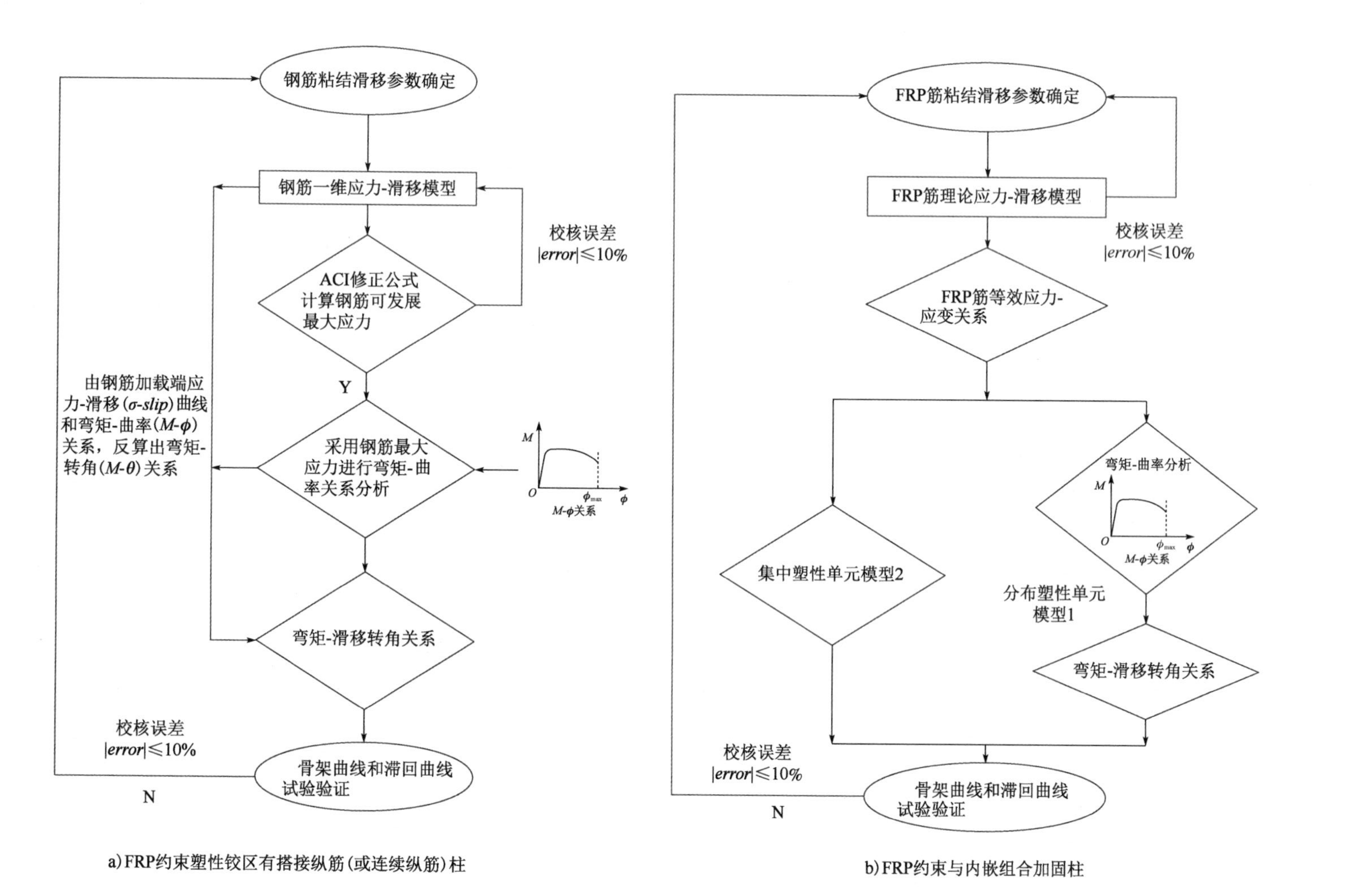

a) FRP约束塑性铰区有搭接纵筋(或连续纵筋)柱

b) FRP约束与内嵌组合加固柱

图14-8 非线性纤维计算流程图

②采用提出的钢筋一维应力-滑移模型计算出钢筋的加载端应力-滑移关系，同时根据 ACI 公式校核钢筋应力，以免发生错误。

③采用钢筋原始应力-应变关系进行截面弯矩-曲率关系计算。

④由钢筋的加载端应力-滑移关系和截面弯矩-曲率关系反算出关键截面弯矩-滑移转角关系。

⑤利用纤维模型进行骨架曲线和滞回曲线非线性计算，并结合试验数据进行验证。

而对于 FRP 约束与内嵌组合约束加固柱的非线性计算，由于截面存在内嵌 FRP 筋，柱截面钢筋和 FRP 筋的应力不易确定，因此需要结合理论方法进行简化计算。如图 14-8b)所示，主要步骤总结如下：

①选择合适的 FRP 筋粘结滑移参数。

②采用提出的 FRP 筋理论应力-滑移模型计算加载端应力-滑移关系，同时结合试验数据进行验证。

③由理论应力-滑移关系得出 FRP 筋的等效应力-应变关系。

④方法一：此 FRP 筋等效应力-应变关系可以直接代入集中塑性单元模型 2[图 14-7c)]，进行骨架曲线和滞回曲线非线性计算，并结合试验数据进行验证。

⑤方法二：利用 FRP 筋等效应力-应变关系进行截面弯矩-曲率和弯矩-滑移转角计算，然后代入分布塑性单元模型 1[图 14-7a)]，进行骨架曲线和滞回曲线非线性计算，并结合试验数据进行验证。

14.3.3　材料本构关系模拟

1）约束混凝土模型

对于未约束保护层混凝土的应力-应变关系，采用 Mander 模型[10]计算，并采用 OpenSees 中的 Concrete 02 材料来模拟，其曲线如图 14-9 所示；而核心区箍筋约束混凝土的应力-应变关系将采用 BGL 模型[11-12]材料来计算，BGL 模型可以考虑各种箍筋约束形式以及外包 FRP 对混凝土的约束效应，如图 14-10 所示，且此模型已被嵌入 OpenSees 中以方便应用（OpenSees 中定义为 Confined Concrete 01），由 BGL 模型计算的箍筋约束混凝土曲线见图 14-9。

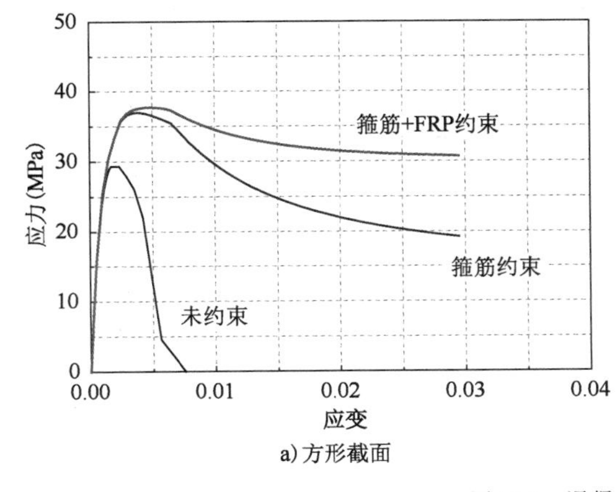

a)方形截面

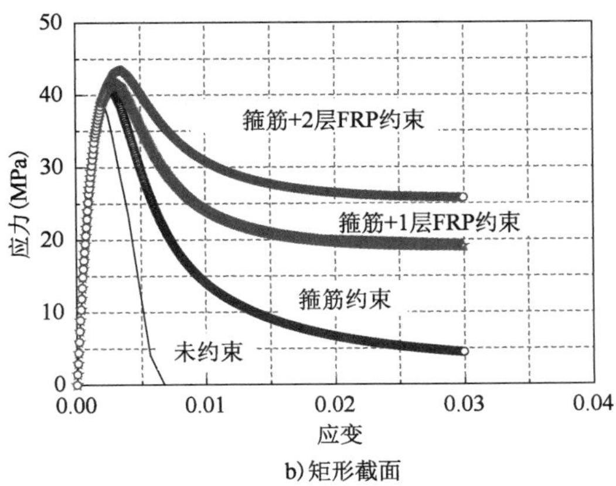

b)矩形截面

图 14-9　混凝土应力-应变关系

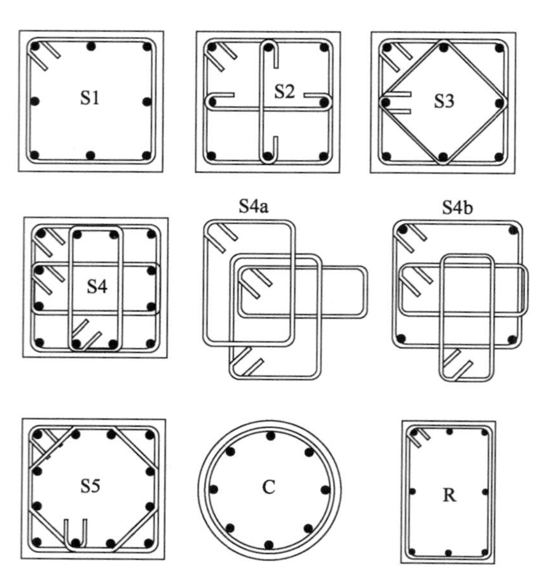

图 14-10　BGL 模型可考虑的截面形状和箍筋约束形式

同时考虑箍筋和外包 FRP 的约束效应后的典型曲线也在图 14-9 中给出，与仅有箍筋约束混凝土应力-应变曲线相比，其在峰值点后的非线性下降段要平缓一些，说明 BGL 模型恰当地考虑了外包 FRP 的约束效应。

2）钢筋和 FRP 筋模型

OpenSees 的材料库中，钢筋模型主要有 Steel01、Steel02、Reinforcing Steel，文献中如果给出了钢筋实测应力-应变曲线，则选用 Reinforcing Steel 材料模型，如图 14-11a）所示。其拉伸模型采用的是 Chang 和 Mander 模型[13]，考虑包辛格效应，主要参数包括钢筋屈服点、硬化位置、硬化斜率和极限点强度。如果文献中没有给出实测钢筋曲线和钢筋极限强度，只有屈服强度，则采用 OpenSees 中的 Steel02 材料模拟其钢筋应力-应变关系，如图 14-11b）所示。一组典型的钢筋计算曲线如图 14-11c）和 d）所示。同时认为 FRP 筋在达到极限强度前为线弹性。这里给出的钢筋应力-应变关系曲线为纯粹的材性曲线，是不考虑粘结-滑移效应的。14.4 节将详细阐述如何考虑粘结-滑移效应。

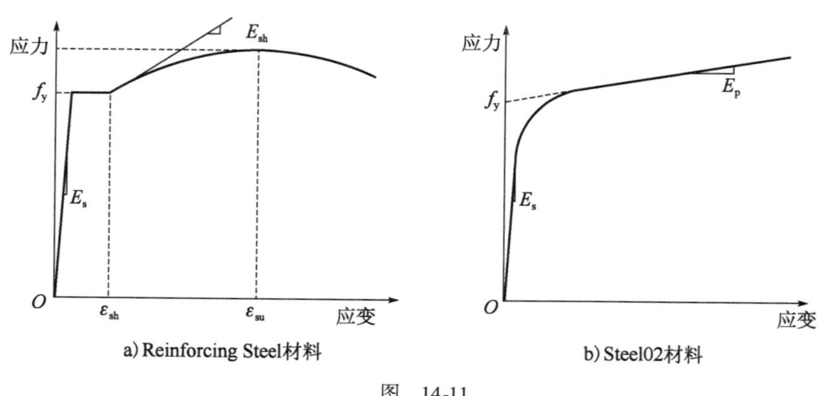

图　14-11

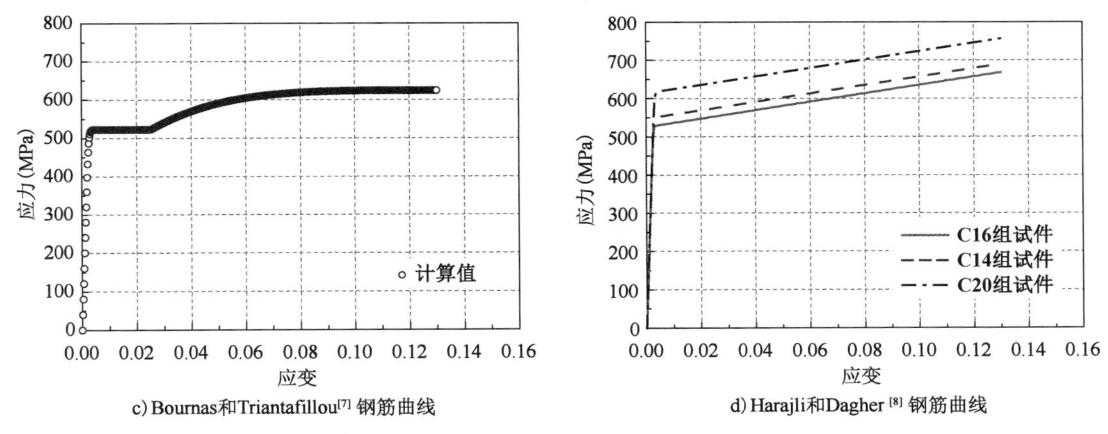

c) Bournas和Triantafillou[7] 钢筋曲线　　d) Harajli和Dagher[8] 钢筋曲线

图 14-11　钢筋模型(无粘结-滑移效应)

14.3.4　弯矩-转角关系模拟

现有试验研究表明,RC 柱的弯矩-固端滑移转角在峰值荷载前达到总转角的 50% 左右,而在峰值荷载后能达到总转角的 80%,这在塑性铰区有搭接纵筋时更为明显。如图 14-12a)所示,钢筋在柱脚截面的总滑移值 ΔS_{total}等于塑性铰区的滑移值 ΔS_{A}与柱台内锚固钢筋的滑移值 ΔS_{B}之和,可进一步计算出固端滑移转角 θ_{FER}。计算公式如下:

$$\Delta S_{\text{total}} = \Delta S_{\text{A}} + \Delta S_{\text{B}} \tag{14-1}$$

$$\theta_{\text{FER}} = \frac{\Delta S_{\text{total}}}{d - c} \tag{14-2}$$

式中:d——截面有效高度;

　　c——截面受压区高度。

d 和 c 由弯矩-曲率分析得到。

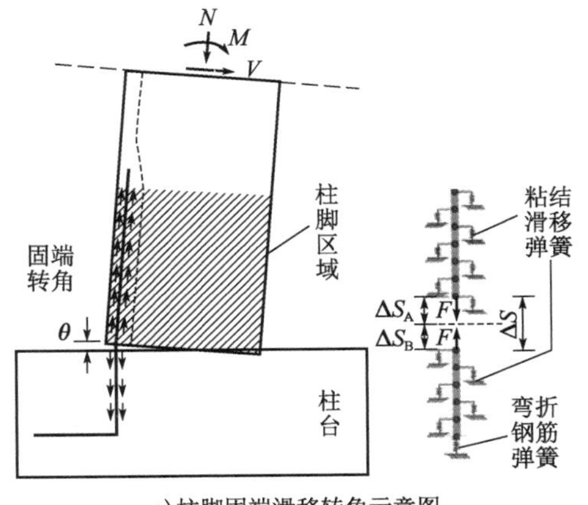

a) 柱脚固端滑移转角示意图　　b) 钢筋一维数值模型

图 14-12　钢筋粘结滑移转角计算

在 OpenSees 软件中建立一维有限元数值模型用于计算钢筋的粘结滑移,如图 14-12b)所示。此模型由一系列离散的钢筋单元组成,每个结点连接到粘结-滑移弹簧单元上。所采用的考虑约束影响的钢筋粘结-滑移模型会在 14.4.1 节中详细介绍。此模型的计算结果受到所采用的局部粘结-滑移关系影响,经参数验证和校正后,给出了一组钢筋加载端应力-滑移曲线,如图 14-13 所示。从图 14-13b)可以发现,柱台纵筋拉拔应力-滑移曲线在达到屈服应力后,其应力和滑移继续发展,直至达到极限应力,其"形状"几乎与钢筋的原始应力-应变关系曲线相似,这表明端部的弯折钢筋弹簧对钢筋起到了较好的"锚固"作用。

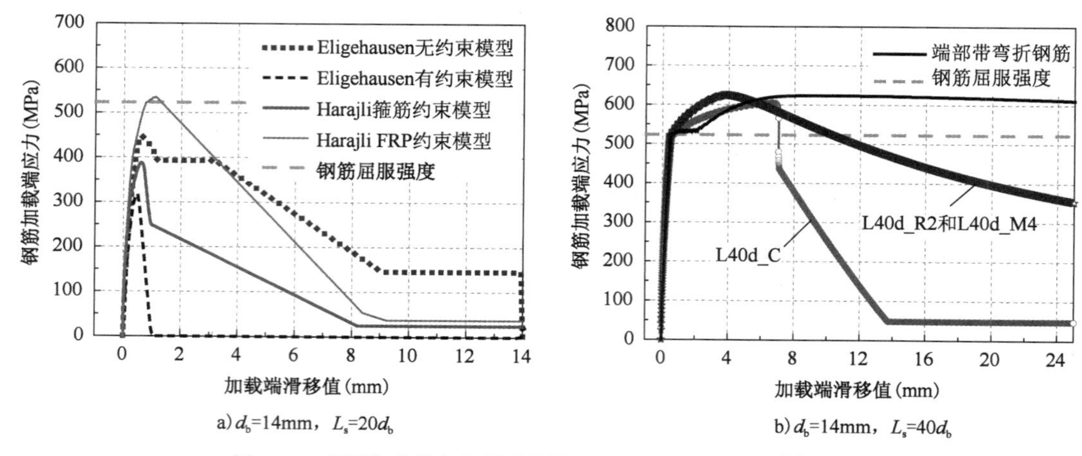

a) d_b=14mm, L_s=20d_b　　b) d_b=14mm, L_s=40d_b

图 14-13　钢筋加载端应力-滑移曲线(Bournas 和 Triantafillou[7] 试件)

14.4　粘结滑移模型

局部粘结-滑移曲线和参数的合理选择是混凝土柱非线性分析中的关键因素。FRP 约束后对 RC 柱性能的影响体现在两方面:一是外包 FRP 约束可以有效地约束塑性铰区混凝土,提高保护层混凝土与筋材的粘结应力,从而使筋材的轴向应力得到充分发展;二是约束使得截面混凝土受压能力提高,截面应力-应变关系可能由弱约束转变为强约束,从而提高截面受弯延性。

14.4.1　FRP 约束下钢筋的局部粘结-滑移曲线

针对钢筋在约束条件(包括混凝土保护层、箍筋、外部 FRP 等)下的粘结滑移性能,Harajli 等[14-18]采用梁式拉拔试验定量研究了混凝土保护层厚度、箍筋约束量、外部 FRP 约束量等因素的影响,建立了考虑多因素约束影响的钢筋粘结-滑移模型。此外,比较经典的模型还有 Eligehausen 模型[19]。

1) Harajli 模型

Harajli 等[15-17]基于梁式粘结试验和 RC 柱滞回试验,建立了搭接钢筋与混凝土有外部约束(包括箍筋、FRP、纤维混凝土等)下的局部粘结-滑移关系模型,如图 14-14 所示。此模型可以描述为四段:①初始上升阶段,粘结应力 u 从 0 指数上升到 αu_{sp},其中对于未约束混凝土和约束混凝土 α 的取值都为 0.7;②线性上升阶段,粘结应力 u 从 αu_{sp} 线性上升到劈裂粘结强度 u_{sp};③线性下降阶段,粘结应力 u 从 u_{sp} 下降到劈裂后粘结强度 u_p(约束混凝土)或 βu_{sp}(未约束混凝土),其中 $\beta = 0.65$(混凝土强度 $f'_c \leqslant 48$MPa);④持续衰退阶段。其中,u_m 为发生拔出破坏时的最大粘结应力，u_f 为残余粘结应力，S_{sp}、S_1、S_2、S_3 分别为曲线上拐点处相应的滑移值。

2）Eligehausen 模型

Eligehausen 模型较为经典，被大量文献广泛引用。该模型基于钢筋拉拔试件试验数据而开发，模型骨架曲线也分为四段，如图 14-15 所示，公式表达如下：

$$u(S)=\begin{cases} u_m\left(\dfrac{S}{S_1}\right)^{\alpha} & (S\leqslant S_1) \\ u_m & (S_1\leqslant S\leqslant S_2) \\ u_m-(u_m-u_f)\dfrac{S-S_2}{S_3-S_2} & (S_2\leqslant S\leqslant S_3) \\ u_f & (S>S_3) \end{cases} \tag{14-3}$$

其中，各参数含义和上文 Harajli 模型相同。Harajli 模型是在搭接钢筋梁式试验的基础上开发的，钢筋的搭接长度较短（$5d_b$），且受到反复荷载作用，因此 Harajli 模型更适用于塑性铰区纵筋保护层厚度较小的情形；而 Eligehausen 模型是在较好的约束条件（混凝土保护层厚度超过 $5d_b$ 或有箍筋约束）下，基于结点拉拔试验开发出来的，它更适用于箍筋约束附近的粘结-滑移关系模拟，以及钢筋在柱台区域约束条件比较好（混凝土保护层较厚）的情形下的粘结-滑移关系模拟。

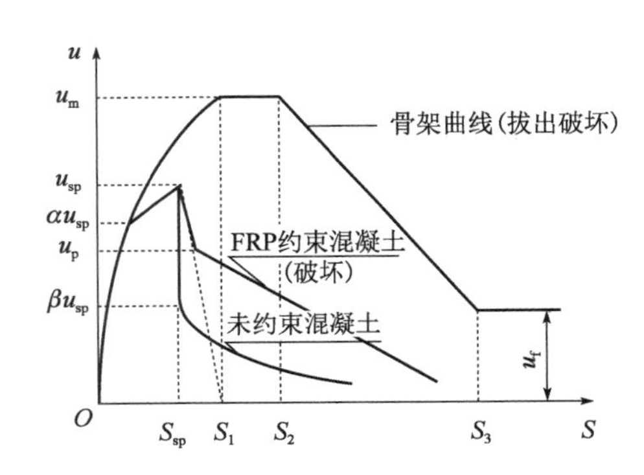

图 14-14　有外部约束下钢筋局部粘结应力（u）-滑移（S）模型

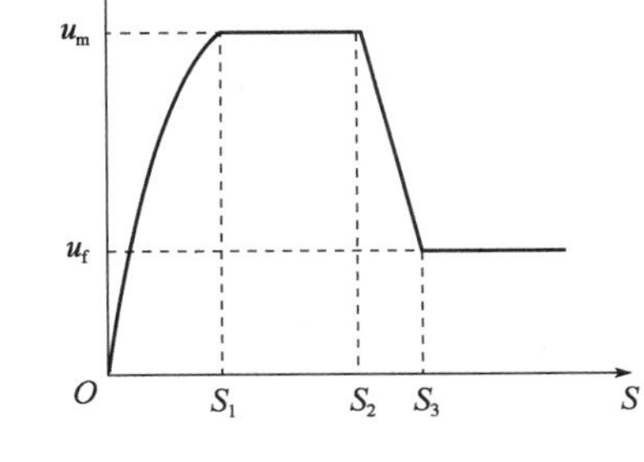

图 14-15　Eligehausen 等[19]模型

3）同时考虑箍筋和 FRP 约束的“修正局部粘结-滑移曲线”

由于 Harajli 模型只考虑单独箍筋或单独 FRP 约束的情形，没有同时考虑内部箍筋和外包 FRP 加固约束的情形，且在现有文献中也没有能同时考虑箍筋和 FRP 约束的局部粘结-滑移模型，因此需要给出同时考虑内部箍筋和外包 FRP 约束的“修正局部粘结-滑移曲线”。为了量化考虑内部箍筋和外包 FRP 的影响，将 Harajli 模型作如下修正：将内部箍筋相对于未约束混凝土对粘结强度的提高量线性叠加到单独 FRP 约束模型上。

此外，为了与未约束混凝土的粘结-滑移曲线一致，箍筋约束混凝土和 FRP 约束混凝土粘结-滑移曲线最后也保留一段残余粘结应力段，各组试件“修正后的局部粘结-滑移关系”如图 14-16所示。经过下文的试算，修正后的同时考虑内部箍筋和外包 FRP 约束的局部粘结-滑移关系给出的计算结果更合理。

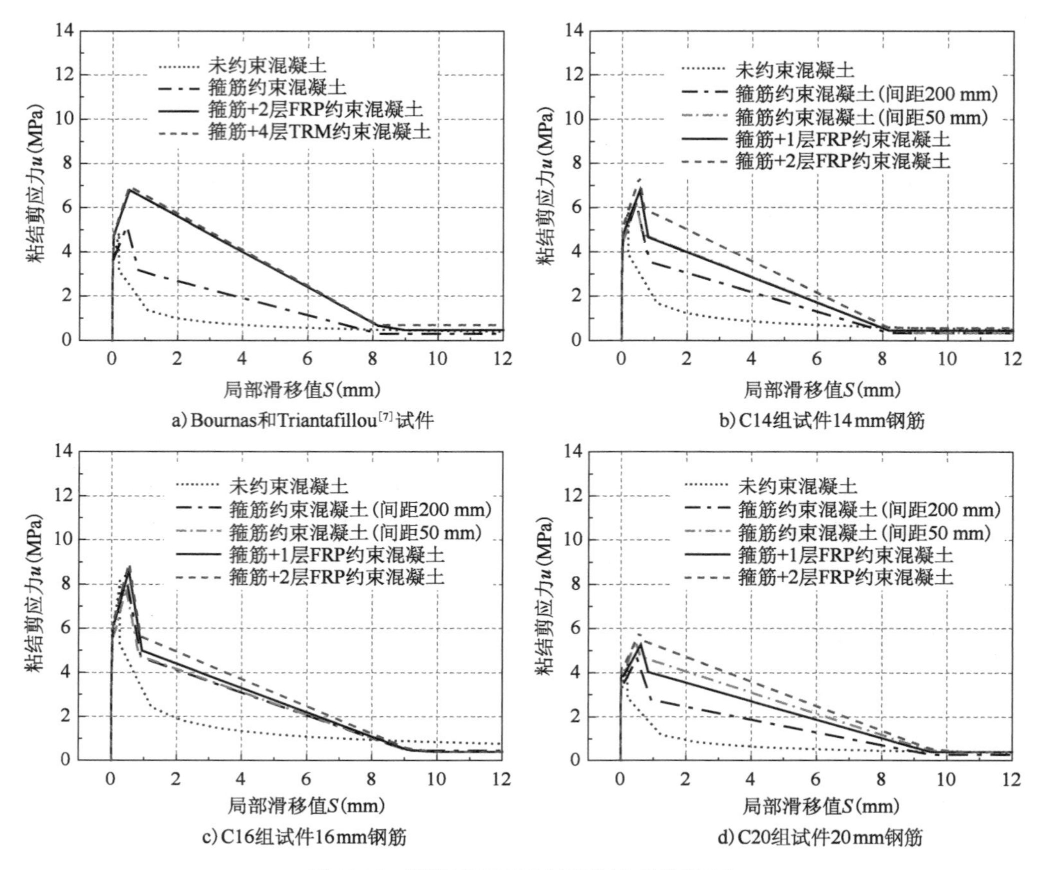

图 14-16 纵筋“修正后的局部粘结-滑移关系”

14.4.2 考虑 FRP 筋粘结滑移的“修正应力-应变关系”

1) FRP 筋的加载端轴向应力-滑移理论曲线

如 14.2.2 节所述，组合加固试件都发生了嵌入式 FRP 筋的粘结滑移现象，本节将基于 Braga 等[5]提出的简化理论模型来合理考虑这种粘结滑移现象。此方法可描述为，通过理论公式推导出嵌入式 FRP 筋的加载端轴向应力-滑移曲线，继而得出 FRP 筋的考虑粘结滑移效应的“修正应力-应变曲线”，在此基础上进行加固试件截面的弯矩-曲率分析，从而得出柱脚弯矩-转角关系。

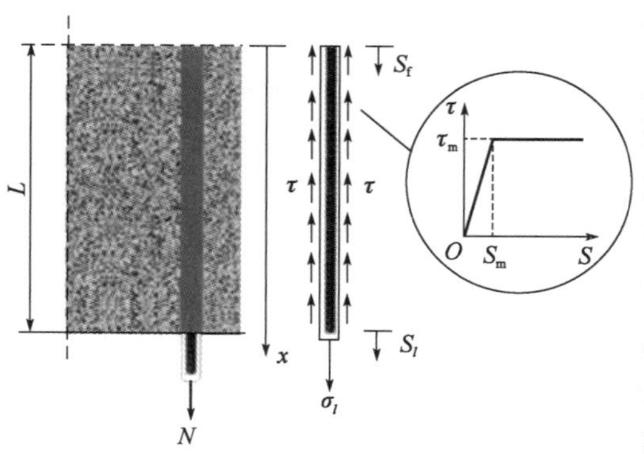

图 14-17 嵌入式 FRP 筋受力示意图

模型的主要假定：①沿 FRP 筋的滑移场 $S(x)$ 为线性；②嵌入式 FRP 筋的局部粘结-滑移曲线为理想弹塑性。嵌入式 FRP 筋在 RC 柱混凝土保护层中的受力如图 14-17 所示，第一个假定可以描述为

$$S(x) = S_{\mathrm{f}} + \frac{x}{L}(S_l - S_{\mathrm{f}}) \tag{14-4}$$

式中：S_{f}、S_l——FRP 筋自由端和加载端的滑移值；

L——FRP 筋的埋入长度；

x——沿 FRP 筋的坐标位置。

第二个假定主要考虑：与标准拉拔试件不同的是，构件中的嵌入式 FRP 筋受到拉弯作用，同时构件的开裂对 FRP 筋与周围树脂、混凝土的粘结也产生了削弱；在反复荷载作用下，FRP 筋的滑移值较大；再加上外包 FRP 很好地保证了 FRP 筋与周围树脂及混凝土的粘结条件，因此在模型中仅考虑残余粘结强度是合理且偏于保守的。此假定可将粘结强度函数$\tau(x)$描述为

$$\begin{cases} \tau(x) = \dfrac{\tau_{\mathrm{m}}}{S_{\mathrm{m}}} S(x) & [S(x) \leqslant S_{\mathrm{m}}] \\ \tau(x) = \tau_{\mathrm{m}} & [S(x) > S_{\mathrm{m}}] \end{cases} \tag{14-5}$$

式中：τ_{m}——残余粘结强度；

S_{m}——相应的滑移值。

由 FRP 筋的受力平衡条件和变形协调条件可以推导出 FRP 筋的轴向应力(σ_l)-加载端滑移(S_l)曲线[20]，如图 14-18 所示。

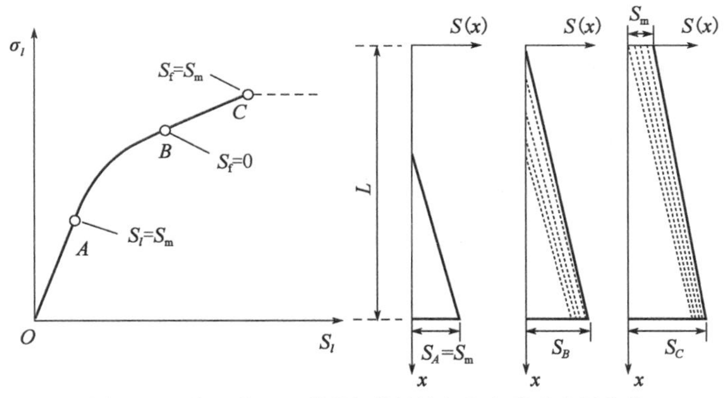

图 14-18　嵌入式 FRP 筋的加载端轴向应力-滑移发展曲线

有充足锚固长度的嵌入式 FRP 筋的加载端轴向应力-滑移过程：OA 线性发展段由式[14-6(a)]决定，AB 非线性段由式[14-6(b)]决定，BC 段由式[14-6(c)]决定；其中 S_{f}由三次方程(14-8)解出；C 点之后 FRP 筋的 σ_l可能达到极限强度而断裂，或者延伸为水平直线段，此时 FRP 筋发生整体滑移。故嵌入式 FRP 筋加载端的轴向应力-滑移全曲线(σ_l-S_l)可表示为

$$\begin{cases} \sigma_l = \dfrac{2\tau_{\mathrm{m}} L_{\mathrm{ef}}}{D} \cdot \dfrac{S_{\mathrm{m}}}{S_l} \quad (0 \leqslant S_l < S_{\mathrm{m}}) \quad \text{(a)} \\ \sigma_l = \dfrac{2\tau_{\mathrm{m}} L_{\mathrm{ef}}}{D} \sqrt{\dfrac{S_l^3}{S_{\mathrm{m}}(S_{\mathrm{m}}^2 - 3S_{\mathrm{m}}S_l + 3S_l^2)}} \left(2 - \dfrac{S_{\mathrm{m}}}{S_l}\right) \quad (S_{\mathrm{m}} \leqslant S_l < S_B) \quad \text{(b)} \\ \sigma_l = \dfrac{2\tau_{\mathrm{m}} L}{D} \cdot \dfrac{(2S_{\mathrm{m}}S_l - S_{\mathrm{f}}^2 - S_{\mathrm{m}}^2)}{S_{\mathrm{m}}(S_l - S_{\mathrm{f}})} \quad (S_B \leqslant S_l \leqslant S_C) \quad \text{(c)} \end{cases} \tag{14-6}$$

$$L_{\mathrm{ef}}=\sqrt{\frac{3E_{\mathrm{f}}S_{\mathrm{m}}D}{2\tau_{\mathrm{m}}}} \tag{14-7}$$

式中：D、E_{f}——FRP 筋的直径和弹性模量；

L_{ef}——有效粘结长度。

$$(3E_{\mathrm{f}}S_{\mathrm{m}}D+4\tau_{\mathrm{m}}L^2)S_{\mathrm{f}}^3-3S_l(3E_{\mathrm{f}}S_{\mathrm{m}}D+2\tau_{\mathrm{m}}L^2)S_{\mathrm{f}}^2+9E_{\mathrm{f}}S_{\mathrm{m}}DS_l^2S_{\mathrm{f}}+S_{\mathrm{m}}[2\tau_{\mathrm{m}}L^2(S_{\mathrm{m}}^2+3S_l^2-3S_{\mathrm{m}}S_l)-3E_{\mathrm{f}}DS_l^3]=0 \tag{14-8}$$

约束加固柱发生破坏(图 14-6)时，嵌入式 FRP 筋可能发生剥离破坏，如嵌入式加固柱 C6-10-0；或拉断破坏，如组合加固柱 C3-6-3 和 C5-8-3；或整体拔出破坏，如组合加固柱 C7-10-3。为了计算和设计上的方便，FRP 筋的有效利用强度f_{e}采用有效利用系数k_{e}与单轴拉伸极限强度f_{u}的乘积来表示，即$f_{\mathrm{e}}=k_{\mathrm{e}}f_{\mathrm{u}}$。对于发生拉断破坏的 FRP 筋，其有效拉断强度通常小于f_{u}，这主要是因为试验中嵌入式 FRP 筋遭受了严重的反复弯曲和拉压荷载，这种反复荷载作用使得 FRP 筋的实际极限强度和断裂应变小于单轴拉伸试验值。根据文献[21-22]中的研究成果和本试验中的应变测量数据，单嵌法加固试件 C6-10-0 的 FRP 筋有效利用系数k_{e}偏于安全地取值为 0.5，而复合加固试件 C3-6-3 和 C5-8-3 的k_{e}取值为 0.8。因此，6mm 筋和 8mm 筋的最大利用强度分别为 960MPa 和 1000MPa，10mm 筋对于单嵌法加固柱 C6-10-0 的最大利用强度为 644 MPa，对于组合加固柱 C7-10-3 的最大利用强度将由整体滑移破坏控制。

为验证提出的加载端轴向应力-滑移(σ_l-S_l)模型，取$\tau_{\mathrm{m}}=2.7\mathrm{MPa}$，$S_{\mathrm{m}}=0.08\mathrm{mm}$，直径 6mm 的 FRP 筋材的$\sigma_l$-$S_l$曲线如图 14-19a)所示，图中同时给出了文献[23]中的两根 6mm 直径的 FRP 筋在嵌入式凹槽中的拉拔试验曲线，试件 S-240-E-PF 和 S-360-E-PF 的锚固长度分别为 240mm 和 360mm，所采用的胶结材料为树脂，且与本章所使用的树脂材性接近。从图中对比发现本章提出的模型与拉拔试验基本吻合，故提出的模型是可靠的。

此外，变化模型参数粘结强度τ_{m}分别为 1MPa、1.5MPa、2MPa、2.5MPa、3MPa、4MPa 后 6mm 直径 FRP 筋材的σ_l-S_l曲线如图 14-19b)所示，可见粘结强度越大，加载达到极限强度的滑移值越小；而随着粘结强度的减小，FRP 筋将倾向于发生整体滑移破坏，强度利用率降低。

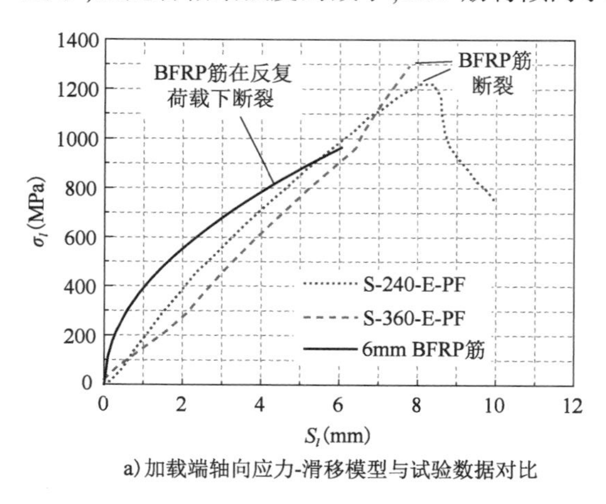

a) 加载端轴向应力-滑移模型与试验数据对比

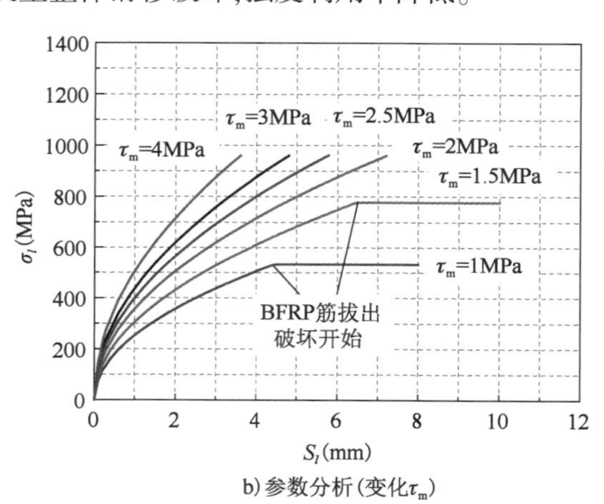

b) 参数分析(变化τ_{m})

图 14-19 σ_l-S_l模型验证

在经过参数分析和不断尝试后，将6mm、8mm、10mm FRP筋粘结应力τ_m分别取为2.4MPa、2.7MPa、3.0MPa；而对于加固柱C6-10-0中的10mm FRP筋，粘结应力τ_m取为2.5MPa，比组合加固柱C7-10-3小。参数确定后的各加固试件FRP筋σ_l-S_l曲线如图14-20所示。

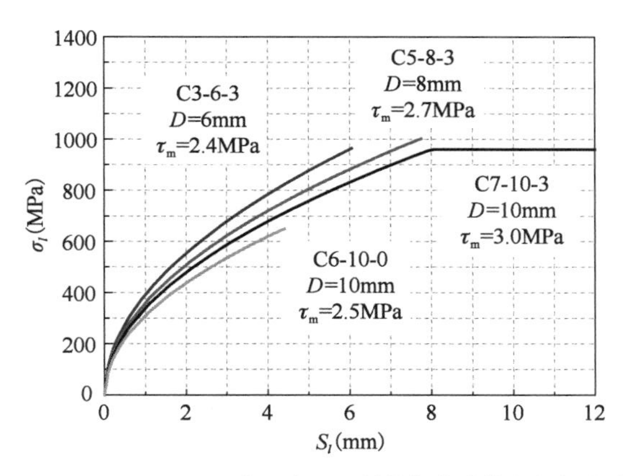

图14-20　6mm、8mm、10mm嵌入式FRP筋的加载端轴向应力-滑移曲线

2）FRP筋的修正应力-应变关系

S_l可以看成嵌入式FRP筋沿RC柱塑性铰长度的总变形，包括弹性伸长和粘结滑移两部分。基于这样的假设，FRP筋的轴向应变表示为

$$\varepsilon = \frac{S_{l,\mathrm{tot}}}{L_p} \tag{14-9}$$

式中：L_p——柱塑性铰长度；

$S_{l,\mathrm{tot}}$——嵌入式FRP筋在柱脚截面的总拉伸长度。

实际上在基础锚固里的FRP筋也产生了拉伸变形，虽然与嵌入柱身保护层混凝土的FRP筋粘结条件有所不同，但为了简化问题，这里认为在锚固长度充分的情况下，嵌入柱身FRP筋的拉伸长度与嵌入基础中的FRP筋拉伸长度相同，即总拉伸长度表示为

$$S_{l,\mathrm{tot}} = 2S_l \tag{14-10}$$

经过上述计算后，σ_l-$S_{l,\mathrm{tot}}$曲线将转变为σ_l-ε曲线，称为修正应力-应变关系，这使得在弯矩-曲率分析时确定纤维截面中FRP筋的应力状态变得方便。各加固试件的FRP筋的修正应力-应变关系如图14-21所示。为了将非线性σ_l-ε曲线应用于通用有限元程序中，基于能量原则，将非线性曲线简化为三折线模型，同时在图14-21中给出。线性简化模型可以方便地应用到OpenSees模拟中，采用Uniaxial Material Hysteretic模型模拟FRP筋的修正应力-应变关系。此外，图14-21同时给出了FRP筋在完全粘结条件下单轴拉伸时的应力-应变关系，对比可以发现，在加载初期，三折线修正应力-应变关系几乎与完全粘结下的应力-应变关系重合，这主要是由于此阶段RC柱保护层混凝土未开裂，FRP筋与周围树脂、混凝土粘结条件较好；在加载后期，相同应力下，修正应力-应变关系的应变要远大于完全粘结时的应变，这主要是由于此阶段FRP筋粘结滑移变形所占比重加大，FRP筋与周围树脂、混凝土的粘结在裂缝开展和反复荷载下被逐渐削弱。

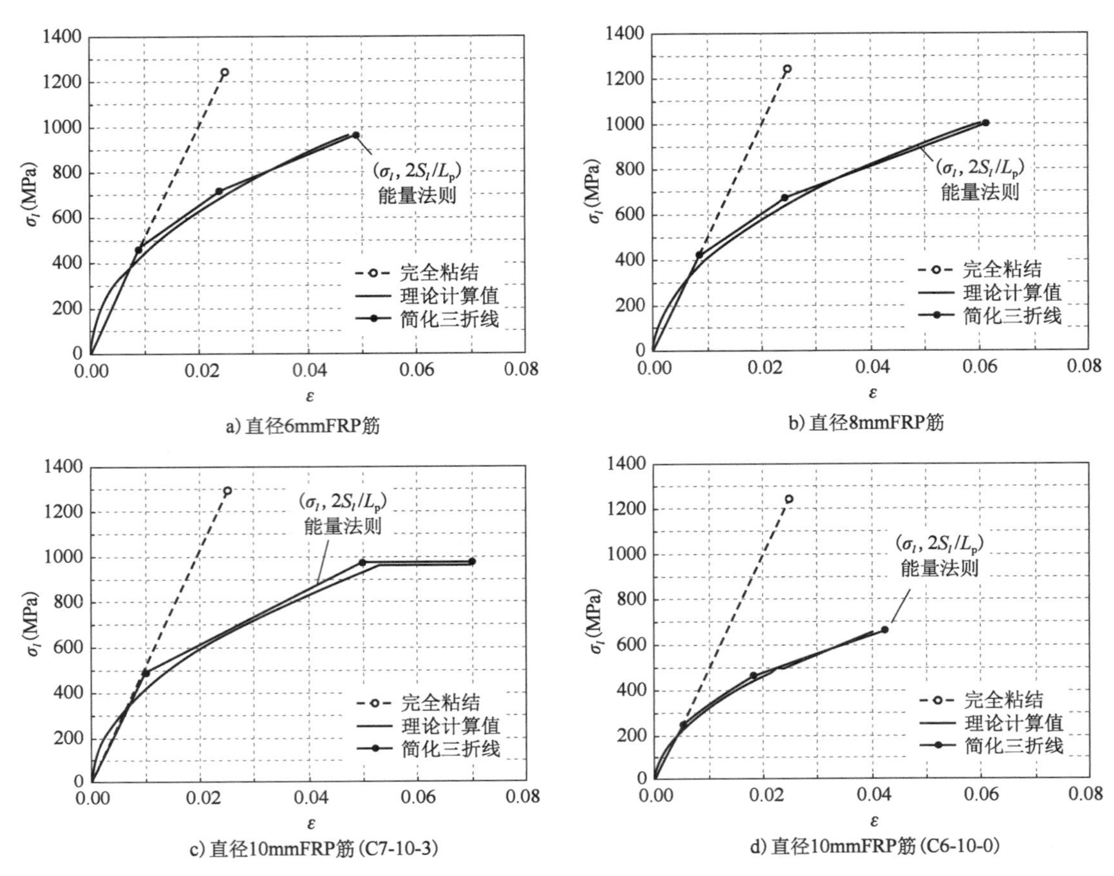

图 14-21　嵌入式 FRP 筋考虑粘结滑移后的修正应力-应变关系

14.5　加固效果分析和模型验证

上文对所用模型和粘结-滑移曲线进行了详细介绍,本节将数值计算结果与试验数据进行对比并验证粘结滑移在分析中的重要作用。

14.5.1　FRP 约束塑性铰区有搭接纵筋(或连续纵筋)柱

1) 弯矩-滑移曲线和弯矩-固端滑移转角计算

将上文得到的钢筋“加载端应力-滑移”曲线,与弯矩-曲率分析得到的“弯矩-钢筋应力”曲线结合起来,进行反向计算,就可以得到各试件的柱脚截面“弯矩-钢筋滑移”理论骨架曲线,如图 14-22 所示,图中同时给出了最左侧和最右侧钢筋弯矩-滑移试验滞回曲线。此外,图中还标出了柱顶侧移率(1%、2%、3%、4%等),据此可以区分各柱顶侧移率下对应的钢筋滑移值。

从图 14-22 中可以看出,对于塑性铰区有搭接纵筋,理论骨架曲线成功地模拟了刚度退化,以及峰值荷载后的承载力退化特征。

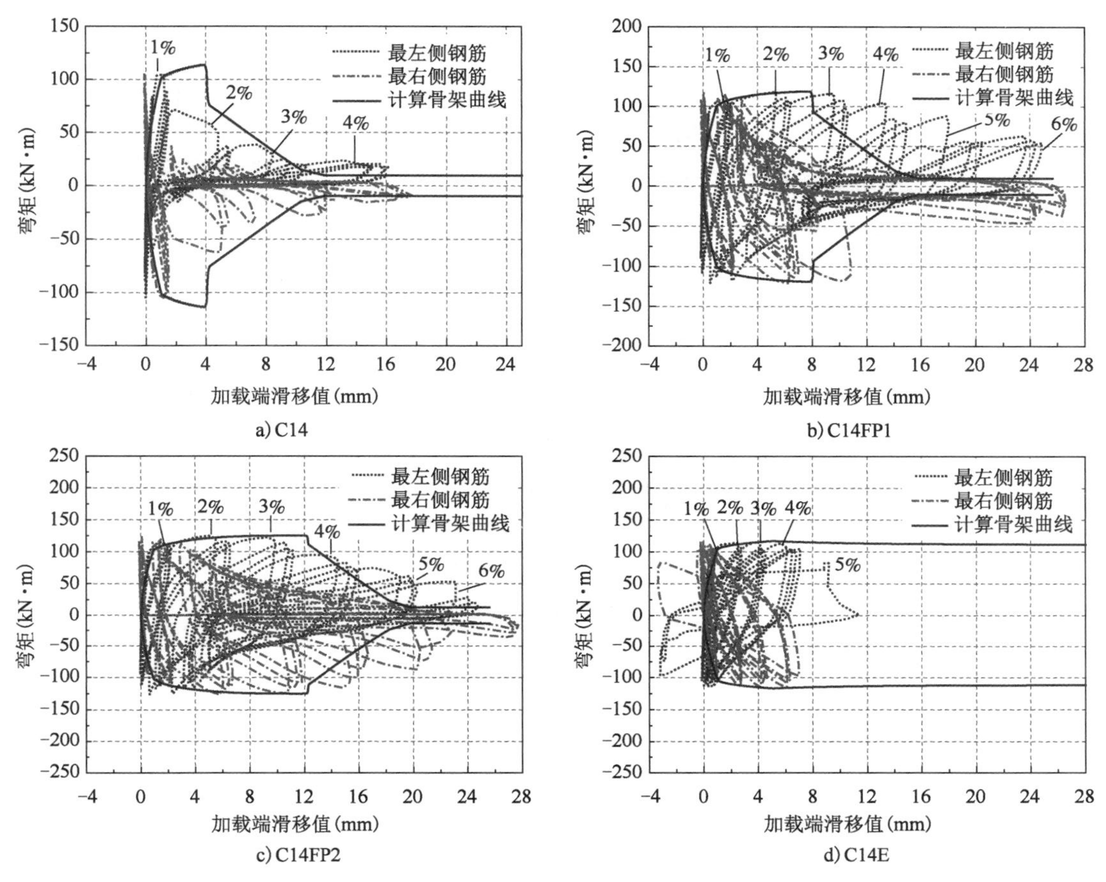

a) C14　b) C14FP1　c) C14FP2　d) C14E

图14-22　弯矩-滑移骨架理论计算曲线与试验值对比

对于塑性铰区为连续纵筋情况，以表14-1中C14组试件为例，在相同侧移率1%、2%、3%、4%下，连续纵筋柱C14E的柱脚截面的钢筋滑移值比同组其他试件要小很多。这也从侧面表明，塑性铰区有搭接纵筋RC柱脚截面的滑移变形将主要贡献给柱顶侧移；而塑性铰区有连续纵筋RC柱脚截面的滑移变形占比偏小，其塑性铰区的变形能力将主要贡献给柱顶侧移。这是两者本质上不同的地方。

将各试件的理论"弯矩-滑移骨架曲线"使用公式(14-2)进行计算，即得到"弯矩-固端滑移转角理论曲线"，与试验曲线的对比如图14-23所示。从图14-23中可以看出，本章提出的计算方法完美地捕捉了由于钢筋粘结-滑移效应产生的达到峰值荷载后的退化过程，完整地呈现了整个非线性过程。

2) 滞回曲线计算

弯矩-固端转角关系采用OpenSees软件中的Pinching 4材料模拟，该滞回模型可以考虑反复荷载下强度、刚度的退化，可以模拟"捏拢效应"。试件计算滞回曲线和试验曲线对比如图14-24和图14-25所示。从两图中可以看出，本章提出的考虑粘结-滑移效应的滞回计算模型可以有效地模拟整个非线性过程甚至下降段，卸载刚度退化、再加载刚度退化和强度退化特征明显；且经过捏拢参数优化后，计算滞回环的捏拢效应明显。

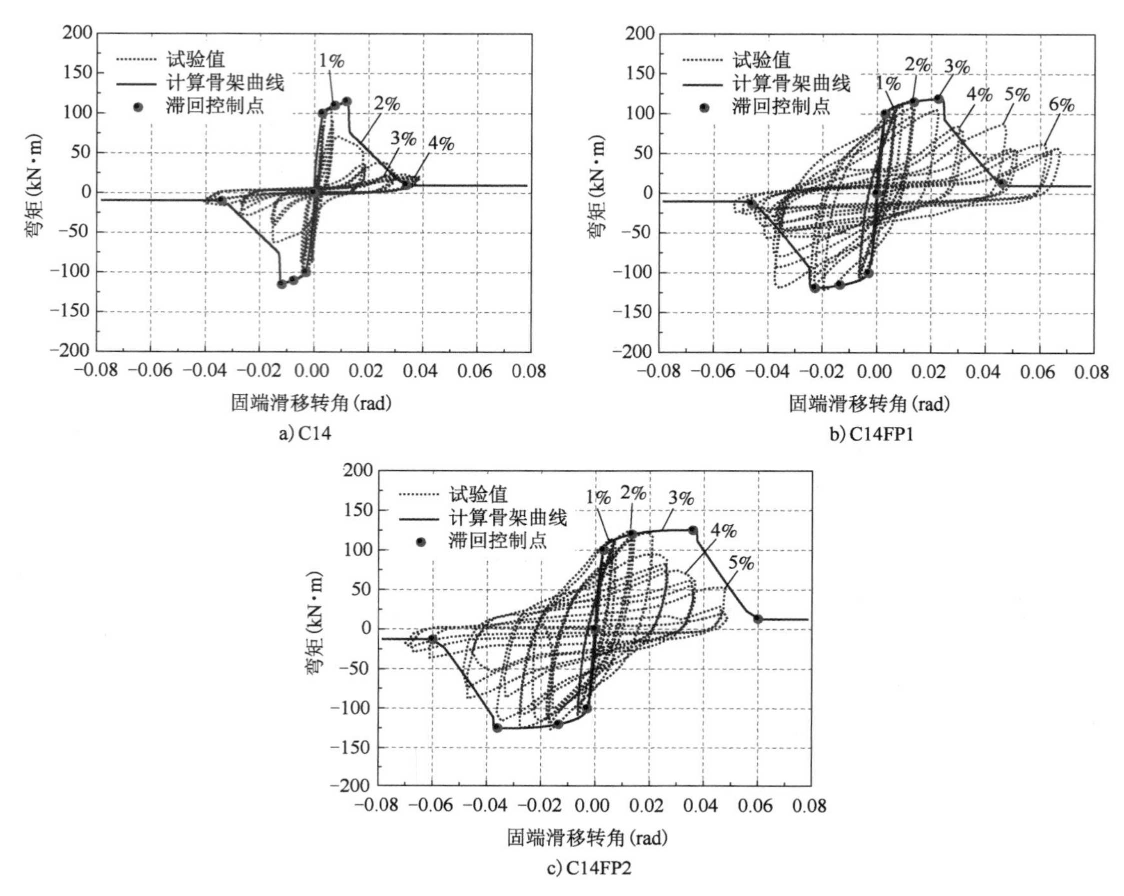

a) C14　b) C14FP1　c) C14FP2

图 14-23　弯矩-固端滑移转角理论曲线与试验值对比

对于连续纵筋 RC 柱而言,从以上的试验数据和数值分析对比可以看出,其柱脚截面的粘结滑移转角对 RC 柱整体侧移率的贡献相比搭接纵筋柱较少,且由于钢筋在塑性铰区域屈服,因此图 14-7c)所示的集中塑性单元模型更适用于计算其滞回曲线。

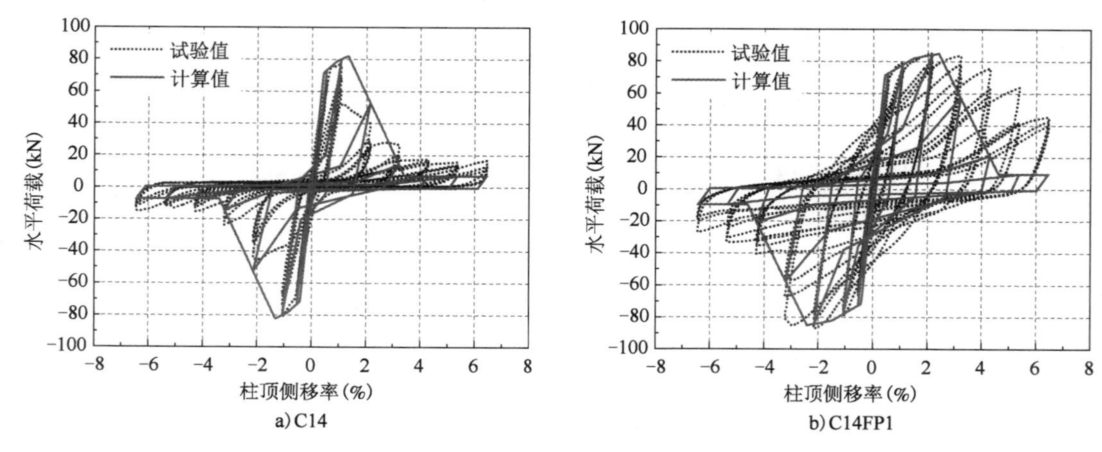

a) C14　b) C14FP1

图　14-24

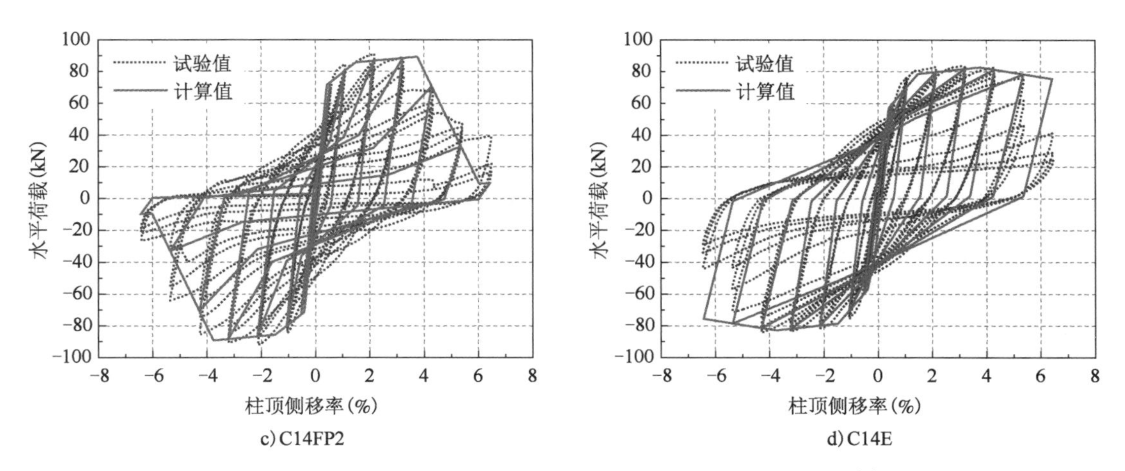

c) C14FP2　　d) C14E

图 14-24　荷载-位移滞回曲线计算值与试验值对比(Harajli 和 Dagher[8])

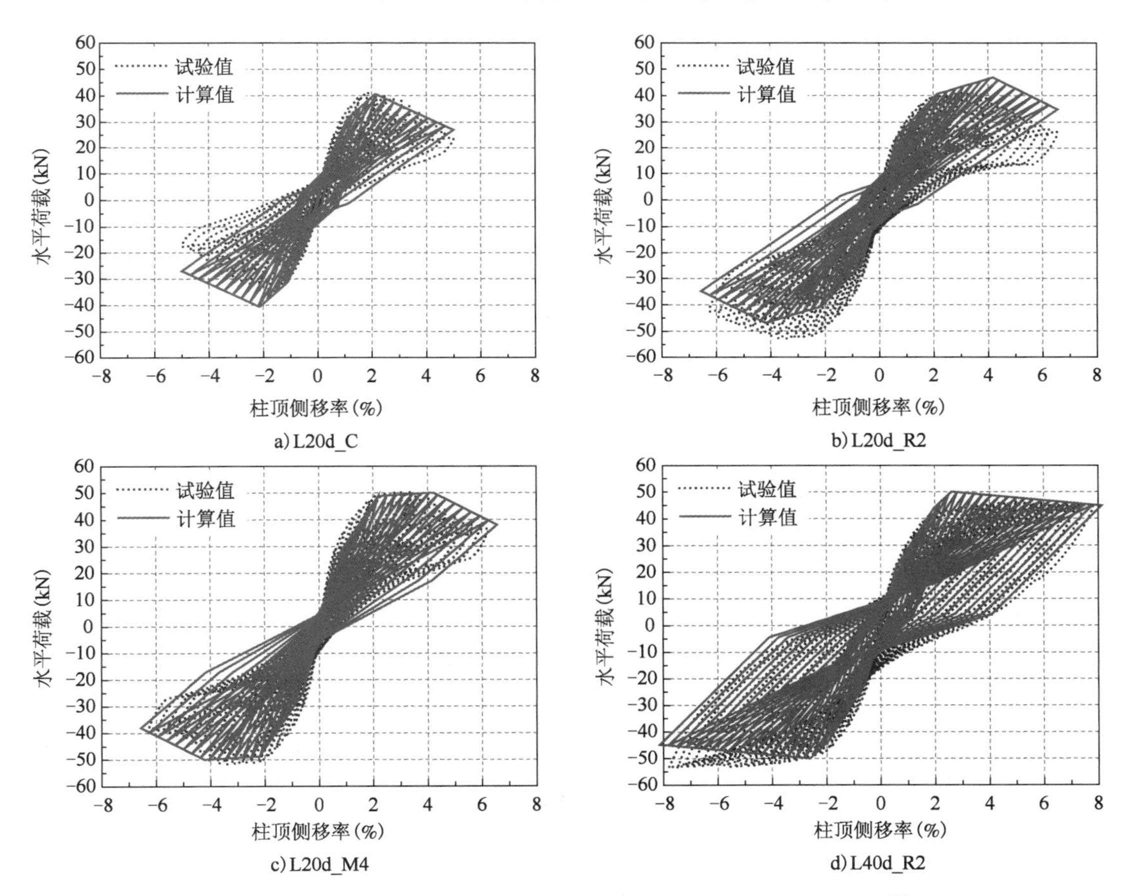

a) L20d_C　　b) L20d_R2

c) L20d_M4　　d) L40d_R2

图 14-25　荷载-位移滞回曲线计算值与试验值对比(Bournas 和 Triantafillou[7])

从图 14-24d)可以看出,集中塑性单元模型可成功地模拟连续纵筋 RC 柱的滞回曲线,但值得注意的是,对其非线性过程后期荷载的下降此模型无法考虑,这主要是由于没有考虑钢筋在加载后期的屈曲和疲劳断裂,此现象值得继续深入研究。

14.5.2 FRP约束与内嵌组合加固柱

1)弯矩-曲率分析

对FRP约束与内嵌组合加固柱进行弯矩-曲率分析,纤维截面的划分如图14-7b)所示,实测的混凝土和钢筋应力应变关系,将分别赋给混凝土、钢筋纤维,前文提出的嵌入式FRP筋的"修正应力-应变关系"将被赋给FRP筋纤维。

各试件的弯矩-曲率分析曲线如图14-26所示,从图中可以看出,对比柱C1-0-0在保护层混凝土压溃后弯矩有下降趋势;外包FRP约束加固柱C2-0-3由于混凝土得到有效约束,直到钢筋低周疲劳拉断,弯矩并没有显著下降;嵌入式加固柱C6-10-0在屈服点后弯矩有一定程度的增大,但由于粘结条件比组合加固柱C7-10-3较差,故屈服后二次刚度比C7-10-3较小,且与组合加固柱C5-8-3几乎一致,最终由于FRP筋的剥离和屈曲而过早破坏;组合加固柱C3-6-3和C5-8-3在屈服点后弯矩显著增大,表现出很好的屈服后二次刚度,最终由FRP筋的拉断而破坏;组合加固柱C7-10-3在屈服点后弯矩也显著增大,且随着FRP筋直径(6mm、8mm、10mm)的增加,屈服后刚度提高,最终10mm直径FRP筋达到临界状态而产生整体滑移,因此在弯矩达到最大值后会产生一个水平延伸段。

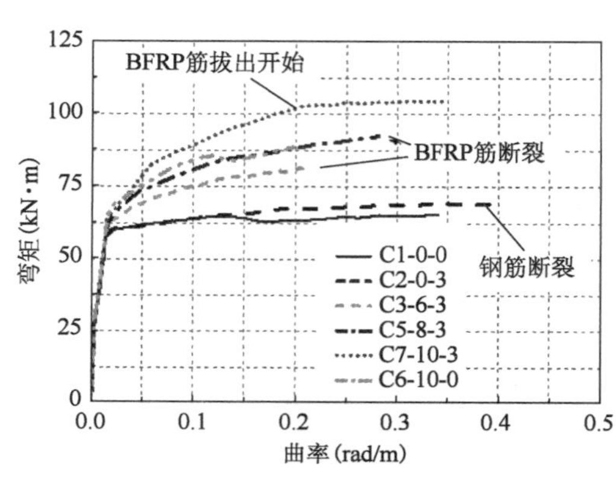

图14-26 各柱截面弯矩-曲率关系

2)推覆曲线计算

对各试件进行非线性推覆分析得到柱底剪力-柱顶水平位移计算曲线,如图14-27所示。此外,为了与本章提出的方法对比,对于加固柱C6-10-0、C3-6-3、C5-8-3和C7-10-3,分别将各自模型中的修正应力-应变曲线换成FRP筋在完全粘结条件下的材料应力-应变曲线,其他参数不变,并进行推覆分析,结果也在图14-27中给出。

从图14-27中可以看出,各试件平均骨架曲线与理论计算曲线吻合较好,尤其对于组合加固柱C7-10-3来说,提出的10mm FRP筋修正应力-应变关系较好地预测了推覆曲线达到最大荷载后由于FRP筋整体滑移现象而产生荷载缓慢下降的现象。而未考虑粘结滑移效应的推覆计算表现为FRP筋的应力过快增长,直至达到极限应变而断裂,导致加固试件的延性显著降低;在FRP筋断裂后,加固试件的承载力降至对比柱C1-0-0的水平。从以上对比可以看出,本章提出的理论方法较好地模拟了组合加固试件由FRP筋粘结滑移效应控制的既显著提高承载力又提高延性的加固效果。

3)滞回曲线计算

对各试件进行滞回曲线计算,计算结果如图14-28所示。由于图14-7a)和c)两模型给出的结果比较接近,这里只给出一种结果。对比可以发现,由于试件推、拉两侧材料性质不同以及筋材的几何位置存在误差等,试件两侧的试验滞回曲线不可能完全对称;而计算滞回曲线两侧是完全对称的,总体上吻合得较理想。

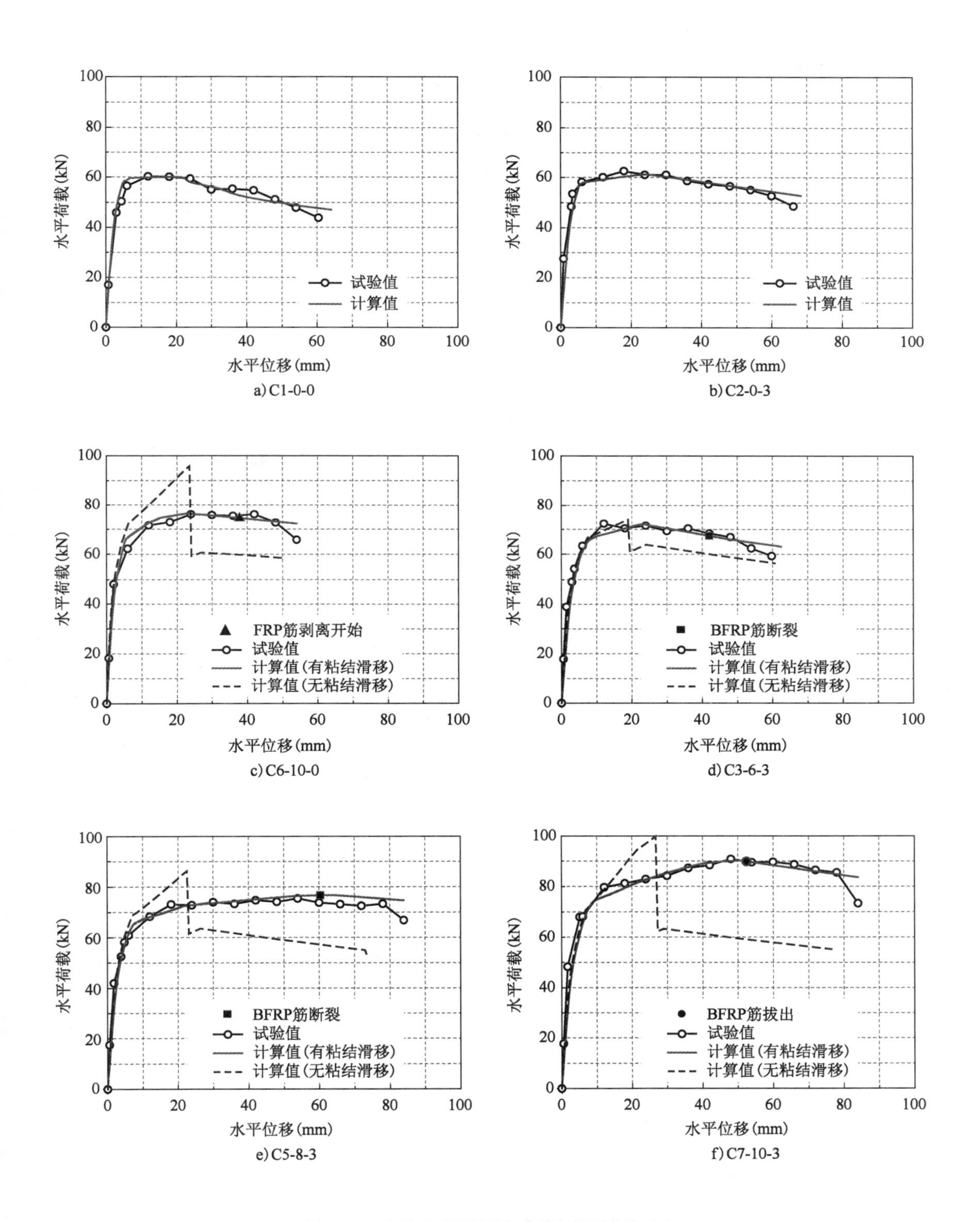

图 14-27　各柱试验测量骨架曲线与推覆曲线对比

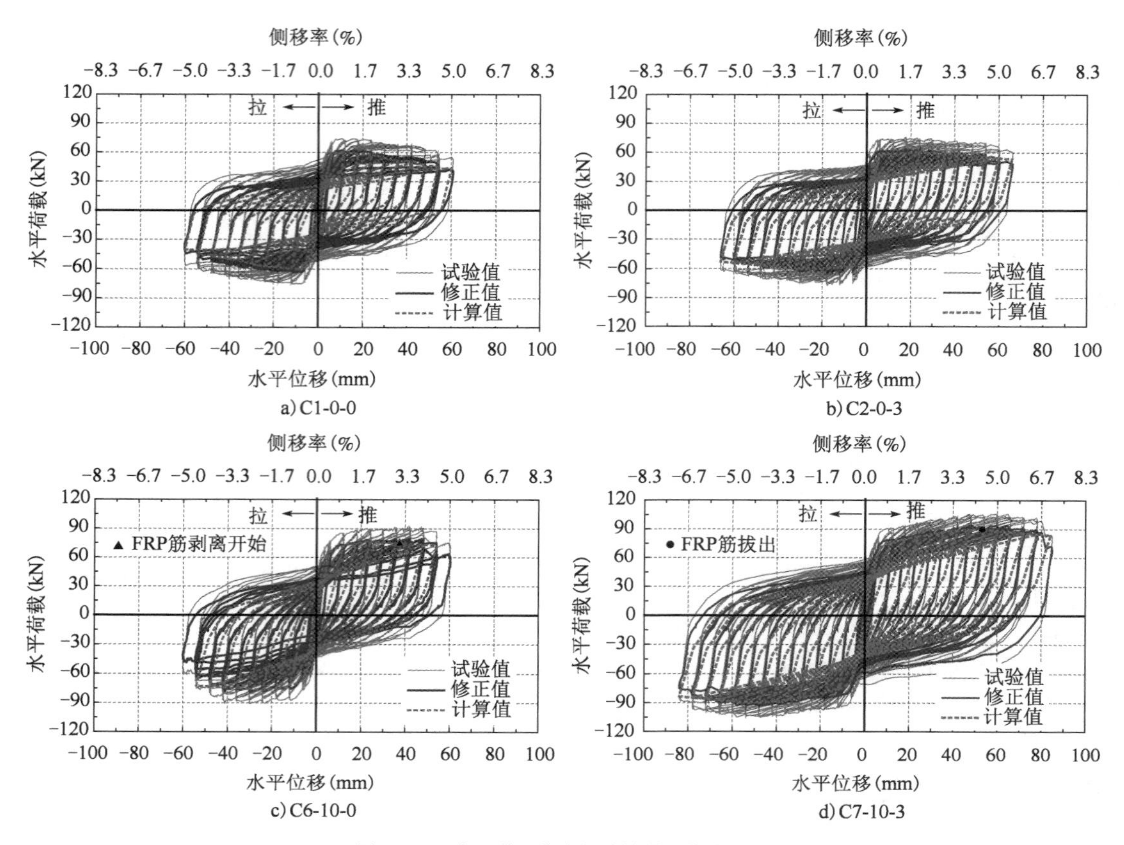

图 14-28 典型滞回曲线与计算滞回曲线对比

14.6 加固设计和分析算例

14.6.1 简化设计公式

针对实际工程中的桥墩进行组合加固设计，下面给出一种简化的加固设计方法以指导实际工程应用。

为便于对嵌入式 FRP 筋加固量进行量化评估，引入嵌入式 FRP 筋等效配筋率的概念，按公式(14-11)计算：

$$\rho'_{\mathrm{FRP}}=\rho_{\mathrm{FRP}}\cdot\frac{f_{\mathrm{b}}}{f_{\mathrm{y}}} \tag{14-11}$$

式中：f_{b}——FRP 筋折减后抗拉强度；

f_{y}——RC 柱纵向钢筋屈服强度；

ρ_{FRP}——FRP 筋截面配筋率，按公式(14-12)计算。

$$\rho_{\mathrm{FRP}}=\frac{A_{\mathrm{FRP}}}{A_{\mathrm{RC}}}\times100\% \tag{14-12}$$

式中：A_{FRP}——加固 RC 柱横截面中 FRP 筋截面面积；

A_{RC}——RC柱截面面积。

通过FRP筋等效设计配筋率，结合柱原有钢筋纵筋配筋率ρ_s，由公式(14-13)可得出RC柱总折算纵筋配筋率ρ_{se}：

$$\rho_{se}=\rho'_{FRP}+\rho_s \tag{14-13}$$

因此，根据加固后承载力要求计算出RC柱总折算纵筋配筋率ρ_{se}，便可进一步确定嵌入式FRP筋需要的加固量。

14.6.2　算例分析

选择美国加利福尼亚州的一座典型三跨箱梁混凝土桥作为计算模型，桥梁每跨长度等长，为30.3m，上部结构为标准AASHTO箱梁，宽10.8m，高1.8m，计算单位长度重量约为122.88kN/m。所有桥墩直径为1.52m，配筋为24根直径为35.8mm钢筋，其配筋率为1.33%，这在较早的桥梁(如1971年之前建造的桥梁)中较为常见[24]。桥墩长细比超过2.5，其破坏模式由柱端形成塑性铰的弯曲破坏控制。箍筋直径为12.7mm，间距305mm，箍筋配筋率为0.12%，这也代表了较早的抗震规范中的箍筋配置[25]。桥梁尺寸细节如图14-29所示。桥梁所用纵筋强度为460.6MPa，屈服后刚度比为0.01。所用的混凝土强度设定为34.5MPa。

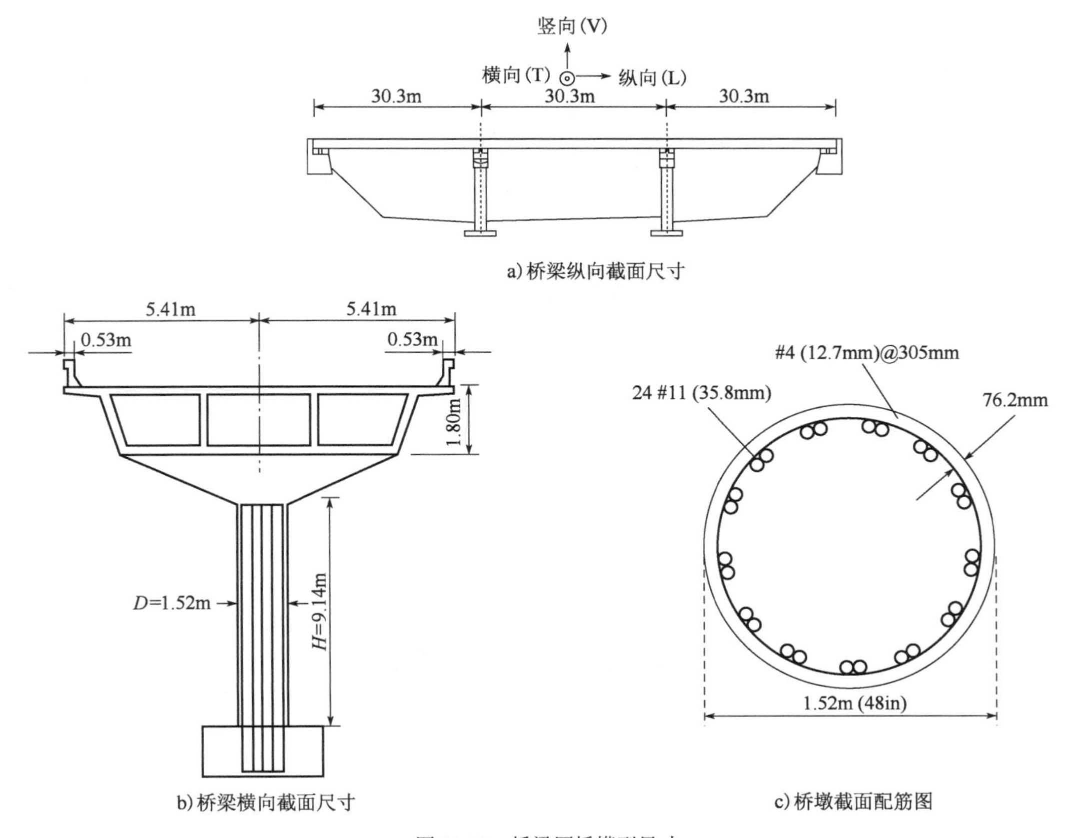

图14-29　桥梁原桥模型尺寸

为了与本章试验和理论方法对应，选用 BFRP 筋作为主要增强材料，由于其低弹模的特性，在综合考虑粘结滑移效应后，使得其与外包 FRP 结合使用时，可以同时提升桥墩承载力和延性，这在桥梁抗震加固中可以达到一种理想的效果。

如表 14-3 所示，拟对一座三跨桥梁进行计算，共 3 个案例，即未加固对比桥梁 BC9、环向外包 FRP 加固桥梁 BJ9 和嵌入式 FRP 筋与环向外包 FRP 组合加固桥梁 BNJ9。对于桥墩承载力提升需要的 BFRP 筋加固量，将采用式(14-11)、式(14-12)和式(14-13)进行计算。

桥梁设计参数 表 14-3

桥梁代号	加 固 方 式	柱高 H (m)	FRP 筋种类	FRP 筋用量 (mm)	FRP 布种类	$(n\cdot t)_j$ (mm)	k_e
BC9	—	9.14	—	—	—	—	N/A
BJ9	FRP 外包	9.14	BFRP	—	CFRP	3×1.24	N/A
BNJ9	FRP 外包 + 嵌入式 FRP 筋	9.14	BFRP	12_24	CFRP	3×1.24	0.8

注：$(n\cdot t)_j$为外包 FRP 的层数×每层厚度；k_e为嵌入式 FRP 筋的有效利用系数。

加固性能目标：将未加固桥墩等效配筋率由 1.33% 提升到 2.00%。

第一步：等效配筋率 $\rho_{se}=2.00\%$，从而得出 BFRP 筋截面等效配筋率 $\rho'_{FRP}=\rho_{se}-\rho_s=2.00\%-1.33\%=0.67\%$。

第二步：由 BFRP 筋截面等效配筋率换算成 BFRP 筋截面面积 $A_{FRP}=\rho'_{FRP}\times A_{RC}\times f_y/f_b=0.67\%\times 3.14\times 762^2\times 460.6\div(0.8\times 1288)=5453(mm^2)$。

第三步：根据截面尺寸和保护层厚度情况，确定 FRP 配筋形式，这里采用环向均匀配筋，共配置 12 根 24mm 直径的 BFRP 筋，BFRP 筋截面面积 $A_{FRP}=5426mm^2$，满足要求。

配置 12 根 24mm 直径的 BFRP 筋，可使 BFRP 筋均匀分布于圆形截面，且与保护层厚度匹配，采用的凹槽尺寸为 50mm×50mm，BFRP 筋嵌入柱身长度为 2000mm。

对于环向约束 FRP，由于 BFRP 筋弹性模量较低，同等加固量下需要很多层才能达到约束需求，因此选用美国 Quakewrap，Inc. 的碳纤维复合材料 TU27C 作为约束增强材料，具体材性参数如表 14-4 所示。选择三层 TU27C 约束增强桥墩，则约束强度为

$$f_l=\frac{4f_{frp}t}{D}=\frac{4\times 930\times 3\times 1.24}{1520}=9.1(MPa)$$

约束强度比为

$$\lambda_f=\frac{f_l}{f_{co}}=\frac{9.1}{34.5}=0.26$$

Quakewrap，Inc. 产品参数 表 14-4

产品	抗拉强度(MPa)	弹性模量(GPa)	伸长率(%)	单层厚度(mm)
TU27C	930	89.6	0.98	1.24

按上文给出的桥梁尺寸参数，计算桥墩顶部受到的上部结构自重荷载 P = 桥面线荷载×单跨长度 + 盖梁线荷载×盖梁长度 + 桥墩线荷载×桥墩高度，即 $P=122.88kN/m\times$

30.3m + 52.54kN/m × 3.05m + 43.00kN/m × 9.14m = 4298.65kN。因此,计算出桥墩轴压比约为0.07。

首先对桥墩进行弯矩-曲率分析,如图14-30a)和b)所示,给出了计算得到的FRP约束圆形截面混凝土应力-应变曲线和钢筋应力-应变曲线。图14-30a)可以清晰地看出圆形截面约束混凝土从未约束状态到约束应力逐步增大后,其应力-应变关系从"弱"约束状态转变为"强"约束状态。图14-30c)和d)分别给出24mm直径BFRP筋的加载端应力-滑移关系和等效应力-应变关系,以用于弯矩-曲率分析。

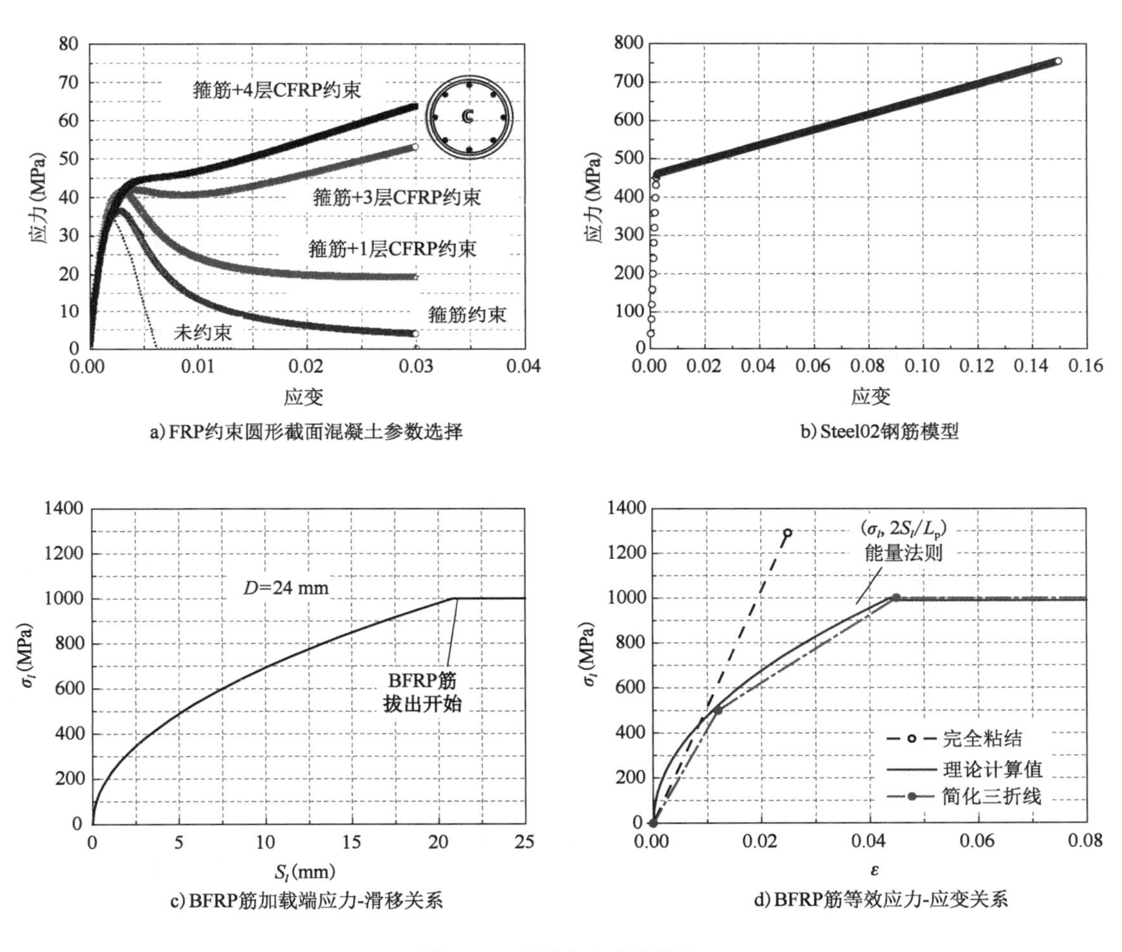

图14-30　材料应力-应变关系

BFRP筋的等效应力-应变关系可以方便地用于弯矩-曲率分析,弯矩-曲率分析的结果如图14-31所示,可以看出箍筋约束桥墩由于核心混凝土约束较弱,在峰值荷载后弯矩下降,而FRP约束桥墩和组合加固桥墩表现出较好的二次刚度。

由分析得出的弯矩-曲率曲线,进一步给出各桥墩横向弯矩-转角曲线,如图14-32所示,和预期一样,加固后桥墩的承载力和延性显著提升。

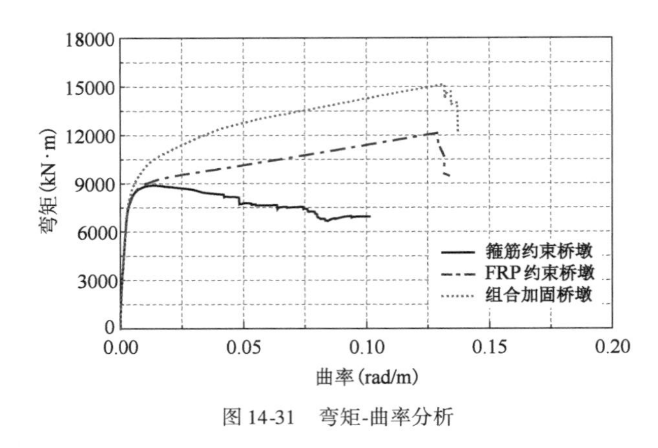

图 14-31　弯矩-曲率分析

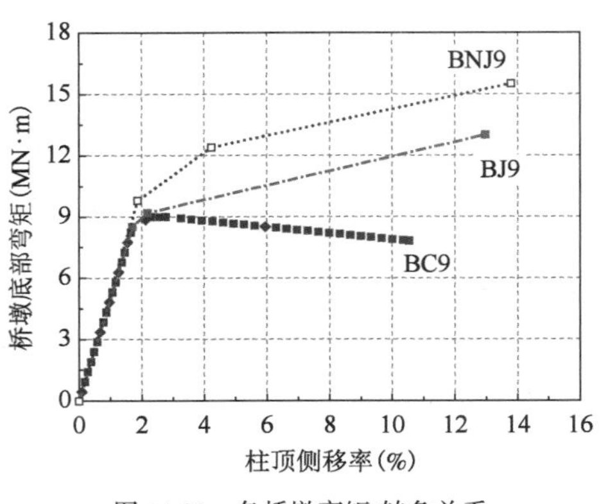

图 14-32　各桥墩弯矩-转角关系

14.7　本章小结

本章针对钢筋或 FRP 筋在增强混凝土柱方面的粘结滑移问题,采用理论和数值模拟相结合的手段,揭示了粘结滑移效应在 FRP 约束混凝土柱精细化分析中的重要作用和机理。主要结论如下:

①对嵌入式 FRP 筋与外包 FRP 组合加固 RC 柱进行了试验研究,分析了两种加固方式的复合效果, FRP 筋在混凝土保护层中倾向于发生滑移,这种滑移现象可以提高构件延性,避免其过早断裂。嵌入式 FRP 筋和外包 FRP 组合加固方法可同时提升构件承载力和延性,是一种理想的抗震加固方法。

②提出了一个同时考虑 FRP 筋弹性伸长和界面粘结滑移的加载端应力-滑移理论模型,并将其转变为“修正应力-应变关系”,此模型可以直接嵌入基于纤维模型的有限元软件中,简化了非线性迭代过程,实现了高精度模拟。

③提出了可量化考虑有外部约束的一维钢筋应力-滑移数值模型,分析了钢筋的粘结滑移在 FRP 约束 RC 柱非线性分析中的影响。

④针对组合加固方法的工程实际应用,提出了建议的设计计算方法,并将此方法应用于三跨箱形桥梁结构组合加固桥墩的非线性分析。

本章参考文献

[1] Hakuto S, Park R, Tanaka H. Effect of deterioration of bond of beam bars passing through interior beam-column joints on flexural strength and ductility[J]. Structural Journal, 1999, 96(5):858-864.

[2] Braga F, Gigliotti R, Laterza M. R/C existing structures with smooth reinforcing bars: experimental behaviour of beam-column joints subject to cyclic lateral loads[J]. Open Construction and Building Technology Journal, 2009, 3:52-67.

[3] Monti G, Spacone E. Reinforced concrete fiber beam element with bond-slip[J]. Journal of Structural Engineering, 2000, 126(6):654-661.

[4] Zhao J, Sritharan S. Modeling of strain penetration effects in fiber-based analysis of reinforced concrete structures[J]. ACI Structural Journal, 2007, 104(2): 133-141.

[5] Braga F, Gigliotti R, Laterza M, et al. Modified steel bar model incorporating bond-slip for seismic assessment of concrete structures[J]. Journal of Structural Engineering, 2012, 138(11): 1342-1350.

[6] D'Amato M, Braga F, Gigliotti R, et al. Validation of a modified steel bar model incorporating bond-slip for seismic assessment of concrete structures[J]. Journal of Structural Engineering, 2012, 138(11): 1351-1360.

[7] Bournas D A, Triantafillou T C. Bond strength of lap-spliced bars in concrete confined with composite jackets[J]. Journal of Composites for Construction, 2011, 15(2): 156-167.

[8] Harajli M H, Dagher F. Seismic strengthening of bond-critical regions in rectangular reinforced concrete columns using fiber-reinforced polymer wraps[J]. ACI Structural Journal, 2008, 105(1): 68-77.

[9] 杨慎银. FRP筋/布复合加固钢筋混凝土桥墩抗震性能试验研究[D]. 南京：东南大学, 2012.

[10] Mander J B, Priestley M J N, Park R. Theoretical stress-strain model for confined concrete[J]. Journal of Structural Engineering, 1988, 114(8): 1804-1826.

[11] Braga F, Gigliotti R, Laterza M. Analytical stress-strain relationship for concrete confined by steel stirrups and/or FRP jackets[J]. Journal of Structural Engineering, 2006, 132(9): 1402-1416.

[12] D'Amato M, Braga F, Gigliotti R, et al. A numerical general-purpose confinement model for non-linear analysis of R/C members[J]. Computers & Structures, 2012, 102: 64-75.

[13] Chang G A, Mander J B. Seismic energy based damage analysis of bridge columns: part 1—evaluation of seismic capacity[R]. Technical Report, 1994.

[14] Harajli M H, Hamad B S, Rteil A A. Effect of confinement on bond strength between steel bars and concrete[J]. ACI Structural Journal, 2005, 102(3): 496.

[15] Harajli M H. Effect of confinement using steel, FRC, or FRP on the bond stress-slip response of steel bars under cyclic loading[J]. Materials and Structures, 2006, 39(6): 621-634.

[16] Harajli M H. Numerical bond analysis using experimentally derived local bond laws: a powerful method for evaluating the bond strength of steel bars[J]. Journal of Structural Engineering, 2007, 133(5): 695-705.

[17] Harajli M H. Bond stress-slip model for steel bars in unconfined or steel, FRC, or FRP confined concrete under cyclic loading[J]. Journal of Structural Engineering, 2009, 135(5): 509-518.

[18] Guizani L, Chaallal O. An experimental study on bond-slip in moderately confined concrete subjected to monotonic and cyclic loading using an experimental plan[J]. Canadian Journal of Civil Engineering, 2011, 38(3): 272-282.

[19] Eligehausen R, Popov E P, Bertero V V. Local bond stress-slip relationships of deformed bars under generalized excitations: experimental results and analytical model [D]. University of California, 1983:169.

[20] Yao L Z, Wu G. Fiber-element modeling for seismic performance of square RC bridge columns retrofitted with NSM BFRP bars and/or BFRP sheet confinement[J]. Journal of Composites for Construction, 2016, 20(4):04016001.1-04016001.15.

[21] Bournas D A, Triantafillou T C. Flexural strengthening of reinforced concrete columns with near-surface-mounted FRP or stainless steel[J]. ACI Structural Journal, 2009, 106(4): 495-505.

[22] Bournas D A, Triantafillou T C. Biaxial bending of reinforced concrete columns strengthened with externally applied reinforcement in combination with confinement[J]. ACI Structural Journal, 2013, 110(2):193-203.

[23] Fahmy M F M. Enhancing recoverability and controllability of reinforced concrete bridge frame columns using FRP composites[D]. Ibaraki: Ibaraki University, 2010.

[24] Eberhard M O, Marsh M L. Lateral-load response of two reinforced concrete bents[J]. Journal of Structural Engineering, 1997, 123(4):461-468.

[25] AASHO (American Association of State Highway Officials). Standard specifications for highway bridges[S]. 10th ed. Washington, D. C., 1969.

第15章 附加子结构抗震加固新技术

15.1 概 述

我国目前既有建筑物按照现行抗震设防标准,有相当一部分建筑物不能满足抗震设防要求。随着经济的发展,建筑物破坏可能造成的损失会进一步增大,我国的建筑物抗震设防标准无疑会进一步提高。建筑物抗震设防标准的提高会使大量既有建筑物不能满足抗震要求,因而建筑物的抗震加固是一个渐进的过程。

我国《建筑抗震加固技术规程》(JGJ 116—2009)(简称《加固规程》)[1]强调,在进行结构抗震加固时应注意提高其整体抗震性能,明确指出"防止局部加固增加结构的不规则性,应从整体结构综合抗震能力的提高入手"。然而在操作层面,《加固规程》规定的抗震加固方法主要是通过增加构件的承载力来提高结构的抗震能力,如针对钢筋混凝土梁受弯承载力不足采用的外包型钢法,针对钢筋混凝土柱受弯承载力不足采用的增大截面法,针对梁、柱构件的受剪承载力不足采用的增加箍筋法,针对构件受压区混凝土强度偏低或有严重缺陷时采用的置换混凝土法。可见,缺少一套整体加固的设计原则和方法。

抗震设防的最终目标是提高结构的整体抗震性能,从这个角度来说,结构体系层面的加固是优于构件层面的加固的。近年来,国内外尤其是日本开发了多种附加子结构加固法(如附加钢支撑、附加斜拉钢棒、附加混凝土框架等,见图15-1)。该方法是将附加子结构与既有结构连接为一体,使其在地震作用下共同工作,改善既有结构的受力体系和破坏形式,是一种结构体系的主动加固方法。附加子结构加固相比传统构件加固具有优良的抗震加固效果,通过改变结构形式,进一步增强了既有结构的整体性,补强薄弱层,使其结构强度和刚度偏于均匀。同时由于施工时在建筑物外部作业,可实现"不打扰加固",不影响结构的正常使用,对于学校、医院等不能中断使用的场所也极具现实意义和社会效益。附加子结构可结合预制装配技术,实现快速、绿色、环保、工厂化生产和安装,利于该加固方法的进一步推广应用[2-3]。

随着研究人员对结构抗震性能研究的日益深入,结构设计已从基于强度型的理念转向基于结构性能的理念,结构的评价层次也越发注重震后的韧性与可修复性指标,损伤可控的设计方法、评价指标、技术应用受到关注,损伤可控结构应运而生。正如本书第12章所述,损伤可控结构是指在地震等灾害作用下结构损伤不会过度发展,灾后在合理的技术条件和经济条件下经过修复即可恢复其预期功能的结构。大量传统 RC 结构在建造之初没有考虑损伤控制的概念,震后会产生较大的残余位移,而传统的加固修复技术会造成巨大的管理维护费用。

a) 附加钢支撑

b) 附加斜拉钢棒

c) 附加混凝土框架

图 15-1　日本典型附加子结构加固应用

附加子结构由于在外部施工,可通过子结构的设计改变整体结构体系,子结构在加固过程中可引入预应力、阻尼器、新材料等技术方法。例如,附加子结构中增加预应力筋,减小整体结构残余变形;附加子结构及屈曲约束耗能支撑,转移原结构损伤;附加子结构节点区引入记忆合金等新材料,在消能减震的同时实现震后的可恢复性。附加子结构通过自身结构形式、连接构造等的改变,可实现整体结构的加固修复与性能提升。附加子结构可作为损伤可控设计的一种具体体现形式与技术方法,为地震多发区老旧房屋的加固修复提供参考和借鉴。

本章针对我国量大面广的砌体和混凝土结构,提出附加预制圈梁-构造柱提升砌体结构整体抗震性能技术和附加预制框架-支撑提升框架结构整体抗震性能技术,分别从基本概念与构造、理论及数值分析、试验研究及分析等方面详细阐述;此外,还介绍了其他附加子结构新技术的研发进展与成果。针对以上加固技术,给出了 2 个加固工程实例和 1 个案例分析,进一步阐明了附加子结构加固的有效性和应用前景,为今后进一步的科学研究与工程应用提供相关参考。

15.2　附加预制圈梁-构造柱提升砌体结构整体抗震性能

15.2.1　基本概念与构造

砌体结构以其取材方便、施工工艺简单、造价低廉的特点,在我国特别是村镇地区得到了广泛的应用。砌体结构虽然抗压强度高,但是抗拉、抗剪强度低,整体性差,再加上很多砌体房屋在建造时没有考虑抗震设防要求或抗震设防标准较低,在历次地震中震害特别严重,造成大量财产损失和人员伤亡。我国的砌体房屋面广量大,将其全部拆除重建不符合我国国情,只有对其进行抗震加固才能避免更多的财产损失和人员伤亡。研究表明,采用附加预制圈梁-构造柱加固砌体结构能有效提高砌体结构的整体性和抗震性能,是非常有效的加固方法[4-5]。

然而,目前附加圈梁-构造柱采用的是现浇形式,施工时需要现场支模浇筑混凝土,存在施工复杂、湿作业量大、工期长等缺点,不适合大规模砌体结构的抗震加固。鉴于此,本书作者团队提出预制圈梁-构造柱加固新技术。圈梁-构造柱在工厂预制,运至现场拼装,预制构件间(如节点区)采用后浇筑方式形成整体,附加的圈梁-构造柱与既有砌体结构间通过锚栓、对拉螺栓固定,并辅以粘结材料(如自密实砂浆等)连为一体,从而达到施工方便、快捷的目的。如图 15-2 所示,该加固方法不仅可以大大加快施工速度,而且加固质量容易得到保证,施工过程节能环保,具备发展前景[6-7]。

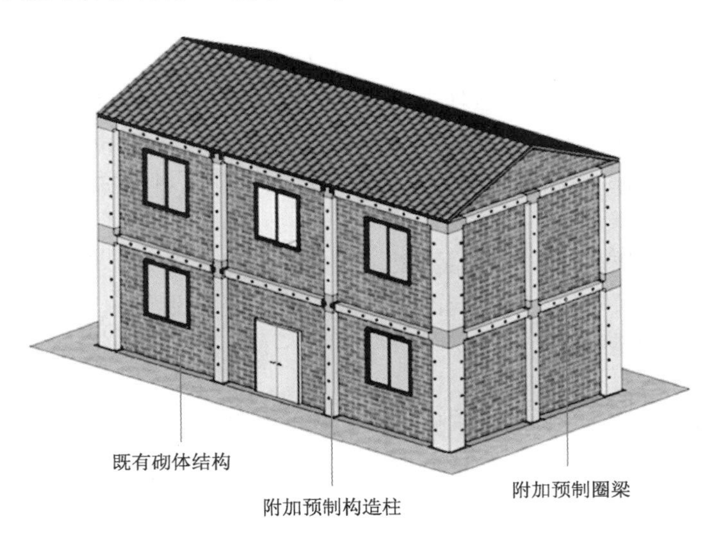

图 15-2 附加预制圈梁-构造柱提升砌体结构性能的加固图

15.2.2 施工流程

附加预制圈梁-构造柱加固技术流程如图 15-3 所示。

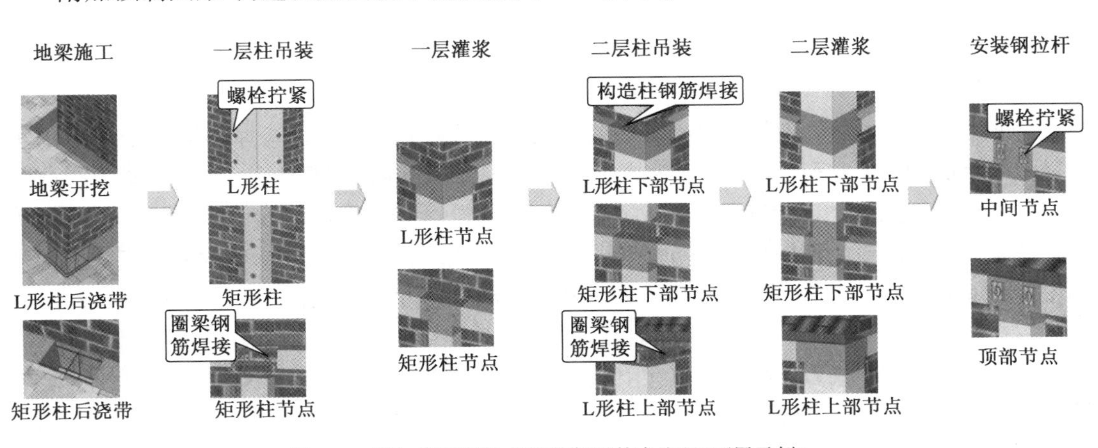

图 15-3 附加预制圈梁-构造柱加固技术流程(两层示例)

(1)地梁施工

地梁即地圈梁,是构造柱的下部锚固端。在房屋外围围绕房屋一周,形成闭合地圈梁。地梁为现浇,截面形式为矩形。地梁基础顶面标高可与室外地坪标高相同,或适当埋深,应采取措施确保地梁标高各处相等。

(2)加工预制构件

其混凝土强度等级不低于C20,截面和配筋可参考《加固规程》。预制圈梁两端钢筋应伸出锚固或与相邻构件钢筋连接。钢筋的锚固长度一般足够,无须做成弯钩锚固,而当长度不足时应做成弯钩锚固。

(3)吊装构造柱

通过精确的测量以保证墙上的锚固孔和预制构件上的预留孔对应,采用吊装设备,将一层构造柱吊至预定位置,在预制构造柱和墙体之间设置垫块使构造柱和墙体保持一定距离,作为灌浆缝。固定好之后,需复查构造柱的位置和垂直度是否符合要求,若不满足要求,必须重新校正。构造柱的位置确认无误后将地梁后浇带用灌浆料浇筑固定。

(4)吊装圈梁

一层构造柱施工完毕后,吊装一层圈梁。圈梁的吊装和构造柱类似,圈梁和墙体之间保持一定的距离,作为灌浆缝。在墙上与圈梁预留孔对应位置设置锚固孔,圈梁两端伸出的钢筋和相邻圈梁的钢筋搭接焊接。

(5)封缝灌浆

用封缝材料把构造柱两侧、圈梁下侧预留的灌浆缝封住,而在梁柱节点处则安装模板。灌浆缝中的灌浆料不掺入粗骨料,梁柱节点区的灌浆料需掺入一定量的粗骨料以节省灌浆料用量,灌注完成后形成梁柱现浇节点。

由于灌浆料具有早强的特点,一层灌浆完毕后,第二天即可进行第二层的吊装。二层圈梁、构造柱吊装和一层基本相同。至此一栋两层房屋的加固施工全部完成,完成后的效果图如图15-2所示,可将该方法推广至所有层数的房屋加固。该加固技术的施工主要在房屋外部,可实现“边使用边加固”的新模式。

15.2.3 理论及数值分析

1)分析模型

原型结构为两开间砌体结构,横墙长6.24m,纵墙长8.24m,墙厚240mm,层高均为3.3m,两面纵墙上各开两扇窗户,窗洞尺寸1.6m×1.6m,以研究窗洞的影响。模型如图15-4所示。有M2.5和M5.0两种砂浆,烧结普通砖强度等级均为MU10。圈梁-构造柱采用C25混凝土,钢筋采用HRB335。预制圈梁-构造柱中圈梁、构造柱与墙体之间的灌浆料层的厚度为20mm,灌浆料的轴心抗压强度取60MPa,抗拉强度为5MPa,楼面施加1kN/m^{2}的活荷载。

采用ABAQUS进行砌体结构的有限元分析,砌体和圈梁构造柱都采用C3D8R单元,钢筋采用T3D2单元,砌体和圈梁-构造柱都采用混凝土损伤塑性模型模拟,钢筋采用随动硬化模型模拟,考虑加固方式和砌体砂浆强度的不同,建立5个4层砌体结构模型,分别为砂浆强度等级为M2.5的未加固模型(编号M1),对应的预制圈梁-构造柱加固模型(编号M1P1),预制圈梁-构造柱(圈梁隔层布置)加固模型(编号M1P2),以及砂浆强度等级为M5.0的未加固模型(编号M2),对应的预制圈梁-构造柱加固模型(编号M2P1)。模型信息如表15-1所示。选用EL-Centro波,并调幅至8度罕遇地震对应的加速度值,进行弹塑性时程分析,详细资料可参考文献[6]。

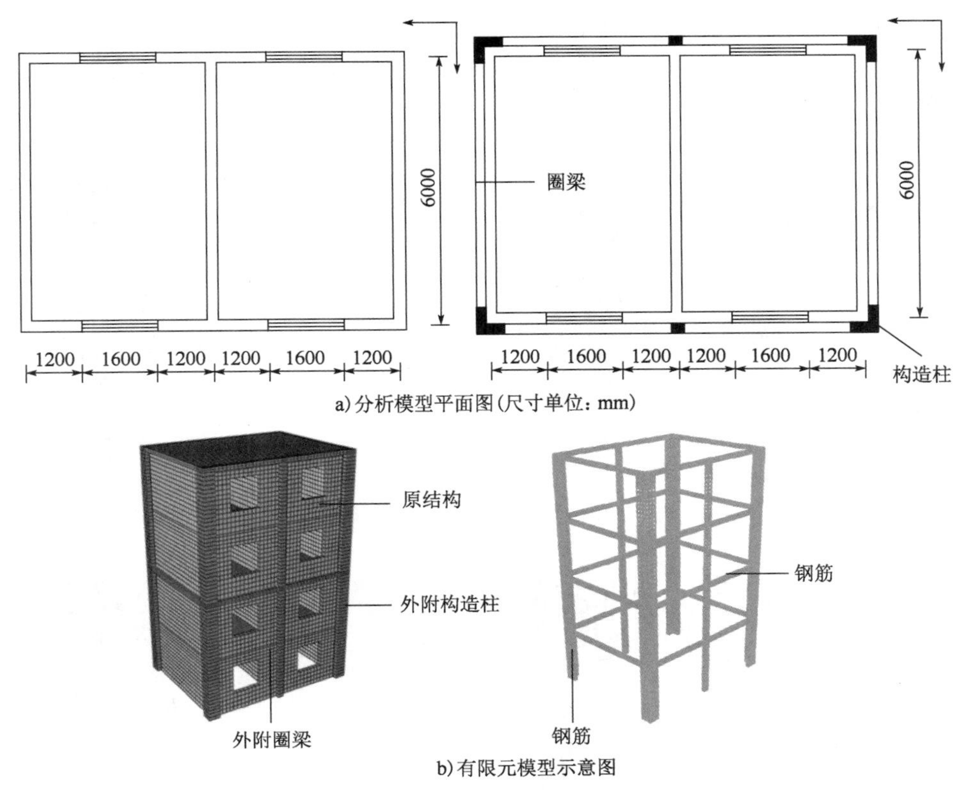

a)分析模型平面图(尺寸单位：mm)

b)有限元模型示意图

图 15-4　分析模型示意图

模 型 信 息 表　　表 15-1

模型编号	砂浆强度等级	加 固 方 式
M1	M2.5	未加固
M2	M5.0	未加固
M1P1	M2.5	预制圈梁-构造柱加固
M1P2	M2.5	预制圈梁-构造柱加固，圈梁隔层布置
M2P1	M5.0	预制圈梁-构造柱加固

2)结构损伤分析

在大震作用下,各模型首先在窗洞四角产生损伤,因为此处应力集中,最容易破坏。窗角的损伤会向周围扩展,损伤范围逐渐扩大。随后,房屋的转角处出现损伤,这是由于房屋的转角是受力复杂部位,在地震作用下较易产生破坏。模型最终的损伤分布如图 15-5 所示。可以看出,纵墙的损伤比横墙严重,这是由于纵墙上开洞较多,对墙体刚度和强度削弱较大。

加固前:纵墙上的损伤主要集中在窗间墙和窗下墙,从一层至四层,损伤呈降低趋势,到第四层时,只有窗角有损伤,这是因为结构所受的地震作用产生的内力从下往上逐渐减小。横墙上主要出现水平分布的损伤,主要由横墙在地震作用下产生平面外的弯曲导致。

加固后:结构的损伤有一定程度的减少,特别是在横墙上,水平分布的损伤几乎消失,说明圈梁-构造柱起到很好的约束作用。但是加固后,横墙上圈梁-构造柱与墙体连接处的损伤较为严重。构造柱损伤主要集中在L形构造柱的底部,因为此处是受力复杂部位,最容易破坏。圈梁除了在端部有损伤外,中间位置也分布着一些损伤,可见其实际受力情况比较复杂。

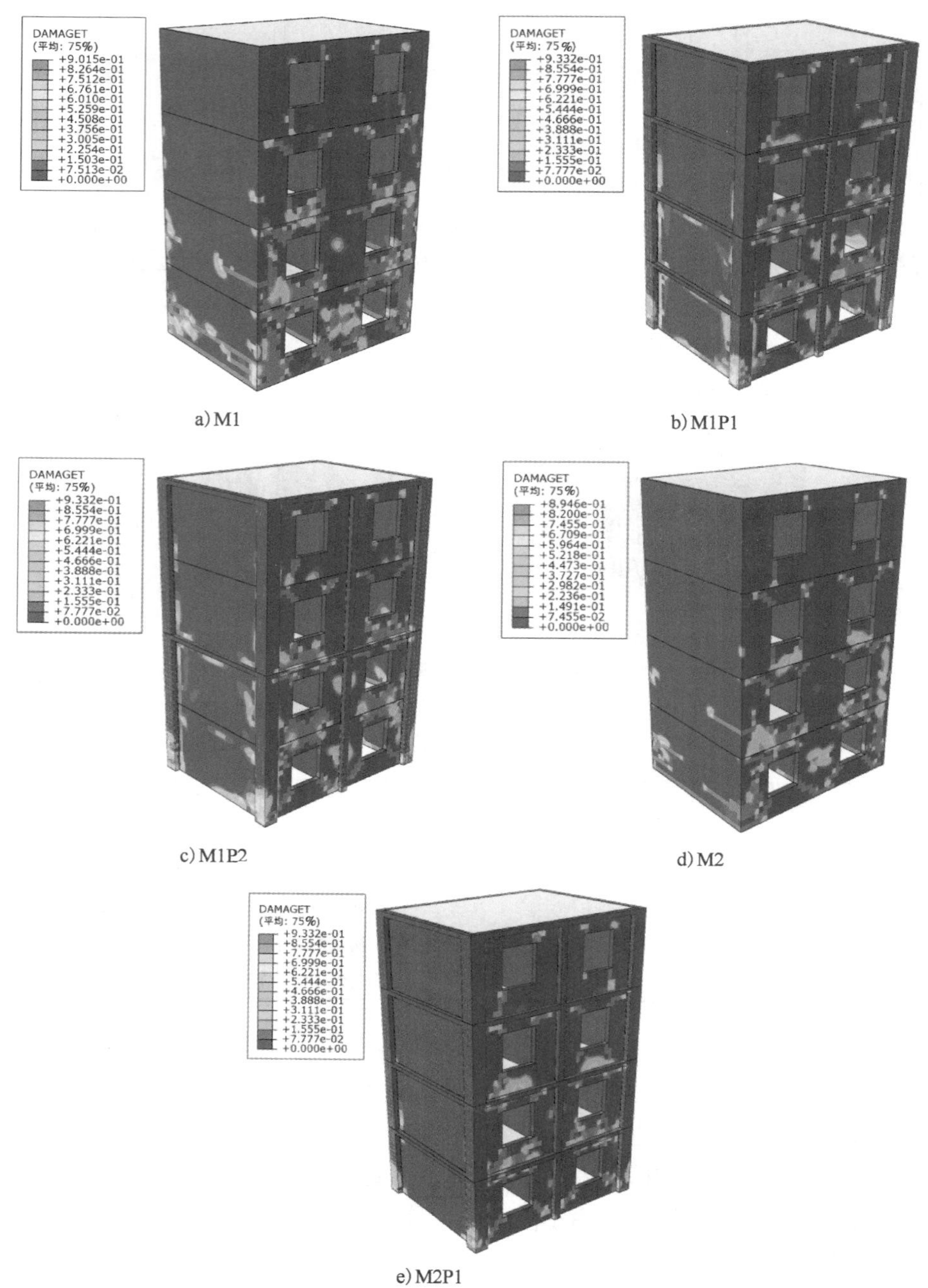

a) M1　　b) M1P1

c) M1P2　　d) M2

e) M2P1

图 15-5　10s 时结构模型损伤分布图

对比模型 M1P1 和模型 M1P2,发现两者的损伤几乎一致,说明圈梁每层布置和隔层布置对结构损伤分布的影响较小。对比模型 M1 和 M2,由于 M2 的砂浆强度高,损伤有所减弱,但横墙底部的水平损伤依然存在。加固后,模型 M1P1 和 M1P2 横墙底部的损伤较弱,而模型M2P1横墙底部的损伤则几乎消失，且墙体与圈梁-构造柱连接处的损伤也大大减少，说明房屋砌体强度越高，加固后损伤减少得越多，加固效果越显著。

3）结构位移响应分析

位移反映结构在地震作用下的变形情况，是考察结构抗震性能的重要指标。模型M1、M1P1、M1P2纵墙方向层间位移时程曲线如图15-6所示。可以看出，在大震作用下，不同模型的层间位移随时间的变化趋势基本一致。层间位移在2～3s、4～5s和9～10s时较大，在0～1s和5～9s时较小。加固后结构的层间位移有所减小，且模型M1P1和M1P2的层间位移曲线非常相近，说明圈梁隔层布置基本能达到每层布置的效果。横墙方向以及模型M2、M2P1也表现出类似的规律。

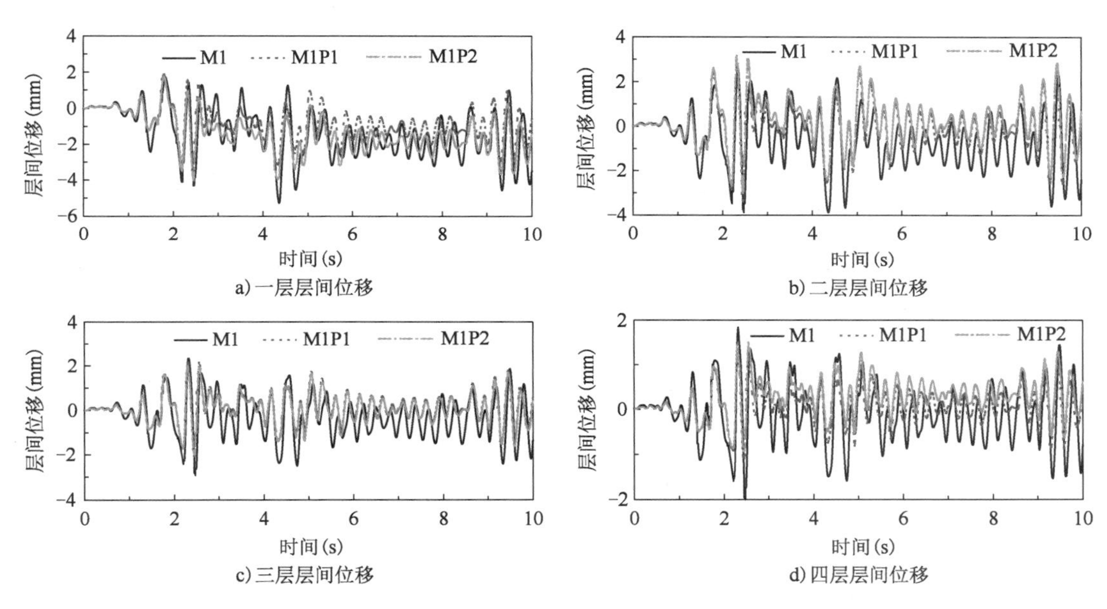

图15-6　模型M1、M1P1、M1P2纵墙方向层间位移时程曲线

4）结构加速度响应分析

加速度放大系数定义为结构响应的最大加速度与底部输入最大加速度的比值，可以用来表征结构对地震动的响应情况。相同条件下，加速度放大系数越大，则结构所受的地震作用力就越大。图15-7给出了各模型加速度放大系数随楼层的变化情况。总体的规律是加速度放大系数随着楼层的增加而增大，第一层的加速度放大系数都在1左右，与输入的地震加速度基本一致。到第四层时，加速度放大系数都超过了2，纵墙方向加速度放大系数最小的是模型M1，为2.05，最大的是模型M2P1，为2.52；横墙方向加速度放大系数最小的是模型M2P1，为2.24，最大的是模型M1，为2.71。

对于纵墙来说，加固后和加固前相比，第一层的加速度放大系数基本不变，其余层加速度放大系数有所增大；对横墙来说，加固后和加固前相比，第一层的加速度放大系数基本不变，其余层加速度放大系数有所减小。模型M2和M2P1横墙方向的加速度放大系数情况要复杂些，一至三层加固后变大，第四层变小。模型纵墙与横墙方向加速度放大系数表现出不一样的规律,主要是由两个方向的动力特性不同导致的。对比模型 M1P1 和 M1P2 可以发现,其纵、横墙方向的加速度放大系数基本一致,说明圈梁每层布置和隔层布置对结构的最大动力响应影响较小。

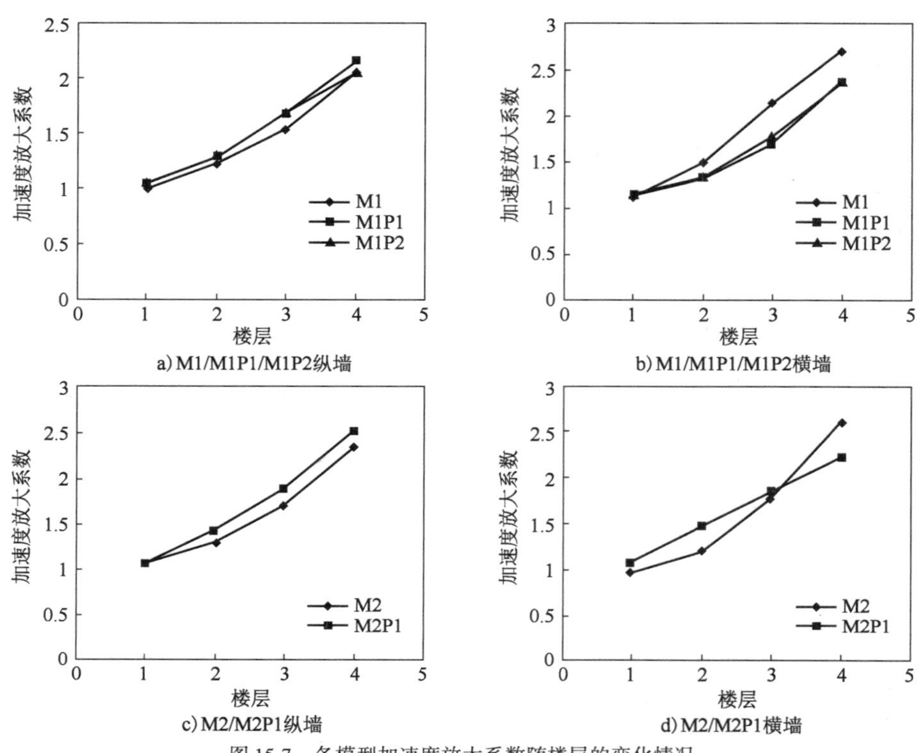

图 15-7　各模型加速度放大系数随楼层的变化情况

5)楼层剪力响应分析

图 15-8 给出了各模型的剪力包络图,可以看出剪力随着楼层的增加呈现递减的规律,这与结构实际受力情况相符。模型 M1 加固后纵墙方向剪力提高 43.3%,横墙方向剪力提高 29.1%;模型 M2 加固后纵墙方向剪力提高 23.9%,横墙方向剪力提高 45.7%。两种模型纵、横向剪力提高程度差异明显,说明结构刚度对两个方向所受地震作用有重要影响。

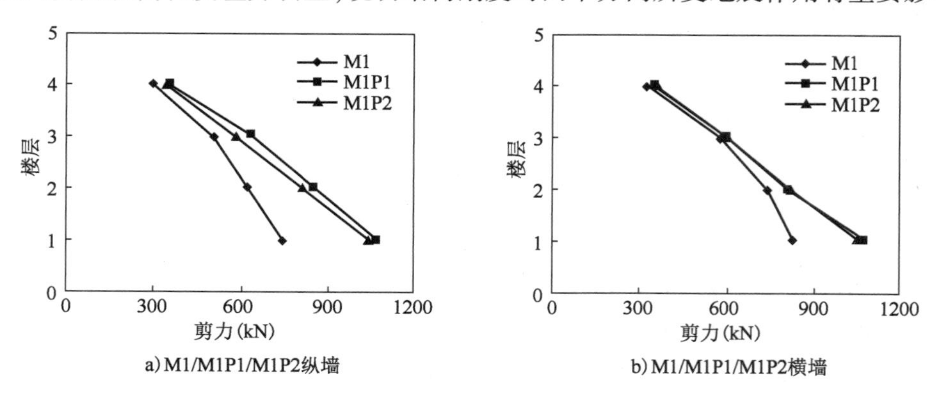

图　15-8

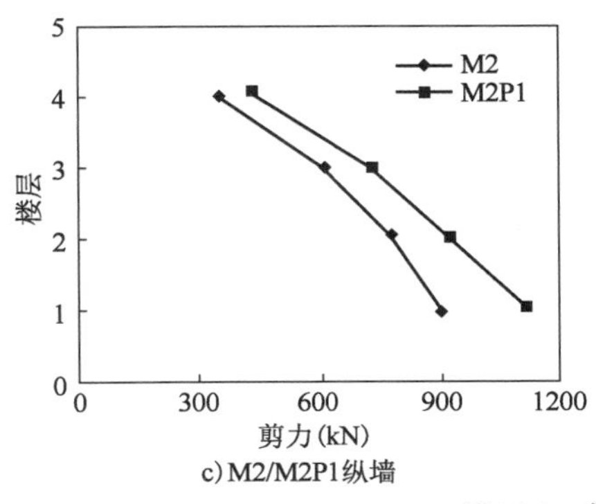

c) M2/M2P1纵墙

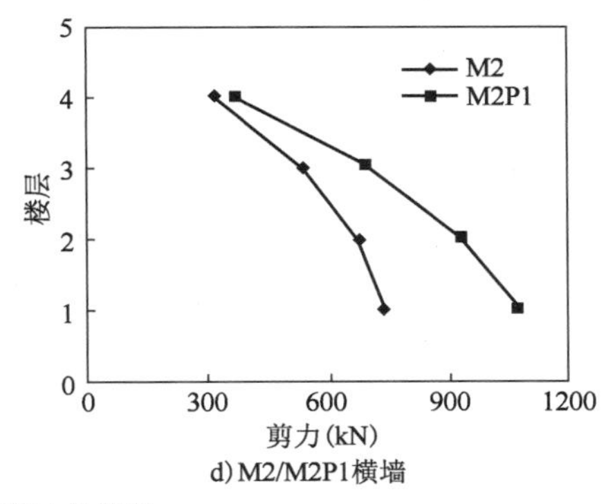

d) M2/M2P1横墙

图15-8　各模型剪力包络图

如图15-8所示,墙体承担剪力峰值,加固后模型M1P1纵墙方向剪力降低6.7%,横墙方向剪力降低11.4%;加固后模型M1P2纵墙方向剪力降低9.4%,横墙方向剪力降低11.8%;加固后模型M2P1纵墙方向剪力降低18%,横墙方向剪力提高1.5%。地震中构造柱约束墙体的变形,防止倒塌破坏,虽然加固后总的地震作用力增加,但由于构造柱帮助承担了一部分剪力,墙体承担的剪力有所减小。

15.2.4　试验研究及分析

1)试验方案

试验共研究16片采用不同加固方案的模型墙体,涉及预制/现浇、高宽比、砂浆强度、配筋率等参数的对比分析,现选择试件中典型的4片墙体进行详述,其中以现浇方式加固的墙体2片,以预制方式加固的墙体2片,试验方案见表15-2。现浇方式加固是在墙体上支架模板,浇筑混凝土以形成整体圈梁-构造柱框架;预制方式加固是先预制边柱和横梁,采用胀锚螺栓连接安装,将边柱和横梁固定连接,形成整体圈梁-构造柱框架。试验采用的墙体厚度为240mm,砖块采用240mm×115mm×53mm的MU10实心黏土砖,砂浆采用M2.5和M5.0两种砌筑砂浆,附加构造柱截面为240mm×180mm,圈梁截面为180mm×150mm,构造柱、圈梁纵筋及箍筋均为HPB235级钢,构造柱、圈梁均采用C20细石混凝土,试件示意图见图15-9。

试验方案　　表15-2

墙体编号	高宽比	砂浆强度等级
XJ-W-1(现浇)	0.61	M5.0
XJ-W-2(现浇)	0.41	M5.0
YZ-W-1(预制)	0.61	M5.0
YZ-W-2(预制)	0.61	M2.5

2)试验现象与分析

现浇组(XJ-W-1、XJ-W-2):在横墙边缘处出现斜裂缝,发生斜压破坏[图15-10a)],墙面上沿灰缝出现一条或几条不连续的斜裂缝,方向与水平线大致呈45°。随着荷载不断加大,砌体不断出现新裂缝。墙体初裂后,位移幅值较荷载幅值增加更快,钢筋与砂浆的粘结出现滑移。在荷载的反复作用下,墙面形成交叉斜裂缝。斜裂缝不断开展与闭合,使得原有裂缝不断延伸,向角部扩展,直到贯通。

a) 加固示意图

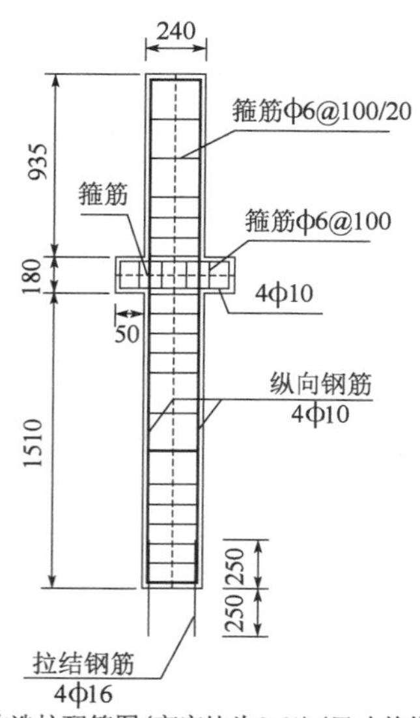

b) 附加构造柱配筋图(高宽比为0.61)(尺寸单位：mm)

图 15-9 试验构件示意图

预制组(YZ-W-1、YZ-W-2):在墙体中间出现斜裂缝,发生剪压破坏[图 15-10b)]。虽然加固后总的地震作用力增加,但由于构造柱帮助承担了一部分剪力,墙体承担的剪力有所减小,附加圈梁-构造柱在地震作用下约束墙体的变形,改变整体受力模式,防止出现倒塌破坏。构造柱明显发挥了对墙体的约束作用。极限荷载后,随着位移幅值的增加,构造柱四角裂缝加宽,混凝土及与之相通的墙面裂缝处砖块逐渐破碎剥落。

a) 现浇组破坏模式

b) 预制组破坏模式

图 15-10 现浇组和预制组破坏模式

3) 试验结果对比与讨论

(1) 滞回曲线分析

如图 15-11 所示,在荷载施加初期,各加固墙体均处于弹性阶段,整体性较好,滞回曲线基本为直线,刚度值几乎不变,耗能很少;随着输入荷载的增加,滞回环的面积增大,加固墙体出现一定的塑性变形,并存在残余变形,刚度明显退化;随着荷载的进一步增加,加固墙体裂缝逐渐开展，滞回曲线呈“S”形，滞回圈面积相应增大，残余变形也逐渐加大，并且由于墙体中斜裂缝的张开以及剪切变形的影响，荷载-位移曲线出现了捏拢现象；不同墙体在循环荷载作用下产生的滞回变形幅值有所不同。

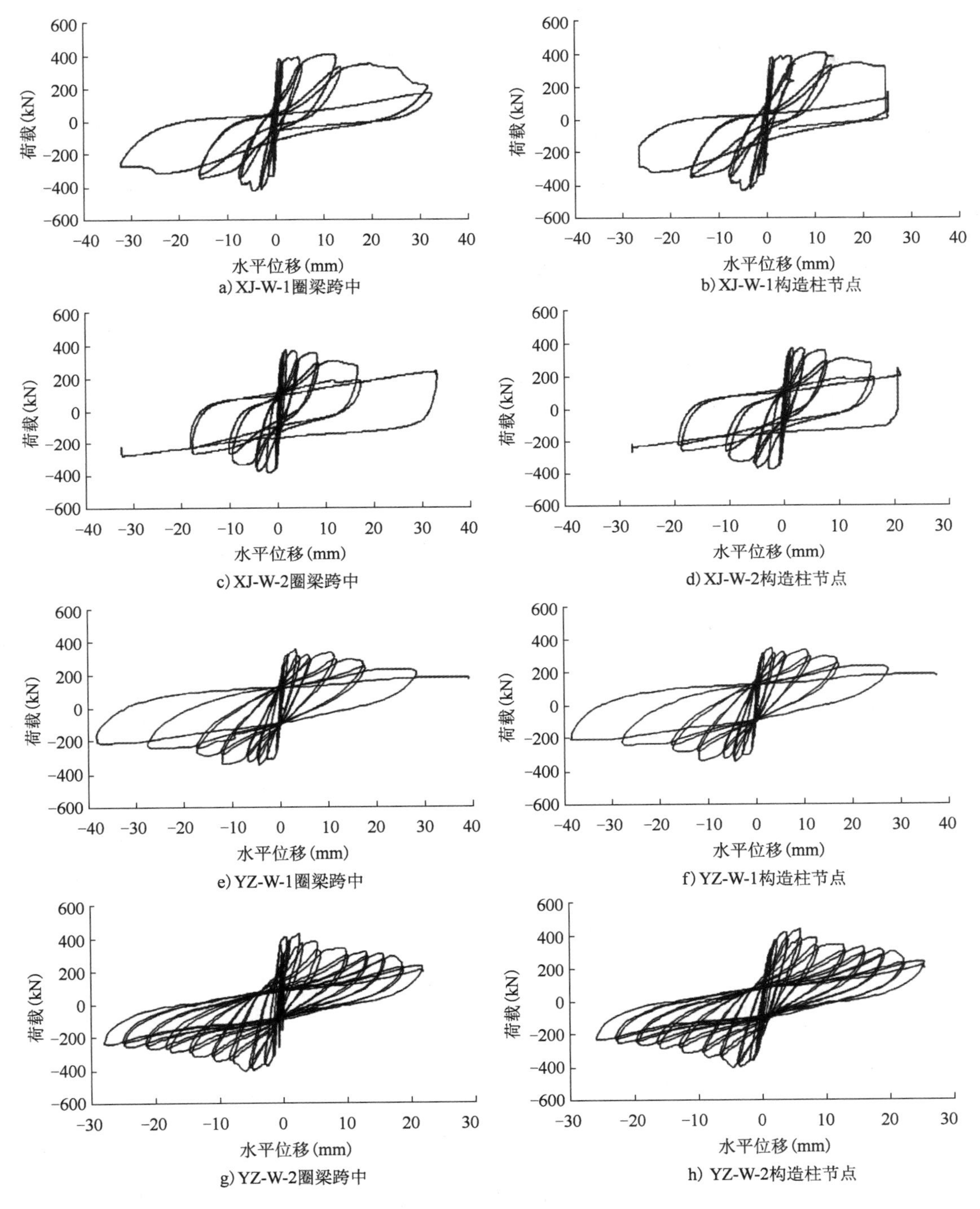

图 15-11　圈梁与构造柱的滞回曲线

用现浇方式加固的墙体 XJ-W-1、XJ-W-2 的变形幅值明显大于外贴装配式加固的墙体 YZ-W-1，这说明墙体 YZ-W-1 的构造柱和圈梁的抗震性能较好，整体性优于其余加固墙体；墙体在达到极限荷载后仍有一定的耗能能力与抗倒塌能力，证明采用外贴预制圈梁-构造柱可以显著提高墙体的抗震性能；外贴预制圈梁-构造柱加固与现浇方式加固试件的峰值荷载、极限位移较为相近，在施工质量得以保证的前提下，可以做到“等同现浇”。

(2)耗能性能分析

循环荷载输入能量在结构中以动能、弹性应变能、阻尼耗能、滞回耗能等形式存在，其中，动能和弹性应变能只参与能量的转化，不参与能量的吸收，能量主要通过滞回耗能耗散。因此，滞回耗能是衡量抗震性能的重要指标之一，它以构件裂缝的开展和塑性发展为代价来吸收和耗散地震能量。

如图 15-12 所示，加载周数前期，圈梁基本处于弹性状态，滞回耗能以可恢复的弹性应变能为主；加载周数逐渐加大，构件向塑性状态转变，其塑性和裂缝不断发展，滞回能量在加载周数后期有较大的提升；墙体 YZ-W-1 的滞回耗能最大，墙体 XJ-W-1、XJ-W-2 的荷载持续周数最长；预制墙体基本可以达到“等同现浇”。

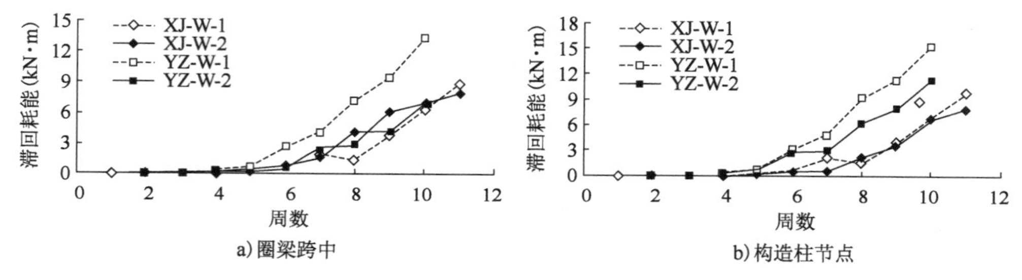

图 15-12　耗能性能分析

(3)应变反应分析

如表 15-3 所示，现浇方式加固的墙体，构造柱的应变反应大于圈梁，并且构造柱底部和中部的应变反应差异明显，说明墙体高宽比的设计对加固后的抗震性能有所影响；预制方式加固的墙体，构造柱中部应变反应均较大，说明构造柱中部是抗震设计的薄弱部位。YZ-W-2 的各部位应变反应差异较大，墙体整体变形不协调，导致墙体的质量和刚度分布出现差异；YZ-W-1 的各部位应变反应差异较小，变形相对协调，具有较好的抗震性能，说明以外贴装配式加固墙体，其高宽比设计对抗震影响不大。

不同部位钢筋应变片记录的应变幅值(单位：$\mu\varepsilon$)　　表 15-3

墙体编号	圈梁中部	左柱底部	右柱底部	左柱中部	右柱中部
XJ-W-1	1050	2440	2741	1518	2275
XJ-W-2	1907	1352	1937	2829	2783
YZ-W-1	3321	2645	2720	4118	2689
YZ-W-2	1159	3666	2930	4072	1959

通过上述多组对比试验分析不难发现，若能保证施工质量，在不同轴压比、砂浆强度下，装配结构基本达到现浇结构的性能，证明预制构件加固确实是一种行之有效的加固方式。各种加固墙体在受力过程中能形成完整的、面积较大的滞回环，说明试验墙体在达到极限荷

载后仍有一定的耗能能力与抗倒塌能力,证明采用外贴预制式抗震加固措施可以显著提高墙体的抗震性能,加固后结构具有较好的变形能力和耗能能力。

15.3　附加预制框架-支撑提升框架结构整体抗震性能

15.3.1　基本概念与构造

我国目前存有大量未达到抗震要求的混凝土结构,其在地震中损坏严重。然而,目前所采取的构件层面的加固并不能取得预期的加固效果,且需进行室内作业和湿作业,影响建筑的正常使用。通过总结国内外附加子结构加固实践,本书作者团队将附加子结构加固技术与预制装配技术相结合,提出一种新型的附加预制框架-支撑加固技术(图 15-13)。该技术将附加框架构件在工厂预制,运至现场拼装,预制构件采用锚栓和粘结材料与既有结构固定并连为一体,预制构件的节点区(如梁-柱节点、柱-柱节点、支撑连接节点)采用后浇筑的方式形成整体,从而大大加快施工速度,缩短工期,绿色环保,符合建筑工业化的发展方向。

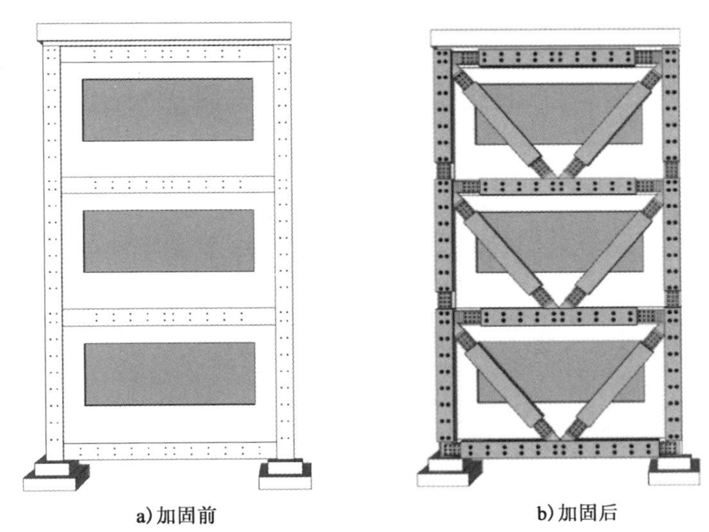

a) 加固前　　b) 加固后

图 15-13　附加预制框架-支撑提升框架结构性能示意图

附加预制框架-支撑在不影响建筑物正常使用的情况下进行加固施工,加固工作不在建筑物内部进行,而只在建筑物外部进行,可实现“不打扰加固”;附加预制框架-支撑是以建筑物整体作为加固对象,可改善其整体受力体系,使其各层的强度和刚度均得到不同程度的提高,实现更加合理的破坏机制[8-14]。

15.3.2　施工流程

附加预制框架-支撑加固技术流程如图 15-14 所示。

(1)开挖基础梁

附加框架无独立基础,仅需通过与既有结构基础梁锚固将所受内力传递至基础,此种方法增强了附加框架与既有结构基础的锚固效果,整体性好,方便快捷,且大大节省成本和时间。

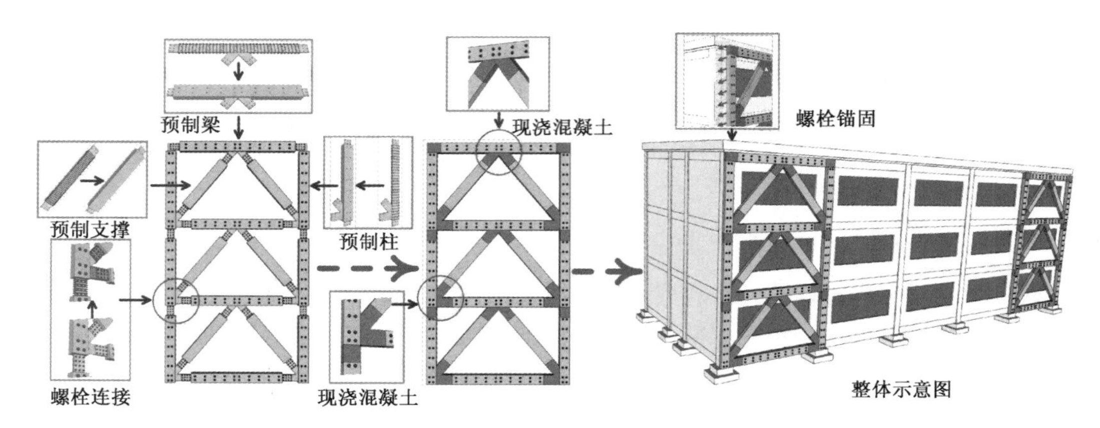

图 15-14　附加预制框架-支撑加固技术流程(三层示例)

(2)既有结构梁-柱打磨

去除涂料层,以加强梁柱和灌浆料的粘结;在梁柱相应位置测量放线,标注预制构件加固位置,以便预制构件的吊装定位;根据设计图定位出锚固孔位置,避开既有结构中的钢筋。

(3)预制构件钢板切割

根据预制构件吊装位置和实际钻孔位置对钢板钻孔,同时进行连接钢板的制作和钻孔。钻孔完成后对钢板配制相应数量的箍筋。在钻孔之前应做好设计校对,确保各个流程严格按照要求进行。另外,钢板连接部位预留在混凝土外,以进行后续螺栓连接。

(4)锚固孔中注胶

从底层至高层依次进行预制梁柱的吊装,务必使既有结构上的锚固孔与预制构件的锚固孔对应,吊装到位后应及时穿锚杆进行预固定,之后完全锚固。预制构件之间靠拼接钢板用高强螺栓连接,连接之前应在连接节点处密布适量箍筋,然后将螺栓拧紧至指定预紧力。

(5)封缝灌浆

用封缝材料或模板将预制柱两侧、预制梁下侧预留的灌浆缝封住,在连接节点处则加设模板。要确保封缝质量,防止灌浆时漏浆,完成灌浆缝和节点支模之后,要向模板内部均匀喷洒适量水,以防止灌浆料缺水开裂。

至此,一个完整的施工流程结束。对于不同层数建筑物应制作相应的预制构件,并顺应既有结构造型或者形式进行加固施工。完成后的效果如图 15-14 所示,可将该方法推广至所有层数的房屋加固。该加固技术的施工主要在房屋外部,可实现“边使用边加固”的新模式。

15.3.3　理论及数值分析

1)分析模型

原型结构为某 5 层办公楼,总高 18m,层高均为 3.6m,结构宽 15.3m、长 27m,结构框架柱尺寸均为 400mm × 400mm,房屋标准柱网尺寸为 6300mm × 5400mm,走廊宽 2700mm。横向 3 跨梁,两边外跨梁截面尺寸为 250mm × 500mm,内跨梁截面尺寸为 250mm × 300mm;纵向 5 跨梁,截面尺寸均为 250mm × 500mm。走廊板厚 100mm,其余板厚 120mm。混凝土等级均为 C25,梁、柱主筋为 HRB335,梁、柱箍筋为 HPB235。

采用PERFORM-3D对加固模型进行三维弹塑性分析与抗震性能评估;附加预制框架-支撑分析采用PKPM进行结构建模和计算,然后将模型导入NosaCAD中,再用NosaCAD将模型处理后导入PERFORM-3D,以保证建模的高效性,如图15-15所示。为充分对比分析本加固方案的加固效果,模型分别采用4种加固方案,其中各加固方案布置和支撑参数设计完全相同,变量为支撑方向不同(分为V形支撑布置和倒V形支撑布置)和预制梁柱框架的有无,各模型编号及说明见表15-4。选取三条地震波,即人工波RH2TG035、天然波TH1TG035和天然波TH4TG035进行分析,并调幅至8度罕遇地震对应的加速度值,进行弹塑性时程分析,详细资料可参考文献[14]。

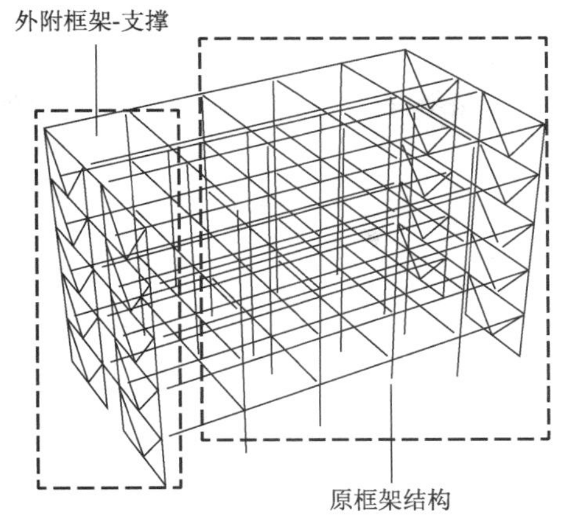

图15-15　分析模型示意图

模型编号及说明　　表15-4

模型编号	模型说明
M	原结构(未加固,作为对比模型)
M-VF	原结构-外附预制V形支撑框架加固(含预制梁柱框架)
M-V	原结构-外附预制V形支撑加固(不含预制梁柱框架)
M-IVF	原结构-外附预制倒V形支撑框架加固(含预制梁柱框架)
M-IV	原结构-外附预制倒V形支撑加固(不含预制梁柱框架)

2)结构损伤分析

图15-16为5个模型框架在地震波TH4TG035大震作用下第15秒时结构损伤分布图,可见各模型均以梁损伤为主,柱损伤较少。其中,M模型在第2、3、5层存在部分柱破坏,在罕遇地震下存在较大危险,不符合抗震要求;M-V、M-IV模型虽然缓解了第2、3、5层的柱破坏,却导致首层部分柱受力超过其限度,反而会引起更加严重的底层坍塌甚至倾覆破坏,同时与支撑相连的梁受力增大,极易因其发生破坏而导致支撑脱落失效,产生二次危害;M-VF、M-IVF模型则有效保护了与支撑相连的梁柱,使其在罕遇地震下依然保持良好的强度和稳定性,一方面保护了原结构,另一方面有利于附加支撑继续发挥抗震性能。

3)结构层间位移角分析

图15-17显示了罕遇地震下各模型层间位移角对比情况,4种加固方式效果较为接近,最大位移角的减幅均达到了40%以上,且无明显差别,见表15-5;其原因可认为是结构在罕遇地震下进入塑性阶段,整体协同受力,结构形式的影响(如有无支撑)强于个别构件的影响(如布置方向),导致4种加固形式能取得几乎相同的位移角控制效果。

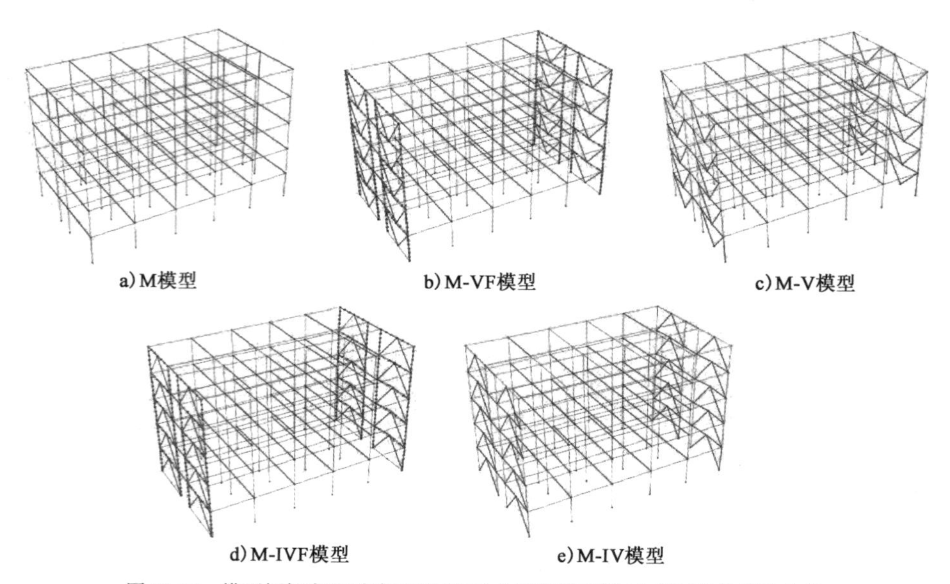

图 15-16 模型框架在地震波 TH4TG035 大震作用下第 15 秒时结构损伤分布

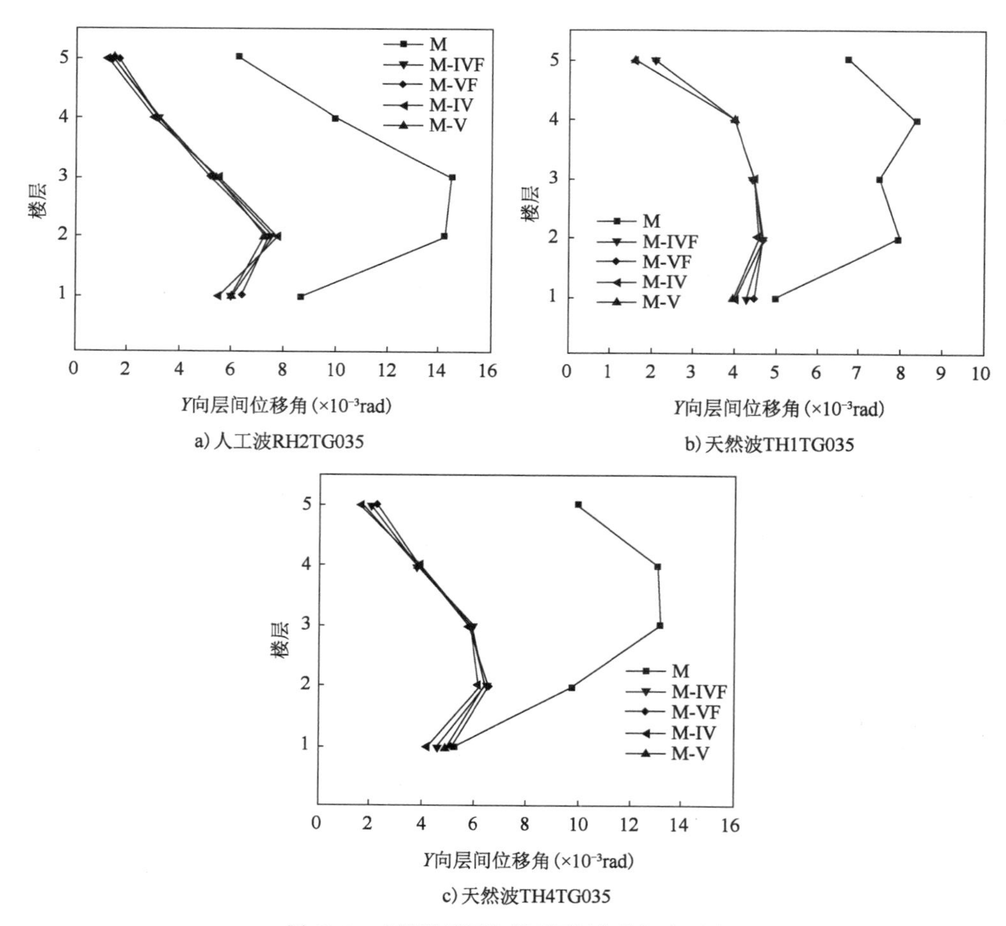

图 15-17 罕遇地震下各模型层间位移角对比图

罕遇地震下各模型层间位移角最大值对比表　　表15-5

地震波	M		M-VF		M-V		M-IVF		M-IV	
	峰值	减幅	峰值	减幅	峰值	减幅	峰值	减幅	峰值	减幅
RH2TG035	14.45	—	7.50	48.10%	7.30	49.48%	7.60	47.40%	7.80	46.02%
TH1TG035	8.38	—	4.70	43.91%	4.70	43.91%	4.70	43.91%	4.60	45.10%
TH4TG035	13.20	—	6.60	50.00%	6.40	51.52%	6.50	50.76%	6.20	53.03%

注：位移角峰值单位为 $\times10^{-3}$rad。

4)结构耗能分析

结构地震响应取决于其耗能能力。在弹性分析中，通常假定地震输入能量被黏滞阻尼消耗；在非弹性分析中，通常认为地震输入能量被黏滞阻尼以及材料屈服、摩擦力等非线性作用消耗。在地震分析中，外力功由基底剪力引起，实际计算中通过等效惯性力来计算外力功的数值。

图15-18a)为地震波TH4TG035作用下3种能量耗能占总耗能比例图，相比未加固模型，4种加固模型的非线性耗能占比由47.26%平均提高到62.51%，而Alpha-M阻尼(质量)耗能占比由25.34%平均降低到15.78%，Beta-K阻尼(刚度)耗能占比由20.41%平均降低到15.34%，说明加固后的模型更多地靠构件的非线性变形或塑性破坏来耗散能量。

图15-18b)为各构件非线性耗能占总非线性耗能比例图，4种加固模型支撑构件和其余构件(梁柱)的非线性耗能占比情况差别不大。支撑构件非线性耗能平均占比68.42%，其余构件非线性耗能平均占比31.58%，说明支撑构件作为主要抗侧力构件同时也是主要的耗能构件，其靠自身的塑性变形承担了大部分的非线性耗能，从而减轻了既有结构的塑性破坏，起到了多重地震防线的作用。

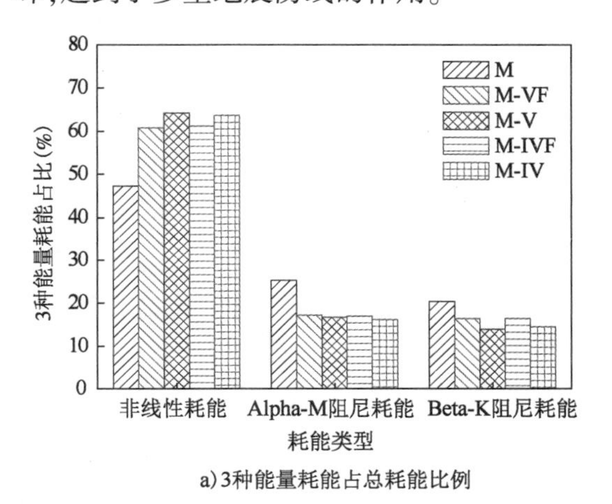

a)3种能量耗能占总耗能比例

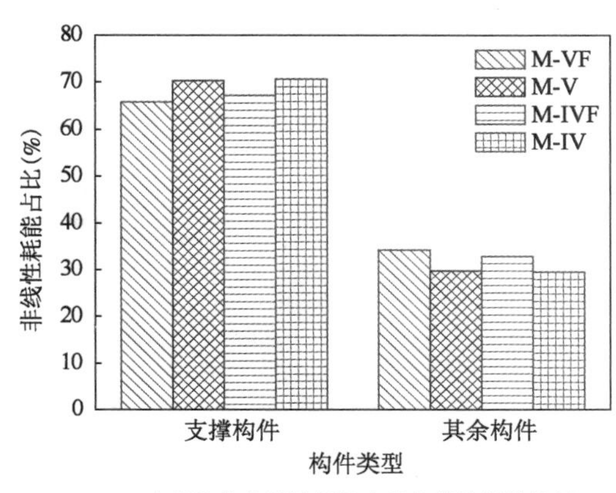

b)各构件非线性耗能占总非线性耗能比例

图15-18　地震波TH4TG035地震耗能占比

V形支撑加固和倒V形支撑加固非线性耗能占比差别不大，但没有附加梁柱框架的加固模型中支撑构件非线性耗能占比相比有附加梁柱框架的加固模型略有提高，说明传力更加直接的M-V模型、M-IV模型更能发挥支撑的耗能作用。

5）设计参数影响

为了分析不同设计参数对结构抗震性能的影响，选择多组参数，包括支撑钢板高度、支撑钢板厚度、支撑高度、后浇段混凝土强度等级、钢板等级和支撑连接位置占比，如表15-6所示，每个参数针对五个设计条件（DC）有所不同。在每个DC分析中，只有一个参数发生变化，而其他参数则保持不变。图15-19所示为具有不同设计参数的结构的荷载-位移曲线。

设计参数取值表　　表15-6

设计工况	支撑钢板高度（mm）	支撑钢板厚度（mm）	支撑高度（mm）	后浇段混凝土强度等级	钢板等级	支撑连接位置占比
DC1	80	8	200	C20	Q235	1/2
DC2	60	4	150	C25	Q345	2/5
DC3	100	12	250	C30	Q390	1/3
DC4	130	16	300	C35	Q420	1/4
DC5	160	20	350	C40	Q460	1/5

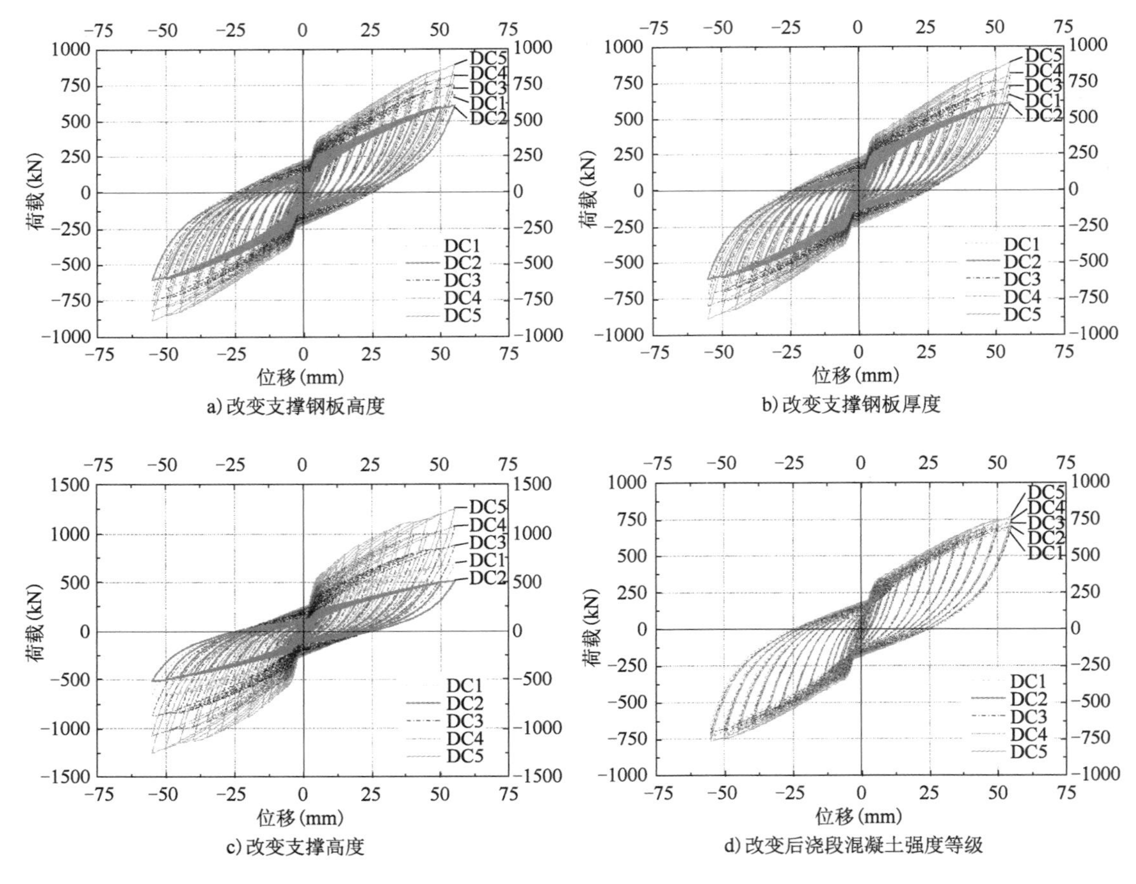

a）改变支撑钢板高度

b）改变支撑钢板厚度

c）改变支撑高度

d）改变后浇段混凝土强度等级

图　15-19

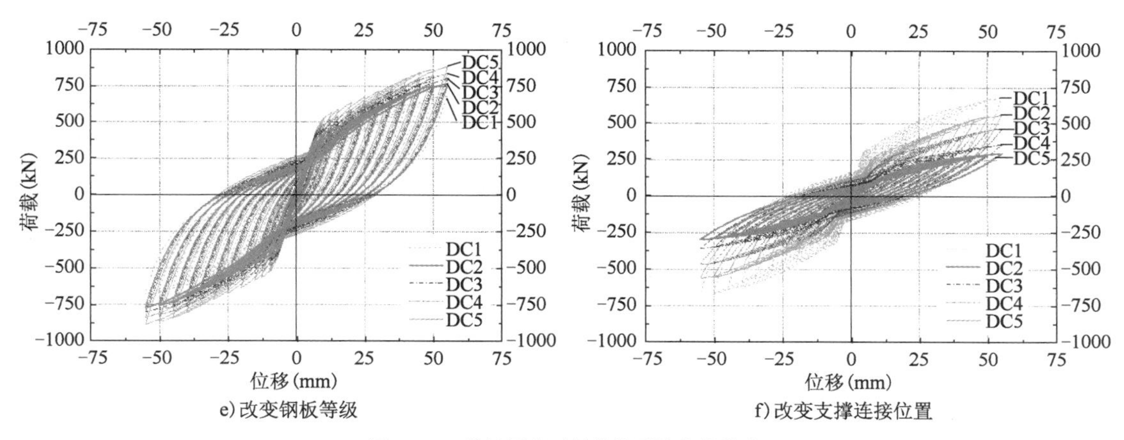

e)改变钢板等级

f)改变支撑连接位置

图 15-19　设计因素对结构抗震性能的影响

可以看出,支撑钢板高度的变化和支撑钢板厚度的变化几乎具有相同的效果。支撑中的钢板主要在受到拉力时起作用,且抗拉承载力与钢板面积有关,因此高度和厚度对承载力的影响程度相同。支撑高度对承载力的影响最显著,这是因为预制支撑通过附加较大刚度来改善原结构性能,抗侧刚度与截面高度呈三次方关系,尤其当支撑承受弯矩的时候。后浇段混凝土强度等级的变化对支撑承载力变化的影响可忽略不计,因为后浇段混凝土主要具有保护内部连接钢板、传递支撑轴压力的作用;相较之下,支撑钢板等级的变化对支撑承载力的影响更为显著,这是由于拉力主要由钢板承担,且抗拉承载力随着钢板等级的提升而增大,但因钢板常用等级、选择有限,其提升效果不如改变支撑高度明显。改变支撑连接位置,本设计分析从梁的跨中位置缩短至节点区,峰值承载力逐步下降;由于支撑抗侧刚度与 $\cos^2\alpha \cdot \sin\alpha$($\alpha$ 为支撑与水平面间的夹角)的最大值有关,理论分析可以发现当 $\alpha = 35°$时出现抗侧刚度峰值,随后其值下降;控制支撑连接位置可实现刚度的可控与调节,可为不同需求的加固目标提供参考。

15.3.4　试验研究及分析

1)试验方案及设计

选择单层单跨单榀框架,进行加固前后抗震性能的对比试验。设计层高为 1.8m、跨度为 2.7m 的单层单跨单榀框架,按 1∶2 的比例进行模型设计与制作,忽略走道、连梁和楼板对该跨受力的影响。共设计制作了 1 榀纯混凝土框架模型(未加固模型)、2 榀分别采用 V 形支撑预制构件加固和倒 V 形支撑预制构件加固的混凝土框架模型(加固模型),其编号见表 15-7。对这 3 个模型构件进行拟静力试验,对比分析加固前后模型的破坏特征及指标参数,检验该加固方法的有效性[15]。

试验框架模型编号　　表 15-7

框架模型编号	框架模型说明
F	未加固模型
F-V	外附预制 V 形支撑框架加固模型
F-IV	外附预制倒 V 形支撑框架加固模型

加固支撑结构的抗剪承载力为支撑轴向力的水平分力。在确定支撑的轴向抗拉承载力时应有一定的裕度。当支撑受拉时,设计只考虑钢板的抗拉作用,即忽略混凝土的抗拉作用,取钢板的抗拉屈服承载力为支撑的抗拉承载力。当支撑受压时,应根据《混凝土结构设计规范(2015 年版)》(GB 50010—2010)中的钢筋混凝土轴心受压规定,确保其设计轴力不大于弹性稳定承载力。单个支撑的拉压承载力计算公式为(变量意义见 GB 50010—2010)

$$N_{\mathrm{t}} = f_{\mathrm{y}} A_{\mathrm{s}} \tag{15-1}$$

$$N_{\mathrm{c}} = 0.9\phi (f_{\mathrm{c}} A_{\mathrm{c}} + f_{\mathrm{y}} A_{\mathrm{s}}) \tag{15-2}$$

$$N_{\mathrm{t}} \leqslant N_{\mathrm{c}} \tag{15-3}$$

$$q_i = N_{\mathrm{t}} \cos\theta \tag{15-4}$$

根据《混凝土结构加固设计规范》(GB 50367—2013),单个锚栓抗剪承载力计算公式为(变量意义见 GB 50367—2013)

$$q_a = \min\{V^a, V^c\} \tag{15-5}$$

$$V^a = \psi_{\mathrm{E,v}} f_{\mathrm{ud,v}} A_{\mathrm{se}} \tag{15-6}$$

$$V^c = 0.4\sqrt{E_{\mathrm{c}} f_{\mathrm{c}}} A_{\mathrm{se}} \tag{15-7}$$

整个框架可看作承受水平剪力的竖直悬挑臂,其水平梁相当于抗剪腹板,可认为承受全部水平剪力,柱则承受由弯矩所引起的竖向剪力。附加预制梁的连接锚栓数量计算如下:

$$Q_b = 2q_i \tag{15-8}$$

$$n_b = \frac{Q_b}{q_a} \tag{15-9}$$

附加预制柱的连接锚栓数量计算如下:

$$M_{\mathrm{H}} = Q_b H \tag{15-10}$$

$$N_{\mathrm{v}} = \frac{M_{\mathrm{H}}}{L} \tag{15-11}$$

$$n_{\mathrm{c}} = \frac{N_{\mathrm{v}}}{q_a} \tag{15-12}$$

经计算,采用直径为 16mm 的 8.8 级高强螺栓进行锚固,故应在既有框架梁柱上预留直径至少为 16mm 的孔道。本试验在指定梁柱位置放置直径为 16mm 的 PVC 管,然后浇筑混凝土,最后将预留的 PVC 管清理掉,实现螺栓孔道的预留。螺栓孔道采用单排交错布置,以利于抗剪,轴线方向的间距为 150mm,在节点适当加密,详细计算公式与结果可查阅参考文献[14]。

2)试验现象与分析

F 模型:加载位移至 9mm 时,两柱下部出现受拉横向裂缝;加载位移至 11mm 时,柱下部主筋应变达到 1200με,判断为结构屈服;加载位移至 22mm 时,柱下部主筋平均应变达到

1990με,柱下部新增多条裂缝,并延伸至柱侧面,柱脚和地梁连接处出现裂缝;加载位移至33mm 时,水平荷载达到最大 89.55kN,柱上、下部裂缝向跨中发展,出现竖向裂缝;加载位移至 55mm 时,柱上、下端部均发生较大开裂破坏,水平荷载降为 76kN,为最大荷载的 85%,试验结束(图 15-20、图 15-21)。

a)既有混凝土框架及附加框架　　b)附加预制构件完成图

图 15-20　附加框架-支撑加固示意

a)柱下部外侧裂缝

b)柱下部内侧裂缝

c)柱下部侧面裂缝

图 15-21　F 模型试验破坏图

F-V 模型:加载位移至 2mm 时,2 个预制支撑混凝土表面出现受拉横向裂缝;加载位移至 4mm 时,与预制支撑相连的预制柱出现横向裂缝;加载位移至 9mm 时,预制支撑横向裂缝继续发展,预制柱中部出现裂缝,与支撑相连的预制梁跨中底部出现竖向受拉裂缝;加载位移至 12.19mm 时,水平荷载达到最大 366.69kN;加载位移至 12.71mm 时,其中某支撑一侧混凝土受压破坏,水平荷载降为 311.51kN,为最大荷载的 85%,试验结束(图 15-22)。

F-IV 模型:加载位移至 2mm 时,与支撑相连的预制梁跨中节点灌浆处灌浆料和混凝土界面出现横向受拉裂缝;加载位移至 13mm 时,最大水平荷载几乎不增长,判定结构屈服;加载位移至 19.41mm 时,水平荷载达到最大 369.17kN,然后随着加载位移的增大,水平荷载开始下降;加载位移至 24.42mm 时,其中某支撑一侧混凝土受压破坏,水平荷载突然降为 254.51kN,为最大荷载的 69%,试验结束(图 15-23)。

a）预制支撑裂缝

b）预制柱裂缝

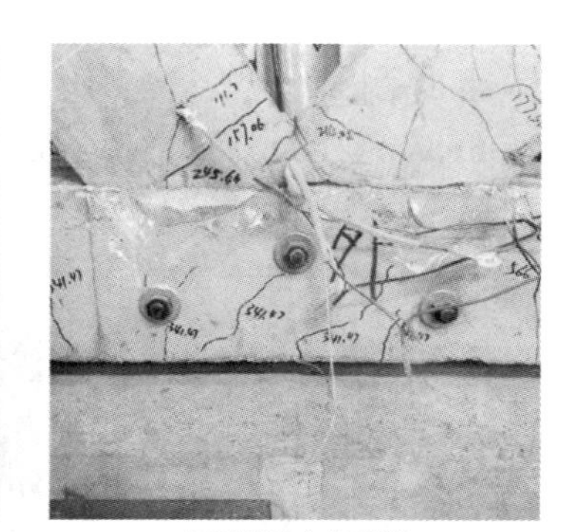

c）预制梁底部裂缝

图 15-22　F-V 模型试验破坏图

a）预制支撑裂缝

b）预制支撑下部节点裂缝

c）预制支撑上部节点裂缝

图 15-23　F-IV 模型试验破坏图

F-V 模型与 F-IV 模型试验过程中，既有混凝土框架未见明显破坏，只在柱下部出现少量轻微裂缝，既有混凝土框架钢筋应变均小于 500με，处于弹性阶段，说明附加预制框架承担了大部分水平荷载，有效保护既有框架免受破坏；既有混凝土框架与附加预制框架连接界面未见破坏和滑移，抗剪螺栓未见松动或剪坏，说明界面连接可靠；预制构件连接节点未见明显破坏，仅在节点灌浆料表面出现少量微裂缝，说明节点连接可靠。

3）试验结果对比与讨论

（1）滞回曲线分析

如图 15-24a）所示，F 模型荷载-位移滞回曲线呈梭形，曲线饱满，延性较好。初始加载时，结构处于弹性阶段，屈服后其滞回环完整饱满，体现了良好的耗能能力，但其位移变形较大，承载力较低，且柱端破坏严重。如图 15-24b）所示，F-V 模型荷载-位移滞回曲线呈弓形，相对 F 模型，其滞回曲线捏缩严重，无明显屈服平台，耗能效果较差。但该模型强度和刚度提高明显，极大减小结构位移，并且最终以支撑受压破坏为主，减小了既有结构破坏。如图 15-24c）所示，F-IV 模型荷载-位移滞回曲线呈弓形，相对 F-V 模型，其滞回曲线比较饱满，具有较明显的屈服平台，其强度和刚度提高幅度与 F-V 模型接近并稍有提高，其破坏形态与 F-V 模型相同。

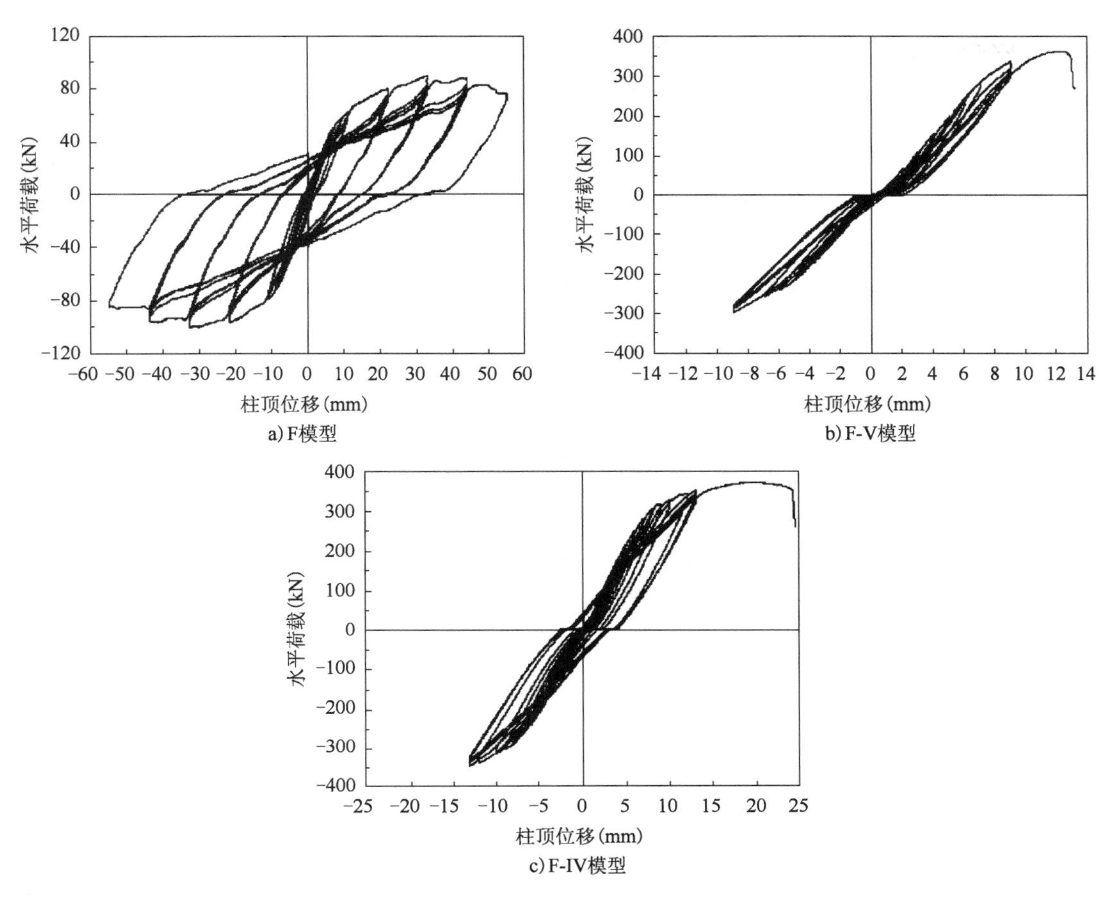

图 15-24　试验模型荷载-位移滞回曲线

试验中主要有以下两点原因导致支撑受压破坏：第一，预制支撑拼接安装后，在拼接节点存在初始弯曲，导致支撑受压后产生了较大的二次弯矩，易导致平面外失稳破坏；第二，进入塑性阶段后，相对支撑内置钢板受拉变形，支撑混凝土受压变形太小，导致抗压刚度远大于抗拉刚度，从而使支撑所受压力过大，产生受压破坏。

(2)骨架曲线分析

结构的骨架曲线为荷载-变形曲线各级加载第一次循环的峰值点所连成的包络线，是结构在一定目标位移下所能承担的最大荷载，骨架曲线的形状可反映结构的变形能力和刚度特征。

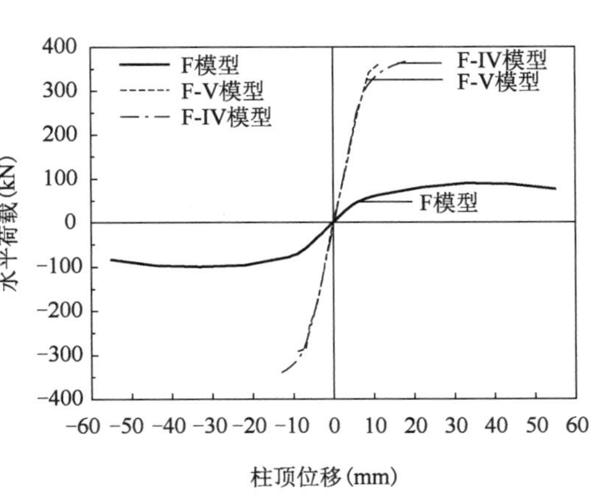

图 15-25　各模型骨架曲线对比图

如图 15-25 所示，加固后的 F-V 模型、F-IV 模型几乎可得到相似的加固效果，初始刚度和极限承载力接近，相比未加固的 F 模型均获得大幅提高。其中，加固结构的极限强度是未加固结构的3.7倍,与设计目标较为一致;F-IV模型的极限承载力稍高于F-V模型。试验结果证明了该加固方法的有效性,但此种加固方法在提高结构刚度和强度的同时降低了结构的延性和相对耗能效果,属于典型的强度型加固,在实际应用中要注意这点。

(3)刚度退化分析

结构试件的刚度可用割线刚度来表示,割线刚度K_i按下式计算:

$$K_i = \frac{|+F_i| + |-F_i|}{|+X_i| + |-X_i|} \tag{15-13}$$

式中:$+F_i$、$-F_i$——第i圈加载时正向和负向的峰值荷载;

$+X_i$、$-X_i$——第i圈加载时正向和负向的峰值荷载对应的位移。

如图15-26所示,F-V模型与F-IV模型弹性阶段刚度接近,均较F模型有大幅提高。F-V模型弹性阶段平均刚度为41.22kN/mm,F-IV模型弹性阶段平均刚度为43.15kN/mm,F-IV模型弹性刚度大于F-V模型弹性刚度,与前述论证一致;F模型弹性阶段平均刚度为8.24kN/mm,两个加固模型弹性刚度平均是该未加固模型弹性刚度的5.1倍,可见采用该方法加固可大幅提高既有结构刚度,通过附加大刚度框架可卸载既有结构地震荷载,减小既有结构地震破坏,试验结果也验证了这一点。

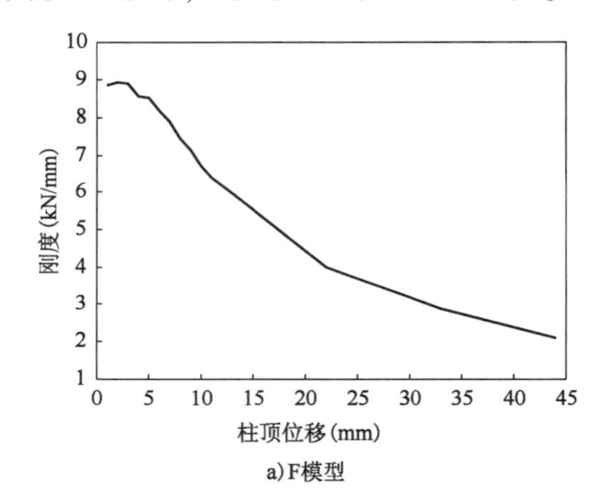

a)F模型

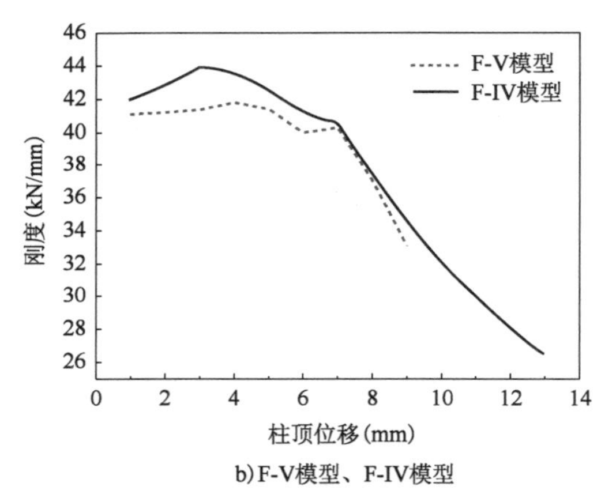

b)F-V模型、F-IV模型

图15-26 各模型刚度退化曲线

(4)延性系数分析

结构试件的延性系数μ按下式计算:

$$\mu = \frac{\Delta_u}{\Delta_y} \tag{15-14}$$

计算得到各模型水平位移参数及延性系数见表15-8。

试验模型水平位移参数及延性系数　表15-8

试验模型	屈服变形(mm)	极限变形(mm)	延性系数μ
F	11.00	55.00	5.00
F-V	9.00	12.71	1.41
F-IV	13.00	24.42	1.88

采用附加预制框架-支撑方法加固会使原结构延性变差,其中F模型延性系数最大,表明其延性最好;F-IV模型延性系数次之,其数值为F模型的37.6%,延性降低较多;F-V模型延性系数最小,其数值为F模型的28.2%,为F-IV模型的75%,表明其延性最差。经本试验数据分析,倒V形支撑加固比V形支撑加固具有更好的延性,倒V形支撑加固还能提供更大的强度和刚度,因此其综合性能较优。

15.4　其他附加子结构提升结构性能新技术

15.4.1　内嵌预制预应力框架

相较于外附子结构加固,内嵌子结构在原结构的平面内加固施工,可更好地保持结构的整体美观性与传力机制。本书提出内嵌预制预应力框架提升结构性能新技术,有两种形式。形式一,内嵌框架位于原框架结构平面内,预应力筋穿过内嵌框架梁、框架柱,并锚固在相连原框架构件上。内嵌框架构件端部削弱,并在削弱位置放置橡胶垫,内嵌框架梁、框架柱连接位置放置角钢。内嵌框架与原框架之间通过栓钉连接,并在缝隙填充灌浆料(图15-27)。

内嵌预应力装配式框架加固原框架的方法:将预制内嵌构件与原结构平面内连接,并实现协同工作;内嵌框架中双向预应力筋实现结构自复位,橡胶垫减少构件角部的局部损伤,角钢实现结构的能量消耗。该加固方法对室内活动、建筑采光影响小,现场湿作业少,构件损伤位置集中,易于更换,具有一定的应用前景,详细构造可参考文献[16]。

形式二,内嵌框架位于原框架平面内,内嵌框架梁、内嵌框架柱在中间位置断开,并设置剪切软钢阻尼器。预应力筋分别穿过内嵌框架梁、内嵌框架柱,并锚固在相连的剪切软钢阻尼器上。内嵌框架与原框架之间预留缝隙,通过封缝灌浆进行连接(图15-28)。

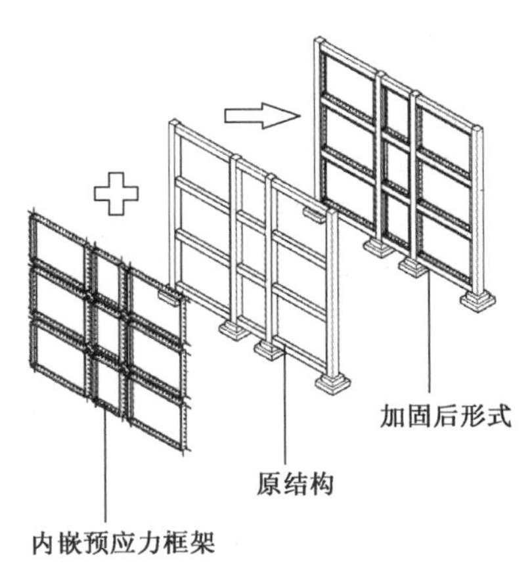

图15-27　内嵌预制预应力框架(形式一)

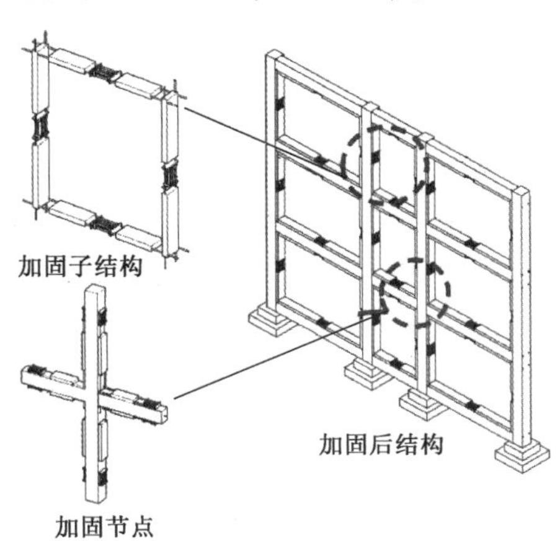

图15-28　内嵌预制预应力框架(形式二)

带剪切软钢阻尼器的内嵌预应力装配式框架加固原框架的方法:通过剪切软钢阻尼器的塑性变形实现能量消耗,通过预应力筋的拉结力实现结构自恢复。该加固方法将损伤控制在剪切软钢阻尼器上,并且在震后易于更换修复,具有一定的应用前景,详细构造可参考文献[17]。

15.4.2 内嵌损伤可控摇摆墙

摇摆墙布置于楼层内的，属于一种在结构内部的竖向摇摆构件，墙体在地震中的变形集中在摇摆界面；利用结构自重及施加的预应力使结构在震后实现自复位；墙体中部附加可更换耗能构件，在地震中耗能以保护结构主体，震后可快速更换修复[18]（图 15-29）。

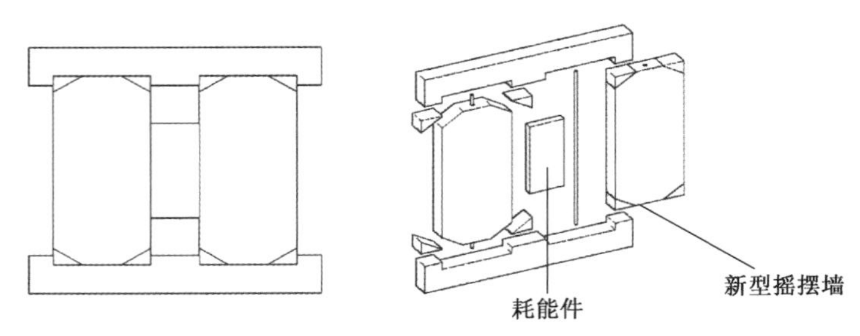

图 15-29 内嵌损伤可控摇摆墙

本书提出一种新型损伤可控摇摆墙，相比传统剪力墙在大震中具有更好的变形能力、损伤控制性能和快速修复能力，比屈曲约束支撑具有更好的自复位能力，是理想的"损伤可控设计理念"的实现方式。关于新型损伤可控摇摆墙结构的抗震性能研究及加固分析，详见第 16 章。

新型损伤可控摇摆墙角部橡胶块的设计改善了普通混凝土摇摆墙角部应力集中破坏的现象。钢筋混凝土墙体在重复多次加载后基本能实现不破坏或几乎无损，损伤集中在可更换阻尼上。剪切耗能阻尼在每次试验后可在重复使用的钢筋混凝土摇摆墙上实现快速更换，方便震后修复。在合适的阻尼屈服力和初始预应力下能实现旗帜形耗能及自复位效果。

15.4.3 外附抗侧力索结构

本书提出一种采用外附抗侧力索加固的结构形式，其主要由两部分组成：一是由横向预应力筋组成的拉结加固体系，它通过体外预应力筋的拉结作用将整个结构紧紧地约束住，加强纵横墙之间的连接，防止墙体发生平面外倒塌，提高结构的整体性；二是由钢柱与斜拉索组成的附加抗侧力体系，它可以提供新的抗侧能力，改善原结构的变形和受力模式，避免原结构底层因受力集中发生破坏（图 15-30）。

外附抗侧力索结构可以改善墙体的受力状态，避免纵横墙交界处的破坏，有效减小地震作用下的位移响应和加速度响应，同时抗侧力索结构之间的距离越小，加固效果越明显。该加固方法主要以提升结构整体抗震性能为目标，避免结构出现整体倒塌。此外，该加固方法的施工主要在房屋外部，大大减少了施工对结构使用的影响，详细构造可参考文献[19]。

15.4.4 外附预制预应力框架-耗能支撑

外附框架-耗能支撑包括预制梁、预制柱、预制支撑。预制梁内置钢板，两端及中部外伸钢板；预制柱内部为钢管-钢板组件，两端外伸连接件；预制支撑内部为耗能软钢板，两端外伸钢板；预应力筋贯穿预制柱。外附框架-耗能支撑与原结构通过连接组件连接在一起。

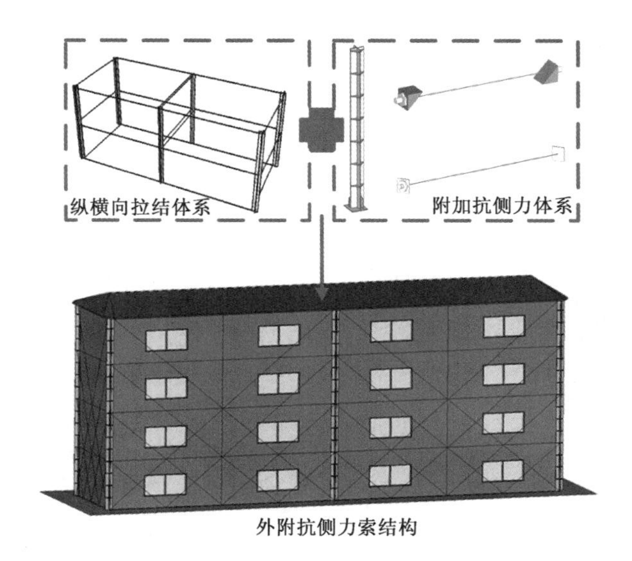

图 15-30　外附抗侧力索结构

外设预应力装配式混凝土框架-耗能支撑改变原结构的受力及变形模式，预制框架及支撑提供较大的抗侧刚度，耗能软钢集中消能且可更换，预应力筋实现结构的震后自复位；加固方式采用构件预制、外部装配的形式，不影响原结构的使用，大幅提高了施工效率及加固质量，详细构造可参考文献[20]（图 15-31）。

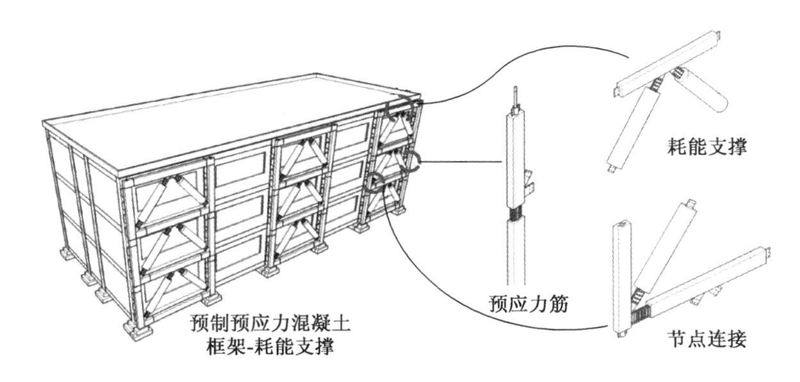

图 15-31　外附预制预应力混凝土框架-耗能支撑

15.5　工　程　应　用

15.5.1　工程实例一：附加预制圈梁-构造柱加固砌体结构

1) 工程概况

该工程位于江苏省高邮市和宝应县，房屋均为 20 世纪 80 年代村民自建砌体结构，建造时未考虑抗震设防,加上材料老化等因素,结构抗震性能很差。该地区在 2012 年 7 月发生 4.9 级地震,造成 13 间房屋倒塌,155 间房屋严重破坏,故需要进行抗震加固来改善其抗震性能[5-6]。本试点工程选择了 8 栋房屋进行加固(图 15-32),其中 6 栋为一层房屋,2 栋为二层房屋,经比选采用附加预制圈梁-构造柱的加固方法。

a)一层房屋

b)二层房屋

图 15-32 待加固房屋

2)加固方案

本次加固改造由东南大学设计,南京开博锐工程技术有限公司施工。根据提出的加固方法,在房屋的外墙增设圈梁-构造柱,在房屋的转角处、纵横墙交接处设置构造柱,在楼层标高处设置圈梁。构造柱下设地圈梁,作为构造柱的基础。圈梁-构造柱混凝土强度等级按 C20 配制,钢筋采用 HRB335。考虑农村民房体量较小,圈梁-构造柱采用偏小的截面尺寸,主要构件的截面和配筋如图 15-33、图 15-34 所示。圈梁-构造柱采用高性能水泥基灌浆料与墙体粘结,其节点也采用灌浆料现浇,并掺入适量的粗骨料以节约灌浆料的用量。

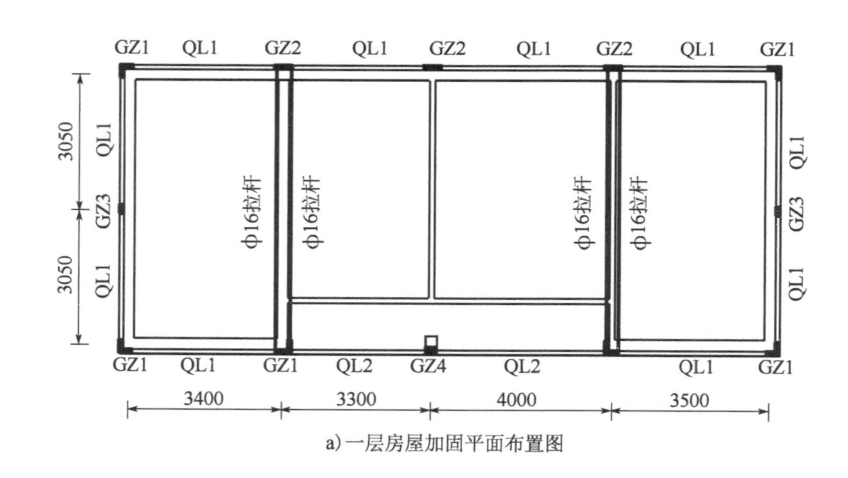

a)一层房屋加固平面布置图

图 15-33

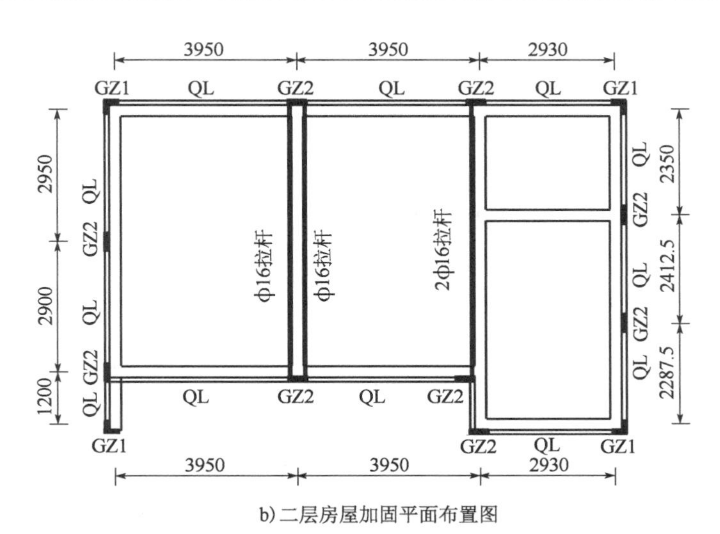

b)二层房屋加固平面布置图

图15-33　典型砌体结构加固平面布置图(尺寸单位:mm)

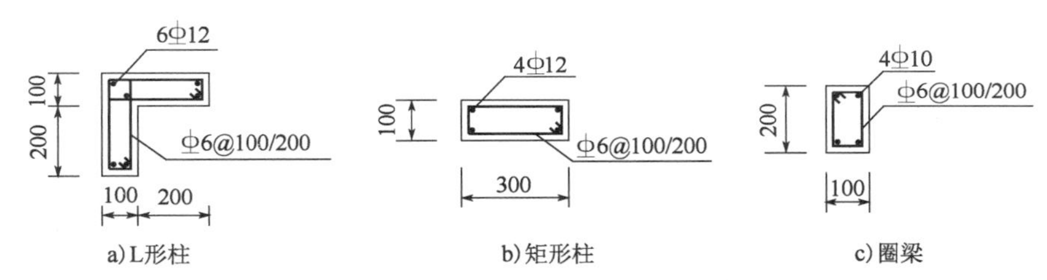

a)L形柱　　b)矩形柱　　c)圈梁

图15-34　圈梁-构造柱截面尺寸和配筋(尺寸单位:mm)

3)加固效果

一层的预制构件吊装一天内可完成,一层预制构件的封缝灌浆一天内也可完成,因此两天内可完成房屋一层的加固工作(图15-35)。由于灌浆料具有早强的特点,一层施工完毕后无须养护等待时间,第二天即可进行二层的施工,施工速度非常快。施工主要在建筑外部,现场湿作业少,对住户的影响降到最低。该技术的应用,大幅提升了材料利用率,提升了工程品质,赢得了业主的广泛认同和赞誉,社会效益和经济效益显著。该工程也进一步验证了预制圈梁-构造柱加固砌体结构技术的可行性。

a)一层房屋

b)二层房屋

图15-35　加固完成效果图

15.5.2 工程实例二:附加框架-屈曲约束支撑加固框架结构

1)工程概况

该工程位于北京市平谷区,为平谷区第一职业学校,建筑原建于1996年,采用《建筑抗震设计规范》(GBJ 11—1989)进行设计,钢筋混凝土框架结构体系,建筑高度15.6m。依据"北京市平谷区房屋安全鉴定报告",该建筑混凝土强度等级评定为C30,建筑存在抗震构造措施不满足要求、地震作用下变形过大、部分构件抗震承载力不足等问题,需要对原建筑进行抗震加固。

2)加固方案

本次加固改造设计由北京市建筑设计研究院有限公司完成,如图15-36、图15-37所示。该工程后续设计使用年限为40年,结构安全等级为二级,抗震设防类别为重点设防类。根据学校加固工程的特点,一般仅能利用暑假进行施工,工期很短。同时,校室内专业教室设备多,搬迁困难,因此考虑采用外套框架的方式增设防屈曲支撑。具体方法:将防屈曲支撑设置在原结构外侧,通过新框架与原结构相连,这样几乎不会对教学楼内部产生影响,极大地减少了施工作业量。

a)防屈曲消能支撑实体图

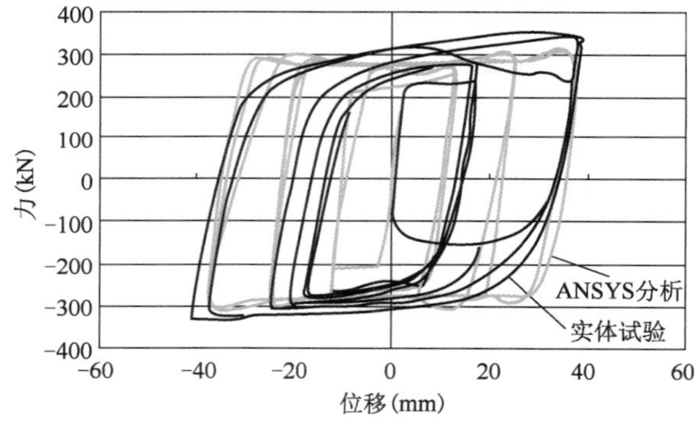

b)支撑滞回曲线(试验与模拟对比)

图15-36 工字钢防屈曲消能支撑

采用多种布置下非线性时程分析对消能结构进行分析,查看支撑在不同布置方式/参数下的结构响应,从而确定最优的位置、组数和参数。根据建筑效果和使用要求,在结构1~3层布置防屈曲支撑。根据质量中心和刚度中心尽量重合的原则布置防屈曲支撑,根据层间位移要求确定防屈曲支撑的具体位置。在建筑的X、Y两个方向分别布置防屈曲支撑,每层22根。

该工程选用的防屈曲消能支撑参数如下:初始刚度$K_y=75$kN/mm;屈服后刚度比$\alpha=0.020$;屈服位移$X_y=2.250$mm;极限位移$X_u=40$mm;根据时程分析结果得到耗能部件在小震下提供的X方向附加有效阻尼比为10.0%,Y方向附加有效阻尼比为9.0%,计算混凝土结构配筋时,原结构阻尼比取5%。考虑结构扭转或双向地震时,振型阻尼比可近似取5%+(10.0%+9.0%)÷2=14.5%。基于该阻尼比,采用反应谱分析多遇地震下的结构抗震计算和构件设计。

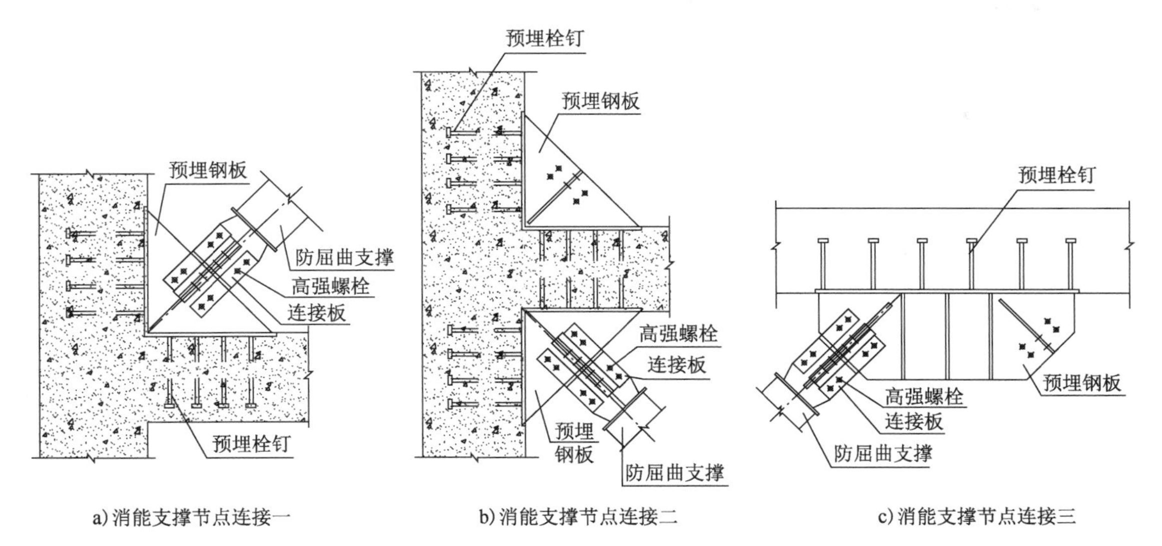

a)消能支撑节点连接一　b)消能支撑节点连接二　c)消能支撑节点连接三

图15-37　防屈曲消能支撑及连接件示意图

3)加固效果

以提高校舍抗震承载能力为主导,通过设置消能支撑等消能减振装置,大大提高了结构的抗震承载力,保证了良好的加固效果,加固后结构最大侧移仅为1/180,如图15-38所示。这种加固改造方法无须增加或加固基础,大大减小了加固工程量,降低了工程造价。

a)视角1　b)视角2

图15-38　平谷区第一职业学校综合实验楼1号楼加固效果

采用防屈曲支撑加固时,结构以外部施工为主,减小了对内部装修的破坏,避免了建筑内部设备、管线的破坏。施工现场湿作业量极少,施工工地文明整洁,同时施工工期明显缩短,显著降低了加固成本,取得了良好的经济效益和社会效益。

15.5.3　案例分析:附加预制框架-支撑加固框架结构

1)工程概况

该工程为加固改造工程,原结构为5层框架结构办公楼,需改造成医院。由于使用功能改变,根据《建筑抗震设计规范(2016 年版)》(GB 50011—2010),原结构抗震等级由Ⅱ级提升为Ⅰ级,原结构的内力及配筋需进行调整,梁-柱需进行加固以供后续使用。原结构示意图如图 15-39a)所示,为不规则空间结构,尺寸为 104m×45.5m,层高 4m,总高20m。结构位于二类场地土(等效剪切波速为 250~500m/s),原结构梁-柱截面尺寸均为 500mm×500mm,其截面配筋参数见图 15-39e)。拟采用附加预制框架-支撑技术,分析加固前后结构性能变化。

2)加固方案

选取原结构横向边跨一榀框架(3 跨 5 层)进行加固设计分析,并基于 15.3.4 小节中的加固设计方法,对原结构进行外附预制框架-支撑设计。初步选择在该榀框架中跨位置沿结构高度外附加固,选取倒 V 形支撑形式;将空间三维结构转化为二维平面结构,每一层合并为 4 根既有框架柱,2 根外附预制柱,2 根外附预制支撑。取截面尺寸 250mm×500mm 进行试算,计算中震下各层结构的剪力需求,并根据外附支撑的拉压平衡关系,选取外附构件中的钢板尺寸为 15mm×300mm,计算得到支撑轴向稳定系数为 0.895(轴向长度为 3832mm)。计算出外附支撑的抗拉承载力和抗压承载力分别为 1553kN 和 4162kN,满足式(15-3)要求。随后进行结构动力时程响应分析和加固验算[21]。

3)加固效果

选取 FEMA P-695 规范推荐的 22 条远场地震波进行结构加固前后的性能分析,分别采用中震和大震两个水准的地震波强度,并将 22 条地震波与我国《建筑抗震设计规范(2016 年版)》(GB 50011—2010)规定的 8 度中震、大震设计反应谱相拟合,保证在结构的主要周期,平均谱与目标谱的误差小于 20%。

(1)最大层间位移角

根据 FEMA 356 规范推荐,中震下结构最大层间位移角应小于 0.5%(对应立即使用——IO),大震下结构最大层间位移角应小于 1.5%(对应生命安全——LS),各条地震波的位移角分布值、平均值、平均值加减方差值如图 15-40a)、b)所示。可以看出,中震下加固前结构 2、3、4 层的最大层间位移角均值均超出了限值,最大的为 2 层的 0.747%,而加固后各层的最大层间位移角均值均在限值要求内(最大仅为 0.218%),且分布更加均匀。大震下的结论亦是如此,加固前最大层间位移角均值为 1.82%,加固后各层结果均满足限值要求(最大仅为 0.659%)。各条地震波的最大层间位移角如图 15-40c)、d)所示,可以看出中震或大震下,加固前 22 条地震波的结果均超出限值,而加固后各条波的结果都低于限值,展现出附加子结构侧向刚度的优势以及加固的有效性。

(2)最大层间剪力

中震及大震下,各条地震波的原结构最大层间剪力、平均值、平均值加减方差值如图 15-41a)、b)所示。总的来说,最大层间剪力发生在底层,中震下底层的平均层间剪力由加固前的 148.7kN 降为 91.2kN,降幅比例达到 38.7%,最大降幅绝对值发生在 2 层,其值为 66.1kN。大震下得到类似的结论,底层平均最大层间剪力由加固前的 413.1kN 降到 307.2kN,降幅比例达到 25.6%,最大降幅绝对值发生在顶层,其值为 210.3kN。中震及大震下,结构加固后各层结果更加均匀,具有更小的方差值,避免了结构软弱层的出现。

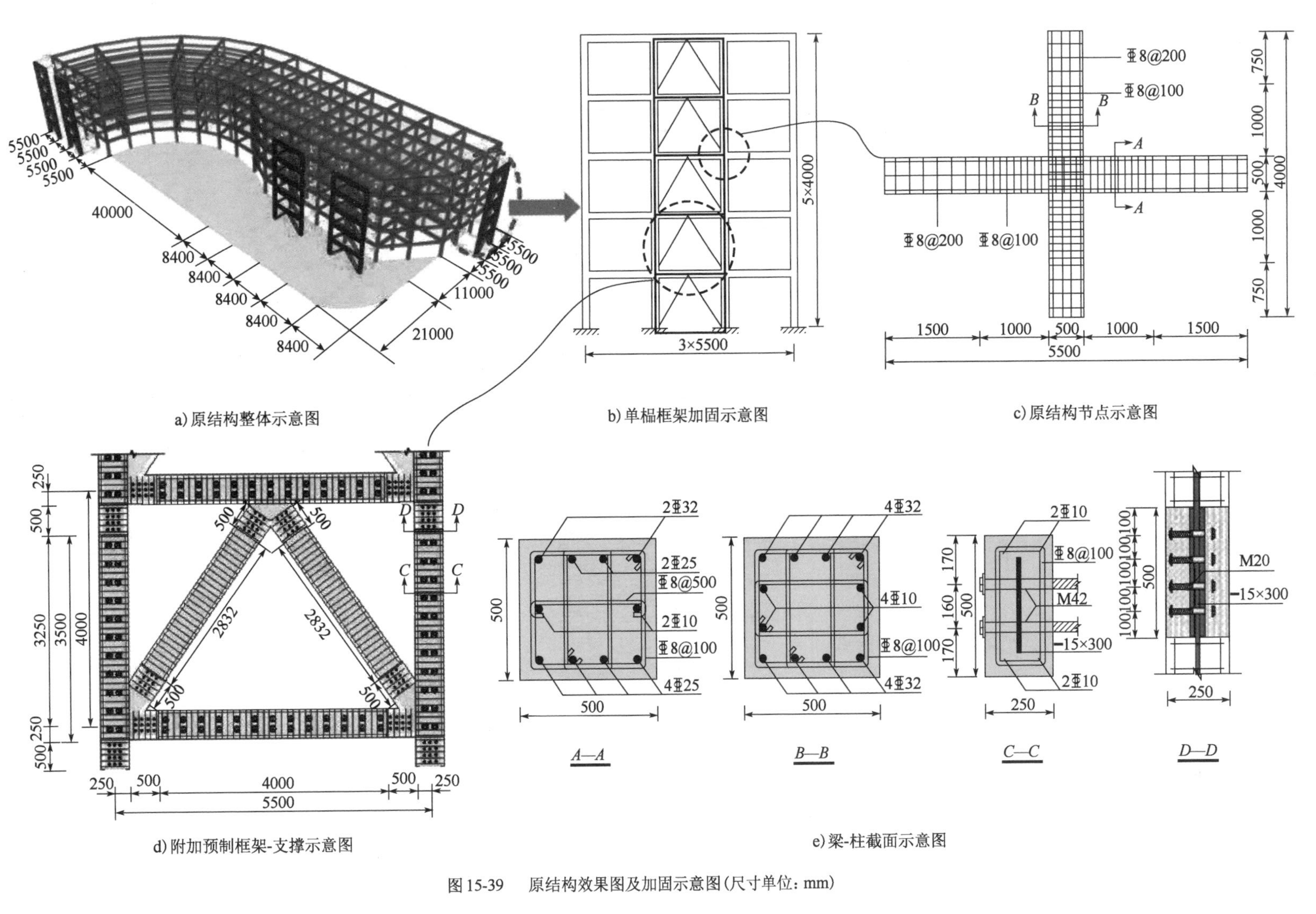

a) 原结构整体示意图

b) 单榀框架加固示意图

c) 原结构节点示意图

d) 附加预制框架-支撑示意图

e) 梁-柱截面示意图

图 15-39　原结构效果图及加固示意图(尺寸单位：mm)

各条地震波的原结构最大层间剪力如图 15-41c)、d)所示,可以看出中震或大震下,加固后的结果显著低于加固前,附加子结构将原结构的荷载需求与构件损伤进行转移,保护了原结构,实现了整体性能提升。

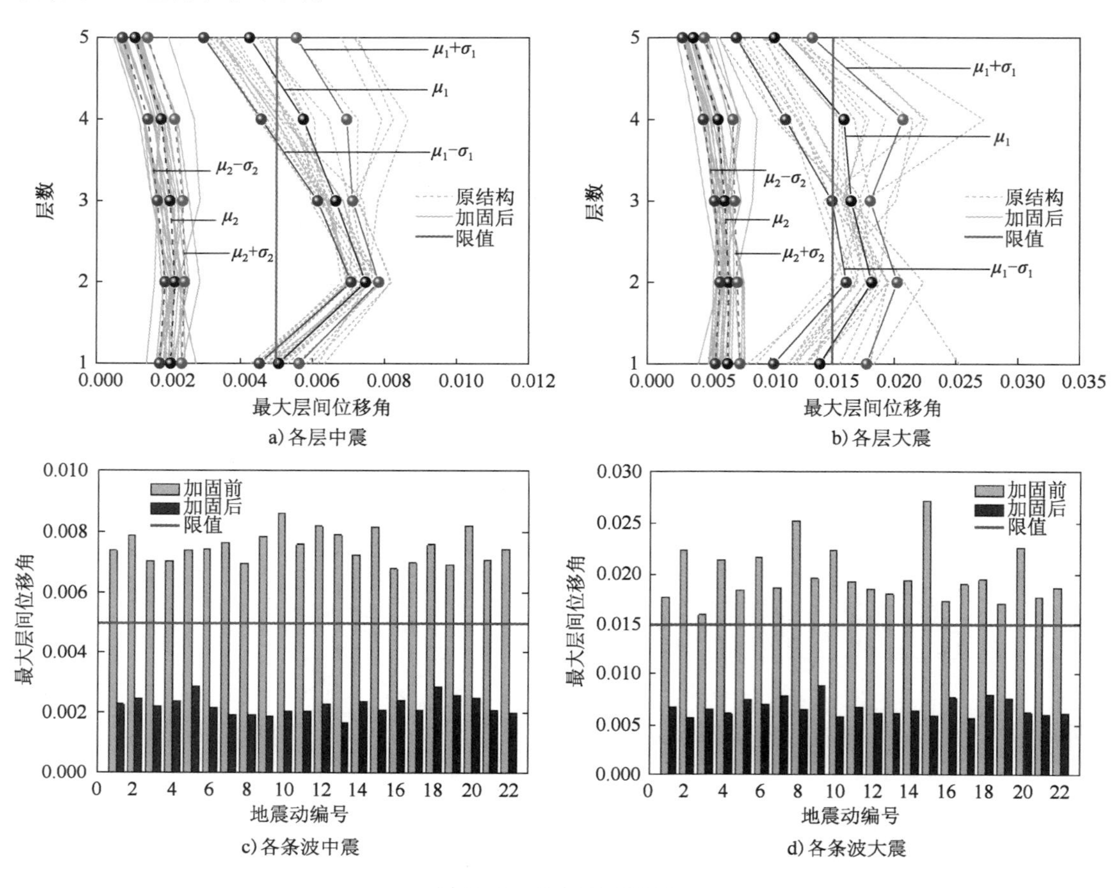

图 15-40 最大层间位移角

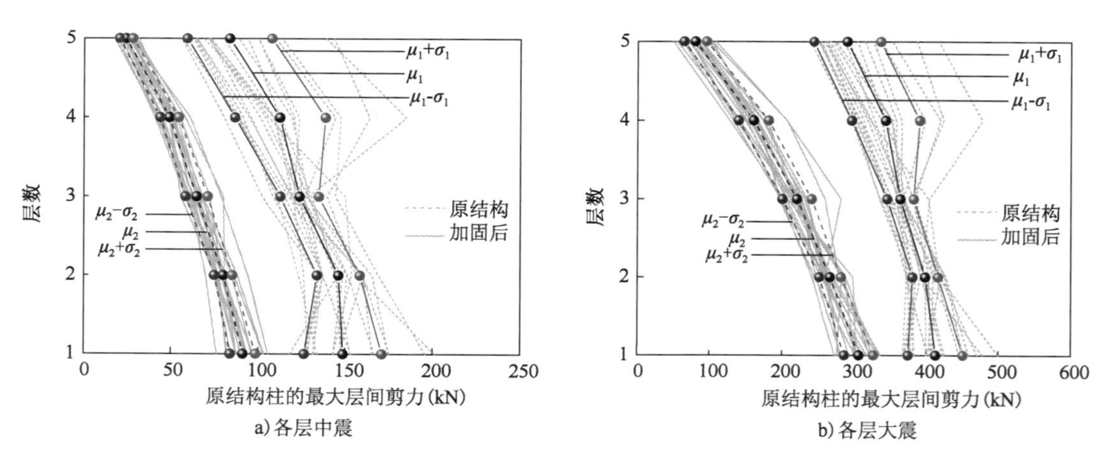

图 15-41

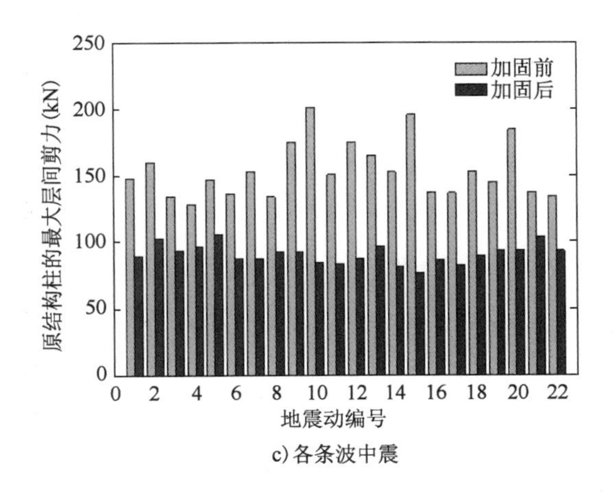

c)各条波中震

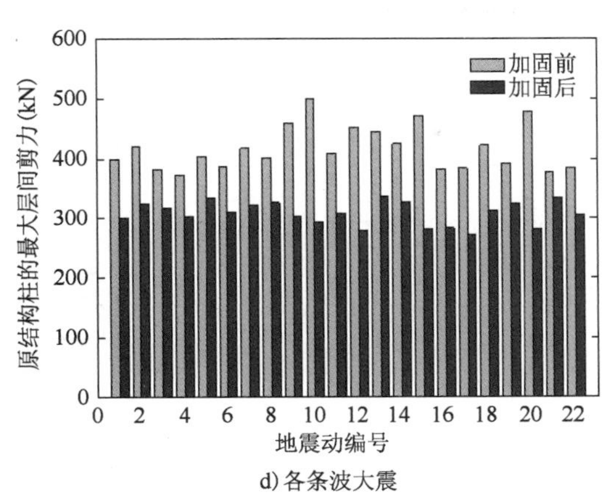

d)各条波大震

图 15-41　最大层间剪力(原结构柱)

(3)顶层时程位移

中震及大震下,结构加固前后的顶层时程位移曲线如图 15-42 所示,其中选取了 22 条地震波中的 5 条波(7 号 NIS090,10 号 ARC090,14 号 G03090,17 号 BPOE360,21 号 PEL180)。可以看出,中震作用下,结构加固后的顶层位移在 5 条地震波下均得到降低,降低的数值从 30mm 到 58.7mm 不等;5 条地震波下结构加固前后的顶层位移最大峰值降低绝对值分别达到40.1mm、15.1mm、27mm、31.8mm、24.9mm。大震作用下,结构顶层开始产生明显的残余位移,在 14 号波和 21 号波下,加固前残余位移值达到 85.1mm 和 106.6mm,加固后这 2 条地震波下的残余位移值降低到 1.41mm 和 2.89mm;加固前的最大残余位移值为 10 号波下的 209mm(结构倒塌),而加固后其值降为 1.61mm,体现出附加子结构加固的显著作用。

(4)性能水准超越概率

选取结构第一周期下的谱加速度为强度指标(IM),结构最大层间位移角为工程需求参数(EDP),将 22 条地震波不断调幅增大,并依次对加固前后的结构进行多次地震时程分析,即增量动力分析(IDA),直至破坏。加固前后的 IDA 曲线如图 15-43a)、b)所示,其 16%、50%、84%分位曲线也在图中画出。选取 FEMA356 规范推荐的 3 类结构性能水准(立即使用——IO,生命安全——LS,防止倒塌——CP),并根据 IDA 结果绘制加固前后的地震易损性分析曲线,图 15-43c)所示。

可以看出,结构加固后,3 类性能水准的超越概率均显著下降;对于 IO 和 LS 极限状态,降幅最大比例为 47.7%(中震下的立即使用 IO 水准),对于 50% 超越概率的相应 IM,3 类性能水准分别由加固前的 0.09g、0.3g、0.86g 提升到 0.24g、0.61g、1.37g,体现出加固后结构能力的可靠性,以及更低的结构超越概率和损伤风险,进一步验证了附加子结构加固的优异效果。

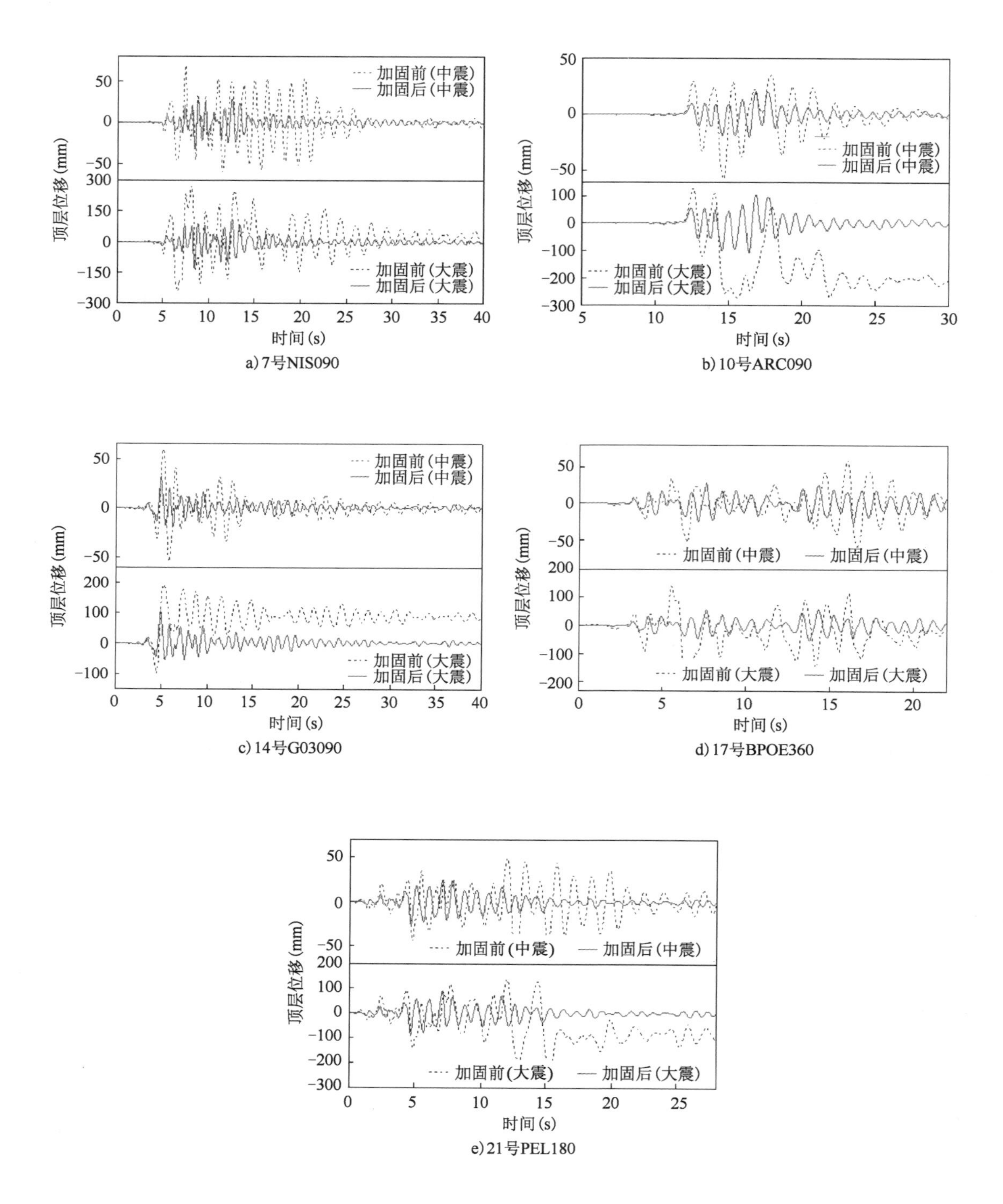

a) 7号NIS090

b) 10号ARC090

c) 14号G03090

d) 17号BPOE360

e) 21号PEL180

图 15-42　5 条典型波下的结构顶层时程位移分析

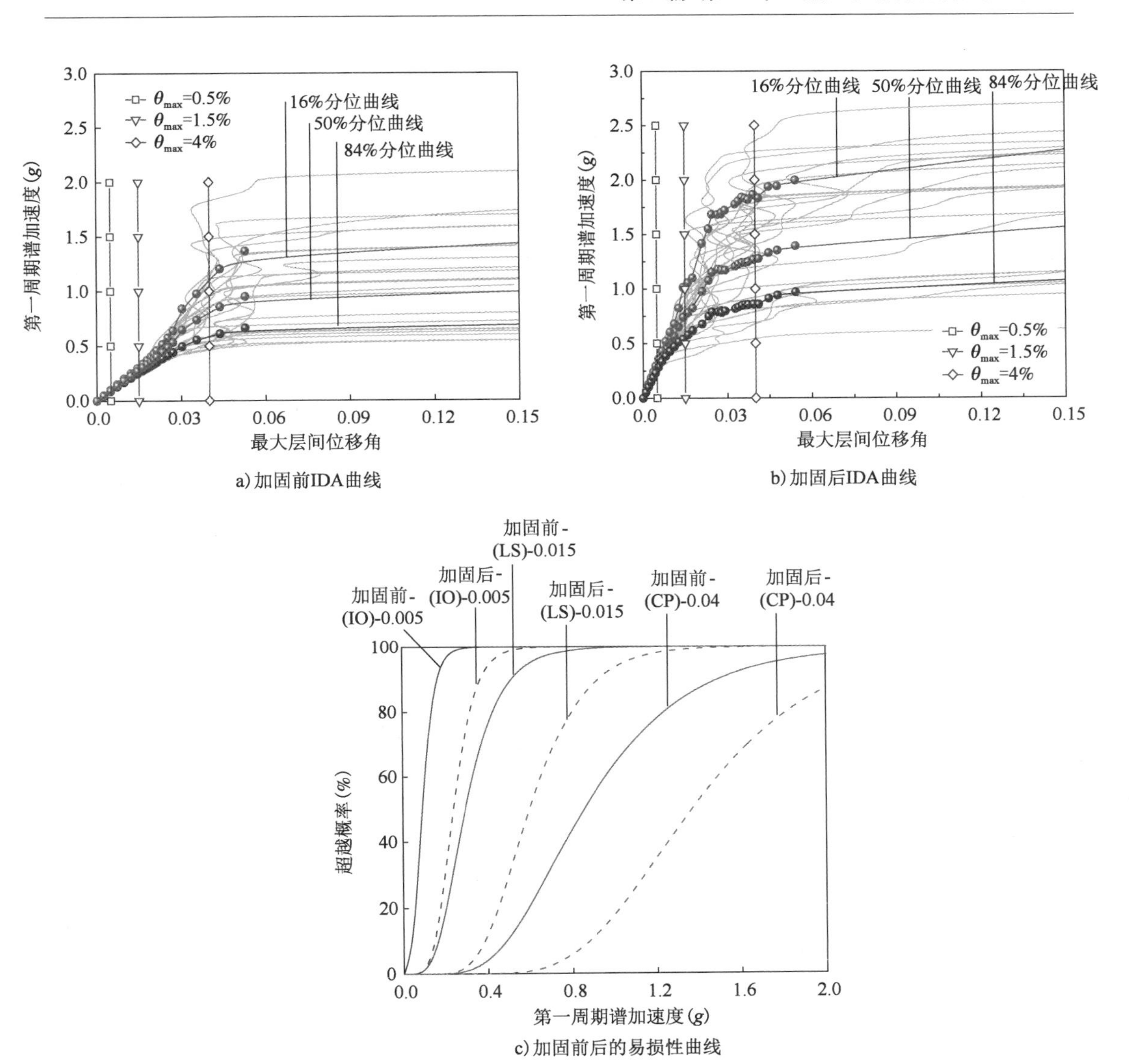

图 15-43　加固前后性能水准超越概率分析

15.6　本 章 小 结

本章针对砌体结构、框架结构分别提出适用的附加子结构抗震加固新技术,同时列举了多种其他附加子结构新技术,相关成果可为该技术的科学研究与工程应用提供参考借鉴,具体总结如下:

①本章针对量大面广的砌体结构,提出附加预制圈梁-构造柱加固技术,分别从基本概念与构造、施工流程、理论及数值分析、试验研究及分析等方面详细阐述;加固后的墙体在达到极限荷载后仍有一定的耗能能力与抗倒塌能力,证明预制圈梁-构造柱可以显著提高墙体的抗震性能,其加固试件的峰值荷载、极限位移与现浇方式加固试件较为相近,证明在施工

质量得以保证的前提下,可以做到"等同现浇",经济效益和社会效益显著。

②本章针对典型的混凝土框架结构,提出附加预制框架-支撑加固技术,分别从基本概念与构造、施工流程、理论及数值分析、试验研究及分析等方面详细阐述;加固后的结构承载力获得大幅提高,附加支撑改变了原结构受力与变形模式;原结构的损伤显著减小,钢筋基本保持在弹性阶段,体现出附加框架-支撑的损伤转移效果;工厂化生产预制构件,现场拼接加固,加快施工速度,保证加固质量,过程节能环保,具备发展前景。

③本章列举了其他附加子结构新技术的研发进展与成果,包括内嵌预制预应力框架、内嵌损伤可控摇摆墙、外附抗侧力索结构、外附预制预应力框架-耗能支撑;最后用 2 个加固工程实例和 1 个案例分析,进一步阐明了附加子结构的加固优势和应用前景,相关成果可为附加子结构的科学研究与工程应用提供参考借鉴。

本章参考文献

[1] 中华人民共和国住房和城乡建设部. 建筑抗震加固技术规程:JGJ 116—2009[S]. 北京:中国建筑工业出版社,2009.

[2] 顾泰昌. 国内外装配式建筑发展现状[J]. 工程建设标准化,2014(8):48-51.

[3] 王俊,赵基达,胡宗羽. 我国建筑工业化发展现状与思考[J]. 土木工程学报,2016,49(5):1-8.

[4] 李晓明. 装配式混凝土结构关键技术在国外的发展与应用[J]. 住宅产业,2011(6):16-18.

[5] 宣卫红,吴刚,左熹,等. 外加预制圈梁构造柱加固砌体结构技术与工程应用[J]. 施工技术,2016(16):69-74.

[6] 钱旭亮. 外加预制圈梁构造柱提升砌体结构整体抗震性能研究[D]. 南京:东南大学,2015.

[7] 郑妮娜. 装配式构造柱约束砌体结构抗震性能研究[D]. 重庆:重庆大学,2010.

[8] Kang S, Tan K H, Yang E. Progressive collapse resistance of precast beam-column sub-assemblages with engineered cementitious composites[J]. Engineering Structures, 2015, 98: 186-200.

[9] Xue W, Zhang B. Seismic behavior of hybrid concrete beam-column connections with composite beams and cast-in-place columns[J]. ACI Structural Journal, 2014, 111(3): 617-627.

[10] Bahrami S, Madhkhan M, Shirmohammadi F, et al. Behavior of two new moment resisting precast beam to column connections subjected to lateral loading[J]. Engineering Structures, 2017, 132: 808-821.

[11] 管东芝. 梁端底筋锚入式预制梁柱连接节点抗震性能研究[D]. 南京:东南大学,2017.

[12] 蔡建国,冯健,王赞,等. 预制预应力混凝土装配整体式框架抗震性能研究[J]. 中山大学学报(自然科学版),2009,48(2):136-140.

[13] Restrepo J I, Park R, Buchanan A H. Tests on connections of earthquake resisting precast reinforced concrete perimeter frames of buildings[J]. PCI Journal, 1995, 40(1): 44-61.

[14] 组相杰.外附预制梁柱提升既有混凝土结构抗震性能研究[D].南京:东南大学,2016.

[15] Cao X,Wu G,Feng D,et al. Experimental and numerical study of outside strengthening with precast bolt-connected steel plate-reinforced concrete frame-brace [J]. Journal of Performance of Constructed Facilities,2019,33(6):4019077.

[16] 吴刚,曹徐阳.内嵌预应力装配式框架加固原框架的结构:201710332159.7[P].[2018-01-30].

[17] 吴刚,曹徐阳.带剪切软钢阻尼器的内嵌预应力装配式框架加固结构:201720523858.5[P].[2018-01-30].

[18] 吴刚,崔浩然,许嘉辉.一种预应力自复位损伤可控拼装摇摆墙:201610841833.X[P].[2019-06-21].

[19] 龚来凯.附加抗侧力索结构提升村镇砌体房屋整体抗震性能的研究[D].南京:东南大学,2019.

[20] Cao X,Wu G,Feng D,et al. Research on the seismic retrofitting performance of RC frames using SC-PBSPC BRBF substructures [J]. Earthquake Engineering and Structural Dynamics,2020,49(8):794-816.

[21] Cao X,Feng D,Wu G. Seismic performance upgrade of RC frame buildings using precast bolt-connected steel-plate reinforced concrete frame-braces[J]. Engineering Structures,2019,195:382-399.

第 16 章 新型损伤可控摇摆墙及抗震加固技术

16.1 概 述

以保障生命安全为基本目标,我国抗震规范提出了“小震不坏,中震可修,大震不倒”的设防要求。然而,依规范设计的结构通过构件损伤耗散地震能量,因此当震后损伤过大无法满足修复或继续使用的要求时,需拆除重建。为提升结构的可修复性,2009 年“可恢复功能城市”首次被提出,并作为地震工程的新方向[1],随后有学者提出了“可恢复功能结构”[2],并进一步发展为“损伤可控结构”[3],其是指在地震等灾害下结构损伤不会过度发展,通过合理的技术修复可恢复其预期功能的结构。现有的抗震设计通过增加结构抗力和延性来提升抗震能力,但不能很好地解决结构可修复性问题。通过采用新结构体系(如摇摆墙等),可实现结构的损伤可控。

摇摆结构通过放松基础或构件之间的约束,允许结构或构件在地震作用下摇摆,是一种新型损伤可控抗震结构体系。其原理是利用摇摆引起的局部变形将损伤控制在摇摆界面上,通过重力或附加预应力实现自复位,在耗能聚集区安装耗能器以增强结构的耗能能力,减少结构主体的损伤和残余变形,便于结构修复。根据墙的数量,摇摆墙可分为单片墙和多片组合墙等不同形式[4];根据应用场景的不同,摇摆墙可分为混凝土摇摆墙体[5-7]、摇摆墙-框架[8-9]、摇摆填充墙-框架[10-11]、砌体摇摆墙[12]、木结构摇摆墙[13]、带可更换耗能阻尼器摇摆墙[14-15]等。摇摆墙自提出以来,得到了较为有效的工程应用,典型工程案例包括:2007 年美国加利福尼亚大学伯克利分校附近一幢 20 世纪 70 年代建成的六层混凝土框架办公楼采用后张预应力摇摆墙进行抗震加固[16],2009 年东京工业大学津田校区 G3 楼采用整体型摇摆墙与钢阻尼器结合的方式进行抗震加固[17]。在我国,摇摆墙的研究和应用尚处于起步阶段,典型研究包括在抗震加固改造中通过摇摆墙控制整体变形的原理[18],以及江苏宿迁某校综合楼的 5 层单跨框架连廊抗震改造过程中附加分布摩擦耗能器的自定心混凝土抗震墙的应用[19]。

将整片摇摆墙作为控制框架变形的整体型构件进行设计时,附加摇摆墙加固既有结构时要求原结构有合适的外形构造。将框架中的填充墙改造为摇摆墙是一种灵活适用的形式,但填充墙自身强度不高或与摇摆墙连接的框架梁弯曲耗能都将产生不易修复的损伤。

研究表明,摇摆墙的摇摆支撑点处钢筋混凝土破坏严重,现有的保护措施效果有限,即使附加了可更换的阻尼器也无法保证将全部损伤定位在阻尼器上,不利于震后的快速修复。

为此,本书作者团队提出了一种适用于框架加固的新型损伤可控摇摆墙,即在摇摆墙中创新地借助低弹模材料以避免角部混凝土的破坏,通过可更换阻尼器聚集损伤并通过预应力降低震后残余位移,兼顾了摇摆墙的灵活布置和震后结构功能的快速修复。该新型摇摆墙的典型应用场景如图16-1a)所示,新型损伤可控摇摆墙拼装单元内嵌于框架以实现抗震加固。摇摆墙拼装单元包括相对设置的上、下连接梁,上、下连接梁之间设有两片预制摇摆墙体,预制摇摆墙体之间设有耗能阻尼。各预制摇摆墙体包括预制钢筋混凝土主体和设于该主体四角的低弹模角部弹性体,预制摇摆墙体通过无粘结预应力筋锚固于上下连接梁间,如图16-1b)所示。

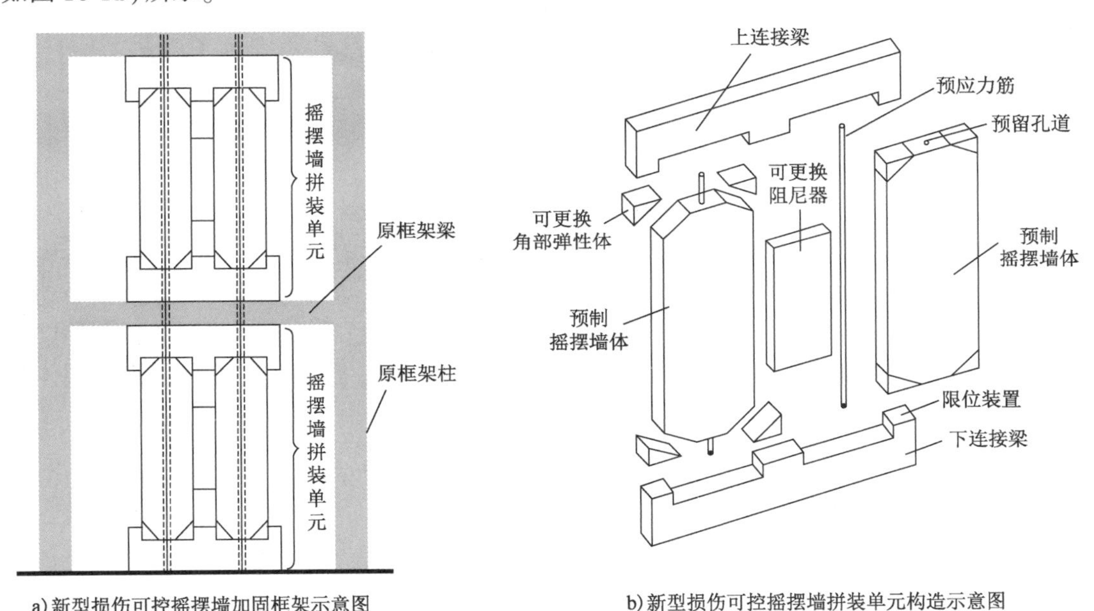

a)新型损伤可控摇摆墙加固框架示意图　　b)新型损伤可控摇摆墙拼装单元构造示意图

图16-1　新型损伤可控摇摆墙示意图

本章在阐述新型损伤可控摇摆墙工作原理的基础上,通过试验验证了此类摇摆墙的抗震性能,提出了新型损伤可控摇摆墙加固框架结构的技术方案和设计流程,并通过设计案例对该新型摇摆墙加固既有框架的有效性进行了论证。

16.2　新型损伤可控摇摆墙工作原理

1)刚体损伤可控摇摆墙荷载位移关系

图16-1所示的新型损伤可控摇摆墙简化为刚体后的计算模型如图16-2a)所示,H为摇摆刚体高度,L为刚体接触面宽度(摇摆支撑点水平距离),a和b分别为角部弹性体的宽度和高度,D_1和D_2分别为上、下连接梁高度,s和t分别为摇摆体轴线距离和边距,L_P为预应力筋长度。剪切型耗能阻尼器可近似认为具有理想弹塑性,其刚度为K_T,屈服力为K_y。设

摇摆运动中摇摆体与上、下连接梁无相对滑动,忽略剪切阻尼轴压力,当摇摆体转动 θ 角度时,其变形如图 16-2b)所示,其中 u 和 h 分别为摇摆体顶部水平位移和竖向位移,t' 为摇摆体转动时的边距,ΔH_t 为两个摇摆体相邻边的相对位移(阻尼变形量)。

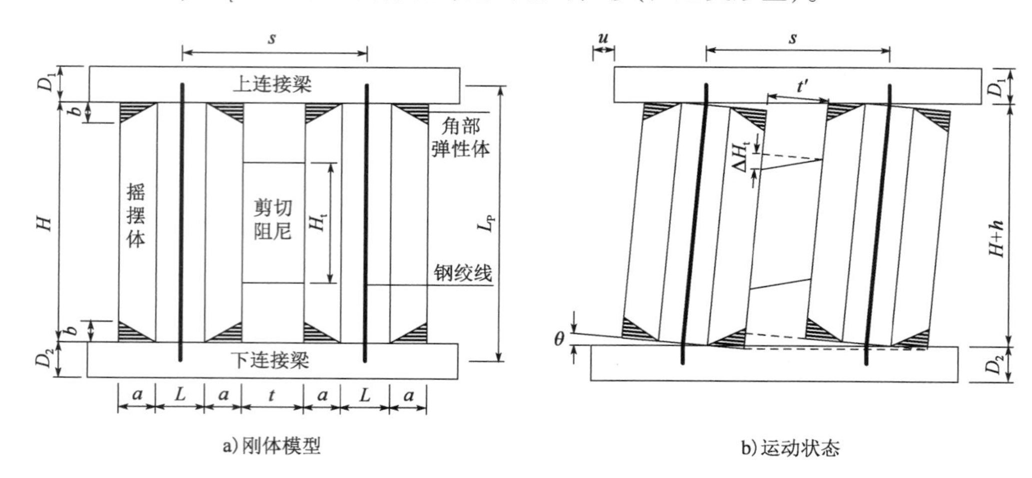

图 16-2　新型损伤可控摇摆墙刚体模型和运动状态

摇摆墙受力如图 16-3 所示,G_1 为摇摆体重力,G_2 为连接梁重力,F_1、F_2 分别为结构作用于上、下连接梁表面的水平推力,M_1、M_2 分别为转动过程中结构约束上、下连接梁平动所需的弯矩,N_1、N_2 分别为墙体上、下的初始轴力,N_A 为转动过程中结构对墙体的轴向约束反力,N'_{11}、N'_{12}、N'_{21}、N'_{22}分别为摇摆体与上、下连接梁的挤压力,f_{11}、f_{12}、f_{21}、f_{22}分别为摇摆体与上、下连接梁接触点处的摩擦力。可求解出水平推力 F:

$$F = \frac{1}{H+h}\left[(N_1 + G_1 + G_2 + N_A)(L-u) + 2N_M a + 2PL\cos\frac{\theta}{2} + T s\cos\theta\right] \tag{16-1}$$

其中:

$$P = P_0 + 2ES_P\frac{L\sin\frac{\theta}{2}}{L_P} \tag{16-2}$$

$$N_A = K_A h \tag{16-3}$$

$$N_M = K_M\theta \tag{16-4}$$

$$T = \begin{cases} K_T\Delta H_t & \left(\theta < \arcsin\dfrac{T_y}{sK_T}\right) \\ T_y & \left(\theta \geqslant \arcsin\dfrac{T_y}{sK_T}\right) \end{cases} \tag{16-5}$$

式中:K_A——摇摆体升高单位高度时结构对其约束力的增量;

K_M——摇摆体旋转单位角度时角部接触面的正应力合力;

P_0——预应力筋初始预应力;

S_P——预应力筋面积;

E——预应力筋弹性模量。

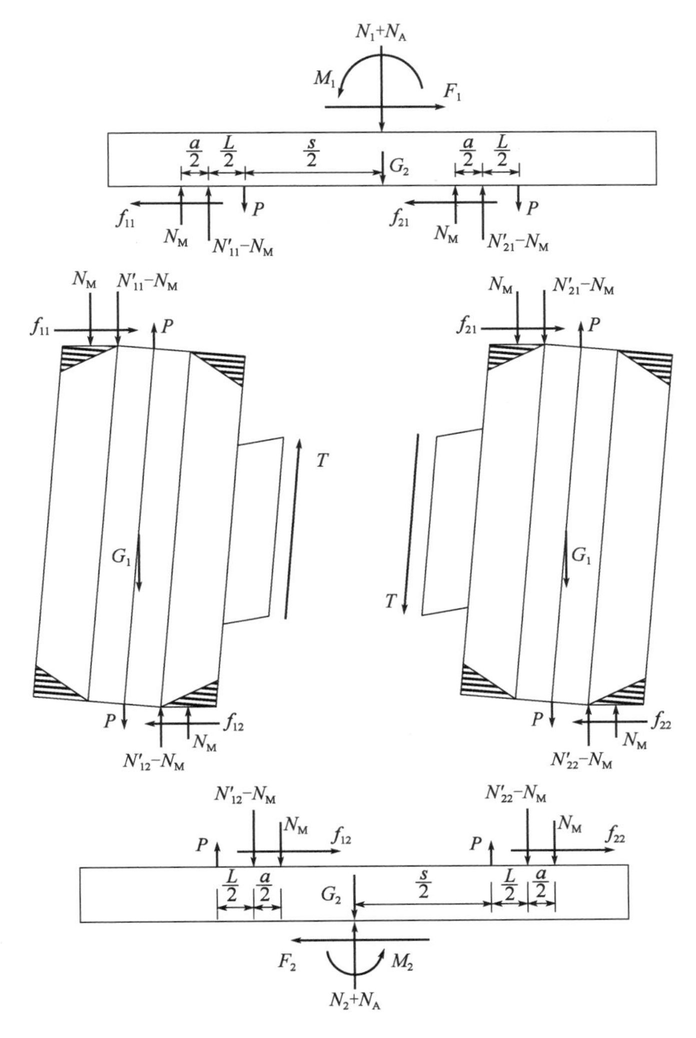

图 16-3　新型损伤可控摇摆墙受力分析

损伤可控摇摆墙的荷载-转角加载曲线如图 16-4a)所示,图中点 A 为摇摆起始点,点 B 为阻尼屈服点,点 C 为卸载起始点。对于简化刚体模型,当摇摆墙达到位移极限时,其达到极限承载力。

使用简化刚体模型分析的损伤可控摇摆墙的加载路径可由式(16-1)求得,卸载路径则与加载结束时的位置 θ_r 相关。对于简化模型,考虑到摇摆体为刚体、角部材料为弹性体,剪切型耗能阻尼器为理想弹塑性材料,且摇摆墙卸载到 θ 位置与加载到 θ 位置时仅剪切阻尼状态不同,因此卸载时的水平恢复力计算式应与式(16-1)相同,仅将阻尼力的计算式改为

$$T=\begin{cases}T_y-sK_T\sin(\theta_r-\theta) & \left(\theta>\theta_r-2\arcsin\dfrac{T_y}{sK_T}\right)\\ -T_y & \left(\theta\leqslant\theta_r-2\arcsin\dfrac{T_y}{sK_T}\right)\end{cases}\tag{16-6}$$

如图 16-4b)所示，当加载结束位置在点 B 时，$\theta_r = \arcsin \frac{T_y}{sK_T}$，加载卸载路径为 $O \to A \to B \to O$。当加载结束位置在点 C_1 时，$\theta_r = 2\arcsin \frac{T_y}{sK_T}$，加载卸载路径为 $O \to A \to B \to C_1 \to R_1 \to Q_1 \to O$，其中阻尼力 T 在点 B 屈服，阻尼力方向在点 R_1 反转并在点 Q_1 反向屈服。当加载结束位置在点 C_2 时，$\theta_r > 2\arcsin \frac{T_y}{sK_T}$，加载卸载路径为 $O \to A \to B \to C_2 \to R_2 \to Q_2 \to Q_1 \to O$，其中阻尼力 T 在点 B 屈服，阻尼力方向在点 R_2 反转并在点 Q_2 反向屈服。滞回曲线 $O \to A \to B \to C_2 \to Q_2 \to Q_1 \to O$ 包络的面积近似为：

$$S_{OABC_2Q_2Q_1O} = (F_A - F_{Q_1})\left(\frac{3}{2}\theta_B + 2\theta_{Q_2}\right) \tag{16-7}$$

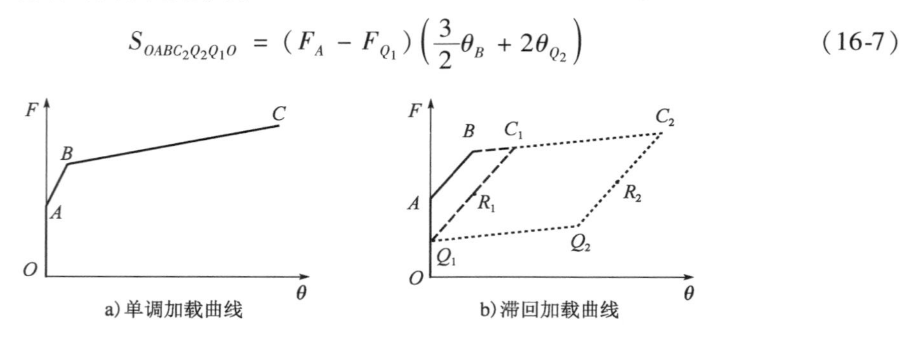

图 16-4　新型损伤可控摇摆墙加载曲线

2)自复位无残余变形的条件

根据上文分析，实现新型损伤可控摇摆墙简化刚体模型在自复位后无残余变形，需满足图 16-4b)中点 Q_1 在原点 O 上方。考虑实际应用中钢筋混凝土的开裂、钢筋屈服和墙体滑移等其他不利因素，应考虑一个大于 1 的安全系数 K_s，即

$$N_1 + G_1 + G_2 + 2P_0 \geq K_s \frac{sT_y}{L} \tag{16-8}$$

16.3　新型损伤可控摇摆墙的抗震性能

本节采用控制变量法，通过拟静力试验对新型损伤可控摇摆墙的抗震性能进行了验证。试件如图 16-5 所示，损伤可控摇摆墙将 2 片预制钢筋混凝土摇摆体通过可更换剪切型耗能阻尼器连接，后张无粘结预应力筋分别穿过摇摆体中心，锚固于上、下连接梁上。每个摇摆体的角部单元为高延性低弹模聚氨酯弹性体。本试验设计制作了重复使用的 1 个钢结构的上连接梁和 1 个表面附加钢板的钢筋混凝土下连接梁。该新型损伤可控摇摆墙的主要特点是配置了可更换的角部聚氨酯弹性体与耗能阻尼器，试验过程主要考虑了高屈服力和低屈服力的 2 种剪切型耗能阻尼器的作用。

16.3.1　摇摆墙设计

试验用的新型损伤可控摇摆墙的上连接梁兼作加载梁，采用 Q235 钢制作的钢箱梁。下连接梁兼作锚固基础，整个下连接梁上表面预埋一块的完整 6mm 厚钢板，下部预留槽洞以放置锚固预应力钢绞线的锚杯。预制钢筋混凝土摇摆体如图 16-6 所示，墙体尺寸为 150mm × 800mm × 2000mm，墙体角部预留聚氨酯弹性体安装空间。墙板中心位置预埋 50mm 内径的 PVC 管以布置后张无粘结预应力筋，每个孔道穿过 4 根 15.2mm 的钢绞线。两片墙板相邻边的中间高度预埋 40mm 厚钢板，用于高强螺栓固定耗能阻尼器。墙板端部保护混凝土的预埋件在浇筑时兼作模板，主体采用 6mm 钢板焊接，背面的肋板使用对拉螺栓固定以约束端部混凝土并防止破坏。墙板全部采用 HRB400 的直径为 8mm 的钢筋，布置如图 16-6 所示，竖向及水平钢筋间距分别为 100mm 和 150mm。墙体端部 200mm 高度的水平钢筋加密间距为 50mm 并焊牢于预埋件上。共研究了三种典型墙体的抗震性能，其中墙 1 仅在角部设置聚氨酯弹性体，墙 2 和墙 3 在角部设置聚氨酯弹性体的基础上，在两片墙体之间分别安装了高屈服力和低屈服力剪切型耗能阻尼器。所用聚氨酯的弹性模量为 30MPa，混凝土强度为 31MPa，8mm 钢筋的屈服强度及极限强度分别为 556MPa 和 640MPa，1860 级钢绞线的屈服强度为 1580MPa。在试验过程中，两片墙体均通过钢绞线施加 450kN 的预应力。

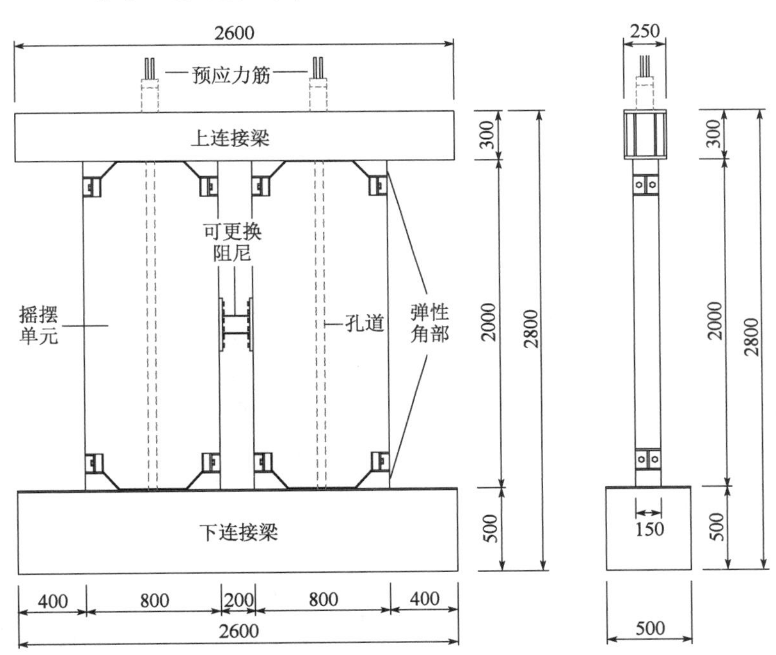

图 16-5　新型损伤可控摇摆墙构成及尺寸(尺寸单位：mm)

摇摆墙的角部单元如图 16-7 所示，其由钢支座和聚氨酯弹性体组成。钢支座与聚氨酯弹性体界面经过硫化处理固定，并设置抗剪抗拔栓钉，弹性体表面做成小波浪形状以增加摩擦。

摇摆墙所安装的剪切型金属耗能阻尼器的形状如图 16-8 所示，其核心板采用软钢，所用焊缝经过特殊处理，以消除残余应力、提高疲劳性能。阻尼器的性能测试中，剪切型金属耗能阻尼器的破坏情况相似，在往复过程中端部由于拉伸和压缩产生了较大的塑性变形，最终在焊缝处断裂破坏。两种阻尼器的屈服力分别为 180kN 和 80kN。

摇摆墙的制作包括钢筋的绑扎、焊接预埋件、浇筑等。组装摇摆墙前使用高强螺栓安装角部单元的聚氨酯橡胶弹性体，初次安装时分别吊装左、右摇摆体至基础，使预应力钢绞线穿过孔道，安装阻尼器后吊装上连接梁，最后张拉预应力钢绞线到目标应力值。

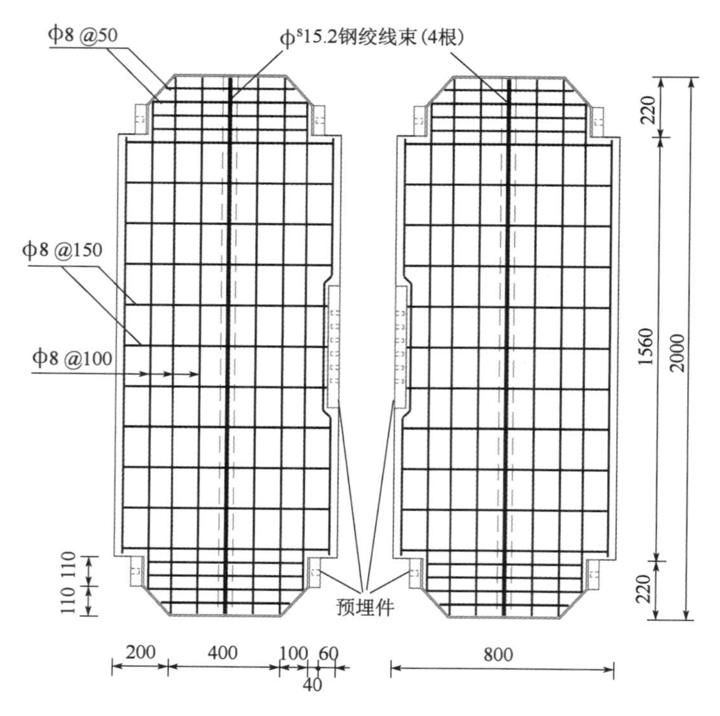

图 16-6　混凝土摇摆体配筋及构造(尺寸单位:mm)

a)聚氨酯及钢支座整体

b)钢支座及栓钉

图 16-7　摇摆墙的角部单元

试验加载装置如图 16-9 所示。基础通过竖向和水平锚杆施加预应力固定在刚性地面和反力墙上,液压促动器固定在刚性反力墙上,通过锚杆与上连接梁连接。平面外支撑系统由钢梁和可调节的定向轮组成,在上连接梁的位置抑制试件的平面外运动。执行往复循环的加载制度,全程位移控制,最小水平位移为 1mm,随后每级水平位移为前一级的 2 倍,在水平位移达到 16mm 后,每级水平位移增加 8mm 直至 56mm,每个荷载步循环 3 次。

a)高屈服力阻尼器

b)低屈服力阻尼器

图16-8　剪切型金属耗能阻尼器

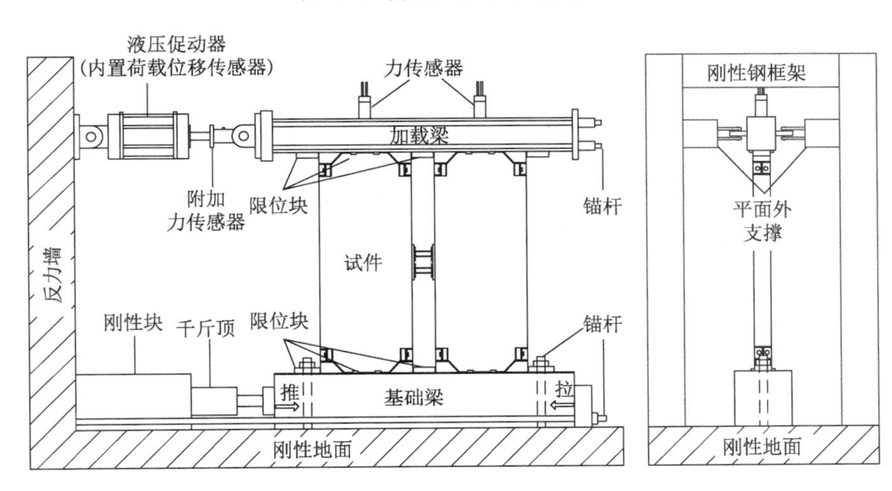

图16-9　试验加载装置

16.3.2　破坏模式

仅角部安装聚氨酯弹性体的墙1试件在整个加载过程中未发现有任何混凝土的开裂或剥落,左、右摇摆体的轴线保持平行同步转动,未观察到明显的滑动。同时配置角部聚氨酯弹性体与高屈服力阻尼器的墙2在整个加载过程中未发现有混凝土的弯曲或剪切裂缝,从40mm(2.0%)荷载步开始观察到左、右摇摆体呈"V"字形并伴随有滑动,阻尼器也出现了相对转动且端焊缝开始出现裂缝。加载到48mm(2.4%)荷载步时,墙2左、右摇摆体的相对位置关系如图16-10a)所示,阻尼器的剪切变形如图16-11a)所示,阻尼器的破坏情况如图16-12a)所示。同时配置角部聚氨酯弹性体与低屈服力阻尼器的墙3在加载过程中未发现有任何混凝土的开裂或新出现的剥落,左、右摇摆体的轴线保持平行同步转动,未观察到摇摆体有明显的滑动,阻尼器表现为纯粹的剪切。加载到56mm(2.8%)荷载步时,墙3左、右摇摆体的相对位置关系如图16-10b)所示,阻尼器的剪切变形如图16-11b)所示,阻尼器的破坏情况如图16-12b)所示。

a）墙2（聚氨酯弹性体+高屈服力阻尼器）

b）墙3（聚氨酯弹性体+低屈服力阻尼器）

图 16-10　摇摆体位置关系

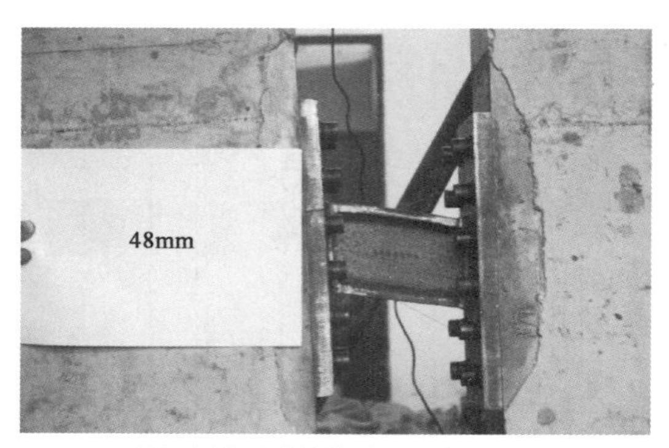

a）墙2（聚氨酯弹性体+高屈服力阻尼器）

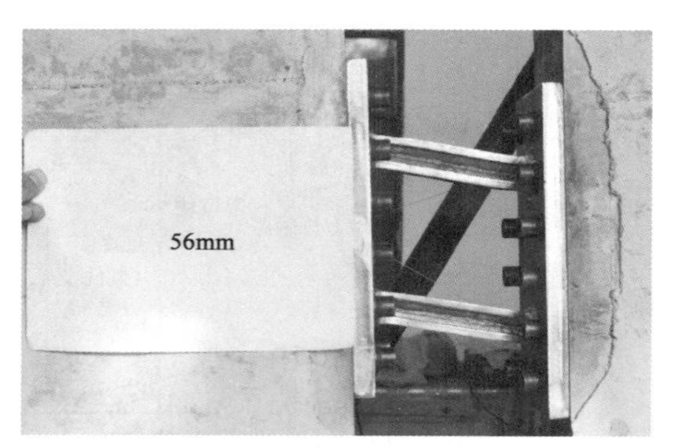

b）墙3（聚氨酯弹性体+低屈服力阻尼器）

图 16-11　阻尼器变形模式

a）墙2（聚氨酯弹性体+高屈服力阻尼器）

b）墙3（聚氨酯弹性体+低屈服力阻尼器）

图 16-12　阻尼器破坏情况

新型损伤可控摇摆墙中的摇摆体在往复荷载作用下均出现了明显的抬升和转动，不同的试件在试验中均未出现混凝土的弯曲或剪切裂缝，重复使用的钢筋混凝土摇摆体在端部摇摆支撑点附近的保护层产生微小的局部剥落后不再出现新的损伤。聚氨酯橡胶弹性体角部和端部预埋件很好地避免了局部受压破坏,同时聚氨酯橡胶始终保持弹性。无附加阻尼器的试件在往复试验结束后未出现损伤;有附加阻尼器的构件中所有的破坏都集中在剪切阻尼器上,阻尼器发生剪切破坏。

16.3.3　抗震性能分析

1)滞回曲线及骨架曲线

观察分析发现,无附加阻尼器的墙 1 在试验中表现出良好的双线弹性响应,加载卸载的路径基本重合,微小的差别可能来自预应力的损失。采用低屈服力阻尼器的墙 3 的滞回曲线表现出典型的旗帜形和自复位的特征。采用高屈服力阻尼器的墙 2 的滞回曲线在前期有旗帜形的表现,但后期分别在荷载步 1.2%、1.6% 和 2.0% 位移角时开始失去旗帜形的趋势,且残余位移随加载位移的增大而明显增加。不同于传统钢筋混凝土剪力墙的滞回曲线在同一荷载步的循环中逐渐软化,新型损伤可控摇摆墙所有试件的滞回曲线在每个荷载步的 3 次循环中基本重合。三类典型墙体的滞回曲线如图 16-13 所示,骨架曲线如图 16-14 所示。

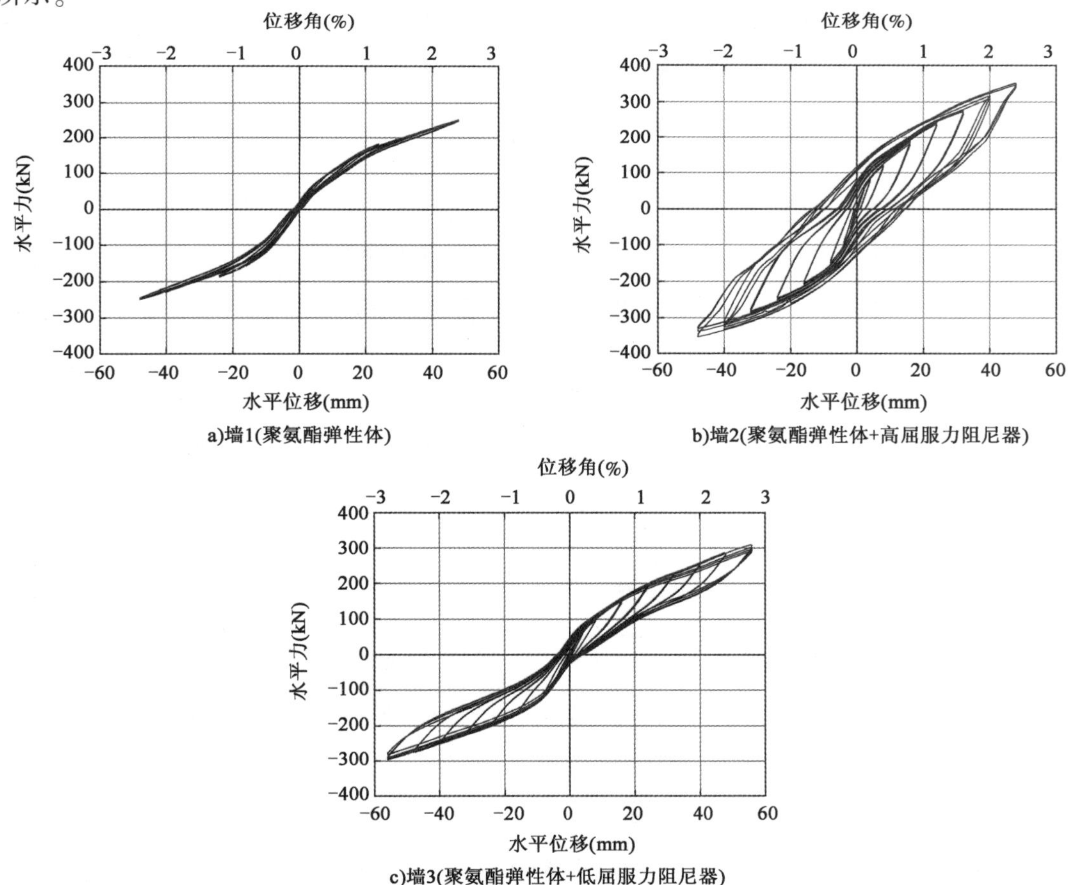

a)墙1(聚氨酯弹性体)

b)墙2(聚氨酯弹性体+高屈服力阻尼器)

c)墙3(聚氨酯弹性体+低屈服力阻尼器)

图 16-13　典型新型损伤可控摇摆墙滞回曲线

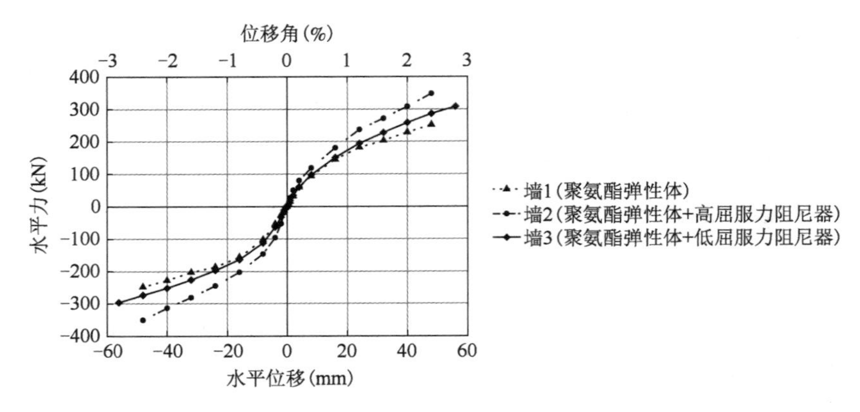

图 16-14 新型损伤可控摇摆墙骨架曲线

2)能量耗散

各摇摆墙试件在每个荷载步循环中包围的面积如图 16-15a)所示,计算所得的等效黏滞阻尼系数如图 16-15b)所示。显然配置高屈服力阻尼器的墙 2 相对于配置低屈服力阻尼器的墙 3 具有较大的耗能。在位移角达到 0.5% 时,墙 2 的滞回环面积近似呈线性增长,而等效黏滞阻尼系数则趋于稳定。对于无阻尼器的墙 1,其等效黏滞阻尼系数稳定在 0.025

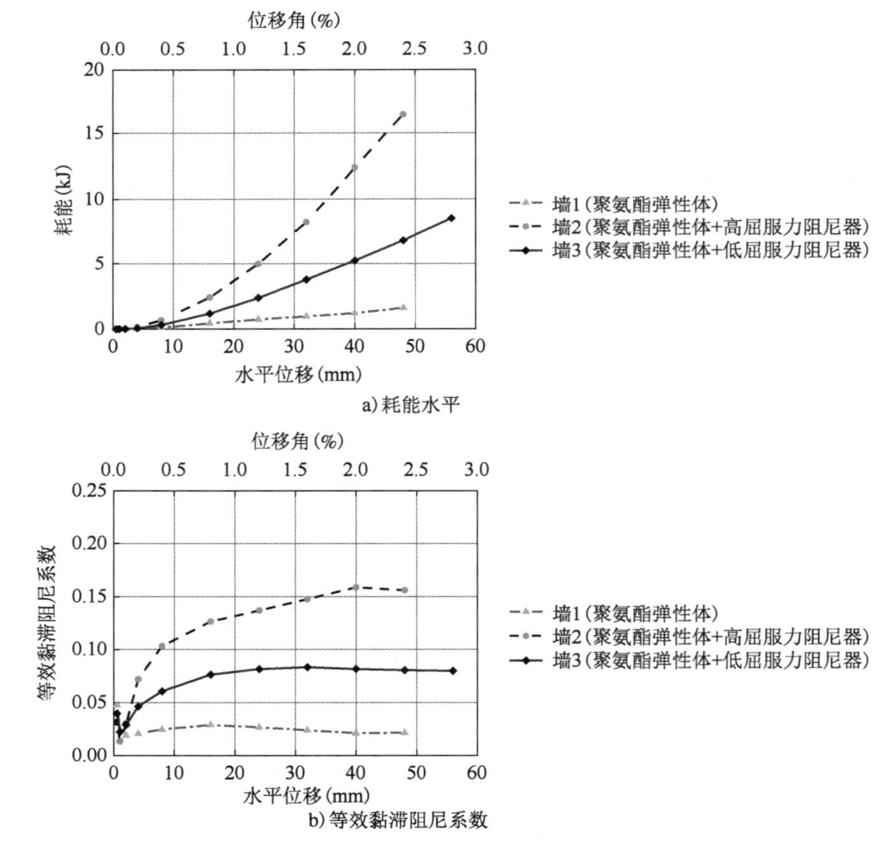

图 16-15 新型损伤可控摇摆墙耗能水平及等效黏滞阻尼系数

附近,可以认为这是墙体的自身阻尼。由于墙3中阻尼器的屈服力约为墙2阻尼器屈服力的50%,两者等效黏滞阻尼系数的比值也约为50%,后期分别稳定在0.075和0.15附近,表明钢筋混凝土主体几乎无损伤,摇摆墙整体的耗能能力主要由附加阻尼器贡献。

3)竖向位移及预应力变化

摇摆体在转动时会产生竖向位移增量,使上连接梁在往复过程中产生竖向位移的变化。典型预应力钢绞线锚固端的竖向位移变化如图16-16所示,往复循环的过程中左右2处的竖向位移变化值有所差异,说明上连接梁有一定的转动。墙2由于摇摆体的不协调运动而使竖向位移的路径不重复,相反,墙3左、右摇摆体的竖向位移的变化路径基本重叠。在上连接梁缺少转动约束的情况下,其内部左、右摇摆体的运动略有差异,容易产生呈"V"形的不协调转动。在实际加固中内嵌框架摇摆墙的连接梁转动将被限制,左、右摇摆体的运动将同步一致。

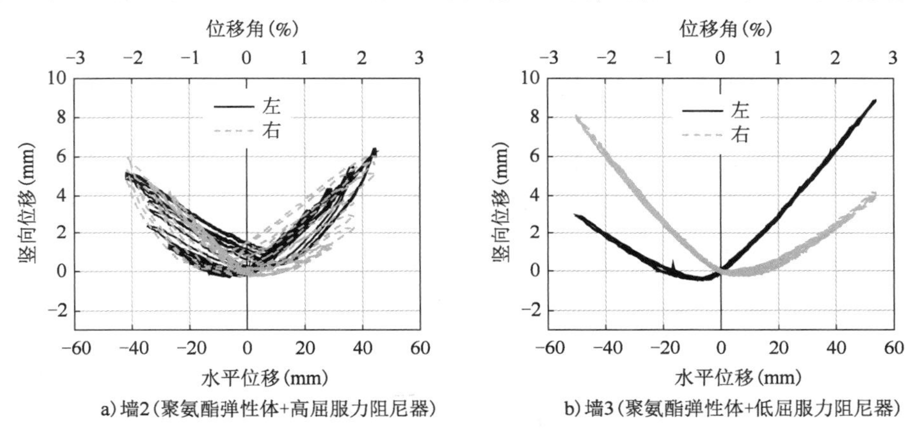

a)墙2(聚氨酯弹性体+高屈服力阻尼器)　b)墙3(聚氨酯弹性体+低屈服力阻尼器)

图16-16　竖向位移变化

摇摆墙往复加载过程中竖向位移的变化使钢绞线的预应力合力产生如图16-17所示的变化。锚固端的竖向和水平位移同时影响了预应力钢绞线的伸长,但竖向位移的影响更大,因此预应力的变化趋势与竖向位移的相似。可以看出,钢绞线在达到屈服强度前并非完全弹性,往复过程中增大的预应力使锚固端的夹片进一步楔紧,减小了钢绞线的应变,因此产生了10%~15%的预应力损失。

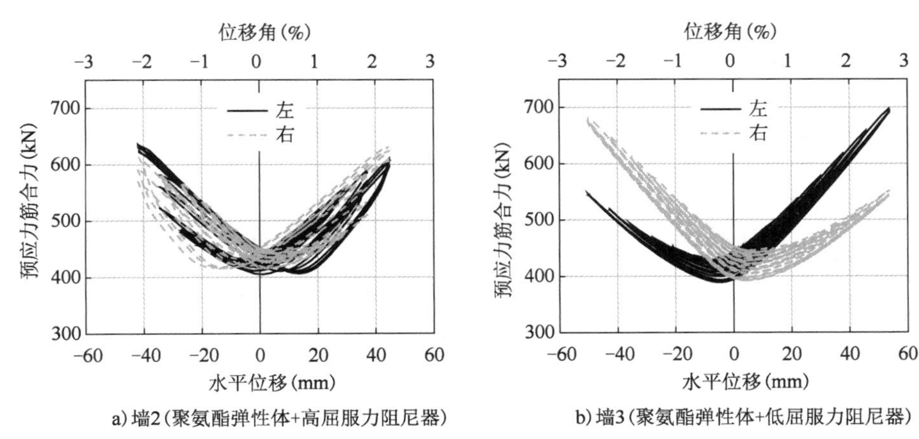

a)墙2(聚氨酯弹性体+高屈服力阻尼器)　b)墙3(聚氨酯弹性体+低屈服力阻尼器)

图16-17　预应力变化

4)转动、变形及残余变形

钢筋混凝土摇摆体在试验中有明显的转动。若假定摇摆体为刚体,往复过程中两个摇摆体的转角可根据相应摇摆墙连接梁处的位移差值及其间距计算得到。剪力墙的水平变形主要由弯曲变形和有限的剪切变形构成。钢筋混凝土摇摆体受力对称,因此可取半结构分析弯曲变形,设 h_1 为位移计测量区间的高度,h_2 为余下的高度,θ 为位移计高点处的转角并取两个摇摆体的平均值,θh_2 为 h_2 高度内的转动变形,$U_{f,1}$ 为含端部抬升的变形,$U_{f,2}$ 为 h_2 高度内的弯曲变形(试验中未测量),则摇摆墙弯曲位移 U_f 可按下式计算:

$$U_f = 2(U_{f,1} + U_{f,2} + \theta h_2) \tag{16-9}$$

各分项的计算参考文献[20]。钢筋混凝土摇摆体的剪切变形 U_s 十分有限,忽略。

典型配置阻尼器的新型损伤可控摇摆墙试件墙 2 和墙 3 的各类变形在总位移中的比例如图 16-18 所示,虚线为高度 H 的摇摆体刚体转动引起的水平位移 θH,实线为顶点水平位移 U,两者十分接近,因此简化分析中可将摇摆体近似为刚体。从图中可以看出,$U_{f,1}$ 和 θh_2 是最主要的组成部分,h_2 高度内墙体的弯曲变形 $U_{f,2}$ 和总体的剪切变形 U_s 对摇摆墙变形的影响很小,表明摇摆体端部的抬升或转动显著减小了构件自身的弹塑性变形,避免了构件的损伤。

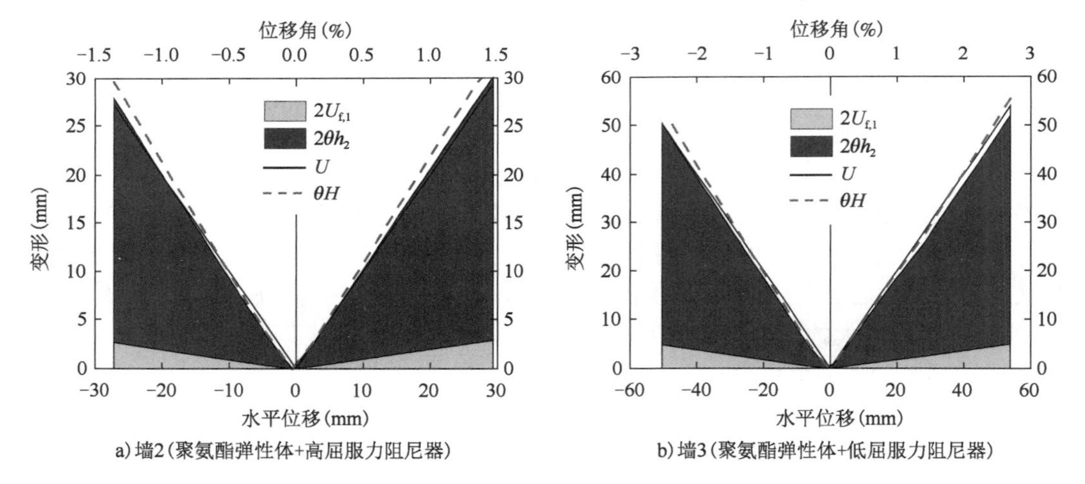

图 16-18 变形中各组成部分

各试件在每个荷载步第一个循环的残余位移如图 16-19 所示。墙 2 由于阻尼器屈服力相对于预应力较大,且摇摆体在不协调转动中伴随有滑移,残余位移随水平位移增加而变大。墙 3 由于阻尼器屈服力相对于预应力较小,且摇摆体未出现不协调转动的滑移,因此残余位移较小,0.5% 位移角时的平均残余位移角趋于稳定,在 0.25% 以内。未附加阻尼器的墙 1 的平均残余位移角不超过 0.1%,几乎实现了完全自复位。对于侧面附加剪切型阻尼器的无粘结后张预应力构件,节点内部应增设抗剪键防止滑动,减小残余变形。合适的阻尼器屈服力和初始预应力可以使摇摆结构形成完美的旗帜形滞回曲线,获得较好的耗能和自复位能力。

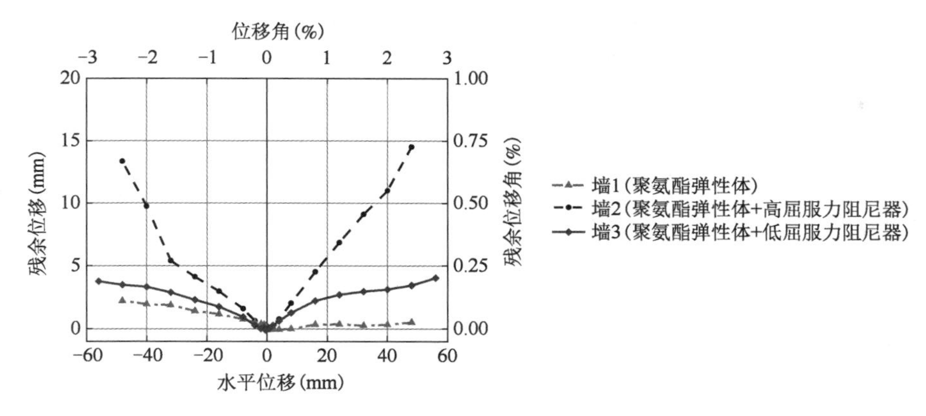

图 16-19　残余位移

16.4　新型损伤可控摇摆墙抗震加固框架结构技术方案

16.4.1　嵌入摇摆墙框架的性能分析

1)模型简化

将新型损伤可控摇摆墙内嵌于框架的相邻框架梁之间,可对既有框架进行加固。以下通过嵌入框架的单片摇摆墙,阐述摇摆墙如何提高结构的抗震性能。假定摇摆墙具有理想弹塑性,框架梁为线弹性。如图 16-20a)所示,高度为 H_w、宽度为 L_w 的摇摆墙嵌入柱高为 H_c、梁长为 L_c 的单层单跨框架的中间位置,两端分别与基础和框架梁接触,顶部竖向力 N_0 使摇摆墙的轴压比为 n。顶部施加荷载产生水平位移 u 后摇摆墙将框架梁的接触位置顶起,距框架梁端 xL_c 位置的接触面中点为摇摆墙的转动支撑点,如图 16-20b)所示。

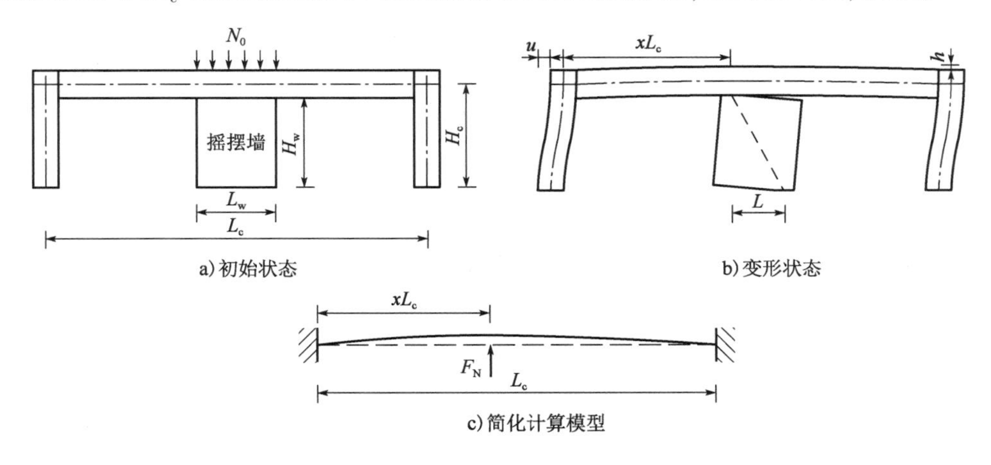

图 16-20　单片摇摆墙内嵌框架简化计算模型

由于多层多跨框架的节点转动受到相邻梁柱的约束,而单层单跨的梁柱节点转动约束较弱,为方便计算,假定受力变形过程中梁柱节点受外部约束保持平动而不发生转动,且框架柱的水平刚度不受内嵌摇摆墙的影响,内嵌摇摆墙的受力仅与框架梁的约束相关。假定摇摆墙顶部与框架梁无水平滑动,则转动支撑点的位置仅由摇摆墙的受力决定。由此可将框架约束摇摆墙的计算模型简化为图 16-20c)所示的模型,受力分析简化为求解两端固支的梁在距离端部 xL_c 的位置产生竖向位移 h 时需要的作用力 F_N。

若框架梁的抗弯刚度为 EI,不考虑梁的剪切变形和柱的轴向变形,由式(16-10)基于虚功原理求得单位力 F_Δ 作用下产生的竖向位移 Δ:

$$\Delta = \frac{1}{3}\frac{F_\Delta L_c^3}{EI}x^3(1-x)^3 \tag{16-10}$$

根据柔度和刚度的关系,可根据式(16-11)求得产生竖向位移 h 时需要的作用力 F_N:

$$F_N = \frac{3EI}{L_c^3 x^3(1-x)^3}h \tag{16-11}$$

2)承载力计算

分析表明,当轴压比恒定为 n 时,摇摆支撑点的位置由摇摆墙的中轴线逐渐向侧边靠近,最终固定在距离侧边 $n/2$ 的位置;同时,轴压比恒定时摇摆墙的摇摆支撑点位置随水平荷载线性变化。上节分析指出,随着摇摆墙的转动,竖向位移增量将使框架梁对摇摆墙产生竖向约束力,增大摇摆墙的轴压比,从而减小两个摇摆支撑点最终的稳定距离。因此,为简化计算模型,对初始轴压比为 n 的摇摆墙的两个摇摆支撑点距离 L 的变化做出如下假设:

$$L = \omega L_w \tag{16-12}$$

$$\omega = \begin{cases} \dfrac{u\omega_{sta}}{H_c\theta_{sta}} & (u < H_c\theta_{sta}) \\ \omega_{sta} & (u \geqslant H_c\theta_{sta}) \end{cases} \tag{16-13}$$

式中:ω——摇摆支撑点距离与摇摆墙宽度的比例系数;

ω_{sta}——假定的稳定后支撑点距离的比例系数,近似取式(16-14)和式(16-15)两者中的较小值;

θ_{sta}——假定的摇摆起始位置位移角,对于弹性模量与混凝土相似的,取 $n/100$。

$$\omega_{sta} = 0.9 - n \quad (\omega_{sta} \geqslant 0.6) \tag{16-14}$$

$$\omega_{sta} = 0.15\frac{L_c}{H_c} + 0.3 \quad (0.6 \leqslant \omega_{sta} \leqslant 0.9) \tag{16-15}$$

支撑点距离梁端的比例 x 按下式计算:

$$x = \frac{L_c - L}{2L_c} \tag{16-16}$$

摇摆墙在支撑点将框架梁顶起的高度 h 按下式计算:

$$h = \frac{uL}{H_w} \tag{16-17}$$

将式(16-16)和式(16-17)代入式(16-11)可求得产生竖向位移 h 过程中的约束反力 F_N。单片摇摆墙嵌入框架后在弹性范围内的承载力 F_w 由式(16-18)求得:

$$F_w = \frac{(F_N + N_0)(L-u)}{H_w + h} \tag{16-18}$$

若纯框架的承载力为 F_c，则整体承载力 F 按下式计算：

$$F = F_w + F_c \tag{16-19}$$

通过式(16-12)～式(16-19)可发现，约束反力 F_N 和摇摆墙承载力 F_w 随水平位移 u 的增加而增大，在摇摆起始点之前，F_N 和 F_w 随水平位移 u 非线性增长，而在摇摆起始点之后由于摇摆支撑点固定，F_N 和 F_w 随水平位移 u 线性增长。

16.4.2　新型损伤可控摇摆墙加固框架结构设计方法

1）确定墙体参数的依据

大量的模拟分析表明，新型内嵌损伤可控摇摆墙-框架结构中，当新型损伤可控摇摆墙的上连接梁与框架梁紧密接触时，结构在多遇地震下的层间位移角响应与以控制变形均匀为目标的外附摇摆墙-框架相似，在罕遇地震下的层间位移角则趋向于剪切型变形的框架。当新型损伤可控摇摆墙的上连接梁与框架梁间仅传递水平力而竖向无约束时，则结构在多遇地震和罕遇地震下的层间位移角更趋近于剪切型变形。为兼顾控制结构弹性阶段的层间位移均匀，在初步确定新型损伤可控摇摆墙的尺寸时，可借鉴曲哲[17]设计的用于控制变形的摇摆墙的方法。Macrae 等[21]在钢支撑框架的研究中提出结构层间位移的离散性由式(16-20)定义的刚度系数 A 控制，式中 E_wI_w 为竖向连续构件的抗弯刚度，K_c 为框架的层间剪切刚度，H 为层高。由式(16-21)可求得纯框架结构在刚性楼板假定下每层的剪切刚度 K_c，式中 n_c 为框架柱数量，E_cI_c 为单个框架柱的抗弯刚度。若假定竖向连续构件的弹性模量 E_w 和单个框架柱的弹性模量 E_c 相同，则竖向连续构件的惯性矩 I_w 和单个框架柱的惯性矩 I_c 满足式(16-22)[22]，式中 N 为楼层数。

$$A = \frac{E_wI_w}{K_cH^3} \tag{16-20}$$

$$K_c = n_c\frac{12E_cI_c}{H^3} \tag{16-21}$$

$$I_w = 12(0.148N - 0.368)n_cI_c \tag{16-22}$$

新型损伤可控摇摆墙的摇摆体在转动时将产生竖向位移，当上连接梁与框架梁紧密接触时两者产生相互作用力，摇摆体端部混凝土截面宽度 L_{end} 和高度 H_w 的宽高比 k_α 越大，框架梁产生的变形越大。为防止框架梁被挤压破坏，应控制摇摆体的宽高比 k_α。框架梁的跨度为 L，层高为 H；当层间位移角为 θ 时，水平位移 $u = H\theta$，摇摆墙的抬升量 $h = k_\alpha u$，框架梁的跨中挠度和跨度的比值 Δ_f 按式(16-23)求得。《混凝土结构设计规范(2015年版)》(GB 50010—2010)[22]对受弯构件规定了挠度限值，由于加固前框架梁因为竖向荷载已存在一定的正向挠度，因而摇摆墙导致的反向挠度限值可适当放宽，可以认为当层间位移角达到 $\theta = 1/50$ 时框架梁挠度和跨度的比值应不大于1/200，由此可按式(16-24)确定新型损伤可控摇摆墙摇摆体宽高比 k_α 的限值。

$$\Delta_f = \frac{h}{L} = k_\alpha\frac{H}{L}\theta \tag{16-23}$$

$$k_{\alpha} = \frac{\Delta_{\mathrm{f}}}{\theta}\frac{L}{H} \leqslant \frac{1}{4}\frac{L}{H} \tag{16-24}$$

对于第一阶振型占主导的结构,设置新型损伤可控摇摆墙可以提高结构刚度并减小层间位移角,但将显著减小结构的周期并提高结构所受的地震力。此外,设防烈度的提高也使结构所受的地震力增大。因此,新型损伤可控摇摆墙的承载力应当超过这两部分地震力增量。假定需要加固的原框架的第一阶振型周期为 T_0,层间剪切刚度为 K_{c},在设防烈度提高后的最大层间位移角为 θ_0。新型损伤可控摇摆墙在弹性段的刚度 K_{w} 按下式计算:

$$K_{\mathrm{w}} = n_{\mathrm{w}}\frac{12E_{\mathrm{w}}I_{\mathrm{w0}}}{H^3} \tag{16-25}$$

结构加固前后的刚度比 Δ:

$$\Delta = \frac{K_{\mathrm{w}} + K_{\mathrm{c}}}{K_{\mathrm{c}}} = \frac{n_{\mathrm{w}}I_{\mathrm{w0}} + n_{\mathrm{c}}I_{\mathrm{c}}}{n_{\mathrm{c}}I_{\mathrm{c}}} \tag{16-26}$$

式中:n_{w}——每层的新型损伤可控摇摆墙数量;

I_{w0}——每套墙两个摇摆体的惯性矩之和。

加固后的最大层间位移角 θ_0'需满足式(16-27):

$$\theta_0' = \frac{1}{\Delta}\frac{\alpha'(T_0/\sqrt{\Delta})}{\alpha'(T_0)}\theta_0 \leqslant \theta_{\mathrm{lim}} \tag{16-27}$$

式中: θ_{lim}——位移角的目标限值;

$\alpha'(T_0/\sqrt{\Delta})$——设防烈度提升后周期为 $T_0/\sqrt{\Delta}$时的谱加速度。

新型损伤可控摇摆墙的承载力合力 F_{w}:

$$F_{\mathrm{w}} = 0.8 \cdot \frac{\alpha'(T_0/\sqrt{\Delta}) - \alpha(T_0)}{\alpha(T_0)}F_{\mathrm{c}} \tag{16-28}$$

式中:F_{c}——原框架在原设防烈度下受到的层间剪力;

$\alpha(T_0)$——原设防烈度下周期为 T_0 时的谱加速度,考虑摇摆时的刚度削弱而将承载力需求乘 0.8 进行折减。

假定新型损伤可控摇摆墙的合力在层间位移角 $\theta = 1/550$ 时达到承载力 F_{w},偏保守不考虑框架梁的约束对摇摆墙承载力的贡献,可根据式(16-29)和式(16-30)确定阻尼器屈服力、预应力筋面积和初始预应力等参数。

$$\frac{F_{\mathrm{w}}}{n_{\mathrm{w}}} = \frac{1}{H_{\mathrm{w}}}\left[(G_1 + G_2)(L_{\mathrm{end}} - H\theta) + 2N_{\mathrm{M}}a + 2PL_{\mathrm{end}}\cos\frac{H\theta}{2H_{\mathrm{w}}} + T_{\mathrm{y}}s\cos\frac{H\theta}{H_{\mathrm{w}}}\right] \tag{16-29}$$

其中

$$G_1 + G_2 + 2P_0 \geqslant \frac{sT_{\mathrm{y}}}{L_{\mathrm{end}}} \tag{16-30}$$

式中各符号含义同前文。

2)设计流程

本章提出的新型损伤可控摇摆墙设计方法在弹性阶段进行计算,加固设计的流程见图 16-21,具体的设计步骤如下:

①利用式(16-22)初步估算新型损伤可控摇摆墙的总惯性矩需求 I_{w}。

②确定新型损伤可控摇摆墙连接梁的高度 D 和摇摆体的高度 H_w；利用式(16-24)确定一个小于限值的摇摆体宽高比 k_α；根据 k_α 确定摇摆体端部混凝土长度 L_{end}（对于楼层较多的结构，低楼层可增大 L_{end}，而高楼层可减小 L_{end}），若设定角部弹性体长度为 $L_{end}/4$，则推得摇摆体中间段的长度 $L_w = 3L_{end}/2$；根据建筑设计确定摇摆体间距。

③根据建筑需求确定摇摆体的厚度后，由 L_w 算得每套摇摆墙两个摇摆体的惯性矩和 I_{w0}，与 I_w 比较以估算大概需要的新型损伤可控摇摆墙数量 n_w。

④根据式(16-26)确定结构加固后和加固前的刚度比 Δ。

⑤计算原结构在新设防烈度多遇地震下的最大层间位移角 θ_0，提出加固后的层间位移角限值 θ_{lim}，根据式(16-27)计算加固后结构的最大层间位移角 θ_0'，判断是否达到设计目标；若满足限值要求则进入第⑥步；若误差较大则增加 n_w 后重新进入第④步；若误差较小则增大 L_{end}后重新进入第④步。

⑥根据式(16-29)、式(16-30)确定新型损伤可控摇摆墙的阻尼器屈服力、预应力筋面积和初始预应力等参数；若阻尼力和预应力等满足承载力 F_w 要求则进入第⑦步；若误差较大则增加 n_w 后重新进入第④步；若误差较小则增大阻尼力和预应力重新计算。

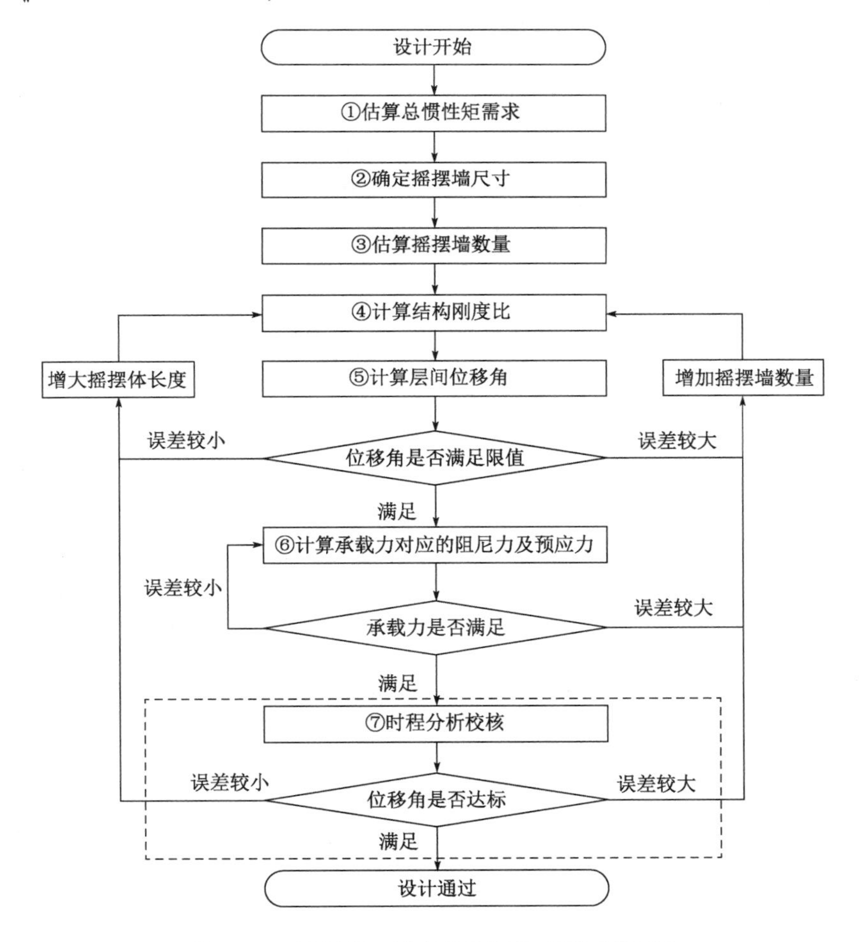

图 16-21　新型损伤可控摇摆墙抗震加固设计流程图

⑦如有需要,可通过时程分析对加固后的结构进行多遇地震和罕遇地震下层间位移角的补充校核;若满足位移角限值则设计通过;若误差较大则增加 n_w 后重新进入第④步;若误差较小则增大 L_{end}后重新进入第④步。

新型损伤可控摇摆墙的设计通过后,应对各连接处的抗剪构造进行校核,并对新型损伤可控摇摆墙下方的基础进行加固。通过上述设计方法进行加固的新型损伤可控摇摆墙-框架结构,在多遇地震下的最大层间位移角及其离散性小于原框架,在罕遇地震下的最大层间位移角和残余位移角也将小于原框架。由于设计过程中忽略了框架梁约束对摇摆墙承载力的提高,对层间位移角的预测结果偏保守,因而该方法对框架梁和上连接梁间有无竖向约束的结构均适用。

16.5 新型损伤可控摇摆墙抗震加固框架结构实例分析

16.5.1 原型框架性能

本节选取一榀 5 层 3 跨框架[23]进行加固,记为示例框架。原结构位于第一组Ⅱ类场地,Ⅶ度设防,结构的层高、跨度和楼层重量等参数见表 16-1,梁柱截面的编号如图 16-22a)所示,其余设计资料见文献[23]。假定结构所在地区的设防烈度提高至Ⅷ度,对原结构进行多遇地震和罕遇地震下的时程分析后确定是否需要进行抗震加固。时程分析中从美国太平洋地震工程研究中心地震动数据库(PEER Ground Motion Database)中选取 FEMA P-695[24]规范推荐的 22 条远场地震波和 28 条近场地震波中持时较长的地震波各 5 条,具体信息见表 16-2。本节的分析中分别将这 10 条地震波的加速度时程峰值(PGA)调幅至 $0.7\mathrm{m/s^2}(0.07g)$和 $4\mathrm{m/s^2}(0.4g)$。

示例框架结构楼层信息　　表 16-1

楼　层	层高(m)	跨度(m)		重量(kN)
		边跨	中间跨	
第一层	4.4	6.0	2.4	834.8
第二层	3.3	6.0	2.4	827.3
第三层	3.3	6.0	2.4	827.3
第四层	3.3	6.0	2.4	827.3
第五层	3.3	6.0	2.4	967.5

用于动力分析的原始地震波信息　　表 16-2

编号	数据库编号	地　震　名	震　　级	记 录 站 点	类　　别
1	169	Imperial Valley	6.5	Delta	远场
2	721	Superstition Hills	6.5	El Centro Imp. Co.	远场
3	767	Loma Prieta	6.9	Gilroy Array #3	远场
4	1244	Chi-Chi,Taiwan	7.6	CHY101	远场
5	1633	Manjil,Iran	7.4	Abbar	远场

续上表

编号	数据库编号	地 震 名	震 级	记录站点	类 别
6	165	Imperial Valley - 06	6.5	Chihuahua	近场无脉冲
7	1048	Northridge-01	6.7	Northridge-Saticoy	近场无脉冲
8	1504	Chi-Chi, Taiwan	7.6	TCU067	近场无脉冲
9	828	Cape Mendocino	7.0	Petrolia	近场有脉冲
10	879	Landers	7.3	Lucerne	近场有脉冲

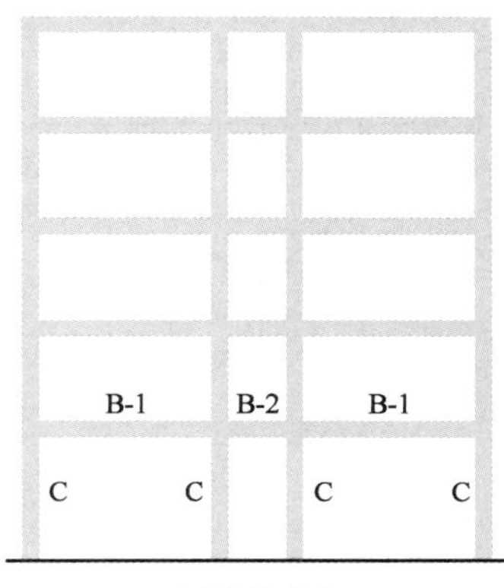

a)原框架结构

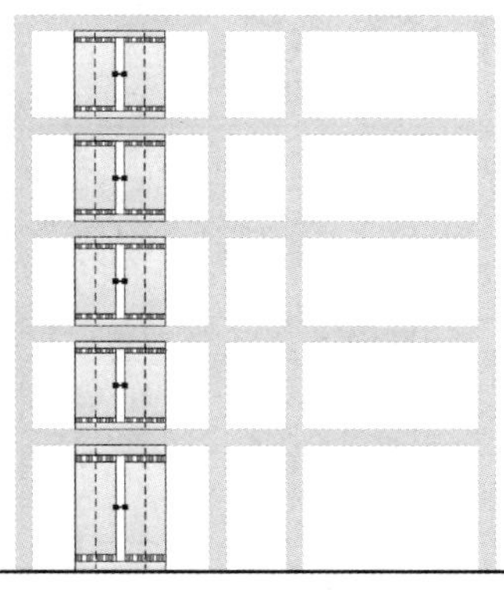

b)加固后结构

图16-22 示例框架结构示意图

在PERFORM-3D中采用框架复合组件Column的建模方法建模。混凝土的本构根据约束情况采用修正Kent-Park模型的结果进行简化；对于钢筋的本构模型，建模过程中考虑了大变形情况下钢筋的粘结滑移，具体通过设置峰值平台段起点及其后点的能量退化系数(取值0.2)来实现，其余相关退化系数取程序默认值。柱底部纤维段的高度设置为截面高度的一半，纤维截面的钢筋纤维按实际坐标设置，混凝土纤维核心区采用约束混凝土，保护层采用无约束混凝土，各材料强度采用标准值。分析得到原框架第一阶振型的周期为0.85s，质量参与系数为0.8866。示例框架在加固前后的抗震性能如图16-23所示；以平均值与均方差的和作为判断位移角和层间剪力的依据，原结构在设防烈度提高前后的性能对比见表16-3。

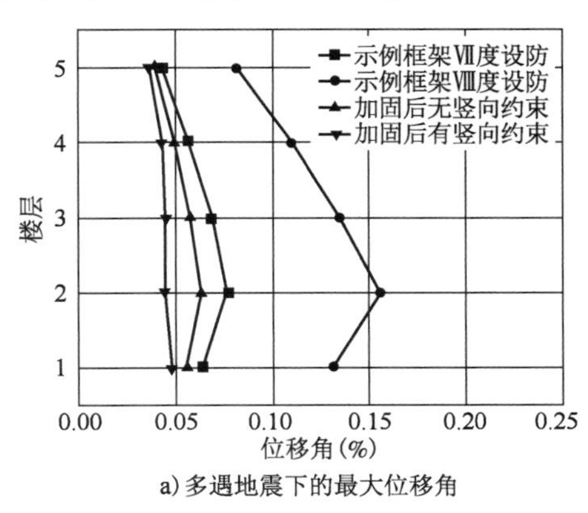

a)多遇地震下的最大位移角

b)罕遇地震下的最大位移角

图 16-23

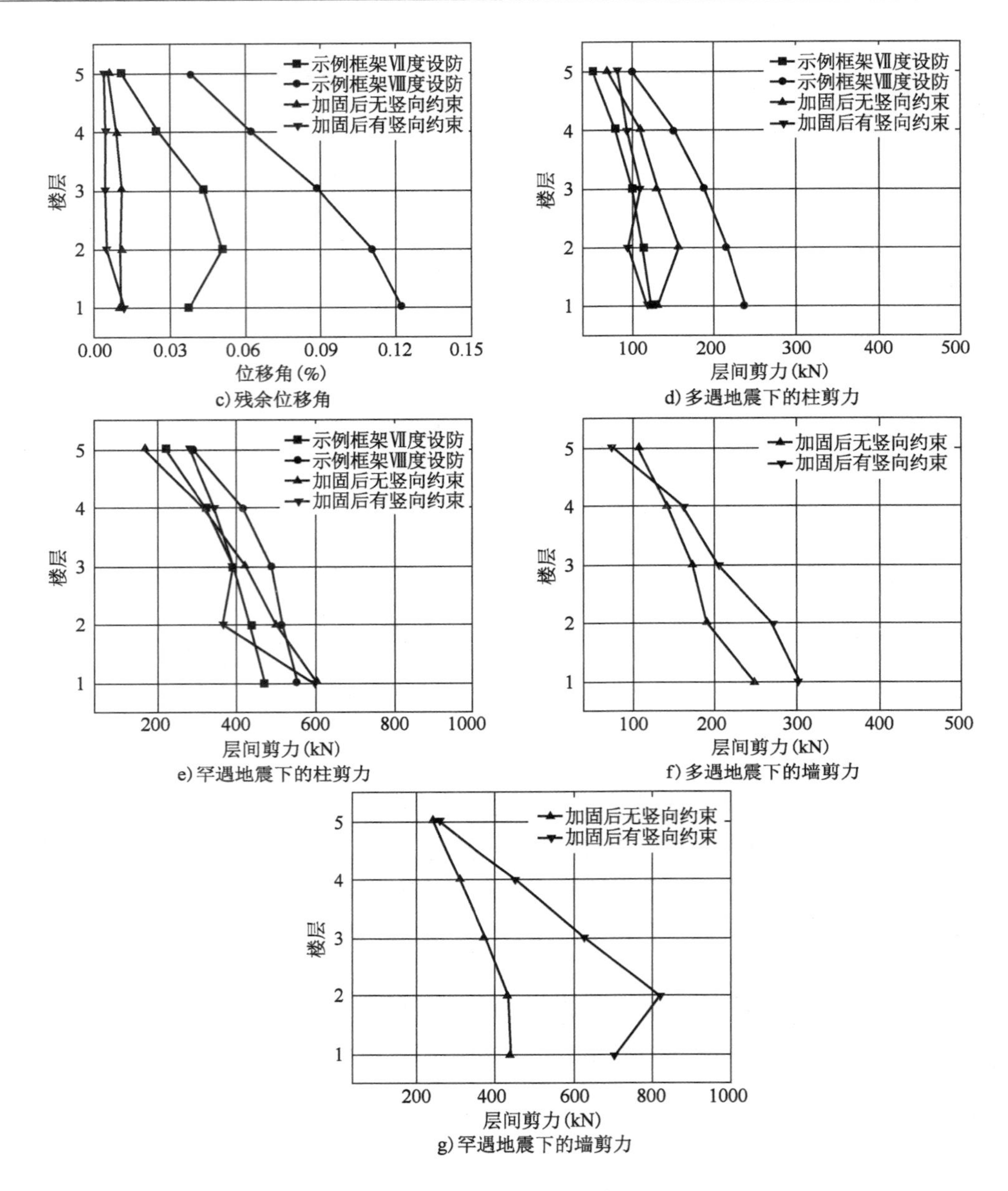

c)残余位移角

d)多遇地震下的柱剪力

e)罕遇地震下的柱剪力

f)多遇地震下的墙剪力

g)罕遇地震下的墙剪力

图 16-23　示例框架加固前后的地震响应

设防烈度提高前后原框架地震响应的最大值对比　　表 16-3

地震响应类别	Ⅶ度设防	Ⅷ度设防	增幅
多遇地震下的最大位移角	0.104%	0.218%	109.6%
罕遇地震下的最大位移角	0.682%	1.625%	138.3%
残余位移角	0.095%	0.268%	182.1%
多遇地震下的最大层间剪力	167.7kN	311.8kN	85.9%
罕遇地震下的最大层间剪力	550.1kN	617.2kN	12.2%

原框架在原设防烈度下的层间位移角指标均满足规范限值。设防烈度提高后，除罕遇地震下的最大层间剪力较多遇地震的增幅仅 12.2% 外，其余各地震响应近似翻倍，多遇地震下的层间位移角最大值超过 1/550，罕遇地震下也有 1 条地震波的层间位移角最大值超过 1/50；设防烈度提高后，罕遇地震下最大位移角和震后残余位移角出现的位置从原设防烈度时的第二层转移至第一层。综上所述，原框架结构在设防烈度提高后不满足安全要求，需要进行抗震加固。

16.5.2 加固设计结果

原框架进行加固后形成的新型内嵌损伤可控摇摆墙-框架结构的构造如图 16-22b）所示。以下用本章提出的设计方法对新型损伤可控摇摆墙进行设计验算。

首先估算墙体总的惯性矩需求 I_w：

$$I_w = 12(0.148N - 0.368)n_c I_c = 12 \times 0.372 \times 4 \times \frac{500^4}{12} = 9.3 \times 10^{10}\ (\text{mm}^4)$$

确定连接梁高度为 300mm，则第一层摇摆体高度为 3550mm，其余层摇摆体高度为 2200mm。确定两摇摆体轴线距离为 1600mm。此案例的楼层较少，摇摆体全部采用相同截面。以最小层高确定摇摆体宽高比 k_α 的限值、端部混凝土宽度 L_{end} 和中间宽度 L_w。

$$L_{\text{end}} = 800\text{mm}$$

$$k_\alpha = \frac{800}{2200} \approx 0.3636 < \frac{1}{4}\frac{L}{H} = \frac{6}{4 \times 3.3} \approx 0.4545$$

$$L_w = \frac{3}{2}L_{\text{end}} = \frac{3}{2} \times 800 = 1200(\text{mm})$$

确定摇摆体的厚度为 250mm。通过每套新型损伤可控摇摆墙两个摇摆体的惯性矩和 $I_{w0}(7.2 \times 10^{10}\text{mm}^4)$ 确定需要的墙体数量 n_w：

$$n_w = \frac{I_w}{I_{w0}} = \frac{9.3 \times 10^{10}}{7.2 \times 10^{10}} \approx 1.292 \approx 1$$

确定需要 1 套新型损伤可控摇摆墙后，计算加固后的结构和原结构的刚度比 Δ，并根据原结构的第一阶振型周期 T_0 估算结构加固后的第一阶振型周期 $T_0/\sqrt{\Delta}$：

$$\Delta = \frac{n_w I_{w0} + n_c I_c}{n_c I_c} = \frac{1 \times 7.2 \times 10^{10} + 4 \times 500^4/12}{4 \times 500^4/12} = 4.456$$

$$\frac{T_0}{\sqrt{\Delta}} = \frac{0.85}{\sqrt{4.456}} \approx 0.403(\text{s})$$

此处假定加固后的新型内嵌损伤可控摇摆墙-框架的最大层间位移角限值 θ_{lim} 在多遇地震和罕遇地震下分别为 1/800 和 1/80。设防烈度为Ⅷ度的多遇地震设计反应谱中，原结构第一阶振型周期对应的谱加速度 $\alpha'(T_0) = 0.071995g$，加固结构第一阶振型对应的谱加速度 $\alpha'(T_0/\sqrt{\Delta}) = 0.14188g$。根据前述时程分析结果，原结构在Ⅷ度设防的多遇地震中的最大位移角 θ_0 为 0.218%。可估算加固后的最大位移角 θ_0'：

$$\theta_0' = \frac{1}{\Delta}\frac{\alpha'(T_0/\sqrt{\Delta})}{\alpha'(T_0)}\theta_0 = \frac{1}{4.456} \times \frac{0.14188}{0.071995} \times 0.218\% \approx 0.097\% < \theta_{\text{lim}} = \frac{1}{800}$$

显然,加固后的新型内嵌损伤可控摇摆墙-框架的最大位移角 θ_0' 满足位移要求。

设防烈度为Ⅶ度的多遇地震设计反应谱中,原结构第一阶振型周期对应的加速度 $\alpha(T_0)=0.035998g$。根据前述时程分析结果,原结构在Ⅶ度多遇地震中的最大层间剪力 F_c 为 167.7kN。可估算无竖向约束的新型损伤可控摇摆墙需要的承载力 F_w:

$$F_w = 0.8\frac{\alpha'(T_0/\sqrt{\Delta})-\alpha(T_0)}{\alpha(T_0)}F_c = 0.8\times\frac{0.14188-0.035998}{0.035998}\times 167.7 = 394.6(\text{kN})$$

新型损伤可控摇摆墙的角部采用弹性模量为 30MPa 的聚氨酯橡胶弹性体;第一层的阻尼器屈服力为 200kN,其余层的阻尼器屈服力为 100kN;第一层每个孔道为 6 根直径为 12.8mm的钢绞线,初始预应力为 667kN,其余层每个孔道为 3 根直径为 12.8mm 的钢绞线,初始预应力为 334kN。对以上两种新型损伤可控摇摆墙的承载力和自复位性能进行校核。

第一层的新型损伤可控摇摆墙:

$$\frac{1}{H_w}\left[(G_1+G_2)(L_{end}-H\theta)+2N_Ma+2PL_{end}\cos\frac{H\theta}{2H_w}+T_ys\cos\frac{H\theta}{H_w}\right]$$

$$=\frac{1}{3.55}\times\left[(26+6)\times\left(0.8-\frac{4.4}{550}\right)+2\times 4\times 0.2+2\times 743\times 0.8\times\cos\frac{2}{1775}+\right.$$

$$\left.200\times 1.6\times\cos\frac{4}{1775}\right]=432.6(\text{kN}) > F_w = 394.6\text{kN}$$

$$G_1+G_2+2P_0 = 26+6+2\times 667 = 1366(\text{kN}) > \frac{sT_y}{L_{end}} = \frac{1.6\times 200}{0.8} = 400(\text{kN})$$

其余楼层的新型损伤可控摇摆墙:

$$\frac{1}{H_w}\left[(G_1+G_2)(L_{end}-H\theta)+2N_Ma+2PL_{end}\cos\frac{H\theta}{2H_w}+T_ys\cos\frac{H\theta}{H_w}\right]$$

$$=\frac{1}{2.2}\times\left[(26+6)\times(0.8-\frac{3.3}{550})+2\times 4.9\times 0.2+2\times 405\times 0.8\times\cos\frac{3}{2200}+100\times\right.$$

$$\left.1.6\times\cos\frac{3}{1100}\right]=379.7(\text{kN})\approx F_w = 394.6\text{kN}$$

$$G_1+G_2+2P_0 = 26+6+2\times 334 = 700(\text{kN}) > \frac{sT_y}{L_{end}} = \frac{1.6\times 100}{0.8} = 200(\text{kN})$$

由于层间剪力自下而上减小,而第二层的新型损伤可控摇摆墙设计承载力仅略小于最大墙体剪力需求,因此,可认为所有楼层的新型损伤可控摇摆墙的设计参数满足承载力需求。对新型损伤可控摇摆墙和框架间连接构造的抗剪校核及下方基础的加固设计,在此不做计算。

16.5.3 加固效果分析

由于未明确框架梁与新型损伤可控摇摆墙上连接梁间的连接方式,此处考虑两种情况,即竖向无约束和竖向有约束。根据前述建模方法在PERFORM-3D中分别建立纤维宏观模型,并采用地震波对加固后的两种新型内嵌损伤可控摇摆墙-框架进行Ⅷ度设防下的时程分析。

两种新型内嵌损伤可控摇摆墙-框架结构在多遇地震和罕遇地震下的最大位移角、残余位移角和层间剪力等如图16-23所示。以平均值与均方差的和作为判断位移角和层间剪力的依据,两种加固结构与原框架的地震响应对比见表16-4,其中位移角、楼层离散系数与Ⅷ度设防下原框架的结果比较,层间剪力则与Ⅶ度设防下原框架的结果比较。

结构加固前后时程分析结果对比　　表16-4

地震响应类别	原　框　架		框架加固后(无竖向约束)		框架加固后(有竖向约束)	
	Ⅶ度设防	Ⅷ度设防	数值	变化比例	数值	变化比例
振型周期	0.850s	0.850s	0.415%	-51.17%	0.394s	-53.65%
质量参与系数	0.887	0.887	0.848	-4.40%	0.856	-3.49%
多遇地震下的位移角	0.104%	0.218%	0.086%	-60.55%	0.068%	-68.81%
多遇地震下的楼层离散系数	0.218	0.264	0.186	-29.55%	0.136	-48.48%
罕遇地震下的位移角	0.682%	1.625%	1.007%	-38.03%	0.993%	-38.89%
残余位移角	0.095%	0.268%	0.017%	-93.66%	0.019%	-92.91%
多遇地震下的柱剪力	167.7kN	311.8kN	201.5kN	20.16%	169.4kN	1.01%
罕遇地震下的柱剪力	550.1kN	617.2kN	659.5kN	19.89%	645.9kN	17.42%
多遇地震下的墙剪力	—	—	277.1kN	—	360.7kN	—
罕遇地震下的墙剪力	—	—	491.1kN	—	924.1kN	—

两种加固结构的第一阶振型周期减半,但质量参与系数基本不变。与原结构在Ⅷ度设防下的地震响应对比,可发现框架梁和上连接梁间无竖向约束结构的几种层间位移角的分布趋势较竖向有约束结构更趋近于原框架。两种加固结构的地震响应接近,均显著减小了多遇地震和罕遇地震下的最大层间位移角、罕遇地震后的残余位移角以及多遇地震下层间位移角的楼层离散性。两种加固结构的柱剪力在多遇地震下和原结构在原设防烈度下的数值基本接近,即减小层间位移角的同时未增大原结构受到的地震力;罕遇地震下的柱剪力提高了约20%,但由于该阶段的地震力是构件屈服后强度储备的体现,因而在位移角满足限值的情况下影响不大。竖向有约束结构的墙剪力在多遇地震阶段较竖向无约束结构的增幅不到三分之一,在罕遇地震阶段则接近翻倍,因而框架梁与上连接梁间的约束对大变形阶段新型损伤可控摇摆墙受到的地震力的影响显著。

时程分析结果与相应设计值的对比见表16-5。加固设计方法准确预测了结构加固后的周期变化;两种加固结构由时程分析得到的多遇地震下层间位移角最大值均小于加固设计方法的预测值,并且相差不大;多遇地震下的层间剪力分布与加固设计方法中的假定基本接近,即设置新型损伤可控摇摆墙后因设防烈度提高和结构周期减小所引起的地震力增量由墙体承担,并且时程分析得到的墙剪力均小于加固方法算得的墙体承载力。综上所述,本章提出的方法对结构的加固设计是有效的。

结构加固后时程分析结果与设计值对比 表16-5

地震响应类别	设计值	框架加固后(无竖向约束)		框架加固后(有竖向约束)	
		模拟值	变化比例	模拟值	变化比例
振型周期	0.403s	0.415s	2.98%	0.394s	-2.23%
多遇地震下的位移角	0.097%	0.086%	-11.34%	0.068%	-29.90%
多遇地震下的柱剪力	167.7kN	201.5kN	20.16%	169.4kN	1.01%
多遇地震下的墙剪力	394.6kN	277.1kN	-29.78%	360.7kN	-8.59%

16.6 本章小结

本章提出了面向抗震加固的新型损伤可控摇摆墙,从设计理念、抗震性能、设计方法及加固应用等多方面进行了综合论述,主要取得了如下结论:

①提出了一种带可更换阻尼器及高延性低弹模可恢复角部的新型损伤可控摇摆墙,从受力分析角度阐述了其工作原理。

②对配置角部聚氨酯弹性体和不同屈服力阻尼器的新型损伤可控摇摆墙进行了拟静力试验,讨论了新型损伤可控摇摆墙的耗能、变形和自复位性能,证实了新型损伤可控摇摆墙损伤可控和易修复的特性。

③提出一种新型损伤可控摇摆墙加固框架结构的设计方法。该设计方法借鉴了既有的研究结论,在弹性阶段利用墙体的刚度控制结构层间变形均匀,考虑了限制摇摆墙的宽高比以控制摇摆墙在摇摆抬升过程中对框架梁的不利影响,并基于弹性阶段提高结构刚度将降低位移响应和提高地震力的结论,利用结构加固前后的刚度比控制加固后的层间位移角满足限值,同时设计新型损伤可控摇摆墙承载力承担地震力的增量。

④利用提出的设计方法对某五层框架案例进行抗震加固。考虑了新型损伤可控摇摆墙的连接梁和框架梁间有无竖向约束的情况,通过时程分析确认了设计理论的准确性,验证了该新型损伤可控摇摆墙在抗震加固中的有效性。

本章参考文献

[1] NIED and NEES Consortium. Report of the Seventh Joint Planning Meeting of NEES/E: defense collaborative research on earthquake engineering[R]. PEER 2010/109. Berkeley, CA: University of California at Berkeley, 2010.

[2] 吕西林,陈云,毛苑君. 结构抗震设计的新概念——可恢复功能结构[J]. 同济大学学报(自然科学版),2011(07): 941-948.

[3] 郝建兵. 损伤可控结构的地震反应分析及设计方法研究[D]. 南京: 东南大学,2015.

[4] Kurama Y C, Sritharan S, Fleischman R B, et al. Seismic-resistant precast concrete structures: state of the art[J]. Journal of Structural Engineering, 2018, 144(4): 03118001.1-03118001.18.

[5] Wiebe L, Christopoulos C. Mitigation of higher mode effects in base-rocking systems by using

multiple rocking sections[J]. Journal of Earthquake Engineering,2009,13(S1): 83-108.

[6] 党像梁,吕西林,周颖. 底部开水平缝摇摆剪力墙抗震性能分析[J]. 地震工程与工程振动,2013,33(05):182-189.

[7] 朱冬平,周臻,孔祥羽,等. 往复荷载下带竖向阻尼器自复位墙滞回性能分析[J]. 工程力学,2017(03):120-128.

[8] Ajrab J J,Pekcan G,Mander J B. Rocking wall-frame structures with supplemental tendon systems[J]. Journal of Structural Engineering,2004,130(6): 895-903.

[9] 冯玉龙,吴京,孟少平. 连续摇摆墙-屈曲约束支撑框架抗震性能分析[J]. 工程力学,2016,33(b06):90-94.

[10] Hitaka T,Sakino K. Cyclic tests on a hybrid coupled wall utilizing a rocking mechanism [J]. Earthquake Engineering and Structural Dynamics,2008,37 (14): 1657-1676.

[11] Wu S,Pan P,Nie X,et al. Experimental investigation on reparability of an infilled rocking wall frame structure[J]. Earthquake Engineering & Structural Dynamics,2017,46(15): 2777-2792.

[12] Vaculik J, Griffith M C. Out-of-plane load-displacement model for two-way spanning masonry walls[J]. Engineering Structures,2017,141:328-343.

[13] Hashemi A,Masoudnia R,Quenneville P. Seismic performance of hybrid self-centring steel-timber rocking core walls with slip friction connections[J]. Journal of Constructional Steel Research,2016,126:201-213.

[14] Marriott D,Pampanin S,Bull D,et al. Dynamic testing of precast,post-tensioned rocking wall systems with alternative dissipating solutions[J]. Bulletin of the New Zealand Society for Earthquake Engineering,2008,41(2):90-103.

[15] Chen Y,Li J,Lu Z. Experimental study and numerical simulation on hybrid coupled shear wall with replaceable coupling beams[J]. Sustainability,2019,11(3): 867.

[16] Panian L,Steyer M,Tipping S. Post-tensioned shotcrete shearwalls: an innovative approach to earthquake safety and concrete construction in buildings [J]. Journal of the Post-tensioning Institute,2007,5(1): 7-16.

[17] 曲哲. 摇摆墙-框架结构抗震损伤机制控制及设计方法研究[D] . 北京: 清华大学,2010.

[18] 吴守君,潘鹏,张鑫. 框架-摇摆墙结构受力特点分析及其在抗震加固中的应用[J]. 工程力学,2016(06): 54-60.

[19] 徐振宽. 摩擦耗能自定心混凝土抗震墙的设计方法及地震易损性研究[D]. 南京:东南大学,2016.

[20] Lu X,Dang X,Qian J,et al. Experimental study of self-centring shear walls with horizontal bottom slits[J]. Journal of Structural Engineering,2016,143(3):04016183. 1-04016183. 14.

[21] Macrae G A, Kimura Y, Roeder C. Effect of column stiffness on braced frame seismic behavior[J]. Journal of Structural Engineering,2004,130(3):381-391.

[22] 中华人民共和国住房和城乡建设部,中华人民共和国国家质量监督检验检疫总局. 混

凝土结构设计规范(2015 年版):GB 50010—2010[S]. 北京:中国建筑工业出版社,2015.

[23] 于晓辉. 钢筋混凝土框架结构的概率地震易损性与风险分析[D]. 哈尔滨:哈尔滨工业大学,2012.

[24] Federal Emergency Management Agency. FEMA P695. Quantification of Building Seismic Performance Factors[S]. Washington, D. C. , US: Applied Technology Council of Federal Emergency Management Agency,2009.

第4篇

若干结构高效加固新技术

第 17 章 外贴 FRP 抗疲劳加固钢结构技术

17.1 概　　述

疲劳破坏是往复荷载作用下钢结构主要的失效模式之一,遍及土木、航空、机械等各领域[1]。根据美国土木工程师学会疲劳和断裂分委会的调查结果,80% ~90% 的钢结构破坏与疲劳有关[2]。在土木工程结构中存在大量承受往复荷载的钢结构,比如钢吊车梁、钢桥梁等。在往复荷载作用下,疲劳裂纹在应力集中区萌生后会继续扩展,如果不对裂纹扩展进行限制,最终可能导致截面突然断裂,造成灾难性的事故和巨大的经济损失,如图 17-1 所示。因此,防止钢结构的疲劳失效是工程中面对的重要问题之一。

a)钢桥疲劳断裂[3]

b)吊车梁疲劳裂纹[4]

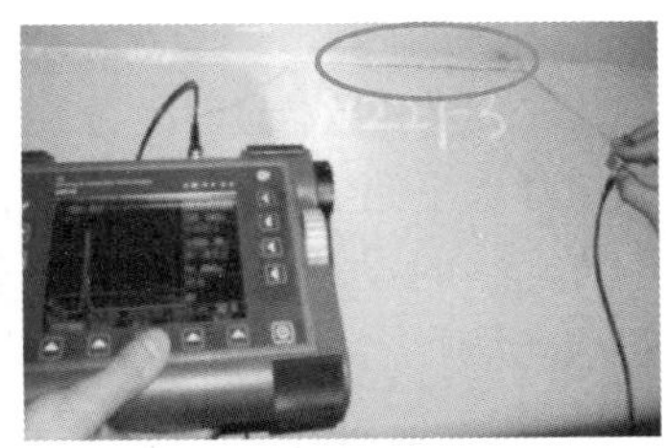
c)钢桥面板疲劳裂纹[5]

图 17-1　钢结构的疲劳裂纹和疲劳断裂

为了保证已出现疲劳损伤的钢结构能够继续安全服役,相比于拆除重建或者更换损伤的钢构件,对其进行抗疲劳加固是更经济的方法[6]。传统的抗疲劳加固/修复方法包括钻孔止裂法、裂纹焊接法、附加盖板法等[7-9],见图 17-2。钻孔止裂法是延缓钢结构疲劳裂纹继续扩展最常用的修复技术,其通过在裂纹尖端周围钻止裂孔来消除裂纹尖端严重的应力集中,从而延缓疲劳裂纹的继续扩展,也可以通过对止裂孔进行冷扩孔或置入直径稍大的栓钉来进一步改善止裂效果[10]。此外,钻孔止裂法也常配合裂纹焊接法和附加盖板法使用。裂纹焊接法是将裂纹边缘加工出坡口,然后将疲劳裂纹焊合,从而阻止裂纹的进一步扩展[7]。附加盖板法主要通过焊接、螺栓连接等方式将钢板覆盖在开裂区域之上,从而降低开裂区域的应力幅,延长疲劳寿命[10]。这些方法虽然可以延长钢结构的剩余疲劳寿命,但也常常带来一些新问题,比如钻孔止裂效果不明显,焊接过程会损伤母材,螺栓孔会削弱截面,焊缝缺陷以及螺栓孔可能变成新的疲劳敏感源,施工不便,钢盖板易腐蚀等[3]。

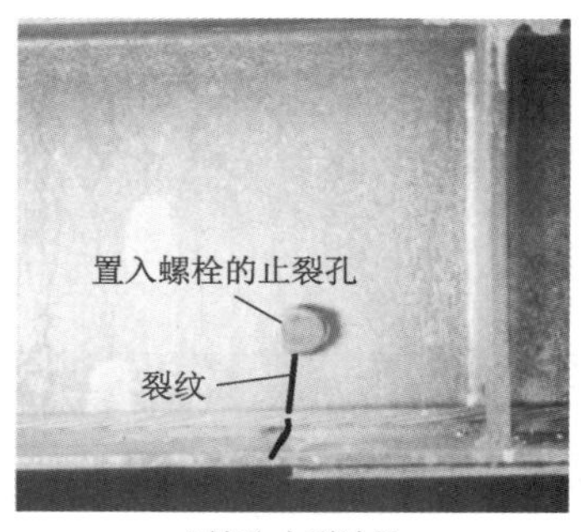

a)钻孔止裂法[8]

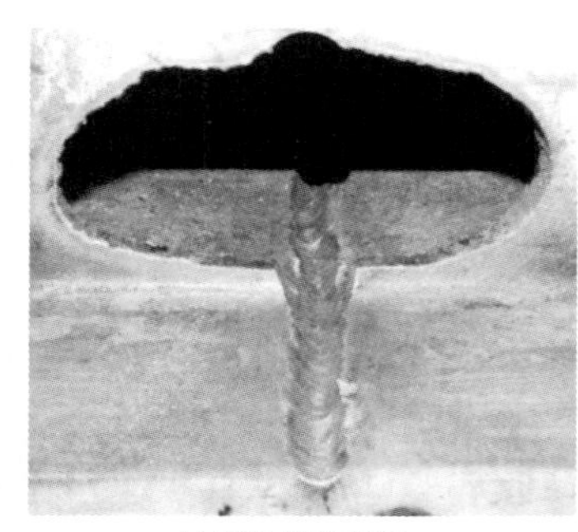
b)裂纹焊接法[9]

c)附加盖板法[9]

图 17-2　传统的抗疲劳加固/修复方法

针对传统抗疲劳加固技术存在的不足,本章提出外贴 FRP 抗疲劳加固钢结构技术。由于土木工程中钢桥梁、钢吊车梁等的疲劳问题属于高周疲劳,结构处于弹性状态,在采用外贴 FRP 抗疲劳加固时,相比 BFRP、GFRP 等,通常选用弹性模量相对更高的 CFRP 进行加固以更有效地降低疲劳应力。作为一种新型的抗疲劳加固技术,在应用时有几个问题需要重点关注。首先,FRP 与钢表面的粘结性能对加固效果影响很大,对于外贴 FRP 加固钢结构,粘结剂力学性能对粘结性能影响显著,因此选择恰当的粘结剂就比较关键。其次,外贴 FRP 的抗疲劳加固效果如何,哪些因素会影响加固效果也备受关注。最后,如何应用该技术对钢结构进行抗疲劳加固设计。虽然国内外对外贴 FRP 抗疲劳加固钢结构的性能进行了一些研究,但整体还较少,需要进一步的研究。我国行业标准《纤维增强复合材料加固修复钢结构技术规程》(YB/T 4558—2016)[11]在抗疲劳加固中,规定对尚未出现疲劳裂纹或对疲劳裂纹修复后的钢结构可采用 FRP 进行抗疲劳加固,采用降低后的应力水平进行抗疲劳计算,而对于已出现疲劳裂纹的钢结构,由于研究成果较少,暂未给出具体的设计方法。本章首先介绍外贴 FRP 抗疲劳加固钢结构技术的特点和加固机理,然后围绕粘结剂对界面粘结性能的影响、抗疲劳加固效果以及加固设计方法进行介绍,并基于研究给出相关建议。

17.2　外贴 FRP 抗疲劳加固技术的特点及机理

17.2.1　基本概念及特点

外贴 FRP 抗疲劳加固钢结构技术是通过粘结剂,将 FRP 粘贴到经过表面处理的待加固钢构件表面,使被加固构件与 FRP 形成整体、协调变形、共同工作,从而降低疲劳应力、延长疲劳寿命的一种加固方法。与传统的抗疲劳加固/修复技术相比,外贴 FRP 抗疲劳加固技术具有如下特点[3,6]:

①材料性能方面:FRP 材料的比强度和比刚度高,力学性能优越,加固后基本不增加原结构的自重和尺寸;FRP 具有良好的耐腐蚀性能,抗疲劳性能好;FRP 可设计性强,根据构件的损伤情况,既可以通过改变 FRP 组分以及 FRP 铺层取向来改变其弹性特性和刚度特性,也可以通过选择 FRP 的布置方式来提高加固效果。

②受力性能方面：外贴 FRP 加固技术不需要对母材钻孔，不增加新的焊缝，不会对钢构件产生残余应力。外贴 FRP 属于面际连接，整个粘结面都能承受荷载，克服了焊接方法仅靠焊缝传力的缺陷，传力更加均匀、有效。外贴 FRP 可对裂纹张开起到桥接作用，从而限制疲劳裂纹扩展。

③施工方面：外贴 FRP 加固技术施工便捷，不需要大型的施工设备和工具，对施工空间要求不高，现场加固效率高。

虽然外贴 FRP 抗疲劳加固技术具有一些优势，但也有不足之处，比如相比传统建筑材料，FRP 价格仍较高；FRP 是各向异性材料，其高强特性表现在纤维方向，在垂直纤维两个方向的力学性能较差；应用该技术时需要粘结剂，因此对环境温度有一定限制；同时 FRP 的剥离问题也需要考虑，通常需要采取端部锚固措施。

外贴 FRP 抗疲劳加固钢结构技术的施工过程整体上类似于前述外贴 FRP 加固混凝土结构，在此不再赘述。在构件的表面处理方法上与混凝土结构有所不同，在粘贴 FRP 前，需要对待粘贴的钢表面进行恰当处理，除去钢结构表面的防护层或氧化层、油污等，以保证 FRP 与钢表面的有效粘结。喷砂方法是一种比较有效的钢表面处理方式[12]。

17.2.2　加固机理

将 FRP 粘贴到构件的开裂部位，部分外荷载通过粘结剂传递给 FRP，从而降低了截面上的应力；此外，由于 FRP 可粘贴到裂纹上，在裂纹张开时 FRP 将对裂纹产生桥接效应，从而约束裂纹的张开，如图 17-3a）所示。图 17-3b）显示了加固前后裂纹张开位移的对比，图中也显示了采用降低后的截面应力计算的未加固钢板的裂纹张开位移。可以看出，FRP 加固使裂纹张开位移显著降低，该降低效果一方面由截面应力降低引起，另一方面由 FRP 对裂纹张开的约束作用贡献。因此，外贴 FRP 提升疲劳性能的作用主要体现在两个方面：一是降低构件的截面应力；二是 FRP 对裂纹张开的约束作用。

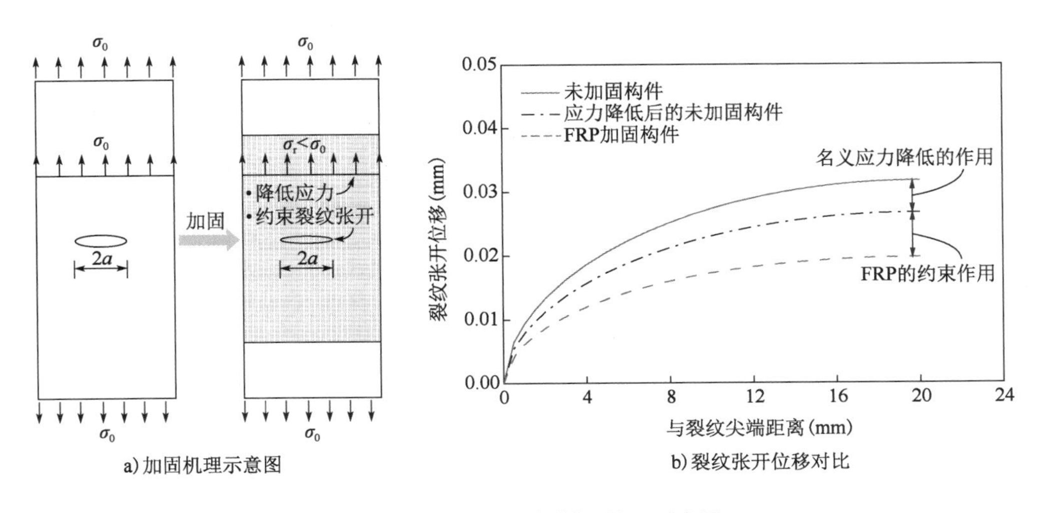

图 17-3　外贴 FRP 抗疲劳加固机理示意图

17.3 粘结剂性能对界面粘结性能的影响

采用外贴 FRP 加固技术时,FRP 与基体的粘结性能一直是备受关注的重要问题之一。既有研究表明,FRP-混凝土界面的失效主要发生在靠近界面位置的混凝土层,但对于 FRP-钢界面,由于钢材强度高,界面失效基本不可能发生在钢材[13]。因此,在 FRP 确定后,粘结剂性能对界面粘结性能的影响就很关键。本节选用 4 种粘结剂,通过静力和疲劳测试评估粘结剂性能对界面粘结性能的影响,为抗疲劳加固选择合适的粘结剂提供参考。

17.3.1 试验参数

试验共设计 55 个单剪粘结节点进行静力和疲劳测试,如图 17-4 所示。FRP 选用单向拉挤 CFRP 板,选用 4 种力学性能不同的粘结剂,分别简称为粘结剂 S、A、SN 和 R。图 17-5 显示了不同粘结剂的拉伸应力-应变曲线。粘结剂 S 具有高弹性模量,但其变形能力较差,属于高弹模线性粘结剂;粘结剂 A 极限强度和弹性模量较低,但具有良好的变形能力,属于低强度非线性粘结剂;粘结剂 SN 和 R 具有较高的强度,但弹性模量和变形能力居于粘结剂 A 和 S 之间,属于高强度非线性粘结剂。表 17-1 列出了材料的主要力学指标。

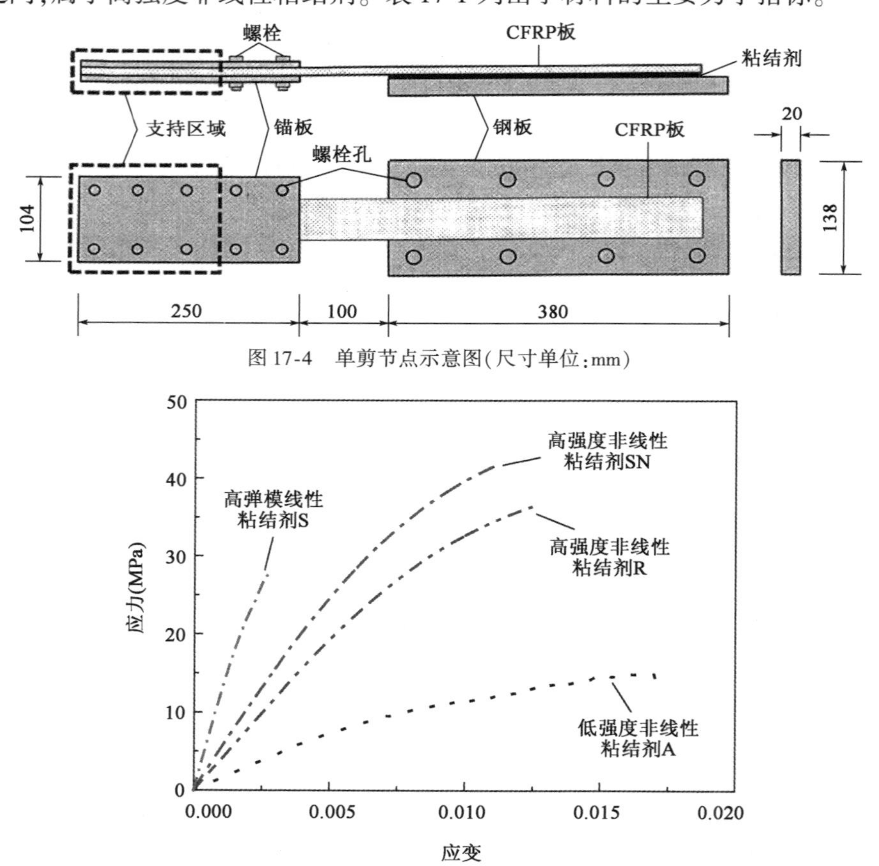

图 17-4 单剪节点示意图(尺寸单位:mm)

图 17-5 不同粘结剂的应力-应变关系

材料的主要力学指标　　表 17-1

材料类型	拉伸强度 (MPa)	弹性模量 (GPa)	屈服强度 (MPa)	延伸率 (%)	拉伸应变能 (MJ/m^3)
钢	425	199	258	29.4	
CFRP 板	2760	164	—	1.68	
粘结剂 S	27.6	12.2	—	0.29	0.048
粘结剂 A	15.1	1.75	—	1.74	0.165
粘结剂 SN	41.8	4.84	—	1.08	0.280
粘结剂 R	38.3	3.85	—	1.33	0.278

对 4 种粘结剂制作的单剪试件进行静力拉伸至失效，考虑粘结剂类型、粘结层厚度和粘结长度等因素的影响。在此基础上，对粘结剂 S 和 A 制作的试件进行疲劳测试，考虑粘结剂类型、荷载比(最大疲劳荷载与相应静力极限荷载的比值)等因素的影响，荷载比变化范围为 0.3 ~0.7，应力比(最小与最大疲劳荷载的比值)均为 0.2，采用正弦波常幅加载，加载频率为 8Hz。制作试件时，对钢表面进行喷砂处理，采用细砂纸轻微打磨 CFRP 板表面，粘贴前用丙酮擦拭钢板和 CFRP 板的粘贴面。具体试验方案可见文献[3,14-15]。

17.3.2　失效模式

CFRP 板-钢粘结界面可能出现粘结剂内聚失效、CFRP 板层间剥离失效、CFRP 板/粘结剂界面失效、钢/粘结剂界面失效等，其中 CFRP 板/粘结剂和钢/粘结剂界面失效时破坏突然，应该尽可能避免[13,16]。研究表明，钢表面喷砂可以有效避免钢/粘结剂界面失效，而 CFRP 板/粘结剂界面失效则不常发生[3,12]。试验观察到两种失效模式，分别为粘结剂内聚失效和 CFRP 板层间剥离失效，并发现粘结剂性能是影响失效模式的关键因素。采用高弹模线性粘结剂(S)和低强度非线性粘结剂(A)的试件出现了粘结剂内聚失效，如图 17-6a)和 b)所示；而采用高强度非线性粘结剂(SN 和 R)的试件出现了 CFRP 板层间剥离失效，如图 17-6c)和 d)所示。试验并没有观察到钢/粘结剂界面失效，进一步验证了喷砂处理钢表面可有效避免钢/粘结剂界面失效。

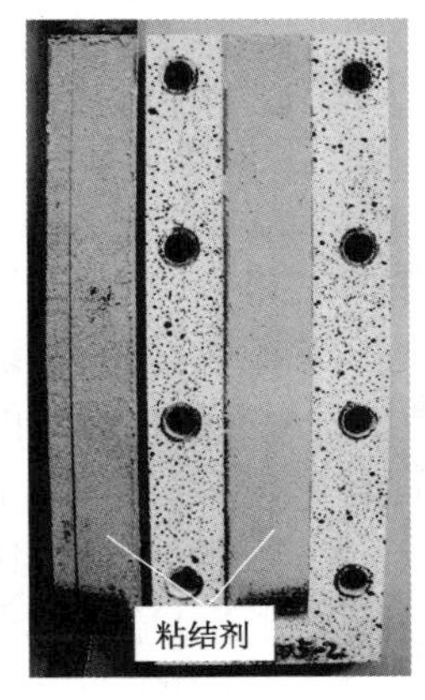

a) S试件

b) A试件

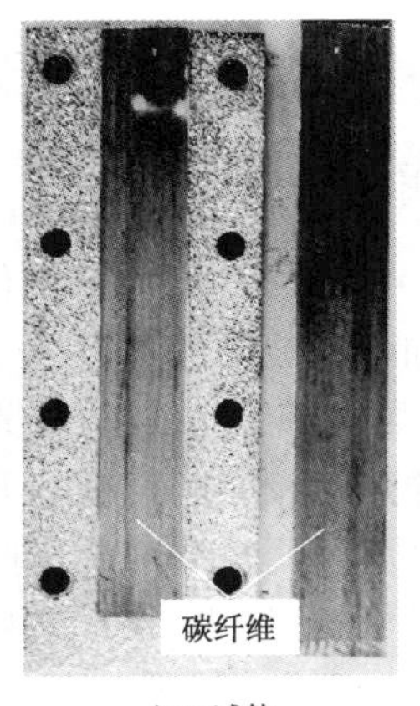

c) SN试件

d) R试件

图 17-6　典型的失效模式

17.3.3 极限荷载

FRP-钢界面极限荷载对比如图 17-7 所示，可以发现：①在相同的粘结剂厚度下，采用低强度非线性粘结剂（A）和另外三种粘结剂（S、SN、R）的试件的极限荷载明显不同，其极限荷载达到了其他粘结剂试件的 2 倍以上。可以看出，界面的极限荷载并非随粘结剂极限强度的增大而增大。研究显示，在发生粘结剂内聚失效条件下，界面断裂能和极限荷载与粘结剂的应变能成正比[3]，低强度非线性粘结剂（A）的应变能明显大于高弹模线性粘结剂（S）；但是对于非线性粘结剂，如果其极限抗拉强度较高，则会导致失效模式从内聚破坏转变为 CFRP 板层间剥离失效，从而影响界面的承载力，此时界面断裂能由 CFRP 板的力学性能控制[14]。②当粘结剂厚度在 0.5～2mm 范围内时，界面极限荷载随着粘结剂厚度的增加而增大。③极限荷载随着粘结长度的增大而不断增加，当粘结长度达到某一值时，极限荷载基本不再随粘结长度而变化，即界面存在有效粘结长度。因此，在粘贴 FRP 时，要保证其粘结长度大于有效粘结长度。我国行业标准《纤维增强复合材料加固修复钢结构技术规程》（YB/T 4558—2016）[11]对粘结长度的要求也作了具体规定。

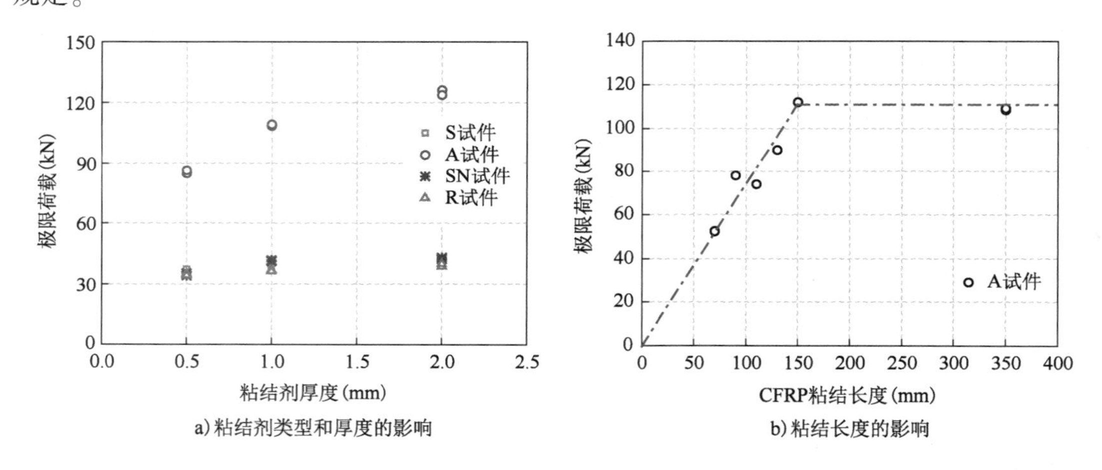

a）粘结剂类型和厚度的影响　　b）粘结长度的影响

图 17-7　界面极限荷载对比

17.3.4 疲劳性能

为了考查界面的疲劳性能，对比了 A 试件和 S 试件的疲劳寿命，主要结果如图 17-8 所示。研究发现：①在相同的荷载幅下，A 试件的疲劳寿命远高于 S 试件，在试验条件下，A 试件的疲劳寿命大于 200 万次，而 S 试件的疲劳寿命仅 1133 次。这主要是因为两种粘结剂的界面极限承载力不同，导致在相同的荷载幅下试件的荷载水平不相同，而在实际工程中，结构承受的荷载幅确定，这就说明粘结剂的选择对界面疲劳性能的影响巨大。②随着荷载比的增大，疲劳寿命快速降低，荷载比与疲劳寿命的对数值基本呈线性关系，对于 A 试件，当荷载比为 0.3 时，经过 200 万次荷载循环后试件仍没失效，而荷载比达到 0.7 时，疲劳寿命仅约 2100 次。

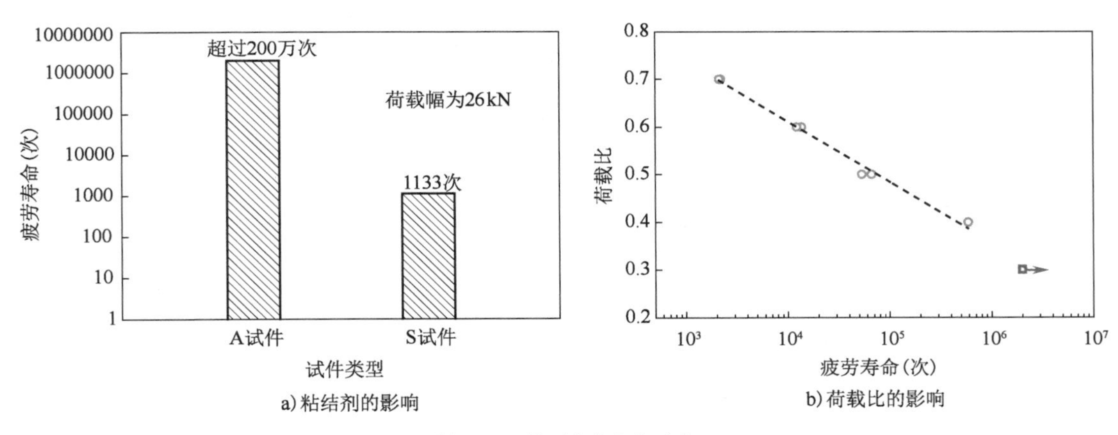

a) 粘结剂的影响　　b) 荷载比的影响

图 17-8　界面疲劳寿命对比

以上结果表明,当应用外贴 FRP 加固钢结构技术时,粘结剂的选择非常重要,其不仅影响界面的极限承载力,对疲劳性能的影响更大。虽然低强度非线性粘结剂(A)的极限强度最低,但界面极限承载力却最高,而强度更高的其他三类粘结剂的界面承载力反而较低,这也说明在实际加固中选用粘结剂时并不是粘结剂极限强度越高越好。从整体上看,采用高弹模线性粘结剂的承载能力较低,而采用变形能力强的非线性粘结剂的承载能力高,但强度高的非线性粘结剂可能会导致 CFRP 板层间剥离失效,需要慎重选择。此外,在实际工程中,由于承受的疲劳荷载确定,那么选择界面极限承载力大的粘结剂可以获得更好的界面疲劳性能。

17.4　外贴 FRP 的抗疲劳加固效果

国内外研究表明,采用外贴 CFRP 可以明显降低裂纹扩展速率,显著延长构件的剩余疲劳寿命;研究还对比了一些参数对加固效果的影响,为工程应用提供了参考[6,17-20]。然而,外贴 CFRP 技术与传统加固技术效果的对比还缺乏试验验证。CFRP 类型较多,外贴 CFRP 加固具有可设计性强的优点,对于已开裂的钢构件,可以采用不同的粘贴布置方式,那么在相同加固量的条件下,选择何种类型的 CFRP 与布置方式值得关注。本节将对以上问题的研究结果进行介绍,并结合文献中的成果介绍其他因素的影响。

17.4.1　试验参数

以损伤钢板和钢梁为对象进行疲劳测试。设计了 10 个钢板试件,包含 6 个含中心裂纹试件和 4 个含单边裂纹试件,如图 17-9 所示。选用 CFRP 板和 CFRP 布双面加固,其弹性模量分别为 164GPa 和 248GPa,单层厚度分别为 1.4mm 和 0.167mm。所有加固试件的 CFRP 拉伸刚度相等(即等刚度加固),在此条件下,粘贴 1 层 CFRP 板相当于 6 层 CFRP 布。根据中心裂纹和单边裂纹的特点,设计了平铺、叠加和分散三种布置方式,如图 17-10 和图 17-11 所示。采用正弦波常幅加载,最大和最小应力分别为 150MPa 和 30MPa,应力比为 0.2,加载频率为 8Hz。具体试验方案见文献[3]。

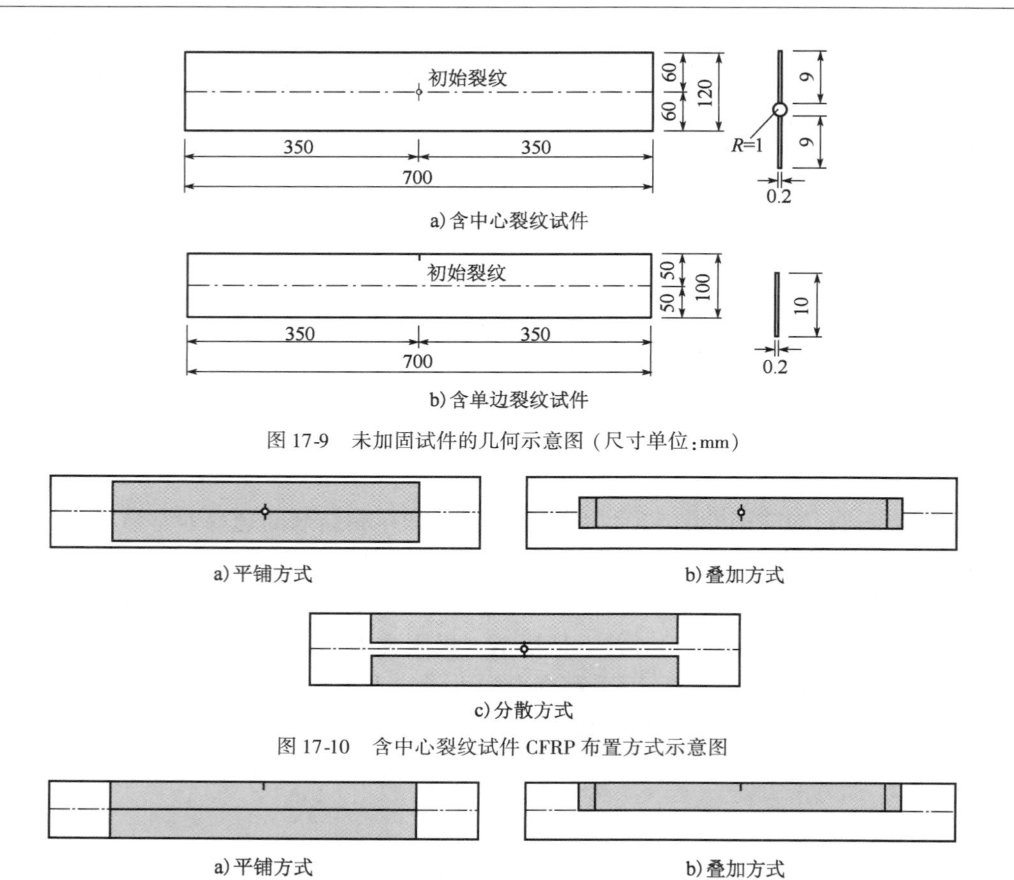

图 17-9 未加固试件的几何示意图（尺寸单位：mm）

图 17-10 含中心裂纹试件 CFRP 布置方式示意图

图 17-11 含单边裂纹试件 CFRP 布置方式示意图

设计了 5 根钢梁试件，其中 1 根未加固试件，4 根加固试件，钢梁为热轧 H350×175 型钢，净跨为 2.8m。在跨中受拉翼缘两边设置 U 形缺口，分别采用焊接钢板、高弹模 CFRP（HM-CFRP）板、高强度 CFRP（HS-CFRP）板和钢丝-玄武岩纤维复合板（SBFCP）对受拉翼缘下表面进行加固，HM-CFRP 板、HS-CFRP 板、SBFCP 三种板的弹性模量分别为 436GPa、145GPa 和 108GPa，单层厚度分别为 2.0mm、1.4mm 和 4.8mm。采用平铺方式加固，如图 17-12 所示，为了实现等刚度加固，粘贴 1 层 HM-CFRP 板相当于 4 层 HS-CFRP 板或 2 层 SBFCP。在 FRP 板端部及加载端附近设计了机械锚固措施，防止 FRP 板的过早剥离。采用四点弯曲加载，加载点间距为 500mm，采用正弦波常幅加载，最大和最小疲劳荷载分别为 200kN 和 40kN，应力比为 0.2，加载频率为 4Hz。具体试验方案见文献[3]。

17.4.2 加固方法的影响

本节对比外贴 FRP 和焊接钢板方法的抗疲劳加固效果。试验发现，随着荷载循环次数的增加，在下翼缘一边缺口处首先出现疲劳裂纹，将其定义为主裂纹，随后裂纹也在另一边缺口处萌生，将其定义为次裂纹。裂纹萌生后，将沿下翼缘不断扩展，当主裂纹扩展到腹板和翼缘连接处后，会继续向下翼缘的另一边（即次裂纹方向）扩展，并同时沿腹板向上扩展。此后，未加固钢梁和焊接钢板加固钢梁会突然断裂，但对于 FRP 板加固钢梁，即使主、次裂纹完全贯穿了整个下翼缘,钢梁也不发生突然断裂,如图 17-13 所示。试验发现,对于焊接钢板加固钢梁,在主裂纹一侧的钢板上也出现了疲劳裂纹,并且裂纹在下翼缘和加固钢板上基本同步扩展,导致焊接钢板的加固作用逐步消失。对于 FRP 板加固钢梁,并未发现 FRP 板的疲劳断裂现象,这说明 FRP 板比焊接钢板具有更优异的抗疲劳性能,但 FRP 板在缺口附近出现了界面剥离。以上分析表明,相比于焊接钢板,外贴 FRP 板可以改善失效模式,在锚固可靠条件下,可以避免突然断裂。

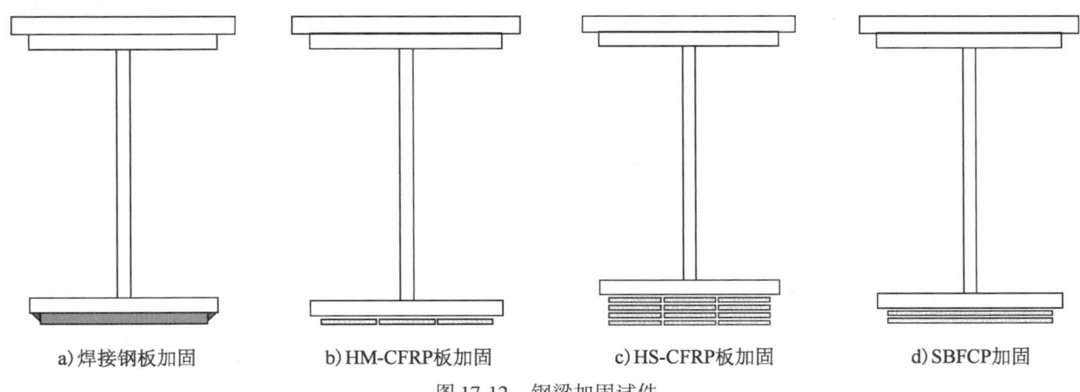

图 17-12　钢梁加固试件

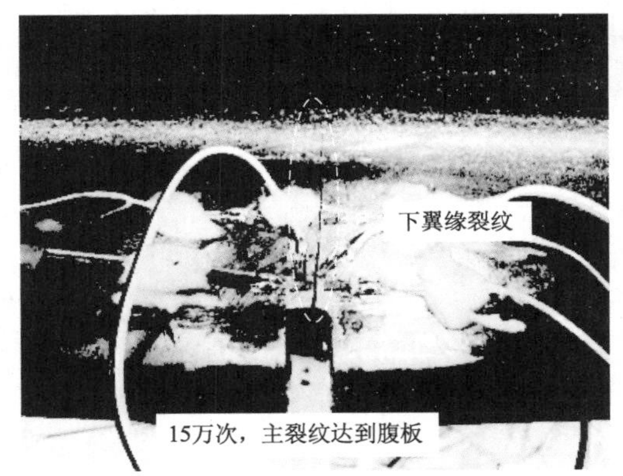

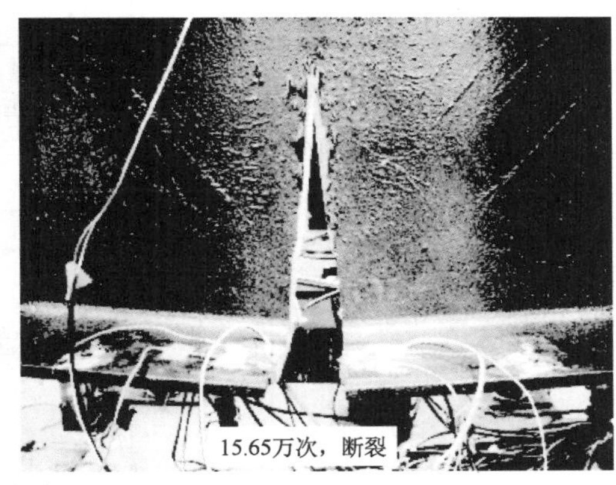

a) 未加固钢梁

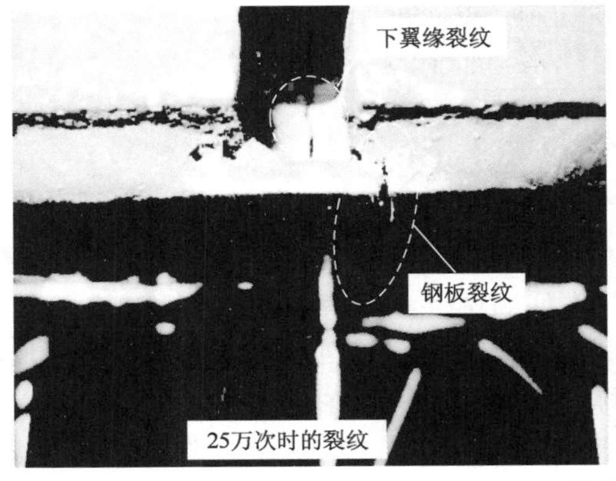

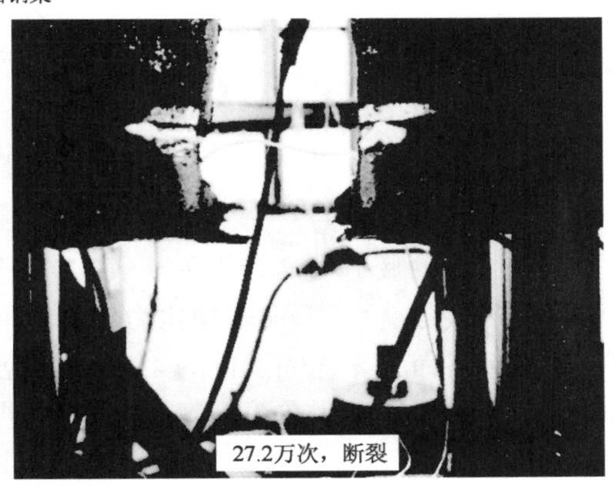

b) 焊接钢板加固钢梁

图　17-13

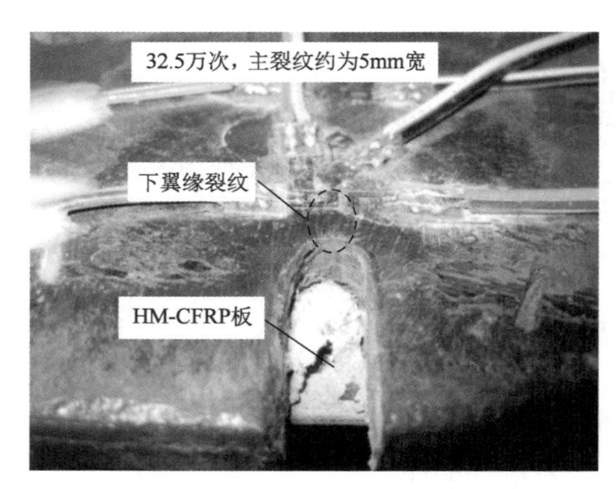

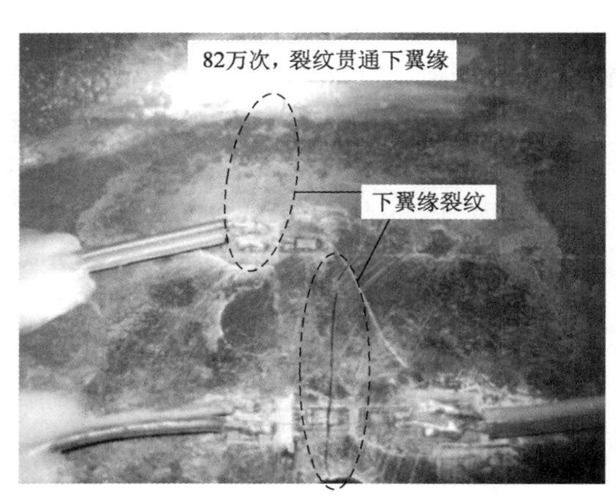

c) HM-CFRP板加固钢梁

图 17-13　钢梁疲劳试验现象

试件的裂纹扩展曲线如图 17-14 所示,其中,裂纹长度为不含缺口长度的主、次裂纹长度之和,曲线斜率代表裂纹扩展速率。从图 17-14 中可发现,无论是未加固试件还是加固试件,裂纹扩展速率均随着疲劳裂纹的扩展而不断变大。采用焊接钢板方法与外贴 FRP 板方法对裂纹扩展速率的降低效果明显不同,与未加固试件相比,采用 FRP 板加固后,裂纹扩展速率在整个疲劳加载阶段都明显降低,裂纹扩展寿命显著增加。对于焊接钢板加固试件,裂纹扩展速率在初始阶段明显降低,但焊接钢板的开裂使其加固作用逐渐消失,最终导致裂纹扩展速率基本与未加固试件相同。

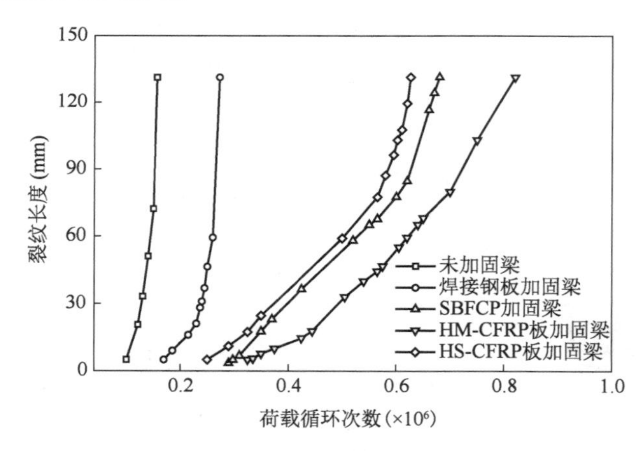

图 17-14　钢梁试件的裂纹扩展曲线

钢梁试件的疲劳寿命结果列于表 17-2,其中疲劳寿命为裂纹贯穿下翼缘宽度时所经历的荷载循环次数,疲劳寿命增加比为加固试件与未加固试件疲劳寿命的比值。FRP 板加固试件的疲劳寿命是未加固试件的 4.0 ~ 5.3 倍,而焊接钢板加固试件的疲劳寿命仅为未加固试件的 1.7 倍。这说明在等刚度条件下,与焊接钢板相比,外贴 FRP 板能更有效地提高疲劳寿命,这也验证了外贴 FRP 板抗疲劳加固技术比传统焊接钢板技术在提升钢结构疲劳寿命方面具有显著优势。

钢梁试件的疲劳寿命对比　　表17-2

加固方法	疲劳寿命 N_f(次)	疲劳寿命增加比
未加固	156000	—
焊接钢板加固	272000	1.7
HM-CFRP板加固	820000	5.3
SBFCP加固	700000	4.5
HS-CFRP板加固	626000	4.0

17.4.3　CFRP类型的影响

CFRP类型对裂纹扩展曲线的影响见图17-14和图17-15。由两图可发现在等刚度条件下,采用不同FRP的裂纹扩展速率并不相同,整体上看,CFRP板加固试件的裂纹扩展速率要小于CFRP布加固试件,而HM-CFRP板加固试件的裂纹扩展速率小于HS-CFRP板加固试件。在疲劳寿命方面,如表17-3所示,对于含中心裂纹钢板,CFRP板加固的疲劳寿命比CFRP布加固的长15%;对于含单边裂纹钢板,CFRP板加固的疲劳寿命比CFRP布加固的长27%。对于钢梁试件,采用HM-CFRP板的疲劳寿命增加比为5.3,而采用HS-CFRP板的疲劳寿命增加比为4.0。这说明CFRP板的加固效果好于CFRP布,而HM-CFRP板的加固效果又好于低弹性模量的HS-CFRP板,这主要是由于粘贴多层CFRP将会导致各层之间存在应力滞后效应[21],从而削弱外层CFRP作用。

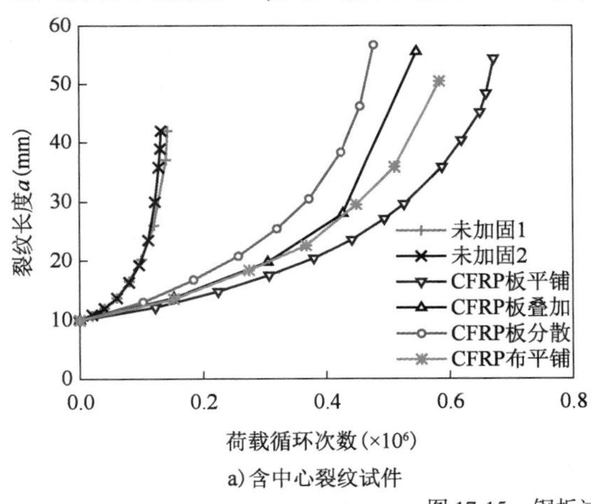

a)含中心裂纹试件

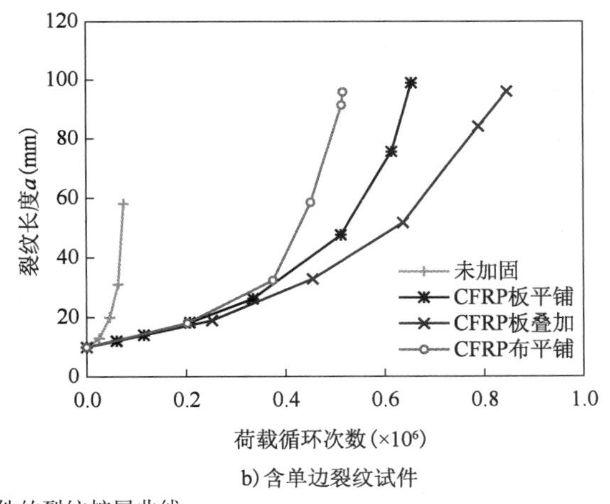

b)含单边裂纹试件

图17-15　钢板试件的裂纹扩展曲线

钢板试件的疲劳寿命对比　　表17-3

试件类型	加固方式	疲劳寿命 N_f(次)	疲劳寿命增加比
含中心裂纹钢板	未加固1	142600	—
	未加固2	132100	—
	CFRP板平铺	672200	4.9
	CFRP板叠加	547300	4.0
	CFRP板分散	478100	3.5
	CFRP布平铺	584300	4.3

续上表

试件类型	加固方式	疲劳寿命 N_f(次)	疲劳寿命增加比
含单边裂纹钢板	未加固	74800	—
	CFRP 板平铺	654600	8.8
	CFRP 板叠加	846800	11.3
	CFRP 布平铺	516700	6.9

17.4.4 CFRP 布置方式的影响

CFRP 布置方式对裂纹扩展曲线的影响见图 17-15。在试验条件下,含中心裂纹试件采用平铺方式的裂纹扩展速率最小,含单边裂纹试件采用叠加方式的裂纹扩展速率最小。在疲劳寿命方面,对于含中心裂纹试件,平铺方式的加固效果最好,其疲劳寿命为叠加方式的 1.2 倍,为分散方式的 1.4 倍;对于含单边裂纹试件,叠加方式的疲劳寿命达到平铺方式的 1.3 倍。

为了进一步研究 CFRP 布置方式对疲劳加固效果的影响,进行了系统的有限元参数分析[22-23]。结果表明,在等刚度条件下,对于含中心裂纹试件,平铺方式的加固效果好于分散方式,随着 CFRP 厚度和初始裂纹长度的增加,平铺方式的优势进一步突显;而平铺与叠加方式加固效果的比较受 CFRP 厚度和初始裂纹长度的耦合影响,如果考虑实际工程加固中需要的 CFRP 厚度通常较大,则平铺方式的加固效果好于叠加方式。对于含单边裂纹试件,叠加方式的加固效果好于平铺方式,对于初始裂纹越小和 CFRP 加固量越大的试件,叠加方式的优势越明显。因此,在实际工程加固中,对从构件内部萌生的疲劳裂纹,推荐采用 CFRP 平铺方式进行加固,而对于从构件边缘萌生的边裂纹,推荐采用 CFRP 叠加方式。对于从螺栓孔边缘萌生的疲劳裂纹,如果存在螺栓,只能采用类似于分散方式进行加固,但仍应尽可能地将 CFRP 靠近螺栓孔。

17.4.5 其他因素的影响

在不考虑等刚度条件时,还有一些因素影响着 FRP 的抗疲劳加固效果,比如初始损伤程度、FRP 加固量、单/双面粘贴以及预应力等。

1)初始损伤程度的影响

对开裂钢构件进行加固时,初始裂纹长度影响着加固效果。Yu 等[17]对不同损伤程度的钢板采用 CFRP 板双面加固,裂纹长度分别为钢板宽度的 2%、10%、20%、30%和 40%。试验发现,试件的疲劳寿命随着初始损伤程度的增加而缩短,但加固后试件的疲劳寿命明显提高,如图 17-16 所示。当初始损伤程度从 2%增加到 40%时,采用普通弹模 CFRP 板加固后,疲劳寿命增加比从 6.9 增加到 29.4,这说明加固效果随着初始损伤程度的增加而更明显。虽然疲劳寿命增加比随初始损伤程度增大而变大,但是加固后构件的疲劳寿命却越小,这说明当发现疲劳裂纹后,应该尽早加固。

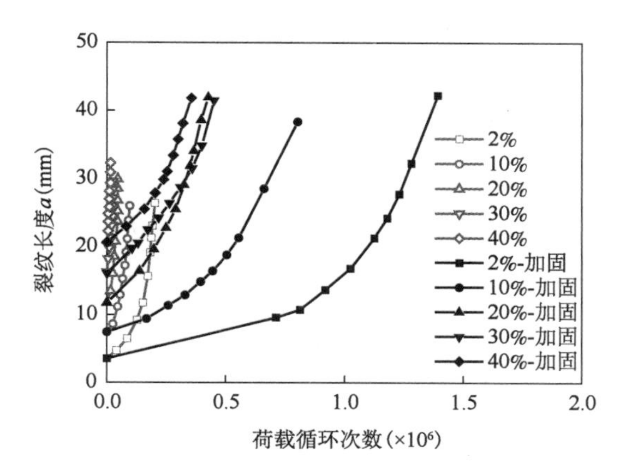

图 17-16　初始损伤程度对加固效果的影响[17]

2)FRP 加固量的影响

由外贴 FRP 抗疲劳加固机理可知,FRP 加固量将影响应力的降低以及对裂纹张开的约束效果。Liu 等[19]研究了 CFRP 布弹性模量和层数对疲劳加固效果的影响,发现粘贴 5 层普通弹模 CFRP 布和高弹模 CFRP 布的疲劳寿命增加比分别是 2.7 和 7.9,而粘贴 3 层的疲劳寿命增加比分别降至 2.2 和 6.6,如图 17-17 所示。Yu 等[17]的研究显示,采用高弹模 CFRP 板加固钢板的疲劳寿命约为采用普通弹模 CFRP 板的 1.8 倍。Wu 等[18]的试验发现,高弹模 CFRP 板与钢板等宽(90mm)时,试件达到 10^8 次荷载循环后依然没有失效,而当粘贴宽度降至 50mm 时,疲劳寿命约为 200 万次。很明显,增大 CFRP 加固量可显著提高抗疲劳加固效果。

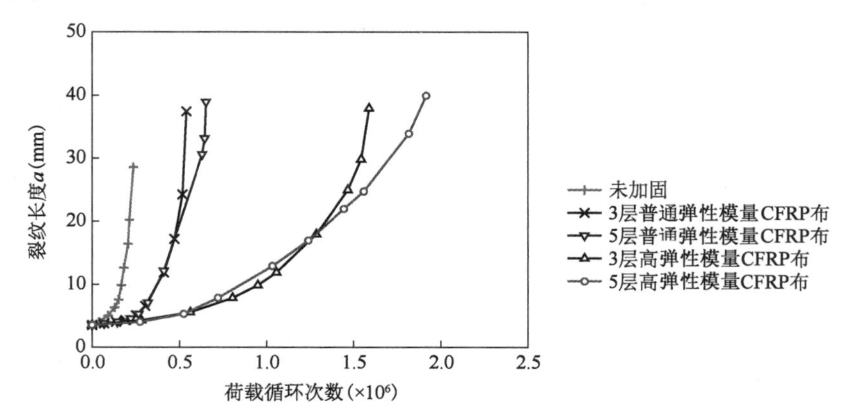

图 17-17　CFRP 布弹性模量和层数对加固效果的影响[19]

3)单/双面粘贴的影响

单面粘贴是一种常用的加固形式。郑云[24]研究了单/双面粘贴 CFRP 板对加固效果的影响,如图 17-18 所示。试验发现,当单面粘贴 1 层 CFRP 板(CFRP 板与钢板的刚度比 $S=0.2$)时,疲劳寿命是未加固的 2.6 倍,而当双面粘贴 1 层 CFRP 板($S=0.4$)时,疲劳寿命是未加固的 5.5 倍,即使降低双面加固的刚度比至 0.16,疲劳寿命仍达到未加固的 3.6 倍,高于单面加固的疲劳寿命,这说明采用双面加固的效果优于单面加固。单面加固时 CFRP

仅粘贴在钢板的一个表面，使钢板产生平面外弯曲，导致应力强度因子沿厚度方向明显不均匀分布，而且裂纹长度越大，不均匀程度越明显[3]。总体上看，单面加固会显著降低加固效果，因此，实际工程中如果条件允许，应该采用双面加固。

4）预应力的影响

对CFRP施加预应力将在构件中引入预压应力，不仅能显著降低应力幅，而且可以改变应力比，从而大幅提高疲劳加固效果。Emdad 和 Al-Mahaidi[20]的试验结果如图17-19所示，发现当双面粘贴1层CFRP布时，疲劳寿命增加比是2.9，当对1层CFRP布施加25%和50%极限强度的预应力后，疲劳寿命增加比分别达到4.0和7.2；如果对2层CFRP布施加50%极限强度的预应力，疲劳寿命增加比可达到35.2。Hosseini 等[25]对比了外贴CFRP板与无粘结预应力CFRP板加固钢板试件的疲劳寿命，发现外贴CFRP板加固试件的疲劳寿命为未加固试件的4.3倍，但采用无粘结预应力CFRP板可以使疲劳裂纹完全停止扩展。因此，对CFRP施加预应力可以显著提高疲劳加固效果，通常比增加CFRP加固量更有效。

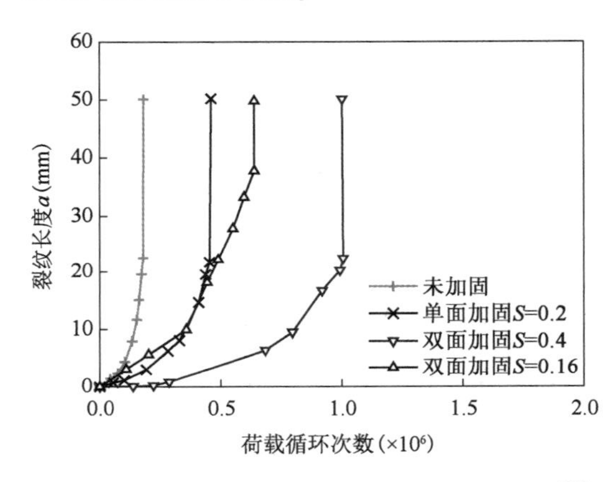

图17-18　单/双面粘贴CFRP板对加固效果的影响[24]

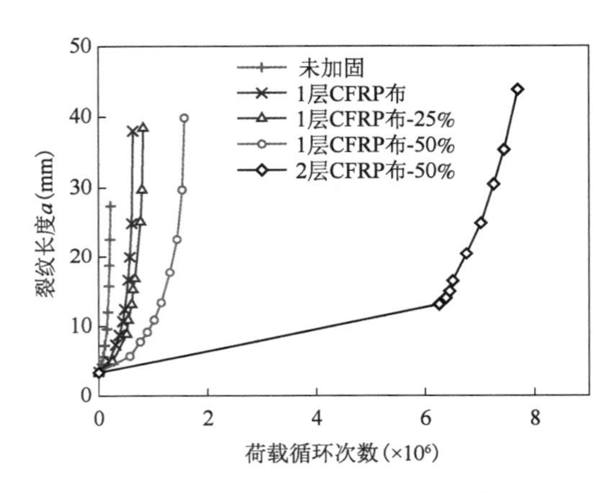

图17-19　预应力对加固效果的影响[20]

17.5　外贴FRP的抗疲劳加固设计方法

外贴FRP加固钢构件的疲劳寿命预测方法是建立加固设计方法的关键。疲劳寿命主要由裂纹萌生寿命和裂纹扩展寿命组成。构件在加固时如果已出现疲劳裂纹，疲劳寿命就是裂纹扩展寿命，若还没有出现宏观疲劳裂纹，疲劳寿命理论上将由剩余裂纹萌生寿命和裂纹扩展寿命组成。然而对裂纹萌生寿命的预测十分困难，目前尚没有完善的理论支撑[26]。考虑既有钢结构的细节构造，尤其是焊接构造中微裂纹总是存在的，而且长期的服役已经使构件产生了一定的疲劳损伤，因此在疲劳寿命预测时可不考虑其剩余裂纹萌生寿命，而偏保守地仅考虑裂纹扩展寿命，这种简化的方法在钢桥疲劳寿命评估中已经得到了国内外研究者的认可和应用[26]。因此，外贴FRP加固钢构件剩余疲劳寿命的预测就是对裂纹扩展寿命的预测。本节介绍基于断裂力学的外贴FRP加固钢构件疲劳寿命预测方法，在此基础上提出抗疲劳加固设计方法。

17.5.1　疲劳寿命预测方法

土木工程中钢桥梁、吊车梁等在服役荷载下通常处于弹性状态,其疲劳破坏属于高周疲劳,因此适用线弹性断裂力学理论。应力强度因子作为线弹性断裂力学的重要物理量,是进行裂纹扩展分析和裂纹扩展寿命预测的基本参数。对于含有长度为 $2a$ 的中心裂纹的无限大平板,裂纹尖端的应力强度因子可表示为[27]

$$K = \sigma \sqrt{\pi a} \tag{17-1}$$

式中:K——应力强度因子;

σ——两端无穷远处垂直于裂纹面的拉应力;

a——中心裂纹一半长度。

对于一般的有限尺寸构件,应力强度因子可表示为[28]

$$K = F_e \cdot F_s \cdot F_w \cdot F_g \cdot \sigma \sqrt{\pi a} \tag{17-2}$$

式中:F_e——裂纹形状系数;

F_s——表面裂纹系数;

F_w——有限构件的宽度调整系数;

F_g——作用在裂纹表面的非均匀应力调整系数。

《应力强度因子手册》[27]给出了几何和受力条件简单的含裂纹构件应力强度因子计算方法,但对于复杂的构件,一般需要采用数值方法计算应力强度因子。对于 FRP 板加固的钢结构,由于几何和受力条件相比未加固构件更加复杂,提出应力强度因子的计算公式非常困难,故仅能对一些受力和 FRP 布置方式简单的构件提出计算公式,本书作者课题组提出了 FRP 加固含双边裂纹钢板以及含下翼缘双边裂纹钢梁的应力强度因子简化计算公式[29-30],其表达式已非常复杂。在实际工程中,FRP 加固构件的几何和边界条件会更加复杂,因此开发适用于 FRP 加固钢构件应力强度因子计算的数值分析模型非常必要。

1)应力强度因子数值计算方法

本书提出基于 ANSYS 有限元软件的三维实体-弹簧模型,模型中钢构件和 FRP 板采用 8 节点三维实体单元 SOLID45 模拟,其可以定义 FRP 各向异性材料性能。粘结层采用弹簧单元 COMBIN14 模拟,在钢构件和 FRP 板的对应节点之间建立 1 个轴向和 2 个切向弹簧单元,分别用来模拟粘结剂的轴向变形和剪切变形,弹簧的长度等于粘结剂的厚度,其中弹簧单元的剪切刚度为[31]

$$K_i = \frac{G_a A_a}{t_a} \tag{17-3}$$

式中:$K_i\,(i = x, y)$——x 或 y 方向弹簧的剪切刚度;

A_a——每个弹簧单元所代表的粘结层面积;

t_a、G_a——粘结剂的厚度和剪切模量。

弹簧单元的轴向刚度为[31]

$$K_z = \frac{2(1 - \nu_a) G_a A_a}{(1 - 2\nu_a) t_a} \tag{17-4}$$

式中：K_z——弹簧单元的轴向刚度；

ν_a——粘结剂的泊松比。

弹簧单元的刚度与其所代表的粘结层面积有关，建模时通过 ANSYS 参数化设计语言(APDL)实现弹簧刚度的自动计算以及单元的自动添加，同时基于 APDL 可方便地进行参数分析和设计时的试算。应力强度因子属于线弹性参数，材料均假定为线弹性，对有限元模型进行线弹性分析。

进行有限元分析时，选择恰当的应力强度因子计算方法很重要，常用的计算方法有外推法和能量法。外推法主要通过裂纹前端单元应力或者裂纹后端节点位移拟合得到，结果受网格划分密度影响较大，通常需要在裂纹尖端引入奇异单元或折叠单元来保证计算精度[32]。能量法主要包括 J 积分法、虚拟裂纹闭合法等，其中虚拟裂纹闭合法计算过程简便，结果对网格不敏感，不需要使用奇异单元，在常规低阶网格条件下也有很高的精度[32]。本书推荐采用虚拟裂纹闭合法计算应力强度因子。图 17-20 所示为有限元模型采用 8 节点实体单元时，在裂纹前沿节点 k 处使用虚拟裂纹闭合法的示意图，节点 i 和节点 j 在节点 k 的后端。张开型裂纹的应变能释放率 G_{I} 可按下式计算[33]：

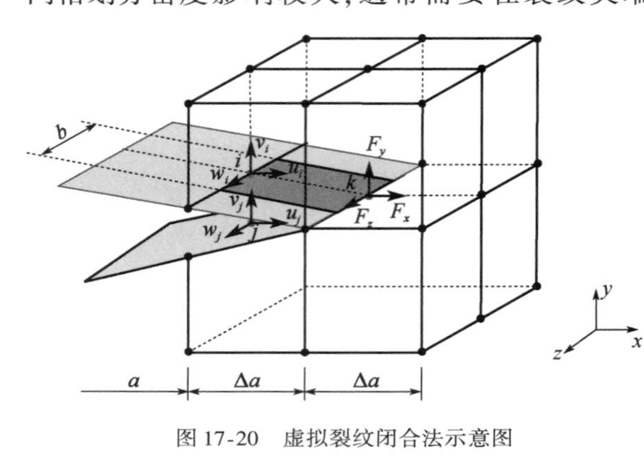

图 17-20　虚拟裂纹闭合法示意图

$$G_{\mathrm{I}} = \frac{1}{2b\Delta a}F_y(v_i - v_j) \tag{17-5}$$

式中：b——单元宽度；

Δa——虚拟裂纹扩展长度，即裂纹前沿后面的单元长度；

F_y——节点 k 在 y 方向的节点力；

v_i——节点 i 在 y 方向的位移；

v_j——节点 j 在 y 方向的位移。

在平面应力条件下，张开型裂纹的应变能释放率与应力强度因子的转化关系为

$$K_{\mathrm{I}} = \sqrt{G_{\mathrm{I}} \cdot E} \tag{17-6}$$

式中：E——钢材弹性模量。

采用三维实体-弹簧有限元模型对上节的试验试件进行建模时，根据材料和几何的对称性，对含中心裂纹钢板建立 1/8 模型，对含单边裂纹钢板建立 1/4 模型。对于钢梁试件，为了能够考虑主、次裂纹以及腹板裂纹的同时扩展，建立 1/2 模型，对于 HM-CFRP 板、HS-CFRP 板和 SBFCP 分别按照实际情况建立 1 层、2 层和 4 层 FRP 板和粘结层。详细的有限元模型可见文献[3]。

图 17-21 显示了 FRP 板加固钢板试件的应力强度因子变化。分析图发现加固后试件的应力强度因子显著降低，且应力强度因子的降低幅度随着裂纹长度的增加逐渐变大。这表明裂纹长度越大，FRP 加固效果越明显。FRP 布置方式对应力强度因子产生影响，这可从外贴 FRP 对裂纹张开的约束机理进行解释[3]。

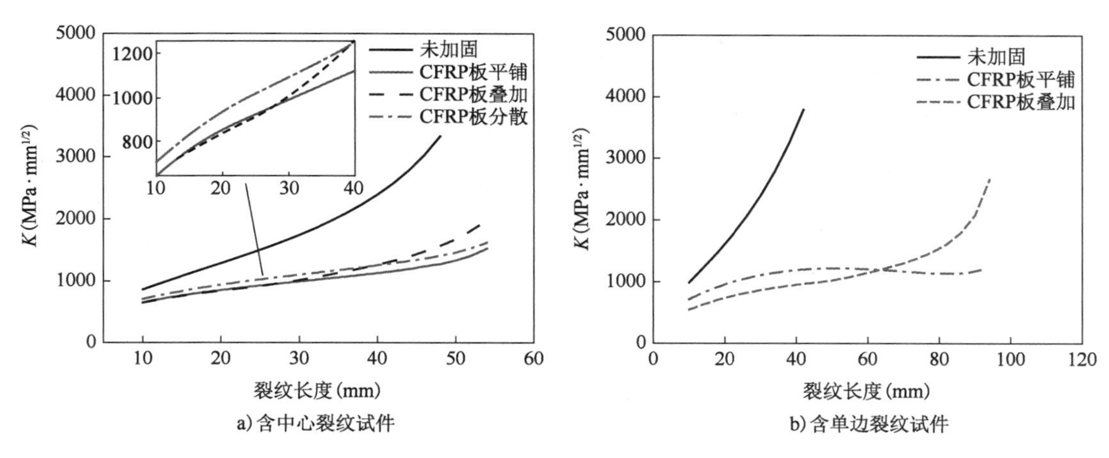

a)含中心裂纹试件　　b)含单边裂纹试件

图17-21　钢板试件的应力强度因子

图17-22所示为钢梁主、次裂纹的应力强度因子。对于未加固钢梁,主、次裂纹应力强度因子随着裂纹长度的发展变化规律明显不同。主裂纹的应力强度因子随裂纹长度的增加而逐渐变大,在主裂纹越过腹板前后,由于腹板阻碍了裂纹的张开,应力强度因子发生突然变化(减小),随后继续增大。次裂纹的应力强度因子在开始阶段呈增大趋势,随后逐渐降低直至为零,这主要是主、次裂纹的不对称扩展而引起的扭转使得次裂纹产生闭合效应。以HM-CFRP板加固钢梁为例,加固后主裂纹的应力强度因子比加固前明显降低,说明HM-CFRP板的抗疲劳加固效果非常明显;次裂纹的应力强度因子随裂纹扩展而逐渐变大;由于HM-CFRP板粘贴在下翼缘,故由主、次裂纹引起的扭转效应很小,导致主、次裂纹的应力强度因子相差不大。

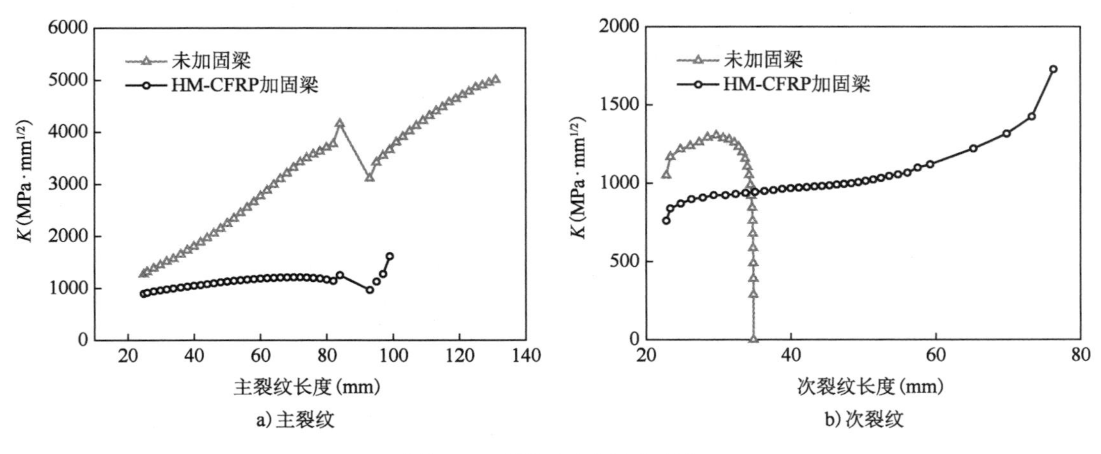

a)主裂纹　　b)次裂纹

图17-22　钢梁的应力强度因子

2)疲劳裂纹扩展预测模型

得到应力强度因子后,采用裂纹扩展模型就可以得到裂纹扩展寿命。在裂纹稳定扩展阶段,最常用的裂纹扩展模型为Paris模型,它描述了裂纹扩展速率da/dN与应力强度因子幅ΔK之间的关系,如式(17-7)所示:

$$\frac{\mathrm{d}a}{\mathrm{d}N}=C(\Delta K)^{m} \tag{17-7}$$

式中：N——荷载循环次数；

a——疲劳裂纹长度；

C、m——材料常数，由试验确定；

ΔK——应力强度因子幅。

考虑裂纹闭合效应[34]后，Paris 公式可被修正为

$$\frac{\mathrm{d}a}{\mathrm{d}N}=C\left(\Delta K_{\mathrm{eff}}\right)^{m}=C\left(U\Delta K\right)^{m} \tag{17-8}$$

式中：ΔK_{eff}——有效应力强度因子幅；

U——裂纹闭合参数，可根据 Schijve[35]提出的经验公式计算。

$$U=0.69+0.45R \tag{17-9}$$

对式(17-8)进行数值积分，可以得到钢构件的裂纹扩展寿命为

$$N=\frac{1}{C}\int_{a_0}^{a_{\mathrm{f}}}\frac{1}{(U\Delta K)^{m}}\mathrm{d}a \tag{17-10}$$

式中：a_0——疲劳裂纹初始长度；

a_{f}——疲劳裂纹临界长度。

材料常数 C 和 m 可通过未加固钢板的裂纹扩展速率 $\mathrm{d}a/\mathrm{d}N$ 和有效应力强度因子幅 ΔK_{eff}的关系进行标定，其中裂纹扩展速率 $\mathrm{d}a/\mathrm{d}N$ 根据 ASTM E647-11[36]推荐的割线法计算。基于本章钢板试验得到的标定值为 $C=6.03\times10^{-15}$，$m=3.639$，对应的裂纹扩展速率 $\mathrm{d}a/\mathrm{d}N$ 和应力强度因子的单位分别为 mm/次和 $\mathrm{MPa}\cdot\mathrm{mm}^{1/2}$。对于有一个裂纹尖端或者两个裂纹尖端但是裂纹对称扩展的情况，比如本章的含中心裂纹和单边裂纹试件，基于公式(17-10)，采用逐步积分的方法即可得到裂纹扩展过程和疲劳寿命。

对于有两个及以上裂纹尖端的构件，在进行裂纹扩展模拟时需要对上述模型进行修正。以本章的钢梁试件为例说明模拟过程，钢梁裂纹在下翼缘两边萌生后，主、次裂纹以不同的速率分别进行扩展，当主裂纹越过腹板后，裂纹也将沿腹板向上扩展，因此需要同时考虑主、次裂纹以及腹板裂纹的扩展及其相互影响。为了简化模拟程序，做如下假设：①假设裂纹前缘为一直线，即忽略裂纹前缘在下翼缘厚度上的不均匀分布，如图 17-23 所示，在计算时采用下翼缘厚度方向上应力强度因子的均方根值；②假设疲劳裂纹为张开型裂纹；③简化主裂纹越过腹板的过程，假设当主裂纹正好越过腹板时，腹板贯穿裂纹恰好形成，且不考虑腹板裂纹沿厚度的不均匀分布，如图 17-23b)所示。

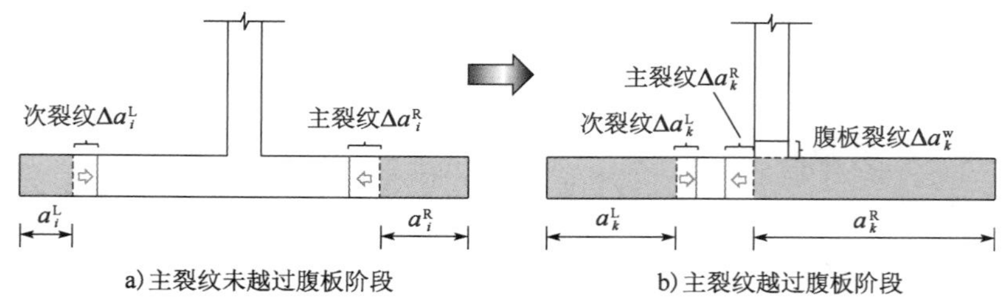

图 17-23　钢梁裂纹扩展的简化示意图

在主裂纹达到腹板以前,当主裂纹增量为 Δa_i^{R} 时,根据式(17-8),需要的荷载循环次数 ΔN_i^{R} 以及相应的次裂纹扩展长度 Δa_i^{L} 为

$$\Delta N_i^{\mathrm{R}} = \frac{\Delta a_i^{\mathrm{R}}}{C\,(U\Delta K_i^{\mathrm{R}})^m} \tag{17-11}$$

$$\Delta a_i^{\mathrm{L}} = \left(\frac{\Delta K_i^{\mathrm{L}}}{\Delta K_i^{\mathrm{R}}}\right)^m \Delta a_i^{\mathrm{R}} \tag{17-12}$$

式中:ΔK_i^{R}、ΔK_i^{L}——主、次裂纹对应的应力强度因子幅。

因此,累积的荷载循环次数和裂纹长度可通过式(17-13)和式(17-14)得到:

$$N_{i+1} = N_i + \Delta N_i^{\mathrm{R}} \tag{17-13}$$

$$a_{i+1} = a_i + \Delta a_i \tag{17-14}$$

其中:

$$\Delta a_i = \Delta a_i^{\mathrm{R}} + \Delta a_i^{\mathrm{L}} \tag{17-15}$$

在主裂纹越过腹板后,腹板裂纹长度增量 Δa_k^{w} 与主裂纹长度增量 Δa_k^{R} 的关系:

$$\Delta a_k^{\mathrm{w}} = \left(\frac{\Delta K_k^{\mathrm{w}}}{\Delta K_k^{\mathrm{R}}}\right)^m \Delta a_k^{\mathrm{R}} \tag{17-16}$$

式中:ΔK_k^{w}——对应腹板裂纹长度的应力强度因子幅。

根据初始裂纹尺寸,基于以上公式逐步积分得到钢梁下翼缘的裂纹扩展曲线和疲劳寿命。

3)模型验证

为了验证上述模型的预测效果,选取本章试验和文献[18,19,24]中的试验进行对比,其中试件包含了 CFRP 板/布、CFRP 弹模、CFRP 层数、CFRP 长度、CFRP 宽度、CFRP 粘贴位置及应力幅等多个参数的影响,钢板试件预测结果与试验结果的对比如图 17-24a)所示。可以看出,采用上述模型预测的疲劳寿命与试验结果吻合得较好,预测与试验结果比值的平均值为 1.06,变异系数为 0.12。

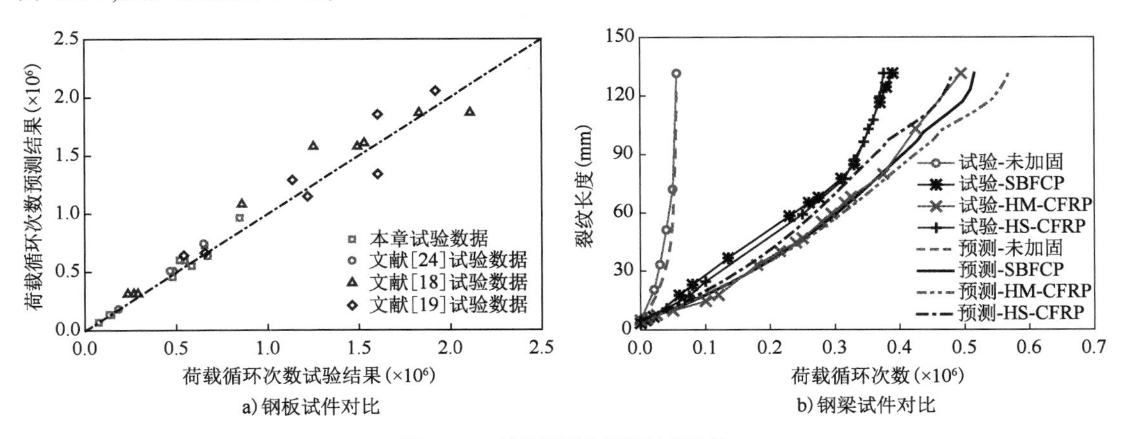

图 17-24　试件预测和试验结果比较

图 17-24b)为钢梁试件预测结果与试验结果的对比,试验曲线中扣除了裂纹萌生部分。未加固钢梁的预测结果与试验结果吻合得很好,对于 FRP 板加固钢梁,预测的裂纹扩展寿

命大于试验结果，HM-CFRP、HS-CFRP 和 SBFCP 加固钢梁的预测结果分别高估了 15%、24% 和 26%。这与在计算应力强度因子时未考虑 FRP 板的局部剥离有一定关系，FRP 板的局部剥离会降低加固效果，尤其在裂纹扩展后期，随着剥离面积的增大其影响也更加明显，此时预测的裂纹扩展速率显著低于试验裂纹扩展速率。

以上对比结果显示，基于三维实体-弹簧模型和线弹性断裂力学的裂纹扩展寿命预测方法可以较好地预测外贴 FRP 加固含裂纹钢构件的疲劳寿命，得到的裂纹扩展曲线可以较好地反映试件的裂纹扩展规律。

17.5.2 加固设计方法

上节建立了基于断裂力学的疲劳寿命预测方法，采用该方法可以预测 FRP 加固既有钢结构的剩余疲劳寿命。进行抗疲劳加固设计时，涉及应力幅的确定、FRP 材料的初选、寿命预测及验算等主要步骤。

①计算构件控制部位的等效应力幅。对于既有钢结构，承受的交通荷载、吊车荷载等都属于变幅疲劳荷载，此时可将变幅荷载转换成等效应力幅，并基于上述方法进行疲劳寿命预测。可以通过健康监测或者有限元模拟等方法得到控制部位的应力-时间变化曲线，采用雨流法得到构件的设计应力谱，根据 Miner 线性累积损伤准则，变幅疲劳的等效应力幅可按下式计算：

$$\Delta\sigma_e = \left[\frac{\sum n_i\,(\Delta\sigma_i)^{\beta_z}}{\sum n_i}\right]^{1/\beta_z} \tag{17-17}$$

式中：$\Delta\sigma_i$——设计应力谱中的第 i 个应力幅；

n_i——$\Delta\sigma_i$ 的荷载循环次数；

β_z——与构造和连接相关的参数，可根据《钢结构设计标准》(GB 50017—2017)[37]中的构造和连接分类取值。

②初选 FRP 类型和几何尺寸，建立 FRP 加固钢构件的三维实体-弹簧有限元模型。对于受拉板件，可以直接对模型施加等效应力幅；对于受弯构件，可以对受弯构件施加集中荷载，以使构件控制部位应力达到等效应力幅[26]。初始裂纹可以根据检测结果获得，如果没有可见的初始裂纹，可假定虚拟裂纹，比如对于螺栓孔边的细节，研究显示假定初始裂纹长度为 0.2mm 可以获得较好的预测结果[26]。对于临界裂纹长度，根据材料的断裂韧度 K_c 或合乎使用的适用性原则确定[26]。在进行裂纹扩展模拟时，采用固定裂纹扩展步长 Δa，分别计算不同裂纹长度下的应力强度因子，然后通过逐步积分得到疲劳寿命。理论上，步长越短，模拟精度越高，计算工作量也越大。在裂纹扩展长度较长时，步长取 1 ~ 2mm 即可获得较好的模拟结果。如果为复合型疲劳裂纹，每一次步长的扩展需要先判断裂纹扩展方向，该方面可参考相关研究。

③抗疲劳加固效果的验算。得到加固构件的剩余裂纹寿命后，可通过下式验算，若不满足设计要求，则增加 FRP 板的加固量，比如采用增加宽度、弹性模量或厚度等措施，重新预测疲劳寿命并验算直至满足要求。

$$N_{fp}/\gamma \geqslant N_{fo} \tag{17-18}$$

式中：N_{fp}——预测的疲劳寿命；

γ——附加安全系数；

N_{fo}——构件加固后需要经历的目标疲劳寿命。

理论上，附加安全系数的取值需要基于可靠度理论进行分析，在目前还没有相关研究时，可暂时根据《钢结构检测评定及加固技术规程》(YB 9257—1996)[38]取 $\gamma=3$。附加安全系数主要考虑采用线性累积损伤准则以及用较短时间测量得到的应力幅代替实际应力谱两个方面的误差。

采用外贴 FRP 抗疲劳加固钢结构的主要设计流程如图 17-25 所示。

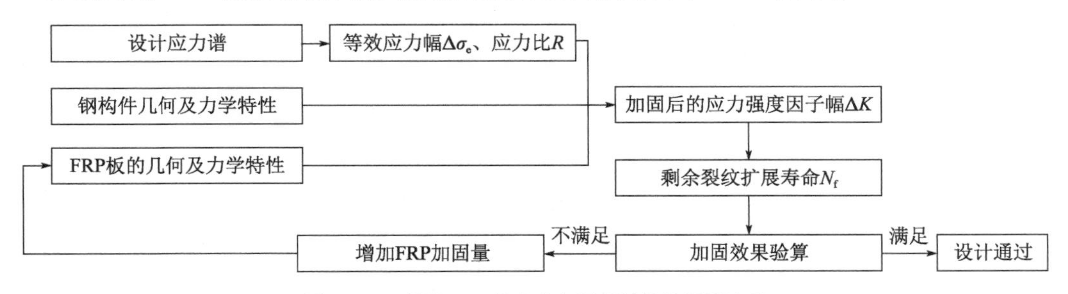

图 17-25　外贴 FRP 抗疲劳加固钢结构的设计流程

17.5.3　设计案例

本节以一个案例来说明外贴 FRP 抗疲劳加固设计方法的主要步骤。有一根 H 形截面钢吊车梁，跨度为 8m，高度为 1290mm，宽度为 240mm，腹板和翼缘厚度分别为 10mm 和 16mm，材料为 Q345 钢，检测发现在吊车梁跨中下翼缘两边各出现了长度为 2mm 的初始穿透裂纹，吊车梁跨中下翼缘的设计应力谱如表 17-4 所示，等效应力比 R 约为 0.1。为了保证吊车梁再安全服役 10 年，需要对其进行加固。

吊车梁的设计应力谱[39]　　表 17-4

应　力　幅	次　数　n_i	$n_i/\sum n_i$	总次数(次)	测量时间(h)
10.5	46	0.036392	1264	49
21.0	43	0.034019		
31.5	15	0.011867		
42.0	22	0.017405		
52.5	26	0.02057		
63	137	0.108386		
73.5	423	0.334652		
84	404	0.31962		
94.5	120	0.094937		
105	28	0.022152		

①评估吊车梁加固后需要经历的目标疲劳寿命，文献[24]对吊车梁按照每天 24h、每年 300d 来预估其荷载循环次数。采用该方法，吊车梁服役 10 年的目标疲劳寿命为

$$N_{fo}=10\times300\times24\times\frac{1264}{49}=1857306(\text{次})$$

②根据吊车梁的设计应力谱，计算其等效应力幅 $\Delta\sigma_e$。根据公式(17-17)计算的等效应力幅为

$$\Delta\sigma_e = \left[\frac{\sum n_i(\Delta\sigma_i)^{\beta_z}}{\sum n_i}\right]^{1/\beta_z} = 78\text{MPa}$$

③吊车梁已经出现了初始裂纹，以检测的裂纹长度作为初始裂纹长度进行计算。初选弹性模量为165GPa的CFRP板对吊车梁进行加固，将CFRP板粘贴在下翼缘底面，CFRP板的厚度为1.4mm，粘贴长度为2000mm，粘贴宽度等于吊车梁下翼缘宽度。吊车梁的初始疲劳裂纹长度 $a_0 = 2\text{mm}$，按照裂纹扩展步长 $\Delta a = 2\text{mm}$ 分别计算对应裂纹长度的应力强度因子幅，如图17-26所示。临界裂纹长度 a_f 根据钢材的断裂韧度 K_c 确定，断裂韧度可近似取 $1500\text{MPa}\cdot\text{mm}^{1/2}$[26]，则临界裂纹长度约为108mm。

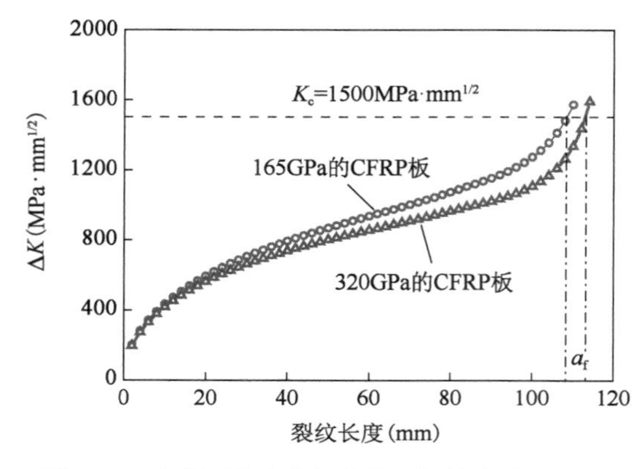

图17-26　加固后应力强度因子幅随裂纹长度的变化

④评估剩余疲劳寿命。基于得到的应力强度因子幅，根据式(17-10)和计算步长 $\Delta a = 2\text{mm}$，可以得到剩余疲劳寿命，裂纹闭合参数基于式(17-9)计算，材料常数 C 和 m 分别取 6.03×10^{-15} 和3.639。则剩余疲劳寿命为

$$N_{fp} = \frac{1}{C}\int_{a_0}^{a_f}\frac{1}{(U\Delta K)^m}\mathrm{d}a = \sum\frac{\Delta a_i}{C(U\Delta K_i)^m} = 4853974\text{ 次}$$

⑤加固效果验算。考虑附加安全系数 γ 后，CFRP板加固吊车梁的预测疲劳寿命与目标疲劳寿命的关系为

$$N_{fp}/\gamma = 4853974/3 = 1617991 < N_{fo} = 1857306$$

可以看出，预测疲劳寿命小于目标疲劳寿命，说明采用普通弹模CFRP板进行加固不能满足抗疲劳加固设计要求。

⑥增加CFRP加固量并重新验算。改用市场上弹性模量更高的CFRP板，弹性模量为320GPa，其他参数同普通弹模CFRP板加固情况，则应力强度因子幅如图17-26所示，预测的疲劳寿命为

$$N_{fp} = \sum\frac{\Delta a_i}{C(U\Delta K_i)^m} = 5606024\text{ 次}$$

验算加固效果：

$$N_{fp}/\gamma = 5606024/3 = 1868674 > N_{fo} = 1857306$$

因此,采用弹性模量为320GPa、厚度为1.4mm的CFRP板粘贴整个下翼缘宽度可以满足设计要求。

17.6 设计施工建议

《纤维增强复合材料加固修复钢结构技术规程》(YB/T 4558—2016)[11]已经对FRP加固钢结构作了一些要求,在设计和施工时参照相关条文。此外,基于研究结果,提出以下建议,供在应用外贴FRP抗疲劳加固钢结构技术时参考。

①钢表面处理。当采用外贴FRP抗疲劳加固钢结构时,对钢表面进行恰当处理非常重要,以避免钢/粘结剂界面失效形式,保证FRP与钢材的可靠粘结。喷砂方式是避免出现钢/粘结剂界面破坏的有效方式,在条件允许时应优先采用喷砂方式。

②粘结剂选择。粘结剂的选择对界面静载和疲劳寿命有明显的影响,在选择粘结剂时,刚度大、变形能力差的粘结剂不适用于抗疲劳加固,应优先选择变形能力好但极限拉伸强度不太高的非线性粘结剂。此外,也需要考虑粘结剂的玻璃化转变温度,文献[40]推荐粘结剂的玻璃化转变温度要高于服役环境温度至少5~10℃。

③FRP材料选择。应优先选用CFRP进行抗疲劳加固,对表面为平面的钢结构进行加固时,选用CFRP板并且推荐使用高弹模CFRP板;而当表面为非平面时,可采用CFRP布以更好地适应加固表面形状。

④布置方式选择。对从构件内部萌生的疲劳裂纹,推荐采用CFRP平铺方式进行加固,而对于从构件边缘萌生的边裂纹,推荐采用CFRP叠加方式。当只能采用分散方式时,应尽可能地将CFRP粘贴在靠近初始裂纹位置。

17.7 本章小结

本章提出了外贴FRP抗疲劳加固钢结构技术,介绍了该技术的特点和加固机理,围绕界面粘结性能、抗疲劳加固效果和加固设计方法进行了阐述,并提出了相关建议。主要结论如下:

①外贴FRP技术是一种高效的钢结构抗疲劳加固技术,可以显著降低裂纹扩展速率,延长剩余疲劳寿命。相比传统的焊接钢板加固技术,外贴FRP技术在改善失效模式、降低裂纹扩展速率、延长疲劳寿命等方面具有明显的优势。

②FRP材料的选择影响着疲劳加固效果。在等刚度加固条件下,CFRP板的加固效果好于CFRP布,而高弹模CFRP板的加固效果好于高强度CFRP板和SBFCP。在此基础上,给出了FRP材料的选择建议。

③FRP的布置方式影响着加固效果。整体上看,对于含中心裂纹构件,采用平铺方式的加固效果好于叠加和分散方式,对于含单边裂纹构件,采用叠加方式的加固效果优于平铺方式。在此基础上,给出了FRP的布置建议。

④粘结剂性能不仅影响界面的极限承载力,对疲劳性能的影响更大。高弹模线性粘结剂的界面承载力低,低强度非线性粘结剂的界面承载力高。在相同的荷载幅下,极限承载力

高的界面具有更长的疲劳寿命。在此基础上,提出了粘结剂的选择建议。

⑤建立了基于三维实体-弹簧模型和虚拟裂纹闭合法的应力强度因子计算方法,结合断裂力学裂纹扩展模型,可以较好地预测 FRP 板加固钢构件的疲劳寿命。在此基础上,提出了抗疲劳加固的设计步骤供参考。

本章参考文献

[1] 雷宏刚,付强,刘晓娟. 中国钢结构疲劳研究领域的 30 年进展[J]. 建筑结构学报,2010(S1):84-91.

[2] Committee on Fatigue and Fracture Reliability of the Committee on Structural Safety and Reliability of the Structural Division, ASCE. Fatigue reliability: variable amplitude loading [J]. Journal of the Structural Division, 1982, 108(1): 47-69.

[3] 王海涛. CFRP 板加固钢结构疲劳性能及其设计方法研究[D]. 南京: 东南大学,2016.

[4] 崔鹏飞. 既有工业建筑钢结构疲劳损伤及寿命可靠度分析[D]. 南京:东南大学,2018.

[5] Liu J, Guo T, Feng D M, et al. Fatigue performance of rib-to-deck joints strengthened with FRP angles [J]. Journal of Bridge Engineering, 2018, 23(9): 04018060.

[6] 岳清瑞,张宁,彭福明,等. 碳纤维增强复合材料(CFRP)加固修复钢结构性能与工程应用[M]. 北京:中国建筑工业出版社,2009.

[7] 中国工程建设标准化协会. 钢结构加固技术规范:CECS 77—1996[S]. 北京:中国计划出版社,1996.

[8] Albrecht P, Lenwari A. Fatigue strength of repaired prestressed composite beams [J]. Journal of Bridge Engineering, 2008, 13(4): 409-417.

[9] Dexter R, Ocel J. Manual for repair and retrofit of fatigue cracks in steel bridges[S]. US Department of Transportation Federal Highway Administration, 2013.

[10] 尹越,刘锡良. 钢结构疲劳裂纹的止裂和修复[J]. 工业建筑,2004(增刊):750-753.

[11] 中华人民共和国工业和信息化部. 纤维增强复合材料加固修复钢结构技术规程:YB/T 4558—2016[S]. 北京:冶金工业出版社,2016.

[12] Fernando D, Teng J G, Yu T, et al. Preparation and characterization of steel surfaces for adhesive bonding [J]. Journal of Composites for Construction, 2013, 17(6): 04013012.

[13] Teng J G, Yu T, Fernando D. Strengthening of steel structures with fiber-reinforced polymer composites [J]. Journal of Constructional Steel Research, 2012, 78: 131-143.

[14] 庞育阳. 极端服役环境下 CFRP-钢界面粘结性能研究[D]. 南京: 东南大学,2019.

[15] Wang H T, Wu G, Pang Y Y, et al. Experimental study on the bond behavior between CFRP plates and steel substrates under fatigue loading [J]. Composites Part B, 2019, 176: 107266.

[16] Zhao X L, Zhang L. State-of-the-art review on FRP strengthened steel structures [J]. Engineering Structures, 2007, 29(8): 1808-1823.

[17] Yu Q Q, Zhao X L, Al-Mahaidi R, et al. Tests on cracked steel plates with different damage levels strengthened by CFRP laminates [J]. International Journal of Structural Stability and

Dynamics,2014,14(6):1450018.

[18] Wu C,Zhao X L,Al-Mahaidi R,et al. Fatigue tests of cracked steel plates strengthened with UHM CFRP plates [J]. Advances in Structural Engineering,2012,15(10):1801-1815.

[19] Liu H B,Al-Mahaidi R,Zhao X L. Experimental study of fatigue crack growth behaviour in adhesively reinforced steel structures [J]. Composite Structures,2009,90(1):12-20.

[20] Emdad R,Al-Mahaidi R. Effect of prestressed CFRP patches on crack growth of centre-notched steel plates [J]. Composite Structures,2015,123:109-122.

[21] Liu H B,Zhao X L,Al-Mahaidi R. Effect of fatigue loading on bond strength between CFRP sheets and steel plates [J]. International Journal of Structural Stability and Dynamics, 2010,10(1):1-20.

[22] Wang H T,Wu G,Wu Z S. Effect of FRP configurations on the fatigue repair effectiveness of cracked steel plates [J]. Journal of Composites for Construction, 2014, 18 (1):04013023.

[23] 王海涛,吴刚,吴智深. FRP布置方式对含裂纹钢板加固后的疲劳性能影响分析[J]. 土木工程学报,2015,48(1):56-63.

[24] 郑云. CFRP加固钢结构疲劳性能试验与理论研究[D]. 北京:清华大学,2007.

[25] Hosseini A,Ghafoori E,Motavalli M,et al. Mode I fatigue crack arrest in tensile steel members using prestressed CFRP plates [J]. Composite Structures,2017,178:119-134.

[26] 宗亮. 基于断裂力学的钢桥疲劳裂纹扩展与寿命评估方法研究[D]. 北京:清华大学,2015.

[27] 中国航空研究院. 应力强度因子手册[M]. 北京:科学出版社,1981.

[28] Japanese Society of Steel Construction (JSSC). Fatigue design recommendations for steel structures [S]. Japanese Society of Steel Construction,1995.

[29] Wang H T,Wu G,Pang Y Y,et al. Stress intensity factors for double-edged cracked steel beams strengthened with CFRP plates [J]. Steel and Composite Structures,2019,33(5): 629-640.

[30] Wang H T,Wu G,Pang Y Y. Theoretical and numerical study on stress intensity factors for FRP-strengthened steel plates with double-edged cracks [J]. Sensors,2018,18(7):2356.

[31] Sun C T,Klug J,Arendt C. Analysis of cracked aluminum plates repaired with bonded composite patches [J]. AIAA Journal,1996,34(2):369-374.

[32] 解德,钱勤,李长安. 断裂力学中的数值计算方法及工程应用[M]. 北京:科学出版社,2009.

[33] Krueger R. Virtual crack closure technique: history, approach, and applications [J]. Applied Mechanics Reviews,2004,57(2):109-143.

[34] Elber W. Fatigue crack closure under cyclic tension [J]. Engineering Fracture Mechanics, 1970,2:37-45.

[35] Schijve J. Fatigue crack closure,observation and technical significance,in mechanics of fatigue crack closure [J]. Aerospace Engineering,1986:1-45.

[36] ASTM. E647-11 Standard test method for measurement of fatigue crack growth rates [S]. West Conshohocken,PA,2011.

[37] 中华人民共和国住房和城乡建设部,中华人民共和国国家质量监督检验检疫总局. 钢结构设计标准:GB 50017—2017[S]. 北京:中国建筑工业出版社,2017.

[38] 中华人民共和国冶金工业部. 钢结构检测评定及加固技术规程:YB 9257—1996[S]. 北京:冶金工业出版社,1997.

[39] 卢晖麓. 首钢均热炉车间钢吊车梁使用调查分析[J]. 钢结构,1992,2:38-49.

[40] Heshmati M, Haghani R, Al-Emrani M. Environmental durability of adhesively bonded FRP/steel joints in civil engineering applications: state of the art[J]. Composites Part B: Engineering,2015,81:259-275.

第18章 混凝土空心板梁桥高效加固技术

18.1 概　　述

混凝土空心板梁桥具有高度小、结构简单、便于工厂化生产、施工快捷方便等优点，在公路、小跨径的桥梁建设中得到了广泛的应用，尤其是跨度为 4 ~ 25m 的桥梁，大多采用了装配式空心板梁结构。目前，空心板梁桥的主要跨径有 4m、6m、8m、10m、13m、16m、20m、25m等。在使用过程中，由于多方面原因，空心板梁桥的结构承载性能逐渐退化，梁体会出现各类结构性裂缝。常见的结构性裂缝，除易发生于梁体跨中区域的弯曲裂缝外，还包括易发生于梁端附近的剪切斜裂缝。裂缝在外荷载和恶劣环境等多重不利因素的作用下容易扩展，增加梁体出现弯曲或剪切破坏的风险。此外，如今车辆超载现象较为普遍，较大的荷载也加剧了结构性裂缝的产生及发展，因此应对现有桥梁进行重载环境下的结构加固，增大桥梁承载能力的安全储备，保证桥梁结构的安全性与耐久性。

同时，装配式空心板梁结构通过现浇的企口混凝土铰接连接，将作用于行车道板上的局部荷载分配给各板梁共同承受，使得单板梁所承担的车辆荷载显著降低，单根板梁受力通常能减小至其所受局部荷载的 50% ~60%，从而减小了各空心板梁的设计荷载。但是，若横向铰缝发生破坏，当车轮作用于某一板梁时，全部轮重将由该板梁独自承担，形成“单板受力”状态；若铰缝部分破损，则桥梁的横向分布系数会改变，影响桥梁的整体受力。总的来说，空心板梁横向铰缝的破坏或破损会引起桥梁不利的受力变化，严重影响桥梁的使用安全。

本章分析了混凝土空心板梁桥病害特征及成因，列出了混凝土空心板梁桥加固传统技术，提出了若干新型技术；设计了不同参数的空心板梁试件，进行了纵向受弯加固试验，分析比较了钢筋加固、预应力钢丝绳加固、钢筋-预应力钢丝绳组合加固以及预应力钢丝绳内外加固的加固效果。同时，设计了 3 座缩尺混凝土空心板梁模型（横向 5 片空心板拼装），进行了空心板梁横向加固的效果测试，对比验证了混凝土空心板梁桥横向加固新型技术的效果。

18.2　混凝土空心板梁桥病害特征

空心板梁桥的纵向破坏，包括板底横向裂缝、板底纵向裂缝、腹板斜向裂缝、腹板竖向裂缝等，混凝土空心板梁桥纵向病害特征的主要表现（图 18-1）如下：

①弯曲裂缝的发展方向基本垂直于轴线方向，分布于跨中附近，间距最小可达到100～200mm，长度可横向贯通全板，按裂缝深度分为浅裂缝和贯穿至板内空心孔内部两种情况。

②常伴随端部伸缩缝构造的损坏，常引起空心板内积水、渗水等次生病害，甚至使积水通过裂缝渗透到板梁内部，从而导致梁体强度下降，加速板梁钢筋的锈蚀，降低结构的耐久性。

③板底纵向裂缝主要表现为沿着纵筋的纵向裂缝，裂缝大多与空心板梁空腔最低处相对应，裂缝宽度较大，部分裂缝表面往往有明显的渗水痕迹或白色结晶物析出。

④腹板竖向裂缝两端细、中间粗，呈枣核状，其为收缩裂缝，不影响结构的承载力，仅影响其耐久性。

⑤腹板斜向裂缝主要表现为两种形态：一种为中间宽、两端细，与梁体顺桥向呈 45°夹角，为剪切斜裂缝；另一种为上细下宽，由竖向裂缝引伸而成，为弯剪斜裂缝。

a）板底横向裂缝

b）腹板斜向裂缝

图 18-1　混凝土空心板梁桥纵向病害

除了纵向破坏，空心板梁桥的横向连接破坏也极其普遍，造成车轮直接作用于单个板梁，使其独自承受行车荷载。横向病害严重影响桥梁的使用安全，造成桥面铺装和铰缝结构的损害，破坏桥梁功能的整体性，引起荷载横向分布的不利变化和桥面板的内力集中。空心板梁桥的横向连接一旦损坏严重，即会造成不利的“单板受力”现象。混凝土空心板梁桥横向病害前后的横向分布系数对比如图 18-2 所示。混凝土空心板梁桥横向病害特征的主要表现[1-7]如下：

①主要发生在中小跨径的空心板梁桥上，因其设计安全系数低，冲击系数取值偏小，故容易发生铰缝破坏，造成“单板受力”现象。

②一般多出现在铰接板桥梁行车道范围内，因车轮冲击疲劳作用，沿铰缝形成数条纵向裂缝损伤，进一步发展，铰缝混凝土逐步破碎而脱落，桥面铺装层沿铰缝方向产生不规则的

纵向裂缝,严重时形成一条破碎带。

③雨雪水通过破碎后的铰缝渗入板底,留下明显的渗水痕迹,雨雪天气检查,可发现雨水顺着铰缝的贯穿裂缝流淌,长此以往,板底形成白色结晶体。

④当有超载车辆从桥上经过时,板梁会发生明显弹性下沉,相邻板与板之间会形成错位,待车辆驶过,错位消除,板梁恢复正常。

⑤由于其所受荷载值大大超过其设计值,板底跨中区域逐渐出现较多的垂直于横桥向的裂缝,雨水沿裂缝进入板内侵蚀内部混凝土、钢筋,甚至引起钢筋锈蚀,出现沿着纵筋的纵向裂缝。

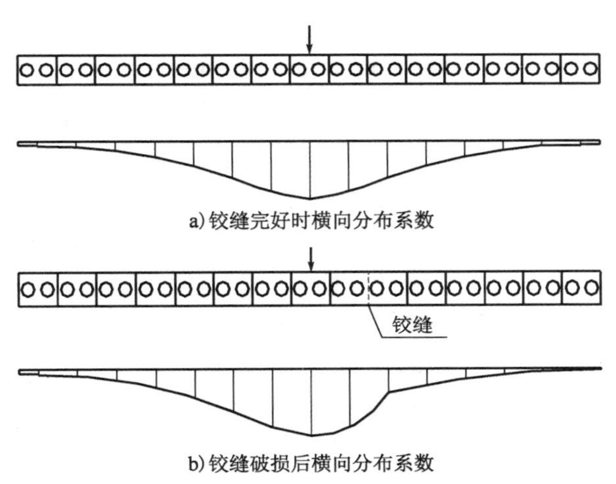

图 18-2　混凝土空心板梁桥横向病害前后的横向分布系数对比

18.3　混凝土空心板梁桥病害成因分析

混凝土空心板梁桥病害形成因素包括设计因素、施工因素及运营因素。

18.3.1　设计因素

①设计缺陷:设计时混凝土强度及配筋不足,导致梁体抗弯承载力及抗剪承载力不足,进而在承受较大荷载时产生板底横向裂缝及腹板斜向裂缝。

②结构原因:空心板梁桥由于受建筑高度的限制,其强度和刚度与 T 形梁比较相对较小,容易出现抗弯承载力或刚度不足。

③细部构造:由于梁底混凝土保护层厚度不足而导致开裂,尤其对于预应力空心板,预应力筋与混凝土需要较大的粘结应力,如抗劈裂能力不足,在板中间厚度最小处易产生板底纵向裂缝;此外,若空心板梁底板混凝土中钢筋较密,粗骨料不易进入空腔最低处,导致该处细骨料较多,不易振捣,使空腔最低处混凝土横向收缩应力较其他处大,进而形成板底纵向裂缝。

④铰缝构造:采用的铰缝结构断面尺寸偏小,铰缝中的横向联系钢筋相对较细,铰缝混凝土强度较低,因此,用铰缝来实现各板梁之间的横向连接,保证上部结构整体承受荷载作用,就显得比较困难。

⑤理论局限:设计理论是将铰缝简化为铰接形式,对单个荷载进行横向分配,但实际受力情况却是介于铰接和刚接之间;对于跨径 13m 以上的空心板梁桥,由于桥面铺装没有考虑梁体跨中部位梁板上拱的影响,很多桥梁的实际铺装厚度达不到设计厚度[4]。

18.3.2 施工因素

①施工过快:施工过程中,由于先张法预应力放张时钢束的回缩会给混凝土施加强大的预压力,如果预应力放张过早,混凝土强度尚低,易使板底纵向开裂;另外,预应力放张过快,梁体内部应变无法很快地达到平衡,发生应变滞后,这也会导致空心板梁的梁底横向开裂。

②养护时间不足:空心板梁本身预制混凝土及现场拼装接缝、铺装层的养护时间不足,施工单位忽视混凝土养护或者受外界因素影响,在桥面铺装完成几天后即开放通车,使桥面在强度不高、形变未稳定的情况下过早承受外来重荷载的作用,造成桥面过早损坏。

③施工质量:空心板梁的混凝土振捣不密实,混凝土的钢筋绑扎不规范,间距过大。

④偷工减料:尤其是空心板梁横向拼装时,用泥土、卵石、蛇皮袋等代替砂浆或混凝土进行铰缝填充,严重影响空心板梁的整体受力。

⑤支座受力不均:在进行空心板梁吊装时,对支座受力的均衡性有所疏忽,造成支座悬空,出现板梁“三只脚”受力现象;当有车辆通过时,空心板产生振动,使铰缝混凝土处于很不利的受力状态,久而久之,铰缝混凝土逐渐破碎脱落。

⑥新旧混凝土接合差:预制板梁的侧面与铰缝混凝土交接面未进行凿毛处理,且在铰缝混凝土浇筑前,未对梁体侧面进行洒水湿润,新老混凝土接合不紧密;当桥面铺装层施工时,由于控制不严,空心板表面往往清洁不够,存在泥土等附着物,这样也会影响铺装层混凝土与原空心板混凝土间的粘结强度,严重时会造成两层结构的相互分离。

⑦忽略收缩水泥及锚固钢筋:未能使用防收缩或微膨胀混凝土浇筑铰缝,铰缝混凝土收缩,产生纵向裂缝;施工时,混凝土铺装层与空心板梁之间未设锚固钢筋或抗剪钢筋,因两者之间的粘结相对薄弱,在外力的反复作用下,铺装层和板梁失去有效粘结而破坏。

18.3.3 运营因素

①公路自身特点的影响:为了使交通顺畅、有序,车辆行驶具有规律性,高等级公路尤其是高速公路都进行了行车道的划分,这使某些板梁承受重复荷载的概率大大增加,而其他板梁承受荷载的机会相对较少,在车辆荷载的反复作用下,空心板梁会出现疲劳破坏。

②超载车辆的影响:在这些高速公路上行驶的重载车辆较多,超载运输的现象较为严重。车辆为动载,超载车辆由于载重太大,而且车速较慢,形成了“重车集中,成串通行”的现象,对桥梁及路面都造成了严重损伤。空心板桥梁在汽车荷载作用下,在跨中产生较大的弯曲应力,在梁端支座处产生较大的剪力,当板底的弯曲拉应力超过混凝土的抗拉强度时,在桥梁跨中底面会产生弯曲裂缝;当梁端的剪力超过梁体的抗剪能力时,在梁端支座腹板处会出现剪切裂缝。

③支座脱空或破坏：空心板梁桥在装配安装时，每块空心板底部设置四块支座，由于三点决定一个平面，而四点就很难保证一个平面了。由于构件未能在平整的台座上预制，造成梁板底面不平，或者支座的垫石高程控制存在精度差，常常出现支座脱空形成“三条腿”受力现象。空心板梁在长期重荷载冲击作用下，将产生扭曲受力，使空心板梁和铰缝的混凝土处于很不利的受力状态，久而久之，易导致空心板梁弯曲裂缝病害，且铰缝混凝土逐渐破碎脱落，铺装层混凝土也将出现纵向开裂。

④水作用的影响：调研表明，大部分空心板梁桥的梁底总是先有渗水，然后出现各类病害，特别是在冬季撒盐除雪的过程中盐水渗入混凝土后，造成混凝土的腐蚀以及反复冻融，使得空心板拼装连接处混凝土碎裂而渐渐脱落；另外，空心板梁的纵向裂缝也会导致渗水的出现。

18.4　混凝土空心板梁桥加固传统技术

18.4.1　纵向加固

混凝土空心板梁桥纵向加固传统技术包括增大截面法、粘贴钢板法、粘贴纤维复合材料法等。

1)增大截面法

增大截面加固技术是通过增大混凝土空心板梁尺寸，增加受力钢筋，从而增大空心板梁有效高度和受力钢筋面积，以增加空心板梁的刚度，提高空心板梁承载力。其途径一般有加厚桥面板、梁底喷锚混凝土等。增大截面加固法广泛应用于空心板梁的加固。其有如下优点：受力明确，计算简单方便，加固后承载力、刚度明显提高，加固效果较好；施工方便，经济有效。其缺点如下：加大截面会使上部结构的恒载有所增加，对原桥梁的下部结构有一定影响；现场湿作业量大，养护周期长，影响桥梁的外观和净空；加固期间需要适当中断交通；如果增大空心板梁底的尺寸，则会使桥下净空减小，对桥下通行或通航有所影响。

对于加厚桥面板法(图18-3)，其步骤及要点如下：根据实际情况将原有桥面铺装层拆除，通过一定的工艺和构造措施，在空心板梁顶面加铺一层钢筋混凝土面层，使其与原有空心板梁形成整体，达到增加空心板梁高度、增大抗压截面、提高桥梁承载能力和抗弯刚度的目的。

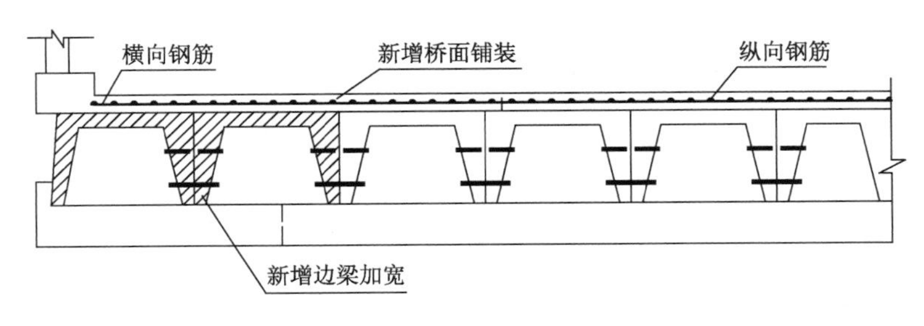

图18-3　加厚桥面板加固法

为了使新旧混凝土有良好的接合,施工时应将既有桥面板表面凿毛洗净,设置剪力连接件,同时在桥面板上敷设钢筋网,以增强桥面板的整体性和抗压能力,防止新浇筑的混凝土补强层开裂。对于采用垫层的桥面板,可将原垫层凿去,代之以与原桥面板结合为整体、共同受力的钢筋混凝土补强层,或用钢筋混凝土补强层取代桥面铺装层。这样在不增加桥梁自重的情况下进行加固补强,效果会更加明显。

当空心板梁的桥下净空允许时,可采用喷射混凝土加固法进行加固。喷射混凝土是借助喷射机械将混凝土高速喷射到空心板梁的底面而凝结硬化。喷射混凝土加固主要由以下两个步骤组成:首先是将锚杆锚入空心板梁的底部,挂设补强钢筋网;再喷射一定厚度的混凝土,形成与原空心板梁共同承受外荷载作用的组合结构。喷射混凝土的厚度根据设计需要确定,但每次喷护厚度不宜超过5~8cm,若需加厚,应待前次喷射混凝土结硬后方可再次喷射,以免在重力作用下导致新旧混凝土剥离,复喷混凝土时间应视水泥品种、施工时的气温和速凝剂掺量等因素而定。

2)粘贴钢板或纤维复合材料加固法

粘贴钢板加固法是采用环氧树脂系列粘结剂将钢板粘贴在空心板梁的受拉边缘,使之与空心板梁形成整体、共同受力,以提高其刚度,改善空心板梁的受力,限制裂缝的进一步发展,从而达到加固补强、提高桥梁承载力的目的。

对于空心板梁,粘贴钢板加固主要适用于抗弯承载力不足,或纵向主筋出现严重的锈蚀,或钢板出现严重横向弯曲裂缝等承载能力需要提高的情况,适用于环境温度在-20~60℃范围内,相对湿度不大于70%及无化学腐蚀地区。其具有如下优点:不破坏原结构物,几乎不增大原空心板梁的尺寸,不影响被加固空心板梁外观和使用空间,施工快捷方便,对环境的干扰少。

粘贴纤维复合材料加固技术与粘贴钢板加固法的工作原理相似,其是将纤维复合材料用树脂类粘结胶粘贴在空心板梁的底面,使粘贴纤维复合材料、树脂胶、空心板梁有机地组合成一个完整结构,在荷载作用下变形协调、共同受力、共同工作,充分发挥纤维复合材料的高强度抗拉作用,从而有效地提高被加固空心板梁的承载力(主要为抗弯承载力)。与粘贴钢板加固法相比较,粘贴纤维复合材料加固技术具有更好的便利性。

对于空心板梁的纵向抗剪承载力不足,目前尚未得到普遍的重视,传统技术鲜有涉及。

18.4.2 横向加固

针对空心板梁的横向加固,传统的加固技术包括重新铺装钢筋网、设置剪力钢筋法等(图18-4)。

重新铺装钢筋网,即凿除、清理既有桥面铺装及破坏的铰缝混凝土,重新铺设桥面铺装钢筋网,重新浇筑桥面铺装及铰缝混凝土,恢复铰缝的剪力传递。在原桥面上浇筑一定厚度的混凝土桥面板,加强整座桥的整体性,并加强桥面的防水性能,该方法目前在针对小跨径桥梁“单板受力”进行加固时较常采用。在铰缝灌注时,可采用微膨胀砂浆、无收缩性灌浆材料,即灌注材料要求有适宜的流动度、微膨胀性及早强特点。

a) 重新铺装钢筋网法

b) 设置剪力钢筋法

图 18-4　混凝土空心板梁桥横向加固典型传统技术

设置剪力钢筋法,即穿过铰缝,设置一定间距的上、下端分别锚固于板顶、板底的剪力钢筋,实现剪力传递。设置剪力钢筋法的要点是先凿除破坏的桥面并对破坏的铰缝进行清理,尽量凿除旧铰缝混凝土,并在铰缝中穿过剪力钢筋。剪力钢筋的直径由构造决定,一般不超过 10mm,数量(或间距)按铰接板理论计算决定;剪力钢筋的上端锚固在加固后的两侧桥面铺装混凝土中,剪力钢筋的下端锚固于相邻空心板铰缝的混凝土内部[8-9]。

传统混凝土空心板梁桥横向加固方法虽然具有很好的效果,但需要在桥面上进行加固,费用高、周期长,无法适应加固过程不中断交通的需求。

18.5　混凝土空心板梁桥纵向加固新技术

18.5.1　抗弯加固技术原理

空心板梁抗弯加固方法包括体内预应力与非预应力混合加固、体内外预应力组合加固、预应力与纤维复合材料组合加固等。

1) 体内预应力与非预应力混合加固技术

体内预应力与非预应力混合加固,是在空心梁体的两端自外向内沿着斜向开设一对以上穿筋孔道,并在空心梁体的底部位于穿筋孔道的外口的内边缘或外边缘设置一对以上锚固块,通过竖向作业孔道及穿筋孔道向空心梁体的空腔内穿入非预应力筋和柔性预应力筋,柔性预应力筋经对称张拉后两端以固定锚具固定于锚固块的外端侧面,最后通过注浆孔在空心梁体的空腔内浇筑泡沫混凝土、轻骨料大孔混凝土等轻质填充物,完成对空心梁体的抗弯加固,如图 18-5 所示。此方法能够在不中断交通的情况下,通过在空心梁体的空腔内放置非预应力筋和柔性预应力筋的方法实现对空心梁体的抗弯承载力加固。该方法快速高效,工期短,操作简单,不降低现有桥梁净空,不影响桥上交通。

体内预应力与非预应力混合加固的工艺流程如图 18-6 所示。

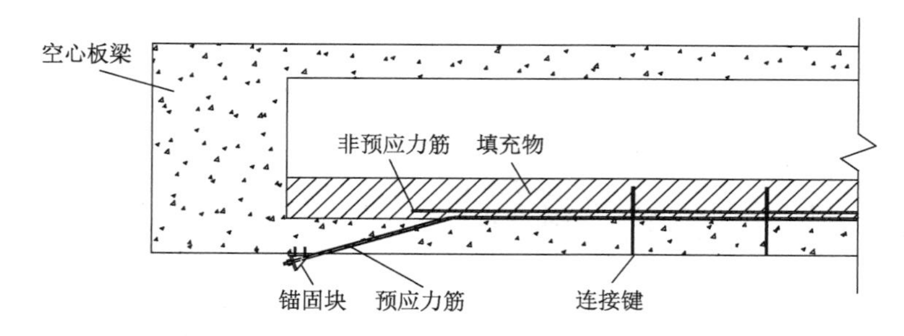

图 18-5　体内预应力与非预应力混合加固技术原理图

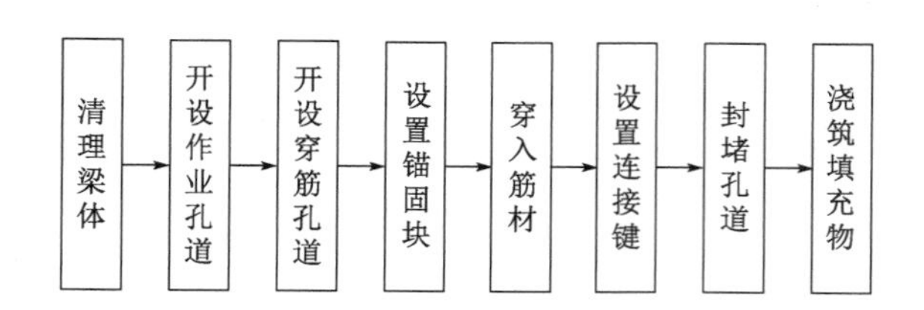

图 18-6　体内预应力与非预应力混合加固工艺流程

①清理梁体:清理空心梁体的底面,尤其是柔性预应力筋的锚固区域;

②开设作业孔道:在空心梁体的底部开设一个以上竖向作业孔道和若干注浆孔连通空心梁体的空腔,竖向作业孔道位于空心梁体两端 1/4 跨度范围内,注浆孔的位置任意离散;

③开设穿筋孔道:在空心梁体的两端自外向内沿着斜向开设一对以上穿筋孔道,每一对穿筋孔道的两端斜向为外八字形,穿筋孔道在空心梁体的横向为一列以上,多列穿筋孔道在空心梁体的纵向位置相同或相互错开;

④设置锚固块:在空心梁体的底部位于穿筋孔道外口的内边缘或外边缘设置一对以上锚固块,锚固块通过锚栓、胶黏剂与空心梁体的底部固定;

⑤穿入筋材:通过竖向作业孔道及穿筋孔道向空心梁体的空腔内穿入非预应力筋和柔性预应力筋,非预应力筋沿着空心梁体的轴向铺设于其空腔,柔性预应力筋自一端的穿筋孔道穿入空心梁体的空腔内沿着空心梁体的轴向延伸,由另一端的穿筋孔道穿出,且柔性预应力筋经对称张拉后两端用固定锚具固定于锚固块的外端侧面;

⑥设置连接键:在空心梁体的底面钻孔锚固若干连接键,连接键的上端伸入空心梁体的空腔内不小于 50mm,下端埋入空心梁体的底面,连接键呈离散间隔分布,间距不大于 500mm;

⑦封堵孔道:采用封锚体封堵穿筋孔道及竖向作业孔道;

⑧浇筑填充物:通过注浆孔在空心梁体的空腔内浇筑填充物,填充物包覆非预应力筋、柔性预应力筋和连接键,并通过连接键与空心梁体连接为一体。

2)体内外预应力钢丝绳混合加固技术

体内外预应力混合加固,又称内外组合式预应力钢丝绳加固,它是在空心板相应位置植筋后,将预应力钢丝绳设置于空心板的空腔及板底,预应力钢丝绳一端绕过植入的钢筋后通过挤压锚头锚固,另一端绕过螺纹套筒后用挤压锚头锚固。用螺纹杆连接套筒,通过螺母给预应力钢丝绳施加张力，最后在空心板的空腔及板底浇筑和涂抹灌浆料，完成对空心板梁的抗弯加固，如图18-7所示。

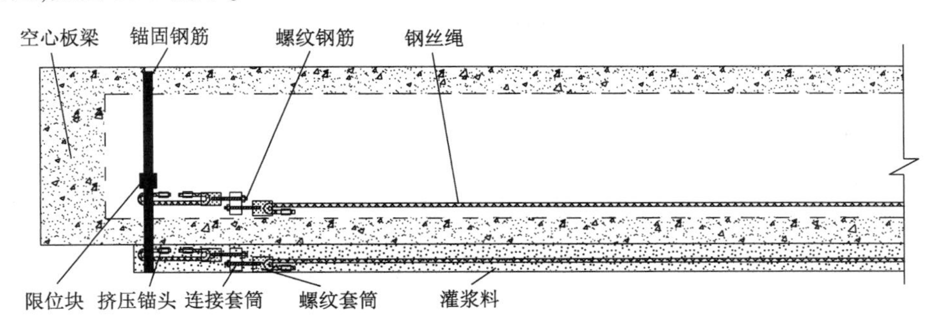

图18-7　体内外预应力钢丝绳混合加固技术原理图

对钢丝绳施加预应力后，可以高效地实现对空心板的加固，能够显著提高空心板的承载能力和刚度；由于钢丝绳安装在空心板的板底和孔洞中，因此加固不需要破坏空心板面及装饰，不影响外观和使用；巧妙地通过扭动螺母就可以实现对钢丝绳施加预应力，并通过控制工具的扭力来控制钢丝绳的张拉力，施工便捷，不需要大型设备，且张拉控制精度高；在空心板内外同时加固，充分利用了空间，并且在板端部实现了一锚两用，经济高效。

体内外预应力钢丝绳混合加固的工艺流程如图18-8所示。

①植筋：在空心板相应位置打孔，安装植筋；

②安装钢丝绳：在空心板孔洞和板底分别布置钢丝绳，钢丝绳一端绕过植筋后用挤压锚头锚固，另一端绕过螺纹套筒的孔后同样用挤压锚头锚固；

③连接螺纹杆：将螺纹杆的一端旋进连接套筒的内螺纹孔中，另一端穿过外螺纹孔后，安装螺母；

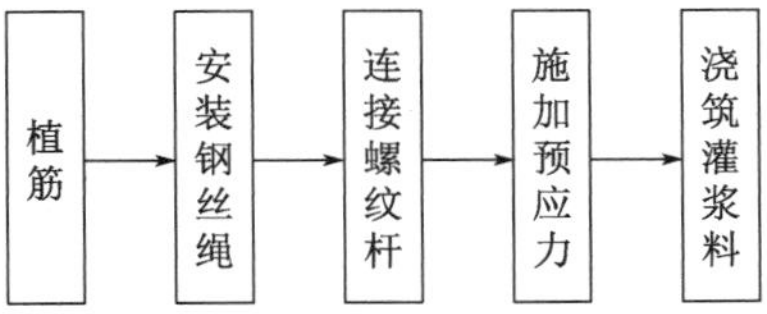

植筋 → 安装钢丝绳 → 连接螺纹杆 → 施加预应力 → 浇筑灌浆料

图18-8　体内外预应力钢丝绳混合加固工艺流程

④施加预应力：用工具拧紧螺母，并通过控制工具的扭力，使钢丝绳的预应力达到设计值；

⑤浇筑灌浆料：在空心板的孔洞和板底分别灌注和涂抹灌浆料，达到保护预应力钢丝绳并平整空心板的目的。

3）预应力钢丝绳、FRP筋与粘贴FRP片材组合加固技术

预应力钢丝绳、FRP筋与粘贴FRP片材组合加固技术，是先对空心板梁的板底开槽嵌入纤维复合材料（FRP）筋，再在空心板梁的底面粘贴FRP片材，继而在空心板梁的板底张拉锚固体外预应力高强钢丝绳，如图18-9所示。其综合利用预应力钢丝绳、FRP筋与粘贴FRP片材，将FRP材料与钢丝绳、预应力和非预应力同时运用于空心板梁的结构加固中，以期充分发挥各种材料的优势，扬长避短，从而形成“体、表、外”的组合加固体系。这种加固技术突破了单一加固方法的承载力上限，且有效抑制FRP剥离，从而大幅提高了加固材料的强度利用率。其具体实施时，可以根据需要采用3种方法中的任意2种进行组合。

预应力钢丝绳、FRP筋与粘贴FRP片材组合加固技术的具体工艺流程如图18-10所示。

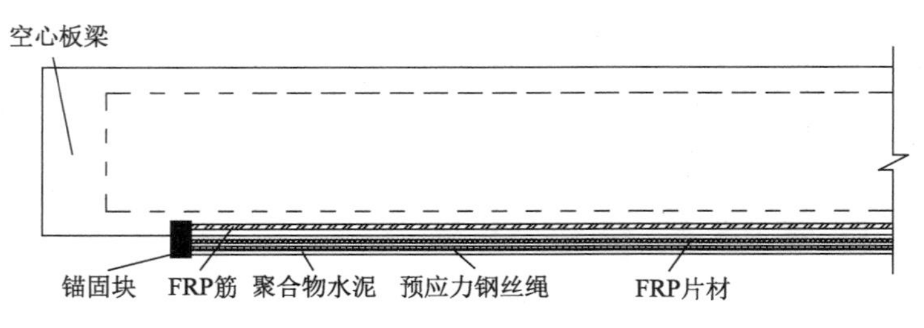

图 18-9 预应力钢丝绳、FRP 筋与粘贴 FRP 片材组合加固技术原理图

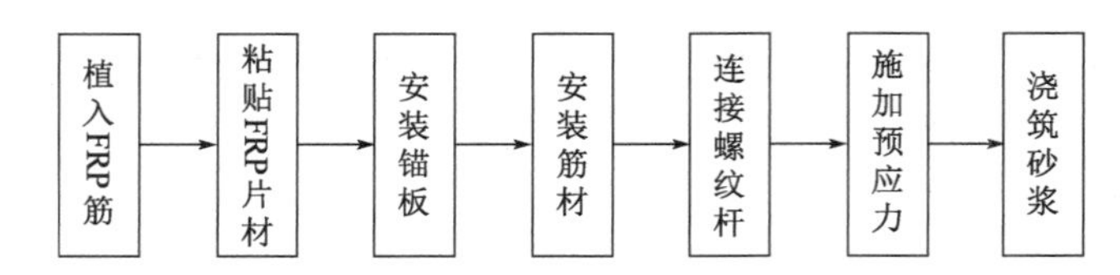

图 18-10 预应力钢丝绳、FRP 筋与粘贴 FRP 片材组合加固工艺流程

①植入 FRP 筋:在空心板梁的梁底开槽,两两槽口之间的净间距不小于 100mm,植入 FRP 筋后,涂抹结构胶。

②粘贴 FRP 片材:待结构胶硬化后再打磨空心板梁的梁底,粘贴 1 层以上 FRP 片材。

③安装锚板:在空心板梁的两端相应位置打孔,植筋并安装锚板,通过植筋将其固定于空心板梁的梁底。

④安装筋材:将预应力钢丝绳在绕过螺纹套筒的开孔后,采用挤压锚头锚固。

⑤连接螺纹杆:将螺纹杆一端穿过锚板的开孔后,旋进螺纹套筒的内螺纹中,另一端用锚固螺母固定。

⑥施加预应力:将张拉支架抵在锚板的两侧,另一根螺纹杆穿过张拉支架的开孔后通过连接套筒与前面的螺纹杆相连,分别将钢套管、钢垫板、力传感器和张拉螺母依次安装在螺纹杆上。用工具拧紧张拉螺母,对钢丝绳施加预应力,直至力传感器的读数达到设计张拉力。拧紧锚固螺母,完成对该根钢丝绳的张拉。重复上述过程,直至所有钢丝绳张拉完毕后,拆除张拉装置。

⑦浇筑砂浆:支设模板,浇筑聚合物砂浆,其厚度在 5cm 左右,同时覆盖锚具和钢丝绳。

与其他抗弯加固方法相比,预应力钢丝绳、FRP 筋与粘贴 FRP 片材组合加固方法有如下优点:

①能够大幅度提高结构承载能力,同时避免单一加固技术中由于加固材料的大量使用而降低材料强度利用率。

②加固在外观尺寸、附加重量等方面对原有结构影响小,即不明显增大结构的横截面尺寸。

③组合运用不同的加固技术,综合发挥各自的优势,从而达到最优的加固效果。

④施工工艺简单,施工过程受现场环境影响小,耐高温、耐老化、成本低。

18.5.2 抗剪加固技术原理

空心板梁抗剪加固方法包括竖向植筋加固、植筋及填充物混合加固等。

1)竖向植筋加固

竖向植筋加固是通过在空心板梁底部非空腔区域沿纵向间隔钻设锚固孔,将抗剪钢筋一一对应植入锚固孔内,采用粘结剂将锚固孔洞口密封并预埋注浆嘴,待粘结剂固化后完成对抗剪钢筋的定位固定,将填充材料从注浆嘴注入,注浆完毕后待填充材料固化,对空心板梁表面进行养护清理,实现对空心板梁抗剪能力的增强加固,如图18-11所示。该方法克服了传统加固技术的缺陷,解决了空心板梁中板抗剪承载力加固难以实施的技术难题,是一种可以代替传统拆除边板的加固方式,短时间内可实现对空心板梁抗剪承载力的快速加固。

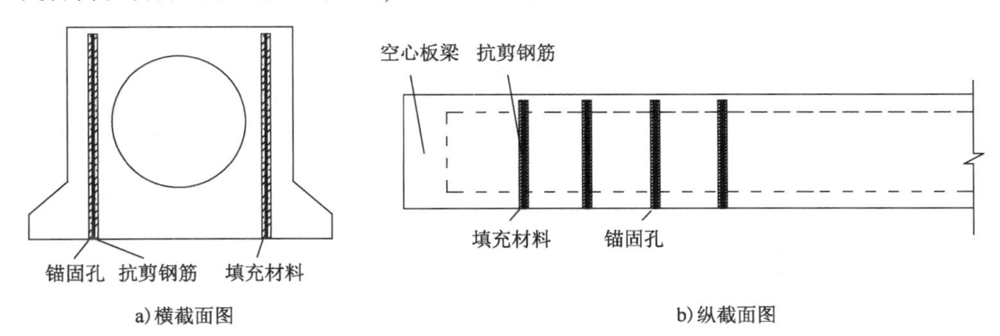

图18-11　竖向植筋加固技术原理图

在此方法中,通过钻孔、固定抗剪钢筋完成空心板梁的抗剪承载力提升,加固部分通过填充材料的注入实现与原结构之间的粘结及共同工作;加固材料采用了传统材料,成本低,计算理论简单;整个加固施工在空心板梁的下部操作,不涉及桥面部分,对桥面交通不会造成影响,方便快捷,经济效益和社会效益显著。

竖向植筋加固的工艺流程如图18-12所示。

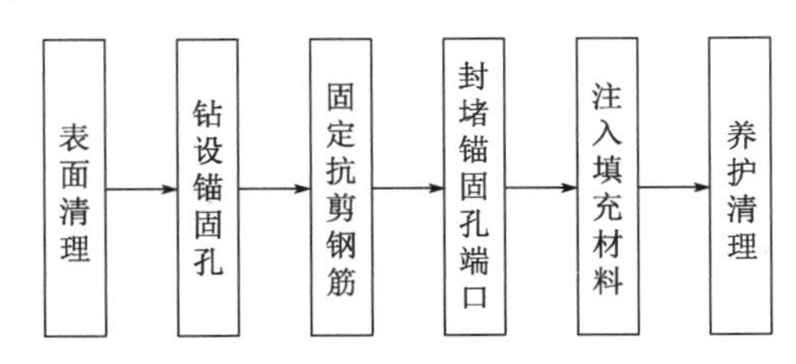

图18-12　竖向植筋加固工艺流程

①表面清理:对空心板梁底面两侧进行打磨处理,清除残余杂物;

②钻设锚固孔:在空心板梁的非空心部位,用钻头垂直从下至上间隔钻设锚固孔,锚固孔纵向间距为30~100cm,深度应不小于空心板高度的2/3,锚固孔钻设完毕后,采用毛刷或高压空气清洁锚固孔内壁;

③固定抗剪钢筋:将抗剪钢筋伸入锚固孔内,并在抗剪钢筋的下端部四周填塞硬物对抗剪钢筋进行临时固定;

④封堵锚固孔端口:采用粘结剂对锚固孔的下端口进行密封并预埋注浆嘴,注浆嘴可采用金属管、PVC管或塑料软管;

⑤注入填充材料:将填充材料从注浆嘴注入锚固孔内,直至锚固孔注满为止;

⑥养护清理:填充材料注入完毕后,对填充材料进行固化养护,养护完成后,截断抗剪钢

筋露出板底的部分,并清理表面。

竖向植筋加固方法的有益效果如下:

①通过植入抗剪钢筋、注入填充材料,与空心板梁原混凝土有较好的粘结力,可以提供较好的抗剪承载力,是一种简捷有效的加固方法;

②在空心板梁底部钻设锚固孔,对桥面铺装及桥面交通没有影响,在整个加固过程中不用中断交通,可以保证空心板梁的正常使用;

③解决了空心板梁中板抗剪承载力加固难以实施的技术难题,该方法可以代替传统拆除边板的加固方式,短时间内可实现对空心板梁抗剪承载力的快速加固。

2)植筋及填充物混合加固

植筋及填充物混合加固,是通过对空心梁的板底开孔及埋设管,设置封堵物封堵待加固区域空腔的内端头,对空心梁的待加固区域空腔灌注加固体,自空心梁的板底自下向上钻孔,植入贯穿加固体及空心梁的底板和顶板的抗剪钢筋,实现对空心梁的抗剪加固,如图18-13所示。此方法能够在不中断交通的前提下施工,不改变空心梁外形,连接键连接加固体与既有梁体为一体,抗剪钢筋与加固体共同作用,实现空心梁抗剪承载力的提高,加固效果大幅提升,操作步骤简单,施工效率高。

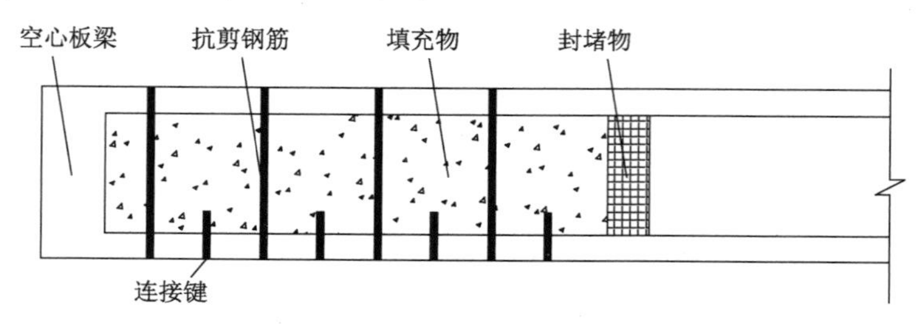

图18-13 植筋及填充物混合加固技术原理图

植筋及填充物混合加固方法的关键在于抗剪钢筋是在空腔内灌注加固体后植入,而不是先植入,且抗剪钢筋贯穿加固体及空心梁的顶板和底板,保障了抗剪钢筋的抗剪效果。如果抗剪钢筋在灌注加固体前植入,由于空心梁空腔的存在,在抗剪钢筋的四周无法灌入粘结材料,从而无法锚固抗剪钢筋于顶板,抗剪钢筋仅仅位于加固体内,无法达到抗剪的效果。另外,抗剪钢筋的上、下端伸入空心梁的顶板和底板,连接加固体与既有梁体共同工作。同时,连接键附加连接加固体与既有梁体为一体。

植筋及填充物混合加固工艺流程如图18-14所示。

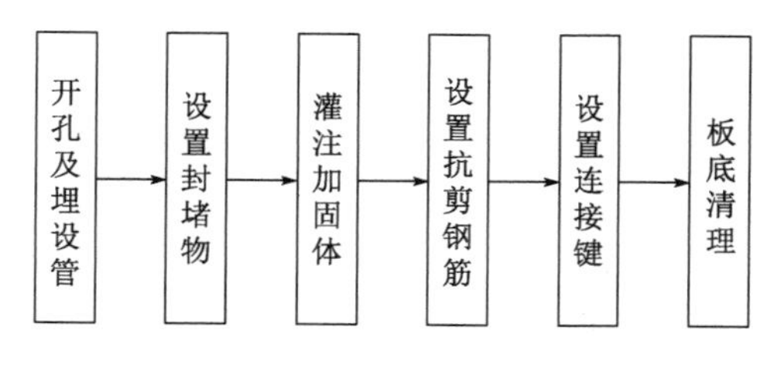

图18-14 植筋及填充物混合加固工艺流程

①开孔及埋设管:在空心梁的板底开设封堵孔、灌注孔和出气孔,封堵孔、灌注孔及出气

孔孔洞对应每一个空腔的左、右半跨各一个以上，封堵孔位于空心梁跨度的中间区域；在灌注孔和出气孔处埋设自下而上的灌注管和出气管，其中，出气管的顶端伸入空腔内距离顶板不大于5cm处，灌注管和出气管分别为灌注加固体和灌注加固体时气体溢出的通道。

②设置封堵物：通过封堵孔向空心梁的空腔内填塞、充入或灌注封堵物，封堵物呈封闭气体、原固态或后凝固固态；封堵物封堵待加固区域空腔的内端头，封堵物的宽度为30～60cm；封堵物为灌注加固体提供侧向模板。

③灌注加固体：通过灌注孔向空心梁的空腔内灌注加固体，加固体充满待加固区域的空腔，并自出气管稳定溢出不小于1min；待加固区域为空心梁的端头内壁与封堵物之间的区域。

④设置抗剪钢筋：待加固体终凝之后，从空心梁的板底自下向上垂直或外斜钻孔，在截面的横向自下向上植入1列以上抗剪钢筋，抗剪钢筋的上、下端伸入空心梁的顶板和底板长度均不小于5cm；抗剪钢筋的横向位置任意，其通过植筋胶、水泥基复合材料与既有梁体连为一体；抗剪钢筋与加固体共同完成对空心梁抗剪承载力的提高。

⑤设置连接键：在加固体与空心梁的底板之间植入若干连接键，连接键的两端嵌入加固体和空心梁的底板，且嵌入长度不小于5cm，其通过植筋胶、水泥基复合材料与既有梁体连为一体；若空心梁的梁顶具备作业条件，在加固体与空心梁的顶板之间同样植入若干连接键。

⑥板底清理：清理空心梁板底的凸出物，切割、打磨灌注管、出气管的凸出部分，使得板底平整光滑。

此方法与现有其他空心梁抗剪加固方法相比，优点如下：

①所有施工步骤都在梁底进行，无须中断交通，也无须拆除桥面铺装及侧边板，施工效率高；

②不改变空心梁外形，不改变桥下净空，不改变桥梁结构受力体系；

③连接键连接加固体与既有梁体为一体，加固体与既有梁体共同工作；

④抗剪钢筋与加固体共同完成对空心梁抗剪承载力的提高，加固效果大幅提升；

⑤操作步骤简单。

18.5.3　弯剪组合加固技术原理

弯剪组合加固技术的基本思想是将抗弯加固与高效的抗剪加固技术有机结合，使之协同作用以有效提升结构的综合承载性能。弯剪组合加固技术，通过在空心板桥梁的空腔内设置纵向钢筋，向空腔内浇筑填充物，在空心板桥梁的底部自下而上钻孔植入1列以上抗剪钢筋，完成对空心板桥梁的弯剪混合加固，如图18-15所示。填充物通过抗剪钢筋及连接键与既有梁体连接成整体，抗剪钢筋与填充物共同作用，实现对空心板桥梁的抗剪加固，纵向钢筋与填充物共同作用，实现对空心板桥梁的抗弯加固。

弯剪组合加固工艺流程如图18-16所示。

①开设作业孔道：在空心板桥梁的底部开设作业孔道连通空心板桥梁的空腔，作业孔道数量为一个以上，其位于空心板桥梁的两端1/4跨度范围内；

②开设孔洞：在空心板桥梁的底部对应左、右半跨各开设一个以上灌注孔、出气孔连通

空心板桥梁的空腔，在灌注孔和出气孔处埋设自下而上的灌注管和出气管，其中，出气管的顶端与梁体顶板间的距离不超过5cm；

③穿入纵向钢筋：通过作业孔道向空心板桥梁的空腔内顺着梁体轴线方向穿入一排以上纵向钢筋，每排纵向钢筋的数量至少为一根，且对称布置在梁体空腔内；

④封堵作业孔道：纵向钢筋放置完成后，使用封堵物封堵作业孔道；

⑤浇筑填充物：通过灌注孔在空心板桥梁的空腔内浇筑填充物，若抗剪钢筋设置于空腔内，填充物应填充满整个空腔，并自出气管稳定溢出，若抗剪钢筋未设置于空腔区域，填充物至少应包覆纵向钢筋且其在空腔内的厚度不应小于10cm；

⑥设置抗剪钢筋：填充物终凝后，在空心板桥梁的底部自下而上垂直或外斜钻孔，顺桥向植入一列以上抗剪钢筋，其上、下端嵌入梁体顶板、底板的长度均不小于5cm，其通过植筋胶、水泥基复合材料与既有梁体连成一体；

⑦设置连接键：在填充物与空心板桥梁的底板之间植入若干连接键，连接键的两端嵌入填充物和空心板桥梁底板的长度不小于5cm，其通过植筋胶、水泥基复合材料与既有梁体连成一体；

⑧清理梁底：对空心板桥梁底部凸出部分进行打磨清理，使梁体底板光滑平顺。

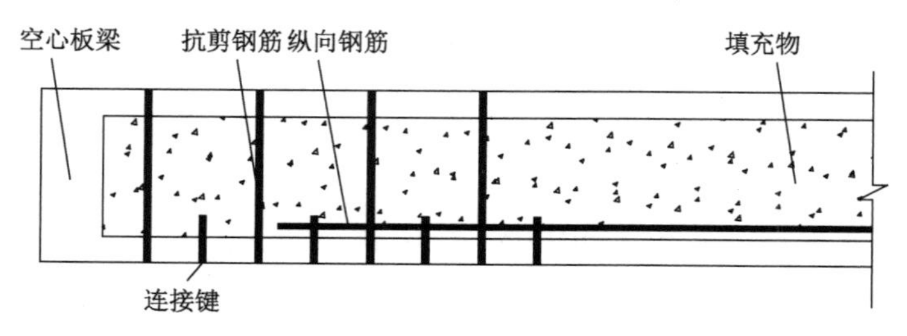

图18-15　弯剪组合加固技术原理图

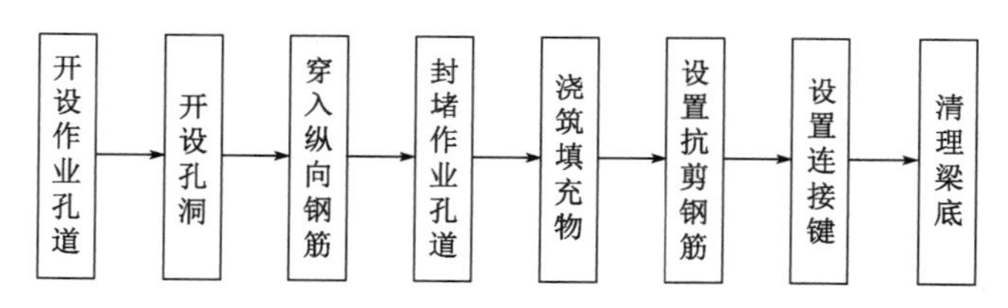

图18-16　弯剪组合加固工艺流程

该方法能够在不中断交通的情况下，通过在空腔内放置纵向钢筋并注入填充物，在梁底植入抗剪钢筋实现对空心板桥梁的抗弯、抗剪承载力同时加固，快速高效，工期短，操作简单。与其他空心板桥梁加固方法相比，该方法有以下优点：

①不改变空心梁外形，不改变桥下净空，不改变桥梁结构受力体系；

②所有施工都在梁底进行，无须中断交通，也无须拆除桥面铺装及侧边板，施工效率高；

③在填充物终凝后植入抗剪钢筋和连接键，能够更加有效地将填充物与既有梁体连接为一体，整体性更好；

④抗弯、抗剪承载力加固同时进行。

18.5.4　空心板梁桥体内加固技术试验研究

本节针对前文介绍的空心板梁桥抗弯加固、抗剪加固技术中的体内预应力加固进行试验研究验证。

1) 试件设计

试验共设计了 5 个钢筋混凝土空心板梁试件，每个空心板梁的跨度为 3780mm，内部设置 4 个空心孔空腔，所有空心板梁试件的剪跨比均为 12.9，以保证极限强度由弯曲破坏模式控制，空心板梁的加固均经过精心设计，以确保预期的理论抗弯承载力小于其抗剪承载力，从而避免过早的剪切破坏。所有的空心板梁均由工厂预制，命名方式为Ⅰ-SB0-SWR0，罗马数字Ⅰ表示试件编号(Ⅰ、Ⅱ、Ⅲ)，SB0 表示加固用钢筋的数量(SB2、SB4)，SWR0 表示预应力钢丝绳的数量(SWR4、SWR8)。Ⅰ-SB0-SWR0 为未加固对比试件，其尺寸及高度如图 18-17 所示，其他为加固试件，通过在每个空心板的空心孔空腔内设置 1 根直径为 6mm 的钢筋或 3mm 的预应力钢丝绳进行加固，具体见表 18-1。以Ⅳ-SB2-SWR2 为例，如图 18-18 所示，为钢筋、预应力钢丝绳混合加固试件，4 个空心孔处分别使用钢筋、预应力钢丝绳作为加固材料，相邻 2 个空心孔的加固材料不相同。

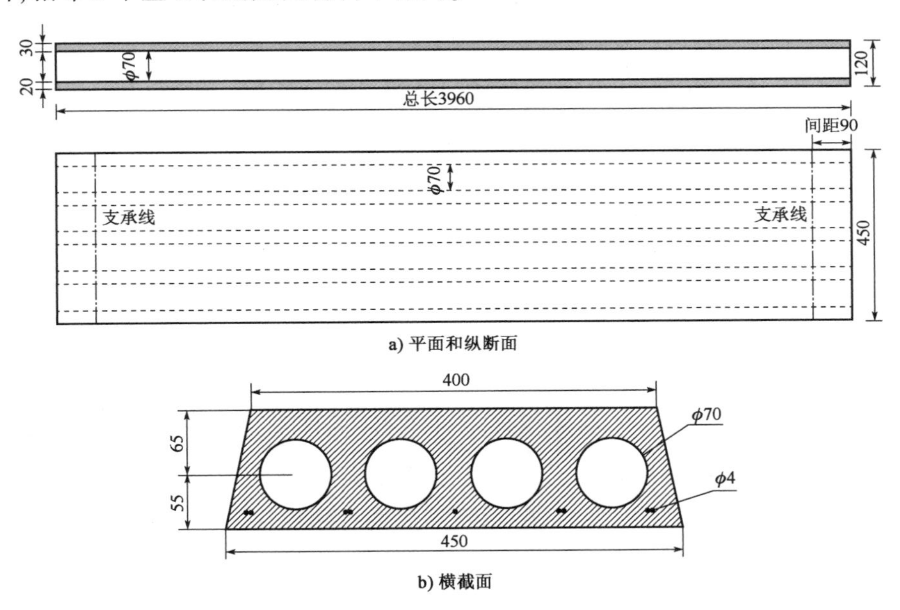

图 18-17　未加固空心板梁结构图(尺寸单位:mm)

各空心板梁试件加固方式　　表 18-1

试件编号	加固方式
Ⅰ-SB0-SWR0	未加固对比试件
Ⅱ-SB4-SWR0	孔内直径为 6mm 钢筋加固
Ⅲ-SB0-SWR4	孔内直径为 3mm 预应力钢丝绳加固
Ⅳ-SB2-SWR2	孔内直径为 6mm 钢筋及直径为 3mm 预应力钢丝绳间隔设置
Ⅴ-SB0-SWR8	孔内及板底直径为 3mm 预应力钢丝绳加固

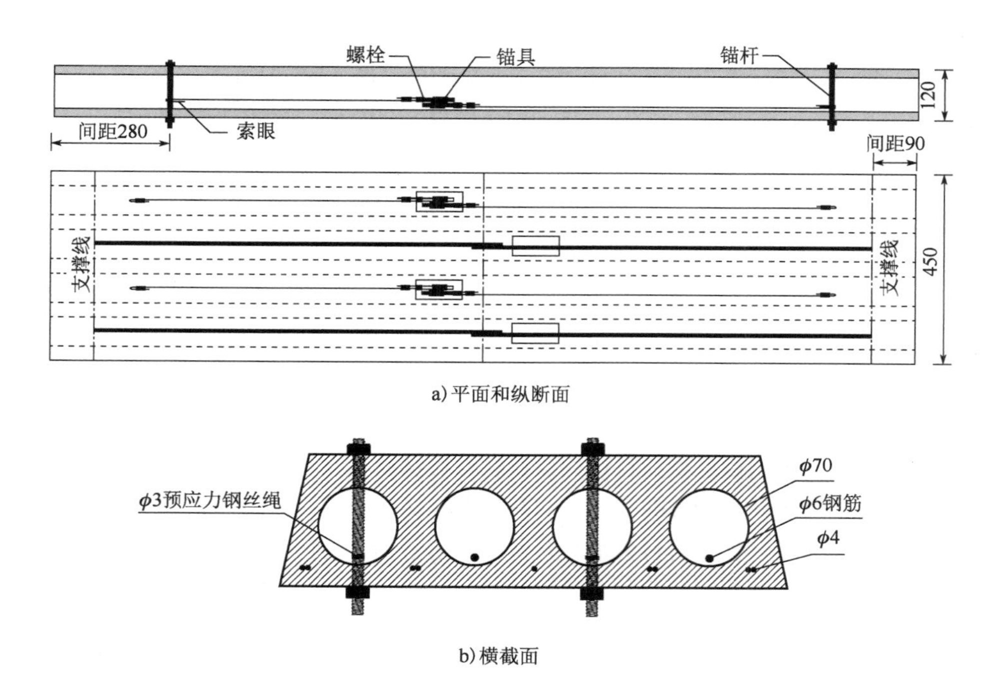

图 18-18　加固空心板梁(Ⅳ-SB2-SWR2)结构图(尺寸单位:mm)

加固时,预应力钢丝绳一端锚固于锚杆,另一端安装在钢制锚栓中,钢制锚栓连接在双向长方形锚具上,最后将螺母拧紧,将预应力钢丝绳拉紧,直至初始预应力达到4.0kN。施工时,在4个空心孔的底部各开设一个80mm×50mm的操作孔,每孔中心距跨中中线200mm,相邻孔位间隔布置,通过板底部的操作孔进行加固施工,外部预应力钢丝绳通过这些小孔进入空心板的空腔与锚杆连接。各试件内部构件安装完成后,通过梁底的操作孔,用PVC管往空心板的空腔内注入聚合物水泥砂浆。

2)加载与测试

采用典型的四点弯曲加载方式,对试件施加集中荷载,加载点位于试件的跨中。荷载先由一根纵向刚性钢梁传递到两根横向吊具梁,然后通过两根横向吊具梁传递到试件上。测试设置组件和主要尺寸的简化示意图如图18-19所示。试验过程中,记录挠度、加固钢筋应变、预应力钢丝绳应变、混凝土的抗压和抗拉应变、裂缝分布、极限荷载和破坏模式。

3)试验结果分析

图18-20所示为各空心板梁试件的荷载-挠度曲线,从中可以看出各个试件的开裂荷载和极限荷载。

对比试件Ⅰ-SB0-SWR0发生纯弯曲破坏,开裂荷载为4.61kN。该试件在低荷载作用下也出现了较大的裂缝,并在出现少量弯曲裂缝后失效。其开裂前刚度为0.84kN/mm,开裂后刚度为0.10kN/mm。试件在8.0kN荷载下屈服,达到屈服点后荷载几乎没有增加。试件Ⅰ-SB0-SWR0的极限荷载为8.28kN,其延性在所有试件中最高,为1.32。

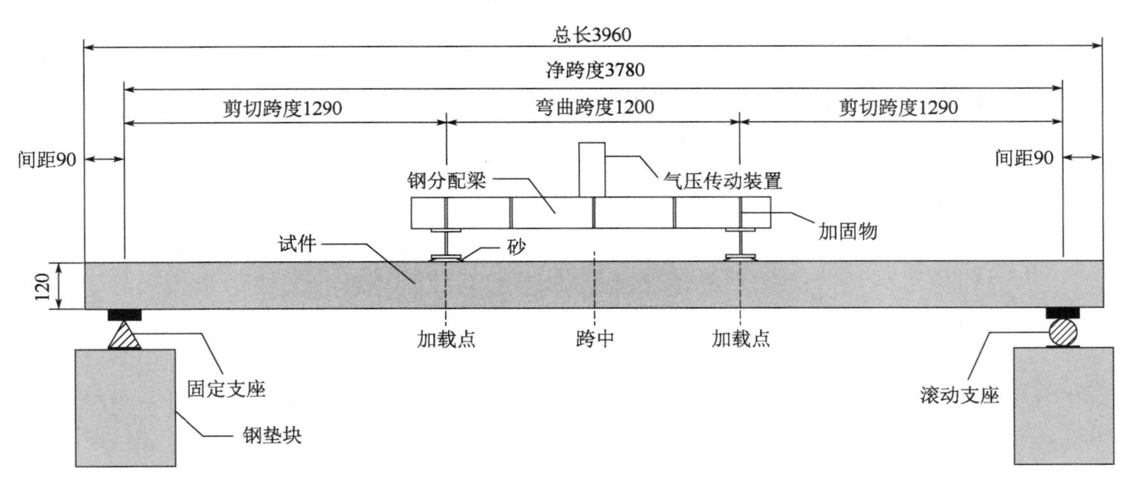

图18-19　测试设置组件和主要尺寸的简化示意图(尺寸单位:mm)

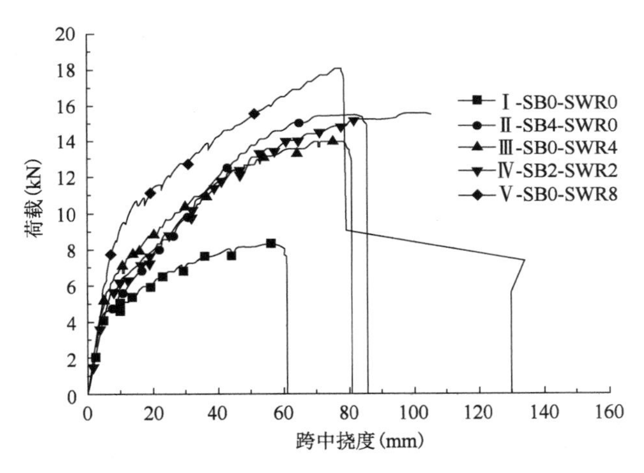

图18-20　各空心板梁试件荷载-挠度曲线

孔内直径为6mm钢筋加固试件Ⅱ-SB4-SWR0开裂荷载为4.21kN,比对比试件开裂荷载小9%,发生弯曲破坏。通过加固钢筋,裂缝宽度明显减小,试件破坏时的裂缝比对比试件多。其开裂前刚度比对比试件提高了18%,开裂后刚度提高了120%。试件Ⅱ-SB4-SWR0的屈服荷载为15.35kN,其极限荷载为15.55kN,比对比试件的极限荷载高88%。试件Ⅱ-SB4-SWR0的延性比对比试件下降了8%,为1.21。

孔内直径为3mm预应力钢丝绳加固试件Ⅲ-SB0-SWR4的开裂荷载比对比试件高25%,属于弯曲破坏。安装在试件空腔内的钢丝绳明显减小了裂缝宽度。试件Ⅲ-SB0-SWR4的开裂前刚度比对比试件高14%,开裂后刚度为0.20kN/mm,比对比试件提高了100%。试件Ⅲ-SB0-SWR4的极限承载力比对比试件提高了69%,延性降低了14%。

孔内直径为6mm钢筋及直径为3mm预应力钢丝绳间隔设置加固试件Ⅳ-SB2-SWR2也发生了弯曲破坏。它的开裂荷载比对比试件高24%,在其受拉面形成无数裂纹后失效。该试件的开裂前刚度为0.80kN/mm,与对比试件的开裂前刚度基本相同,但开裂后刚度增加了80%。试件Ⅳ-SB2-SWR2的极限荷载也提高了88%。其屈服荷载为15.23kN,延性降低很小(降低2%)。

孔内及板底直径为3mm预应力钢丝绳加固试件Ⅴ-SB0-SWR8与之前的试件相比,经历了剪切-压缩破坏。该试件的开裂荷载最高,比对比试件高86%。其开裂前刚度增加了18%,而开裂后刚度增加了100%。内、外钢丝绳的安装有效地减小了裂缝的宽度,在所有试件中,Ⅴ-SB0-SWR8的极限荷载最高,比对比试件高117%。试件Ⅴ-SB0-SWR8与其他加固后的试件相似,其延性均有所下降。其延性比所有试件中延性最低的试件小17%。

综上,与未加固的对比梁相比,空心板孔内加固材料的增强成功地提高了空心板梁的极限承载力。用孔内钢丝绳加固的试件,如Ⅲ-SB0-SWR4和Ⅴ-SB0-SWR8的强度分别提高了69%和117%。而Ⅱ-SB4-SWR0、Ⅳ-SB2-SWR2等采用钢筋或钢丝绳与钢筋加固的试件,其强度提高了88%。可见,采用内、外钢丝绳加固后,试件的承载力提高幅度最大。虽然试件Ⅱ-SB4-SWR0的钢筋配筋率最高(0.57%),但对试件承载力的提高效果与试件Ⅳ-SB2-SWR2(配筋率0.46%)相同。另外,试件Ⅴ-SB0-SWR8钢筋与预应力筋的比例为0.004240,比试件Ⅱ-SB4-SWR0、Ⅳ-SB2-SWR2小得多,但在承载能力提升方面效果最好。

总体而言,空心板梁桥的体内加固技术效果显著。

18.6 混凝土空心板梁桥横向加固新技术

18.6.1 技术原理

针对目前传统混凝土空心板梁桥横向加固方法对交通影响大、费用高、周期长的现状,本节提出了铰缝压浆修复、横向钢板联结加固、体外横向预应力加固以及多种加固技术联合实施的横向加固混凝土空心板梁桥新技术,相关技术原理介绍如下:

铰缝压浆修复技术(图18-21):通过在铰缝底部涂抹封缝胶,将铰缝密闭造成空腔,并沿铰缝纵向在桥梁底部均匀分布钻孔,在孔内埋设压浆嘴,将压浆材料(胶)灌入受损铰缝缝隙内,通过压浆材料(胶)迅速扩散、固化,修复铰缝内破损混凝土,恢复破损缝隙之间的粘结力,进而有效恢复桥梁结构的横向连接性能[10]。铰缝压浆修复技术提供了一个全新的思路,从桥梁底部对铰缝实施修复,仅在养护时需要部分交通管制,最大限度地减小了对交通的影响。该技术是一项工艺简单、施工速度快、交通影响小的新技术。

横向锚固联结钢板技术(图18-22):通过结构胶粘结锚固与化学锚栓机械锚固,在混凝土空心板梁桥横向损坏的铰缝底部设置横向联结钢板,使得相邻两块空心板之间形成横向钢板联结锚固,提高板与板之间的横向传力性能[11-12]。加固时,需在相邻各板的底面相应位置钻孔以植入锚栓,对钢板锚固区域的混凝土表面进行打磨,施工过程中需对相邻板梁顶、底面凹凸不平的高差错位处进行相应的处理,使用结构胶将钢板粘贴于两相邻板板底,钢板粘贴后用防锈材料涂装。

体外横向预应力加固(图18-23):通过横向预应力对空心板间企口缝下缘施加横向预压应力,在增大结构横向刚度的同时,使板底处于受压状态,可以抵消外荷载产生的拉应力,抑制、减小企口缝下缘混凝土横向拉应力,增大两侧板梁间的摩擦力,实现铰缝剪力的传递[13]。施加的横向预应力使空心板梁的横向下缘混凝土处于受压状态,平衡了板桥的横向弯矩,各空心板间可以同时传递竖向剪力和弯矩,变铰接板结构形式为刚接板结构形式,增强板桥上部结构的横向联结能力,同时,由于空心板的横向联结从铰接变为刚接,改善了荷载的横向分布,有利于各板协同工作,共同分担行车荷载,最终提高整个桥梁的承载能力。

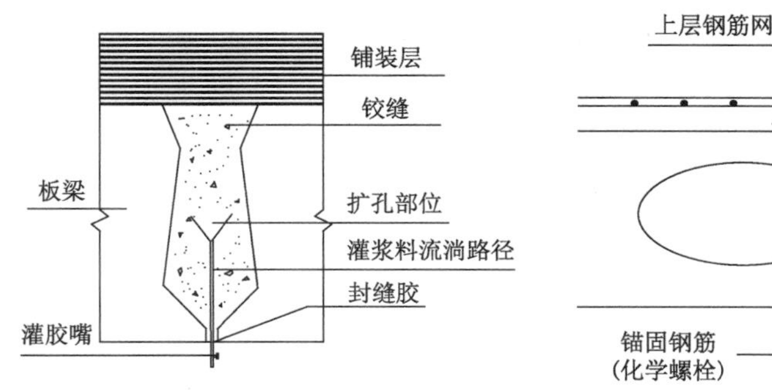

图 18-21　铰缝压浆修复技术原理示意图

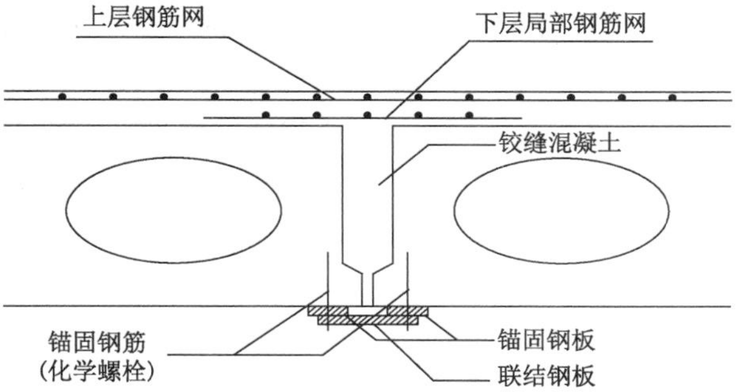

图 18-22　横向锚固联结钢板技术原理示意图

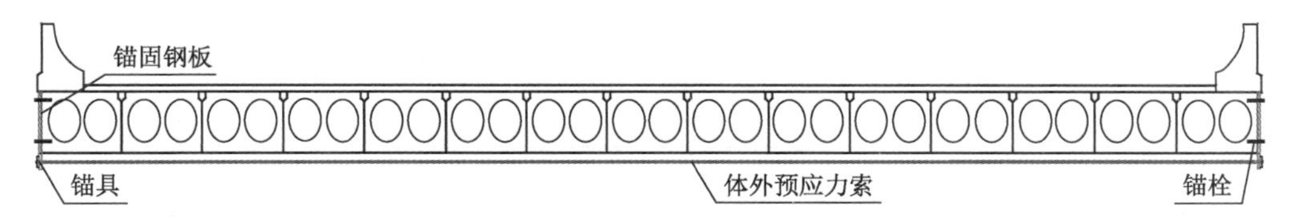

图 18-23　体外横向预应力加固

联合加固技术:通过两种以上的加固技术联合应用,实现对混凝土空心板梁桥的横向加固,如压浆修复与横向钢板联结加固的联合应用,先对铰缝损坏的混凝土空心板梁桥进行横向锚固联结钢板加固,再进行铰缝压浆修复;再如压浆修复与体外横向预应力加固的联合应用,先对铰缝损坏的混凝土空心板梁桥进行体外横向预应力加固,再进行铰缝压浆修复[14]。联合加固技术结合了多种加固方法的优点,多种加固方法之间应避免相互冲突。

18.6.2　试验研究

为了深入研究混凝土空心板梁桥横向加固新技术的技术效果,避开现场试验的许多不确定因素影响,采用某高速一座跨径为 8m 的钢筋混凝土空心板简支梁桥的 1/4 缩尺模型进行室内试验研究,研究铰缝压浆修复、板梁铰缝底横向钢板联结加固、板梁底面施加横向预应力筋各种方案的修复加固效果,以及多种加固技术联合实施的可行性。

试验过程如下:先在构件厂预制各片空心板,运至试验室;考虑横向分布的特性,以 5 块板作为一个拼装单元,将 5 块板横向拼装成整体,浇筑铰缝,进行铰缝完好状态下的试验;损坏铰缝至一定程度,进行其在损坏状态下的试验;采用不同的加固方案对损坏的铰缝进行修复加固,进行修复状态下的试验,其中加固方案考虑压浆修复法、锚固联结钢板法、体外横向预应力加固法以及铰缝压浆修复技术与锚固联结钢板法、体外横向预应力加固法的联合实施。每个试验状态试验 3 种工况,将各个状态下的各个试验工况的试验结果进行对比分析。

1)试件设计

试验共设计制作了15个相同的空心板梁试件(3个拼装单元)。单片板梁截面宽度为250mm,长度为2000mm,以5块板作为一个拼装单元,一座桥梁模型由5块相同的板横向拼装而成(图18-24),铰缝初始状态下为5块空心板拼装后,采用C35细石混凝土填充板梁缝隙。空心板铰缝布置见图18-25。待桥梁模型拼装完成后28d,方可进行加载试验。

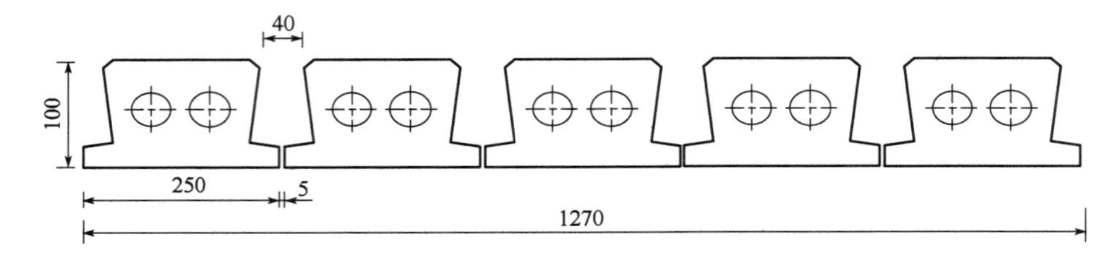

图18-24　空心板横向布置图(尺寸单位:mm)

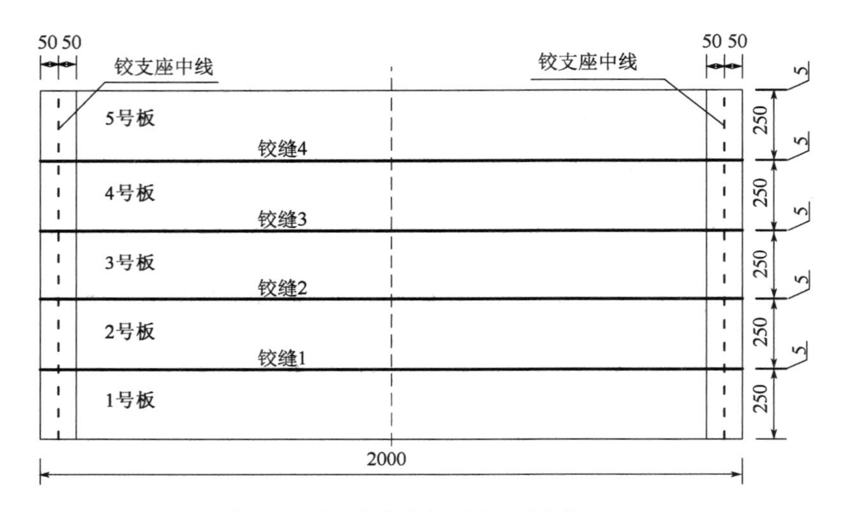

图18-25　空心板铰缝布置图(尺寸单位:mm)

本次试验共设计制作拼装了3个尺寸及配筋一致的缩尺简支桥梁模型,编号分别为JF-1、JF-2、JF-3,在铰缝完好、铰缝损坏、铰缝加固三种状态下进行加载分析,每种铰缝状态都进行上述三种工况加载试验。具体试验流程如图18-26所示。

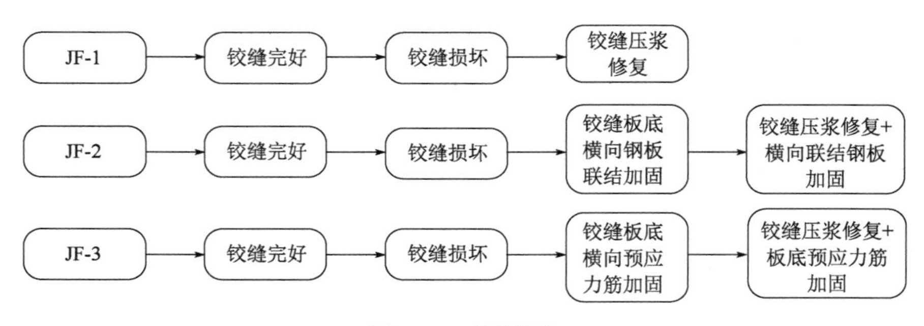

图18-26　试验流程

2)加载与测试

整座桥梁模型的两端简支,在每块空心板两端采用了橡胶支座简支于下部钢横梁,试验加载采用杭州邦威50t微机控制电液伺服结构试验系统,垂直作动器的跨中单点集中加载,试验装置如图18-27所示。测量跨中的位移及支座沉降,为了反映荷载作用在横向不同位置处的横向分布系数,每个试验状态考虑3种试验工况,即集中荷载分别作用在3号板、4号板、5号板的跨中。

图18-27　空心板梁试件加载过程

3)试验结果及分析

(1)铰缝压浆修复空心板梁试件JF-1

进行完好状态、损坏状态、压浆修复状态3个状态下的测试。从图18-28可以看出,荷载作用在中板上(工况一)时,各空心板梁跨中荷载-位移曲线较接近,各板受力较均匀,当荷载向边板方向移动(即工况一向工况三改变)时,荷载-位移曲线逐渐分散,荷载点板梁上的跨中挠度最大,随后加载点向两边方向的板跨中挠度逐渐减小,各板受力越来越不均匀。可以得出结论:荷载大小相同,但作用位置不同时,对板梁的位移横向分布有影响,即随着荷载从中板向边板移动,板跨中位移越来越分散,各板受力越来越不均匀。

通过比较相同工况不同铰缝状态板梁跨中荷载-位移曲线可以发现,板梁完好,但铰缝损坏状态与铰缝完好状态相比,板梁跨中荷载-位移曲线分散度较大,特别是工况二和工况三下,1号板、2号板、3号板比4号板、5号板跨中位移小得多,这是由于铰缝3损坏严重,3号板与4号板之间的传力严重削弱,造成各板跨中位移相差很大,铰缝损坏容易造成受力不均匀,同时,铰缝损坏后,试件横向刚度明显降低,相同位移下承受的荷载比完好状态下小得多;铰缝压浆修复后,各板跨中荷载-位移曲线基本恢复到铰缝完好状态下的水平,各板横向传力性能修复效果好。

综上,空心板梁完好但铰缝损坏,对板梁之间的横向传力影响很大,铰缝损坏很容易造成受力不均匀,整体刚度降低,承载能力减小,而压浆修复技术能很好地修复铰缝的横向传力性能。

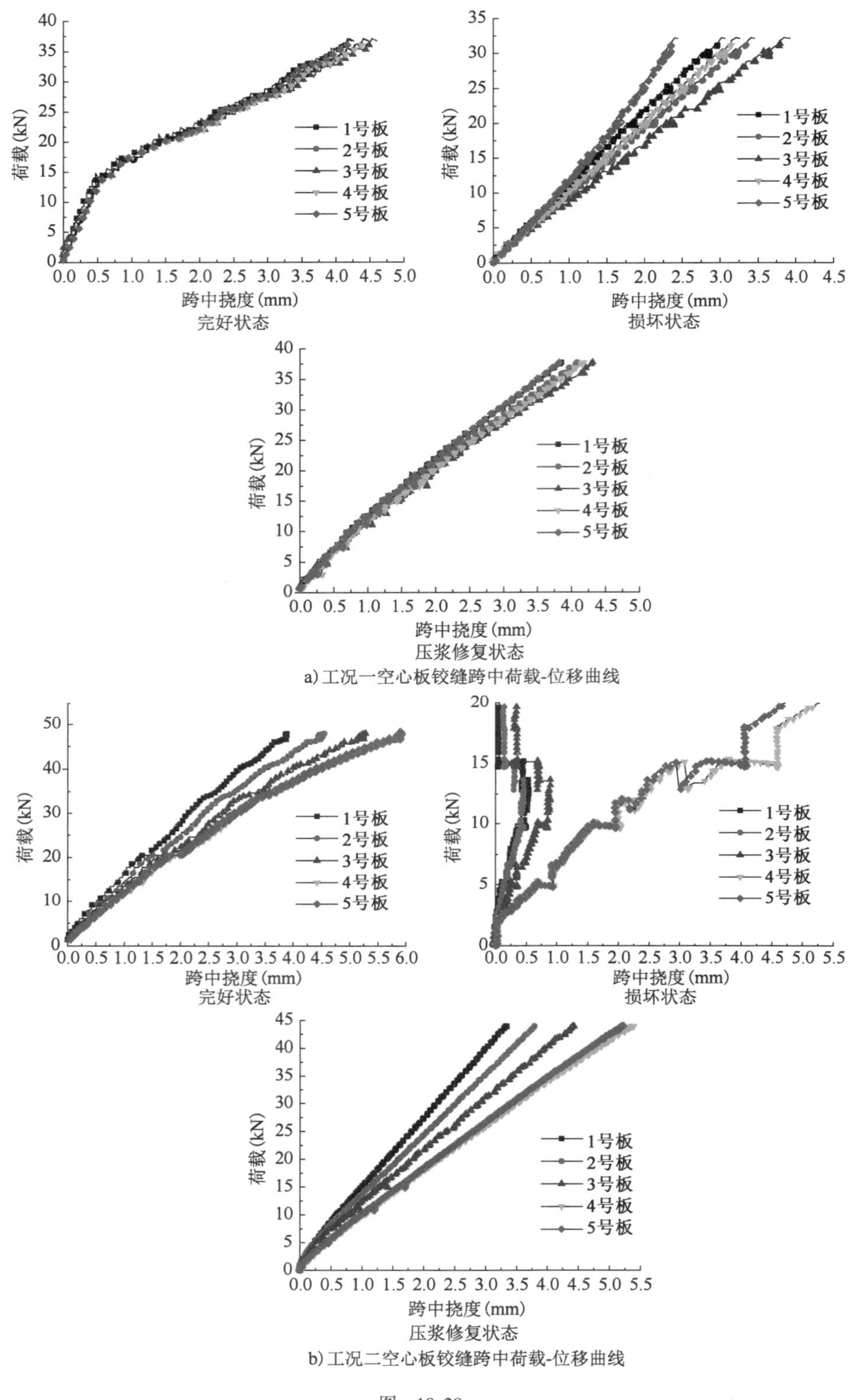

a)工况一空心板铰缝跨中荷载-位移曲线

b)工况二空心板铰缝跨中荷载-位移曲线

图 18-28

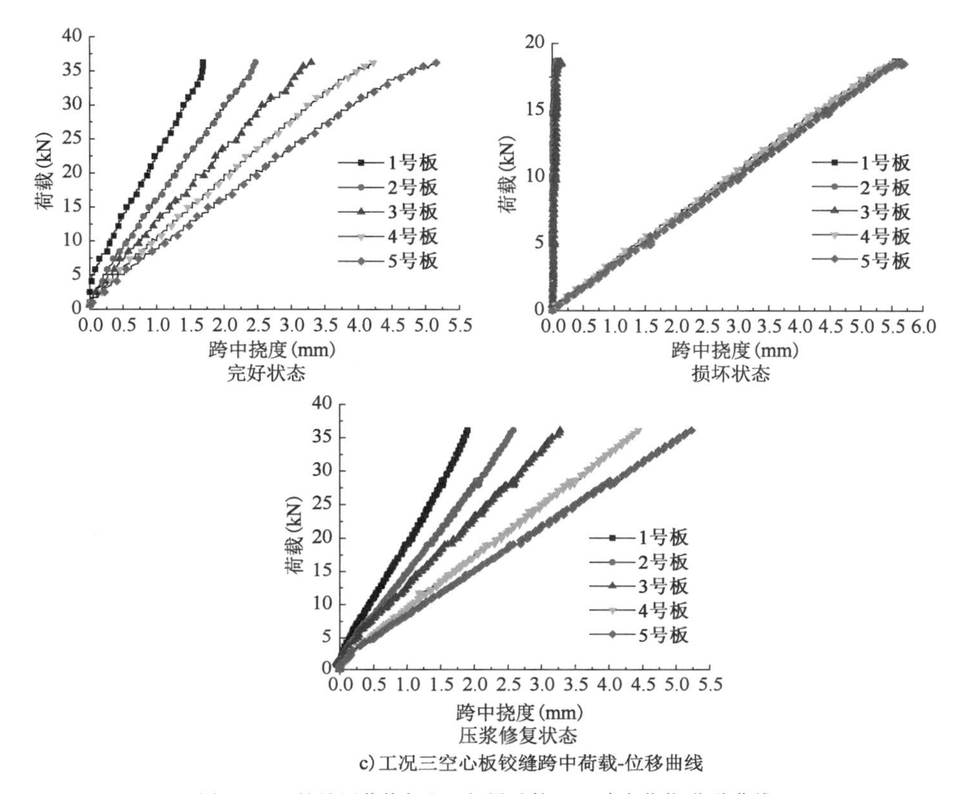

c)工况三空心板铰缝跨中荷载-位移曲线

图 18-28　铰缝压浆修复空心板梁试件 JF-1 跨中荷载-位移曲线

(2)横向钢板联结加固空心板试件 JF-2

进行完好状态、损坏状态、板底联结钢板加固和压浆与钢板复合加固 4 个状态下的测试。通过比较相同工况不同铰缝状态下板梁跨中荷载-位移曲线(图 18-29)可以发现,铰缝损坏状态与铰缝完好状态相比,板梁跨中荷载-位移曲线分散度较大,特别是 1 号板,比其他板跨中位移小得多,这是由于铰缝 1 损坏严重,1 号板与 2 号板之间的传力严重削弱,铰缝损坏造成受力不均匀;对铰缝损坏试件进行板底横向钢板联结加固后,各板跨中荷载-位移曲线分散度与铰缝损坏状态相比明显减小,各板跨中位移分布均匀,协同受力;在板底横向钢板联结的基础上,再进行压浆修复,各板荷载-位移曲线分散度较铰缝损坏状态小,空心板位移横向分布均匀,刚度提高。

对单独采用板底横向钢板联结加固铰缝损坏试件,铰缝损坏处板与板之间的传力大部分依靠横向钢板,钢板用结构胶及化学螺栓机械锚固在板底之间,板与板之间连接刚度大,横向传力性能好,有效地避免了受力不均匀,但这种加固方法仅加强了板与板之间的横向联结,并未对损坏的铰缝进行修复;而横向钢板联结与压浆复合加固后,压浆修复能很好地恢复甚至提高铰缝传力性能,使各板之间协调工作,空心板位移横向分布均匀。从跨中纵筋屈服之前的试验情况看,空心板位移横向分布与仅采用板底横向钢板联结基本一致,即横向钢板联结与压浆复合加固和横向钢板联结加固都达到了铰缝完好状态水平,横向钢板联结与压浆复合加固以压浆修复受损铰缝内部裂缝或破碎的混凝土,以横向联结钢板承担横向弯曲拉力,作为铰缝修复增强的第二道防线,防止压浆修复铰缝的二次损坏。

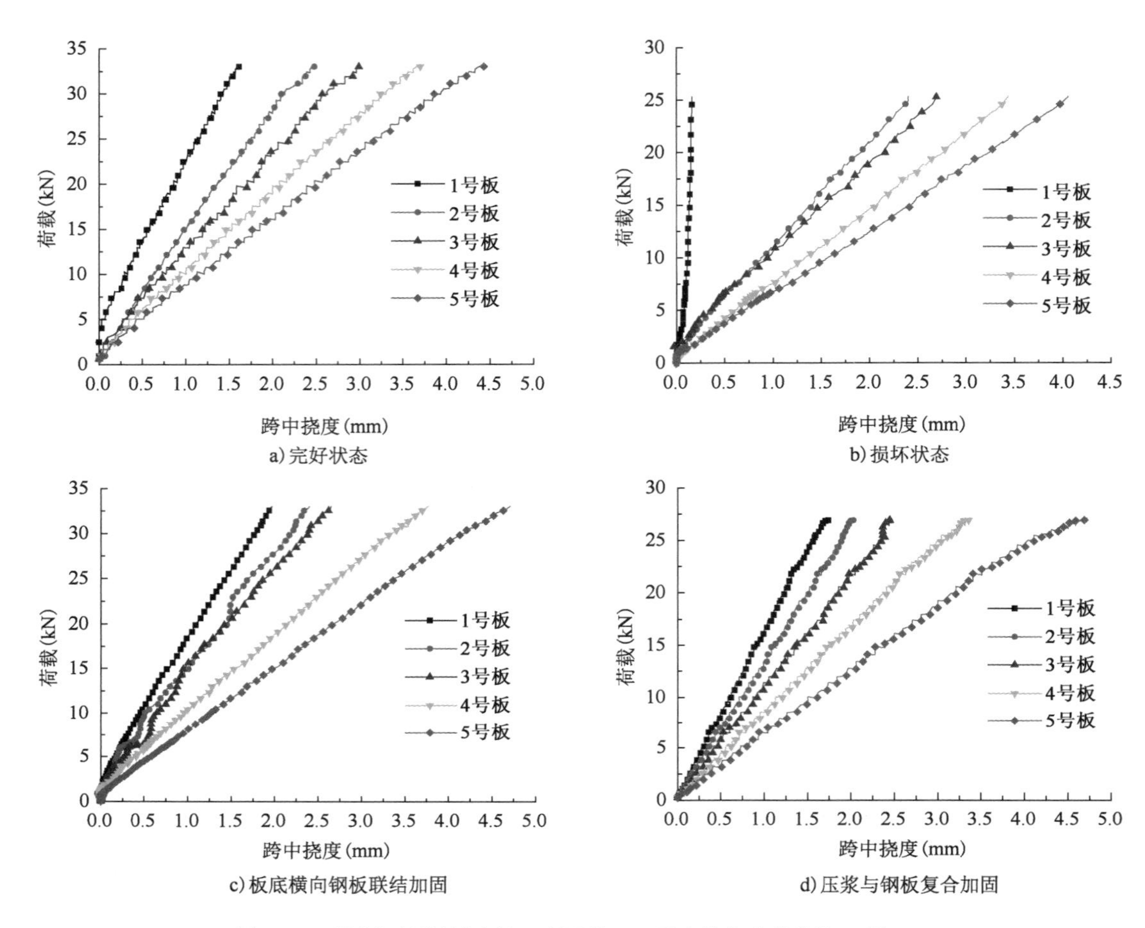

图 18-29　横向钢板联结加固空心板试件 JF-2 跨中荷载-位移曲线(工况三)

(3)横向预应力加固空心板试件 JF-3

进行完好状态、损坏状态、板底预应力筋加固和压浆与预应力复合加固 4 个状态下的测试。通过比较相同工况不同铰缝状态下板梁跨中荷载-位移曲线(图 18-30)可以发现,板梁完好,但铰缝损坏状态与铰缝完好状态相比,板梁跨中荷载-位移曲线分散度明显增大,这是由于对试件 JF-3 铰缝进行损坏处理时,各个铰缝都明显破坏,板之间传力性能差,造成各板跨中位移相差很大。对铰缝损坏的 JF-3 试件进行板底横向预应力筋加固,试件的刚度明显提高,铰缝横向传力的效果得到一定程度的改善,但改善程度有限,铰缝损坏后,铰缝基本都出现贯通裂缝,空心板产生横向反拱,空心板顶面铰缝裂缝分开,板与板之间的接触面只有铰缝底部,预应力筋的加入增加了板与板之间的错动摩擦系数及机械咬合,提高了试件刚度,但板与板之间由于存在反拱,接触面积减小了,因此受力不均匀现象改善有限,依然未达到完好状态水平;采用铰缝压浆修复与板底预应力筋联合加固,就很好地解决了上述问题,不仅显著改善了受力不均匀现象,而且加固后试件的刚度较铰缝完好状态时有提高,加固效果好。

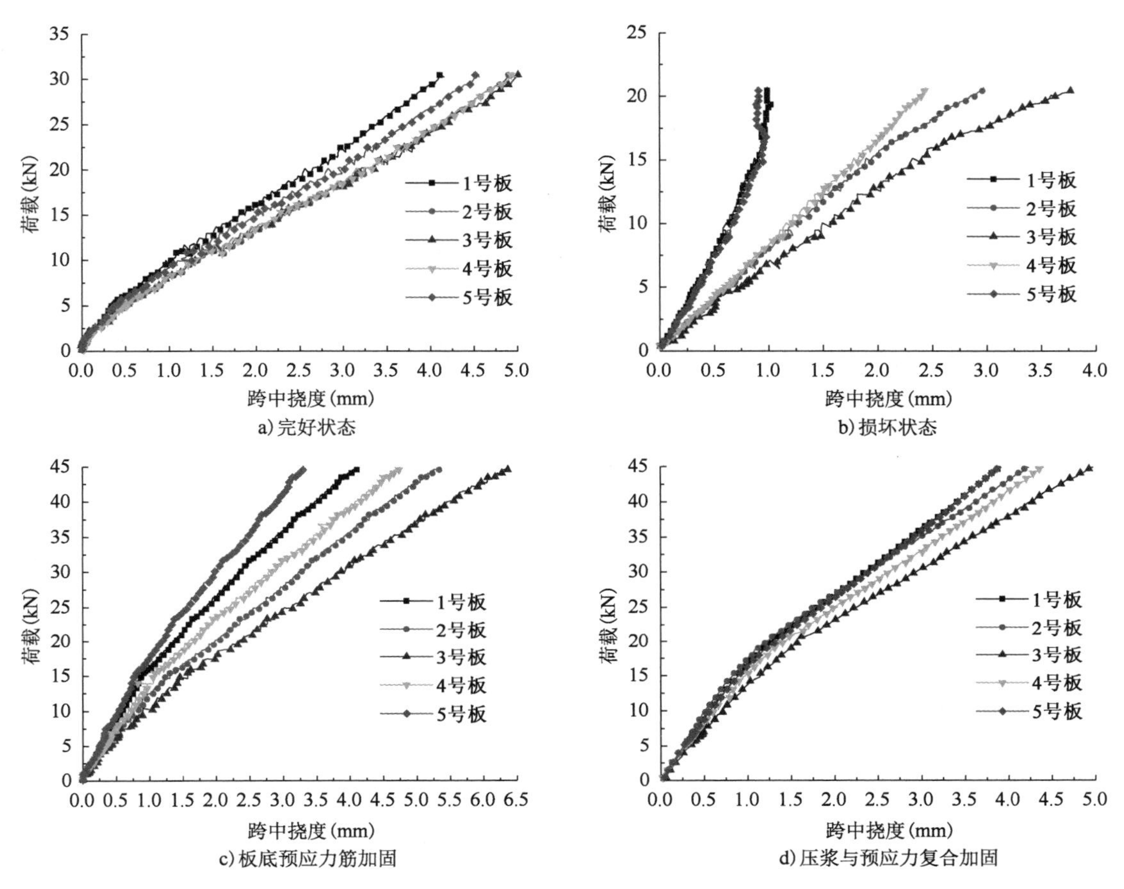

图18-30　横向预应力加固空心板试件JF-3跨中荷载-位移曲线(工况一)

铰缝损坏后,空心板之间横向传力很不均匀,受力不均匀现象严重,经板底预应力筋加固后,各板跨中位移横向分布系数趋向均匀,但加固效果有限,受板底预应力筋产生的横向反拱的影响,板底横向预应力的施加提高了板与板之间错动摩擦力和机械咬合力,但同时又减小了板与板之间的接触面积,加固效果受影响;而采用铰缝压浆与板底预应力筋复合加固后,跨中挠度沿横向分布更加均匀,距离荷载作用点较远处的板梁挠度明显增加,各板梁显示出较好的协同承载作用。

4)试验结论

对3个简支空心板梁桥的缩尺模型进行了铰缝完好、铰缝损坏、铰缝加固三种状态下的加载试验分析,主要得出以下结论:

①铰缝损坏影响板与板之间的传力特性,容易引起受力不均匀,铰缝损坏程度越大,各板的横向分布系数越不均匀,受力不均概率变大,试件整体刚度降低。

②采用空心板梁的铰缝压浆修复工艺,改善了空心板梁铰缝损坏后的受力不均现象,铰缝压浆修复后,空心板刚度及位移横向分布基本恢复至铰缝完好状态水平。采用板底横向钢板联结加固,试件刚度相比铰缝完好状态下得到一定程度的提高,位移横向分布系数基本恢复至铰缝完好状态水平,铰缝损坏处板与板之间的传力大部分依靠横向钢板,板与板之间

连接刚度大,横向传力性能好,但这种加固方法仅加强了板与板之间的横向联结,并未对损坏的铰缝进行修复。采用空心板梁板底横向钢板联结与铰缝压浆联合加固,以压浆修复受损铰缝内部裂缝或破碎的混凝土,以横向联结钢板承担横向弯曲拉力,作为铰缝修复增强的第二道防线,防止压浆修复铰缝的二次损坏,其加固效果达到了铰缝完好状态水平。

③采用板底预应力筋加固,在增加结构横向刚度的同时,又使板底处于受压状态,可以抵消外荷载产生的拉应力,试件刚度提高,位移横向分布系数得到改善,但改善程度有限,因为预应力的施加引起空心板横向反拱,铰缝上部裂缝增大,下部虽然机械咬合力及摩擦力增大,但板之间接触传力面积减小,影响了加固效果。采用板底预应力筋与铰缝压浆联合加固,试件刚度提高,位移横向分布系数恢复甚至比铰缝完好状态下的好,克服了单独使用预应力加固的缺点,结合了两者的优点,加固效果好。

④各加固工艺对比分析结果显示,铰缝压浆修复简单易行,工期短,不需要大型设备,耐久性能好,经济效益和社会效益显著;板底横向钢板联结加固,增大了试件刚度,且明显改善了受力不均匀现象,锚固钢板简单易行,但钢板易锈蚀,需进行防护;采用铰缝压浆与板底横向钢板联结联合加固结合了两种加固方法的优点,加固效果好;采用板底预应力筋加固提高了试件刚度,但施工难度大,需要耗费较多预应力筋及锚具,产生的反拱影响最后的加固效果;采用铰缝压浆与板底预应力筋联合加固,结合两者的优点,克服了相关缺点,加固效果好。

⑤空心板梁铰缝压浆修复能较全面地改善各板之间的横向传力性能,耐久性及安全性好;板底横向钢板联结加固对铰缝加固作用明显;板底预应力筋加固能明显提高桥面的整体刚度;铰缝压浆修复能很好地与板底横向钢板联结或板底预应力筋加固联合施工,且加固效果好。

18.7 混凝土空心板梁桥加固技术工程应用

18.7.1 纵向加固技术工程应用

1)工程概况

某高速公路某8m跨简支板梁桥,其设计荷载等级为汽-超20级、挂车-120级,结构形式为预制混凝土空心板梁桥,板梁之间的联结采用混凝土企口缝构造,原桥单幅桥宽12.5m,计12块板,后扩宽3.60m,计3块板,全桥合计15块板。桥面扩宽以后,有3块板由原来处于非重车道的位置变化为处于重车道位置,出现多条宽度超过0.2mm的裂缝,如图18-31所示。在正常行车荷载作用下,板梁挠度过大,测得6号空心板梁最大挠度9.0mm,8号空心板梁为9.15mm,均超出规范限值。经反复论证决定先采用预应力高强钢丝绳加固技术对桥梁进行加固,加固前后应进行结构的动静态力学性能测试分析[15]。

2)加固设计方案

6、7、8号板挠度均过大,显然是抗弯承载力严重不足,需要提高其抗弯承载力和截面刚度。按照前文介绍的设计方法,承载力极限状态按照各板梁最终恢复每块板的承载力达到铰缝完好和铰缝完全损害的中间状态,确定钢丝绳数量,正常使用极限状态以每块板上钢丝绳所承担的力抵消梁板恒载来确定钢丝绳数量及张拉力[16]。

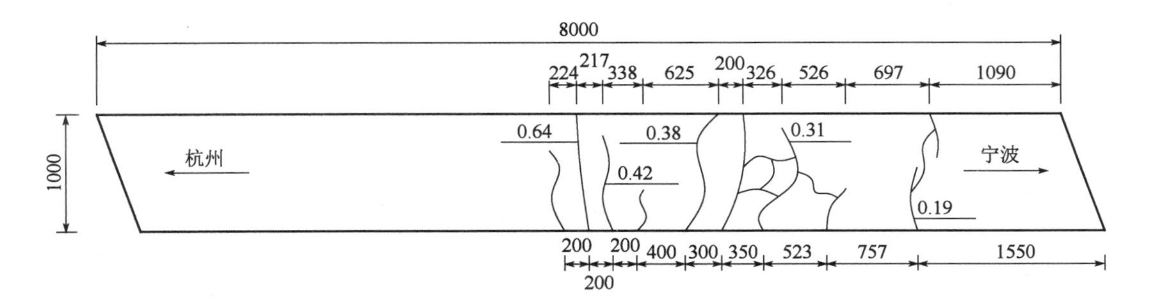

图18-31　空心板梁裂缝示意图(尺寸单位:mm)

经计算分析,确定加固方案:每块板钢丝绳加量为100根直径为3mm的预应力高强钢丝绳,钢丝绳强度设计值为876MPa,张拉控制应力为755.3MPa,相当于钢丝绳名义屈服强度设计值的86%;为减小锚具集中应力,钢丝绳在梁底错开锚固,两层布置,即总共设置2组4根锚具,如图18-32所示,A1与A2、B1与B2分别组成一组锚具锚固钢丝绳,A1和B1、A2和B2间隔开布置,A1和B2离梁端部距离为840mm,离支座边缘距离为440mm,每组锚具上锚固50根预应力钢丝绳。

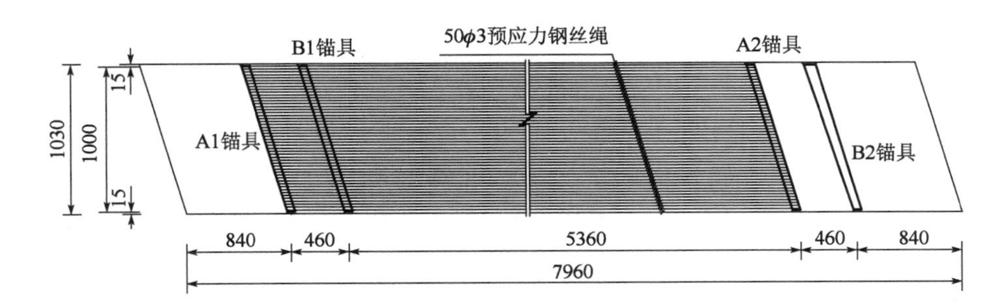

图18-32　钢丝绳及锚具布置图(尺寸单位:mm)

3)加固效果测试

(1)加固前后动态测试结果及分析

所有动态测试数据均在路面正常通车情况下测定,测试了桥梁加固前后动力响应竖向挠度、钢丝绳应变时间历程曲线。加固前后均连续测试24h以上。以6号板为例,分析加固前后梁的跨中挠度、纵筋应变及钢丝绳应变变化情况。

①加固前后挠度变化。

6号板加固前后跨中挠度时程动态测试结果如图18-33所示,可见加固后最大位移均较加固前小,加固前的最大位移为9.15mm,加固后的最大位移为7.6mm。另外,加固后位移值集中于较小数值的位移区间内。跨中挠度大于1mm的出现频率在加固后明显减少。

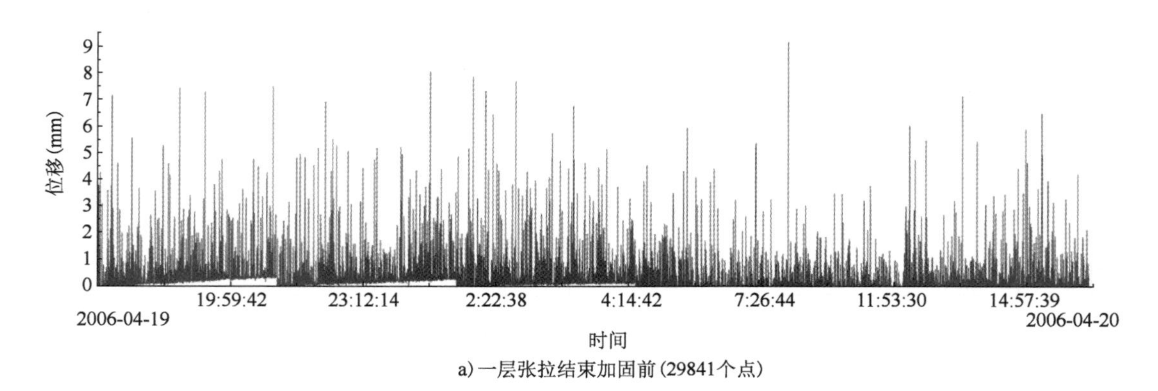

a)一层张拉结束加固前(29841个点)

b)加固后(40434个点)

图 18-33　6 号板加固前后跨中挠度时程动态测试结果

②加固后钢丝绳应变情况。

为监测钢丝绳应变,在钢丝绳上粘贴了较多的应变片,图 18-34 列出有代表性的随机汽车荷载作用下预应力钢丝绳应变变化曲线,该曲线表明在随机汽车荷载作用下,钢丝绳的应变增加值(在预拉应变的基础上)最大达 390με,通常能达到 100με,证明了预应力钢丝绳所起到的有益作用,同时也能充分说明预应力高强钢丝绳加固比现有其他加固技术更有优势。

(2)加固前后静态测试结果及分析

为定量地评价预应力钢丝绳加固效果,对临时部分封闭高速公路进行静载试验,共采用了两种加载工况:工况 1 中,汽车荷载左侧车轮集中加于 7 号板中线;工况 2 中,汽车荷载左侧车轮集中加于 6 号板中线。

加固前后加载的位置及汽车的配重都相等,所有测点同动态测试。表 18-2 显示 6、7、8 号板加固前后跨中挠度值。由表 18-2 可见,加固后在同样恒载作用下跨中挠度值明显减小。工况 1 下,6 号板静载试验加固前的跨中挠度为 2.72mm,加固后的挠度为 0.93mm,加固后挠度仅为加固前的 34.2%,7 号板静载试验加固后挠度仅为加固前的 28.6%,8 号板静载试验加固后挠度仅为加固前的 6.9%。工况 2 下,各板加固前后挠度变化有类似规律。可见,预应力钢丝绳加固对于刚度的提高、挠度的减小效果是非常显著的。

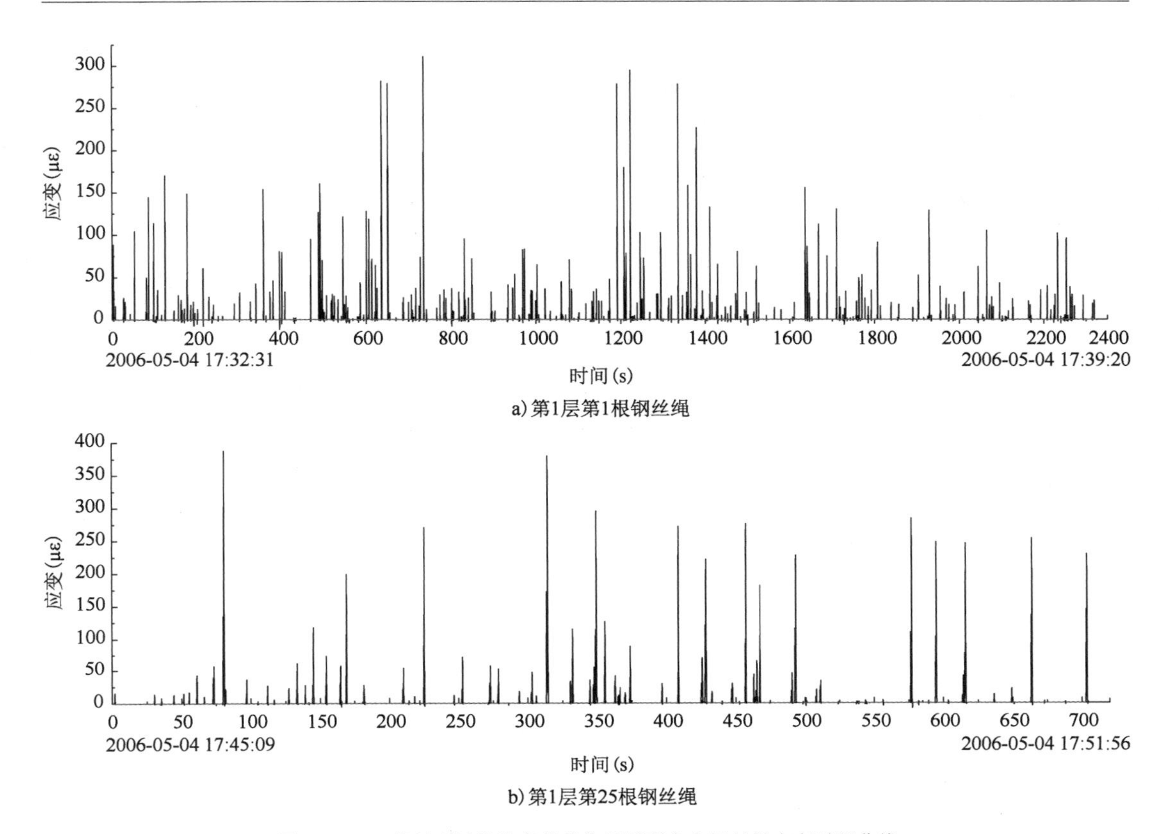

图18-34　6号板在随机汽车荷载作用下预应力钢丝绳应变时程曲线

静载试验板跨中挠度加固前后变化　　表18-2

板号	工　况　1			工　况　2		
	加固前(mm)	加固后(mm)	加固后/加固前	加固前(mm)	加固后(mm)	加固后/加固前
6号	2.72	0.93	0.342	2.37	1.39	0.586
7号	3.36	0.96	0.286	1.73	0.72	0.416
8号	0.58	0.04	0.069	0.23	0.07	0.304

在试验荷载下,6、7、8号板钢丝绳应变增加(在预拉应变基础上)。在工况2下,6、7、8号板的钢丝绳应变增量分别为77με、49με和13με,加固效果明显;在工况2下,6、7、8号板加固后跨中截面处纵筋应变增量分别为78με、34με和10με,与钢丝绳应变增量基本一致,说明加固后的钢丝绳能够与既有纵筋良好地共同工作。

该桥于加固完成至今已运行十余年,状况良好,再次证明了预应力高强钢丝绳加固技术加固空心板梁桥的有效性。

18.7.2　横向加固技术工程应用

某高速公路7座混凝土空心板梁桥,跨度6m、8m、10m、13m不等,其设计荷载等级为汽-超20级、挂车-120级,结构形式为预制混凝土空心板梁桥,板梁之间的联结采用混凝土企口缝构造。原桥单幅桥宽12.5m,计12块板,后扩宽4m左右,计3块或4块板。由于诸多原因，其空心板梁桥的横向铰缝都存在不同程度的损坏，损坏铰缝已不能有效传递板梁间剪力，各板梁共同工作能力严重降低，甚至形成单板受力的不良工作状态。为改善板梁上述不利受力状况，采用铰缝压浆修复技术进行了加固，并在加固前后进行了桥梁荷载试验对比。

施工过程中，7 座桥梁加固工程与桥梁荷载试验一共用了约 30d，工期短，速度快，施工过程中穿插着试验，加固过程中的一些施工现场效果见图 18-35。关键施工工艺包括：铰缝处理→设置压浆嘴→封缝→压浆→成品→养护等。设置压浆嘴时，在每条铰缝上采用预定方式打孔，深度大于 2/3 空心板高度且不小于 15cm，沿铰缝设置 PVC 压浆嘴或软质塑料管，间距以 30 ~ 60cm 为宜；待封缝材料达到一定强度后，进行压浆。压浆采用高压灌注法，采用空压机配合压力容器，压浆料配料严格按预定配比制作，各组分先混合搅拌均匀，再将压浆料倒进压力容器，压浆时自一端向另一端进行，压浆压力控制在 0.1 ~ 0.4MPa，直到邻近的压浆嘴溢出浆液后，即可停止，然后依次移至其他压浆嘴继续压浆。为确保压浆密实，采取保压措施，即在该压浆嘴前后相邻压浆嘴都冒浆的情况下，关闭临近冒浆的压浆嘴，保持压力 2 ~ 3min；压浆完成后，将压浆嘴拔出，遗留孔洞用水泥砂浆封堵，每次压浆后及时清洗压浆罐、输浆管及其他容器。压浆灌缝结束后，在 12h 内不得扰动铰缝。

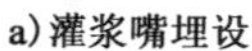

a）灌浆嘴埋设

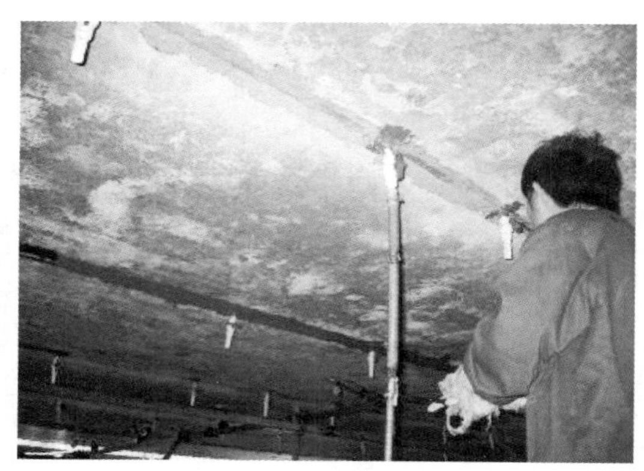

b）压浆

图 18-35　混凝土空心板梁桥横向加固技术工程应用施工现场

工程完成后，通过恒定汽车荷载下的桥梁静载试验，比较加固前后挠度横向分布的变化情况，判断桥梁加固后的工作状况是否改善，检测加固技术对该桥梁是否起到增强荷载传递能力、提高桥面空心板梁桥的整体刚度的作用。试验主要观测了跨中截面在试验荷载下的挠度，加固前、后各测试一次，每次进行 2 个工况：工况 1 为相对铰缝损坏区偏载布置，工况 2 为相对铰缝损坏区中载布置。如图 18-36 所示，通过对 7 座空心板桥梁加固前后静载试验的观测与分析，可知桥梁加固前后挠度横向分布系数变化情况，加固后梁板跨中截面挠度较加固前更加均匀，距离荷载作用点较远处的板梁挠度明显增加，各梁板显示出较好的共同承载作用；在多个桥梁的试验中，跨中最大挠度减幅达到 21.10%，距离加载点较远板梁挠度最大增幅高达 251.88%。

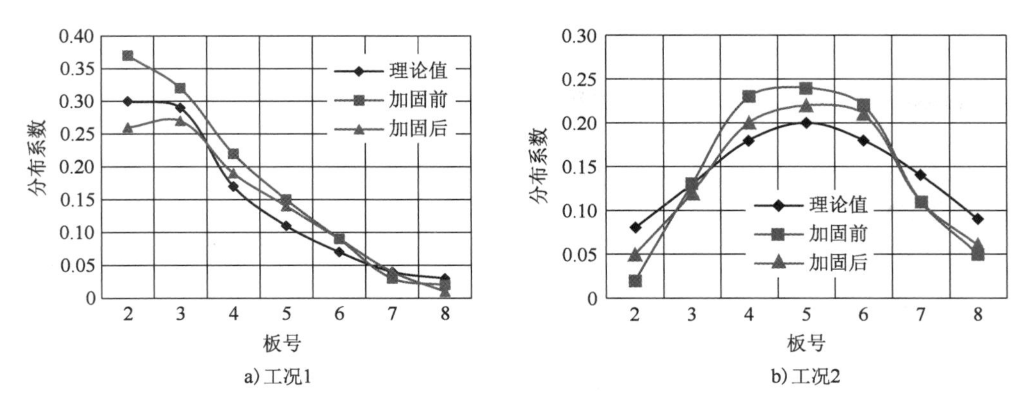

a)工况1　　b)工况2

图18-36　混凝土空心板梁桥横向加固代表桥梁横向分布系数变化

加固后横向分布系数曲线变得更加平缓、更加均匀，荷载作用点附近分布系数显著减小，更接近理论值；距离荷载作用点较远处的分布系数明显增加，变得更加合理、有利，改善了直接承载板梁的受力状况，提高了桥面梁板的整体刚度，加固后工作状况更符合设计要求或正常受力状态。经一段时间的观测，加固桥梁运行良好。

18.8　混凝土空心板梁桥加固设计方法

18.8.1　加固设计原则

一般来说，桥梁的加固包括现有桥梁的改造及病害桥梁的修复。桥梁的加固与桥梁的设计一样，除了应满足设计规范，符合技术可行、经济合理、结构安全的原则外，还必须经过一定的程序、步骤进行加固设计。混凝土空心板梁桥的加固设计同样应遵循这些原则：

①加固设计的内容及范围，应根据评估结论和委托方提出的要求确定，可以包括整体桥梁，也可以是指定的区段或特定的构件；

②建立桥梁维修、加固、重建的经济分析模型，通过分析比较，选择技术可行、经济合理、对现有交通干扰较小的方案实施，以保证改造后的桥梁能安全运营；

③根据需要改造桥梁的评估结论及经济分析，当得知现有桥梁可以通过加固、维修达到使用要求的结论后，再提出桥梁加固的设计方案；

④加固设计及施工尽量不损坏原结构，并保留具有利用价值的构件，避免不必要的拆除或更换；

⑤加固设计应与施工方法紧密结合，并采取有效措施，保证新老结构连接可靠、协同工作；

⑥加固设计应按结构实际损坏情况进行计算；

⑦在加固施工中，应尽可能减少对桥上和桥下的通行车辆及行人的干扰，采取必要的措施，减少对周围环境的污染；

⑧在施工过程中，若发现原结构或相关工程隐蔽部位的构造有严重缺陷时，应立即停止施工，会同设计方、监理方、建设方等进行研究，待有合理处理方案后，方能继续施工；

⑨加固施工中，应采取安全监测措施，确保人员及结构安全。

18.8.2 加固方案制定

混凝土空心板梁桥加固的方法按部位可分为纵向加固及横向加固,纵向加固主要解决的是抗弯承载力及抗剪承载力不足的问题,横向加固主要解决的是各单板之间连接处铰缝的破坏或损害引起的"单板受力"问题。

1)纵向加固

对于抗弯承载力不足,可以采用前文所述的传统加固技术,如增大截面法、粘贴钢板法、粘贴纤维复合材料法等,也可采用预应力高强钢丝绳加固、体内预应力与非预应力混合加固、体内外预应力组合加固、预应力与纤维复合材料组合加固等新技术。

对于抗剪承载力不足,可以采用增设抗剪构件分担剪力的方法,减轻受剪部位受剪切的程度,如植筋抗剪加固、植筋并在空腔内浇筑填充物抗剪加固等。

对于抗弯、抗剪承载力均不足的情况,可将抗弯加固方法与抗剪加固方法有机结合,在设置抗弯构件的同时设置抗剪构件,如钢板抗弯与预应力钢丝绳抗剪组合加固、预应力钢丝绳抗弯与抗剪钢筋抗剪组合加固等。

2)横向加固

对于横向加固,可采用重新铺装钢筋网、设置剪力钢筋法等,也可使用铰缝压浆修复、横向联结钢板加固、体外横向预应力加固以及多种加固技术联合实施的横向加固混凝土空心板梁桥新技术对受损铰缝进行修复,增强桥梁结构的横向联系。

18.9 本章小结

本章介绍了混凝土空心板梁桥常见的病害,包括板底横向裂缝、板底纵向裂缝、腹板斜向裂缝、腹板竖向裂缝等纵向病害以及铰缝破坏等横向病害,并从设计、施工、运营三方面分析了上述病害的成因。列举了若干现有的传统空心板梁桥纵向加固技术,如粘贴钢板加固、粘贴纤维复合材料加固、增大截面加固,以及横向加固技术,如重新铺装钢筋网、设置剪力钢筋法,分析了这些方法的特征和不足。

针对现有技术的不足,提出了几种混凝土空心板梁桥纵向加固新技术,包括体内预应力与非预应力混合加固、体内外预应力组合加固、预应力与纤维复合材料组合加固等抗弯加固新技术,植筋加固、植筋及填充物混合加固等抗剪加固新技术,以及将抗弯加固与高效的抗剪加固技术有机结合的弯剪组合加固方法。同时提出了几种混凝土空心板梁桥横向加固新技术,包括铰缝压浆修复、横向钢板联结加固、体外横向预应力加固以及多种加固技术联合实施的新技术。通过试验,证实了上述新技术对混凝土空心板梁桥具有优异的加固效果。最后介绍了新技术的实际工程应用,验证了新型加固技术在工程实践中的实施效果。

本章参考文献

[1] 陈长万,陈映贞.装配式空心板桥铰缝局部受力性能研究[J].公路交通技术,2016,32(4):86-100.

[2] 王渠,吴庆雄,陈宝春.装配式空心板桥铰缝破坏模式试验研究[J].工程力学,2014,31(S1):115-120.

[3] 李胜利,石鸿帅,毋光明,等.声发射技术在混凝土空心板桥裂缝检测中的应用[J].桥梁建设,2017,47(5):83-88.

[4] 刘能文,杨勇.铰接板桥梁病害分析及优化设计方法研究[J].公路交通科技,2016,33(2):73-81.

[5] 周正茂,袁桂芳,田清勇.预制装配式板梁桥的模型修正方法[J].西南交通大学学报,2015,50(4):623-628.

[6] 于天来,李海生,赵云鹏,等.装配式铰接板桥的铰缝损伤评价[J].桥梁建设,2016,46(4):51-54.

[7] 赵秋,陈美忠,陈孔生.装配式空心板铰缝界面抗剪性能试验与数值模拟[J].公路交通科技,2017,34(6):85-93.

[8] 吴庆雄,陈悦驰,陈康明.结合面底部带门式钢筋的铰接空心板破坏模式分析[J].交通运输工程学报,2015,15(5):15-25.

[9] 陈康明,吴庆雄,黄宛昆,等.结合面底部带门式钢筋的铰接空心板桥受力性能参数分析[J].公路交通科技,2016,33(8):65-75.

[10] 魏洋,胡胜飞,吴刚,等.压浆修复桥梁铰缝技术模型试验与分析[J].世界桥梁,2014(6):78-84.

[11] 岳小媚,燕海蛟,李琦.实心板梁底增设钢横梁加固方法研究[J].公路交通技术,2017,33(6):68-73.

[12] 王银辉,罗征,周怀治,等.型钢-混凝土组合加固装配式板梁桥铰缝试验[J].中国公路学报,2015,28(8):38-45.

[13] 黄海新,安帅锟,程寿山.基于反拱行为的空心板桥横向体外预应力加固模型[J].公路交通科技,2018,35(1):55-63.

[14] 魏洋,胡胜飞,吴刚,等.横向预应力与压浆加固装配式空心板梁桥试验研究[J].公路,2014(6):143-148.

[15] 吴刚,胡胜飞,魏洋,等.预应力高强钢丝绳加固桥梁动静态力学性能的测试分析[J].公路交通科技,2008,26(1):66-76.

[16] WU G, WU Z S, JIANG J B, et al. RC beams strengthened with distributed prestressed high-strength steel wire ropes[J]. Experimental study, Magazine of Concrete Research, 2010,62(4): 253-265.

第19章 预制混凝土管片加固桥梁水下墩柱新技术

19.1 概　　述

桥梁水下结构主要是指桥墩、桩基础等下部结构，作为桥梁结构的重要组成部分，其承载能力、耐久性及可靠性直接关系桥梁结构安全性能。相对上部结构而言，桥梁水下墩柱的服役环境更为恶劣多变，常面临较高的静态应力和疲劳应力、冲刷、淘刷、磨损、气蚀、冻融和侵蚀（化学腐蚀和电化学腐蚀）、船舶碰撞、浮冰及地震袭击、环境荷载（如生物附着）和桥梁上部结构传递的工作荷载等。由此引发的桥梁水下结构病害也更为复杂凶险，常出现混凝土破碎脱落、开裂、缩颈、露筋锈蚀、冲刷等损伤，以及缺陷耦合作用情况。

在欧美发达国家，由于桥梁行业起步较早，水下结构问题在20世纪70年代起就已暴露，其中以冲刷灾害为首。桥梁冲刷是一种自然现象，主要由流水侵蚀或搬运河床或河岸材料所致。早在20世纪90年代，冲刷问题就已被确认为导致美国公路桥梁损伤的最常见原因[1]。相关研究表明，美国约有60%的桥梁损伤问题与冲刷有关[2]，足见冲刷问题的严重性。我国的桥梁事业自20世纪末以来也经历了一个发展高峰期，目前已拥有数量庞大的桥梁系统。近年来，随着大量桥梁服役年限的增长，我国桥梁水下结构问题也逐渐显现（图19-1）。相比国外以冲刷为主的病害模式，我国水下结构的病害更为复杂，常出现多种病害模式耦合作用情况，这些损伤、缺陷可导致桥梁竖向承载力、横向抗震性能，以及耐久性的急剧下降，严重危及结构安全，对其实施合理的修复、加固处理是提升其整体性能、延长结构使用寿命的最佳途径。

桥梁水下结构加固面临的最大问题就是水环境的影响。当前，水下加固一般采用围堰施工法（图19-2），该方法所必需的围堰、基础防渗和基坑排水往往耗费大量的时间和费用，而且施工过程中占用航道空间，间接影响不可估量。此外，围堰施工在很大程度上受复杂多变的水下环境限制。比如，在"5·12"汶川地震中，都江堰庙子坪岷江特大桥水下墩柱严重受损，主墩水面以下50m处纵向开裂，采用传统双壁钢围堰施工难度极大，造价极高，可行性差。因此，发展基于"免排水"（无须围堰）思路的新型水下加固技术符合水下墩柱修复、加固的迫切需求。

a) 冲刷掏空

b) 露筋锈蚀

图19-1　桥梁水下结构病害示意图

在性能提升方面,传统观念认为:桥梁水下墩柱设计一般偏于保守,安全度预留较大,因此,传统水下墩柱加固目标主要为提升结构耐久性,并在一定程度上恢复结构承载力。例如,普遍使用的增大截面加固法(图19-3),其对墩柱的刚度、承载力有一定程度的提升,但在提高结构延性、耗能能力方面所起的作用较小,甚至可能造成一定程度的削弱[3-4]。当今,随着水下墩柱耦合损伤的持续加重以及冲刷、地震等灾害影响的逐步加深,对水下墩柱的性能提升需求也逐步提高:在提高水下墩柱耐久性的基础上,综合提升其整体抗震性能已成为桥梁水下墩柱加固的主要目标。

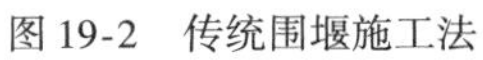

图19-2　传统围堰施工法

图19-3　增大截面加固法

针对传统水下加固技术在施工与性能提升方面的不足,本章基于"免排水"加固思路,自主研发了一种采用预制混凝土管片加固桥梁水下墩柱新技术;对加固实施方法进行了概念介绍与施工设计,解决了多项关键技术难题;基于室内试验研究与数值分析,揭示了预制混凝土管片加固混凝土墩柱的抗震性能及其影响规律;提出了预制混凝土管片加固水下墩柱的设计方法,并介绍了相关试点应用研究。

19.2 预制混凝土管片加固水下墩柱技术特点

19.2.1 预制混凝土管片“免排水”加固流程

水下墩柱不排水加固主要运用水下不分散胶凝材料实现,目前这方面的研究已日趋成熟,相关应用也见报道[5]。另外,既有不排水加固通常需要潜水员水下辅助施工,然而目前国内工程潜水员数量十分有限,本身水下工程潜水的难度和危险性都很大,且施工环境较差,施工质量很难保证,因此,采用预制混凝土管片装配技术将大部分水下施工转换为水上施工,可大大节约人力成本,提高施工效率和施工质量。具体施工流程和关键工艺如图 19-4 与图 19-5 所示。

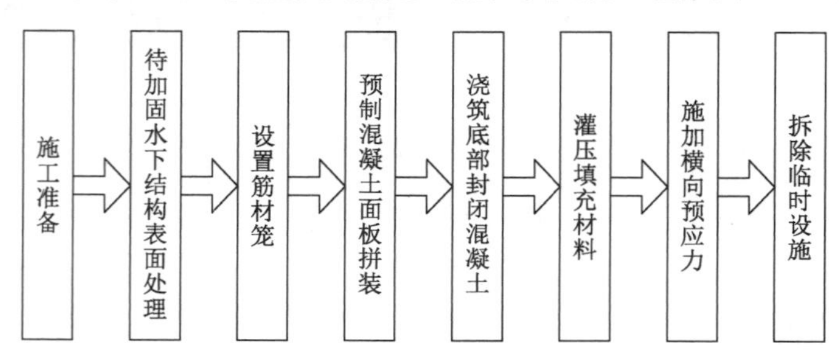

图 19-4 预制混凝土管片加固施工流程图

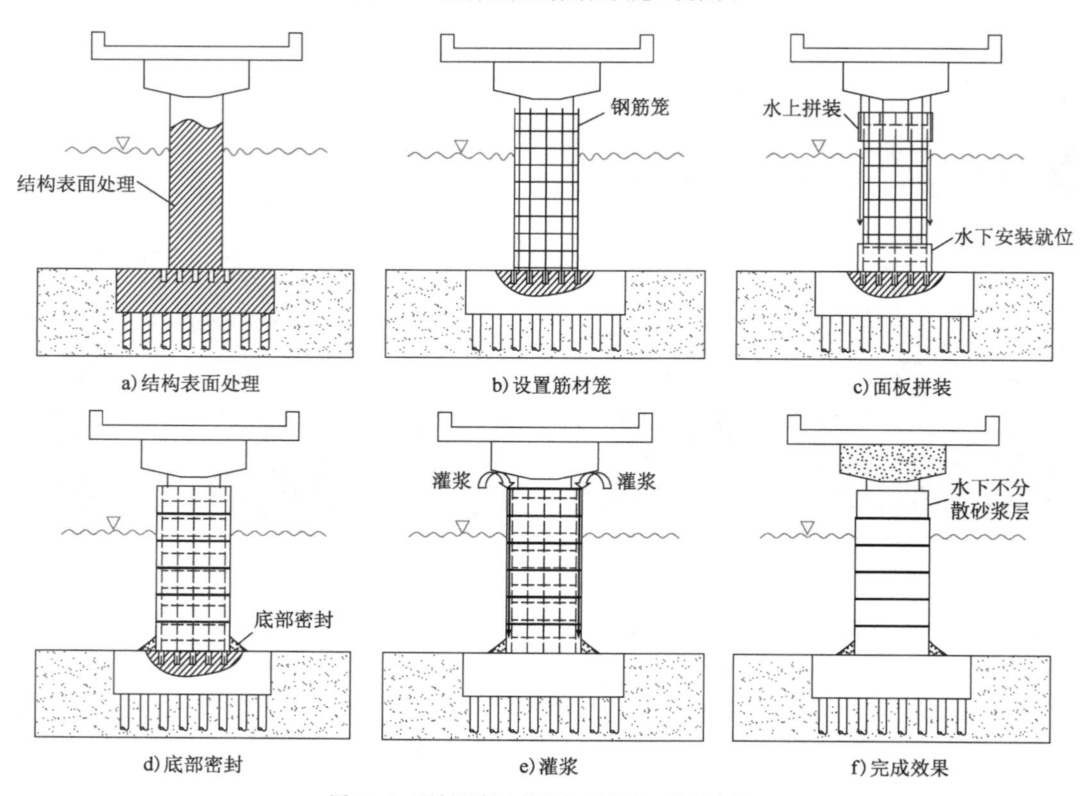

图 19-5 预制混凝土管片加固关键工艺示意图

①准备工作。为了防止加固过程对周围水域造成污染,在施工区域设置污染预防膜,并搭设水上施工工作平台等临时性设施。

②结构表面处理。采用高速喷水枪等除去待加固结构表面附着物及松散混凝土等,如图19-5a)所示。

③设置筋材笼。根据加固目标的需要,在待加固结构的表面设置筋材笼,如图19-5b)所示。

④面板拼装。将工厂预制的混凝土面板在现场围绕待加固结构进行水上拼装后在水下安装就位,如图19-5c)所示。

⑤底部密封。在拼装后的面板底部采用水下不分散混凝土或水下不分散砂浆封闭,如图19-5d)所示。

⑥灌浆。向拼装完成后的面板和待加固结构之间的空隙内灌压水下固化环氧树脂、水下不分散砂浆或水下不分散混凝土等材料,如图19-5e)所示。

⑦张拉预应力。根据加固目标的要求决定是否需要张拉横向预应力,如果需要,则应在灌浆材料达到预定的强度后张拉预应力筋。

⑧拆除临时设施。拆除水上施工工作平台等设施,去除污染预防膜等,加固完成效果如图19-5f)所示。

19.2.2 预制混凝土管片环向约束体系

1)预制混凝土管片的研发

由于预制混凝土管片需要在施工条件较差的施工现场安装与就位,因此其设计主要考虑轻量化与易拼装。预制混凝土管片的研制借鉴了盾构隧道管片的生产方法,设计并制作了一套预制混凝土管片模具,如图19-6a)所示。预制混凝土管片的生产方法也仿照盾构隧道管片,具体流程如下:钢丝网下料[图19-6b)]浇筑混凝土及表面处理[图19-6c)]、养护[图19-6d)]。预制混凝土管片内部构造配置上、下两层网孔为25mm×25mm、丝径为1.5mm的钢丝网片。预制混凝土管片加固混凝土圆柱时,自柱底往上由若干个拼接环构成,每个拼接环由三片标准片和一片调节片组成,上、下两个拼接环采取错缝拼接,每层管片的上、下两侧都设计有定位孔,拼接时可采用销钉固定上、下两个拼接环的相对位置。

2)管片损伤控制

在加固柱受地震作用过程中,随着加固柱水平位移的增大,相邻的上下层预制混凝土管片易形成碰撞挤压,造成管片本身的破坏,并进一步造成外围钢丝绳的失效以及构件整体耐久性的削弱,因此需要对预制混凝土管片的震后损伤进行合理控制。具体做法是在相邻的管片环之间做弹性分隔处理,选用发泡橡胶垫[图19-7a)]作为管片之间的弹性分隔[图19-7b)]。发泡橡胶垫弹性好、不吸水,且具备较好的耐腐蚀性,在用作分隔材料的同时兼具止水条的作用。

a）整套混凝土管片模具

b）模具进行凹凸面处理后

c）浇筑混凝土及表面处理

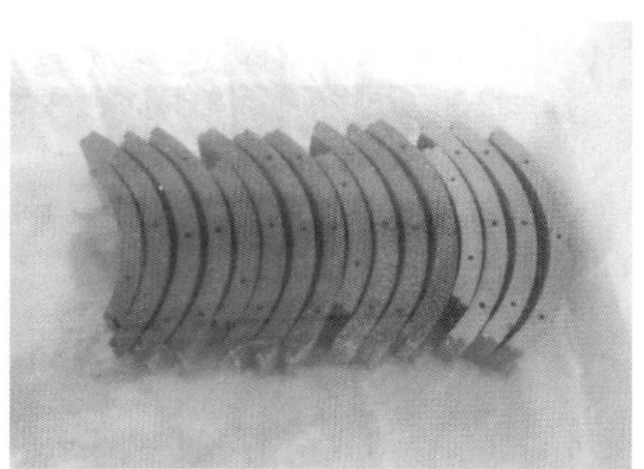

d）养护

图 19-6　预制混凝土管片制作流程

a）发泡橡胶垫

b）弹性分隔构造

图 19-7　弹性分隔工艺图

3)环向预应力设计

基于水下灌注施工的要求,需对外层侧向约束施加预应力,以抵消灌缝混凝土与水的压强差,同时,采用环向预应力约束提供主动约束力,可以有效抑制墩柱斜裂缝的发生和发展[6-8]。本书课题组团队自主研发了一套新型预应力张拉体系,如图19-8a)所示,其主要由锚板和带有锚头的钢丝绳组成。锚板按照预制混凝土管片高度要求设计为多片形式,每片锚板两端对应钢丝绳布置位置设计有槽口,用以固定钢丝绳锚头,锚板中部设计为一弧形板以贴合实际结构形状,并满足锚头段嵌入需求,以方便张拉后封胶保护。张拉前,先采用粘钢胶将锚板粘贴于管片之上,如图19-8b)所示;张拉时,采用手拉葫芦连接两端锚头张拉至设计位置后嵌入锚板中,如图19-8c)所示;张拉后,可按需对锚板整体做封胶处理,以增强张拉体系的稳定性与耐久性。

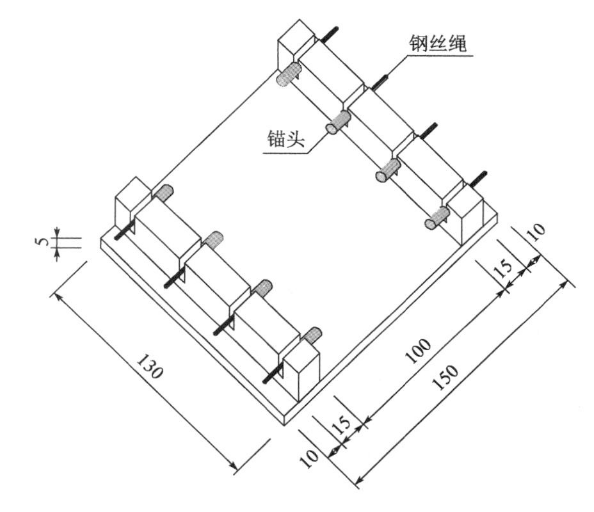

a)新型预应力张拉体系示意图(尺寸单位:mm)

b)粘贴锚具

c)张拉完成情况

图19-8　锚具设计及张拉示意图

19.3 预制混凝土管片加固对墩柱轴压性能的影响

为了解预制混凝土管片加固混凝土墩柱的轴压性能,本节对预制混凝土管片加固水下混凝土圆柱的轴压性能进行了试验研究。重点考察了素混凝土试件、预制混凝土管片加固试件,以及预制混凝土管片与 BFRP 网格加固试件的轴压破坏机理,并对预制混凝土管片提升混凝土圆柱轴压性能的效果和关键参数进行对比验证和分析。

19.3.1 试验设计

试件采用1/4 缩尺构件,设计了9 个直径为300mm、高度为600mm 的混凝土圆柱。将9个试件分为3 组,分别为素混凝土试件、预制混凝土管片加固试件、预制混凝土管片与 BFRP 网格加固试件。在室内模拟管片拼装围模加固(图 19-9),加固后试件的直径均为 420mm。试验设计的预制混凝土管片壁厚 25mm,单片高度为 140mm,其制备混凝土 28d 抗压强度为 44MPa,弹性模量为 37GPa。试验在 1000t 压力试验机上进行,按轴向速度为 50t/min 持续加载直至试件完全破坏。

图 19-9 室内模拟管片拼装围模加固

19.3.2 失效模式

1)素混凝土试件

素混凝土试件为纵向或斜向裂缝破坏控制,如图 19-10a)所示,表现出典型的脆性破坏特征。

2)管片与网格加固试件

管片加固试件的典型破坏情况与荷载-位移曲线如图 19-10b) ~ d)所示。管片加固试件纵向裂缝均发生在管片环缝交接处[图 19-10b)],其主要原因是预制混凝土管片环向拼装过程中管片之间只靠钢丝绳固定相对位置,管片本身不连接,因此形成了类似的薄弱区域。此外,裂缝处还可观察到内部网格断裂以及网格与混凝土界面开裂现象[图 19-10c)]。管片与网格加固试件在峰值荷载之后,荷载-位移曲线下降较为平缓[图 19-10d)],且未呈现明显的阶梯状下降,其原因是内部 BFRP 网格在外部钢丝绳断裂后,快速协调了试件的环向变形,承担了更大荷载,使得竖向荷载不会突然下降,展现出较好的延性。

a) 素混凝土试件破坏图

b) 加固试件整体破坏图

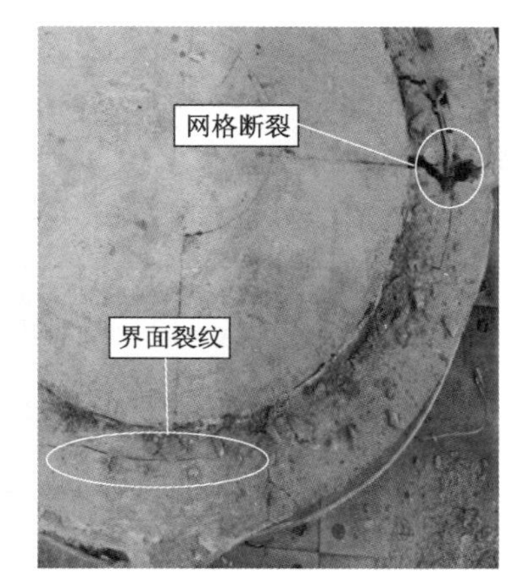

c) 加固试件局部破坏图

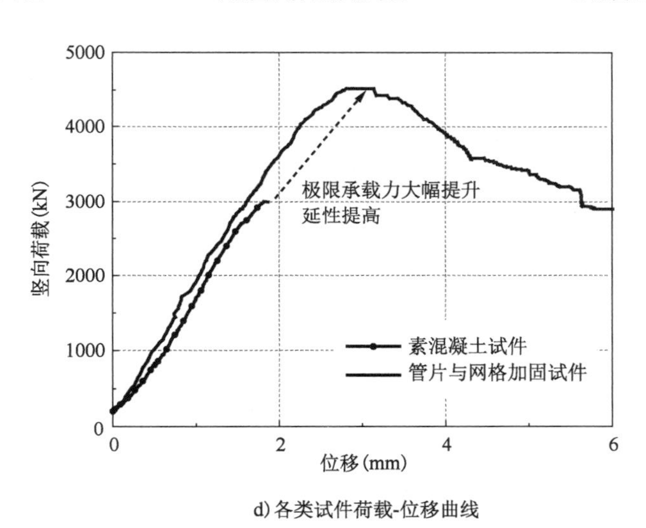

d) 各类试件荷载-位移曲线

图 19-10　素混凝土试件、管片与网格加固试件破坏模式图及荷载-位移曲线

19.3.3　初始刚度

试件测试结果见表 19-1，其中初始刚度为位移等于 1mm 时各试件的荷载值；峰值荷载与峰值位移分别为荷载最大值点及其对应位移；峰值应变为峰值位移与试件高度的比值。

管片加固试件的初始刚度较素混凝土试件提高了 37%，其主要是因为加固试件横截面面积增大；而管片与网格加固试件的初始刚度较素混凝土试件提高了 36%，与管片加固试件初始刚度基本相同，说明 BFRP 网格约束方式不影响混凝土受压初始刚度，其主要原因是 BFRP 网格的弹性模量较小（80GPa），而且受力存在一定的滞后性，在混凝土受压前期发挥的约束作用有限，这也印证了以往 BFRP 布、素纱等约束方式不影响混凝土受压初始刚度的相关研究结论[9]。

各类试件轴向受压力学性能平均值统计表　　表 19-1

试件类型	初始刚度(kN/mm)	峰值荷载(kN)	峰值位移(mm)	峰值应变	α_{EA}	β_{FP}	$\gamma_{\varepsilon p}$
素混凝土试件	1649	2813	1.870	0.0031	—	—	—
管片加固试件	2267	3594	2.154	0.0036	37%	28%	16%
管片与网格加固试件	2246	4582	2.683	0.0045	36%	63%	45%

注：α_{EA}为加固试件的初始刚度较素混凝土试件的提高率；β_{FP}为加固试件的峰值荷载较素混凝土试件的提高率；$\gamma_{\varepsilon p}$为加固试件的峰值应变较素混凝土试件的提高率。

19.3.4　峰值荷载与峰值应变

管片加固试件的峰值荷载与峰值应变较素混凝土试件分别提高了28%与16%，其主要原因是钢丝绳的环向约束作用提高了内部核心混凝土的强度与受压极限应变。管片与网格加固试件的峰值荷载较管片加固试件提高了27%，其主要得益于增加的BFRP网格的约束作用；而管片与网格加固试件的峰值应变较素混凝土试件提高了45%，相比于管片加固试件还提高了25%，这主要是由于钢丝绳与BFRP网格复合加固时，BFRP网格"储备了"较大的极限应变，当外部钢丝绳由于预张拉在受力过程中提前断裂后，BFRP网格的极限应变得以进一步发挥，使得荷载进一步提高。

此外，试验现象还表明BFRP网格与混凝土界面可能发生环向开裂，网格在受力过程中具备一定的变形协调能力，有助于其极限应变得到充分发挥。

综上所述，采用预制混凝土管片加固混凝土墩柱可大幅提高其竖向承载力与延性，并改善其轴向受压脆性破坏特征，达到提升混凝土墩柱轴压性能的目的。

19.4　预制混凝土管片加固对墩柱低周往复性能的影响

为了解预制混凝土管片加固混凝土墩柱的抗震性能，本节对预制混凝土管片加固水下混凝土圆柱的低周往复性能进行试验研究。重点考察了采用预制混凝土管片加固对混凝土墩柱滞回性能、屈服后刚度、水平承载力、延性，以及耗能能力等整体抗震性能的影响及其作用规律等。

19.4.1　试验设计

试验首先设计制作了4个相同的混凝土圆柱，即未加固柱，高度为1275mm，直径为300mm，长径比为4.25。纵筋采用10根直径为10mm的HRB400钢筋，箍筋采用直径为6mm的HRB400螺旋箍筋，箍筋间距为50mm。柱身混凝土抗压强度为25.1MPa，弹性模量为24.9GPa，混凝土保护层厚度为20mm。之后对其中的3个圆柱分别采用管片与（纵向）BFRP筋、管片与低配筋率BFRP筋，以及管片与CFRP筋进行加固，加固示意图如图19-11所示。试验采用竖向恒载（轴压比为15%）+水平往复荷载加载。试件参数见表19-2，其中，ρ_{orl}表示未加固柱的纵向配筋率；ρ_{eqfl}与ρ_{eqft}分别表示加固筋材增加的等效纵向与环向配筋率；ρ_{eql}表示加固后加固段的等效纵向配筋率。

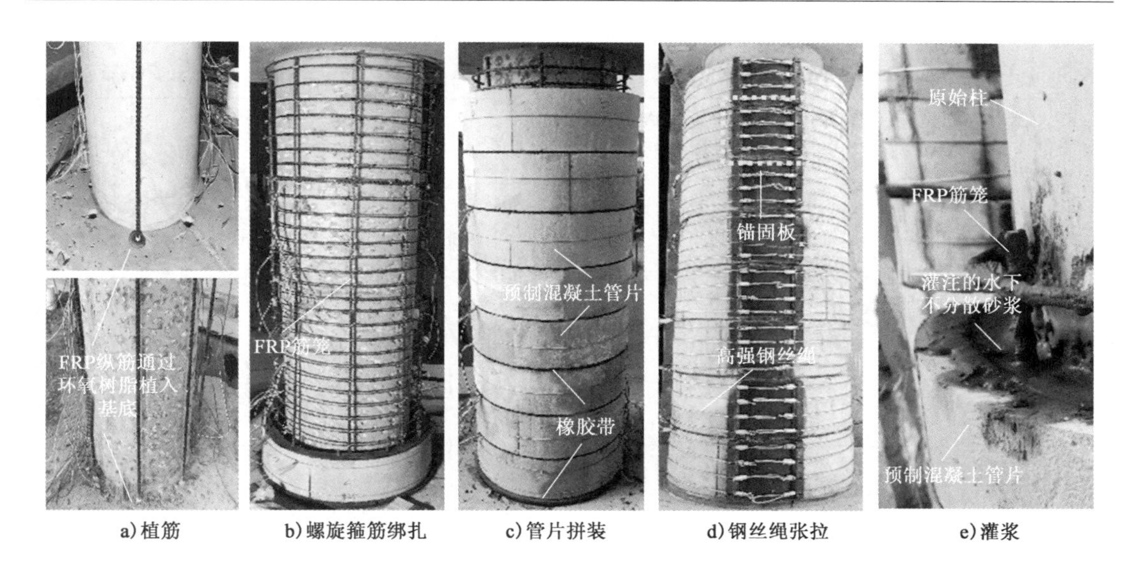

a)植筋　b)螺旋箍筋绑扎　c)管片拼装　d)钢丝绳张拉　e)灌浆

图19-11　加固示意图

试件主要参数表　　表19-2

试件	ρ_{orl} (%)	加固高度 (mm)	加固筋材			ρ_{eql} (%)
			种类	FRP筋/ ρ_{eqfl}(%)	FRP箍筋/ ρ_{eqft}(%)	
未加固柱	1.1	—	—	—	—	—
管片与BFRP筋加固柱	1.1	1172.5	BFRP	8ϕ7.8 / 1.1	ϕ5.9@50 / 2.0	1.8
管片与低配筋率BFRP筋加固柱	1.1	1172.5	BFRP	8ϕ5.9 / 0.6	ϕ5.9@50 / 2.0	1.4
管片与CFRP筋加固柱	1.1	1172.5	CFRP	8ϕ6 / 1.2	ϕ4@40 / 2.1	1.9

19.4.2　滞回性能与失效模式

各试件荷载-位移滞回曲线(*F-D*曲线)如图19-12所示。荷载-位移滞回曲线的主要特征值详见表19-3,其中,F_{cr}、F_{fy}、F_{sy}、F_{y}、F_{p}、F_{u}分别表示开裂荷载、FRP筋名义屈服点荷载、钢筋屈服点荷载、柱屈服点荷载、最大荷载和极限荷载,Δ_{cr}、Δ_{fy}、Δ_{sy}、Δ_{y}、Δ_{p}、Δ_{u}分别为对应的位移。开裂荷载与对应位移的取值为屈服前的*F-D*曲线转折点的荷载与位移值;FRP筋名义屈服点荷载与对应位移的取值为外部FRP纵筋应变达到内部钢筋屈服应变时*F-D*曲线的荷载与位移值;柱屈服点荷载与对应位移的取值为*F-D*曲线进入屈服平台转折点的荷载与位移值,具体可通过作图法得到[10];极限荷载与对应位移的取值为最大荷载下降到85%时对应的荷载与位移值。

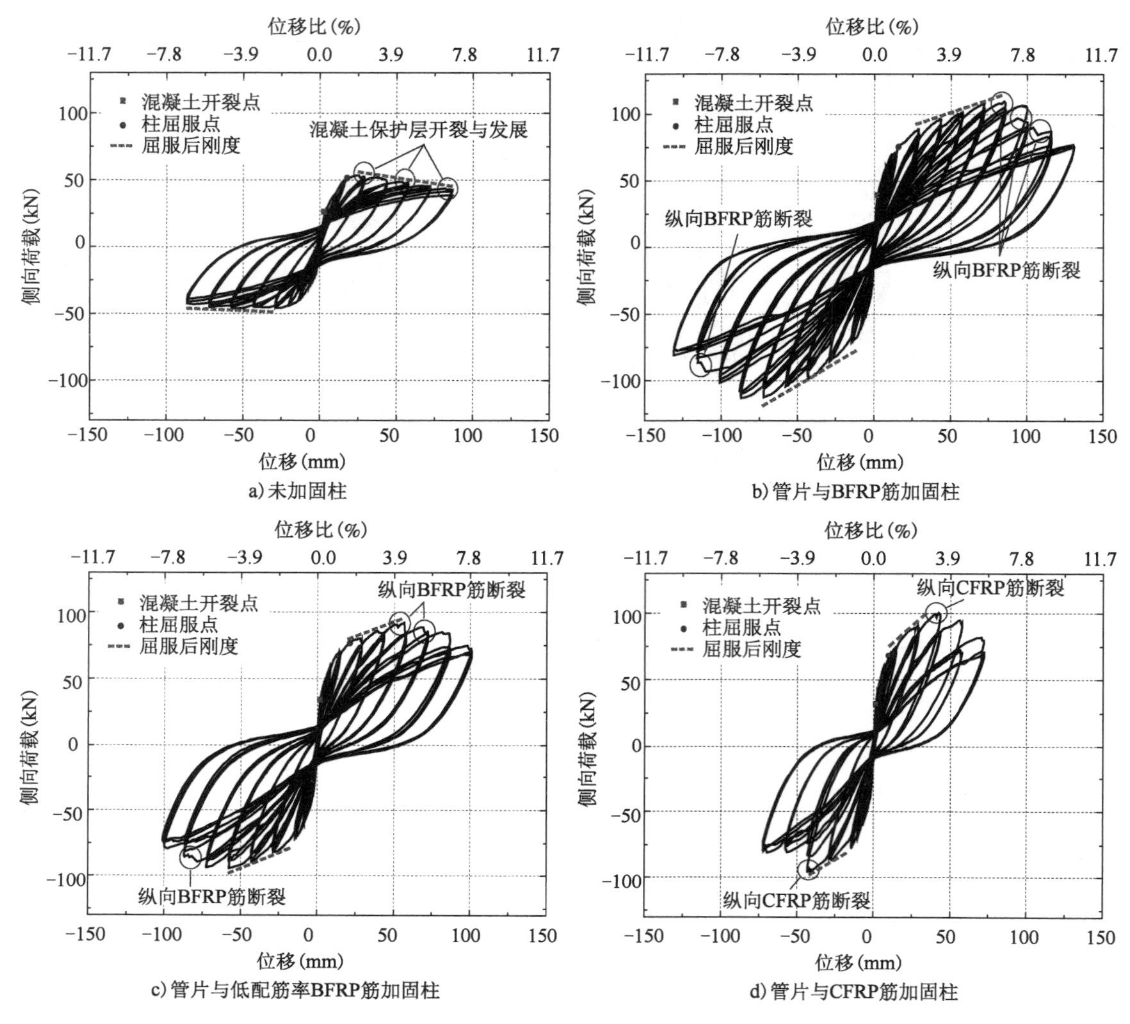

图 19-12 各试件荷载-位移滞回曲线

各试件荷载-位移滞回曲线主要特征值统计表 表 19-3

试件	F_{cr} (kN)	Δ_{cr} (mm)	F_{fy} (kN)	Δ_{fy} (mm)	F_{sy} (kN)	Δ_{sy} (mm)
未加固柱	22.05	2.6	—	—	38.9	9.6
管片与 BFRP 筋加固柱	36.40	1.8	51.10	4.9	57.4	6.5
管片与低配筋率 BFRP 筋加固柱	34.65	1.9	47.60	4.6	60.2	8.7
管片与 CFRP 筋加固柱	31.15	1.4	52.50	4.6	67.2	9.8
试件	F_y (kN)	Δ_y (mm)	F_p (kN)	Δ_p (mm)	F_u (kN)	Δ_u (mm)
未加固柱	48.30	14.4	53.55	24.6	45.52	71.8
管片与 BFRP 筋加固柱	75.25	15.4	109.90	86.4	93.42	110.2
管片与低配筋率 BFRP 筋加固柱	73.50	17.9	92.05	56.6	78.24	93.6
管片与 CFRP 筋加固柱	72.10	12.4	100.45	42.2	85.38	66.6

1)未加固柱

未加固柱表现为典型弯曲破坏,破坏模式为塑性铰区保护层混凝土压溃与纵筋压弯屈曲[图19-13a)]。滞回曲线自屈服点后即呈现出下降趋势;滞回曲线较为饱满,显示出良好的耗能能力。

2)加固柱

所有加固柱滞回现象基本类似,下面以管片与BFRP筋加固柱为例进行介绍:各柱屈服后,随着位移逐渐增大,底层管片与柱台之间的间隙逐步增大;在荷载接近最大荷载时,纤维筋逐渐断裂,*F-D*曲线开始下降;随着位移进一步增大,底层管片与柱台接缝处混凝土逐渐破碎[图19-13b)],荷载最终下降至极限荷载,柱破坏。各柱的变形都集中在柱底塑性铰区,破坏模式均为纵向纤维筋断裂。

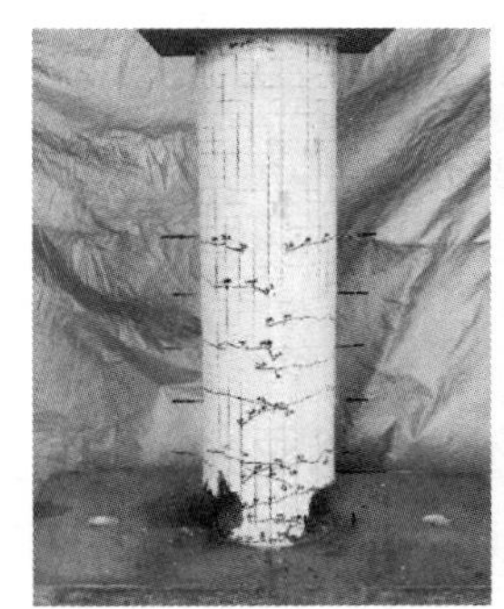

a)未加固柱破坏图

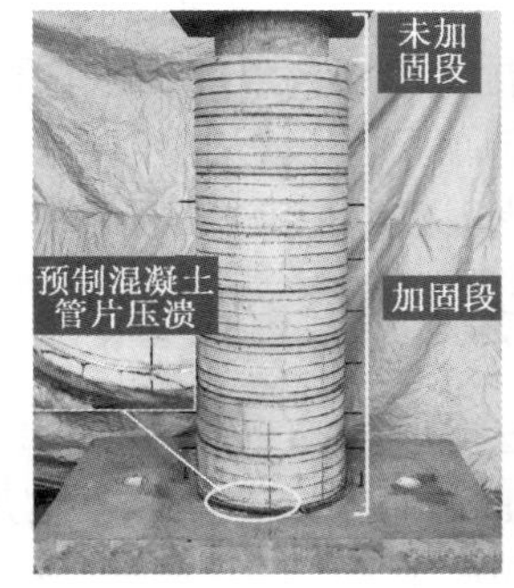

b)预制混凝土管片加固柱破坏图

图19-13　未加固柱和加固柱的破坏图

各加固柱的滞回曲线在屈服点之后,均出现稳定的屈服后刚度阶段[图19-12b)~d)],但相比于管片与BFRP筋加固柱,管片与低配筋率BFRP筋加固柱和管片与CFRP筋加固柱分别在减小了BFRP筋配筋率和使用了极限应变较小的CFRP筋后,屈服后刚度阶段明显缩短,反映出加固纵筋配筋率与加固筋材极限应变对加固柱的承载力与延性有着较大影响。

19.4.3　刚度与承载力

预制混凝土管片加固增大了原有墩柱截面,导致加固柱初始抗侧刚度较未加固柱明显提高。此外,后加纵向弹性FRP筋材与原始纵筋组合受力,使得加固柱在屈服后表现出独特的屈服后刚度特性(图19-12)。试验中所有加固柱的屈服后刚度比都接近或大于界限值5%[11],可以保证混凝土柱在地震作用下的抗震稳定性,达到减小构件在地震作用后的残余位移、提升可修复性的目的。屈服后刚度及屈服后刚度比受加固筋材种类影响较大。采用弹性模量较大的CFRP筋加固的试件,由于在柱屈服后CFRP筋承担了更大的荷载,加固柱屈服后刚度及屈服后刚度比相对较大,这一点在以往研究中已证实[12]。

加固柱由于截面面积增大、配筋率提高,其承载力较未加固柱大幅提高(表19-3)。水平承载力随着BFRP筋配筋率的减小而减小,但对于配筋率稍大的管片与CFRP筋加固柱,其承载力却小于配筋率较小的管片与BFRP筋加固柱,其主要是由于两类试件的破坏都是由外部纤维筋的断裂控制，虽然 CFRP 筋的强度略大于 BFRP 筋，但其极限应变却小于 BFRP 筋，因此在 CFRP 筋断裂时，内部钢筋承担的承载力较小，导致整体试件的水平承载力较小。这说明当采用 FRP 纵筋增强时，使用极限应变更大的 FRP 筋有利于构件整体受力性能的发挥，对提高加固效率更为有益。

19.4.4 延性

加固后的构件位移延性都没有因为截面增大而降低，反而较未加固柱有了较大幅度的提高，这主要归功于内层的 FRP 螺旋箍筋与外层的高强钢丝绳提供的侧向约束作用。FRP 筋材的极限应变对加固构件的位移延性影响很大，试验发现虽然加固柱配筋率基本相同，但管片与 BFRP 筋加固柱的位移延性较管片与 CFRP 筋加固柱提高了 33.5%，可见采用极限应变越大的加固筋材对提高加固构件的位移延性越有利。需要注意的是，试验发现较细的 BFRP 筋易受到周围混凝土的干扰从而提前断裂，限制其位移延性，因此在加固工程中不推荐采用较细的 FRP 筋材。加固构件的极限位移也反映出与位移延性相同的规律，但采用极限应变较低的 CFRP 筋加固时，极限位移较未加固柱降低了 7%，体现出较差的延性，因此在加固工程中也不推荐使用极限应变较低的 FRP 筋材。

19.4.5 耗能能力

所有试件在加载过程中，每个滞回周期第一个滞回环的耗能如图 19-14 所示。随着位移比的增大，所有试件的总耗能基本呈线性增加，所有加固柱的耗能能力均高于未加固柱。在未加固柱达到极限位移比（5.63）时，加固构件耗能能力较未加固柱提高了 31.3% ~ 37.7%，采用管片与 CFRP 筋的加固柱由于前期 CFRP 筋对水平荷载的提升作用，其前期耗能能力略大于采用 BFRP 筋的加固柱，但由于其延性最差，耗能段相对较短。采用 BFRP 筋的加固柱，由于 BFRP 筋的低弹模与高延性的特性，耗能能力在位移比较大时得到了充分发挥，充分体现了低弹模、高延性增强筋材对混凝土构件耗能能力提升的积极作用。

所有试件的等效黏滞阻尼系数（即塑性耗能占总耗能的比例）随着位移比的增大而不断增大。当位移比较小时，FRP 筋材受力较小，柱耗散的总能量大部分由混凝土和砂浆开裂耗能提供，因此加固试件塑性耗能比例高于未加固柱；随着位移比的增大，FRP 筋材受力逐渐增大而使得弹性耗能比例不断增加，加固试件塑性耗能比例增长幅度明显较未加固柱放缓（筋材主导段的曲线近似斜率小于未加固柱），而且等效黏滞阻尼系数增长速度随着 FRP 筋配筋率的增大而减小；而当 FRP 纵筋断裂后，等效黏滞阻尼系数增长速度又明显加快，这也证明了 FRP 纵筋的弹性耗能在构件整体耗能中的主要贡献。

19.4.6 残余位移

所有试件的残余位移与位移比的关系如图 19-15 所示。由于构件残余位移是构件塑性损伤累积（即塑性耗能）的一种表现，因此残余位移随位移比的变化规律与等效黏滞阻尼系数随位移比的变化规律相似。当所有试件残余位移达到日本规范[13]定义的可修复限值（柱高的 1%）时，管片与 BFRP 筋加固柱的位移比较未加固柱提高了 54%，表明采用 BFRP 筋加固，可使加固构件具备更小的残余变形，实现更好的震后可修复性。

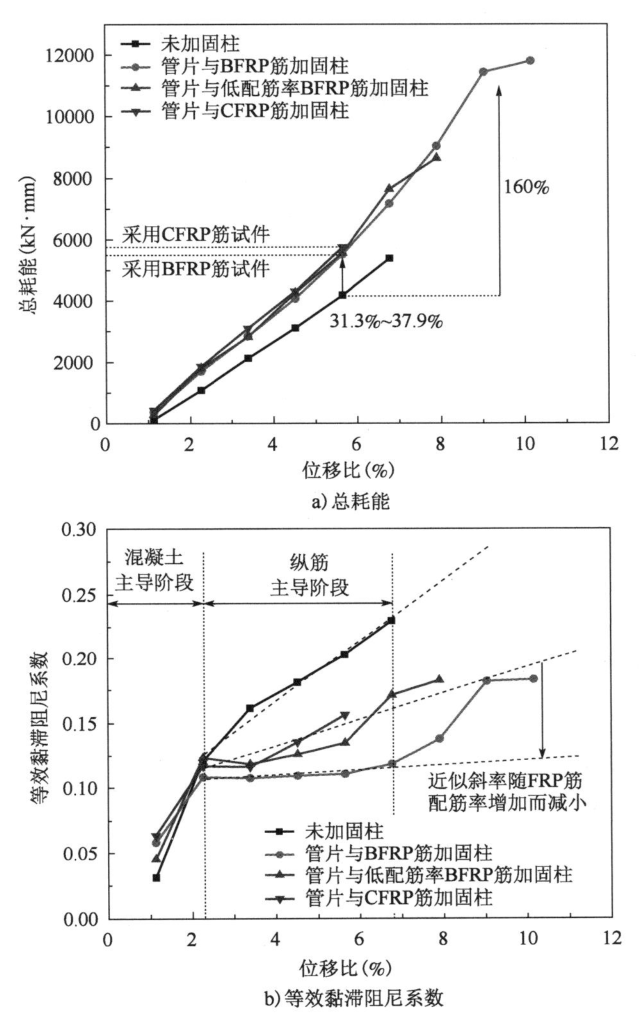

a) 总耗能

b) 等效黏滞阻尼系数

图 19-14　各试件耗能指标与位移比的关系图

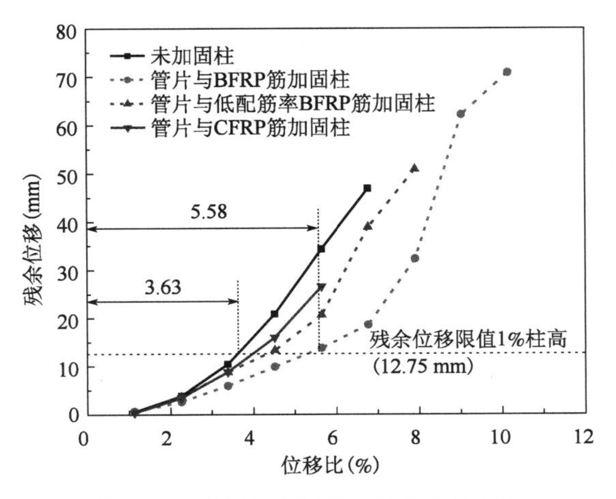

图 19-15　各试件残余位移与位移比的关系

19.5　不同设计参数对加固墩柱抗震性能的影响

由于试验研究可变化参数较少,为明确预制混凝土管片加固墩柱抗震性能随其他主要设计参数的影响,本节采用数值分析方法,对预制混凝土管片加固柱进行多参数设计工况下的推覆性能分析与评价。

19.5.1　数值分析模型

基于 OpenSees 纤维单元,采用分层模拟混凝土考虑不同约束混凝土本构关系作用,采用零长度单元模拟纵筋应变渗透效应,建立预制混凝土管片加固墩柱的有限元模型(图 19-16)。

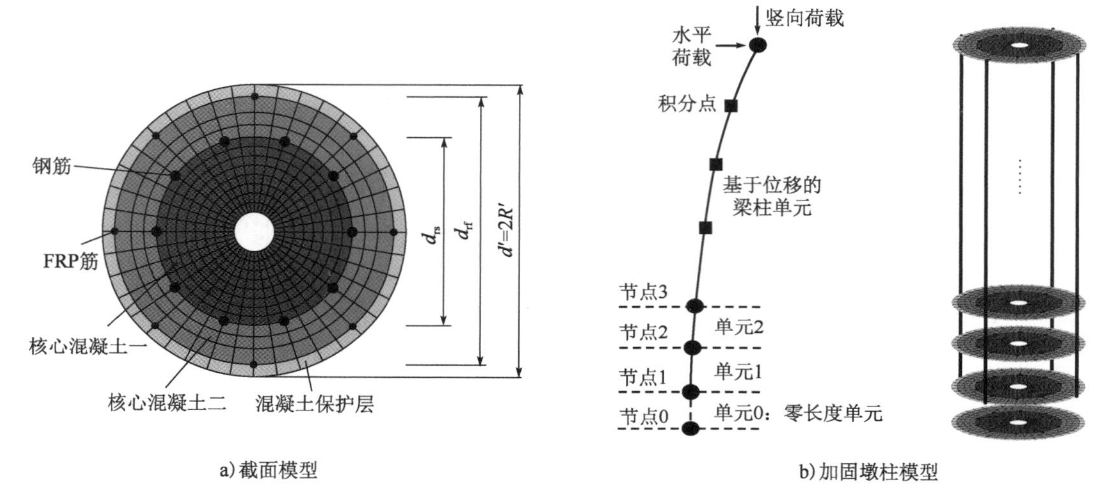

a)截面模型　　b)加固墩柱模型

图 19-16　数值分析模型图

采用数值分析模型对 19.4 节试验试件进行低周往复模拟分析,将所得荷载-位移曲线与试验曲线进行对比(图 19-17),可以看出,计算曲线与试验曲线基本吻合,计算曲线的屈服点、峰值点的荷载、位移与试验结果相差较小(12% 以内)。各试件位移正方向的卸载残余位移计算值与试验值的比较如图 19-18 所示,计算结果与试验结果的一致性也较好。这说明计算模型在破坏模式判别、承载力与残余位移预测等多方面都具有较高的准确性。

19.5.2　设计参数与取值

为研究多参数设计时加固柱的推覆性能,选取了 6 个主要设计参数:等效配筋率比(λ_{ρ}^{e})、截面增大率(κ_{s})、FRP 筋弹性模量(E_{f})、轴压比(n)、混凝土抗压强度(f'_{co}),以及剪跨比(λ)。每个参数在常用设计范围内选取若干个值,具体见表 19-4。需要注意的是,未加固柱剪跨比计算采用了加固前的柱高与截面直径,加固后,由于截面直径随截面增大率的增大而增大,因此加固柱的实际剪跨比(η)会随之缩小,后续分析均采用实际剪跨比。每个参数的特定值分别为等效配筋率比 0.11、截面增大率 1.4、FRP 筋弹性模量 50GPa、轴压比 0.10、混凝土抗压强度 25MPa,以及剪跨比 4.5。

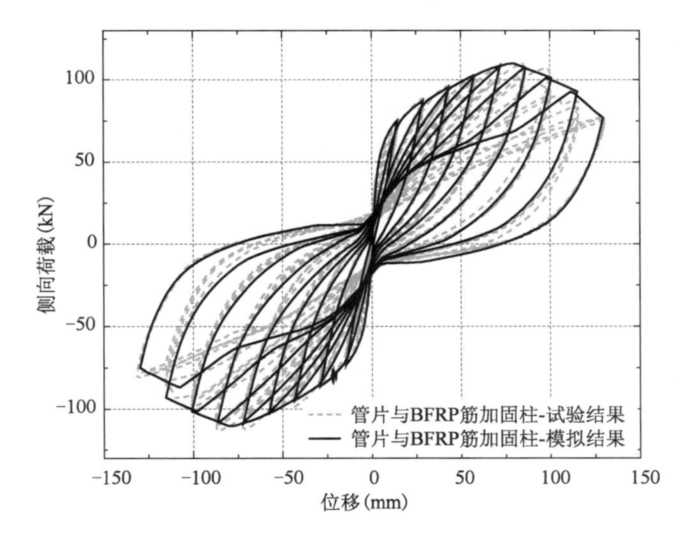

图 19-17　计算荷载-位移曲线与试验曲线对比

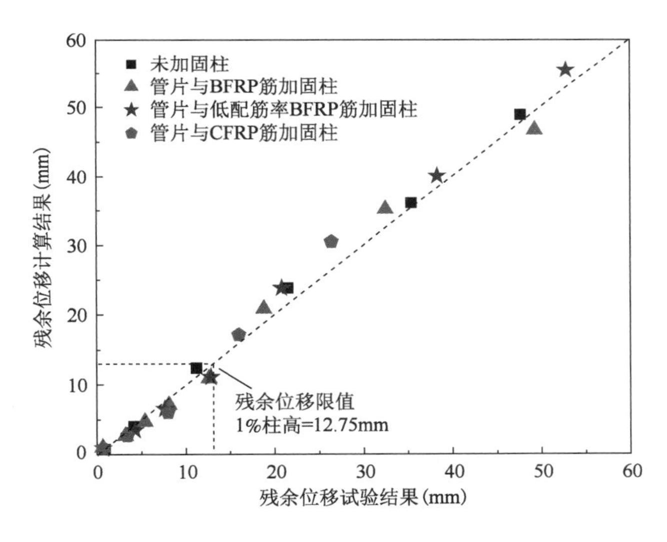

图 19-18　残余位移计算结果与试验结果对比

主要设计参数取值　　表 19-4

等效配筋率比 λ_ρ^e	截面增大率 κ_s	FRP 筋弹性模量 E_f(GPa)	轴压比 n	混凝土抗压强度 f'_{co}(MPa)	未加固柱剪跨比 λ
0.05	1.1	25	0.05	15	3.5
0.11	1.2	50	0.10	25	4.5
0.18	1.4	100	0.15	35	5.5
0.25	1.6	150	0.20		6.5
0.33		200			
0.43					

19.5.3 等效配筋率比的影响

不同等效配筋率比下的荷载-位移比曲线(即推覆曲线)如图19-19所示,由于设定的原始钢筋纵筋配筋率不变,等效配筋率实际等效于加固用FRP纵筋等效配筋率。随着FRP筋等效配筋率增大,初始刚度与屈服点位移比基本不变,而屈服后刚度与峰值点荷载及其位移比随之增大,这是由于在适量配筋时,配筋率增加会导致加固柱峰值荷载增大。这与常规混凝土柱配筋率对荷载-位移比关系的影响[14]类似。

19.5.4 截面增大率的影响

不同截面增大率下的推覆曲线如图19-20所示。由于截面尺寸对截面抗弯刚度影响很大,因此当截面增大时,柱初始刚度、屈服后刚度以及峰值点荷载都大幅度提升,而屈服点位移比减小。截面增大的同时会导致截面混凝土受压区面积增大,配筋率降低,此时截面破坏主要以FRP筋断裂控制,而截面增大时FRP筋布置也同时远离截面中和轴,因此加固柱峰值点位移比逐渐减小。

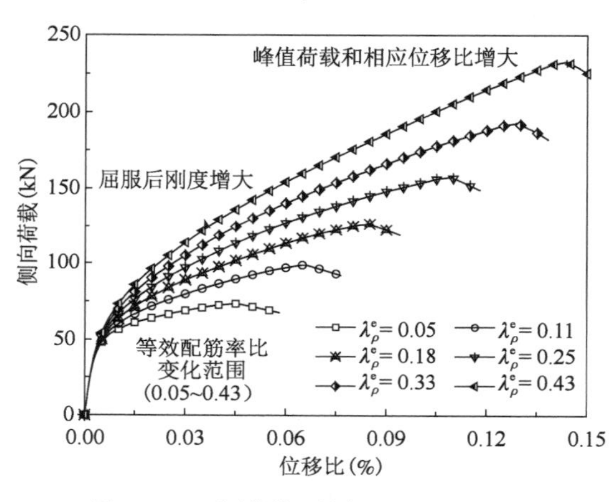

图19-19 不同等效配筋率比下的推覆曲线

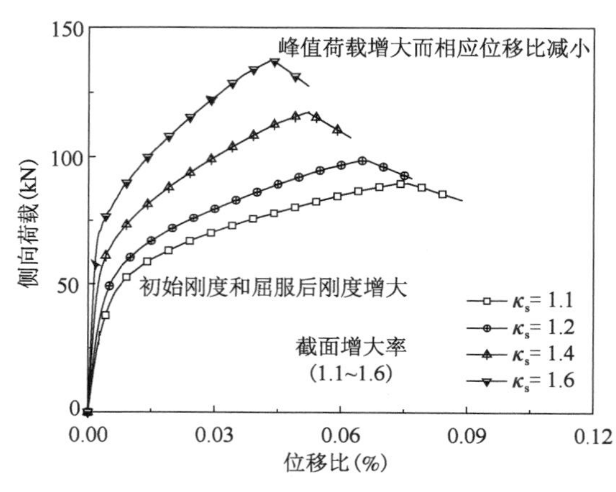

图19-20 不同截面增大率下的推覆曲线

19.5.5 FRP筋弹性模量的影响

不同FRP筋弹性模量下的推覆曲线如图19-21所示。采用不同FRP筋弹性模量的柱的初始刚度与峰值点荷载基本相同。随着FRP筋弹性模量增加,加固柱屈服后刚度逐渐增大,而峰值点位移比逐渐减小,这是由于加固柱屈服点主要受钢筋屈服点控制,钢筋屈服后加固柱刚度主要由FRP筋提供,因此FRP筋弹性模量越大,加固柱屈服刚度也就越大,而由于弹性模量较大的FRP筋极限应变一般较小,因此其加固柱的峰值点位移比也相应减小。

19.5.6 轴压比的影响

不同轴压比下的推覆曲线如图19-22所示。随着轴压比增加,峰值点荷载逐渐增大,这是由于轴压比增大时,截面最大受压区高度增大,混凝土柱抗弯能力提升;同时屈服点位移比也随着轴压比增大而增大,这是由于轴压比较大的加固柱受压初期混凝土受压承担的荷载较大,延缓了钢筋屈服的时间,因此截面屈服时的应变较大。对于桥梁墩柱构件,轴压比设计范围一般较小,其对加固柱性能的影响不显著。

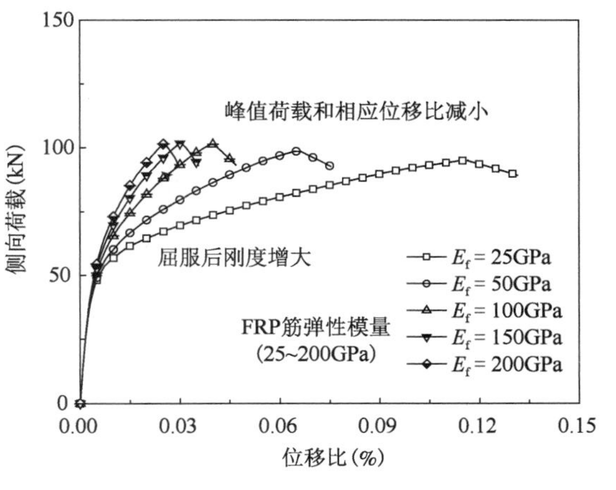

图 19-21　不同 FRP 筋弹性模量下的推覆曲线

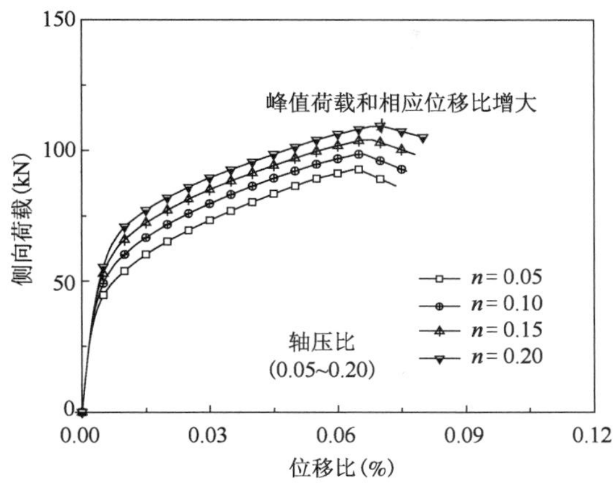

图 19-22　不同轴压比下的推覆曲线

19.5.7　混凝土抗压强度的影响

不同混凝土抗压强度下的推覆曲线如图 19-23 所示。由于此时截面破坏主要由混凝土受压破坏控制,因此随着混凝土抗压强度提升,截面峰值点荷载逐渐增大,而混凝土强度上升将导致其弹性模量升高,极限应变降低,屈服点和峰值点的位移比都相应减小。

19.5.8　剪跨比的影响

不同剪跨比下的推覆曲线如图 19-24 所示。由于变化墩柱剪跨比实质与变化墩柱截面增大率原理类似,两者推覆曲线的变化规律也基本相同,此处不再赘述。

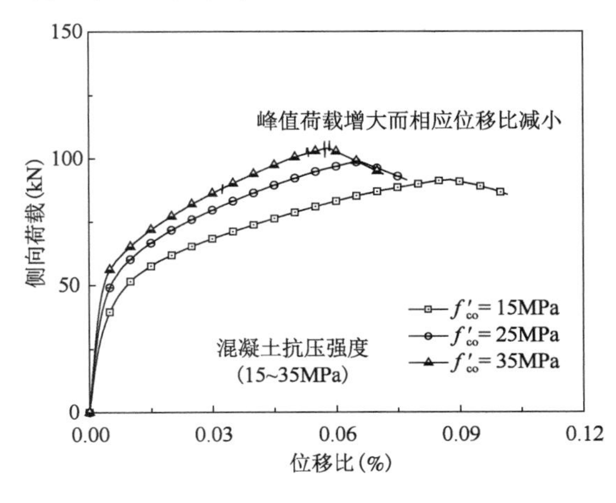

图 19-23　不同混凝土抗压强度下的推覆曲线

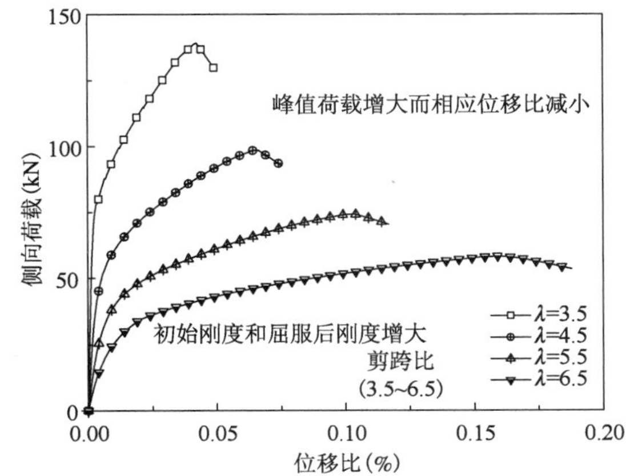

图 19-24　不同剪跨比下的推覆曲线

19.6 预制混凝土管片加固墩柱截面弯矩-曲率简化设计

截面弯矩-曲率关系是受弯构件分析与设计的基础,采用预制混凝土管片加固墩柱将对其截面抗弯性能产生较大影响。本节首先根据加固截面平衡方程,通过对圆形截面三角函数线性简化推导,提出了形式简单的加固混凝土圆柱截面理论峰值点弯矩与理论峰值点曲率计算公式;然后基于多参数截面受弯数值分析结果,对加固截面在多参数设计下的峰值点弯矩、峰值点曲率、屈服点弯矩、屈服点曲率的计算公式进行了拟合,提出了一系列经验计算公式;最后采用19.4节试验结果作为基准,对提出的理论计算公式、经验计算公式的精度进行了对比验证,为实现加固墩柱截面“双折线型”弯矩-曲率简化设计(图19-25)提供理论基础。

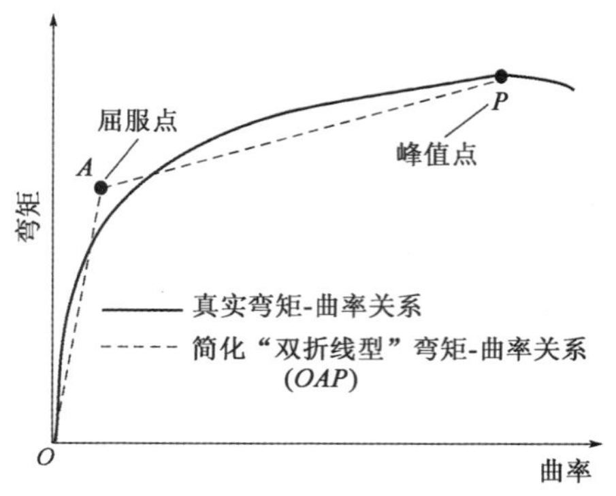

图19-25 “双折线型”弯矩-曲率简化设计示意图

19.6.1 理论计算公式

(1)基本假定

假定1:假设加固截面各层之间没有相对滑动,加固墩柱截面符合平截面假定。

假定2:预制混凝土管片加固墩柱截面分为两层,即原始柱与砂浆浇筑层,通过提高内部约束混凝土的受压应力考虑预制混凝土管片的约束作用。

(2)峰值点弯矩(M_{cu})理论计算公式

$$M_{cu} = \frac{EI_{eff}\varepsilon_{cu}}{R_f} \cdot \frac{2.25 + 2.36\lambda'_l}{3.07n + 0.36 + 2.36\lambda'_l} \tag{19-1}$$

式中:EI_{eff}——截面有效抗弯刚度;

λ'_l——纵筋配筋特征值,按公式(19-2)计算;

R_f——砂浆浇筑层外径;

ε_{cu}——混凝土极限压应变;

n——轴压比。

$$\lambda'_l = (d'_s - c)\frac{E_s\varepsilon_{cu}(\rho_s + \kappa\eta\rho_f)}{\kappa c f'_{co}} \tag{19-2}$$

式中:d'_s——截面受拉区最外侧FRP筋至受压区混凝土最外侧的距离;

c——截面最大受压区高度,对于给定的截面形式,可通过假设c值并代入公式(19-2)及公式(19-3)进行多次迭代后求出c;

ρ_s——纵向钢筋的配筋率;

ρ_f——FRP筋的配筋率;

κ——FRP筋与钢筋至截面中和轴距离之比,按公式(19-4)计算;

f'_{co}——混凝土初始压应力值;

η——FRP 筋弹性模量与钢筋弹性模量的比值，按公式(19-5)计算。

$$c = R_{\mathrm{f}} \cdot \frac{3.07n + 0.36 + 2.36\lambda'_l}{2.25 + 2.36\lambda'_l} \tag{19-3}$$

$$\kappa = \frac{d'_{\mathrm{s}} - c}{d'_{\mathrm{s}} - c - d_{\mathrm{sf}}} \tag{19-4}$$

式中：d_{sf}——截面上 FRP 筋与钢筋的间距。

$$\eta = \frac{E_{\mathrm{f}}}{E_{\mathrm{s}}} \tag{19-5}$$

式中：E_{f}——FRP 筋弹性模量；

E_{s}——钢筋弹性模量。

(3)峰值点曲率(ϕ_{cu})理论计算公式

$$\phi_{\mathrm{cu}} = \frac{\varepsilon_{\mathrm{cu}}}{R_{\mathrm{f}}} \cdot \frac{2.25 + 2.36\lambda'_l}{3.07n + 0.36 + 2.36\lambda'_l} \tag{19-6}$$

19.6.2　经验计算公式

基于数值分析研究结果，以各设计参数(见 19.5.2 节)为变量，分别对峰值点弯矩、峰值点曲率、屈服点弯矩、屈服点曲率进行拟合，可得到相应经验计算公式。

(1)峰值点弯矩经验计算公式

$$\frac{M_{\mathrm{cu}}}{E_{\mathrm{c}} \cdot \kappa_{\mathrm{s}} \cdot d} = -0.03\frac{f_{\mathrm{f}}}{E_{\mathrm{f}}} - 7.62\frac{f'_{\mathrm{co}}}{E_{\mathrm{c}}} + 0.04\lambda_{\rho}^{\mathrm{e}} + 0.017 \tag{19-7}$$

(2)峰值点曲率经验计算公式

$$\phi_{\mathrm{cu}} \cdot \kappa_{\mathrm{s}} \cdot d = 1.91\frac{f_{\mathrm{f}}}{E_{\mathrm{f}}} - 5.15\frac{f'_{\mathrm{co}}}{E_{\mathrm{c}}} + 0.01\lambda_{\rho}^{\mathrm{e}} + 0.008 \tag{19-8}$$

(3)屈服点弯矩(M_{y})经验计算公式

$$M_{\mathrm{y}} = 0.37M_{\mathrm{cu}} - 341\lambda_{\rho}^{\mathrm{e}} \cdot \frac{E_{\mathrm{c}}}{E_{\mathrm{f}}} - 120\frac{1}{\kappa_{\mathrm{s}}} \cdot \frac{E_{\mathrm{c}}}{E_{\mathrm{f}}} + 165\frac{E_{\mathrm{c}}}{E_{\mathrm{f}}} + 18 \tag{19-9}$$

(4)屈服点曲率(ϕ_{y})经验计算公式

$$\phi_{\mathrm{y}} = 0.04\phi_{\mathrm{cu}} - 0.1\frac{f_{\mathrm{f}}}{E_{\mathrm{f}}} - 6.83\frac{f'_{\mathrm{co}}}{E_{\mathrm{c}}} + 0.02\frac{1}{\kappa_{\mathrm{s}}} + 0.0015 \tag{19-10}$$

19.6.3　计算公式与试验结果的对比验证

为验证理论计算公式与经验计算公式的准确性，本节以 19.4 节中管片与 BFRP 筋加固柱(工况一)、管片与低配筋率 BFRP 筋加固柱(工况二)的两种截面工况为研究对象，采用经验计算公式计算了两种工况下的峰值点弯矩与峰值点曲率，并分别与峰值点弯矩试验结果以及峰值点曲率理论计算结果进行了对比分析，如表 19-5、表 19-6 所示。由于加固试验试件实际破坏模式均为纵向 FRP 筋断裂,理论计算时,混凝土极限压应变(ε_{cu})取为受拉区 FRP 筋达到极限拉应变(ε_{fu})时对应的受压区砂浆层外边缘压应变,具体计算如公式(19-11)所示。

$$\varepsilon_{cu}=\varepsilon_{fu}\frac{c}{d'_s-c} \tag{19-11}$$

峰值点弯矩经验计算取值及计算结果与试验结果对比　　表 19-5

工况	F_p (kN)	H' (m)	f_f (MPa)	f'_{co} (MPa)	E_f (GPa)	E_c (GPa)	λ_ρ^e	κ_s	d (m)	M_{cu_Test} (kN·m)	M_{cu_Model} (kN·m)	Err (M)
一	110	1.48	1382	25.1	63	24.9	0.148	1.42	0.3	163	154	5%
二	92	1.48	1382	25.1	63	24.9	0.085	1.42	0.3	136	128	6%

注:M_{cu_Test}代表试验峰值点弯矩;M_{cu_Model}代表模型预测峰值点弯矩;$Err(M)$代表模型预测值与试验结果的误差。

峰值点曲率经验计算取值及计算结果与理论计算结果对比　　表 19-6

工况	R_f (mm)	n	d'_s (mm)	d_{sf} (mm)	E_s (GPa)	E_c (GPa)	E_f (GPa)	ρ_s	ρ_f	κ	η	A_f (mm²)
一	170	0.16	355	50	210	24.9	63	0.0072	0.011	1.29	0.3	382
二	170	0.16	355	50	210	24.9	63	0.0072	0.006	1.28	0.3	218

工况	f'_{co} (MPa)	f_f (MPa)	ε_{cu}	ε_{fu}	λ_ρ^e	κ_s	d (m)	λ'_l	c (mm)	ϕ_{cu_The}	ϕ_{cu_Model}	$Err(\phi)$
一	25.1	1382	0.0129	0.022	0.148	1.42	0.3	1.64	131	0.098	0.109	11%
二	25.1	1382	0.0122	0.022	0.085	1.42	0.3	1.37	127	0.096	0.107	11%

注:ϕ_{cu_The}代表理论计算截面峰值点曲率;ϕ_{cu_Model}代表模型预测截面峰值点曲率;$Err(\phi)$代表模型预测值与理论计算值的误差。

经对比分析可知,经验计算峰值点弯矩与试验结果偏差较小,误差在 5% 左右;经验计算峰值点曲率与理论计算结果误差为 11%,也基本吻合。可见本节提出的理论计算公式与经验计算公式均能准确反映加固截面弯矩-曲率关系特征。

19.7 工程应用实例

本节主要介绍了采用预制混凝土管片加固江西某大桥水下受损桩基工程应用情况。受损水下桩基直径为 1.5m,桩基顶部位于水面以下 1.6m,经多年累积冲刷,原桩基露出河床高 2.7m,露出部分存在保护层混凝土大面积脱落、露筋锈蚀等严重病害,经前期方案比选,决定采用预制混凝土管片进行水下加固处理,以提高加固段桩基整体强度,延长结构使用寿命。具体方案如下:采用预制混凝土管片作为约束结构,内部增设 BFRP 网格筋增强,后浇筑水下不分散混凝土使预制混凝土管片与原桩基形成受力整体。

具体施工过程如下:

①水下桩基表面处理。由潜水员对桩基表面进行处理,清除结构表面的水生生物、淤泥等杂质。检查桩身表面外露钢筋情况,并对外露部分进行除锈处理。采用填埋方法,利用级配砂石对桩基底部周围河床进行整平。对桩基周围散落的影响施工的废弃物进行清理,形

成良好的水下作业环境。

②设置BFRP网格[图19-26a)]。按设计要求的尺寸对BFRP网格进行下料,设计网格围拢后的直径为1.72m,网格在圆周方向的搭接长度为1.0m;在纵向上相邻两片网格的搭接长度为25cm。

③预制混凝土管片拼装。在作业平台上拼装第一环管片[图19-26b)],对管片环施加环向预应力,通过手拉葫芦将第一环管片下沉一个管片高度,之后继续拼装下一环管片并下沉,直至完成所有预制混凝土管片拼装。并将内部BFRP网格与管片筒体固定为一整体。

④管片整体下沉与封底。采用多点起吊的方式[图19-26c)],将预制混凝土管片筒体整体下沉[图19-26d)],直至达到预定标高;检查管片拼装体是否倾斜,管片内表面与待加固桩基间距是否符合设计规定等。并对管片底部采用袋装碎石进行初步封底。

⑤浇筑水下不分散混凝土。在预制混凝土管片筒体内部浇筑水下不分散混凝土,第一次浇筑至第一环管片顶部位置,观察管片筒体底部与管片接缝处有无漏浆;待24h后继续浇筑以上部分,直至水下不分散混凝土达到筒体顶部。

⑥拆除临时施工平台设施等。

a)围拢后的BFRP网格

b)第一环预制混凝土管片拼装完成

c)四点起吊

d)整体下沉

图19-26　试点工程施工流程

19.8 本章小结

本章基于水下墩柱“免排水”加固理念，提出了一种采用预制混凝土管片加固水下墩柱新技术，介绍了预制混凝土管片加固流程与预制混凝土管片环向约束体系等关键工艺，并对其加固混凝土墩柱的轴压与抗震性能进行了试验研究与理论分析，所得结论如下：

①验证了预制混凝土管片加固桥梁水下墩柱的可行性，提出了预制混凝土管片加固墩柱轴压性能与低周往复损伤机理及其关键影响因素。

②总结了包括等效配筋率比、截面增大率、BFRP筋弹性模量、轴压比、混凝土抗压强度、剪跨比等关键设计参数对加固墩柱抗震性能的综合影响。

③提出了预制混凝土管片加固墩柱截面弯矩-曲率“双折线型”简化设计方法，建立了一系列简化理论计算公式与经验计算公式，并通过与试验结果对比，验证了计算公式的可靠性。

④介绍了采用预制混凝土管片加固受损水下墩柱的典型工程应用，简述了试点工程的施工流程。

本章参考文献

[1] Kattell J, Eriksson M. Bridge scour evaluation: screening[J]. Analysis & Countermeasures, 1998:9877.

[2] Lagasse P F, Clopper P E, Zevenbergen L W, et al. NCHRP report 593: Countermeasures to protect bridge piers from scour [M]. Washington D. C.: Transportation Research Board, 2007.

[3] Priestley M N, Seible F, Calvi G M. Seismic design and retrofit of bridges [M]. John Wiley & Sons, 1996.

[4] Vandoros K G, Dritsos S E. Concrete jacket construction detail effectiveness when strengthening RC columns [J]. Construction and Building Materials, 2008, 22(3): 264-276.

[5] 姚红兵，蒋劲松，黄麟. 庙子坪岷江大桥震害与修复加固 [J]. 西南公路, 2008(4): 36-40.

[6] 曾建宇，郭子雄. 预应力钢板箍约束 RC 柱轴压性能数值模拟及试验验证[J]. 工程力学, 2013, 30(2): 203-210.

[7] 周长东，田腾，吕西林，等. 预应力碳纤维条带加固混凝土圆形墩柱恢复力模型试验研究 [J]. 工程力学, 2013, 30(2): 125-134.

[8] 俞楠，王银辉，孙福英，等. 环向预应力钢绞线（CPSS）约束混凝土柱轴压性能数值模拟 [J]. 工程抗震与加固改造, 2018, 40(1): 34-39.

[9] Fahmy M F, Wu Z. Evaluating and proposing models of circular concrete columns confined with different FRP composites [J]. Composites Part B: Engineering, 2010, 41 (3): 199-213.

[10] Sun Z, Yang Y, Qin W, et al. Experimental study on flexural behavior of concrete beams

reinforced by steel-fiber reinforced polymer composite bars [J]. Journal of Reinforced Plastics and Composites,2012,31(24): 1737-1745.

[11] Kawashima K,Macrae G A,Hoshikuma J-I,et al. Residual displacement response spectrum [J]. Journal Structural Engineering,1998,124(5): 523-530.

[12] Sun Z Y,Wu G,Wu Z S,et al. Seismic behavior of concrete columns reinforced by steel-FRP composite bars [J]. Journal of Composites for Construction,2011,15(5): 696-706.

[13] Gakkal D,Engineers J S O C. Earthquake resistant design Codes in Japan: January,2000 [M]. Japan Society of Civil Engineers,2000.

[14] Priestley M. Performance based seismic design [J]. Bulletin of the New Zealand Society for Earthquake Engineering,2000,33(3): 325-346.

第 20 章 预制管片内衬拼装快速加固地下箱涵新技术

20.1 概　　述

近些年来,随着城市建设的迅速发展,市政设施也与日俱增。城市建设的发展及道路设计等级的提高,使得位于道路下的地下管网等市政设施已不能满足现行道路标准要求,地下管网老化问题逐渐显现,部分管道性能保持得很差。其中,箱涵又由于其结构受力不均匀的特点而受损严重,甚至面临坍塌危险,需要重点关注。箱涵结构与常见病害如图 20-1[1] 所示。

a)箱涵结构

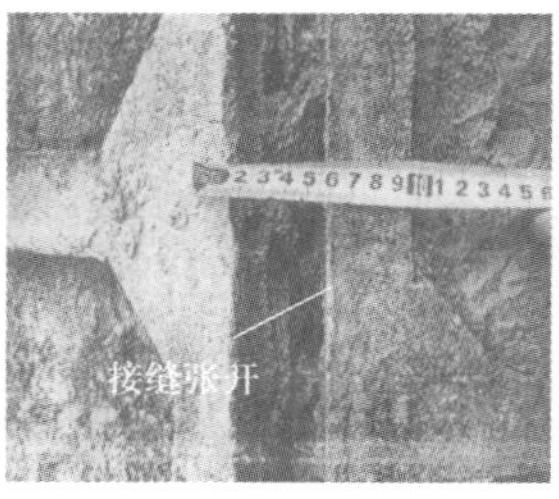

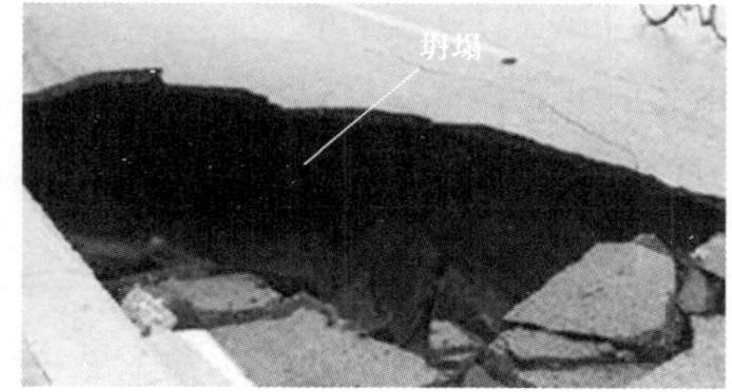

b)常见病害

图 20-1　箱涵结构与常见病害

一般地,对于地下箱涵结构的加固,多采用沿管线走向挖开路面,直接对其上顶板进行加固改造的办法,如图 20-2 所示,或采取改变传力路线,将老旧箱涵顶部荷载通过现浇混凝土板支撑到箱涵两端新增钻孔灌注桩上的办法。这些办法都将在路面施工,严重影响日常交通。近年来发展出了很多对地下中小型管线的非开挖加固方法,如翻转法、牵引法、短管内衬法及套环法等。其中,运用最为广泛的是翻转法原位固化内衬技术,利用水和空气的压力把修复材料翻转送至管道并使其紧贴于管道内壁,通过热水、蒸汽、喷淋或紫外线加热的方法使树脂材料固化,在旧管内形成一根高强度的内衬树脂新管。但是由于箱涵结构的方形截面比较特殊,上述较为先进的非开挖加固技术也都只针对圆形截面管道,而传统的非开挖修复方法又难以保证对受损箱涵结构整体强度和刚度的恢复,故目前尚缺乏一种针对箱涵结构的快速、高效的非开挖加固技术。

图 20-2　路面开挖施工

针对地下管网中箱涵结构性能恶化严重及难以快速、高效治理的现状,本章创新提出了预制管片内衬拼装快速加固地下箱涵新技术,从施工工艺、关键技术研发、设计方法、实验室验证、现场实施与验证等方面,对该新技术的可行性进行了综合论证。

20.2　地下箱涵结构常见病害与修复措施

地下箱涵损坏的原因很多,大致有以下几方面[2]:①意外灾害,包括地震、凌汛、撞击等损坏。②年久老化。中华人民共和国成立以来大规模建设的工程正分批陆续接近寿命期,甚至超期服役。这些达到使用寿命的建筑物,无论是抗震能力还是承载能力等均不能满足使用要求。③超载,主要存在于施工后期的二期、三期建设中,如人为地抬高了水头,设计不周或施工缺陷这类问题本应避免,但无法杜绝,且近年因种种原因,有的超载现象很严重。④腐蚀,如受酸、碱、盐侵害,风化,水的渗透,冻融循环作用等。

在长期的运行过程中,以上原因直接或间接导致混凝土碳化、疏松、剥落、开裂和钢筋锈蚀,使箱涵结构裂缝扩展,刚度降低,挠度增大,承载力削弱甚至丧失,给使用造成很大的安全隐患。

常见的箱涵病害表现[3]:①墙体。浆砌石结构普遍存在砌石松动、缺石现象,勾缝砂浆老化脱落,局部砌筑砂浆老化脱落且存在多处空洞,墙体漏水、渗水、断裂、坍塌、缺失,侧墙基础被水流冲刷淘空等。钢筋混凝土侧墙主要存在的问题为表面混凝土老化剥蚀严重,老化层厚度一般为 3.0 ~5.5cm,表面混凝土强度较低,且多数部位内部钢筋易锈蚀。②顶板。顶板主要为整浇钢筋混凝土与预制混凝土盖板结构,顶板裂缝开展较常见,部分区段混凝土碳化、疏化严重(强度检测值较低),钢筋锈胀、裸露现象普遍,部分板钢筋已经锈断,严重影响结构安全。③基础及底板。箱涵底板为钢筋混凝土结构(混凝土强度等级为 C15 ~ C25),混凝土老化破损、冲蚀严重,冲坑较多且局部较深;部分区域箱涵无底板,基础下淘空。④变形缝。由于区段箱涵变形缝处大多未设置止水带,因此变形缝处渗漏普遍,部分地段出现错位现象。对于以上箱涵不同位置的病害特征,在不危及结构安全的情况下,可采取相应一般性修复措施,如表 20-1 所示。

箱涵常见病害与一般性修复措施　　表 20-1

病害部位	病害特征	一般性修复措施
墙体	墙体存在空洞	清洗结合面,用素混凝土填补密实
	砌体砂浆老化、缺失或墙面漏水	用防水材料堵漏,再用聚合水泥砂浆粉刷墙面
	箱涵侧墙钢筋保护层厚度小于碳化深度,易锈蚀	均匀涂刷两遍水基渗透型无机防水剂
顶板	混凝土顶板构件出现断裂,受力钢筋锈蚀严重或锈断	混凝土板外包钢加固、钢横梁加固、砂浆找平后粘贴 FRP 板材
	顶板混凝土保护层脱落,受力钢筋锈胀	采用聚合物水泥砂浆将凹槽修补平整
	箱涵顶板钢筋保护层厚度小于碳化深度,钢筋易锈蚀	均匀涂刷两遍水基渗透型无机防水剂
	顶板支座处漏水	清缝后用沥青油麻丝填塞,聚氨酯密封胶打口
基础及底板	底板冲坑或基础被淘空	采用毛石、碎石将坑填平形成垫层,灌注 C30 混凝土至涵底标高
变形缝	变形缝出现裂缝、止水材料缺失	变形缝剔出凹槽,在凹槽内安装止水橡胶带

对于结构损伤、老化严重,安全性不能保障的箱涵结构,一般性修复措施往往工艺复杂、烦琐,整体加固效果很难保证,因此也常常采用内部支模、滑模现浇的加固方法,但其包含支模、现浇及养护等过程,施工周期长,需要长期停止相应管线的运行,综合造价高,对环境影响大。

以上传统非开挖修复方法只适用于易于人员进入的中大型箱涵,在实际工程中也常常采用将上部土体挖除后,使用传统的加固方法对原结构进行加固或改造的明挖法施工方法。明挖法施工具有操作简单、工程造价低、施工质量有保障等特征,但使用该方法时需要控制好现场交通,通常用于地势平坦的地区,且因为施工对路面交通的阻断作用,往往使得综合效益差。

传统的地下箱涵结构病害修复措施在使用时需要综合考虑开挖对路面交通的影响、施工周期对管线断流的影响、具体方法对加固效果的保证等因素,难以做到同时满足非开挖、施工周期短、整体加固效果好等要求。因此,研发一种非开挖整体式快速加固新技术是非常有必要的。

20.3　预制管片内衬拼装加固地下箱涵技术的特点

本节针对地下箱涵结构传统加固方法对路面交通影响大、造价高、周期长、施工烦琐或加固效果难以保证的现状，根据已有的地下圆形管道内衬短管非开挖加固的思路，提出一种自主研发的采用分块预制管片内衬拼装加固地下箱涵结构的快速加固新技术。该加固示意图如图20-3所示。预制管片在工厂完成预制可以节约现场施工的时间成本，整体内衬的加固方法可以保证对原结构全截面承载力和刚度的提升，非开挖的施工方式可以减少对地面交通和周边环境的影响。该方法通过检查井进行人工、材料和机械的运输，实现了真正意义上的非开挖，不影响路面交通，随动随停，可大大节约劳力和时间成本，提高施工效率和施工质量。

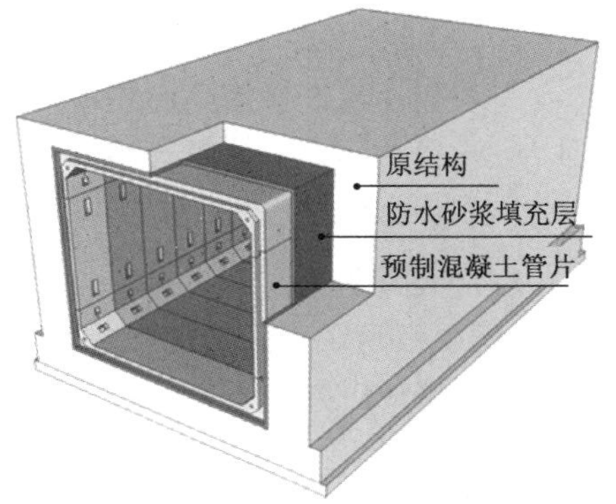

图20-3　预制管片加固箱涵结构示意图

20.3.1　施工流程与关键工艺

施工前准备阶段需要停止施工管段的正常运行，当地下水位较高时还应进行降水处理，本小节主要对施工进行阶段的管片运输、拼装及加固处理等工作进行施工流程与关键工艺的设计。

施工方案的选择应根据现役箱涵的具体服役情况而定，如箱涵内部环境、尺寸等，主要表现为箱涵内部空间将决定内衬预制管片的重量、施工空间，并进一步影响施工的拼装效率等。根据预制管片进入加固管段内部方式的不同提出两种施工方案：牵引拉入式施工（图20-4）与管内人工拼装施工。一般而言，对于中小型箱涵，人员进入困难，影响施工效率，宜采用预应力钢丝绳牵引拉入式施工方案。对于人员易进入的大中型箱涵，管片质量过大，牵引拉入式施工预应力张拉难以保证纵向拼接方式的牢固有效，需要人工进入箱涵内部进行纵向连接件的预紧，此时可选择管内人工拼装施工方案。

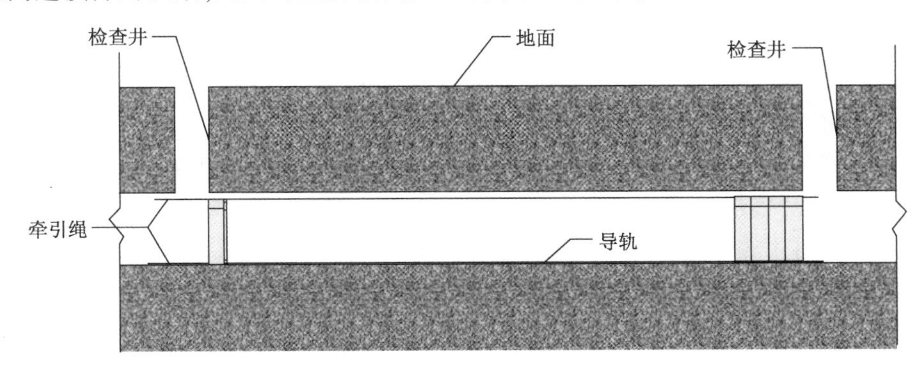

图20-4　牵引拉入式施工示意图

1)施工流程

牵引拉入式内衬加固施工,采用预制拼装管片,从检查井吊入箱涵后拼装作为内衬,张拉预应力钢丝绳作为纵向整体连接保障措施,并通过注浆回填两层结构之间的空隙。施工流程:原箱涵调查→清淤→箱涵修整→导轨安装→管片吊入、拼装→方管拉入→纵向预应力筋张拉→注浆回填。

管内人工拼装管片内衬加固施工,采用预制拼装管片,从检查井吊入箱涵并拼装作为内衬,人工紧固连接件作为纵向整体连接保障措施,并通过注浆回填两层结构之间的空隙。施工流程:原箱涵调查→清淤→箱涵修整→管片吊入→管内运输、拼装→注浆回填。

2)关键工艺施工方法

(1)原箱涵调查

由于原箱涵在施工的过程中难免与设计尺寸会有所出入,因此必须对其进行彻底细致的调查,以保证内衬施工顺利进行。原箱涵调查的主要内容为箱涵的断面尺寸、检查井位置及淤积沉淀情况等。据调查结果绘制原箱涵的平面图与断面图,以便确定施工井位置及断面修整位置,同时根据箱涵内是否有水及水量等情况确定是否采取其他措施,以保证施工过程处于无水作业状态。

箱涵断面尺寸的调查,每隔4~6m调查一个断面。必须保证预制构件与原涵壁间留有2~3cm空隙,两侧着力点必须考虑导轨高度。

(2)清淤

如果原箱涵中有淤积物,必须进行清理。清理时从上游至下游进行,固体物由人工清到检查井位置,通过井架提升装置提到地面,装车运走;泥浆用水稀释,然后由泵车抽走。清淤一般分段进行,在清淤过程中为了防止泥浆上下流动,在每个施工段上下位置都设置一道小挡墙。清淤完成后,用高压水枪对箱涵四壁进行冲洗,保证涵壁清洁,以利于预制构件与原箱涵壁通过注浆结合牢固。

(3)箱涵修整

根据原箱涵的调查结果,确定箱涵断面是否满足设计尺寸要求,不满足的断面据情况采取不同的处理方法。如尺寸偏差较小可凿除、打磨,尺寸偏差较大且面积较大的,需和设计人员协商,在满足箱涵使用功能要求的前提下变更断面尺寸,以满足施工要求。

(4)导轨安装[4]

①按预制构件的设计尺寸及原方沟的实际尺寸用经纬仪进行放样,先放出中线线位,再根据预制构件着力点间的宽度放出导轨轴线。

②用水钻打孔,孔深、孔距及孔径按照预制构件的重量及摩擦力确定。打完孔后,用经纬仪校核孔位轴线,确认无误后插立筋。立筋一般采用Ⅰ级钢筋,其规格按预制构件重量选择。立筋插完后再用经纬仪校核立筋轴线,确认无误后用纯水泥浆灌孔,边灌边复核轴线,以保证立筋轴线线位。

③立筋安置完成后开始焊接定向角钢,其规格根据预制构件尺寸、重量及原方沟尺寸来选定。定向角钢边焊接边进行导轨高程及导轨间宽度的复核,以确保满足设计及原方沟实际尺寸的要求,保证预制构件施工的顺利进行。

④定向角钢焊接完成并经复核无误后，对导轨后背用同比例的水泥浆灌实。

(5)管片吊入、运输与拼装

管片采用吊车进行井口垂直运输，箱涵内采用自制移动架辅助吊入。管片吊入、运输步骤：管片吊装孔安装专用吊装连接环，连接吊钩，单侧起吊管片至垂直状态，管片对准井口，下端入井人员辅助调整位置，管片下放至井底，人工调整方向并将下端固定在移动架上，水平拖动移动架并同步下放管片直至管片平稳着地，用移动架将管片吊起推运至需要位置(对于牵引拉入式施工，一般在检查井处；对于管内人工拼装施工，则推运至管片实际安装位置)。

箱涵内管片安装逐环进行，单环按底部、侧壁、顶部的顺序进行，箱涵内拼装采用移动吊架(适应狭小环境的自制可拆卸拼装的手动叉车)。使用移动吊架将底部管片、侧壁管片、顶部管片按顺序垂直运输，安装防水、缓冲密封垫，安装紧固连接件，实现单环拼装；单环拼装完毕后对连接螺母进行紧固，所有螺母均达到紧固要求后，对本环管片尺寸进行复核，并检查成环后拼接口质量和尺寸，合格后在拼接承口安装密封橡胶圈，使用结构胶或防水树脂粘合固定。若为人工拼装的施工工艺，则再进行纵向连接，纵向连接紧固后再次对管片环向拼接螺母进行紧固，所有螺母均达到紧固要求后，检查与前环连接及接缝质量，合格后进行下一环管片拼装。

企口、承口尺寸宜大不宜小，插口尺寸宜小不宜大，必要时进行打磨处理。

(6)方管拉入

方管拉入施工技术措施如下：①导轨需涂润滑油以减小阻力；②使用固定在施工检查井外地面的卷扬机拉进；③使用预应力钢丝绳或钢绞线穿过预留的纵向拼接孔道牵引；④方管的行进速度宜控制在3~4m/min；⑤在卷扬机处检查井安装定向滑轮来控制方管的前进方向，如有偏差人工用撬棍将其校正；⑥卷扬机牵引力$F>Gf$(G为单节方管重力；f为预制管片与导轨摩擦系数)；⑦第一环方管就位后，再拉第二环，依次就位；⑧前一环管片到位后，必须进行油麻石棉水泥打口，以保证后一环撞口时不会错位。必要时需要在密封胶圈上涂润滑剂，以减小撞击阻力，防止胶圈脱落或移位。

(7)预应力张拉

在本节段所有预制管片安装到位后，使用预应力千斤顶张拉牵引钢丝绳进行纵向承插拼接后的紧固工作。具体实施办法如下：①在加固施工管段的两端进行承插口的补平，一般可使用切割好的块石和结构胶进行承插口的填平，后使用砂浆进行找平；②在加固施工管段首尾两端分别安装垫板、锚板和夹片；③使用千斤顶对安装好的管段其中一端进行张拉，张拉力宜满足$P>G\times f\times N/2$(其中，G为单节方管重力；f为预制管片与导轨摩擦系数；N为该加固管段加固用管片的总环数)；④张拉预紧后进行锚固，后对锚具进行防腐处理，一般可使用防水涂料涂刷或使用防水砂浆覆盖。

(8)注浆回填

注浆的主要目的是使内衬与原箱涵壁之间密实，起到传力和止水作用。注浆压力一般控制在0.2MPa左右，但应根据实际注浆效果对其进行调整。注浆前应先通过注水来检验设备，确认设备完好方可使用。注浆材料由水、细砂、水泥、粉煤灰、微膨胀剂组成。浆液配比根据实际情况进行多次试配来确定。在注浆前，首先计算好理论注浆量，以理论注浆量来控制实际注浆量，以保证注浆密实度。注浆次数一般控制在 2 ~3 次，2 次间隔时间约为 15min。注浆应先注底板，待顶板注浆孔流出同质量浓度浆液后，封闭底板注浆孔，由顶板补浆孔进行补浆，待补浆孔往外喷浆后停止注浆。注浆前，待注浆段的两端必须用油麻石棉水泥打口，同时对预制块间的接缝进行石棉水泥捻缝，留顶板补浆孔为排气孔，以保证注浆密实。

20.3.2 加固管片分块预制技术

预制管片内衬拼装加固地下箱涵结构需要满足的具体要求及初步解决思路如下：①完全非开挖的施工方式，管片尺寸应当满足能够顺利通过施工井、顺利在箱涵内部安装就位的要求；②尽量减少对管内净空间的侵占，管片应尽量薄，考虑使用高强材料；③管片的可靠拼装，管片较薄，使用 L 形企口承插的拼装方式；④管片与原结构的可靠连接，预留注浆空间，管片上设置灌浆孔道；⑤结构形式安全可靠，结构整体刚度大，承载能力强；⑥节点防护与防水要求，预制管片之间的拼缝参考地铁盾构的防水措施，使用遇水膨胀橡胶进行防护。针对以上问题和解决思路，下面从预制管片的研发与制作、节点防护与防水的角度分别将上列因素考虑进来，提出自主研发的加固管片分块预制成套技术。

1）预制管片研发与制作

预制管片研发与制作技术应包括预制管片结构形式设计、预制管片制作等。

（1）预制管片结构形式设计

预制管片结构需要通过检查井运输，且保证后续拼装顺利到位。初步设计的结构形式应当满足该要求，现有两种可行的结构形式方案 A、B：方案 A 为四片 L 形混凝土管片结构形式，方案 B 为上下双 C 形配合中间 I 形管片结构形式，如图 20-5 所示。

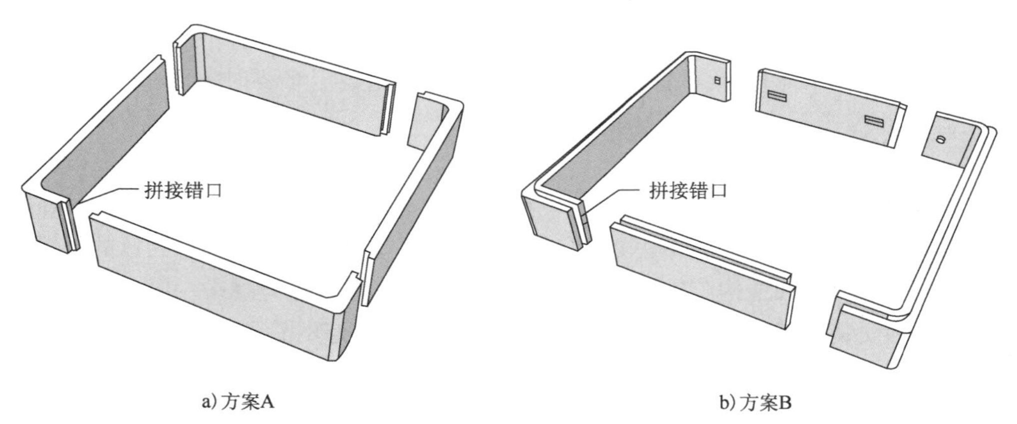

图 20-5　预制管片可行的结构形式

对以上两种可能的结构形式方案进行合理性分析（有利于受力和防水，结构整体刚度大）。采用 ABAQUS 有限元软件建立高强薄壁混凝土管片的有限元模型，该模型主要对混凝土管片拼接处的接触与传力特点进行分析。预制混凝土管片采用 CDP 模型（强度 C80，这里考虑使用高强材料）和面对面接触，管片厚度为 90mm。受力筋中强度预应力钢丝采用

truss 单元,并考虑包辛格效应,不考虑粘结-滑移效应。

在相同工况下,结构静力承载竖向变形应力云图如图 20-6 所示。方案 A 结构往右侧倾斜,上下部拼接处变形严重,对结构安全及防水不利。方案 B 顶板挠度仅为方案 A 顶板挠度的一半。应考虑使用方案 B,即上下双 C 形配合中间 I 形管片的结构形式。

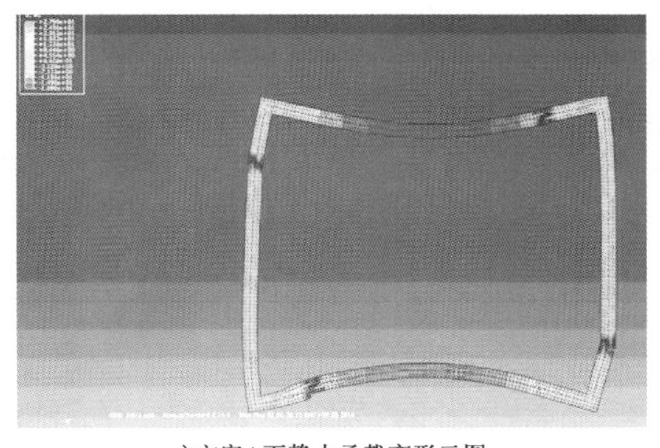

a)方案A下静力承载变形云图

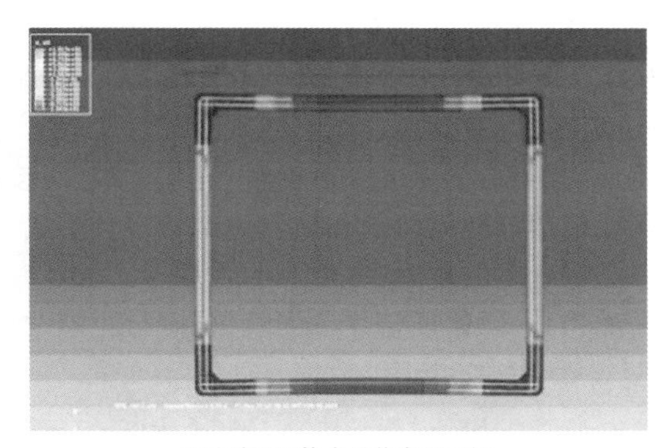

b)方案B下静力承载变形云图

图 20-6　结构竖向变形应力云图

最终确定的管片结构形式如图 20-7 所示,为满足前面提到的具体要求,图中所示的管片结构包含以下特点:①拼装在一起的四块混凝土管片组成一环;②在上下管片四个角上进行了加大腋脚处理;③混凝土管片中设有拼接孔和拼接凹槽,可使用螺杆、螺母进行连接拼装;④纵向拼接孔设置在腋脚处,前后贯通,可穿过预应力筋材;⑤管片内部之间采用 L 形

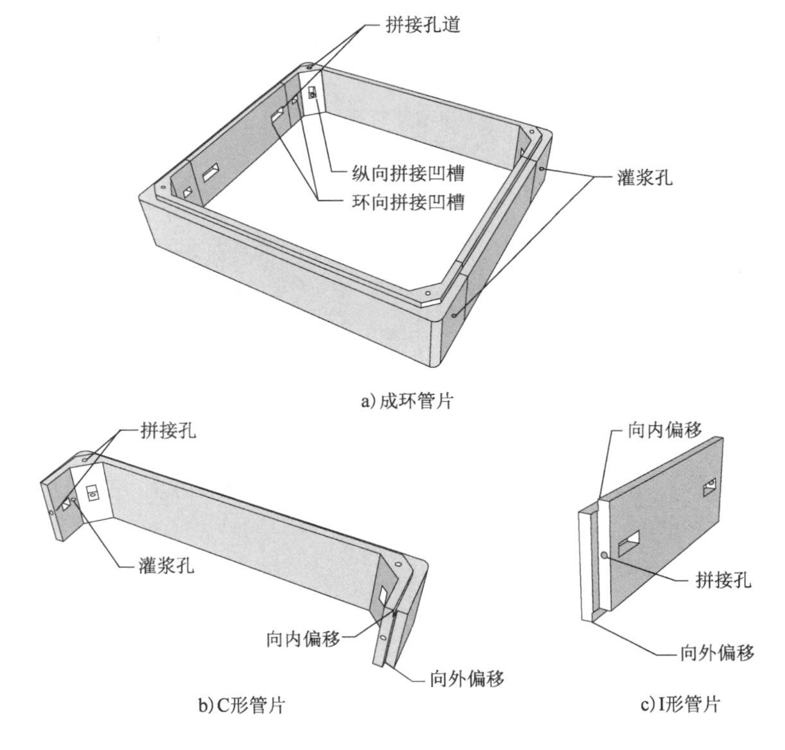

a)成环管片

b)C形管片

c)I形管片

图 20-7　管片结构形式示意图

拼装方式;⑥管片拼装成环后形成企口承插结构,用于纵向拼装和定位;⑦纵向拼装承插企口设置一定的偏移量,使拼装能够适应各种施工状况,顺利完成拼装;⑧上下C形管片腋脚靠拼接口附近预留有灌浆孔。

(2)预制管片制作

首先设计并制作一套钢模具,钢模具由两个C形模具与两个I形模具共四个单片模具组成。如图20-8所示,每个单片模具由内模、外模与底座组成,内、外模具通过插销定位在底座上。钢模具包含以下特点:①为了实现安全脱模,不损坏内部浇筑管片,模具具有分段拼装功能,可以保证在拆模时各模具段之间按一定顺序顺利拆卸。②预留的拼接凹槽和拼接孔采用预埋钢盒子和插入插销的组合形式。应注意钢盒子与浇筑混凝土接触的四个侧面打磨成一定的角度,方便顺利脱模。③设置有与管片对应的灌浆孔。④内、外模具上都焊接了加劲肋,以保证管片在浇筑、振捣与脱模过程中的形状稳定,不变形。

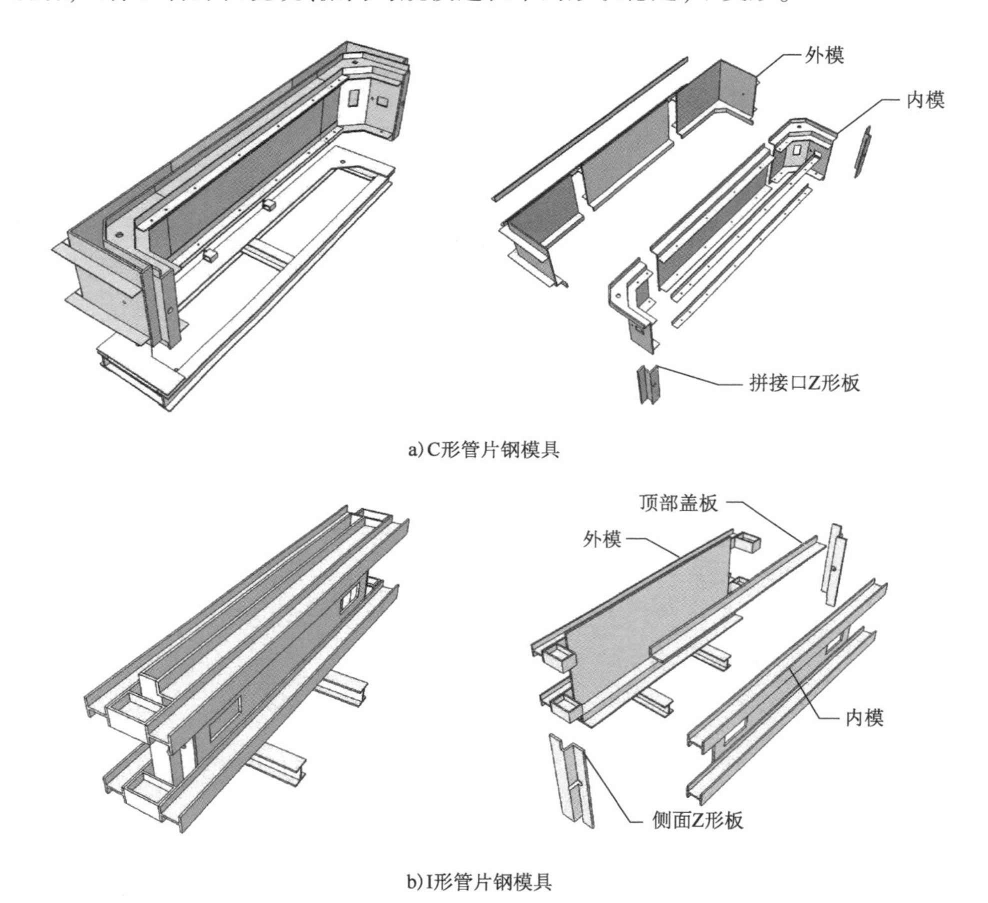

a)C形管片钢模具

b)I形管片钢模具

图20-8 钢模具结构与组成示意图

预制混凝土管片的制作过程同一般性预制构件的制作流程,具体为钢筋笼放置、浇筑并振捣混凝土、脱模、养护,如图20-9所示。本章后续试验部分的预制混凝土管片均由该方法制作而成。

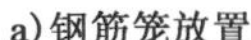
a)钢筋笼放置　　b)浇筑并振捣混凝土　　c)脱模　　d)养护

图 20-9　预制管片制作过程

2)节点防护与防水

加固管片结构在服役过程中,随着原结构变形的逐步增大,上下层预制混凝土管片接口处易形成碰撞挤压,相邻管环之间的拼接口也极易挤压和张开,造成管片本就相对薄弱的拼接口的损伤和漏水,因此需要对管片进行正常服役下拼接口的防护,具体做法是在相邻的管片环之间做弹性分隔处理。本章选用遇水膨胀橡胶垫作为管片之间的弹性分隔材料,此材料弹性好,吸水膨胀后连接紧密,防水效果好,且具备较好的耐腐蚀性。

20.4　预制管片结构设计方法

预制管片结构的设计方法可以借鉴箱涵结构的设计方法,目前,关于箱涵结构的设计计算方法主要有两种,即结构力学简化计算法和有限元数值分析法。有限元数值分析法建模复杂、计算成本高。本节主要基于预制管片的结构特点提出适用于本结构的结构力学简化计算方法。

20.4.1　预制管片结构计算模型

从结构形式上讲,箱涵大致分为三类[5]:框架结构、刚架结构和简支结构。框架结构:我们常见的箱涵大都是这种结构,由顶板、底板、侧板组成,各部分之间均采用刚性连接,其结构整体刚度较大,对于一些地质条件较差的环境有较好的适应性,对基础承载能力要求不高。刚架结构:一般不设底板,顶板与侧板刚性连接,侧板与基础采取固结形式,基础可以是多种形式,例如桩基础和扩大独立基础。简支结构:形式比较多样,盖板涵就是其中之一,顶板与侧板不进行固结,可以设置底板,但是底板仅仅起到支撑的作用,底板与侧板是否进行固结可视具体情况而定。

本章预制管片结构在四个角部均为刚接,因此可按框架结构设计,而对于预制结构拼接口的考虑往往视具体情况而定,铰接、刚接、刚度折减的半刚接都有运用,将在下一小节具体分析。

由于原箱涵结构条件复杂,老化退化情况难以估计,因此设计时不考虑原结构的承载力与约束作用,可参考已有规范《给水排水工程埋地矩形管管道结构设计规程》(CECS 145:

2002)对其进行设计[6]。底板反力按均布荷载计算;并考虑周围土体对管道的约束,将两侧土体等效为土弹簧,弹簧刚度按 M 法计算。简化计算模型如图 20-10所示。

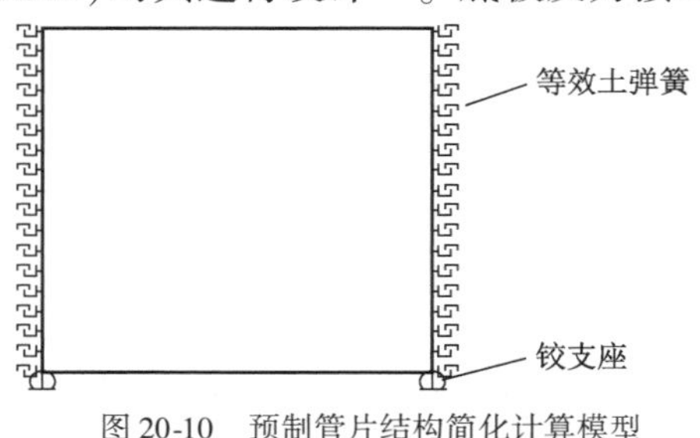

图 20-10　预制管片结构简化计算模型

预制管片结构两侧为单压土弹簧,考虑待加固排水方沟两侧土体为原状土,M 取值在没有详细地勘报告和相关试验报告的情况下参考《公路桥涵地基与基础设计规范》(JTG　3363—2019)附录L.0.2-1[7],如表20-2 所示。

非岩石类土 M 取值　　表 20-2

土的名称	m 和 m_0(kN/m^4)	土的名称	m 和 m_0(kN/m^4)
流塑性黏土 $I_L>1.0$,软塑黏性土 $0.75<I_L\leqslant1.0$,淤泥	3000 ~ 5000	坚硬,半坚硬黏性土 $I_L\leqslant0$,粗砂,密实粉土	20000 ~ 30000
可塑黏性土 $0.25<I_L\leqslant0.75$,粉砂,稍密粉土	5000 ~ 10000	砾砂,角砾,圆砾,碎石,卵石	30000 ~ 80000
硬塑黏性土 $0\leqslant I_L\leqslant0.25$,细砂,中砂,中密粉土	10000 ~ 20000	密实卵石夹粗砂,密实漂石、卵石	80000 ~ 120000

20.4.2　拼接口内力分析

使用 ABAQUS 有限元软件建立二维有限元模型,研究拼接口在设计承载力下的受力及变形特征,以指导结构的内力计算和截面设计,并初步探究拼接口的安全性。预制混凝土管片采用 CDP 模型和面对面接触,管片厚度为 90mm。管片采用 C3D8R 单元,钢筋采用 truss 单元,不考虑粘结-滑移效应,如图 20-11 所示。

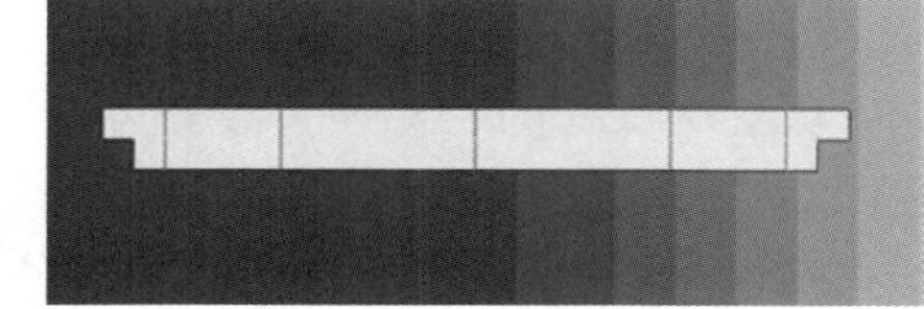
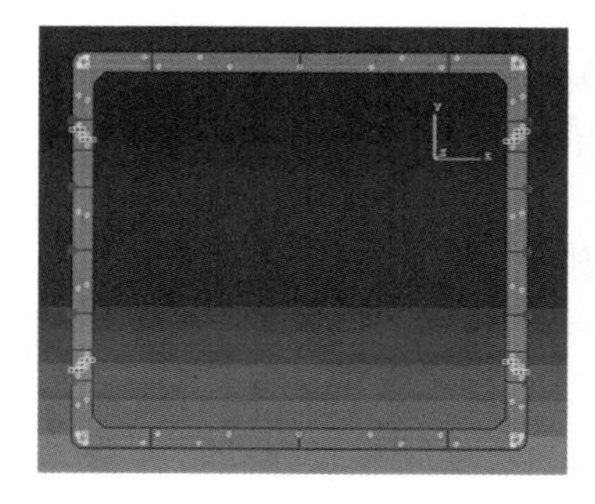
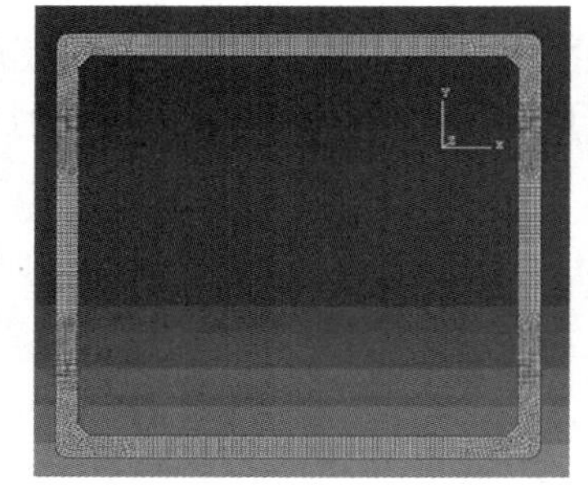
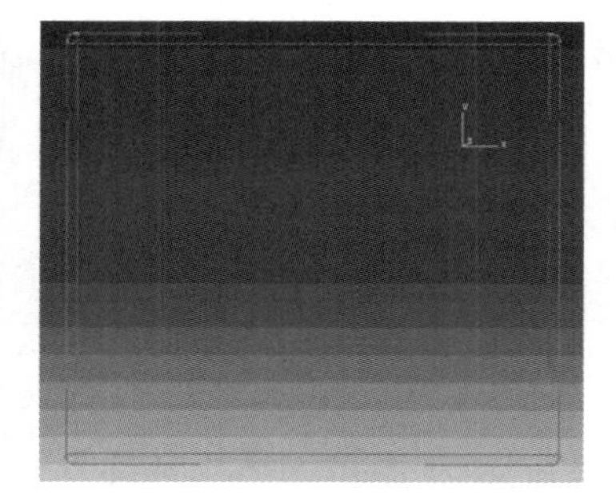

图 20-11　预制管片结构有限元模型

模型计算结果如图 20-12 所示，该图为变形放大 20 倍之后的结果。从图 20-12 中可以看出，结构的铰接处内侧闭合，外侧张开，有利于防水防腐。取顶板跨中与铰接处截面内力，读数分别为 26.6kN·m、4.84kN·m。实际受力中，铰接处轴力合力点由于拼接口张开向内侧偏移，偏心后造成大的附加弯矩，结合横向剪力引起的附加弯矩，使得铰接处能传递较大弯矩，这种弯矩作用对顶板承载是有利的，对节点附近是不利的。因此在进行结构内力计算时，顶板设计可按铰接处理；节点设计按刚接处理，此时结构偏安全。

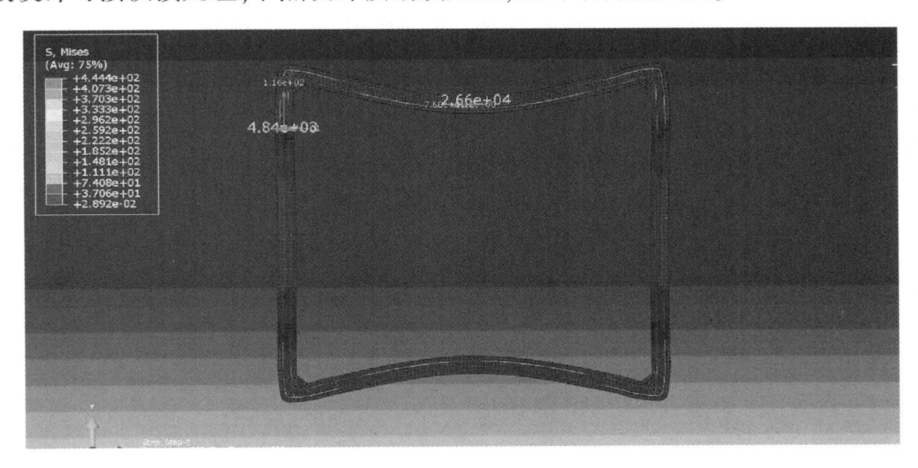

图 20-12　预制管片结构变形与关键截面内力

20.4.3　计算案例

现有一区段方形排水箱涵，因长时间服役性能逐渐退化，加上复杂的腐蚀性环境，结构内侧混凝土剥落、钢筋锈蚀严重，部分区域存在坍塌风险，急需对其采取快速有效的加固措施。其结构内尺寸 $W \cdot H = 2000\text{mm} \times 1800\text{mm}$，要求进行非开挖施工，材料、机械等通过检查井进入内部。已知目前服役的检查井一般为直径 700mm 的圆形通道；加固设计不考虑原结构的承载力。

该地下排水箱涵的建造主要依据《埋地矩形雨水管道及附属构筑物（混凝土模块砌体）》（09SMS202-1）图集。该图集依据管道上部覆土厚度的不同，将常见的矩形管道分为上部覆土深度 $0.8\text{m} \leqslant H_s \leqslant 2.0\text{m}$、$2.0\text{m} < H_s \leqslant 3.5\text{m}$、$3.5\text{m} < H_s \leqslant 5.0\text{m}$ 三种设计工况，如表 20-3所示[8]。下面结合本算例对混凝土管片进行材料选择与方案比选。

$W = 2000$mm 盖板规格表　　表 20-3

盖板型号	设计覆土深度 H_s(m)	板厚 h(mm)	板宽 B_0(mm)	混凝土用量(m^3)
B20.10-1	$0.8 \leqslant H_s \leqslant 2.0$	180	980	0.423
B20.08-1			780	0.337
B20.10-2	$2.0 < H_s \leqslant 3.5$	200	980	0.470
B20.08-2			780	0.374
B20.10-3	$3.5 < H_s \leqslant 5.0$	240	980	0.564
B20.08-3			780	0.449

加固结构主体材料应使用高强混凝土配合高强筋材的方案，以期管片厚度最小和耐久性良好。采用C60及以上强度混凝土，高强筋材可选用HRB500高强钢筋、中强度预应力钢丝、预应力螺纹钢筋、消除应力钢丝及钢绞线等。

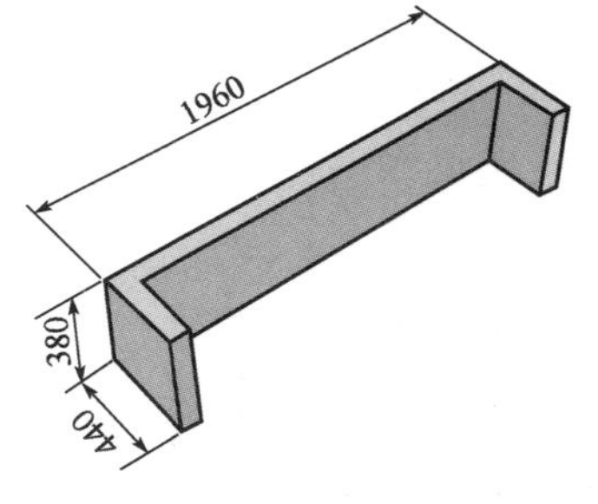

图20-13 C形管片外围尺寸示意图（尺寸单位：mm）

①按20.4.1节中提到的框架设计计算模型，初步将拼接处设计为刚接状态，求得结果后，将拼接处尽量设计在内力弯矩为0的截面处（减小实际因拼接带来的计算误差）。如拼接处位置导致C形管片两侧翼过长，不能通过施工井进行吊入和运输，则继续减小两翼尺寸直至满足要求，后调整模型重新计算截面内力。最终确定的C形管片外围尺寸如图20-13所示，可通过检查井进行管内运输与拼装，运输过程如图20-14所示。

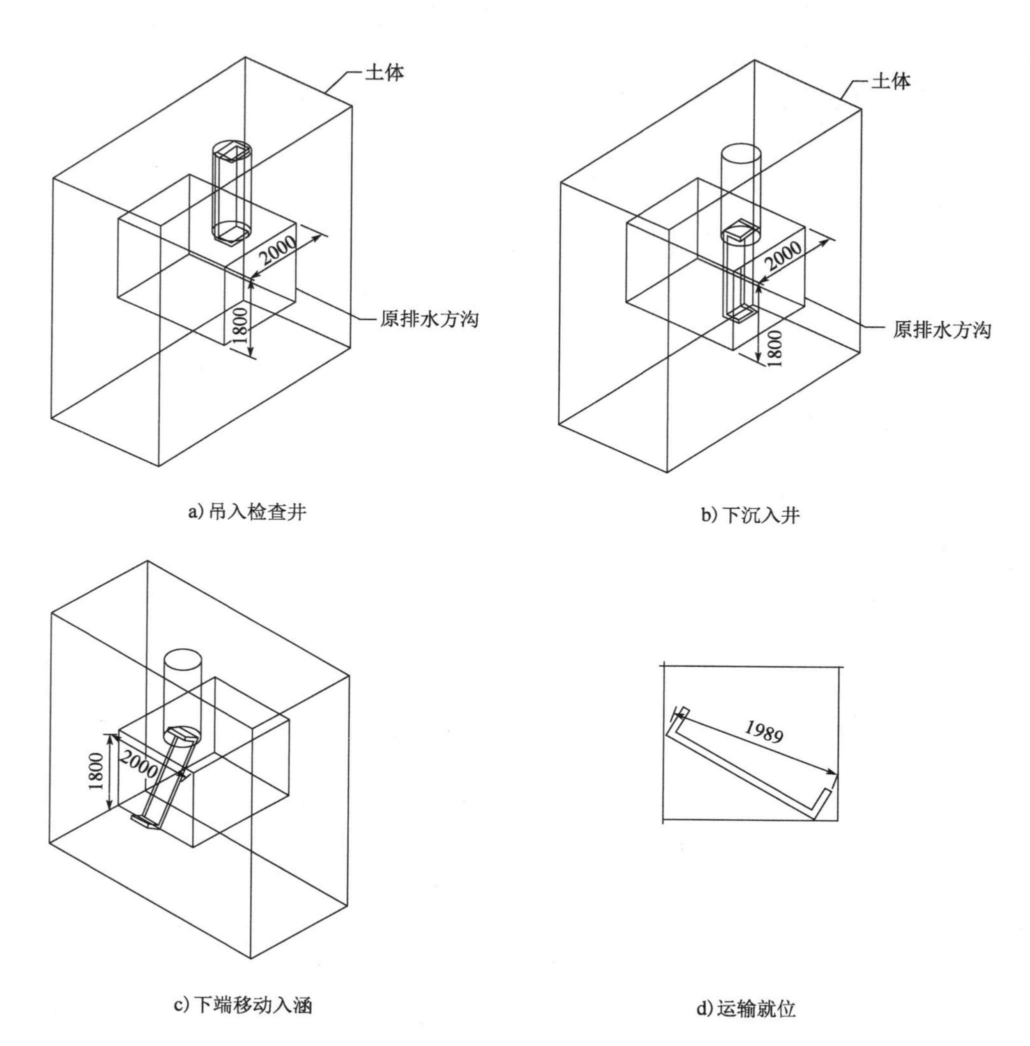

图20-14 管片入涵与运输示意图（尺寸单位：mm）

②为减少混凝土管片厚度对排水系统过流断面截面面积的影响，初步选取两种方案分别进行混凝土管片截面设计。

方案一：C80混凝土+HRB500螺纹钢筋；方案二：C60混凝土+HRB500螺纹钢筋。

其中：C60混凝土，$f_c = 27.5\text{MPa}$，$f_t = 2.04\text{MPa}$，$f_{tk} = 2.85\text{MPa}$，$E_c = 3.6 \times 10^4\text{MPa}$，$\alpha_1 = 0.98$；C80混凝土，$f_c = 35.9\text{MPa}$，$f_t = 2.22\text{MPa}$，$f_{tk} = 3.11\text{MPa}$，$E_c = 3.8 \times 10^4\text{MPa}$，$\alpha_1 = 0.94$；HRB500钢筋，$f_y = 435\text{MPa}$，$E_s = 2.0 \times 10^5\text{MPa}$。[9]

③根据计算模型得到各管片关键部位截面内力，并对其进行截面设计和配筋计算。

截面设计结果：在覆土2.0m工况下，方案一管片厚度为80mm，方案二管片厚度为90mm；在覆土3.5m工况下，方案一管片厚度为90mm，方案二管片厚度为100mm；在覆土5.0m工况下，方案一管片厚度为100mm，方案二管片厚度为110mm。即C80混凝土与C60混凝土相比，管片厚度减小了10mm。实际工程中可根据造价、施工可行性、对过流断面的要求等综合决定采用哪种设计方案。

本章所述技术适用于中小型排水方沟的非开挖加固施工，针对2.0m×1.8m的方沟进行了尺寸分析、内力计算与截面配筋设计案例研究，结构设计偏安全。对于结构尺寸较该尺寸小的方沟，均可参考该配筋方案，无须另外设计。但应当注意的是，对于结构尺寸太小的方沟，由于受混凝土保护层厚度限制，结构的厚度不会太小，会影响过水面流通性，可考虑使用高强钢丝或其他高强材料进行设计；另外，对于结构尺寸大于该尺寸的方沟，管片自重增大将导致施工变得困难，经济性和适用性降低；对于尺寸过大或过小的方沟，应结合具体工程做施工可行性分析。目前的研究主要针对顶板跨度为1～2m的中小型方沟，其在各尺寸下的部分设计结果如表20-4所示。

中小型方沟在各尺寸下的部分设计结果　　表20-4

方沟尺寸宽度(mm)	《埋地矩形雨水管道及其附属构筑物(混凝土模块砌体)》图集盖板厚度(mm)	《埋地矩形雨水管道及其附属构筑物(混凝土模块砌体)》图集使用材料	新工艺下盖板厚度(覆土5m)(mm)	新工艺下盖板材料
2200	240	C30+HRB335ϕ16	125	C60+HRB500ϕ8
2000	220	C30+HRB335ϕ16	110	C60+HRB500ϕ8
1800	200	C30+HRB335ϕ14	100	C60+HRB500ϕ8
1600	180	C30+HRB335ϕ14	90	C60+HRB500ϕ8
1400	180	C30+HRB335ϕ12	80	C60+HRB500ϕ8
1000	120	C30+HRB335ϕ12	70	C60+HRB500ϕ8

20.5 预制管片静力承载性能试验研究

本试验为加固用管片的承载力与破坏室内试验，不考虑原箱涵结构侧向墙体对管片的有利约束，主要研究预制管片内衬拼装快速加固技术中管片结构在侧向约束不足时，在不同侧向荷载情况下的承载力和破坏模式。

20.5.1　试验设计

试验设计并制作了两环成环的预制加固用管片，共八片。如图20-15所示，管片厚度为90mm，管环外围尺寸$B \cdot H \cdot L = 1960\text{mm} \times 1760\text{mm} \times 440\text{mm}$，其中440mm包含承插口深度40mm，混凝土标准立方体抗压强度为67.86MPa。受拉纵筋等级HRB500，屈服强度为495MPa。管片内部双层配筋，不配箍筋，C形管片跨中受拉纵筋为9根，混凝土保护层厚度为20mm。

a)C形管片

b)I形管片

图20-15　试验用管片

加载按侧向荷载与上部荷载成一定比例的方式进行。竖向采用四分点集中力加载，横向加载点位置距离拼接缝83mm（位置确定：按均布荷载等效后，保证侧向管片跨中位移相等），未加载一侧为反力侧。本试验中横向与竖向加载比例定为0.7和0.5，对应两组试验中试件分别编号为SN-1、SN-2。分别将一个20t的千斤顶用于顶部加载及一个10t的千斤顶用于模拟侧向土压力，如图20-16所示。

加载制度：一般而言，管片开裂前，预加载至开裂荷载的70%左右，在达到开裂荷载的90%前，按荷载短期效应组合的20%分级加载，达到开裂荷载的90%后按荷载短期效应组合的5%分级加载，开裂后仍按20%分级加载。开裂荷载可按规范中的混凝土抗拉强度标准值取值计算。

加载顺序：作为加固结构，管片两侧的约束条件良好，因此为了方便试验，先对管片施加侧向荷载（约束），侧面开裂时有$F = 18.5\text{kN}$，侧向预加载$F \times 0.7 = 13\text{kN}$；后加载上部，上部加载完成后再加载侧面，按加载比例进行控制，循环加载。初步确定为先将侧向力分级加载至13kN，后加载顶部荷载至27kN，然后按每级粗略12kN分级加载（侧向荷载对应成比例）。

20.5.2　试验现象与原因

室内两试验组试件SN-1与SN-2的试验现象类似，在经历了顶板跨中裂缝开展、拼接口开裂、顶板跨中挠度增大等过程后最终均发生了拼接口的剪切破坏。

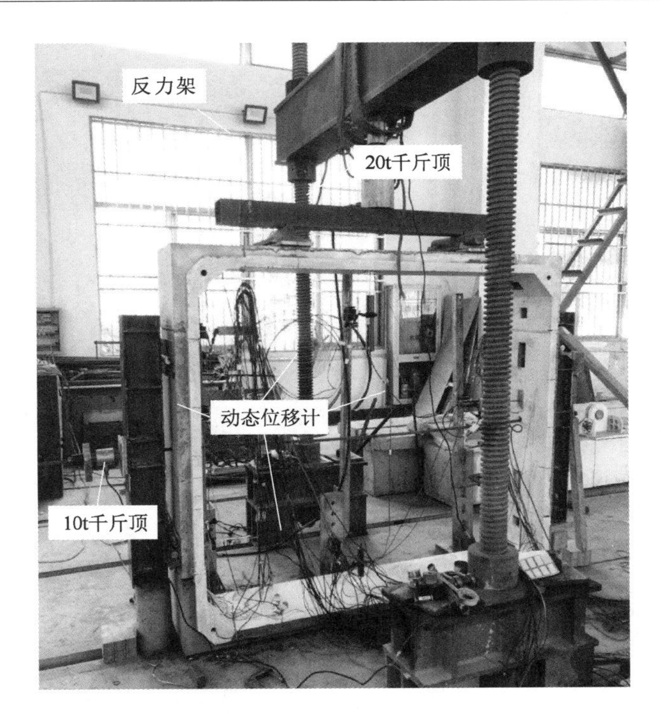

图20-16　试验装置与仪器布设示意图

试件SN-1加载过程试验现象：侧向分级缓慢加载至13kN，构件无明显变化，表面无裂缝开展。顶部预加载至27kN，上管片侧面外表面首次出现裂缝，如图20-17a）所示。顶部加载至39kN，上管片底部跨中出现几条细小裂缝，如图20-17b）所示。顶部加载至51kN，上管片底部出现多条新的裂缝，部分裂缝贯穿上管片并开展至0.05mm宽。顶部加载至63kN，上管片底部裂缝进一步开展，如图20-17c）所示；此时，上管片跨中挠度已达到9mm，结构变形明显；拼接口外部张开，内部压紧明显，如图20-17d）所示。顶部加载至75kN，上管片跨中挠度达到11mm，拼接口进一步张开，结构变形明显，如图20-17e）所示。顶部加载至87kN，上管片底部裂缝进一步开展，裂缝宽度达到0.15mm，此时上管片跨中挠度已达到14.7mm，结构进一步变形。后继续加载，在侧向加载至70kN过程中，发现加载至65kN左右时，右上侧管片发生拼接口剪切破坏，如图20-17f）所示。两侧管片与下管片在加载过程中无明显变化。

试件SN-2加载过程试验现象：侧向分级缓慢加载至13kN，构件无明显变化，表面无裂缝开展。顶部预加载至28kN，上管片底部跨中出现几条细小裂缝，拼接处工作良好，如图20-18a）所示。顶部加载至40kN，上管片底部跨中裂缝交叉或贯通，如图20-18b）所示。顶部加载至52kN，加载过程发出声响，有部分钢筋发生了滑移。顶部加载至58kN，上管片底部裂缝进一步开展，此时裂缝开展最大宽度为0.05mm，上管片跨中挠度已达到9.9mm，结构变形明显。顶部加载至65kN，左右上部拼接处上部拼接口均开裂，如图20-18c）所示。顶部加载至70kN，拼接口裂缝进一步扩大；后继续加载，荷载不再增加，位移继续增大，直至拼接口破坏，如图20-18d）所示。

a）管片首次开裂　b）顶板跨中首次开裂

c）裂缝继续开展　d）拼接口有明显变形

e）管片发生明显变形　f）管片发生拼接口剪切破坏

图 20-17　试件 SN-1 随加载逐步破坏过程

上述两组试验现象中，试件 SN-1 与试件 SN-2 的承载力均满足设计要求，试验现象与破坏模式相似，其主要区别如下：①试件 SN-1 上管片侧面先于自身底部跨中开裂，试件 SN-2 则相反；②试件 SN-1 上管片跨中的开裂荷载小于试件 SN-2 上管片跨中的开裂荷载（比较开裂时的顶部荷载）；③变形达到 10mm 限值（$L/200$）时，试件 SN-1 对应试验的顶部荷载大于试件 SN-2 对应试验的顶部荷载；④发生拼接口剪切破坏时，试件 SN-2 对应试验的顶部荷载小于试件 SN-1 对应试验的顶部荷载。

a)上管片首次开裂

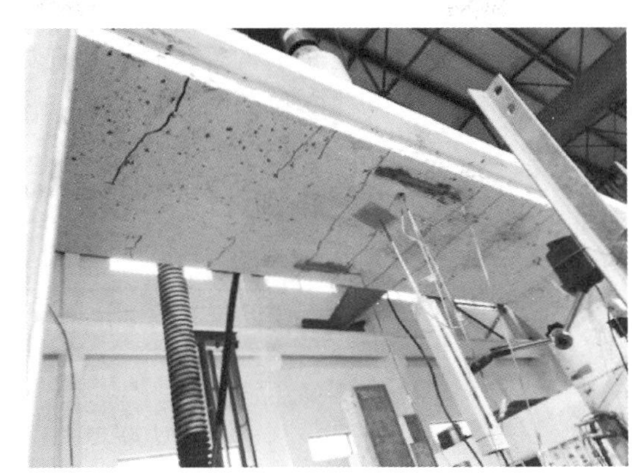

b)裂缝贯通

c)拼接口开裂

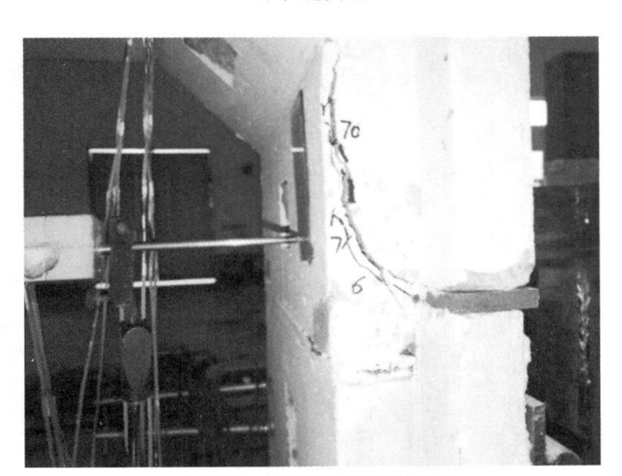

d)拼接口裂缝扩展直至破坏

图 20-18　试件 SN-2 随加载逐步破坏过程

原因分析：侧向约束越大，上管片转角处负弯矩越大，对上管片跨中的设计越有利，于是跨中开裂荷载变大，相等顶部荷载下跨中挠度更小，造成了两组试验试验现象①②③的区别；同时，侧向约束越大，相同顶部荷载下拼接处的剪力越大，计算可知，在发生拼接口剪切破坏时，拼接处的剪力为试件 SN-2 远小于试件 SN-1，这是由于试件 SN-2 侧向约束不足、拼接处张开过大，即偏心轴压与横向剪切力产生了附加弯矩，弯剪作用组合加剧了裂缝的开展。

20.5.3　位移与应变分析

以试件 SN-1 为代表，对该预制管片结构进行受力状态、受力特点、承载力与安全性分析。按照 20.5.2 节中试件 SN-1 对应试验的加载机制，以跨中挠度达到限值为破坏状态，将其加载过程分为六个阶段：第一阶段，张拉侧向力至 13kN（此时顶部荷载为 0）；第二阶段，顶部加载至 27kN；第三阶段，顶部加载至 39kN；第四阶段，顶部加载至 51kN；第五阶段，顶部加载至 63kN；第六阶段，顶部加载至 75kN。

1）位移数据分析

通过观察位移，判断结构处于何种变形状态，对结构承载力及安全性进行评估。加载过程中，各管片跨中位移变化曲线如图 20-19 所示。

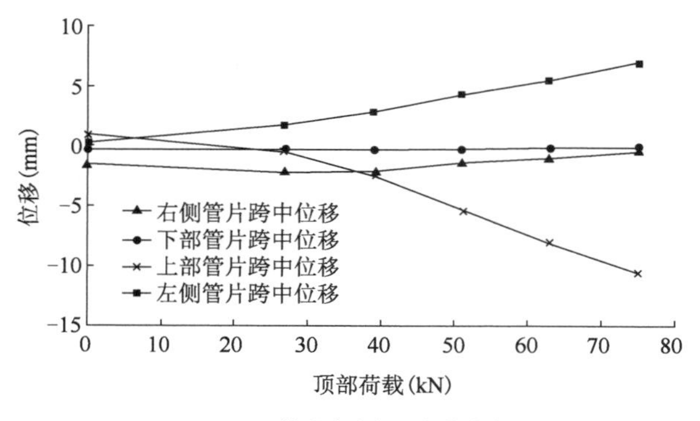

a）管片跨中位移变化曲线

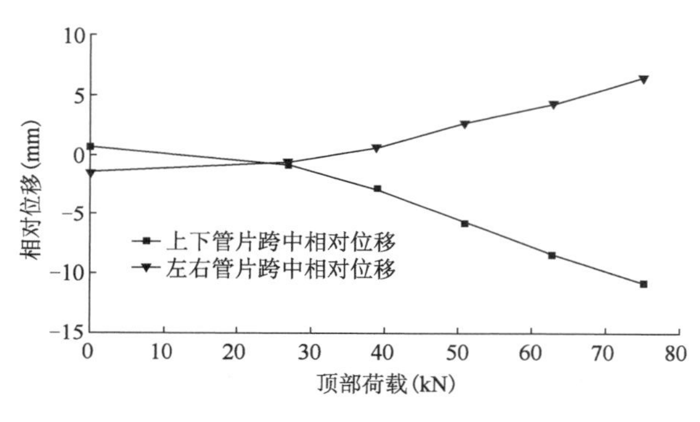

b）管片跨中相对位移变化曲线

图 20-19　管片跨中位移随加载过程变化曲线

从管片各个阶段跨中位移的变化过程可以看出：①下部管片由于落在刚性垫层上，底板跨中基本不发生变形，无位移产生；②上部管片第一阶段在侧向荷载作用下产生反拱，后随着加载基本呈线性产生变形；③右侧管片初始位移为负，是因为在侧向张拉下产生了滑动，因此应当将其位移与左侧位移合并，相对位移是合理的；④在第六阶段，结构变形过大，超过规范要求的 10mm，但裂缝及承载力均满足要求，说明该结构在此加载情况下，挠度过大然后屈服，这是由开裂后刚度降低引起的；⑤左右管片相对位移增大，表现为向外扩张，侧向约束不足。

2）钢筋应变数据分析

在各加载阶段，上部 C 形管片顶板的受力钢筋应变、侧向 I 形管片关键受力点（跨中和拼接口）的钢筋应变以及上下 C 形管片侧面拼接口的钢筋应变分别如图 20-20a）、b）、c）所示。

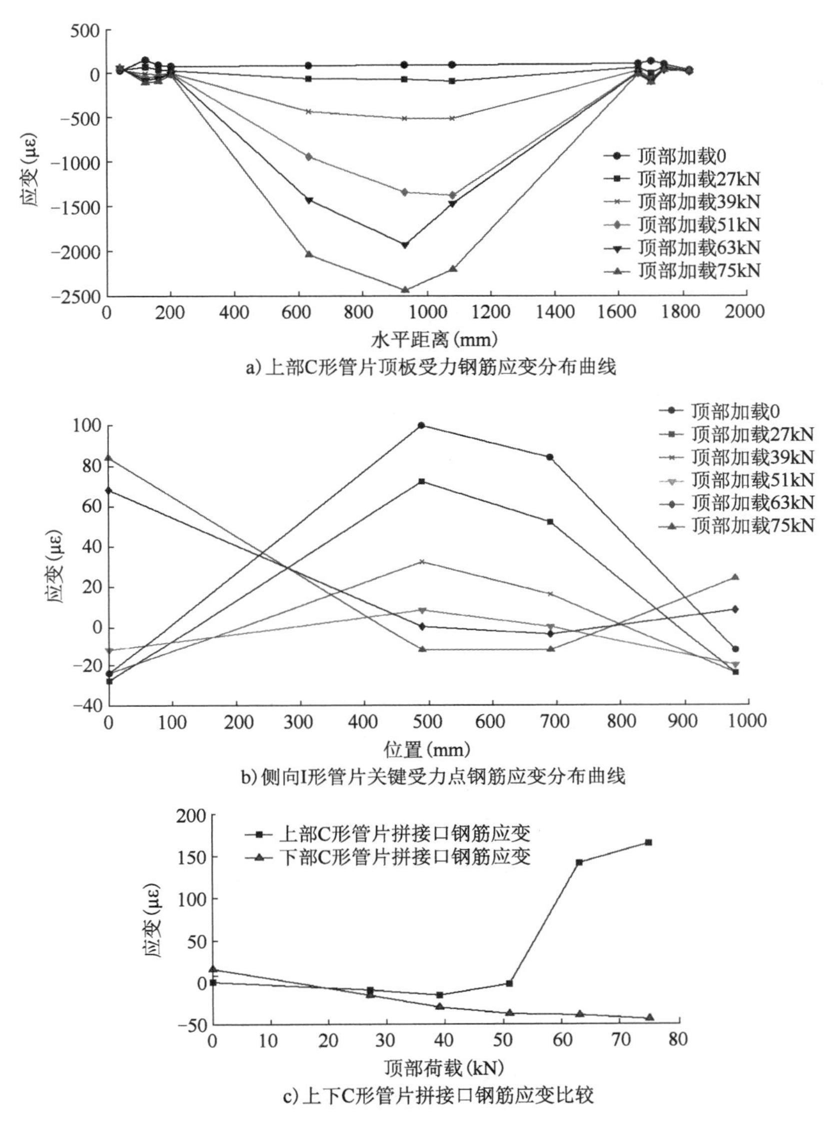

图 20-20　加载过程中管片上各点钢筋应变分布曲线

图 20-20a)中,跨中钢筋应变符合梁弯曲变形的二次曲线规律,在第六阶段,跨中钢筋开始屈服,应变达到了 2400με;支座处应变突然减小是因为腋脚造成了截面的突变,使得支座处应变降低,达到了不发生支座处破坏的设计目的。

图 20-20b)中,随着顶部荷载的增加,侧向管片中钢筋的应变发生变小、反向、再反向增大的变化。在最后加载阶段,侧向管片内部钢筋应变最大约为 90με,说明结构侧向管片弯曲应力小,可作为小偏心受压构件或受压构件进行设计。两侧管片不会发生破坏,安全可靠。

图 20-20c)中,在第一阶段,结构上部管片在竖向拼接口处的钢筋受到了略微的由剪力附加弯矩产生的拉力,应变为负;后应变随着顶部荷载的增大而逐步增大,上部管片拼接口处由内部张开到慢慢闭合再到外部张开内部压紧,于是呈现上部管片拼接口处钢筋先受拉

后受压的状态;而下部拼接口内部由张开到闭合后,不再转变,因此钢筋保持受压状态。上部管片拼接口处钢筋应变远远大于下部管片拼接口处钢筋应变,应当注重对上部管片拼接口的构造设计和保护。

3)结论

本试验为承载力破坏试验,在试验过程中,不考虑原结构刚度对加固结构的约束,使得管片在加载过程中挠度比实际情况要大,上部拼接口开张过大,附加弯矩使得结构最终发生拼接口的剪切破坏。

①侧向管片可作为受压构件或小偏压构件设计。

②底部管片由于刚性基础的约束,几乎无变形。

③顶部管片的设计和拼接口的构造是该结构发挥良好作用的关键。

20.6　预制管片快速加固现场施工与堆载试验

本试验现场为北京城市排水集团有限责任公司位于北京昌平区的某材料仓库旁的空地,具体实施方式为在人工修砌的足尺砌体方沟(箱涵的一种)内进行加固用装配式管片的吊入及安装,后在管片与原墙体之间通过管片上预留的注浆孔注浆,待加固处理满足要求后,进行上部堆载设计承载力验证试验。

时值冬季,考虑注浆处理后难以在短期内达到强度要求且施工烦琐,试验完成后结构也不易挖出,因此本试验使用人工填砂填充管片与原墙体间空隙;在堆载试验阶段,人员下井不易于仪器布设、试验现象观察,也存在安全隐患,因此在装配式施工完成后,将管道一头挖开,便于人员出入。将试验分为两步进行,分别为预制管片装配式施工实施、现场覆土下管片设计承载力验证试验。

图20-21　人工修砌的足尺方形管道

管道参照《埋地矩形雨水管道及其附属构筑物(砖、石砌体)》(10SMS202-2)[10]图集修筑,尺寸为$W \cdot H = 2000\text{mm} \times 1800\text{mm}$,检查井井筒直径为700mm,检查井井盖选用重型五防井盖,方沟修砌长度5m,如图20-21所示。

20.6.1　现场施工实施

本次施工采取管内人工拼装的施工方案。管内人工拼装施工流程:原箱涵调查→清淤→箱涵修整→管片吊入→管内运输、拼装→注浆回填。

施工方案实施前可先在地面试拼装,如图20-22所示。具体过程为将场地平整压实,摆放底部管片,依次安装两侧垂直段管片,安装完毕后定位并做临时支撑,检查尺寸数据,安装顶部管片并进行尺寸复核。

方沟为人工临时修砌,无须进行原箱涵调查、清淤及箱涵修整等工艺流程。因此根据现场条件背景,本次现场管片装配式施工流程主要包括检查井井口吊入、管内运输与拼装。

a)可拆卸移动吊架

b)管片成环

图 20-22　地面管片试拼装

①检查井井口吊入(图 20-23)。采用 8t 吊车进行井口垂直运输,方沟内采用自制移动架吊装及水平运输。运输步骤参见 20.3.1 节内容。

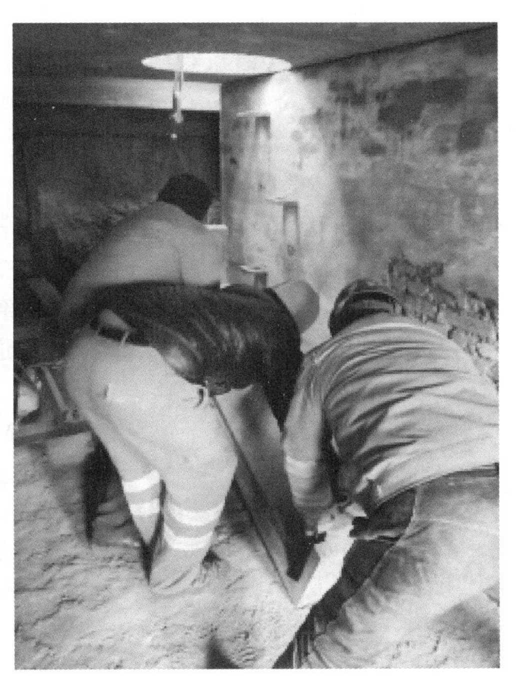

图 20-23　管片吊入

②管内运输与拼装(图 20-24)。主要用于探究所研制的管片在方沟内部人工拼装施工的可行性。当通过管片井口运输试验后,在管内直接进行管片逐环安装。具体操作步骤参见 20.3.1 节内容。

图 20-24 管内运输与拼装

20.6.2 试验设计

本试验中加固用预制管片采用与 20.5 节中相同的预制管片,用以对照和考虑原箱涵结构侧墙的约束作用对预制管片承载力和破坏模式的影响。

不考虑原结构顶板对承载的有利作用,将原盖板去除后,在加固用预制管片顶板上方直接进行堆载试验,如图 20-25 所示。为减少开挖运输量,决定覆土 1m 用以加载及模拟土体对上部荷载的扩散作用,后就地取材,使用预制盖板及钢井盖进行堆载。本管段共有 13 环加固用预制管片,堆载板尺寸为 2.2m×2.3m,将堆载板置于中央 6 环上方。

图 20-25 预制管片上部堆载

加载制度:加载荷载量参考《给水排水工程埋地矩形管管道结构设计规程》(CECS 145:2002)中 2m 覆土下结构的承载力设计值,去除 1m 覆土自重后取 55.05kN/m^2。简化为四级加载,分别如下:覆土 1m;安放堆载板后上部堆载至 1.8t/m^2(近似为 1m 覆土);堆载至 3.6t/m^2(近似为 2m 覆土);加载至 5.5t/m^2。在加载至各级荷载后,待结构稳定后人员进入管道对管片的损害进行记录。

20.6.3 试验现象与效果分析

在堆载过程中,覆土 1m 深时,结构无明显变化,混凝土内表面未开裂,如图 20-26a)

所示。堆载至 1.8t/m²,两侧及底部管片无明显变化,上部管片跨中靠近纵向拼接口处出现一条 3cm 左右长的短细裂缝,如图 20-26b)所示;拼接口工作性能良好,无混凝土压溃、剥落等现象。堆载至 3.6t/m²,上部管片跨中附近出现多条短细裂缝,部分裂缝长度开展到 12cm,如图 20-26c)所示。堆载至目标荷载 5.5t/m²,上部管片跨中附近出现多条贯通裂缝,如图 20-26d)所示,裂缝宽度最大为 0.10mm。

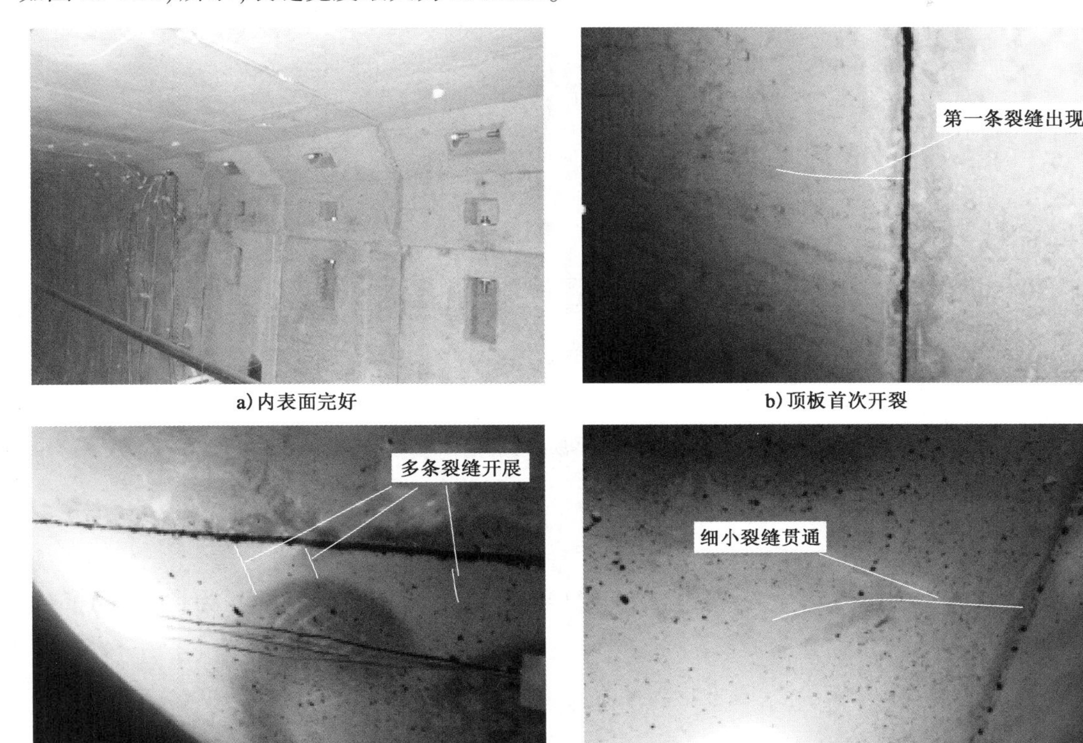

a)内表面完好　b)顶板首次开裂

c)裂缝开展　d)裂缝贯通

图 20-26　堆载过程试验现象

效果分析:在实际加固实施中,两侧管片被侧墙约束,侧墙刚度远大于加固结构刚度,导致两侧管片难以发生位移和主动分担侧土压力,上部顶板的弯矩也因为原结构侧墙的围护作用向原结构侧墙转移而不能沿着加固管片传递到管片拼接处,因此在堆载试验过程中,两侧管片与拼接处主要起到支承上部荷载的作用,不发生损伤,结构病害体现为上部管片的开裂及发展,且裂缝数量、开展深度远远小于室内试验。

20.6.4　位移与应变分析

1)位移分析

分析加载板下中央管环跨中四个位移计的数据变化与联系,如图 20-27 所示:①下部管片由于混凝土垫层的位移协调作用,跨中挠度保持为 0;②侧向管片位移为负,这是因为原结构侧墙对两侧土体的限制作用,使得两侧加固管片在向外侧位移后主动承担荷载,符合实际工程中加固结构滞后受力的特点；③结构最大位移发生在上部管片跨中，挠度为4.675mm，变形小，满足规范要求 $L/200=10\text{mm}$。

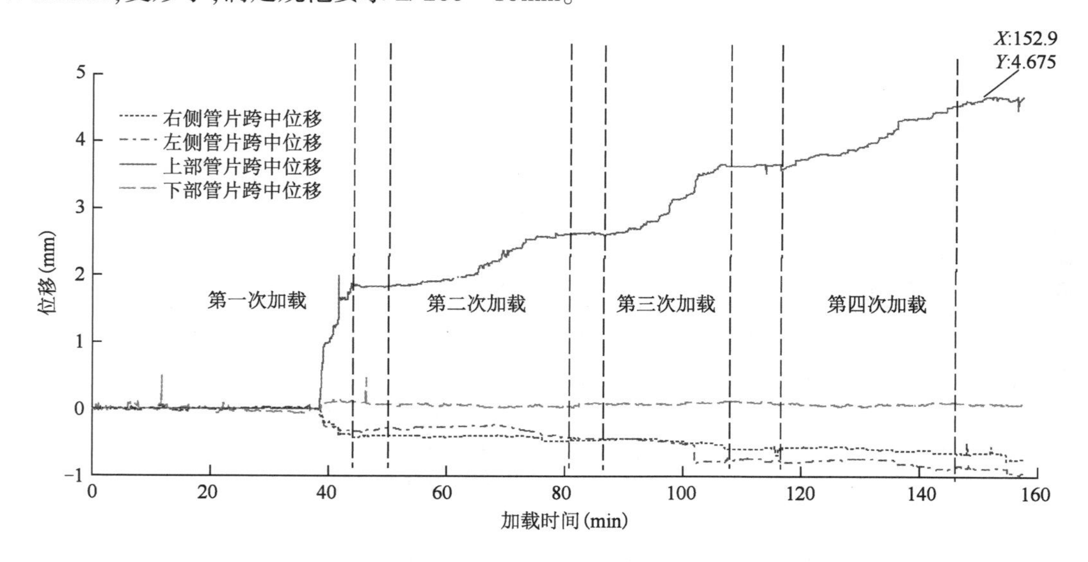

图 20-27　加载过程中各管片跨中位移随时间变化时程曲线

2）钢筋应变分析

应变片位置及编号见图 20-28，其中 5、6 号为同一位置不同主筋上的应变片，5 号应变片处于管片中央位置，6 号应变片接近纵向拼接口母口；7 号处于跨中，8 号为拼接口中间易撕裂处。

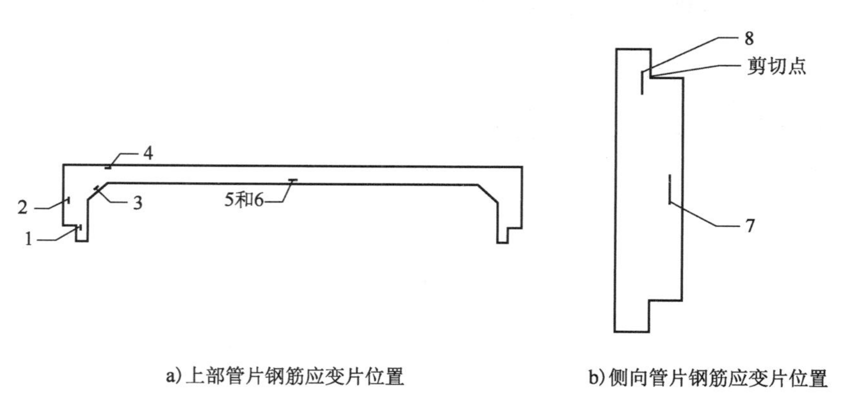

a）上部管片钢筋应变片位置　　b）侧向管片钢筋应变片位置

图 20-28　管片上钢筋应变片位置示意图

某上部管片上钢筋应变如图 20-29、图 20-30 所示。由应变片 1 曲线可知，随着上部荷载的增大及侧墙的约束，拼接口内角薄弱处由一开始受拉逐渐转变为受压，并处于相对安全状态；由应变片 3 曲线可知，腋脚处于受压的安全状态；应变片 2、4 曲线基本重合，说明弯矩经过转角节点的传递后无明显改变，即在该试验中侧墙对上部管片两侧转角节点基本无作用力，这符合侧土压力被原墙体承担的特征；由应变片 5、6 曲线可知，其中 5、6 都处在上部管片跨中,处于纵向拼接口母口边缘的钢筋变形更大,即母口内缩,增强了拼接口的防水效果,说明该形式的纵向拼接方法是非常有效的;钢筋应变最大为 843 个微应变(承载力破坏时,最大应为 2200),结构处于弹性阶段,承载力富足。其中,最大钢筋应变点在上部管片跨中,由于分级加载是严格按照每次加载 1m 深覆土等量的堆积荷载进行的,故图 20-30 中显示为一条直线,亦说明结构仍处于弹性阶段,在目标工况下安全可靠。

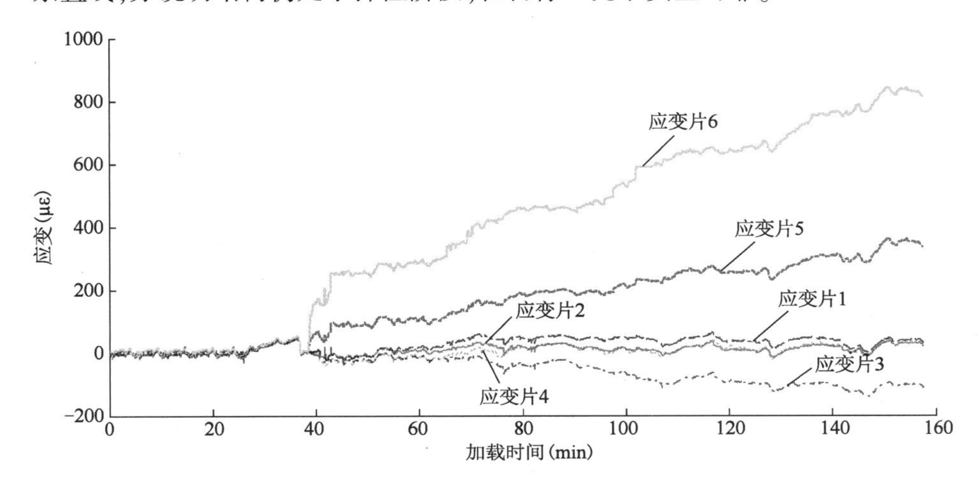

图 20-29　某上部管片上钢筋应变随加载时间变化曲线

某侧向管片上钢筋应变如图 20-31 所示。应变片 7 的应变开始为负值后为正值,即先受压后受拉,应变片 8 的应变为正值,一直受拉;试验所得数据都很小,仅十几个微应变。这说明侧向管片处于小偏心受压状态,不容易发生破坏,剪切点处于图 20-28b)中所示位置,环内拼接处表现出内侧闭合、外侧张开的特征,有利于防水。

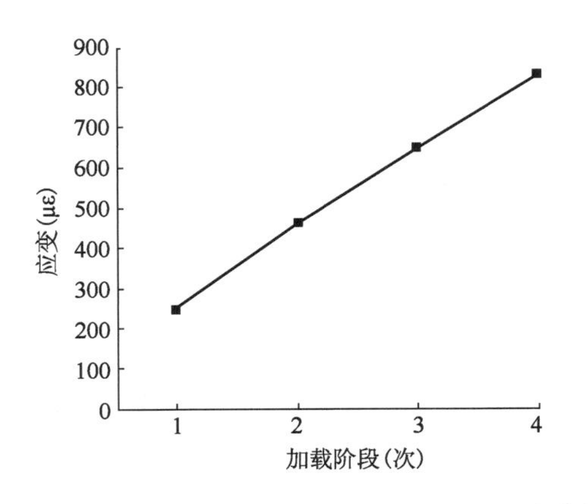

图 20-30　最大钢筋应变(应变片 6)随加载过程变化曲线

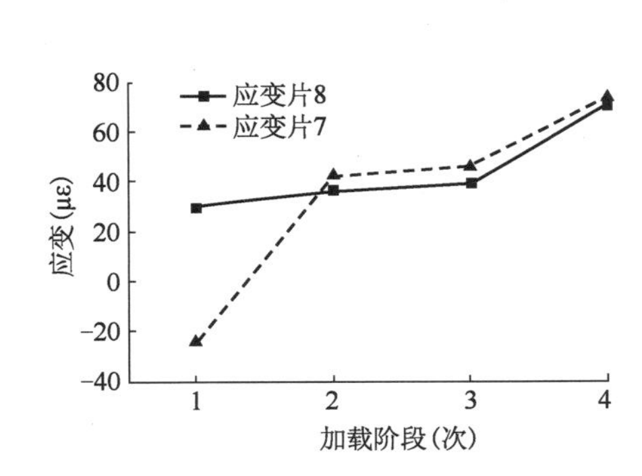

图 20-31　侧向管片上应变片各阶段应变变化

此外,下部管片处在刚性垫层上,难以发生转动,与室内试验相同,弯矩在下部管片转角处都存在不能从两侧传递到下部管片底板的现象,因此在实际工程应用中,可考虑将下部管片进行削弱等经济化处理,并改变计算模型。

3)结论

本试验未考虑原结构顶板的承载力,但计入了原结构侧墙对加固结构的有利约束作用,符合实际工程中原结构顶板承载力受损严重的特点,结构在设计荷载下远远未达到屈服,整体变形小,安全系数高。

①该结构将环内横向拼接口置于两侧的做法是非常合理的,结构安全,内表面自动闭合防水;拼接处内力小,不会发生脆性破坏。

②侧墙的约束使得结构承载力进一步提高,上部管片处于两端半刚结状态,结构设计安全合理。

③大腋脚受压,有利于纵向拼接的防水。

④设计的结构在目标荷载下仍处于弹性阶段,且承载能力富余度高,变形小,安全可靠。

20.7 本 章 小 结

本章先介绍了地下箱涵结构常见的病害和修复措施,在对传统方法不能同时满足非开挖、施工周期短、整体加固效果好等要求进行分析的基础上提出了一种采用分块预制管片内衬拼装快速加固地下箱涵的新技术。从施工工艺、关键技术研发、设计方法、实验室验证、现场实施与验证等方面,对该新技术的可行性进行了综合论证。

①对传统加固与修复方法的不足进行了分析,提出了一种分块预制管片内衬拼装加固地下箱涵结构的快速加固新技术,设计了相应的施工流程,给出了其关键工艺,研发了管片的预制技术并确定了结构计算方法与加固材料等。

②通过室内两组不同横竖向加载比例的拟静力足尺试验,对不同侧向荷载下结构的破坏模式与承载力进行了研究与验证,试验结果表明该加固管片在侧向约束不足时最终会发生拼接口的剪切破坏。

③人工开挖并修筑了一段用于现场实施与验证的试验段砌体方沟,对管内人工拼装施工方案中的关键工艺进行了实施,验证了新技术方法的可行性与高效性。

④现场堆载试验证明了加固用预制管片在实际工程中有良好的侧向约束,其承载力有了极大的提高,变形减小,破坏模式也由室内试验的拼接口剪切破坏趋向于变成顶板的挠曲破坏,是安全理想的延性破坏模式。

本章参考文献

[1] 戴铁丁. 公路涵洞病害处治技术研究[D]. 西安:长安大学,2005.

[2] 刘飞. 地下管道灾后应急处置加固技术研究[D]. 大连:大连理工大学,2009.

[3] 汪坤,王志进. 城市市政老旧箱涵治理加固措施[C]//科技研究——2015 科技产业发展与建设成就研讨会论文集. 北京,2015.

[4] 邢国飞,李柱,李青林. 箱涵拉入法用于雨水方沟加固的探讨[C]//2009 中国城市地下空间开发高峰论坛论文集. 北京,2009.

[5] 董杰. 预制装配式箱涵设计计算与实验研究[D]. 武汉:武汉理工大学,2017.

[6] 中国工程建设标准化协会. 给水排水工程埋地矩形管管道结构设计规程 CECS 145:2002[S]. 北京:中国计划出版社,2003.

[7] 中华人民共和国交通运输部. 公路桥涵地基与基础设计规范:JTG 3363—2019[S]. 北

京:人民交通出版社股份有限公司,2020.
[8] 中国建筑标准设计研究院. 埋地矩形雨水管道及其附属构筑物(混凝土模块砌体):09SMS202-1[S]. 北京:中国计划出版社,2009.
[9] 中华人民共和国住房和城乡建设部,中华人民共和国国家质量监督检验检疫总局. 混凝土结构设计规范(2015 年版):GB 50010—2010[S]. 北京:中国建筑工业出版社,2016.
[10] 中国建筑标准设计研究院. 埋地矩形雨水管道及其附属构筑物(砖、石砌体):10SMS202-2[S]. 北京:中国计划出版社,2009.